Leopold von Ranke · Briefwechsel
Band 1

HISTORISCHE KOMMISSION BEI DER BAYERISCHEN AKADEMIE DER WISSENSCHAFTEN
HK
MÜNCHEN

Gesamtausgabe des Briefwechsels
von Leopold von Ranke

Herausgegeben von der Historischen Kommission
bei der Bayerischen Akademie der Wissenschaften
durch Gerrit Walther

Band 1

Leopold von Ranke
Briefwechsel

Historisch-kritische Ausgabe
Band 1: 1810–1825

Neu bearbeitet
von
Dietmar Grypa

DE GRUYTER
OLDENBOURG

Gefördert mit Mitteln der Deutschen Forschungsgemeinschaft

ISBN 978-3-486-59005-0
eISBN (PDF) 978-3-11-041212-3
eISBN (EPUB) 978-3-11-041214-7

Bibliografische Information der Deutschen Bibliothek
Die Deutsche Bibliothek verzeichnet diese Publikation in der Deutschen Nationalbibliografie; detaillierte bibliografische Daten sind im Internet über <http://dnb.ddb.de> abrufbar.

Library of Congress Cataloging-in-Publication Data
A CIP catalog record for this book has been applied for at the Library of Congress.

Umschlagabbildung: Leopold von Ranke (1795–1886), Fotografie aus dem Besitz von Friedrich Schilling, zuerst veröffentlicht in: Die Illustrierte der Oder- und Warthe-Zeitung. Der Ring, 14. Februar 1932
Satz: Dietmar Grypa, Würzburg

Druck und Bindung: Hubert & Co. GmbH & Co. KG, Göttingen
♾ Gedruckt auf säurefreiem Papier
Printed in Germany

www.degruyter.com

Inhalt

Vorwort

Noch vor Erscheinen des Zweiten Bandes der Historisch-kritischen Ausgabe des Briefwechsels Leopold von Rankes legt die Historische Kommission bei der Bayerischen Akademie der Wissenschaften einen neuen Ersten Band vor. Es handelt sich nicht um eine veränderte Neuauflage der 2007 veröffentlichten Edition, sondern um ein in Text wie Kommentar völlig neues Werk. Denn der alte Erste Band erwies sich als mangelhaft.

Der erste, entscheidende Hinweis darauf erfolgte im Frühjahr 2008. Wenige Monate nach Publikation des Ersten Bandes erschien ein Privatdruck, in dem Dr. Günter Johannes Henz (Jülich), ein guter Kenner der Ranke-Manuskripte, der Edition eine hohe Zahl sinnentstellender Transskriptionsfehler nachwies und sie einer „geradezu bakterielle[n] Durchsetzung mit Textabweichungen“ anklagte. Sofort ließ der damalige Präsident der Historischen Kommission, Prof. Dr. Lothar Gall, diese Kritik durch zwei Kommissionsmitglieder prüfen und beauftragte auf deren Rat hin wenig später zwei Kommissionsmitarbeiter mit einer systematischen Sichtung des Bandes. Der Bericht, den diese im Herbst 2008 vorlegten, dokumentierte mehr als 4000 Abweichungen von den Ranke'schen Originaltexten. Die für wissenschaftliche Editionen geltenden Standards, so lautete das Resümee, seien „beinahe durchgehend mißachtet worden“.

Daraufhin entzog der Präsident den beiden Bearbeitern das Projekt und übertrug es — zunächst kommissarisch, später dauerhaft – mir als dem damals neuen Leiter der Abteilung „Deutsche Geschichtsquellen des 19. und 20. Jahrhunderts“. Der Auftrag lautete, umgehend einen neuen Bearbeiter zu finden und eine Neuausgabe des um die gleiche Zeit vom Markt genommenen Ersten Bandes zu veranstalten. Diese lege ich hiermit vor.

Daß mir dies gelang, ist das Verdienst meines Kollegen Dr. Dietmar Grypa, damals Privatdozent an der Katholischen Universität Eichstätt-Ingolstadt, heute Professor an der Julius-Maximilians-Universität Würzburg, der sich zur Übernahme dieser Aufgabe bereit erklärte und sie seither energisch und effizient betrieb. Über die dabei gemachten Erfahrungen und Entdeckungen sowie über die leitenden Maximen der Neuausgabe berichtet er in der Einleitung zu diesem Band.

Mir bleibt der Hinweis, daß Herr Grypa in der Tat eine ganz neue Ausgabe vorgelegt hat. Das zeigt sich in der jetzt tadellos authentischen Wiedergabe der Ranke'schen Brieftexte, in der Ergänzung des Textkorpus um weitere, in der ersten Ausgabe fehlende Stücke, in Umstellungen in der chronologischen Folge der Briefe, in der systematischen Prüfung und durchgängigen Berichtigung der Archivnachweise, vor allem aber in einer anderen Art der Kommentierung. Konzentrierte sich die erste Ausgabe auf interpretierende Fingerzeige auf die Entwicklung Rankes als Historiker und auf charakterisierende Beschreibungen der in den Briefen erwähnten Literatur, so ist diese ideengeschichtlich deutende Kommentierung nun einer auf prosopographische Informationen ausgerichteten gewichen. Anders als die Bearbeiter der ersten Ausgabe hat Herr Grypa versucht, alle in den Briefen auftauchenden Personen zu identifizieren und biographisch nachzuweisen, um das Personennetz, innerhalb dessen Rankes Aufstieg stattfand, möglichst umfassend zu rekonstruieren. Mag das Ergebnis in manchem nüchterner wirken als der Kommentar der ersten Ausgabe, führt es doch zu bahnbrechend neuen Ergebnissen. Sichtbar wird nun, in welch engen Verbindungen und welch gutem Einverständnis Mitglieder scheinbar antagonistischer Gruppen wie Burschenschaftler und Beamte, Befreiungskriegsteilnehmer und Restaurationspolitiker, Pfarrer, Philologen und Reformpädagogen mitunter standen. Insofern bedeutet der neue Erste Band nicht nur einen erheblichen Gewinn an Textgenauigkeit, sondern auch an prosopographischer Kenntnis von Rankes politisch-sozialem Umfeld. Aus dem für alle Beteiligten peinlichen Scheitern der ersten Ausgabe ist somit – in einer beinahe Ranke'schen Dialektik – ein unerwarteter Vorteil für die Forschung erwachsen.

Das Unglück der ersten Ausgabe ist innerhalb der Historischen Kommission eingehend analysiert und diskutiert worden. Vieles hat dazu beigetragen: Fehleinschätzungen, vor allem hinsichtlich des allzu knapp kalkulierten Zeitplans, mehrfache Missverständnisse, schließlich eine tragische Erkrankung. All denen, die sich nicht in Schuldzuweisungen ergehen wollen, wird die Versicherung genügen, daß die Historische Kommission Konsequenzen aus dem Fall gezogen und ihr internes Kontrollverfahren nochmals verschärft hat.

So möchte ich als Herausgeber und als neuer Präsident der Historischen Kommission bei der Bayerischen Akademie der Wissenschaften dem Bearbeiter und all denen Dank sagen, die ihn durch gelehrte wie materielle Hilfe unterstützt haben. In der Einleitung sind sie namentlich aufgeführt. Durch dieses aktive Vertrauen in die Kommission, ihre Mitglieder und ihre Projekte haben Personen wie Institutionen dazu beigetragen, daß ein neuer Erster Band vorliegt, der des Gründers der Historischen Kommission würdig ist und die editorischen Tugenden dieser über 150 Jahren alten Gelehrtengesellschaft eindrucksvoll dokumentiert.

München und Wuppertal, im Herbst 2015 — Gerrit Walther

Einleitung

I. Vorgeschichte

Das hier in einer neu bearbeiteten Auflage vorgelegte Buch stellt den Ersten Band der Gesamtausgabe des Briefwechsels Leopold Rankes, des Gründers der Historischen Kommission bei der Bayerischen Akademie der Wissenschaften, dar.

Nachdem der Präsident der Historischen Kommission, Prof. Dr. Lothar Gall, auf der Jahresversammlung der Kommission Anfang März 1998 vorgeschlagen hatte, die von der Kommission verantwortete Ranke-Edition „Aus Werk und Nachlaß“[1] durch eine Edition des Briefwechsels von Leopold von Ranke zu ergänzen, faßte die Kommission Anfang März 1999 den Entschluß, die bisher vielerorts zerstreute Korrespondenz ihres Gründers in einer Gesamtausgabe zugänglich zu machen.[2] Dementsprechend hat sie sich zum Ziel gesetzt, nach der vollständigen Sammlung aller heute noch erhaltenen Briefe an und von Leopold Ranke diese ungekürzt in einem „Epistolarium Rankeanum“ vorzulegen, das Hans Helmolt bereits 1921 als „wissenschaftliches Postulat“ betrachtet hat[3], und so „das Ideal einer Gesamtpublikation des Briefwechsels“ Rankes zu realisieren, was Hans Herzfeld noch 1949 für „praktisch unerreichbar“ hielt.[4] Die Historische Kommission betrachtet die Herausgabe des Briefwechsels ihres Gründers letztlich als ein „nobile officium“, wie es Lothar Gall in dem Begleitschreiben zum Förderungsantrag an die DFG formulierte.

Welche Bedeutung Leopold Ranke selbst seiner Korrespondenz beigemessen hat, wird bereits sichtbar, wenn man nur einen Blick auf die Struktur seines persönlichen, von 1919 bis 1945 im Geheimen Staatsachiv zu

[1] Bisher liegen vier Bände dieser Ausgabe vor: L. v. Ranke, Tagebücher (= Bd. 1); Leopold von Ranke: Über die Epochen der neueren Geschichte. Historisch-kritische Ausgabe. Hrsg. von Theodor Schieder und Helmut Berding. München / Wien 1971 (= Bd. 2; zur Kritik dieser Ausgabe vgl. Günter Johannes Henz: Rankes fälschlich so benannte Vorträge Über die Epochen der neueren Geschichte. Eine Untersuchung zu Schein und Sein der Überlieferung, in: Deutsche Vierteljahrschrift für Literaturwissenschaft und Geistesgeschichte 83 [2009], S. 408–451); L. v. Ranke, Frühe Schriften (= Bd. 3); Leopold von Ranke: Vorlesungseinleitungen. Hrsg. von Volker Dotterweich und Walther Peter Fuchs. München / Wien 1975 (= Bd. 4).

[2] Archiv der Historischen Kommission, Protokoll der Jahresversammlung der Historischen Kommission vom 5. und 6. März 1998 sowie vom 2. und 3. März 1999.

[3] Vgl. Helmolt, Rankes Leben, S. 174.

[4] Vgl. L. v. Ranke, Neue Briefe, S. XV.

Berlin verwahrten Nachlasses[5] wirft, der in ganz wesentlichen Teilen aus den Briefen, Briefkonzepten oder Briefabschriften bestand, die Leopold von Ranke aufbewahrt hatte, wie das bis heute erhaltene Findbuch zu seinem Nachlaß belegt.[6]

[5] Der wissenschaftliche Nachlaß, in dem sich vor allem Rankes Buchmanuskripte und Vorlesungskonzepte befinden, wird heute in der Staatsbibliothek Berlin verwahrt und von Dr. Siegfried Baur äußerst kompetent verzeichnet und verwaltet (vgl. Siegfried Baur: Leopold von Ranke und die Staatsbibliothek zu Berlin. Eine Freundschaft von 1820 bis KALLIOPE, in: Bibliotheks-Magazin. Mitteilungen aus den Staatsbibliotheken Berlin und München 1 [2007], S. 15–22).
Bei dem heute im Geheimen Staatsarchiv Preußischer Kulturbesitz verwahrten Nachlaß der Familie Ranke handelt es sich um Materialien, die von Bernhard Hoeft aus den Nachlässen der Geschwister Leopold Rankes bzw. deren Nachkommen gesammelt worden waren und die zusammen mit dem Nachlaß von Hoeft entsprechend seiner testamentarischen Bestimmung 1948 in das Dahlemer Archiv gekommen sind (vgl. GStA PK Repertorium VI. HA FA Ranke).

[6] GStA PK HA Altfindmittel Depositum L. v. Ranke. Das Findbuch gliedert den Nachlaß in 28 Nummern, von denen 14 Nummern sich auf eigenhändige Briefe oder Abschriften Leopold von Rankes beziehen: Briefe an Ranke No. 1 (a) nach Anfangsbuchstaben der Absender in Mappen, dort nach Jahren geordnet; No. 2 (b) Gratulationen, besonders aus den Jahren 1867 und 1885 (3 Fasz.); (c) ausgesonderte Correspondenzen: No. 3 König Maximilian von Bayern; No. 4 Edwin von Manteuffel; No. 5 Schüler und Fachgenossen: Prinz Albrecht (Vater u. Sohn), Arneth, Arnold (Wilh.), Delbrück (Hans), Dove (A.), Dümmler, Giesebrecht, Hotho, Maurenbrecher, Noorden, Ölsner (L.), Pauli, Reumont, Schäfer (Arnold), Steindorff, Schirrmacher, Töcke, Waitz, Wattenbach, Weizsäcker, Winckelmann, Winter (Georg), Zöpffel; No. 6 (d.) Briefe an Ranke als den Kanzler des Ordens pour le mérite (Verzeichnis einliegend); Briefe (bzw. Conzepte) von Ranke; auch Ansprachen, Toasts; No. 7 (a) datierte 1818–1885; No. 8 (b) undatierte; No. 9 Tagebücher, Poetisches; No. 10 wissenschaftlich-politische Niederschriften Rankes; No. 11 Papiere betr. Rankes Vermögen; No. 12 Papiere betr. Rankes Verleger; No. 13 Papiere betr. Anstellung; No. 14 Papiere betr. Orden, Titel, Adelstand; No. 15 Papiere betr. Akademien u. gelehrte Gesellschaften; No. 16 Papiere betr. Schiller- und Verdun-Preis; No. 17 Papiere betr. Denkmäler für Friedrich Wilhelm III., Stein, Hardenberg, historische Portraits in der National Gallerie; No. 18 Papiere betr. Staatsrat; No. 19 Papiere betr. Staats-Archive (Benutzungen); No. 20 Papiere betr. Verzeichnisse von Rankes Vorlesungen; No. 21 Papiere betr. Varia; No. 22 Drucke Rankes betr.; No. 23 Abschriften von Briefen Rankes an verschiedene Personen (2 Pakete); Vorarbeiten Frieduhelms von Ranke für seine Arbeiten über seinen Vater, vol. I: 1807–1828, vol. II: 1829–1835, vol. III: 1836–1852, vol. IV: 1853–1864, vol. V: 1865–1874, vol. VI: 1875–1886, vol. VII: undatiert; No. 24 Jüngere Familienbriefe, meist von Frieduhelm von Ranke (1 Paket; ohne Bedeutung für Leopold von Ranke); No. 25 Korrespondenzen A-Z (1 Paket); No. 26 Verschiedene Korrespondenzen, dabei Edwin von Manteuffel (Abschriften), Jahn, Caroline Beer, Rosalie Schmidt, Wilhelm Ranke, Familie Cotta, Heydler, Ernst Ranke, Vater und Mutter, Hilde Nasser, Heinrich Ranke, Ferdinand Ranke; No. 27 noch zu sichtende Varia; No. 28 noch zu sichtende Varia.
Die Quellenangaben Bernhard Hoefts bei seinen Exzerpten bestätigen bzw. präzisieren die Angaben im Repertorium des Nachlasses von Leopold Ranke. So vermerkt er etwa bei der Abschrift eines Briefes von Georg August von Breitenbauch an Leopold Ranke (Nr. 16) nicht nur „Preußisches Geheimes Staatsarchiv | Datierte Briefe und Concepte R's | 1818–85. | Rep. 92. L. v. Ranke Nr. 7.", sondern auch den Umfang der Akte: „459 Bl.". Im Hinblick auf die bis 1945 in der Akte GStA Rep. 92 L. v. Ranke Nr. 26 verwahrten Briefe Caroline Beers wiederum wissen wir etwa dank eines Vermerks zu Nr. 155, daß sie aus den Jahren 1823 bis 1847 stammten.

Dementsprechend fand auch die Ausgabe der „Sämmtlichen Werke" Leopold von Rankes im Jahr 1890 nicht zufällig mit einer von seinem Schüler Alfred Dove besorgten, posthum erschienenen Sammlung seiner Briefe ihren Abschluß.[7] Ranke selbst hatte bereits 1867 daran gedacht, der Gesamtausgabe seiner Werke nach seinem Tod „eine Auswahl von Briefen"[8] aus seiner „ziemlich umfangreichen Korrespondenz"[9] folgen zu lassen. Die Erben Rankes haben dann wohl ganz bewußt Dove mit der Edition der Briefe aus dem Nachlaß beauftragt. Der Vater Alfred Doves, der Physiker Heinrich Wilhelm Dove, zählte zu den ersten Hörern Leopold Rankes unmittelbar nach seiner Berufung an die Berliner Universität und hatte bis zu seinem Tod in persönlichem Kontakt zu Ranke gestanden. Leopold Ranke war zudem nicht nur der akademische Lehrer Alfred Doves, sondern dessen „Freund von Jugend an", wie es Peter Stadler und Verena Stadler-Labhart formuliert haben. Dove handelte demgemäß bei seiner Arbeit „im Geiste der über zwei Generationen hin vertieften Verbundenheit" mit Leopold Ranke.[10]

Nachdem bereits vor dem Erscheinen der am Leben Leopold Rankes orientierten Briefsammlung Doves Briefe Rankes an seinen Verleger Carl Geibel gedruckt worden waren,[11] wurde bis zum Ende des Zweiten Weltkriegs eine Vielzahl weiterer Briefe Leopold Rankes entweder einzeln oder auf einen Briefpartner bezogen oder zu einem bestimmten Gesichtspunkt veröffentlicht. Neben den 514 in den Editionen von Geibel und Dove publizierten Briefen wurden in der Summe laut Günter Johannes Henz, einem der besten Kenner der Überlieferung Leopold von Rankes, bis 1949 „noch fast 300 weitere Briefe" in „einer Vielzahl kleiner und kleinster Veröffentlichungen gedruckt".[12]

[7] L. v. Ranke, Zur eigenen Lebensgeschichte.

[8] Leopold von Ranke an Heinrich Ranke, 21. Januar 1867; Druck: L. v. Ranke, Zur eigenen Lebensgeschichte, S. 474–475.

[9] So die Selbsteinschätzung durch Leopold Ranke in dem Testament, das er seinem Bruder Ernst Constantin am 28. Dezember 1873 diktierte; Teildruck: L. v. Ranke, Tagebücher, S. 13–14, Zitat S. 13.

[10] Vgl. Verena und Peter Stadler-Labhart: Die Welt des Alfred Dove 1844–1916. Profil eines Historikers der Jahrhundertwende. Bern 2008, S. 67–75, Zitate S. 69 und 70.

[11] Aus den Briefen Leopold von Ranke's an seinen Verleger. Hrsg. von Carl Geibel. Leipzig 1886; diese Edition erschien schon wenige Monate nach dem Tod Rankes.

[12] Günter Johannes Henz, Zur Kritik neuerer Brief-Editoren. Die Ausgabe des Briefwechsels Leopold von Rankes durch die Historische Kommission bei der Bayerischen Akademie der Wissenschaften. Eine Denkschrift zu ihrem 150jährigen Bestehen. Jülich 2008, S. 6. Die bisher umfangreichste Zusammenstellung der verschiedenen Briefausgaben und Einzeldrucke findet sich in der 2014 veröffentlichten, für jede weitere Beschäftigung mit Leopold von Ranke grundlegenden zweibändigen Publikation von Günter Johannes Henz „Leopold von Ranke in Geschichtsdenken und Forschung" (Henz, Geschichtsdenken, Bd. 2, S. 262–281); hier sind auch zahlreiche „epistolarische Archivbestände" nachgewiesen (ebd., S. 282–309) und durch ein Korrespondentenregister erschlossen (ebd., S. 310–318).

Die nach der Edition von Alfred Dove bis heute wichtigste und umfassendste Sammlung von Ranke-Briefen wurde von Bernhard Hoeft erstellt und 1949 posthum veröffentlicht.[13] 1863 in Filehne (Provinz Posen) als Sohn eines Schuhmachermeisters geboren, war Hoeft zunächst nach einer Lehre zum Steindrucker als Schreiber im „Rechtsbureau der Ärzte-Vereinigung" in Berlin tätig. 1883 wurde er Erziehungsgehilfe in der Erziehungsanstalt „Grünes Haus" und 1884 Erzieher im Evangelischen Johannesstift in Plötzensee bei Berlin. Neben dieser Tätigkeit bereitete sich Hoeft „privatim" auf das Lehrer-Examen vor. Nach der erfolgreich absolvierten Ersten Lehramts-Prüfung im Jahr 1887 wirkte er als Lehrer in Kietz bei Rhinow, nach dem Zweiten Staatsexamen dann in Brandenburg an der Havel. 1891 kehrte Hoeft wieder nach Berlin zurück, wo er anfänglich als Lehrer, später als Schulleiter wirkte und als Schriftsteller hervortrat.[14] Nachdem er sich im Alter von 60 Jahren in den dauernden Ruhestand hatte versetzen lassen, nahm Hoeft im Sommer 1927 ein Studium der Geschichte, Anglistik, Germanistik und Philosophie in Greifswald auf; für das Wintersemester 1927/28 wechselte er nach Jena, kehrte aber zum Sommersemester 1928 nach Greifswald zurück. Im Wintersemester 1928/29 studierte er für ein Semester an der Universität zu Berlin. Nach zwei weiteren Semestern in Greifswald hielt sich Hoeft im Rahmen der Arbeit an seiner von Professor Dr. Hans Glagau betreuten Dissertation über Rankes Haltung zur Französischen Revolution[15] in den Vereinigten Staaten auf. Hier war er an der Universität Syracuse immatrikuliert und benutzte die dort aufbewahrte Bibliothek Leopold von Rankes[16]. Zurück aus Amerika setzte Hoeft sein Studium in Greifswald fort.

Nach der Promotion im Februar 1932 wandte sich Hoeft schließlich der Sammlung des Briefwechsels Rankes zu. Dafür wertete er vor allem die archivalische Überlieferung im Großraum Berlin aus. Ausgehend vom persönlichen Nachlaß Leopold von Rankes und der Minsterialüberlieferung sah er zahlreiche Nachlässe der Korrespondenz-Partner Rankes im Geheimen Staatsarchiv ein. Er konsultierte außerdem die Bestände des Brandenburgisch-Preußischen Hausarchivs ebenso wie die Überlieferung in

[13] L. v. Ranke, Neue Briefe.

[14] Vgl. Franz Brümmer (Bearb.): Lexikon der deutschen Dichter und Prosaisten vom Beginn des 19. Jahrhunderts bis zur Gegenwart. 3. Band, 6. Aufl., Leipzig 1913, S. 265.

[15] Bernhard Hoeft: Rankes Stellungnahme zur Französischen Revolution. Greifswald 1932; auf S. 381–382 findet sich ein ausführlicher Lebenslauf Hoefts.

[16] Bernhard Hoeft: Das Schicksal der Ranke-Bibliothek (= Historische Studien, Heft 307). Berlin 1937. Zur Bedeutung der Bibliothek für die Ranke-Forschung vgl. Siegfried Baur: Franz Leopold Ranke, the Ranke Library at Syracuse, and the Open Future of Scientific History, in: Syracuse University Library Associates Courier XXXIII (1998–2001), S. 7–41; einen Überblick über die in der Ranke-Bibliothek verwahrten Manuskripte bietet Edward Muir: The Leopold von Ranke Manuscript Collection of Syracuse University. Syracuse, New York 1983.

der Handschriftenabteilung der Preußischen Staatsbibliothek, der Berliner Universität und der Preußischen Akademie der Wissenschaften. Forschungsreisen nach Frankfurt an der Oder, Weimar, München und Wien schlossen sich an. Die Archive der Städte Frankfurt am Main und Hamburg wiederum stellten Hoeft Akten zur Einsicht im Geheimen Staatsarchiv in Berlin zur Verfügung. Darüber hinaus richtete Hoeft Anfragen an eine Vielzahl weiterer Archive, Handschriftenabteilungen und Bibliotheken, so etwa in Bonn, Göttingen, Halle, Jena, Leipzig, Nürnberg, Tübingen und Wolfenbüttel, sowie an das Ranke-Museum in Wiehe. Hoeft beschränkte sich bei seiner Sammlungstätigkeit aber nicht nur auf die öffentlich zugängliche Überlieferung, sondern es gelang ihm auch, aus dem Besitz verschiedener Mitglieder der Familie Rankes und anderer Privatpersonen Briefe zu erschließen.[17]

Neben den beiden von Dove und Hoeft erstellten Editionen mit umfassendem Anspruch waren von den Editionen zu einzelnen Aspekten oder Bereichen des Briefwechsels Rankes für den hier vorgelegten Band vor allem drei Publikationen von besonderer Bedeutung: die von Hermann Oncken publizierten Briefe aus Rankes Frühzeit[18], die von Walther P. Fuchs in Auszügen veröffentlichte Korrespondenz zwischen Leopold Ranke und seinem Bruder Heinrich[19] sowie die von Günter Johannes Henz herausgegebene „Nachlese" zu Leopold von Rankes Schriftwechsel[20].

II. Überlieferung

Die mit diesem Band beginnende Gesamtausgabe des Briefwechsels von Leopold von Ranke hat sich zum Ziel gesetzt, alle Briefe von und an Ranke zu ermitteln und, soweit erhalten, ungekürzt mit einem historisch-kritischen Kommentar versehen zu veröffentlichen.

Sie kann sich hierbei nicht, wie die beiden zentralen bisher vorliegenden, von Alfred Dove und Bernhard Hoeft besorgten Editionen, auf den persönlichen Nachlaß Rankes stützen, der bis 1945 im Geheimen Staatsarchiv in Berlin verwahrt wurde. Er wurde während des Zweiten Weltkriegs nicht wie andere zentrale Bestände ausgelagert, da damals Hoeft seine Publikation vorbereitete, und soll deshalb im April 1945 einem im Magazin in Dahlem ausgebrochenen Brand zum Opfer gefallen sein[21].

[17] Vgl. hierzu die Ausführungen Hoefts in L. v. Ranke, Neue Briefe, S. VIII–XII.
[18] Onken, Frühzeit.
[19] Fuchs, Heinrich Ranke.
[20] Henz, Rankes Schriftwechsel.
[21] So die in einem Aktenvermerk von Walter Nissen dokumentierte Auskunft des Berliner Hauptarchivs vom 7. November 1950, nachdem der persönliche Nachlaß Rankes bei einer Revision im Rahmen der Überführung der ausgelagerten Bestände nach Merseburg nicht aufgefunden werden konnte (vgl. GStA PK HA Altfindmittel Depositum L. v. Ranke).

Heute sind die Briefe aus dem Nachlaß von Leopold Ranke im Geheimen Staatsarchiv Preußischer Kulturbesitz in Berlin nur mehr in Form von Abschriften aus der Feder Bernhard Hoefts einsehbar, die dieser vor dem Ende des Zweiten Weltkriegs von originalen Schriftstücken aus dem Nachlaß Rankes sowie aus dem Besitz einiger seiner Nachkommen anfertigte. Allerdings mußte bereits Hoeft zum Teil auf Abschriften zurückgreifen.[22]
Da der heute noch ermittelbare Teil der Korrespondenz von Leopold Ranke in den Jahren vor seiner Berufung an die Friedrich-Wilhelms-Universität in Berlin vor allem aus Briefen an und von Mitgliedern seiner Familie besteht, kam den von Bernhard Hoeft angefertigten Abschriften für den nun überarbeiteten Ersten Band des Ranke-Briefwechsels eine zentrale Rolle zu. Zwar ist es dem neuen Bearbeiter gelungen, in anderen Beständen des Geheimen Staatsarchivs Preußischer Kulturbesitz noch eine Vorlage für eine der Abschriften Hoefts[23], einige Konzepte für durch die Abschriften Hoefts dokumentierte Ausfertigungen[24], ein Hoeft entgangenes Konzept eines Briefes an Ranke[25] und die Ausfertigung eines von Hoeft dokumentierten Konzepts eines Briefes von Ranke[26] sowie vier bisher noch unbekannte Schriftstücke aus der Feder Rankes[27] zu ermitteln, doch letztlich basiert der vorliegende Band vor allem auf den zentralen Vorarbeiten von Bernhard Hoeft.
Dies wird voraussichtlich auch für die weiteren Bände der Gesamtausgabe des Briefwechsels von Leopold Ranke gelten, doch wird mit der Zunahme der Zahl der Briefpartner Rankes nach seiner Berufung an die Universität in Berlin sowie der größeren Bedeutung seiner Briefpartner im öffentlichen Leben ihrer Zeit die Zahl der Briefe steigen, die aus der Gegenüberlieferung zu Rankes persönlichem Nachlaß zu ermitteln sein werden. Als Beispiel hierfür sei auf die beiden Briefe aus dem Nachlaß von Karl Benedikt Hase hingewiesen, die neu in die vorliegende Ausgabe aufgenommen wurden.[28]
Welche Funde auch im Bereich der heute noch im Besitz der Familie Ranke bewahrten Überlieferung möglich sind, zeigt die Ermittlung der Originale

[22] Darauf deuten etwa die Vermerke Hoefts auf den Vorlagen für Nr. 143 („Original im Besitze von Frau Luise Kriebitz, Berlin-Wilmersdorf“) oder Nr. 147 („E. Hitzig Nachl.“ und „Orig. nicht gefunden. ist vorhanden in Etta Hitzigs's Nachlaß!“) hin. Diese Bemerkungen belegen, daß Bernhard Hoeft in der Akte Rep. 92 L. v. Ranke Nr. 23 – dem Betreff der Akte „Abschriften von Briefen Rankes an verschiedene Personen“ entsprechend – Abschriften vorfand.
[23] Nr. 96.
[24] Nr. 100, Nr. 254 und Nr. 266.
[25] Nr. 255.
[26] Nr. 252.
[27] Nr. 1, Nr. 161, Nr. 235, Nr. 273.
[28] Nr. 253 und Nr. 256.

der aus der Sicht Leopold Rankes zentralen Briefe von und an seinen Bruder Heinrich.[29] Ihre Kenntnis verdankt der Bearbeiter Dr. Volker Dotterweich, der einem Hinweis, den der Bearbeiter in einer Abschrift Hoefts fand, akribisch nachgegangen ist und so den Kontakt zu dem heutigen Besitzer der Briefe, Wilfried Ranke, einem Ururenkel Heinrich Rankes, hergestellt hat. Der Bearbeiter hätte mit Hilfe dieser eigenhändigen Briefe gerne die Drucke von Dove, Hoeft und Fuchs überprüft und verbessert[30] sowie gerade die Lücken in den von Fuchs nur zum Teil edierten Briefen geschlossen[31], doch, um das Erscheinen des überarbeiteten Ersten Bandes der Gesamtausgabe des Briefwechsels von Leopold von Ranke nicht zu verzögern und somit das Projekt als Ganzes nicht zu gefährden, hat der Präsident der Historischen Kommission entschieden, die dem Bearbeiter nach dem Abschluß des Satzes des Brief-Korpus' im Herbst 2015 zugänglich gewordenen eigenhändigen Briefe erst ab dem nächsten Band der Edition der von der Historischen Kommission verantworteten Gesamtausgabe zu Grunde zu legen. Wilfried Ranke hat die Absicht, alle von ihm bewahrten Briefe bereits in naher Zukunft als Digitalisate öffentlich zugänglich zu machen und so der wissenschaftlichen Forschung uneingeschränkt zur Verfügung zu stellen.

Angesichts der geschilderten Überlieferungssituation konnte nur in wenigen Fällen auf eigenhändige Schreiben als Vorlage (V) für die Edition zurückgegriffen werden. Vielmehr mußten Texte unterschiedlicher Provenienz und Zuverlässigkeit herangezogen werden. Lagen für einen nicht im Original erhaltenen Brief mehrere sekundäre Überlieferungen vor, wurde stets diejenige gewählt, die dem autographen Text am nächsten lag - also Druck durch Alfred Dove vor Abschrift von Bernhard Hoeft, Abschrift von Hoeft vor Typoskript Hoeft etc.

In den Fällen, in denen mehreren Stufen überliefert sind, wurde auf eine Dokumentation der textkritischen Unterschiede zwischen den verschiedenen sekundären Überlieferungen weitgehend verzichtet, da dies zumeist ohne nennenswerten inhaltlichen Ertrag den Kommentar aufgebläht hätte. Außerdem hat sich in den Fällen, in denen sich neben den sekundären Überlieferungen auch deren Vorlagen erhalten haben, zwar eine Fülle von Abweichungen gefunden, doch handelte es sich zumeist nur um normierende Eingriffe früherer Editoren im Hinblick auf die Interpunktion oder

[29] Vgl. Leopold Ranke an Selma Ranke, geb. Schubert, 29. November 1876, sowie Leopold Ranke an Amalie Helferich, geb. Ranke, 11. Dezember 1876; Druck: L. v. RANKE, Lebensgeschichte, S. 527 und S. 529–530.

[30] Eine punktuelle Überprüfung zeigte, daß etwa der erstmals von Dove edierte Brief Leopold Rankes an Hermann Julius Christoph Baier vom 3. März 1820 (Nr. 57) keineswegs buchstabengetreu wiedergegeben wurde.

[31] Nr. 7, Nr. 9, Nr. 31, Nr. 35–38 Nr. 42, Nr. 58, Nr. 61.

etwa die Verwendung von i und y.[32] Die vorliegenden eigenhändigen Briefe Rankes wurden hingegen soweit nötig mit textkritischen Anmerkungen versehen.

Die Reihung der Briefe erfolgt stets nach dem Datum.[33] Bei mehreren Briefen mit dem gleichen Datum wurden zuerst die von Leopold Ranke geschriebenen Briefe abgedruckt, dann die an ihn adressierten Briefe. Wenn unter dem gleichen Datum mehrere Briefe an Leopold Ranke gerichtet wurden, gehorcht die Reihung der Briefe im Fall der Familienmitglieder stets dem Schema: Vater, Mutter, dann die Geschwister Leopold Rankes nach ihrem Alter. Der Abdruck von Briefen aus der Feder von Personen, die nicht zur Familie zählten, erfolgt in alphabetischer Reihenfolge. Briefe, die an mehreren Tagen geschrieben wurden, wurden in der Regel entsprechend dem spätesten Datum eingeordnet. Undatierte Schriftstücke wurden ihrem Inhalt entsprechend in das Briefkorpus integriert und mit einem erschlossenen, durch „⟨ ⟩" gekennzeichneten Datum versehen. Bei den vom Verfasser mit einem Datum versehenen Briefen verhält es sich zum Teil so, daß das auf dem Schriftstück vermerkte Datum der Entstehung deutlich vor dem Datum der Absendung liegt.[34]

Den edierten Briefen ist ein chronologisch gegliedertes Verzeichnis vorangestellt, das mit Angaben zu Absender und Empfänger sowie zum Datum einen ersten Überblick über die im überarbeiteten Ersten Band der Gesamtausgabe des Briefwechsels von Leopold von Ranke abgedruckten Schreiben gibt. Auf Anregung von Prof. Dr. Eike Wolgast wurden in dieses Verzeichnis auch alle Angaben aufgenommen, die über jene Briefe gewonnen werden konnten, die dem Bearbeiter weder im Original noch in einer sekundären Überlieferung vorlagen. Sie wurden ohne Nummer und mit einem Spiegelstrich gekennzeichnet chronologisch in das Verzeichnis der abgedruckten Briefe eingefügt. Insgesamt stehen nach dem momentanen Kenntnisstand 278 erhaltene Schriftstücke 112 verlorenen Briefen gegenüber. Der vorliegende Band der Gesamtausgabe des Ranke-Briefwechsels versammelt also nur knapp drei Viertel der derzeit nachweisbaren Briefe von und an Leopold Ranke der Jahre von 1810 bis 1825.

Die Lücken in der Überlieferung erscheinen in der strukturellen Betrachtung keineswegs zufällig, fehlen doch bemerkenswerter Weise gerade solche Briefe, die den späteren Historiographen des Königreichs Preußen und Kanzler des Ordens Pour le Mérite für Wissenschaften und Künste eventuell in einem Licht hätten erscheinen lassen können, das im Widerspruch zu seiner Selbststilisierung der späten Jahre gestanden hätte. So ist auffäl-

[32] Vgl. etwa Nr. 96 und L. v. Ranke, Neue Briefe, S. 22.

[33] Auf Grund neu ermittelter biographischer Daten ist es gelungen, mehrere Briefe neu zu datieren. Die eindeutig nach 1825 zu datierenden, in der ersten Auflage des Ersten Bandes abgedruckten Briefe (Nr. 252 und 260) werden in spätere Bände aufgenommen werden.

[34] Vgl. etwa Nr. 262.

lig, daß sich nur eine sehr geringe Anzahl von Briefen aus Rankes Studienzeit in Leipzig erhalten hat und ebenso nur sehr wenige Briefe an und von Angehörigen der Turnerschaft oder der Burschenschaften überliefert sind, und dies obwohl Leopold Ranke zahlreiche führende Mitglieder der Jenaer und Berliner Burschenschaft persönlich gut gekannt hat und nachweisbar enge Beziehungen zu Friedrich Ludwig Jahn und seinem Umfeld unterhielt. Dies deutet darauf hin, daß Ranke selbst keineswegs alle an ihn gerichteten Briefe oder Briefkonzepte aus seiner Feder aufbewahrt bzw. unter Umständen Briefe bewußt vernichtet hat. Darauf, daß er dies selbst im Hinblick auf die Angehörigen seiner Familie überlegt und gezielt tat, deuten verschiedene, markante Lücken in seinem Schriftwechsel hin. So ist etwa die Korrespondenz zwischen Leopold Ranke und seinem Bruder Ferdinand aus den frühen Jahren nahezu geschlossen erhalten, doch fehlt hier sicher nicht zufällig ein Brief aus der ersten Aprilhälfte des Jahres 1824, in dem Leopold Ranke seinen jüngeren Bruder wohl gebeten hatte, an dessen zukünftigen Schwager, Gottfried Ludwig Blanc, den renommierten Professor für Romanistik in Halle, heranzutreten und ihn zu fragen, ob er bereit wäre, die Druckfahnen von Leopold Rankes Erstlingswerk einer kritischen Durchsicht zu unterziehen.[35]

Mit der Selektion der in seinem Besitz befindlichen Briefe und Briefkonzepte korrespondiert, daß sich Leopold Ranke in mehreren Fällen nachweisbar darum bemühte, sehr persönliche Briefe wieder in seinen Besitz zu bekommen. So wandte er sich etwa unmittelbar nach dem Tod seines Bruders Heinrich an dessen Ehefrau sowie an dessen Tochter, um alle Briefe an und von Heinrich Ranke „von 1819 an" wieder zurückzuerhalten.[36] Gegenüber Friederike Auguste Huth bestand Ranke im Jahr 1835 „mit Bestimmtheit" darauf, Briefe aus seiner Feder „wiederzubekommen",[37] wohl nicht zuletzt wegen des Charakters dieser im „wechselseitigen Vertrauen" gepflegten Korrespondenz[38] und ihren zum Teil sehr persönlichen Inhalten[39], die man durchaus „falsch verstehen" konnte, wie es Ranke selbst formulierte[40].

[35] Vgl. hierzu Nr. 203 sowie Nr. 220, Nr. 222, Nr. 223 und Nr. 232.

[36] Vgl. Leopold Ranke an Selma Ranke, geb. Schubert, 29. November 1876, sowie Leopold Ranke an Amalie Helferich, geb. Ranke, 11. Dezember 1876; Druck: L. v. RANKE, Lebensgeschichte, S. 527 und S. 529–530.

[37] Vgl. Leopold Ranke an Friederike Auguste Huth, 24. April 1835; Druck: L. v. RANKE, Neue Briefe, S. 199–200.

[38] Vgl. Leopold Ranke an Friederike Auguste Huth, 21. April 1835; Druck: L. v. RANKE, Neue Briefe, S. 198–199.

[39] So bat Ranke Friederike Auguste Huth etwa, auf seine Rechnung ein Ballkleid zu kaufen und dies Wilhelmine Luise Antoinette von Zielinski als sein Geschenk zu ihrem Geburtstag zukommen zu lassen (vgl. Leopold Ranke an Friederike Auguste Huth, 1. November 1831; Druck: L. v. RANKE, Neue Briefe, S. 162–163).

[40] Leopold Ranke an Friederike Auguste Huth, 6. November 1831; Druck: L. v. RANKE, Neue Briefe, S. 163.

Leopold Ranke wollte von seinen eigenen Briefen „nur solche der Öffentlichkeit“ übergeben sehen, die „einen inneren Wert und eine Beziehung zu den allgemeinen Verhältnissen“ hatten, ansonsten hätte er es „lieber“ gesehen, wenn seine übrigen Korrespondenzen „nach seinem Tod dem Feuer übergeben“ worden wären.[41]
Der Gesamtausgabe des Briefwechsels geht es nicht darum, nur solche Stücke aufzunehmen, „welche der Meister selbst durch Aufbewahrung im Entwurf oder in Abschrift einigermaßen entschieden dazu bestimmt hatte“[42] – im Gegenteil: Es wurde versucht, durch die Kommentierung Zusammenhänge sichtbar zu machen, die von Leopold Ranke bewußt verschwiegen wurden, und so die Selbststilisierung Rankes aufzubrechen.
In der Summe besteht der Erste Band der Gesamtausgabe der Ranke-Korrespondenz aus 278 Schriftstücken. Neben 275 Briefen wurden auf Wunsch der Präsidenten der Historischen Kommission auch drei Stammbuchblätter aufgenommen, da sie von besonderer Bedeutung für die Biographie von Leopold Ranke sind. Es sind zwar keine Briefe im engeren Sinne, aber wie Briefe sind sie eine Form der schriftliche Fortsetzung mündlicher Kommunikation. Bei den abgedruckten Texten handelt es sich um 102 Schreiben aus der Feder Leopold Rankes und um 176 an ihn gerichtete Schreiben. Insgesamt verteilen sich die Schriftstücke auf 50 Personen und vier Institutionen. Hierbei ist Heinrich Ranke nicht nur von der Zahl der erhaltenen Briefe (46 Briefe an ihn, 51 Briefe von ihm), sondern auch von der Länge der Ausführungen her der wichtigste Korrespondenzpartner Leopold Rankes in den Jahren von 1810 bis 1825, also von seiner Schulzeit bis zu seiner Berufung zum Professor in Berlin. Die Korrespondenz Leopold Rankes mit seinen Eltern umfaßt 50 Briefe, wobei auffällt, daß die Eltern ihrem Sohn nur selten gemeinsam schrieben (6 Briefe); vielmehr erhielt Ranke in etwa zu gleichen Teilen Briefe von seiner Mutter (22) und von seinem Vater (19). Auch fällt auf, daß sich lediglich drei Briefe Leopold Rankes an seine Eltern erhalten haben, aber 47 Briefe der Eltern an Leopold Ranke. Unter den Geschwistern folgt auf Heinrich Ranke, wenn auch mit deutlichem Abstand, Ferdinand Ranke mit 46 Briefen von und an Leopold Ranke. Folglich entfallen somit etwa 51 Prozent des gesamten Briefwechsels Rankes der Jahre von 1810 bis 1825 allein auf diese beiden Brüder. Der Umfang der Korrespondenz mit seinen anderen vier Geschwistern beträgt hingegen lediglich rund sechs Prozent, konkret 17 Briefe (6 an und von Wilhelm, 8 von Ernst Constantin, 1 von Johanna, 2 von Rosalie Ranke), und spielt somit keine besondere Rolle. Insgesamt zählen 206 der 278 Briefe, also etwa drei Viertel, zur Familien-Korrespondenz

[41] So Ranke in seinem Testamentsentwurf vom 28. Dezember 1873; auszugsweise ediert bei Walther Peter Fuchs: Der Nachlaß Leopold von Rankes, in: HZ 195 (1962), S. 63–89, Zitat S. 66.
[42] So die Formulierung von Dove im Vorwort zu L. v. Ranke, Lebensgeschichte, S. VIII.

Leopold Rankes. Von den 41 nicht näher mit Leopold Ranke verwandten Korrespondenzpartnern der Jahre 1810 bis 1825 erhielten 15 nur einen Brief von Leopold Ranke bzw. richteten 10 in diesem Zeitraum nur einen Brief an ihn, insgesamt sind also etwa sechzig Prozent dieser bisher ermittelten Briefpartner Leopold Rankes in dem vorliegenden Band lediglich mit einem Schriftstück vertreten.
Dies läßt sich zum Teil dadurch erklären, daß in dem vorliegenden Band nur die Briefe aus Rankes Jugend und somit automatisch jeweils nur der Beginn einer eventuell später umfangreicheren Korrespondenz dokumentiert ist. Andererseits deutet der geschilderte Befund darauf hin, daß Leopold Ranke bei der Durchsicht seines Briefwechsels im Hinblick auf die von ihm ins Auge gefaßte Drucklegung unter Umständen von den Briefen der meisten seiner Korrespondenzpartner der Jahre vor der Berufung nach Berlin jeweils nur einen Brief aufgehoben hat.
Selbst bei einer Einbeziehung der 112 bisher nicht aufgefundenen, aber ermittelten Briefe verändert sich die Grundstruktur des Briefwechsels nur graduell. Auch hier dominiert der Anteil der Familienkorrespondenz (60 Briefe) gegenüber den Briefen von und an Institutionen oder Personen, die nicht mit Leopold Ranke verwandt waren (52 Briefe). Auffällig ist hier aber die Verteilung im Einzelnen. So fehlen anscheinend nur vier Briefe der Eltern an Leopold Ranke, aber 28 der Briefe, die Ranke an seinen Vater, seine Mutter oder beide gemeinsam richtete. Stehen den 45 erhaltenen Briefen des Schriftwechsels Leopold Rankes mit seinen Eltern 32 Verluste gegenüber, so sind scheinbar nur acht der insgesamt wohl 105 Briefe des Schriftwechsels Rankes mit seinem Bruder Heinrich verloren.
Auch die hier zutage tretende Briefstruktur läßt es als wahrscheinlich erachten, daß Leopold Ranke seine Korrespondenzen einer gewissen Selektion unterzogen hat. Die an ihn gerichteten Briefe der Eltern hat er wohl aus Pietätsgründen aufbewahrt, während seine Briefe an die Eltern aus den Jahren der Kindheit und Jugend wohl im Alter zumeist nicht mehr seinem Selbstbild entsprachen und in seinen Augen deshalb wohl nicht tradierungswürdig waren.
Insgesamt lassen sich neben den acht Mitgliedern seiner engeren Familie und vier Institutionen 54 Briefpartner nachweisen, wobei sich aber nur Briefe von 41 dieser Personen erhalten haben. Festzuhalten ist des weiteren, daß sich außerhalb der Familie nur im Hinblick auf das Ministerium der Geistlichen, Unterrichts- und Medizinal-Angelegenheiten, die Minister Altenstein und Bernstorff, den Leiter der Unterrichts-Abteilung des Ministeriums, Johannes Schulze, Rankes Verleger, Georg Reimer, Karl Benedikt Hase und Hermann Julius Christoph Baier sowohl Briefe an als auch Briefe von Ranke erhalten haben.[43]

[43] Vgl. das chronologische Verzeichnis der Briefe auf S. XXXVII–L.

Der generelle Befund, daß sich der Briefwechsel Leopold von Rankes auf wenige Personen konzentrierte, korrespondiert mit der quantitativen Auswertung der Gesamtausgabe des Briefwechsels von Richard Wagner. Das Briefkorpus des Komponisten umfaßt nach heutigem Kenntnisstand etwa 10.000 Schreiben von rund 1200 Adressaten, doch stammt letztlich etwa ein Drittel der erhaltenen Briefe nur von etwa 15 Briefpartnern, wobei Wagner allein etwa 1000 Briefe mit seinen beiden Ehefrauen wechselte.[44]

III. Textgestaltung

Im Rahmen der Gesamtausgabe des Briefwechsels von Leopold von Ranke werden alle ermittelten Briefe, soweit sie komplett überliefert sind, – im Gegensatz etwa zu den von Walther Peter Fuchs edierten Briefen Heinrich Rankes[45] – ungekürzt abgedruckt[46] und durch Register erschlossen. Auf Regesten wurde verzichtet.

Die Briefe werden chronologisch angeordnet und mit einer pro Band fortlaufenden Nummer versehen; diese Nummer wird neben dem Datum in der Kopfzeile jeder Seite vermerkt und soll das Auffinden der einzelnen Briefe erleichtern.

Vor jedem Schriftstück wird nach der Nennung von Absender und Adressat in einer ersten Zeile die Herkunft der Vorlage (V) des abgedruckten Textes angegeben, die entsprechende Archivsignatur des handschriftlich oder als Typoskript überlieferten Briefes bzw. die bibliographischen Angaben zu dem entsprechenden Druck (D).

Handelt es sich bei den im vorliegenden Band abgedruckten Briefen um Abschriften fremder Hand von eigenhändigen Schriftstücken, wie etwa bei den im Nachlaß von Bernhard Hoeft überlieferten Briefen, wurde unter der Zeile mit der Archivsignatur der Vorlage für die Edition in einer eigenen Zeile – soweit ermittelbar – die Archivsignatur angegeben, unter der die Grundlage (G) für die Vorlage (V) des edierten Briefes zum Zeitpunkt der Abschrift verwahrt wurde. Beruht eine Abschrift oder ein Druck auf einer anderen Grundlage als die für unsere Ausgabe ermittelte Vorlage, so wurde diese Grundlage, soweit ermittelt, unter den Angaben zur Abschrift oder Druck vermerkt. Auf Angaben über Teilabschriften aus der Feder Hoefts, die sich auf bereits gedruckte Briefe beziehen und zumeist nur den Anfang und den Schluß eines Schriftstücks vermerken, wurde in der Regel verzichtet. Sie wurden nur dann aufgenommen, wenn

[44] So Dr. Margret Jestremski auf dem Symposium „Schreiben für das Kunstwerk der Zukunft. Textsorten, Strategien und Inhalte in Richard Wagners Briefen und Schriften" am 15. November 2013 in Würzburg.

[45] Fuchs, Heinrich Ranke.

[46] Aktenvermerke oder andere nachträgliche Zusätze auf den Briefen werden hierbei nur in Ausnahmefällen dokumentiert.

sie Hinweise und Informationen überliefern, die an anderer Stelle nicht dokumentiert sind. In den Fällen, in denen Teilabschriften Anhaltspunkte darauf enthielten, wo sich ein im Druck vorliegendes Schriftstück zum Zeitpunkt der Abschrift durch Bernhard Hoeft befand, wurden diese Angaben stillschweigend in den Briefkopf aufgenommen. Dies war vor allem bei den durch Dove zum Druck gebrachten Briefen der Fall.

Von der sekundären Überlieferung der zahlreichen, sich zum Teil nur in sehr geringem Umfang unterscheidenden Typoskripte (TY) eines Briefes im Nachlaß von Bernhard Hoeft wurde in der Regel nur Gebrauch gemacht, wenn die dem Typoskript zu Grunde liegende Abschrift Hoefts nicht zu ermitteln war. Da es sich bei den Typoskripten zumeist nur um unterschiedlich modernisierte Versionen eines Briefes handelt, wurde für die Edition dasjenige Typoskript ausgewählt, das dem durch die eigenhändigen Briefe belegten Duktus Leopold Rankes am nächsten kam. Die Existenz der übrigen Typoskripte eines Briefes wurde im Gegensatz zur ersten Auflage des vorliegenden Bandes nicht dokumentiert.

Bei den heute im Geheimen Staatsarchiv Preußischer Kulturbesitz in Berlin unter der Signatur VI. HA Nl Hoeft Nr. 37 Kart. 4 verwahrten Schriftstücken handelt es sich wohl um das ursprüngliche Typoskript der von Bernhard Hoeft geplanten Ausgabe der Briefe an und von Ranke. In ihm sind im Gegensatz etwa zu den im GStA PK VI. HA Nl Hoeft Nr. 37 Kart. 2 verwahrten Durchschlägen Zahlen nachträglich ausgeschrieben worden; die anderen handschriftlichen Modernisierungen sind in diesen beiden Typoskripten zumeist identisch. Im Geheimen Staatsarchiv Preußischer Kulturbesitz haben sich neben Typoskripten auch die noch von Bernhard Hoeft selbst autorisierten Druckfahnen seiner Briefedition vom 9. September 1942 erhalten.[47] Nachdem der Druck des Buches bedingt durch die Zerstörungen in Hamburg während des Zweiten Weltkriegs nicht mehr hatte beendet werden können, bildete dieser erste Satz der Edition die Grundlage für das Erscheinen des Buches nach dem Tod Hoefts im Jahr 1945.[48]

Die zeitgenössischen Normierungen in den Typoskripten Hoefts wurden beim Abdruck im vorliegenden Band in der Regel ebensowenig übernommen wie andere handschriftliche Veränderungen in den Typoskripten. Eindeutige Verbesserungen von Lese- oder Tippfehlern durch Bernhard Hoeft wurden hingegen stillschweigend in den Text eingearbeitet. In den Fällen, wo sich durch nachträgliche Eingriffe der Sinngehalt des Textes verändern würde, wurde dies im textkritischen Kommentar dokumentiert.

Auf die äußerst zeitintensive Erfassung aller Drucke eines Briefes wurde verzichtet, da deren Unterschiede in der Regel inhaltlich nicht gravierend

[47] GStA PK VI. HA Nl. Hoeft Nr. 38.

[48] Vgl. Hans Herzfeld in: L. v. RANKE, Neue Briefe, S. XIII.

sind und dementsprechend dem Leser kaum Erkenntnisfortschritte bieten würden; eine Dokumentation der zumeist sprachlich normierenden Eingriffe früherer Editoren hätte zudem den textkritischen Kommentar unnötig aufgebläht. In der Zeile mit den Angaben über den Druck (D) wurde deshalb, so weit ermittelt, nur auf den Erstdruck verwiesen.

Zur eindeutigen Identifizierung der im Text erwähnten Personen wurden in der Regel drei Vornamen angeführt. Abweichend davon werden die Eltern und die Geschwister Leopold Rankes entsprechend ihrer Unterschrift bzw. ihres Rufnamens ausgewiesen, also Heinrich Ranke und nicht Friedrich Heinrich Philipp Ranke, aber Ernst Constantin Ranke. Auch im Hinblick auf bekannte Persönlichkeiten, die allgemein nur mit einem Vornamen öffentliche Bekanntheit erreichten, wurde auf die Anführung aller Vornamen verzichtet, also Friedrich von Schiller und nicht Johann Christoph Friedrich von Schiller. Die Schreibweise der Namen folgt nach Möglichkeit der eigenhändigen Unterschrift; war eine solche nicht zu ermitteln, stützt sie sich auf entsprechende zeitgenössische Angaben. Bei den Vornamen wurden keine Modernisierungen vorgenommen, also zumeist „Carl“ und nicht „Karl“ oder „Joseph“ und nicht „Josef“; wandelte sich eine Namensschreibweise, wurde nicht auf die älteste, sondern die häufigste Schreibweise zurückgegriffen, dementsprechend etwa Heydler und nicht Heidler.

Akademische Titel und Grade erscheinen nur im ausführlichen Biogramm bei der ersten Erwähnung einer Person, Adelsprädikate hingegen werden bei jeder weiteren Erwähnung im Kommentar vermerkt. Wenn eine Person nicht bereits von adeliger Geburt war, wird der Adelstitel erst ab dem Zeitpunkt der Erhebung in den Adelsstand angeführt, wobei das Prädikat mit Zeitpunkt der Verleihung in Klammern gesetzt wird. Dementsprechend wird Leopold Ranke als Person im Kommentar des vorliegenden Bandes ohne seinen Adelstitel genannt, als Autor hingegen den Angaben der jeweils zitierten Publikation entsprechend tituliert, also „Leopold Ranke, Geschichte der romanischen und germanischen Völker von 1494 bis 1514“, aber „Leopold von Ranke, Briefwerk“.

Die Angaben über den Entstehungsort sowie das Datum eines Briefes befinden sich in den Briefen an unterschiedlichen Stellen. Im Sinne einer besseren Benutzbarkeit unserer Edition wurde hier normierend eingegriffen. Beide Informationen wurden, soweit vorhanden, dem jeweiligen Brief oben rechts vorangestellt. Wenn dies nicht der ursprünglichen Plazierung entsprach, wurde dies in einer textkritischen Anmerkung vermerkt. Wurden Datum und Entstehungsort vom Bearbeiter erschlossen, so wurden die entsprechenden Angaben als Zusätze mit „⟨ ⟩“ nachgewiesen.

Allgemein wird im Text der Edition und des Kommentars zwischen drei unterschiedlichen Klammern unterschieden: den vom Briefschreiber zu-

meist verwendeten runden Klammern „( )“, den eckigen Klammern „[ ]“, die Zusätze von der Hand früherer Editoren wiedergeben, und den flachen spitzen Klammern „⟨ ⟩“, die generell nur für Zusätze des Bearbeiters verwandt wurden. Im Kommentar wurde im Fall einer Klammer in der Klammer die runde Form „( )“ durch die eckige Form „[ ]“ ersetzt.
Bei den Anführungszeichen wurde nicht dokumentiert, ob sie in der jeweiligen Vorlage oben oder unten gesetzt waren, sie wurden einheitlich vor einem Wort stets unten und nach einem Wort stets oben plaziert. Bei den Gedankenstrichen wurde deren Länge nicht abgebildet, sondern normiert; die Anzahl der Gedankenstriche wurde aber exakt wiedergegeben. Lange Striche wurden im Gegensatz zu den Gedankenstrichen dokumentiert. Bei der Plazierung der Unterschriften der Briefe wurde hingegen, wie bei den Datumsangaben, davon abgesehen, diese je nach Schriftstück entsprechend graphisch abzubilden; sie wurden generell rechts unter dem Text angeordnet.
Adreßangaben wurden in einer textkritischen Fußnote vermerkt, die dem Empfänger-Namen im Briefkopf folgt. In der Anmerkung wurde die jeweilige Angabe in Anführungszeichen gesetzt. Ein „|“ kennzeichnet an dieser Stelle, wie auch im Kommentar generell, einen Zeilenumbruch. Auf den Nachweis von Unterstreichungen oder Sperrungen, die zu einer Anmerkung in der entsprechenden Fußnote geführt hätten, wurde bei den Adreßangaben verzichtet.
Zur besseren Verständlichkeit der Texte wurden, gerade in den Briefen der Mutter Rankes, zahlreiche Satzzeichen ergänzt, wobei diese Einfügungen, wie alle anderen Zusätze des Bearbeiters, mit „⟨ ⟩“ gekennzeichnet sind. Groß- und Kleinschreibung blieben unverändert.
Gängige Abkürzungen wurden in der Regel aufgelöst. Bei der Auflösung von Abkürzungen, die mit einem Abkürzungspunkt versehen waren, wurde der Abkürzungspunkt entfernt und der Zusatz des Editors durch „⟨ ⟩“ ausgewiesen. Bei suspensiven Abkürzungen, wie etwa „n̄“, wurde der Kürzungsstrich stillschweigend in „nn“ aufgelöst. Auch Kürzel wie etwa „&“ für „und“ wurden kommentarlos aufgelöst. In den Fällen, bei denen durch die Auflösung von Abkürzungen der Buchstabenbestand verändert wurde, wie etwa bei „Ew.“ in „Euer“, wurde dies im textkritischen Kommentar vermerkt.
Auf normierende Eingriffe in den Buchstabenbestand der edierten Texte wurde ansonsten verzichtet. So wurde etwa nicht wie von Alfred Dove das zumeist von Leopold Ranke benutzte „y“ durch ein „i“ ersetzt,[49] ebenso wurde die zeitgenössische Verwendung von „th“ nicht dem heutigen

[49] Darauf deuten einige der Teilabschriften von Bernhard Hoeft hin, wie etwa im Fall von Nr. 73, wo es im Druck durch Dove lautet „bei Dir sein“ (L. v. Ranke, Lebensgeschichte, S. 93), während Hoeft festhält: „bey Dir seyn“ (GStA PK VI. HA Nl Hoeft Nr. 2).

Sprachgebrauch angepaßt, wie dies beim Druck der von Bernhard Hoeft buchstabengetreu erstellten Transkriptionen erfolgte.[50]

Generell wurde der textkritische Kommentar bewußt schlank gehalten. So wurden etwa nachträgliche Veränderungen oder Einfügungen Bernhard Hoefts in seinen Abschriften und Typoskripten in der Regel nicht kommentiert, wenn es sich um offensichtliche Verbesserungen von Flüchtigkeitsfehlern bei der ersten Transkription der Briefe handelte.[51]

Die Daten im biographischen Kommentar basieren in der Regel auf den Angaben in den gängigen Nachschlagewerken. Aus diesen entnommene Informationen werden nur dann nachgewiesen, wenn sich etwa die Ausführungen in der Neuen Deutschen Biographie und im World Biographical Information System widersprechen. Wenn nicht eindeutig zu klären war, welche Daten korrekt sind, werden beide Daten genannt und durch einen Schrägstrich getrennt, so etwa im Fall von Carl Ernst Christoph Schneider (1786–1856/1859). Gelegentlich war es nur möglich, ein Zeitfenster für ein Datum zu ermitteln; dies wurde aber so präzise wie möglich durch die Zusätze „um“, „vor“, „nach“ oder „zwischen“ eingegrenzt.

Wurde eine Information aus der Literatur entnommen, wird im jeweiligen Biogramm an der entsprechenden Stelle der spezielle Titel mit allen bibliographischen Angaben genannt. Bei mehrfach zitierten Titeln wurde nur ein Kurztitel angeführt, bei dem der Nachname des Autors in Kapitälchenschrift hervorgehoben wurde. Der vollständige Titel des zitierten Werkes findet sich im Quellen- und Literaturverzeichnis. Die nur einmal zitierten Titel hingegen wurden nicht in das Quellen- und Literaturverzeichnis aufgenommen. Die im Kommentar angesprochenen Publikationen einer im Text erwähnten Person werden in deren Biogramm mit den vollständigen bibliographischen Angaben genannt. Die Schreibweise der Buchtitel wurde nicht nach den Regeln für die alphabetische Katalogisierung (RAK) normalisiert, vielmehr folgt sie den Angaben auf den Deckblättern der zitierten Ausgaben. Abkürzungen in den Titelangaben wurden daher nicht aufgelöst.

Bei der ersten Nennung einer Person in den Briefen des vorliegenden Bandes wird im Kommentar ein ausführliches Biogramm geboten, wenn es sich um einen Zeitgenossen von Leopold Ranke handelt. Die Kommentierung orientiert sich dabei an einem festen Schema und erfolgt möglichst gleichmäßig. Die Länge der Biogramme hängt nicht nur von der öffentlichen Bedeutung der jeweiligen Person ab, sondern auch davon, welche Angaben ermittelt werden konnten. Die gebotenen Informationen sollen

[50] Vgl. hierzu etwa die Transkription (GStA PK VI. HA Nl Hoeft Nr. 37 Kart. 2) und den Druck (L. v. Ranke, Neue Briefe, S. 9–10) von Nr. 59.

[51] Etwa wenn er in Nr. 195 nachträglich in Zeile 1 „jetzt“ zu dem wohl korrekten, da dem sonstigen Sprachduktus des Vaters entsprechenden, „jezt“ verbesserte oder die Worte „und schreibst auch öfter“ nachträglich in den Text einfügte.

dem Leser ermöglichen, den Lebensweg der Person, ihre Beziehung zu den anderen in den Briefen erwähnten Menschen sowie speziell zu Leopold Ranke nachzuvollziehen. Im Gegensatz zu den Zeitgenossen Rankes werden alle anderen Personen, wie etwa antike Autoren oder frühneuzeitliche Regenten, in der Regel nur kurz mit ihren Namen, Lebensdaten, ihrem Titel oder einer knappen Amts- bzw. Berufsbezeichnung charakterisiert. Werden Zeitgenossen Rankes nach dem Biogramm in einem weiteren Brief genannt, werden in der Fußnote nur mehr ihre drei ersten Vornamen, der Nachname, die Lebensdaten sowie eine kurze Angabe zu Stand und Berufstätigkeit zum Zeitpunkt der Erwähnung genannt. In jedem Brief wird eine Person nur einmal kommentiert. Sollte sie darüber hinaus ein zweites Mal indirekt erwähnt werden, wird sie zwar mit einer Anmerkung erschlossen, nun aber nur mehr mit ihren Namen, ohne Angaben der Lebensdaten und ohne weitere Charakterisierung.

Der Aufbau jedes bei der ersten direkten Nennung angeführten Biogramms folgt – soweit die hierfür nötigen Angaben zu ermitteln waren – einem einheitlichen Schema: Vorname und Nachname der betreffenden Person (Geburtsdatum–Todesdatum), Vorname und Nachname des Vaters (Geburtsdatum–Todesdatum), Informationen zur Berufstätigkeit des Vaters sowie Vorname, Nachname und Mädchenname der Mutter (Geburtsdatum–Todesdatum), Datum des Schuleintritts, Name und Ort der besuchten Schule, Datum des Studienbeginns, Studienfach, Studienort, danach werden chronologisch alle wichtigen Stationen des beruflichen Werdegangs stichwortartig genannt, außerdem werden vor allem die Mitgliedschaft bei den Turnern, den Burschenschaften, akademischen Vereinigungen und in Freimaurer-Logen vermerkt. Besonderes Augenmerk wurde auch auf dic Dokumentation der verwandtschaftlichen Beziehungen gelegt. Wenn sich die Angaben zu den Eltern und anderen Verwandten über zwei Zeilen oder mehr erstrecken, werden sie zum besseren Verständnis mit einem Semikolon beschlossen, bevor der Lebensweg der kommentierten Person geschildert wird.

Wic bei den Vornamen wurde auch bei den Amtsbezeichnungen nicht auf die Kürze der Angaben Wert gelegt, sondern auf deren Präzision und Quellennähe: also nicht „Kultusministerium“, sondern „Ministerium der Geistlichen, Unterrichts- und Medizinal-Anglegenheiten“, und nicht etwa „Beamter“, sondern „Geheimer Oberregierungsrat“. Da es sich bei den in Briefen erwähnten Menschen zumeist um Personen handelt, die aus Preußen stammten oder in Preußen tätig waren, wurde auf den Zusatz „preußischer“ in der Regel verzichtet, wohingegen die Tätigkeit im Dienste anderer Staaten entsprechend gekennzeichnet wurde.

Ortsnamen, Flüsse und Gewässer wurden nicht kommentiert, außer wenn es für das Verständnis notwendig erschien, wie etwa im Fall der Verortung von Friedland in Mecklenburg und nicht im heutigen Landkreis Oder-Spree.[52] Gelegentlich war es darüber hinaus sinnvoll, in den Anmerkungen Ausführungen über die Lage von Orten, über ihre Sehenswürdigkeiten oder über Personen zu machen, die in den erwähnten Orten lebten, da nur so transparent wird, weshalb sich Leopold Ranke oder eine andere im dem entsprechenden Brief erwähnte Person an einem Ort aufhielt oder an einen Ort begab.[53]

IV. Ergebnisse

Neben dem Anspruch, möglichst alle Briefe von und an Ranke zu erfassen, unterscheidet sich die mit diesem Band beginnende Gesamtausgabe des Briefwechsels von Leopold von Ranke am stärksten durch die ausführliche Kommentierung der erwähnten Personen von allen bisher vorgelegten Editionen.

Um dem Benutzer dieser Edition ein tieferes Verständnis der biographischen und sachlichen Zusammenhänge zu eröffnen, hat sich der Bearbeiter bei der Kommentierung bewußt für die Erstellung von ausführlichen Lebensläufen der in den Briefen direkt oder implizit erwähnten Personen entschieden. Dies verlängerte zwar die Bearbeitungszeit der Texte wesentlich, doch werden so Zusammenhänge sichtbar, die ohne die zeitintensiven Recherchen des Bearbeiters unbemerkt blieben. Es ist eben nicht so, daß sich „die Texte selbst einander gegenseitig erläutern“, wie es Alfred Dove postulierte.[54]

An dieser Stelle soll im Folgenden keine neue Biographie des jungen Leopold Ranke geboten werden, wie sie etwa vor kurzem Dominik Juhnke vorgelegt hat,[55] sondern nur auf einige der neuen Erkenntnisse im Hinblick auf die unterschiedlichen Bereiche des Lebens Rankes, auf seine persönliche, soziale, politische und wissenschaftliche Lebenswelt hingewiesen werden, die sich dem Leser bei der Lektüre des neu erarbeiteten Kommentars erschließen.

Der überarbeitete Erste Band der Gesamtausgabe des Briefwechsels Rankes setzt nicht wie die vorausgegangene Auflage 1813, sondern bereits 1810 ein, da es dem Bearbeiter gelang, in den Beständen des Geheimen Staatsarchivs Preußischer Kulturbesitz in Berlin ein bisher unbekanntes Stammbuchblatt aus der Feder Rankes zu ermitteln. Diesem kommt nicht nur deshalb eine besondere Bedeutung zu, weil es drei Jahre vor dem bisher ersten bekannten Brief an Leopold Ranke verfaßt wurde, sondern vor

[52] Vgl. Nr. 42.
[53] Vgl. etwa Nr. 152 oder 179.
[54] Vgl. L. v. Ranke, Lebensgeschichte, S. VI.
[55] Dominik Juhnke: Leopold Ranke. Biografie eines Geschichtsbesessenen. Berlin 2015, S. 11–42.

allem, weil es Rankes enge persönliche Beziehung zu einem seiner Obergesellen dokumentiert. Jener wird zwar nicht namentlich genannt, doch ist er mit großer Wahrscheinlichkeit als Karl Friedrich Schmidt zu identifizieren.[56] Dies würde den frühen persönlichen Kontakt Leopold Rankes zu Johann Wilhelm Süvern erklären, da Schmidt gemeinsam mit dessen jüngerem Bruder, Ernst August Süvern, im Lützowschen Freikorps gekämpft hatte. Dementsprechend handelt es sich bei dem Gesprächspartner des Studenten Ranke im Jahr 1819 nicht, wie bisher angenommen,[57] um den Wirklichen Geheimen Oberregierungsrat und Mitdirektor der Abteilung für den öffentlichen Unterricht im Ministerium der Geistlichen, Unterrichts- und Medizinal-Angelegenheiten Johann Wilhelm Süvern, sondern um Ernst August Süvern, was auch die Formulierung erklärt, daß Ranke „die Sache beim Ministerium zur Sprache bringen" solle.[58] Das Stammbuchblatt aus dem Jahr 1810 erklärt aber nicht nur die ausgesprochen frühen persönlichen Beziehungen Leopold Rankes zur Familie von Johann Wilhelm Süvern, der im Jahr 1824 maßgeblich an der Berufung Rankes nach Berlin mitwirken sollte, sondern auch die persönliche Beziehung Leopold Rankes zu Friedrich Ludwig Jahn,[59] dessen Schreibtisch Ranke nach der Verhaftung des Spiritus Rector der Turnerbewegung kaufte und an dem er bis ins hohe Alter schrieb.[60] Wie Rankes Obergeselle Schmidt und Ernst August Süvern war Jahn nämlich Seconde-Lieutenant im Lützowschen Freikorps. Jahn war zudem Führer einer Companie, Süvern Bataillons-Adjutant, Schmidt Führer eines Schützenzuges.[61] Das hier abgedruckte Stammbuchblatt aus Rankes Schulzeit in Pforta weist also darauf hin, auf welche Weise Leopold Rankes enge Kontakte zu Angehörigen des Lützower Freikorps und der Turnbewegung wahrscheinlich entstanden sind, und daß es wohl keineswegs so war, wie Leopold Ranke in der Selbststilisierung des Diktats vom Mai 1869 betonte, daß er „erst" 1820 und nur durch seinen Bruder Heinrich „in gewisse Verbindung mit dem Thun und Treiben" der Turner gebracht worden sei.[62]

Welche Bedeutung Rankes persönliche Beziehungen aus seiner Schulzeit auch für sein Werk hatten, wird sichtbar, wenn man weiß, daß der Zensor seines Erstlingswerks, Johann Gottfried Gruber, ein Schüler von Karl David Ilgen war,[63] der während der Schulzeit Leopold Rankes und seiner Brüder als Rektor der Landesschule in Pforta wirkte, und daß Gruber den

[56] Vgl. Nr. 1, Anm. 1.
[57] So etwa in L. v. Ranke, Briefwerk, S. 10.
[58] Vgl. Nr. 44.
[59] Vgl. Nr. 43 und Nr. 44.
[60] Vgl. Nr. 72.
[61] Vgl. Nr. 1, Anm. 1.
[62] Vgl. L. v. Ranke, Lebensgeschichte, S. 36.
[63] Vgl. Nr. 74, Anm. 15.

Gebrüdern Ranke ausgesprochen gewogen war, was Empfehlungsschreiben für Heinrich und Ferdinand Ranke[64] sowie der Besuch Wilhelm Rankes bei Gruber zu Hause[65] dokumentieren. Leopold Rankes „Geschichten der germanischen und romanischen Völker" wurde also nicht von einem Zensor vor der Drucklegung gelesen, der bestimmte Inhalte oder Aussagen unterdrücken wollte, sondern letztlich von einem Freund der Familie Ranke redigiert.

Das wichtigste Beziehungsgefüge für Leopold Rankes beruflichen Aufstieg und seine Formation als Wissenschaftler aber war die „Societas Graeca". In diesem Kreis von Studenten, die sein akademischer Lehrer Johann Gottfried Jakob Hermann um sich versammelte und der „ganz im Allgemeinen auf Verständnis und Erklärung griechischer Schriftsteller gerichtet" war,[66] erfuhr Ranke seine entscheidende Prägung; aus der „Societas Graeca" erwuchs für ihn ein Netzwerk, das für sein ganzes weiteres Leben von entscheidender Bedeutung war.[67]

Die Aufnahme in die „Societas Graeca" verdankte Leopold Ranke wohl nicht zuletzt Carl Ernst Christoph Schneider, einem neun Jahre älteren, zu diesem Zeitpunkt bereits drei Jahre promovierten Philologen, dessen „Stubengenosse" Ranke am Anfang seines Studiums war.[68] Dies erstaunt nicht, stammte Schneider doch wie Ranke aus Wiehe. Daß Ranke seine enge Verbindung zu Schneider, der ab 1816 in Breslau als Professor der klassischen Literatur und Mitdirektor des dortigen Philologischen Seminars wirkte, später nicht besonders betont hat, lag wohl auch daran, daß er befürchtete, ihm könnte das Bekanntwerden des engen Kontakts zu einem der aktivsten Anhänger von Friedrich Ludwig Jahn schaden. Während seiner frühen Studienjahre dürfte Ranke aber die Nähe zu dem älteren und von seinem Doktorvater, Johann Gottfried Jakob Hermann, sehr geschätzten Schneider durchaus nützlich gewesen sein; ebenso wie die von Ranke bewußt aufrecht erhaltene und gepflegte Beziehung zum Direktor seiner alten Schule in Pforta, Karl David Ilgen, der in seiner Jugend Hermann als Privatschüler unterrichtet hatte.

Nach dem Abschluß des Studiums war es ein Mitglied der „Societas Graeca", das entscheidenden Einfluß auf den Lebensweg von Leopold Ranke hatte. Ernst Friedrich Poppo, der 1818 zum Direktor des Friedrichs-

[64] Vgl. Nr. 87 und Nr. 98.

[65] Vgl. Nr. 198.

[66] Vgl. Koechly, Hermann, S. 81.

[67] Ein „Index Sodalium Societatis Graecae" für die Jahre 1799 bis 1840 ist abgedruckt bei Koechly, Hermann, S. 257–259, wobei Koechly aber betont, daß diese Liste keineswegs vollständig ist.

[68] Vgl. Nr. 17; in seinem Diktat vom Oktober 1863 erwähnte Ranke Carl Ernst Christoph Schneider zwar, doch machte er ihn um drei Jahre älter; zugleich verschwieg er seinen engen Kontakt zu ihm am Beginn des Studiums in Leipzig und betonte stattdessen seine enge Beziehung zu Schneiders Bruder Wilhelm (vgl. L. v. Ranke, Lebensgeschichte, S. 8).

Gymnasiums in Frankfurt an der Oder berufen worden war, vermittelte Leopold Ranke an seiner Schule eine Stelle als Lehrer, obwohl Ranke zu diesem Zeitpunkt seine Lehramtsprüfung noch nicht abgelegt hatte.[69]
Auch bei der Berufung nach Berlin war ein Mitglied der „Societas Graeca" an maßgeblicher Stelle für Ranke tätig: Johannes Karl Hartwig Schulze. Er war bereits 1807 von Johann Gottfried Jakob Hermann in die „Societas Graeca" aufgenommen worden.
Als letztes Mitglied der „Societas Graeca", das für Ranke von entscheidener Bedeutung war, sei nur noch Friedrich Wilhelm Thiersch genannt. Im vorliegenden Band ist er zwar nur mit einem, zudem nicht leicht zu interpretierenden Brief vertreten, doch spielte er als Präsident der Bayerischen Akademie der Wissenschaften eine wichtige Rolle, als Leopold Ranke 1858 in München die Historische Kommission gründete.
Die vier ausgewählten Beispiele zeigen, daß letztlich an den meisten zentralen Wegmarken von Rankes Leben Mitglieder der „Societas Graeca" eine entscheidende Rolle spielten: beim Wechsel von der Schule an die Universität, beim Wechsel von der Universität ins Berufsleben, beim Wechsel von der Tätigkeit als Lehrer in das Amt eines Professors sowie bei der wichtigsten wissenschaftspolitischen Maßnahme Rankes, die bis heute fortwirkt.
Die Grundlage für Leopold Rankes Aufstieg aber war seine Familie.[70]
Rankes Eltern spielten zwar, gemessen an den Beziehungsnetzen, die sich Ranke selbst während seiner Schulzeit und seines Studiums aufbaute, keine unmittelbare Rolle für Rankes späteres Fortkommen, doch war ihre stete materielle Unterstützung[71] die zentrale Voraussetzung für seinen Lebensweg. Ohne die Zuwendungen von Seiten seiner Eltern hätte er trotz seiner vielfältigen Begabungen, trotz der erfolgreich absolvierten Aufnahmeprüfung für die Landesschule[72] und trotz zweier Stipendien[73] weder die herausgehobene Bildungseinrichtung in Pforta besuchen, noch die Kosten für ein Studium bestreiten können.
Die Familie, in die Leopold Ranke hineingeboren wurde, legte aber nicht nur finanziell die Basis dafür, daß Ranke seine Begabungen entfalten konnte; auch seine Brüder trugen nicht unwesentlich zu seinen Erfolgen bei. So ist etwa die Berufung Leopold Rankes zum Professor an der Friedrich-

[69] Vgl. Nr. 32.
[70] Einen Blick auf die Bedeutung des Elternhauses für Ranke aus der Sicht der Familie bieten ein Aufsatz seiner Enkelin Ermentrude (Ermentrude von Ranke: Leopold von Rankes Elternhaus, in: Archiv für Kulturgeschichte 48 [1966], S. 114–132), sowie die bisher ausführlichste Darstellung zu diesem Thema, die Dissertation des Sohnes von Ermentrude von Ranke (Gisbert Bäcker⟨-Ranke⟩: Ranke und seine Familie. Kulturgeschichtl. Bild e. dt. Gelehrtenfamilie im 19. Jh. Diss. masch. Bonn 1955).
[71] Vgl. etwa Nr. 6, 8 oder 19.
[72] Vgl. L. v. Ranke, Lebensgeschichte, S. 16–17.
[73] Vgl. Nr. 19.

Wilhelms-Universität in Berlin wohl nicht nur auf „das innovative Gewicht der Rankeschen Frühwerke" zurückzuführen,[74] sondern wohl auch durch das Beziehungsgeflecht gefördert worden, in das sein Bruder Ferdinand während seiner Studienzeit in Halle eintrat. Heinrich Ranke, der mit Carl Ludwig Georg von Raumer bereits länger bekannt war, „veranlasste" Ferdinand Ranke schon bald nach der Aufnahme seines Studiums der Theologie und Philologie in Halle, sich Raumer vorzustellen. In dessen Hause lernte Ferdinand Ranke dann den Professor für Romanistik, Ludwig Gottfried Blanc, und dessen Schwägerin Fanny Pollau kennen.[75] Blanc wiederum war dem Geheimen Oberregierungsrat und Vortragenden Rat im Ministerium der Geistlichen, Unterrichts- und Medizinal-Angelegenheiten Johannes Karl Hartwig Schulze bereits während dessen Studienzeit in Halle „nahe getreten". Schulze wohnte als Student zudem im Sommer 1806 im „Fleischerschen Garten", wo außer ihm auch die Cousine der Mutter von Leopold Rankes Doktorvater, Nannette Esther Marguerite Pollau, verw. Juncker, geb. Plantier, zusammen mit ihren Töchtern Charlotte und Fanny lebte.[76] Charlotte Juncker heiratete 1816 Blanc, während sich Fanny Pollau 1824 mit Ferdinand Ranke verlobte.[77] Daß der zukünftige Schwager von Rankes Bruder seinem Jugendfreund, einem der beiden zuständigen Referenten im Ministerium, im Oktober 1824 – also vor dem Erscheinen von Rankes Erstlingswerk – schrieb, um ihn auf das Buch „aufmerksam" zu machen,[78] nachdem er bei der Lektüre von dessen Druckfahnen „ganz entzückt" gewesen war,[79] dürfte durchaus zur Berufung Rankes nach Berlin beigetragen haben.

Abschließend soll an dieser Stelle noch auf die frühe Förderung hingewiesen werden, die der junge Ranke durch Freimaurer in seinem Umfeld erfuhr. Sie begann bereits in Pforta durch seinen Lehrer Adolf Gottlob Lange, den Meister vom Stuhl der Freimaurer-Loge „Zu den drei Hammern" in Naumburg.[80] Sie setzte sich fort durch Ferdinand Heinrich von Breitenbauch, den Meister vom Stuhl der Freimaurer-Loge „Zum Zirkel der Eintracht" in Naumburg, eines „alten Gönners" der Gebrüder Ranke.[81] Für Leopold Rankes Zeit in Frankfurt an der Oder finden sich in den erhaltenen Mitglieder-Listen der Loge „Zum aufrichtigen Herzen" die Namen

[74] Vgl. Wolfgang Neugebauer: Wissenschaftsautonomie und universitäre Geschichtswissenschaft im Preußen des 19. Jahrhunderts, in: Rüdiger vom Bruch (Hg.): Die Berliner Universität im Kontext der deutschen Universitätslandschaft (= Schriften des Historischen Kollegs, Kolloquien, Bd. 76). München 2010, S. 129–148, hier 134–135.

[75] F. Ranke, Leben in Briefen, S. 39 sowie 45–46.

[76] Vgl. Varrentrapp, Johannes Schulz, S. 42–43 sowie Nr. 156.

[77] Vgl. Nr. 191.

[78] Vgl. Nr. 222.

[79] Vgl. Nr. 220.

[80] Vgl. Nr. 7.

[81] Vgl. Nr. 175.

zahlreicher Personen aus Rankes unmittelbarem Umfeld, sei es des Polizeiinspektors Gottlob Wilhelm Reinherz Schäffer[82], des Justizkommissars Karl Ludwig Heinrich Bardeleben[83], des Weinhändlers Ernst Friedrich Adolf Schiffmann[84] oder des Buchhändlers Johann Heinrich Hoffmann[85]; Friedrich August Ludwig Ahlemann, der Schwager von Friederike Wilhelmine Ahlemann, einer der besonderen Vertrauten Rankes, oder Carl Friedrich Schulz, ein flüchtiger Bekannter Rankes in Mühlberg,[86] gehörte ebenfalls dieser Loge an.[87] Auch die für Rankes Berufung zuständigen Vortragenden Räte im Ministerium der Geistlichen, Unterrichts- und Medizinal-Angelegenheiten waren Freimaurer: Johann Wilhelm Ernst Süvern war 1796 in die Loge „Zu den drei Degen" in Halle eingetreten, zu deren Mitgliedern auch sein akademischer Lehrer Friedrich August Wolf und Ludwig Gottfried Blanc, der zukünftige Schwager Ferdinand Rankes, zählten. Nachdem Süvern eine gewisse Zeit der Loge „Royale York de l'amitié" in Berlin und der Loge „Zum Bienenkorb" in Thorn angehört hatte, war er in Elbing 1805 zum „Meister vom Stuhl" der Loge „Constantia zur gekrönten Eintracht" aufgestiegen; 1810 trat er dann nach dem beruflichen Wechsel nach Berlin in die dortige Loge „Zur Eintracht" ein.[88] Sein Kollege Johannes Karl Hartwig Schulze, auf dessen Bedeutung für die Berufung Leopold Rankes an die Universität nach Berlin bereits hingewiesen wurde, war wie Süvern ebenfalls ein besonders aktiver Freimaurer.[89]

Die verschiedenen vorgestellten Lebensbereiche und Personen verdeutlichen, wie komplex das Beziehungsgefüge war, in dem sich Leopold Rankes Aufstieg vollzog. Es lassen sich zwar einzelne Gruppen fassen, die auf Rankes Leben Einfluß hatten, doch waren die Übergänge zwischen diesen durchaus fließend. So war etwa Rankes Lehrer Lange nicht nur Freimaurer, sondern zugleich auch Mitglied der „Societas Graeca"; dies gilt ebenso für Süvern und Schulze. Blanc wiederum war nicht nur mit Leopold Ranke verwandt, sondern auch als Freimaurer aktiv, doch verband ihn mit Johannes Karl Hartwig Schulze wohl stärker die gemeinsame Studienzeit als die beiderseitige Logenzugehörigkeit. Dementsprechend läßt sich sicher im-

[82] Vgl. Nr. 90.
[83] Vgl. Nr. 73.
[84] Vgl. Nr. 173.
[85] Vgl. Nr. 45.
[86] Vgl. Nr. 152.
[87] Vgl. GStA PK I. HA Rep. 77 Tit. 267 Nr. 1 Adhib. 2 Bd. 1. Auffällig ist, daß im Gegensatz hierzu keines der Mitglieder der anderen Frankfurter Freimaurer-Loge, der Loge „Euthanasia zur Unsterblichkeit", im Briefwechsel Rankes erwähnt wird (vgl. GStA PK I. HA Rep. 77 Tit. 267 Nr. 1 Adhib. 3 Bd. 1).
[88] Gerlach, Logen in Pommern, Preußen und Schlesien, S. 452, Nr. 216; Gerlach, Logen in Berlin, S. 560, Nr. 1014.
[89] Vgl. Nr. 212.

mer nur im Einzelfall nach einer detaillierten Analyse des jeweiligen Kontextes sagen, was für eine Person in einer jeweiligen konkreten Situation den Ausschlag gab. Festzuhalten ist des weiteren, daß es Leopold Ranke ausgesprochen geschickt verstand, das jeweilige Beziehungsgeflecht für seine Zwecke zu nutzen.

V. Quellenkritik

Bei der Lektüre des Ranke-Briefwechsels ist es wichtig, sich stets bewußt zu machen, unter welchen Bedingungen die hier im Druck vorgelegten Briefe entstanden sind. Sie stammen aus einer Zeit, als das Briefgeheimnis nicht staatlich garantiert wurde, sondern vielmehr staatliche Überwachungsmaßnahmen das öffentliche wie das private Leben prägten.
Dementsprechend bedienten sich sowohl Ranke als auch seine Korrespondenzpartner immer wieder Formulierungen und Wendungen, deren subkutaner Sinn sich nur den Eingeweihten erschloß. So erzählt Leopold Ranke etwa in seinem Brief an Hermann Julius Christoph Baier vom 19. Januar 1820, daß sein Bruder Heinrich Ranke eingetreten sei und ihn dränge, den Brief zu beenden.[90] Die Warnung an Baier in diesem Kontext „Hüte Dich in Zukunft vor ihm, wenn Du Briefe schreibst." bezog sich dabei aber wohl keineswegs auf eine tatsächliche Handlung Heinrich Rankes, sondern vielmehr darauf, daß etwa zwei Wochen davor, konkret am 4. Januar 1820, im Rahmen von Maßnahmen der Demagogenverfolgung Briefe Baiers und anderer an Heinrich Ranke von der Polizei beschlagnahmt worden waren.[91]
Angesichts der staatlichen Kontrolle der Post bedienten sich die damaligen Verfasser von Briefen aber nicht nur einer sehr subtilen Wortwahl, sondern zum Teil gezielt auch konspirativer Maßnahmen. So wurden zur Übermittlung bestimmter Informationen keine Briefe verwandt, sondern wurden die Sachverhalte vielmehr nur mündlich weitergegeben.[92] Briefe wurden in gewissen Fällen bewußt nicht mit der öffentlichen Post verschickt,[93] sondern vertrauten Personen[94] zur Zustellung mitgegeben. Ließ sich der staatlich kontrollierte Transport eines Briefes nicht vermeiden,

[90] Vgl. Nr. 53.
[91] Vgl. H. Ranke, Jugenderinnerungen, S. 144–149.
[92] So sandte Heinrich Ranke etwa Eduard Schwarzenberg, der der Ur-Burschenschaft angehörte, zu Leopold Ranke und bezeichnete ihn „als mein lebendiger Brief" (vgl. Nr. 25); Leopold Ranke wiederum forderte seinen Bruder Heinrich auf, sich von seinem Boten schriftlich nicht fixierte Informationen „erzählen" zu lassen (vgl. Nr. 208).
[93] Darauf deuten etwa Adress-Vermerke wie „Leopold" (Nr. 105), „An Leopold Ranke" (Nr. 86), „Sr. Hochwohlgeboren, dem Herrn Mag. Ranke in Leipzig" (Nr. 26) oder „Herrn Dr. Ranke zu Frankfurt" (Nr. 49).
[94] So etwa Geschwistern (Nr. 207) oder Freunden (Nr. 123, Nr. 163, Nr. 208; vgl. hierzu auch Dürre, Aufzeichnungen, S. 276–277 und 286).

wurde der Brief manchmal nicht direkt an die Zielperson, sondern an eine andere Person adressiert, die das Schriftstück mit einem neuen Kuvert und einem anderen Absender versah und erst dann den Brief an den gewünschten Empfänger weiterleitete.[95] Gelegentlich wurden von der Person, die einen Brief in Vertretung empfing, auch nur unverfängliche Auszüge an den eigentlichen Adressaten übermittelt.[96]

Absender und Empfänger waren sich stets bewußt, daß ihre Korrespondenz unter Umständen von den staatlichen Stellen mitgelesen wurde, und dies nicht nur in den Fällen, wo ein erbrochenes, lockeres oder fehlendes Siegel eindeutig darauf hinwies.[97] Gelegentlich wurden dementsprechend wohl sogar Passagen in den Texten ganz gezielt für die Zensoren geschrieben. So richteten sich etwa die preußen-kritischen und bayernfreundlichen Ausführungen des Briefes von Leopold Ranke an Friedrich Wilhelm Thiersch vom 28. April 1822 wahrscheinlich mehr an die Angehörigen der bayerischen Behörden als an den Empfänger des Briefes.[98] Dies dürfte auch für die Formulierung Rankes gelten, daß er für Thiersch ein ganz Unbekannter sei, wenn man bedenkt, daß Leopold Ranke nur einen guten Monat nach dem jüngeren Bruder von Friedrich Wilhelm Thiersch in die Landesschule in Pforta aufgenommen worden war, Ranke und Johann Bernhard Heinrich Thiersch fünf Jahre später diese am selben Tag verließen, beide sich an zwei aufeinander folgenden Tagen in Leipzig immatrikulierten und beide bei Johann Gottfried Jakob Hermann studierten. Auch die Beziehung zwischen dem Absender, dem Empfänger und drei der im Brief namentlich genannten Personen wurde von Leopold Ranke wohl bewußt verschleiert, so daß den damaligen Zensoren, aber auch einem nicht-informierten heutigen Leser des Briefes deren Zusammenhang nicht nachvollziehbar gewesen sein dürfte bzw. ist: Adolf Gottlob Lange und Ernst Friedrich Poppo waren ebenso wie Friedrich Wilhelm Thiersch und Leopold Ranke Mitglieder der in Leipzig von Johann Gottfried Jakob Hermann ins Leben gerufenen „Societas Graeca".

Besonders bezeichnend für die Atmosphäre, in der der hier im Druck vorgelegte Briefwechsel Leopold Rankes entstand, ist, daß Ranke zwar bereits kurz nach ihrem Erscheinen im Jahr 1819 die Publikation „Teutschland und die Revolution" von Joseph Görres besaß, er sich aber andererseits der Folgen für den Autor – des Verlusts seiner beruflichen Existenz und der Emigration, um einer Verhaftung zu entgehen – sehr wohl bewußt

[95] Vgl. Nr. 76, Nr. 163 oder Dürre, Aufzeichnungen, S. 251.

[96] Vgl. Nr. 180 und 183.

[97] Vgl. etwa Brief Nr. 212, in dem Leopold Ranke seinen Bruder darauf hinwies, daß er dessen Brief mit einem um zwei Tage vom Abfassungsdatum abweichenden „Postzeichen" sowie „ohne alles Siegel, also wahrscheinlich von fremder Hand geöffnet, doch ohne auffallende Verletzungen erhalten" habe; vgl. hierzu auch Dürre, Aufzeichnungen, S. 251.

[98] Vgl. Nr. 115.

war, weshalb er auch seinen Bruder Heinrich ausdrücklich vor den Folgen möglicher Handlungen warnte, indem er ihn explizit auf das Schicksal von Joseph Görres hinwies: „Da kannst Du sehen, was Du zu erwarten hast".[99]

In der Forschung sind die bisher zumeist nur unkommentiert vorliegenden Briefe von und an Leopold Ranke in der Regel unreflektiert als Belegstellen für biographische Informationen herangezogen wurden. Für Eugen Guglia[100], Hans F. Helmolt[101] und andere war der Briefwechsel Rankes letztlich nur eine Fundgrube für die Biographie Rankes. Alfred Dove ging sogar davon aus, daß seine Briefsammlung zum Leben Rankes eine „Biographie des großen Historikers für immer unnötig gemacht" habe.[102] Der vorliegende Erste Band der Gesamtausgabe des Briefwechsels von Leopold von Ranke möchte mit Hilfe der ausführlichen biographischen Kommentierung die Verortung der einzelnen Briefe im Spannungsverhältnis zwischen Selbstvergewisserung und Selbstinszenierung Rankes ermöglichen, zugleich durch zusätzliche Informationen Zusammenhänge sichtbar machen, die Ranke nicht bewußt waren oder die er absichtlich verschwieg, und so Material für eine noch zu schreibende historisch-kritische Biographie Leopold Rankes liefern.

VI. Dank

Die Überarbeitung des Ersten Bandes der Gesamtausgabe des Briefwechsels von Leopold von Ranke wurde dem Bearbeiter zum 1. Januar 2009 vom damaligen Präsidenten der Historischen Kommission bei der Bayerischen Akademie der Wissenschaften, Prof. Dr. Lothar Gall, übertragen.

Unterzog sich der Bearbeiter der übernommenen Aufgabe anfänglich allein, so entwickelte sich im Lauf der Zeit durch seine Berufung an die Julius-Maximilians-Universität Würzburg sowie die Erhöhung der Förderung durch die DFG eine Arbeitsgruppe und entschlossen sich der Herausgeber und der Bearbeiter für die weiteren Bände zu einem arbeitsteiligen Vorgehen.

Nachdem durch Elisabeth Götz-Lukas M.A. die von Dr. Günter Johannes Henz sowie von Prof. Dr. Jürgen Müller und Dr. Eckhardt Treichel dokumentierten Fehler des Ersten Bandes verbessert worden waren und

[99] H. Ranke, Jugenderinnerungen, S. 211.

[100] Eugen Guglia, Leopold von Rankes Leben und Werke. Leipzig 1898.

[101] Helmolt, Leben und Wirken.

[102] Vgl. L. v. Ranke, Neue Briefe, S. XIX; Herzfeld nimmt hier ohne Beleg auf einen Brief Doves Bezug (Alfred Dove an Otto Gierke, 8. Dezember 1890; Druck: Alfred Dove: Ausgewählte Aufsätze und Briefe, Bd. 2: Ausgewählte Briefe. Hrsg. und eingeleitet von Oswald Dammann. München 1925, S. 148–154; die Ausführungen Doves zum Briefwechsel befinden sich auf S. 152).

der neue Bearbeiter das von Prof. Dr. Ulrich Muhlack und Dr. Oliver Ramonat gesammelte Material übernommen hatte, wurden diese Kopien von Martina Göß in einem ersten Arbeitsschritt neu geordnet.

Bei der Überarbeitung der ersten Auflage des Bandes zeigte sich relativ bald, daß keineswegs nur das Textkorpus der Briefe unzuverlässig war, sondern sich vielmehr in den Kommentar fast noch mehr Fehler eingeschlichen hatten als in die Transkriptionen. Auch die Signaturen der verwendeten Archivalien, das Quellen- und Literaturverzeichnis sowie die Register erwiesen sich als durchgängig unzuverlässig.

Angesichts der Vielzahl der ermittelten Fehler wurde daraufhin der bisherige Kommentar von Herausgeber und Bearbeiter gemeinsam überarbeitet und jeder Brief erneut kollationiert. Da es sich hierbei zeigte, daß für die Sicherstellung der nötigen Präzision des edierten Textes die Benutzung von Digitalisaten wesentlich besser geeignet war als Kopien, wurden vom Bearbeiter in den Archiven Digitalisate in Auftrag gegeben. Sabrina Stahl hat es übernommen, diese mit neuen Dateinamen zu versehen und sowohl nach Überlieferungsgrad (Konzept, Ausfertigung, Abschrift, Typoskript, Druck) als auch chronologisch zu ordnen. Sie hat darüber hinaus auch die Einpflegung der Digitalisate der vom Bearbeiter neu ermittelten Briefe des Ersten Bandes sowie die Verwaltung der von zahlreichen Hilfskräften in Eichstätt (Corinna Grüneberg M.A., Doris Wagner M.A.) und Würzburg (Elaine Eckert, Sabrina Holzhofer, Dr. Sascha Weber, Sarah Zimmermann) erstellten Transkriptionen für die weiteren Bände vorgenommen. Nicole Steinrücken, Sabrina Holzhofer, Jens Detzer B.A., Privatdozent Dr. Georg Eckert und Sabrina Stahl haben sich um die Erstellung der Register verdient gemacht. Dr. Martina Neumeyer hat alle Literaturangaben sowie alle fremdsprachigen Angaben überprüft und gegebenenfalls korrigiert. Frau Prof. Dr. Elisabeth Stein, Wuppertal, war so freundlich, die Richtigkeit der altgriechischen und lateinischen Zitate zu überprüfen. Peter Zimmermann, Eichstätt, wiederum stand dem Bearbeiter im Hinblick auf die Erstellung des Satzes der Druckdateien, wo nötig, stets mit seinem kompetenten Rat zur Seite.

Im Rahmen ihrer Recherchen erfuhr unsere Arbeitsgruppe von zahlreichen Institutionen und Personen Unterstützung.

An erster Stelle ist hier Dr. Siegfried Baur von der Handschriftenabteilung der Staatsbibliothek Berlin zu nennen, der beste Kenner des heute in der Berliner Staatsbibliothek verwahrten wissenschaftlichen Nachlasses von Leopold von Ranke. Er ist dem Bearbeiter und Dr. Rolf Straubel immer wieder bei der Klärung offener Fragen sowie mit Informationen zur Einordnung einzelner Stücke zur Seite gestanden.

Einzelne, konkrete Daten für den vorliegenden Band verdanken wir Achim Blankenburg (Handschriftenabteilung der ThULB Jena), Markus Cottin

(Vereinigte Domstifter, Domstiftsarchiv Merseburg), Gisela Hintzsche (Evangelisch-reformierte Domgemeinde Halle), Sylvia Hünert (Archiv MLU Halle), Karin Keller (Archiv MLU Halle), Susanne Knackmuß (Streitsche Stiftung Berlin), Susanne Kröner (Stadtarchiv Naumburg), Matthias Ludwig (Vereinigte Domstifter, Domstiftsarchiv Naumburg), Sigrun Reinhardt (GStA PK Berlin), Dr. Peter Rohrlach (Streitsche Stiftung Berlin), Robert Violet (Französisch-reformierte Kirche zu Berlin), Gudrun Weikert (Archiv MLU Halle) und Petra Mücke, geb. Dorfmüller, M.A. (Archiv und Bibliothek Landesschule Pforta). Sie alle haben uns ausnahmslos umgehend und mit Nachdruck unterstützt.

In ganz besonderer Weise ist der Bearbeiter dem Vorsitzenden des Ranke-Vereins in Wiehe, Gottfried Braasch, zu Dank verpflichtet. Er hat ihm in selbstloser Art und Weise aus seinem in Jahrzehnten gesammelten Material zu den Angehörigen der engeren und weiteren Familie Ranke sowie zum Umfeld Leopold Rankes in Wiehe zahlreiche biographische Informationen zur Verfügung gestellt. Ohne diese in mühevollster Arbeit aus den Matrikeln gewonnenen Daten hätte der Personen-Kommentar in dieser Dichte nicht erstellt und somit auch manche Neudatierung einzelner Briefe nicht vorgenommen werden können.

Aus den Kirchenbüchern, die im Archiv der Kirchenprovinz Sachsen, im Evangelischen Landeskirchlichen Archiv Berlin, im Evangelischen Zentralarchiv, im Geheimen Staatsarchiv Preußischer Kulturbesitz Berlin und im Kirchlichen Archiv Leipzig verwahrt werden, hat Dr. Rolf Straubel, der dem Bearbeiter seit 2011 bei der Erstellung der nächsten Bände der Ranke-Korrespondenz zur Seite stand, zentrale Informationen zu den Verwandtschaftsbeziehungen zahlreicher in den Briefen erwähnter Personen ermittelt. Alle in diesem Band mit den entsprechenden Signaturen gekennzeichneten Daten basieren auf seinen intensiven Recherchen, für die der Bearbeiter ihm zu tiefem Dank verpflichtet ist.

Würzburg, im Herbst 2015 Dietmar Grypa

Chronologisches Verzeichnis der Briefe

Nr. 1

Leopold Ranke an Karl Friedrich Schmidt[1]

V: GStA PK VIII. HA Rep. C Nr. 71 (eigenhändig)

Pforta[2]⟨,⟩ am 13ten April 1810.[a]

Dich führe durch das mild begränzte Leben
Ein gnädiges Geschick.
Ein reines Herz hat Dir Natur gegeben,
O bring es rein zurück.

[a] Orts- und Datumsangabe in der Vorlage unter dem Text links.

[1] Am 18. April 1810 verließen insgesamt zwölf Schüler die Landesschule in Pforta: Friedrich August Fiedler (1792–1850), Wilhelm Kritz (1793–1865), Johann Franz Kuhn (1789–1840), Heinrich Wilhelm Labes (1789–1865), Friedrich Gottlob Merz (1790–vor 1837), Gregorius Wilhelm Nitzsch (1790–1861), Karl Friedrich August Nobbe (1791–1878), August Reisig (1791–1884), Ferdinand Schleusner (1792–1873), Karl Friedrich Schmid(t) (1791–1815), Friedrich August Wilhelm Spohn (1792–1824), August Ferdinand Tischer (1791–1866) (vgl. Hoffmann, Pförtner Stammbuch, Nr. 8308, S. 328; Nr. 8337, S. 330; Nr. 8396, S. 333; Nr. 8291, S. 327; Nr. 8319, S. 329; Nr. 8383, S. 332; Nr. 8295, S. 328; Nr. 8321, S. 329; Nr. 8344, S. 330; Nr. 8329, S. 329; Nr. 8324, S. 329; Nr. 8341, S. 330). Für Karl Friedrich Schmidt als Empfänger des Stammbuchblattes spricht, daß Schmidt am 18. April 1810 auch von Johann Ludwig Christoph Döderlein, der zeitweise in Pforta mit Leopold Ranke am Tisch gesessen hatte (vgl. Nr. 154; zur Verteilung der Ober-, Mittel- und Untergesellen auf die verschiedenen Tische der zwölf Stuben vgl. ausführlich Johann Ludwig Christoph Döderlein an Rosine Eleonore Niethammer, geb. Eckhardt, verw. Döderlein, 30. November 1807; Druck: Simon, Briefe Döderlein, S. 19–20), ein Stammbuchblatt gewidmet erhielt (Deutsches Literaturarchiv, Handschriftenabteilung 43073$Döderlein). Eine engere Beziehung zwischen Schmidt als Ober- und Ranke als Untergesellen würde auch den frühen persönlichen Kontakt Leopold Rankes zu Johann Wilhelm Süvern erklären, da Schmidt gemeinsam mit dessen Bruder, Ernst August Süvern, im Lützowschen Freikorps gekämpft hatte. Wie Friedrich Ludwig Jahn waren Schmidt und Süvern Seconde-Lieutenants, Jahn war zudem Führer einer Kompanie, Süvern Bataillons-Adjutant, Schmidt Führer eines Schützenzuges. Süvern wurde in der Schlacht von Ligny schwer verwundet (vgl. Ernst August Süvern an Johann Wilhelm Süvern, 13. Juli 1815, StdA Lemgo Nl Süvern Nr. 112), in der Karl Friedrich Schmidt fiel (vgl. E. H. Ludwig Stawitzky: Geschichte des Königlich Preußischen 25sten Infanterie-Regiments und seines Stammes, der Infanterie des von Lützowschen Frei-Corps. Koblenz 1857, S. 59, 64, 67, 323, 331–332).

[2] Pforta war die angesehenste der kursächsischen Fürstenschulen, die nach der Reformation in säkularisierten Klöstern eingerichtet worden waren. Leopold Ranke, der zunächst die Stadtschule in Wiehe und die Schule im ehemaligen Zisterzienserinnenkloster Donndorf absolviert hatte, besuchte die Landesschule in Pforta, der ein Internat angeschlossen war, vom 9. Mai 1809 bis 2. April 1814 (zum Schulalltag in Pforta vgl. L. v. Ranke, Lebensgeschichte, S. 16–26; F. H. Ranke, Jugenderinnerungen, S. 17–50; F. Ranke, Rückerinnerungen. Die umfangreichste Darstellung über Leopold Ranke in Pforta bietet Henz, Leopold Ranke. Rankes Handschriften aus der Portenser Zeit — Notizen, Übersetzungen, kleinere und größere Abhandlungen — liegen zum großen Teil gedruckt vor: Henz, Leopold Ranke, S. 299–493; L. v. Ranke, Frühe Schriften).

Zur freundschaftlichen
Erinnerung an Ihren
Untergesellen[3]
Leopold Ranke
aus
Wiehe in Thüringen.

[3] Die Schüler der Landesschule in Pforta standen untereinander als „Unter-, Mittel- und Obergesellen in einem ausgeprägten Dienst- und Lehrverhältnis zueinander" (vgl. Henz, Leopold Ranke, S. 153–154). „Jeder neu aufgenommene Schüler wurde sofort einem Obergesellen übergeben, der die nächste Aufsicht über ihn übernahm, ihm fortan als Berather zur Seite stand". Die älteren Schüler erteilten den jüngeren „Lehrstunden" in sogenannten „Wohnzimmern", in denen sich vier Tische befanden, „an welchen je drei bis vier Schüler arbeiteten. Ein Schüler war Stubeninspector und das Haupt des ersten Tisches, der erste der sogenannten Obergesellen. Außer ihm waren an den übrigen drei Tischen drei andere Obergesellen, sämmtlich Schüler der Prima oder Obersecunda. An jedem Tische war außerdem ein Mittelgesell, Schüler der Ober- oder Untersecunda, und ein oder zwei Untergesellen aus den unteren Classen. [...] Es war eine Ehre Obergeselle zu sein [...] Der Obergeselle hatte die Verpflichtung, die Untergesellen an allen wirklichen Schultagen in der Stunde von 4–5 Uhr zu unterrichten". Neben dieser Form des „gegenseitigen Unterrichts" und dem regulären Unterricht legte man in Pforta großen Wert auf das „Selbststudium" der Schüler (vgl. F. Ranke, Rückerinnerungen, S. 102–104).

Nr. 2

Leopold Ranke an Johann Friedrich Harzmann[1]

V: L. v. RANKE, Tagebücher, S. 41 (Druck)[a]

⟨Pforta,⟩ 21. Dezember 1812⟨.⟩

Warum klopft das frohe Herz dir in der Brust?
Weil heute mir zuerst des Tages Licht
Erglänzte, aber warm auch schlägt es mir,
Weil einen teuren lieben Freund mir Gott
An diesem Tage lichter kundtut. Fröhlich wird
Das Jahr[2] mir fließen, dessen erster Tag[3]
So fröhlich anhebt: fröhlich wird's auch Dir,
Denn uns gemeinsam froh ist dieser Tag
Und unsers Freundschaftsbundes neues Siegel.
Das übrige so dankt mein frohes Herz
Unendlich dir, dem Bringer edler Gaben
Und edler Lust. – Unendlich dankt es dir.

Leopold Ranke⟨.⟩

[a] Das Blatt wurde dem Archiv der Landesschule in Pforta laut FUCHS von einem Nachkommen Johann Friedrich Harzmanns überlassen (vgl. L. v. RANKE, Tagebücher, S. 41); dort ist es derzeit nicht einsehbar (freundlicher Auskunft von Petra Mücke, 2.12.2015).

[1] Johann Friedrich Harzmann (1796–1824), Sohn von Johann Christian Harzmann (1756-1811), Hausbesitzer und Kanzlist der Regierung des Stifts in Merseburg, und Johanne Dorothee Friederike Harzmann, geb. Jacobi (1760–1820), 1809 Landesschule in Pforta, am 2. April 1814 gemeinsam mit Leopold Ranke Abgang aus Pforta, 14. Juni 1814 Studium der Theologie in Leipzig, 1819 Kollaborator am Dom-Gymnasium, 1820 Diakonus am Dom in Merseburg, zugleich Religionslehrer am Dom-Gymnasium, November 1820 Hochzeit mit Eleonore Henriette Danziger (1801–nach 1824), Tochter von Johann August Danziger (1758–1819), Hausbesitzer und Chirurg, und Maria Dorothea Elisabeth Danziger, geb. Loeffel (1776–1834); aus dieser Ehe gingen ein Sohn (∗ 1823) und eine Tochter (∗ 1824) hervor; das Dom-Gymnasium, an dem Harzmann als Lehrer tätig war, wurde seit 1. Mai 1822 von Carl Gottlob Ferdinand Wieck geleitet, der zur Schulzeit von Ranke und Harzmann als Kollaborator an der Landesschule in Pforta wirkte; am Dom-Gymnasium war seit 1817 auch Christian Wilhelm Haun (1793–1868) als Subrektor tätig. Johann Friedrich Harzmann wurde gemeinsam mit Christian Wilhelm Haun von Leopold Ranke im Rückblick explizit zu seinen Freunden in Pforta gezählt, alle drei verließen Pforta am 2. April 1814; Wieck, dessen Freundschaft für Ranke „bei weitem die wertheste und nützlichste war", blieb Leopold Ranke auch nach seinem Abschied von der Landesschule verbunden (vgl. Archiv KPS Merseburg, St. Viti, Taufen 1801; Archiv KPS Merseburg, St. Viti, Bestattungen 1810, 1811, 1819, 1820 und 1834; HOFFMANN, Pförtner Stammbuch, S. 338–339, Nr. 8487, 8492 und 8504; BLECHER / WIEMERS, Matrikel Leipzig, Bd. 1, S. 106, Nr. 0121 und S. 107, Nr. 0172, L. v. RANKE, Lebensgeschichte, S. 22–23 sowie im Folgenden Nr. 27, 49, 74, 179 und 192).

[2] Lebensjahr.

[3] Geburtstag von Leopold Ranke.

Nr. 3

Ferdinand Ranke[1] an Leopold Ranke

V: GStA PK VI. HA Nl Hoeft Nr. 1 (Abschrift)
G: GStA I. HA Rep. 92 L. v. Ranke Nr. 26 (nicht erhalten)
D: Vormeng, Dr. Ferdinand Ranke, S. 4

⟨Wiehe, November 1813.⟩[a]

Lieber Bruder!
Beÿ uns ist die Unruhe sehr groß gewesen. Von Sonntag voriger Woche an, sind wir die Einquartirung nicht loß geworden. Jetzt ist es wieder ruhig beÿ uns. Aber unsre schönen Pferde haben sie uns genommen, die dem Vater[2] so viel Geld kosten. Wie sieht es denn bey euch aus? Sehr

[a] Die Datierung erfolgt nach dem Todesdatum von Christina Friederike Eberhardt, geb. Steinert (1789–1813).

[1] Carl Ferdinand Ranke (1802–1876), Sohn von Gottlob Israel Ranke (1762–1836), Advokat in Wiehe und Justitiar in Gehofen und Nausitz, und Friederica Wilhelmina Ranke, geb. Lehmicke (1776–1836), Bruder Leopold Rankes; Stadtschule in Wiehe, 1814 Landesschule in Pforta, 1821 Studium der Theologie und Philologie in Halle, 1824 Lehramtsprüfung, Lehrer an den Franckeschen Stiftungen in Halle, 1824 Zweiter Kollaborator, Januar 1825 Erster Kollaborator am Gymnasium in Quedlinburg, November 1825 Hochzeit mit Fanny Louise Pollau (1804–1867), Tochter von Carl Friedrich Wilhelm Pollau (1764–1815), Direktor des „Bureau d'Adresse" in Halle, und Nanette Esther Marguerite Pollau, verw. Juncker, geb. Plantier (1768–1829), Schwägerin des Professors und Dompredigers Ludwig Gottfried Blanc (1871–1866) und Großcousine von Anne Esther Hermann, geb. Plantier (∗ 1743), der Mutter von Johann Gottfried Jakob Hermann, dem Doktorvater von Leopold Ranke, März 1826 Erstes Theologisches Examen, danach Subrektor am Gymnasium in Quedlinburg, September 1826 Konrektor, 1831 Direktor des Gymnasiums in Quedlinburg, 1834 Dr. phil. h. c. in Halle, 1837 Direktor des Gymnasiums in Göttingen, 1838 Mitglied der Prüfungskommission für Gymnasiallehrer, 1839 Beteiligung an der Gründung des Pädagogischen Seminars in Göttingen, 1841 neben der Tätigkeit am Gymnasium zugleich ordentlicher Professor an der Universität, 1842 Direktor des Friedrich-Wilhelms-Gymnasiums und der mit diesem verbundenen Anstalten (einer Realschule, der Elisabeth-Töchterschule sowie einer Vorschule) in Berlin, 1867 Dr. theol. h. c. in Göttingen, 1874 Reise nach Venedig und Rom (vgl. K. F. Ranke, Leben in Briefen; Vormeng, Dr. Ferdinand Ranke); aus der Ehe zwischen Ferdinand Ranke und Fanny Pollau gingen acht Kinder hervor: Richard (1826–1903), Allwill (1828–1856), Mathilde (1829–1909), Johannes (1831–1864), Hedwig (1834–1876), Agnes (1836–1903), Luise (1839–1927) und Clara Ranke (1846–1900) (vgl. H. Ranke, Stammtafeln, Tafel 10; Schulenburg / Seiler, Stammtafeln, Bd. 2, Blatt 3).

[2] Gottlob Israel Ranke (1762–1836), Sohn von Johann Heinrich Israel Ranke (1719–1799), Pfarrer in Ritteburg an der Unstrut, und Magdalena Sophie Elisabeth Ranke, geb. Eberhardt (1719–1771), 1776 Lateinische Schule der Franckeschen Stiftungen in Halle, 1781 Studium der Theologie, später der Rechte in Leipzig, Tätigkeit als Jurist in verschiedenen Stellen im Harzvorland und in der Goldenen Aue, Oktober 1793 Übersiedlung nach Wiehe, wo Gottlob Israel Ranke von seiner Mutter ein Haus und ein kleines Landgut geerbt hatte, Advokat in Wiehe sowie zugleich Justitiar und Patronatsrichter in Gehofen und

viel Leute in Wiehe sind vom Schreck krank geworden. Auch die Tante Eberhardtin[3] ist gestorben und zwar an eben dieser Krankheit, wovon der Doctor[4] gesagt hat, daß sie das Nervenfieber wäre. Denn Eberharts[5] bekamen zweÿ Schwadronen, welche ihnen alles Fede⟨r⟩vieh, was sie nur gehabt haben, geschlachtet haben. Wir selbst hatten sehr viel Einquartierung, den Sonntag hatten wir 1 Officier, den Montag 6 Officiers, zweÿ englische, zwei russische, und einen Oberstleutnant und Rittmeister von Preußen.[6] Auch Schweden giengen diesen Tag sehr viel durch. Den

Nausitz, später Schönewerda, 1795 Hochzeit mit Friederica Wilhelmina Lehmicke (1776–1836), Tochter von Johann Friedrich Wilhelm Lehmicke (1740–1801), Erb-, Lehn- und Gerichtsherr in Laue bei Delitzsch und später Rittergutbesitzer in Weidenthal bei Querfurt, und Marie Sophie Lehmicke, geb. Frantz, verw. Neubert (1744–1814) (vgl. H. Ranke, Stammtafeln, Tafel 2; L. v. Ranke, Lebensgeschichte, S. 6–7; F. H. Ranke, Jugenderinnerungen, S. 3; K. F. Ranke, Leben in Briefen, S. 5–9; Erler, Matrikel Leipzig, S. 315; Manfred Wilde: Die Ritter- und Freigüter in Nordsachsen. Ihre verfassungsrechtliche Stellung, ihre Siedlungsgeschichte und ihre Inhaber (= Aus dem deutschen Adelsarchiv, Bd. 12), Limburg 1997, S. 293; freundliche Auskunft von Gottfried Braasch, 10.2.2013).

3 Die Angabe „Tante“ ist genealogisch nicht korrekt, da die das Kindbett überlebende Schwester Gottlob Israel Rankes – Maria Magdalena Sophia Elisabeth (1759–1812) – seit 1781 mit dem Oberkämmerer Benjamin Rothe (1739–1807) verheiratet war und in Nebra wohnte (vgl. H. Ranke, Stammtafeln, Tafel 2; Schulenburg, Ahnen und Nachkommen, S. 10). Es dürfte sich daher bei der im Text angesprochenen Person um Christina Friederike Eberhardt, geb. Steinert (1789–1813), die Tochter von Johann Andreas Gottlob Steinert, des Pachtinhabers der Rittergüter Bucha und Braunsroda, handeln, die 1805 in Bucha Polycarp Wilhelm August Eberhardt (1780–nach 1834) geheiratet hatte, den Sohn von Christoph Friedrich Eberhardt (1717–1796), des Bruders der Großmutter von Leopold Ranke, Magadalena Sophie Elisabeth Ranke, geb. Eberhardt (1719–1771), und seiner Ehefrau Dorothea Sophia, geb. Bannach (1752–1809), und die am 30. Oktober 1813 verstarb. Die Eberhardts waren Erbpächter von Ländereien in Hechendorf, die zum Besitz von Pforta gehörten (freundliche Auskunft von Gottfried Braasch, 24.8.2009; 6.12.2011).

4 Christian Gottfried Wilke (1768–1844), Sohn von Friedrich Heinrich Wilke (1726–1804), Apotheker in Wiehe, und Johanna Beata Friederika Wilke, geb. Weise (1748–1771), 1783 Studium der Medizin in Jena, 1795 Dr. med., Apotheker und Arzt in Wiehe, Mitglied der Correspondierenden Ärzte und Wundärzte-Gesellschaft in Jena, 1797 Hochzeit mit Henriette Elisabeth Wilhelmine Carthäuser (1779–1815), Tochter von Gotthelf Heinrich Wilhelm Carthäuser (1743–1802), Pfarrer in Thürungen, 1817 Hochzeit mit der Witwe Dorothea Philippine Christiane Buchholz, geb. Frohwein (1784–1846); Wilke war der Pate von Ernst Constantin Ranke, die Mutter Leopold Rankes wiederum war Patin von zwei Kindern Wilkes, von Ernestine Friederike (∗ 1803) und Anton Theodor (∗ 1820) Wilke (vgl. Archiv KPS Wiehe, Taufen 1726, 1748, 1768, 1803 und 1820; Archiv KPS Wiehe, Trauungen 1765, 1797 und 1815; Archiv KPS Wiehe, Bestattungen 1804, 1815, 1846; K. F. Ranke, Leben in Briefen, S. 65; Pfarrerbuch Kirchenprovinz Sachsen, Bd. 2, S. 165; freundliche Auskunft von Gottfried Braasch, 24.8.2009, 1.4.2013, 3.4.2013; freundliche Auskunft von Achim Blankenburg, Abt. Handschriften der Thüringischen Universitäts- und Landesbibliothek Jena, 15.11.2011.).

5 Polycarp Wilhelm August Eberhardt (1780–nach 1834) und seine Ehefrau Christina Friederike, geb. Steinert (1789–1813).

6 Namen der Offiziere nicht ermittelt.

Dienstag 1 General[7] und neun Stabofficiers[8]. Die follgenden Tag hatten wir nur kleine Einquartierungen. Nun kannst Du[b] denken, wie die Mutter[9] laufen mußte, und in der Angst war. Die Mutter ist noch passabel gesund. Nun muß ich aufhören. Ich verbleibe

Dein
Dich herzlich liebender Bruder
Ferdinand.

[b] In der Vorlage folgte ursprünglich: „Dir“, gestrichen.

[7] Wohl Michael Andreas Barclay de Tolly (1761–1818) (vgl. K. F. Ranke, Leben in Briefen, S. 11), aus altem Rigaer Ratsgeschlecht schottischer Herkunft, Gutsbesitzer und russischer Offizier, nahm bereits an den Türkenkriegen Katharinas II. teil, im Winter 1808/09 führte er den russischen Angriff auf Schweden, 1809 Generalgouverneur von Finnland, 1810 russischer Kriegsminister, 1812 Oberbefehlshaber der I. russischen Armee, vor der Schlacht bei Borodino durch Kutusow ersetzt, nach dessem Tod 1813 Oberfehlshaber der verbündeten preußisch-russischen Truppen, 1813 in den Grafen-, 1815 in den Fürstenstand erhoben.

[8] Nicht ermittelt.

[9] Friederica Wilhelmina Ranke, geb. Lehmicke (1776–1836), Tochter des Erb-, Lehn- und Gerichtsherrn in Laue bei Delitzsch und späteren Rittergutbesitzers in Weidenthal bei Querfurt, Johann Friedrich Wilhelm Lehmicke (1740–1801), 1795 Hochzeit mit Gottlob Israel Ranke (1762–1836) (vgl. H. Ranke, Stammtafeln, Tafel 2; L. v. Ranke, Lebensgeschichte, S. 4–7; F. H. Ranke, Jugenderinnerungen, S. 3).

Nr. 4

Leopold Ranke an Friedrich Schmidt[1]

V: SBB Autogr. I/2349, 1 (eigenhändig)[a]

Pforte⟨,⟩ den 13ten Merz 1814⟨.⟩[b2]

Res non parta labore: sed relicta,
Non ingratus ager: focus perennis,
Lis nunquam: toga rara: mens quieta,
Vires ingenuae: salubre corpus:
Prudens simplicitas: pares amici.
Quod sis, esse velis, nihilque malis
Summum nec metuas diem nec optes.[3]

Viel auf einmal, lieber Schmidt, denn ich wünsche Dir recht viel Gutes; gefiel Dir aber eines besonders, so wähle es Dir aus und erinnere Dich dabey an Deinen Freund, Leopold Ranke.

Wußte Athen, was zu thun, Lacedämon thats: denn es wissen
Alle, was sich geziemt: doch nur der Kräftige thuts.

[a] In der Mitte des anfangs querbeschriebenen Blattes ein siebenzeiliger lateinischer Text, darunter links die Datumsangabe und rechts ein fünfzeiliger deutscher Text. Eventuell später ergänzt, links am Rand quer vierzeiliger deutscher Text, rechts quer am Rand drei Zeilen eines griechischen Textes.

[b] Orts- und Datumsangabe in der Vorlage unter dem deutschen Text links.

[1] Von den sechs Mitschülern Leopold Rankes mit dem Familiennamen Schmidt (vgl. Hoffmann, Pförtner Stammbuch, Nr. 8329, 8428, 8429, 8446, 8470, 8642, S. 329, 335, 337, 346) verließ nur einer im März 1814 die Landesschule in Pforta: Friedrich Schmidt (1795–1827), Sohn von Ephraim Johann Gotthelf Schmidt (1762–1824), Konrektor der Landesschule in Pforta, und Concordia Friederika Schmidt, geb. Spieß (1768–1838), Eintritt in Pforta: 5. Oktober 1807, Abgang aus Pforta: 16. März 1814, 1814 Studium der Theologie in Leipzig (Immatrikulation in Leipzig am 27. Mai 1814, zwei Tage nach Leopold Ranke), 1820 Erstes Theologisches Examen, 1821 Zweites Theologisches Examen in Magdeburg, Hauslehrer, 1824 Pfarrer in Kletzen, Kreis Delitzsch (vgl. Hoffmann, Pförtner Stammbuch, Nr. 8446, S. 335; Blecher / Wiemers, Matrikel Leipzig, Bd. 1, S. 106, Nr. 0121 und S. 107, Nr. 0144; Pfarrerbuch Kirchenprovinz Sachsen, Bd. 7, S. 504).

[2] Das Schriftstück besteht aus einer Anrede sowie zwei antiken und einem modernen Textteil, mit jeweils verschiedenen Regeln für eine angemessene Lebensführung: eine Variation über das traditionelle Motiv der drei Welten, die dem Menschen offenstehen. Leopold Ranke selbst bevorzugt offenbar das eher kontemplative Leben, das der herausgehoben in der Blattmitte plazierte Martial-Text empfiehlt.

[3] Martial, Epigrammata, Buch X, Epigramm 47, Vers 3–7, 12–13. Der Text, den Leopold Ranke hier auszugsweise wiedergibt, zählt die Güter auf, die das Leben glücklich zu machen vermögen.

Drum das Leben will Kraft: ein jedes: innres und äußres
Herz hat ein jeder und weint: aber nur wenig Verstand.[4]

ἐν ⟨γὰρ⟩ τῷ μακρῷ χρόνῳ πολλὰ μὲν
ἔστι[c] ἰδεῖν[d]⟨,⟩ τὰ μή[e] τις ἐθέλει,
πολλὰ δὲ και παθεῖν[f].[5]

[c] In der Vorlage: „ἔσιν“.
[d] In der Vorlage: „ἰδέειν“.
[e] In der Vorlage: „μὴ“.
[f] In der Vorlage: „παθέειν“.

[4] Der Verfasser dieses im Stil der Goethe-Schillerschen Xenien gearbeiteten Epigramms konnte nicht ermittelt werden. Die Gattung war damals, wie einschlägige Abhandlungen von Lessing und Herder zeigen, außerordentlich beliebt. Das Motiv einer Gegenüberstellung von Tat und Rat war ebenso bekannt wie die Gegenüberstellung von Sparta und Athen. Der junge Leopold Ranke ließ beide, Sparta wie Athen, gelten (vgl. L. v. Ranke, Frühe Schriften, S. 487–497). Es ist wenig wahrscheinlich, daß Leopold Ranke der Autor des Epigramms ist; allerdings hat Leopold Ranke in Pforta durchaus übungshalber Gedichte verfaßt (Beispiele hierfür: Henz, Leopold Ranke, S. 480–493; L. v. Ranke, Tagebücher, S. 41–68).

[5] Herodot, Historien, Buch I, Kapitel 32. Leopold Ranke zitiert aus der berühmten Rede Solons an Kroisos, die den Nachweis unternimmt, daß niemand vor seinem Tod glücklich zu nennen sei; das ist vor allem ein Urteil über das materielle Glück und steht damit, nach dem tätigen und dem beschaulichen Leben, für die sinnliche Welt des Menschen.

Nr. 5

Ferdinand Ranke[1] an Leopold Ranke

V: GStA PK VI. HA Nl Hoeft Nr. 1 (Abschrift)
G: GStA I. HA Rep. 92 L. v. Ranke Nr. 26 (nicht erhalten)

⟨Wiehe, nach dem 2. April 1814.⟩[a]

Lieber Leopold!
Immer wollte ich Dir einen Brief schreiben, aber immer fand ich keine Gelegenheit dazu bis jetzt. Die Mutter[2] hat vierzehn Tage lang ihre Noth recht gehabt, denn diese ganze Zeit haben wir russische Einquartierung gehabt.[3] Zuerst hatten wir zweÿ Kosackencapitäns mit acht Bedienten, dann drey Kapitäns von der Infanterie, hernach den Fürst Urosof[4] mit seinen Adjutanten, welcher wieder 8 Bedienten hatte,[5] aber, da er sehr gut deutsch sprach, unterhielten sich die Aeltern[6] sehr mit ihm, er erzählte ihnen viel davon, was Napoleon[7] in Rußland gemacht hatte, endlich hatten wir zweÿ Husarenofficiers[8], und was noch das Schlimmste war, sie hatten allemal Rasttag bey uns. Gefällt es Dir in Leipzig, ich glaub es wenigstens, daß es

[a] Hoeft datiert den Brief auf „1814. nach Ostern“. Der Brief ist nach dem Abgang Leopold Rankes von Pforta am 2. April 1814 geschrieben, nachdem Ranke sich nach Leipzig begeben hatte, um Theologie und Klassische Philologie zu studieren (vgl. L. v. Ranke, Lebensgeschichte, S. 26–31); das exakte Datum der Immatrikulation Leopold Rankes war der 25. Mai 1814 (vgl. Blecher / Wiemers, Matrikel Leipzig, Bd. 1, S. 106, Nr. 0121; bei der Angabe des Termins der förmlichen Immatrikulation zum „WS 1814“ bei Hoyer, Student, S. 217, handelt es sich wohl ebenso um einen Satzfehler, wie bei der Angabe über die „Studentenjahre Rankes von 1914/18“ etwas später auf derselben Seite).

[1] Ferdinand Ranke (1802–1876), Bruder Leopold Rankes; er trat am 3. Oktober 1814 in die Landesschule in Pforta ein (vgl. Hoffmann, Pförtner Stammbuch, Nr. 8704, S. 349).
[2] Friederica Wilhelmina Ranke, geb. Lehmicke (1776–1836).
[3] Vgl. Nr. 3.
[4] Wohl entweder Nikolai Yurievich Fürst Urusov (1767–1821) oder Alexander Petrovich Fürst Urusov (1768–1835).
[5] Nicht namentlich genannte Militärangehörige und ihre Bediensteten nicht ermittelt.
[6] Gottlob Israel (1762–1836) und Friederica Wilhelmina Ranke, geb. Lehmicke.
[7] Napoleon Bonaparte (1769–1821), Kaiser der Franzosen.
[8] Nicht ermittelt.

Dir in dieser Gegend besser gefallen wird, wie bey uns in der Wieheschen.[9] Leb recht wohl. Der Vater, Hanchen[10]⟨,⟩ Wilhelm[11] und Rosalchen[12] vor-

[9] Leopold Ranke ist seit seinem Abgang aus Pforta nie wieder für längere Zeit nach Wiehe zurückgekehrt.

[10] Johanna Wilhelmine Sophie Ranke (1797–1860), Tochter von Gottlob Israel Ranke (1762–1836), Advokat in Wiehe und Justitiar in Gehofen und Nausitz, und Friederica Wilhelmina Ranke, geb. Lehmicke (1776–1836), Schwester Leopold und Ferdinand Rankes; 4. Dezember 1825 Hochzeit mit Georg Gottlob August Spoerel (1796–1840), Sekretär beim Landgericht in Erfurt, Sohn von Johann Heinrich Philipp Spoerel (1763–1813), Pfarrer in Petersberg bei Halle, und Johanna Christina Elisabeth Spoerel, geb. Modler (1758–nach 1813), 24. April 1828 Geburt, 17. Dezember 1828 Tod des Sohnes Heinrich Wilhelm Leopold Spoerel (1828–1828), danach Scheidung von Georg Gottlob August Spoerel, 22. November 1829 Hochzeit mit Johannes Cotta (1794–1868), Pfarrer in Willerstedt, Sohn von Johann Cotta, Gürtler-Meister, Gemeindesyndikus und Kircheninspektor in Ruhla; Johannes Cotta, 1814 Studium der Theologie in Jena, 1815 Gründungsmitglied der Urburschenschaft, Vertonung einer Reihe „vaterländischer Lieder", unter anderem „Was ist des Deutschen Vaterland?" von Ernst Moritz Arndt, 1816 Pfarrer in Algerstedt, Sommersemester 1818 Mitglied des Ausschusses der Burschenschaft, 1821 Pfarrer in Niederzimmern/Thüringen, 1851 in Willerstedt bei Weimar, 1867 Kneipwart und Festkomiteemitglied beim Wartburgfest (vgl. Kaupp, Stamm-Buch, Nr. 125, S. 52; Zitate: WBIS); aus der Ehe zwischen Johanna Ranke und Johannes Cotta gingen zwei Kinder hervor: Natalie (1830–1910) und Selma (1833–1901) (vgl. H. Ranke, Stammtafeln, Tafel 4; Schulenburg / Seiler, Stammtafeln, Bd. 2, Blatt 2).

[11] Friedrich Wilhelm Ranke (1804–1871), Sohn von Gottlob Israel Ranke (1762–1836), Advokat in Wiehe und Justitiar in Gehofen und Nausitz, und Friederica Wilhelmina Ranke, geb. Lehmicke (1776–1836), Bruder Leopold und Ferdinand Rankes; Stadtschule Wiehe, 1816 Landesschule in Pforta, Oktober 1822 Studium der Theologie, Mitglied der „Quellengesellschaft", März 1823 – März 1824 der Rechte in Halle, Sommer 1824 Aufenthalt bei Leopold Ranke in Frankfurt an der Oder, Oktober 1824 Studium der Rechte in Berlin, 1825 Auskultator, 1828 Referendar am Oberlandesgericht in Naumburg, 1828 im Ressort der Generalkommission der Provinz Sachsen in Stendal tätig, Spezialkommissar in Liebenwerda, 1831 Kreis-Justiz-Kommissarius, 1833 Kreis-Justiz- und Ökonomie-Kommissarius in Ascherleben, Juli 1842 aus Krankheitsgründen beurlaubt, Auslandsreisen, Oktober 1844 Hilfsarbeiter im Kollegium der Generalkommission in Stendal, Mai 1846 Assessor-Examen, Juni 1846 Regierungsassessor, Oktober 1846 Ökonomiekommissionsrat in Stendal, 1847 Hilfsarbeiter mit vollem Votum bei der Generalkommission in Posen, 1848 beim Revisionskollegium für Landeskultursachen in Berlin beschäftigt, April 1850 Regierungsrat bei der Generalkommission in Breslau, 1859 a.D., Gutsbesitzer in Rankenheim bei Teupitz (vgl. GStA PK I. HA Rep. 125 Nr. 3878; Hoffmann, Pförtner Stammbuch, Nr. 8778, S. 353; Lönnecker, Mitglieder der Halleschen Burschenschaft, Nr. 1439, S. 227; Markus Vette: Wilhelm Ranke [1804–1871]. Skizzen eines Lebensweges, der mehr als eine Familienangelegenheit Leopold von Rankes ist [= Schriftenreihe des Heimatvereins Rastenberg, Nr. 10]. Rastenberg 2014).

[12] Rosalie Ranke (1808–1870), Tochter von Gottlob Israel Ranke (1762–1836), Advokat in Wiehe und Justitiar in Gehofen und Nausitz, und Friederica Wilhelmina Ranke, geb. Lehmicke (1776–1836), Schwester Leopold und Ferdinand Rankes; 5. Januar 1830 Hochzeit mit Johann Heinrich Daniel Schmidt (1800–1875), Sohn von Johann Christian Schmidt, Regierungs-Bauinspektor (1749–1819), und Johanna Christiana Schmidt, geb. Melzer (1771–1836), Pfarrer in St. Thomas in Erfurt; aus der Ehe zwischen Rosalie Ranke und Johann Heinrich Daniel Schmidt gingen sieben Kinder hervor: Marie (1831–1895), Gustav (1832–1880), Elisabeth (∗ 1835), Anna (1837–nach 1870), Friedrich Wilhelm August (1839–nach 1881), Rosalie (1842–1910), Klara (1845–1918) (vgl. Archiv KPS Erfurt, Reglerkirche,

züglich lassen Dich grüßen, und letztere schickt Dir einen Achter mit, welches Ihre ganze Casse ist. Auch Wilhelm schickt Dir einen Groschen und 8 Pfennige, und ich einen Zehnkreuzer. Es ist zwar sehr wenig, aber doch ein Zeichen der Liebe, und wir haben auch alle nicht mehr. Ich bin und bleibe

Dein
Dich herzlich liebender Bruder
Ferdinand Ranke.

Bestattungen 1819; H. Ranke, Stammtafeln, Tafel 5–9; Schulenburg / Seiler, Stammtafeln, Bd. 2, Blatt 8; Pfarrerbuch Kirchenprovinz Sachsen, Bd. 7, S. 519–520, sowie Gottlob Israel und Friederica Wilhelmina Ranke an Leopold Ranke, 25. Januar 1835, in: GStA PK VI. HA Nl Hoeft Nr. 37 Kart. 1).

Nr. 6

Friederica Wilhelmina Ranke[1] an Leopold Ranke

V: GStA PK VI. HA Nl Hoeft Nr. 1 (Abschrift)
G: GStA I. HA Rep. 92 L. v. Ranke Nr. 26 (nicht erhalten)

⟨Wiehe, Juni 1814.⟩[a]

Mein lieber Sohn⟨,⟩
Was machst Du den⟨n⟩ gutes⟨?⟩ Schreib mir doch⟨.⟩ auch der Herr[2] und Frau Magister Dam⟨m⟩[3] laßen Sich Ihren lieben Aeltern[4] herzlich Emfhelen und, wen⟨n⟩ es Ihnen gefällig ist⟨,⟩ solten Sie doch durch Pohlen[5] (den bewusten Schrank mit Schiken⟨.⟩ wier wolten auch gerne lebens Mitel mit Schiken⟨,⟩ aber wier sind durch die Rußen sehr aus gefressen⟨,⟩ und Pohle macht uns auch viel umstände, aber wier werd in der Kürze durch eine andere gelegenheit was Schiken. jezt schike ich Dier nur ein par Kirschen⟨.⟩ sie sein bei uns sehr rar⟨.⟩ verzehre sie mit der Frau Wachmeistern[6] gemeinschaftlich⟨,⟩ u⟨nd⟩ ein Th⟨aler⟩ u⟨nd⟩ 8 g⟨ro⟩s⟨chen⟩ schike ich Dier⟨.⟩ es hat uns jezt sehr viel gekostet, der Herr M⟨a⟩g⟨ister⟩ hat auch ein Quartirung[7] gehabt. Grüße den Herrn[8] u⟨nd⟩ Madam Färber[9] Tausendmahl von mir und behald lieb Deine

Treue
Mutter F⟨riederica⟩ Ranke⟨.⟩

[a] Hoeft datiert den Brief auf „1814? Juni".

[1] Friederica Wilhelmina Ranke, geb. Lehmicke (1776–1836), Mutter Leopold Rankes.
[2] Johann Friedrich Damm (1774–1849), Sohn von Johann Andreas Damm (1732–1796), Ratskämmerer, Gerichtschöppe, und Orgelbauer in Kölleda, und Maria Christiana Damm, geb. Abicht, Stadtschule in Kölleda, Thomas-Schule in Leipzig, 1797 Studium der Theologie in Leipzig, 1801 Magister, 1805 Nachmittagsprediger an St. Petri in Leipzig, 1807 Diakonus, Hochzeit mit Rosalie Elisabeth Ferber (1774–1849), 1817 Oberpfarrer in Wiehe, 1849 Ruhestand (vgl. Archiv KPS Kölleda, Bestattungen 1796; Archiv KPS Wiehe, Bestattungen 1849; Pfarrerbuch Kirchenprovinz Sachsen, Bd. 2, S. 268).
[3] Rosalie Elisabeth Damm, geb. Ferber (1774–1849), Tochter von Christoph August Ferber (1744–1816), Stadtwachtmeister in Leipzig, und Maria Rosina Ferber (1754–1831), 1807 in Eythra Hochzeit mit Johann Friedrich Damm (vgl. StdA Leipzig, Ratsleichenbücher 1816, KAL St. Thomas, Trauungen 1807; Archiv KPS Pörsten, Taufen 1744; Archiv KPS Wiehe, Bestattungen 1831; Schröder, Freimaurerei in Naumburg, S. 186 und 187).
[4] Wohl die in Leipzig lebenden Eltern der Ehefrau von Johann Friedrich Damm.
[5] Gottfried Pohle, Fuhrmann in Naumburg (freundliche Auskunft von Gottfried Braasch, 24.8.2009).
[6] Maria Rosina Ferber.
[7] Vgl. Nr. 3 und Nr. 5.
[8] Christoph August Ferber (1744–1816), Sohn von Carl August Ferber (1704–1772), Pfarrer in Pörsten bei Weißenfels, und Sophia Elisabeth Ferber, geb. Sollmann (∗ 1722), Stadtwachtmeister in Leipzig (vgl. Archiv KPS Pörsten, Trauungen 1742; Archiv KPS Weißenfels, Stadtkirche, Taufen 1722; Pfarrerbuch Kirchenprovinz Sachsen, Bd. 3, S. 18).
[9] Maria Rosina Ferber.

Nr. 7

Heinrich Ranke[1] an Leopold Ranke.

V: FUCHS, Heinrich Ranke, S. 141–143 (Teildruck)

Pforte, den 20. Juni 1814.

[...][a] Was ich mache? i nu! nicht viel: das glaubst Du mir wohl ungeschworen. – Es war mir zu Anfange des halben Jahres von ungefähr Götz

[a] Auslassung unbekannter Länge.

[1] Friedrich Heinrich Ranke (1798–1876), Sohn von Gottlob Israel Ranke (1762–1836), Advokat in Wiehe und Justitiar in Gehofen und Nausitz, und Friederica Wilhelmina Ranke, geb. Lehmicke (1776–1836), Bruder Leopold Rankes; Stadtschule in Wiehe, 1811 Landesschule in Pforta, Dezember 1814 „Flucht" aus Pforta, 1815 Studium der Theologie und Philologie in Jena, 1816 Eintritt in die Urburschenschaft, 1817 Studium der Philosophie, Philologie und Mathematik in Halle, Ostern 1818 Hauslehrer in der Familie von Christian Friedrich Nasse in Halle, nach dem Abschluß des Studiums Aufenthalt bei Leopold Ranke in Frankfurt an der Oder, Sommer 1818 Reise mit Friedrich Ludwig Jahn nach Berlin, Herbst 1818 Lehrer an der Wagner'schen Erziehungsanstalt in Frankfurt an der Oder, Sommer 1819 Reise nach Rügen, März 1820 Hauslehrer bei der Familie von Hermann Julius Christoph Baier in Altenkirchen auf Rügen, Anfang 1821 Rückkehr nach Frankfurt an der Oder, Einjährig-Freiwilliger im Königlich Preußischen 12. Infanterie-Regiment, daneben Erteilung von Privatunterricht sowie Lehrer am Privatinstitut von Johann Christoph Wilhelm Henzschel, Ostern bis Dezember 1821 interimistisch Lehrer am Friedrichs-Gymnasium in Frankfurt an der Oder, Juni 1821 Schulamts-Prüfung in Berlin, unter anderem durch Carl Gottlob Zumpt und Georg Wilhelm Friedrich Hegel, Februar 1822 Entlassung aus dem Militärdienst, Rückkehr nach Wiehe, Juli Wanderung nach Greifswald, bis 12. September 1822 Aufenthalt am dortigen Sterbelager Baiers, danach Aufenthalt in Altenkirchen auf Rügen, Ende Oktober 1822 Erstes Theologisches Examen in Magdeburg, gemeinsam mit Johann Heinrich Daniel Schmidt, danach Aufenthalt in Wiehe, Herbst 1822 Aufenthalt in Altenkirchen auf Rügen, Ostern 1823 Aufenthalt in Wiehe, Anfang April 1823 Lehrer an der Bildungsanstalt des Erziehervereins in Nürnberg, 23. April 1823 Dr. phil. in Erlangen, Mai 1824 Zweites Theologisches Examen in Ansbach, 2. Oktober 1825 Hochzeit mit Selma Schubert (1806–1878), Tochter von Gotthilf Heinrich Schubert (1780–1860), Professor für allgemeine Naturgeschichte und Mineralogie in Erlangen, 1826 Pfarrer in Rückersdorf bei Erlangen, 1833 Mitglied der theologischen Prüfungskommission in Ansbach, 1834 Dekan und Distrikts-Schulinspektor in Thurnau, 1840 Professor der Theologie in Erlangen, 1841 Konsistorialrat in Bayreuth, 25. August 1843 Dr. theol. in Erlangen, 1845 Konsistorialrat und Hauptprediger in Ansbach, 1866 Oberkonsistorialrat in München, 1873 Ruhestand (vgl. HOFFMANN, Pförtner Stammbuch, Nr. 8567, S. 342; Verzeichnis Erlanger Promotionen, Bd. 1, S. 26: Theologische Fakultät, Nr. 104, und S. 297–298: Philosophische Fakultät, Nr. 1309; laut LÖNNECKER, Mitglieder der Halleschen Burschenschaft, Nr. 1438, S. 227, und KAUPP, Stamm-Buch, Nr. 170, S. 59, führte Friedrich Heinrich Ranke noch einen dritten Vornamen: „Philipp"; ein solcher ist aber im Taufregister von 1798 nicht vermerkt [freundliche Auskunft von Gottfried Braasch, 6.12.2011]); aus der Ehe zwischen Heinrich Ranke und Selma Schubert gingen acht Kinder hervor: Agnes (1827–1916), Amalie (1828–1912), Heinrich (1830–1909), Pauline (1831–1915), Hermann (1833–1833), Julie Rosalie (1834–1914), Johannes Gotthold Ernst (1836–1916) und Friedrich Ranke (1842–1918) (vgl. SCHULENBURG / SEILER, Bd. 1, Stammtafeln, Blatt 8; F. H. RANKE, Jugenderinnerungen, passim).

von Berchlingen[2] [!] in die Hände gekommen. Ich las ihn und sehe wohl, daß ich das erstemal als Sekundaner bloß die Worte gelesen hatte. Mit der größten Bewunderung las ich den Götz, dann den Egmont[3], und ich fühle mich immer mehr zu dem großen Meister[4] hingezogen. Höre, Bruder! Du denkst jetzt, das ist der Mantel der Faulheit; nicht wahr? Weiß der große Gott! es ist nicht der Mantel der Faulheit. Die ruhige Größe, die himmlische Glorie, die aus jedem seiner Gedanken zurückstrahlt, hat mich – ich weiß selbst nicht: Ich habe die Leiden des jungen Werther[5] gelesen, Bruder! ich hänge, ich hänge daran, wie ich an nichts noch gehangen habe, und – Göthe ist der größte Mann! Er hat mich erst aus meinem Todesschlafe gerüttelt, er hat mich laut bei meinem Namen gerufen,[6] und ich fühle, Gott sei Dank! noch Kräfte, mich aufzuraffen und zu ermannen. Aber jetzt sehe ich auch erst, was wir übrigen Geschöpfchen für Zwerge sind, denn ich habe die Ferse dieses Riesen gesehen; wir Auchmenschen, die wir herumtaumeln auf diesem Erdenrund, ohne zu wissen woher? wohin? und doch noch wunder viel von Größe deklamieren und von Freiheit, weil uns der Spiegel noch nicht vorgehalten ist, aus denen [!] unsre winzigen oder, wenn's hoch kommt, verkrüppelten Leiberchen zurückschienen. – O! Göthe! Göthe! großer Meister, daß ich dich fassen möchte! daß ich nur einen Strahl deiner Glorie in meinen Busen bergen könnte! ich wollte

[2] Johann Wolfgang Goethe: Götz von Berlichingen mit der eisernen Hand. Ein Schauspiel; das Stück war erstmals 1773 im Druck erschienen und 1774 in Berlin uraufgeführt worden; das Vorbild für die Hauptfigur des Schauspiels war Gottfried „Götz" von Berlichingen zu Hornberg (um 1480–1562), ein fränkischer Reichsritter.

[3] Johann Wolfgang Goethe: Egmont. Ein Trauerspiel in 5 Aufzügen; das Stück war erstmals 1788 im Druck erschienen und 1789 in Mainz uraufgeführt worden; das Vorbild für die Hauptfigur des Trauerspiels war Lamoral Graf von Egmond (1522–1568), Statthalter von Flandern und Artois.

[4] Johann Wolfgang (ab 1782: von) Goethe (1749–1832), Sohn von Johann Caspar Goethe (1710–1782), Jurist und Wirklicher Kaiserlicher Rat in Frankfurt am Main, und Catharina Elisabeth Goethe, geb. Textor (1731–1808); Hauslehrer, 1765 Studium der Rechte in Leipzig, 1768 Rückkehr nach Frankfurt am Main, 1770 Studium der Rechte in Straßburg, 1771 Lic. iur., danach Anwalt in Frankfurt am Main, 1772 zeitweise am Reichskammergericht in Wetzlar tätig, 1775 Eintritt in den Dienst des Großherzogtums Sachsen-Weimar-Eisenach, 1776 Geheimer Legationsrat mit Sitz und Stimme im Geheimen Consilium, 1779 Geheimer Rat, 1782 Erhebung in den Adelstand, 1786–1788 Aufenthalt in Italien, 1804 Wirklicher Geheimer Rat mit dem Prädikat Exzellenz; die von Heinrich Ranke angesprochenen Werke Goethes lagen in folgender aktueller, von Goethe selbst besorgter Ausgabe vor: Goethe's Werke. 9 Bde., Tübingen 1806–1808. Leopold Ranke sah Goethe so wie Heinrich Ranke (vgl. Leopold Rankes Abschlußarbeit an der Landesschule in Pforta; Druck: L. v. Ranke, Frühe Schriften, S. 94–119), Leopold Ranke hob hier ebenfalls den „Götz" besonders hervor.

[5] Johann Wolfgang Goethe: Die Leiden des jungen Werthers; der erstmals 1774 erschienene Briefroman war nach dem Drama „Götz von Berlichingen" Goethes zweiter großer Erfolg; er wurde von Goethe 1787 überarbeitet, wobei unter anderem das ursprüngliche Genitiv-s im Titel entfiel.

[6] Nach Jesaja 43,1: „Ich habe Dich bei Deinem Namen gerufen, Du bist mein!".

zufrieden in meine Höhle zurückkriechen.[7] Ich möchte künftig einmal den ganzen Dichterkyklos zusammen sehen. Obenan wären Homer[8], Göthe, Ossian,[9] diese drei; ordnen kann ich sie nicht, vielleicht soll auch keiner unter oder über den andern gestellt sein. Wenn Homer von ohngefähr auf Virgilen[10] träf! Virgil würde sich schämen, würde sich schämen unmaßgeblich, als hätt er – ; unser deutscher Epiker[11] würde vielleicht auch mit einer lengischen[b] Röte[12] überzogen werden! ———— Neulich wollte

[b] In der Vorlage gesperrt gedruckt.

[7] Eventuell Anspielung auf das Höhlengleichnis des griechischen Philosophen Platon (428/427–348/347 v. Chr.) in seinem Hauptwerk „Politeia“.

[8] Homer galt im 19. Jahrhundert als Autor der Ilias und der Odyssee.

[9] Fuchs bemerkt, daß die drei Namen auf dem Original im Kreis angeordnet seien. Die Dichtungen Ossians, die tatsächlich von James Macpherson (1736–1796) stammten (erste Ausgaben: Fragments of Ancient Poetry, Collected in the Highlands of Scotland and Translated from the Galic or Erse Language. Edinburgh 1760; The Works of Ossian, the Son of Fingal. In two volumes. Translated from the Galic Language by James Macpherson. 2 Bde., London 1765; es gibt zahlreiche weitere), galten bis zur endgültigen Klärung der Autorschaft 1895 als ur-irisches bzw. ur-schottisches Liedgut. Macphersons „Editionen“ wurden auch in Übersetzungen populär (vgl. Die Gedichte von Ossian, dem Sohne Fingals. Nach der Englischen des Herrn Macpherson ins Deutsche übersetzt von Friedrich Leopold Grafen zu Stolberg. 3 Bde., Hamburg 1806).

[10] Publius Vergilius Maro (70–19 v. Chr.), römischer Dichter, Autor der Aeneis.

[11] Gemeint ist wohl Friedrich Gottlieb Klopstock (1724–1803); selbst ein Portenser, war er in Pforta „unter den Modernen, die wir erreichen konnten, unser vornehmster Poet“ (L. v. Ranke, Lebensgeschichte, S. 21–22; auch hier wird der Abstand „dem Klassischen gegenüber“ betont).

[12] Vermutlich eine Anspielung auf Adolph Gottlob Lange (1778–1831), Sohn von Johann Friedrich Lange (1734–1786), Archidiakonus in Weißensee, und Justina Sibylla Lange, geb. Otto, 1789 Landesschule in Pforta, 1795 Studium in Leipzig, wo er, wie später Leopold Ranke, bei Christian Daniel Beck und Johann Gottfried Jakob Hermann hörte, die ihn von der Theologie zur Philologie zogen, Mitglied der „Societas Graeca“, 1800 Dr. phil., Hauslehrer, 1801 Seminar für Gelehrte Schulen von Friedrich Gedike, 1802 Lehrer am Gymnasium zum Grauen Kloster in Berlin, 1804 auf Empfehlung Hermanns „Tertius“ an der Landesschule in Pforta, 1807 Hochzeit mit Henriette Wilhelmine Gallus (1786–1845), Tochter von Johann Heinrich Gallus (1748–1822), Gerichtsschreiber, später Bürgermeister in Naumburg und Mitglied, ab 1815 Meister vom Stuhl der Freimaurer-Loge „Zu den drei Hämmern“, der Bruder der Braut Langes, Gustav Heinrich Gallus (1795–1881), war ein Mitschüler Leopold und Heinrich Rankes, 1817 Aufnahme in die Freimaurer-Loge „Zu den drei Hammern“ in Naumburg an der Saale, 1818 Meister vom Stuhl, vollzog die Vereinigung seiner Freimaurer-Loge mit der Freimaurer-Loge „Zum Zirkel der Eintracht“ nicht mit, 1825 Zweiter Professor, 1831 Rektor an der Landesschule in Pforta, (vgl. Hoffmann, Pförtner Stammbuch, Nr. 7825, S. 303, Nr. 8453, S. 336; Bittcher, Pförtner Album, S. 409, 453, 546, 552; Dr. Adolph Gottlob Lange's vormaligen Rectors und ersten Professor der Königl. Preuß. Landesschule Pforta Vermischte Schriften und Reden. Nach des Verfassers Tode geordnet und mit einer Biographie Lange's hrsg. von Karl Georg Jacob. Doctor der Philosophie und Professor an der Landesschule Pforta. Mit einer Steintafel. Leipzig 1832, S. IX-XI; Koechly, Gottfried Hermann, S. 257, Schröder, Freimaurerei in Naumburg, S. 189; freundliche Auskunft Susanne Kröner, Stadtarchiv Naumburg, 3.4.2013); Lange prägte nach Auskunft Heinrich Rankes den Umgang mit den antiken Autoren im Unterricht: „Man lernte ganze Gesänge Homer's und Virgils auswendig und suchte sie

ich der Mutter ein Geburtstagsgedicht machen, und zwar aus Gründen, die Du wissen kannst, in Reimversen. Ich fange an, lese dann die ersten zwei Strophen wieder durch, und ich wollte keine Silbe als mein erkennen; es war kein Fünkchen von mir. Die guten Gedanken, die ich noch allenfalls gehabt hatte, waren verdreht. Vielleicht wär' es gut geworden, doch so wollte ich es ganz und gar nicht haben. Ich weinte beinahe für Wut, dann lachte ich mich wieder derb aus. Ich warf alles gleich weg und schrieb einen Brief, worin ich mich[c] wenigstens besser ausgedrückt habe. Was man doch für ein Schächer ist! Es ist ein recht unbehagliches Gefühl, sich bei dem feurigsten Streben immer wieder abgewiesen zu sehn. Weiß Gott! ich zweifele manchmal an mir; was aus mir werden soll, ich wenigstens sehe es nicht. Doch ich bin noch glücklich gegen so viel andre, mich wenigstens nicht für stärker zu halten, als ich bin. Wenn ich manchmal auf Göthen sehe, wie er in seiner Größe dahinschwebt, mit stiller Majestät herabschaut auf das Gewühl der armen Menschen, er alles vollendet mit schöpferischer Allmacht, unbekümmert, wenigstens bloß lächelnd um die Welt, dann den Strahl seines Glanzes nicht aushalte und betäubt herabtaumele auf das bunte Bildchen der Welt, wie sie jagen und treiben, die Menschen⟨,⟩ nach nichts, und dann auch nichts mitbringen, wie sie so arm sind, so gar nichts, und sich doch um nichts zanken und einander das bißchen Vergnügen, das sie allenfalls noch haben, zu entreißen streben, Gott! wenn ich dann von ohngefähr mich auf dem Bildchen erkenne, wie ich mit aller Anstrengung rudere auf dem Ozean und jage und jage nach dem Ziele, das ich noch gar nicht kenne, wie ein Strudel mein Schifflein hinabwirbelt in die Tiefen des Meeres, es sich emporarbeitet und dann doch an Felsen zerschmettert wird, Kiel und Mast auf der Öde herumtreibt und endlich durchlöchert untersinkt und verfault. – Verzeihe mir, lieber Bruder, diesen Ausfall. Meine Stimmung jetzt ist zu komisch. Ich fühle, jetzt muß es sich entscheiden, ob ich nichts werden soll oder etwas. Ich gäre, um mich des Ausdrucks zu bedienen. Nun wirst Du's meiner Schwachheit zugut halten, wenn die Flasche übergelaufen ist und diese Blätter vorzüglich besudelt hat. [...][d]

[c] In der Vorlage gesperrt gedruckt.
[d] Auslassung unbekannter Länge.

wohl in deutschen Versen nachzubilden, wie man sich auf der andern Seite auch in der Uebertragung deutscher Gedichte in das Lateinische versuchte." (F. H. Ranke, Jugenderinnerungen, S. 34; vgl. auch ebd., S. 19; F. Ranke, Rückerinnerungen, S. 51–56).

Nr. 8

Gottlob Israel Ranke[1] an Leopold Ranke

V: GStA PK VI. HA Nl Hoeft Nr. 1 (Abschrift)
G: GStA I. HA Rep. 92 L. v. Ranke Nr. 26 (nicht erhalten)

dem 29sten Juli ⟨18⟩14.

Guter Leopold,
Mein erstes und angenehmstes Geschäft an dem heutigen Morgen 5. Uhr sollte seyn⟨,⟩ an Dich zu schreiben. Doch, kaum habe ich angefangen, als schon ein Mann von Gehofen[2] mich unterbricht. Nach dessen Abfertigung wende ich mich wieder an Dich, und freue mich, daß es Dir in Leipzig so wohlgefällt. Das erste Jahr wird wohl mir und Dir etwas schwer werden. Der Himmel wird aber helfen. Die rußische Einquartirung hat mir viel gekostet. Indessen habe ich auch sehr vornehme Officiers als den Fürsten Urusoph[3] und mehrere andere dergleichen große Officiers in meinem Quartier gehabt und von Person kennen lernen, welche uns sehr honett behandelt und den freundschaftlichsten⟨,⟩ herzlichsten Abschied von uns genommen haben. Drükkender war die Schätzung⟨,⟩[4] welche mir allein hier 38 r⟨eich⟩s⟨thaler⟩ 18 gr⟨osche⟩ gekostet hat. Als Justitiar von Gehofen und Schönewerda bin ich von dem Bezirks Ausschuß zu Sangerhausen geschätzet worden.
Beigefügt übersende Dir 7 r⟨eich⟩s⟨thaler⟩ – welche ich so eben⟨,⟩ nämlich gestern Abend⟨,⟩ an Advokaten Gebühren erhalten, und bitte Dich die angefügten Acten nebst Missio an die Behörden abzugeben. Nun habe ich auch noch über 21 r⟨eich⟩s⟨thaler⟩ an d⟨en⟩ H⟨errn⟩ Insp⟨ektor⟩ John[5] nach der unlängst zugeschickt erhaltenen Rechnung zu übersenden.
Mutter und Geschwister lassen Dich grüßen, ich aber bin unverändert

Dein
Dich liebender Vater
Ranke⟨.⟩

[1] Gottlob Israel Ranke (1762–1836), Vater Leopold Rankes.
[2] Nicht ermittelt.
[3] Wohl entweder Nikolai Yurievich Fürst Urusov (1767–1821) oder Alexander Petrovich Fürst Urusov (1768–1835) (vgl. Nr. 5).
[4] Wohl für die außerordentliche Kriegskontribution, die der russische Generalgouverneur, Nikolai Grigorjewitsch Repnin-Wolkonski (1778–1845), erheben ließ.
[5] Christian Gottlieb John (1762–1829), Sohn von Christian John († 1771), Kaufmann in Seidenberg, und Johanna Elisabeth John, geb. Gaebler, 1772 Gymnasium in Görlitz, 1777 Studium der Theologie in Leipzig, Magister, 1787 Diakonus in Wiehe, Hochzeit mit Johanna Christiana Groß (1763–1824), Tochter von Emmanuel Groß, Kramer in Leipzig, und Johanna Margaretha Groß, geb. Grumpe, 1801 Oberpfarrer sowie geistlicher Inspektor, Religions- und Hebräischlehrer, 1808 Professor an der Landesschule in Pforta, 1824 emeritiert (vgl. KAL Taufkartei 1763; Pfarrerbuch Kirchenprovinz Sachsen, Bd. 4, S. 474).

Nr. 9

Heinrich Ranke[1] an Leopold Ranke

V: Fuchs, Heinrich Ranke, S. 143 (Teildruck)

[Pforta,] den 5. August 1814.

[...][a] Mich soll doch wahrlich niemand wieder die erste Zeit aufhalten. Ich habe erfahren, daß ich Malheur habe.[2] Ich habe mir doch wahrlich zwanzigmal die liebe Natur ohne Erlaubnis besehen, jetzt gehe ich abends nach Tische bloß vor's Tor; kömmt mir doch der alte Brummbär[3] auch hin und findet mich da unter andern Umständen, die Du Dir vielleicht von Haspern[4], der Dir diesen Brief bringen wird, erzählen lassen [kannst]. Nun hätte ich vorigen Sonnabend in die Synode kommen sollen;[5] da muß aber gerade das Nest ausgebessert werden;[6] also komm' ich jetzige Sonnabend

[a] Auslassung unbekannter Länge.

[1] Heinrich Ranke (1798–1876), Bruder Leopold Rankes, Schüler in Pforta.

[2] Vgl. ABLS Pforta Akte 1973.

[3] Nicht ermittelt.

[4] Friedrich Gustav Hasper (1796–1854), Sohn von Friedrich Christian Gottlob Hasper (1756–1822), Justizamtmann in Lübben, und Eleonore Hasper, geb. Viebig, 1809–1814 Landesschule in Pforta, 1821 Gerichtsaktuar in Könnern (vgl. ELAB Lübben, Taufen 1796; Bittcher, Pförtner Album, S. 457; Hoffmann, Pförtner Stammbuch, Nr. 8519, S. 340; Christian Wilhelm Friedrich Schmid, Bruchstücke zum Versuch einer Gelehrtengeschichte von gebohrnen Marienbergern. Freyberg 1806, S. 37).

[5] „Die Central- und Vereinigungspuncte der Schuldisciplin wie der Verhandlungen über die gesammten Schulangelegenheiten, worin das Leben des Ganzen sich zu weiterer Entwickelung und Gestaltung zusammendrängt, sind die wöchentlichen Schulsynoden, zu welchen das Collegium der ordentlichen Lehrer an den Sonnabendnachmittagen zusammenkommt. ⟨...⟩ dann werden die eingegangenen Verordnungen vorgelegt und alle zur Tagesordnung gehörigen Gegenstände der Lehre und Disciplin und sonstige Interessen der Anstalt verhandelt und die Beschlüsse des Collegii von einem Mitgliede desselben in das Protocollbuch eingetragen. Hierauf erscheinen die zwölf Stubeninspectoren, und in Gegenwart derselben hält nun der zeitige Hebdomadarius ⟨der ordentliche Lehrer, der die Wochenaufsicht inne hat⟩ seinen Vortrag über die Erfahrungen der verflossenen Woche, das Verhalten des Cötus im Ganzen und Einzelnen, die Ordnung in den Repetir- und Lesestunden, die Reinlichkeit in den Stuben und sonstigen Localen, die Speisung und Pflege der Alumnen ⟨Internatsschüler⟩ betreffend; die Inspectoren werden mit ihren Wünschen und Anträgen gehört, und empfangen vom Rector die nöthigen Anweisungen zur Mittheilung an die Alumnen. Zuletzt werden, nach Abtritt der Inspectoren, die gegenseitigen Mittheilungen über Fleiss und Verhalten einzelner Schüler in den Klassen, auf den Stuben und sonst ausgetauscht und die wichtigern Disciplinarvorfälle der verflossenen Woche behandelt, wobei die betreffenden Schüler durch den Synodenfamulus citirt werden. Nachdem sie gehört sind und das Lehrercollegium sich berathen hat, wird ihnen die von der Synode zuerkannte Ermahnung oder Strafe durch den Rector eröffnet. Geht aber in schlimmeren Fällen die Beschlussnahme des Collegii auf Exclusion eines Schülers, so wird dieselbe nicht sofort mitgetheilt, sondern procrastinirt und in einer spätern Sitzung einer neuen Berathung unterworfen, deren Resultat dann entscheidend ist." (Kirchner, Scholae Portensis, S. 24).

[6] Bedeutung unklar.

'nein und büße davon an meinen Ferien ein. Ich wollte zum Konrektor[7] gehen und ihn bitten⟨,⟩ mir beizustehen, weil er, glaub' ich, mir noch am günstigsten ist und Suada[8] hat; fällt dem jetzt ein, sich von den Lektionen zu dispensieren und auch nicht in die Synode zu gehen. Kurz, es muß alles sich zu meinem Untergange verschworen haben. Wütend, wie ich in der ersten Hitze war, hätte ich, ich weiß nicht was, ergreifen können, um aus Pforte, wenn auch nicht nach Hause, zu kommen. Jetzt aber bin ich froh, hüpfe und bin guter Dinge, dem allen zum Trotz. Sehr gut, daß ich Leichtsinn habe. Doch es ist ja Bettel. – [...][b]

[b] Auslassung unbekannter Länge.

[7] Ephraim Johann Gotthelf Schmidt (1762–1824), Sohn von Johann Gottlieb Schmidt (1713-1798), General- und Land-Akzis- sowie Geleits-Einnehmer in Stößen bei Naumburg, und Eleonore Eberhardine Schmidt († 1793), 1775 Ratsschule in Naumburg, 1782 Studium der Theologie und Philologie in Leipzig, unter anderem bei Christian Daniel Beck, Magister, 1787 Hauslehrer in der Familie des Leipziger Kaufmanns Groß, 1794 Konrektor am Lyceum in Luckau, Hochzeit mit Concordia Friederika Spieß (1768–1838), Tochter von Johann Gottlieb Spieß (1737–1813), kurfürstlich-sächsischer Postverwalter, Kauf- und Handelsmann in Schkeuditz, und Friederica Louisa Spieß, geb. Bach (1740–1791), 1804 Rektor des Lyceums in Luckau, 1805 Zweiter Professor und Konrektor an der Landesschule in Pforta, 1818 Aufnahme in die Freimaurer-Loge „Zu den drei Hammern" (vgl. Archiv KPS Stößen, Taufen 1762; Archiv KPS Stößen, Bestattungen 1793 und 1798; Archiv KPS Schkeuditz, Taufen 1768; Archiv KPS Schkeuditz, Trauungen 1794; Schröder, Freimaurerei in Naumburg, S. 194); Leopold Ranke war mit dessen Sohn Friedrich befreundet, beide hatten Ende Mai 1814 ihr Studium in Leipzig aufgenommen (vgl. Nr. 4).

[8] Redefluß, Beredsamkeit.

Nr. 10

Heinrich Ranke[1] an Leopold Ranke

V: Nl Walther Peter Fuchs – Privatbesitz (Typoskript)
TD: FUCHS, Heinrich Ranke, S. 143–144

⟨Pforta, 21. Dezember 1814.⟩[a]

Erinnere Dich der Worte, die Du mir letzthin auf dem Wege nach Pforte sagtest, „daß ich Dich jetzt so zufällig sehen mußte“! Es war Schicksal. Ich sollte Dich sobald nicht wiedersehen. Über meinen Schritt wird Dir mein Carus[2] Auskunft geben, an den Du Dich wenden kannst. – Meine Stunden sind gezählt.[3] – Die Liebe zu Dir trage ich bis zum Tode mit mir. – Meine Tat bedarf keiner Verteidigung. Tröste die braven Eltern[4]; die Mutter lastet schwer auf meinem Herzen wie Ferdinand[5], den ich verwaist zurücklasse. Möge ihn Gott beschützen. – Sei unbesorgt, Du guter, Du wirst auf mich vertrauen. – Die Stunde naht, ich muß enden. – Vielleicht schreibe ich Dir bald aus weiter Ferne.[6] Tröste die Eltern. – Ich habe drei treue Freunde[7], zwei sind mit mir. Treu bis in den Tod.

Heinrich.

[a] FUCHS datiert den Brief „[Pforta, Frühjahr 1815]“. Heinrich Ranke war jedoch bereits im Dezember 1814 aus Pforta abgegangen und dorthin nicht wieder zurückgekehrt. Die Formulierung „Meine Stunden sind gezählt.“ deutet darauf hin, daß Heinrich Ranke den Brief unmittelbar vor seiner Flucht aus Pforta, die am 22. Dezember 1814 „in aller Frühe“ erfolgte (vgl. Nr. 11 und Nr. 12; F. H. RANKE, Jugenderinnerungen, S. 50), abgefaßt hat.

[1] Heinrich Ranke (1798–1876), Bruder Leopold Rankes, Schüler in Pforta.

[2] Wahrscheinlich der Mitschüler Leopold Rankes, Ernst August Carus (1797–1854), Sohn von Friedrich August Carus (1770–1807), Professor der Philosophie in Leipzig, und Johanna Caroline Carus, geb. Hornemann (1773–1821), 1806 Erziehungsanstalt in Dessau und Nikolai-Schule in Leipzig, 1809 Landesschule in Pforta, 1815 Studium der Philosophie, später der Medizin, April 1822 Dr. med. in Leipzig, 1822 Hochzeit mit Charlotte Agnes Florentine Küster (1807–1839), 1823 Habilitation für Chirurgie und Augenheilkunde, Privatdozent in Leipzig, 1824 praktischer Arzt in Colbitz in Sachsen, 1829 außerordentlicher Professor der Medizin in Leipzig, zugleich Leiter einer orthopädischen Privatklinik und Oberwundarzt am Georgenspital, 1840 Hochzeit mit Christiane Friederike Sembeck (1799–1889), Tochter des fürstlich Reussischen Rats, Amts- und Stadtphysikus Dr. Sembeck (1770–1839) in Pößneck, 1844 ordentlicher Professor der Chirurgie und Direktor der chirurgischen Klinik in Dorpat (vgl. StdA Leipzig, Ratsleichenbücher 1821).

[3] Die Flucht Heinrich Rankes aus Pforta stand unmittelbar bevor (vgl. Nr. 11 und Nr. 12; F. H. RANKE, Jugenderinnerungen, S. 49–50).

[4] Gottlob Israel (1762–1836) und Friederica Wilhelmina Ranke, geb. Lehmicke (1776–1836).

[5] Ferdinand Ranke (1802–1876), Bruder Leopold und Heinrich Rankes; er war nach der Flucht Heinrich Rankes aus Pforta den Nachstellungen seiner Mitschüler ausgesetzt (vgl. Nr. 15).

[6] Anspielung Heinrich Rankes auf seine Flucht aus der Landesschule in Pforta (vgl. Nr. 11).

[7] Neben Carus waren dies Carl Anton Richter (1797–1827) und Heinrich Wilhelm Sause (1796–1866); die beiden letzteren waren auch Heinrich Rankes Fluchtbegleiter (vgl. Nr. 11).

Nr. 11

Heinrich Ranke[1] an Gottlob Israel und Friederica Wilhelmina Ranke[2], über Leopold Ranke[a]

V: GStA PK VI. HA Nl Hoeft Nr. 1 (Abschrift)
G: GStA I. HA Rep. 92 L. v. Ranke Nr. 26 (nicht erhalten)

⟨Querfurt, 23. Dezember 1814.⟩[b]

Meinen lieben Eltern.

Vater, mein Vater! Fluche mir nicht! Benetze das unglückliche Blatt des unglücklichen⟨,⟩ aber schuldlosen Sohnes mit Thränen; aber wirf es nicht von Dir. – O! Hätte mir ein Gott auf andern Wegen Rettung gezeigt! – So beschimpft konnt' ich nicht vor Dir stehen; so beschimpft war mir der Aufenthalt in Pforte unmöglich gemacht,[3] wenn mein Herz gleich anders sprach. Denn, Gott, der mich in der höchsten Noth nicht verlassen wird, sey mein Zeuge, schlecht war meine Absicht nie. Ich wollte mich vervollkomnen,[4] um Euer Stolz sein zu können; um Geist und Herz zu

[a] Adresse: „An | Herrn Franz Leopold Rancke | studioso zu Leipzig | in der Ritterstraße | No. 722 2. Treppen hoch | vorn heraus | [vierte Seite:] | den lieben Eltern [von Heinrichs Hand] | [von einer anderen:] | Herrn Gerichts-Director | Rancke in Wiehe."

[b] Hoeft vermerkt: „[Dez. 22.] abgegangen von Pforte". Der Brief ist aber wohl am Tag nach der Flucht Heinrich Rankes verfaßt. Die Synoden mit der Vernehmung der drei Delinquenten fanden am 20. Dezember vormittags und nachmittags statt (vgl. die Protokolle ABLS Pforta Akte 1973). Am 22. Dezember flohen Heinrich Ranke und seine zwei Freunde Richter und Sause in aller Frühe (vgl. ABLS Pforta Akte 1973, fol. 9). Sie begaben sich nach Querfurt zur Tante und Taufpatin Heinrich Rankes (vgl. F. H. Ranke, Jugenderinnerungen, S. 50), Caroline Henriette Liebhold, geb. Lehmicke (1778–1841).

[1] Heinrich Ranke (1798–1876), Bruder Leopold Rankes.

[2] Gottlob Israel (1762–1836) und Friederica Wilhelmina Ranke, geb. Lehmicke (1776–1836), Eltern von Leopold und Heinrich Ranke.

[3] Heinrich Ranke betont diesen Gesichtspunkt auch in seinen Memoiren (vgl. F. H. Ranke, Jugenderinnerungen, S. 50); faktisch kamen aber er und seine Freunde einem Auschluß aus der Schule zuvor. „⟨Das Königlich Sächsische Oberkonsistorium hat⟩ beschlossen, die dortigen Alumnen, Carl Anton Richter, aus Weisenfels, Heinrich Wilhelm Sause, aus Naumburg, und Friedrich Heinrich Ranke, aus Wiehe, da sie Nachschlüssel geführet, mit Hülfe derselben, die Schlaf-Saal-Thüren geöffnet, und verbotene Zusammenkünfte mit einander gehabt, auch die Schule heimlich verlassen haben, für aus der Schule excludiret erklären zu lassen." (ABLS Pforta Akte 1973.) Sie hatten die Schule heimlich nachts verlassen, um beim Buchbinder in Naumburg einen Band mit Schillers Gedichten abzuholen, den sie Heinrich Ranke zum Geburtstag überreichen wollten. Diese Geburtstagsfeier ging nicht ohne den Genuß von Wein über die Bühne (vgl. ABLS Pforta Akte 1973, fol. 4, 19, 23–26).

[4] Ferdinand Ranke schrieb im Dezember, Heinrich Ranke und seine Freunde hätten die gegen alle Schulregeln durchwachte Nacht – vorgeblich – zum Arbeiten nutzen wollen (vgl. Nr. 12; ABLS Pforta Akte 1973, fol. 6 und 8). Aus der Sicht des Rektors hätten die Schüler sich hierbei den alten Sprachen und nicht der modernen Dramatik widmen sollen. Ilgen hält abschließend fest: „Daß eben diese drey Alumnen ⟨Heinrich Ranke, Carl Anton

erheben, sog ich begierig an den Schätzen des Alterthums[5], aber eben diese heiße Liebe, die mich durchflammte, sollte Euer größtes Leid werden — O! daß ich Euch nicht umarmen konnte vor der langen Trennung![6] daß ich Euch nicht Kraft in das Herz gießen konnte über den Sohn⟨,⟩ der sich gewaltsam losreißen mußte! wenn Du das Herz sähest, wie es sich blutend losreißt von allen den Lieben, Vater, Mutter! ja⟨,⟩ ihr würdet mir vergeben. — Noch vier Söhne[7] schenkte Euch der Himmel, voller Hoffnung in der schönsten Blüthe; sie alle willst Du erhalten; wenigstens um etwas ist Dir die Sorge erleichtert. Denn⟨,⟩ guter, bester Vater!⟨,⟩ ich bin Dir ja nicht verlohren; gewiß nicht! ich fühle es tief. Mein Muth, meine Liebe zu dem guten Vater im Himmel, die mich jetzt stärker, freudiger durchglüht als je⟨,⟩ sie werden mich durch alle Klippen führen. Fürchte nicht, daß ich mich unbesonnen in ⟨den⟩ fürchterlichsten der Stürme wage. Der Plan, nach dem ich mit meinen Treuen, die mir noch jüngst unter den Sternen ewige Treue gelobten,[8] hinarbeite⟨,⟩ ist herrlich. Wenn das Schicksal uns nicht entgegenkämpft so ist er binnen einem Jahre gewiß erfüllt, daß ich Dir meinen Aufenthalt und, so der Herr will, mein Glück schreiben kann.[9] Forsche nicht nach⟨,⟩ mein guter Vater! Mein Verlangen geht weit weit weg von hier. Vater! mein Vater! fluche mir nicht! — Und Du, die Du mich unter Deinem Herzen trugst, zittere nicht vor meiner That! schändlich war sie⟨,⟩ bei Gott!⟨,⟩ nicht. Mein Fortkommen laß Dich nicht bekümmern, und mir laß es als Trost zur langen Reise nehmen, daß Du getröstet bist. Nach Ungewitter duften die Tannen so lieblich. — Einst

Richter und Heinrich Wilhelm Sause bei ihren nächtlichen heimlichen Zusammenkünften⟩ nicht einmahl den Endzweck gehabt haben, ernstlich zu studieren, das heißt, auf die Erlernung der alten Sprachen und anderer Schulwissenschaften Fleiß zu verwenden, sondern nur deutsche Dichter, besonders die dramatischen Werke von Schiller und Göthe gelesen, was sie nach ihrem unreifen Begriffe Studium nennen ⟨...⟩ daß sie durch eine übermäßige und zwiedeutig benuzte ⟨gestrichen: „übel gewählte"⟩ Lectüre deutscher Dichter sich exaltirt ⟨gestrichen: „den Verstand verrückt" ⟩, und sich eine eigne Ideen-Welt geschaffen haben, in welcher sie nur einander leben, und dabey die wirkliche ⟨Welt⟩, mit allen Pflichten und Obliegenheiten, gänzlich vergessen." (ABLS Pforta Akte 1973, fol. 7–8).

[5] Vgl. Nr. 7.

[6] Heinrich Ranke trug sich damals mit dem Plan einer Reise nach Italien, um dort „auf den Spuren der Alten zu wandeln und die Bauwerke und Marmorbilder, die sie uns hinterlassen haben, zu betrachten" (F. H. Ranke, Jugenderinnerungen, S. 50–52).

[7] Leopold (1795–1886), Ferdinand (1802–1876), Wilhelm (1804–1871), Ernst Constantin Ranke (1814–1888).

[8] Carl Anton Richter (1797–1827) und Heinrich Wilhelm Sause (1796–1866), Schüler in Pforta; sie stifteten mit Heinrich Ranke an dessen 16. Geburtstag, am 30. November 1814, „eine Art Bündniß" (F. H. Ranke, Jugenderinnerungen, S. 48).

[9] Im Protokoll der Untersuchungen in Pforta heißt es hierzu: „⟨Die drei Alumnen⟩ versprachen ⟨in den zurückgelassenen Briefen⟩ binnen Jahres Frist, ihren Aufenthaltsort bekannt zu machen, und über ihren Plan Aufschluß zu geben; sie sind aber auf ihrer Wanderung nicht weiter, als bis nach Querfurth gekommen, wo sie bey einem Anverwandten von Ranke eingekehrt sind, der sie zu ihren Eltern geschickt hat." (ABLS Pforta Akte 1973, fol. 9–10).

wird ein Gott des Schicksals Knäuel lösen. – Mir war es nicht vergönnt, ruhig dahinzugleiten auf dem Strome des Lebens; so laßt uns drum nicht zagen; laßt uns den Arm prüfen im Kampf gegen Wind und Wellen. – Und ihr⟨,⟩ lieben Brüder[10], liebe Schwestern[11] verachtet mich nicht! Der Himmel wird mich[c] Euch schöner wiederschenken, denn vor hin.[d] O! wie die Gefühle wogen in meiner Brust![12] wie manches sollt ich noch sagen! So lebt denn wohl! O! wenn ich glücklich besiegt habe alle die Stürme und Euch dann wieder sehe und ihr mir vergebt ————

[c] In der Vorlage ursprünglich: „auch".

[d] In der Vorlage ursprünglich: „!".

[10] Leopold (1795–1886), Ferdinand (1802–1876), Wilhelm (1804–1871), Ernst Constantin Ranke (1814–1888).

[11] Johanna (1797–1860) und Rosalie Ranke (1808–1870).

[12] Eventuell eine Anspielung auf eine Stelle in der dritten Szene des zweiten Aktes von Friedrich Schiller: Kabale und Liebe. Ein bürgerliches Trauerspiel in fünf Aufzügen (1784), wo Lady Milford spricht: „Stolz und Schicksal kämpften in meiner Brust", oder auf eine Stelle aus Johann Wolfgang von Goethe: Faust. Der Tragödie erster Teil (1808): „Zwei Seelen wohnen, ach! in meiner Brust".

Nr. 12

Ferdinand Ranke[1] an Leopold Ranke[a]

V: GStA PK VI. HA Nl Hoeft Nr. 1 (Abschrift)
G: GStA I. HA Rep. 92 L. v. Ranke 26 (nicht erhalten)

⟨Pforta, Ende Dezember 1814.⟩[2]

Theurer Bruder!
Du wirst schon erfahren haben, in welches Unglück sich mein Bruder[3] gestürtzt hat.[4] Er läuft fort mit Richtern[5] und Sausen[6], seinen Freunden, die mit ihm die Schulgeseze übertraten, einen Dietrich geführt, die Schlösser der Schlafsalthüren damit erbrochen [haben], und die Nacht nunter in ihr Zimmer gegangen [waren]., und nach ihrer Aussage gearbeitet haben wollen.[7] Ein Licht hatten sie unter den Ofen gestellt, und eine Landkarte davorgelegt, um es nicht gewahr werden zu lassen, woraus doch hätte

[a] Adresse: „An Herrn Herrn Leopold Ranke zu Leipzig".

[1] Ferdinand Ranke (1802–1876), Bruder Leopold Rankes.
[2] Ferdinand Ranke war seit dem 3. Oktober 1814 Schüler der Landesschule Pforta (vgl. Hoffmann, Pförtner Stammbuch, Nr. 8704, S. 349).
[3] Heinrich Ranke (1798–1876), Bruder Ferdinand und Leopold Rankes.
[4] Vgl. Nr. 11.
[5] Carl Anton Richter (1797–1827), Sohn von Heinrich Traugott Richter (1755-1825), kurfürstlich sächsischer Kammermusiker in Weißenfels, und Johanna Rosina Richter, geb. Jost (1774–1853), 1809 Landesschule in Pforta, 21.12.1814 zusammen mit Heinrich Ranke Flucht aus Pforta, Buchdruckerlehre in Leipzig, später Privatgelehrter und Lexikograph in Leipzig, publiziert als Dichter unter dem Pseudonym Ludwig Stahlpanzer; ein Mitschüler Heinrich Rankes, der aber wie Leopold Ranke bereits 1809 in Pforta eingetreten war (vgl. Archiv KPS Weißenfels, Stadtkirche, Taufen 1797; Hoffmann, Pförtner Stammbuch, Nr. 8504 und 8514, S. 339, sowie F. H. Ranke, Jugenderinnerungen, S. 47–49).
[6] Heinrich Wilhelm Sause (1796–1866), Sohn von Johann Heinrich Gottlob Sause (1763–1850), Kaufmann und Konditor in Naumburg, und Johanna Maximiliane Sophie Sause, geb. Naumann (1764–1834), Privatunterricht, 1810 Landesschule in Pforta, 21.12.1814 zusammen mit Heinrich Ranke Flucht aus Pforta, 1815 Studium der Theologie in Jena, 1816 der Philosophie in Halle, unter anderem bei Johann Gottfried Gruber, 1818 Einjährig-Freiwilliger beim Füsilier-Bataillon des 26. Linien-Infanterie-Regiments, Schullehrer-Examen, Februar 1819 Dr. phil. in Halle, Ostern 1819 Konrektor und Lehrer für Mathematik und Physik am Gymnasium in Guben, 1820 Hochzeit mit Emilie Marianne Freifrau von Roeder (1798–1883), Tochter von Carl Siegmund Freiherr von Roeder (1749–1819), Leutnant, und Johanna Friederike Freifrau von Roeder, geb. Lauriscus (1769–1836), 1846 Prorektor am Gymnasium (vgl. Archiv KPS Naumburg, St. Wenzel, Bestattungen 1834 und 1850; Hoffmann, Pförtner Stammbuch, Nr. 8535, S. 341; Neues Lausitzisches Magazin 1 [1822], S. 600–602; Kössler, Personenlexikon, Bd. Saage-Szymanski, S. 50); Heinrich Ranke schreibt über seinen Mitschüler: „Einer von denen, die ihre Freude an mathematischen Studien fanden, war Wilhelm Sause, der die mathematischen Werke des Philosophen Wolff, des Schülers von Leibnitz, eifrig studirte. Er regte auch mich etwas an" (F. H. Ranke, Jugenderinnerungen, S. 37).
[7] Vgl. Nr. 11.

leicht Feuer entstehen können.[8] Ich erfuhr nicht eher von ihren Anschlägen etwas, als bis mir gesagt wurde, es wäre wegen meinem Bruder Extrasinode. Dreymal war Sinode wegen ihnen.[9] Endlich, da die Sinoden alle waren, laufen sie zu meinem größten Schmerz, früh unter den Gebeten[10] von [dannen]. Sehr viel Oberste[11] hatten es schon vorher geahntet, daß sie fortlaufen würden, sie fragten mich, wo mein Bruder wäre, ich ahne aber immer noch nichts und denke, sie wollen ⟨mich⟩ vor einen Narren haben. Aber leider erfuhr ich sehr bald, daß mein Bruder fort war. Nun ging meine Leidenszeit an, ich weinte nun die ganze Zeit, und bin seit dieser Zeit noch nicht froh geworden. Ich habe an meinem Bruder sehr viel verlohren, ich hielt mich erst ganz an ihn, aber nun weiß ich nicht mehr, an wen ich mich halten soll. Abends⟨,⟩ wenn ich mich zu Bette lege⟨,⟩ und früh⟨,⟩ wenn ich aufstehe⟨,⟩ weine ich. So vergeht meine Zeit sehr traurig. Nie werde ich froh. Gern wollte ich Dir noch mehr schreiben, aber jetzt muß ich in die Lectüre. Sobald sich mir aber eine Gelegenheit darbietet, werde ich Dir schreiben – Lebe wohl und behalte lieb

Deinen
Dich herzlich liebenden Bruder
Ferdinand Rancke.

[8] Die Tatsache, daß Heinrich Ranke das Licht über Nacht brennen ließ, wird mehrfach in den Protokollen vermerkt (ABLS Pforta Akte 1973, fol. 7: „endlich auch ⟨werden sie bestraft⟩, weil sie leicht durch übermäßiges Einheizen, oder unvorsichtigen Gebrauch des Lichts, oder sonst, das Schulhaus in Brand stecken können, wie ⟨...⟩ hier wirklich der Fall gewesen ist, daß Ranke das Licht auf seiner Stube No. VII. hat brennen lassen, und mit einer Landcharte umgeben und versteckt, solches auch, da er die Schlafsaalthür nicht hat öffnen können, die ganze Nacht fortgebrannt hat"; weitere Erwähnungen in den Vernehmungsprotokollen der älteren Schüler und der drei Beschuldigten vom 20. Dezember 1814 in: ABLS Pforta Akte 1973, fol. 20–21 und 26).

[9] Vgl. Nr. 9. Die mehrfachen Synoden deuten darauf hin, daß Heinrich Ranke und seine ‚Mittäter' von der Landesschule in Pforta ausgeschlossen werden sollten, denn ein solcher Verweis konnte nach den Regeln nicht in ein- und derselben Sitzung endgültig beschlossen werden. Das „Synodalische Strafbuch" von Pforta (ABLS Pforta Port. 160) notiert: „Synodus extraordinaria d. 19ten December, u. 20ten December ⟨1814⟩. Richter mai. Sause, Ranke mai. begehen mit Nachschlüsseln, durch Aussteigen pp. grobe Ungebührnisse. ⟨Strafe:⟩ wegen Richter mai., Sause, Ranke mai. wird höchsten Orts Bericht erstattet." In den Jahren zuvor sind ebenfalls ungenehmigte Freigänge der häufigste Eintrag. Als Strafen tauchen „admonirt" und „Carzer" auf.

[10] Während der Gebete, also etwa um 5 Uhr morgens (vgl. ABLS Pforta Akte 1973, fol. 9).

[11] Schüler der obersten Klasse, wahrscheinlich die Stubeninspektoren (vgl. Nr. 1 und Nr. 9), darunter wohl auch Ernst Rudolph Wilisch (vgl. Nr. 13).

Nr. 13

Leopold Ranke an Ernst Rudolph Wilisch[1]

V: L. v. RANKE, Neue Briefe, S. 2–4 (Druck)

[Leipzig, Ende Dezember 1814⟨.⟩]

Lieber Wilisch,

Das Schicksal spielt schrecklich mit uns. Mußten wir darum nah am Ende meiner Laufbahn uns mit offenem Herzen, mit fröhlicher Liebe begegnen, darum jene glücklichen Abende Hand in Hand, ja Brust an Brust mit götterreichem Herzen durchfeiern, um so zu enden? – Flüsterten Dir's nicht die Pappeln der Saale, hauchte Dir's das Wehn von den leuchtenden Sternen in der Schneenacht, blickten Dir's nicht die einsamen dunklen Hallen zu? Ja⟨,⟩ sagte Dir's nicht unser Goethe[2]? – Doch nein, Du hattest mich ja lange vergessen, aber ich Dich nicht. O⟨,⟩ vertilge den schwarzen Fleck, der das heitre Bild, das von Dir mir in der Seele lebendig und fröhlich steht, verdunkeln und auswischen zu wollen scheint, o⟨,⟩ vertilge ihn, mein sehr Geliebter! –

Glaubtest Du mich Dir entfremdet, weil ich Dir lange nicht schrieb? Um so reiner und heller begleitete mich Dein Bild so oft, was soll ich's leugnen, den Einsamen unter den trostblickenden und sanften, ahnenden Sternen, ja, o⟨,⟩ verzeih mir's, wie das Bild einer Geliebten, von der die Dichter sagen, in den Schlaf. 's war eine Grille im Grunde, daß ich nicht schrieb; Du kennst sie und warst daran schuld;[3] ach, vielleicht hätte es die Erinnerung in Dir geweckt, auch wollt' ich, aber ein hämischer Gott hat es verhindert. Und so sollte es denn wirklich im Ernste zu dem Wort kommen, das Du

[1] Ernst Rudolph Wilisch (1796–1821), Sohn von Immanuel Ernst Liebegott Wilisch (1767–1812), Rechtskonsulent und Stadtschreiber in Wittenberg, und Sophia Amalia Wilisch, geb. Marckwordt (1769–nach 1812); 1809 Landesschule in Pforta, 1815 Studium der Medizin in Leipzig, Studienabschluß: Magister artium und Baccalaureus med. (vgl. Archiv KPS Wittenberg, Stadtkirche, Taufen 1796; Archiv KPS Wittenberg, Stadtkirche, Bestattungen 1812; HOFFMANN, Pförtner Stammbuch, Nr. 8516, S. 339; BLECHER / WIEMERS, Matrikel Leipzig, Bd. 1, S. 113, Nr. 0051; JUNTKE, Album Academiae Vitebergensis, S. 508; Heinrich Heinlein [Hg.]: Der Friedhof zu Leipzig in seiner jetzigen Gestalt oder Vollständige Sammlung aller Inschriften auf den ältesten und neuesten Denkmälern daselbst. Leipzig 1844, S. 33).

[2] Johann Wolfgang von Goethe (1749–1832), Dichter. Eventuell aber Anspielung auf Leopold Rankes Bruder Heinrich, dem die Lektüre der Werke Goethes viel bedeutete (vgl. Nr. 7).

[3] Eventuell Vorfall in Folge der Disputation vom 20. August 1813, bei der Leopold Ranke in Pforta gegen Wilisch auftrat (vgl. „Contra Wilischium"; Druck: HENZ, Leopold Ranke, Nr. VIII, 13, S. 394 und 397, Faksimile der ersten handschriftlichen Seite auf S. 395).

mir einst im Scherz schriebst: Heu ubi pp.[4] O⟨,⟩ mein Lieber, ich bin nicht überspannt, noch sentimental, aber doch wirbelt's mir bei diesem Gedanken ein wenig im Kopf.

Aber nein, was will ich? Es rüttelt uns das Schicksal, um das sich lösende Band neu zu knüpfen, bevor Du es unter dem freundschaftlichen Wirrwarr und Irrsal, der Dich hier erwarten mag, völlig fallen läßt. Gib mir ein geringes Zeichen Deiner noch nicht völlig erstorbenen Liebe, die nur schwach geworden ist, wie die Kohle ohne Nahrung in der Windstille, die dem Ungewitter vorhergeht, aber leicht angefacht werden mag: schreib mir! Ich kann nicht warten, bis Du hieher kommst. Sieh, es ist in jene Tage grade mein Geburtstag[5] gefallen: o! ich hätte ihn verschleiert feiern sollen, frater beim fröhlichen Pokal, Dir aus der Ferne Freude und Liebe zuzutrinken. O⟨,⟩ daß ich Dich daran erinnern muß! Schreib mir heute noch, morgen, übermorgen, später nicht! Es ist Dir ja so leicht, mich zu befriedigen. Und versöhne unsern zürnenden Genius durch irgendeine Sorgfalt an meinem kleinen Bruder[6], der bei Euch ist. Nun wie Gott will! Ich bin Dein, hoffe, ewig Dein

Ranke.

So schreibt mein Bruder:[7] „Wenn ich unglücklich werde, so ist [a]Dein Wilisch [b]mein Mörder. Der Himmel vergebe es ihm, daß er mich so [c]kaltblütig mordet.[8] Sind denn Lamm und Tiger (ich schreib's kaum nach) so nahe verwandt, daß ein Mensch so leicht von dem einen übergeht in das andre?"

a– In der Vorlage kursiv gedruckt.

b– In der Vorlage kursiv gedruckt.

c– In der Vorlage kursiv gedruckt.

4 Vermutlich: „Heu, ubi nunc fastus altaque verba iacent? | Et pugnare diu, nec me summittere culpae | Certa fui, certi si quid haberet Amor." (Ovid, Heroides, Brief 4, Vers 150–152); denkbar wären aber auch Ovid, Fasti, Buch 3, Vers 485–486 („Heu ubi pacta fides? ubi, quae jurare solebas? | Me miseram, quoties haec ego verba loquar!") oder Buch 5, Vers 465–466 („Heu ubi Mars pater est? si vos modo vera locuti, | Uberaque expositis ille ferina dedit.") sowie Ovid, Amores, Buch 3, Carmen VIII, Vers 18 „Heu, ubi mollities pectoris illa tui?"). Carl Anton Richter (1797–1827), der mit Heinrich Ranke aus Pforta geflohen war, erstellte 1825 eine dreibändige Ovid-Ausgabe, die in Leipzig postum erschien: P. Ovidii Nasonis quae supersunt. Ad optimorum librorum fidem accurate edita. Curavit Antonius Richter. Editio Stereotypa. 3 Bände, Leipzig 1828.

5 Im Taufregister der St. Bartholomäus-Kirche in Wiehe ist als Geburtstag Leopold Rankes der 20. Dezember 1795 eingetragen. Der Zeitpunkt der Geburt war aber laut Ernst Constantin Ranke in der Nacht vom 20. auf den 21. Dezember kurz nach Mitternacht (freundliche Auskunft von Gottfried Braasch, 24.8.2009).

6 Ferdinand Ranke (1802–1876), er war seit dem 3. Oktober 1814 in Pforta.

7 Brief bisher nicht ermittelt; der Absender war wohl Heinrich Ranke (vgl. Nr. 11).

8 Wilisch war im August 1809, drei Monate nach Leopold Ranke, in Pforta eingetreten und 1814 als „Stubeninspector" (vgl. Nr. 1 und Nr. 9) für den jüngeren Heinrich Ranke verantwortlich; er berichtete vor der Synode der Lehrer über dessen Verhalten (vgl. ABLS Pforta Akte 1973, fol. 3 und 18).

Einen Bruder hast Du nicht, aber eine Schwester[9], – so weißt Du ja, wie mir das tun mag! – – –

Nur nicht das kaltblütig: in dem andern hat sich Deine schöne Seele verwickelt und ach! verwirrt. Schreib mir! Du kannst Dich mir retten! – Hast Du noch nicht darüber geweint? –

[9] Nicht ermittelt.

Nr. 14

Ernst Rudolph Wilisch[1] an Leopold Ranke[a]

V: Schwarz, Studien, Anhang, S. I–II (Typoskript)

⟨Pforta, Ende Dezember 1814.⟩

Guter Ranke!

Heute noch schreibe ich dir, um so schnell als möglich die düsteren Wolken zu verscheuchen, die an unserem Himmel sich zusammengezogen haben. Sorge nicht⟨,⟩ guter Ranke: mich hast du nicht verloren; ich habe dich nicht vergessen; möchte nur auch dein Herz fest und unerschüttert an mir halten, nicht durch zu schnell gefaßten Verdacht an meiner Treue verzweifeln. Doch schwer, befürcht' ich, wird sich ganz aus deinem Geiste dieser dunkle Fleck verwischen lassen, denn wie ein tötendes Gift pflegt sich ein solcher Verdacht in das innerste Quart[2] einzufreßen. – Nur solltest du nicht aus der Ferne so streng über mich richten; zu ungewiß sieht so das geistige wie das körperliche Auge. Bald ja werde ich dir näher sein;[3] vermagst du dann noch mich wie jetzt zu richten, dann noch an meiner Redlichkeit, an meiner Liebe gegen dich zu zweifeln, so sei gelöst das Band, das uns verbunden; doch so laß ich dich nicht. Aber wirst du's auch gern sehn⟨,⟩ dich getäuscht zu haben? –

Was deinen Bruder[4] betrifft, so hätte ich dir vieles zu schreiben, doch ich verspare es⟨,⟩ bis ich's dir mündlich werde mitteilen können. Die Worte, die du mir aus seinem Briefe mitteilst, bezeugen mir, daß auch er mich verkannte, allein sie haben mich in meinem Urteil über ihn bestärkt. Ich muß gestehen, daß er mir einst sehr teuer war, und war ich auch später genötigt, anders über ihn zu denken, so bin ich doch stets und vorzüglich bei dem letzten Vorfalle so weit entfernt von aller Feindseligkeit gegen ihn gewesen, daß ich mir durchaus keinen Vorwurf wegen meiner Handlungsweise machen darf. Wer weiß, ob viele mit solcher Wärme an seinem Schicksal teilgenommen haben und noch nehmen als ich. Daß er so über mich

[a] Adresse ⟨handschriftlicher Zusatz im Typoskript⟩: „An Leopold Ranke, | stud. theol. | in Leipzig | auf der Ritterstrasse | Nro. 722".

[1] Ernst Rudolph Wilisch (1796–1821), Schüler in Pforta.
[2] Viertel.
[3] In Leipzig, wo Wilisch im Sommersemester 1815 ein Studium der Medizin aufnahm.
[4] Heinrich Ranke (1798–1867), der schwere Vorwürfe gegen Wilisch erhob (vgl. Nr. 13).

geurteilt hat, verzeihe ich ihm, [b]ihm[b] war es leicht⟨,⟩ mich zu verkennen. Doch vielleicht würde er jetzt schon nicht dasselbe schreiben, oder doch einmal einsehen, daß er mir schweres Unrecht tat.
Lebe wohl, guter Ranke;

Dein
Ernst Wilis⟨c⟩h.

[b-b] In der Vorlage unterstrichen.

Nr. 15

Ferdinand Ranke[1] an Leopold Ranke[a]

V: GStA PK VI. HA Nl Hoeft Nr. 1 (Abschrift)
G: GStA I. HA Rep. 92 Nl L. v. Ranke Nr. 26 (nicht erhalten)

⟨Pforta, vor Ostern 1815.⟩

Theuerster Bruder!
Wie befindest Du Dich denn. Ich habe nun so lange schon nichts von Dir gehört, fast ein Vierteljahr.[2] Sey so gut und schreib mir bald wieder, daß ich nur einmal was von Dir höre. Ich hätte schon lange an Dich geschrieben, wenn ich nur Zeit gehabt hätte. So lange mein Bruder fort ist,[3] gefällt es mir gar nicht mehr in Pforte. Ich weiß es gar nicht, jetzt hilft mir niemand mehr, ja sogar foppen sie mich mit meinem Bruder, was mir das allerärgerlichste ist. Ich kann mich über nichts mehr ärgern.Uebrigens befinde ich mich ganz wohl. Ich möchte nur gern wissen, wie es meinem Bruder zu Hause geht.[4] Ich weiß nun nicht, was er machen wird, ob er zu Ostern auch nach Leipzig auf die Universität geht, und sich examinieren läßt.[5] Hat er Dir denn schon geschrieben? Mit seinen Sachen habe ich viel zu thun gehabt. Ich kann Dir jetzt nicht mehr schreiben, denn ich habe keine Zeit. Bald aber ein mehreres. Leb wohl und behalte lieb Deinen

Dich herzlich liebenden Bruder
Ferdinand Ranke.

[a] Adresse ⟨am Rand⟩: „Adr. Sr. Hochedelgeb. | Dem Herrn Studiosus Leopold Rancke | frey ⟨in der Vorlage unterstrichen⟩ abzugeben in der Ritterstraße in Leipzig. | No. 722 2 Treppen hoch".

[1] Ferdinand Ranke (1802–1876), Bruder Leopold Rankes, Schüler in Pforta.
[2] Es ist sowohl möglich, daß diese Formulierung Bezug nimmt auf ein Treffen in Wiehe zu Weihnachten 1814, als auch, daß hier ein nicht erhaltener Brief Leopold Rankes angesprochen wird.
[3] Heinrich Ranke (1792–1876) war am 22. Dezember 1814 aus Pforta geflohen (vgl. Nr. 11–13).
[4] Heinrich Ranke hielt sich damals in Wiehe auf. „In den Osterferien erschien Leopold und mit seiner Hilfe kam Alles in Ordnung. Es wurde beschlossen, daß ich in Jena studiren sollte." (F. H. Ranke, Jugenderinnerungen, S. 53).
[5] Heinrich Ranke hatte seine Schulzeit in Pforta ohne Examen und Abgangszeugnis beendet; „examinieren" bezieht sich wohl auf die Universitätsaufnahmeprüfung für diejenigen, die über kein Abitur verfügten.

Nr. 16

Georg August von Breitenbauch[1] an Leopold Ranke

V: GStA PK VI. HA Nl Hoeft Nr. 2 (Abschrift)[2]
G: GStA I. HA Rep. 92 Nl L. v. Ranke Nr. 7 (nicht erhalten)

Bucha, den 19⟨.⟩ Jul⟨i⟩ 1815.[a]

Da ich mich nicht erinnere, ob ich, hochgeehrtester Herr Rancke, bey Uebersendung eines Exemplars der Pindarischen Oden[3] den 4⟨.⟩ Julius auch

[a] Orts- und Datumsangabe in der Vorlage unter dem Text links.

[1] Georg August von Breitenbauch (1731–1817), Sohn von Heinrich August von Breitenbauch (1696–1747), königlich polnischer und kursächsischer Kammerherr, Geheimer Rat und Kapell-Direktor, und Sophie Auguste von Breitenbauch, geb. von Schönberg (1703–1755), bis 1740 Erziehung in Dresden, 1741 Hauslehrer auf Gut Bucha, 1748 Gymnasium in Zeitz, 1749 Studium der Rechte in Jena, 1753 Reise nach Frankreich, 1754 Aufenthalt in Berlin, Bekanntschaft mit Gotthold Ephraim Lessing, Johann Georg Sulzer und Moses Mendelssohn, 1755 Übernahme der Verwaltung des väterlichen Guts Bucha, wenige Kilometer von Wiehe entfernt, daneben Privatgelehrter, Schriftsteller und Übersetzer, 1757 Hochzeit mit Juliane Henriette Christiane von Thüna (1726–1800), drei Söhne: Wilhelm August (1758–1806), Georg Ludwig (1761–1823), Heinrich Ferdinand (1767–1836), 1782 sachsen-weimar-eisenachischer Kammerrat (vgl. Stammtafeln Breitenbauch; ⟨Franz Joseph Karl von⟩ Scheppeler: Biographie des Herrn Georg August von Breitenbauch. o. O. o. J.); Breitenbauch legte eine Reihe von historischen Zeittafeln, Übersichten und Studien vor. Leopold Ranke hatte – laut dem auf Ranke selbst zurückgehenden Katalog, der sich heute in der Syracuse University, N. Y., USA befindet und dessen Kopie wir Dr. Siegfried Baur verdanken – zwei Werke Breitenbauchs in seiner Bibliothek: Vorstellung der Schauplätze berühmter Begebenheiten aus der Geschichte der vornehmsten Völker des Alterthums, in fünf und zwanzig Kupfern nebst deren Beschreibung für die Jugend entworfen, Leipzig 1794; Abbildungen verschiedener Landschaften und Städte des Alterthums. Eine Beylage zu der Vorstellung der Schauplätze berühmter Begebenheiten, Leipzig 1795.

[2] Auf der Rückseite befinden sich einige Gedichtzeilen ohne Bezug zum Brief auf der Vorderseite.

[3] Versuch einer gebundenen Uebersetzung einiger Pindarischen Olympischen und Pythischen Hymnen. Mit Anmerkungen, Leipzig 1815. Der griechische Dichter Pindar (522/518–nach 446 v. Chr.) begegnet in der frühen Korrespondenz Leopold Rankes immer wieder. Er war in der zweiten Hälfte des 18. Jahrhunderts, im Zuge des beginnenden Neuhumanismus, förmlich neuentdeckt worden; Christian Gottlob Heyne sowie mit und nach ihm auch Johann Gottfried Jakob Hermann, Leopold Rankes Leipziger Lehrer, hatten ihn zum festen Bestandteil der akademischen Lehre gemacht. In Leopold Rankes Studienzeit galt er als Dichter und Vorbild der Turnbewegung. Friedrich Wilhelm Thiersch widmete seine Ausgabe dem damals in Untersuchungshaft gehaltenen Begründer der Turnerbewegung Friedrich Ludwig Jahn; er stellt darin einen direkten Zusammenhang zwischen der Turnerbewegung und den griechischen olympischen Wettkämpfen einerseits sowie zwischen Turnerbewegung und politischen Freiheitskämpfen andererseits her und nennt Pindar „den großen griechischen Turnsänger" (ΠΙΝΔΑΡΟΥ ΤΑ ΣΩΖΟΜΕΝΑ. Pindarus Werke, Urschrift, Uebersetzung in den pindarischen Versmaaßen und Erläuterungen von Friedrich Thiersch. 2 Bde., Leipzig 1820. Die „Zueignung an Friedrich Jahn" im Ersten Band S. 3–21, das Zitat: S. 16). Das zweite damit eng verbundene Motiv nennt Leopold

ein Ex⟨emplar⟩ für den Herrn Hofrath Beck[4] beygelegt habe, nebst Ersuchen, solches in der Leipziger Litteratur Zeitung recensiren zu lassen,[5] wobey jedoch nur des Herausgeber, Herrn M⟨agister⟩ Röhrers[6]⟨,⟩ Name

Ranke selbst, wenn er meint, an Pindars Werken könne man „die Zeit der Fürsten und ihres Verfalls" studieren (vgl. L. v. Ranke, Tagebücher, Nr. 76, S. 106–107, Zitat S. 107). In einer Vorlesungsmitschrift Leopold Rankes ist Johann Gottfried Jakob Hermanns Würdigung des griechischen Dichters überliefert (SBB Nl Ranke, Fasz. 38 II C 1ff., Rankes Paginierung S. 19, neu fol. 10): „Non enim victor tantum et victoria erat laudanda ⟨in Pindars Siegesliedern⟩, sed gens etiam et patria victoris. quae summam sibi gloriam esse ducebat, civem suum universae Graeciae judicio praestantissimum in aliquo esse judicatum. Laus enim ipsa non tam privata erat, quam publica." Zu Rankes Leipziger Pindar-Studien vgl. insgesamt L. v. Ranke, Lebensgeschichte, S. 30: „Vornehmlich lehrte er ⟨Hermann⟩ mich Pindar verstehen, den er vortrefflich interpretirte"; Ranke habe sich ihm, wie auch Thukydides, gebeugt, „ohne ihm mit Uebersetzungsversuchen nahe zu kommen", sich also ganz auf dessen historische Individualität eingestellt.

4 Christian Daniel Beck (1757–1832), Sohn von Johann Daniel Beck (1715–1780), Finanz-Sensal in Leipzig, und Eleonora Catharina Beck, geb. Stemmler, Hauslehrer, 1772 Thomas-Schule in Leipzig, 1775 Studium der Philologie, Theologie und Geschichte in Leipzig, 1778 Magister, 1779 Habilitation, 1780 Ablehnung eines Rufes auf eine außerordentliche Professur für Rechtsgeschichte in Göttingen, 1782 außerordentlicher Professor der griechischen und lateinischen Literatur, Ablehnung von Rufen auf eine ordentliche Professur der Philosophie und eine außerordentliche Professur der Theologie in Göttingen, 1784 Gründung der „Societas Philologica", 1785 ordentlicher Professor der griechischen und lateinischen Literatur in Leipzig, 1786 Hochzeit mit Johanne Louise Hedwig, Tochter des Professors für Botanik und Leiter des Botanischen Gartens Johann Hedwig (1730–1799), 1790 zugleich Direktor der Universitätsbibliothek, 1807 auswärtiges Mitglied der Historischen Klasse der Akademie der Wissenschaften in München, 1808 Königlich Sächsischer Hofrat, 1809 Direktor des neugegründeten Philologischen Seminars, das aus der „Societas Philologica" entstanden war, 1819 ordentlicher Professor der Geschichte, 1826 erneut ordentlicher Professor der griechischen und lateinischen Literatur, zwölf Mal Rektor, acht Mal Procancellar der Universität Leipzig und siebzehn Mal Dekan der Philosophischen Fakultät, Ephorus der königlichen Stipendiaten, Präfekt der Universitätsdörfer, Bücherkommissar, Zensor (vgl. StdA Leipzig, Ratsleichenbücher 1780; KAL Taufkartei 1757); ab 1814 einer der Leipziger Lehrer Rankes (vgl. Nr. 27); Karl David Ilgen, der Rektor der Landesschule in Pforta während Leopold Rankes Schulzeit, war von Beck 1785 in die „Societas Philologica" aufgenommen worden, außerdem war Beck 1807 Doktorvater von Johannes Karl Hartwig Schulze (1786–1869), der sich später als Vortragender Rat im Kultusministerium für die Berufung Rankes auf eine außerordentliche Professur in Berlin einsetzen sollte (vgl. Nr. 244).

5 Brief vom 4. Juli 1815 bisher nicht ermittelt; Christian Daniel Beck war von 1812 bis 1818 Hauptredakteur der Leipziger Literatur-Zeitung.

6 Johann Gottlieb Röhrer (1756–1842), Sohn von Johann Gottlieb Röhrer (1714–1773), Kirchner bei der Schloßkirche in Zeitz, und Susanna Magdalena Röhrer (1711–1782), Gymnasium in Zeitz, Juli 1775 Studium der Theologie in Leipzig, 1780 Magister in Wittenberg, Hauslehrer bei der Familie von Ludwig von Heerda († 1799), kursächsischer Major und Gutsbesitzer in Großjena, 1785 Katechet an der Schloßkirche in Zeitz, 1786 ordiniert, 1788 Pfarrer in St. Moritz in Naumburg, Hochzeit mit Friederike Wilhelmine Concordia Wilke (1766–1833), der zweiten Tochter des Zeitzer Schloßpredigers und Stiftssuperintendenten August Wilhelm Leberecht Wilke (1717–1781), dem Bruder von David Gottfried Aegidius Wilke (1739–1779), bei dem es sich eventuell um einen Verwandten des mit der Familie Ranke in Wiehe befreundeten Arztes Christian Gottfried Wilke (1768–1844) handelt, 1833 Ruhestand (vgl. Archiv KPS Zeitz, Schloßkirche, Taufen 1756; Archiv KPS

zu erwähnen, indem ich nur das Leben Pindars in Anmerkungen beygefügt habe,[7] ersuche ich Sie, beyliegendes Ex⟨emplar⟩ im Fall die Schrift nicht schon vorher dem Herrn Redacteur übergeben worden, jezt ihm zu überreichen. Im Gegenfall aber für einen von Ihren Freunden zu behalten. Wenn eine Recension erschienen ist von den vorher übergebenen Büchern, den Uebersetzungen aus den Classikern und den Ruinen, bitte ich, mir die Abschrift der Recensionen[8] gefälligst, zuzuschicken, verharre indessen mit aller Hochachtung

Ihr ergebener
G⟨eorg⟩ A⟨ugust⟩ v⟨on⟩ Breitenbauch.

Zeitz, Schloßkirche, Bestattungen 1773 und 1782; Pfarrerbuch Kirchenprovinz Sachsen, Bd. 7, S. 228 und S. 398–399, sowie Nr. 3).

[7] Das Buch „Versuch einer gebundenen Uebersetzung einiger Pindarischen Olympischen und Pythischen Hymnen" wurde in der Leipziger Literaturzeitung Nr. 291 vom 29. November 1815 angezeigt (Sp. 2328). Hier ist jedoch, in genauer Umkehrung zu diesem Brief, Breitenbauch als Verfasser der Übersetzung und Röhrer lediglich als Autor der kurzen Vorrede genannt. Die Vorrede (S. 3–4) des Buches ist mit M⟨agister⟩ Johann Gottlieb Röhrer unterschrieben, wohingegen das folgende Kapitel „Leben des Pindarus" von Breitenbauch (S. 5 bis S. 8) sowie die mit Endreim übersetzten Hymnen samt Anmerkungen (S. 9–63) mit keinem Namen versehen sind.

[8] Folgende Rezension war in der Leipziger Literaturzeitung dieses Jahres tatsächlich erschienen: Die Ruinen des Alterthums, Leipzig 1815, und zwar in der Nr. 191 vom 8. August 1815, Sp. 1527. Die kurze Anzeige stellt den „Eifer" des Autors Breitenbauch heraus. Das Buch bietet eine Beschreibung von 30 Überresten und Denkmalen des Altertums (etwa der Ruinen von Theben, Palmyra, Memphis und der Pyramiden von Gizeh).

Nr. 17

Gottlob Wilhelm Müller[1] an Leopold Ranke[a]

V: Schwarz, Studien, Anhang, S. IV–VII (Typoskript)
G: Privatbesitz Lily von Ranke (nicht erhalten)

Torgau, d⟨en⟩ 25. August 1815.

Wahrlich, daß laß' ich mir gefallen, Brüderchen, Du bist brav! Eben wollt ich vorhin um 9 in die letzte Vormittagsstunde gehen, so bringt mir der ehrliche Schlag von Brieftrager[2] ein Briefchen, auf dem ich sogleich Deine Hand merkte, Es ist dir damit aber so. Bei allem Streben, über die Zeit zu gebieten, ist es durch Umstände doch nicht immer möglich. Jetzt werden doch meine Sekundaner besser, so daß ich weniger Arbeit bekomme, als sonst, besonders gilt das vom Corrigieren, wo man immer so viel auszustreichen und anders zu schreiben hat. Dann bin ich doch[b] nicht recht wohl und hab ich ein Viertelstündchen, so lauf ich ins Freie, um mich so recht auszugehen, du kennst meine Not[3]. Ich war nun wohl die Ferien verreist; aber eben wegen meiner Gesundheit auf der Festung Königstein, wo mein Onkel[4] Ga⟨r⟩nison⟨s⟩arzt ist. Daß ich dabei schlechtes Wetter

[a] Adresse: „S. ⟨Schwarz handschriftlich aus: „Sr,"⟩ H. | dem Studiosus theologiae Leopold Ranke | in Leipzig Nr. 355. ⟨letzte Zeile in der Vorlage unterstrichen⟩".
[b] Bei Schwarz wohl fälschlich „Dir".

[1] Gottlob Wilhelm Müller (1790–1875), Sohn von Christian Gottlob Müller (1755–1824), Pfarrer in Memleben an der Unstrut, und Christiane Charlotte Müller, geb. Weise (1765–1840), Tochter von Wilhelm Friedrich Weise (1735–1813), Oberpfarrer in Nebra; 1806 Landesschule St. Afra in Meißen, 1811 Studium der Theologie, Philosophie, Geographie und Geschichte in Wittenberg, Mitglied der „Philologischen Gesellschaft" von Christian August Lobeck (1781–1860), der selbst der „Societas Graeca" von Johann Gottfried Hermann angehörte, und „Famulus" von Johann Gottfried Gruber (1774–1851), 1813 Reise nach Amsterdam, Juni bis November 1814 Studium in Leipzig, unter anderem bei Johann Gottfried Jakob Hermann, Aufnahme in die „Societas Graeca", Ende 1814 auf Vermittlung von Johann Gottfried Gruber am Lyceum in Torgau tätig, Januar 1815 Prüfung vor dem Sächsischen Konsistorium, Februar 1815 Konrektor, 1820 Rektor des Lyceums in Torgau, 1825 Erhalt des Professorentitels, 1843 Rektor des Pädagogiums des Klosters Unser Lieben Frauen zu Magdeburg, 1867 Ruhestand; mehrere Veröffentlichungen in den Schulprogrammen des Lyceums in Torgau und des Pädagogiums in Magdeburg (vgl. Archiv KPS Wiehe, Taufen 1765; Lebenskizze des Propstes und Directors a. D. D. und Professor Müller, in: Jahrbuch des Pädagogiums zum Kloster Unser Lieben Frauen in Magdeburg, Neue Fortsetzung, 32. Heft, 1868, S. 22–25; Pfarrerbuch Kirchenprovinz Sachsen, Bd. 6, S. 176; Kössler, Personenlexikon, Bd. M, S. 366–367; Koechly, Gottfried Hermann, S. 257).
[2] Nicht ermittelt.
[3] Es ist hier wohl an ein asthmatisches Leiden zu denken. Darauf deutet die Erwähnung der in der Sächsischen Schweiz und klimatisch günstig gelegenen Festung Königstein hin.
[4] Friedrich Adolph Weise (1769–1831), Sohn von Wilhelm Friedrich Weise (1735–1813), Pfarrer in Nebra, und Johanna Christiana Weise, geb. Damm (1748–1772), Bruder der Mutter von Gottlob Wilhelm Müller, Christiane Charlotte, geb. Weise (1765–1840); 1783

hatte, wirst du vermuten, weil ich zu Ende des Julius ausreiste und zu Anfange des Augusts hier zurück kam. Die Elbe wurde bald darauf so groß, daß sie die ganzen Wiesen und Fluren von Getreide überschwemmt hat, denn ihre Höhe war weit bedeutender, als dieses Frühjahr, und die Natur schien alles nachzuholen, was sie versäumt hatte, oder scheint es noch vielmehr jetzt. Treffen nun vollends die Prophezeiungen ein, welche man hier von dem bevorstehenden nahen Untergange Torgaus durch Wasser und Schwert oder Feuer allgemein sich ..⟨.⟩ und sogar zum Teil glaubt, so wirst du mir immer ein Vale! sagen. Deshalb leg' ich, begreifst Du?⟨,⟩ auch diesen Brief so weitläufig an, um dir zu guter Letzt noch recht viel zu schreiben. Gut ist es, daß ich gerade keine auf die Nägel brennende Arbeit habe.

Zuerst nun wird Dein wohlmeinender Vorschlag angenommen⟨,⟩ und du erhäl⟨t⟩st hier Pränumeration auf 2 Exemplare, von denen Du gleich so viel schicktest, als fertig ist, und dann allemal jeden Bogen. Das eine Exemplar ist für mich, das andere für den Rektor[5]. Doch meinte dieser ganz richtig, daß du als Archygraph[6] wohl Dein M⟨anu⟩s⟨kript⟩ herüber schicken

Landesschule in Pforta, wie sein Neffe und Leopold Ranke, 1789 Studium der Medizin in Halle, 1795 Arzt im preußischen Teil Polens, 1797 Promotion zum Dr. med. in Halle, 1798 Arzt in Olbernhau im Erzgebirge, 1800 Physikus in Grünthal, 1805 Hochzeit mit Elisabeth Christiane Henriette Catharine von Koenitz, Tochter von Heinrich Ludwig von Koenitz († 1769), preußischer Hauptmann, 1807 Garnisonsarzt der königlich-sächsischen Landesfestung in Königstein, als solcher gehörte Weise zur fünfköpfigen „Kommandantschaft der Festung" (vgl. Archiv KPS Nebra, Taufen 1769; Archiv KPS Nebra, Trauungen 1805; Archiv KPS Nebra, Bestattungen 1772; Archiv KPS Wiehe, Taufen 1765; GStA PK IV. HA Rep. 1 Nr. 77; Hoffmann, Pförtner Stammbuch, Nr. 7628, S. 293; Pfarrerbuch Kirchenprovinz Sachsen, Bd. 9, S. 309; Das Heer-Wesen der Staaten des deutschen Bundes. Darstellung der allgemeinen militärischen Verhältnisse [...] von einem süddeutschen Offizier ⟨Max von Xylander⟩, Augsburg 1838, S. 382; freundliche Auskunft von Karin Keller, Archiv der Martin-Luther-Universität Halle-Wittenberg, 28.8.2015).

[5] Friedrich Lindemann (1792–1854), Sohn von Carl Gotthilf Lindemann (1759–1827), 1787 Rektor der Stadtschule in Jöhstadt, 1805 Pfarrer von Mauersberg; Stadtschule in Jöhstadt, 1807 Lateinschule in Marienberg, 1809–1811, wie Müller, Landesschule St. Afra in Meißen, 1811 Studium der Philologie in Wittenberg, 1813, wie Müller und Ranke, in Leipzig, unter anderem bei Christian Daniel Beck und Johann Gottfried Jakob Hermann, April 1814 Konrektor, September 1814 Rektor des städtischen Lyceums in Torgau, 1819 Sechster Professor an der Landesschule St. Afra in Meißen, 1823 Rektor des Gymnasiums in Zittau, 1852 aus Gesundheitsgründen beurlaubt und 1853 pensioniert; neben zahlreichen Beiträgen in den Schulprogrammen von Torgau und Zittau veröffentlichte Lindemann mehrere monographische Titel, sein wissenschaftliches Hauptwerk ist ein vierbändiges „Corpus Grammaticorum latinorum veterum"; der Bruder von Friedrich Lindemann, Johann Karl Adolf Lindemann (1790–1853), studierte Theologie in Wittenberg und wurde züm Dr. phil. promoviert, 1833 bis 1853 war er Oberpfarrer in Eisleben (vgl. Grünberg, Sächsisches Pfarrerbuch, Bd. II/1, S. 533; Pfarrerbuch Kirchenprovinz Sachsen, Bd. 5, S. 389).

[6] Ersteller der Urschrift.

möchtest, da Hermann[7] gewiß beim Vortrag ins Individuelle⟨,⟩ d. h. in die Beispiele übergeht und in die Stellen sich einläßt, welche in diese oder jene Gattung der Metra gehören.[8] Füge also diesem Deinem Vorschlag das Genannte hinzu, so wie auch das übrige M⟨anu⟩s⟨cript⟩ zum Pindar[9] und was du besonders von Hermann hast. Ich bekomme nunmehr Zeit, und bin mit den überschickten M⟨anu⟩s⟨kripten⟩ beinahe fertig.[10] Denke nur auch im Voraus daran, wie ich mir in dieser Hinsicht den Verlust an dir ersetzen oder wir beide ihn uns ersetzen könnten. Zu Michaelis[11] kommen 3 Primaner[12] von uns hinüber,[13] die ich dir schon noch beschreiben will, mit denen Du Bekanntschaft machen und Sie als höchst literarisch in die Fuchtel nehmen kannst. Denn sie sind nicht sehr weit, und ich wünsche, daß wenigsten⟨s⟩ 2 von ihnen Hermann hören möchten.

7 Johann Gottfried Jakob Hermann (1772–1848), Sohn von Dr. iur. Johann Jakob Heinrich Hermann (1731–1798), Privatdozent und Senior des Leipziger Schöffenstuhls, und Anne Esther Hermann, geb. Plantier (∗ 1743) aus Halle (freundliche Auskunft von Gisela Hintzsche, Archiv der Evangelisch-reformierten Domgemeinde Halle, 1.6.2011), Privatschüler von Karl David Ilgen, der während der Schulzeit Leopold Rankes als Rektor der Landesschule in Pforta wirkte, 1786 Studium der Rechte und der Philologie, 1790 Magister artium liberalium in Leipzig, Aufenthalt in Jena, 1794 Habilitation, 1795 außerordentlicher Professor, 1803 ordentlicher Professor der Eloquenz in Leipzig, Hochzeit mit Christiane Wilhelmine Schwägrichen (1777–1841), Tochter von Christian Gottfried Schwägrichen (1732–1812), Kaufmann in Leipzig, und Johanna Magdalena Schwägrichen (1738–1812), geb. Hermann, und somit Schwester von Christian Friedrich Schwägrichen (1775–1853), Professor für Naturgeschichte, später Botanik in Leipzig, 1809 Professor der Eloquenz und der Poesie in Leipzig (vgl. KAL St. Thomas, Taufen 1775 und 1777; StdA Leipzig, Ratsleichenbücher 1812); der Schwerpunkt der zahlreichen Veröffentlichungen Hermanns lag bei den griechischen Dichtern Pindar, Aischylos, Sophokles, Euripides und Aristophanes; Leopold Ranke war sein Schüler.

8 Leopold Ranke hatte Müller offenbar angeboten, seine Mitschriften der Vorlesung Hermanns zur Metrik zu übersenden. Auf diese Weise konnte Müller an den weiteren Erläuterungen über das veröffentlichte „Handbuch der Metrik" hinaus teilnehmen (zu Hermanns Metrik vgl. unten Anm. 23). Die Mitschrift zu Pindar ist vermutlich unter dem Titel „Godofredi Hermanni Prof⟨essoris⟩ Lips⟨ensis⟩ Praelectiones in Pindarum" teilweise erhalten (SBB Nl Ranke Fasz. 38 II C 1ff.). Unter die „Prolegomena" fällt der Abschnitt „De difficultatibus quae se Historiam graecae poeseos scripturo objiciunt" (in Rankes Paginierung S. 3–11, in neuer Foliierung fol. 2–6). Darin behandelt Hermann das Fehlen von Texten, die Ungenauigkeit und Unsicherheit der indirekten Erschließung, die Schwierigkeit, die verwickelten Regeln der frühen Poesie zu durchschauen, Besonderheiten in den Dialekten der frühen Lyriker mit einem Seitenblick auf Homer, um dann am Schluß der Prolegomena direkt zu den Einzelheiten der Prosodie zu kommen. Dann folgen jeweils als eigene Kapitel das Leben Pindars mit neuerer Literatur, eine Diskussion antiker Belegstellen, Pindars Fortleben bei den Alexandrinern sowie eine Besprechung aller bedeutenden Editionen und Kommentare.

9 Pindar (522/518–nach 446 v. Chr.), griechischer Dichter (vgl. Nr. 16).

10 Begleitbriefe bisher nicht ermittelt.

11 29. September.

12 Nicht ermittelt.

13 Vom Lyceum in Torgau an die Universität Leipzig.

Was machen denn nun zuerst die Diaria[14], was Rübner[15], und was gibt mein Bruder[16] an?

Ferner schicke mir durchaus ein Exemplar von Poppo's[17] Disputation[18], und gehe, wenn du sie da eher glaubst zu bekommen, zu ihm und fordere

[14] Bisher nicht ermittelt.

[15] Eventuell verlesen, wohl: Carl August Ruediger (1793–1869), aus Ichstedt bei Frankenhausen, 1801 Dom-Gymnasium in Naumburg, 1811 Studium der Theologie und der Philologie in Leipzig, Mitglied des Philologischen Seminars und der „Societas Graeca", Ostern 1815 Erstes Theologisches Examen, danach Kollaborator an der Landesschule Pforta, 1816 Dr. phil. in Leipzig, 1817 Konrektor, 1820 Rektor am städtischen Gymnasium in Freiberg in Sachsen, 1842 Aufgabe des Schulamtes auf Grund eines Nervenleidens, zeitweise Aufenthalt in der Heilanstalt Colditz, 1849–1858 Oberlehrer am Gymnasium in Zwickau, danach Umzug nach Dresden (vgl. Koechly, Gottfried Hermann, S. 257); zahlreiche Veröffentlichungen in den Schulprogrammen von Freiberg; Ruediger war unmittelbar vor dem drei Jahre älteren Gottlob Wilhelm Müller in die „Societas Graeca" aufgenommen worden und in Pforta als Kollaborator auch für Leopold Rankes Bruder Ferdinand zuständig, der ihn als „ausgezeichnete⟨n⟩ Lehrer" schätzte (vgl. K. F. Ranke, Leben in Briefen, S. 16); in der „Societas Graeca" widmete sich Ruediger vor allem Demosthenes.

[16] Möglich — falls nicht übertragen gemeint — sowohl Friedrich Gottlieb Müller (∗ 1793) als auch Heinrich Fürchtegott Müller (∗ 1785) (vgl. Pfarrerbuch Kirchenprovinz Sachsen, Bd. 6, S. 176).

[17] Ernst Friedrich Poppo (1794–1866), Sohn von Christian Friedrich Poppo (1762–1822), Diakonus in Guben; Unterricht durch den Vater, Lyceum in Guben, 1811 Studium der Theologie, später der Philologie in Leipzig, unter anderem bei Christian Daniel Beck und Johann Gottfried Jakob Hermann, von dem er in die „Societas Graeca" aufgenommen wurde, Oktober 1814 Studium in Berlin bei Philipp August Boeckh, März 1815 Dr. phil. et magister artium liberalium, kurz danach auf der Grundlage der im Folgenden genannten Darstellung Habilitation in Leipzig, Ostern 1816 Konrektor am Lyceum in Guben, Michaelis 1816 Prorektor, 1817 stellvertretender Direktor, 1818 Direktor des Friedrichs-Gymnasiums in Frankfurt an der Oder, 1823 Hochzeit mit Sophie Auguste Meyer (1804–1849), Tochter von Immanuel Ferdinand Meyer (1776–1813), außerordentlicher Professor der „Arzneygelehrsamkeit" in Frankfurt an der Oder, 1863 Ruhestand (vgl. Neues lausitzisches Magazin 2 [1828], S. 128; Koechly, Gottfried Hermann, S. 257; Bahl / Ribbe, Matrikel Berlin, Bd. 1, S. 55, Nr. 126: hier als „Poppe" geführt).

[18] Ernst Friedrich Poppo: Observationes criticae in Thucydidem. Leipzig 1815. Das Buch ist dem Leipziger Philologen Johann Gottfried Jakob Hermann gewidmet. Der 264 Seiten umfassenden Disputation Poppos liegt ein historisch-kritisches Konzept zu Grunde, das bei allem Gewicht auf den grammatikalischen und lexikalischen Untersuchungen die allgemeine Historie immer einbezieht und auf ein besseres Verständnis des Geschichtswerks zielt. Das Werk Poppos löste eine neue, intensive Beschäftigung mit Thukydides aus; es diente den Ausgaben von Christoph Friedrich Ferdinand Haacke (1781–1855) (1820) und August Immanuel Bekker (1785–1871) (1821) als Grundlage und fand auch in Großbritannien Beachtung, seit Richard Priestley es in seiner Thukydides-Ausgabe (griechisch-lateinisch, London 1819) abgedruckt hatte. Poppo selbst lieferte nach jahrelangen Arbeiten die damals umfangreichste Ausgabe auf der Grundlage der Edition von Carl Andreas Duker (1670–1752) (vgl. Nr. 123): Thucydidis de bello Peloponnesiaco libri octo. De arte huius scriptoris historica exposuit, eius vitas a veteribus grammaticis conscriptas addidit, codicum rationem atque auctoritatem examinavit, graeca ex iis emendavit, scripturae diversitates omnes, commentarios rerum geographicarum, scholia graeca et notas tum Dukeri omnes atque aliorum selectas tum suas, denique indices rerum et verborum locupletissimos subiecit Ernestus Fridericus Poppo Gubenensis. 4 Teile in 12 Bdn., Leipzig 1821 bis 1851; das Werk erlebte einige Nachdrucke.

eins für mich. Wenn Hermann wieder ein Programm schreibt,[19] so erhalt' ich natürlich durch dich auch ein Exemplar sogleich. Es ist wirklich Sünde, daß ich noch nichts an ihn habe schicken können. Jetzt fällt mir ein, daß ich von den 3 griechischen Grammatiken, die Thiersch[20] herausgegeben hat, die neuste mir habe wollen schicken lassen. Der Titel ist folgender: [c]Thierisch H.[d], griech⟨ische⟩ Grammatik zum Gebrauch für Schulen. b⟨ei⟩ G⟨erhard⟩ Fleischer[21]. 1815⟨.⟩[22] 10gr⟨oschen⟩.[c] Diese 10 Gr⟨oschen⟩ leg' ich hier bei, und bitte nun, daß du mir die Grammatik gleich mit der

[c–c] In der Vorlage unterstrichen.

[d] Wohl Lesefehler von Schwarz, der Name müßte korrekt „Thiersch F." lauten.

[19] Gerade war erschienen: De metrorum quorumdam mensura rhythmica dissertatio ⟨...⟩. Leipzig 1815, doch erst 1819 erschien ebenfalls zu Leipzig ein weiteres Programm: De compositione tetralogiarum tragicarum dissertatio ⟨...⟩.

[20] Friedrich Wilhelm (ab 1850: von) Thiersch (1784–1860), Sohn von Johann Samuel Philipp Benjamin Thiersch (1753–1832), Bäcker und Dorfschulze in Kirchscheidungen bei Freyburg an der Unstrut, und Henriette Bernhardine Louise Thiersch, geb. Lange (1762–1813), Lateinschule in Naumburg, 1798 Landesschule in Pforta, 1804 Studium der Theologie und der Philologie in Leipzig, unter anderem bei Johann Gottfried Jakob Hermann, der ihn in seine „Societas Graeca" aufnahm, 1807 theologische Prüfung in Dresden, Frühjahr 1807 Privatlehrer in Göttingen und Vorlesungsbesuch bei Christian Gottlob Heyne, Herbst 1807 Kollaborator am Gymnasium in Göttingen, 1808 Habilitation, März 1809 Lehrer am Wilhelms-Gymnasium in München, Ende 1810 Adjunkt der Akademie der Wissenschaften, 1811 Professor am Lyceum, 1812 Leiter des Philologischen Seminars, 1814 Mitglied der Philosophisch-Historischen Klasse der Akademie der Wissenschaften, 1816 Hochzeit mit Amalie Löffler (1794–1878), der Tochter des ehemaligen Professors der Universität in Frankfurt an der Oder und Gothaer Generalsuperintendenten Josias Christian Friedrich Löffler (1752–1816), 1826 Professor der Beredsamkeit und alten Literatur, 1827 Sekretär der Philosophisch-Historischen Klasse der Akademie der Wissenschaften in München, 1828 Hofrat, 1829/30 und 1847/48 Rektor der Universität in München, 1848 Präsident der Akademie der Wissenschaften, 1850 Erhebung in den Adelstand, 1852 Geheimer Rat, 1859 Pension (vgl. unter anderem Hoffmann, Pförtner Stammbuch, Nr. 8085, S. 317; Thüringer Pfarrerbuch, Bd. 1: Gotha, S. 445–446; Koechly, Gottfried Hermann, S. 257).

[21] Johann Gerhard Gottlob Fleischer (1769–1849), Sohn von Johann Georg Fleischer (1723–1796), Buchhändler in Frankfurt am Main, und Charlotte Wilhelmine Fleischer, geb. Triller (1735–1809), einer engen Freundin der Familie Goethes; Buchhändlerlehre im Betrieb seines Vaters in Frankfurt am Main und in Breslau, 1791 Mitarbeiter der Buchhandlung und des Verlags Siegfried Leberecht Crusius (1738–1824) in Leipzig, 1795 Gründung einer eigenen Buchhandlung und eines eigenen Verlags in Leipzig, 1796 Hochzeit mit Mariana Platner († vor 1826), Tochter von Ernst Platner (1744–1818), Professor der Medizin, der Physiologie und der Philosophie, zeitweise Rektor in Leipzig, 1826 Hochzeit mit Margarethe Fuchs aus Brienz in der Schweiz, 1829 Übergabe der Buchhandlung und des Verlages in Leipzig an seinen Sohn Ernst Gerhard Fleischer (1799–1832), Übersiedlung nach Dresden, 1838 Gründung einer neuen Buchhandlung und eines neuen Verlages in Dresden (vgl. Archiv KAL Leipzig, St. Nikolai, Trauungen 1796); Fleischer verlegte unter anderem die Werke von Johann Gottfried Jakob Hermann und Carl Gustav Carus.

[22] Damals lagen von Friedrich Wilhelm Thiersch neben der im Brief erwähnten, neuesten Schulgrammatik (Leipzig 1815) vor: Griechische Grammatik des gemeinen und Homerischen Dialects zum Gebrauch für Schulen. Leipzig 1812, 2. Aufl., Leipzig 1818; Griechische Grammatik des gemeinen Dialects zum Gebrauch für Anfänger. Leipzig 1812. Die Grammatiken Thierschs galten als didaktisch besonders wertvoll.

Metrik[23] schickst. Dann frag doch einmal bei Weigeln[24] nach, wann [e]das Etym⟨ologicon⟩ M⟨agnum⟩[25] fertig sein wurde.[e] Ich habe auf dasselbe pränumeriert. Dann solltest Du bei den Antiquaren die wolffische[26] Ausga-

e–e In der Vorlage unterstrichen.

23 Es handelte sich wohl entweder um Godofredi Hermanni: De Metris Poetarum Graecorum et Romanorum. Leipzig 1796, oder Gottfried Hermann: Handbuch der Metrik. Leipzig 1799; in den folgenden Jahren veröffentlichte Hermann zur Metrik noch folgende weitere Werke: Elementa doctrinae metricae. Leipzig 1816; Epitome doctrinae metricae. In usum scholarum. Leipzig 1818, 2. Aufl., Leipzig 1844).

24 Johann August Gottlieb Weigel (1773–1846), Sohn von Christoph Gottlob Weigel (1725–1794), Proklamator der Universität Leipzig, Buchhändler-Lehre, 1793 Leitung der Müller'schen Buchhandlung in Leipzig, 1795 Proklamator der Universität Leipzig, Gründung einer Buchhandlung und eines Verlages, der auf Werke der klassischen Philologie spezialisiert war, 1797 Gründung eines Auktionshauses nach holländischem Vorbild, 1838 Niederlegung des Amtes des Universitätsproklamators, 1839 Übergabe des Verlages und Auktionshauses an seinen Sohn Theodor Oswald Weigel (1812–1881).

25 Das von Müller gewünschte Werk dürfte wohl sein: ΕΤΥΜΟΛΟΓΙΚΟΝ ΤΟ ΜΕΓΑ ΗΓΟΥΝ Η ΜΕΓΑΛΗ ΓΡΑΜΜΑΤΙΚΗ. Etymologicon magnum seu Magnum Grammaticae penu in quo et originum et analogiae doctrina ex veterum sententia copiosissime proponitur historiae item et antiquitatis monumenta passim attinguntur superiorum editionum variorumque auctorum collatione a multis ac foedis mendis repurgatum perpetuis notis illustratum utilissimisque indicibus verborum rerum atque auctorum numero pene infinitorum nunc recens adauctum / opera Friderici Sylburgii Veterani. Editio nova correctior, Lipsiae apud Aug. Gottl. Weigel, das aber erst 1816 erschien. Die Seiten V–XV füllen diverse „Praefationes", XVI: „Auctores citantur", die Spalten 1–750 bilden das „Etymologicon", die Spalten 751–854 sind mit den „Notae Friderici Sylburgii" gefüllt, ein Index beschließt auf den Spalten 855–1086 das Werk.

26 Friedrich August Christian Wilhelm Wolf (1759–1824), Sohn von Johann Gotthold Wolf (1726–1808), Schulmeister und Organist in Hainrode bei Nordhausen, und seiner Ehefrau, einer geb. Henrici († 1788), 1767–1776 Gymnasium in Nordhausen, 1777 Studium der Philologie in Göttingen, 1779 Kollaborator am Pädagogium in Ilfeld, 1781 Rektor der Stadtschule in Osterode, 1782 Hochzeit mit Sophie Hüpeden († 1813), Tochter eines seiner Paten, Friedrich August Hüpeden (1718–1789), Justizamtmann in Neustadt bei Ilfeld, 1783 Eintritt in die Freimaurer-Loge „Zum goldenen Zirkel" in Göttingen, danach Professor der Philologie und Pädagogik und Eintritt in die Freimaurer-Loge „Zu den Drei Degen", 1784 Professor der Beredsamkeit und Dichtkunst, 1787 Begründung des Philologischen Seminars, 1789 Zweiter Universitätsbibliothekar in Halle, 1799 Mitglied der Akademie der Wissenschaften in Berlin, 1802 Scheidung der Ehe mit Sophie Hüpeden, Vorstand der Universitätsbibliothek in Halle, Ablehnung der Rufe nach Leiden (1796), Kopenhagen (1798), Landshut (1805) und Charkow (1807), ab 1807 Aufenthalt in Berlin, 1808 Visitator des Joachimsthalschen Gymnasiums, 1810 Direktor der wissenschaftlichen Deputation für die Sektion des öffentlichen Unterrichts, Oktober 1810 Professor der alten Literatur in Berlin; der bedeutendste Schüler Christian Gottlob Heynes und größte klassische Philologe seiner Zeit, begann als Schulmann, und in diesem Geiste erschien von ihm eine Ausgabe des Platonschen „Symposion" mit deutschsprachigen Anmerkungen und Vorreden (Leipzig 1782), als Professor in Halle wurde Wolf zum Vorkämpfer eines neuen Wissenschafts- und Bildungsverständnisses; er erweiterte die Klassische Philologie, die sich traditionsgemäß auf die Kritik und Exegese der antiken Literatur beschränkte, zur historischen Altertumswissenschaft, die sich eine Gesamtanschauung des antiken Lebens zum Ziel setzte, und verband damit eine Reform der Gymnasiallehrerausbildung; Epoche machte Wolf mit seinen „Prolegomena ad Homerum sive de operum Homericorum pris-

be[27] finden, so kauf sie, auch wenn es nur Ilias oder Odys⟨s⟩ee wären. Es fehlt meinen Sekundanern an Ausgaben, und neu kommt er für die Banausen zu teuer.

So viel du also wolffische (neue) Ausgaben findest, die kaufe und schikke sie herüber. Daß du das Geld augenblicklich erhäl⟨t⟩st, steht fest. Aergerlich ist, daß mit dem Ankauf neuer Bücher für die Bibliothek keine ernstliche Anstalt gemacht wird. Wie lang hab' ich Dir nicht schon deshalb geschrieben! Du siehst⟨,⟩ daß ich mit einem Schock[28] Aufträgen komme, sobald ich schreibe. Ich füge aber noch einen hinzu. Nimm' nämlich die Thiersche Grammatik, wenn sie gekauft ist, und frag Hermann um sein Urteil. Vielleicht hat er sie schon gesehen, vielleicht auch nicht. Empfiehl' mich ihm vielmal, so wie auch den M⟨agister⟩ Schneider[29], den ich fra-

ca et genuina forma variisque mutationibus et probabili ratione emendandi" (Bd. 1, Halle 1795), welche seiner kritischen Ausgabe der Ilias zugehören (2 Bde., Halle 1794), in den Prolegomena geht Wolf auf die Entstehungs- und früheste Überlieferungsgeschichte der Homerischen Epen ein; seine These lautet, daß die Homerischen Gedichte, ursprünglich einer schriftlosen Zeit zugehörig, nicht das Werk eines einzigen Dichters, sondern verschiedener Sänger sei, das erstmals im 6. Jahrhundert v. Chr. zusammengefaßt worden sei und auch später noch weitere Änderungen erfahren habe; er bot damit das Muster einer bis dahin beispiellosen historischen Werkanalyse. Die „Prolegomena" wirkten nicht nur auf Fachkreise, sondern zogen die gesamte literarische Welt in ihren Bann. Wolf wirkte seit 1807 an der Gründung der neuen Universität in Berlin mit; in diesem Zusammenhang kam seine „Darstellung der Alterthums-Wissenschaft" (Berlin 1807) heraus, in der sein Programm einer erneuerten Klassischen Philologie niedergelegt war.

[27] Homeri et Homeridarum opera et reliquae ad usum scholarum, ex recensione Frid. Aug. Wolfii. Leipzig 1807. Die zweite Ausgabe erschien ebd. erst 1817.

[28] Das alte Zählmaß entspricht 60 Stück; es meint hier im übertragenen Sinne eine Vielzahl.

[29] Carl Ernst Christoph Schneider (1786–1856/1859), Sohn von Ernst Gottlieb Schneider (1749–1816), Magister, Diakonus, später Oberpfarrer in Wiehe, und Johannette Sophie Wilhelmine Schneider, geb. Weißhuhn (1763–1819), Besuch der Stadtschule in Wiehe, 1797 Klosterschule in Roßleben, 1803 Studium der Theologie in Leipzig, 1806 Erstes Theologisches Examen in Dresden, danach Studium der Philologie in Leipzig, durch Johann Friedrich August Seidler bei Johann Gottfried Jakob Hermann eingeführt, der Schneider in die „Societas Graeca" aufnahm, 1811 als Nachfolger Seidlers Lehrer an der Nikolai-Schule in Leipzig, 1812 Promotion zum Dr. phil. und Magister artium liberalium, 1816 außerordentlicher Professor der klassischen Literatur und Mitdirektor des Philologischen Seminars in Breslau, dessen Leitung er gemeinsam mit Franz Ludwig Karl Friedrich Passow (1786–1833), einem anderen Mitglied der „Societas Graeca" (vgl. Koechly, Gottfried Hermann, S. 257), inne hatte, 1818 ordentlicher Professor; in Breslau zählten Schneider und Passow zu den aktiven Anhängern von Friedrich Ludwig Jahn und besuchten dort demonstrativ „den Turnplatz als Mitturner" (vgl. Friedrich Ludwig Jahn an Carl Georg Curtius, 4. September 1818; Druck: Hans Langenfeld / Josef Ulfkotte (Hg.): Unbekannte Briefe von Friedrich Ludwig Jahn und Hugo Rothstein als Quellen zur Frühgeschichte des Turnens. Oberwerries 1990, S. 73). Stammte der Vater von Carl Ernst Christoph Schneider, Ernst Gottlieb Schneider, aus Ranis, wo sich eines der Stammschlösser der Familie von Breitenbauch befand (vgl. Nr. 16 und Nr. 175) und sein Vater Johann Christian (1705–1755) als Oberpfarrer tätig war, so handelte es sich bei seiner Frau um die Enkelin seines Vor-Vorgängers als Diakonus und späterem Oberpfarrer in Wiehe, Johann Christoph Weißhuhn (1682–1760); der Bruder von Johannette Sophie Wilhelmine Schneider, Friedrich August Weißhuhn (1759–1795), Magister der Philosophie, wurde durch seine „Briefe

gen lasse, wann man wohl auf das Erscheinen seiner Ausgabe des Jul⟨ius⟩ Caesar rechnen kann.[30] Grüße auch Seidlern[31] von mir. Daß du Deinen Stubengenossen[32] freundlichst grüßt, versteht sich. Arbeitet er an einem Index zum Plato[33] ..... ?

Jetzt fällt mir gleich ein, daß ich Hermanns Gedicht[34] zur Rückkehr des Königs[35] nicht habe, und auch kein Exemplar von dem, was er zur An-

über die Schulpforte" bekannt und war „mit Fichte näher verbunden"(vgl. Pfarrerbuch Kirchenprovinz Sachsen, Bd. 7, S. 545 und 549, sowie Pfarrerbuch Kirchenprovinz Sachsen, Bd. 9, S. 319–320; Zitat WBIS).

[30] Die hier angesprochene, breit angelegte Caesar-Ausgabe ist in zwei Bänden erschienen, aber sehr viel später, als von Rankes Briefpartner vermutet: Commentarii de Bellis C. Iulii Caesaris. Recensuit et illustravit Car. Ern. Christ. Schneider, Litt. Ant. Prof. Vratisl., Pars 1: C. Iulii Caesaris Commentariorum de Bello Gallico Librum I, II, III, IV. Halle 1840; Pars 2: C. Iulii Caesaris Commentariorum de Bello Gallico Librum V, VI, VII, Halle 1849–1855 (zusammen mit Carl Ludwig Nipperdey).

[31] Johann Friedrich August Seidler (1779–1851), Sohn von Johann Christoph Seidler (1745–1814), Pfarrer in Osterfeld bei Naumburg, und Friederike Eleonore Leberechtine Seidler, geb. Seidel († 1832), 1793 Domschule Naumburg, 1798 Studium der Theologie, Philosophie, Geschichte und Philologie in Wittenberg, 1801 aus materiellen Gründen Rückkehr ins Elternhaus, 1803 Studium der Philologie in Leipzig, ermöglicht durch Bemühungen von Christian Daniel Beck und Johann Gottfried Jakob Hermann, 1807 Dr. phil., 1809 Dritter Lehrer an der Nikolai-Schule in Leipzig, 1811 Hochzeit mit Carolina Augusta Apel (1792–1869), Tochter von Dr. med. Justus Gottfried Apel (1740–1822), Arzt in Leipzig und Erb-, Lehn- und Gerichtsherr auf Netzschkau, und Christina Helena Apel, geb. Horn (1722–1794), 1816 Professor der griechischen Literatur und Mitdirektor des Philologischen Seminars in Halle, 1824 Rückzug auf seinen Landsitz in Lindenau, später auf seinen Landsitz in Krossen bei Köstritz, 1825 Geburt des Sohnes Karl August Leopold Seidler (1825–1889), 1846 Gründungsmitglied der Philologisch-Historischen Klasse der Akademie der Wissenschaften in Leipzig (vgl. Archiv KPS Osterfeld, Taufen 1779; Archiv KPS Osterfeld, Trauungen 1776; Domstiftsarchiv Naumburg, Matrikel des Dom-Gymnasiums, fol. 69; Koechly, Gottfried Hermann, S. 257; freundliche Auskunft von Gottfried Braasch, 24.8.2009; Johann Friedrich August Seidler wird im Pfarrerbuch Kirchenprovinz Sachsen, Bd. 8, S. 202, nicht als Sohn von Johann Christoph Seidler erwähnt); Seidler war wie Müller, Lindemann und Ranke Schüler Johann Gottfried Jakob Hermanns, wie Müller, Poppo, Ranke, Schneider und Thiersch darüber hinaus Mitglied der „Societas Graeca".

[32] Carl Ernst Christoph Schneider (1786–1856/1859), mit dessen Eltern die Eltern Rankes freundschaftlich verbunden waren und der den neun Jahre jüngeren Leopold Ranke wohl bereits aus Wiehe kannte.

[33] Platon (428/427–348/347 v. Chr.), griechischer Philosoph; er zählte zu den antiken Autoren, die von Johann Gottfried Jakob Hermann bevorzugt behandelt wurden. Im Rahmen der „Societas Graeca" beschäftigte sich jedes Mitglied mit einem griechischen Autor, aus dessen Werk es Stoff für Abhandlungen wählte, über die dann bei den wöchentlichen Treffen der Gesellschaft disputiert und von Hermann geurteilt wurde. Platon war der Schriftsteller, den Carl Ernst Christoph Schneider bearbeitete.

[34] In reditu Friderici Augusti patris patriae litterarum cultores in Academia Lipsiensi MDCCCXV. Leipzig 1815, wieder abgedruckt in: Godofredi Hermanni: Opuscula. Volumen Primum. Leipzig 1827, S. 364–366.

[35] Friedrich August I., König von Sachsen (1750–1827), einer der treuesten Verbündeten Napoleons, war nach der Völkerschlacht bei Leipzig in alliierte Kriegsgefangenschaft geraten, aus der er im Mai 1815 zurückkehrte (vgl. dazu L. v. Ranke, Tagebücher, Nr. 288, S. 259–261).

kunft des russ⟨ischen⟩ Kaisers[36] hatte drucken lassen,[37] weil ich das Exemplar von dem letztern weggab. Schicke ⟨es⟩ mir bitte, wenn Du kannst. Doch eben ist es Zeit⟨,⟩ an meine Schule zu denken⟨,⟩ und ich habe so lange geplaudert, daß es mir nicht möglich ist, über die bezeichneten Stellen nachzusehen. Ich will, wenn ich etwas habe, es Dir gern mitteilen, bitte mir aber auch Deine Ansicht über das Ganze dann aus. Leb also wohl Brüderchen und schreib recht bald Deinem

G⟨ott⟩l⟨ob⟩[f] W⟨ilhelm⟩ Müller⟨.⟩

N⟨ach⟩S⟨chrift:⟩ Bezeichne doch das nächste Mal mir Dein Logis.

[f] Bei Schwarz „Ch.“; wohl verlesen.

[36] Alexander I. (1777–1825), seit 1801 Zar und Kaiser von Rußland.

[37] Alexandro Russorum Imperatori augustissimo liberata Europa reduci litterarum in Universitate Lipsiensi cultores. Leipzig 1814, wieder abgedruckt in: Godofredi Hermanni: Opuscula. Volumen Primum. Leipzig 1827, S. 361–363.

Nr. 18

Heinrich Ranke[1] an Leopold Ranke

V: GStA PK VI. HA Nl Hoeft Nr. 1 (Abschrift)
G: GStA I. HA Rep. 92 Nl L. v. Ranke Nr. 26 (nicht erhalten)

Jena⟨,⟩ am 24⟨.⟩ / Nov⟨e⟩mb⟨e⟩r / ⟨18⟩15.

Guter Leopold,

Ich sehe wohl, daß Du auf dein Recht der Erstgeburt pochest und daß unsre Correspondenz nicht einmal eröffnet werden wird, wenn ich mich meiner Vortheile nicht begebe und Dir zuerst die Hand reiche. Du wirst dich noch erinnern⟨,⟩ wie oft ich in den Ferien auf diesen Briefwechsel provocirt habe; zu meiner Schande muß ich aber gestehen, daß ich Keinen einzigen von den vielen Streitpunkten noch weiß, die uns doch so reichhaltigen Stoff geben sollten!

Von Jupiter lasset uns anheben, nemlich von mir; (ich verbitte mir im voraus alle Anspielungen und Subtilitäten, die du hierauf wohl gründen möchtest).

Also Heisdorf[2]? Mutter, Schinken? Informiren? Drey Ideen, die von den Philosophen und Kirchenhistorikern noch viel zu wenig beachtet sind; Vetter Rothe[3] ist ein Pachterin[4], und Tante Rothe[5] ist eine Pachterine und Christel[6], Röse[7], Ernst[8] usw. sind Theile vom Pachterpolyh aber, aber!

[1] Heinrich Ranke (1798–1876), Bruder Leopold Rankes.

[2] Zeisdorf, heute Ortsteil von Wohlmirstedt.

[3] Wohl Benjamin Rothe (1777–1826), Sohn von Benjamin Rothe (1739–1807), Oberkämmerer und Bürgermeister in Nebra, und Maria Magdalena Sophia Elisabeth Rothe, geb. Ranke (1759–1812), Schwester von Gottlob Israel Ranke. Benjamin Rothe (1777–1826) war Pachtmüller in Schönewerda zehn Kilometer nordwestlich von Wiehe, jenseits der Unstrut, wo Gottlob Israel Ranke als Justitiar und Amtmann fungierte (freundliche Auskunft von Gottfried Braasch, 24.8.2009).

[4] „Pachterin" und die ausgedachten Steigerungsformen leiten sich möglicherweise von πάχος oder παχύς: Dicke, Masse bzw. dick her.

[5] Johanna Rosina Rothe, geb. Beier (1746–1826), die seit 1778 mit Ernst Gottlieb Rothe (1742–nach 1815), einem Bruder von Benjamin Rothe (1739–1807), verheiratet war (freundliche Auskunft von Gottfried Braasch, 24.8.2009).

[6] Nicht ermittelt.

[7] Rosalie Ranke (1808–1870), Schwester Leopold und Heinrich Rankes.

[8] Ernst Constantin Ranke (1814–1888), Sohn von Gottlob Israel Ranke (1762–1836), Advokat in Wiehe und Justitiar in Gehofen und Nausitz, und Friederica Wilhelmina Ranke, geb. Lehmicke (1776–1836), Bruder Leopold und Heinrich Rankes; 1820 Stadtschule Wiehe, Ostern 1825 Privatunterricht in Quedlinburg bei Ferdinand Ranke, Herbst 1825 Gymnasium in Quedlinburg, Herbst 1826 Klosterschule in Donndorf, Ostern 1828 Landesschule in Pforta, Ostern 1834 Studium der Theologie und der Philologie in Leipzig, Mai 1835 in Berlin, Herbst 1836 in Bonn, 1837 Erstes Theologisches Examen, Hauslehrer in Thurnau in Oberfranken bei Heinrich Ranke, Juli 1839 Zweites Theologisches Examen, 1840 Pfarrer in Buchau bei Thurnau, September 1842 Hochzeit mit Theodora Nasse (1812–1860),

חי: יהוה[9] gebenedeyet sei die Heisdorfer Kirmse[10], die Götter offenbarten sich öfters beym Weggehen durch ambrosischen Duft usw. –
Wirst du denn Weihnachten nach Hause reisen? Ich hätte große Lust. Schreib mir recht bald davon und –
du siehst⟨,⟩ wie schöne Übergänge ich zu machen weiß⟨,⟩ – und ich empfehle mich Dero geneigtem Wohlwollen⟨,⟩ ich⟨,⟩

Dero
devotester Knecht
H⟨ein⟩r⟨ic⟩h Ranke⟨.⟩

Tochter von Christian Friedrich Nasse (1778–1851), Professor der Medizin in Bonn, und Henriette Wilhelmine Nasse, geb. Weber (1788–1878), 1846 Dr. phil. in Erlangen, November 1850 ordentlicher Professor der Kirchengeschichte und neutestamentlichen Exegese in Marburg, Weihnachten 1850 Dr. theol. h. c., 1858 Konsistorialrat und Mitglied des Konsistoriums der Provinz Oberhessen (vgl. Hitzig, Ernst Constantin Ranke, passim); aus der Ehe zwischen Ernst Constantin Ranke und Theodora Nasse gingen vier Kinder hervor: Henriette (1843–1939), Selma (1844–1943), Linda (1848–1891) und Werner Ranke (1852–1852) (vgl. H. Ranke, Stammtafeln, Tafel 12; Schulenburg / Seiler, Stammtafeln, Bd. 2, Blatt 14; Bahl / Ribbe, Bd. 2, S. 666, Nr. 635).

[9] Die hebräischen Worte bedeuten: „lebendig: Eva". Heinrich Ranke spielt hier auf die auch in Lehrbüchern als Merksatz übliche Ableitung des Namens der ersten Frau von dem Wort für Leben, lebendig an (gemäß 1. Mose 3,20: Mutter alles Lebendigen). In Zusammenhang mit der Kirmes (Volksfest) in Zeisdorf kann mit diesen gelehrten Worten freilich auch eine weibliche Bekanntschaft gemeint sein. Der Unterricht in Pforta umfaßte auch die hebräische Sprache (vgl. F. Ranke, Rückerinnerungen, S. 37–45, bes. S. 41).

[10] Die Zeisdorfer Kirmes findet bis heute im November statt und ist somit die letzte Kirmes der Region (freundliche Auskunft von Gottfried Braasch, 24.8.2009). Heinrich Ranke studierte seit Ostern 1815 in Jena Philosophie und Theologie. Eventuell stehen seine Ausführungen über die Rothe-Verwandtschaft in Zusammenhang mit seiner ersten Predigt, die er „als Herr Vetter" auf Einladung des Bruders des Bürgermeisters Benjamin Rothe (1739–1807) am Kirchweihfest in Nebra halten durfte (vgl. F. H. Ranke, Jugenderinnerungen, S. 72–73).

Nr. 19

Gottlob Israel[1] und Heinrich Ranke[2] an Leopold Ranke[a]

V: GStA PK VI. HA Nl Hoeft Nr. 1 (Abschrift)
G: GStA I. HA Rep. 92 Nl L. v. Ranke Nr. 26 (nicht erhalten)

Wiehe⟨,⟩ dem 3ten Jänner 1817.[b]

Guter Sohn,
Deinem letztern Briefe[3] nach, mit welchem ich das unübertrefliche Zeugniß, das Dir Herr Hofrath Bek[4] über Deinen unermüdeten Fleiß und Geschicklichkeit Dir ausgestellet hatte, erhielt, erwartetest Du schon früher, eine Nachricht von Deinen Dich liebenden Eltern[5]. Auch Heinrich⟨,⟩ welcher mit dem Neujahrestag bei uns eintraf⟨,⟩ versicherte mich, daß Du, als er bei Dir auf Besuch gewesen⟨,⟩ mit jeden Posttag auf Briefe von Hause gewartet hättest. Dessen ungeachtet wirst Du mein Schweigen entschuldi-

[a] Adresse: „An | Herrn Franz Leopold Rancke, | Mitglied des Königl⟨ichen⟩ Sächsischen | philologischen Seminariums | Frey bis Querfurth | wohnhaft in der Haÿn Straße zu Leipzig | No. 355: 4 Treppen | Hoch, nebst einer Schachtel in Leinewand | und 10 rt. – Geld in einem Paquet H. R. Sign.“.

[b] In der Vorlage „1816“. Hier neu datiert, da der Vater auf Ereignisse aus dem Jahre 1816 (Leopold Rankes 21. Geburtstag, Wilhelm und Ferdinand Ranke in Pforta) und auf Leopold Rankes unmittelbar bevorstehende Promotion verweist, die am 21. Februar 1817 stattfand.

[1] Gottlob Israel Ranke (1762–1836), Vater Leopold Rankes.

[2] Heinrich Ranke (1798–1876), Bruder Leopold Rankes.

[3] Bisher nicht ermittelt.

[4] Leopold Rankes Leipziger Lehrer Christian Daniel Beck (1757–1832) las und veröffentlichte über das Alte und das Neue Testament, Dogmatik, Kirchen- und Allgemeingeschichte, lateinische und griechische Schriftsteller sowie alle Fragen der antiken Realienkunde unter dem Oberbegriff der Archäologie. An der Leipziger Universität war er Ansprechpartner der königlichen Stipendiaten und damit von Anfang an einer der Förderer Rankes. Leopold Ranke war Mitglied in Becks „Societas Philologica“, wenngleich er hauptsächlich an Johann Gottfried Jakob Hermanns „Societas Graeca“ teilnahm. Beck faßte die Philologie polyhistorisch auf und suchte ihr gesamtes Feld zu beackern. Seine historischen Leitfäden waren durch eine enzyklopädische Erfassung der Literatur ausgezeichnet. Zu nennen ist: Anleitung zur Kenntniß der allgemeinen Welt- und Völkergeschichte für Studierende, 4 Bde., Leipzig 1787–1807; nur Bd. 1 in 2. Aufl., Leipzig 1813. Beck führte den vierten Band seines Werkes bis zur Entdeckung Amerikas 1492. Das Werk stand in Rankes Bibliothek, der erste Band in beiden Auflagen (Katalog der Bibliothek Leopold von Rankes, Syracuse University, N. Y., USA). Beck stand nicht nur für den Zusammenhang der Philologie mit Theologie und Universalgeschichte samt ihren Hilfsdisziplinen; er weckte auch den Sinn für die Bedeutung von Methode, Strenge und Gründlichkeit. Die neueren Teile des Werkes sind womöglich eine der bibliographischen Quellen, aus denen Ranke, im Durchgang durch die Westermannsche Bibliothek in Frankfurt an der Oder, einen Teil des Materials für sein Erstlingswerk schöpfte; das Werk Becks war aber auch geeignet, die Grenzen einer auf neuere Literatur und gedruckte Quellen sich stützenden Geschichte aufzuzeigen.

[5] Gottlob Israel und Friederica Wilhelmina Ranke, geb. Lehmicke (1776–1836).

gen, da ich bei der jezt eingetretenen neuen Ordnung der Dinge,[6] mit Geschäften und hauptsächlich mit Official Arbeiten stets überhäuft bin, und mich zum öftern kaum 1. Tag in der Woche einheimisch anfinde. Ich will aber alles nachholen, und ins besondere Dir zu Deinem 21sten Geburtstag, welchen Du nach Heinrichs Versicherung recht vergnügt und froh verlebt hast, sowohl zum Antritt eines neuen Jahres von ganzen Herzen gratuliren. Zu dem Angebinde des erstern und Weynachts Geschenk, erhältst Du von Deinen Eltern ein Geschenk. Nach Heinrichs Erzählung hat der Herr Hofrath Bek, dem ich mich unbekanter Weise gehorsamst zu empfehlen bitte, Dir ein Stipendium um Magister, oder Doct⟨or⟩ philosophiae[7] zu werden, angewiesen, wozu Du noch etwas Geld aber benöthiget bist. Ich habe daher Dir 10 r⟨eich⟩s⟨thaler⟩ — — beigefüget. Da Du in dem Curriculo vitae Deines Vaters und überhaupt Deiner Eltern gedenken wirst;[8] so bitte ich Dich⟨,⟩ auch Herrn Liebeskinds[9] wegen des von ihm erhaltenen Stipendii zu gedenken.[10] Im preußischen werden alle Vornamen weggelassen, ich glaube also auch⟨,⟩ daß Du meine altmodischen füglich weglassen kannst.[11] Wilhelm[12] und Ferdinand[13] haben die Weinachtsfeyertage bei uns gehalten, ersteren gefält es recht wohl in der Pforta, letzterer sizt bereits in der zweiten Ordnung, und macht einen guten lateinischen Vers. Solchergestalt bin ich zu den schönsten Erwartungen von meinen Söhnen berechtiget, und dancke Gott inbrünstig und in tiefster Demuth, daß er mir das höchste Glück schon auf Erden zu Theil werden läßt, mich un-

[6] 1815 war die neue preußische Provinz Sachsen gebildet worden, die neben der Altmark, dem früheren Herzogtum Magdeburg und dem früheren Fürstentum Halberstadt auch ehemals kursächsische Gebiete, darunter Wiehe und die Amtsbezirke von Gottlob Israel Ranke, umfaßte.

[7] Vgl. Nr. 27.

[8] Vgl. Hermann, Mythologia Graecorum, S. XXXIII (freundlicher Hinweis auf diesen Titel von Gottfried Braasch, 24.8.2009).

[9] Johann Heinrich Liebeskind (1754–1823) und August Gottlob Liebeskind (1763–1844), Söhne von Johann Christoph Liebeskind (1713–1781), Maler und Bücherantiquar, und Anna (Maria) Margaretha Liebeskind, geb. Bundseel (1724–1801); Johann Heinrich Liebeskind, ein Leipziger Gold- und Silberarbeiter, war gemeinsam mit seinem Bruder August Gottlob Liebeskind, einem Leipziger Kramer und Buchhändler, 1803–1818 Besitzer, Gerichtsherr und Kirchenpatron des Rittergutes Schönewerda, wo der Vater von Leopold Ranke als Justitiar und Patronatsrichter wirkte (vgl. Hohlfeld, Ahnentafel, S. 16; Hohlfeld, Aus dem Familienarchiv, S. 35); einer seiner Vorfahren war eventuell Johann Joseph Liebeskind († 1689), 1682–1689 Pfarrer in Donndorf (vgl. Pfarrerbuch Kirchenprovinz Sachsen, Bd. 5, S. 376; freundliche Auskunft von Gottfried Braasch, 24.8.2009).

[10] Leopold Ranke entsprach dieser Bitte seines Vaters (vgl. Hermann, Mythologia Graecorum, S. XXXIII).

[11] Leopold Ranke vermerkt entgegen dieser Bitte sowohl die beiden Vornamen seines Vaters als auch die seiner Mutter (vgl. Hermann, Mythologia Graecorum, S. XXXIII).

[12] Wilhelm Ranke (1804–1871), Bruder Leopold Rankes, Schüler in Pforta.

[13] Ferdinand Ranke (1802–1876), Bruder Leopold Rankes, Schüler in Pforta.

ter ⟨...⟩[c] die Glücklichen aufzunehmen, welche Freude an ihren Kindern erleben, und mir durch meine Hofnungs vollen Söhne alle Beschwerlichkeiten des Lebens versüßet, welche der Höchste dafür seegnen wird. Leb wohl, guter Leopold! Du hast Deine geliebten Eltern in den frohen Erwartungen von Dir nicht getäuschet, wohl aber übertroffen;[14] Gruß und Kuß von uns allen. Besuch uns ja, wenn Wetter und Weg die Reise begünstigen, grüße auch die Madame Bott,[15] und behalt lieb Deinen

Dich aufrichtig liebenden
Vater, Rancke Notar

Wenn der Vater nicht alles beschrieben hätte, so hätte ich Dir weitläuftig zum neuen Jahre gratuliren wollen.

H⟨einrich⟩ R⟨anke⟩.

[c] Hoeft vermerkt an dieser Stelle nur ein „r" und notiert am Rand mit Bleistift „lädiert".

[14] Diese Formulierung dokumentiert den bildungsbürgerlichen Wunsch des Vaters, daß die Söhne die bisher erfolgreiche Familiengeschichte fortsetzen mögen; alle Hoffnungen ruhten dabei zunächst auf dem ältesten Sohn.

[15] Eventuell die Ehefrau des Besitzers des Hauses Nr. 340 in der Hainstraße, Böttcher; Leopold Ranke wohnte zu dieser Zeit im Haus Nr. 355 in der Hainstraße (vgl. Leipziger Adreßkalender für das Jahr 1815, S. 273).

Nr. 20

Leopold Ranke an Heinrich Ranke[1]

V: SBB Nl Ranke 38 I B 86 (Abschrift, eigenhändig)[a]
D: Schweitzer, Luther-Fragment, S. 320

4. März ⟨18⟩17.[b]

An Heinrich. — —
Mein lieber Berggeist weißt mir in seinen Schacht viele Gänge; ich habe mir vorgenommen, der Goldader nachzugehen. Rechts u⟨nd⟩ links mag das Andre liegen bleiben. Gold ist ja⟨,⟩ sagt man Blut, u⟨nd⟩ Blut, das ist Leben, weißt Du. Suchen wir denn nicht alle das tiefste innerste Leben, hassen wir nicht alle den finstern Tod⟨.⟩ Ich glaube u⟨nd⟩ Du wohl mit mir: der größte Poet muß der größte Philosoph seyn. Denn sieh⟨,⟩ nur wenn ihm das Blut zu Gold erstarren soll, muß er doch Blut zuvor haben. Und das Blut des geistigen Lebens, das ist die klare, volle, gelebte Einsicht, das ist das Mark des Seyns, durchsichtig geworden u⟨nd⟩ sich selbst durchschauend; da ists, wo Leben denkt u⟨nd⟩ Gedanke lebt, u⟨nd⟩ Gott selbst gegenwärtig herrscht. Und soll nun Jemand dieses immer Fließende, Bewegte, Lebendige, durchaus Innerliche wiedrum zur Erscheinung fassen, wie es Gott zuvor gethan hat, und das soll mir doch wohl ein Dichter: soll ers nun⟨,⟩ so muß er ja auch Jenes erkannt haben, denn in der Kunst gilt kein Tappen, sagt Göthe selbst;[2] — und wie gesagt: Blut muß zu Gold werden, Blut, sonst wirds kein Gold, u⟨nd⟩ das rechte, reine, strahlende, sonst wirds ein wenig Lausegold.
Klarer.
Einsicht giebt den Philosophen; Darstellung den Poeten. Mithin muß jede wahre Darstellung der Einsicht, der Philosophie, Poësie[c] seyn. Und kann Poesie etwas andres seyn?[d] In ihr ist die einzige Darstellung mögl⟨ich⟩. Wie sagen die Evangelien, die Episteln Pauli⟨,⟩ was sie wissen? Und nun

[a] In einem Konvolut allgemeinerer Aufzeichnungen hat Leopold Ranke diesen Text vom Vorigen und Folgenden abgehoben und zu Anfang am Rand vermerkt: „4. März 17. | An Heinrich. — —"; es handelt sich wohl um die Abschrift eines Briefes.
[b] Datumsangabe in der Vorlage links neben dem Text.
[c] Ursprünglich: „Poetisch".
[d] Es folgen zwei gestrichene Worte: „Das ist".

[1] Heinrich Ranke (1798–1876), Bruder Leopold Rankes.
[2] Im Drama „Künstlers Apotheose": „Die Kunst bleibt Kunst! Wer sie nicht durchgedacht, | Der darf sich keinen Künstler nennen; | Hier hilft das Tappen nichts; eh' man was Gutes macht, | muß man es erst recht sicher kennen." Das Werk entstand im Lauf des Jahres 1788; es erschien zuerst im letzten Band der achtbändigen Ausgabe: Goethe's Schriften, Leipzig 1790.

Luther?[3] Jede Darstellung muß das Geistige darstellen; wie eben Natur, Menschengeschlecht, Geschichte. Sie muß durchaus und alle Mahl ideal seyn, die Einsicht, die Philosophie, die Idee darstellen. Und das ist die Kunst.

[3] Martin Luther (1483–1546), Reformator; Anspielung auf das „Fragment über Luther" (L. v. RANKE, Frühe Schriften, S. 329–466), an dem Leopold Ranke damals arbeitete.

Nr. 21

Leopold Ranke an Gotthard Christian August Thieme[1]

V: SBB Nl Ranke 38 I B 104 (eigenhändig)
D: Schweitzer, Luther-Fragment, S. 359–360

⟨Wiehe, Ende Oktober 1817.⟩

Als ich in Eisenach war, stand ich still, ich sah in den Kalender, zählte mein Geld, dachte an meine Füße, die Füße waren verwundet, das Geld geschmolzen; viel Zeit verlaufen,— da sagt' ich denn: ich kann nicht nach Ilmenau. Wissen Sie noch, daß Sie mich gewiß und wahrhaftig zu sich

[1] Gotthard Christian August Thieme (1780–1860), Sohn von Gottfried Thieme (1743–1804), Diakonus in Allstedt, und seiner Frau Marie Eleonore Auguste (1744–1814), Tochter des Superintendenten August Rudolph Wahl (1716–1780); Rektorschule in Allstedt, 1792 Klosterschule in Roßleben, 1799 Studium der Theologie in Halle, Senior der Landsmannschaft der Sachsen, 1800 Studium der Theologie in Jena, 1802 Dr. phil. (laut dem Eintrag in http://www.slavistik.uni-potsdam.de/petersburg/frameset.html wurde Thieme der Dr.-Grad erst später von der Universität Dorpat verliehen; unter Umständen für seine finnische Grammatik), 1802 vermittelt durch Johann Gottfried Herder Hauslehrer auf dem Gut der Familie des Generals Johann Jakob von Daehn bei Friedrichsham in Finnland (laut http://www.slavistik.uni-potsdam.de/petersburg/frameset.html vermittelte der dritte Bruder seiner Mutter, F. G. Wahl, der als deutsch-lutherischer Pfarrer und Propst in Wyborg lebte, Thieme dort eine Stelle als Hauslehrer), 1803 Oberlehrer an der Katharinenschule in St. Petersburg, hier Bekanntschaft mit Wilhelm von Wolzogen (1762–1809), dem Schwager Schillers, und August Friedrich Ferdinand von Kotzebue (1761–1819), 1804 in St. Petersburg Hochzeit Thiemes mit seiner Cousine Louisa Henrietta Augusta Wahl (1779–1843), 1805 von der Universität Dorpat zum Lehrer am Deutschen Gymnasium und Schulinspektor des Finnischen Gouvernements für Wyborg berufen, 1811 bedingt durch eine Erkrankung der Mutter Rückkehr nach Thüringen, Diakonus in Lobeda, 1813 in Ilmenau, 1817 in Jena zum Lic. Theol. ernannt, Oktober 1822 Diakonus in Allstedt und Pfarrer in Mönchpfiffel, 1844 Hochzeit mit Carolina Friederike Louisa Julie von Broitzem (∗ 1812), Tochter von Johann August Wilhelm von Broitzem (1774–1828), Erb-, Lehn- und Gerichtsherr zu Schöppenstedt, 1850/51 Superintendent in Allstedt (vgl. Jenaische allgemeine Literatur-Zeitung 10 [1813], Bd. 2, S. 201; Edgar Hösch: Deutsche Pädagogen in Altfinnland an der Wende zum 19. Jahrhundert, in: Edgar Hösch / Hermann Beyer-Thomas (Hg.): Finnland-Studien II (= Veröffentlichungen des Osteuropa-Instituts München, Reihe Geschichte, Bd. 63). Wiesbaden 1993, S. 33–61, hier S. 59–61; Meinhof, Pfarrerbuch Großherzogtum Sachsen(-Weimar-Eisenach), S. 1139; Thieme verfaßte neben einer Grammatik der finnischen Sprache (1804) zahlreiche weitere wissenschaftliche Publikationen, Beiträge in Schulprogrammen, Predigten, Dramen und Gedichte (einen Überblick über das schriftstellerische Werk Thiemes bietet: http://thieme.joeigraphie.de/werke.htm). Die Verwandschaftsbeziehungen Thiemes zur Familie Ranke beruhten auf den Großeltern mütterlicherseits, dem Allstedter Superintendenten August Rudolph Wahl (1716–1780) und seiner Ehefrau Dorothea Eleonore Wahl, geb. Eberhardt (∗ 1715), deren Schwester Magdalena Sophie Elisabeth (1719–1771) die Ehefrau von Johann Heinrich Israel Ranke (1719–1799) und damit die Großmutter von Heinrich und Leopold Ranke war (vgl. Pfarrerbuch Kirchenprovinz Sachsen, Bd. 9, S. 202–203; freundliche Auskunft von Gottfried Braasch, 25.8.2009, 6.12.2011).

eingeladen⟨,⟩ und daß ich gern bei Ihnen wäre; aber es ist nun nicht anders, und von Wiehe aus sende ich Ihnen den Gruß vom Rheine brieflich, den ich Ihnen mündlich hatte bringen wollen. Wie lautet der Gruß? Er hat vielfache und ungleiche Töne: ich habe sie alle still in mein Herz geschlossen, nun, da ich's zu Wort und Papier bringen will, seh' ich leider, daß es nicht angeht. Geben Sie mir Ihren Segen mit nach Leipzig, ob sich einmal das im Geheimen Treibende, Glühende, Rastlose, das hier und dort erregt wurde, auflösen will, zur Harmonie und darstellen im Leben, in der Kunst.

Aber noch eins— auf dem Kickelhahn[2] wollt' ich nach der Uhr sehn, da merkt' ich, daß ich sie bei Ihnen gelassen hatte.[3] Schicken Sie dieselbe womöglich an den Weimarisch-Jenaischen Boten Flister[4] der sie nach Wiehe besorgen wird.

Ich grüße Sie herzlich und Ihre liebe Frau[5] herzlich und Ihre Kinder[6] herzlich.

[2] Bei Ilmenau, höchste Erhebung im Herzogtum Sachsen-Weimar-Eisenach, wiederholt von Johann Wolfgang Goethe besucht, der dort 1783 in einer Jagdhütte das Gedicht „Über allen Gipfeln ist Ruh" verfaßt hatte, das 1815 erstmals gedruckt worden war (vgl. Wulf Segebrecht: Johann Wolfgang Goethes Gedicht „Über allen Gipfeln ist Ruh" und seine Folgen. Zum Gebrauchswert klassischer Lyrik. Text, Materialien, Kommentar [= Reihe Hanser. Literatur-Kommentare, Bd. 11]. München 1978).

[3] Wohl bei einem Besuch in Ilmenau am Beginn der Reise zum Rhein.

[4] Wohl Johann Christian Filster, Lehrer in Weyra, emer. B.O. (vgl. Großherzoglich Sachsen-Weimar-Eisenachisches Hof- und Staatshandbuch 1819, S. 168, sowie 1823, S. 267), oder Johann Heinrich Filster aus Altenburg bzw. Zeitz.

[5] Louisa Henrietta Augusta Thieme, geb. Wahl (1779–1843), Tochter von August Christian Martin Wahl (1748–1815), Oberpfarrer in Erfurt, des Bruders der Mutter Thiemes (Pfarrerbuch der Kirchenprovinz Sachsen, Bd. 9, S. 202; freundliche Auskunft von Gottfried Braasch, 6.12.2011).

[6] Justus Hermann Theodor (1810–1894), Ludwig Alexander (1811–1843) und Carl Wilhelm Otto Thieme (1816–1872).

Nr. 22

Heinrich Ranke[1] an Leopold Ranke[a]

V: GStA PK VI. HA Nl Hoeft Nr. 1 (Abschrift)
G: GStA I. HA Rep. 92 Nl L. v. Ranke Nr. 26 (nicht erhalten)

⟨Halle, Dezember 1817.⟩[b]

Lieber Bruder⟨,⟩
der Himmel ist nach den schlechten Tagen wieder so schön u⟨nd⟩ ich sitze unzufrieden in der garstigen Stube schon den ganzen Tag. Wärst Du doch bey mir. Jetzt ist es mit uns weit schöner als neulich. Jeder Winter setzt einige Grillen in mir ab, aber sobald die ersten Frühlingslüfte hauchen wird meine Seele rein und heiter.
Wer trat denn am Dienstag Abends in meine Stube? Der nunmehrige Schulamtskandidat, künftige Conrektor am Brandenburgischen Gymnasium Jakobi[2].
Wir hatten uns seit 2 Jahren nicht gesehn. Bis Sonnabend Nacht haben wir uns zusammen gefreut, haben zusammen gerechnet, und zusammen konjugirt.

[a] Adresse: „Herrn | Leopold Rancke | in Leipzig | Im neuen Paulino, 4 Treppen | hoch, linke⟨r⟩ Eingang.“; Poststempel: „5. Halle– Erfurt“.

[b] Hoeft notiert: „(1816) / Halle 5.“ ⟨Datumshinweis; vgl. den von Hoeft notierten Poststempel⟩. – darüber: „1816?“ – Der Brief aus der Studienzeit Heinrich Rankes in Halle (1817 bis 1818) an seinen Bruder Leopold in Leipzig ist wegen des Hinweises auf Carl Friedrich Andreas Jacobi (s.u.) sowie der Reise von Johann Eduard Schwarzenberg zu Leopold Ranke (vgl. u. sowie Nr. 24) wohl auf Dezember 1817 zu datieren.

[1] Heinrich Ranke (1798–1876), Bruder Leopold Rankes.

[2] Carl Friedrich Andreas Jacobi (1795–1855), Sohn von Georg Nicolaus Jacobi, Chirurg in Crawinkel bei Gotha (so der Vermerk bei seiner Trauung in der Matrikel; Heinrich Ranke schreibt hingegen: „in der Einsamkeit des Waldes erzogen, wo sein Vater als Forstmann lebte“), 1808 Lyceum in Ohrdruf, 1811 Gymnasium Illustre in Gotha, 1814 Studium der Theologie, später der Mathematik in Jena, Bekanntschaft mit Heinrich Ranke, der mit ihm „eine Freundschaft für das Leben schloß“ und dem er im Sommer 1815 bei einem Badeunfall in Jena das Leben rettete, 1818 Konrektor in Brandenburg an der Havel, Oktober 1819 Professor der Mathematik und Physik an der Landesschule in Pforta, 1829 Ablehnung eines Rufes auf eine Professur der Mathematik in Leipzig, 1855 Rektor designatus an der Landesschule in Pforta (Zitate nach F. H. Ranke, Jugenderinnerungen, S. 68–70; ansonsten vgl. Archiv KPS Pforta, Trauungen 1821; K. F. Ranke, Leben in Briefen, S. 26 und 73; Max Schneider, Die Abiturienten des Gymnasiums Illustre 1768 bis 1859, 1. Theil, in: Programm des herzoglichen Gymnasium Ernestinum zu Gotha, Gotha 1905, S. 1–17, hier S. 15; freundliche Auskunft von Achim Blankenburg, Abt. Handschriften der Thüringer Universitäts- und Landesbibliothek Jena, 4.11.2011; Bittcher, Pförtner Album, S. 558); mehrere Veröffentlichungen zu mathematischen Fragen in den Programmen der Landesschule in Pforta; auch der Bruder von Carl Friedrich Andreas Jacobi, Philipp Andreas Jacobi (1801–1875), war ab 1826 als Mathematiklehrer in Pforta tätig (vgl. Fritz Heyer: Aus der Geschichte der Landesschule zur Pforte. Darmstadt / Leipzig 1943, S. 129).

Er war noch der alte biedere Waldbewohner⟨,⟩ daß ich nicht sage Waldbauer.

Denn er hat das kräftige, rüstige, freye Wesen, das nach seinen Erzählungen seine Landsleute auf dem Thüringerwalde haben.

Ueber Norwegen[3] aber lacht er u⟨nd⟩ Eduard[4]⟨,⟩ den Du darüber abstrafen wirst⟨,⟩ wenn er kommt.

Jakobi wollen wir einmal besuchen in Brandenburg und von da Berlin oder die Ostsee sehn.

Vetter[5] und Muhme Malo[6] hab' ich gesprochen. Letztere wirst Du auch bald sehn.

Den Schreck des vorigen Briefs hat der Vater wieder gut gemacht durch einen neuen Brief⟨,⟩ in dem er mir seinen Glückwunsch giebt für die Zukunft.

[c]Lieber, lieber Bruder, ich will fromm und gut seyn.[c]

Laß uns aneinander zu recht freudigen starken Männern emporwachsen!

Dein Heinrich.

Nun kömmt noch eine Amtsfrage.

c–c In der Vorlage unterstrichen.

3 Die Brüder hatten eine Reise dahin besprochen (vgl. Nr. 35). Gotthilf Heinrich Schubert (1780–1860), der spätere Schwiegervater Heinrich Rankes, hat die erste Rügenreise Heinrich Rankes 1819 auf gleiche Motive zurückgeführt: „Eben in dem Jahre (1819) [...] fühlte sich Heinrich Ranke, damals Lehrer an einer Erziehungsanstalt zu Frankfurt an der Oder, er wußte selbst nicht wie? angetrieben, eine Ferienreise nach der Insel Rügen zu machen, welche zu jener Zeit noch wenig besucht war. Unter Anderem wollte er, der eifrige Forscher in der alten, deutschen Götterlehre, zu Altenkirchen den Stein mit dem Bilde des Gottes Svantewit sehen, welcher in der Mauer der dortigen Kirche, in liegender Stellung eingefügt ist." (SCHUBERT, Erwerb und Erwartungen, Bd. 3/II, S. 586.)

4 Johann Eduard Schwarzenberg (1796–nach 1833), Sohn von Johann Christoph Schwarzenberg, Kaufmann in Altenburg, 1809 Friedrichs-Gymnasium in Altenburg, 1815 Studium der Medizin in Jena, Mitglied der Urburschenschaft, 1817 Studium der Medizin in Halle, hier in der Klinikausbildung enger Kontakt zu Christian Friedrich Nasse, 1819 Dr. med. et chir., danach Arzt in Altenburg (vgl. Adolph Carl Peter Callisen (Hg.): Medicinisches Schriftsteller-Lexicon der jetzt lebenden Aerzte, Wundärzte, Geburtshelfer, Apotheker und Naturforscher aller gebildeten Völker, Bd. 17. Copenhagen 1833, S. 425, Nr. 1092: ⟨geb. 1798⟩; KAUPP, Stamm-Buch, S. 64, Nr. 208: ⟨geb. 1796⟩; Archiv für medizinische Erfahrung 1818, S. 116); Heinrich Ranke hatte mit Schwarzenberg, seinem „Stubenburschen", sowohl nach dem Sommersemester 1816 als auch nach dem Sommersemester 1817 ausgedehnte Wanderungen unternommen (vgl. F. H. RANKE, Jugenderinnerungen, S. 82–84, S. 91–92); Schwarzenberg kannte auch Leopold Ranke gut und korrespondierte noch 1820 mit ihm (vgl. DÜRRE, Aufzeichnungen, S. 265–266, der dort abgedruckte Brief Schwarzenbergs an Heinrich Ranke vom 1. Mai 1820 nimmt Bezug auf ein Gespräch zwischen Heinrich Ranke und Schwarzenberg in Jena, bei dem Jacobi sie ermunterte, gemeinsam von Jena nach Göttingen zu wechseln).

5 Christian Friedrich Malo (um 1762–1845), kursächsischer Finanz-Commissair und Senator in Zörbig (freundliche Auskunft von Gottfried Braasch, 24.8.2009).

6 Ernestine Dorothee Amalie Malo, geb. Otto (1767–1834) (freundliche Auskunft von Gottfried Braasch, 24.8.2009).

Du nanntest mir eine bessere Grammatik a⟨l⟩s die Brodersche[7], u⟨nd⟩ irre ich nicht, ein besseres Lexikon als das Schallersche[8].
Schreib mir doch bald etwas darüber. Ich muß mir beydes kaufen.

7 Christian Gottlob Broeder (1745–1819), Sohn von Johann Cornelius Broeder (1703–1778), Lehrer in Großharthau, 1758 Kreuzschule in Dresden, 1765 Studium der Theologie in Leipzig, 1771 Diakonus in Dessau, 1782 Pfarrer in Beuchte, 1815 Superintendent (vgl. Friedrich Bernhard Störzner, Was die Heimat erzählt, Leipzig 1904, S. 189); bei der hier angeführten Grammatik Broeders handelt es sich entweder um seine Practische Grammatik der lateinischen Sprache. Leipzig 1787; 11. Aufl., Leipzig 1816 oder seine Kleine lateinische Grammatik mit leichten Lectionen für Anfänger. Leipzig 1795; 14. Aufl., Leipzig 1815.

8 Carl August Schaller (1770–1819), Sohn von Johann Friedrich Schaller (1727–1809), Strumpffabrikant in Halle, und Maria Christiane Schaller, geb. Sockel (∗ 1734), 1780 Lateinische Schule der Franckeschen Stiftungen, 1787 Studium der Theologie in Halle, 1790 Lehrer am Pädagogium der Franckeschen Stiftungen, 1800 Ordination, Feldprediger im Regiment von Renouard in Halle, 1806 Diakonus an St. Ulrich und Levin in Magdeburg, 1809 Hochzeit mit Johanna Marie Katharina Fritze (1787–1829), Tochter von Johann Nikolaus Fritze (1751–1840), Oberpfarrer an St. Ulrich und Levin in Magdeburg, 1812 Dr. phil. (vgl. Archiv KPS Halle, Marktkirche, Taufen 1734; Archiv KPS Halle, Marktkirche, Trauungen 1756; Archiv KPS Halle, Marktkirche, Bestattungen 1809); Pfarrerbuch der Kirchenprovinz Sachsen, Bd. 7, S. 384); bei dem angesprochenen Lexikon Schallers handelte es sich wohl um die Encyclopädie und Methologie der Wissenschaften, bearb. zum Gebr. f. angehende Studirende und solche Freunde d. Wiss., welche e. gelehrte Bildung empfangen haben. Magdeburg 1812; denkbar wären aber auch sein Handbuch der neuern deutschen klassischen Literatur von Lessing bis auf gegenwärtige Zeit, Bd. 1: Die poetische Literatur enthaltend. Halle 1811; Bd. 2: Die speculativ philosophische Literatur enthaltend. Halle 1816 oder sein Handbuch der Geschichte philosophischer Wahrheiten durch Darstellung der Meinungen der ersten Denker älterer und neuerer Zeit über dieselben, mit Winken zu ihrer Prüfung. 2 Bde., Halle 1806/1810.

Nr. 23

Friederica Wilhelmina Ranke[1] an Leopold Ranke

V: GStA PK VI. HA Nl Hoeft Nr. 1 (Abschrift)[a]
G: GStA I. HA Rep. 92 Nl L. v. Ranke Nr. 26 (nicht erhalten)

⟨Wiehe, vor Weihnachten 1817.⟩[b]

Mein guter Sohn⟨,⟩

Du läß ja jar nichts von Dier hören⟨.⟩ wie bist Du nach Leipzig gekomen⟨,⟩ und wie geht Dir es⟨.⟩ schreib bald⟨,⟩ der Vater[2] ist wieder gut⟨,⟩ so tuhe ich Ihn alles⟨,⟩ was ich Ihn kan⟨,⟩ an den Augen absehn und nun geht es wieder⟨.⟩ Ernst[3] spricht viel von Dier⟨,⟩ Du kömst auf Weinachten⟨,⟩ und da wil Er Dier viel von seinen Baume geben⟨,⟩ wen⟨n⟩ Du Ihn ein Abz buch[4] mit bringst⟨,⟩ das⟨s⟩ Er nach Pforta kann.[5] ich schicke Dier die Uhr und habe den Vater jar nichts da von[c] gesagt⟨,⟩ weil ihn so was verstimt⟨.⟩ wen⟨n⟩ Du etwa verlegen bist⟨,⟩ was Du mir zu den heil Christe kaufst⟨,⟩ so wil ich Dier einen Vorschlag tuhn⟨:⟩ ich könte ein par Socken brauchen⟨.⟩ das Maas kanst Du an Deinen Füßen nehmen⟨,⟩ aber nim es nicht übel. der Magister Patzig[6] läßt Dich grüßen⟨.⟩ übrigens weis es Nimand⟨,⟩ das⟨s⟩ ich schreibe⟨.⟩ leb wohl und behald lieb Deine Dich herzlich

liebende Muter
Friederica Rancke.

[a] Erste Abschrift, nach Hoefts (nicht fortlaufender, nicht vereinheitlichter) Zählung S. 5; dort wohl versehentlich ein weiteres Mal abgeschrieben S. 6.
[b] Hoeft vermerkt „Leipziger Zeit. Ca. 1817“.
[c] Hoeft 2. Abschrift aus: davon.

[1] Friederica Wilhelmina Ranke, geb. Lehmicke (1776–1836), Mutter Leopold Rankes.
[2] Gottlob Israel Ranke (1762–1836), Vater Leopold Rankes.
[3] Ernst Constantin Ranke (1814–1888), Bruder Leopold Rankes.
[4] Vgl. Nr. 30.
[5] Ernst Constantin Ranke wollte, wie seine Brüder, die Landesschule in Pforta besuchen; am 11. April 1828 wurde er in Pforta aufgenommen (vgl. Hoffmann, Pförtner Stammbuch, Nr. 9278, S. 379).
[6] Ernst Theodor Patzig (1792–1825), Sohn eines sachsen-altenburg-gothaischen Amtsvogts und Steuerrats in Kahla, 1805 Landesschule St. Afra in Meißen, 1811 Studium der Theologie in Jena, 1812 in Wittenberg, 1815 Magister, Privatdozent, 1817 Diakonus in Wiehe, 1818 Heirat mit Christine Friederike Charlotte Meyh (vgl. Kreyssig, Afraner-Album, S. 407; Pfarrerbuch Kirchenprovinz Sachsen, Bd. 6, S. 446).

Nr. 24

Leopold Ranke an Heinrich Ranke[a1]

V: SBB Autogr. I/429 (eigenhändig)
D: Henz, Briefwechsel, S. 289–290

⟨1817/1818.⟩[b]

Grüß dich Gott⟨,⟩ Heinrich!
Den 1 Groschen, der von dem Morgenbrode noch übrig war, in der Tasche, saß ich u⟨nd⟩ schrieb am Tisch vor dem Fenster, als der schwere und reiche Liebespfennig[2] in die Thüre kam, und tats⟨ächlich⟩ 6 Pfennige[c] von mir verlangte. Ich wieß den Gelbrock[3] an u⟨nd⟩ ab;[4] war alsbald angekommen in der Stadt des goldenen Überflußes. Meinen Dank hast du doch bestellt? Viel Neuen, Herzlichen dazu!
Du aber, du wirst nun weiter reisen auf dem Eyland griechischer Kunst?[5] Viele Sänger liegen unter den Eichen, unter den Oliven; freylich leben sie noch; wer nur einmal hineingezogen ist in den wunderbaren Kreis, der muß allen nahen, alles hören. Von welchen Wogen ist das Eyland umfluthet? Die Brandungen der rasenden Geschichte schlagen fest dran an. Einer hat das Eyland geschaffen also entdeckt, Homer[6]: zu ihm retten sich alle die Besten. Stark sind sie, denn sie retten sich mitten durch die gewaltige Brandung; Das Schöne suchen sie: denn aus dem dumpfen Gewirr entkommen sie in das grüne junge stille Leben zu ihrem lieben Vater u⟨nd⟩ Lehrer. Willst du denn weiter auf dem Eyland? — — — —
Nach Tische als meine Wirthin[7] den Kaffee holte, fieng sie an: Ihr H⟨er⟩r Bruder ist doch noch da? „Nein"⟨.⟩ Und ich habe die Kuchen schon holen lassen. Einen brachte sie mir, in dem Andern wollte sie schwelgen, beschwor sie. Wann werden wir denn wieder schwelgen?

F⟨ranz⟩ Leop⟨old⟩ Rancke⟨.⟩

a Adresse: „Herrn Heinrich Rancke | zu Halle. | Brüderstraße. Benjamin Stern's Haus".
b So von Henz, Briefwechsel, S. 290, datiert.
c In der Vorlage nicht eindeutig lesbares Kürzel.

1 Heinrich Ranke (1798–1876), Bruder Leopold Rankes, Student in Halle.
2 Wohl Anspielung auf eine Geldsendung des Vaters (vgl. Nr. 30).
3 Postbote.
4 Ranke zahlte die sechs Pfennige Postgebühr (anweisen), und der Postbote ging daraufhin (abweisen). Briefe wurden häufig unfrei oder nur teilweise frei an die Empfänger gesandt. Die tatsächliche Ankunft der Schreiben erschien so sicherer, da die Post erst nach Einhändigung das Porto erheben konnte (vgl. Nr. 91).
5 Bezug unklar.
6 Homer galt im 19. Jahrhundert als Autor der Ilias und der Odyssee.
7 Nicht ermittelt.

Nr. 25

Heinrich Ranke[1] an Leopold Ranke

V: GStA PK VI. HA Nl Hoeft Nr. 1 (Abschrift)
G: GStA I. HA Rep. 92 Nl L. v. Ranke Nr. 26 (nicht erhalten)

⟨Wiehe, 3. Januar 1818.⟩[2]

Guter Leopold,
Eduard[3] wird bey Dir gewesen seyn,[4] als mein lebendiger Brief und Glückwunsch an Deinem Geburtstage. Ich hatte mir vorgenommen⟨,⟩ selbst zu Dir zu kommen mit Luthers Postille,[5] aber ein Brief von Wiehe verwehrte mir's u⟨nd⟩ rief mich nach Hause. Dann wollt' ich Dir wenigstens 2 Verse aus dem Oedipus in Kolonos[6] schreiben anstatt Heinrichs und der Postille — aber auch das geschah nicht.
Sollte aber auch Eduard aus allzugroßer Eile bei Dir und Leipzig vorbeigeschlüpft sein⟨,⟩ so meld' ich Dir selbst⟨,⟩ daß ich Ostern nach Berlin gehe u⟨nd⟩ daß mir's der Vater erlaubt, ja geboten hat. O Jahn![7] Jahn! du

[1] Heinrich Ranke (1798–1876), Bruder Leopold Rankes.
[2] Hoeft notiert: „1816. Wiehe. Weihnachtsferien 3. Jan. 1816.". Dieser Brief läßt sich eindeutig der Studienzeit Heinrich Rankes zuordnen und muß daher 1818 geschrieben worden sein, da er Ostern 1817 noch nicht in Halle war; außerdem wurde der im Brief erwähnte Christian Lorenz Sommer erst am 27. Juni 1817 vom Rektor Ilgen als Kollaborator in Pforta eingeführt (vgl. Kirchner, Scholae Portensis, S. 101).
[3] Johann Eduard Schwarzenberg (1796–nach 1833), Mitglied der Urburschenschaft und ein Studienfreund von Heinrich Ranke aus Jena, der auch mit Leopold Ranke korrespondierte.
[4] Vgl. Nr. 22.
[5] Dr. Martin Luther's Kirchen-Postille: Predigten über die Episteln für alle Sonn- und vornehmsten Festtage des ganzen Jahres, zur religiösen Erbauung in den Familien aller Stände, Braunschweig o. J.
[6] Tragödie von Sophokles.
[7] Friedrich Ludwig Jahn (1778–1852), Sohn von Alexander Friedrich Jahn (1742–1811), Pfarrer in Lanz bei Lenzen (Prignitz), Privatunterricht durch den Vater, 1791 Gymnasium in Salzwedel, 1794 Gymnasium zum Grauen Kloster in Berlin, Ostern 1795 Abgang ohne Zeugnis, 1796 Lehrer an der Schule des Waisenhauses der Franckeschen Stiftungen in Halle, 1796 Studium der Theologie, der Philologie und Geschichte in Halle, 1798 Eintritt in den geheimen Studentenorden der Unitisten, auch „Orden der schwarzen Brüder" genannt, 1799 in Jena, 1800–1801 in Frankfurt an der Oder (ohne Immatrikulation, zur Wiedererrichtung der eingegangenen Unitisten-Loge), 1802–1803 in Greifswald (Immatrikulation unter falschem Namen), 1803 Hauslehrer in Neubrandenburg im Hause des Barons Le Fort, 1804 Hauslehrer bei einem Glasmacher in Torgelow bei Waren (Mecklenburg-Schwerin), 1805–1806 Studium der Philosophie in Göttingen, 1806 in Jena Arbeit an seinem Erstlingswerk „Bereicherung des hochdeutschen Sprachschatzes", 1806 unter dem Pseudonym O. C. C. Höpffner Veröffentlichung der Schrift „Über die Beförderung des Patriotismus im Preußischen Reiche", 1806–1809 zahlreiche Reisen durch Deutschland, 1809 Hilfslehrer am Friedrich-Werderschen Gymnasium, 1810–1811 am Gymnasium zum Grauen Kloster, 1810–1813 Unterlehrer und Erzieher an der Plamannschen Erziehungsanstalt in Berlin, Mitbegründer des „Deutschen Bundes", 1811 nach dem

Jugendfürst⟨,⟩ wie werd ich an Dir hängen— nehmlich keineswegs sondern an dem lieben frommen und fröhlichen Manne, Nasse[8] und dessen Kindern[9] oder vielmehr 12jährigen Sohne[10], dem ich von Ostern an Erzieher und Lehrer seyn werde, wenigstens soll und möchte.

Vorbild Guts Muths Gründung und Leitung des Turnplatzes auf der Hasenheide, der zu einer wichtigen Pflanzstätte der sich formierenden deutschen Nationalbewegung wurde, 1813 Mitglied des von ihm mitbegründeten Lützowschen Freikorps, Premier-Lieutenant und Chef des Dritten Bataillons, Eisernes Kreuz II. Klasse, 1814 Verwendung bei der „Generalkommission für deutsche Bewaffungs-Angelegenheiten" in Frankfurt am Main, gemeinsam mit Ernst Moritz Arndt Besuch bei Joseph Görres in Koblenz, Hochzeit mit Helene Kollhof († 1823), 1815 im Gefolge Hardenbergs in Wien und als Kurier Hardenbergs nach der Schlacht von Waterloo in Paris, Mitbegründer der Berlinischen Gesellschaft für deutsche Sprache, 1816 zusammen mit Ernst Wilhelm Bernhard Eiselen Veröffentlichung des Buchs „Die deutsche Turnkunst", 1817 Dr. phil. h. c. in Jena und Kiel, 1819 im Rahmen der Demagogenverfolgung Verhaftung durch die preußischen Behörden, 1820 Entlassung aus der Untersuchungshaft in Küstrin, unter Aufsicht in Kolberg, 1825 völlige Freisprechung, Hochzeit mit Emilie Hentsch (1792–1876), Übersiedlung nach Freyburg an der Unstrut, 1829 nach Kölleda, 1836 Rückkehr nach Freyburg an der Unstrut, 1848 Abgeordneter der Deutschen Nationalversammlung in Frankfurt. Jahn verfaßte seit 1800 patriotische und sprachwissenschaftliche Schriften. 1810 erschien sein „Deutsches Volkstum", in dem er die Einheit Deutschlands forderte. Das Attentat Sands am 23. März 1819 machte der Jahnschen Bewegung ein Ende. Anfang 1820 wurde das Turnen von der preußischen Regierung gänzlich verboten (vgl. Amts-Blatt der Königlichen Preußischen Regierung zu Frankfurt an der Oder, No. 6, 9. Februar 1820, S. 39). Heinrich Ranke, Mitglied der Jenaischen Urburschenschaft, hat Jahn in seinen Jugenderinnerungen wiederholt charakterisiert (vgl. F. H. Ranke, Jugenderinnerungen, S. 60, S. 82, 99–103 und 128–129).

[8] Christian Friedrich Nasse (1778–1851), Sohn von Johann Christian Nasse (1724–1788), Kreisphysikus in Bielefeld, Schule in Bielefeld, Handelsschule in Offenbach, in Frankfurt und 1792 in Hamburg, 1796 Gymnasium zum Grauen Kloster in Berlin, 1798 Studium der Medizin in Halle, Freundschaft mit Friedrich Ludwig Georg von Raumer und Achim von Arnim, Eintritt in die Freimaurer-Loge „Zu den drei Degen", 1800 Dr. med., Rückkehr nach Bielefeld, 1805 Hochzeit mit Henriette Wilhelmine Weber (1788–1878) aus Bielefeld und Übernahme der Leitung des städtischen Armenhospitals in Bielefeld, 1814–1815 Studienreisen nach Göttingen, Leipzig, Dresden und Weimar, 1815 Professor der Medizin und Direktor der medizinischen Klinik in Halle, Ruf nach Berlin abgelehnt, 1818 Mitglied der Leopoldina, 1819 Professor der Medizin und Direktor der beiden Kliniken der Universität in Bonn; der bedeutende Naturwissenschaftler, Physiologe und Arzt war auch auf dem schöngeistigen Gebiet publizistisch tätig. Heinrich Ranke war in Nasses Familie kurze Zeit als Hauslehrer tätig (vgl. GStA PK I. HA Rep. 76 alt II Nr. 91; F. H. Ranke, Jugenderinnerungen, S. 94–97.); Ernst Constantin Ranke wurde 1842 Schwiegersohn Nasses.

[9] Hermann (1807–1892), Hilda (* um 1810), Theodora (1812–1860) und Auguste Sieglinde Nasse (1817–1862); Hilda Nasse heiratete Johannes von Noorden, ihr Sohn Carl Friedrich Johannes von Noorden (1833–1883) sollte von 1856 bis 1857 bei Leopold von Ranke studieren, bevor er als Professor der Geschichte nach Greifswald, Marburg, Tübingen, Bonn und Leipzig berufen wurde; Theodora Nasse sollte 1842 Ernst Constantin Ranke heiraten.

[10] Hermann Nasse (1807–1892), Sohn von Christian Friedrich Nasse (1778–1851) und Henriette Wilhelmine Nasse, geb. Weber (1788–1878), Privatunterricht, 1824 Studium der Medizin in Bonn, danach Studienreise nach Paris, 1829 Dr. med., 1831 Habilitation, Privatdozent in Bonn, 1837 provisorisch, 1838 definitiv außerordentlicher Professor und Leiter des Physiologischen Instituts, 1848 ordentlicher Professor für Physiologie und theoretische Tierheilkunde in Marburg, 1869 Geheimer Medizinalrat, 1879 Dr. phil. h. c. Marburg, Emeritierung.

Jetzt prickelts und stichts und krabbelts, ich möchte vermuthen⟨,⟩ daß meine Seelenflügel[11] heraus wollen u⟨nd⟩ mich emportragen. – Ich wollte eigentlich weit schöner schreiben, fromm und lieblich. Unter dem rauhen und rohen Prickelsälzchen steckt ein recht viel Gutes, Du treuer Bruder. Nach Halle mußt Du vor Ostern noch einmal kommen, da sollst Du Dich über Nasse, Eduard und mich recht freuen.

Ferdinand[12] ist von der Ilias[13] begeistert und hat mit Sommer[14] den Plutarch[15] gelesen. Wilhelm[16] liest die böse Anabasis[17]⟨,⟩ die mich zu so viel Schnitzern verleitete.

Die beiden Bübchen [a]waren die Nacht[a] hindurch [b]von Pforte nach Wiehe[b] gewandert (und lassen Dich grüßen)⟨.⟩

a–a In der Vorlage unterstrichen.

b–b In der Vorlage unterstrichen.

11 Vgl. L. v. Ranke, Tagebücher, Nr. 68, S. 98. Das ursprünglich auf Platons erkenntnistheoretischen Dialog „Phaidros" zurückgehende Motiv war auch als romantische Metapher durchaus verbreitet (vgl. etwa Joseph von Eichendorffs Gedicht „Mondnacht", erschienen 1837).

12 Ferdinand Ranke (1802–1876), Bruder Leopold und Heinrich Rankes, Schüler in Pforta.

13 Homer, Ilias.

14 Christian Lorenz Sommer (1796–1846), Sohn von Johann Georg Ludwig Sommer (1768–1797), Buchdrucker in Rudolstadt, und seiner Ehefrau Elisabeth, geb. Stroh, Besuch der Bürgerschule, 1807 Gymnasium Rudolstadt, 1814 Studium der Theologie und Philologie, der Naturgeschichte, Geographie und Mathematik in Göttingen, Mitglied des Philologischen Seminars, 1816 Studium der Philosophie und Philologie in Leipzig, vor allem bei Beck und Hermann, zur selben Zeit wie Leopold Ranke Mitglied des Philologischen Seminars und der „Societas Graeca", auf Empfehlung Becks und Hermanns 1817 Kollaborator an der Landesschule in Pforta, zur Betreuung der Fünften Klasse, Ostern 1819 Professor am Gymnasium in Rudolstadt, 1822 Hochzeit mit Aurora Wilhelmine Lange, Tochter eines Weinhändlers, zwei Söhne, 1832 Dr. phil. h. c. in Jena, 1843 Mit-Direktor des Gymnasiums in Rudolstadt, Direktor des Lehrerseminars und Ephor über das gesamte Schulwesen des Fürstentums Schwarzburg-Rudolstadt, Januar 1844 Assessor im fürstlichen Konsistorium, Mai 1845 Generalsuperintendent; zahlreiche philologische Veröffentlichungen; laut Wächter zählte Sommer zu den Freunden Leopold Rankes, dessen Kollege in Frankfurt an der Oder Sommer hätte werden können, denn am 9. März 1819 forderte ihn Poppo, der Direktor des Friedrichs-Gymnasiums, der Sommer als Mitglied der „Societas Graeca" noch aus Leipzig persönlich gekannt haben muß, dazu auf, sich um die vakant gewordene Stelle eines Konrektors zu bewerben, doch Sommer entschied sich für die Stelle an der Schule seiner Jugend in seiner Heimat, die ihm am 27. März 1819 förmlich angetragen wurde (vgl. Kössler, Personenlexikon, Bd. Saage-Szymanski, S. 165; Koechly, Hermann, S. 257; Christian Lorenz Sommer, Dr. phil., Consistorialassessor und Professor am Gymnasium in Rudolstadt, nach seinem Leben und Charakter gezeichnet von Robert Wächter, Professor am Gymnasium, in: ⟨Einladungsschrift⟩ Zu der öffentlichen Prüfung sämmtlicher Classen des fürstl. Gymnasiums und der damit verbundenen Realschule ⟨ ... ⟩. Rudolstadt 1851, S. 1–24.

15 Plutarch (um 45–um 125), griechischer Schriftsteller; das angesprochene Werk nicht eindeutig zu ermitteln.

16 Wilhelm Ranke (1804–1871), Bruder Leopold und Heinrich Rankes; seit 1816, wie Ferdinand Ranke, Schüler in Pforta.

17 Xenophon, Anabasis (vgl. F. H. Ranke, Jugenderinnerungen, S. 24).

Die gute Mutter[18] spricht immer von Dir, Ernst[19] reitet öfters ins neue Paulinum;[20] Röschen[21] und Hannchen[22] wollen Dir übers Jahr was zu Weihnacht schenken.

Der Vater schreibt eben an Dich⟨,⟩ und ich schließ meinen Brief Dein fröhlich gedenkend.

Dein Heinrich.

[18] Friederica Wilhelmina Rancke, geb. Lehmicke (1776–1836), Mutter Leopold und Heinrich Rankes.

[19] Ernst Constantin Ranke (1814–1888), Bruder Leopold und Heinrich Rankes.

[20] Anspielung auf ein Schaukel- oder Steckenpferd von Ernst Constantin Ranke und die Wohnung von Leopold Ranke in Leipzig.

[21] Rosalie Ranke (1808–1870), Schwester Leopold und Heinrich Rankes.

[22] Johanna Ranke (1797–1860), Schwester Leopold und Heinrich Rankes.

Nr. 26

Wilhelm Ferdinand Heydler[1] an Leopold Ranke[a]

V: GStA PK VI. HA Nl Hoeft Nr. 1 (Abschrift)
G: GStA I. HA Rep. 92 Nl L. v. Ranke Nr. 26 (nicht erhalten)

Halle⟨,⟩ am 18⟨.⟩ Jan⟨uar⟩ ⟨18⟩18.

Ist es doch fast, lieber Ranke, als wenn wir uns in Südteutschland[2] getrennt hätten, um auch im Norden nicht wieder zusammen zu kommen. Um Dir aber zu beweisen, daß mir die Verwirklichung dieses Anscheins nicht recht wäre, will ich der erste seyn, der wieder anknüpft, was ein zu starkes Hervortreten unserer wechselseitigen Individualitäten beim Anschauen des häufig geänderten Äußern zu zerreißen drohte. Selbst im Verfolg meiner Reise habe ich manche meiner Irrthümer schon eingesehn; aber noch mehr hat die Zeit seit jenen Tagen alles Unangenehme erlöscht, und nur das Herrliche in der Erinnerung zurückgelassen. Wenn wir jetzt, dünkt mich, über mancherlei sprechen sollten, so würden wir gewiß eher auf Eine Ansicht gerathen; auch wünschte ich überhaupt, einiges aus Deinem Tagebuche zu haben, z. B. die Grabschrift in Worms von dem Mädchen, und mehrere Mahler⟨-⟩ und Gemähldenahmen.[3]

[a] Adresse: „Sr. Hochwohlgeboren, | dem Herrn Mag. Ranke | in Leipzig.“.

[1] Wilhelm Ferdinand Heydler (1793–1859), Sohn von Gottfried Heydler (1758–1797), Substitutus in Burkhardtswalde bei Pirna, und Johanna Eleonora Karoline Heydler, geb. Rieger (* um 1761), Kreuzschule in Dresden, 1809 Landesschule in Pforta, Aufnahme unmittelbar vor Leopold Ranke, 1813 Studium der Theologie und Philologie in Leipzig, letzteres, wie Leopold Ranke, bei Johann Gottfried Jakob Hermann, aber kein Mitglied der „Societas Graeca“, 1816 Lehrer in Würzburg, wohl an der „Pestalozzischen Privat-Erziehungs- und Jahnischen Turnanstalt“ von Friedrich Christian Georg Kapp (1792–1866) und Johann Christian Gottlob Heinrich Dittmar (1792–1866), 1817 Lehrer am Pädagogium in Halle, 1819 Konrektor, 1825 Oberlehrer, 1844 Professsor, 1856 Prorektor am Friedrichs-Gymnasium in Frankfurt an der Oder (vgl. Hoffmann, Pförtner Stammbuch, Nr. 7271, S. 277 und Nr. 8503, S. 339; Grünberg, Sächsisches Pfarrerbuch, Bd. II/1, S. 320; Bachmann, Abiturienten, S. 55; Kössler, Personenlexikon, Bd. H, S. 368; Johannes A. Dietterle, Burkhardswalde (Ephorie Pirna). Geschichte der Kirchfahrt und der vier zu ihr gehörenden Dörfer Burkhardswalde, Biensdorf, Großröhrsdorf, Nenntmansdorf Dresden 1900, S. 132–136); Heydler veröffentlichte, nachdem Leopold Ranke Frankfurt an der Oder verlassen hatte, zahlreiche Publikationen im Schulprogramm des Friedrichs-Gymnasiums. Den Titeln kann man entnehmen, daß einige der zahlreichen von Heydler im Briefwechsel mit Ranke angesprochenen Themen tatsächlich ausgearbeitet wurden: Einige Worte über den Artikel, besonders im Griechischen (1826); Ueber philosophische Grammatik mit besonderer Beziehung auf die französische Sprache (1831); Über das Wesen und die Anfänge der christlichen Kirchen-Lieder (1835); Über Nationalerziehung (1849).

[2] Heydler begleitete Leopold Ranke im Herbst 1817 auf der Reise an den Rhein, die südlich bis nach Heidelberg führte (vgl. L. v. Ranke, Lebensgeschichte, S. 38).

[3] Das bisher ungedruckte Tagebuch der Rheinreise hat sich in einer Abschrift erhalten, die Bernhard Hoeft wohl von dem mittlerweile verschollenen Original gemacht hat (vgl. dazu

Wenn mir nur irgend Zeit bleibt, will ich vor Ostern noch einiges über Kunstgeschichte lesen; doch weiß ich noch gar nicht, ob ich dazu kommen werde. Du siehst, ich habe immer noch keine Zeit — —
Du hast neulich gewünscht, Gelegenheit zu wissen, um mir die Wäsche zu senden;[4] diese ist [b]im goldnen Siebe[b][5] auf der Gerbergasse[6] beim Fuhrmann Sachse[7] aus Halle. Mit diesem Päcktchen wird mir Richter aus Dresden[8] noch einiges mitschicken wollen, und diß ist die Ursache, worum ich Dich bitte, wo möglich bis zum Donnerstag es einzupacken. — Wie komt es denn, daß Du nicht nach Cassel gekommen bist?— und weshalb hat mich Dein Bruder[9] noch nicht besucht? Ich habe erst kürzlich sein Logis erfahren, und gehe diesen Nachmittag noch, ihn aufzusuchen. Ich will ihm nur melden, daß er ein Schlingel ist.

[b–b] In der Vorlage unterstrichen.

L. v. Ranke, Frühe Schriften, S. 330, Anm. 3; eine ältere Abschrift Frieduhelm von Rankes befindet sich heute als Stiftung von Gisbert Bäcker-von Ranke im Ranke-Museum in Wiehe, freundliche Auskunft Gottfried Braasch, 24.8.2009). Das Tagebuch, das mit einer Eintragung im thüringischen Kranichfeldt vom 23. September 1817 beginnt und mit einer Eintragung in Neuwied vom 11. Oktober 1817 endet, bringt in bunter Folge Notizen über Land und Leute, Bauwerke und Inschriften, Betrachtungen über Vergangenheit und Gegenwart, immer wieder auch Gedichte und Gedichtfragmente, in denen Leopold Ranke seine Eindrücke verarbeitet. Am 8. Oktober 1817 gibt Ranke eine ganze Reihe von Inschriften aus Worms wieder, die freilich Hoeft, wie er in seiner Abschrift vermerkt, größtenteils nicht hat entziffern können. Jedenfalls begegnet in dem erhaltenen Text lediglich die Grabschrift für ein Mädchen in „Rauenheim“ (Raunheim am Main) vom Jahre 1812: „Gut Nacht, liebe Mutter und Brüder, | Weil ich jetzt bin von euch geschieden. | Gut Nacht, ihr lieben Kameraden und gut Freund, | Die ihr hier an meinem Grabe weint. | Bedeckt mich noch mehr. | Zu euch komm’ ich nimmermehr, | Bis euch die Stimme ⟨im Typoskript aus dem Besitz von Bäcker-von Ranke ist vermerkt „Stimme = mit Bleist. korr. für: Stunde“⟩ ruft, | Begrabt den Leib in meiner Gruft.“ Auffallend ist, daß Maler- und Gemäldenamen so gut wie gar nicht genannt sind. Möglicherweise hat Leopold Ranke darüber ein gesondertes Tagebuch geführt, von dem allerdings einstweilen jede Spur fehlt; eine Vorstellung davon könnten die Notizen vermitteln, die sich Ranke in den gleichen Jahren zu den Bildern in der Dresdner Galerie gemacht hat (vgl. L. v. Ranke, Tagebücher, Nr. 224, S. 192–199).

4 Brief bisher nicht ermittelt.

5 Der Gasthof „Goldenes Sieb“, befand sich in der Halleschen Gasse 457 und wurde von C⟨arl⟩ Gottlieb Heydrich geführt (vgl. Leipziger Adreßkalender für das Jahr 1818, Leipzig o. J., Lokal-Notizen, S. 9).

6 Straße vor dem Hallischen Tor in Leipzig, Fortsetzung der Halleschen Gasse in nördliche Richtung (vgl. www.leipzig-lexikon.de/burgbast/t_hall.htm).

7 Nicht ermittelt.

8 Hierbei handelt es sich wohl entweder um Carl Anton Richter (1797–1827), einen Mitschüler von Wilhelm Ferdinand Heydler und Leopold Ranke, der zu diesem Zeitpunkt in Leipzig lebte, dessen Vater aber aus Dresden stammte, oder um einen der zwei Mitschüler Heinrich Rankes in Pforta mit dem Namen „Richter“, die beide aus Dresden stammten, konkret um Ludwig Georg Richter (1798–1824) oder Friedrich Richter (1797–nach 1818) (vgl. Hoffmann, Pförtner Stammbuch, Nr. 8514, 8569 und 8577, S. 339, 342–343).

9 Heinrich Ranke (1798–1876), damals Student in Halle.

Was giebt es denn für gute Gemählde auf der Rathsbibliothek[10]? Du kennst meine gränzenlose Sorglosigkeit, als ich in Leipzig war. – – Ich habe so eine große Anzahl Rubens[11] gesehen, auch den Petrus in Cölln[12], wie Du zwei Tage vorher, daß ich nichts mehr wünsche, als mir nächstens die italienischen Sachen in Dresden[13] zu besehen. Rubens komt mir Schillern[14] recht ähnlich vor, wenn ich Göthen[15] halb Guido Reni[16]⟨,⟩ halb Philipp Kalf[17] oder Johann v⟨on⟩ Aachen[18] nennen möchte.[19] Die Teniers[20] habe ich, von Dir angeregt, geringschätzen lernen mitsamt dem pissenden Männchen.[21] – Darüber wirst Du mir einen großen spottenden, lobenden, verbessernden Brief schreiben können. Mir gefällt es so ziemlich hier.

Heidler.[c]

[c] Da der Absender in den folgenden Briefen sowohl als „Heidler", aber auch als „Heydler" unterschreibt, wird im Kommentar entsprechend der Schreibweise seines Namens im amtlichen „Pförtner Stammbuch" einheitlich die Schreibweise „Heydler" verwendet.

[10] Heydler meint hier wohl die Ratsbibliothek in Halle.

[11] Peter Paul Rubens (1577–1640), flämischer Maler.

[12] Gemeint ist hier wohl das Bildnis des gekreuzigten Petrus in der Peterskirche zu Köln, das Rubens im Jahre 1638 schuf. Die beiden Freunde waren also auch in Köln am Rhein, obgleich die Aufzeichnungen des Tagebuchs in Neuwied bei Koblenz enden (s.o.).

[13] Ausführlich beschrieben in L. v. Ranke, Tagebücher, Nr. 224, S. 192–199.

[14] Friedrich von Schiller (1759–1805), Dichter.

[15] Johann Wolfgang von Goethe (1749–1832), Dichter.

[16] Guido Reni (1575–1642), italienischer Maler.

[17] Ihm wurde 1816 im Taschenbuch für Freunde altdeutscher Zeit und Kunst das bekannte Bild der Verehrung der Gottesmutter durch die Heiligen Drei Könige im Kölner Dom zugeschrieben, das heute als eines der Hauptwerke von Stephan Lochner gilt (vgl. Matthias Josef De Noël: Der Dom zu Köln. Historisch-archäologische Beschreibung desselben. Köln 1834).

[18] Hans von Aachen (1552–1615), in Köln geborener Maler, der nach längeren Aufenthalten in Venedig, Rom und München, ab 1592 für Kaiser Rudolf II. tätig war.

[19] Heydler wendet hier wohl die damals gängige Unterscheidung zwischen dem „subjektiven" Schiller und dem „objektiven" Goethe auf die Malerei an. Bei Rubens denkt er demgemäß an „das Massenhafte, plastisch Hervortretende" (L. v. Ranke, Tagebücher, Nr. 234, S. 223), überhaupt an die aus reicher Phantasie strömende Fülle der Ideen, Formen und Farben, bei den anderen Malern, die er in der Folge nennt, an ein durchgängiges Streben nach Klarheit und Ordnung.

[20] David Teniers d. Ä. (1582–1649) und dessen Sohn David Teniers d. J. (1610–1690), flämische Maler. Sie schufen neben vielen Landschaften und dekorativen Genreszenen vor allem Bilder aus dem bäuerlichen Milieu.

[21] Eventuell Anspielung auf die in Dresden hängende „Kirmes im Wirtshaus zum Halbmond" von Teniers d. J. aus dem Jahre 1641.

Nr. 27

Leopold Ranke an die Provinzialregierung in Merseburg

V: Domstiftsarchiv Merseburg, E, Lit. B, Nr. 15 fol. 5r-v (eigenhändig)[1]

D: Berger, Lebenszeugnisse, S. 16–17

Leipzig⟨,⟩ am 7ten Februar 1818.[a]

Gesuch um das Conrectorat an
dem Gymnasium zu Merseburg.

Nachdem der Unterzeichnete, welcher im Regierungsbezirk Merseburg gebohren ist[2] und seine erste bildung auf der Landschule Pforta[3] erlangt hat, sich unter den Professoren Hermann[4] und Beck[5] 4 Jahr hindurch auf der Universität Leipzig philologischen Studien und pädagogischen Übungen gewidmet hatte, wünschte er nichts eifriger, als mit der erlangten Kenntniß seinem Vaterlande zu nützen. Er dachte nach, was zu thun wäre: da fand er keinen andern Stand im Staat, welcher seiner angebornen Neigung mehr entsprochen⟨,⟩ in dem er nützlicher zu werden gehofft hätte⟨,⟩ als den Beruf eines Bildners der Jugend. Vielfache Anträge ergiengen an ihn, dahin, dorthin zu kommen: aber wiederum fand er keinen Staat in Deutschland, in welchem er jenem Berufe lieber hätte leben mögen, als einen, den Preußischen, und das war sein Vaterland. Denn dieser allein, meinte er zu erkennen, greife die Bildung der Jugend mit jenem Ernst an, welcher das Ausgezeichnete hoffen lasse, und achte ihrer Lehrer also, daß sie gern bleiben wollen, was sie sind. So hatte er beschlossen⟨,⟩ diesem Staat zu dienen. Da erfuhr er von dem jetzigen Herrn Conrector zu Merseburg[6] dessen höchstwahrscheinliche Beförderung zu einer Professur in

[a] Orts- und Datumsangabe in der Vorlage unter dem Text links.

[1] Den Hinweis auf das eigenhändige Schreiben Rankes verdanken wir Markus Cottin von den Vereinigten Domstiftern in Merseburg.

[2] Wiehe lag seit 1815 im neugeschaffenen preußischen Regierungsbezirk Merseburg, der zusammen mit den Regierungsbezirken Erfurt und Magdeburg die neue preußische Provinz Sachsen bildete.

[3] Vgl. Nr. 1.

[4] Johann Gottfried Jakob Hermann (1772–1848), Professor der Eloquenz und der Poesie in Leipzig.

[5] Christian Daniel Beck (1757–1832), Professor der griechischen und lateinischen Literatur in Leipzig.

[6] Carl Gottlob Ferdinand Wieck (1787–1864), Sohn von Johann Gottlob Heinrich Wieck (1753–1790), Pfarrer in Trossin bei Torgau, und Henriette Benedicta Wieck, geb. Hofmann; 1800 Landesschule St. Afra in Meißen, 1806 Studium der Theologie und Philosophie in Leipzig, unter anderem bei Johann Gottfried Jacob Hermann, danach Hauslehrer in Altenburg, 1810 Kollaborator an der Landesschule in Pforta, 1817 Konrektor am Dom-Gymnasium in Merseburg, 1818 Diakonus und Professor in Pforta, 1821

Pforta: zugleich lud derselbe, sein alter Lehrer und Freund, ihn ein, sich um das also erledigte Conrectorat zu bewerben.

Darum steht des Unterzeichneten Bitte an E. Hochpreisliche Regierung dahin:

„bey Besetzung des Conrectorates an dem
„Gymnasium zu Merseburg auf ihn
„günstige Rücksicht zu nehmen,

und dadurch einen seiner sehnlichsten Wünsche zu befriedigen. Denn alles findet sich hier zusammen, Neigung, Liebe zum Vaterland, Hofnung, etwas leisten zu können, der Wunsch eines Freundes. Darüber aber, ob er sich zu der Würde eines solchen Amtes eignet, möchte er vielleicht in Kurzem öffentlichere Beweisezu geben vermögen: jetzt müssen ihm die Zeugnisse seiner berühmten Lehrer genügen, welche er beyzulegen sich erlaubt hat.[7] So wiederholt er denn schließlich seine Bitte in bescheidener Hofnung und empfiehlt sich einer Hochpreislichen Regierung zu gnädiger Rücksicht.

Franz Leopold Ranke
aus Wiehe in Thüringen;
Doctor der Philosophie, Mag⟨ister⟩ d⟨er⟩ f⟨reien⟩ K⟨ünste⟩.
Mitglied des philolog⟨ischen⟩ Seminars zu Leipzig.[8]

Hochzeit mit Marianne Sophie Kuffs (um 1800–nach 1864), Tochter von Carl Ludwig Kuffs (1774–1838), Oberamtmann und Pächter in Pforta, und Eleonore Wilhelmine Kuffs (um 1769–1829), Mai 1822 Rektor des Dom-Gymnasiums in Merseburg, 1846 vom König ernanntes Mitglied der Generalsynode, 1855 Pension und Übersiedlung nach Leipzig (vgl. Archiv KPS Pforta, Bestattungen 1829; Pfarrerbuch Kirchenprovinz Sachsen, Bd. 9, S. 382; Kreyssig, Afraner-Album, S. 297); Wieck veröffentlichte zwar keine Monographie, aber zahlreiche Abhandlungen in den Programmen des Merseburger Gymnasiums, unter anderem über Aischylos, Aristophanes, Sophokles und Platon sowie über Goethes Lehr- und Wanderjahre Wilhelm Meisters (vgl. Kössler, Personenlexikon, Bd. W, S. 223–224); Leopold Ranke charakterisierte Wieck in seinem Diktat vom Oktober 1863 als „Mann von Tiefe der Anschauung, etwas dunkel in seinem Ausdruck, namentlich wenn das Feuer des Gesprächs ihn ergriff; aber zugleich den Einwirkungen des Zeitgeistes sehr offen, für das Neue empfänglich und immer bemüht, das eine mit dem anderen zu combiniren. Von den dortigen Menschen war er der Einzige, der einen Begriff von Goethe hatte; er hat mir zuerst von Faust gesprochen" (L. v. Ranke, Lebensgeschichte, S. 23; vgl. dazu auch F. H. Ranke, Jugenderinnerungen, S. 36).

7 Die erwähnten Zeugnisse liegen dem Schreiben heute nicht mehr bei.

8 Leopold Ranke war am 20. Februar 1817 in Leipzig zum Doktor der Philosophie und Magister der freien Künste promoviert worden (vgl. Hermann, Mythologia Graecorum, S. XXXIII); eine Dissertation ist wohl nie verfaßt worden (dazu Hoyer, Leopold Ranke als Student, S. 220). Der doppelte Titel hält einen universitätsgeschichtlich bedeutsamen Prozeß fest: den Übergang der propädeutischen Fakultät der freien Künste, deren Studienkurs mit dem „Magister artium liberalium" abschloß, zur selbständigen philosophischen Fakultät, die das bis dahin den anderen Fakultäten vorbehaltene Recht zur Verleihung des Doktorgrades erhielt. Das Magisterium ist dabei zum bloßen Nebentitel ohne eigene Bedeutung geschrumpft.

Nr. 28

Leopold Ranke an das Domkapitel in Merseburg[1]

V: Domstiftsarchiv Merseburg, E, Lit. B, Nr. 15 fol. 6r-v (eigenhändig)[2]
D: Berger, Lebenszeugnisse, S. 17–18

Leipzig, am 7. Februar 1818.[a]

Gesuch um das Conrectorat
am Gymnasium zu Merseburg.

Einen Wunsch habe ich von frühen Jahren an genährt, Einfluß zu gewinnen auf junge Herzen: die jungen Gemüther zu dem Begreifen des ewig Schönen, Guten, Göttlichen zu erziehen, zu bilden, – genug Lehrer der Jugend zu werden. Einen andern hat die Erfahrung späterer Jahre erzeugt, – daß ich Gelegenheit gewinnen möchte, dieß unter den Augen solcher Männer zu thun, die mein wohlgemeintes Streben würdigten, unterstützten, läuterten. Beyde Wünsche mir zu erfüllen, Hochwürdige Herren, liegt jetzt in Ihrer Hand. Denn da das Conrectorat an der gelehrten Schule in Merseburg durch den Abgang meines lieben Lehrers und Freundes, des Herrn Conrector Wiek,[3] erledigt werden will, finde ich keine Stelle, welche mir durch die Gewährung jener beyden Wünsche angenehmer und genügender seyn könnte, als eben dieses Conrectorat. Von Anfang an hab' ich mich mit dem Gedanken gebildet, wiederzugeben, was ich lernte: erst in dem väterlichen Hause zu Wiehe in Thüringen, sodann auf den Schulen Donndorf und Pforta, endlich seit 4 Jahren auf der Universität Leipzig. Hier zumal hat es mir nicht an Gelegenheit zu vielfältiger pädagogischer Übung gefehlt: noch weniger an Antrieb, philologische Kenntniß zu sammeln, welcher mein besonderes Studium gewidmet war. Es gebührt mir nicht, mehr hiervon zu sagen: ich habe die Zeugnisse meiner Lehrer beygelegt, und in dem Herrn Conrector Wiek, haben Sie, hochwürdige Herren, einen unpartheyischen Berichterstatter in Ihrer Nähe. Darum ergeht an Sie, hochwürdiges Domcapitel⟨,⟩ meine unterthänige Bitte:

[a] Orts- und Datumsangabe in der Vorlage unter dem Text links.

[1] Dieser Brief ist an die zweite, für die Besetzung der Stelle ausschlaggebende Institution gerichtet: die Provinzialregierung. Der König und das kirchlich-geistliche Leitungsgremium teilten sich bei der Schule in Merseburg, wie etwa auch in Quedlinburg (vgl. Nr. 230), Finanzierung und Aufsicht über die Lehrerschaft und die Einrichtungen der Lehranstalt.

[2] Den Hinweis auf das eigenhändige Schreiben Rankes verdanken wir Markus Cottin von den Vereinigten Domstiftern in Merseburg.

[3] Carl Gottlob Ferdinand Wieck (1787–1864), während der Schulzeit von Leopold Ranke Kollaborator, seit 1818 Diakonus und Professor an der Landesschule in Pforta.

„bei Besetzung des Conrectorats am Gymnasium zu Merseburg
„auf mich günstige Rücksicht zu
„nehmen.

Ich darf hoffen, daß Sie mit dieser Besetzung der Schule nicht gradzu schaden werden: denn mein ganzer Eifer, meine ganze Kraft soll ihr gewidmet seyn.

Dazu finde ich ja in den Hohen Vorstehern der Schule nicht Vorsteher allein, sondern Vorbilder.

Verzeihen Sie, hochwürdige Herren, die Kühnheit der Bitte einem Unbekannten, welcher dennoch von Ihrer Gnade hofft, daß ihm dieselbe gewährt werde.

Eines hochwürdigen Domcapitels
unterthäniger
Franz Leopold Ranke
Dr. Phil. M.A.
Mitglied des philolog⟨ischen⟩
Seminars zu Leipzig⟨.⟩

Nr. 29

Ferdinand Ranke[1] an Leopold Ranke[a]

V: GStA PK VI. HA Nl Hoeft Nr. 1 (Abschrift)
G: GStA I. HA Rep. 92 L. v. Ranke Nr. 26 (nicht erhalten)

⟨Pforta, Anfang März 1818.⟩[b]

Innigst geliebter Bruder!
Ach⟨,⟩ wüßtest Du, wie ich Deine und des lieben Heinrichs[2] Briefe so gern lese, mit welchem Entzücken ich sie an meine jugendliche Brust drücke, ach! ihr seyd ja so gut, warum sollte ich dieß nicht! Ach und ich habe Euch schon so viel zu verdanken. Sommern[3] habt Ihr mir zum Freunde gegeben, und auch der ist so gut, auch er behandelt uns als Freund, Lehrer und Vater. In allem, wo wir uns noch nicht zu rathen wissen, da ist er Rather, wo wir der Hülfe bedürfen, da ist er Helfer, wo uns ein Kummer drückt, wo wir Sorge tragen, da ist er der Freund, in den wir unser Herz ausschütten können. Ich kann nichts dafür thun, als ihn lieben und hochachten, und ihm durch Fleiß Freude machen. Er ließt mit mir und noch 2 guten Freunden[4] jetzt Sophokles[5] und zwar den Oedipus Tyrannus[6], aber nach Ostern Aeschylus[7], was aber aus ihm[c], ist uns noch unbekannt. Wenn ich nun Dir etwas sagen soll über meine Studien, so muß ich gestehen, daß ich in diesem halben Jahre fast gar nichts für mich gelesen habe, sondern ich habe es blos darauf angewandt, mich zu befestigen in der Grammatik, sowohl noch in das feinere lateinische, als auch besonders das griechische und hebräische, welche letztere ich schon wegen den [d]Examen[d] sehr betreiben mußte, weil, wie Du weißt, dabey viel verlangt wird. Aber nach Ostern da sollen Cicero[8] wieder leben und Homer[9] und

[a] Adresse: „H⟨errn⟩ Leopold Ranke.“.
[b] Hoeft datiert den Brief im Typoskript auf „1821 kurz vor Ostern“, doch Ferdinand Ranke hatte Pforta bereits am 28. März 1821 verlassen (vgl. Hoffmann, Pförtner Stammbuch, Nr. 8704, S. 349); unter Bezug auf die Nennung von Christian Lorenz Sommer, und den Ostersonntag, der 1818 am 22. März gefeiert wurde, neu datiert.
[c] Darüber vermerkt Hoeft eine alternative Lesart: „außerdem“.
[d–d] In der Vorlage unterstrichen.

[1] Ferdinand Ranke (1802–1876), Bruder Leopold Rankes.
[2] Heinrich Ranke (1798–1876), Bruder Leopold und Ferdinand Rankes.
[3] Christian Lorenz Sommer (1796–1846), Kommilitone Leopold Rankes in Leipzig, wie dieser Mitglied der „Societas Graeca“, Kollaborator an der Landesschule in Pforta.
[4] Nicht ermittelt.
[5] Sophokles (497/96–406/05 v. Chr.), griechischer Dichter.
[6] Zweiter Teil der Thebanischen Trilogie.
[7] Aischylos (525–456 v. Chr.), griechischer Dichter.
[8] Marcus Tullius Cicero (106–43 v. Chr.), römischer Redner, Politiker und Philosoph.
[9] Homer galt im 19. Jahrhundert als Autor der Ilias und der Odyssee.

Euripides[10] und Sophokles und Aeschylus,[11] da soll Thucydides[12] gelesen werden, doch alles in gehöriger Ordnung, und ich lasse mich leiten von dem verständigen Sommer, der mir in allem Rather ist und Helfer. Ach⟨,⟩ mit welcher Freude werde ich dann mich zum Alterthum wenden. Ich werde aber auch Deinem Rathe folgen und mich zu dem Deutschen wenden, um auch in der Vaterlandssprache mich nicht zu vernachlässigen. Gott wird mich unterstützen, er helfe auch Dir und sey uns allen gnädig. Mein Grundsatz ist Gott— Tugend— Vaterland – Freundschaft.[13] Lebe wohl und beglücke bald wieder mit einigen Zeilen

Deinen
Dich herzlich liebenden und hochschätzenden
Bruder
Ferdinand Ranke.

[e]Könnte ich doch bey Dir seyn![ef]

e–e In der Vorlage unterstrichen.
f In der Vorlage links neben der Schlußformel und Unterschrift.

10 Euripides (um 480–406 v. Chr.), griechischer Dichter.
11 Die zuletzt genannten drei antiken Autoren gelten bis heute als die drei großen griechischen Tragödiendichter.
12 Thukydides (um 460–399/396 v. Chr), griechischer Geschichtsschreiber.
13 Dieses Motto bezieht sich eventuell auf Johann Heinrich Voß (1751–1826), Sohn von Johann Heinrich Voß (1714–1778), Pächter in Sommerstorf bei Waren, später Zolleinnehmer und Gastwirt in Penzlin, und Katharina Dorothea Voß, geb. Karsten (1718–1798), 1759 Stadtschule in Penzlin, 1766 Gelehrtenschule in Neubrandenburg, Frühjahr 1769 Rückkehr nach Penzlin, Sommer 1769 Hofmeister bei der Familie von Oertzen in Ankershagen, 1772 Studium der Theologie, 1773 der Philologie in Göttingen, Gründung eines Bundes „zur Pflege der Freundschaft und einer national gearteten, Vaterland, Freiheit und Tugend verherrlichenden Poesie" (ADB), 1774 Eintritt in die Freimaurer-Loge „Zu den drei Rosen" in Hamburg, 1775 Meister vom Stuhl, April 1775 Übersiedlung nach Wandsbek, Sommer 1775 Aufenthalt bei den Eltern in Mecklenburg, 1777 Hochzeit mit Christine Ernestine Boie (1756–1834), Redaktion des Musenalmanachs sowie Übersetzungstätigkeit, 1778 Rektor der Stadtschule in Otterndorf bei Cuxhaven, 1782 Rektor der Stadtschule in Eutin, Ablehnung eines Rufes an die Universität in Halle, 1785 Austritt aus der Freimaurer-Loge, 1786 Hofrat, 1802 Entlassung aus dem Schuldienst auf eigenen Wunsch, Übersiedlung nach Jena, 1804 Ablehnung eines Rufes nach Würzburg, 1805 Übersiedlung nach Heidelberg.

Nr. 30

Friederica Wilhelmina Ranke[1] an Leopold Ranke[a]

V: GStA PK VI. HA Nl Hoeft Nr. 1 (Abschrift)
G: GStA I. HA Rep. 92 Nl L. v. Ranke Nr. 26 (nicht erhalten)

⟨Wiehe,⟩ 27. Mart⟨ius 1818⟩.

Mein guter Sohn⟨,⟩
Du bist doch nicht böse auf mich⟨,⟩ das⟨s⟩ ich so lange nicht an Dich geschrieben habe⟨,⟩ desto mehr habe ich an Dich gedacht⟨.⟩ Wie geht Dir es⟨?⟩ Du bist doch gesund⟨,⟩ den⟨n⟩ das ist doch die Hauptsache⟨;⟩ mir ist es diesen Winder nicht wohl gegangen⟨.⟩ ich wahr nicht wohl und krigte noch dazu ein Wurm geschwür an den Knochen eines Fingers⟨,⟩ den habe ich mir 2 mahl müßen schneiden laßen⟨.⟩ da kanst Du Dier denken⟨,⟩ was ich habe gelitten⟨.⟩ 8 Wochen hat es gedauert⟨,⟩ eh ehr heilte⟨,⟩ aber jezt geht es wieder gut. Der Vater schloß aus Deinem letzten Brief[2]⟨,⟩ Du woldest von Leipzig ab gehn und nach Wiehe komen⟨,⟩ da habe ich Ihn nur zu reden müssen⟨,⟩ das⟨s⟩ es Dein Wille durch aus nicht sei⟨,⟩ den⟨n⟩ ich wüßte es besser⟨,⟩ das⟨s⟩ es Dier hier nicht 8 Tage gefiel⟨.⟩[3] Er sagte⟨:⟩ wen⟨n⟩ Er doch lieber einen kleinen Dienst annehme⟨,⟩ ich wil Ihnen gerne understüzen⟨,⟩ und wen⟨n⟩ die Leute sehen⟨,⟩ was Er gelernt hat⟨,⟩ so würd Er als den⟨n⟩ auch beßer versorgt⟨,⟩ den⟨n⟩ Er ist ja noch jung⟨.⟩ nun habe ich ihn alle bost Tage gefragt⟨,⟩ ob Er nicht an Dich schreiben wolte⟨,⟩ da sagt Er allemahl⟨:⟩ ich kan⟨n⟩ nicht Ehr schreiben⟨,⟩ bis ich Geld habe⟨,⟩ den⟨n,⟩ was hilft Ihn ein lerer Brief⟨,⟩ und wen⟨n⟩ Er noht häte⟨,⟩ so könte Er ja schreiben. ich kan es aber so lange nicht aus halten⟨,⟩ ich hab Tag und Nacht keine Ruhe⟨,⟩ wen⟨n,⟩ ich nicht weis⟨,⟩ wie Dier es geht⟨,⟩ darum schreib ja bald⟨,⟩ aber schreib ja nichts[4] von diesen Brief⟨,⟩ den⟨n⟩ der Vater kan es nicht leiden⟨,⟩ wen⟨n⟩ ich so was heimlich tuhe⟨,⟩ und ich wolte doch gerne aufrichtig an Dich schreiben⟨,⟩ was Du Hannichen[5] mit den Kleide und Rösgen[6] u⟨nd⟩ Ernsten[7] mit den biltern[8] vor eine Freude gemacht hast⟨,⟩ das kanst Du Dier nicht denken⟨,⟩ wie Hannchen auf machte und da ein Bild nach den andern abwikelte⟨,⟩ das war

[a] Adresse: „An | Den Herrn Magister | Franz Leopold Rancke | in Leipzig | im neüen Paulino | links vom Thor“; Vermerk: „frei“; Stempel: „Querfurt. | 27 Mart.“.

[1] Friederica Wilhelmina Ranke, geb. Lehmicke (1776–1836), Mutter Leopold Rankes.
[2] Nicht ermittelt.
[3] Vgl. Nr. 5.
[4] Die Mutter schreibt hier, wie in der Folge immer wieder, heimlich an den Sohn.
[5] Johanna Ranke (1797–1860), Schwester Leopold Rankes.
[6] Rosalie Ranke (1808–1870), Schwester Leopold Rankes.
[7] Ernst Constantin Ranke (1814–1888), Bruder Leopold Rankes.
[8] Eventuell aufgerollte Illustrationen als Bilderbuch.

eine Freude⟨,⟩ und der Vater lachte auch mit⟨,⟩ nun vergiß aber ja nicht ein a b c buch[9] mit zu bringen⟨,⟩ wen⟨n⟩ Du uns besuchst⟨,⟩ darauf wartet er seehnlich⟨.⟩ Du solst das Gelt wieder kriegen⟨,⟩ und wen⟨n⟩ Du etwa zu einen unternehmen Geld brauchst⟨,⟩ so laß Dich nicht abhalten⟨,⟩ schreib es nur vor her⟨,⟩ das⟨s⟩ es auf gekündigt werden kan⟨.⟩ Du krigst es gerne⟨,⟩ ich wil es gerne einteihlen und arbeiten⟨,⟩ wen⟨n⟩ ich nur die Freüde erlebe⟨,⟩ das⟨s⟩ Du versorgt bist⟨,⟩ und der Vater ist es auch zu frieden⟨.⟩ nun⟨,⟩ lieber Sohn ⟨,⟩ nun weist Du alles⟨.⟩ ich habe Dir es aber nicht geschrieben⟨.⟩ verstehst Du mich⟨?⟩ nim es nicht übel⟨,⟩ das⟨s⟩ ich so geschmirt habe⟨,⟩ ich habe keine gute Feder⟨,⟩ und die zeit mus⟨s⟩ ich dazu stählen⟨,⟩, den⟨n⟩ ich bin jezt nie allein⟨.⟩ Hannichen hat Dier ein Schönes Vorhemdgen[10] gemacht und Roselegen ein par Strümpfe gestrick⟨.⟩ leb wohl und behald lieb Deine Treue Mutter

Friederica Ranke⟨.⟩

[9] Elementares Sprachbuch bzw. Fibel für den damals dreieinhalbjährigen Bruder Ernst Constantin (geb. 10.9.1814), der sich für die Schule in Pforta vorbereiten will (vgl. Nr. 23). Eine ganze Reihe von Fibeln war verfügbar; ein gängiges Werk war: Vorübungen im Lesen und Denken gesammelt für die untern Classen der Leipziger Freyschule von Karl Gottlieb Plato. Leipzig 1797; die 6. verbesserte Auflage war 1817 in Leipzig unter dem Titel „Vorübungen für Anfänger im Lesen und Denken gesammelt für die untern Classen der Leipziger Raths-Freyschule nebst einem Anhange“ erschienen.

[10] Das „Vorhemd“ war ein halbes Hemd, das nur den vorderen Westenausschnitt bedeckte. Man trug es aus Sparsamkeit (weniger Stoff, leichteres Waschen und Bügeln) statt oder zum Schutz des richtigen (Ober-)Hemds.

Nr. 31

Heinrich Ranke[1] an Leopold Ranke

V: Fuchs, Heinrich Ranke, S. 144–145 (Teildruck)

[Halle⟨, Frühjahr⟩ 1818]⟨.⟩

Gestern abends 11 Uhr lasen wir eine Predigt von Harms.[2] Dann gingen wir noch ins Freie. Da wogte uns Frühlingsduft entgegen, wir zogen ihn in starken Zügen ein. Dann nahm Er [Nasse][3] meine Hand: Wir kommen nun so weit auseinander – aber im Gutsein lassen Sie uns doch immer beisammen bleiben. Ich ließ seine Hand nicht wieder fahren, sie schmiegte sich lieblich fromm an ihn. „Werden Sie uns nicht zu weltlich, lieber Ranke, sagte er, ich stand in Ihren Jahren auch auf dem Punkt, auf dem Sie stehn, aber ich wurde dann in die Welt gerissen. Sie kennen die Gefahren der Selbstsucht noch nicht."

Ich sag es viel schlechter wieder. Es ergreift mich aber alles so sehr, daß ich im Traum die ganze Nacht hindurch an Seiner[4] und Ihrer[5] Seite gelegen habe. [...][a]

[a] Auslassung unbekannter Länge.

[1] Heinrich Ranke (1798–1876), Bruder Leopold Rankes.

[2] Claus Harms (1778–1855), Sohn von Christian Harms (1737–1797), Müller in Fahrstedt bei Marne, und Margaretha Harms, geb. Jochims (∗ 1749), Privatunterricht durch Pfarrer Friedrich Oertling, 1797 Gymnasium in Meldorf, 1799 Studium der Theologie in Kiel, 1802 Erstes Theologisches Examen in Glückstadt, Hauslehrer in Probsteierhagen, 1806 Diakonus und Zweiter Prediger in Lunden in Dithmarschen, Hochzeit mit Magdalene Jürgens (1776–1849), Tochter von Peter Jürgens, Müller, 1816 Archidiakonus an St. Nikolai in Kiel, 1834 Dr. theol. h. c. und Dr. phil. h. c., 1835 Hauptpfarrer und Propst der Kieler Landpropstei, 1841 Oberkonsistorialrat, 1849 emeritiert; seine einflußreichen Predigtsammlungen gegen die rationalistische Theologie und das Aufklärungschristentum lagen 1818 in mehreren Auflagen vor: Winterpostille oder Predigten an den Sonn- und Festtagen von Advent bis Ostern, Kiel 1808; 2. Aufl., Kiel 1812; 3. Aufl., Kiel / Leipzig 1817; Sommerpostille oder Predigten an den Sonn- und Festtagen von Ostern bis Advent. Erster Theil: Von Ostern bis zum neunten Trinitatis, Kiel 1811; 2. Aufl., Kiel / Leipzig 1815; Sommerpostille oder Predigten an den Sonn- und Festtagen von Ostern bis Advent. Zweyter Theil: Vom zehnten bis zum sieben und zwanzigsten Trinitatis, Kiel / Leipzig 1815; ab der 5. Aufl. erschienen die Predigten unter dem Titel „Sommer- und Winterpostille oder Predigten an den Sonn- und Festtagen des ganzen Jahres" in einer gemeinsamen Ausgabe.

[3] Christian Friedrich Nasse (1778–1851), Professor der Medizin und Direktor der medizinischen Klinik in Halle.

[4] Wohl Christian Friedrich Nasse.

[5] Wohl die der Erziehung Heinrich Rankes anvertrauten Kinder Nasses: Hermann (1807–1892), Hilda (∗ um 1810) und Theodora (1812–1860).

Nr. 32

Leopold Ranke an das Kuratorium zu Frankfurt an der Oder

V: L. v. Ranke, Neue Briefe, S. 4 (Druck)

Leipzig, 5. Mai 1818.

Hatt' ich auch der Hoffnung bereits entsagt, in welcher ich den Einem Hochverehrten Kuratorium[1] bekanntgewordenen Brief[2] an Herrn Direktor Dr. Poppo[3] schrieb, so hatt' ich doch den Wunsch nicht aufgegeben, unter der Aufsicht so edler Männer, in Verbindung mit einem so trefflichen Freund an einer frischaufblühenden Anstalt tätig teilzunehmen. Um so angenehmer ist mir das Schreiben gewesen, mit dem mich ein Hochverehrtes Kuratorium unter dem 28. April 1818 beehrt hat,[4] und ich eile, Hochdasselbe zu benachrichtigen, wie ich die angetragene Oberlehrerstelle[5] um den bezeichneten Zeitpunkt anzutreten wohl geneigt bin. Noch heut werd' ich bei dem Konsistorium der Provinz Brandenburg zu Berlin nachsuchen, mir den Tag meiner Prüfung[6] zu bestimmen, und, wenn ich dieselbe bestanden, nicht zögern, mich in Frankfurt einzufinden. Nur

[1] Schulaufsichtsbehörde, die im Falle des Friedrichs-Gymnasiums in Frankfurt an der Oder je zur Hälfte mit städtischen und königlichen Kuratoren besetzt war.

[2] Bisher nicht ermittelt.

[3] Leopold Ranke war mit dem ein Jahr älteren Ernst Friedrich Poppo (1794–1866) schon in Leipziger Zeiten befreundet. Poppo übernahm, nachdem er am Lyceum in Guben als Konrektor gewirkt hatte, im Oktober 1816 das Konrektorat am Friedrichs-Gymnasium in Frankfurt an der Oder, im Mai 1818 wurde er Rektor, ein Amt, das er bis 1863 ausübte. Stadt und Schule hatten durch die Befreiungskriege Schaden genommen, befanden sich jedoch seit 1815, als Frankfurt zur Hauptstadt des neu geschaffenen Regierungsbezirkes wurde, im Aufschwung. Die Gelehrtenschule sollte nach dem Wegzug der Universität 1811 (Vereinigung mit der Universität Breslau) gestärkt werden. Mit dem jungen Gelehrten Poppo hatte man dafür schließlich den richtigen Mann gefunden (vgl. Rethwisch, Oberlehrer in Frankfurt, S. 11–12.).

[4] Bisher nicht ermittelt.

[5] Leopold Ranke sollte in Frankfurt Griechisch und Latein, aber auch das damals neue Fach Geschichte unterrichten; seine historischen Interessen und Fähigkeiten waren jedenfalls bekannt. So geht es aus dem Bericht Poppos im Schulprogramm vom September 1818 hervor, in dem er einen Aufschwung des Geschichtsunterrichts ankündigt, „da wir nun einen Lehrer besitzen, der für diese Wissenschaft lebt und der die Wärme dafür, von welcher er selbst durchdrungen ist, auch seinen Schülern mittheilen wird.“ (Programm Friedrichs-Gymnasium 1818, S. 24; über die Ablösung des „Classenlehrers“, der alle Fächer in einer Klasse unterrichtet, durch den Fachlehrer, der seine Fächer in mehreren Klassen unterrichtet, ebd. S. 12).

[6] Leopold Ranke mußte die im Zuge der Humboldtschen Bildungsreform neu eingeführte staatliche „Schulamtsprüfung“ ablegen, wofür damals allerdings nur Probelektionen notwendig waren. Diese fanden in Berlin statt. Heinrich Ranke schreibt über seine mittlerweile schon aufwendigere Prüfung: „Nur neun Tage vergingen noch, so wurden mir die Prüfungsaufgaben zugestellt, mit der weiteren Bestimmung, daß meine Arbeiten am 13. Juni abgeliefert sein sollten [nach knapp vier Wochen], und daß ich mich am 20. Juni in Berlin einzufinden habe, um an den beiden folgenden Tagen Probelektionen zu halten und am

wag' ich's, dieser Nachricht zwei Bitten ehrerbietigst hinzuzufügen, die eine um freie Wohnung bei der, wie ich gehört, bevorstehenden Einrichtung eines neuen Schulgebäudes,[7] die andere um die Erstattung der für mich nicht unbedeutenden Kosten der Prüfung, der Reise und des Transports. In der Überzeugung, es werde das Zutrauen, welches die Hochverehrten und Hochwürdigen Herren Kuratoren[8] in mich zu setzen die Güte haben, dem Gymnasium förderlich, mir nützlich und jedermann angenehm sein, und in der Hoffnung, jene Bitten erfüllt zu sehen, empfehle ich mich Hochdenenselben untertänigst mit dem lebhaftesten Danke für jenes Zutrauen.

Dr. Franz Leopold Ranke.

dritten Tage mich zur mündlichen Prüfung zu stellen." (F. H. Ranke, Jugenderinnerungen, S. 202; viele weitere Details des Prüfungsverfahrens nennt Ferdinand Ranke in seinen Briefen aus dem Jahr 1824).

[7] Im Zuge der geschilderten Aufwertung der Stadt genehmigten die Behörden auch eine Erweiterung der Schule, die in den Jahren 1818 bis 1825 von 89 auf 180 Schüler anwuchs, um ein in der Nähe gelegenes, renoviertes Gebäude. Später folgte dieser räumlichen Erweiterung noch ein Kapital, das zusammen mit den eingesparten „Miethsentschädigungs-Gelder[n]" ausreichte „zur Deckung des Ankaufs einer Wohnung in natura" (Programm Friedrichs-Gymnasium 1818, S. 5). Leopold Ranke wohnte zunächst bei Friederike Wilhelmine Ahlemann (vgl. F. H. Ranke, Jugenderinnerungen, S. 205), bevor er in die schuleigene Wohnung umziehen konnte. Hier waren dann die anderen Lehrer seine Nachbarn, Heydler wohnte direkt unter ihm (vgl. Nr. 179). Das Friedrichs-Gymnasium zog 1818 in sein renoviertes Domizil in der Großen Oderstraße 1 (heute die „Oderpromenade"), direkt südöstlich an der reformierten Kirche (heute „Friedenskirche"), um. Das Gebäude steht nicht mehr.

[8] Nicht ermittelt.

Nr. 33

Leopold Ranke an Johann Friedrich Gottlob Liebhold[1]

V: GStA PK VI. HA Nl Hoeft Nr. 2 (Abschrift)
G: GStA I. HA Rep. 92 Nl L. v. Ranke Nr. 7 (nicht erhalten)
D: L. v. Ranke, Neue Briefe, S. 5

L⟨eipzi⟩g, May ⟨18⟩18.[a]

Und wenn ich nicht den Mantel hätte⟨,⟩[2]
Wie schrecklich wäre meine Noth,

sagt ich auf dem Postwagen zu mir, lieber Onkel, als mein Nachbar im Oberrock leider ein wenig mit den Zähnen klapperte, u⟨nd⟩ betheuerte, er könne vor Frost nicht schlafen. Ich aber sah wohlgemuth zum Fenster heraus in die dunkele Nacht. Habe dieß allein Ihrer Fürsorge zu verdanken, welche ich schlecht damit vergelte, daß ich so lang gezögert, den grünen Freund[3] zurückzuschicken. Trotz dieser Gottlosigkeit aber geht es mir hier sehr wohl, und ich wünsche nur, daß es mehreren gottlosen Leuten ebenso wohl gehen mag, z. B. Ihnen, bester Onkel. In wenigen Wochen werd' ich Sie sehen, um Abschied[4] vor Ihnen zu nehmen. Auf diese Zeit verspar' ich alles, was ich Ihnen sonst noch zu sagen hätte. Malchen[5] soll

[a] Orts- und Datumsangabe in der Vorlage unter dem Text links.

[1] Johann Friedrich Gottlob Liebhold (1774–1822), Kaufmann in Querfurt, 1802 Hochzeit mit Caroline Henriette Lehmicke (1778–1841), der Schwester der Mutter Leopold Rankes sowie Patin von Heinrich Ranke (vgl. Archiv KPS Quedlinburg, St. Benedikti, Bestattungen 1841); Archiv KPS Querfurt, St. Lampertus, Bestattungen 1822; freundliche Auskunft Gottfried Braasch, 24.8.2009). „Da ⟨in Querfurt⟩ lebte ihre ⟨der Mutter⟩ Schwester mit einem Kaufmann verheirathet, mit einer wenig zahlreichen, in guten Umständen befindlichen Familie; das Haus wurde ⟨...⟩ eine Reisestation zwischen Leipzig und Wiehe." (L. v. Ranke, Lebensgeschichte, S. 26).

[2] Anspielung auf das Gedicht „Der Müllerinn Verrath" von Johann Wolfgang von Goethe, in dem ein Mann nach einer Liebesnacht nackt, nur mit dem Mantel bekleidet, nach Hause gehen muß. „Und wenn er nicht den Mantel hätte, | Wie schrecklich wäre seine Schmach." (Druck zuerst in: Goethe's neue Schriften. Siebenter Band. Berlin 1800, S. 72–76, hier S. 72).

[3] Der vom Onkel geliehene Mantel.

[4] Leopold Ranke hat zu diesem Zeitpunkt bereits Aussicht auf die Stelle in Frankfurt an der Oder.

[5] Amalia Friederika Liebhold (1805–1873), Tochter von Johann Friedrich Gottlob und Caroline Henriette Liebhold, geb. Lehmicke, Cousine Leopold Rankes in Querfurt und Patenkind der Mutter Leopold Rankes (freundliche Auskunft von Gottfried Braasch, 24.8.2009).

mich immer in Gedanken Du nennen, damit sie es kann, wenn ich komme. – Und tausend Grüße, ja viel mehr noch, an Sie und Neuberths[6]

Ihr
F⟨ranz⟩ Leopold R⟨anke⟩.

[6] Zweiter Zweig der Familie in Querfurt. „Auch ein älterer Halbbruder der Mutter lebte daselbst, in einem altfränkisch wohlgeordneten, kleinbürgerlichen, aber sicheren Hauswesen." (L. v. RANKE, Lebensgeschichte, S. 26). Dies war Johann Christian Adam Neubert (1766–1838), Sohn von Johann Adam Neubert (1720–1772) und Maria Sophie Neubert, geb. Frantz (1744–1814), die nach dem Tod ihres ersten Ehemanns im Jahr 1773 Johann Friedrich Wilhelm Lehmicke (1740–1801), den Vater der Mutter Leopold Rankes heiratete. Johann Christian Adam Neubert war seit 1796 mit Christina Eva Eleonore Henning, verw. Stäßner (1760–1838), der Tochter von Heinrich Gottlieb und Johanna Rosina Henning, geb. Schmidt, verheiratet und hatte mit dieser einen Sohn, Carl Friedrich (∗ 1798), und eine Tochter, Carolina Louisa Wilhelmina (∗ 1797) (freundliche Auskunft von Gottfried Braasch, 24.8.2009, 6.12.2011).

Nr. 34

Gottlob Israel Ranke[1] an Leopold Ranke[a]

V: GStA PK VI. HA Nl Hoeft Nr. 1 (Abschrift)
G: GStA I. HA Rep. 92 Nl L. v. Ranke Nr. 26 (nicht erhalten)

den 30sten May ⟨18⟩18.

Lieber Sohn,
In dem Augenblicke, da ich das Geld von Schoenewerda[2] erhalte, sende ich auch die von Dir verlangten 60. Th⟨a⟩l⟨e⟩r — — an Dich ab, und wünsche baldigen und richtigen Empfang.
Da Du vor Deinem Abgang nach Frankfurth noch von uns, Deinen Eltern[3], Abschied nimmst, und die Wäsche abholst; so wird zu den was Du noch zur Reise, bedarfst, noch Rath geschaft werden.
Da so eben auch der Postbothe mir Dei[nen Brief][b] vom 22sten May,[4] und den von Heinrich [einhän]diget,[c] die Gratulation zu meinem wiedererlebten Geburtstage enthaltend, so dancke ich Dir und Heinrichen recht herzlich für diese Aufmerksamkeit. Du hast diesen Tag⟨,⟩ wie Du schreibst⟨,⟩ sehr vergnügt zugebracht, was mir sehr lieb ist. Jener biblische Dichter muntert ja auch die Jugend mit den Worten zur Freude auf: Jüngling freue Dich Deiner Jugend pp.[5] Ein Familien Vater von 7. Kindern[6] hat dagegen immer für seine Descendenten zu sorgen, und lebt nur für seine Kinder.

Ich bin
Dein guter Vater
Rancke⟨,⟩ Notar⟨.⟩

[a] Adresse: „An | Den Herrn Doctor | Rancke zu Leipzig | im neuen Paulino | links vor dem Thor 4 Treppen hoch.“; außerdem Vermerk: „ Geldpaket | von 60. Thlr. | sig: H. D. R.
[b] Hoeft notiert darunter: abgerissen.
[c] Hoeft notiert darunter: abgerissen.

[1] Gottlob Israel Ranke (1762–1836), Vater Leopold Rankes.
[2] Wohl Einnahmen des Vaters aus seinem Amt als Justitiar in Schönewerda (vgl. Nr. 8). Leopold Ranke benötigte das Geld wahrscheinlich für den Umzug nach Frankfurt an der Oder (vgl. Nr. 32).
[3] Gottlob Israel und Friederica Wilhelmina Ranke, geb. Lehmicke (1776–1836).
[4] Bisher nicht ermittelt.
[5] Prediger 11,9.
[6] Leopold (1795–1886), Johanna (1797–1860), Heinrich (1798–1876), Ferdinand (1802–1876), Wilhelm (1804–1871), Rosalie (1808–1870) und Ernst Constantin Ranke (1814–1888).

Nr. 35

Heinrich Ranke[1] an Leopold Ranke

V: Fuchs, Heinrich Ranke, S. 144–145 (Teildruck)

[Halle⟨, Sommer 1818⟩[a]]⟨.⟩

Lieber Bruder. Wie lange ist kein liebes Wörtchen von Dir herübergeflogen in mein einsames – ja sehr einsames Leben. Wenn ich doch mit Dir zusammen sein könnte! wie würdest Du mich heben und tragen!
Ich wohne nun am ⟨Reils⟩Berge.[2] Ich habe gar keine Bücher mitgenommen als die griechischen, die ich besitze, den Winckelmann[3] von Nasse[4] und dazwischen Göthes[5] Gedichte[6]. Fries[7] und Fichte[8] und

[a] Vgl. F. H. Ranke, Jugenderinnerungen, S. 96; Fuchs datiert den Brief auf „1817/18".

[1] Heinrich Ranke (1798–1876), Bruder Leopold Rankes.

[2] Im Hause von Christian Friedrich Nasse, wo Heinrich Ranke als Hauslehrer wirkte (vgl. F. H. Ranke, Jugenderinnerungen, S. 94 und 96).

[3] Johann Joachim Winckelmann (1717–1768), Archäologe und Kunstschriftsteller; bei dem hier angesprochenen Buch handelte es sich eventuell um: Winkelmann und sein Jahrhundert. In Briefen und Aufsätzen herausgegeben von Goethe. Tübingen 1805; von Winckelmann hatte Heinrich Ranke erstmals durch Adolph Gottlob Lange in Pforta gehört (vgl. F. H. Ranke, Jugenderinnerungen, S. 47).

[4] Christian Friedrich Nasse (1778–1851), Professor der Medizin und Direktor der medizinischen Klinik in Halle; Heinrich Ranke spricht hier wohl ein von Nasse entliehenes oder geschenktes Buch an.

[5] Johann Wolfgang Goethe (1749–1832), Dichter.

[6] Ausgabe nicht ermittelt; zur Bedeutung Goethes für Heinrich Ranke vgl. Nr. 7.

[7] Jakob Friedrich Fries (1773–1843), Sohn von Peter Fries (1720–1783), Pfarrer und Vorstandsmitglied der Herrnhuter Brüdergemeinde, 1778 Erziehungsanstalt in Niesky, 1789 in Barby an der Elbe, 1792 theologisches Seminar in Niesky, Herbst 1795 Studium der Rechte, Herbst 1796 der Philosophie in Leipzig, Herbst 1797 in Jena, hier Vorlesungsbesuch bei Fichte und naturwissenschaftliche Studien, 1798 Hauslehrer in Zofingen in der Schweiz, 1800 Rückkehr nach Deutschland, Frühjahr 1801 Dr. phil., Sommer 1801 Privatdozent in Jena, Frühjahr 1803 Reise durch Österreich, die Schweiz, Norditalien und Frankreich, August 1804 Rückkehr nach Jena, 1805 gleichzeitig mit Hegel außerordentlicher Professor für Philosophie, Ostern 1805 ordentlicher Professor für Philosophie in Heidelberg, 1806 Hochzeit mit Karoline Erdmann (1787–1819), der Nichte des sachsen-weimar-eisenachischen Staatsministers Christian Gottlob von Voigt (1743–1819), 1812 Übertragung der Professur für Physik in Heidelberg, zeitweise Aussichten auf Berufung nach München, Leipzig und Berlin, Herbst 1816 ordentlicher Professor für Philosophie in Jena, 1817 Redner auf dem Wartburgfest, 1819 in Folge einiger bei Studenten gefundener Briefe in die Untersuchungen um die Ermordung Kotzebues verwickelt, 1820 nach Aufforderung durch die Mainzer Untersuchungs-Kommission unter Beibehaltung des Gehalts vom Dienst suspendiert, 1820 Hochzeit mit Eleonore Leporin (1780–1842) aus Herrnhut, 1824 ordentlicher Professor für Mathematik und Physik in Jena, 1838 erneut volle Lehrfreiheit für Philosophie; sein Hauptwerk ist die 1807 erschienene „Neue Kritik der Vernunft".

[8] Johann Gottlieb Fichte (1762–1814), Sohn von Christian Fichte (1737–1812), Weber in Rammenau, Privatunterricht, 1773 Stadtschule in Meißen, 1774 Landesschule in Pforta, 1780 Studium der Theologie, Philologie und Rechte in Jena, 1781 in Leipzig, 1784 Auf-

Kant[9] und das Nibelungenlied[10] sind alle dahinten blieben, denn ich glühe, die Gestalten des Altertums nun endlich zu sehen. Lieber Bruder, hilf mir mit. Ich will ein recht frommer Schüler sein. Sag mir die bessern Schriften, die mich vorzüglich erst zu gründlicher Kenntnis der Sprache leiten können. Wenn ich nur erst die äußre Hülle durchbrochen habe, die rechte Ansicht der Alten, denk' ich, wird mir dann schon kommen. So lang ich aber dort unsicher bin, muß ich's wohl auch hier bleiben.
Du hattest mir ja etwas zum Pindar[11] versprochen. – Ich habe mich noch nicht getraut, ihn zu lesen. Es steht noch als ein verschlossenes Heiligtum vor mir. Es ist wohl auch recht gut. So werd' ich wohl zu ihm etwas fertiger kommen, als ich es zu den andern konnte.

gabe des Studiums aus materiellen Gründen, Tätigkeit als Hauslehrer, unter anderem in Zürich, hier Bekanntschaft mit Lavater, 1790 Rückkehr nach Leipzig, Januar 1791 Reise nach Warschau, Juli 1791 nach Königsberg, Bekanntschaft mit Immanuel Kant, 1792 Veröffentlichung der Schrift „Versuch einer Kritik aller Offenbarung", die seinen wissenschaftlichen Ruhm begründete, 1793 Hochzeit mit Johanna Maria Rahn (1755–1819), Tochter von Hartmann Rahn (1721–1795), Ratswaag-Meister in Zürich und Schwager Klopstocks, 1794 Professor für Philosophie in Jena, hier unter anderem Auseinandersetzungen mit den studentischen Orden der Consentanisten, Unitisten und schwarzen Brüder, November 1794 Aufnahme in die Freimaurer-Loge „Günther zum stehenden Löwen" in Rudolstadt, 1799 in Folge des „Atheismusstreits" Entlassung und Übersiedlung nach Berlin, Eintritt in die Freimaurer-Loge „Pythagoras zum flammenden Stern", April 1800 Aufnahme in die Große Mutterloge „Royal York zur Freundschaft", Juli 1800 Austritt aus der Großen Mutterloge, 1805 Professor für Philosophie in Erlangen, 1806 in Königsberg, 1810 in Berlin, Dekan der philosophischen Fakultät, erster freigewählter Rektor, 1812 auf eigenen Wunsch von diesem Amt enthoben; ab 1792 zahlreiche philosophische Schriften.

[9] Immanuel Kant (1724–1804), Sohn von Johann Georg Kant (1683–1746), Riemer-Meister in Königsberg, und Anna Regina Kant, geb. Reuter (1697–1737), 1732 Gymnasium Friedericianum, 1740 Studium der Naturwissenschaften, Mathematik und Philosophie in Königsberg, 1746 Hauslehrer in Judtschen bei Gumbinnen, Groß-Arnsdorf bei Mohrungen sowie Capustigall bei Königsberg, 1755 Dr. phil., Habilitation, Privatdozent in Königsberg, Veröffentlichung der "Allgemeine⟨n⟩ Naturgeschichte und Theorie des Himmels", 1764 Ablehnung des Rufes auf einen Lehrstuhl für Dichtkunst, 1766–1772 Unterbibliothekar der Bibliothek des königlichen Schlosses, 1770 Professor für Logik und Metaphysik in Königsberg, 1781 Veröffentlichung der „Critik der reinen Vernunft", 1786 und 1788 Rektor der Universität in Königsberg, 1787 Mitglied der Akademie der Wissenschaften in Berlin, 1788 Veröffentlichung der „Critik der practischen Vernunft", 1797 aus gesundheitlichen Gründen Verzicht auf das akademische Lehramt; bedeutender Philosoph der Aufklärung; zu Fichte und Kant vgl. die Bemerkungen und die Exzerptsammlung in L. v. Ranke, Tagebücher, S. 142–150 und S. 493–501 sowie L. v. Ranke, Frühe Schriften, S. 239–243.

[10] Zur Abfassungszeit des Briefes lagen diverse neuere Ausgaben vor, so etwa: Der Nibelungen Lied, zum erstenmal in der ältesten Gestalt aus der St. Galler Handschrift mit Vergleichung der übrigen Handschriften herausgegeben von Friedrich Heinrich von der Hagen. Zweite mit einem vollständigen Wörterbuche vermehrte Auflage. Breslau 1816; Das Nibelungenlied ins Neudeutsche übertragen. Von August Zeune. Berlin 1814; Das Nibelungenlied. Die Urschrift nach den besten Lesarten neu bearbeitet, und mit Einleit und Wortbuch zum Gebrauch für Schulen versehen von August Zeune. Berlin 1815; Das Lied der Nibelungen. Metrisch übersetzt von D. Johann Gustav Büsching. Altenburg / Leipzig 1815. In Leopold Rankes Bibliothek befand sich die Ausgabe von der Hagens.

[11] Pindar (522/518–nach 446 v. Chr.), griechischer Dichter (vgl. Nr. 16).

Morgen oder übermorgen wandr' ich mit Hermann[12] aus nach dem schönen Harzgebirge. Ich dachte sonst, auch mit Dir; da wären wir so treulich unter den uralten Felsenwänden hingewandert neben den stürzenden⟨,⟩ rauschenden Bergwassern, und die Wipfel der ewigen Eichen hätten uns zugenickt und Gestein und Pflanzen uns begrüßt.
Erinnerst Du Dich noch, wie wir auf dem Wege von Eisleben den Harz zur Rechten hatten und wie uns da das liebe Vaterland vor die Augen trat? Und nun⟨,⟩ wenn wir mitten drin ständen in der Herrlichkeit und alles, Wald und Geklüft und Gebirg, die deutsche Saite unsers Herzens rührte – da würde sie ja recht freudig und hell mit hineinklingen in den hohen Wald- und Berg-Gesang. – [...][13]
Nicht wahr, lieber Bruder, Deutschland ist nicht frei! Wir waren eben mit dem Hermann und Germanikus von Fouqué[14] hinaus, da mochte wohl in uns allen ein vaterländischer Gedanke nachklingen, und Professor N[asse] jubelte über das herrliche Deutschland⟨,⟩ und es sei doch frei. Den Abend zuvor hatte ich noch mit ihm gesprochen über das Jugendleben, wie es sich jetzt gestalten will – wahrlich das schönste nach dem Jahr [18]13 – und

[12] Carl Gottlieb Hermann (1793–1858), aus Salzungen, 1815 Studium der Theologie in Jena, 1815–1816 Mitglied des Ausschusses der Urburschenschaft, 1816 cand. theol., vor 1820 Hauslehrer bei Carl Wilhelm Ludwig Heinrich Graf von Schwerin-Putzar-Schwerinsburg (1776–1839) in Putzar bei Anklam, hier durch den Pfarrer Theodor Ziemssen für Pestalozzi gewonnen, 1822 Lehrer an der Bildungsanstalt des Erziehervereins in Nürnberg, 1823 Aufenthalt bei Johann Carl Conrad Heinrichs in Friedland in Mecklenburg, 1824 Pfarrer in Möhra, 1831 Superintendent in Heldburg, 1844 Konsistorialrat und Superintendent in Hildburghausen (vgl. F. H. Ranke, Jugenderinnerungen, S. 82 und 237; Kaupp, Stamm-Buch, Nr. 67, S. 42; Dürre, Aufzeichnungen, S. 271, 275–276 und 315).

[13] Auslassung unbekannter Länge.

[14] Friedrich Heinrich Karl Baron de la Motte Fouqué (1777–1843), Sohn von August Karl Baron de la Motte Fouqué (1727–1798), Gutsbesitzer, und Marie Louise Baronin de la Motte Fouqué, geb. von Schlegell (1740–1788), Enkel von Heinrich August de la Motte Fouqué (1698–1774), preußischer General der Infanterie; Hauslehrer, unter anderem Dietrich Arnold Friedrich Sachse (1762–1829) und August Ludwig Hülsen (1765–1809), 1794 Eintritt in die preußische Armee als Kornett, Teilnahme am Rheinfeldzug, danach Leutnant im 6. Kürassier-Regiment in Aschersleben, 1798 Hochzeit mit Marianne von Schubaert (1783–1862), Tochter von Ernst von Schubaert (1744–1829), Generalmajor im 6. Kürassier-Regiment, und Wilhelmine von Schubaert, geb. Freifrau von Künsberg, 1802 Scheidung, Austritt aus der Armee, 1803 Hochzeit mit der Witwe Caroline Philippine von Rochow, geb. von Briest (1773–1831), Tochter von August Philipp von Briest (1749–1822), Besitzer des Gutes Nennhausen bei Rathenow, und Caroline von Briest, geb. von Zinnow (1752–1800), ihr Ehemann Friedrich Ehrenreich Adolf Ludwig Rochus von Rochow (1770–1799) hatte sich wegen Spielschulden erschossen, schriftstellerische Tätigkeit auf Gut Nennhausen, 1813 Freiwilliger Jäger, 1815 Abschied als Major, Wiederaufnahme der schriftstellerischen Tätigkeit, 1818 Schlaganfall, 1833 Hochzeit mit Albertine Tode (1806–1876), Tochter von Carl Bernhard Tode (1764–1837), Chirurg in Berlin, 1834 Übersiedlung nach Halle, 1841 Übersiedlung nach Berlin; der hier angesprochene Dramenzyklus „Hermann, ein Heldenspiel in vier Abentheuern" ist Teil des Ersten Bandes des 1818 in Nürnberg publizierten „Altsächsischer Bildersaal"; „Hermann und Germanikus" ist der Titel des dritten Teils des Dramas.

er wollte ihm keine Bedeutung zugestehn. Und gerade bei diesem frischen Regen hat sich unsre elende Knechtschaft gezeigt. Aus diesen Jugendfesten[15] hätte uns etwas Herrliches aufblühen müssen, und ich hoffe, es wird noch. – Nach Norwegen[16] wandern wir doch noch?
Lieber, meine Seele ist heiter. Da denk ich an wen? an welche beiden Sternchen und Brüderchen. Du denkst wohl jetzt an mich. Ich fühl's, ich küsse Dich.

[15] Damit ist eventuell das Wartburgfest vom 18. und 19. Oktober 1817 gemeint, für das sowohl der Jahrestag der Leipziger Völkerschlacht als auch die Dreihundertjahrfeier der Reformation Anlaß war. Der erwähnte Philosoph Fries war ebenfalls unter den Feiernden. Zur Bedeutung der Reformation für Angehörige der Burschenschaften vgl. – ungeachtet aller individuellen Übersteigerungen des Attentäters – die Auszüge aus der Schrift Sands (vgl. Nr. 66).

[16] Vgl. Nr. 22.

Nr. 36

Heinrich Ranke[1] an Leopold Ranke

V: Nl Walther Peter Fuchs – Privatbesitz (Typoskript)
TD: Fuchs, Heinrich Ranke, S. 145–146

Müngenberg,[2] ⟨15. August 1818,⟩[a] Sonnabends früh.

Der Herr hat mich gerufen!

Auf der Frankfurter Brücke[3] erfuhr ich, daß Jahn[4] seit einer halben Stunde schon fortgegangen war. Geschwind durchschritt ich die Stadt, und draußen ging's in vollem Laufe. Da erreicht ich sie eine Meile von Frankfurt. Jahn freute sich, daß ich noch nachkam, und zuerst sprach ich mit ihm über die deutschen Geschichtsstunden[5], wo er mir sehr viel Gutes und Neues sagte. Dann sprachen wir vom Turnplatz[6], und nun weißt Du auch schon, wie Er mir zuredte und ich ihm folgen konnte auf einige Wochen. [...][b]

Ein Turner[7] gibt mir freie Wohnung; ich werde also nicht viel brauchen. Früh soll gefochten werden, nachmittags geschwommen oder geturnt.

[a] Fuchs datiert den Brief auf „[1819]"; die Neudatierung erfolgt im Hinblick auf die Angaben in den Jugenderinnerungen Heinrich Rankes (vgl. F. H. Ranke, Jugenderinnerungen, S. 99–100), den Brief Friedrich Ludwig Jahns an Christian Wilhelm Zernial „zwischen Müncheberg u. Berlin" vom Freitag, den 14. August 1818 (Druck: Meyer, Briefe Jahns, Nr. 38, S. 95–96) und die Biographie Jahns (vgl. Carl Euler: Friedrich Ludwig Jahn. Sein Leben und Wirken. Stuttgart 1881, S. 559–562), in der sich auch der Hinweis findet, Heinrich Ranke sei vier bis fünf Wochen in Berlin geblieben.

[b] Auslassung unbekannter Länge.

[1] Heinrich Ranke (1798–1876), Bruder Leopold Rankes.

[2] Müncheberg, nördlich von Frankfurt an der Oder.

[3] Brücke über die Oder auf dem Weg nach Berlin.

[4] Friedrich Ludwig Jahn (1778–1852), Begründer der Turner-Bewegung. Er hielt sich auf dem Rückweg vom Riesengebirge nach Berlin im August 1818 kurzzeitig in Frankfurt an der Oder auf.

[5] Jahn arbeitete an Bildern aus der deutschen Geschichte, die vom Altertum bis zur Gegenwart reichen sollten.

[6] Heinrich und Leopold Ranke hatten Jahn während seines Aufenthalts in Frankfurt an der Oder aufgesucht, um bei ihm wegen der von ihnen geplanten Errichtung eines Turnplatzes in Frankfurt an der Oder „den Rat des Meisters" einzuholen, wie es Heinrich Ranke formulierte (vgl. F. H. Ranke, Jugenderinnerungen, S. 99–100).

[7] Wilhelm Wesselhöft (1794–1858), Sohn von Johann Carl Wesselhöft (1767–1847), ab 1799 Buchdrucker in Jena, und Friederike Karoline Wesselhöft, geb. Heitmann, Tochter von Karl Wilhelm Heitmann, Sekretär der Kurprinzessin von Sachsen; Hauslehrer, unter anderem Wilhelm Martin Leberecht de Wette, 1806 Schule in Bottendorf an der Unstrut, danach Gymnasium in Nürnberg, 1814 Studium der Medizin in Jena, wie sein Bruder Robert, 1815 Mitglied der Urburschenschaft, wie seine Brüder Eduard und Robert, 1816–1817 Mitglied des Ausschusses der Burschenschaft, 1817 Mitglied des Organisationskomitees des Wartburgfestes (vgl. Steiger, Teilnehmerliste, Nr. 43 und Nr. 85, S. 97 und S. 100), 1817 Studium der Medizin in Berlin, 1818 Mitbegründer der Berliner Burschenschaft, Juli

Jahn sagte, er wolle mich so einüben, daß ich einen guten Vorturner abgeben könnte, und es sei ja besser, wenn ich's in Berlin und nicht in Frankfurt gelernt habe. Im Winter sollen dann die Springübungen vorgenommen werden. Nun werd ich ja auch den rechten Geist sehen, in dem das alles betrieben werden muß.
Ich muß es beim Abschied geahndet haben, denn ich küßte Dich so herzlich. Leb wohl', Du Lieber! [...][c]

[c] Auslassung unbekannter Länge.

1819 Verhaftung, November 1819 Ausweisung aus Preußen, 1820 Dr. med. in Jena, November 1820 Studium der Medizin in Würzburg, 1821 Mitglied des „Jünglingsbundes", 1822 Erkrankung auf dem Weg zur Beteiligung am griechischen Freiheitskampf, Emigration in die Schweiz, 1823 Prorektor und Dozent für Medizin in Basel, 1824 Emigration in die USA, 1826 praktischer Arzt in Bath (Pennsylvania), zusammen mit seinem Bruder Robert Wegbereiter der Homöopathie, 1836 Mitbegründer, 1837 Professor und Vizepräsident der „Northern American Academy of the Homoeopathie Healing Art" in Allentown, 1838 Teilnehmer der Zweiten Versammlung deutscher Abgeordneter in Pittsburgh, 1842 praktischer Arzt in Boston, 1844 Mitbegründer der „American Institut of Homoeopathy" in New York, 1846 zusammen mit seinem Bruder Robert Gründung einer Kaltwasser-Heilanstalt in Brattleboro (Vermont) (vgl. Kaupp, Stamm-Buch, Nr. 82, S. 44–45; Dvorak, Biographisches Lexikon I/6, S. 280–281).

Nr. 37

Heinrich Ranke[1] an Leopold Ranke

V: Nl Walther Peter Fuchs – Privatbesitz (Typoskript)
TD: Fuchs, Heinrich Ranke, S. 146

[Berlin, vor 22. August ⟨1818.⟩][a]

[...][b] Die Wanderung[2] mit Jahn[3] war herrlich. Du hättest dabei sein sollen und uns sehen, wie er mit uns bei Taßdorf auf die Höhen ging und uns die ganze Gegend zeigte. Das wird das Schlachtfeld werden, wenn die Russen Berlin erobern wollen, sagt er. Wenn man von Frankfurt kommt, ist rechts der Straußberger See, links der Kalksee; beide verbindet der Strauß. Dahinter kommt eine Höhe, ein natürlicher Wall. Auf der linken Seite, erst Höhe, dann Tal, dann Höhe, dann Tal, dann Höhe. Die erste Höhe, sagt er, kriegen sie auch nicht umsonst. So zeigte er uns alles und jedes und beschrieb, wie es da hergehn würde. Er behauptet, Berlin wär von allen Seiten ebenso gedeckt. 1806 hätten es die Minister pp. nur nicht gewußt.[4] Dann wanderten wir auf die Rüdersdorfer Kalkgebirge und zu der Woltersdorfer Schleuse, wo sich wieder ein herrlicher See ausbreitet. Von da sind die Seen aber verbunden, und so werden von Rüdersdorf die Kalksteine auf die Spree und nach Berlin geschafft. – Wir stiegen noch gegen Abend auf die Kranichberge,[5] wo zwischen den elenden Kienbäumen[6] einzelne Eichen standen. „Die Schuld der faulen Forstleute", sagt Jahn. „Wo die wachsen, können es auch andre. Sie müssen wieder angezogen werden. In der alten Zeit ist hier alles Eichwald gewesen. So müssen auch die Jungen wieder aufgezogen werden, daß sie durch Kunst werden, was die Alten von Natur waren."

[a] Fuchs datiert den Brief auf „1819"; zur Neudatierung vgl. Nr. 36, Anm. a.
[b] Auslassung unbekannter Länge.

[1] Heinrich Ranke (1798–1876), Bruder Leopold Rankes.
[2] Von Frankfurt nach Berlin (vgl. Nr. 36).
[3] Friedrich Ludwig Jahn (1778–1852), Begründer der Turner-Bewegung.
[4] Nach der Niederlage Preußens gegen Frankreich in der Schlacht von Jena und Auerstedt am 14. Oktober ergab sich die Hauptstadt Berlin ohne jede Gegenwehr am 27. Oktober 1806 (vgl. Hans-Joachim Schoeps: Preussen. Geschichte eines Staates. Frankfurt am Main / Berlin 1966, S. 110).
[5] Südlich von Taßdorf, aber noch nördlich von Erkner.
[6] Kiefern; aus ihrem harzhaltigen Holz fertigte man Kienspäne.

Auf den Bergen war herrliche Aussicht – alles mit Wald bedeckt, daneben Seen – der Mond. Dann wurde das Lied: Nehmt Euch in Acht vor den Bächen pp.[7] gesungen und hallte in den alten Bergen wieder. Die Nacht durch schliefen wir im Heustalle. [...][c]

[c] Auslassung unbekannter Länge.

[7] Nach dem Gedicht von Friedrich Rückert „Auf die Schlacht an der Katzbach" (Druck: Deutsche Gedichte von Freimund Reimar ⟨= Friedrich Rückert⟩. o. O. 1814, S. 14; wieder abgedruckt unter dem Titel „Katzbach und Roßbach" etwa in: Teusches Liederbuch zunächst zum Gebrauche für Hochschulen. Mit mehrstimmig [größtentheils dreystimmig, zum Theil auch vier- und zweystimmig] ausgesetzten Weisen. Stuttgart 1823, Nr. 103, S. 169–170); der Spottvers nahm Bezug auf die Niederlagen der Franzosen bei Roßbach (1757: gegen Friedrich den Großen im Siebenjährigen Krieg) und an der Katzbach (1813: gegen die Blüchersche Armee). Er lautet vollständig: „Nehmt euch in Acht vor den Bächen, die von Tieren sprechen".

Nr. 38

Heinrich Ranke[1] an Leopold Ranke

V: Nl Walther Peter Fuchs – Privatbesitz (Typoskript)
TD: Fuchs, Heinrich Ranke, S. 146

⟨Berlin,⟩ d⟨en⟩ 22sten August ⟨1818⟩.[a]

[...][b] Ich danke Dir sehr für das Überschickte.[2] Dann auch für Deinen Wunsch, daß ich Turnglück haben möchte. Bis jetzt hat es den Anschein nicht sehr. Ich bin am ganzen Leibe wegen der täglichen Anstrengungen wie zerschlagen. Jahn[3] sagt, das ginge allen Anfängern so, ich solle nur tüchtig drauf los arbeiten. Heut Nachmittag geht's nach Groß-Beehren, weil morgen der Jahrestag der Schlacht ist.[4] Da kommen auch die Turner von Potsdam hin.

Deine Besorgnis, daß ich ganz wegbleiben würde, wird sich bald widerlegen. Die nächste Woche will ich anfangen, recht fleißig in der deutschen Geschichte zu arbeiten.[5] Im September komm ich ganz gewiß wieder und werde eine Accessist-Hilfslehrer-Aspiranten-Vice-Rekrutenstelle[6] recht leidlich zu verwalten mich zu bestreben suchen. Du sollst bald einen bessern Brief haben. [...][c]

[a] Fuchs datiert den Brief auf „1819"; zur Datierung auf 1818 vgl. Nr. 36, Anm. a.
[b] Auslassung unbekannter Länge.
[c] Auslassung unbekannter Länge.

[1] Heinrich Ranke (1798–1876), Bruder Leopold Rankes.
[2] Vermutlich ein Geldbetrag.
[3] Friedrich Ludwig Jahn (1778–1852), Begründer der Turner-Bewegung.
[4] Am 23. August 1813 besiegten in der Schlacht von Großbeeren, südlich von Berlin, die verbündeten Heere Napoleon.
[5] Heinrich Ranke steht unter dem Einfluß Jahns und seiner deutschen Geschichtsstunden (vgl. Nr. 36); zur Rolle „von Ritters Erdkunde" (Carl Ritter: Die Erdkunde im Verhältniß zur Natur und zur Geschichte des Menschen, oder allgemeine, vergleichende Geographie, als sichere Grundlage des Studiums und Unterrichts in physikalischen und historischen Wissenschaften. Erster Theil, Berlin 1817) sowie „Jakob Grimms deutsche⟨r⟩ Grammatik" (Jacob Grimm: Deutsche Grammatik. Erster Theil, Göttingen 1819) als „Grundlagen" der geschichtlichen Studien, denen sich Heinrich Ranke „von Jena her mit Vorliebe zuneigte" vgl. F. H. Ranke, Jugenderinnerungen, S. 99.
[6] Es ist unklar, ob am Friedrichs-Gymnasium oder an der sogenannten „Bürgerschule" (vgl. Benisch, Frankfurter Schulgeschichte, S. 20–22).

Nr. 39

Ernst Constantin Ranke[1] an Leopold Ranke

V: GStA PK VI. HA Nl Hoeft Nr. 1 (Abschrift)
G: GStA I. HA Rep. 92 L. v. Ranke Nr. 26 (nicht erhalten)

⟨Wiehe, Mitte September 1818.⟩[a]

Lieber Leopold⟨,⟩
Ich danke Dir für die schöne Schreibtafel⟨.⟩[2]

Dein Ernst.

[a] Hoeft datiert den Brief auf „circa 1822?"; die Neudatierung erfolgt im Hinblick auf Nr. 23, Nr. 30 und Nr. 52.

[1] Ernst Constantin Ranke (1814–1888), Bruder Leopold Rankes.
[2] Wohl ein Geschenk Leopold Rankes an seinen Bruder Ernst Constantin zu dessen Geburtstag am 10. September.

Nr. 40

Ferdinand Ranke[1] und an Leopold Ranke[a]

V: GStA PK VI. HA Nl Hoeft Nr. 1 (Abschrift)
G: GStA I. HA Rep. 92 Nl L. v. Ranke Nr. 26 (nicht erhalten)

Pforta⟨,⟩ den 24sten Nov⟨ember⟩ [1818]⟨.⟩

Theuerster Bruder!

Da auf den Montag, als den 30. Nov⟨ember⟩ Heinrichs Geburtstag war, so machte ich ihm ein kleines Gedicht, welches ich Dir hier über schicke.[2] Es ist aber der erste Versuch einer lateinischen Ode, er muß also da noch manchmal verzeihen, wenn ich vielleicht Fehler begangen habe. Ihr könnt mir beyde, wenn Ihr Zeit habt, eine kleine Rezension davon schicken, daß ich doch die Fehler sehe und bei künftigen Versuchen vermeide. Ich werde dafür auch durch Vergrößerung meiner brüderlichen Liebe danken. Es kömmt der Name eines, von mir sehr geliebten, Freundes darin vor, Häntschel⟨,⟩[3] welchen ich mit hineingezogen habe, damit Ihr doch auch hört, daß ich und welch guten Freund ich habe.

Am 19ten Nov⟨ember⟩ war [b]Sommern[b][4] sein Geburtstag.

[a] Adresse: „An | Meinen innigst geliebten Bruder | Leopold".
[b-b] In der Vorlage unterstrichen.

[1] Ferdinand Ranke (1802–1876), Bruder Leopold Rankes, Schüler in Pforta.
[2] Bisher nicht ermittelt.
[3] Adolf Esaias Häntzschel (1801–1856), Sohn eines Stadtschreibers in Königstein, 1815 Landesschule in Pforta, 1820 Studium der Rechte in Leipzig, später Advokat und Gerichtsdirektor in Meißen. Obwohl ein Jahr älter als Ferdinand Ranke, trat Häntzschel erst ein Jahr nach Ferdinand Ranke in Pforta ein; er beendete seine Schulzeit in Pforta ein Jahr vor Ferdinand Ranke (vgl. Hoffmann, Pförtner Stammbuch, Nr. 8704 und 8729, S. 349 und 351; Blecher / Wiemers, Matrikel Leipzig, Bd. 1, S. 163 Nr. 0112; Zeitschrift für Rechtspflege und Verwaltung, zunächst für das Königreich Sachsen, Neue Folge 14 [1856], S. 558).
[4] Christian Lorenz Sommer (1796–1846), Kommilitone Leopold Rankes in Leipzig, wie dieser Mitglied der „Societas Graeca", Kollaborator an der Landesschule in Pforta; 1822 wird Ferdinand Ranke Sommers Ausgabe des „Symposion" einer eingehenden Kritik unterziehen (vgl. Nr. 95).

Carus,[5] auch ein guter Freund von mir, mit dessen Bruder[6] auch Torius[7] wie ich umging, läßt Heinrichen, da er sein Untergesell gewesen ist,[8] herzlich grüßen und zu seinem Geburtstag gratuliren.
Ich lebe jetzt hier ruhig und vergnügt mit meinen Freunden und ergötze mich an meinen Studien.
Doch die Zeit ist kurz und ich muß daher enden. Lebe wohl. Und schreibe mir bald wieder, ich sinne[c] schon jetzt sehnlichst wieder auf einen Brief von Euch. Gruß und Kuß auch euch beyden von Bruder Wilhelmen.[9]

Euer
Euch herzlich liebender Bruder
Ferdinand.

Sommer hat etwas
beygelegt.

Sommer
adjunckt.

[c] Hoeft notiert darüber in Klammern: „härme“ und am Rand ein Fragezeichen.

[5] Wahrscheinlich der Mitschüler Ferdinand Rankes, Julius Carus (1800–vor 1837), der bis zum 8. September 1819 die Schule in Pforta besuchte (vgl. Hoffmann, Pförtner Stammbuch, Nr. 8680, S. 348).

[6] Wohl der ältere der Brüder, der Mitschüler Leopolds, Ernst August Carus (1797–1854), der Pforta bereits 1815 verlassen hatte (vgl. Hoffmann, Pförtner Stammbuch, Nr. 8507, S. 339).

[7] Bei der von Hoeft mit Fragezeichen versehenen Buchstabenfolge dürfte es sich um einen Eigennamen handeln. Ein Schüler dieses Namens läßt sich in Pforta für die Jahre von 1809 bis 1818 nicht belegen; eventuell handelt es sich um Bernhard Trinius (1799–1869) aus Sangerhausen, der 1813 – ein gutes Jahr vor Ferdinand Ranke – in Pforta eintrat, sich 1815 – ein knappes Jahr nach Leopold Ranke – in Leipzig immatrikulierte und ab 1847 etwa zwanzig Kilometer von Wiehe entfernt in Voigtstedt bei Artern als Pfarrer wirkte (vgl. Hoffmann, Pförtner Stammbuch, Nr. 8651, S. 347; Blecher / Wiemers, Matrikel Leipzig, Bd. 1, S. 106, Nr. 121 und S. 115, Nr. 0097).

[8] Vgl. Nr. 1, Anm. 3.

[9] Wilhelm Ranke (1804–1871), Bruder Leopold und Heinrich Rankes; seit 1816, wie Ferdinand Ranke, Schüler in Pforta.

Nr. 41

Friederica Wilhelmina Ranke[1] an Leopold und Heinrich Ranke[2]

V: GStA PK VI. HA Nl Hoeft Nr. 1 (Abschrift)
G: GStA I. HA Rep. 92 Nl L. v. Ranke Nr. 26 (nicht erhalten)

⟨Wiehe, nach dem 9. Juni⟩ [1819]⟨.⟩

Meine guten Kinder,
Ihr habt mir an meinen Geburtstage[3] viel Freude gemacht, es kam auch an den Tage zu rechter Zeit an.[4] Ich danke Eüch herzlich dafür. Die Frommen Wünsche haben so auf mich gewürkt, das ich seit den tage so gesunt bin als ich in vielen Jahren nicht wahr. Johanna[5] ist seit 3 Wochen in Zörbig[6] die Demoisel Vochtel[7] reiste hin⟨,⟩ da fuhr sie mit, und dort geht es Ihr sehr wohl. Malos[8] sein zu allen verwandten mit Ihr gereist, sie ist in Cöthen, in Bernburg⟨,⟩ in Deßau, gewesen und diese woche sein Sie in Wörlitz bei den Probst Brume,[9] der eine Coußine von uns[10] geheierathet hat.[11] Malos haben an uns geschrieben und noch um 14 Tage urlaub für Haningen[12]

[1] Friederica Wilhelmina Ranke, geb. Lehmicke (1776–1836), Mutter Leopold Rankes.
[2] Heinrich Ranke (1798–1876), Bruder Leopold Rankes.
[3] 9. Juni.
[4] Brief bisher nicht ermittelt.
[5] Johanna Ranke (1797–1860), Schwester Leopold und Heinrich Rankes.
[6] Etwa 15 Kilometer nordöstlich von Halle.
[7] Marie Juliane Auguste Voigtel (1792–1822), Tochter von Friedrich Wilhelm August Voigtel (1750–1803), Justizamtmann in Seeburg, und Friederike Voigtel, geb. Bennemann († vor 1802) (vgl. Archiv KPS Wiehe, Bestattungen 1822; freundliche Auskunft von Gottfried Braasch, 10.2.2013).
[8] Christian Friedrich Malo (um 1762–1845), kursächsischer Finanz-Commissair und Senator, und Ernestine Dorothee Amalie Malo, geb. Otto (1767–1834).
[9] Heinrich Brunn (1783–1860), Sohn von Johann Christian Brunn (1734–1799), reformierter Prediger in Schackstedt in Anhalt-Dessau, und Wilhelmine Amalie Brunn, geb. Stange, Tochter von Philipp Friedrich Stange (1696–1758), reformierter Prediger in Osternienburg in Anhalt-Köthen, und somit einer Schwester von Theodor Friedrich Stange (1742–1831), Rektor der reformierten Schule in Köthen bzw. Professor am reformierten Gymnasium in Halle, und damit Tante des Freundes Leopold Rankes Johann Carl Wilhelm Thomas Stange (1792–1854); 1796 Schulbesuch in Dessau, 1801–1805 Studium der Theologie und Philologie in Halle, 1806 Lehrer und Inspektor am Francisceum in Zerbst, 1810 Lehrer der Prinzessinnen Hermine (1797–1817), Adelheid (1800–1820), Emma (1802–1858) und Ida (1804–1828) von Anhalt-Bernburg-Schaumburg-Hoym und Gehilfe des Hofpredigers, seines Bruders Friedrich August Brunn (1773–1849), 1812 Diakonus an der Schloßkirche St. Marien in Dessau, 1815 Archidiakonus und Inspektor der Landschulen im Kreis Dessau, 1819 Propst und Inspektor der Schulen im Kreis Wörlitz, (vgl. Graf, Anhaltisches Pfarrerbuch, S. 136 und 228; Stammbuch Friedrich von Matthissons, S. 220).
[10] Albertine Amalie Lindstedt, Tochter von Johann Heinrich Leopold Lindstedt, Oberamtmann in Gnetsch.
[11] Die Hochzeit fand am 18. August 1816 statt.
[12] Johanna Ranke.

gebeten. Wilhelm ist jetzt bei uns⟨.⟩[13] Er ist recht fleißig, schreib doch auch einmal an Ihn, Er glaubt⟨,⟩ Ihr habt Ihn nicht lieb. ich wolt noch⟨,⟩ vill an Eüch sch⟨r⟩eiben, aber ich habe jezt viel zu thun, sagt mir doch⟨,⟩ wo mit kan ich den der guten Ahleman[14] eine Freüde machen? ich möchte das so gerne und weiß nicht womit. Got erhalte Euch gesund. und gebe Euch Seinen Segen

Eüere Treue Muter
F[riederica] W[ilhelmina] Ranke.

[13] Ansonsten als Schüler in Pforta.

[14] Friederike Wilhelmine Ahlemann, geb. Schultze (1772–1843), älteste Tochter von Johann Friedrich Schultze (1739–1791), Sekretär bei der Ordenskammer und Registrator in Berlin, und Beata Louisa Schultze, geb. Stengel (1751–1795), 1792 Hochzeit mit Ernst Heinrich Friedrich Ahlemann (1763–1803), Sohn von Dr. med. Christian Friedrich Ahlemann (1724–1790), Professor der Pathologie und Garnisons-Arzt in Berlin, und Sophie Dorothea, geb. Hübner; aus der Ehe mit Ahlemann gingen mehrere Kinder hervor, unter anderem: Louisa Juliana Wilhelmine (* 1793), Johann Gottfried Wilhelm (1796–1867) und Friedrich Traugott Julius Ahlemann (1804–vor 1879) (vgl. GStA PK VIII. HA Militärkirchenbücher, Infanterie-Regiment Nr. 1, Berlin, Taufen 1793 und 1796; ELAB Berlin, Parochialkirche, Bestattungen 1843 und 1867; ELAB Frankfurt an der Oder, St. Marien, Taufen 1804). Ernst Heinrich Friedrich Ahlemann besuchte von 1774 bis 1782 das Gymnasium zum Grauen Kloster in Berlin und studierte von 1782–1785 Theologie und Philosophie in Halle, ab 1785 war er als Hauslehrer und Lehrer in Pensionsanstalten tätig, 1789 wurde er Feld- und Garnisonprediger in Berlin, 1798 Zweiter Prediger und Archidiakonus an der Oberkirche St. Marien in Frankfurt an der Oder, wo sein Vater 1750 promoviert hatte und 1798 sein Bruder, der Justizrat und Freimaurer Friedrich August Ludwig Ahlemann (1754–1808) lebte. 1799 gründete Ernst Heinrich Friedrich Ahlemann in Frankfurt an der Oder eine höhere Bildungsanstalt für Mädchen, die auch nach seinem Tod und der Umwandlung in eine städtische Schule (anfangs „Erste städtische Töchterschule“, wenige Jahre später „Luisenschule“ genannt) von seiner Ehefrau Friederike Wilhelmine geleitet wurde (vgl. GStA PK I. HA Rep. 76 alt I Nr. 576; Krug, Ahlemann's geistliche Reden, S. VII-XV; Spieker. Marien- oder Oberkirche, S. 384–388; Benisch, Frankfurter Schulgeschichte, S. 18 und 24; Gerlach, Logen in Berlin, S. 692, Nr. 1; Gerlach, Logen zwischen Oder und Niederrhein, S. 146; Nr. 2).

Nr. 42

Heinrich Ranke[1] an Leopold Ranke

V: Fuchs, Heinrich Ranke, S. 145 (Teildruck)

Friedland,[2] am 13. Juli [18]19.

Herzlieber Bruder. Dieses Blättchen, das gern mehr sagen möchte, als es kann, überbringt Dir der hiesige Turnlehrer Bulch,[3] eine treue Seele. Möchte er Dir doch auch lieb werden. Mit ihm reisen noch ein Lehrer Zelenick (Philolog)[4] und mehrere Turner.[5] Sie haben mich alle recht freundlich aufgenommen. Vergilt ihnen Gutes mit Gutem! [...][a]

[a] Auslassung unbekannter Länge.

[1] Heinrich Ranke (1798–1876), Bruder Leopold Rankes.

[2] In Mecklenburg. Heinrich Ranke ist unterwegs nach Rügen und bei Pfarrer Johann Carl Conrad Heinrichs (1793–1855), den ihm sein Studienfreund, der Turner und Burschenschaftler Christian Eduard Leopold Dürre, empfohlen hatte (vgl. F. H. Ranke, Jugenderinnerungen, S. 114 und 117–118). Heinrichs gab Heinrich Ranke einen Brief nach Rügen mit, der die Verbindung Heinrich Rankes zu Hermann Julius Christoph Baier (1775–1822) stiftete (vgl. F. H. Ranke, Jugenderinnerungen, S. 111).

[3] Conrad Bernhard Carl Bülch (1791–1844), 1813 zusammen mit Friedrich Ludwig Jahn Eintritt in das Lützowsche Freikorps, 1814 Lehrer, 1817 Subrektor am Gymnasium in Friedland, 1818 Turnwart des Turnplatzes in Friedland, 1824 Lehrer und später Rektor an der Lateinischen Bürgerschule in Malchin (vgl. Wolfgang Barthel: Schule in Mecklenburg-Strelitz. Studien zum Schulwesen in Friedland im Kontext mit der Entwicklung des Bildungswesens in Mecklenburg-Strelitz. Friedland 2005, S. 49, 139 u. ö.).

[4] Wohl Johannes Christian Wilhelm Zehlicke (1791–1856), ältester Sohn des Predigers Gottlieb Theodor Zehlicke (* 1758), der von 1785–1790 an der Lateinischen Schule in Parchim unterrichtete; Besuch der Lateinischen Schule in Parchim und der Gelehrten Schule in Friedland in Mecklenburg, 1810 Studium der Philosophie, Theologie und Philologie in Berlin, unter anderem bei Friedrich August Wolf, Johann Gottlieb Fichte und Friedrich Daniel Ernst Schleiermacher, daneben Briefkontakt zu Friedrich Ludwig Jahn und Theodor Körner, 1812 Subrektor an der Lateinischen Schule in Parchim, nach 1815 Privatlehrer im Hause des Bankiers Jakob Amschel Oppenheimer (1778–1848) in Hamburg, 1818 Prorektor und Dritter Lehrer, später Konrektor am Gymnasium in Friedland in Mecklenburg, 1826 Prorektor und Erster Oberlehrer am Gymnasium in Greifswald, Dr. phil. in Greifswald, 1827 Direktor des Gymnasiums in Parchim, 1851 Oberschulrat, 1853 Ruhestand; Zehlicke legte zahlreiche Publikationen in Schulprogrammen des Greifswalder und des Parchimer Gymnasiums vor, in denen er sich mit pädagogischen Themen sowie mit Homer und Sophokles beschäftigte (vgl. Friedrich Lübker: Gesammelte Schriften zur Philologie und Paedagogik. Halle 1852, S. 422; Richard Schreckhas (Hg.): Gedenkschrift zur 600-Jahrfeier der höheren Schule zu Friedland i. Meckl. 600 Jahre Schola Fridlandensis. Friedland in Mecklenburg 1937, S. 19–20); in den Jahren 1812–1815 ging „im Schwerinischen" „die Anregung zum Turnen besonders von ⟨...⟩ Zehlicke" aus (Zitat: Otto Vitense: Geschichte von Mecklenburg (= Allgemeine Staatengeschichte, Dritte Abteilung: Deutsche Landesgeschichten, Bd. 11). Gotha 1920, S. 444).

[5] Nicht ermittelt.

Die erste Reisenacht hab ich zwischen den Küstriner Mauern und der Oder unter freiem Himmel zugebracht. Das ungeheuere Blitzen und Donnern. Hardenau bei Reutwein[6] von Blitz getroffen in hellen Flammen. Ich ging an der Oder auf und ab und sang: Lobet den Herrn, den mächtigen König der Ehren![7] Ich erwartete auch auf mich den Schlag und war ganz still.

Lieber Bruder, ich habe vielerlei geträumt von unserm künftigen Zusammenleben. Um das Eine bitte ich: Laß uns ganz rein einer den andern wieder annehmen, als wenn wir nur wüßten, daß wir Brüder wären und uns erst jetzt fänden. Es hat mir jetzt recht schwer auf dem Herzen gelegen, daß ich oft so schlecht, rauh und hart gewesen bin. Aber die schönen Tage von Leipzig und Eisleben[8] mögen wie letzte Träume und Vorgefühl hindurchscheinen und wie liebe Engel uns geleiten. [...][b]

[b] Auslassung unbekannter Länge.

[6] Hathenow bei Reitwein im Oderbruch etwa 15 Kilometer nördlich von Frankfurt. Beide Orte sind von Küstrin aus sichtbar.

[7] Choral aus der Feder des reformierten pietistischen Theologen und Dichters Joachim Neander (1650–1680). Dieses bekannteste Danklied Neanders, das von ihm selbst vertont wurde, fand sowohl in lutherischen wie in reformierten Gesangbüchern Aufnahme (Druck: Evangelisches Gesangbuch, Nr. 317, S. 591).

[8] Vgl. Nr. 35.

Nr. 43

Leopold Ranke an Friedrich Ludwig August von Wißmann[1]

V: L. v. Ranke, Lebensgeschichte, S. 79–81 (Druck)

Frankfurt a. O.⟨,⟩ am 4. August 1819.

Hochgeborener Herr Präsident!
Weil ich Sie kennen zu lernen das Glück gehabt, hang' ich mit aller Lieb' und Verehrung an Ihnen: in dieser Noth des Vaterlandes, die plötzlich auch

[1] Otto von Ranke, der Sohn Leopold von Rankes, bezeichnete, laut Helmolt, Leben und Wirken, S. 18, den „Regierungspräsidenten" in Frankfurt an der Oder, Freiherrn von Seckendorff, als den Empfänger des Briefes, doch Friedrich Bernhard Freiherr von Seckendorff-Gutend (1772–1852) war 1819 „Vize-Regierungspräsident" in Frankfurt; Diether, Ranke als Politiker, S. 60, vermutet den Vater Edwin Karl Rochus Freiherr von Manteuffels, den Präsidenten des Oberlandesgerichts Ratibor, Hans Carl Erdmann Freiherr von Manteuffel (1773–1844), als Empfänger. Es dürfte sich aber wohl um den eingangs genannten Regierungspräsidenten Wißmann handeln, der in Frankfurt an der Oder um 1820 ein „gern besuchtes Haus" führte (Ralf-Rüdiger Targiel: Ein gern besuchtes Haus. Regierungspräsident Friedrich Ludwig August von Wißmann und die Gubener Straße 16 in Frankfurt, in: Brandenburger Blätter. Beilage der Märkischen Oderzeitung, Heft 174 (2004), S. 5), in dem auch der Dichter Johann Ludwig Tieck verkehrte.
Friedrich Ludwig August (ab 1816: von) Wißmann (1770–1856), Sohn von August Wilhelm Wißmann (1741–1791), markgräflich-brandenburgischer Domänen-Kammerrat in Schwedt, später Regierungs- und Domänen-Kammerrat bei dem Kollegium des St. Johanniterordens in Berlin, und Sophie Friederike Wißmann, geb. Behrens († 1820), Tochter von Dr. med. Burchard Heinrich Behrens (∗ 1716), Hofrat und markgräflich-brandenburgischer Leibarzt in Schwedt, und Johanne Ernestine de Mareés (1726–1781); Dorotheenstädtische Schule, Collège français, 1783 Friedrich-Werdersches Gymnasium in Berlin, Freundschaft mit Johann Ludwig Tieck, 1792 Studium der Rechte in Frankfurt an der Oder, 1794 Auskultator am Stadtgericht Berlin, 1796 Referendar am Kammergericht, April 1797 Assessor-Examen, Assessor am Stadtgericht in Berlin, Mai 1797 Rat, 1798 Justitiar, 1806 Direktor der Kriegs- und Domänenkammer in Königsberg in Ostpreußen, Bekanntschaft mit Friedrich August Staegemann (1763–1840), 1808 Präsident der Kriegs- und Domänenkammer in Gumbinnen, 1809 Heirat mit Charlotte Auguste Schwinck (1790–1831), Tochter von Georg Gotthilf Schwinck (1763–vor 1834), Kaufmann in Königsberg in Ostpreußen, und Charlotte Regine Schwinck, geb. Fischer (1766–1834), 1810 Präsident der Regierung in Marienwerder, Beteiligung an der Beratung der neuen Steuergesetze in Berlin, 1811 Mitglied der Christlich-Deutschen Tischgesellschaft, Rückkehr nach Marienwerder, 1813 Präsident der Regierung in Königsberg in der Neumark, 1815 Präsident der Regierung in Frankfurt an der Oder, 1816 Adelserneuerung, 1844 Wirklicher Geheimer Oberregierungsrat und Dr. h. c., 1846 Ruhestand (vgl. Ottomar Bachmann: Ludwig von Wißmann. Erster Regierungspräsident der Regierung in Frankfurt an der Oder (1772–1856). Frankfurt an der Oder 1913; ELAB Frankfurt an der Oder, St. Gertrauden, Bestattungen 1831; ELAB Schwedt, deutsch-reformierte Kirche, Bestattungen 1781; EZA Königsberg, Dom, Taufen 1790; Straubel, Verwaltungs- und Justizbeamte, S. 1115–1116).
Die Ehefrau Wißmanns war eine Nichte Elisabeth Staegemanns, geb. Fischer, gesch. Graun (1761–1835), der Ehefrau von Friedrich August Staegemann (1763–1840), und eine Cousine von Hedwig Olfers, geb. Staegemann (1799–1891), der Ehefrau von Dr. med. Ignaz Franz Werner Olfers (1793–1872), eines Freimaurers, der zeitweise im Diplomatischen Dienst Preußens Verwendung fand und ab 1839 als Generaldirektor der Königlichen

Ihr Haupt treffen zu wollen scheint, kann ich mir einige Worte nicht versagen, ob ich vielleicht Ihre Besorgniß ein wenig mindern mag.
Zuerst weiß ich, versichr' ich, möcht' ich beschwören, daß eine Verbindung, wie man sie fabelt, unter Häuptern wie Arndt,[2] Jahn[3] weder bestanden jemals, noch besteht. – Ich kenne die Menschen, die man beschuldigt, ich hab' zum Theil ihr Vertrauen genossen. Ich hab' mit Jahn bis tief in die Nacht zusammen gesessen, geredet.[4] Kein Frommen des Vaterlandes war, das nicht in unser Gespräch fiel, kein Verhältniß, keine Begebenheit des Tages. „Man soll erst die kleinen Verhältnisse ordnen, Schulen soll man bessern, Leibeigene befreien, die Dörfer, die Städteordnung zum Leben gedeihen lassen, u. s. w. Das fürwahr ist die Lehre der Geschichte. Christenthum, Reformation, was je großes begonnen, ist verunglückt durch Blut. Der Strahl des Blutes löscht den Strahl der Sonne aus." Das ist seine Lehre.

Museen in Berlin wirkte (vgl. Grypa, Diplomatischer Dienst, S. 80–81, 286–287); ihre Schwester Maria Schwinck (1807–1901) heiratete 1831 den Professor der Mathematik, Carl Gustav Jacob Jacobi (1804–1851). Charlotte Auguste von Wißmann, zu deren Verehrern in Königsberg Achim von Arnim (1781–1831) und Ludwig Nikolaus Prinz von Radziwill (1773–1830) zählten, galt wegen ihrer Schönheit als „deutsche Récamier" und führte in Frankfurt an der Oder einen eigenen Salon, der in enger personeller Verbindung zu einigen Berliner Salons stand; zu ihrer Freundin Louise Wilhelmine Antoinette von Zielinski, geb. Wagner, spätere von Treskow (1799–1875), deren eigener Salon in Berlin während der 1840er Jahre nicht unbedeutend war, stand Leopold Ranke bereits in Frankfurt in engerem Kontakt (vgl. Wilhelmy, Berliner Salon, S. 123–124, 209, 861 u. ö.).

[2] Ernst Moritz Arndt (1769–1860), Sohn von Ludwig Nikolaus Arndt (1740–1808), ursprünglich Leibeigener in Groß Schoritz auf Rügen, später Gutspächter, und Wilhelmina Friederica Eleonora Dorothea Arndt, geb. Schumacher (1743–1804); Hauslehrer, 1787–1789 Gelehrtenschule in Stralsund, 1791 Studium der Theologie in Greifswald, 1793 in Jena, 1794 Rückkehr nach Rügen, 1796 Hauslehrer bei Ludwig Gotthard Theobul Kosegarten, wo er unter anderem dessen Tochter Alwina unterrichtete, die 1809 Hermann Julius Christoph Baier heiratete (vgl. Nr. 46), 1798–1799 Bildungsreise durch Österreich, Ungarn, Oberitalien, Frankreich, Belgien und Teile Norddeutschlands, 1800 Habilitation in Greifswald und Hochzeit mit Charlotte Marie Quistorp (1780–1801), der Tochter des Professors Johann Quistorp (1758–1834), 1802 Adjunkt an der philosophischen Fakultät in Greifswald, 1803 Reise nach Schweden, danach Beschäftigung in der Regierungskanzlei in Stralsund, Duell mit einem schwedischen Offizier, 1805 außerordentlicher Professor der Geschichte in Greifswald, 1806 nach der Schlacht bei Jena und Auerstedt wegen seiner antifranzösischen publizistischen Tätigkeit Flucht nach Schweden und Tätigkeit in der Staatskanzlei in Stockholm, 1809 Rückkehr nach Pommern, 1810 nach dem Frieden zwischen Frankreich und Schweden erneut Professor der Geschichte in Greifswald, 1811 Bitte um Entlassung, 1812 über Berlin, Breslau, Prag und Galizien Reise nach St. Petersburg, 1812–1816 Mitarbeiter des Freiherrn vom Stein und Verfasser zahlreicher patriotischer Flugblätter, 1816 Reise nach Dänemark, ab Herbst 1816 Aufenthalt im Rheinland, Herbst 1817 Hochzeit mit Nanna Marie Schleiermacher (1786–1869), der Stiefschwester von Friedrich Daniel Ernst Schleiermacher, Herbst 1818 Professor der Geschichte in Bonn, 1820 wegen angeblicher demagogischer Umtriebe vom Dienst suspendiert, 1822 Einstellung des Verfahrens, aber keine Rehabilitation, Arndt durfte bis 1840 keine Vorlesungen halten, erst nach dem Regierungsantritt Friedrich Wilhelms IV. wurde er wieder in sein Amt eingesetzt, 1848 Abgeordneter der Deutschen Nationalversammlung in Frankfurt.

[3] Friedrich Ludwig Jahn (1778–1852), Begründer der Turner-Bewegung.

[4] Vgl. F. H. Ranke, Jugenderinnerungen, S. 105.

Sein Herz war bewegt, es hatte sich mir geöffnet: log er da, so hat niemand je die Wahrheit geredet. Vor keinem Ding hat er die Jugend also gewarnt, als vor geheimer Verbindung.[5] Als zwischen den Jahren ⟨180⟩7–⟨18⟩13[6] jedermann Bünde suchte, Gesellungen für sein vaterländisch Gefühl, ist er immer allein gestanden. Die Dolche wirft man ihm vor.[7] Der eine ist ein Küchenmesser, der andere hat ihn 1815 begleitet, da er als Courier nach Paris gesandt ward.[8] Ihn nun hält man für das Haupt geheimer Umtriebe. „Ein gutes Gewissen hilft alles ertragen", schrieb er im vorigen Brief an seine Frau.[9]

Aber sie bestehe, diese Verbindung: so weiß ich zu zweit, daß man Euer[a] Hochgeboren hier, in Berlin,[10] aller Orten als freigesinnt kennt. Solche Opfer, wessen Blut würden sie verbürgen? Ist doch darüber Eine Stimme im Publikum, haben Sie sich doch nie gescheut, sich auszusprechen, wo es die Gelegenheit gab. Andere fürwahr werden von einigen gefürchtet.

Zu dritt, hat weder Sand[11] noch Löning,[12] noch je ein Meuchelmörder sich brieflich angekündigt. Wer von etwas redet, thut's selten. Das Wort dünkt

[a] In der Vorlage: „Ew.".

[5] Tatsächlich gehörte Jahn während seiner Studentenzeit dem Unitisten-Orden an (vgl. ausführlich Günther Jahn: Die Studentenzeit des Unitisten F. L. Jahn und ihre Bedeutung für die Vor- und Frühgeschichte der Burschenschaft 1796–1819, in: Darstellungen und Quellen zur Geschichte der deutschen Einheitsbewegung im neunzehnten und zwanzigsten Jahrhundert, Bd. 15. Heidelberg 1995, S. 1–129). 1810 wurde von Jahn und anderen Turnern „ein geheimer Patriotenbund" gegründet (Zitat: Meyer, Jahns Briefe, S. 118), der „Deutsche Bund", der die konspirative Tätigkeit von Justus Karl Gruner unterstützte und die Erhebung gegen Napoleon vorbereitete (vgl. zusammenfassend Hermann Kriegl: Justus Karl Gruner und die Revolutionierung Deutschlands 1810–1813. Diss. masch. Erlangen-Nürnberg 1983, S. 97–108).

[6] Während der französischen Besetzung Preußens.

[7] Laut Fuchs (L. v. Ranke, Briefwerk, S. 6) übergab Jahn der Polizei bei seiner Verhaftung zwei Dolche, die er in seinem Schreibpult verwahrt hatte, das später von Leopold Ranke erworben wurde (vgl. Nr. 72).

[8] Auf Veranlassung von Staatskanzler Hardenberg (vgl. Pröhle, Jahn, S. 311).

[9] Helene Jahn, geb. Kollhoff († 1823), ihr väterliches Vermögen hatte Jahn zur Einrichtung des Turnplatzes in der Hasenheide verwandt (vgl. Pröhle, Jahn, S. 140–141). Das hier von Leopold Ranke, der von dem Brief Kenntnis gehabt haben muß, fast wörtlich wiedergegebene Zitat ist der Schluß des Briefes Jahns an seine Ehefrau vom 18. Juli 1819 (Druck: Meyer, Briefe Jahns, S. 122–123, Zitat auf S. 123) und lautet korrekt: „ein gutes Gewissen alles ertragen hilft".

[10] Sollte sich „Berlin" auf „hier" beziehen und nicht steigernd zu verstehen sein, wäre der bei Dove und Fuchs angeführte Entstehungsort des Briefes nicht korrekt und die Person des „Präsidenten" nicht als Friedrich Ludwig August von Wißmann zu identifizieren.

[11] Carl Ludwig Sand (1795–1820), Burschenschaftler und Teilnehmer am Wartburgfest, erstach am 23. März 1819 in Mannheim den Dichter, politischen Publizisten, russischen Staatsrat und Freimaurer August Friedrich Ferdinand (ab 1785: von) Kotzebue (1761–1819).

[12] Karl Löning (1791–1819), Apotheker, verübte am 1. Juli 1819 in Bad Schwalbach einen Anschlag auf den nassauischen Regierungspräsidenten Karl Friedrich Justus Emil von Ibell (1780–1834).

dem Schicksal auch eine That, auch eine Gewährung. Wo man Brandbriefe findet, ist Anstecken am entferntesten.
Aber eine andere Partei giebt es: diese, wie es scheint, hat sich verbunden. Man kennt die Ultras in Frankreich[13], man weiß, was sie in Baden[14], was sie in Bayern[15] versucht: auch bei uns bestehe ein Bund, sagt man sich, genannt für Wahrheit und Recht. Wo ist die Vehme[16] zu suchen, bei diesen oder bei jenen? Als Patricier und Plebejer stritten, wer hat da gemordet? Wem fiel der Tribun Genucius[17], wer erschlug die Gracchen[18], den Livius

[13] Ultraroyalisten: im Frankreich der Restaurationszeit (1814/15–1830) die von ihren Gegnern so genannten Parteigänger der äußersten Reaktion, die sich massiv und militant für die Rechte des Königs, des Adels und der Kirche einsetzten; der Name verbreitete sich von da auf gleichgerichtete Bestrebungen außerhalb Frankreichs.

[14] In Baden waren seit 1818 konservative Minister in der Regierung bestimmend, angeführt von Wilhelm Ludwig Leopold Reinhardt Freiherr von Berstett (1769–1837) und danach von dem Bundestagsgesandten Friedrich Landolin Karl Freiherr von Blittersdorf (1792–1861) (vgl. Friedrich von Weech: Badische Geschichte. Karlsruhe 1890, passim; zu Blittersdorf vgl. ausführlich Wolfgang von Hippel: Friedolin Landolin Karl von Blittersdorf 1792–1861. Ein Beitrag zur badischen Landtags- und Bundespolitik im Vormärz. Stuttgart 1967).

[15] Wohl Anspielung auf den Sturz Montgelas' 1817, die Ausgestaltung der bayerischen Verfassung vom 26. Mai 1818 und die Auseinandersetzungen zwischen der bayerischen Regierung und Teilen der Kammer der Abgeordneten im Frühjahr und Sommer 1819 (vgl. Eberhard Weis: Montgelas, Zweiter Band: Der Architekt des modernen bayerischen Staates 1799–1838. München 2005, S. 790–800, sowie Eberhard Weis: Die Begründung des modernen bayerischen Staates unter König Max I. (1799–1825), in: Max Spindler (Hg.): Handbuch der bayerischen Geschichte. 2., völlig neubearb. Aufl., neu hrsg. von Alois Schmid. München 2003, S. 3–126, hier S. 117–125).

[16] Ursprüngliche Bedeutung: Vereinigung, Bund; im Spätmittelalter häufig mit den Feme-Gerichten in Westfalen, Mittel- und Ostdeutschland gleichgesetzt, später auch bezogen auf staatlich nicht legitimierte Privatjustiz.

[17] Lucius Genucius (vgl. Livius, Ab urbe condita, Buch II, Kapitel 54–55). Leopold Ranke schrieb über 70 Jahre später: „Der plötzlich eingetretene Tod des Tribunen Genucius wurde dem Parteihaß der Patricier zugeschrieben, so daß die übrigen ⟨Volkstribunen⟩ fürchten, durch heftiges Vorgehen ein ähnliches Schicksal über sich hereinzuziehen. Aber eine solche Lage, in welcher anerkannte Rechte doch nicht zu voller Geltung gelangen, und ein Stand von dem anderen durch indirecten Druck oder offene Gewaltsamkeit niedergehalten wird, kann auf die Länge nicht dauern." (L. v. Ranke, Weltgeschichte, Bd. II/1, 1. Kapitel, S. 56)

[18] Tiberius Sempronius Gracchus wurde 133 v. Chr. von den in ihrer Macht angegriffenen Optimaten erschlagen. Er hatte sich für die Austeilung von Landbesitz aus dem römischen Gemeindeland (Ager publicus) an die Volksmassen eingesetzt. Der jüngere Bruder Gaius Sempronius Gracchus griff die Pläne erneut auf, ergänzte sie um die Forderung nach einem wesentlich erweiterten römischen Bürgerrecht und besetzte schließlich den Aventin. Der Senat ließ seine Anhänger töten, er selbst nahm sich das Leben (121 v. Chr.).

Drusus[19], als die wüthend verbundenen Aristokraten? Also in Griechenland; also bei uns. Wer sandte die Meuchelmörder wider Luther aus?[20] Das Dessauer Bündniß der Katholischen ging dem schmalkaldischen voran;[21] die Packischen Händel[22] gingen von den Altgläubigen aus; die Liga hielt aus im dreißigjährigen Kriege.[23]

[19] Markus Livius Drusus, der Jüngere (um 124–91 v. Chr.); Leopold Ranke schrieb über ihn: „In der Mitte seiner umfassenden, auf das allgemeine Wohl zielenden, aber mannigfache Interessen durchkreuzenden Entwürfe wurde Livius Drusus von dem Schicksal, dem Scipio Aemilianus erlegen sein soll, wirklich betroffen. In der Halle seines Hauses auf- und abgehend ist er ermordet worden ⟨91 v. Chr.⟩. ⟨...⟩ Nach seinem Tode fanden die Gegner Mittel, seine Gesetze eines Formfehlers wegen zurückzunehmen. Unter der Führung eines andern Tribuns begann dann eine Verfolgung aller derer, die an den Unterhandlungen mit den Italikern ⟨um Bürgerrechte⟩ Antheil genommen hatten. Der Senat blieb wie er war" (L. v. Ranke, Weltgeschichte, Bd. II/2, 3. Kapitel, S. 83–87, Zitat: S. 86–87). Von Scipio Aemilianus verbreitete sich das Gerücht, er sei in seinem Haus ermordet worden (129 v. Chr.) (vgl. ebd., S. 29–30).

[20] Für den Januar und Februar 1525 bezeugen Briefe Martin Luthers (1483–1546) mehrere, wie der Reformator meinte, von Bischöfen ersonnene Mordanschläge auf ihn (vgl. D. Martin Luthers Werke. Kritische Gesamtausgabe. Briefwechsel, Bd. 3, Weimar 1933, S. 428–429).

[21] Der Dessauer Bund katholischer Reichsfürsten wurde 1525, der Schmalkaldische Bund evangelischer Reichsfürsten 1531, nach dem Scheitern des Augsburger Reichstages von 1530, gegründet. Leopold Ranke schreibt später hierzu (L. v. Ranke, Zeitalter der Reformation, Bd. 3, S. 608): „Wir wissen, wie wenig es die evangelischen Fürsten bis dahin zu nachhaltigen Verbindungen gebracht hatten; auch jetzt schwankten sie, solange der Kaiser noch in Augsburg verweilte, und es nicht ganz außer Zweifel war, welche Maßregeln er im Verein mit der Majorität ergreifen würde. ⟨...⟩ Als nun aber der Abschied erschien, der so entschieden feindselig lautete ⟨...⟩, konnte man nicht länger zögern, zusammenzutreten."

[22] Über das gefälschte Aktenstück Ottos von Pack (um 1480–1537), welches einen angeblichen Angriffsplan der katholischen gegen die protestantischen Reichsfürsten ‚bewies', wäre 1528 um ein Haar ein Krieg ausgebrochen. Landgraf Philipp von Hessen war bereits im Würzburgischen und in Mainz eingedrungen und bedrohte Bamberg. Behauptet Leopold Ranke in diesem Brief noch: „die Packischen Händel gingen von den Altgläubigen aus", so wird er später (L. v. Ranke, Zeitalter der Reformation, Bd. 3, S. 486) resümieren: „Ein so mit Widersprüchen angefülltes, von einem so unzuverlässigen betrügerischen Menschen dargebotenes Aktenstück muß ohne Zweifel völlig verworfen werden."

[23] Die Liga, ein Bündnis katholischer Reichsstände, wurde — anders als die 1621 aufgelöste evangelische Union — erst im Zuge des Prager Friedens von 1635 aufgehoben.

Was ist doch aus dem Geschrei geworden, das Schmalz[24] veranlaßte,[25] das sie bei der Wartburgfeier erhuben, bei der Sandischen That, das Sturdza[26] begann? Ein Oberforstmeister[27] war's, der vor kurzem einen freien Red-

[24] Theodor Anton Heinrich Schmalz (1760–1831), Sohn von Friedrich Wilhelm Schmalz (1724–1763), Kriegskanzlist in Hannover, und Clara Justine Louise Schmalz, geb. Völkening (1738–1808), Gymnasium in Hannover und Stade, 1777 Studium der Theologie und Philologie in Göttingen, 1779 Eintritt in die Freimaurer-Loge „Zum goldenen Zirkel" in Göttingen, 1780 Hofmeister eines „Herrn von Döring", 1783 Studium der Rechte, 1785 Privatdozent in Göttingen, 1786 Privatier in Hannover, Dr. iur., Neujahr 1787 außerordentlicher Professor der Rechte in Rinteln, Hochzeit mit Louise Elisabeth Edelmann (* 1760), 1788 ordentlicher Professor der Rechte in Rinteln, Ostern 1789 Professor der Rechte in Königsberg, 1790 Eintritt in die Freimaurer-Loge „Zu den drei Kronen", 1793 Assessor bei der Kriegs- und Domänenkammer, 1794 Dekan der Juristischen Fakultät und Rektor der Universität, 1796 Konsistorialrat, 1801 Kanzler und Direktor der Universität in Königsberg, 1803 Professor für Staats- und Völkerrecht in Halle, Geheimer Justizrat, Affiliation zur Freimaurer-Loge „Zu den drei Degen", 1804 Zweiter deputierter Meister, 1806 Meister vom Stuhl, 1808 Reise nach Memel, Übersiedlung nach Berlin, Meister vom Stuhl der Freimaurer-Loge „Zum flammenden Stern", der auch Karl Ernst Job Wilhelm von Witzleben, einer der Generaladjutanten Friedrich Wilhelms III. angehörte, 1809 Mitglied des Kollegiums der Großen National-Mutterloge „Zu den drei Weltkugeln", 1809 Rat am Oberappellationssenat des Kammergerichts in Berlin, 1809 Professor der Rechte, 1809–1811 Gründungsrektor der Friedrich-Wilhelms-Universität in Berlin, 1814 Übertritt zur Großen Landesloge der Freimaurer von Deutschland, dort Großredner, zugleich Meister vom Stuhl der Freimaurer-Loge „Pegasus"; Clara Christina Johanna Schmalz (1762–1803), die Schwester von Theodor Schmalz, heiratete 1785 den späteren preußischen General Gerhard Johann David (ab 1802: von) Scharnhorst (1755–1813), einen Jugendfreund ihres Bruders, der wie dieser 1779 in die Freimaurer-Loge „Zum goldenen Zirkel" in Göttingen aufgenommen worden war (vgl. Gerlach, Logen zwischen Oder und Niederrhein, S. 424 Nr. 332).

[25] Theodor Schmalz veröffentlichte 1815 under dem Titel „Berichtigung einer Stelle in Bredow's Chronik für das Jahr 1808. Ueber politische Vereine, und ein Wort über Scharnhorsts und meine Verhältnisse zu ihnen" eine Schrift über "Geheime Verbindungen". Sie führte zu einer intensiven pulizistischen Debatte, an der sich unter anderen Barthold Georg Niebuhr und Friedrich Daniel Ernst Schleiermacher beteiligten und die erst durch eine königliche Kabinettsordre beendet wurde. Ende Dezember 1819 wurde Schmalz im Zusammenhang mit den Untersuchungen über die Ermordung Kotzebues amtlich über die Beteiligung Jahns an geheimen Verbindungen befragt (vgl. Hans-Christof Kraus: Theodor Anton Heinrich Schmalz (1760–1831). Jurisprudenz, Universitätspolitik und Politik im Spannungsfeld von Revolution und Restauration. Frankfurt am Main 1999, S. 189–242).

[26] Der russische Schriftsteller Alexander Skarlatowitsch von Stourdza (1791–1854) schrieb im Auftrag des Zaren die „Mémoire sur l'état actuel de l'Allemagne", Paris 1818, die bereits im selben Jahre in Frankfurt am Main in deutscher Sprache erschienen („Denkschrift über den gegenwärtigen Zustand Deutschlands"; zweite Auflage Stuttgart / Tübingen 1819) und in denen er besonders die Universitäten als Brutstätten der Revolution einstufte. Bereits im Januar 1819 legte Wilhelm Traugott Krug, ein enger Freund von Friederike Wilhelmine Ahlemann (vgl. Nr. 63), einer der Vertrauten Leopold Rankes in Frankfurt an der Oder, eine Publikation vor, die explizit auf das Mémoire Stourdzas Bezug nahm (Auch eine Denkschrift über den gegenwärtigen Zustand von Deutschland, oder Würdigung der Denkschrift des Herrn von Stourdza in juridischer, moralischer, politischer und religioser Hinsicht. Leipzig 1819).

[27] Nicht ermittelt.

ner[28] in Baden bedroht. Noch nie hat ein frevler Rauch die Sonne verdunkelt. Nun scheint man das letzte versuchen zu wollen. Einige unvorsichtige Studenten haben thörichte Dinge in ihren Briefen geäußert. Was faßt ein Brief nicht alles? Was sagt ein junges Blut nicht? Wer saugt nun das Gift aus den Briefen? Auch in Freiburg hat man Studenten eingezogen: man hat sie wieder entlassen müssen. Die Zeitungen, so voll anfangs von Drohungen, fangen an zu schweigen. Fürwahr ein Beweis, daß man nichts findet. Aber ihre Wuth kennt keine Grenzen; finden sie nichts, so müssen sie etwas erdichten. Wer könnte die Schande messen, wenn doch nicht wahr wäre, was sie verkündet mit wüthendem Eifer? Nicht zum erstenmal sind Briefe ersonnen worden. Um jeden Preis müssen sie hindern, was sie hassen, und wenn sie ganz Theillose kränken sollten, bis zum Tod. Sie ersinnen dies, um jedes freisinnige Gemüth verdächtig zu machen. Von diesen Ultras, die keine Constitution kennen, als den Willen der Polizei, kein Vaterland, als ihr Sopha, keinen Gewinn, als das blanke Geld, kommt dieser Brief. Er soll die Regierungen, den König der Verschwörung vollends gewiß machen. Es giebt keine geheimen Richter, drum eben muß man sie erdichten. Bei liberal gesinnten Männern muß man's: man gewinnt sicherlich alle, die des Vaterlandes Ruhe, friedliches Glück wünschen. Diese Politik ist fein, unerwartet, sie scheint zu treffen. O⟨,⟩ daß das Vaterland in solche Noth gekommen! nun bedarf's der Männer, nun des starken Gemüths. Verzeihen Sie, hochgeborener Herr, den Ausbruch eines Gefühls, das ich nicht zurückhalten mag noch kann! Was thät' ich nicht, um Sie ein wenig mit der Jugend zu versöhnen! Um diesen Preis, geschrieben zu haben, wie's mich treibt, hätt' ich selbst Ihren Unwillen ertragen.

Euer[b] Hochgeboren
gänzlich ergebener
[c]Franz Leopold Ranke[c].

[b] In der Vorlage: „Ew.“.
[c–c] In der Vorlage gesperrt gedruckt.

[28] Nicht ermittelt.

Nr. 44

Leopold Ranke an Heinrich Ranke[1]

V: L. v. Ranke, Lebensgeschichte, S. 81–83 (Druck)
GStA PK VI. HA Nl Hoeft Nr. 2 (Teilabschrift)
G: GStA I. HA Rep. 92 Nl L. v. Ranke Nr. 7 (nicht erhalten)

[Berlin⟨,⟩ 25. September 1819.]

Ich habe Dein gedacht, lieber Bruder, als ich da war, wo Jahn[2] Dir den Schweiß von der Stirn getrocknet, — kurz vor Münchenberg[3], da wir im Fichte[4] lasen — auf den Taßdorfer Höhen[5], zu denen ich noch einen Vorhalt ausgefunden, — nun denk ich Dein hier in dem grünen Baum, Sonnabends gegen vier, da Du wohl Stangen[6] geleitet und zurückkommst. Denn es dünkte mich gut, da ich wählen konnte, zwischen sichern anderthalb Tagen in Berlin und einer unsichern Stunde bei Faulstich[7] das sichere vorzu-

[1] Heinrich Ranke (1798–1876), Bruder Leopold Rankes.

[2] Friedrich Ludwig Jahn (1778–1852), Begründer der Turner-Bewegung.

[3] Vgl. Nr. 36.

[4] Johann Gottlieb Fichte (1762–1814), Professor der Philosophie. In diesem Zusammenhang ist wohl am ehesten an die „Reden an die deutsche Nation" (1808), „Die Grundzüge des gegenwärtigen Zeitalters" (1806) oder die „Grundlage des Naturrechts nach Principien der Wissenschaftslehre" (1796) zu denken. Leopold Ranke stellte in dieser Zeit Exzerpte aus den Schriften „Ueber das Wesen des Gelehrten und die Erscheinungen im Gebiete der Freiheit" (1806) und „Die Anweisung zum seeligen Leben, oder auch die Religionslehre" (1806) her (vgl. L. v. Ranke, Tagebücher, S. 493–501). Heinrich Ranke schreibt über den Anfang seiner Studienzeit in Halle: „Damals [1817] lernte ich durch meinen Bruder, den ich in Leipzig fleißig besuchte, Fichte's Anweisung zum seligen Leben kennen." (F. H. Ranke, Jugenderinnerungen, S. 90).

[5] Vgl. Nr. 36.

[6] Johann Carl Wilhelm Thomas Stange (1792–1854), Sohn von Theodor Friedrich Stange (1742–1831), Professor der Theologie in Halle, und Maria Agnesa Stange, geb. de Marées (1754–1824), 1798 reformiertes Gymnasium in Halle, 1807 Joachimsthalsches Gymnasium in Berlin, 1808 Studium der Theologie, Philologie und Naturwissenschaften in Halle, 1813–1814 Teilnahme an den Befreiungskriegen, März 1815 Lehrer-Examen, 1815 Alumnats-Inspektor, 1818 Oberlehrer am Friedrichs-Gymnasium in Frankfurt an der Oder, 1824 Hochzeit mit Henriette Wilhelmine Marie Müller (1801–1844), Tochter von Carl Ludwig Müller († vor 1806), Buchhändler in Dessau, 1828 neben seinem Amt als Oberlehrer Bibliothekar der Westermannschen Bibliothek, 1839 Professor am Friedrichs-Gymnasium in Frankfurt an der Oder (vgl. Archiv KPS Halle, Domkirche, Taufen 1792; Archiv KPS Halle, deutsch-reformierte Domkirche, Bestattungen 1824; ELAB Frankfurt an der Oder, Friedenskirche, Trauungen 1824; GStA PK I. HA Rep. 76 alt X Nr. 6 und Nr. 10; Bachmann, Abiturienten, S. 54–55; L. v. Ranke, Lebensgeschichte, S. 35).

[7] Christian Faulstich (* 1776), Sohn von Johann Gottlieb Faulstich (1743–1790), Justizamtmann und Rechtskonsulent in Wiehe, und Maria Dorothea Faulstich, geb. Wolf († 1778), Stadtschule Wiehe, 1790 Landesschule in Pforta, 1796 Studium in Leipzig, 1805 Gouverneur und Lehrer für Physik an der Schule des Königlichen Kadettenkorps, 1809 Leiter eines Privat-Instituts in Berlin, 1819 Oberlehrer für Mathematik in Neuruppin, 1826 Direktor des Schulmeisterseminars in Mirow. Der Vater von Christian Faulstich war 1756–

ziehen. Hatt' auch also schöne Fahrt in verständiger Begleitung gemacht, daß ich ganz muthig war, hierzubleiben und es nochmals aufzunehmen mit den hohen Nasen und Hüten, hiesigem Gemach und Ungemach. Die Natur hat der Mark mancherlei versagt, aber klaren Abendhimmel hat sie überall ausgespannt, vergoldet ihn hier, so schön wie irgendwo, mit dem Sonnenabschied. Ist wohl auszuhalten, auch ohne Berge. Gestern hat sie mich Fluchtsinnenden recht schön gebeten, zu bleiben. Gestern Abend haben wir in einer schönen, reinen, gastlichen Schmiede Kartoffeln gegessen und Milch getrunken, die Tüchtigkeit einer reinen märkischen Natur anerkannt.

Heut früh bin ich bei Süvern[8] gewesen, hab' mit ihm von der Sorge für die Frankfurter Alterthümer gesprochen; er sagt, ich möcht ihm künftig Vor-

1762 ebenfalls Schüler in Pforta (vgl. Hoffmann, Pförtner Stammbuch, Nr. 6775 und 7862, S. 255 und 305; Bittcher, Pförtner Album, S. 555; Erler, Matrikel Leipzig, S. 83); seine Stiefmutter, Christiana Friederica Francisca Faulstich, geb. de Finance (∗ 1744), war die Tochter von Johann Franciscus Engelbert de Finance (1717–1778), des „Sprachmeisters" für Französisch in Pforta (Archiv KPS Landesschule Pforta, Bestattungen 1778), und hatte von 1775 bis 1777 als Gouvernante für die Kinder des Prinzen August von Schwarzburg-Sondershausen (1691–1750) gewirkt.

[8] Wohl Ernst August Süvern (1790–1841), Sohn von Heinrich Wilhelm Süvern (1746–1799), Erster Prediger in Lemgo, und Catharina Wilhelmina Süvern, geb. Brand; Lutherisches Gymnasium in Halle, 1804 Gymnasium in Elbing, dessen Rektor sein Bruder Johann Wilhelm Süvern war, 1807 Altstädtisches Gymnasium, 1808 Studium der Rechts- und Staatswissenschaften in Königsberg, 1811 in Berlin, 1812 Referendar-Examen, Referendar bei der Regierung in Breslau, Frühjahr 1813 Eintritt in das Lützowsche Freikorps, Aufstieg zum Feldwebel, Wahl zum Offizier, als solcher vom König bestätigt, Leutnant und Adjutant des 2. Bataillons des Infanterie-Regiments Nr. 25, 1815 Verwundung in der Schlacht bei Ligny, Eisernes Kreuz, Januar 1816 auf eigenen Wunsch Abschied aus dem Militärdienst, März 1816 durch Verwendung des Oberpräsidenten Friedrich Ludwig Christian Graf zu Solms-Laubach (1769–1822) außerordentlicher Assessor mit Diäten bei der Regierung in Koblenz, Februar 1817 Assessor-Examen, danach Regierungsrat bei der Regierung in Koblenz, 1833 Regierungsrat, später Oberregierungsrat und Dirigent der Abteilung des Innern bei der Regierung in Posen (vgl. GStA PK I. HA Rep. 89 Nr. 13629; GStA PK I. HA Rep. 125 Nr. 4399).

Eventuell handelt es sich bei dem hier erwähnten Süvern aber auch um den Bruder von Ernst August Süvern: Johann Wilhelm Süvern (1775–1829), Sohn von Heinrich Wilhelm Süvern (1746–1799), Erster Prediger in Lemgo, und Catharina Wilhelmina Süvern, geb. Brand, 1789 Gymnasium in Lemgo, 1793 Studium der Theologie und Geschichte in Jena, unter anderem bei Fichte und Schiller, 1796 der Philologie in Halle, unter anderem bei Friedrich August Wolf, Oktober 1796 Eintritt in die Freimaurer-Loge „Zu den Drei Degen", Ende 1796 Seminar für gelehrte Schulen von Friedrich Gedike, zugleich Lehrer am Gymnasium zum Grauen Kloster in Berlin, Eintritt in die Freimaurer-Loge „Royale York de l'amitié", 1798 Eintritt in die Freimaurer-Loge „Pythagoras zum flammenden Stern", 1799 dort Redner, 1800 Rektor am lutherischen Gymnasium in Thorn, 1801 Eintritt in die Freimaurer-Loge „Zum Bienenkorb", 1802 Hochzeit mit Maria Klugmann († 1857) aus Marienburg, Tochter eines Kaufmanns, 1803 Direktor des Gymnasiums in Elbing, 1804 Eintritt in die Freimaurer-Loge „Constantia zur gekrönten Eintracht", 1805 Meister vom Stuhl, 1807 Professor der alten Literatur in Königsberg, hier Kontakte zu Hofkreisen, eine Abschrift seiner Vorlesung über die politische Geschichte Europas seit Karl dem Großen wurde von Königin Luise gelesen und mit Randbemerkungen versehen, zeitweise war

schläge thun, und die Sache beim Ministerium zur Sprache bringen.[9] Drauf hab' ich mit Stenzeln[10] die Stadt durchwandert, viel von ihm gelernt, zumeist, daß er bescheiden, zutraulich und gar freundschaftlich geworden. Er hat eine gute Kenntniß des Mittelalters und ausgezeichnete von der neueren Zeit, wie ich sie auch wünschte zu haben.[11]

Süvern als Erzieher des Kronprinzen im Gespräch, 1809 Staatsrat in der Unterrichtsabteilung im Ministerium des Inneren in Berlin, Leiter der Unterrichtssektion, 1810 Eintritt in die Freimaurer-Loge „Zur Eintracht", 1812 Ehrenmitglied der „Großen National-Mutterloge", 1814 Eintritt in die Freimaurer-Loge „Zu den drei goldenen Schlüsseln", Mitglied des „Montagclubs", 1815 Mitglied der Akademie der Wissenschaften in Berlin, 1816 Geheimer Regierungsrat, 1817 Wirklicher Geheimer Oberrregierungsrat und Mitdirektor der Abteilung für den öffentlichen Unterricht im Ministerium der Geistlichen, Unterrichts- und Medizinal-Angelegenheiten (vgl. GStA PK I. HA Rep. 77 Tit. 267 Nr. 1 Adhib. 3 Bd. 1; Die alte Schülermatrikel des Gymnasiums zu Lemgo. Hrsg. von Prof. Dr. Schacht. Lemgo 1913, S. 70; Gerlach, Logen in Berlin, S. 560 Nr. 1014; Gerlach, Logen in Pommern, Preußen und Schlesien, S. 452 Nr. 216).

9 Ein Schreiben Leopold Rankes an das Ministerium der Geistlichen, Unterrichts- und Medizinal-Angelegenheiten konnte bisher nicht ermittelt werden; daher ist die Bedeutung die Formulierung „Frankfurter Altertümer" unklar, eventuell handelte es sich dabei um Sammlungen der 1811 aufgelösten und mit Breslau vereinigten Frankfurter Universität.

10 Gustav Adolph Harald Stenzel (1792–1854), Sohn von Balthasar Stenzel (1751–1838), Konrektor am Gymnasium in Zerbst, und Karoline Stenzel, geb. Mehske (1768–1838), Privatschule, Ostern 1809 Gymnasium Francisceum in Zerbst, Ostern 1810 Studium der Theologie, der Geschichte und Philologie in Leipzig, unter anderem bei Johann Gottfried Jakob Hermann und Daniel Beck, der ihn in das Philologische Seminar aufnahm, März 1813 Freiwilliger im Bataillon Anhalt, Dezember 1813 Verwundung in Sehstedt bei Rendsburg, März 1814 Rückkehr nach Zerbst, Entlassung aus dem Militär als Offizier, Juni 1814 Aufnahme in die Freimaurer-Loge „Minerva zu den drei Palmen" (vgl. Förster, Matrikel Minerva, Nr. 973), 1815 Magister und Dr. phil., Februar 1816 Habilitation, Privatdozent der Geschichte in Leipzig, 1817 Privatdozent in Berlin, Ostern 1820 außerordentlicher Professor in Breslau, 1821 Archivar des Schlesischen Provinzialarchivs, Hochzeit mit Maria Bredow (1799–1845), der Tochter von Gottfried Gabriel Bredow (1773–1814), Professor der Geschichte in Helmstedt und Frankfurt an der Oder, zuletzt Regierungsrat in Breslau, 1825 Leitung des Schlesischen Provinzialarchivs, März 1827 ordentlicher Professor in Breslau, 1828 Mitglied der Deutschen Gesellschaft in Königsberg, 1832 Geheimer Archivrat, korrespondierendes Mitglied der Akademie der Wissenschaften in München, 1835 Mitglied der Gesellschaft der Wissenschaft in Krakau, 1848 Abgeordneter der Deutschen Nationalversammlung in Frankfurt, Hochzeit mit Emilie Ehm, 1849 Mitglied der Deputation, die im April 1849 Friedrich Wilhelm IV. die Kaiserkrone anbot, 1850 Abgeordneter des Erfurter Unionsparlaments, 1851 Abgeordneter der Zweiten Kammer des preußischen Landtags in Berlin (vgl. ausführlich Stenzel, Stenzels Leben).

11 Stenzel hatte mit Leopold Ranke zusammen in Leipzig studiert, unter anderem auch bei Johann Gottfried Jakob Hermann. Patriotische Gefühle lenkten sein Interesse zum Mittelalter, dessen vorhandene Darstellungen ihm nicht genügten. Zur Zeit des vorliegenden Briefes war Stenzel Privatdozent in Berlin und gerade dabei, seine Abhandlung „Versuch einer Geschichte der Kriegsverfassung Deutschlands vorzüglich im Mittelalter" zu veröffentlichen. 1820 erschien neben dem genannten Buch auch sein „Handbuch der Anhaltischen Geschichte". Zugleich bereitete er seit geraumer Zeit eine Geschichte der Deutschen von Karl dem Großen bis auf Rudolf von Habsburg vor; daraus ging schließlich seine „Geschichte Deutschlands unter den Fränkischen Kaisern" hervor (2 Bde., Leipzig

Was soll ich Dir nun von all dem schreiben, was ich bei Jahns gehört, gesehen?[12]
Es hat ihm geschadet, daß man jene Briefe in die Zeitungen gerückt.[13] Ein Doktor, jung[14]⟨,⟩ vom Turnplatz – Dürr[15] soll ihn kennen – hat sich

1827–1828. Er trieb dazu intensive Quellenstudien und zog alle ihm erreichbaren historiographischen Autoren heran; er hielt „eine strenge Sichtung ihrer Nachrichten" für „um so nöthiger, weil diese Gegenstände der geschichtlichen Kritik noch in den berühmtesten Werken unserer Tage oft fast ganz vernachlässigt und alle Nachrichten ohne Prüfung ihrer Glaubwürdigkeit gern aufgenommen werden, so bald sie die Geschichte, wie man meint, anziehend machen." (Bd. 1, S. VIII); der ganze zweite Band der „Geschichte Deutschlands" war der Darlegung dieses quellenkritischen Verfahrens gewidmet. Es ist anzunehmen, daß er Leopold Ranke in Leipzig mit diesen Studien bekannt machte und ihm dabei Grundsätze und Grundregeln der Quellenkritik vermittelte; 1884 notierte Leopold Ranke: „Noch weiter aber geht die Erinnerung zurück zu Stenzel [...] Bei ihm habe ich die erste Sammlung von Scriptores gesehen und auf seiner Stube ein Stück davon zu lesen begonnen, unter seiner Anweisung." (L. v. Ranke, Lebensgeschichte, S. 649.) Ranke hat nicht nur viel von Stenzels Methode übernommen, sondern ist ihm 1824 mit der „Kritik neuerer Geschichtschreiber" sogar zuvorgekommen. Ab 1830 erschienen Stenzels Bände über die „Geschichte des preussischen Staats" für das von Heeren und Ukert herausgegebene Sammelwerk der „Staatengeschichte". Auch auf diesem Feld trat Leopold Ranke, 1841 zum „Historiograph des preußischen Staates" ernannt, in direkte Konkurrenz zu ihm und ließ es auf ein Zerwürfnis ankommen.

12 Leopold Ranke hatte am 1. August 1819 einen Besuch bei Jahns Frau Helene Jahn, geb. Kollhoff († 1823), und dessen Mutter Dorothea Sofie Jahn, geb. Schultze (1751–nach 1819), gemacht. Jahn selbst war zu dieser Zeit bereits im Gefängnis (vgl. Hans-Joachim Bartmuß / Josef Ulfkotte: Nach dem Turnverbot „Turnvater" Jahn zwischen 1819 und 1852. Köln / Weimar / Wien 2011, S. 35–48).

13 Ranke meint hier die Veröffentlichung Jahnscher Briefe im „Weimarer Oppositionsblatt" durch Christian Eduard Leopold Dürre (1796–1879) (vgl. Dürre, Aufzeichnungen, S. 251, sowie Meyer, Briefe Jahns, S. 121, 128–130).

14 Carl Gustav Jung (1794–1864), Sohn von Franz Ignaz Jung (1759–1831), markgräflich-badischer Medizinalrat und Hofarzt in Mannheim, 1813 Studium der Naturwissenschaften und Medizin in Heidelberg, 1816 Dr. med., 1817 Studium der Medizin, Chemie, Mathematik, Botanik, Physik und Philosophie in Berlin, zugleich Assistenzarzt, 1817 unter dem Einfluß von Schleiermacher Übertritt vom Katholizismus zum Protestantismus, Teilnahme am Wartburgfest, Reise mit Friedrich Ludwig Jahn nach Rügen, 7. Juli 1819 Verhaftung in der Wohnung des Berliner Verlegers Reimer, mit dem er befreundet war und bei dem er wohnte, nach 13 Monaten Haft im Hausvogteigefängnis 1820 Ausweisung aus Preußen, 1821 Aufenthalt in Paris, 1822 auf Empfehlung von Alexander von Humboldt Professor für Anatomie in Basel (vgl. Bahl / Ribbe, Matrikel Berlin, Bd. 1, S. 94, Nr. 402).

15 Christian Eduard Leopold Dürre (1796–1879), Sohn von Johann Friedrich Dürre (1753–1842), Bürger und Schneider-Meister in Berlin, und Margaretha Sophia Friederica Dürre, geb. Hartung (1759–1835), 1805 Gymnasium zum Grauen Kloster in Berlin, 1810 „schloß" sich Dürre Jahn „an", 1813, wie Jahn, Eintritt in das Lützowsche Freikorps, Oberjäger, April 1815 Studium der Theologie in Berlin, unter anderem bei Schleiermacher, April 1816 Studium der Theologie, der Geschichte und der Mathematik in Jena, 1817 Sprecher der Urburschenschaft und maßgeblicher Mitorganisator des Wartburgfests, April 1818 bis März 1819 Studium der Theologie in Berlin, April 1819 auf Vermittelung von Heinrich Ranke, der mit Dürre seit seiner Studienzeit in Jena (1815/16) befreundet war, Lehrer an der Wagner'schen Erziehungsanstalt in Frankfurt an der Oder, Februar 1820 Rückkehr nach Berlin, Dezember 1820 Hauslehrer bei Carl Graf von Schwerin (1770–1853) in Busow bei Anklam, September 1822 Rückkehr nach Berlin zum „Studium der

nicht abhalten lassen, durch keine Ermahnung. Darauf hat die Polizei zwei Briefe Jahn's zurückbehalten, und sie durch Tambach[16], weiland auf dem Turnplatz, zur Zeit eitelsten Referendar, der Frau Jahn vorlesen lassen. Sie solle alle Tag der Gefangenschaft feiern, wie Weihnacht, Lichter auf den Tisch stellen, die Stube mit Grün verzieren, hat er darin gesagt: „es war ein Brief gar zu schön und geistreich",[17] spricht sie und durft' ihn nicht

Musik" (Dürre, Aufzeichnungen, S. 325), 1824–1825 Hauslehrer bei einem Kaufmann in Trier, nach Aufenthalten in Nürnberg und München emigrierte Dürre 1829 nach Frankreich, wo er bis 1848 in Lyon als Lehrer tätig war (vgl. ELAB Berlin, Dorotheenstädtische Kirche, Taufen 1796; ELAB Berlin, Dorotheenstädtische Kirche, Trauungen 1786; ELAB Berlin, Dorotheenstädtische Kirche, Bestattungen 1783; ELAB Berlin, Sophienkirche, Bestattungen 1835 und 1842; F. H. Ranke, Jugenderinnerungen, S. 106 u. ö. sowie Dürre, Aufzeichnungen, passim). Retrospektiv hält Dürre über seine Beziehung zu Jahn fest: er war „der Mann, der, wie kein anderer auf mein ganzes Leben einen bedeutenden Einfluß geübt hat". Dürre wurde so zu einem „Werkzeug" „in seiner Hand [...] zur Ausführung seiner Pläne" (vgl. Dürres, Aufzeichnungen, S. 69). So sandte Jahn, der von den Philanthropen Gerhard Ulrich Anton Vieths und Johann Christoph Friedrich Guts Muths beeinflußt war (vgl. ausführlich Tobias Pilz: Der Einfluß der Philanthropen auf die Turnbewegung von Friedrich Ludwig Jahn (= Sportwissenschaft und Sportpraxis, Bd. 148). Hamburg 2007.) Dürre, sicher nicht zufällig, zu Vieths nach Dessau und zu Guts Muths nach Schnepfental (vgl. ebd., S. 84–85, 195). Während Dürre sich „auf einer Reise befand" und die Nachricht von der Verhaftung Jahns erhielt, wurde am 14. Juli 1819 von der Polizei Dürres Frankfurter Wohnung durchsucht und zahlreiche seiner Papiere und Briefe beschlagnahmt. Dürre selbst wurde bei seiner Rückkehr aber auf Grund einer Intervention eines hohen Beamten der Frankfurter Regierung, des Regierungsdirektors Georg Wilhelm Keßler (1782–1846), nicht verhaftet (vgl. Dürre, Aufzeichnungen, S. 244–247). Dürres Schwester Dorothee Sophia Carolina Amalia Dürre (1789–vor 1881) zog nach der Gefangennahme Jahns zu dessen Frau Helene (vgl. F. H. Ranke, Jugenderinnerungen, S. 129).

[16] Heinrich Rudolph Adolph Theodor Gustav Dambach (1798–1845), unehelicher Sohn von Friedrich Heinrich Dambach (1770–1827), Akzise-Kassen-Assistent in Stettin, und Caroline Friederike Müller oder Johanna Wilhelmina Meyer (1771–1848), Tochter von Christian Friedrich Meyer, Schuhmacher-Meister in Rathenow; 1816 Studium der Rechts- und Staatswissenschaften in Berlin, 1818 Referendar beim Kammergericht, 1819 zugleich Mitglied der Ministerial-Untersuchungs-Kommission, 1822 Zweiter Kriminalrichter am Untersuchungsgericht Erfurt, 1827 Kriminalrichter bei der Inquisitoriats-Deputation in Querfurt, Hochzeit mit Wilhelmina Ludovika Noeldechen (1805–1844), Tochter von Johann Ludwig David Noeldechen (1775–1843), Bürgermeister in Magdeburg, später Regierungsrat in Erfurt, und Wilhelmine Philippine Caroline Noeldechen, geb. Braumann (1784–1857), 1833 Kriminalrat bei der Kriminal-Deputation des Stadtgerichts in Berlin, 1835 Hausvogt, Direktor des Hausvogtei-Gefängnisses, 1836 zugleich Direktor des Inquisitoriats beim Kammergericht (vgl. Archiv KPS Querfurt, St. Lampertus, Trauungen 1827; ELAB Berlin, Dreifaltigkeit, Taufen 1798; ELAB Berlin, Friedrichswerder, Bestattungen 1844; ELAB Berlin, Jerusalem, Taufen 1837; ELAB Berlin, Jerusalem, Trauungen 1798; ELAB Berlin, Neue Kirche, Bestattungen 1848; ELAB Lichterfelde/Barnim, Bestattungen 1827; EZA Stettin, Schloßkirche, Taufen 1799; EZA Stettin, Schloßkirche, Trauungen 1798; GStA PK I. HA Rep. 89 Nr. 4016; GStA PK I. HA Rep. 89 Nr. 17041).

[17] Es handelte sich um den Brief Jahns an seine Frau vom 6. September 1819 (Druck: Meyer, Briefe Jahns, S. 147–149). Dort heißt es wörtlich: „Jeden Tag, den ich noch länger festgehalten werde, betrachte als einen Festtag. Setze einen grünen Weihnachtsbaum vors Zimmer, stelle Blumen auf den Tisch und lege Dir ein Freudenkleid an. So wirst Du meine würdige Gattin." Leopold Ranke scheint vom Text des Briefes explizite Kenntnis gehabt zu haben.

behalten. Nun ist die Sache durch Schuckmann[18] ins Gleis gebracht. Sie hat viel Hoffnungen, er sehr wenig, richtet sich ganz für den Winter ein.[19] Sie ist bei ihm gewesen: „wenn man ihm die Augen schloß, könnte man ihn für eine Leich' ansehen", sagt sie. Er bittet sie, den Winter zu ihm zu ziehn, sie hat Leid und Freud mit ihm getragen, sei ihm das Liebste – danach die Jugend, die ihn erkannte.
Nun, lieber Bruder – und sollten wir nicht unser Leblang solche Kindesaugen haben, wie dieser Arnold[20], ungetrübt von Theorie und blaßsüchtgem Sehnen, rasch in die Welt, freudig zu Vergangenheit und Zukunft?

[a]Leopold.[a]

Gedenke mein, da ich fern bin; grüße Dürren und Wagnern[21].

[a–a] In der Vorlage gesperrt gedruckt.

[18] Kaspar Friedrich (ab 1834: Freiherr) von Schuckmann (1755–1834), Sohn von Kaspar Nikolaus von Schuckmann (1721–1797), dänischer Offizier und Besitzer des Gutes Mölln in Mecklenburg-Schwerin, und Friederike Agnese Maria Schuckmann, geb. Schuckmann (1726–1769) aus Bützow in Mecklenburg-Schwerin, 1772 Ritterakademie in Brandenburg, 1775 Studium der Rechts- und Staatswissenschaften in Halle, 1779 Referendar am Kammergericht in Berlin, 1783 Assessor beim kur- und neumärkischen Tabaksgericht, 1785 Kammergerichts-Assistenzrat ohne Gehalt, 1786 Rat bei der Oberamtsregierung und dem Oberkonsistorium in Breslau, 1787 Mitglied der Kammerjustizdeputation in Breslau, 1789 Hochzeit mit Leopoldine Margarethe von Roeder (1769–1790), Tochter von Friedrich Wilhelm von Roeder (1719–1781), Generalmajor, 1790 Oberbergrichter beim schlesischen Oberbergamt, Ablehnung eines Wechsels in den Dienst des Herzogtums Sachsen-Weimar-Eisenach, 1791 Hochzeit mit Henriette Eleonora Augusta Freifrau von Lüttwitz auf Mittelstein (1769–1799), Tochter von Hans Wolf (ab 1788: Freiherr) von Lüttwitz, Stamm Reuthau (1732–1793), Generallandschaftsrepräsentant und Gutsherr, und Henriette Eleonore (ab 1788: Freifrau) von Lüttwitz, Stamm Reuthau, geb. Freifrau von Lüttwitz, Stamm Alt-Raudten (1738–1817), 1795 Präsident der Kriegs- und Domänenkammer in Bayreuth, 1796 zugleich Präsident der Kriegs- und Domänenkammer in Ansbach, 1798 Geheimer Oberfinanz-, Kriegs- und Domänenrat, 1800 Hochzeit mit Eleonore Freifrau von Lüttwitz auf Mittelstein (1778–1854), der Schwester seiner zweiten Ehefrau, 1806 Ablehnung von Ministerämtern im Königreich Württemberg und im Großherzogtum Baden, Präsident der Kriegs- und Domänenkammer von Pommern, 1807 in französischer Haft, auf eigene Bitte Entlassung aus preußischen Diensten, 1808 Entlassung aus der französischen Haft, Ablehnung von Ministerämtern im Großherzogtum Baden und im Großherzogtum Hessen-Darmstadt, 1809 Gutsbesitzer in Hartlieb bei Breslau, 1810 Rückkehr in preußische Dienste, Geheimer Staatsrat und Vorstand der Abteilung für Handel und Gewerbe sowie zugleich, als Nachfolger von Wilhelm von Humboldt, der Abteilung für Kultus und Unterricht im Ministerium des Innern, 1814 Minister des Innern, 1817 Mitglied der Immediat-Untersuchungskommission zur Ermittelung hochverräterischer Verbindungen und staatsgefährlicher Umtriebe, 1829 Ehrenbürger von Berlin, 1830 Schlaganfall, Januar 1834 Erhebung in den erblichen Freiherrnstand, April 1834 Ruhestand.

[19] In der Tat währte die Untersuchungshaft Jahns 6 Jahre.

[20] Arnold Siegfried Jahn (1815–1891), ältester Sohn Friedrich Ludwig Jahns; er wanderte 1852 nach New York aus (vgl. PRÖHLE, Jahn, S. 141–143).

[21] Georg Eduard Wagner (1784–nach 1870), aus Saarbrücken, Studium in Marburg, 1807 Hauslehrer im Königreich Preußen, 1810 Lehrer in Frankfurt am Main, 1813 Übersied-

⟨Postkriptum⟩[b]

Ich schicke Dir die Kranken und Unbrauchbaren[22] auf mein Gehalt zurück. Und Link[23] grüß mir.

[b] Nur überliefert in der Teilabschrift von Hoeft.

lung nach Berlin, Erlaubnis, eine „Pensionsanstalt" zu betreiben, Oktober 1817 Leiter der nach ihm benannten Lehr- und Erziehungsanstalt in Frankfurt an der Oder mit zuletzt 60 Knaben in vier Klassen, an der neben Wagner, Dürre und Heinrich Ranke noch vier weitere Lehrer tätig waren, April 1820 Eintritt in den preußischen Staatsdienst, Geometer im Regierungsbezirk Trier, Erfindung des Metall-Planimeters, 1825 Obergeometer im Regierungsbezirk Köln, 1832 Kataster-Bureau-Vorsteher, Leitung der Kataster-Archive der Regierungsbezirke Aachen und Köln, 1835 Kataster-Inspektor bei der Regierung in Aachen, mit Titel und Rang eines Steuerrats, nach 1860 Eintritt in den Ruhestand (vgl. Stadtarchiv Frankfurt/Oder XIX Nr. 36; G. Wagner: Das Entstehen und die Fortführung des rheinisch-westphälischen Grundsteuer-Katasters nebst einem Anhang über den Werth der Kauf-, Pacht- oder Miethpreise als Prüfungsmittel für die Katastral-Abschätzung des Grundeigenthums. Düsseldorf 1860, S. III-VIII).

[22] Vermerk auf dem Brief laut Hoeft: „mit 1. Pack Wäsche. Signirt H⟨einrich⟩ in Wachsleinen frei. 3.".

[23] Nicht ermittelt.

Nr. 45

Wilhelm Ferdinand Heydler[1] an Leopold Ranke

V: GStA PK VI. HA Nl Hoeft Nr. 1 (Abschrift)
G: GStA I. HA Rep. 92 Nl L. v. Ranke Nr. 26 (nicht erhalten)

Dresden⟨,⟩ den 25ten Sept⟨em⟩b⟨e⟩r ⟨18⟩19.

Geliebtester Freund und Bruder,

Ich möchte gar zu gern noch einen Brief von Dir haben, ehe ich hier abreise,[2] also antworte mir recht bald. Verzeihe mir, daß ich ohne Deinen Consens die Sachen an Dich addressirt habe.[3] Ich hatte nicht Zeit, da sich alles bei meinem Abschied aus Halle zusammendrängte, Feierlichkeiten und häusliche Geschäfte, die Kisten wiegen zu lassen, was jedoch auf dem Frachtbriefe bemerkt sein muß. Sind sie schon angekommen, so melde mir's doch, damit ich berechnen kann wie hoch die Fracht komt. Ob ich wohl die letzten Tage in Halle bei 100 rs. zusammen hatte, so fanden sich doch so viele Rückstände u⟨nd⟩ Douicurs[4], daß ich, da mir das Curatorium[5] das Reisegeld nicht schicken will⟨,⟩ noch nicht weiß, wo von ich die Reise von hier nach Frankfurt bestreiten soll. Antworte mir doch auch auf meine Bitte wegen des Vorschusses nach meiner Ankunft. Ich gedenke 50 rs. zu bekommen. Wieviel hast Du denn Reisegeld bekommen? Oder was ist gewöhnlich gegeben worden? – Den 18ten Octob⟨er⟩ will mich Poppo[6] einführen, habe ich dabei eine Rede zu halten?[7] Gehn gleich drauf die Lectionen wieder an?

Poppo hat mir meine Lectionen geschrieben mit einigen Abänderungen, die ich jedoch nicht beurtheilen kann, da mir Dein Brief[8] nicht zur Hand ist. Ich möchte aber einige Bücher immer im Voraus mir anschaffen, die ich eben brauchen werde, da ich nicht weis, wie weit ich von der Bibliothek

[1] Wilhelm Ferdinand Heydler (1793–1859), Mitschüler Leopold und Heinrich Rankes in Pforta sowie Leipziger Studienfreund Leopold Rankes.

[2] Um am Friedrichs-Gymnasium in Frankfurt an der Oder, wo Leopold Ranke als Lehrer tätig ist, die Stelle eines Konrektors anzutreten; um das andere Konrektorat an der Schule hatte sich Ranke 1818 erfolglos beworben (vgl. Nr. 32).

[3] Heydler hatte offenbar einen Teil seiner persönlichen Habe an Leopold Rankes Adresse in Frankfurt an der Oder geschickt.

[4] Von „doit" (Soll) und „court" (nicht weitreichend): kleinere Verbindlichkeiten.

[5] Die Aufsichtsbehörde der Schule (vgl. Nr. 32).

[6] Ernst Friedrich Poppo (1794–1866), Direktor des Friedrichs-Gymnasiums in Frankfurt an der Oder, der Heydler seit dessen Studienzeit in Leipzig kannte.

[7] Der Hintergrund dieser Frage war, daß Leopold Ranke nach seinem Dienstantritt als Oberlehrer in Frankfurt an der Oder am 12. Oktober 1818 eine öffentliche Rede zu halten gehabt hatte (vgl. Programm Friedrichs-Gymnasium 1818, S. 26). Im Gegensatz hierzu berichtet die Chronik des Frankfurter Gymnasiums von keiner Rede Heydlers bei seiner Amtseinführung (vgl. Programm Friedrichs-Gymnasium 1819, S. 25).

[8] Bisher nicht ermittelt.

versorgt werden kann, u⟨nd⟩ ich jetzt natürlich nach meinen jetzigen Studien wenig, besonders für deutsche Sprache u⟨nd⟩ Geschichte versehn bin. Ich bitte Dich daher mir bei der Hofmannschen Buchhandlung[9] oder bei welcher Du willst, [a]den kleinen Heinsius[a][10], [b]Schroffs[11] Antiquitäten[b][12] (ich werde doch wohl für die einzige Stunde ein beliebiges Capitel nehmen können? Ich sehe gar nicht, wozu ein Handbuch für 20 Stunden das ganze halbe Jahr.)[13] – Was ich für Hülfsbücher zur Charakteristik deutscher Fabeldichter in Quarta u⟨nd⟩ deutscher Geschichte wählen soll, weis ich

a–a In der Vorlage unterstrichen.
b–b In der Vorlage unterstrichen.

9 Ihr Inhaber war Johann Heinrich Hoffmann (1790–1845), Sohn von Johann Gottfried Hoffmann (1743–1813), Markthelfer in Leipzig, und Maria Catharina Hoffmann, geb. Kraetzel (1753–1812), seit 1818 Bürger und Buchhändler in Frankfurt an der Oder, Oktober 1818 Hochzeit mit Jeanne Marguerite Puy (1790–1861), Tochter von Claude Benoit Puy (1740–vor 1818), Seidenfabrikant in Berlin, aus Lyon gebürtig, und Marie Françoise Puy, geb. Autem (1763–nach 1818) (vgl. ELAB Berlin, Französisch-Reformierte Gemeinde, Taufen 1790; ELAB Berlin, Französisch-Reformierte Gemeinde, Trauungen 1763 und 1784; ELAB Berlin, Friedrichswerder, Trauungen 1818; ELAB Frankfurt an der Oder, St. Nikolai, Bestattungen 1845; ELAB Frankfurt an der Oder, St. Gertrauden, Bestattungen 1861; KAL Taufkartei 1790; StdA Frankfurt an der Oder V 2° Nr. 2; StdA Leipzig, Ratsleichenbücher 1812 und 1813); Johann Heinrich Hoffmann gehörte, wie zahlreiche andere Personen aus dem Umfeld Leopold Rankes in Frankfurt an der Oder, der Freimaurer-Loge „Zum Aufrichtigen Herzen“ an (vgl. GStA PK I. HA Rep. 77 Tit. 267 Nr. 1 Adhib. 2 Bd. 1).

10 Theoder Heinsius: Kleine theoretisch-praktische Deutsche Sprachlehre für Schulen und Gymnasien. Berlin 1804. 5. Aufl., Berlin 1816.

11 Wohl Christian Friedrich Ludwig Schaaff (1780–1850), Sohn von Johann Christian Schaaff (1743–1807), Bedienter bei Hauptmann von Winzingerode, später Bauvogt in Halle, und Margarethe Eleonore Schaaff, geb. Becht († nach 1807), 1790 Lateinische Schule der Franckeschen Stiftungen, 1796 Studium der Theologie, Frühjahr 1800 Lehrer an der Lateinischen Schule der Franckeschen Stiftungen in Halle, Herbst 1800 Lehrer, 1809 Conventualis probandur am Pädagogium des Klosters Unser Lieben Frauen in Magdeburg, 1815 Diakonus, 1835 Oberpfarrer an St. Jacobi in Schönebeck und Schulinspektor, 1847 Hochzeit mit Charlotte Elisabeth von Dyherrn (1775–1847), 1849 emeritiert (Archiv KPS Halle, St. Ulrich, Bestattungen 1807; Pfarrerbuch Kirchenprovinz Sachsen, Bd. 7, S. 366; freundliche Auskunft von Karin Keller, Archiv der Martin-Luther-Universität Halle-Wittenberg, 28.8.2015); er publizierte unter anderem: Encyclopädie der classischen Alterthumskunde, ein Lehrbuch für die oberen Classen gelehrter Schulen. Theil 1: Litteraturgeschichte und Mythologie der Griechen und Römer, Theil. 2: Antiquitäten und Archäologie der Griechen und Römer. Magdeburg 1806 / 1808, 5. Aufl., 2 Teile in 3 Bde., Magdeburg 1854; Methodik der deutschen Styl-Uebungen für Lehrer an Gymnasien. Magdeburg 1812; Methodik des historischen Unterrichts für Lehrer an Gymnasien. Magdeburg 1813. 2. Aufl., Magdeburg 1820; Ueber die Pflichten und Verhältnisse der evangelischen Presbyterien in dem Preußischen Staate. Magdeburg 1818; Ideen zur Synodal-Verfassung der evangelischen Geistlichkeit in dem Preußischen Staate, aus dem Standpuncte des Territorial-Systems. Magdeburg 1819; Die Kirchen-Agenden-Sachen in dem preußischen Staate. Eine geschichtliche Mittheilung zur bessern Einsicht in die streitigen Umstände. Leipzig 1824; Die evangelische Brüdergemeine. Geschichtlich dargestellt. Leipzig 1825.

12 Wohl Ludwig Schaaff: Antiquitäten und Archäologie der Griechen und Römer.

13 Heydler unterrichtet in der Quarta die alte Geschichte eine Stunde pro Woche.

noch nicht. Du bist ja in dieser Litteratur gewiß recht zu Hause. Das will ich also [c]Deinem Ermessen[c] u⟨nd⟩ meinem Beutel überlassen. Üb' es also gleich aus! Ich hoffe selbst auf Deine Bibliothek. Bredows[14] Tabellen der Weltgeschichte[15] habe ich. – Den [d]Caesar[16] von Oberlin[d][17] werde ich mir doch anschaffen müssen, ob ich gleich manches gegen dieses Buch habe, auch den Caesar[18] von Davi..[e][19] schon besitze. Wie steht es denn in der Bibliothek mit dem Cicero? Sind zwei Ausgaben da? Ich habe nur den Ern..[f][20] mit s⟨einen⟩ Anmerkungen?
Bis hierher hatte ich geschrieben, als mir einfiel, daß ich manches wohl hier bei Antiquaren kaufen könnte; doch ich will Dich nur bitten, kommandire obige Bücher für mich u⟨nd⟩ laß sie immer binden – halbfranz[21], daß ich sie finde; denn es bleibt mir kein Pfennig übrig.

c–c In der Vorlage doppelt unterstrichen.
d–d In der Vorlage unterstrichen.
e Fortführungspunkte von Hoeft, der außerdem am Rand ein Fragezeichen vermerkt.
f Fortführungspunkte von Hoeft, der außerdem am Rand ein Fragezeichen vermerkt.

14 Gottfried Gabriel Bredow (1773–1814), Sohn von Daniel Friedrich Bredow (1738–1799), Schneider-Meister in Berlin, und Maria Juliana Bredow, geb. Blankenfeld (1752–1812), bis Dezember 1790 Joachimsthalsches Gymnasium in Berlin, 1791 Studium der Theologie in Halle, später der Philologie, unter anderem bei Friedrich August Wolf, 1794 Seminar für gelehrte Schulen von Friedrich Gedike, zugleich Lehrer am Gymnasium zum Grauen Kloster in Berlin, 1796 Lehrer an der Gelehrtenschule in Eutin, 1802 Rektor, 1802 Professor der Geschichte und Statistik in Helmstedt, 1807 Studienaufenthalt in Paris, 1809 Professor der Geschichte in Frankfurt an der Oder, 1811 Regierungsrat in Breslau, Aufsicht über die gelehrten Schulen im Regierungsbezirk Breslau (vgl. ELAB Berlin, St. Marien, Bestattungen 1799 und 1812).
15 G. G. Bredow: Weltgeschichte in Tabellen nebst einer tabellarischen Übersicht der Litterärgeschichte. Altona 1801. Das Werk erfuhr bis 1816 drei weitere Auflagen.
16 Gaius Julius Cäsar (100–44 v. Chr.), römischer Politiker, Feldherr und Schriftsteller; hier: C. Julii Caesariis Commentarii de bello gallico et civili. Accedunt libri de bello Alexandrino Africano et Hispaniensi. E recensione Francisci Oudendorpii. Post cellarium et morum denuo curavit Jeremias Jacobus Oberlinus. Leipzig 1819.
17 Jeremias Jakob Oberlin (1735–1806), Philologe, Professor der Logik und Metaphysik in Straßburg.
18 Wohl C. Julii Caesaris Quae extant omnia Cum animadversionibus integris Dion. Vossii, J. Davisii aliorum que variis notis, ut et qui vocatur Julius Celsus de vita et rebus gestis C. Julii Caesaris, ex museo Joannis Georgii Graevii, 1713 zum ersten Mal erschienen; eine jüngere Ausgabe erschien 1737. In Leopold Rankes Bibliothek lag eine Editio Nova in zwei Bänden, betreut von Franz Oudendorp, Stuttgart 1822 vor.
19 Johannes Davisius (1679–1732), Kanonikus zu Ely, Professor der Philologie und Präsident des Queen's College in Cambridge.
20 Marci Tullii Ciceronis libri tres de natura deorum ex recensione Joannis Augusti Ernesti et cum omnium eruditorum notis quas Joannis Davisii ed. ultima habet. Acc. apparatus criticus ex 20 amplius codicibus mss. nondum coll. Leipzig 1818.
21 Einband mit Lederrücken, kein Vollederband.

Ich bin diesen Morgen im Antikensaal[22] gewesen, was ich noch einige Tage fortsetzen will. O wärst Du doch bei mir, daß wir uns zusammen freuen könnten; ich ersticke sonst noch an den Dresdner Herrlichkeiten!

Dein ewig treuer Bruder u⟨nd⟩ College
Heidler.

Dresden-Neustadt
Schmitzgasse 103 2 Treppen hoch (auch No. 82,) wo mein Bruder[23] wohnt, also mein Nahme gilt.

[22] Im Antikensaal des Dresdner Schlosses befand sich eine bedeutende Sammlung griechischer und römischer Plastiken in Abgüssen.

[23] Carl Ferdinand Heydler (1792–nach 1866), 1819 Mitarbeiter, 1821 Landvermesser, 1826 Conducteur bei der Cameralvermessungsanstalt in Dresden, 1830 Hilfslehrer für Mathematik an der Akademie für Forst- und Landwirte in Tharandt, 1840 Chausseegeld- und Untersteuereinnehmer in Tharandt (vgl. Tharandter Jahrbuch 17 [1866], S. 127).

Nr. 46

Leopold Ranke an Heinrich Ranke[1]

V: L. v. Ranke, Lebensgeschichte, S. 83–84 (Druck)
GStA PK VI. HA Nl Hoeft Nr. 2 (Teilabschrift)
G: GStA I. HA Rep. 92 Nl L. v. Ranke Nr. 7 (nicht erhalten)

Rostock⟨,⟩ 30. September Abend [1819].

Wie ich nach Ruppin kam, wars Morgens früh, vor fünf. Ich klopfte an die Thür; des Faulstichs[2] Frau[3] machte zuerst auf. Kaum hatt' ich ein Wort gesprochen, so hielt sie mich für Dich, rief ihren Mann, sagte ihm kein Wort. Wie er ans Fenster trat, rief ich: ein Landsmann! Er rief: aus Frankfurt? — sogleich stürzte er herab und mir in die Arme. Das war des Montags. Am Sonntag hatt' ich Jäniken[4] gehört und seine Gemeinde gesehen. Am Dienstag war ich in Güstrow.

So ein säuberlich, lieber, frommer, kundiger Mann ist Hahn[5], daß es eine Lust ist⟨,⟩ mit ihm zu verkehren. Hat eine schnelle⟨,⟩ schöne Hausfrau[6] –

[1] Heinrich Ranke (1798–1876), Bruder Leopold Rankes.

[2] Christian Faulstich, 1776 in Wiehe geboren, seit dem 11. Mai 1819 Oberlehrer für Mathematik in Neuruppin, wo er später die Ruppiner Zeitung herausgab (vgl. Werner Faulstich: Medienwandel im Industrie- und Massenzeitalter (1830–1900). Göttingen 2004, S. 117).

[3] Nicht ermittelt.

[4] Johann Jänicke (1748–1827), Webergeselle, nach seiner „Bekehrung" durch einen Prediger der Böhmischen Brüder Lehrerexamen, 1774–1777 Studium der Theologie in Leipzig, 1779 Zweiter Prediger, 1792 Pfarrer der Böhmischen Gemeinde in Berlin, 1800 Gründung einer „Missionsschule", 1805 einer „Biblischen Gesellschaft", 1811/12 des „Traktatverein", aus dem 1816 der „Hauptverein für christliche Erbauungsschriften in den preußischen Staaten" erwuchs, 1814 Mitgründer der „Preußischen Hauptbibelgesellschaft"; 1813 richtete Jänicke ein „Betercorps" ein, das Tag und Nacht für den Sieg Preußens betete; als antirationalistischer Kanzelredner wirkte er über seine Gemeinde hinaus in ganz Berlin. Heinrich Ranke suchte den „lehrhaftesten Mann" 1821 in Berlin auf (vgl. F. H. Ranke, Jugenderinnerungen, S. 197–199, Zitat: 198; zur Person vgl. ausführlich Johann Jänicke, der evangelisch-lutherische Prediger an der böhmischen- oder Bethlehems-Kirche zu Berlin, nach seinem Leben und wirken dargestellt von Karl Friedrich Ledderhose. Berlin 1863).

[5] Johann Christoph Hahn (1790–1831), Sohn von Carl Heinrich Hahn († 1792), Prediger in Kittendorf bei Malchin, und Juliane Magdalena Hahn, geb. Stock (1752–1829), Domschule in Güstrow, 1808 Studium der Theologie in Rostock, später der Theologie und Philologie in Jena und 1811 in Greifswald, 1813 Eintritt in das Lützowsche Freikorps, nach dem Pariser Frieden Reise durch die Niederlande und das Rheinland, Aufenthalt in Frankfurt am Main, Herbst 1814 Rückkehr nach Güstrow, Ende 1814 Subrektor an der Domschule in Güstrow, 1816 Hochzeit mit Anna Margarethe Elisabeth Caroline Fuchs, 1824 Rektor der Domschule in Güstrow, 1828 Rektor des Gymnasiums in Friedland in Mecklenburg, 1829 Hochzeit mit Magdalena Elisabeth Adolphine Fuchs, der Schwester seiner ersten Frau; veröffentlichte „einige pikante Aufsätze in Görres Rheinischem Merkur" (WBIS).

[6] Anna Margarethe Elisabeth Caroline Hahn, geb. Fuchs (1795–1826), Tochter von Adolph Friedrich Fuchs (1753–1827), der ab 1789 als Rektor der Domschule in Güstrow wirkte und 1800 zum Superintendenten im Kreis Güstrow ernannt wurde; sie hatte Hahn, den Schüler ihres Vaters, am 28. Mai 1816 geheiratet.

auch ein Bruder[7] war da. Wir sind zusammen gewesen bis Mittwoch. Ich vergesse nie des schönen Abends auf dem Brunnen. Gott wolle sie segnen. Von dannen kam ich Mittwoch Abends hierher. Jeder Tag war mir bezeichnet durch eine neue Begegnung. Heut sah ich Flörken[8], den Naturforscher, ein kindlich, treues, bescheidenes Herz, einen Professor, wie keiner, Du sollst von ihm hören.

Dann welchen Tag vergleich' ich mit diesem Donnerstag? Um acht ging ich zu Deiner Freundin[9]. In dem Haus stand jemand in schwarzem Überrock, weißem Kragen, weißer Haube, ganz rein und schön. Ich erkannte sie sogleich; ich wünschte, sie möchte mich erkennen, sagt' ich. Nun hat sie mich für noch größer gehalten, als Dich; in dem Augenblick aber rief sie: ach Ranke! drückte mir die Hand, führte mich zu sich, war so freundlich, wie mir niemand nie gewesen. Nicht an der Sprache hat sie mich erkannt, sondern an dem Gesicht. Wie frug sie so herzlich nach Dir, las Deine Briefe, frug wieder, zeigte mir Briefe von Baier[10] und seiner

[7] Nicht ermittelt.

[8] Heinrich Gustav Flörke (1764–1835), Sohn von Leopold Friedrich Conrad Flörke (1729–1787), Prediger in Alten Kalden, später in Bützow, und Auguste Christiane Flörke, geb. Schmidt (1735–vor 1770), 1772–1775 Stadtschule in Bützow, 1782 Studium der Theologie in Bützow, 1785 Hauslehrer und Hofmeister für Gustav Dietrich von Oertzen auf Kittendorf (1772–1838), begleitete diesen 1788 zum Studium in Göttingen, 1789 in Rostock, 1793 Prediger in Kittendorf, damit Nachfolger des Vaters von Carl Heinrich Hahn, 1797 Aufgabe der Stelle „aus Gewissensgründen“, Studium der Medizin und der Naturwissenschaften in Jena, 1799 Übersiedlung nach Berlin, zusammen mit seinem Bruder Friedrich Jakob Flörke (1758–1799) Arbeit an der Fortsetzung der Krünitzschen Enzyklopädie, 1800 Bibliothekar der Gesellschaft der Naturforschenden Freunde in Berlin, Hochzeit mit Louise Charlotte Sophie Flörke, geb. Rhau (* 1767), Witwe seines Bruders Friedrich Jakob Flörke, 1816 Professor der Botanik und Naturgeschichte in Rostock, zugleich die Aufsicht über das naturhistorische Museum, das mathematisch-physikalische Kabinett und den botanischen Garten, mehrmals Dekan der Philosophischen Fakultät, 1827–1828 Rektor der Universität Rostock, 1830–1835 Sekretär des Mecklenburgischen Patriotischen Vereins (vgl. ELAB Berlin, Dreifaltigkeit, Trauungen 1800; ELAB Kyritz, Taufen 1767).

[9] Francisca Christiana Jeanette Weber, geb. Krug († 1824), Witwe des am 18. November 1817 verstorbenen Rostocker Professors Dr. iur. utr. Adolph Dietrich Weber (1753–1817), die Heinrich Ranke im Frühjahr 1819 auf Rügen kennengelernt hatte (vgl. Koppe, Weber, S. 17–18, sowie F. H. Ranke, Jugenderinnerungen, S. 118 und 126).

[10] Hermann Julius Christoph Baier (1775–1822), Sohn von Johann Christopher Baier (1744–1790), Pfarrer in Bobbin auf Rügen, und seiner Frau Margaretha Amalia, geb. Behrens (1753–1834), Tochter von Konrad Albertus Behrens (* um 1715), Pfarrer in Sagard auf Rügen; Gymnasium in Stralsund, 1795–1797 Studium der Theologie in Greifswald, 1797–1800 in Jena, wo er sich 1799 gegen die Absetzung Fichtes einsetzte, 1801–1803 Hauslehrer bei Ludwig Gotthard Theobul Kosegarten (1758–1818), 1803 Dr. phil. in Jena, 1803–1806 Aufenthalte in Genf, Paris und Lausanne, 1808 Diakonus in Altenkirchen, unter Assistenz von Friedrich Daniel Ernst Schleiermacher instituiert, 1809 Hochzeit mit Alwina Kosegarten (1787–1864), Baier verwaltete die Pfarrstelle seines Schwiegervaters Ludwig Gotthard Theobul Kosegarten nach dessen Wechsel auf eine Professur für Geschichte an der Universität Greifswald, seit 1808 als Diakonus, 1815–1817 als Pfarrer substitutus, seit 1817 als Pfarrer (vgl. Heyden, Rügen, S. 31–32, 37, 46, 103). Baier wurde zum Vertrauten Heinrich Rankes.

Frau[11], war ganz Herz, Liebe, Freude, mehr als Mutter. Ich habs nie so gemeint. Sie lud mich zu Mittag zu sich.
Wiederum ging ich zu Flörken. Seine Frau[12] war da, seine drei Töchter[13], ich mußte mit ihnen frühstücken; sie sind die allerliebreichsten Leute, überschwenglich gut. Er führte mich zu Mahn[14] und Huschke[15], dem Thürin-

[11] Alwina Baier, geb. Kosegarten (1787–1864), Tochter von Ludwig Gotthard Theobul Kosegarten und Katharina Kosegarten, geb. Linde. Alwina Kosegarten war eine Schülerin von Ernst Moritz Arndt, der wie Hermann Julius Christoph Baier zeitweise als Hauslehrer bei der Familie Kosegarten tätig war und mit dem sie bis ins hohe Alter in Briefkontakt stand (vgl. Schleiermacher, Briefwechsel, Bd. 1, S. 15, 511; Bd. 3, S. 596 u. ö.; hier wie an anderer Stelle schwankt die Schreibweise des Vornamens zwischen „Alwina" und „Alwine", im Kommentar im Folgenden stets wie im Pfarrerbuch für Rügen (Heyden, Rügen, S. 32), das wohl auf die Matrikel zurückgegriffen hat: „Alwina". Der Vorname der Ehefrau Baiers wurde von ihrem Vater wohl unter Bezug auf sein Trauerspiel „Darmond und Allwina" gewählt. In dieser Publikation schildert Kosegarten — basierend auf seiner unglücklichen Liebe zu einer der zwei Töchter des Landvogts Carl Gustav von Wolffradt († 1794), die ihm auf seiner ersten Hauslehrer-Stelle als Schülerin anvertraut worden war — das Scheitern der Beziehung zwischen einem bürgerlichen Jüngling und einem adeligen Fräulein.

[12] Louise Charlotte Sophie Flörke, geb. Rhau (∗ 1767), Tochter von Friedrich Rhau (1726–1796), Kaufmann in Kyritz, und Charlotte Dorothea Feldmann (1742–nach 1767), vor 1799 Hochzeit mit Friedrich Jakob Flörke (1758–1799), Advokat in Grabow, danach „privatisirender Gelehrter" in Berlin, 1800 Hochzeit mit Heinrich Gustav Flörke (1764–1835) (vgl. ELAB Berlin, Dreifaltigkeit, Taufen 1803 und 1808; ELAB Berlin, Dreifaltigkeit, Trauungen 1800; ELAB Berlin, St. Nikolai, Taufen 1798, ELAB Kyritz, Taufen 1726 und 1767; ELAB Kyritz, Bestattungen 1796; ELAB Neuruppin, Taufen 1742; ELAB Neuruppin, Trauungen 1764).

[13] Seine Stieftochter Louise Charlotte Elisabeth Sophie Flörke (∗ 1798) und seine leiblichen Töchter Ida Amalia Mathilde (∗ 1803) und Antonia Mathilde Flörke (∗ 1808) (vgl. ELAB Berlin, Dreifaltigkeit, Taufen 1803 und 1808; ELAB Berlin, St. Nikolai, Taufen 1798).

[14] Ernst August Philipp Mahn (1787–1854) aus Wildungen (Waldeck), ab Frühjahr 1806 Studium der Theologie in Marburg, ab Herbst 1806 in Göttingen, 1809 daneben Repetent, 1812 Dr. phil. in Göttingen, danach neben der Tätigkeit als Privatdozent Lehrer am Lyceum in Kassel und ab 1813 am Gymnasium in Göttingen, 1816 Ablehnung eines Rufes auf die vierte Professur der Theologischen Fakultät in Rostock, 1817 Verleihung der theologischen Doktorwürde durch die Universität Rostock, seit 1818 Professor der morgenländischen Literatur und Sprachen in Rostock, ab 1828 dort zugleich Erster Bibliothekar der Universitätsbibliothek (vgl. ausführlich Tütken, Privatdozenten, Bd. 2, S. 508–518).

[15] Immanuel Gottlieb Huschke (1761–1828), Sohn von Johann Georg Huschke (1717–1809), Stadthauptmann in Greußen, und Martha Sophie Huschke, geb. Heßler (1735–1811), 1774 Landesschule in Pforta, 1780 Studium der Philologie in Jena, 1783 Hauslehrer in Livland, 1789 Hauslehrer in Amsterdam, 1795 Berufung auf einen Lehrstuhl an der Universität in Leiden, den er aber nicht antreten konnte, 1798 Privatdozent in Göttingen, 1800 Dr. phil. h. c. in Jena, 1806 Professor der griechischen Literatur, 1810 Professor der Beredtsamkeit, ab 1813 daneben Erster Bibliothekar der Universitätsbibliothek in Rostock, 1813/1814 Rektor der Universität, wiederholt Dekan der Philosophischen Fakultät, 1809 Mitglied der 1808 gegründeten Akademie der Wissenschaften in Amsterdam (vgl. Wolfgang Huschke, Stammfolge Huschke, in: Deutsches Familienarchiv 33 (1967), S. 280); 1816 hatte Huschke, der ehemalige Göttinger Privatdozent, die Verhandlungen mit Mahn im Hinblick auf dessen ersten Ruf nach Rostock geführt. 1828 wurde Mahn dann Nachfolger Huschkes als Leiter der Universitätsbibliothek (vgl. Hoffmann, Pförtner Stammbuch, Nr. 7301, S. 279; Tütken, Privatdozenten, Bd. 2, S. 517).

ger, gänzlich noch einem Greussener[16] an Mund und Muth, Fleisch und Bein. Mahn ist noch nicht alt und ein völliger Göttinger[17]. Auch bei dem Rector der Schule war ich, Sarge[18], welcher gänzlich unglücklich ist, so wie seine Schule.

Schon hatt' ich Blüchern[19] gesehen, mit vorschreitendem Fuß, Stab in der Hand – nun die Beschreibung weißt Du. Es ist sehr wohl gerathen und drückt ihn aus, wie mir scheint. Vorzüglich schön sind die Basreliefs[20]. Blücher verjagt die Zwietracht. Sie hat Talleyrand's[21] Gesicht.

[16] Greußen, der Geburtsort Huschkes, liegt etwa 40 Kilometer westlich von Wiehe.

[17] Hinweis auf die starke Prägung Mahns durch seine akademische Sozialisation in Göttingen. Auch in einer Geschichte der Rostocker Universitätsbibliothek wird auf den „Göttinger Ruhm" angespielt (vgl. Heinrich Roloff: Beiträge zur Geschichte der Universitätsbibliothek Rostock im 19. Jahrhundert. Leipzig 1955, S. 14).

[18] Wohl Gustav Christian Christoph Sarpe (1779–1830), Sohn von Johann Gustav Sarpe, Militärarzt in Magdeburg, und Dorothea Sarpe, geb. Werder, Besuch der Stadtschule, danach des Pädagogiums des Klosters Unser Lieben Frauen in Magdeburg, 1797 Studium der Theologie und der Philologie in Halle, 1800 Dr. phil., 1801 Lehrer am Pädagogium Kloster Berge bei Magdeburg, 1811 Prediger, Inspektor und erster Lehrer des Schullehrerseminars des Elbdepartements, 1815 Professor der griechischen Literatur an der Universität, zugleich Rektor der Großen Stadtschule in Rostock (vgl. GStA PK I. HA Rep. 76 alt I Nr. 699 und Nr. 711 Bd. 5; GStA PK VIII. HA Militärkirchenbücher, Garnison Magdeburg, Taufen 1779).

[19] Gemeint ist das Blücher-Denkmal vor dem Hauptgebäude der Universität in Rostock, das am 26. August 1819 eingeweiht worden war. Die Errichtung des Denkmals zu Ehren des 1742 in Rostock geborenen Generals Gebhard Leberecht von Blücher, der am 12. September 1819 als Fürst von Wahlstatt auf seinem Gut Kriblowitz in Schlesien verstarb, ging auf eine Initiative der mecklenburgischen Stände zurück, die im Februar 1815 die Akademie der Künste in Berlin baten, Pläne hierfür ausarbeiten zu lassen. Die Plastik war unter Einbeziehung der Vorstellungen des Freimaurers Goethe von Johann Gottfried Schadow geschaffen worden, der wie Blücher in einer Freimaurer-Loge das höchste Amt, das des „Meisters vom Stuhl", ausübte (vgl. Johann Gottfried Schadow und die Kunst seiner Zeit. Hrsg. von Bernhard Maaz. Köln 1994, S. 188 [Abb.] und S. 214–215; Manfred Steffens: Freimaurer in Deutschland. Bilanz eines Vierteljahrtausend. 2. Aufl., Frankfurt am Main, S. 294).

[20] An ihrer Gestaltung hatte Johann Wolfgang von Goethe maßgeblichen Anteil.

[21] Charles-Maurice de Talleyrand-Périgord (1754–1838), Sohn von Charles-Daniel de Talleyrand-Périgord (1734–1788), Oberst im Regiment des Grenadiers de France, ab 1784 Generalleutnant, und Victoire Éléonore Alexandrine de Talleyrand-Périgord, geb. de Damas d'Antigny (1728–1809), 1762 College d'Harcourt, 1770 Seminar Saint-Sulpice in Paris, 1774 niedere Weihen, 1774 Dr. theol., 1779 Priesterweihe, Generalvikar der Diözese Reims, 1788 Bischof von Autun, 1789 Mitglied der französischen Generalstände, der Nationalversammlung und des Verfassungsausschusses, 1790 Präsident der Nationalversammlung, 1791 Demission als Bischof, 1792 Emigration nach England, 1794 Ausweisung aus England, Exil in den Vereinigten Staaten von Amerika, 1796 Rückkehr nach Paris, 1797 Minister der auswärtigen Beziehungen des Direktoriums, 1799 Minister des Auswärtigen des Konsulats, 1802 Laizisierung, Hochzeit mit der geschiedenen Catharine Noël Grand, geb. Worlee (1762–1834), 1806 Erhebung zum Fürst von Benevent, 1807 Rücktritt als Minister des Auswärtigen, April 1814 Präsident der Provisorischen Regierung Frankreichs, Mai 1814 Minister der auswärtigen Angelegenheiten, Juni 1814 Mitglied der Pairs-Kammer auf Lebenszeit, Erhebung zum Fürst von Talleyrand, September 1814 Teilnahme am Wiener

Auch Nostitzens[22] Bild ist daran auf der Flucht, wie er zurückschießt. Nun ging ich wieder in die liebe Heimath. Ich erzählte, was ich gesehen, bei wem ich gewesen, vernahm viel verständige Worte von Stadt und Land. Wir sprachen von Dir; ich sagte von Jahn[23]: so waren wir bei Tisch. Du bist der allerbeste Vorläufer: ich danke Dir diese heilige Bekanntschaft nie genug. Will Dir noch mancherlei berichten, wenn ich wieder bei Dir bin. Und weißt Du? Morgen fahren wir[24] zusammen nach Doberan. Mit dem

Kongreß, Juli 1815 Präsident des Ministerrats und Minister des Auswärtigen, September 1815 Entlassung aus dem Minister-Amt, Großkämmerer von König Ludwig XVIII. von Frankreich, 1830 Botschafter in London, 1834 Rückkehr nach Frankreich; Talleyrand arbeitete auf dem Wiener Kongreß erfolgreich an der Entzweiung von Preußen, Österreich, England und Rußland, bis die Rückkehr Napoleons im März 1815 die Erneuerung der Allianz herbeiführte. Auf dem Denkmal flieht die als Drache dargestellte Zwietracht vor dem mit blanker Waffe heranreitenden General.

[22] August Ludwig Ferdinand Graf von Nostitz-Rieneck (1777–1866), Sohn von Georg August Ludwig Graf von Nostitz (1753–1795), Erbherr auf Postelwitz, Zobten, Lang-Neudorf und Petersdorf, und Johanna Christiane Eleonore Gräfin von Nostitz, geb. Freifrau von Reisewitz (1756–1840), nach Studium und Bewirtschaftung seines Besitzes in Schlesien 1802 von Friedrich Wilhelm III. der Leib-Kompanie des Regiments Garde du Corps als Seconde-Lieutenant aggregiert, 1803 beim Dragoner-Regiment Nr. 14 in Münster, Bekanntschaft mit Gebhard Leberecht von Blücher (1742–1819), 1803 Premier-Lieutenant, 1806 Teilnahme an der Schlacht bei Jena, 1809 Abschied aus dem Militärdienst, umfangreiche Reise, unter anderem nach Paris, 1813 Wiedereintritt in die Armee, Rittmeister und Adjutant Blüchers bis zu dessen Tod, 1814 Eisernes Kreuz I. Klasse, Major, 1815 Oberstleutnant, 1818 Oberst, 1819 Flügeladjutant von König Friedrich Wilhelm III. und Kommandeur des Garde-Husaren-Regiments, ab 1821 Verwendung zu verschiedenen Aufträgen und Sendungen, unter anderem Begrüßung des englischen Königs in Hannover, 1822 Kommandeur der 2. Garde-Kavallerie-Brigade, 1825 Generalmajor, 1826 Begleiter von Prinz Karl zur Kaiserkrönung Nikolaus I. in Rußland, 1828 während des Russisch-Türkischen Kriegs Militärbevollmächtigter im Hauptquartier Nikolaus I., 1829 Generaladjutant von König Friedrich Wilhelm III., Pour le Mérite mit Eichenlaub, Hochzeit mit Clara Luise Auguste Friederike Gräfin von Hatzfeldt (1807–1858), Tochter von Franz Ludwig Fürst von Hatzfeldt zu Trachenberg (1756–1827), Generalleutnant, 1816 außerordentlicher Gesandter und bevollmächtigter Minister in Den Haag, 1822 in Wien, und Sophie Friederike Fürstin von Hatzfeldt zu Trachenberg, geb. Gräfin von der Schulenburg-Kehnert (1779–1832), 1830 Chef des Generalstabs von Prinz Wilhelm als Militär- und Zivilgouverneur am Rhein, 1835 Zweiter Kommandant von Berlin, 1838 Generalleutnant, 1843 Chef des 5. Husaren-Regiments (Blüchersche Husaren), 1847 Abschied aus dem Militärdienst, 1849 General der Kavallerie, 1850 Gesandter in außerordentlicher Mission, 1852 außerordentlicher Gesandter und bevollmächtigter Minister in Hannover, 1859 Pension; der Sockel des Rostocker Blücher-Denkmals zeigt die Szene aus der Schlacht bei Ligny am 16. Juni 1815, in der sich Blücher nach einem mißlungenen Angriff des Lützowschen Freikorps selbst an die Spitze der preußischen Kavallerie setzte. Als Blüchers Pferd zusammenbrach und im Sturz den Feldmarschall unter sich begrub, rettete Nostitz durch sein mutiges Eingreifen das Leben des preußischen Feldherrn und späteren Siegers von Waterloo. Lützow wurde in der Schlacht von Ligny verwundet und geriet in französische Kriegsgefangenschaft.

[23] Friedrich Ludwig Jahn (1778–1852), Begründer der Turner-Bewegung, wie der eingangs erwähnte Hahn 1813 Mitglied des Lützowschen Freikorps; zur Beziehung von Leopold und Heinrich Ranke zu Jahn vgl. Nr. 36–38.

[24] Jeanette Weber und Leopold Ranke.

Einen habe sie das Meer von Rügen aus gesehen; sie müßt' es mit dem Andern von hier aus ⟨sehen⟩, sprach sie.[25] O heil'ge Liebe! — —
Nun still, still von diesen Himmeln und ein wenig zur Erde. Merk mir auf. Am Dienstag früh, den 28., als ich in Plau auf die Post stieg, fehlte mein Mantelsack. Ich hab ihn in Berlin am Sonntag dem Schirrmeister[26] übergeben; nun sagt er, er hab' ihn in Wittstock gelassen, aus Versehen, woll' ihn wiederschaffen und nach Frankfurt schicken, an Dich. Solltest Du nun den Montag und die nächsten Tage nichts empfangen, so müßtest Du wohl an die Postdirektion in Berlin schreiben und über diese Fahrlässigkeit des Schirrmeisters Wackerhagen in wenigen Worten Klage führen. So meint auch die Weber, und andere.[a]

[b]Leopold.[b]

[a] Hoeft vermerkt in seiner Teilabschrift „[Rückseite des 2. Blattes] Auch an Dich."
[b–b] In der Vorlage gesperrt gedruckt.

[25] Jeanette Weber hatte die Familie Baier auf Rügen besucht und dort Heinrich Ranke kennengelernt (vgl. F. H. Ranke, Jugenderinnerungen, S. 118–121) und dabei mit diesem „Einen" Bruder das Meer von dort aus gesehen.
[26] Wackerhagen, nicht näher identifiziert.

Nr. 47

Leopold Ranke an Heinrich Ranke[1]

V: GStA PK VI. HA Nl Hoeft Pakte 7 Nr. 2 (Abschrift)
G: GStA I. HA Rep. 92 Nl L. v. Ranke Nr. 7 (nicht erhalten)
D: L. v. RANKE, Neue Briefe, S. 5–6

Dobberan⟨,⟩ 1ster October ⟨18⟩19.

Dir dank ich, daß ich also hier bin, lieber Heinrich, Deinem reinen, innersten, freundlichsten Wesen – Bist darin[a] ganz bey mir, schaust mit mir in diese nahe Ferne, suchst Türingen[b] mit mir, denkst mit mir an Gott. Diese Fülle stüllt.[c]

[d]— — — —

Altenkirchen⟨,⟩ früh 5ter October ⟨18⟩19.

Hart an der See schrieb ich dieß: — jetzt schreib' ich an des lieben Baiers[2] Seite.

Näher,[e] als Gruß und wiederum Gruß, und daß Du hier mit uns sitzest zu dritt, ohn' es zu wissen. — —

Hast Du den Rostocker Brief[3] schon?

[a] Im Druck: „darum".
[b] Denkbar auch „Türinchen"; Wort von HOEFT mit „?" gekennzeichnet und am Rand als „[Wieringen]" vermerkt; im Druck: „Steinchen".
[c] Am Rand vermerkt HOEFT: „[Fülle stillt]".
[d] Vor den Bindestrichen gestrichen: „Hart an"
[e] Im Druck: „Nichts" ohne Komma.

[1] Heinrich Ranke (1798–1876), Bruder Leopold Rankes.
[2] Hermann Julius Christoph Baier (1775–1822), Pfarrer in Altenkirchen auf Rügen.
[3] Nr. 46.

Nr. 48

Leopold Ranke an Heinrich Ranke[1]

V: GStA PK VI. HA Nl Hoeft Nr. 2 (Abschrift)
G: GStA I. HA Rep 92 Nl L. v. Ranke Nr. 7 (nicht erhalten)
D: L. v. Ranke, Neue Briefe, S. 6

Erste Stunde des 30sten November 1819.[a]

Das Mährchen[2] ist auch ein Evangelium, lautet klar und farbig[b] und wahr von[c] dreyfältiger Eins, Gottes, der Menschen, und der Welt.

Mein lieber Heinrich, Du hast schon gesagt: „Ich habs gethan“,[3] wie das Marienkind: nun öffnet sich über Dir der Himmel, helles Licht scheint herab, die Jungfrau Maria steigt nieder: — — —

Das ist die Fülle Deiner Jugend.

O⟨,⟩ wann lösen sich mir die eisernen Banden, die um mein Herz liegen, und es halten und wehren kaum, daß mirs nicht zerspringt.

Auf daß wir beyde wären wie die Kinder und säßen und lauschten, und der Himmel wär' uns aufgethan, und die vergangenen Geschlechter redeten zu uns, und wir wären mit einander;

Auf daß wir beyde wären, wie Männer, und stünden und rängen, und hielten aus und hätten die Zukunft in scharfem Blick und wären mit einander.

Leopold.

[a] Zeit- und Datumsangabe in der Vorlage unter dem Text links.

[b] Hoeft vermerkt darüber „fertig“ und darüber „farbige“; für die Druckfassung entschied sich Hoeft für „fertig“.

[c] In der Abschrift zweimal „von“.

[1] Heinrich Ranke (1798–1876), Bruder Leopold Rankes.

[2] Leopold Ranke meint hier wohl das Märchen „Marienkind“ aus der Grimmschen Sammlung (Druck: Kinder- und Haus-Märchen. Gesammelt durch die Brüder Grimm. Erster Band, Berlin 1819, Nr. 3, S. 8–13). Die Annäherung von Märchen und Evangelium kehrt wieder in Heinrich Rankes Buch „Der christliche Glaube“ (vgl. Nr. 175): „Das zweite Capitel Mosis ist wie ein Mährchen zu lesen, aber es schließet mancherlei Weisheit in sich“ (ebd., S. 18).

[3] Das „Marienkind“ hat im Märchen die Sünde der Menschen symbolisch auf sich genommen, und als es sie mit diesen Worten bekennt, wird es von der Jungfrau Maria freigesprochen. Leopold Ranke deutet diese für seinen Bruder Heinrich tröstlichen Worte der Maria durch die Striche an.

Nr. 49

Carl Friedrich Andreas Jacobi[1] an Leopold Ranke[a]

V: GStA PK VI. HA Nl Hoeft Nr. 10 (Abschrift)
G: Nl Etta Hitzig (nicht erhalten)

Pforte⟨,⟩ d⟨en⟩ 2ten December[b] ⟨18⟩19.

Zürne nicht, du guter Ranke, daß ich Deinen Brief[2] erst so spät beantworte; meine ganze Lage war nicht dazu geeignet, mich oft zu sammeln und an euch in Frankfurt zu denken – soeben bin ich wieder unterbrochen worden. – Ich war in einer ziemlich hülflosen Lage⟨,⟩ als ich hieher kam; hatte keine Meubles, keine Haushälterin etc. Der gute Professor Wiek[3] nahm sich aber meiner freundschaftlichst an; ich wohne bei ihm, esse an seinem Tische, kurz bin völlig bei ihm einquartiert.

Hier in Pforte ist große Unruhe wegen eines großen Baues, den die Regierung beabsichtiget; die bisherigen Wohnungen des Korn- und Küchschreibers sind bereits niedergerissen, und auf ihren Trümmern soll ein großes – ob auch dauerhaftes? – Gebäude teils für den neuen Pächter[4], der zu Johannis[5] hieher kömmt, teils für andere Offizianten[6] erbaut werden. –

[a] Adresse: „Herrn Dr. Ranke zu Frankfurt".
[b] In der Vorlage: „Xbr."

[1] Carl Friedrich Andreas Jacobi (1795–1855), enger Studienfreund Heinrich Rankes, Lehrer der Mathematik an der Landesschule in Pforta, Ferdinand Ranke war sein „Famulus".
[2] Nicht ermittelt.
[3] Carl Gottlob Ferdinand Wieck (1787–1864), während der Schulzeit Leopold Rankes Kollaborator, seit 1818 Diakonus und Professor an der Landesschule in Pforta.
[4] Carl Ludwig Kuffs (1774–1838), Pächter zu Brandis bei Grimma, nach der Auflösung der Verwaltung der zur Schule gehörenden Ländereien durch einen „Oeconomus" ab 15. März 1820 Pächter der gesamten „Haus- und Feldwirthschaft" in Pforta, Juli 1820 Königlicher Oberamtmann, 1830 Aufgabe der „Pachtung", da er sich außer Stande sah, seinen Verpflichtungen ferner nachzukommen (vgl. Kirchner, Scholae Portensis, S. 110).
[5] 24. Juni.
[6] Christian Gotthelf Teichmann (1776–1861), aus Reichenbach im Vogtland, 1805 Rentschreiber, 1820 Rendant für das Kassen- und Rechnungswesen, 1832 Kommissionsrat in Pforta, 1859 Übersiedlung nach Bad Kösen; Johann Friedrich Döhlert (1776–1848), Sohn eines Försters in Breitungen bei Borna, Gymnasium in Altenburg, 1804 Gehilfe und Expedient beim Rentamt, 1806 Kornschreiber, 1820 Kassen-Kontrolleur in Pforta; Johann Gottlob Sterzel (1787–1835), aus Crellenhain bei Mügeln, 1802 Amtskopist, 1809 Küchenschreiber, 1820 Schulhausinspektor, 1832 Kommissionsrat in Pforta; Johann Ferdinand Leuscher (1776–nach 1843), aus Hülssdorf bei Herzberg, Förster im Amt Pretzsch, 1816 Oberförster in Pforta; Dr. med. Rudolph Ernst Uhlich (1756–nach 1843), Studium der Medizin, „Physicus" der Ämter Mutzschen, Mügeln und Leissnig, 1810 Schularzt und „Amtsphysicus" in Pforta, und Johann Gottfried Kettner (1767–1842), aus Schönfeld bei Artern, Ausbildung zum Wundarzt in Dresden, 1792 Wundarzt in der kursächsischen Armee, 1806 Wundarzt in Pegau, 1808 „Schul- und Amtschirurgus" in Pforta (vgl. Kirchner, Scholae Portensis, S. II, 46–47, 55, 57, 103, 111–112, 138).

Meine Wohnung habe ich bloß provisorisch erhalten; und ich möchte auch gar nicht gern eher hineinziehen, als bis ich sie die meinige nennen kann. Deine guten Brüder[7] sind liebe Kinder; der ältere[8] hat schon bei meiner ersten hebdomadarischen Inspektion[9] sehr traulich unterstützt, denn er ist mein Famulus, und nächste Woche tritt schon das erste da capo ein. Ferdinand erzählte mir mit Freude, daß auch Du bei dem vorigen Lehrer der Mathematik, dem alten ehrwürdigen Schmidt[10], Famulus gewesen seiest. – Wolltet Ihr noch den Plan, den ihr vorm Jahre im Sinn hattet, diesen Winter nach Thüringen zu reisen, noch ausführen? Wenn es geschieht, so bleibt nur recht lange bei uns. – Ich muß schließen, sonst geht der Bote fort. Grüße Stange[11] und den Direktor Poppo.[12]

Jacobi⟨.⟩

[7] Ferdinand (1802–1876) und Wilhelm Ranke (1804–1871).

[8] Ferdinand Ranke.

[9] In wöchentlichem Wechsel führte einer der Oberlehrer Aufsicht über die Lektionen aller Schüler, besonders zur Kontrolle des Unterrichts, den die älteren Schüler den jüngeren Schülern erteilten (vgl. F. H. Ranke, Jugenderinnerungen, S. 23).

[10] Johann Gottlieb Schmidt (1742–1820), Sohn eines Brückenzoll-Einnehmers und Schullehrers in Borsdorf 1752 Thomas-Schule, 1760 Studium der Theologie und Philosophie, der Philologie, der Mathematik und Physik in Leipzig, unter anderem bei Christian August Crusius, Johann August Ernesti, Christian Fürchtegott Gellert und Gottfried Heinsius, 1767 Magister-Examen, Nachmittagsprediger an der Pauliner-Kirche in Leipzig, 1773 Lehrer für Mathematik an der Landesschule in Pforta, 1775 Hochzeit mit Sophia Dorothea Grabener (1755–1824), Tochter von Christian Gottfried Grabener (1714–1778), Rektor der Landesschule in Pforta, und Johanna Sophia Grabener, geb. Steinauer, 1819 Ruhestand (vgl. Archiv KPS Naumburg, Domkirche, Bestattungen 1824; Kirchner, Scholae Portensis, S. 54; Dorfmüller, rectores portenses, S. 53 sowie ausführlich Carl Christian Gottlieb Schmidt, Kurze Nachricht von dem Leben und Wirken des am 6ten Julius 1820 verstorbenen Professors und Mathematicus an der Landesschule Pforte, Johann Gottlieb Schmidt. Nebst einigen Gedichten des Verstorbenen, zum Andenken für seine Schüler und Freunde, von dessen Sohne. Leipzig 1821); der Vorgänger Jacobis veröffentlichte unter anderem: Lehrbuch der Mechanik, vorzüglich der Statik fester Körper; besonders für den öffentlichen mathematischen Unterricht auf Gelehrten- und Bürgerschulen; dann aber auch zum Privatgebrauch überhaupt. Leipzig 1807.

[11] Johann Carl Wilhelm Thomas Stange (1792–1854), Oberlehrer am Friedrichs-Gymnasium in Frankfurt an der Oder, zeitweise Hausgenosse Leopold Rankes.

[12] Ernst Friedrich Poppo (1794–1866), Direktor des Friedrichs-Gymnasiums, an dem Ranke tätig war.

Nr. 50

Ernst Constantin Ranke[1] an Leopold Ranke

V: GStA PK VI. HA Nl Hoeft Nr. 1 (Abschrift)
G: GStA I. HA Rep. 92 Nl L. v. Ranke Nr. 26 (nicht erhalten)

Wiehe⟨,⟩ den 13t⟨e⟩n Dec⟨ember 1819.⟩

Mein lieber Bruder.
Wie geht es Dir denn, bist Du gesund heute an Deinem Geburtstag[2]? Ich bringe Dir auch meinen herzlichen Glückwunsch. Gott erhalte Dich ferner Gesund. — Ferdinand hat mir gesagt⟨,⟩ Du würdest uns zu Ostern besuchen und darauf freue ich mich sehr. Behalde lieb Deinen kleinen Bruder Ernst.

Proprio Marte.[3] Ranke.

[1] Ernst Constantin Ranke (1814–1888), Bruder Leopold Rankes.
[2] 21. Dezember (vgl. Nr. 13).
[3] Selbständig; der kleine Bruder legt Wert darauf, daß er den Brief ganz allein geschrieben hat.

Nr. 51

Leopold Ranke an Heinrich Ranke[1]

V: GStA PK VI. HA Nl Hoeft Nr. 10 (Abschrift)
G: Nl Etta Hitzig (nicht erhalten)
D: L. v. RANKE, Neue Briefe, S. 7–9

⟨Frankfurt an der Oder,⟩ Dienstag⟨, 27. Dezember 1819.⟩[a]

Lieber Heinrich,

Ich denke Dich noch nicht in Altenkirchen,[2] sondern an diesem schönen Morgen, gegen eilf, bey Trent[b] etwa, auf dem Wagen, frisch unter der Soldatenmütze hervor nach Wittow lugend. Nun fahr zu. Es hat noch 8 Tag Zeit, eh Du was Neues von mir hörst.

Sonntag früh war ich ausgeritten, als mich die Ahlemann⟨,⟩[3] von Hohenhorsten[4] kommend, suchte, und, da[']s umsonst war, um 2 zu sich be-

[a] Datierung nach L. v. RANKE, Neue Briefe.

[b] So laut L. v. RANKE, Neue Briefe, S. 7; in der Vorlage vermerkt HOEFT nach einem nicht eindeutig zu lesenden ersten Buchstaben „rert“ sowie am Rand „Wieck?“.

[1] Heinrich Ranke (1798–1876), Bruder Leopold Rankes.

[2] Heinrich Ranke hatte am 23. Dezember 1819 mit einem Brief Leopold Rankes an Hermann Julius Christoph Baier Frankfurt an der Oder verlassen (vgl. F. H. RANKE, Jugenderinnerungen, S. 135).

[3] Friederike Wilhelmine Ahlemann, geb. Schultze (1772–1843), Direktorin einer höheren Bildungsanstalt für Mädchen in Frankfurt an der Oder, Vertraute Leopold Rankes.

[4] Friedrich Wilhelm Hohnhorst (1777–1858), Sohn von Johann Christian Hohnhorst, Ackerbürger in Strasburg in der Uckermark, nach Studium der Medizin Dr. med., 1806 Aufnahme in die Freimaurer-Loge „Minerva“ in Potsdam, Stabsarzt des Yorkschen Corps, bei dem zeitweise auch Karl Heinrich von Zielinski (1772–1816), der Ehemann von Louise Wilhelmine Antoinette Zielinski, geb. Wagner (1799–1875), Dienst tat, Eisernes Kreuz II. Klasse, 1813 Regimentsarzt im Infanterie-Regiment Nr. 12 in Frankfurt an der Oder, 1828 Hochzeit mit Juliane Friederike Rinck (1808–1881), Tochter von Johann Friedrich Rinck (1747–1815), Oberförster in Bötzow, und Friederike Louise Rinck, geb. Heintz (1769–1821), 1836 Eintritt in den Ruhestand (vgl. ELAB Bötzow, Bestattungen 1815 und 1821; GStA PK VIII. HA Militärkirchenbücher, Infanterie-Regiment Nr. 12, Frankfurt an der Oder, Trauungen 1828; GERLACH, Logen zwischen Oder und Niederrhein, S. 64, Nr. 53; Johann Gustav Droysen: Das Leben des Feldmarschalls Grafen York von Wartenburg. Bd. 3, Berlin 1852, S. 365; L. Freih. v. Verdy: Beiträge zur Geschichte des Preußischen Heeres, Erstes Heft: Stamm-, Rang- und Quartier-Liste des Königlich Preußischen 12ten Infanterie-Regiments. Berlin / Posen / Bromberg 1837, S. 24, 44, 67; Medicinischer Almanach für das Jahr 1836. Berlin 1836, S. 219). Sein Bruder Carl Ludwig Hohnhorst (um 1764–1847) war 1787 Feldprediger im Dragoner-Regiment von Lottum und wirkte ab 1793 als Superintendent in Havelberg (vgl. FISCHER, Pfarrerbuch Mark Brandenburg, Bd. II/1, S. 350).

schied. Hier hört' ich: ja⟨,⟩ nun mach ihren[5] Brief[6] auf, denn sie will dies selber berichten: und ich soll nicht, „– — — –" : nun scheint mirs dumm von dem Arzt, daß er eine offenbare Sache so auf Gunst stellt, besonders, indem ihn die Umtriebsfurcht auch peinigt, aber was ist zu thun?

Montag reisten Appell[7] und Stange[8], auf Einem Pferd, jener bis Lübben, dieser bis Beeskow; zu Mittag war Heydler[9] bey mir; er war kaum hinein-

[5] Wohl Johanna Caroline Beer (1791–1851), Tochter von Johann Philipp Beer († 1816), Kaufmann in Hirschberg in Schlesien, und Sophia Elisabeth Beer, geb. Jaerschky (1753–1833), Vertraute Leopold Rankes in Frankfurt an der Oder (vgl. ELAB Berlin-Teltow, Heinersdorf-Osdorf, Bestattungen 1851).

[6] Bisher nicht ermittelt.

[7] Friedrich Ferdinand Appel (1794–1840), Sohn von Christian Friedrich Appel (1760–1799), Subrektor der deutsch-reformierten Friedrichs-Schule in Magdeburg, Vormund: Georg Samuel Albert Mellin (1755–1825), Erster Prediger und Konsistorialrat der deutsch-reformierten Gemeinde, Privatunterricht, 1802 Schule des Waisenhauses der Franckeschen Stiftungen in Halle, dem Geburtsort des Vaters, 1813 Freiwilliger im 3. kurmärkischen Landwehr-Kavallerie-Regiment, 1814 Erlernung der Landwirtschaft auf dem Rittergut Eichenbarleben, Kreis Wolmirstedt, 1815 Freiwilliger im 3. kurmärkischen Landwehr-Kavallerie-Regiment, Rückkehr auf das Rittergut Eichenbarleben, 1818 auf Anraten Staatskanzlers Hardenberg Supernumerar bei der Regierung in Frankfurt an der Oder, 1823 Studium der Rechts- und der Staatswissenschaften in Halle, 1825 Dr. iur. mit der Studie „De iure liturgico rationa habita ad agenda: quae nupperime ministris ecclesiae evangelicae commendata sunt", 1825 Auskultator-Examen, Auskultator am Stadt- und Landgericht in Frankfurt an der Oder, 1826 Referendar-Examen, Referendar am Oberlandesgericht in Frankfurt an der Oder, Hochzeit mit Johanne Auguste Albertine Teleke (1799–1866), Tochter von Stephan Heinrich Conrad Teleke (1765–1838), Pfarrer in Drackenstedt, und Henriette Wilhelmine Teleke, geb. Rosenkranz, 1827 Referendar bei der Regierung in Frankfurt an der Oder, 1828 Referendar bei der Regierung in Potsdam, 1830 Assessor-Examen, Regierungs-Assessor bei der Regierung in Frankfurt an der Oder, danach Geheimer Rechnungs-Revisor, 1831 Assessor, 1834 Oberrechnungsrat bei der Oberrechnungskammer (vgl. GStA PK I. HA Rep. 89 Nr. 24617, fol. 68; GStA PK I. HA Rep. 125, Nr. 194; ELAB Frankfurt an der Oder, Friedenskirche, Taufen 1826; GStA PK VIII. HA Militärkirchenbücher, Garnisonkirche Potsdam, lutherische Gemeinde, Bestattungen 1866; GStA PK VIII. HA Militärkirchenbücher, Garnisonkirche Potsdam, reformierte Gemeinde, Bestattungen 1840; Amts-Blatt der Königlichen Regierung zu Potsdam und der Stadt Berlin 1830, Stück 19, 7. Mai 1830, S. 107; Pfarrerbuch Kirchenprovinz Sachsen, Bd. 6, S. 47; Ralph Meyer: Geschichte der deutsch-reformierten Gemeinde zu Magdeburg von den Anfängen bis auf die Gegenwart. Bd. 1, Magdeburg 1914, S. 445; freundliche Auskunft von Karin Keller, Archiv der Martin-Luther-Universität Halle-Wittenberg, 1.4.2011); Von Christian Eduard Leopold Dürre, dem engen Mitarbeiter Jahns, wurde Appel als „Turnerfreund" geschätzt (vgl. Dürre, Aufzeichnungen, S. 234).

[8] Johann Carl Wilhelm Thomas Stange (1792–1854), Oberlehrer am Friedrichs-Gymnasium in Frankfurt an der Oder, zeitweise Hausgenosse Leopold Rankes; auch Stange, der an den Befreiungskriegen teilgenommen hatte, zählte zu den engen Freunden des Freikorpsangehörigen Christian Eduard Leopold Dürre in Frankfurt. So wies Dürre etwa seine Schwester Amalie an, die Briefe an ihn in einen Umschlag ohne Absender an Stange zu adressieren, um so zu verhindern, daß sie „erbrochen und gelesen" würden (vgl. Dürre, Aufzeichnungen, S. 251).

[9] Wilhelm Ferdinand Heydler (1793–1859), Mitschüler Leopold und Heinrich Rankes in Pforta, Leipziger Studienfreund Leopold Rankes sowie Konrektor am Friedrichs-Gymnasium in Frankfurt an der Oder.

tretend[c], als er wiederkam: R⟨anke⟩ komm einmal mit: rief er! denn unten stand ein künstlicher und hoher Baumkuchen, oben mit Blättern, unten mit Stäben: den hatten sie ihm geschenkt. Wir besahen und kosteten ihn: Ey, sagt er, die Verschwendung ist doch schade: man ißt es u⟨nd⟩ s'ist weg.[d] „Läßt sich nicht der Deckel oben abheben?" sagt' ich und versuchte 's; er aber, als der Herr, faßte besser an und hob ihn ab. Da war der hohle Kuchen ganz erfüllt mit einem schönen Kern von Tuch. Wir wollten's in Eile an der engen Seite herauspressen; endlich vollbrachten wir's an der breiten: es war ein feines blaues Tuch zu einem Oberrock. Nun weißt Du, wie er ihn braucht! Wir konnten nicht fertig werden, es jauchzend zu besehen. Es war hübsch, daß mir die Ahlemann gegen Abend das Rechnungsbuch schickte, – da konnt' ich ohne Mühe Geld, Schal und Strumpfbänder zusammen hineinlegen und ihr zu Beers[10] schicken, wo sie war. Mit Heydler wollt' ich ein Glas Wein trinken – abends. Ich ging hinunter und sprach mit ihm und bat ihn um einen Dreier[11] für die Rechnung der Ahlemann. Er suchte in so verborgenen Münzen. Eine schöne Münze, um die ich ihn oft gebeten, von Maria pulchra mit Anna und Joseph, für Karoline[12] fiel ihm in die Hand. „Gib sie ihr heut in meinem Namen!" sagt' er. Ich hatte noch ein Büchelchen ihr zu geben. „Nein", versetzt' ich, „aber in eines Unbekannten!" Er war's zufrieden und gab sie mir, in ein Papierchen gewickelt, – worauf ich dies geschrieben, trug ich sie hin und hatte Buch und Münze schon unter der Mütze, ums drin dort hinzulegen beim Spiegel und dann bloß die Mütze wegzunehmen, – so sah ich die Magd[13] stehn. „Ist Mamsell drin?" – „Nein, in der Küche." „Bst!" sagt' ich und lief in die Stube und legte es auf den kleinen, runden Tisch und wischte hinaus. Nun aber befiel mich alle Angst wegen des Unbekannten. Wie ich wiederkam und es Heydlern sagte, fühlte er sie noch mehr. Er schrie: „Bezahle sie mir!" Ich brachte ihm 14 Groschen. Nun hielt ich's nicht aus, sondern lief augenblicklich wieder auf den Markt und in das Haus und die Stube und fand sie und rief: „Der Unbekannte, der Freund, bin ich selber!" Ich schwitzte an der Stirne.

[c] Hoeft notiert in der Abschrift nur „hinein" gefolgt von einer deutlichen Lücke. Das im Druck angeführte „hineintretend" ist insofern wohl die korrigierte Lesung.

[d] Hier endet die Teilabschrift Hoefts; der folgende Teil des Briefes wird nach L. v. Ranke, Neue Briefe, wiedergegeben.

[10] Wohl Caroline Beer (1791–1851), Vertraute Leopold Rankes in Frankfurt der Oder, ihre Mutter, Sophia Elisabeth Beer, geb. Jaerschky (1753–1833), und ihr Bruder, Carl Heinrich Beer (1785–1858), Kaufmann in Frankfurt an der Oder.

[11] Drei Groschen.

[12] Caroline Beer.

[13] Nicht ermittelt.

Siehst Du, welche Hauptgeschichten! Und damit Du mir wiederkommst, um die andern zu hören, und so viel sich noch begeben werden, erschweig' ich die andern.

Grüß alle, Baiern[14] und Malchen[15] ganz besonders, wenn Du diesen Brief noch in Altenkirchen bekommst! Vielleicht aber muß er seinen Weg wieder hierher[16] suchen. Dir und ihm glückliches Hin und Her! Freilich fehltest Du am Weihnachtsabend!

Wie werdet Ihr Euch heute miteinander freuen! Denn während ich diesen Brief geschrieben, bist Du schon eine gute Strecke weiter. Siehst Du die Fähre?[17]

Leb wohl!

L⟨eopold⟩.

[14] Hermann Julius Christoph Baier (1775–1822), Pfarrer in Altenkirchen auf Rügen, bei dem Heinrich Ranke zu Besuch war.

[15] Amalie Baier (1778–1857), Schwester von Hermann Julius Christoph Baier.

[16] Heinrich Ranke wollte nach seinem Besuch in Altenkirchen wieder zum Bruder nach Frankfurt zurückkehren.

[17] Nach Wittow.

Nr. 52

Ernst Constantin Ranke[1] an Leopold Ranke

V: GStA PK VI. HA Nl Hoeft Nr. 1 (Abschrift)
G: GStA I. HA Rep. 92 Nl L. v. Ranke Nr. 26 (nicht erhalten)

⟨Wiehe, Anfang 1820.⟩[a]

Lieber Bruder⟨,⟩
Ich danke Dir⟨,⟩ lieber Leopold, für das schöne Vogelspiel, ich und meine Brüder[2] und auch meine Aeltern[3] haben an dem Vogelspiele die Weinachts Feiertage um Nüsse und Pfeffer Kuchen mitgespielt⟨.⟩ Ich gehe auch jegzt mehr in die Schule,[4] und lerne fleißiger. Wenn Du uns besuchst, wirst Du Dich überzeugen, daß ich Hübsch decliniren kann.[5] Behalde lieb Dein kleinen Bruder[6]

Ernst.

Grüße meinen Guten Bruder Heinrich[7].

[a] Hoeft vermerkt „01.01.1818 (?)"; die Neudatierung erfolgt im Hinblick auf die Angaben von Ernst Constantin in seiner Autobiographie, daß er, nachdem er zu Hause das Lesen gelernt hatte, „etwa als Sechsjähriger" die Stadtschule von Wiehe besuchte (vgl. Hitzig, Ernst Constantin Ranke, S. 11).

[1] Ernst Constantin Ranke (1814–1888), Bruder Leopold Rankes.
[2] Ferdinand (1802–1876) und Wilhelm Ranke (1804–1871).
[3] Gottlob Israel (1762–1836) und Friederica Wilhelmina Ranke, geb. Lehmicke (1776–1836).
[4] Vgl. hierzu die Autobiographie Ernst Constantin Rankes von Hitzig.
[5] Im Dezember 1817 hatte Ernst Constantin Ranke von Leopold Ranke sich ein ABC-Buch gewünscht (vgl. Nr. 23 und Nr. 30).
[6] Ernst Constantin Ranke war damals fünf Jahre alt.
[7] Heinrich Ranke (1798–1876); er wirkte zu dieser Zeit wie Leopold Ranke als Lehrer in Frankfurt an der Oder.

Nr. 53

Leopold Ranke an Hermann Julius Christoph Baier[1]

V: L. v. RANKE, Lebensgeschichte, S. 84–85 (Druck)

Frankfurt a. O.⟨,⟩ am 19. Januar 1820⟨.⟩ Abends 6 Uhr.

Eben ging mein Bruder[2] von mir, o lieber Baier, da standen wir nun an der Treppe; wie ungern ließ ich ihn von mir, und um 9 kommt er doch schon wieder. Was wird das nun erst für ein Lassen sein, wenn er zu Dir zieht! Zieh er mit Gott; mich dünkt es ihm und Dir besser. Ihr seid einander zugleich die Ärzte und die Arzneien gegenseitig. Als der erste Mensch krank wurde, wer hat da das heilende Kraut dem Suchenden in die Hand gegeben, als der göttliche Zug? Denn das ist doch so wunderbar, daß für einzelne Krankheit gerad ein einzeln Mittel aus tausenden aufgefunden und unsern Ärzten als beste Wissenschaft überliefert worden. Und wer hat alle ausgeprobt? Aber wer die Heilung da gefunden und besorgt, mag auch wohl jetzt noch besonderen Wunden einen besonderen Balsam bereiten. Dir ihn und ihm Dich.

Darnach dank ich Dir für den reinen, klaren, stillen Thomas.[3] Klopstock[4] sagt, zwischen den Gestirnen einst sei ein göttlicher Fluß zur Erde geflossen, gerad nach Eden, auf dem Gott zu den Menschen herabgestiegen.[5]

Solch einem Fluß könnte man wohl die spiegelhellen, ganz seligen Bücher, rein von dem irdischen Hauch, vergleichen. Dafür will ich Dir auch ein ander Buch empfehlen, wo Du's nicht kennst bereits: Deines nordischen

[1] Hermann Julius Christoph Baier (1775–1822), den Pfarrer in Altenkirchen auf Rügen.

[2] Heinrich Ranke (1798–1876).

[3] Wohl eine Ausgabe des mystisch-kontemplativen Hauptwerkes von Thomas a Kempis (um 1380–1471), „Von der Nachfolge Christi / De imitatione Christi", das zu Anfang des 15. Jahrhunderts entstanden und seitdem in zahllosen Übersetzungen und Auflagen erschienen ist; ein Brief von Christian Eduard Leopold Dürre (1796–1879) an Hermann Julius Christoph Baier (1775–1822) deutet darauf hin, daß es „Der kleine Kempis oder kurze Sprüche und Gebethlein aus denen meistens unbekannten Werkchen des gottseligen Thomas von Kempis zusammengetragen zur Erbauung der Kleinen" von Gerhard Tersteegen in der Auflage von 1803 war (vgl. DÜRRE, Aufzeichnungen, S. 254).

[4] Friedrich Gottlieb Klopstock (1724–1803).

[5] Friedrich Gottlieb Klopstock: Der Messias. Erster Band, Halle 1751, S. 11, Erster Gesang, Vers 203–209: „Durch den glänzenden Weg, der gegen die Erde sich kehret, | Floß, nach der Erden Erschaffung, vom himmlischen Urquell entspringend, | Ein verklärter ätherischer Strom nach Eden herunter. | Auf ihm, oder an seinem Gestade, von Wolken erhoben, | Kam dazumal bald Engel, bald Gott, zum vertraulichen Umgang, | Zu den Menschen. Doch schnell ward der Strom zurücke gerufen, | Als sich durch Sünde der Mensch von Gottes Freundschaft entfernte".

Magus[6] Briefe an Jacobi[7] in dem vierten Band von Jacobi's Werken[8]. Ein ganz einsamer, von der Welt verstoßener, aus aller Wissenschaft zu Gott geretteter Mensch, immer verkannt, rückgestellt – nun auf einmal aus der Ferne her mit so warm liebender Hand angefaßt: wie er all diese Liebe zurückgiebt, Rede steht von seinem Wesen und Leben, immer erstaunt, immer noch nicht recht glaubend, bis er endlich sieht von Aug zu Aug – dies alles findest Du da, ja siehst's lebendig vor Dich treten, in schnellem Fortgang Hinderniß, Entwickelung. – –

Sieh nur: seit 6 Uhr bin ich gestört worden durch Besuch, durch die Schüler: schon ist Heinrich wieder da und verlangt den Brief. Mußt ihn beendigen, sagt er kurz. Was läßt sich thun? Hüte Dich in Zukunft vor ihm, wenn Du Briefe schreibst.[9]

Dein L⟨eopold⟩ R⟨anke⟩.

[6] Johann Georg Hamann (1730–1788), philosophisch-theologischer Autor aus Königsberg in Preußen, er verband Platonismus und Pietismus zu einer Verteidigung des Lebens gegen bloß rationale Systeme.

[7] Friedrich Heinrich (ab 1813: Ritter von) Jacobi (1743–1819), Sohn von Johann Konrad Jacobi (1715–1788), Kaufherr in Düsseldorf, und Marie Jacobi, geb. Fahlmer (1713–1746), kaufmännische Ausbildung in Frankfurt am Main und Genf, Aufenthalt in England und Schottland, 1765 Eintritt in die Düsseldorfer Freimaurer-Loge „La Parfaite Amitié", 1773 Hofkammerrat im Herzogtum Berg, Januar 1779 Geheimer Rat und Referent für Zoll- und Commercienwesen des Kurfürstentums Bayern, Juni 1779 Ausscheiden aus dem Verwaltungsdienst, 1784 Aufnahme in den Illuminaten-Orden (Ordensname: Sully), 1805 Mitglied, 1807 Präsident der Akademie der Wissenschaften in München, 1812 Versetzung in den Ruhestand (vgl. August Pauls: Düsseldorfer Freimaurerei im 18. Jahrhundert. Mit einer Einleitung über die rheinische Freimaurerei während des 18. Jahrhunderts, in: Das Freimaurer-Museum. Archiv für freimaurerische Ritual-Kunde und Geschichts-Forschung 3 (1927), S. 1–86, hier S. 39; Richard van Dülmen: Der Geheimbund der Illuminaten. Darstellung, Analyse, Dokumentation (= Neuzeit im Aufbau. Darstellung und Dokumentation, Bd. 1). Stuttgart, S. 444).

[8] Friedrich Heinrich Jacobi's Werke. Vierter Band. Dritte Abtheilung. J. G. Hamann's Briefwechsel mit F. H. Jacobi hrsg. von Friedrich Roth, Leipzig 1819. Ob die von Goethe angeregten Bücher Jacobis „Eduard Allwill's Papiere" (1781) und „Allwill's Briefsammlung" (1792) einen Einfluß auf die Namensgebung des erstgeborenen Sohnes von Hermann Julius Christoph Baier, Allwill Hermann (1811–1892), gehabt hatten, läßt sich nur vermuten.

[9] Anspielung auf die Beschlagnahmung der Briefe Baiers und anderer an Heinrich Ranke im Rahmen der Demagogenverfolgung am 4. Januar 1820 (vgl. F. H. Ranke, Jugenderinnerungen, S. 144–149).

Nr. 54

Friederica Wilhelmina Ranke[1] an Leopold[a] und Heinrich Ranke[2]

V: GStA PK VI. HA Nl Hoeft Nr. 1 (Abschrift)
G: GStA I. HA Rep. 92 Nl L. v. Ranke Nr. 26 (nicht erhalten)

Wiehe⟨,⟩ den 29⟨.⟩ Januar ⟨1820.⟩
in der Schlafstube

Mein guter Sohn⟨,⟩
Deinen lieben Brief[3] haben wier am Diensstage[4] erhalten und uns sehr gefreüet⟨,⟩ das⟨s⟩ es Eüch so wohl geht. ich wolte Dier zugleich antworten und den Tag sagen⟨,⟩ an den Dier so viel gelegen ist⟨.⟩ es ist der 17te Februar⟨.⟩[5] weil der Vater[6] erst kurz vorher an Dich geschrieben hate⟨,⟩[7] wolde Er es nicht zu geben[8]⟨.⟩ Er sagte⟨,⟩ ich wolte nur die Bost bereichern⟨.⟩ Er wolte schon schreiben⟨,⟩ aber ich bin überzeigt⟨,⟩ das⟨s⟩ Du es[9] recht gerne gibst⟨,⟩ und schreibe Doch⟨,⟩ aber sag nichts davon. Der Vater hat viel zu tuhn⟨.⟩ es hat ein Kaufmann[10] in Gehofen einen betrügerischen Bankrot gemacht⟨,⟩ den hat Er in Gefängniß[b]. und der gute Pastor Franke[11] ist am Sontage gestorben⟨,⟩ da haben wir einen guten Freund verlohren⟨,⟩ und in Gehofen Weint alles⟨.⟩ sein Sohn[12] stutirt in Bon⟨n,⟩ der ist zu betauern⟨,⟩ wen⟨n⟩ Er die Nachricht bekömt. Lieber Heinrich⟨,⟩

[a] Adresse: „Den | Herrn Doktor Rancke Oberlehrer | des Friedrichs Gymnasio in | Frankfurt an der | Oder.“
[b] In der Vorlage fehlt ein Verb.

[1] Friederica Wilhelmina Ranke, geb. Lehmicke (1776–1836), Mutter Leopold Rankes.
[2] Heinrich Ranke (1798–1876), Bruder Leopold Rankes.
[3] Bisher nicht ermittelt.
[4] 25. Januar 1820.
[5] 25jähriger Hochzeitstag der Eltern.
[6] Gottlob Israel Ranke (1762–1836), Vater Leopold Rankes.
[7] Brief bisher nicht ermittelt.
[8] Im Sinne von gestatten.
[9] Gemeint ist wohl die Übernahme der Portokosten für den unfrei abgesandten Brief.
[10] Nicht ermittelt.
[11] Carl Friedrich Leberecht Francke (1764–1820), Sohn von Gottlob Friedemann Francke (1731–1798), Pfarrer in Gehofen, und Eleonore Sophie Francke, geb. Trautwein, 1786 Studium der Theologie in Leipzig, 1796 Substitut, 1798 Pfarrer in Gehofen, 1798 Hochzeit mit Maria Friederike Behr (1773–1830), Tochter des Johann Gottlieb Behr († 1797), Diakonus in Querfurt (vgl. Pfarrerbuch Kirchenprovinz Sachsen, Bd. 3, S. 96 und 98 sowie Bd. 6, S. 45).
[12] Friedrich August Francke (1800–1850), Sohn von Carl Friedrich Leberecht und Maria Friederike Francke, geb. Behr, 1812 Klosterschule in Roßleben, 1817 Studium der Theologie in Jena, Mitglied der Urburschenschaft, 1820 Studium der Theologie in Bonn, Dr. phil., mehrere Jahre Hauslehrer in Straußfurt bei Weißensee, in Berlin und in Heinersdorf bei Berlin, 1842 Substitut in Ottenhausen, Mai 1842 Hochzeit mit Louise Gerlach († 1848), Tochter von Martin Gerlach (1779–1843), Hausbesitzer in Nausitz, früher Kaufmann und

auch Dier geht es wohl⟨,⟩ wie ich höre⟨.⟩ ich bin deswegen ganz glüklich⟨.⟩ Gott erhalt Eüch nur Gesund. Glaub Du nicht etwa⟨,⟩ mein Sohn⟨,⟩ das⟨s⟩ der Vater böse ist wegen der kleinen Schuld⟨.⟩ nein⟨,⟩ Er bezalht es gerne⟨.⟩ ich sagte⟨,⟩ Du hätest es mir gesagt⟨,⟩ nur weiß Ich nicht⟨,⟩ wie viel⟨,⟩ das wil Er von Dier wüßen⟨.⟩ Er benahm sich so gut⟨,⟩ wie ich es gar nicht erwartete⟨.⟩ Er sagte⟨,⟩ Roht[13] würde Dier es wohl aufgedrungen haben⟨,⟩ es hat Hannichen[14] und Niemand was davon erfahren. jezt müß ich schließen⟨.⟩ wen⟨n⟩ ich allein bin⟨,⟩ wil ich Euch einen langen Brief schreiben, und alles erzahlen⟨,⟩ was ich weiß.

Eure treue
Mutter Friederica
Wilhelmina Ranke⟨.⟩

Gutsbesitzer, gebürtig aus Hamburg, und Florentine Rosine Gerlach, geb. Hennig, aus Leipzig (vgl. Archiv KPS Nausitz, Trauungen 1842; Archiv KPS Nausitz, Bestattungen 1843; Album Schüler Roßleben, S. 55; Kaupp, Stammbuch, Nr. 510, S. 111; Pfarrerbuch Kirchenprovinz Sachsen, Bd. 3, S. 103).

[13] Ernst Gottlieb Rothe (1742–nach 1815), Schwager von Maria Magdalena Sophia Elisabeth Rothe, geb. Ranke, der Schwester von Leopold Rankes Vater.

[14] Johanna Ranke (1797–1860), Schwester Heinrich und Leopold Rankes.

Nr. 55

Leopold Ranke an Hermann Julius Christoph Baier[1]

V: L. v. RANKE, Lebensgeschichte, S. 85–86 (Druck)
D: L. v. RANKE, Briefwerk, S. 13–14

[Frankfurt a. O.] 6. u⟨nd⟩ 7. Februar 1820.

Als ich von daheim schied, und Heinrich mit mir, sprach der Vater: behalt ihn mir aber in Frankfurt. Nun laß ich ihn doch mit Freuden, obwohl mit Leid zu Dir ziehen. Ich segne den Tag, da er in Dein Haus kam; den Tag, da ers wieder sehen wird.

Mein lieber Baier, ich glaube ja wohl, daß es Dir auch gut sein möchte, wenn er kommt, dazu dem kleinen Allwill[2]. Wie wir mit einander auf dem Wagen saßen, das Kind so milchrein und zart wie ein Lamm, fiel uns ja ein, was das für ein Jüngling werden müsse, für ein Mann, der in dieser Reine ungetrübt selig erwachse. Warum wird das rasche Füllen zu dem Roß, das es versprach, und das Reis wächst auf zu dem schlanken Tannenstamm? Nur das Kind lügt? Was ihnen anfliegt von außen, setzt sich all an die Rinde oder wird abgebadet im nächsten Wasser. Bei uns dringt's in Mark und Bein und verwüstet uns innerlich. Wärs nun Heinrichen bestimmt, diesen verpestenden Weinstein auch abzuhalten von Allwillen, wie sein lieber Vater thut und seine liebe Mutter[3], so gäbt ihr ihm alle wohl dafür einen reichen Lohn: was kein Studieren giebt, keine mitternächtige, keine Morgenstunde, sondern zwei Dinge: den Umgang mit dem Guten; das andere weißt Du wohl besser als ich — die Sicherung der Jugend[a], die Übung in frommer, bescheidener, fröhlicher Mannheit gewönne er.

Es ist ein schön Pfund, das Du bekommst. Ich weiß, daß es wuchern wird in Deiner Hand.[4] Darum geb' ich Dir mit Freuden, was ich davon hab in der meinen. Und denk, mein lieber Bruder im Kampf, viel niedriger von mir: Du wirst doch nicht niedrig genug denken. Hilf mir zuweilen, Du weißt wohl, womit, in dieser Entfernung. Gott hüt uns; Dich und all die Deinen – und woll' uns besuchen.

[b]Leop⟨old⟩ Ranke.[b]

[a] In L. v. RANKE, Briefwerk: „Tugend".
[b–b] In der Vorlage gesperrt gedruckt.

[1] Hermann Julius Christoph Baier (1775–1822), Pfarrer in Altenkirchen auf Rügen.
[2] Allwill Hermann Baier (1811–1892), Sohn von Hermann Julius Christoph Baier.
[3] Alwina Baier, geb. Kosegarten (1787–1864), Ehefrau von Hermann Julius Christoph Baier.
[4] Anspielung auf Lukas 19,11–28.

Nr. 56

Gottlob Israel Ranke[1] an Leopold[a] und Heinrich Ranke[2]

V: GStA PK VI. HA Nl Hoeft Nr. 10 (Abschrift)
G: Nl Etta Hitzig (nicht erhalten)

den 8. Febr⟨uar 18⟩20. mit umgehender Post.

Lieben Söhne,

Auf Euer ausdrückliches Verlangen[3], benachrichtige ich Euch, daß Eure Eltern[4] am 17den Febr⟨uar⟩ 1795. mithin nun 25. Jahr mit einander verbunden gewesen.[5] Ich melde Euch[b] dies⟨,⟩ damit Ihr diesen Tag mit uns freuen[c] könnet. Wir wollen dies Fest in der Stille feiern, und Gott inbrünstig danken, der unsre Ehe mit so guten Kindern[6] beglücket hat.

Daß Du⟨,⟩ lieber Heinrich⟨,⟩ mir das Geld herschikken und selbst bezahlen soltest, habe ich nicht verlanget. Ich meldete Dir, die Erinnerung der verw⟨itweten⟩ Rothe[7] jezt verehl⟨ichte⟩ Pastor Dominicus[8] nur deshalb, weil ich wißen wolte, ob Du so viel von dem seel⟨igen⟩ Vetter Rothen[9] erhalten hättest. Du kanst deshalb ganz ruhig seÿn, ich bin keinesweges darüber böse geworden, habe auch das Geld lange schon bezahlt. Die Mutter[d] wird⟨,⟩ wenn Du uns besuchst, dies bezeugen. Gott erhalte uns und Euch,

a Adresse: „An | Dem Herrn D. Ranke. | Oberlehrer am Friedrichs- | Gymnasio | zu Franckfurth | an der Oder"; Vermerk: „Frei. | abzugeben im Schulhause".

b In der Vorlage folgt hier ein Komma.

c Von Hoeft verbessert aus „feiern". Brief Nr. 57 belegt, daß sich Leopold, Heinrich und Ferdinand Ranke zur Mitfeier der Silbernen Hochzeit ihrer Eltern nach Wiehe begeben haben.

d In der Vorlage folgt hier ein Komma.

1 Gottlob Israel Ranke (1762–1836), Vater Leopold und Heinrich Rankes.

2 Heinrich Ranke (1798–1876), Bruder Leopold Rankes.

3 Brief nicht ermittelt.

4 Gottlob Israel und Friederica Wilhelmina Ranke, geb. Lehmicke (1776–1836).

5 Vgl. Nr. 54.

6 Leopold (1795–1886), Johanna (1797–1860), Heinrich (1798–1876), Ferdinand (1802–1876), Wilhelm (1804–1871), Rosalie (1808–1870) und Ernst Constantin Ranke (1814–1888).

7 Johanna Rosina Rothe, geb. Beier (1746–1826).

8 Johanna Rosina Rothe hatte nach dem Tod ihres ersten Ehemanns Ernst Gottlieb Rothe (1742–nach 1815) Dr. phil. Gottlieb Wilhelm Dominicus (1758–1830), Pfarrer in Ottendorf, geheiratet (freundliche Auskunft von Gottfried Braasch, 24.8.2009).

9 Ernst Gottlieb Rothe (1742–nach 1815), Schwager von Maria Magdalena Sophia Elisabeth Rothe, geb. Ranke, der Schwester von Leopold Rankes Vater.

bis zu den von Euch uns zugesicherten diesjährigen Wiedersehen gesund und wohl!!! Ich bin

Euer
Euch zärtlich liebender
Vater, Ranke⟨.⟩

Nochmals guter Heinrich! betrübe Dich ja nicht über einen Fehler, den Du in Deiner frühen Jugend etwa begangen hast. Es ist alles vergessen, und Gott hat Dir gewiß auch Deine Jugendfehler vergeben. Sei heiter, fröhlich, und getröstet, damit wir uns mit Euch freuen können!!!

P⟨ost⟩S⟨criptum⟩. Am 23sten v⟨origen⟩ Monats ist der Pastor Franke[10] zu Gehofen, mein Herzens Freund, zu meiner großen Betrübniß, mit Todte abgegangen.

[10] Carl Friedrich Leberecht Francke (1764–1820), Pfarrer in Gehofen.

Nr. 57

Leopold Ranke an Hermann Julius Christoph Baier[1]

V: L. v. Ranke, Lebensgeschichte, S. 86–88 (Druck)

[Frankfurt a. O.]⟨,⟩ am 3. März 1820.

Wiederum bin ich in Frankfurt, und grüße Dich, Du Herzfreund, mit tausend Wiehischen, Pförtner und Frankfurter Grüßen. Die Wiehischen wirst Du wohl haben, mein' ich — denn Heinrich[2] ist mir ja nachgekommen[3] – von uns allen, außer die meinen.

Nun es war Mittwoch[4] Abend, da ich ankam, Ferdinand[5] mit mir, der achtzehnjährige, den kleinen Wilhelm[6] hielt die Rose[7] in Pforta zurück; hinter mir kam der Wagen und Ferdinand. Die Stube halbdunkel, nur die Mutter[8] und Röschen[9] drin; Ernst[10] schon im Bett aufm Sopha. So trat ich ein, die Mutter auf mich zu: nun erkannte sie mich. Mein Sohn, mein Sohn, rief sie in lang aushaltendem Laut. Sie fragte nicht, sie dachte nicht – da hörte man den Wagen: Ferdinand kam, die Freude war verdoppelt. Ich beugte mich über den kleinen Ernst. Er wachte noch, sagte kein Wort, spielte mir nur mit der Hand um das Kinn; endlich sagte er: hast mir auch was zum h⟨eiligen⟩ Christ geschickt![11] Willst Du wieder aufstehn? sprach ich. Und er zog sein Schlafröckchen an. Nun grüßten wir das stille, sanftmüthige Röschen und meine älteste Schwester[12]; sie kam herbei. Aber der Vater[13] fehlte. Unabweisliche Noth hatte ihn weggerufen. Wir blieben alle fünf auf bis um zwölf; die Mutter sagt, ihr hätten noch im Bett die Kniee gezittert.

Den andern Tag[14] war der Festtag[15]. Der Vater zögerte bis gegen Abend. Ich sah oft zum Fenster hinaus, wußte nicht, wer noch kommen sollte. Endlich rauschte der Wagen und fuhr hinten in das Thor: der Vater wars. Ich ging in die Hinterstube, sah, hört ihn schon; so ging er nichts wissend

1 Hermann Julius Christoph Baier (1775–1822), Pfarrer in Altenkirchen auf Rügen.
2 Heinrich Ranke (1798–1876), Bruder Leopold Rankes.
3 Er war, wie Leopold Ranke, zur Feier der Silbernen Hochzeit in Wiehe, reiste danach aber weiter zu Baier, dem er Leopold Rankes Grüße überbringen sollte (vgl. Nr. 55).
4 16. Februar 1820.
5 Ferdinand Ranke (1802–1876), Bruder Leopold Rankes, Schüler in Pforta.
6 Wilhelm Ranke (1804–1871), Bruder Leopold Rankes, Schüler in Pforta.
7 Gürtelrose, die so schmerzhaft verlaufen kann, daß ein Fußmarsch nicht möglich ist.
8 Friederica Wilhelmina Ranke, geb. Lehmicke (1776–1836).
9 Rosalie Ranke (1808–1870), Schwester Leopold Rankes.
10 Ernst Constantin Ranke (1814–1888), Bruder Leopold Rankes.
11 Vgl. Nr. 23, Nr. 30 und Nr. 52.
12 Johanna Ranke (1797–1860).
13 Gottlob Israel Ranke (1762–1836).
14 17. Februar 1820.
15 Das 25jährige Hochzeitsjubiläum der Eltern Leopold Rankes (vgl. Nr. 56).

in die Wohnstube. Wie ist's gegangen? sagte die Mutter. Passabel, sprach er – in dem Augenblick macht' ich die hintere Thür auf. Der Vater sah in dem Halbdunkel nicht genau, kam herbei, meint, ich sei ein Fremder, rückte schon an seiner Mütze, da fiel ich ihm in Arm: Ach, sagt' er. Nun kam auch Ferdinand, ich hatt' ihm freilich die erste Überraschung vorweggenommen – wir waren alle in Fröhlichkeit bei einander.

Nun hatte ich kleine Geschenke mit, für jeden etwas; wir hatten oben einen Tisch mit 25 Lichtern umsteckt, drauf lagen sie. Hannchen, die älteste, hatte sie nun angezündet, rief: Kommt doch herauf. Wir kamen, wie wir waren. Wie nun die lieben Eltern[16] diese Lichter sahen und die Geschenke und unsere herzliche Freude, waren sie sehr fröhlich, und Ernstchen ganz weg. Heinrich hatt' aber dem Vater Schubert's[17] „Altes und Neues“[18] geschickt; Du kennst den schönen Anfang von dem betenden Morgen, lieber Baier: diesen auf seine Ermahnung lasen wir, waren herzlich erbauet.

So gingen wir wieder hinab. Nun gedacht' ich Heinrichs und Dein, o lieber Baier. Die Mutter hatte lang ihr Ja gegeben; wie der Vater alles hörte, wie es gegangen, wie ihr einander liebtet, hatte er kein Bedenken und hieß es gut. Aber daß nur Heinrich bei uns wäre: thut mir doch leid, daß wir nicht

[16] Gottlob Israel (1762–1836) und Friederica Wilhelmina Ranke, geb. Lehmicke.

[17] Gotthilf Heinrich (ab 1853: von) Schubert (1780–1860), Sohn von Christian Gottlob Schubert (1732–1805), Hofmeister des Grafen von Schönburg in Rochsburg, Substitut in Hohenstein (Erzgebirge), und Magdalene Schubert, geb. Werner (1741–1811), 1786 Stadtschule in Hohenstein, 1788 Privatunterricht durch seinen Schwager Christian August Hüttenrauch (1759–1832), Rektor der Stadtschule in Lichtenstein, 1790 Stadtschule in Hohenstein, 1792 Gymnasium in Greiz, 1796 Gymnasium in Weimar, daneben Privatunterricht durch Johann Gottfried Herder (1744–1803), 1799 Studium der Theologie in Jena, 1800 der Medizin in Leipzig, 1801 in Jena, 1803 Dr. med., Arzt in Altenberg (Erzgebirge), Hochzeit mit Henriette Martin (1780–1812), Tochter von Benjamin Martin († vor 1819), Eisenwarenhändler in Bärenwalde, 1805 Studium an der Bergakademie in Freiberg, 1806 Übersiedlung nach Dresden, Hauslehrer und Hausarzt bei der Witwe eines russischen Generals, Wohnung im Haus des Malers Gerhard von Kügelgen (1772–1820), Bekanntschaft mit Caspar David Friedrich, Friedrich und August Wilhelm Schlegel, Adam Müller und Heinrich von Kleist, 1809 auf Vermittlung von Schelling Direktor der Realstudienanstalt in Nürnberg, 1813 Hochzeit mit Julie Steuernagel (1788–1880), Stieftochter von Gottlob Friedrich Mühlmann, Kaufmann in Bärenwalde, und Nichte der ersten Ehefrau Schuberts, 1816 Erzieher im Haus des Erbgroßherzogs Friedrich Ludwig von Mecklenburg-Schwerin in Ludwigslust, 1818 Professor für allgemeine Naturgeschichte und Mineralogie in Erlangen, 1826 Professor für allgemeine Naturgeschichte in München, Mitglied der Akademie der Wissenschaften in München, 1836–1837 Reise nach Palästina, 1853 Emeritierung und Übersiedlung auf das Gut Laufzorn, dem Wohnsitz seiner Tochter Selma (1806–1878) und ihres Ehemannes Heinrich Ranke (1798–1876); Hermann Julius Christoph Baier kannte Schubert persönlich, er hatte ihn 1816 während dessen Aufenthalt auf Rügen in seinem Haus aufgenommen (vgl. SCHUBERT, Erwerb und Erwartungen, Bd. 2/1, S. 13–14, Bd. 3/2, S. 126, 140–143; in Bd. 3/2 findet sich auf S. 145–150 auch ein kleines „Lebensbilde“ von Baier als „eines 'Stillen im Lande' “).

[18] SCHUBERT, Altes und Neues. Der erste Band war 1817 erschienen; es folgten im Laufe der Jahre: Bd. 2 (1824), Bd. 3 (1833), Bd. 4.1 (1837), Bd. 4.2 (1841), Bd. 5 (1844). Schubert wurde später der Schwiegervater Heinrich Rankes.

all bei einander sind! sprach der Vater. Und sieh! kaum das Wort gesagt, so ging die Thür auf: man sah den grauen Mantel, die Mütze, die Nase: das war Heinrich. Hatte sich einen halben Tag nach mir aufgemacht, kam nun die 33 Meilen zu Fuß.[19] Daran erkenn' ich Dich, sagte der Vater. Und es war ein Herzen und Grüßen und Freuen sich und Liebeslust den ganzen Abend. Die Freunde aus der Stadt kamen – wir waren all damals ganz selig.

Das sind meine Wieheschen Grüße. Heinrich mochte noch gern ein wenig dableiben; er wurde fast auch gezwungen; er wollte noch einmal predigen. Darum hab Du nicht Angst, wenn er etwas später kommt.

In Pforta aber kennt man Dich auch. Du bist ja des alten Ilgen[20] Schüler. Der Professor Lange,[21] ein Freund von Hesselbach[22] in Stettin, verehrt

[19] Vgl. F. H. Ranke, Jugenderinnerungen, S. 151–154.

[20] Karl David Ilgen (1763–1834), Sohn von Johann David Ilgen (1734–1816), Schneider, Gastgeber, Schulmeister in Seena bei Eckartsberga, ab 1768 in Burgholzhausen, und Anna Rosina Ilgen, geb. Kriependorf (1725–1800), Schule in Burgholzhausen, 1776 Stadtschule, 1777 Domschule in Naumburg, 1783 Studium der Theologie und der Philologie in Leipzig, unter anderem bei Christian Daniel Beck, als dessen Gehilfe Lehrer von Johann Gottfried Jakob Hermann (beide wurden später Leopold Rankes akademische Lehrer; vgl. Nr. 16 und Nr. 27) und bei Johann August Dathe, bei dem Ilgen wohnte und dessen „Famulus" Ilgen war, 1788 Magister, 1789 Rektor der Stadtschule in Naumburg, 1793 Hochzeit mit Johanna Ernestine Christiane Gutjahr (1776–1849), Tochter von Dr. Johann Andreas Bernhard Gutjahr, herzoglich-hildburghausischer Leib-Medicus in Kahla, 1794 ordentlicher Professor der morgenländischen Literatur, 1799 Dr. theol. und ordentlicher Professor der Theologie in Jena, 1802 auf Empfehlung von Franz Volkmar Reinhard, Oberhofprediger in Dresden, und Johann Gottfried Jakob Hermann, der selbst das Amt abgelehnt hatte, Rektor der Landesschule in Pforta, 1816 zugleich auch Schulrat, 1831 Ruhestand aus gesundheitlichen Gründen, Übersiedlung nach Berlin zu seinem Sohn Ernst Konstantin Ilgen (1803–1837), der am Joachimsthalschen Gymnasium tätig war. (vgl. Archiv KPS Pforta, Bestattungen 1816; ELAB Berlin, Dorotheenstädtische Kirche, Bestattungen 1834 und 1849; https://familysearch.org: Kirchenbuch Seena, 1598–1899, Kirchenbuch Eckartsberga, 1594–1787 sowie Kirchenbuch Burgholzhausen, 1800–1884 und 1800–1899; Herzoglich-Sachsen-Gotha- und Altenburgischer Hof- und Adreß-Calender auf das Jahr 1819, Gotha ⟨1819⟩, S. 124; Dorfmüller, rectores portenses, S. 67–71; K. F. Ranke, Leben in Briefen, S. 68–69; freundliche Auskunft von Gottfried Braasch, 24.8.2009).

[21] Adolph Gottlob Lange (1778–1831), Lehrer an der Landesschule in Pforta.

[22] Gemeint ist wohl Karl Friedrich Wilhelm Hasselbach (1781–1864), Sohn von Christoph Theophil Hasselbach (1739–1804), Diakonus bei St. Nikolai in Anklam, und Charlotte Sophie Hedwig Hasselbach, geb. Nahmmacher (1759–1829); Besuch der Lateinschule in Anklam, 1799 Studium der Philologie in Halle, 1802, wie Lange, Seminar für Gelehrte Schulen von Friedrich Gedike, zugleich Lehrer am Gymnasium zum Grauen Kloster in Berlin, 1803 Kollaborator, 1805 Subrektor, 1828 Direktor am Gymnasium in Stettin, 1854 Eintritt in den Ruhestand (vgl. Hans Moderow: Die evangelischen Geistlichen Pommerns von der Reformation bis zur Gegenwart, Bd. 1: Der Regierungsbezirk Stettin, S. 10; freundliche Auskunft von Karin Keller, Archiv der Martin-Luther-Universität Halle-Wittenberg, 29.8.2014;); er legte zahlreiche wissenschaftliche Veröffentlichungen vor, unter anderem gab er gemeinsam mit Johann Gottfried Ludwig Kosegarten (1792–1860), dem Sohn von Ludwig Gotthard Theobul Kosegarten, und Friedrich Ludwig Karl Freiherr von Medem (1799–1885) den Codex Pomeraniae Diplomaticus heraus. Hasselbach war ein Neffe von Johanne Salome Hasselbach (1745–1823), der Mutter von Georg Gustav Samuel (1773–

Kosegarten[23] überaus und redete viel von einem einst berathenen Denkmal auf Rügen.[24] Wie stehts wohl damit? Er meint, ein Felsstück mit seinem Namen, darauf ein Kreuz, wäre das allerbeste.

Dies sind die Pförtner Grüße.

Und nun sollen die Frankfurter, diese, zu Dir kommen und den Deinen, und euch sagen: Gott grüß euch!

Dein [a]Leop⟨old⟩ Ranke.[a]

Ich hätte Dir noch viel zu schreiben; aber der Brief muß eilen. Den Deinen[25] habe ich weder in Frankfurt noch in Wiehe empfangen.

[a–a] In der Vorlage gesperrt gedruckt.

1837) und Friedrich Carl Köpke (1785–1865); verheiratet war Hasselbach mit Charlotte Schwarz, einer Tochter des Pfarrers in Wiek auf Rügen, Erich Georg Theodor Schwarz (1740–1814), deren Bruder, Adolph Philipp Theodor Schwarz (1777–1850), mit der Familie von Hermann Julius Christoph Baier (1775–1822) befreundet war (vgl. Nr. 132) und dessen Nachfolger als Pfarrer in Wiek auf Rügen ein Neffe Baiers, Ernst Friedrich Franck (1795–1875), wurde. Hasselbachs Schwester Amalie (1803–1866) heiratete am 17. März 1820 Heinrich Ludwig Theodor Giesebrecht (1792–1873), den Leopold Ranke im November 1822 in Stettin besuchte (vgl. Nr. 136).

[23] Ludwig Gotthard Theobul Kosegarten (1758–1818), Sohn von Bernhard Christian Kosegarten (1722–1803), Pfarrer in Grevesmühlen, und Johanna Sophia Kosegarten, geb. Buttstädt (1724–1762); Hauslehrer, 1775 Studium der Theologie, Philosophie, Geschichte und Philologie in Greifswald, ab 1777 Hauslehrer an verschiedenen Orten in Mecklenburg und auf Rügen, 1781 Erstes Theologisches Examen, 1785 Rektor der Stadtschule in Wolgast, 1792 Pfarrer in Altenkirchen auf Rügen, 1793 Dr. theol. in Rostock, 1808 Professor der Geschichte in Greifswald, 1816 Pfarrer an Sankt Jacobi und Professor der Theologie in Greifswald, 1818 Rektor in Greifswald. Der produktive Dichter, Geistliche und Professor war der Vorgänger Baiers in Altenkirchen und seit der Heirat Baiers mit seiner Tochter Alwina Kosegarten (1787–1864) dessen Schwiegervater. Kosegartens Dichtungen sowie seine „gefühlsreligiösen Landschaftsschilderungen“ (NDB) entsprachen allen Wandlungen des Zeitgeschmacks und wurden daher viel gelesen; außerdem verfaßte er zahlreiche Schriften zur Ästhetik, Geschichte und Theologie. Seine gedruckte Festrede auf Napoleon aus dem Jahr 1809 wurde beim Wartburgfest verbrannt.

[24] Eventuell Anspielung auf das von Kosegarten errichtete „Ufer-Bethaus“ (vgl. Ludwig Gotthard Theobul Kosegarten: Denkmal der Widmung des auf Arkona gebauten Ufer-Bethauses. Stralsund 1817).

[25] Brief bisher nicht ermittelt.

Nr. 58

Heinrich Ranke[1] an Leopold Ranke

V: Nl Walther Peter Fuchs – Privatbesitz (Typoskript)
TD: Fuchs, Heinrich Ranke, S. 146–147

Schwedt, am 14. März [18]20⟨.⟩
Dienstag Ab⟨en⟩d gegen 5 U[hr]

Mein in Gott geliebter Bruder. Es waren die Thränen des Heilandes, die Du bei unserem Abschiede vergossest auf der schönen Höhe.[2] Er war bei uns mit der Fülle seiner Bruderliebe, die ihn treibt⟨,⟩ uns nachzugehen; ich fühlte es, da ich herunterging und wir uns nicht mehr sahen und ich unter heißen Thränen mein schönes Wanderlied nur stammeln konnte: „Laß die Nacht auch meiner Sünden Jetzt mit dieser Nacht vergehn" pp. und „Deinen Engel zu mir sende"[3] pp.
Wenn Du wüßtest, mein lieber Leopold, wie so gar schwach und brechlich Dein Bruder oft ist, wie er in den kleinsten Dingen wankt und schwankt – Du würdest recht fleißig vor Gottes Augen meiner gedenken. Wenn ich Dich nur in den Stunden der Versuchung weinend vor mir sähe!
Ich will Dir's gestehen, mein Leopold. Nicht wahr, ich habe manchen lieben Freund, dem ich recht gründlich und von Herzen zugetan bin – aber an niemand hänge ich so in Liebe und Schmerz als an den lieben Eltern[4] und an Dir. Ach⟨,⟩ daß ich gerade Euch so tief gekränkt habe von Anfang bis hieher! Es geht Euch wie dem Heiland – Er wolle mir's vergeben. Sei mir ja recht nahe und besuche mich auch mit Deinen Briefen. [. . .][a]

[a] Auslassung unbekannter Länge.

[1] Heinrich Ranke (1798–1876), Bruder Leopold Rankes.
[2] Die Abschiedsszene auf dem „Thränenhügel" bzw. „Sonnenhügel" wird in drei weiteren Briefen angesprochen (vgl. Nr. 59, Nr. 61 und Nr. 82).
[3] Beginn der dritten bzw. der siebten Strophe des evangelischen Kirchenliedes „Gott des Himmels und der Erden" von Heinrich Albert (1604–1651) aus dem Jahr 1642 (Druck: Evangelisches Gesangbuch, Nr. 445, S. 795–796).
[4] Gottlob Israel (1762–1836) und Friederica Wilhelmina Ranke, geb. Lehmicke (1776–1836).

Nr. 59

Leopold Ranke an Heinrich Ranke[1]

V: GStA PK VI. HA Nl Hoeft Nr. 2 (Abschrift)
G: GStA I. HA Rep. 92 Nl L. v. Ranke Nr. 7 (nicht erhalten)
D: L. v. RANKE, Neue Briefe, S. 9–10

⟨Frankfurt an der Oder, 17. März 1820.⟩[a]

Mein lieber Bruder, wann trockneten die Thränen von Deiner Wange?[2] Diese Thränen, dünkt mich, haben uns besuchen wollen all die Tag unsres letzten Zusammenseyns; so oft ich schwieg in unserm Gespräch hab' ich sie quellen hören, und rieseln im felsigen Muth: — was ist's wohl gewesen, das sie zurückbannte? — nun gut, daß Ihr doch endlich auf dem Hügel hervorbracht, der bey mir immerdar der Thränenhügel heißen soll. Sonne, liebst Du die Thräne auch wie den Thau, und vergoldest die selige?[3] Mir hast Du sie weggeküßt.

Weinen möchten wir wohl noch oft. Wir hatten gestern Conferenz. Stange,[4] wie er mir gesagt, zornig auf Poppo,[5] übergab sich den dunkelen Gewalten, die in ihm rasen; nun ist doch unser Thun, äußerlich auseinander, innerlich nicht ganz einig, zusammengehalten worden durch die gelten lassende Freundlichkeit, und diese durch die Conferenz. Aber s⟨eine⟩ Wuth kehrte sich gegen diese. Wir stimmten über ihre – Fortdauer 6 dafür. „Also, weils sechs sagen, ists wesentlich?" Diese Mißachtung des Gemeinwillens brachte mich auch auf. Es entstand solche Spannung, daß es mit diesen Conferenzen leicht aus ist.

Zwar, wenn ich auch ganz einsam würde, wärs mir wohl nützlicher. Aber die Wehmuth, mit dem dunkeln Sehnen, wollte Gott, mit dem süßen Naß, möchts mich manchmal anrühren, daß nun vorüber ist, was vorüber. Dich

[a] Datiert nach L. v. RANKE, Neue Briefe, S. 9.

[1] Heinrich Ranke (1798–1876), Bruder Leopold Rankes.
[2] Vgl. Nr. 58.
[3] Zum „Thränenhügel" bzw. „Sonnenhügel" vgl. auch Nr. 58, Nr. 61 und 82.
[4] Johann Carl Wilhelm Thomas Stange (1792–1854), Oberlehrer am Friedrichs-Gymnasium in Frankfurt an der Oder, zeitweise Hausgenosse Leopold Rankes.
[5] Ernst Friedrich Poppo (1794–1866), Direktor des Friedrichs-Gymnasiums in Frankfurt an der Oder.

indeß leitet Gott in ein neues reineres Leben, voll allerseligster Gemeinschaft. Ein Tropfen draus, dann und wann, wird mich erquicken.

Gott sey mit Dir!
Leopold.

Heute grüße Du, zunächst will ich selber Baiern[6] grüßen und Dein ganzes Haus!
Das N⟨eue⟩ Testament ist da, in den Koffer giengs nicht: jetzt kann ichs auch nicht mehr einpacken.

Heil!

[6] Hermann Julius Christoph Baier (1775–1822), Pfarrer in Altenkirchen auf Rügen, bei dem sich Heinrich Ranke zu diesem Zeitpunkt aufhielt.

Nr. 60

Leopold Ranke an Hermann Julius Christoph Baier[1]

V: GStK PK VI. HA Nl Hoeft Nr. 38 (Typoskript)
G: Nl Hermann Ranke
D: L. v. Ranke, Neue Briefe, S. 10–12

[Frankfurt a.d.O.,] Sonntag, 18. März 1820.[2]

Mein viel lieber Baier,

Du strenger und sanfter, ernster, lächelnder, nun hast Du ihn, den Du liebst, den ich liebe;[3] daß dieser mein Bruder ist, soll meine Empfehlung bei Dir sein.

Siehe, die Freundschaft gründet sich auf dies innere Du der Seele: Geschwisterlichkeit scheint auch das Äußere. Aber das ist der Kranz und wie ein ehelich Mysterium, wenn Brüder, so nah verwandt von Leib und Blut, miteinander eins sind in Sinn, Wandel und Wollen, zumeist in unwandelbarer Liebe. Ich weiß wohl, daß wir beide ringen nach diesem Kranz; die göttliche Ahnung in dem sel'gen Augenblick, da er den Menschen überleuchtet mit seiner Füll' und Klarheit, hat mir's gesagt, daß wir's erreichen, nicht im steten Beieinander, auch in dem Fernsein und Ringen.

Nun ist's kühn von mir, daß ich ihn habe zu Dir ziehen lassen.[4] Es ist so ganz gewiß, dann lieben wir uns am meisten, wenn wir am besten sind, beid' ankommen an dem Gipfel von Kraft, Demut und Tugend, den wir erlangen können; — es ist auch so ganz gewiß, daß es ihn überaus fördert, wenn er bei Dir ist. Nun ist's kühn von mir, wenn ich dennoch hoffe, in dieser Einsamkeit laufend das Ziel auch zu erreichen. – Siehest Du wohl unser Verhältnis? Ich kann's Dir nicht ganz sagen.

Ich hab' in diesen Tagen Eures Vaters[5] früheste Gedichte[6] gelesen. Das „Um Hals fallen aller Jünglinge",[7] fühl' ich, verdient er wohl. Ich find' ihn

[1] Hermann Julius Christoph Baier (1775–1822), Pfarrer in Altenkirchen auf Rügen.
[2] Anm. von Hans Herzfeld in L. v. Ranke, Neue Briefe: „Verglichen nach Original von Prof. W. P. Fuchs. 18.III. Datum Rankes. Sonntag war der 19. März."
[3] Heinrich Ranke (1798–1876), Bruder Leopold Rankes.
[4] Vgl. Nr. 57.
[5] Gemeint ist der Schwiegervater Baiers, Ludwig Gotthard Theobul Kosegarten (1758–1818).
[6] Ludwig Theobul Kosegarten: Gedichte. 2 Bde., Leipzig 1788.
[7] Anspielung auf die Vorrede Kosegartens im Ersten Band (ohne Paginierung): „Dass er ⟨der Dichter⟩ aber, was er dichtete, auch darzustellen würdigt; dass er den lebendigen Geist einkerkert in den todten Buchstab ⟨...⟩ — was, ich bitt' euch, könnt zu einem so misslichen Schritt' ihn wol verleiten, wär' es nicht das Zutrauen zu dir, mein Vaterland, und das Verlangen, nicht namenlos in deinem Schoose zu modern, und die verführerische Aussicht auf den Beifall deiner ernsten Männer, und das Um Hals Fallen deiner feurigen Jünglinge, und den leisen Handdruk deiner verschämten Töchter."

wie Euer Eiland[8]. Er ist klar und hoch, wie der Rugard[9] im Sonnenschein, stürmener wie die brandende See, kühn wie Stubbenkammer[10], düster wie der Herthasee[11], freundlich und mild wie Wittow und Altenkirchen. O⟨,⟩ daß er noch lebte!

Ich bitte Dich, Du wolltest Deine liebe Frau[12] bitten, das Büchlein von Adolf Wagner,[13] das in Heinrichs Koffer ankommen wird, anzunehmen von mir als ein Gastgeschenk und nicht zu verschmähen.

O⟨,⟩ wie pocht in meinem Herzen noch manch Wort, das ich zu Dir sagen möchte! Wie ringt meine Seele in mir einen so strengen, ernsten Kampf! Seid Ihr mir nahe in Liebe! Worte versagen mir. Besser gerungen mit Tat! Seid mir nahe!

Denn das ist wahr und klar an sich selbst, daß die unsichtbare Gemeinschaft der Herzen die Gemeinschaft Gottes ist und die Starken, so wer schwach ist, ihm mitteilen von ihrer Stärke.

Leopold.

[8] Rügen. Die im Folgenden von Leopold Ranke angesprochenen landschaftlichen Sehenswürdigkeiten der Insel wurden von Kosegarten in verschiedenen seiner Gedichten geschildert.

[9] Slawisch für „Rügenburg"; ein Burgwall auf der höchsten Erhebung einer eiszeitlichen Endmoräne.

[10] Kreidefelsen an der nordöstlichen Küste Rügens, die bekannteste zeitgenössische Darstellung dieses beliebten Aussichtspunkts der Insel ist wohl das Gemälde „Kreidefelsen auf Rügen" von Caspar David Friedrich, das dieser während seiner Hochzeitsreise im Jahr 1818 schuf.

[11] Der Herthasee wurde nach der „Germania" des Tacitus beschrieben in: Deutsche Sagen herausgegeben von den Brüdern Grimm. Zweiter Teil, Berlin 1818, Nr. 364, S. 2–3. Leopold Rankes fragmentarisch notierte oder überlieferte Notizen über „Plätze auf Rügen" enthalten gleich als erstes den entscheidenden Auszug aus Kapitel 40 der „Germania", in dem Tacitus einen heiligen See schildert, der aufgrund eines verlesenen Namens mit dem Herthasee auf Rügen identifiziert wurde. Darüber hinaus notierte Leopold Ranke einen Hinweis auf Garz (alte Signatur: SBB Nl Ranke Fasz. 38 I G 16).

[12] Alwina Baier, geb. Kosegarten (1787–1864).

[13] Gottlob Heinrich Adolph Wagner (1774–1835), Sohn von Gottlieb Friedrich Wagner (1736–1795), Einnehmer in Leipzig, und Johanna Sophia Wagner, geb. Eichel, Onkel von Richard Wagner; 1784 Thomas-Schule in Leipzig, 1793 Studium der Theologie, Philosophie und Philologie in Leipzig, 1798 in Jena, hier „Stubengenosse" von Johann Arnold Kanne, Beginn der Freundschaft mit Johannes Daniel Falk, 1799 Rückkehr nach Leipzig, Privatgelehrter, den Leopold Rankes Lehrer Christian Daniel Beck „für die Universität" hatte „heranziehen" wollen (vgl. KAL St. Thomas, Taufen 1774; StdA Leipzig, Ratsleichenbücher 1795). Wagner war ein damals vielgelesener Autor, unter anderem von historischen Romanen mit religiösem Hintergrund. Welches Buch Leopold Ranke verschenkte, ist nicht eindeutig zu ermitteln. Von Umfang und Größe sowie vom Erscheinungsdatum her kämen etwa in Frage das 1817 von Wagner herausgegebene Werk „Johannes Falk's Liebe, Leben und Leiden in Gott. Zu Luthers Gedächtnis", oder im Hinblick auf die zum Zeitpunkt des Briefes bevorstehende Karwoche die 1819 erschienene Übersetzung Wagners von Louis Claude de Saint-Martin, Ecce homo („Sehet da den Menschen!").

Nr. 61

Heinrich Ranke[1] an Leopold Ranke

V: Nl Walther Peter Fuchs – Privatbesitz (Typoskript)
TD: Fuchs, Heinrich Ranke, S. 147–148

[Altenkirchen]⟨,⟩ Palmsonntag⟨,⟩ [26. März] 1820.

Der Himmel ist wieder blau wie am Tage meiner Ankunft[2]. Ich komme zu Dir, liebes Herz. Wollen wir ausgehen? Dahin, wo Dürre[3] uns belauschte oder nach der steilen Wand[4]? Wir stehen ja doch noch auf dem Sonnenhügel[5], Du weinst in meinen Armen. Daß wir so von einander gingen in freudigen Schmerzen! daß der letzte Augenblick so schön war! Wie wird unser erster sein und wie wird der sein droben vor Gott und allen Engeln!

Weißt Du noch von dem schönen Christmorgen, wenn alle Lichter auf den Kronleuchtern brannten und die vier Engelknaben sangen? Und weißt Du noch die Freude am Palmsonntag? Siehe, dein König kommt zu dir sanftmütig und reitet auf einer Eselin.[6] Hosianna dem Sohne David! Gelobet sei, der da kommt im Namen des Herrn.[7]

Wenn die Kirchenglocken läuten, so ist der König nahe. Komm, laß uns hingehen und Zweige abbrechen und ihm den Weg damit bestreuen. Amen.

⟨Altenkirchen,⟩ Montag in der stillen Woche[8]⟨,⟩ [27. März] ⟨1820⟩.

[...][a] Es ist mir hier sehr wohl, und ich ahne, wie schön es noch werden wird. Der Anfang war gleich sehr schön. Ich kam vorletzten Sonntag unter der Kirche an. Baiern[9] sah ich zuerst am Altare. „Der Herr sei mit Euch" waren die ersten Worte. Er predigte dann vom Evangelio. Mit schwacher betender Stimme fing er an; dann wurde er immer lauter und dringender. Beim Segen erst hat er mich bemerkt. Ich ließ die Leute herausgehn und ging auf ihn zu. Es war mir gar nicht, als käme ich nun erst; so heimisch

[a] Auslassung unbekannter Länge.

[1] Heinrich Ranke (1798–1876), Bruder Leopold Rankes.
[2] Nicht ermittelt.
[3] Christian Eduard Leopold Dürre (1796–1879), Turner und Burschenschaftler, Studienfreund Heinrich Rankes und mit diesem zeitweise gemeinsam Lehrer an der Wagner'schen Erziehungsanstalt in Frankfurt an der Oder.
[4] Hochufer der Oder, etwa ein Kilometer von Lossow und damit etwa acht Kilometer von Leopold Rankes Wohnung in Frankfurt an der Oder entfernt.
[5] Eventuell identisch mit dem in Nr. 58 angesprochenen „Thränenhügel" (vgl. auch Nr. 59, Nr. 61 und Nr. 82).
[6] Sacharja 9,9; bei Matthäus 21,5 bezogen auf den Einzug Jesu in Jerusalem.
[7] Matthäus 21,9.
[8] Karwoche.
[9] Hermann Julius Christoph Baier (1775–1822), Pfarrer in Altenkirchen auf Rügen.

war es mir. Und nun bin ich schon über eine Woche hier. Denke doch das! Und nun habe ich schon mit ihm in der Bibel gelesen und in seinen Armen gebetet. Danke mit mir dem lieben Gotte!
Allwinen[10] kenne ich noch nicht ganz. Sie ist sehr zart und gut und lebt mit B[aier] in schöner, doch ganz besonderer Liebe und Gemeinschaft. Ich fasse sie noch nicht. Sie scheint mir eine besondere Tiefe des Gemüths zu haben. Malchen[11], Baiers Schwester, ist so liebreich und offen und fromm wie er und eigentlich die Hausfrau und Mutter. Bei den lieben Kindern[12] ist Kosegartensches[13] und Baiers Leben und Wesen verbunden. Sie sind mir auch noch nicht ganz aufgeschlossen.
Allwill ist herrlich gewöhnt, auch zum Denken; [b]durchaus[b] folgsam auf der Stelle. Nennt mich Du. Er sitzt jetzt neben mir und lernt Latein. In Franks[14] Abwesenheit habe ich den Unterricht ganz; auch Thereschen lernt bei mir a b ab. Kannst Du mich wohl denken, wenn ich das zarte⟨,⟩ blasse Kindchen auf meinem Schoße habe und buchstabiere und B[aier] kömmt dann dazu und drückt mir die Hand. Bei Malchen lerne ich zählen, nämlich pladdütsch: een, dwe, dri pp. Mit Allwill nehme ich Zahlen und Formenlehre ⟨durch⟩. Mit B[aier] lese ich die Bibel. Bin ich nun nicht ganz in die Kindheit zurückgegangen? Und was wird mir so selig sein und ist es mir schon in Baiers Liebe und Freude, daß ich nun da bin.

[b–b]In der Vorlage gesperrt gedruckt.

[10] Alwina Baier, geb. Kosegarten (1787–1864), Ehefrau von Hermann Julius Christoph Baier.

[11] Amalie Baier (1778–1857), Schwester von Hermann Julius Christoph Baier.

[12] Allwill Hermann (1811–1892), Therese Catharina (∗ 1814) und Gotthard Julius Gottfried Baier (1816–1898), Kinder von Hermann Julius Christoph und Alwina Baier, geb. Kosegarten (vgl. Carl Gesterding: Ueber Greifswaldische Stipendien für Studirende als zweite Fortsetzung des Beitrages zur Geschichte der Stadt Greifswald. Greifswald 1829, S. 351–352).

[13] Alwina Baier war eine Tochter von Ludwig Gotthard Theobul Kosegarten (1758–1818).

[14] Ernst Friedrich Franck (1795–1875), Sohn von Bernhard Friedrich Olivius Franck (1759–1833), und Charlotte Eleonora Franck, geb. Baier (∗ 1773), 1810–1813 Pädagogium in Stettin, Ostern 1814 Studium der Theologie in Greifswald, Ostern 1815 in Heidelberg, März 1820 Hauslehrer bei Hermann Julius Christoph Baier, Juli (Berufung) / Oktober (Einführung) 1820 Diakonus in Altenkirchen, 1830 Pfarrer in Swantow auf Rügen, 1850 Pfarrer in Wiek auf Rügen, 1872 Pension und Übersiedelung nach Stralsund (vgl. F. H. Ranke, Jugenderinnerungen, S. 162, 166; Heyden, Rügen, 37–38, 46–47, 238). Der Vater von Ernst Friedrich Franck, Bernhard Friedrich Olivius Franck, war Hauslehrer bei Johann Christoph Baier (1775–1822), dem Vater von Hermann Julius Christoph Baier, und heiratete am 20. November 1791, dem Tag, als er als Nachfolger von Johann Christoph Baier zum Pfarrer in Bobbin instituiert worden war, die älteste Tochter seines Vorgängers, Charlotte Eleonora Baier (∗ 1773), die Schwester von Hermann Julius Christoph Baier. Bernhard Friedrich Olivius Franck war ab 1801 korrespondierendes, ab 1822 ordentliches Mitglied der mineralogischen Gesellschaft in Jena, ab 1827, drei Jahre nach ihrer Gründung, Mitglied der Gesellschaft für pommersche Geschichte und Altertumskunde in Stettin.

Allwine dankt Dir für die Gr.[c] Wir lesen täglich jetzt einige Stunden von 5 U[hr] nachm[ittags]. Künftig, wenn ich erst mehr für mich und mit B[aier] in der Theol[ogie] arbeite, wird es wohl nur eine Stunde werden.

Bei der Vorbereitung der Schulkinder zum h⟨ei⟩l⟨igen⟩ Abendmahl bin ich nur zwei Mal gewesen. O⟨,⟩ lieber Bruder, wenn es im ganzen Vaterlande so wäre, wenn das ganze Volk so in der Tiefe gegründet wäre! Welches Leben ist das christliche, wie niedrig und wie hoch, wie schwach und wie stark! Der Wandel im Himmel – o⟨,⟩ darum voll Liebe und Kraft und Segen mit den Brüdern. [...][d]

[c] Wahrscheinlich als „Grüße" aufzulösen, denkbar aber auch ein Bezug zu dem übersandten Buch von Gottlob Heinrich Adolph Wagner (vgl. Nr. 60).

[d] Auslassung unbekannter Länge.

Nr. 62

Friederica Wilhelmina Ranke[1] an Leopold Ranke

V: GStA PK VI. HA Nl Hoeft Nr. 1 (Abschrift)
G: GStA I. HA Rep. 92 Nl L. v. Ranke Nr. 26 (nicht erhalten)

Wiehe⟨,⟩ den 28den März ⟨1820.⟩

Mein guter Sohn⟨,⟩
Wier haben uns sehr gefreüet⟨,⟩ das⟨s⟩ Du so glüklich und wohl nach Frankfurt bist gekommen⟨.⟩ ich wahr denselben Tag allein und sehnte mich nach einen Brief von Dier[2]⟨,⟩ und mein Wunsch wurde erfült⟨.⟩ da Freüete ich mich sehr⟨,⟩ und nach den ich ihn 3Mahl gelesen hate⟨,⟩ sigelte ich wieder zu und schikte den Brief mit Gelegenheit nach Gehhofen bei den Vater[3]⟨,⟩ das⟨s⟩ Der Sich auch freüen solte. aber Du hast Dier doch auf dieser Braut reiße[4] nicht selbst eine Braut ausgesucht? das währ ein spas. nu⟨,⟩ ich werde doch auch waß davon erfahren. haben Dier den⟨n⟩ die Ohren nicht geklungen⟨?⟩ Du bist hier von allen sehr gerühmt worden wegen Deiner Treüe und Liebe⟨,⟩ die Du zu Deinen Aelter hast⟨.⟩ auch würd Dier Heinrich[5] gesagt haben⟨,⟩ das⟨s⟩ ich Dein Schönes Müzgen zum ersten mahl bei so einer Heiligenhandlung aufgesezt habe⟨.⟩ da wurdest Du auch viel erwehnt⟨,⟩ den⟨n⟩ es wahr viel Geselschaft da⟨,⟩ und alle Priesen mich Glüklich. es ist mir immer⟨,⟩ als wen⟨n⟩ Du einmahl in unßerer Gegent angestelt würtest⟨,⟩ und⟨,⟩ was ich Eüch wünsche⟨,⟩ ist imer geschehen⟨,⟩ und das Wünsche ich auch. das⟨s⟩ aber Heinrich so weit weg ist⟨,⟩ das ist mir doch nicht lieb⟨.⟩ ich hofe auch auf Einen Brief von Ihm⟨,⟩ das⟨s⟩ ich weiß⟨,⟩ wie es Ihm geht. Er häte doch bei Dier bleiben sollen. Der Vater ist jezt mehr in Gehofen als zu hauße⟨.⟩ wie Er heüte fort fuhr⟨,⟩ sagt Er⟨,⟩ morgen werde ich mit vielen fertig⟨,⟩ da wil ich recht froh sein⟨,⟩ wen⟨n⟩ ich ein weilgen kan zu hauße bleiben und gesund bin. Wie Ihr von uns fort warhret da schikten Liebholds[6] und ließen fragen⟨,⟩ ob den⟨n⟩ unßere Söhne wieder fort währen⟨.⟩ Sie häten alle Tage sehnlich auf Eüch gewartet⟨,⟩ wie den⟨n⟩ das zugänge⟨,⟩ das⟨s⟩ Ihr nicht nach Querfurt gekomen währt⟨.⟩ das betrübte Sie sehr⟨,⟩ das⟨s⟩ Ihr Sie so ganz vergeßen kontet. da hab ich Ihn⟨en⟩ geantwortet und Eüch entschuldigt⟨,⟩ so viel ich konte⟨,⟩ aber wen⟨n⟩ Du zeit hast⟨,⟩ so schreib ja einmal an

1 Friederica Wilhelmina Ranke, geb. Lehmicke (1776–1836), Mutter Leopold Rankes.
2 Nicht ermittelt.
3 Gottlob Israel Ranke (1762–1836).
4 Hintergrund nicht ermittelt.
5 Heinrich Ranke (1798–1876), Bruder Leopold Rankes.
6 Johann Friedrich Gottlob Liebhold (1774–1822) und Caroline Henriette Liebhold, geb. Lehmicke (1778–1841), die Schwester der Mutter Leopold Rankes und deren Ehemann in Querfurt.

Sie⟨.⟩ Du machst Ihnen eine grose Freüde. Grüße alle Deine Freunde⟨,⟩ und ich danke Ihnen herzlich⟨,⟩ das⟨s⟩ sie an den schönen Tage so liebevol an uns gedacht haben⟨.⟩ es ist würklich das eine große Freündschaft⟨.⟩ sih⟨,⟩ da kömt Schmit[7]⟨.⟩ nein⟨,⟩ Er hat keinen Brief von Heinrich. Atje⟨,⟩ mein lieber Sohn⟨.⟩
Gott erhalte Dich Gesund⟨.⟩ H⟨annchen[8],⟩ R⟨osalie[9],⟩ E⟨rnst⟩[10] grüßen Dich

herzlich Deine Treüe Muter
Friederica W⟨ilhelmina⟩ Rancke.

nehn es nicht übel⟨,⟩ das⟨s⟩ der brief nicht frei ist⟨.⟩

[7] Wohl Carl Traugott Siegismund Schmidt (1766–nach 1823), Sohn von Caspar Siegismund Schmidt (1742–1802), kurfürstlich sächsischer Kammer-Kommissar und Bergvogt in der Grafschaft Mansfeld, 1803 Hochzeit mit Wilhelmina Charlotte Natalia Faulstich, Tochter von Johann Gottlieb Faulstich, Akzise-Inspektor und freiherrlich werthernscher Justizamtmann, kurfürstlich sächischer Navigations-Conducteur, später Postausträger in Wiehe (vgl. Archiv KPS Wiehe, Trauungen, 1803; freundliche Auskunft von Gottfried Braasch, 24.8.2009).

[8] Johanna Ranke (1797–1860), Schwester Leopold Rankes.

[9] Rosalie Ranke (1808–1870), Schwester Leopold Rankes.

[10] Ernst Constantin Ranke (1814–1888), Bruder Leopold Rankes.

Nr. 63

Leopold Ranke an Heinrich Ranke[1]

V: L. v. Ranke, Lebensgeschichte, S. 88–90 (Druck)

Frankfurt a. O.⟨,⟩ Ende März 1820.

Sei gegrüßt, mein lieber Bruder! Ich grüße mit Dir Rügen und Altenkirchen und Arkona und am meisten Baiern.[2] Was Du mir sagst in dem lieben Blatt von Schwedt[3], halt ich für gewiß. Weißt Du wohl, warum, mein Bruder? Nun, wiß es nur; hab' ich Dirs nicht gesagt, so werd' ich Dirs nicht sagen.

Eben ist die Prediger Ahlemann[4] hier gewesen. Du kennst sie nicht, denn die Gegenwart fremder Menschen engt sie ein; so allein ist sie sorgsam, offen, frauenhaft auf die eigenthümlichste Weise. Was ich nicht begreife, sie rühmt mir immer, daß ich auf ihren Julius[5] wirke. Denn ich bin immer zurückhaltend streng, nie hingebend gegen ihn. Wär es, so weiß ich sicher, daß es ganz eines andern Verdienst ist, mein ists nicht. Dies scheint mir in der That zu zeugen von der gotthaften Natur der Menschen, daß sie an den andern nie das Erworbene, erlernte, sondern jene Eigenthümlichkeit schätzen und lieb haben – dies zumeist – die ihnen Gott zugegeben, und auf ihre Stirn geprägt als sein Siegel. Wie wir die Dichter lieben.

[1] Heinrich Ranke (1798–1876), Bruder Leopold Rankes.

[2] Hermann Julius Christoph Baier (1775–1822), Pfarrer in Altenkirchen auf Rügen, bei dem sich Heinrich Ranke aufhielt.

[3] Nr. 58.

[4] Friederike Wilhelmine Ahlemann, geb. Schultze (1772–1843), Direktorin einer höheren Bildungsanstalt für Mädchen in Frankfurt an der Oder, Vertraute Leopold Rankes.

[5] Friedrich Traugott Julius Ahlemann (1804–vor 1879), Sohn von Ernst Heinrich Friedrich Ahlemann (1763–1803), Zweiter Prediger und Archidiakonus an der Oberkirche St. Marien in Frankfurt an der Oder, und Friederike Wilhelmine Ahlemann, geb. Schultze, 1816 Friedrichs-Gymnasium in Frankfurt an der Oder, später Friedrich-Wilhelms-Gymnasium in Königsberg in der Neumark, 1824 Studium der Rechte in Leipzig, Eintritt in das Corps Lusatia Leipzig, 1825 in Berlin, 1827 Auskultator-Examen, Auskultator am Stadtgericht in Berlin, 1829 Referendar-Examen, Referendar am Kammergericht in Berlin, Hochzeit mit Christiane Wilhelmine Fröhlich (1808–1879), Tochter von Gottfried Fröhlich (1747–1816), Baumwollfabrikant in Berlin, bis 1879 als Rechtsanwalt außerhalb von Berlin tätig (vgl. ELAB Berlin, Bethlehem reformiert, Trauungen 1829; ELAB Berlin, Bethlehem reformiert, Bestattungen 1879; ELAB Frankfurt an der Oder, St. Marien, Taufen 1804; GStA PK I. HA Rep. 76 VI Sekt. XIV z Nr. 26, Bd. 2; StdA Frankfurt an der Oder XIX Nr. 60; Krug, Ahlemann's geistliche Reden, S. XV; Amts-Blatt der Königlichen Regierung zu Potsdam und der Stadt Berlin 1829, Stück 26, 26. Juni 1829, S. 135, und 1843, Stück 26, 30. Juni 1843, S. 184; Blecher / Wiemers, Matrikel Leipzig, Bd. 1, S. 285, Nr. 0093; Bahl / Ribbe, Matrikel Berlin, Bd. 1, S. 300, Nr. 792); Friedrich Traugott Julius Ahlemann war ein Patenkind von Wilhelm Traugott Krug, des Nachfolgers Kants als Professor der Philosophie in Königsberg, der die Predigten von Ernst Heinrich Friedrich Ahlemann posthum zum Druck brachte und sich des jüngsten der drei Kinder Ahlemanns besonders annahm, da es erst nach dem Tod seines Vaters zur Welt kam.

Eine schöne Stunde hab' ich mit Heydlern[6] gehabt. Ich finde, was Du sagst, er bemüht sich⟨,⟩ mich nicht zu verletzen. Ich will mich auch bemühn. Wir waren zu Wein. Die Zeitungen lagen auf dem Tisch, die von den Zügen Riego's,[7] von den Geschichten in Corunna und Navarra handelten. Wir lasen sie, lasen: Cadiz, Cadiz, erwache! In dem selgen Taumel gingen wir nach Haus. „Aber ich könnte mich nicht entschließen", sprach er, „für diese Freiheit zu sterben." Da redeten wir unter einander von verschiedenen Erscheinungen Gottes, und daß der Mensch Gottes Sohn, und daß dies aller Zeiten und Jahrhunderte seligmachender Glaube gewesen, und wie wir alle zum Tode bestimmt sind, damit der Gott frei werde. Ich stand am Ofen, war sehr bewegt; er ging in der Stube auf und ab. Ich hörte auf zu sprechen. Rede weiter, weiter, sagt' er; zuletzt fielen wir uns in die Arme; schieden mit dreimalgem Gut Nacht! –

Heydler fühlt sich beengt durch die Schule. Ich glaube, daß die Treue im Kleinen, die er hier übt, ihn wohl erheben wird über viele, besser, rascher als zwei, drei Bücher übers griechische Theater.

Das ist so gar süß, schwelgen in dem Reichthum aller Jahrhunderte, all die Helden zu sehn von Aug zu Aug, mitzuleben noch einmal, und gedrängter fast, lebendiger fast: es ist so gar süß, und es ist so gar verführerisch![8]

[6] Wilhelm Ferdinand Heydler (1793–1859), Mitschüler Leopold und Heinrich Rankes in Pforta, Leipziger Studienfreund Leopold Rankes sowie Konrektor am Friedrichs-Gymnasium in Frankfurt an der Oder.

[7] Der spanische General und Revolutionär Rafael del Riego y Nuñez (1785–1823) rief am 1. Januar 1820, im Zusammenspiel mit einer Revolte der Truppen im Heerlager zu Cadiz, die liberale Cortesverfassung von 1812 aus und gab damit das Signal zum Aufstand gegen die absolutistische Herrschaft Ferdinands VII. von Spanien; er brach am 27. Januar mit einer Schar von 1500 Mann zu Streifzügen durch Andalusien auf, die, obwohl sie wenig erfolgreich waren, großes Aufsehen erregten und weitere Aktionen nach sich zogen. Den entscheidenden Durchbruch brachte die Erhebung von La Coruña am 21. Februar, die sich rasch auf das ganze nordöstliche Spanien erstreckte; die Regierung in Madrid wich zurück; ein Massaker, das royalistisch gesinnte Truppen am 11. März unter der Bevölkerung des inzwischen für die Revolution gewonnenen Cadiz anrichteten, wirkte dabei noch beschleunigend.

[8] Vgl. das Exzerpt Leopold Rankes aus Fichtes „Wesen des Gelehrten" (L. v. Ranke, Tagebücher, Nr. 499, S. 493–498, hier S. 497: „nur das lebendige Denken belebt Fremdes"). In einer Aufzeichnung aus dem Jahre 1816 beschreibt Ranke, wie ein Maler den „Geist einer Landschaft" besser erfassen könne als die wiederholte Anschauung selbst (vgl. L. v. Ranke, Tagebücher, Nr. 187, S. 169).

Nun kommen die Ferien, mein wartet eine treffliche Arbeit,[9] ich möchte etwas lernen vom Leben der Nationen im 15. Jahrhundert, von dem nochmaligen Aufgehen aller Keime, die das Alterthum gesäet — als wär nun die alte Blüthe dahin, verweht, und der Keim, lang gepflegt, schöß wieder empor. Ich weiß noch nichts davon. Zum voraus aber weiß ich, daß dies Streben, Bilden, Wollen nicht beim literarischen Adel blieb, sondern in gewisser Gestalt da war beim Volk. Ich weiß es aus der Reformation.[10] Denn obwohl das Evangelium ganz ursprünglich durch Gottes Gnade Luthern[11] geoffenbaret worden, so ruht doch der Erfolg der Mittheilung noch auf ganz andren Gründen. Nur das trockene Holz faßt sogleich die Flamme. So werd' ich denn lernen, hoff ich, ahnen wenigstens, wie Kaiserthum und Papstthum gestorben, und ein neues Leben mit neuem Odem daherbläst, also lebendig macht, wie die inficirte Luft vergiftet, so gewiß, so allgemein. Fichte[12] sagt ja schon, denk' ich, daß dies Lieben eines vergangenen Lebens, nämlich seiner Idee, dies innerliche Treiben und Kennenlernen des Alterthums in seiner Tiefe zu Gott führt.[13] Es hat mir immer nicht in den Sinn gewollt, was gesagt wird: „Wer das Abendmahl genießt, und glaubt nicht, thuts zu seinem Gericht."[14] Aber ists nicht also? die das Alterthum flach greifen, obenweg, ja sündhaft, thuns zu ihrem Gericht: immer tiefer wird das Elend, flacher das Leben, erstarrter das Denken. Wie es damals geschah in Italien, nun geschieht an so vielen. Als rächte sich der Geist, der inwohnende, weil er verspottet würde.

In aller Geschichte wohnt, lebet, ist Gott zu erkennen. Jede That zeuget von ihm, jeder Augenblick prediget seinen Namen, am meisten aber, dünkt mich, der Zusammenhang der großen Geschichte. Er steht da, wie eine heilige Hieroglyphe an seinem äußersten aufgefaßt und bewahrt, vielleicht, damit er nicht verloren geht künftigen sehenderen Jahrhunderten.

[9] Leopold Ranke umreißt hier erstmals den thematischen Umkreis seines ersten historiographischen Projekts, der „Geschichten der romanischen und germanischen Völker von 1494 bis 1535"; sein primäres Interesse galt dabei zunächst Renaissance und Reformation, die er offenbar zum Gegenstand einer kulturgeschichtlichen Darstellung machen wollte.

[10] Zur frühen Beschäftigung Leopold Rankes mit der Reformation vgl. die „Luther-Novelle" (L. v. Ranke, Frühe Schriften, S. 251–261) oder das „Fragment über Luther" (ebd., S. 329–466.) aus der Zeit um 1816/1817.

[11] Martin Luther (1483–1546), Reformator.

[12] Johann Gottlieb Fichte (1762–1814), Professor der Philosophie.

[13] Der Gedanke, „durch die gelehrte Bildung des Zeitalters hindurch zur Erkenntnis der Ideen" zu gelangen, findet sich in Fichtes Schrift „Ueber das Wesen des Gelehrten, und seine Erscheinungen im Gebiete der Freiheit" (Berlin 1806; das Zitat S. 7), vor allem im „Plan des Ganzen" (S. 1–23) und in der 9. Vorlesung „Vom mündlichen Gelehrten-Lehrer" (S. 172–195), in der Fichte über Lehrer der hohen Schulen und Gymnasien handelt.

[14] 1. Korinther 11,29.

Wohlan! Wie es auch gehe und gelinge, nur daran, daß wir an unserm Theil diese heil'ge Hieroglyphe enthüllen! Auch so dienen wir Gott, auch so sind wir Priester, auch so Lehrer.[15]

Nun Gott mit Dir, mein Bruder.

Noch einmal grüß ich Euch all. Ihr steht vor meinen Augen, Ihr empfangt meinen Händedruck.

L⟨eopold.⟩

[15] Eventuell bezieht sich Leopold Ranke hier auf die Ausführungen von Johann Friedrich von Meyer in der Vorrede zu seiner dreibändigen Übersetzung der Heiligen Schrift, die Leopold Ranke Heinrich Ranke Ende November 1820 schenkte (vgl. Nr. 78 und Nr. 83). Meyer nennt den Übergang des Glaubens über die angeborenen Vernunftschranken „Hieroglyphe" (vgl. Meyer, Heilige Schrift, Bd. I, S. IV). Wer zu höherer Einsicht aufsteigt, „denn die göttliche Einfachheit ist ein Begreifen der Vielheit in Einem", der „darf aber nie sich versteigen, welches dadurch geschieht, daß er die Thür vorbey in das Traumgewirre eines falschen Positiven, oder auch in sein eigenes leeres Selbst zurücktritt; und er darf nie so niedrig stehen bleiben, um den Haupt- und Brennpunkt der Offenbarung zu verkennen." (ebd., S. VIII).

Nr. 64

Heinrich Ranke[1] an Leopold Ranke

V: GStA PK VI. HA Nl Hoeft Nr. 37 Kart. 2 (Typoskript)
TD: Fuchs, Heinrich Ranke, S. 148–149

⟨Altenkirchen,⟩ Am heiligen Abend vor Pfingsten⟨, 20. Mai⟩ 1820.

Bruder meines Herzens, ich bin Dir immer nahe gewesen, habe gelauscht, wenn Du einsam Deine Gefühle in Worten ausstürmtest[a] an Deinem Pulte, wenn Du einsam im Eichwalde wandeltest, und an alles Schönste dachtest, und auch an Deinen fernen Bruder. Du bist mir nahe gewesen, und Du bist es noch. Am Vorabend des heiligen Tages komme ich zu Dir, und lege mich fröhlich an Deine Brust. „Sie waren alle einmüthig bei einander.“
Da geschah das Brausen vom Himmel und wurden alle vom heiligen Geist erfüllet.[2]

Das ist ja auch unser tiefster Schmerz, daß nicht Alle [b]Ein[b] Herz und [c]Eine[c] Seele sind. Nicht Alle sind es. Einige.

[d]Wir?[d] Bruder meines Herzens, haben wir [e]Eine[e] Liebe? Ja! gelobt sei der Eine, Lebende, Liebende, aller Wesen Licht und Leben — wir sind einmüthig in seiner Liebe! [f]Ja⟨,⟩ seiner Liebe[f]; ich lerne Dich nun mehr verstehen; sehe Dich noch auf dem Sonnenhügel[3]; höre noch, was Du einst sagtest, da wir von Halle über Eisleben nach Hause gegangen waren: [g]Wir wollen die Welt nicht! Wir wollen Gott![g]

Es war ein großes Wort, — ich bin, ach! wie oft, untreu geworden — aber im tiefsten Grunde der Seele habe ich mich dann verachtet und gehofft, ich werde einst treu werden.

Wir wollen Gott! Ich verstehe Dich nun mehr. Wir sind einmüthig in dieser Liebe. Ich habe die fröhliche Zuversicht, daß wir es bleiben. Wir hassen die Finsterniß der Welt, sehnen uns nach dem himmlischen Lichtstrahl. Die Weltketten zerspringen, fallen ab. Wir eilen dem fröhlichen Vater in die Arme. Wir sind einmüthig. Gott helf uns!

[a] In der Vorlage nachträglich von Hoeft verbessert zu „ausströmtest“.
b–b In der Vorlage unterstrichen.
c–c In der Vorlage unterstrichen.
d–d In der Vorlage unterstrichen.
e–e In der Vorlage unterstrichen.
f–f In der Vorlage unterstrichen.
g–g In der Vorlage unterstrichen.

[1] Heinrich Ranke (1798–1876), Bruder Leopold Rankes.
[2] Apostelgeschichte 2,1–2.
[3] Vgl. Nr. 58, Nr. 59 und Nr. 61.

Gestern, Freitag, d⟨en⟩ 19. Mai, kam ich von Jasmund[4] zurück. Dienstag, Mittwoch und Donnerstag wandelte ich allein in der Stubbeniz.[5] Der letzte Tag war der schönste. Sonnenaufgang ganz rein. Ich ging von Stubbenkammer[6] herunter an den Strand und links am Meere fort. Ich fand eine schöne Schlucht, wo zwischen schönen Waldhöhen ein Bach herabrauscht. Ich legte mich in die Arme einer Buche, sah die Sonne am reinen Himmel steigen, sah auf dem Meere einen Lichtstrom von der Sonne bis zu mir. Ich fühlte, daß Du noch einmal kommen mußt. Du sollst nun Alles ganz anders sehen. Ich kannte es auch gar nicht. Ich schrieb in meine Tafel: „Auf der Buche am Quell. Die Sonne hinter dem höchsten Aste. Lichtstrom auf dem Meere. Nachtigall kömmt. Blick in die Höhe. Das Himmelblau webt zwischen den Blättern. Bruder! Du mußt kommen, im Sommer, wenn die Buche noch grünt. Du mußt kommen, und den Lichtstrom und das Lichtmeer sehen. Die Himmelsbläue durch die Blätter des Buchbaums, der auch nach Dir die Arme streckt. Ich führe Dich hin, gehe weiter und warte. Bruder, komm!"

Ich gehe eben nicht weiter. Der eigentliche Stamm des Baums hängt horizontal über der Schlucht. Auf ihm steigen zwei fast gleiche Bäume in die Höhe. Ich kletterte in die Wipfel des einen – und Du solltest dann auf den andern steigen, und von da sähen wir den Lichtstrom und reichten uns die Hand.

Dann gingen wir zu Baiers[7] Mutter[8], die so liebreich ist, wie wahrlich nur eine Christin sein kann⟨,⟩ und zu Baiers Schwestern, Minchen[9] und Hannchen[10], die ihre Mutter sehr glücklich machen.[11]

Am Himmelfahrtstage waren wir Alle in Bobbin.[12] Menschen und Himmel empfingen uns schön. Du erinnerst Dich an die Höhe⟨,⟩ wo die Kirche steht. Da stand ich mit Baier auf der Spitze, in sanftem Regen, im Westen die untergehende Sonne und das Meer, im Osten ein Regenbogen, wie ihn noch niemand gesehen. Er ging noch auf der Erde fort, fast bis zu uns. Wir hielten einander in den Armen.

Du kömmst?

[4] Der östlichste Teil Rügens, auf dem die Orte Sassnitz und Sagard liegen.

[5] Großes Waldgebiet an der Steilküste auf Jasmund.

[6] Vgl. Nr. 60.

[7] Hermann Julius Christoph Baier (1775–1822), Pastor in Altenkirchen auf Rügen, bei dem sich Heinrich Ranke aufhielt.

[8] Margaretha Amalia Baier, geb. Behrens (1753–1834) (vgl. SCHLEIERMACHER, Briefwechsel, Bd. 8, S. 531).

[9] Dorothea Wilhelmina Rüz, geb. Baier (* 1785), früh verwitwete Schwester von Hermann Julius Christoph Baier (vgl. F. H. RANKE, Jugenderinnerungen, S. 187–188).

[10] Johanna Baier (* nach 1773), Schwester von Hermann Julius Christoph Baier.

[11] Heinrich Ranke beschreibt diese hier geschilderten Szenen später auch in seinen gedruckten Erinnerungen (vgl. F. H. RANKE, Jugenderinnerungen, S. 172–174).

[12] Wo Charlotte Elenora Franck (* 1773), Schwester von Hermann Julius Christoph Baier, lebte, die mit dem dortigen Pfarrer Bernhard Friedrich Olivius Franck verheiratet war.

23sten Mai ⟨1820⟩.

Wir haben ein schönes Fest[13] gefeiert, doch nicht im stillen Beisammensein, wie es wol sollte. Fremde machten es ziemlich unruhig. Aber wie schön war es in der Kirche, am ersten Feiertag, als Baier predigte von der Feuertaufe, deren wir alle gewarteten, von unserem zukünftigen schönen Pfingsten, darauf jeder hoffen dürfe, der Jesum Christum liebe – nach der Verheißung: wir werden zu ihm kommen und Wohnung bei ihm machen.[14] Dann am zweiten Pfingsttage, über den Spruch: Also hat Gott die Welt [h]geliebt[h] pp., auf daß Alle, die an ihn glauben⟨,⟩ nicht verloren werden, sondern das ewige Leben haben.[15] Gestern feierte ich mit Malchen[16] des lieben Vaters Geburtstag[17]. Abends fuhren wir nach Arkona. Auf dem Rückweg kam uns Hermann[18] entgegen, mit dem ich auf meiner Herreise einen fröhlichen Tag in Putzar bei Friedland verlebt habe.[19] Ich freute mich sehr über das schöne Geburtstaggeschenk. Abends nach 10 U⟨hr⟩ führte ich ihn in meine Stube (ich wohne mit Frank[20] im Diakonat) und siehe! sie war mit grünen Maienzweigen geschmückt. Das hat Malchen getan. Wie schön ist doch, lieber Leopold, solche liebreiche Sorgsamkeit! Du mußt auch wegen ihr kommen und wegen ihrer Schwestern[21] und Mutter.[22] Hörst Du?

Wie schön ist das Christenthum in diesen Menschen! Und denke: die Mutter ist seit langen Jahren Wittwe und hat viel schwere Sorgen gehabt – dabei ist sie doch immer ein hülfreicher Engel der Gemeine gewesen und noch. Mina Rüz[23] hat im ersten Wochenbett ihren (abgöttisch) geliebten Mann[24] verloren und ist 2 Jahr lang fast rasend gewesen.[25] Sie hilft nun

[h–h] In der Vorlage unterstrichen.

[13] Pfingsten, auf das auch die Bibelzitate zu Anfang anspielen.

[14] Johannes 14,23.

[15] Johannes 3,16.

[16] Amalie Baier (1778–1857), Schwester von Hermann Julius Christoph Baier.

[17] Gottlob Israel Ranke (1762–1836) wurde am 22. Mai geboren.

[18] Carl Gottlieb Hermann (1793–1858), Mitglied der Jenaer Burschenschaft, enger Studienfreund Heinrich Rankes; 1818 hatten beide ein Wanderung durch das Harzgebirge unternommen (vgl. Nr. 35).

[19] Hermann war Hauslehrer in der Familie von Carl Wilhelm Ludwig Heinrich Graf von Schwerin-Putzar-Schwerinsburg (1776–1839) in Putzar bei Anklam.

[20] Ernst Friedrich Franck (1795–1875), Neffe von Hermann Julius Christoph Baier und, wie Heinrich Ranke, Hauslehrer der Familie Baier.

[21] Charlotte Eleonora Franck, geb. Baier (* 1773), Dorothea Wilhelmina Rüz, geb. Baier (* 1785), und Johanna Baier (* nach 1773).

[22] Margaretha Amalia Baier, geb. Behrens (1753–1834).

[23] Dorothea Wilhelmina Rüz, geb. Baier (* 1785).

[24] Nicht ermittelt.

[25] Rüz, ein junger Ökonom, war ursprünglich mit Amalie Baier verlobt, hatte dann aber deren jüngere Schwester Dorothea Wilhelmina geheiratet und war etwa ein Jahr nach der Hochzeit in Folge eines Sturzes vom Pferd gestorben, als er Freunden die Nachricht

leiblich und [i]geistlich[i]. Sie ist im Feuer bewährt, eine Christin, wie es wol höchst wenige giebt. Malchen hat hier oft einen schweren Stand. Sie ist den Kindern[26] die liebe⟨,⟩ sorgsame Mutter, mir und Franken[27] eine liebe, liebe Schwester.

Hannchen[28] ist bei der Mutter. Sie schrieb vor Pfingsten an Malchen: „Das schöne Fest ist nun nahe, ja wol das schöne, herrliche Fest, da sie alle einmüthig bei einander waren. Welche Eintracht, welch ein Geist wohl mag in ihnen gewesen sein. Mein Gott, ich kann es mir wohl denken⟨,⟩ und wie lange ermesse ich doch das nicht. Nur hohe Freude geht in meiner Seele wol darüber auf, wie lieb sie sich wol mögen gehabt haben in seinem Namen und durch unsern Jesum Christum."

Es ist, ja es ist wahrlich eine Kraft, selig zu machen Alle, die daran glauben.[29]

Komm und siehe,[30] mein Leopold, und freue Dich! Amen, Amen.

Dein Heinrich.

Grüße [j]Heidlern[j][31] recht herzlich und St⟨ange⟩[32] und A⟨ppel⟩[33] und die bessere Zeit der öffentlichen Dinge[34] und die Freunde vom letzten Tage[35]. Grüße auch den Alten[36]

i–i In der Vorlage unterstrichen.

j–j In der Vorlage unterstrichen.

von der Geburt seiner Tochter überbringen wollte (vgl. F. H. Ranke, Jugenderinnerungen, S. 187–188).

26 Allwill Hermann (1811–1892), Therese Catharina (∗ 1814) und Gotthard Julius Gottfried Baier (1816–1898).

27 Ernst Friedrich Franck (1795–1875), Neffe von Hermann Julius Christoph Baier und, wie Heinrich Ranke, Hauslehrer der Familie Baier.

28 Johanna Baier (∗ nach 1773), Schwester von Hermann Julius Christoph Baier.

29 Römer 1,16.

30 Eventuell eine Anspielung auf Johannes 1,46.

31 Wilhelm Ferdinand Heydler (1793–1859), Mitschüler Leopold und Heinrich Rankes in Pforta, Leipziger Studienfreund Leopold Rankes sowie Konrektor am Friedrichs-Gymnasium in Frankfurt an der Oder.

32 Johann Carl Wilhelm Stange (1792–1854), Oberlehrer am Friedrichs-Gymnasium in Frankfurt an der Oder, zeitweise Hausgenosse Leopold Rankes.

33 Friedrich Ferdinand Appel (1794–1840), Supernumerar bei der Regierung in Frankfurt an der Oder.

34 Der Brief ist kurz nach Abschluß der Wiener Schlußakte (15. Mai 1820) geschrieben.

35 Unklar.

36 Wohl Johann Ehlert Wagner (1767–1842), Calefaktor an der Oberschule, 1822 am Friedrichs-Gymnasium, später städtischer Holzinspektor und Inspektor der reformierten Kirche (vgl. ELAB Frankfurt an der Oder, Friedenskirche, Bestattungen 1842; StdA Frankfurt an der Oder XIX Nr. 59 sowie Nr. 64).

Nr. 65

Leopold Ranke an Heinrich Ranke[1]

V: L. v. Ranke, Lebensgeschichte, S. 90–92 (Druck)

[Frankfurt a. O.⟨,⟩ 21. Mai–Juni 1820.]

Erster Feiertag[2]: Meinem lieben Bruder, dem nicht mehr grüßenden, lang ungegrüßten einen Pfingstgruß! –

Dritter Feiertag[3]: Zwei Nächte nach einander bist Du mir erschienen, mein lieber Bruder; vorletzte mit Ferdinand[4]: wir wollten auf einem Schiffe hinweg; als wir ankamen, war es fort seit 5 Minuten, da klagten wir am Ufer; letzte mit dem Vater[5]. Es war die Nacht seiner Geburt[6]. Dürr[7] ist hier. Wir waren zu Nachts in Appel's[8] Gartenhäuschen bei einander. Ich stieß leis mit Dürren an. Die andern klangen laut hinein, doch gut. Wie es gegen Mitternacht kam, ging ich die Stufen herab in leisem Mondschein bis zum Jelängerjelieber[9], da die Bank steht. Der Vater war bei mir mit dem lächelnden Auge, unterm schwarzen Mützchen. Du warst auch da. Mich dünkt, Gott auch, und duft und rausch und sing' und wehe mir zu. Vielleicht bin ich auch einmal bei Dir. Aber ein Klang und Ton aus dieser Frühlingseinsamkeit, da ich mit keinem Geschöpf in innerlichem Verkehr und Bund stehe, als mit den Gestorbenen, Fernen, und hier, außer wenigen wachsenden Jünglingsherzen, mit den Nachtigallen und singenden Bäumen und jenen Geistern, die über dem abendlichen Duft des Thales schweben, rauschen aus dem Wasser, blühen aus der Blume, wandeln auf den nackten Abhängen der Hügel, – ein solcher Ton sollte nach Arkona ziehen und Dich da treffen, wo im gespaltenen Felsen der Adler gehorstet. Ziehe, Flötenton; singe Citherton! schwing die Fittiche, flieg über bei Altenfähr und triff ihn! –

1 Heinrich Ranke (1798–1876), Bruder Leopold Rankes.
2 21. Juni 1820.
3 23. Juni 1820.
4 Ferdinand Ranke (1802–1876), Bruder Leopold und Heinrich Rankes, Schüler in Pforta.
5 Gottlob Israel Ranke (1762–1836).
6 22. Mai.
7 Christian Eduard Leopold Dürre (1796–1879), Turner, Burschenschaftler und Studienfreund Heinrich Rankes, zeitweise gemeinsam mit diesem Lehrer an der Wagner'schen Erziehungsanstalt in Frankfurt an der Oder.
8 Friedrich Ferdinand Appel (1794–1840), Supernumerar bei der Regierung in Frankfurt an der Oder.
9 Geißblatt: wohlriechende Kletterpflanze.

Sonntag nach Pfingsten[10]: Pfingstgruß liegst Du noch hier? wen erwartest Du? Es kommt Dein Brief[11], mein Bruder, den erwartete er. –
Nun schreib ich ohne Datum: ich müßt's ja mit rother Dinte schreiben aus Scham. – Hofmann[12] wohnt bei mir. Schon einmal bin ich bei seinen Eltern[13] gewesen, und hab gesehen, in welcher Gemeinschaft er aufgewachsen. Er ist sehr fleißig und lernt leicht, überhaupt gar ein guter Junge. Ich find' ihn keineswegs ohne Talent. Er hat bei mir alte Geschichte. Obwohl die Kinder alle ziemlich gut lernen und herzliche Freude an den Märchen[14] haben, halte ich ihn doch geradezu für den besten von allen. Das ist mein Erbe von Dir. Nun denk' aber, wie. Sein Bruder[15] kam und bat mich. Ich sagt' es nicht zu, ich schlug es nicht ab; daß er aber von Dir kam, erregte mich. Ich fürchtete, er möchte sich mit Junken[16] verbrüdern, mit dem er auch essen sollte, und war sehr besorgt! an dem Tag, da er kommen sollte und ich es endlich zugesagt hatte, bat ich Gott: nun ist's sehr gut geworden. Manchmal sagts in mir: wäre wohl auch sonst! Was ist doch dies ungläubige, thörichte, eitele Zweifeln in mir?[17] Es beruhet gänzlich doch auf Welt und losgerissener Erscheinung, die für sich sein möchte und bestehen ursprünglich und alles andere Erscheinen auch so fassen und die Schöpfung leugnen; – Gott aber ist sein selbst gewiß in allen Menschen.
In dem alten Invaliden[18] hast Du Dein Andenken sehr tief gegründet. Er fragt nun immer nach Dir und will, daß ich Dich grüße in seinem Namen. Eine Zeit lang mißfiel er mir etwas und schien mir lügnerisch. Nun hat er meine Gunst fest zurück.

[10] 28. Mai 1820.
[11] Nr. 64.
[12] Wohl August Ferdinand Hoffmann (1804–1830), Sohn von Gottfried Hoffmann, Fabrikant in Berlin, und Anna Sophia Hoffmann, geb. Krieger, Enkel von Gottfried Hoffmann, Gutsbesitzer in Grabig in Schlesien; 1820 Friedrichs-Gymnasium in Frankfurt an der Oder, wohnte zeitweise bei Leopold Ranke, später Leutnant und Kanzlist bei der Regierung in Frankfurt an der Oder (vgl. ELAB Berlin, Dreifaltigkeit, Taufen 1804; StdA Frankfurt an der Oder XIX Nr. 60).
[13] Gottfried und Anna Sophia Hoffmann.
[14] Vgl. Nr. 48.
[15] Nicht ermittelt.
[16] August Friedrich Samuel Rudolph Junck (1803–1874), Sohn von August Friedrich Junck (1773–1844), Besitzer und Betreiber des Gasthauses „Zum Goldenen Löwen" in Frankfurt an der Oder, und Henriette Wilhelmine Junck, geb. Pauly (1786–1834), 1818 Schüler des Friedrichs-Gymnasiums in Frankfurt an der Oder, der zeitweise bei Leopold Ranke wohnte, Abgang vom Gymnasium ohne Abitur, danach, wie sein Vater, Gastwirt in Frankfurt an der Oder, später Gutsbesitzer in Zeesen bei Königs Wusterhausen, 1835 Hochzeit mit Caroline Friederike Hoffmann, Tochter des Güterverwalters Friedrich Hoffmann (vgl. ELAB Frankfurt an der Oder, St. Nikolai, Taufen 1803; ELAB Frankfurt an der Oder, St. Nikolai, Trauungen 1835; ELAB Frankfurt an der Oder, St. Nikolai, Bestattungen 1834, 1844 und 1874; StdA Frankfurt an der Oder XIX Nr. 60 und V 2° Nr. 2).
[17] Vgl. Nr. 132.
[18] Johann Ehlert Wagner (1767–1842), Calefactor an der Oberschule in Frankfurt an der Oder.

Du hast mir so viel gesagt von Deinen grünen Pfingstzweigen; fühlst Du nicht, daß auch ich schreibe unter dem Duft von geschenkten Blumen? Wilde Rosen von Ahlemann[19], Gartenblumen von Junk; die andern Vergißmeinnicht, Rosen, Jelängerjelieber u. s. w. von [a]der[a] Ahlemann[20]. Diese gute Frau sorgt so mütterlich und zärtlich in der That, daß ichs ihr nicht danken kann und immer neben Liebe stehe wie ein Stock, den die Kinder mit Blumen behangen, wie ein Fürst, dem das Volk Lebehoch ruft. O⟨,⟩ so eis-eis-eisig! Sie hat mir erzählt, als sie Poppon[21] in seiner schweren Krankheit so herzlich, treulich gepflegt, und er wieder gesund geworden, sei er zu ihr hereingekommen mit steifem Bückling: „Zuvörderst muß ich Ihnen meinen Dank abstatten." Kein Händedruck, kein Blick, solche Todtenbestattung! Das hat sie nun eben von mir auch zu erwarten. Ich merke, daß in den Frauen etwas liegt, das ich in mir wenigstens nicht entdecke. In der Schule haben uns einige neue Verordnungen wegen der Classen[22] in Unordnung und Verwirrung gebracht. Ich kann Dir nur versichern,

[a–a] In der Vorlage gesperrt gedruckt.

[19] Wohl Friedrich Traugott Julius Ahlemann (1804–vor 1879), einer der Schüler Rankes, Sohn von Friederike Wilhelmine Ahlemann.

[20] Friederike Wilhelmine Ahlemann, geb. Schultze (1772–1843), Direktorin einer höheren Bildungsanstalt für Mädchen in Frankfurt an der Oder, Vertraute Leopold Rankes.

[21] Ernst Friedrich Poppo (1794–1866), Direktor des Friedrichs-Gymnasiums in Frankfurt an der Oder.

[22] Nachdem Ende des Jahres 1817 das Departement des Kultus und des Unterrichts vom Königlichen Ministerium des Inneren getrennt worden war, begannen sich die angestoßenen Reformen im Bildungswesen zu konkretisieren. Ab etwa 1819 wurden die für jede Schule einzeln angesetzten Reformen endgültig durchgesetzt. Sie betrafen vor allem die allgemeine Schulorganisation, Verwaltung und Finanzierung, die Lektionspläne der einzelnen Klassen und das Abiturientenexamen; sie erstreckten sich aber auch auf den Unterrichtsstoff (Curriculum), Verbot und Wiederzulassung von Büchern und Lehrwerken, Schulgeld, die vom Ministerium vorgeschriebene Studiendauer etc. (vgl. ausführlich Karl-Ernst Jeismann: Das preußische Gymnasium in Staat und Gesellschaft. 2 Bde. [= Industrielle Welt. Schriftenreihe des Arbeitskreises für moderne Sozialgeschichte, Bd. 15 und 56], 2. vollständig überarbeitete Aufl., Stuttgart 1996; eine Schilderung der Reformmaßnahmen an der Landesschule in Pforta findet sich bei Kirchner, Scholae Portensis, S. 48, 99–101, 104–105, 107–108, 112.) Im Schulprogramm des Friedrichs-Gymnasiums in Frankfurt an der Oder von 1820 ist hierzu vermerkt: „In Ansehung des Lectionsplanes sind dadurch Aenderungen nothwendig geworden, daß nach den Anordnungen Eines Hohen Ministeriums für jede Klasse ein Klassen-Ordinarius hat angesetzt werden müssen. Dieser soll für die Schüler dieser Klasse besonders sorgen, ihren häuslichen Fleiß in Aufsicht nehmen, ihre Arbeitsbücher nachsehen, ihnen über die Schulbücher, welche sie nöthig haben, die erforderlichen Nachweisungen ertheilen, die Disciplinarangelegenheiten entscheiden, die Vertrauten und den diesen anvertrauten Apparat ⟨Geräte, Instrumente⟩ in Oberaufsicht nehmen", — Geschäfte, die zwar auch schon früher bei uns eingeführt, aber theils unter mehrere Lehrer vertheilt waren, theils monatlich oder vierteljährlich wechselten, da sie jetzt frühestens alle Jahre wechseln können. Deswegen mußte nun dem Klassen-Ordinarius ein überwiegender Einfluß auf seine Klasse verschafft, es mußten ihm namentlich den Anordnungen gemäß ein bedeutender Theil der lateinischen und daneben entweder die griechischen oder die deutschen Stunden zugetheilt werden." (S. 21).

daß ich sehr einsam bin. Mein Herz ist so starr, daß es darüber nicht allzusehr klagt. Aber es giebt ein Gespräch, aus gleichgestimmten Herzen kommend, wie ein vierhändiges Spiel auf dem Clavier und schneller als der Monolog, das die Betrachtung liebend fortleitet, immer höher, höher steigend Gott findet und die allgemeine Wahrheit (was will ich Dirs noch beschreiben, da Du es jetzt wohl eben recht kennst?),[23] dies Gespräch vermiß ich.
Du aber schweigst ja so ganz von dem, wovon wir so oft geredet: was Du lernst, thust, übst. Du solltests nicht. Wie ich lebe und mit wem, weißt Du ja ausführlich und gänzlich; nun solltest Du mir nichts verschweigen. Es reißen sonst die Fäden ab, die Du selber angeknüpft.
Lebe wohl! Baiern[24] und das ganze Haus[25] grüß ich.

L⟨eopold.⟩[b]

Sause[26] hat eine Braut, ein Fräul⟨ein⟩ Röder.[27]

[b] Ende des Drucks durch Dove, der folgende Satz nach Hoeft, der an dieser Stelle notiert: „gedruckt hier Schluß“.

[23] Vgl. Nr. 61.

[24] Hermann Julius Christoph Baier (1775–1822), Pfarrer in Altenkirchen auf Rügen, bei dem sich Heinrich Ranke aufhielt.

[25] Alwina Baier, geb. Kosegarten (1787–1864), Ehefrau von Hermann Julius Christoph Baier, sowie Allwill Hermann (1811–1892), Therese Catharina (∗ 1814) und Gotthard Julius Gottfried Baier (1816–1898), die Kinder des Ehepaars Baier; Amalie Baier (1778–1857), Schwester von Hermann Julius Christoph Baier; Ernst Friedrich Franck (1795–1875), Neffe von Hermann Julius Christoph Baier und, wie Heinrich Ranke, Hauslehrer in der Familie Baier.

[26] Heinrich Wilhelm Sause (1796–1866), ein enger Freund Heinrich Rankes in Pforta (vgl. Nr. 7, Nr. 10–12), seit Ostern 1819 Konrektor und Lehrer für Mathematik und Physik am Gymnasium in Guben.

[27] Emilie Marianne Freifrau von Roeder (1798–1883), Tochter von Carl Siegmund Freiherr von Roeder (1749–1819), Leutnant, und Johanna Friederike Freifrau von Roeder, geb. Lauriscus (1769–1836); die Hochzeit fand am 6. Oktober 1820 in Naumburg statt; aus dieser Verbindung gingen zwei Töchter hervor: Emilie Amande (∗ 1821) und Marie Emilie Anastasia (∗ 1827) hervor (vgl. Neues lausitzisches Magazin 1 [1822], S. 602; Kössler, Personenlexikon, Bd. Saage-Szymanski, S. 50).

Nr. 66

Heinrich Ranke[1] an Leopold Ranke

V: GStA PK VI. HA Nl Hoeft Nr. 37 Kart. 2 (Typoskript)
TD: Fuchs, Heinrich Ranke, S. 149

Altenk⟨irchen,⟩ 27. Jun⟨i 18⟩20.

Lieber Leopold!
Nur wenige Worte, weil so eben ein Bote[2] nach Greifswald abgehn wird! Was für Worte sollen die wenigen sein? Es steht gut, mein Bruder, bei allem Leide! Tröste Dich Gott, erfreue Dich Gott, wo es Noth thut! Laß auch, dem Bösen zum Hohn, die Hoffnung auf unser Volk nie sinken!
Laß auch die Hoffnung auf Deinen Bruder nie sinken!
Schreib zuweilen, wenn Deine Arbeiten Dir ein Paar Augenblicke Ruhe erlauben! Schreib von Deinen Freuden und Deinem Gram und Deinen Hoffnungen, von Heidlern[3] und Stange[4] und Deinen Schülern, (die ich herzlich zu grüßen bitte, auch die andern.)

[1] Heinrich Ranke (1798–1876), Bruder Leopold Rankes.
[2] Nicht ermittelt.
[3] Wilhelm Ferdinand Heydler (1793–1859), Mitschüler Leopold und Heinrich Rankes in Pforta, Leipziger Studienfreund Leopold Rankes sowie Konrektor am Friedrichs-Gymnasium in Frankfurt an der Oder.
[4] Johann Carl Wilhelm Thomas Stange (1792–1854), Oberlehrer am Friedrichs-Gymnasium in Frankfurt an der Oder, zeitweise Hausgenosse Leopold Rankes.

Nachschrift.

Ich muß bald mein Dienstjahr[5] antreten[a]. Baier[6] wünscht, daß ich nach Berlin ⟨gehe⟩[b], wenn ich[c] kann. Vielleicht bekomme ich noch[d] die Erlaubniß⟨,⟩ noch bis Ostern[7] hier zu bleiben, was ich herzlich wünsche. Wenn ich dann Dir so nahe leben könnte und vielleicht Ferdinand[8] bei mir hätte (weil ihm ja dann die Wohnung nichts kostet und das Uebrige wohlfeil ist)⟨,⟩[9] so wär' es ja sehr schön.

Nur das Eine zeugt immer noch gegen mich, das⟨s⟩ ich schon wieder gezwungen bin⟨,⟩ aus zu ziehen. Ich hoffe aber zuversichtlich, daß es mir nicht schaden wird.

Ich lese jetzt das Neue Test⟨ament⟩[10] mit großer Freude und treibe das Hebräische[11]. Den Nachmittag widme ich den Kindern[12], dem Spaziergang, den Uebrigen[13]. Ich kann recht fleißig sein. Wenn ich hier noch bis

[a] Handschriftliche Verbesserung von HOEFT, ursprünglich „eintreten".

[b] Handschriftliche Einfügung von HOEFT.

[c] In der Vorlage „er".

[d] Im Typoskript nachträglich von HOEFT gestrichen.

[5] Das Gesetz über die Verpflichtung zum Kriegsdienst vom 3. September 1814 verpflichtete alle „Eingeborne" der preußischen „Nation" zur Verteidigung des Vaterlandes. Die Dienstzeit in der stehenden Armee wurde hierbei auf fünf Jahre festgesetzt. Die ersten drei Jahre waren bei den „Fahnen" abzuleisten, die beiden letzten Jahre durften die Rekruten in der Heimat verbringen, dienten aber im Falle eines Krieges zum Ersatz des stehenden Heeres. „Junge Leute aus den gebildeten Ständen, die sich selbst kleiden und bewaffnen" konnten, erhielten die Erlaubnis, sich bei freiwilligem Eintritt in das stehende Heer bereits nach einer einjährigen Dienstzeit „zur Fortsetzung ihres Berufes auf ihr Verlangen beurlauben" zu lassen. „Nach den abgelaufenen drei Dienstjahren" traten „sie in die Landwehr des ersten Aufgebots, wo sie, nach Maaßgabe ihrer Fähigkeiten und Verhältnisse, die ersten Ansprüche auf die Offizierstellen haben soll⟨t⟩en." Der Vorteil des freiwilligen Eintritts in das stehende Heer lag aber nicht nur in einer kürzeren Dienstzeit, sondern in der „Begünstigung, sich die Waffengattung und das Regiment" und damit den Standort wählen zu können, während die einberufenen Wehrpflichtigen durch das Kriegsministerium verteilt wurden (vgl. Gesetz über die Verpflichtung zum Kriegsdienst vom 3. September 1814; Druck: GESETZ-SAMMLUNG 1814, Nr. 14, S. 79–82).

[6] Hermann Julius Christoph Baier (1775–1822), Pfarrer in Altenkirchen auf Rügen, in dessen Haus Heinrich Ranke zu diesem Zeitpunkt als Hauslehrer wirkte.

[7] Im Jahr 1821 fiel der Ostersonntag auf den 22. April.

[8] Ferdinand Ranke (1802–1876), Bruder Leopold und Heinrich Rankes, Schüler in Pforta.

[9] Heinrich Ranke denkt an ein Studium des jüngeren Bruders an der Friedrich-Wilhelms-Universität in Berlin; Ferdinand Ranke verließ am 28. März 1821 die Landesschule in Pforta (vgl. HOFFMANN, Pförtner Stammbuch, Nr. 8704, S. 349) und nahm im April 1821 ein Studium der Theologie und Philologie in Halle auf (vgl. K. F. RANKE, Leben in Briefen, S. 29).

[10] Vgl. Nr. 61.

[11] Heinrich Ranke besaß eine Hebräische Bibel (vgl. Nr. 129).

[12] Allwill Hermann (1811–1892), Therese Catharina (∗ 1814) und Gotthard Julius Gottfried Baier (1816–1898).

[13] Nicht ermittelt.

Ostern[14] so ruhig fortlerne und dann noch auf eine Universität komme, so wird es, hoff' ich, keine Noth haben.

Ich werde Dir recht bald auch über meine Arbeit mehr schreiben.

Gott sei mit Uns, lieber Bruder!

Dein Heinrich.

Du hast vielleich⟨t⟩[e] Sand's letzte Schrift[15] nicht gelesen. Ich habe sie durch Riemann[16] bekommen.

[e] Handschriftlich nachträglich von Hoeft eingefügt.

[14] 22. April 1821.

[15] Der Schrift, die Carl Ludwig Sand (1795–1820), der radikale Burschenschaftler und Mörder des erfolgreichen Schriftstellers und russischen Staatsrats August Friedrich Ferdinand von Kotzebue (1761–1819), bei seiner Verhaftung bei sich trug, hatte er den Titel gegeben: „Todesstoß dem August von Kotzebue". Sie wird in Auszügen mitgeteilt in: Acten-Auszüge aus dem Untersuchungs-Proceß über Carl Ludwig Sand; nebst andern Materialien zur Beurtheilung desselben und Augusts von Kotzebue ⟨hrsg. von Friedrich von Cramer⟩. Altenburg und Leipzig 1821, S. 137–140, es folgen Materialien und weitere Textauszüge bis S. 146. Zu Geschichte und Fund des „Todesstoß" vgl. ebd., S. 156–189. In seiner Schrift rechtfertigte Sand den Mord als Überzeugungstat, die für ihn ohne Alternative gewesen sei. Der genannte Band war in der Königlichen Bibliothek in Berlin vorhanden. Heinrich Ranke zitiert aus Sands Schrift in seinen Jugenderinnerungen (S. 105–106); sein Bruder Leopold habe sich nach einer heftigen Diskussion über Sands Tat erhoben und gesagt: „Du sollst nicht tödten! Das ist Gottes Gebot." (F. H. Ranke, Jugenderinnerungen, S. 105).

[16] Heinrich Hermann Arminius Riemann (1793–1872), Sohn von Friedrich Justus Gottlob Riemann (1752–1809), Rektor der Domschule in Ratzeburg; Domschule in Ratzeburg, 1812 Studium der Theologie in Jena, 1813 Eintritt in das Lützowsche Freikorps, 1815 Eisernes Kreuz I. Klasse, Studium der Theologie in Jena, Mitbegründer, 1816 „Sprecher" der Urburschenschaft, 1817 Redner auf dem Wartburgfest, das er mitorganisiert hatte, 1818 Privatlehrer in Boitzenburg an der Elbe, 1819 wegen demagogischer Umtriebe zeitweise verhaftet, 1821 auf Empfehlung von Friedrich Christoph Perthes (1772–1843), der 1829 Leopold Rankes „Serbische Revolution" verlegte, Kollaborator an der Gelehrtenschule in Eutin, 1828 Lehrer, 1829 Oberlehrer am Gymnasium in Friedland, 1835 Pfarrer an der Marienkirche in Friedland, 1840 Gründung eines Seminars für Volksschullehrer in Friedland in Mecklenburg, später Superintendent, 1848 demokratischer Abgeordneter für Alt-Strelitz im mecklenburg-strelitzischen Landtag, verheiratet mit Henriette Gensler (1803–1882) aus einer Juristenfamilie in Jena (vgl. Krüger, Pastoren im Lande Stargard, S. 49).

Nr. 67

Christian Eduard Leopold Dürre[1] an Leopold Ranke

V: GStA PK VI. HA Nl Hoeft Nr. 37 Kart. 4 (Typoskript)

Altenkirchen⟨,⟩ d⟨en⟩ 30sten Juni ⟨18⟩20.

Einst schrieben wir 3 (Heinrich[2]⟨,⟩ Du und ich an Heinrichs[3], jetzt ist Heinrichs der dritte Bundesgenosse im Briefe an Dich; denn ehe Du es Dir versehen, bin ich von Berlin zur Hochzeit meines Bruders[4] in's Meklenburgische abgereiset, gelegentlich dann zu Heinrichs und mit diesem endlich hieher nach Rügen und Altenkirchen. Hier mit und um Baiern[5] zu sein, ist wahres Labsal und erquicklicher Balsam, hier könnte ich viel lernen und ertragen; aber es soll doch einmal in Berlin mein Aufenthalt sein. – Wie Gott will! –

[1] Christian Eduard Leopold Dürre (1796–1879), Turner, Burschenschaftler und Studienfreund Heinrich Rankes, mit dem er zeitweise gemeinsam als Lehrer an der Wagner'schen Erziehungsanstalt in Frankfurt an der Oder tätig war.

[2] Heinrich Ranke (1798–1876), Bruder Leopold Rankes.

[3] Johann Carl Conrad Heinrichs (1793–1855), Sohn eines Seiler-Meisters in Mecklenburg, 1812 Studium der Theologie in Berlin unter anderem bei Schleiermacher, 1813 Eintritt als Freiwilliger Jäger in das Lützowsche Freikorps, wie Jahn und Dürre, 1814 Studium der Theologie in Jena, wo er „einer der tätigsten unter den Gründern der Burschenschaft" war (Zitat: WBIS), 1815 Studium der Theologie in Berlin, 1817 Prorektor, 1818 Konrektor des Gymnasiums, Sommer 1819 Pfarrer in Friedland in Mecklenburg; am Friedländer Gymnasium waren in der Folge auch zwei andere Mitglieder des Lützowschen Freikorps und Mitbegründer der Jenaer Burschenschaft als Lehrer tätig, die Heinrich Ranke persönlich bekannt gewesen sein dürften: Karl Otto Horn (1794–1879) von 1819 bis 1826 sowie Heinrich Hermann Arminius Riemann (1793–1872) von 1828 bis 1835.

[4] Daniel Friedrich Dürre (1780–1849), Sohn von Johann Friedrich Dürre (1753–1842), Bürger und Schneider-Meister in Berlin, und Anna Friederica Caroline Dürre, geb. Otte (1756–1783), Halbbruder von Christian Eduard Leopold Dürre; Geheimer expedierender Sekretär im Oberkriegskollegium in Berlin, 1806 Eintritt in die Freimaurer-Loge „Drei goldene Anker zu Liebe und Treue" in Stettin, Geheimer expedierender Sekretär im Kriegsministerium, Artillerie-Abteilung, 1809 Eintritt in die Freimaurer-Loge „Zum Phönix" in Königsberg, Kriegsrat im Ersten Departement des Kriegsministeriums, Eintritt in die Freimaurer-Loge „Zum goldenen Schiff" in Berlin, Oktober 1819 Hochzeit mit Friederike Christiane Wilhelmine Arsand (1801–1832), Tochter von Carl Wilhelm Arsand († 1809), Kaufmann und Besitzer eine Papiermanufaktur, 1841 Erster Groß-Aufseher der „Großen Landesloge von Deutschland" (vgl. ELAB Berlin, Dorotheenstädtische Kirche, Bestattungen 1783; ELAB Berlin, Neue Kirche, Bestattungen 1832; ELAB Berlin, St. Matthäus 1849; ELAB Berlin, St. Petri, Taufen 1780; ELAB Berlin, St. Petri, Trauungen, 1819; Dürre, Aufzeichnungen, S. 16–17 und S. 236; Gerlach, Logen in Pommern, Preußen und Schlesien, S. 128, Nr. 37; Kalender für die Provinzial-Loge von Mecklenburg und die zu ihrem Sprengel gehörigen Logen, 15. Jg. (1841), S. VI; Gerhard von Scharnhorst, Private und dienstliche Schriften, Bd. 5: Preußen 1808–1809 Leiter der Militärreorganisation, hrsg. von Johannes Kunisch in Verbindung mit Michael Sikora, bearb. von Tilmann Stieve (= Veröffentlichungen aus den Archiven Preußischer Kulturbesitz, Bd. 52/5). Köln / Weimar / Wien 2009, S. 319).

[5] Hermann Julius Christoph Baier (1775–1822), Pfarrer in Altenkirchen auf Rügen.

Dein Bruder? Fröhlich und fleißig, wie's sein muß; Baier giebt ja das beste Beispiel, und solch Beispiel regt auf. Wir haben gestern viel gelacht nach alter Weise. Asmus[6] gab mit seiner japanischen Sprache dazu Gelegenheit, wie etwa früher in einer Nacht Deines Bruders kalte Nase. – Unterdessen ist Jahn nach Colberg abgeführt,[7] ohne daß ich ihn noch vorher gesehen.[8] Mein Verlangen nach Berlin ist daher groß, und doch gefällt's

[6] Eventuell Adolf Carl Gottlieb Asmis/Asmus (1798–1882), Sohn eines Pfarrers in Woldegk in Mecklenburg, 1816 Vorturner in Friedland in Mecklenburg, 1818 Studium der Theologie in Jena, Eintritt in die Urburschenschaft, 1819 Mitglied des Ausschusses und des von der Burschenschaft eingesetzten „Turnrats", Anhänger der radikalen Gießener „Schwarzen", engster Freund und Stubennachbar von Carl Ludwig Sand (1795–1820) in Jena, der Mitwisserschaft an der Ermordung Kotzebues verdächtig und vorrübergehend inhaftiert, September 1820 Studium der Theologie in Göttingen, Versuch dort eine Burschenschaft nach dem Vorbild Jenas zu gründen, Weihnachten 1820 Initiator eines Treffens Göttinger, Hallischer und Jenaer Studenten in Sondershausen, vom Konsistorium in Neustrelitz nicht zum Theologischen Examen zugelassen, Hauslehrer, 1829 Kantor und Organist in Woldegk, 1860 Ruhestand (vgl. KAUPP, Stamm-Buch, S. 136, Nr. 662; MEYER, Briefe Jahns, S. 88; Dieter Düding: Organisierter gesellschaftlicher Nationalismus in Deutschland [1808–1847]. Bedeutung und Funktion der Turner- und Sängervereine für die deutsche Nationalbewegung. München 1984, S. 60); es könnte sich aber auch um eine Anspielung auf das Pseudonym von Matthias Claudius (1740–1815) im Wandsbecker Bothen der Jahre von 1771 bis 1775 handeln oder auf das damals neueste Werk von Friedrich Adolf Krummacher (1767–1845), „Briefwechsel zwischen Asmus und seinem Vetter bei Gelegenheit des Buches Sophronizon und Wie Fritz Stolberg ein Unfreier ward. Asmus zu dem Kaiser von Japan ᶜFitosai ᶜPuN:: Zu deutsch: Die Mißverständnisse in der Welt, Sire, kommen gewöhnlich daher, daß einer den andern nicht versteht, Essen 1820", worauf die Formulierung „mit seiner japanischen Sprache" hindeutet. Krummacher, der zahlreiche Publikationen vorlegte, wuchs zwar in einem pietistisch geprägten Elternhaus auf, doch zählte er nach den Studium der Theologie und Philologie in Lingen und Halle zu den Stiftern der Freimaurerloge „Zum hellen Licht" in Hamm (vgl. GERLACH, Logen zwischen Oder und Niederrhein, S. 707–708 und S. 716, Nr. 52), wo er als Konrektor am Gymnasium tätig war, 1800 erhielt er einen Ruf auf eine Theologieprofessur in Duisburg, ab 1812 war er anhaltinischer Landessuperintendent, Konsistorialrat und Hofprediger in Bernburg, ab 1843 Pfarrer in St. Ansgar in Bremen, wo er 1843 in den Ruhestand trat. Aus seiner Zeit in Hamm war Krummacher eng mit dem Direktor des Gymnasiums, Bernhard Moritz Snethlage (1753–1840), dem späteren Direktor des Joachimsthalschen Gymnasiums in Berlin, und dem Pfarrer Rulemann Friedrich Eylert (1770–1852), dem späteren Hofprediger Friedrich Wilhelms III. und Bischof, bekannt. Zwei Söhne Krummachers, Friedrich Wilhelm (∗ 1796) und Emil Wilhelm (∗ 1798), studierten ab April bzw. Oktober 1817 in Jena Theologie (Auskunft Achim Blankenburg, Abt. Handschriften der Thüringer Universitäts- und Landesbibliothek Jena, 15.11.2011) und zählten zu den Teilnehmern des Wartburgfestes (vgl. STEIGER, Teilnehmerliste, Nr. 215 und Nr. 218, S. 111). Sie dürften von daher dem Jenaer Burschenschaftler Dürre, der zu den Organisatoren des Wartburgfestes zählte, persönlich bekannt gewesen sein.

[7] Friedrich Ludwig Jahn (1778–1852) war von Juni 1820 bis Juni 1825 in Kolberg an der Ostsee zwar nicht im Gefängnis, aber er stand unter Hausarrest. Er durfte die Stadt nicht verlassen, sich keinen Anhang schaffen und keine Reden vor der allgemeinen Öffentlichkeit oder im kleinen Kreise halten.

[8] Dürre zählte zu den engsten Vertrauten Jahns (vgl. Nr. 44).

mir hier viel besser. Meine Ältern[9] möchten sich auch wohl etwas grämen und der Untersuchungscommission[10] möchte ich bald einige Fragen beantworten. So bleibe ich nicht lange hier, und komme ich nach Berlin, schreib' ich Dir mehr als jetzt.

E⟨uard⟩ D⟨ürre⟩.

[9] Johann Friedrich Dürre (1753–1842), Bürger und Schneider-Meister in Berlin, und Margaretha Sophia Friederica Dürre, geb. Hartung (1759–1835).

[10] Sie war nach dem Attentat auf Kotzebue vom Direktor im Ministerium der Polizei, Carl Albert Christoph von Kamptz, eingerichtet worden und wurde später der Ministerialkommission unterstellt, die die Untersuchungen gegen „demagogische Umtriebe“ in Preußen leitete (vgl. Nr. 44); sie ermittelte auch gegen Jahn und seine Anhänger.

Nr. 68

Johann Carl Conrad Heinrichs[1] an Leopold Ranke

V: GStA PK VI. HA Nl Hoeft Nr. 37 Kart. 2 (Typoskript)

Altenkirchen, d⟨en 3. Juli[a] 18⟩20.

Der Briefbund, der sich einmal von Frankfurt auf Friedland zu bewegen anfing,[2] scheint darum aufgehört zu haben, weil er hier keinen Widerstand finden konnte. Jetzt haben sich die Ueberbleibsel auf Wittow[3] zusammengethan und wenden – doch freundlich – das Angesicht in das Land der Genossen[4]. – Ich bin mit Dürre[5] hieher gewandert und erfreue mich schon manchen Tag des Zusammenlebens mit Heinrich[6], mit Baier[7] und Frank[8]. Es hat mir sehr wohlgethan, daß ich in diesem lieben Hause, und unter diesen treuen Freunden, so lange verweilen konnte. Man sollte sich öfter aus dem einförmigen Treiben, dem man sich bei dem langen Stubenleben hingibt, losreißen und Stärkung und Frische suchen, wo das Leben vom kindlichen Geiste durchdrungen ist. Nur müßte unser Besuchen und Kommen zu einander, wie Baier am Marienfeste[9] predigte, eine Verkündigung der Gaben und Gnaden Gottes sein⟨,⟩ die wir empfingen, so würden wir uns immer aneinander aufrichten. Das Läuten, welches zur Kirche ruft, läßt mich nicht länger schreiben. – Noch oft denke ich unsers ersten und einzigen Zusammenkommens,[10] wäre nur unser Zusammensein länger gewesen. Gott führe uns bald wieder zusammen!

Heinrichs.

[a] Laut Hoeft datiert der Brief vom „30sten Juni". Die Neudatierung erfolgt im Hinblick darauf, daß Heinrichs im Text auf eine Predigt Baiers vom 2. Juli Bezug nimmt.

[1] Johann Carl Conrad Heinrichs (1793–1855), Turner, Freiwilliger im Lützowschen Freikorps und Mitbegründer der Urburschenschaft in Jena, seit 1819 Pfarrer in Friedland in Mecklenburg.

[2] Vgl. Nr. 67.

[3] Inselteil Rügens, auf dem Altenkirchen liegt.

[4] Nicht ermittelt

[5] Christian Eduard Leopold Dürre (1796–1879), Turner, Freiwilliger im Lützowschen Freikorps, Burschenschaftler und Studienfreund Heinrich Rankes, mit dem er zeitweise gemeinsam als Lehrer an der Wagner'schen Erziehungsanstalt in Frankfurt an der Oder tätig war.

[6] Heinrich Ranke (1798–1876), Bruder Leopold Rankes.

[7] Hermann Julius Christoph Baier (1775–1822), Pfarrer in Altenkirchen auf Rügen.

[8] Ernst Friedrich Franck (1795–1875), Neffe von Hermann Julius Christoph Baier und, wie Heinrich Ranke, Hauslehrer der Familie Baier.

[9] Wohl das Fest „Mariä Heimsuchung", das am 2. Juli gefeiert wurde und an den Besuch Marias bei Elisabeth (Lukas 1,39–56) erinnert.

[10] Wohl auf der Reise Leopold Rankes nach Rügen im Herbst 1819 (vgl. Nr. 44, Nr. 46 und Nr. 47).

Nr. 69

Heinrich Ranke[1] an Leopold Ranke

V: GStA PK VI. HA Nl Hoeft Nr. 37 Kart. 2 (Typoskript)
TD: FUCHS, Heinrich Ranke, S. 149–150

Altenkirchen⟨,⟩ 7. Juli ⟨18⟩20.

Heute vor einem Jahre fuhr ich von Frankfurt aus nach Rügen.[2] Dürre[3] und Heinrichs[4] sind schon 10 Tage bei uns und laufen jetzt mit Frank[5] und Johnson[6] auf dem Jahrmarkt umher. Ich bin allein in meinem kleinen Stübchen, und denke an meinen lieben Bruder.

Ein Ton aus Deiner Frühlingseinsamkeit[7] ist zu mir gedrungen in meine Einsamkeit. Es war ein herzergreifender⟨,⟩ einsamer Ton. Ich weiß nicht, war es Freude, war es Wehmuth. Es war wohl die Wehmuth des Einsamen, der die Einheit der Geister ahnet in dieser traurigen Vielheit. Ach! es wollte das Herz sich so gern mit den Bruderherzen einen, aber ein finstrer Geist zerret die Nahen aus einander und hohnlachet. Ja, es ist der tiefste

[1] Heinrich Ranke (1798–1876), Bruder Leopold Rankes.

[2] Vgl. Nr. 42.

[3] Christian Eduard Leopold Dürre (1796–1879), Turner, Burschenschaftler und Studienfreund Heinrich Rankes, mit dem er zeitweise gemeinsam als Lehrer an der Wagner'schen Erziehungsanstalt in Frankfurt an der Oder tätig war.

[4] Johann Carl Conrad Heinrichs (1793–1855), wie Dürre Turner, Freiwilliger im Lützowschen Freikorps und Mitbegründer der Urburschenschaft in Jena, seit 1819 Pfarrer in Friedland in Mecklenburg.

[5] Ernst Friedrich Franck (1795–1875), Neffe von Hermann Julius Christoph Baier, und, wie Heinrich Ranke, Hauslehrer der Familie Baier.

[6] Georg August Ludwig Johnssen (1797–1846), Sohn von Peter Ferdinand Johnssen (1765–1813), Kapitän und Kaufmann in Rostock, und Dorothea Lisabe Johnssen, geb. Dethloff (∗ 1761), 1815 Studium der Theologie in Rostock, 1817 Mitglied der Landsmannschaft „Rostochia", 1817 auf dem Wartburgfest Vertreter der Rostocker Burschenschaft und Mitglied des Festausschusses, danach Studium der Theologie in Jena, Privatlehrer in Rostock und Rügen, 1828–1834 Lehrer an der Großen Stadtschule in Wismar, 1829 Magister der Philosophie in Rostock, 1836 Vorsteher eines Mädchenpensionats in Rostock, 1843 Lehrer für Englische Konversation an der Großen Stadtschule in Rostock (vgl. KAUPP, Stamm-Buch, Nr. 414, S. 97; STEIGER, Teilnehmerliste, Nr. 230, S. 112; der Nachnahme lautete nach der eigenhändigen Unterschrift in Matrikel der Universität Rostock „Johnssen" (http://rosdok.uni-rostock.de/resolve/id/rosdok_document_000000179, S. 42), nach der von STEIGER edierten Unterschrift in der Teilnehmer-Liste des Wartburgfestes „Johnßon", im Stammbuch der Jenaer Burschenschaft der Jahre von 1815 bis 1819 wurde der Name als „Johnsen" verzeichnet); 1819 war Johnssen Hauslehrer bei der mit Hermann Julius Christoph Baier befreundeten Familie von Adolph Philipp Theodor Schwarz (1777–1850), des Pfarrers in Wiek auf Rügen, dessen Nachfolger Ernst Friedrich Franck (1795–1875), ein Neffe von Baier, im Jahr 1830 wurde (vgl. F. H. RANKE, Jugenderinnerungen, S. 118; HEYDEN, Rügen, S. 141–142).

[7] Vgl. Nr. 65.

Schmerz im Leben, daß wir selbst in unsrer Eigenheit so oft abstoßen. Das ist auch, mein lieber Bruder, wenn ich erwache, mein größtes Leid.

Abends nach 10 U⟨hr.⟩

Ich wurde abgerufen und habe nun einen ziemlich leeren Nachmittag verlebt.

Lieber Bruder! Ich liege in Deinen Armen. Es ist doch in diesem letzten Jahre viel besser geworden. Du kannst es nicht wissen, aus welchem Abgrunde[8] ich heraufgezogen bin. Ach! wie dankbar sollte ich sein nach diesen Erweisungen Seiner Gnade! wie treu gegen Ihn! wie freundlich und liebreich gegen alle Menschen!

Johnson sagte noch heut Abend zu mir: Christus is en Minsch. Denke, daß ich hart genug war, darüber laut aufzulachen! Geheiliget werde dein Name![9] Ruhe in Gottes Armen, liebes Herz, diese Nacht und alle Tage!

8. Jul⟨i 1820⟩.

Sie[10] wollen heute abreisen.

Ich habe mit Dürren unsre alten Lieder gesungen und mich guter Tage in Frankfurt erinnert.[11] Ich hatte mich lange danach gesehnt.

Aber es sind doch viele Tage flacher geworden, als nöthig war.

Du hast ja gar nicht auf meine Einladung[12] geantwortet. Wirst Du nach dem Riesengebirge reisen? Ich wage auch nicht mehr, in Dich zu dringen. Aber bedenke, daß Dein Bruder hier einsam lebt, und sich nach Deinem Händedruck und brüderlichem Gespräch sehnt. Du bist doch mein Bruder. Sie sind hier Alle freundlich, und das gute Malchen[13] heitert mich oft durch ihre schwesterliche Sorgfalt auf. Wenn ich nach Hause komme⟨,⟩ finde ich Blumen im Glas oder einen Kranz. Sie besucht mich zuweilen, und ich lese ihr Briefe von Vater[14] und Mutter[15] vor. Sie nimmt so schwesterlichen Anteil an meinen Freuden. Ich bin jetzt oft unwohl, leide an Verstopfung, oder Kopfweh, oder bin trübgesinnt. Sie merkt es gleich, und bemühet sich⟨,⟩ mir zu helfen. Sie hat eine schöne Liebe zu unserer guten Mutter. Am 9. Jun⟨i⟩ fing sie an⟨,⟩ ein Paar Strümpfe für sie zu stricken.

[8] Vgl. Nr. 71.
[9] Passage aus dem „Vater unser" (Lukas 11,2 und Matthäus 6,9).
[10] Christian Eduard Leopold Dürre und Johann Carl Conrad Heinrichs.
[11] Heinrich Ranke war 1818 bis 1820 gemeinsam mit Dürre als Lehrer an der Wagner'schen Erziehungsanstalt in Frankfurt an der Oder tätig, während Leopold Ranke als Lehrer am dortigen Friedrichs-Gymnasium wirkte.
[12] Vgl. Nr. 64.
[13] Amalie Baier (1778–1857), Schwester von Hermann Julius Christoph Baier.
[14] Gottlob Israel Ranke (1762–1836).
[15] Friederica Wilhelmina Ranke, geb. Lehmicke (1776–1836).

Sie ist in demselben Alter.[16] Baier[17] – ach! was soll ich noch von ihm sagen. Du weißt meine Liebe. Aber unser Bund ist geheim. Er ist — Gott sei Dank! — sehr ernst, und ich fühle meine Sünden gegen ihn, wie gegen Gott. O! es ist köstlich und bei meiner großen Untreue so heilsam! Aber ich ruhe nicht in seinen Armen, und es verlangt mich nach dem Bruder, der mehr Mitleid hat. Er betrübt sich über meine Eigenheit zu sehr. Ich kann es[a] in Worten nicht aussprechen, aber Du wirst es ahnen, welches Gefühl ich gegen ihn immer haben muß.

Er hat für sein eigenes Leben viel von mir erwartet, und wenig erlangt. Er hat mich viel treuer und inbrünstiger gedacht, und ich fiel bei ihm in einen schweren Zweifelmuth. Er hat für seine Kinder[18] gehofft, und in meiner Zerrissenheit hatte ich weder Lust noch Muth⟨,⟩ mich zu ihnen zu gesellen. Und doch hängt er mit einer Treue an dieser göttlichen Fügung, die nur bei ihm erklärlich ist. Bruder! das sind die Folgen meines früheren Leichtsinns, und ich will sie mit Freuden tragen, da ich mich der ewigen Liebe und Barmherzigkeit getröste. Ich wünsche mir keinen Frieden, keine Ruhe. Ach! ich möchte treuer werden mit Gottes Hülfe.

Ich täusche mich nun nicht mehr mit den Vorspiegelungen meines finstern Verstandes. Nur ins ewige Leben! Nur in Liebe und Kampf und Geduld hier auf Erden! Die andern Fragen kümmern mich nicht. Und dafür kann ich Gott nicht genug preisen, daß ich gerade jetzt im Glauben keinen Mangel spüre.

Lieber Bruder, ziehe Dich ja nicht von mir zurück! schreibe fleißiger, bete für Deinen Bruder! Grüße Reimann[19] herzlich (seinen Bruder[20] und Gna-

[a] Handschriftliche Verbesserung Hoefts, ursprünglich „Dir“.

[16] Wie die 1776 geborene Mutter von Leopold und Heinrich Ranke.

[17] Hermann Julius Christoph Baier (1775–1822), Pfarrer in Altenkirchen auf Rügen, in dessen Familie Heinrich Ranke als Hauslehrer tätig war.

[18] Allwill Hermann (1811–1892), Therese Catharina (∗ 1814) und Gotthard Julius Gottfried Baier (1816–1898).

[19] Gottlob Ernst Reymann (1803–1884), Sohn von Johann Gottfried Reymann, Freigutsbesitzer in Prittag bei Grünberg in Niederschlesien, 1815 Friedrichs-Gymnasium in Frankfurt an der Oder, dort Schüler Leopold Rankes, 1822 Student der Theologie in Halle, dort wohnte er, wie Ferdinand Ranke, in der Großen Steinstraße 167 (vgl. Programm Friedrichs-Gymnasium 1822, S. 33) und war, wie Wilhelm Ranke, Mitglied in der Quellengesellschaft, 1839 Pfarrer in Betten bei Finsterwalde (Kreis Doberlug-Sonnewalde) (vgl. Fischer, Pfarrerbuch Mark Brandenburg, Bd. II/2, S. 686; Bachmann, Abiturienten, S. 11, sowie Lönnecker, Hallesche Burschenschafter, Nr. 1466, S. 230, hier werden als Vornamen Reymanns „Ernst Gottlieb“ angegeben). Reymann hatte 1819 bei dem öffentlichen Schulfest „eine deutsche ⟨also weder lateinische noch griechische⟩ Rede über den Werth der Geschichte“ gehalten (Programm Friedrichs-Gymnasium 1819, S. 25).

[20] Eventuell Richard Julius Reimann (∗ 1805), im Wintersemester 1824/25 Student in Halle; denkbar aber auch Gottlieb August Reimann (∗ 1800), seit Herbst 1819 Student in Halle (vgl. Lönnecker, Hallesche Burschenschafter, Nr. 1452 und Nr. 1453, S. 229).

dendorff[21]), auch die andern[22] und Hofmann.[23] Grüße die Lehrer![24] Wird Heidler[25] nie schreiben?

Bruder! Bruder! Unser Wandel sei im Himmel!

Baier grüßt.

Dein Heinrich.

Sonntag, am 9. Jul⟨i 1820⟩.

Sie reisen erst morgen.[26]

Wo schweifst Du heut, lieber Bruder!

Der Himmel ist so heiter⟨,⟩ und das Meer ist gewiß herrlich blau. Könntest Du doch einen solchen Sonntag bei uns sein. Ich wollte Dich auch an den Herthasee[27] und zu meiner schönen Buche führen, und wir wollten still zusammen dem Bach und dem Wellenschlag lauschen. Lieber, lieber Bruder – fröhlich in Hoffnung!

[21] Nicht ermittelt; Lehrer an der Wagner'schen Erziehungsanstalt, Kollege von Heinrich Ranke und Christian Eduard Leopold Dürre, mit dem sich Gnadendorff eine Wohnung teilte. Als im Rahmen der Ermittlungen nach dem Attentat auf Kotzebue von der Polizei im Juli 1819 einige Papiere Dürres während dessen Abwesenheit beschlagnahmt worden waren, wurden sie nach einigen Tagen zum großen Teil an Gnadendorff wieder zurückgegeben (vgl. Dürre, Aufzeichnungen, S. 244–245).

[22] Nicht ermittelt.

[23] Wohl August Ferdinand Hoffmann (1804–1830), Schüler des Friedrichs-Gymnasiums in Frankfurt an der Oder, der bei Leopold Ranke wohnte; es könnte aber auch der Buchhändler und Freimaurer Johann Heinrich Hoffmann (1790–1845) gemeint sein.

[24] Ernst Friedrich Poppo (1794–1866), Direktor; Carl Friedrich August Elsner (1788–1828), Konrektor; Wilhelm Ferdinand Heydler (1793–1859), Konrektor; Lebrecht Ludwig Baentsch (1767–1836), Subrektor; Johann Carl Wilhelm Thomas Stange (1792–1854), Oberlehrer; Friedrich Johann Christian Schmeißer (1784–1869), Mathematik- und Physik-Lehrer; Louis Roquette (1768–1855), Französisch-Lehrer; Friedrich Samuel Ludwig Geisler (1791–1826), Zeichenlehrer am Friedrichs-Gymnasium in Frankfurt an der Oder.

[25] Wilhelm Ferdinand Heydler, Mitschüler Leopold und Heinrich Rankes in Pforta, Leipziger Studienfreund Leopold Rankes sowie Konrektor am Friedrichs-Gymnasium in Frankfurt an der Oder.

[26] Hinweis darauf, daß Heinrich Rankes Brief nicht mit der Post befördert wurde, sondern wohl Christian Eduard Leopold Dürre das Schreiben nach Frankfurt an der Oder mitnahm.

[27] Vgl. Nr. 60.

Nr. 70

Leopold Ranke an Heinrich Ranke[1]

V: GStA PK VI. HA FA Ranke (von) Nr. 7[a] (eigenhändig)

Hart ⟨Berlin,⟩ vor d⟨er⟩ Abfahrt. Am 10ten August ⟨1820⟩.
Sieben Uhr, zu Abend.[b]

Ein einig Wort aus Berlin von allen Antiken, Abgüssen, Gemählden, Erziehungsanstalten, Gymnasien, Schwimmschulen, u. s. w., ein einig Wort an Dich, lieber Bruder — — —

Wie ich das all oft im Geist mit Dir betrachtet!

Betracht' auch etwas mit mir im Geist, bis⟨,⟩ wie ich hoffe, bald im Leib.

[a] Die Alt-Signatur auf dem Aktendeckel lautet: „GStA PK I. HA Rep. 92 L. v. Ranke 7"; der Titel: „Heinrich Ranke 1819–1828".

[b] Zeit und Datumsangabe in der Vorlage ohne Absatz nach der Monatsangabe unter dem Text.

[1] Heinrich Ranke (1798–1876), Bruder Leopold Rankes.

Nr. 71

Heinrich Ranke[1] an Leopold Ranke[a]

V: GStA PK VI. HA Nl Hoeft Nr. 37 Kart. 2 (Typoskript)
TD: Fuchs, Heinrich Ranke, S. 150–151

⟨Altenkirchen,⟩ Am 27sten August ⟨18⟩20.

Mein lieber Bruder,
Gnade und Friede und Freude im heiligen Geist!
Ich danke Gott, der Dich mir zum Bruder gegeben hat, und sehne mich mit Dir, geliebter Leopold, in immer innigere Herzensgemeinschaft zu kommen. Wir sind ja beide schon lange in unserer heiligsten Richtung Brüder gewesen, wenn auch zuweilen schwere Störungen gekommen sind.
Und es werden sich mit Gotteshülfe die Bruderherzen immer fester fassen, und treuer halten.
Wie hat mich Dein Brief[2] erfreuet! – denn auch Deine Klage erfreuet – und es war mehr Freude darin. Und die Beschönigung Deines Nichtkommens hast Du ja nun auch durch die fröhlichen Worte aus Berlin[3] ungiltig gemacht.
Denn Du kömmst!
Der Brief von Dürre[4] kam Mittwoch[5] Abends spät an. In der ersten Freude und Bewegung übersah ich Dein Versprechen ganz. Den andern Morgen[6], es war der erste heitere nach trübe⟨m⟩ Regenwetter, setzte ich mich⟨,⟩ Dir fröhlich zu schreiben⟨,⟩und nahm Deine Worte vor mich – und siehe! da sah ich erst „bald leiblich“[b]. Ich traute auf Deine Liebe, mein Bruder, Du wirst gewiß kommen.
Und wie freundlich hat Gott es gefügt, daß Du nun erst kommen willst! Dürre wird es Dir, vielleicht etwas übertrieben⟨,⟩ gesagt haben, daß ich mich leiblich und geistig unwohl befand. Ich habe mir und auch Dir Gründe vorgestellt, die aus meiner Lage genommen, aber ganz falsch waren. Die Lage war ja eben anders geworden, wenn etwas anders gewesen wäre. Nun ist der Sommer vergangen mit seinen Blumen und seinen Spielen und seiner Freude. – Nur ich konnte mich selten erheben über Trübsinn

[a] Adresse: „Herrn D. Leopold Ranke | Oberlehrer am Gymnasio | zu | Frankfurt a/O.“.
[b] Im zitierten Brief heißt es wörtlich „bald im Leibe“ (vgl. Nr. 70).

[1] Heinrich Ranke (1798–1876), Bruder Leopold Rankes.
[2] Nicht ermittelt.
[3] Vgl. Nr. 70.
[4] Christian Eduard Leopold Dürre (1796–1879), Turner, Burschenschaftler und Studienfreund Heinrich Rankes, mit dem er zeitweise gemeinsam als Lehrer an der Wagner'schen Erziehungsanstalt in Frankfurt an der Oder tätig war.
[5] 23. August 1820.
[6] 24. August 1820.

und Unglauben. Glaube mir, mein Bruder, ich habe es mir recht schwer gemacht. Aber mein Herz ist nun voll Dankes für alle Trübsaal⟨,⟩ die mich so gewaltig und unwiderstehlig tiefer ins Innere getrieben hat. Es ist kein Heil, es ist kein Friede als in Jesu Christo, der sich selbst für uns gegeben hat, der uns gemacht ist von Gott zur Rechtfertigung und Heiligung. Ich glaubte an Gottes überschwängliche Liebe, denn sie hatte mich dem Tode entrissen, an seine Menschwerdung, um uns Verirrte zu sich zu ziehen, an seinen Tod aus Liebe um Liebe. Aber [c]Eines[c] wollte mir noch nicht ins Herz, und ich schmeichelte mir immer, es sei nur ein Misverstand der Kirche. Ich glaubte nicht an seinen Tod zur Vergebung der Sünden, an sein Verdienst und seine Genugthuung. Ich blieb immer noch in meiner eigenen Gerechtigkeit stehen, bis ich zuletzt ganz trostlos wurde, und nichts mehr wußte von Leben und Seligkeit.

Siehe! da stand vor mir die vollkommene Genugthuung Jesu Christi — und wer an [d]ihn[d] glaubt, der wird selig. Das ist meine Freude, mein Friede, mein eigenes Heil. Wie Moses[7] in der Wüste die Schlange erhöhet hat, und⟨,⟩ wer sie ansah von den tödlich vergifteten⟨,⟩ wurde geheilt.[8] — Also hat Gott Jesum Christum erhöhet,[9] und wer ihn ansiehet⟨,⟩ wird angenommen und beseligt[10] – und die Liebe wird darnach ausgegossen in das erschrockene, zitternde Herz – und es kommen dann die Blüthen, und reifen die Früchte der Gerechtigkeit durch Jesum Christum.

O! welche Gnade, mein lieber Bruder, gegen die Verlorenen, von denen sich ihrer Sünden halben alle Welt wegwendet mit Abscheu und Ekel, zu Huren und Zöllnern[11] kömmt Jesus Christus, hochgelobet in Ewigkeit.

Der Herr ist mein Hirte, mir wird nichts mangeln! Er weidet mich auf einer grünen Aue und führet mich zum frischen Wasser.[12]

Mein lieber Bruder⟨,⟩ komm in meine Arme! Komm!

Komm zu Deinem Heinrich.

c–c In der Vorlage unterstrichen.
d–d In der Vorlage unterstrichen.

[7] Moses, jüdischer Prophet.
[8] 4. Mose 21,4–9.
[9] Philipper 2,9.
[10] Anspielung auf Johannes 3,14.
[11] Lukas 7,36–50, 15,1–10 und 19,1–10.
[12] Psalm 23,1–2.

Baier[13] und Malchen[14] grüßen herzlich und freuen sich daß Du kommen wirst.[15] Grüße doch unsern guten Schulz[16], er bekäm jetzt noch einen Brief, wenn der Bote nicht sogleich fort müßte. Ich habe auch an ihn geschrieben, aber ich kann ihm den Brief nicht schicken. Schreib doch recht bald, auch [e]an Baier, und von den[e] [f]Eltern[f][17]. Sie schreiben nicht. Grüße Heidler[18] und St[ange][19]!

[e–e]In der Vorlage unterstrichen.
[f–f]In der Vorlage doppelt unterstrichen.

[13] Hermann Julius Christoph Baier (1775–1822), Pfarrer in Altenkirchen auf Rügen.
[14] Amalie Baier (1778–1857), Schwester von Hermann Julius Christoph Baier.
[15] Eine Reise Leopold Rankes nach Rügen ist für 1820 nicht belegt.
[16] Möglicherweise einer der drei Schüler Leopold Rankes mit diesem Nachnamen: Emil Karl Friedrich Schultze (1803–1884), später Justizrat, Regierungsassessor und Notar in Küstrin; Anton Albert Schultze (1803–1863), später Pfarrer in Grüneberg, oder Gustav Volkmar Schultze (1806–1878), später Oberpfarrer und Superintendent in Soldin; der Bruder der letzteren beiden, Heinrich Eduard Schultze (1800–1862), der später als Pfarrer in Buchholz bei Fürstenwalde wirkte, hatte bereits Ostern 1819 das Abitur abgelegt (vgl. Bachmann, Abiturienten, Nr. 73, 84, 91 und 98); der Brief Nr. 73 deutet darauf hin, daß Heinrich Ranke Emil Karl Friedrich Schultze grüßen läßt.
[17] Gottlob Israel (1762–1836) und Friederica Wilhelmina Ranke, geb. Lehmicke (1776–1836).
[18] Wilhelm Ferdinand Heydler (1793–1859), Mitschüler Leopold und Heinrich Rankes in Pforta, Leipziger Studienfreund Rankes sowie Konrektor am Friedrichs-Gymnasium in Frankfurt an der Oder.
[19] Johann Carl Wilhelm Thomas Stange (1792–1854), Oberlehrer am Friedrichs-Gymnasium in Frankfurt an der Oder, zeitweise Hausgenosse Leopold Rankes.

Nr. 72

Leopold Ranke an Heinrich Ranke[1]

V: L. v. RANKE, Lebensgeschichte, S. 92–93 (Druck)

[Frankfurt a. O.⟨,⟩ September 1820.]

Mein lieber Bruder, woran ich schreibe, ist Jahn's[2] Pult[3]: heute, ja eben ists angekommen; noch steht es nicht, wo es stehen soll; Heydler[4] ist ausgegangen, der mirs will setzen helfen. Was ich nun zuerst an diesem Pulte schreibe, sieh, das ist ein Brief an Dich. Mit einer neuen Feder, aus einem frischen Bund, damit alles geweihet sei.

Ihr Geister der Thränen, ihr sinnenden Geister, aller fröhlichen Gedanken, aller dichterischen, schaffenden, aller frommen, erkennenden, Erzeuger und Deuter, seid bei ihm, nährt ihn! – Was hilfts euch, daß ihr einsam bleibt?

Sei mir gegrüßet! Deine Hoffnung ist allzustark auf mein Kommen. Wiehe fordert mich. Du wirst sehen, was des Vaters Absichten sind, aus dem beiliegenden Blatt[5]. Verarg mirs nicht, daß ichs eine Weile zurückgehalten. Ich entschied mich in der That nicht den Augenblick. Wie ists aber? Kannst Du nicht kommen? mitreisen? – oder zu anderer Zeit und bei mir bleiben? Ich wäre gar zu gern in Rügen; nun nicht auf Stubbenkammer, Hiddensee und Arkona, sondern in Deiner Stube, und in Baiers[6]. Was das Brausen des Meers? Fühlt' ich nur einen Schlag Deines Herzens! – Aber die Eltern haben das größere Recht.

In den Alten ist eine Lehre: man soll den gegenwärtigen Augenblick benutzen.[7] Laß gut sein, wovon sies meinen; aber von Einem ists wahr, von Liebe, freundlichem Mitsammensein. Wie Du noch hier warst, sahen wir uns oft nicht. Nun hatt' ich dringende Arbeit, nun Du die Woche. Jetzt aber ists vorüber. Vielleicht hätten wir denn doch eine Stunde mehr für

1 Heinrich Ranke (1798–1876), Bruder Leopold Rankes.

2 Friedrich Ludwig Jahn (1778–1852), Begründer der Turner-Bewegung.

3 Leopold Ranke hat das Pult, das auch als Schreibtisch genutzt werden konnte, nach der Verhaftung Jahns von dessen Frau gekauft; laut DOVE, arbeitete Ranke an diesem Pult bis ins hohe Alter (vgl. L. v. RANKE, Lebensgeschichte, S. 92). Heute befindet sich das originale Pult in der Jahn-Gedenkstätte in Freyburg an der Unstrut; das Ranke-Museum in Wiehe, wo sich das Pult bis 1945 befand, verfügt nur mehr über eine Nachbau des Pultes (freundliche Auskunft von Gottfried Braasch, 24.8.2009).

4 Wilhelm Ferdinand Heydler (1793–1859), Mitschüler Leopold und Heinrich Rankes in Pforta, Leipziger Studienfreund Leopold Rankes sowie Konrektor am Friedrichs-Gymnasium in Frankfurt an der Oder.

5 Nicht ermittelt.

6 Hermann Julius Christoph Baier (1775–1822), Pfarrer in Altenkirchen auf Rügen.

7 Nach Quintus Horatius Flaccus, Oden, Buch I, 11,8: „Carpe diem". Kurz zuvor schreibt Horaz (I, 9,13): „Quid sit futurum cras, fuge quaerere".

einander gehabt. Was gäb ich darum, wenn Du mir einmal begegnetest heut, auf dem Damm, auf der Wiese, im Eichwald! Aber es ist vorbei. So dünkts mich sündlich, wenn man kann, von den Eltern zu bleiben. Den Türken ist es ebensoviel, die Eltern zu besuchen, und Mekka. Darum laß mich immerhin ziehen. Nach diesem Tag wird kommen die Nacht, nach dieser Nacht wird kommen der Tag.

Des Vaters Pläne?[8] Es wäre wohl schön. Ich könnte es wünschen. Du würdest noch ein Jahr in Halle sein oder in Berlin, denn etwas weitläufig ists wohl noch; dann würdest Du den Langenröder Gedanken[9] ausführen, ein wenig anders nur. Geh zu Rath mit Baiern! geh zu Rath mit Dir!

Mein Haus hat sich noch etwas vermehrt. Schöneichs[10] Vater[11] ist gestorben,[12] und nun wohnen drei Vaterlose[13] bei mir. Er schläft in der Kammer, wo der Brotschrank steht, ich in dem Alkoven. Es wird uns doch nicht zu eng. Und zu Michael[14], wenn ich weg bin,[15] richtet die Ahlemann[16] alles noch anders ein und besser. Sie denkt auch Dein oft in großer Zuneigung. Zweimal sind wir mit einander spazieren gewesen. Heydler[17] ist sehr gut.

[8] Nicht ermittelt.

[9] Langenroda ist ein Kirchdorf etwa vier Kilometer nordwestlich von Wiehe entfernt. Eventuell sollte Heinrich Ranke dort, in der Nähe der Eltern, eine Pfarrstelle annehmen.

[10] Johann Heinrich Ferdinand Schönaich (1803–1878), Sohn von Johann Friedrich Ferdinand Schönaich (1775–1820), Unteroffizier im Infanterie-Regiment Nr. 24, und Eva Louise Schönaich, geb. Seedorff (1780–1851), 1819 Friedrichs-Gymnasium in Frankfurt an der Oder, 1823 Zeugnis Nr. 1, Ostern 1823 Studium der Theologie in Halle, wie Wilhelm Ranke Mitglied der „Quellengesellschaft“, 1828 Lehrer, später Subrektor am Friedrichs-Gymnasium in Frankfurt an der Oder, 1831 Hochzeit mit Charlotte Christiane Juliane Lehmann (∗ 1808), Tochter des Schiffers Christian Gottlieb Lehmann, 1848 Stifter des Vereins für König und Vaterland, dessen Sekretär und Protokollführer Leopold Rankes Freund Ferdinand Wilhelm Heydler war, 1850 Pfarrer von St. Georgen in Frankfurt an der Oder (vgl. ELAB Frankfurt an der Oder, St. Georgen, Trauungen 1831; ELAB Frankfurt an der Oder, St. Georgen, Bestattungen 1820 und 1851; GStA PK VIII. HA Militärkirchenbücher Garnison Frankfurt an der Oder, Taufen 1803; Programm Friedrichs-Gymnasium 1823, S. 33; Bachmann, Abiturienten, S. 11, S. 53 und 55; Lönnecker, Mitglieder Halleschen Burschenschaft, Nr. 1641, S. 248; Fischer, Pfarrerbuch Mark Brandenburg, Bd. II/2, S. 777).

[11] Johann Friedrich Ferdinand Schönaich (1775–1820), 1801 Schütze, 1803 Unteroffizier im Infanterie-Regiment Nr. 24, danach Leutnant im 3. kurmärkischen Landwehr-Infanterie-Regiment, nach dem Ausscheiden aus dem Militär Steuerkontrolleur (vgl. GStA PK VIII. HA Militärkirchenbücher, Garnison Frankfurt an der Oder, Taufen 1803).

[12] Am 8. August 1820.

[13] Neben Schönaich die Schüler August Ferdinand Hoffmann (1804–1830) und August Friedrich Samuel Rudolph Junck (1803–1874) (vgl. Nr. 65).

[14] 29. September.

[15] Leopold Ranke reiste in den Herbstferien nach Wiehe (vgl. Nr. 73).

[16] Friederike Wilhelmine Ahlemann, geb. Schultze (1772–1843), Direktorin einer höheren Bildungsanstalt für Mädchen in Frankfurt an der Oder, Vertraute Leopold Rankes.

[17] Wilhelm Ferdinand Heydler (1793–1859), Mitschüler Leopold und Heinrich Rankes in Pforta, Leipziger Studienfreund Leopold Rankes sowie Konrektor am Friedrichs-Gymnasium in Frankfurt an der Oder.

Er ist im Sommer etwas krank gewesen, jetzt geht es besser: nach der Frühlingskur, die er im August vorgenommen hat, wie er sagt. Stange[18] leidet an der innerlichen Schwäche, die periodisch bei ihm wiederkehrt. Ich grüße Dich von ihnen, weil sie Dein herzlich gedenken.

Leb wohl! Leb wohl! Kennt Baier wohl meine Gesinnung auch gegen ihn? Ich wünschte so sehr, auch ein wenig in seiner Liebe zu stehen. Und in Malchens.[19] Nun leb wohl. Grüße Dein Haus. Und antworte mir womöglich, eh' ich reise: dies ist in drei Wochen, damit ich auch von Dir einige Nachrichten nach Thüringen trage.[20]

L⟨eopold⟩.

[18] Johann Carl Wilhelm Thomas Stange (1792–1854), Oberlehrer am Friedrichs-Gymnasium in Frankfurt an der Oder, zeitweise Hausgenosse Leopold Rankes.
[19] Amalie Baier (1778–1857), Schwester von Hermann Julius Christoph Baier.
[20] Zu den Eltern nach Wiehe.

Nr. 73

Leopold Ranke an Heinrich Ranke[1]

V: L. v. Ranke, Lebensgeschichte, S. 93–95 (Druck)

Frankfurt⟨, 27. September 1820⟩[a].

Morgen, und noch ein Morgen⟨,⟩ und ich reise nach Wiehe.[2] Noch einmal will ich bei Dir sein, mein liebes Herz. Denk' an: neulich Abend kommen wir von der Buschmühle[3]. Ich hatte doch geschrieben, Du möchtest kommen:[4] ich sagt' es zu Heydlern[5]. Kaum gesagt, gehen wir um die Ecke, sehen Licht in meiner Stube. Ich eile hinauf; gewiß, meint' ich, Du wärst's. Heydler ruft: „ich bin gleich oben!" ich schreie: „o, wer ist hier?" Eine unbekannte Stimme: Deine nicht. Ich hielt sie für Schwarzenbergs[6], schloß auf. Lieber wars: — ich weiß nicht⟨,⟩ ob Franz[7] oder

[a] Dove datiert den Brief „Anfang October 1820"; die Neudatierung erfolgt im Hinblick auf die Angaben über die Reisepläne Leopold Rankes in Nr. 72.

[1] Heinrich Ranke (1798–1876), Bruder Leopold Rankes.

[2] Vgl. Nr. 72.

[3] Ausflugslokal südlich von Frankfurt an der Oder (vgl. Hausdorf / Noack, Straßen, S. 34).

[4] Vgl. Nr. 72.

[5] Wilhelm Ferdinand Heydler (1793–1859), Mitschüler Leopold und Heinrich Rankes in Pforta, Leipziger Studienfreund Leopold Rankes sowie Konrektor am Friedrichs-Gymnasium in Frankfurt an der Oder.

[6] Johann Eduard Schwarzenberg (1796–nach 1833), Mitglied der Urburschenschaft und ein Studienfreund Heinrich Rankes aus Jena, der auch mit Leopold Ranke korrespondierte.

[7] Franz Lieber (1798–1872), Sohn von Friedrich Wilhelm Lieber (1757–1831/1832), Kaufmann in Berlin, und Barbara Charlotte Catharina Lieber, geb. Baur (1763–1838), Besuch der Hartungschen Schule, Turner und Anhänger von Friedrich Ludwig Jahn, 1815 Eintritt als Freiwilliger Jäger in das Regiment Kolberg, nach längerem Lazarett-Aufenthalt 1816 Gymnasium zum Grauen Kloster, 1818 Studium der Medizin in Berlin, Einritt in die Berliner Burschenschaft, daneben „einer der engagiertesten und kompromißlosesten Jahnanhänger" (Joachim Burkhard Richter: Hans Ferdinand Massmann. Altdeutscher Patriotismus im 19. Jahrhundert [= Quellen und Forschungen zur Sprach- und Kulturgeschichte der germanischen Völker, Bd. 224 = Neue Folge, Bd 100]. Berlin / New York 1992, S. 101), 1819 unter Demagogenverdacht mehrere Monate in Haft, 1820 Studium der Philosophie in Jena, Mitglied der Jenaer Burschenschaft, 1820 Promotion zum Dr. phil. in Halle, 1821 über Marseille Reise nach Griechenland, um sich als Freiwilliger am griechischen Freiheitskampf zu beteiligen, 1822 Sekretär und Hauslehrer beim preußischen Gesandten in Rom, Barthold Georg Niebuhr, 1823 Rückkehr nach Deutschland, Hauslehrer beim preußischen Außenminister Christian Günther Graf von Bernstorff, 1824 erneute Verhaftung, nach Intervention Niebuhrs entlassen, danach teils in Berlin, teils in Mecklenburg, 1825 Emigration, Sprachlehrer und Korrespondent für deutsche Blätter in London, 1827 Turn- und Schwimmlehrer, Schriftsteller und Korrespondent für Johann Friedrich Cottas verschiedene Blätter in Boston, 1829 Hochzeit mit Mathilde Oppenheimer (1805–1890), Tochter von Georg Oppenheimer (1777–1838), Kaufmann in London, 1832 Schriftsteller und Korrespondent für Johann Friedrich Cottas verschiedene Blätter in New York, 1833 in Philadelphia, 1835 Professor für Geschichte und Staatswissenschaft am South Carolina

Eduard[8], – der Jüngere, Verwundete war es.[9] Nun erschrak ich etwas. Und es ist ein gar toller Mensch, und aufs äußerste gebracht, der Lieber. Wir stritten. Er sagte: er ginge traurig, wir würden uns nie treffen.
Du hast Bardeleben[10] umhergeführt auf Stubbenkammer; dafür läßt er Dich grüßen. Denn Du mußt wissen, wir haben heute Examen gehabt, da

College in Columbia, 1857 am Columbia-College in New York, 1865 Wechsel an die Columbia Law School (vgl. ELAB Berlin, St. Nikolai, Taufen 1757 und 1798; ELAB Berlin, St. Nikolai, Trauungen 1781; Catalano, Lieber, S. 1, Schnurmann, passim; freundliche Auskunft von Achim Blankenburg, Abt. Handschriften, der Thüringer Universitäts- und Landesbibliothek Jena, 4.11.2011 sowie von Dr. Peter Rohrlach, Streitsche Stiftung Berlin, 17.10.2011). Leopold Ranke hielt zu Lieber auch nach 1822 eine gewisse intellektuelle Verbindung aufrecht, so befanden sich etwa Liebers „Manual of political ethics“ , 2 Bde., Boston 1838/1839 und seine „Legal and political hermeneutics“ , Boston 1839 in Rankes Bibliothek; die Übersetzerin der Werke von Leopold Ranke ins Englische, Sara Austin, setzte sich für Franz Lieber bei seiner Bewerbung um einen Lehrstuhl an der University of London ein (vgl. Schnurmann, Brücken aus Papier, S. 113).

[8] Eduard Lieber (1791–1867), 1813 Freiwilliger Jäger, später als Seidenhändler in Züllichau (Brandenburg) tätig, 1848 Abgeordneter der Deutschen Nationalversammlung in Frankfurt; Gustav Lieber (1796–1865), der Bruder von Franz und Eduard Lieber, 1813 Freiwilliger Jäger, trat zwar erst 1818 der Urburschenschaft in Jena bei (vgl. Kaupp, Stamm-Buch, Nr. 589, S. 123; Catalano, Lieber, S. 1), doch dürfte auch er als Anhänger Jahns zumindest Heinrich Ranke näher gekannt haben.

[9] Von den insgesamt sieben Brüdern Lieber nahmen vier als Freiwillige Jäger an den Befreiungskriegen teil; alle wurden verwundet: Eduard bei Lützen, Adolph (1795–1838) bei Bautzen, Gustav bei Waterloo und Franz bei Ligny bzw. Namur (vgl. Gerber, Albert Baur, S. 69 und 172).

[10] Carl Ludwig Heinrich Bardeleben (1775–1852), wohl (die Mutter gab bei der Taufe ihres unehelichen Sohnes sowohl ihren Namen als auch den Namen des Vaters falsch an) Sohn von Heinrich Ferdinand von Bardeleben (1747–1822), zuletzt Oberst und Kommandeur des Infanterie-Regiments Nr. 35 sowie Erbherr auf Wartckow in Pommern (in der Matrikel der Universität Frankfurt an der Oder wurden bei der Einschreibung im Jahr 1800 als Vater ein „J. J. Bardeleben, Major“ und als Heimat „Templin, Uckermark“ vermerkt [Friedlaender, Matrikel Frankfurt, S. 578, Nr. 75]; Heinrich Ferdinand von Bardeleben war zu diesem Zeitpunkt Major und Kommandeur des Grenadier-Bataillons in Templin [Gerlach, Logen in Pommern, Preußen und Schlesien, S. 59, Nr. 9]), und Sophia Amalia Schwadke (* 1745); 1793 Cöllnisches Gymnasium in Berlin, 1795 Studium der Theologie und Philosophie in Erlangen, 1799 Gouverneur und Lehrer am Kadettencorps in Berlin, 1800 Studium der Rechte in Frankfurt an der Oder, 1802 Auskultator-Examen, Auskultator am Stadtgericht in Frankfurt an der Oder, 1804 Assessor-Examen, Assessor bei der Regierung in Bromberg, später beim Stadtgericht in Frankfurt an der Oder, 1805 Hochzeit mit Friederike Philippine Wilhelmine Jochmus (1778–1837), Tochter von Johann Friedrich Jochmus (1732–1814), Direktor des Stadtgerichts in Frankfurt an der Oder, und Maria Sophia Jochmus, geb. Wunderlich (1742–1799), 1806 Kreisjustiz-Assessor in Gnesen, Ablehnung eines Wechsels in polnische Dienste, Rückkehr nach Frankfurt an der Oder, Arbeit an dem Buch „Preußens Zukunft“, 1807 im Auftrag des Freiherrn vom Stein als Redner und Publizist in Königsberg, Januar 1808 Diätar beim Oberlandesgericht in Königsberg, an der Gründung des Tugendbundes beteiligt, dessen Agitator in Pommern, Brandenburg und Preußisch-Schlesien, beantragte aber 1809 die Auflösung des Tugendbundes bei Friedrich Wilhelm III., April 1809 Justizkommissar am Land- und Stadtgericht in Frankfurt an der Oder, April 1811 zugleich Notar, August 1811 Dr. iur. in Frankfurt an der Oder, 1813 Hauptmann der Landwehr, Teilnahme an den Befreiungskriegen, Eisernes Kreuz, Mitglied

ist er den ganzen Tag zugegen gewesen. Früh wars ein traurig zerstückelt Wesen; den Nachmittag ging es gut. Bäntsch[11] hielt die Stiftungsrede mit vieler Liebe. Er erzählt' also: „Es ist ein armer Lehrer in Frankfurt[12], hat an 130 Kinder, lehrt sie die Anfänge mit ausgezeichnetem Glück, weckt den trefflichen Doctor Risselmann[13], daß er sorgt und sammelt von wohlthä-

der Freimaurer-Loge „Zum aufrichtigen Herzen", 1826 einer der Festredner beim 50jährigen Gründungsjubiläum der Freimaurer-Loge, nach 1837 Hochzeit mit Eugenie Löther (1803–1851) (vgl. ELAB Frankfurt an der Oder, St. Marien, Trauungen 1805; ELAB Frankfurt an der Oder, St. Marien, Bestattungen 1799 und 1814; ELAB Frankfurt an der Oder, St. Nikolai, Bestattungen 1837 und 1851; ELAB Prenzlau, St. Nikolai, Taufen 1745; GStA PK I. HA Rep. 76 Va Sekt. IV Tit. VI Nr. 1; GStA PK I. HA Rep. 77 Tit. 267 Nr. 1 Adhib. 2 Bd. 1; GStA PK I. HA Rep. 147 Nr. 677; GStA PK VIII. HA Militärkirchenbücher, Infanterie-Regiment Nr. 35, Spandau, Taufen 1775); Bardeleben verfaßte nicht nur retrospektiv einige Publikationen über seine Teilnahme an den Befreiungskriegen (so etwa Bericht über die Frankfurter Landwehr seit dem Ausmarsch am 11. Mai 1813 bis Ende März 1814. Ein Ergänzungsblatt des Frankf.-patriot. Wochenblatts. Frankfurt an der Oder 1814; Preussens stehendes Heer im Jahre 1813 bis 1815. Beiträge zur Geschichte seines 8ten und 12ten Infanterie-Regiments. Frankfurt an der Oder 1838 sowie Das Treffen bei Hagelsberg am 27sten August 1813. Frankfurt an der Oder 1838), sondern hatte sich auch mit mehreren Beiträgen an der publizitischen Vorbereitung der Befreiungskriege beteiligt (so etwa Preußens Zukunft. An das Vaterland. Berlin 1807, 2. Aufl., 1808; Friedrich Wilhelm der Dritte und sein Volk. An beide. Berlin 1809); unter dem Pseudonym Heinrich Frohreich verfaßte Bardeleben außerdem zahlreiche Romane (so etwa Begebenheiten aus Bergach. 3 Bde., Leipzig 1802; Cäsar Caffarelli Graf von Casara der kühne Räuber-Herzog. Erster Theil in fünf Büchern. Posen / Leipzig 1803; Rahmanet König der Mauren, oder der magische Ring. Roman in drei Büchern. Leipzig / Breslau 1805; Die Wahl der Braut oder Feier-Abende im Sonnenblumen-Bosquet. Posen / Leipzig 1809; Die Werbers-Tochter zu Eichtersheim. Leipzig 1811; Caspar Fröhlich der Seifensieder. Leipzig 1811); sein bereits 1798 erschienenes Buch über seine Studienzeit in Erlangen erfuhr zwei Auflagen (Heinrich Bardeleben: Darstellungen aus der Welt der Erlanger Musensöhne. Frankfurt / Leipzig 1798; unveränderte 2. Aufl. unter dem Titel: Ueber das academische Leben, seinen Werth und Genuß. Zur Belehrung für Musensöhne, zur Rükerinnerung ehemaliger Academiker, und zum Ueberblick für andere Stände, die von dem Geist des academischen Lebens weise Begriffe zu haben wünschten; in nächster Beziehung auf Erlangen entworfen).

[11] Lebrecht Ludwig Baentsch (1767–1836), Sohn von Christoph Lebrecht Baentsch, Tabakspinner in Merzin bei Köthen, Besuch der Dorfschule, 1784 Schule des Waisenhauses der Franckeschen Stiftungen in Halle, 1785 Gymnasium in Dessau, 1789 Studium der Theologie in Halle, 1792–1796 Studium der Philologie in Jena, danach Aufenthalt in Dessau, 1804 Privatier in Berlin, 1806 Hochzeit mit Caroline Wilhelmine Müller, geb. Wiesecke (1777–1828), Witwe von Carl Ludwig Müller († vor 1806), Buchhändler in Dessau, 1808 Inspektor des Alumnats, 1809 Infimus, um 1818 Subrektor des Friedrichs-Gymnasiums in Frankfurt an der Oder, 1835 Ruhestand (vgl. ELAB, Berlin, Neue Kirche, Trauungen 1806; ELAB Frankfurt an der Oder, Friedenskirche, Bestattungen 1828 und 1836; GStA PK I. HA Rep. 76 II alt Nr. 90; Schwarze, Geschichte, S. 29–30; Kössler, Personenlexikon, Bd. B, S. 26, hier als Vornamen Albrecht Ludwig, als Geburtsdatum 9. Juni 1769); er veröffentlichte 1801 ein „Handbuch der Geographie und Geschichte des gesammten Fürstenthums Anhalt, zum Schul- und Privatunterricht".

[12] Gemeint wohl Segelke Claessen († 1705), aus Bremen, der mehrere Jahre als Küster in Frankfurt an der Oder wirkte und dem die 1686 von der deutsch-reformierten Gemeinde gegründete Elementarschule anvertraut wurde (vgl. Schwarze, Geschichte, S. 5 und 18).

[13] Johann Riesselmann (1630–1698), Professor der Theologie in Frankfurt an der Oder.

tigen Leuten; und sie bringen endlich so viel zusammen, daß der Rector[14] mit 200 und dieser alte Lehrer mit 150 Thaler besoldet werden kann. Aber die Schüler wachsen. Es ist den Lehrern zu viel. Der Kurfürst[15] giebt ein wenig. Risselmann selbst, obwohl nicht reich, giebt 3000 Th⟨a⟩l⟨e⟩r. Die Stadt sammelt über 600. Mehrere deutsche Städte schicken Beiträge, Hanau allein an 300 Th⟨a⟩l⟨e⟩r. Die Grafen Schöneich[16] helfen mit jährlich 300 Th⟨a⟩l⟨e⟩r, viele einzelne Männer. Noch zwei Lehrer[17] werden besoldet. Und also ist die Schule gegründet und zieht fromme und gelehrte Leute. Bald wird eine Bibliothek geschenkt und noch eine." So schön ist dieser Anfang.

Nun haben wir darauf, Poppo[18] über die Literatur recht gut, examinirt, Schulz[19] eine Rede gehalten von Klopstock[20], welche die Leute in Erstaunen setzte, ich las eine Stelle aus dem Messias[21] mit den Schülern: zuletzt hat Schöneich[22] gar ein anmuthiges Gedicht von der Tugend Roms gesagt. Nun Gesang⟨,⟩ und wir gingen alle mit einiger Lust und Erhebung voneinander.[23]

[14] Paul Volkmann (1669–1721), aus Bremen gebürtig, 1694 Rektor der Friedrichs-Schule, 1698 ordentlicher Professor der Philosophie in Frankfurt an der Oder, 1701 Propst und Pfarrer am Berge zu Crossen, 1706 Dr. h. c. in Frankfurt an der Oder, 1707 Rektor des Joachimsthalschen Gymnasiums, zugleich königlicher Bibliothekar und Mitglied der Akademie der Wissenschaften in Berlin (vgl. SCHWARZE, Geschichte, S. 8 und 18; Karl von Ledebur, König Friedrich I. von Preußen. Beiträge zur Geschichte seines Hofes, sowie der Wissenschaften, Künste und Staatsverwaltung jener Zeit. Leipzig, 1878, S. 89–90).

[15] Friedrich Wilhelm (1620–1688), Kurfürst von Brandenburg.

[16] Franz Freiherr von Schönaich auf Amtitz (1637–1697) und sein Neffe Hans Georg Freiherr (ab 1700: Reichsgraf) von Schönaich auf Amtitz (1662–1700), ab 1697 Inhaber der Standesherrschaft Carolath-Beuthen (vgl. SCHWARZE, Geschichte, S. 10).

[17] Heinrich Meierotto (1671–1717), aus Arsten bei Bremen gebürtig, 1696 Konrektor, 1701 Rektor der Friedrichsschule in Frankfurt an der Oder, 1709 Rektor am Friedrich-Werderschen Gymnasium, 1713 Konrektor am Joachimsthalschen Gymnasium in Berlin; Lorenz Rothbart (* 1673), aus Bremen gebürtig, 1696 Kantor an der Friedrichsschule in Frankfurt an der Oder (vgl. SCHWARZE, Geschichte, S. 8).

[18] Ernst Friedrich Poppo (1794–1866), Direktor des Friedrichs-Gymnasiums in Frankfurt an der Oder.

[19] Emil Karl Friedrich Schultze (1803–1884), Sekundaner des Friedrichs-Gymnasiums.

[20] Friedrich Gottlieb Klopstock (1724–1803), der aus Quedlinburg stammende Dichter hatte seine schulische Ausbildung, wie Leopold Ranke, in Pforta absolviert; in seiner Abschiedsrede von Pforta (1745) forderte Klopstock „ein nationales Epos".

[21] Dichterisches Hauptwerk Klopstocks, begonnen 1745 während des Theologiestudiums in Jena, wurden die ersten drei Gesänge 1748 veröffentlicht, der letzte Band des vierbändigen Gesamtwerkes erschien erst 1773.

[22] Johann Heinrich Ferdinand Schönaich (1803–1878), Schüler des Friedrichs-Gymnasiums in Frankfurt an der Oder, der zeitweise bei Leopold Ranke wohnte.

[23] Zum Verlauf der von Ranke geschilderten Veranstaltung finden sich im Programm Friedrichs-Gymnasium 1820, S. 22–23.

Statt des Gedichtes von Sand[24] – es ist aber wohl verfälscht — schick ich Dir ein gleichzeitiges über die Belagerung von Magdeburg. Aus Lungwitz, Josua redivivus:[25]

Obgleich da niemand war, der euch gewaschen ab
Von Blut, der euch beweint, der euch gelegt ins Grab;
So ist doch eure Leich begangen und gehalten
In werther Christenheit von Jungen und von Alten.
Auf allen Kanzeln hat man euer Lob gepreist,
Mit vielen Thränen euch den letzten Dienst beweist.
Die Elbe selbst, die hat euch gleichsam aus Erbarmen
Im Wurf gefangen auf mit ausgesperrten Armen,
Als eine Mutter euch geheget[b] und geküßt
Und, wie sie euch von sich soll lassen, nicht gewüßt.
Um euretwillen hat sie großen Schmerz empfunden,
Gesäubert eure Leich', gewaschen eure Wunden,
Und so sich ausgeweint, daß sie gering und klein
Ist worden und die Elb fast nicht mehr scheint zu sein.[c]
Drum schwimmt doch immer hin! Ist eure Burg zerstört,
Den Himmel euch Gott hat für diese Burg verehrt.
Seid ihr blutig und wund? Ist Christi Farb und Fahn;
So ritzt und zeichnet er, die ihm gehören an. –[d]

[b] Im Original bei Lungwitz: „gehertzet“.

[c] Hier 12 Zeilen des Originals von Lungwitz ausgelassen.

[d] Bei Lungwitz folgen hier noch 14 Gedichtzeilen.

[24] Gemeint ist wohl Christoph Sand (1644–1680), der vor allem durch eine dreibändige Kirchengeschichte (Christoph. Christophori Sandii Nucleus Historiae Ecclesiasticae, exhibitus in Historia Arianorum, tribus libris comprehensa: quibus praefixus est Tractatus De Veteribus Scriptoribus Ecclesiasticis. Köln 1676–1678) hervorgetreten ist.

[25] Josua redivivus, Das ist Dreyfachen Schwedischen Lorbeer-Krantzes und Triumphirender SiegsCrone Ander Theil. Von Deß Durchlauchtigsten / Großmächtigsten Fürsten und Herrn / Herrn Gustav-Adolphi, Der Schweden, Gothen und Wenden Königs ⟨…⟩ glorwürdigsten hohen Expeditionen und so schleunig als glücklichen Progressen, und was sie durch Hülffe des Allerhöchsten / nach geschlossener sechs Jährigen Alliantz mit der Cron Polen auff Teutschen Boden verrücket ⟨…⟩ / aus glaub- und warhafften Urkunden und Berichten mit sonderm Fleiß trewlich zusammen getragen / und anjetzo vermehret und verbessert durch M. Matthaeum Lungwitium ⟨Matthaeus Lungwitz, 1582–1655⟩, 2. Aufl., Leipzig 1633; weitere, jeweils vermehrte Auflagen 1634 und 1635. Das ist der zweite Teil eines „Dreyfachen Schwedischen Loorbeerkranzes“, dessen erster Teil Gustav-Adolf als „Alexander Magnus redivivus“, dessen dritter ihn als „Judas Maccabaeus“ und „Imperator Theodosius Redivivus“ verherrlicht. Ranke zitiert aus dem 58. Kapitel „Von dem trawrigen Zustand unnd erbärmlichen Eröberung / Zerstörung und Verwüstung der Stadt Magdeburg“ die Passage „Andere Klagreymen wegen der Christen / die Gr⟨af⟩ Tylli hat lassen in die Elbe werfen“ (S. 437–438); gemeint ist die Belagerung und Einnahme von Magdeburg durch Truppen der Liga unter Tilly im April und Mai 1631. Leopold Ranke beginnt seinen Auszug mit Zeile 7, wobei er die Orthographie der Frühen Neuzeit modernisiert (etwa „Wurf“ in der Abschrift statt „Wurff“ in der Vorlage).

Nr. 74

Leopold Ranke an Heinrich Ranke[1]

V: GStA PK VI. HA Nl Hoeft Nr. 2 (Abschrift)
G: GStA I. HA Rep. 92 Nl L. v. Ranke Nr. 7 (nicht erhalten)
D: L. v. RANKE, Neue Briefe, S. 14–17

Wiehe⟨,⟩ Mitte October [1820]⟨.⟩

Hast Du wohl gelesen vom Septembermay in Klopstock[2], lieber Heinrich, den Reiter feyert und Gaul? ich weiß nun zu reden vom Octobermay. Fühlt ihr ihn auch so? (Ist die Weber[3] bey Euch?) Wie ich ihn gefühlt im heißen Sand, ruhend auf dem Wagen, von der Sonne warm angehaucht. Und gefühlt habe ich unter den Linden Leipzigs, in einsamem Spatziergang. Und in Pforta[4] in Geleit Wieks[5] und Jakobis[6] auf den alten Pfaden nach Naumburg. Von Ferdinand sagt Wiek, „er sey ein preiswürdiger Primus“: er selbst sagt, nun erst lern' er etwas. Der Conrector[7] sprach mit mir von Wilhelm[8]: „Aber ich muß nur aufhören, ich gerath' in eine Art Begeisterung, wenn ich von ihm spreche.“ Nun höre. Weil Wilhelm eitel genannt ward von Jak⟨obi⟩ und Wiek, sprach ich ernst mit ihm, und macht' ihn bös zu Anfang. Wir wurden fertig. Einiges gab er zu. Und war nun so grundfröhlich, so mit leuchtendem Aug, und geschäftig zu allen kleinen Diensten, daß er mich völlig widerlegt hat. Ferd⟨inand⟩[9] rankt sich nicht mehr.[10] Durch ihn ists geschehen, zum guten Theil, daß kaum zwey drey noch über die Mauer steigen.[11]

Ja⟨,⟩ es wäre wohl schön, wenn Ihr beyde zu Halle bey einander wärt.[12] Denn in Halle müßt' es seyn. Du kannst von Niemand in Berlin Hebräisch

[1] Heinrich Ranke (1798–1876), Bruder Leopold Rankes.

[2] Friedrich Gottlieb Klopstock (1724–1803); der von Leopold Ranke hier angesprochene Begriff „Septembermay“ bezieht sich auf die Ode „Die Wiederkehr“ (Druck: Klopstocks Oden. Zweyter Band. Leipzig 1798, S. 206–209).

[3] Francisca Christiana Jeanette Weber, geb. Krug († 1824), Witwe von Adolph Dietrich Weber (1753–1817), Professor der Rechte in Rostock, gemeinsame Bekannte von Leopold und Heinrich Ranke.

[4] Wo zu diesem Zeitpunkt Ferdinand und Wilhelm Ranke die Landesschule besuchten.

[5] Carl Gottlob Ferdinand Wieck (1787–1864), während der Schulzeit von Leopold Ranke Kollaborator, seit 1818 Diakonus und Professor an der Landesschule in Pforta.

[6] Carl Friedrich Andreas Jacobi (1795–1855), enger Studienfreund Heinrich Rankes, Lehrer der Mathematik an der Landesschule in Pforta, Ferdinand Ranke war sein „Famulus“.

[7] Ephraim Johann Gotthelf Schmidt (1762–1824), seit 1805 Konrektor in Pforta.

[8] Wilhelm Ranke (1804–1871), Bruder Leopold und Heinrich Rankes, Schüler in Pforta.

[9] Ferdinand Ranke (1802–1876), Bruder Leopold und Heinrich Rankes, Schüler in Pforta.

[10] Bedeutung dieser Formulierung unklar.

[11] Zum unerlaubten Verlassen des Schulgeländes in Pforta durch die Schüler vgl. Nr. 11.

[12] Heinrich Ranke wollte seine Studien der hebräischen Sprache abschließen und ein theologisches Examen ablegen (vgl. Nr. 72), Ferdinand Ranke sein Studium aufnehmen.

lernen, recht gut von Gesenius,[13] Raumer[14] und Gruber[15] sind da, es wäre

[13] Heinrich Friedrich Wilhelm Gesenius (1786–1842), Sohn von Dr. Wilhelm Gesenius (1761–1801), Stadtarzt in Nordhausen, und Johanna Jacobea Magdalene Gesenius, geb. Gangloff (1757–1809), Enkel von August Gesenius (1718–1773), Professor der griechischen Sprache in Helmstedt; Privatunterricht, Gymnasium in Nordhausen, 1803 Studium der Theologie in Helmstedt, 1806 theologischer Repetent, 1806 Dr. phil. in Göttingen, 1810 Professor am Gymnasium in Heiligenstadt im Eichsfeld, 1810 außerordentlicher, 1811 ordentlicher Professor für Theologie in Halle, 1813 Dr. theol., Gründung der Exegetischen Gesellschaft, 1827 Konsistorialrat; der Alttestamentler und Orientalist Gesenius war der Gründer einer selbständigen, von der Theologie sich emanzipierenden semitischen Philologie und über Jahrzehnte einer der herausragenden Gelehrten der Universität Halle, Rufe nach Breslau, Göttingen und Oxford lehnte er ab.

[14] Karl Ludwig Georg von Raumer (1783–1865), Sohn von Georg Friedrich von Raumer (1755–1822), Domänenpächter und Kammerdirektor im Fürstentum Anhalt-Dessau, und Luise von Raumer, geb. de Marées (1761–1811), Bruder des Historikers Friedrich Ludwig Georg von Raumer (1781–1873), Neffe des Geheimen Legationsrats und Geheimen Oberjustizrats Carl Georg von Raumer (1753–1833), der als Vortragender Rat im Staatskanzleramt zum engsten Umfeld Hardenbergs zählte und daneben die Zweite Abteilung des Ministeriums der auswärtigen Angelegenheiten leitete, bevor er 1818 zum Mitglied des Staatsrats, 1819 zum Präsidenten des Oberzensur-Kollegiums aufstieg, Cousin der Brüder Wilhelm, Ludwig Friedrich Leopold, Ernst Ludwig und Karl Friedrich Otto von Gerlach; Privatunterricht, unter anderem im Hause seines Onkels Carl Friedrich Leopold von Gerlach (1757–1813), 1798 Joachimsthalsches Gymnasium in Berlin, Zimmergenosse von Carl Heinrich Ludwig Giesebrecht (1782–1832), 1801 Studium der Rechts- und der Staatswissenschaften, der Naturgeschichte, der Mathematik, der Philologie sowie der Kunstgeschichte in Göttingen, 1803 in Halle, unter anderem bei Friedrich August Wolf (1759–1824) und seinem späteren Schwager Henrik Steffens (1773–1845), 1805 Studium der Mineralogie und Geognosie in Freiberg, Freundschaft mit Gotthilf Heinrich Schubert (1780–1860), bis 1808 im Sommer zusammen mit Moritz von Engelhardt (1779–1842) mineralogische Forschungsreisen nach Dorpat, September 1808 Reise nach Paris, um sich in der Mineralogie weiterzubilden, Bekanntschaft mit Ludwig Adolph Wilhelm Freiherr von Lützow, Juni 1809 Rückkehr nach Deutschland, August 1809 Reise nach Yverdon zu Pestalozzi, dort Lehrer für Naturkunde, Mai 1810 Rückkehr nach Berlin, Winter 1810 Anstellung als Geheimer expedierender Sekretär beim Oberbergdepartement, 1811 Bergrat beim Oberbergamt für die Schlesischen Provinzen in Brieg und Professor für Mineralogie in Breslau, September 1811 Hochzeit mit Friederike Reichardt (1790–1869), Tochter von Johann Friedrich Reichardt (1752–1814), Komponist und Hofkapellmeister Friedrichs des Großen, und Johanna Wilhelmine Dorothea Reichardt, verw. Hensler, geb. Alberti (1755–1827), 1813–1814 Teilnahme an den Befreiungskriegen im Hauptquartier der alliierten Truppen als Adjutant von August Wilhelm Anton Neidhart von Gneisenau, 1819 Oberbergrat beim Oberbergamt für die Niedersächsischen-Thüringischen Provinzen und Professor für Mineralogie in Halle, März 1823 auf eigene Bitte Entlassung aus dem preußischen Staatsdienst, Lehrer an der Bildungsanstalt des Erziehervereins in Nürnberg, 1824 Gründung einer Schule für „verwahrloste Kinder", 1827 Nachfolger von Gotthilf Heinrich Schubert als ordentlicher Professor für allgemeine Naturgeschichte und Mineralogie in Erlangen (vgl. Raumer, Familie von Raumer, S. 81–83, 87, 93–97, 99–114, 130–145); Heinrich Ranke hatte Raumer in Frankfurt an der Oder im Juni 1819 kennengelernt, als er zusammen mit Christian Eduard Leopold Dürre an der Wagner'schen-Erziehungsanstalt als Lehrer wirkte (vgl. K. v. Raumer, Leben, S. 282).

[15] Johann Gottfried Gruber (1774–1851), Sohn von Johann Gottfried (1746–1814), Schneider in Naumburg, und Maria Christina Gruber, geb. Heinse (1754–1825), Besuch der Naumburger Stadtschule unter dem Rektor Karl David Ilgen, der zur Schulzeit Leopold Ran-

für die Herrn[a] ein Trost, wenn Ihr mehr wärt. Doch schreckt sie und auch mich ein wenig, daß wir nicht wissen, woher das Brot, das ihr essen, der Ort, da ihr schlafen wollt. Überdies und auf jeden Fall halten sie dafür, es werde Euch nicht allzu schwer werden, los zu kommen vom freywilligen Dienst.[16] Beyden – Ferdinandem wegen eines eigenthümlichen kleinen Fehlers im Bau, Dir aber, weil Du seit jenem unseligen Fall[17] immerfort gelitten hast an Brust, Kopf, und auch dem Unterleib. Ob Du wohl ein Zeugniß bekömmst wegen der letzten Beschwerden in Altenkirchen? Für die anderen müßte hier gesorgt werden und in Pforta. Sie müßten zusammen eingereicht werden bey dem hiesigen Landrath[18], und es wäre zu erwarten, ob sich aus ihnen Sicherheit ergäbe, oder Gefahr für den künftigen Dienst.

Davon genug.

Dein Pensylvanien[19], lieber Bruder, wie schön, o wie sehr schön. Aber gedenk mir der Apostel nach Apolda[20], daß gute Männer daheim Noth thun,

[a] Laut L. v. Ranke, Neue Briefe, S. 15: „Eltern“.

kes in Pforta als Rektor des Landesschule wirkte, 1792 Studium der Philosophie, Philologie und Geschichte an der Universität Leipzig, 1793 Magister, Tätigkeit als freiberuflicher Übersetzer und Schriftsteller, 1803 Habilitation in Jena, Mitarbeiter der Jenaischen allgemeinen Literatur-Zeitung, später der Allgemeinen Literatur-Zeitung, 1805 Übersiedlung nach Weimar, Kontakt zu Herder und Wieland, dessen Werke er herausgab und übersetzte, 1806 Mitarbeit am Journal des Luxus und der Moden, 1811 ordentlicher Professor für historische Hilfswissenschaften in Wittenberg, zugleich im Auftrag der kursächsischen Regierung Zensor der in Wittenberg erscheinenden Schriften, Hochzeit mit Sophie Louise Christiane Richter, 1815 Mitwirkung an der Vereinigung der Universitäten Wittenberg und Halle, 1816–1821, 1830–1831 und 1840–1841 Prorektor magnificus (amtsführender Rektor) der Universität Halle-Wittenberg, daneben Zensor der in Halle erscheinenden philosophischen Schriften, einer der Mitbegründer der „Allgemeine Encyklopädie der Wissenschaften und Künste“, die seit 1818 erschien, 1843 Geheimer Hofrat (vgl. Monecke, Zensoren, S. 100–102; freundliche Auskunft von Gottfried Braasch, 24.8.2009); aus einfachen Verhältnissen stammend, mußte sich Gruber vor 1815 immer wieder mit Romanen, gut verkäuflichen Gelegenheitsschriften, Übersetzungen, Legenden zu Bildwerken und populären Biographien über Wasser halten.

[16] Dem Militärdienst als Einjährig-Freiwilliger (vgl. Nr. 66).

[17] Heinrich Ranke war in seiner „Knabenzeit“ beim Schlittenfahren „mit dem Kopf mit so großer Gewalt auf die Steine“ gestürzt, daß er „für einen Moment das Bewußtsein verlor“ (F. H. Ranke, Jugenderinnerungen, S. 8).

[18] Carl Christian Ludwig Friedrich von Helmolt (1769–1847), Landrat des Kreises Eckartsberga.

[19] Eventuell ein Hinweis darauf, daß Heinrich Ranke wie einige andere Burschenschaftler – zum Beispiel Franz Lieber (vgl. Nr. 73) oder Robert und Wilhelm Wesselhöft (vgl. Nr. 121 und Nr. 36) – damals geplant hat, nach Amerika auszuwandern (vgl. Nr. 11). Der Name der ehemaligen Quäkerkolonie, die traditionell viele deutsche Auswanderer aufnahm, kann aber auch metaphorisch als Zufluchtsort für christliche Schwärmer gelesen werden. Jedenfalls will Leopold Ranke den Bruder an dieser Stelle von solcher Schwärmerei zum Studium der rechten Grundlagen des Christentums hinlenken.

[20] Unklar; eventuell spielt Leopold Ranke hier auf die Geschichte des Todes der Apostel Petrus und Paulus weit weg von ihrer Heimat an, wie sie der Dominikaner Dietrich von

daß Christi Wort noch nirgend hin verbreitet worden, ohne Römerthum, Griechenthum, Deutschthum: ist dieß[21] so unbedingt zu wünschen?

Nun fühl' ich hier den herbstlichen May; gestern sind wir in Roßleben gewesen, da Leidenroth[22] ist, mit mir Hannchen[23] und Riekchen[24], den schönen Weg, zu Kochs Gasse hinaus, über den hohen Damm,[25] Wies' und Brücke; zurück bey unserem Garten vorüber, den Quellenteich rechts hinter den Han[26], und um den Schloßberg[27] herab.

Mit Ernsten[28] bin ich auch schon hinangegangen den Sperlingsberg[29], und er hat mir das Gefangenhaus weisen wollen, und die dicken allmöglichen Bäume bewundert. „Unsere Pflaumen sind aber doch größer." Sage, was ists? Die ganze Welt hab' ich hier vergessen; ist ein Entwurf, ich gedenke sein nicht, ist ein Wunsch, wozu ihn hier, da sie all erfüllt scheinen, und alles wiedergebracht, wenn ich das wohlbekannte Dreygeläut der Glocken höre, und sehe, was mein?[b] – o alles.

[b] Hoeft erwägt in der Abschrift daneben: „mir"; im Druck: „mein".

Apolda (um 1228–nach 1297), der Hagiograph der heiligen Elisabeth, in einer Predigtsammlung erzählt (vgl. http://digi.ub.uni-heidelberg.de/diglit/cpg61/0086, fol. 41v–44v).

[21] Mit Bezug auf die nur indirekt angesprochenen Pläne Heinrich Rankes.

[22] Johann Christian Leidenroth (1793–1854), Sohn von Johann Christian (1765–1834), Bürger, Zeug- und Leinweber in Sangerhausen, und Amalia Margaretha Leidenroth, geb. Piltz (1766–1832), 1807 Landesschule in Pforta, Mitschüler von Leopold und Heinrich Ranke sowie „Famulus" des Rektors Karl David Ilgen, 1813 Studium der Theologie und Philologie in Leipzig, 1816 Hauslehrer in der Familie von Georg Hartmann von Witzleben (1766–1841), dem Patronatsherrn von Roßleben, 1819 Examen pro schola in Halle, Adjunkt, später Kollaborator, 1843 Dritter Lehrer an der Klosterschule in Roßleben, 1847 aus gesundheitlichen Gründen außer Dienst in Sangerhausen, 1847 in Halle, 1853 Eintritt in den Ruhestand (vgl. Archiv KPS Sangerhausen, St. Jakobi, Taufen 1793; Archiv KPS Sangerhausen, St. Jakobi, Trauungen 1790; Archiv KPS Sangerhausen, St. Jakobi, Bestattungen 1832 und 1834; GStA PK, I. HA Rep. 76 VI Sekt. XII z Nr. 2 Bd. 1 und 2; Hoffmann, Pförtner Stammbuch, Nr. 8431, S. 335).

[23] Johanna Ranke (1797–1860), Schwester Leopold und Heinrich Rankes.

[24] Karoline Friederike Dorothee Luise Sophie Leberechtine Wankel (1798–nach 1837), Tochter von Christian Friedrich Wankel (1755–1812), des Pfarrers von Schönewerda, und Sophie Wilhelmine Wankel, geb. Weißhuhn (1760–1830). Der Vater von Sophie Wilhelmine, Johann Christoph Weißhuhn (1720–1796), war der Amtsvorgänger Wankels als Pfarrer von Schönewerda; die Schwester Sophie Wilhelmines, Johannette Sophie Wilhelmine (1763–1819), wiederum war mit Ernst Gottlieb Schneider (1749–1816) verheiratet, dem Pfarrer von Wiehe (vgl. Pfarrerbuch Kirchenprovinz Sachsen, Bd. 9, S. 235–236, 319–320; freundliche Auskunft von Gottfried Braasch, 6.12.2011).

[25] Fußweg nach Roßleben über die Dämme, um das Überschwemmungsgebiet des Flusses zu vermeiden. In Roßleben war der Vater der jungen Wankel zur Schule gegangen und ihr Großvater Lehrer und Konrektor gewesen.

[26] Hoeft erläutert: „Der frühere Teil des Stadtgrabens im Süden der Stadt (später Grasnutzung und Obstanlage) hieß und heißt heute noch ‚hinterm Hain'. Der Volksmund macht daraus ‚Der Hahn (Han)'."

[27] Das Schloß in Wiehe, in Sichtweite von Rankes Geburtshaus.

[28] Ernst Constantin Ranke (1814–1888), Bruder Leopold und Heinrich Rankes.

[29] Direkt oberhalb von Wiehe Richtung Lossa, auf dem Weg Richtung „Galgenberg".

Sie grüßen Dich, diese Glocken, es grüßt Dich der riesige Berg im Winkel, da Rabenswald[30] gebaut ist, der Bach[31] mit dem Hanf vom Garten, sie sagen: Er war auch da, der Gute, Freundliche, Schöne: und kommt wohl bald einmal wieder.

Leopold.

[30] Eine Burgruine südwestlich der Stadt, jenseits des „Galgenbergs". Ein Graf von Wiehe erbaute diese Burg im 13. Jahrhundert und nannte sich Graf von Rabenswald.

[31] Der Rößbach ist der Wasserlauf, der im Westen der Stadt aus dem Röhrental kommt und dann durch den Nordteil der Stadt fließt. An ihm wurde früher der Flachs geröstet (freundliche Auskunft von Gottfried Braasch, 24.8.2009).

Nr. 75

Friederica Wilhelmina Ranke[1] an Leopold Ranke

V: GStA PK VI. HA Nl Hoeft Nr. 1 (Abschrift)
G: GStA I. HA Rep. 92 L. v. Ranke Nr. 26 (nicht erhalten)

⟨Wiehe, November 1820.⟩[a]

Die Aleman[2] hat mir geschrieben⟨,⟩ ich solde Ihr doch sagen⟨,⟩ wan⟨n⟩ Heinrichs[3] Geburts Tag[4] währ⟨.⟩ ich habe es aber nicht getahn und über laße es Dier⟨.⟩ ich wies nicht⟨,⟩ ob Du es gerne sihest⟨,⟩ wen⟨n⟩ Sie Sich in unkosten stekt⟨.⟩ ich Schike zwei Vorhemdgen[5]⟨,⟩ gib sie Ihm am Seinen Geburts Tage nebst vielen Glük wünschen⟨.⟩ es ist freilich wenig⟨.⟩ Er nimt es aber gewis gut auf. es wahr wol nicht recht⟨,⟩ das⟨s⟩ der Vater Ihn nicht das ganze Reise geld[6] gab⟨,⟩ ich kan mich jar nicht darüber zu frieden geben⟨.⟩ Er häte es gewis getahn⟨,⟩ wen⟨n⟩ nicht Ferdanant[7] gleich Geld gebraucht häte⟨.⟩ Es ist Ihn jezt selbst unangenehn⟨,⟩ das⟨s⟩ Er es nicht getahn hat⟨,⟩ wen⟨n⟩ Du⟨,⟩ guter Sohn⟨,⟩ nicht so gut gegen Heinrich währest⟨.⟩ Ich danke Dier Tausent mal⟨.⟩ Got segne Dier es wieder⟨,⟩ es ist für mich sehr gut.[b]

[a] Die Datierung folgt der Angabe HOEFTS.
[b] Abschrift endet ohne Grußformel und Unterschrift. HOEFT vermerkt „[Schluß]“.

[1] Friederica Wilhelmina Ranke, geb. Lehmicke (1776–1836), Mutter Leopold Rankes.
[2] Friederike Wilhelmine Ahlemann, geb. Schultze (1772–1843), Direktorin einer höheren Bildungsanstalt für Mädchen in Frankfurt an der Oder, Vertraute Leopold Rankes.
[3] Heinrich Ranke (1798–1876), Bruder Leopold Rankes.
[4] 30. November 1798.
[5] Vgl. Nr. 30.
[6] Für die Rückreise von Rügen.
[7] Ferdinand Ranke (1802–1876), Bruder Leopold Rankes.

Nr. 76

Heinrich Ranke[1] an Leopold Ranke

V: GStA PK VI. HA Nl Hoeft Nr. 37 Kart. 2 (Typoskript)
TD: Fuchs, Heinrich Ranke, S. 151

Alt⟨en⟩k⟨irchen,⟩ 5. Nov⟨ember 18⟩20.

Mein lieber Bruder.

Der kleine Gotthart[2] liegt schlafend auf meinem Schooße, den Kopf auf meinem linken Arm; ich sitze an Baiers[3] Pult⟨,⟩ der mit Allwine[4] und Thereschen[5] auf die Kindtaufe gefahren ist. Allwill[6] sitzt neben mir und sieht mich verlangend an; denn ich habe schon einen langen Brief an die Eltern[7] geschrieben.

Der Sonntag ist unter Gebet und Gesang und Gespräch bald vergangen. Ich heilige die letzten Stunden des Tages durch die Gedanken an die Lieben zu Hause, in Pforte und an Dich, mein herzgeliebter Leopold. Es ist gewiß schon ein Brief von Dir unterweges, aber ich kann ihn nicht abwarten. Du warst fröhlich zu Hause, und bist fröhlich zurückgekehrt in die Mitte der guten Lehrer und Deiner zutraulichen Schüler. Gott segne Dich und sie, mit schönen Früchten, mit ewigen Gütern! Oft steigt in mir ein süßes Heimweh nach Dir auf. Ich habe nur mit [a]Einem[a] Menschen[8] hier wahre Gemeinschaft, und muß oft des Gespräches, das ich wünsche, entbehren, weil so viel andre Ansprüche gemacht werden.

Es sind noch wenige Monde, so ist die Zeit verflossen, nach der ich mich lange gesehnt hatte, so gehe ich aus Baiers Armen, der wahrlich ein zweiter Vater ist, aus seinem Hause, aus seiner Kirche, darinn ich zuerst die Süßigkeit geistlicher[b] Gemeinschaft ein wenig gekostet. Es wird bald vor-

a–a In der Vorlage unterstrichen.
b In der Vorlage verändert zu: „christlicher“.

1 Heinrich Ranke (1798–1876), Bruder Leopold Rankes.
2 Gotthard Julius Gottfried Baier (1816–1898), Sohn von Hermann Julius Christoph Baier, Pfarrer in Altenkirchen auf Rügen, und Alwina Baier, geb. Kosegarten (1787–1864), Enkel von Ludwig Gotthard Theobul Kosegarten; Gymnasium in Greifswald, 1837 Studium der Philologie und der Rechte in Bonn, Mitglied des Corps Rhenania, später Kreisgerichtsrat in Glogau und Görlitz, 1862 Staatsanwalt in Löwenberg, 1862–1863, 1882–1888 Mitglied des preußischen Abgeordnetenhauses, danach Landgerichtsrat in Görlitz und Geheimer Justizrat.
3 Hermann Julius Christoph Baier (1775–1822), Pfarrer in Altenkirchen auf Rügen, in dessen Haushalt Heinrich Ranke als Hauslehrer wirkte.
4 Alwina Baier, geb. Kosegarten (1787–1864), Ehefrau von Hermann Julius Christoph Baier.
5 Therese Catharina Baier (∗ 1814), Tochter von Hermann Julius Christoph Baier.
6 Allwill Hermann Baier (1811–1892), Sohn von Hermann Julius Christoph Baier.
7 Gottlob Israel (1762–1836) und Friederica Wilhelmina Ranke, geb. Lehmicke (1776–1836).
8 Hermann Julius Christoph Baier.

über sein! Hilf Du mit, lieber Bruder, daß uns die letzten Wochen in dem Herrn gesegnet seien. Ach! Auch auf diese köstliche Zeit meines Lebens werde ich mit Reue zurückblicken. Gebe[c] Gott, mit einer Reue zur Seligkeit.

Gelobt sei Jesus Christus in Ewigkeit!

Der mir alle meine Sünden vergiebt und heilet alle meine Gebrechen, der mein Leben erlöset hat vom ewigen Verderben.[9] Bruder! ich sollte ihm dankbar sein, alle Tage, alle Stunden. Ich sollte mein Leben ganz weihen zu seinem Dienste. Ermahne auch Du mich, daß ich die Hände nicht faul in den Schooß lege, sondern ihm diene treulich in Jünglingskraft!

Gesegn' es Gott!

Ich arbeite jetzt so fleißig als möglich; im Hebräischen lese ich die Genesis mit hoher Freude, und Hoffnung auf die Zeit, da ich freier und leichter die heilige Urkunde lesen werde. Uebrigens sehe ich täglich mehr, wie sehr ich überall zurück bin, und wie viel Mühe es kosten wird, mich nur einiger Maaßen ins Geleis zu bringen, und in die Ordnung der Mittelmäßigen. – Auch das frommet. Darum fröhlich und muthig in Gottes Namen.

Vor dem Dienstjahre[10] fürcht' ich mich nicht. Auf Ferdinand[11] freue ich mich. Die Eltern scheinen sehr unruhig darüber, wahrscheinlich des Unterhaltes wegen. Es liegt auch vor mir dunkel – und doch hell.

Ich habe in diesen Tagen oft daran gedacht⟨,⟩ Dich jetzt zu besuchen. Ich beruhige mich nun mit der Hoffnung⟨,⟩ Dich vor Ostern zu sehen. Was sagst Du dazu, lieber Bruder? Mich verlangt sehr danach. Helfe Gott!

Dein Heinrich.

Grüße Heidler[12] und Stange[13] freundlich. B⟨aier⟩ grüßt Dich. Schreib doch recht bald!! Um inliegenden Brief schlage doch ein Couvert⟨,⟩ und schicke ihn[14] an Schulz[15].

[c] In der Vorlage ursprünglich: „Herr".

[9] Anspielung auf Psalm 103,3.

[10] Der Erfüllung der Wehrpflicht als Einjährig-Freiwilliger (vgl. Nr. 66).

[11] Ferdinand Ranke (1802–1876), Bruder Leopold und Heinrich Rankes.

[12] Wilhelm Ferdinand Heydler (1793–1859), Mitschüler Leopold und Heinrich Rankes in Pforta, Leipziger Studienfreund Leopold Rankes sowie Konrektor am Friedrichs-Gymnasium in Frankfurt an der Oder.

[13] Johann Carl Wilhelm Thomas Stange (1792–1854), Oberlehrer am Friedrichs-Gymnasium in Frankfurt an der Oder.

[14] Maßnahme, um durch die Verschleierung des Absenders und des Absendeorts die Postzensur zu umgehen (vgl. Nr. 53).

[15] Eventuell Emil Karl Friedrich Schultze (1803–1884), Schüler Leopold Rankes (vgl. Nr. 73).

Nr. 77

Hermann Julius Christoph Baier[1] an Leopold Ranke

V: GStA PK VI. HA Nl Hoeft Nr. 37 Kart. 2 (Typoskript)

⟨Altenkirchen, 5. November 1820.⟩[a]

Heinrich[2] erlaubt mir⟨,⟩ lieber Leopold, einige Zeilen hineinzuschreiben[3]. Herzlich hat mich oft verlangt von Dir ein Wort des Rathes und der Erinnerung auch in betracht unsers Heinrichs zu hören. Herzlich froh und dankbar vor Gott sind wir stets über dem⟨,⟩ daß er hier ist, und ich erkenne für mein Theil darin eine Gnadenleitung Gottes. Auch wird für Heinrich diese Zeit nicht ohne gesegnete Früchte seyn. Wenn nur erst die leidige Militär Pflicht erfüllet wäre![4] Ich habe auch an den Vater[5] geschrieben. denn zu irgend einer Entscheidung muß es kommen — zum Frühlinge gewiß. Schreibe mir doch⟨,⟩ ob und wie auch [b]Du[b] hierüber einen Durchblick hast.

Wir haben wichtige Tage verlebt,[6] vielleicht hat Heinrich davon geschrieben.

Gott behalte uns im Geiste in seiner Liebe und Treue zu ihm und zu einander!

Dein Baier.

[a] Die Orts- und Datumsangabe entsprechend der Angabe in Nr. 76 und in der Vorlage, die Hoeft nachträglich mit eckigen Klammern versah.

[b-b] In der Vorlage unterstrichen.

[1] Hermann Julius Christoph Baier (1775–1822), Pfarrer in Altenkirchen auf Rügen, in dessen Haushalt Heinrich Ranke als Hauslehrer wirkte.

[2] Heinrich Ranke (1798–1876), Bruder Leopold Rankes.

[3] Der Brief Baiers wurde wohl im selben Kuvert wie Nr. 76 an Leopold Ranke gesandt.

[4] Vgl. Nr. 66.

[5] Gottlob Israel Ranke (1762–1836), Vater Leopold und Heinrich Rankes.

[6] Eventuell Anspielung auf das Treffen mit den Burschenschaftlern Dürre, Heinrichs und Johnssen (vgl. Nr. 69) oder die geistliche Gemeinschaft zwischen Baier und Heinrich Ranke (vgl. Nr. 76).

Nr. 78

Leopold Ranke an Heinrich Ranke[1]

V: L. v. Ranke, Lebensgeschichte, S. 95–97 (Druck)

Frankfurt a. O.⟨, nach dem 5.⟩ November 1820.

Unter so vielen Worten, die ich geschrieben seit Michael,[2] nicht eins an Dich? Es ist nicht viel, das ich erlebt, das ich Dir hätte schreiben können; unser Leben ist kurz und ohne besonderen Inhalt, mein Herz ist hart und abstoßend die Welt, aber einen Gruß doch, einen Gruß hätte ich Dir schicken sollen. Wenn nicht, was Dir jetzt selbst im Sinn liegt, auch mich bewegte zu vielem Zweifel, zu Erwarten und Hoffen. Einen Tag um den andern dacht ich⟨,⟩ Dir das Sichere schreiben zu können und eine Hoffnung, die mir selbst so lieb geworden ist.[3]

Denn in so einfacher Sache sind doch drei Meinungen. Du meinst⟨,⟩ nach Halle zu müssen. Die Eltern[4] sagen: wir hoffen, er soll noch frei bleiben[5] der alte Fall auf dem Sperlingsberg[6]; hat ihm einen solchen Schwindel zugezogen, daß er das Geschütz nicht wird ertragen können,[7] wir werden dies wohl beurkunden; er muß sich zwar melden bei dem Pommerschen Landrath[8], hier wollen aber wirs schon endigen, wenn er nur hierherkommt. Ich sage: es ist beides schwer, daß er lebt in Halle und daß er

[1] Heinrich Ranke (1798–1876), Bruder Leopold Rankes.

[2] 29. September.

[3] Anspielung auf Heinrich Rankes Verwendung beim Militär und die damit eng zusammenhängenden Fragen des weiteren und abschließenden Universitätsstudiums sowie des Examens (vgl. Nr. 66 und Nr. 82).

[4] Gottlob Israel (1762–1836) und Friederica Wilhelmina Ranke, geb. Lehmicke (1776–1836).

[5] Von der Dienstpflicht.

[6] Vgl. Nr. 74.

[7] Hinweis darauf, daß Heinrich Ranke plante, bei einer Gliederung der Artillerie seiner Wehrpflicht nachzukommen. Angesichts der hohen Kosten für die Ausstattung zum Dienst bei den Garde- und Kavallerie-Regimentern wurde von bürgerlichen Wehrpflichtigen generell häufig die Waffengattung der Artillerie zur Ableistung des Wehrdienstes als Einjährig-Freiwilliger gewählt (vgl. Nr. 66).

[8] Jacob von Engeström (1777–1853), Sohn von Jonas (ab 1751: von) Engeström (1737–1807) und Hedwig Maria von Engeström, geb. Ihre (1746–1798), aus der schwedischen Provinz Skaraborg, Studium der Rechte in Lund, 1757 Militärrichter, 1762 Bezirksrichter in Jämtland, 1768 Dr. iur. in Lund, 1781 Richter in Värmland, 1793 Volontär im schwedischen Leib-Kürassier-Regiment, 1795 Corporal, 1800 Cornett, 1807 Leutnant, 1808 Stabs-Rittmeister, 1811 Abschied mit dem Prädikat Rittmeister und Escadrons-Chef, 1812 Hochzeit mit Wilhelmina Henrietta Dahlstierna (1790–1872), Tochter des Majors Adolph Julius Dahlstierna in Dresden, Mitte 1815 königlich schwedischer Kreishauptmann der Insel Rügen, Herbst 1815 Landrat des Kreises Bergen auf Rügen, 1836 Pension (vgl. GStA PK I. HA Rep. 89 Nr. 7242; Gustaf Elgenstierna: Den Introducerade Svenska Adelns Ättartavolor. Bd. 2, Stockholm 1926, S. 570–580).

frei wird; leichter ist, wie ich hoffe, daß er ein Soldatenjahr in 3 Frankfurter Schuljahre verwandele.[9] Denn sieh nur: das Consistorium hat entschieden, Bürgerschule und Gymnasium getrennt zu lassen,[10] und hat für die Collaboratur[11] 400 Th⟨a⟩l⟨e⟩r bestimmt. Die Stadt will Orbanen[12] an ihre Schule ziehen, noch schwankt er; aber auf jeden Fall wird eine dieser beiden Stellen leer; sie ists schon, noch ist die Frage nur, welche? Im wesentlichen ists gleich. Kinder von denselben Jahren sind hier zu unterrichten und da, fast in demselben auch. Da schlagen die Eltern sogleich ein. Kein Wunsch liegt der Mutter mehr am Herzen als: wir möchten bei einander sein. Du solltest nur ihre rührenden Klagen hören; würdest Du wohl dieser Auskunft Dich versagen, die Deine alten Wünsche befriedigt, Dich vieler Mühe, und uns alle großer Verlegenheiten überhebt? Ich wollt ihn ja so gern ausstatten,[13] sagt der Vater; und liebe Brüder wären wieder beisammen, sag ich. Darum harre nur. Die Sache muß sich entscheiden. Und sollt' es nicht angehen, so besuchst Du zu Ostern mich und die Eltern. Ihr versucht das Eure in Wiehe. Schlägt jede Hoffnung fehl, nun wohlan, so gehst Du nach Halle. Da kannst Du doch Hebräisch lernen bei Geseni-

[9] Vgl. Nr. 66, Nr. 85 und Nr. 87.

[10] Das Konsistorium als oberste Provinzialschulbehörde beendete mit dieser Entscheidung einen langandauernden Konflikt, in dem es um die Zuständigkeit beider Anstalten für die Vorbereitung auf den Unterricht am Gymnasium gegangen war. Der neue Direktor des Friedrichs-Gymnasiums, Poppo (vgl. Nr. 32), hatte vorgeschlagen, „daß die höhere Bürgerschule mit dem Gymnasium in Zusammenhang gebracht, und dadurch doppelte Vorbereitungsklassen unnöthig gemacht werden": „weil ferner das Gymnasium auch auf diesem Wege sich Vorbereitungsklassen sichert, auf die es unmittelbar einwirken kann" (Programm Friedrichs-Gymnasium 1820, S. 19); er forderte also, an Stelle der bisherigen Konkurrenz, die alleinige Ansiedlung des vorbereitenden Unterrichts an der Bürgerschule, aber unter strikter gymnasialer Aufsicht. Das Konsistorium hielt demgegenüber an der Praxis „doppelter Vorbereitungsklassen" fest.

[11] Gemeint ist die „4te Unterlehrerstelle" (vgl. Programm des Friedrichs-Gymnasiums 1821, S. 28).

[12] Johann Samuel Orban (1790–1852), Sohn von August Orban, Lehrer in Hinternah bei Schleusingen, Privatunterricht, Gymnasium in Schleusingen, 1811 Studium der Theologie und Philologie in Wittenberg, 1814 Prüfung pro ministerio in Dresden, Hauslehrer in der Familie von Friedrich Bernhard Freiherr von Seckendorff-Gutend (1772–1852), nach der Ernennung Seckendorffs zum Vizepräsidenten der Regierung in Frankfurt an der Oder 1818 „Hilfslehrer" am Friedrichs-Gymnasium, 1821 Zweiter Lehrer an der Höheren Bürgerschule, Dezember 1821 Hochzeit mit Charlotte Henriette Lehmann (1799–1852), Tochter von Christian Lehmann (1753–1827), Bürger und Schiffbesitzer in Frankfurt an der Oder, 1836 Prorektor an der Höheren Bürgerschule in Frankfurt an der Oder (vgl. ELAB Frankfurt an der Oder, St. Gertrauden, Bestattungen 1827; ELAB Frankfurt an der Oder, St. Marien, Trauungen 1821; ELAB Frankfurt an der Oder, St. Nikolai, Bestattungen 1852; Programm Friedrichs-Gymnasium 1820, S. 5 und S. 20; Schwarze, Geschichte, S. 47).

[13] Jeder Einjährig-Freiwilliger war verpflichtet, die Kosten für seine Ausstattung zum Wehrdienst selbst zu übernehmen (vgl. Nr. 66).

us[14]; Ferdinand[15] ist der goldenen Aue[16] näher,[17] und dieß ist zu wünschen wegen tausend Dingen. Ich sehe keine Schwierigkeiten, da der Vater Dich schon gemeldet hat bei dem Landrath in Wiehe[18]. So hab ich mir das alles ausgedacht.

Sonst, mein lieber Bruder, leb' ich, nicht besonders gut, nicht besonders bös, ohne Glück und Unglück, ohne Lieb' und Freundschaft, ohne Mißlingen, ohne Vollenden; wie ein zwischenweltlicher Gott des Epikur[19] und eine stoische Seele[20]. Noch wenig will der Nebel einhüllenden, angewöhnten Irrthums weichen. Es muß auch Leute geben, deren ganze Lust ein Studium ist, das sie fassen, zu denen rechn' ich mit. Mein Glück wäre, etwas Tüchtiges vollenden, vielleicht ist mirs versagt; so sei mein Glück, nach etwas Tüchtigem zu streben: das will ich mir nicht versagen. Ist es weltlich? fragst Du. Giebt es wohl etwas Weltliches auf der Welt, etwas Gottloses? Ruhet nicht alles auf dem ewigen Gute, dem mütterlichen Erdboden und dem, der ihn geschaffen? Will nicht alles hinauf zu dem ewigen Glück, der ewigen Hoffnung und streckt die Arme gen Himmel zu dem, der ihn geschaffen, der da oben wohnt nach aller Völker Ausspruch? Nun sind einige Pappeln, die Zweige grad empor reckend, einige Thränenweiden, niedergesenkt: das Volk der Bäume streckt die Arme nicht allzunieder, nicht allzuhoch.

Ich höre die Schlitten vorüberfahren, klatschen die Peitschen, klingen das Geläut, die Pferde laufen über den knisternden Schnee. Soll ichs tadeln? Soll ichs loben? Unser immer rückkehrender Spruch ist: was gehts mich an? Wir aber gehn einander an. Hätt' ich Deinen Glauben! Wär ich fest! Gott sei mit Dir!

[14] Heinrich Friedrich Wilhelm Gesenius (1786–1842), Professor für Theologie in Halle.

[15] Ferdinand Ranke (1802–1876), Bruder Leopold und Heinrich Rankes.

[16] Bezeichnung für die Landschaft um Wiehe.

[17] Wenn er mit Heinrich Ranke in Halle studierte statt in Berlin.

[18] Carl Christian Ludwig Friedrich von Helmolt (1769–1847), Sohn von Hans Carl Friedrich von Helmolt (1731–1780), Kammerherr und Besitzer des Ritterguts Bilzingsleben, und Louise Christiane Wilhelmine Magdalena Sophie von Helmolt, geb. von Wangenheim († 1785), 1816 Landrat des Kreises Eckartsberga, 1839 des Kreises Erfurt; Helmolt war maßgeblich an der Gründung des ersten Geschichtsvereins in Thüringen beteiligt (vgl. Gothaisches Genealogisches Taschenbuch der Briefadeligen Häuser 2 (1908), S. 458; Naumann, Eckartsberga, S. 3; Franz Boblenz, Der „Verein zur Erforschung des vaterländischen Alterums in Kunst und Geschichte". Thüringens erster Geschichtsverein wurde 1819 in Bilzingsleben gegründet, in: Heimat Thüringen 18 (2011), S. 23–31).

[19] Epikur (340–271 v. Chr.), griechischer Philosoph. Er siedelt die Götter in den leeren Räumen zwischen den Welten an, wo sie ein vom Weltgeschehen und von den Menschen völlig abgehobenes Dasein ewigen Selbstgenusses führen: „neque ira neque gratia teneri" (Cicero, De natura deorum, I 45).

[20] Auch die stoische Seele ist frei von Leidenschaften.

Erinnerst Du Dich noch der schönen Tage, die wir mit einander gefeiert, da wir geboren sind?[21] Sie kommen wieder, sie sind nahe; wir aber sind nicht bei einander. Wollen sie dennoch feiern, in Liebe und Freude, daß wir Brüder sind. Soll ich dies nun noch sagen?
Es liegt ein Buch auf meinem Tisch, ist auch ein heiliges[22] , das sollte diesen Brief geleiten: es sollte Dich öfter an mich erinnern, als diese Blätter, an denen ich so arm bin; nun ist es erst gestern gekommen. Ich wollte Dirs brochirt[23] schicken. Es ist Schad drum, sagt der Buchbinder[24]. Uneingebunden? Auf Wittow wird es auch wenig Buchbinder geben. Und

[21] Leopold Rankes Geburtstag war laut dem Eintrag im Kirchenbuch St. Bartholomäus, Wiehe, der 20. Dezember, er wurde aber in der Familie und von Ranke selbst am 21. Dezember gefeiert (freundliche Auskunft von Gottfried Braasch, 24.8.2009); Heinrich Rankes Geburtstag war der 30. November.

[22] Meyer, Heilige Schrift (vgl. Nr. 83); Herausgeber dieser auf der Basis der Übersetzung von Martin Luther vorgelegten dreibändigen Bibel-Ausgabe war Johann Friedrich (ab 1789: von) Meyer (1772–1849), Sohn von Johann Anton (ab 1789: von) Meyer (1734–1800), Kaufmann und Inhaber eines Blechwalzwerkes sowie Senior des Bürgerausschusses in Frankfurt am Main, und Anna Catharina (ab 1789: von) Meyer, geb. Mühl (1735–1797), Gymnasium in Frankfurt am Main, 1789 Studium der Rechte und der Philologie in Göttingen, unter anderem bei Heyne, 1792 Dr. iur., 1793 Studium der Philosophie und der Naturwissenschaften in Leipzig, 1794 Dr. phil., Tätigkeit am Reichskammergericht in Wetzlar, 1795 salm-kyrburgischer Kammerdirektor und Hofrat, Hochzeit mit Franziska von Zwackh zu Holtzhausen (1780–1849), Tochter von Franz Xaver von Zwackh zu Holtzhausen (1756–1843), Mitglied des Illuminaten-Ordens und pfalz-bayerischer Geheimer Rat, später Kommissär für die Aufhebung der Klöster, 1812 außerordentlicher Gesandter und bevollmächtigter Gesandter in Frankfurt am Main, 1816 Generalkommissär und Regierungspräsident des Rheinkreises, und Margarethe von Zwackh zu Holtzhausen, geb. Edle von Weinbach (1760–1823), vor 1800 pfalz-bayerischer Appellationsgerichtsrat in Mannheim, 1800 Übersiedlung nach Frankfurt am Main, 1803–1805 Direktor des Frankfurter Nationaltheaters, 1807 Stadtgerichtsrat, 1816 Mitglied des Senats in Frankfurt am Main, Initiator und Vizepräsident, später Präsident der Frankfurter Bibelgesellschaft, 1821 Schöffe, im selben Jahr auch Syndikus in Frankfurt am Main, Dr. theol. h. c. in Erlangen für seine dreibändige Heilige Schrift in berichtigter Übersetzung, 1822 Appellationsgerichtsrat, 1825 Älterer Bürgermeister in Frankfurt am Main, 1827 Eintritt in die Freimaurer-Loge „Carl zur aufgehenden Sonne“ (Auflösung: 1845), 1837 Gerichtsschultheiß und Präsident des Appellations- und Kriminialgerichts in Frankfurt am Main, zugleich Vertreter der Freien Städte an der Deutschen Bundesversammlung, 1839 und 1843 zugleich erneut Älterer Bürgermeister (vgl. Schärl, Beamtenschaft, Nr. 350, S. 219); Heinrich Ranke besuchte Meyer im Sommer 1824 in Frankfurt am Main (vgl. F. H. Ranke, Jugenderinnerungen, S. 290–292). In seiner Vorrede zum zuerst erschienenen Neuen Testament bekennt sich Meyer zur Inspiration der Heiligen Schrift als ganzer (S. III, VII), zur Einheitlichkeit und inneren Kohärenz der Offenbarung (S. V–VII), zur theologischen Gegenwarts- und Geschichtsdeutung (S. IV–VI und Vorrede zum Alten Testament, 1. Teil, S. IX–XI). Als Ziel seiner möglichst wortgetreuen Übersetzung nennt er die Ausschaltung aller Fehler unter weitgehender Beibehaltung des Lutherschen Textes (Vorrede zum Neuen Testament, S. VI–VIII). In der Vorrede zum Alten Testament wendet er sich offen gegen den Rationalismus in der Theologie und plädiert für einen „Uebergang“ „über die angeborenen Vernunftschranken“ (S. IV).

[23] Ohne festen Einband.

[24] Nicht ermittelt.

Du müßtest vielleicht noch länger warten, sagt Heydler[25]; so kommt es nun heut nicht, aber bald ist es da.

Ich grüße Baiern[26] und grüße Malchen[27] und grüße die Kinder[28] aus vollem Herzen; daß ich einmal unter Euch sein könnte, nur ein halbes Stündchen! Schickt den Schein Eurer Liebe manchmal in die Stube, wo ich wohne! Wie wirds nur sein, wenn wir uns wiedersehen? Es ist nicht Heimweh, was ich habe nach Dir, es ist Brüderweh.

L⟨eopold⟩ R⟨anke⟩.

[25] Wilhelm Ferdinand Heydler (1793–1859), Mitschüler Leopold und Heinrich Rankes in Pforta, Leipziger Studienfreund Leopold Rankes sowie Konrektor am Friedrichs-Gymnasium in Frankfurt an der Oder.

[26] Hermann Julius Christoph Baier (1775–1822), Pfarrer in Altenkirchen auf Rügen, in dessen Haushalt Heinrich Ranke als Hauslehrer wirkte.

[27] Amalie Baier (1778–1857), Schwester von Hermann Julius Christoph Baier.

[28] Allwill Hermann (1811–1892), Therese Catharina (∗ 1814) und Gotthard Julius Gottfried Baier (1816–1898), die Kinder von Hermann Julius Christoph Baier.

Nr. 79

Leopold Ranke an Heinrich Ranke[1]

V: L. v. RANKE, Lebensgeschichte, S. 97 (Druck)

[Frankfurt a. O.⟨,⟩ Anfang December 1820.]

Das Christfest ist nahe, mein lieber Bruder; wollte Gott, es erschiene Dir, wie ein werthes Christgeschenk, die Nachricht, die ich Dir bringe.

Du sollst zu uns kommen; sollst Lehrer werden an diesem Gymnasium;[2] sollst für 400 Th⟨a⟩l⟨e⟩r 20 Stunden geben in Quinta[3] meist und in Sexta[4]; die Elemente des Lateinischen lehren, Geschichte, Geographie, Naturgeschichte.[5]

Es wird nicht wenig von Dir verlangt werden. Die Classen sind voll, Dein Vorgänger Orban[6] hat sein Amt wohl versehen; besonders ist es nöthig, die Anfänge des Latein gründlich zu lehren; Du mußt auch ein Examen bestehen, ich weiß nicht⟨,⟩ ob in Greifswald oder in Berlin.[7] Aber ich kenne Dich ja. In Geschichte und Mathematik bist Du weiter, als ich war, bei meinem Examen[8]; auch tüchtiger in den Elementen der Sprache und weit geübter zu lehren. Wenn Du nun an das Curatorium um die Stelle schreibst, so kannst Du noch ein Vierteljahr Dich vorbereiten zum Examen und wirst sicherlich die Erlaubniß bekommen auch für die höheren Classen.

Und nun bedenke, was Du dem Vaterland, den Eltern[9], Dir und mir für einen Dienst leistest. Ich vertraue, Baier[10] woll' es; er entscheide einmal! Aber bald muß ichs wissen.

[1] Heinrich Ranke (1798–1876), Bruder Leopold Rankes.

[2] Vgl. Nr. 78.

[3] Fünfte Jahrgangsstufe.

[4] Sechste Jahrgangsstufe.

[5] Heinrich Ranke sollte „provisorisch" „die neugestiftete 4te Unterlehrerstelle" am Friedrichs-Gymnasium in Frankfurt an der Oder verwalten (vgl. Nr. 78).

[6] Johann Samuel Orban (1790–1852), 1820 Unterlehrer am Friedrichs-Gymnasium, 1821 Lehrer an der Bürgerschule in Frankfurt an der Oder.

[7] Heinrich Ranke hatte vor einer Tätigkeit als Lehrer im Staatsdienst eine staatliche „Schulamtsprüfung" abzulegen (vgl. F. H. RANKE, Jugenderinnerungen, S. 199–208). In der pommerschen Universitätsstadt Greifswald befand sich die für Rügen zuständige Prüfungskommission. Berlin war der Sitz des Prüfungskollegiums für die Provinz Brandenburg, in der Frankfurt an der Oder lag.

[8] Leopold Ranke hatte dementsprechend im Herbst 1818 unmittelbar vor dem Dienstantritt am Friedrichs-Gymnasium in Frankfurt an der Oder seine Schulamtsprüfung in Berlin abgelegt (vgl. Nr. 32).

[9] Gottlob Israel (1762–1836) und Friederica Wilhelmina Ranke, geb. Lehmicke (1776–1836).

[10] Hermann Julius Christoph Baier (1775–1822), Pfarrer in Altenkirchen auf Rügen, in dessen Haushalt Heinrich Ranke als Hauslehrer wirkte.

Nr. 80

Gottlob Israel Ranke[1] an Leopold Ranke

V: GStA PK VI. HA Nl Hoeft Nr. 1 (Abschrift)
G: GStA I. HA Rep. 92 L. v. Ranke Nr. 26 (nicht erhalten)

⟨Wiehe, 9. Dezember 1820.⟩[a]

Du, lieber Sohn, benachrichtigest uns in Deinen letzten Briefe vom 2. Nov⟨em⟩b⟨e⟩r[2], daß Heinrich zu Ostern k⟨ommenden⟩ J⟨ahre⟩s seine Anstellung in Frankfurth erhalten könnte.[3] Dies wäre uns sehr lieb, besonders wegen der militair Pflicht,[4] wenn er davon dann befreyet wäre.[5]

Hast Du Heinrichen[6] schon etwas gemeldet; und was hat er Dir darauf geandwortet? Oder hat sich die Aussicht auf diese Anstellung verlohren.

Die gute Frau Direktor Ahlemann[7] hat einen sehr schönen Brief an Deine gute Mutter geschrieben, worüber sich leztere nebst mir herzlich gefreuet hat. Die mitfolgende Antwort Deiner Mutter an selbige[8] wirst Du gewiß sehr gern besorgen.

Der Herr Pastor Baier in Altenkirchen[9] hat auch untern 6ten v⟨origen⟩ M⟨ona⟩ts an mich geschrieben,[10] und daß er mit Heinrichen sehr zufrieden sey, mir zu erkennen gegeben; wir können jedoch den heißen Wunsch nicht unterdrükken, daß er uns naher sein mögte!!

Herr P⟨astor⟩ Baier, urtheilt⟨,⟩ daß Heinrich vor vielen geschikt und würdig sey zum heiligen Predigt Amt! Ja, ich überzeuge mich gern von der Wahrheit dieses Anführens, und hatte jezt die schönste Gelegenheit, ihn in unsrer Nähe, zu Nausitz[11] anzustellen. Am 1sten Advend war Orgelweihe

[a] Datierung nach Vermerk Hoefts.

[1] Gottlob Israel Ranke (1762–1836), Vater Leopold Rankes.
[2] Nicht ermittelt.
[3] Vgl. Nr. 78.
[4] Vgl. Nr. 66.
[5] Vgl. Nr. 78, wo Leopold Ranke von der Umwandlung eines Jahres Militärdienstzeit in drei Jahre Schulzeit spricht.
[6] Heinrich Ranke (1798–1876), Bruder Leopold Rankes.
[7] Friederike Wilhelmine Ahlemann, geb. Schultze (1772–1843), Direktorin einer höheren Bildungsanstalt für Mädchen in Frankfurt an der Oder, Vertraute Leopold Rankes.
[8] Nicht ermittelt.
[9] Hermann Julius Christoph Baier (1775–1822), Pfarrer in Altenkirchen auf Rügen, in dessen Haushalt Heinrich Ranke als Hauslehrer wirkte.
[10] Vgl. Nr. 77.
[11] Etwa ein Kilometer südlich von Gehofen auf dem Weg nach Donndorf, acht Kilometer nordwestlich von Wiehe.

zu Nausitz, wozu wir von dem Pastor Fuhrmann[12] eingeladen waren. Er hat noch Hofnung die Stelle in Gehhofen zu bekommen. Auf diesen Fall habe ich Heinrichen bei meinem Gerichtsprincipal[13] angemeldet, und erhielt von demselben die befriedigende Antwort⟨,⟩ daß Heinrich vor allen, die Pfarrstelle erhalten solte.
Heinrich schreibt: Wir mögten seinetwegen nicht sehr besorgt seÿn –, welche Eltern, die ihre guten Kinder lieben, können aber dieser Sorge sich entschlagen?
Zu Deinen nun bald eintretenden 25sten Geburtstage[14] erhältst Du⟨,⟩ lieber Leopold, unsre herzlichen Glükwünsche, daß Du solchen abermals gesund und fröhlich, bei guten Wohlseyn, in der Fülle Deiner unverdorbnen Jugend feiern mögest!!! Die Muter, Hannchen[15] und Rosalie[16] auch Ernst[17] lassen Dich herzlich grüßen. Auch habe ich um Deine Freigebigkeit zu erwiedern, das bewußte[18] notirt. Bleibe gesund und behalte lieb

Deinen
Dich herzlich liebenden
Vater, Ranke.

Der gute Ernst übt sich fleißiger im Lesen, rechnen, und schreiben, und folgt besser.

[12] Johann Michael Fuhrmann (1779–1825), Sohn von Johann Wilhelm Fuhrmann (1753–1828), Wagner-Meister, Akzise-Einnehmer und Gerichtsschöppe in Ostramondra bei Kölleda, und Dorothea Catharine Victoria Fuhrmann (1755–1810), Schulbesuch in Magdeburg, Querfurt und Merseburg, 1799 Studium der Theologie in Leipzig, 1808 Ordination in St. Thomas Leipzig, 1808 Pfarrer in Nausitz, 1821 Pfarrer in Gehofen, verheiratet mit Ernestine Friederike Bürger, Tochter von Gottfried Friedrich Bernhard Bürger, Pfarrer in Lißdorf (vgl. Archiv KPS Ostramondra, Taufen 1779; Archiv KPS Ostramondra, Bestattungen 1810 und 1828; Pfarrerbuch Kirchenprovinz Sachsen, Bd. 3, S. 175–176).

[13] Carl August Wilhelm von Römer (1764–1825), Sohn von Hans Rudolph von Römer (1732–1800), Rittergutsbesitzer, Erb- und Gerichtsherr auf Neumark, Janisroda und Nausitz, und Augusta Friederica von Römer, geb. von Heynitz (1730–1803), königlich sächsischer Hauptmann a. D., Rittergutsbesitzer, Erb- und Gerichtsherr auf Neumark, Janisroda und Nausitz, seit 1806 verheiratet mit Christiane Eleonore von Kirchbach (1781–1838), Tochter von Hans Julius von Kirchbach (1739–1819), herzoglich sachsen-altenburgischer Oberst und Kammerherr, und Auguste Magdalene Wilhelmine von Kirchbach, geb. Berlepsch-Grödlitz (1753–1782) (vgl. Genealogisches Handbuch der adeligen Häuser. Bd. 9 der Gesamtreihe, Glückburg/Ostsee 1954, S. 362–363; Neuer Nekrolog der Deutschen 7/2 [1829], S. 979).

[14] 21. Dezember 1820.

[15] Johanna Ranke (1797–1860), Schwester Leopold Rankes.

[16] Rosalie Ranke (1808–1870), Schwester Leopold Rankes.

[17] Ernst Constantin Ranke (1814–1888), Bruder Leopold Rankes.

[18] Nicht ermittelt.

Nr. 81

Ernst Constantin Ranke[1] an Leopold Ranke

V: GStA PK VI. HA Nl Hoeft Nr. 1 (Abschrift)
G: GStA I. HA Rep. 92 L. v. Ranke Nr. 26 (nicht erhalten)

Wiehe⟨,⟩ den 12ten Dec⟨em⟩b⟨er 1820.⟩

Innigst geliebter Bruder.
Meinen hertzlichen Glückwunsch, mein lieber Bruder Leopold

Dein
Dich liebender kleiner
Onkel[2].

[1] Ernst Constantin Ranke (1814–1888), Bruder Leopold Rankes.
[2] Eine Verwechslung des sechsjährigen Ernst.

Nr. 82

Heinrich Ranke[1] an Leopold Ranke

V: GStA PK VI. HA Nl Hoeft Nr. 37 Kart. 2 (Typoskript)
TD: Fuchs, Heinrich Ranke, S. 151–153

[Altenkirchen, vor dem 21. Dezember 1820.][a]

Leopold, mein lieber Bruder!

Wie schön ist's, wenn Brüder einträchtig bei einander wohnen![2] Wie schön, aber wie schmerzlich⟨,⟩ wenn ferne Brüder nahe sind! Bruder! es reißt an meinem Herzen. Ach! ich höre auch sanfte Freundesstimmen von Oben. Der Friede Gottes, sieh mich an⟨,⟩ Leopold, der Friede Gottes sei mit Dir! Balsam thaue in Deine Wunden, sänftige, stille sie! Jesus – Jesus –

Sehnlich hab' ich Deinen Brief[3] schon lange erwartet. Nun kömmst Du mit Deiner Liebe, Deiner Hoffnung, Deiner Klage. Bruder, zürne nicht⟨,⟩ wenn ich lalle! Nahe, ganz nahe stehet der Erlöser bei Dir – laß mich von IHM lallen! Er hat mich errettet, und ich möchte Ihm täglich mein Herz darbringen, ach! und[b] nach seiner Gnade für Ihn leben und sterben. Ihm dem Treuen, der da trägt die Sünde der Welt,[4] der auch mich und Dich mit Gott versöhnet, und, o Wunder! er ist selbst Gott, hochgelobet in Ewigkeit.

Ganz nahe ist Er bei Dir, und seine Augen sehen unverwandt auf Deine, um Einen, nur Einen Gegenblick. Bruder, laß mich lallen! O! nur Einen zurück. – Mich dürstet![5] ruft der Durchstochene – soll er immer und immer nur Galle trinken? „Vater, sie wissen nicht, was sie thun. Vergieb ihnen!"[6] – – Wir kommen, Heiland! wir kommen! stürzen nieder und küssen Deine blutigen Füße. Wir dürsten. Hier sind alle Sünden verschwunden. Heil, Trost, Leben, Friede und Freude!

Weißt Du noch, Leopold? Ich war von Jena zu Dir gekommen in das kleine Stübchen, 4 Treppen hoch, in der Hainstraße.[7] Wir sprachen mit einander

[a] Orts- und Datumsangabe handschriftlich ergänzt.
[b] Handschriftlich ergänzt.

[1] Heinrich Ranke (1798–1876), Bruder Leopold Rankes.
[2] Psalm 133,1.
[3] Nr. 79.
[4] Anklang an Johannes 1,29 und das darauf beruhende liturgische Gebet des „Agnus Dei".
[5] Johannes 19,28.
[6] Lukas 23,34.
[7] Heinrich Ranke, der von 1815 bis 1816 in Jena studiert hatte (vgl. F. H. Ranke, Jugenderinnerungen, S. 54–84), nimmt hier wohl Bezug auf einen Besuch bei Leopold Ranke während dessen Studienzeit in Leipzig. Die Hainstraße in Leipzig ist eine der beiden Straßen, die den Marktplatz nach Norden verlassen.

vom Christenthum. Ich wollte damals um der Wunder willen Naturgeschichte bei Blumenbach[8] lernen.[9] Du triebst den Luther[10] und glaubtest. „Aber das vom Abendmahle ist doch nicht zu glauben."[11] O ja, sagtest Du. Ich fiel Dir um den Hals, ich weiß nicht⟨,⟩ was mich durchschauerte. „Dann würdest Du ja eine rechte Stütze der Kirche." — —
Ja und Amen! Ich liege jetzt an Deiner Brust[12] — — wir wollen harren, wie Kinder auf den heiligen Christ. Es kann nicht anders sein. Ich will es noch einmal lallen: Du wirst durch seine Gnade eine Stütze der Kirche werden. Alles Wissen, das Du von Jugend an, auch durch Gottes Gnade, so fleißig und treu und liebevoll Dir gesammelt hast, das Alles wirst Du Deinem Erlöser zu den Füßen legen, und er wird durch Deinen Mund viel junge schwankende Herzen zu sich ziehen.
Weißt Du auch, lieber Bruder, daß ich meiner Unwissenheit wegen nicht die 3 Jahre bei Dir sein kann?[13] Ich kann mich in keiner Sache prüfen lassen. Ich hoffe⟨,⟩ nach meinem Dienstjahr die theologische Prüfung bestehen zu können. Meine allzu große Flatterhaftigkeit, die auch Dir oft an mir häßlich sein mußte, hat mich dahin gebracht, daß ich nichts recht und tüchtig gelernt habe. Jetzt ist es bei weitem besser, und ich hoffe es, daß ich das Nöthidst zur Theologie in einem Jahre werde begriffen haben. Ich verspreche Dir⟨,⟩ fleißig zu sein und stät. Gäbe doch Gott seine Gnade dazu, wie er nun thut!
Darum hab' ich es für ein Glück gehalten, daß ich doch nicht mit völliger Schande noch einmal auf die Universität gehen dürfte, ob es wohl sonst, vorzüglich denen, die mich erhalten sollen, ziemlich hart werden wird. Wenn ich so, auf das Einzelne, in die Zukunft denke, so liegt Alles schwarz vor meinen Augen. Ich weiß es gar nicht zu machen. —

[8] Johann Friedrich Blumenbach (1752–1840), Sohn von Heinrich Blumenbach (1707–1787), Lehrer am Gymnasium Illustre in Gotha, und Charlotte Eleonore Hedwig Blumenbach, geb. Buddeus (1727–1794), 1759 Gymnasium Illustre, 1769 Studium der Medizin in Jena, 1772 in Göttingen, 1775 Dr. med., 1776 außerordentlicher Professor der Medizin und Inspektor der Naturaliensammlung, 1778 ordentlicher Professor der Medizin in Göttingen, 1812 Sekretär der pyhsikalisch-mathematischen Akademie der Wissenschaften in Göttingen; Blumenbachs einflußreiches „Handbuch der Naturgeschichte" (zuerst Göttingen 1779, 5. Aufl. 1797, 10. Aufl. 1821) zeigt die Wunder der Schöpfung; ihr Gegenstand sind die Naturalia, Dinge, die sich „in derselben Gestalt und Beschaffenheit [zeigen], die sie aus der Hand des Schöpfers erhalten und durch die Wirkung der sich selbst überlassenen Naturkräfte angenommen haben" (Ausgabe von 1821, S. 1).

[9] Zu Heinrich Rankes Plänen in Göttingen zu studieren vgl. Nr. 22.

[10] Martin Luther (1483–1546), Reformator.

[11] Luther hielt in den Marburger Religionsgesprächen an der Realpräsenz Christi im Abendmahl fest. In die Zeit, an die Heinrich Ranke hier erinnert, fiel Leopold Rankes intensive Beschäftigung mit dem Reformator, wie sie im sogenannten „Lutherfragment" dokumentiert ist (vgl. Nr. 20 und Nr. 63).

[12] Eventuell Anspielung auf Johannes 13,25.

[13] Heinrich Ranke sollte nach den Plänen des Bruders eine Hilfslehrerstelle am Friedrichs-Gymnasium in Frankfurt an der Oder antreten (vgl. Nr. 97).

Aber „sorget nicht, wie ihr euch nähren, wie ihr euch kleiden wollet“.[14] „Trachtet am Ersten nach dem Reiche Gottes.“[15] Daran halt' ich mich, und verzage dann nicht. Ich darf ja nicht zweifeln. Es trägt mich einer in seinem Herzen, der allmächtig ist. Hoff' auf ihn, meine Seele! Es ist meine Sünde, meine schwere Schuld, daß ich so gar nichts gelernt habe, und nun zu keinem Amte tüchtig bin – o Gott! ich denke an meinen Hochmuth! – . Aber da es nun so gekommen ist, so ergebe ich mich nun, und erkenne auch darin den lieben Vater, der da weiß, was zu unserem Frieden dienet⟨,⟩ und der auch dieses zu meinem Besten kehren wird. Laß mich, lieber Bruder, ich kann diese Klagen in keines Menschen Busen ausschütten, als in Deinen. Wie würden die guten Eltern erschrecken.
Dein Geburtstag[16] – wie schön im vorigen Jahre! Wir sangen mit Dürre[17] das Lied: Lobt Gott, ihr Christen.[18] Du lasest mit den Kindern[19] das heilige Weihnachts Evangelium. Wie klingt es in meinem Herzen, wie wird es an dem Tage klingen! Glaube, daß ich dann bei Dir bin und Dich begleite. Gesegn' es Gott!
Wir wollen auch dieß Mal die schöne Hirtenbotschaft lesen.[20] Und klinge sie dann das ganze Jahr lang in Deinem Herzen! in meinem Herzen!
Wir sehen uns bald wieder. Wär es doch auf unserem Thränen- und Sonnenhügel.[21] Aber darauf stehen wir ja immer.

Freude, Freude über Freude!
Christus wehret allem Leide.
Wonne, Wonne, über Wonne,
Jesus ist die Gnadensonne![22]

Da muß ich doch noch ganz zuletzt mit einem dummen Gedanken ankommen. Du bist ja Leopold und verzeihest ihn gern. Wenn ich nun im März komme und Du mich ohngefähr 14 Tage bei Dir behieltest, wolltest Du mir dann wohl auch Stunde geben, in etwas Dir sehr geringem? nämlich

[14] Matthäus 6,31.
[15] Matthäus 6,33.
[16] 21. Dezember.
[17] Christian Eduard Leopold Dürre (1796–1879), Turner, Burschenschaftler und Studienfreund Heinrich Rankes, mit dem er zeitweise gemeinsam als Lehrer an der Wagner'schen Erziehungsanstalt in Frankfurt an der Oder tätig war.
[18] Kirchenlied aus dem Jahr 1554/1560 von Nikolaus Herman (um 1480–1561), Lehrer und Kantor in Joachimsthal, reformatorischer Publizist und Kirchenlieddichter.
[19] Nicht ermittelt.
[20] Lukas 2,8–20.
[21] Vgl. Nr. 58, Nr. 59 und Nr. 61.
[22] So der Refrain des evangelischen Weihnachtslieds „Freuet euch, ihr Christen alle“ von Christian Keymann (1607–1662) (Druck: Evangelisches Gesangbuch, Nr. 34, S. 82–83).

im Lateinischen? Ich will hier vorher den ganzen Grotefend[23] durchlernen und mich üben. Wolltest Du es wohl thun? Dieser Berg ist mir bisher unersteiglich gewesen, und muß doch durchaus zuerst überstiegen sein. Siehest Du aber darin eine Hinderung unseres Zusammenlebens, so schlag es nur rund ab. Aber bitten wollte ich Dich doch recht herzlich. Du müßtest dann freilich für diese Zeit Deinen schönen Studien unterbrechen. Aber Du thust es ja auch, wenn der alte Bettler[24] kommt. Ich bin leider! ein junger. Du thätest ein recht gutes Werk — .

Und nun bitte ich noch Eines. Schreib doch an Baier[25] einmal! Wie freut er sich⟨,⟩ wenn Ein Brief von Dir kömmt⟨,⟩ und hofft jedes Mal! Er bedarf viel Liebe. Erweise Du sie ihm auch. Ich bitte. Er und Malchen[26] und Frank[27] grüßen Dich von Herzen.

M[alchen] kam vorhin und reichte mir Essig zum Fenster herein, weil ich ihr geklagt hatte, ich sei wieder nicht ganz wohl. „Reiben Sie sich die Stirn damit. Es wird Sie erquicken." Grüße H[eydler][28] und S[tange]![29]

Dein Heinrich.

[23] Eine verbreitete lateinische Unterrichtsgrammatik: Georg Friedrich Grotefend's lateinische Grammatik für Schulen, nach Wenck's Anlage umgearbeitet. Erster Band, welcher die Formenlehre und Syntaxe nebst Vorerinnerungen enthält; Zweiter Band, welcher die Verslehre und Orthographie nebst Anhange enthält, beide damals in der 3. Aufl. erschienen, Frankfurt am Main 1820; bei dem Autor handelt es sich um: Georg Friedrich Grotefend (1775–1853), Sohn von Johann Christian (1738–1813), Schuhmachergilde-Meister in Hannoversch-Münden, und Sophie Grotefend, geb. Wolff (1737–1791), Lateinschule in Hannoversch-Münden, 1795 Studium der Theologie und Philosophie in Göttingen, unter anderem bei Heyne und Heeren, 1797 Kollaborator am Gymnasium in Göttingen, 1803 Prorektor am Gymnasium in Frankfurt am Main, 1804 Hochzeit mit Christiane Bornemann (1786–1834), Tochter von Georg Friedrich Bornemann und Marie Sophie Bornemann, geb. Scharff, 1806 Konrektor am Gymnasium, 1812 Professor der klassischen Literatur am Lyceum in Frankfurt am Main, 1817 Gründer des Frankfurter Gelehrtenvereins für deutsche Sprache, 1819 Mitbegründer der Gesellschaft zur Herausgabe der „Monumenta Germaniae Historia", 1821 Direktor des Lyceums in Hannover, 1847 korrespondierendes Mitglied der Akademie der Wissenschaften in Berlin, 1849 unter Verleihung des Titels „Schulrat" Ruhestand.

[24] Nicht ermittelt.

[25] Hermann Julius Christoph Baier (1775–1822), Pfarrer in Altenkirchen auf Rügen, in dessen Haushalt Heinrich Ranke als Hauslehrer wirkte.

[26] Amalie Baier (1778–1857), Schwester von Hermann Julius Christoph Baier.

[27] Wohl Bernhard Friedrich Olivius Franck (1759–1833), Schwager von Hermann Julius Christoph Baier, Pfarrer in Bobbin.

[28] Wilhelm Ferdinand Heydler (1793–1859), Mitschüler Leopold und Heinrich Rankes in Pforta, Leipziger Studienfreund Leopold Rankes sowie Konrektor am Friedrichs-Gymnasium in Frankfurt an der Oder.

[29] Johann Carl Wilhelm Thomas Stange (1792–1854), Oberlehrer am Friedrichs-Gymnasium in Frankfurt an der Oder.

Nr. 83

Leopold Ranke an Heinrich Ranke[1]

V: GStA PK VI. HA Nl Hoeft Nr. 2 (Abschrift)
G: GStA I. HA Rep. 92 L. v. Ranke Nr. 7 (nicht erhalten)
D: L. v. Ranke, Neue Briefe, S. 17–19

Weihnachtsvorwoche. Sonnabend Abend.[a] ⟨23. Dezember 1820.⟩

Liebesgruß, Brudergruß zu Heilger Weihnacht.

Und eben dacht' ich, ob ich nicht Donnerstag zu Post säße, und nach Rügen käme⟨,⟩ weil Du noch da bist: und einen Augenblick lebendige Gemeinschaft fühlte mit Euch: – nein! Dein Entschluß[2] sey ohne mich gefaßt. Mein lieber Herzbruder, und meine Liebe!

Die Klagen⟨,⟩ die die Menschen führen, sind alle nur Eine Klage, daß wir vergessen. O⟨,⟩ warum wissen wir nichts von dem Leben, das wir doch geführt vor diesem Leben; haben unserer Väter Ursprung vergessen; wo das Alterthum kindisch wird und aufhört, vor der aufgehenden Größe Gottes. Wer hat im Sinn und weiß das Kommen aus Gott und vergißt es nicht täglich? Wie sündigten wir wohl ohne zu vergessen? Siehe, das ist der Fluch der Gegenwart, der umfassenden, fest haltenden, mächtigen, schönen. Mich dünkt, das ist die Zeit, drüben ohne Grenze, ohne Mark, ohne Wechsel und Wandel, ein ewig Leben, und Weben, ein Singen und Jauchzen in Gottes Fülle; ein selig Haben, Halten, Gewißseyn, diesseit aber die Begier, Wunsch, Falschfassen, Fallen. Das Lehren all ist ein Erinnern, ein Locken Gottes aus der Gegenwart und der Zeit. Die Liebe ist ein gegenseitig Erkennen, Umfassen, Erheben, Annehmen. Auf diese beyden Dinge ist die Kirche ⟨ge⟩gründet, und die Familie, und die Brüderlichkeit; da wir einander all lieben sollten, wie ich gegen Dich fühle, nicht die Liebe, nur den Wunsch danach.

Mein lieber Bruder, Du findest bey diesem Blatt drey andere[3]⟨,⟩ die ich an Dich geschrieben in verschiedenen Stunden, und unvollendet gelassen: nun schick ich sie Dir mit einander. Das eine besonders⟨,⟩ bedenk es wohl, bedenk es bald. Schicke mir als ein Neujahrsgeschenk das Anhaltungsschreiben um die Hülfslehrerstelle[4].

[a] Angaben in der Vorlage unter dem Text links.

[1] Heinrich Ranke (1798–1876), Bruder Leopold Rankes.
[2] Im Hinblick auf die berufliche Zukunft Heinrich Rankes (vgl. Nr. 78–80).
[3] Nicht ermittelt.
[4] In Frankfurt an der Oder am Friedrichs-Gymnasium, an der Schule Leopold Rankes.

Und schicke Dir einige Liedchen[5], wie ein fremder Klang und ganz ein wunderbares Hallen unter den Übrigen. Besonders das Bauernlied[6] Und zu Deinen Studien nimm die Bibel von Meyer[7]. Leg sie neben Dich, wenn Du die Genesis liest. Vielleicht hat sie Baier[8] schon, nun so hast Du sie von mir.

Ich denke nach, ob Du kommen wirst. Tausend Hindernisse, tausend Zweifel. Es scheint mir zuweilen, es sey ganz nothwendig, zuweilen zweifl' ich, ob es gut sey. Nun⟨,⟩ was gut ist, wird ja geschehen.

Noch immer hoff' ich ein Leben, das kindlich, sicher, thätig, zweifellos wird: noch immer hoff' ich, Gott und das Menschengeschlecht zu erkennen, und die Völker, und die Geschichte; doch nein! zu erkennen nicht Gott, ein Gefühl von ihm das Übrige. Ob es uns gelingt? Hüben? Drüben? Willst Du etwas Anderes? Ist es nicht unser aller Gedanke, unsre Studien zu vereinen? Jetzt kommen wir von verschiedenen Seiten: o daß wir uns nun zu gründlicher Einigung begegnen möchten!

Ich grüße die Kinder[9], den Vater[10], die Mutter[11].

L⟨eopold⟩.

[5] Nicht ermittelt.

[6] Wohl das in die Erzählung „Paul Erdmann's Fest" von Matthias Claudius eingefügte „Bauernlied" (Druck: Matthias Claudius: Asmus omnia sua secum portans, oder Sämmtliche Werke des Wandsbecker Bothen, IV. Theil. Hamburg 1782, S. 67–75).

[7] Meyer, Heilige Schrift (vgl. Nr. 78).

[8] Hermann Julius Christoph Baier (1775–1822), Pfarrer in Altenkirchen auf Rügen, in dessen Haushalt Heinrich Ranke als Hauslehrer wirkte.

[9] Allwill Hermann (1811–1892), Therese Catharina (* 1814) und Gotthard Julius Gottfried Baier (1816–1898).

[10] Hermann Julius Christoph Baier.

[11] Alwina Baier, geb. Kosegarten (1787–1864), Ehefrau von Hermann Julius Christoph Baier.

Nr. 84

Leopold Ranke an Hermann Julius Christoph Baier[a][1]

V: GStA PK VI. HA Nl Hoeft Nr. 2 (Abschrift)
G: GStA I. HA Rep. 92 L. v. Ranke Nr. 7 (nicht erhalten)
D: L. v. Ranke, Neue Briefe, S. 17

⟨Frankfurt an der Oder, 23. Dezember 1820.⟩[b]

Zuvor Gottes Licht, Gottes Gnade!

Ich bin Dir, O Bruders Bruder und Vater, noch eine Antwort schuldig[2] wegen Heinrichs[3] Zukunft[4]. Gegenwärtig hat alles eine andere Gestalt gewonnen,[5] als zu Michaël[6]: Es scheint mir Gottes besondere Sorgfalt. Du hast einst die Entscheidung einer Sache, die so glücklichen Erfolg gehabt, mir anvertraut. Jetzt hast Du sie in Deiner Hand. Sprich Du das Wort! Sage Ja oder Nein! doch lieber Ja!

Aber Du bekommst ihn fortan wohl nicht wieder.

Die Engel, die da sangen zu den Hirten,[7] seyen um Dich und Euch. Gedenke meiner zuweilen!

Leopold R⟨anke⟩.

[a] Der Vermerk auf der Rückseite, den Hoeft notiert hat („An Baier“), deutet daraufhin, daß dieser Brief dem Brief Leopold Rankes an Heinrich Ranke vom 23. Dezember 1820 (Nr. 83) beigelegt war.

[b] Die Datierung erfolgt im Hinblick auf Nr. 83; Hoeft datiert den Brief in seiner Abschrift auf „1820 kurz vor Dez 24. Ende 1820“; „23.XII.“; „Ende 1820“ btw. „1822?“, im Druck dann auf „Dezember 1820“.

[1] Hermann Julius Christoph Baier (1775–1822), Pfarrer in Altenkirchen auf Rügen, in dessen Haushalt Heinrich Ranke als Hauslehrer wirkte.

[2] Vgl. Nr. 77.

[3] Heinrich Ranke (1798–1876), Bruder Leopold Rankes.

[4] Vgl. Nr. 74.

[5] Vgl. Nr. 78–80.

[6] 29. September.

[7] Vgl. Lukas 2,8–14.

Nr. 85

Heinrich Ranke[1] an Leopold Ranke

V: GStA PK VI. HA Nl Hoeft Nr. 37 Kart. 2 (Typoskript)
TD: Fuchs, Heinrich Ranke, S. 153

Bobbin⟨,⟩ am 28sten des Christ⟨monds[a] 18⟩20.

Mein Leopold,
Heut vor einem Jahre lag ich in Baiers[2] Armen. Nun bin ich mit Malchen[3] auf einen Tag hier bei seiner Mutter[4] und seinen Schwestern[5].
Gestern Abend, in der Stunde meiner Ankunft (vorigen Jahres),[6] kam Baier in Pelz gehüllt zu mir, da ich eben zu ihm gehen wollte. Ich wohne nemlich mit Ernst Fr⟨anck⟩[7] im Diakonatshause. Es war mir, als käm' ich jetzt erst an⟨,⟩ und ich umarmte ihn mit der ersten Liebe und Freude. Ich entdeckte ihm manches, was mich gequält, was mich beseligt hatte seit dieser Zeit, und ich mußte ihn Vater nennen.
Siehe⟨,⟩ da trat Malchen freundlich herein – und Du warst da, mit Deinen schönen Briefen aus Frankfurt[8] und Wiehe[9], und mit Deinem herrlichen Geschenk[10].
Aber – so unersättlich bin ich – hättest Du Dich doch auf die Post gesetzt am Donnerstag⟨,⟩ und wärest zu uns gekommen!
Ich schreibe nur wenig. Baier sagt: ja! und meine Seele jubelt: ja! – Aber, liebes Bruderherz, wie kann es doch geschehen?

[a] Auflösung nach dem handschriftlichen Zusatz in der Vorlage.

[1] Heinrich Ranke (1798–1876), Bruder Leopold Rankes.
[2] Hermann Julius Christoph Baier (1775–1822), Pfarrer in Altenkirchen auf Rügen, in dessen Haushalt Heinrich Ranke als Hauslehrer wirkte.
[3] Amalie Baier (1778–1857), Schwester von Hermann Julius Christoph Baier.
[4] Margaretha Amalia Baier, geb. Behrens (1753–1834), Mutter von Hermann Julius Christoph Baier.
[5] Johanna (∗ nach 1773) und Dorothea Wilhelmina Baier (∗ 1785), die zu diesem Zeitpunkt noch bei ihrer Mutter lebten, eventuell auch Charlotte Elenora Franck, geb. Baier (∗ 1773), die mit dem Pfarrer in Bobbin, Bernhard Friedrich Olivius Franck (1759–1833), dem Vater von Ernst Friedrich Franck, verheiratet war.
[6] Heinrich Ranke hatte vom 23. Dezember 1819 bis 2. Januar 1820 eine „Winterreise" zu Baier unternommen, um mit diesem das Weihnachtsfest zu verbringen (vgl. F. H. Ranke, Jugenderinnerungen, S. 135–143 sowie Nr. 51).
[7] Ernst Friedrich Franck (1795–1875), Neffe von Hermann Julius Christoph Baier und Diakonus in Altenkirchen.
[8] Wohl Nr. 83.
[9] Nicht ermittelt.
[10] Meyer, Heilige Schrift (vgl. Nr. 78).

Es ist nemlich hier zu Lande ein preußisches Gesetz bekannt gemacht, daß [b]keiner examinirt[b] werden soll, bevor er [c]gedient[c] hat.[11]

Hier in Greifswald werd' ich zum Examen gar nicht angenommen. Ist es in Berlin anders? Das Gesetz ist hier erst vergangenen Sommer durch das Amtsblatt bekannt gemacht.[12]

Wenn es ginge⟨,⟩ so müßt ich mich mit allem Fleiß vorbereiten. Du gäbest mir gewiß auch guten Rath. Ich habe, so lang ich hier bin, meine vorigen Studien in den Alten und die Geschichte ganz versäumt. Ich hoffe aber, daß ich die Unterlehrerexamen würde bestehen können, nach einiger Vorbereitung.

Aber werd' ich in Berlin zum Examen angenommen? Weißt Du es gewiß, so gebe ich die Vollmacht⟨,⟩ in dieser Sache zu thun, was Du kannst. Du könntest ja vielleicht mündlich oder auch schriftlich in Deinem oder meinem Namen, um die Stelle für mich anhalten.[13] – Ich weiß auch so die Form gar nicht, wie ich schreiben müßte. Ich gebe Dir also Vollmacht, das Nöthige in meinem Namen zu thun.

O⟨,⟩ Bruder! wärest Du hier! Vielleicht ist Dir's nun schon klar, daß es nicht geschehen kann, weil ich nicht gedient habe. Laß uns darum die Hoffnung nicht aufgeben⟨,⟩ zusammen zu kommen.

Ich hatte mich bisher ganz in das Dienstjahr ergeben. Durch Deine Briefe ist wieder die Sorge in mir aufgewacht. Wie schwer wird es den Eltern werden![14] Vielleicht unmöglich! –

Es ist noch ein Ausweg. Ich müßte Preußen verlassen, wie der Ilmenauer Onkel[15] schon vor mehreren Jahren rieth. Es hat keine Schwierigkeiten. Verbannt bin ich darum nicht.

[b–b] In der Vorlage unterstrichen.

[c–c] In der Vorlage unterstrichen.

[11] Bereits 1817 war verfügt worden, daß, nach einer Übergangsfrist, kein Anwärter für ein öffentliches Amt im Dienst angestellt werden solle, der vorher nicht seiner Militärpflicht genügt habe (vgl. Instruktion für das Geschäft der Ersatz-Aushebung zur jährlichen Ergänzung des stehenden Heeres; für das Jahr 1817 in Anwendung zu bringen, § 69 3) und 4); Druck: Außerordentliche Beilage zum Amts-Blatt der Königlichen Regierung zu Breslau, Stück XXXIII, 20. August 1817, und zur Verordnung vom 12ten August 1817. No. 208, S. 1–35, hier § 69 3) und 4), S. 18–19).

[12] Vgl. Wegen des von den Kandidaten der Theologie vor dem ersten Examen pro licentia beizubringenden Zeugnisses der erfüllten Militairpflicht; Druck: Amts-Blatt der Königlichen Regierung zu Stettin 1820, Nr. 12, 20. März 1820, S. 108: Verordnung Nr. 91.

[13] Heinrich Rankes Ausführungen beziehen sich auf „die neugestiftete 4te Unterlehrerstelle" am Friedrichs-Gymnasium in Frankfurt an der Oder (vgl. Nr. 78).

[14] Die Einjährig-Freiwilligen hatten für ihre Ausrüstung selbst aufzukommen (vgl. Nr. 66 und Nr. 78).

[15] Gotthard Christian August Thieme (1780–1860), Diakonus in Ilmenau; die Verwandschaftsbeziehungen Thiemes zur Familie Ranke beruhten auf den Großeltern mütterlicherseits, dem Allstedter Superintendenten August Rudolph Wahl (1716–1799) und seiner Ehefrau Dorothea Eleonore Eberhardt (* 1715), deren Schwester Magdalena Sophie Elisabeth (1719–1771) die Ehefrau von Johann Heinrich Israel Ranke (1719–1799) und damit

Soll ich dieses köstliche Jahr zum tödenden Militärdienst verbrauchen, und die lieben, schon zu sehr von mir gequälten Eltern, in neue Noth und Sorge setzen? wer weiß⟨,⟩ wie lange diese Ordnung bleibet, und Preußen ist ja nicht das Vaterland.[16]

Lieber Bruder! diesen unerfreulichen Brief schicke ich Dir als Antwort auf Deine[d][17], die[18] mich erquickt haben und noch lange erquicken werden! Wie hast Du mir gerade dieses Buch[19] schicken können? Ein nützlicheres und mir wertheres konntest Du schwerlich finden, und das ich nur mehr gewünscht hätte!

Wie dunkel, wie verhüllet wenigstens liegt die aller nächste Zukunft vor meinen Augen. Aber etwas weiß ich, der Vater lenkt es zum Besten. Darum fort mit allen Sorgen! Vater in Deine Hände![20]

Dich aber bitte ich: antworte mir doch [e]sogleich[e] mit Entscheidung, mit dem [f]nächsten[f] Posttage. Wir harren sehnlich darauf.

[g]O⟨,⟩ thu' es doch[g]! Auch ohne ganze Entscheidung.

Baier grüßt Dich mit Liebe, auch Malchen⟨,⟩ und Du hättest doch kommen sollen. Malchen zeigte mir vorhin die Stelle⟨,⟩ da Du im vorigen Jahre hier gestanden hast. — —

Mein Bruder! Mein Bruder!

[d] In der Vorlage ursprünglich: „Deinen".

[e–e] In der Vorlage unterstrichen.

[f–f] In der Vorlage unterstrichen.

[g–g] In der Vorlage unterstrichen.

die Großmutter von Heinrich und Leopold Ranke war; besonders der Besuch Thiemes in Wiehe zu Pfingsten 1817 hatte bei Heinrich Ranke einen tiefen Eindruck hinterlassen (vgl. F. H. Ranke, Jugenderinnerungen, S. 87–88).

[16] Wiehe war 1815 preußisch geworden (vgl. Nr. 27); ähnlich distanziert wie Heinrich Ranke an dieser Stelle äußerte sich am 28. April 1822 Leopold Ranke selbst: „Er [der preußische Staat] ist nicht wesentlich mein Vaterland: ich habe keine Verpflichtung gegen ihn." (vgl. Nr. 115).

[17] Nr. 83

[18] Der Plural bezieht sich eventuell darauf, daß Leopold Ranke dem Brief Nr. 83 weitere bis dahin noch nicht abgesandte Schriftstücke beigelegt hatte, darunter unter Umständen Nr. 78 und 79.

[19] Meyer, Heilige Schrift (vgl. Nr. 78).

[20] Anspielung auf Lukas 23,46.

am 29sten ⟨Dezember 1820.⟩

Mein lieber Leopold – heut bring ich zuerst einen Gruß von Baiers Mutter Sie hofft, daß Du ihn annehmen wirst. Ich erwiederte, Du würdest sie gewiß bald auch besuchen. „Er holt Sie wohl ab“, sagte sie. – Schade, daß das so ganz unmöglich ist. Auch Malchen grüßt herzlich.

Ich werde noch 2 Monate hier sein. Dann komme ich zu Dir. Bekomme ich die Stelle, so mußt Du mich bei Dir behalten, und ich muß noch viel bei Dir lernen.

Was sagst Du zu dem Auswandern[21]? Ich könnte vielleicht – – – Doch warum so viel voraus denken!

Wir sind bald bei einander. O⟨,⟩ segne die brüderliche Liebe und Freude!

– Laß uns, mein lieber Bruder, erhaben sein über den Wechsel! – – Ich habe am ersten Feiertag Nachmittag gepredigt nach der Epistel: es ist erschienen die heilsame Gnade und züchtiget uns pp.[22] Ich sprach von der Buße in der Weihnachtsfreude. Baier kleidete mich mit seinem Rock an, und band mir die weißen Läppchen um, führte mich wie ein Kind in die Kirche. Einige Kirchleute sahen uns, und zogen lächelnd den Hut ab. Ich zitterte und war sehr schwach. Es ging ohne Störung. Ich ließ Dein Weihnachtslied singen: Ich steh an Deiner Krippen hier.[23] –

Bruder⟨,⟩ ich danke Dir für die schönen Briefe[24] und Bücher[25]. [h]Antworte mir doch mit umgehender Post[h] um unserer Liebe willen. – Wenn es nöthig ist⟨,⟩ so mach selbst ein Anhaltungsschreiben[26]⟨,⟩ und laß es abschreiben.

Grüße unsern Heidler[27] und St[ange][28]! – Der Herr sei mit Dir!

Heinrich.

h–h In der Vorlage unterstrichen.

21 Vgl. Nr. 115.

22 Paulus an Titus 2,11.

23 Text von Paul Gerhardt (1607–1676) aus dem Jahr 1653, Melodie von Johann Sebastian Bach aus dem Jahr 1736 (Druck: Evangelisches Gesangbuch, Nr. 37, S. 88–89).

24 Vgl. Anm. 19.

25 Eine Bibel sowie ein Liederbuch (vgl. Nr. 83)

26 Bewerbungsschreiben.

27 Wilhelm Ferdinand Heydler (1793–1859), Mitschüler Leopold und Heinrich Rankes in Pforta, Leipziger Studienfreund Leopold Rankes sowie Konrektor am Friedrichs-Gymnasium in Frankfurt an der Oder.

28 Johann Carl Wilhelm Thomas Stange (1792–1854), Oberlehrer am Friedrichs-Gymnasium in Frankfurt an der Oder.

Nr. 86

Heinrich Ranke[1] an Leopold Ranke[a]

V: GStA PK VI. HA Nl Hoeft Nr. 37 Kart. 4 (Typoskript)

[b][Altenkirchen, 1. Januar 1821.][b]

Guten Abend, mein lieber Leopold⟨.⟩
Baier[2] hat mir befohlen und Allwine[3] mich gebeten⟨,⟩doch das Italiänische wieder etwas hervorzusuchen. Sie will mir dann auch das Essen freigeben, wie Baier versichert. Mit Freuden will ich zu ihrer Freude ein Stündchen länger aufbleiben und noch ein wenig lernen.
So schicke mir doch, wenn Du kannst, den Wagner[4] und Petrarka[5] und wo möglich Heidlers Lexikon[6].
Gott hat mir heute zum neuen Jahre 2 sehr schöne Stunden geschenkt von 8–10. Höre den Spruch Korinther 12,26.

Und so [c]ein[c] Glied leidet so leiden alle Glieder mit
und so [d]ein[d] Glied wird herrlich gehalten, so freuen
sich alle Glieder mit. Ihr seid eben[e] der Leib Christi.[7]

Gott gebe uns Treue. Amen.
Dein Heinrich.

[a] Adresse: „An Leopold Ranke".
[b–b] In der Vorlage nachträglich handschriftlich ergänzt.
[c–c] In der Vorlage unterstrichen.
[d–d] In der Vorlage unterstrichen.
[e] In der Vorlage nachträglich zu „aber" verändert.

[1] Heinrich Ranke (1798–1876), Bruder Leopold Rankes.
[2] Hermann Julius Christoph Baier (1775–1822), Pfarrer in Altenkirchen auf Rügen, in dessen Haushalt Heinrich Ranke als Hauslehrer wirkte.
[3] Alwina Baier, geb. Kosegarten (1787–1864), Ehefrau von Hermann Julius Christoph Baier.
[4] Wohl Gottlob Heinrich Adolph Wagner: Lehrbuch der italienischen Sprache. Zum Selbstunterricht und für höhere Schulen. Leipzig 1819. Wagner hatte sich auch mit Petrarca beschäftigt (Zwei Epochen der modernen Poesie in Dante, Petrarka, Boccaccio, Goethe, Schiller und Wieland, Leipzig 1806), dessen Hauptwerke er zusammen mit Texten von Dante Alighieri, Lodovico Ariosto und Torquato Tasso herausgab (Il Parnasso italiano, ovvero. I quattro poeti celeberrimi italiani. Leipzig 1826); außerdem war Wagner ein viel gelesener Autor von historischen Romanen mit religiösem Hintergrund (vgl. Nr. 60).
[5] Francesco Petrarca (1304–1374), italienischer Dichter und Geschichtsschreiber; eventuell: Le Rime di Francesco Petrarca riscontrate e corrette sopra i migliori esemplari. S'aggiungono le varie lezioni, le dichiarazioni necessarie, ed una nuova Vita dell' Autore, più esatta delle antecedenti da C. L. Fernow. 2 Bde., Jena 1806.
[6] Wohl ein Lexikon der italienischen Sprache aus dem Besitz von Wilhelm Ferdinand Heydler, Mitschüler Leopold und Heinrich Rankes in Pforta, Leipziger Studienfreund Leopold Rankes sowie Konrektor am Friedrichs-Gymnasium in Frankfurt an der Oder.
[7] 1. Korinther 12,26–27.

Nr. 87

Leopold Ranke an Heinrich Ranke[a][1]

V: L. v. Ranke, Lebensgeschichte, S. 98–99 (Druck)
TA: GStA PK VI. HA Nl Hoeft Nr. 2
G: GStA I. HA Rep. 92 L. v. Ranke Nr. 7 (nicht erhalten)

[Frankfurt a. O.⟨, 4.⟩[b] Januar 1821.]

Nun denn gegrüßt zu dem Jahr 21; zu dem neuen – nein⟨,⟩ ich sage nicht: Amt, wir wollen uns nicht zuvor rühmen. Noch sind ja Schwierigkeiten. Heydler[2] setzt das Anhaltungsschreiben in Deinem Namen auf;[3] sagt das Curatorium[4] zu, so wenden wir uns erst nach Berlin. Einige Zeugnisse wird man verlangen: Dein Grubersches[5] ist schon genug, glaub' ich; man wird ein Zeugniß haben wollen von der erfüllten Militärpflicht,[6] ist immer möglich; wir sagen: wir haben keinen andern, wir brauchen Dich, so wird Dir wohl der Tag des Examens anberaumt werden. Du bist ja schon getrost und fröhlich; noch hat uns Gottes Gnade immer mehr geholfen, als jede Berechnung; die überschwengliche sei gerühmt!

Freilich mußt Du nun Latein lernen und zwar schreiben. Du kannst es besser bei den Todten[7] lernen, als bei den Lebenden. Weißt Du nicht des Magisters[8] Rath in Pforta? Aus dem Cicero[9] zu übersetzen ins Deutsche

[a] Adresse ⟨nach der Teilabschrift Hoefts⟩: „Herrn H. Rancke | beym H. Pastor Baier | in Altenkirchen | auf Rügen."

[b] Tagesdatum nach der Teilabschrift Hoefts.

[1] Heinrich Ranke (1798–1876), Bruder Leopold Rankes.

[2] Wilhelm Ferdinand Heydler (1793–1859), Mitschüler Leopold und Heinrich Rankes in Pforta, Leipziger Studienfreund Leopold Rankes sowie Konrektor am Friedrichs-Gymnasium in Frankfurt an der Oder.

[3] Vgl. Nr. 85.

[4] Vgl. Nr. 32.

[5] Johann Gottfried Gruber (1774–1851), ordentlicher Professor für historische Hilfswissenschaften an der Universität Halle. Gruber besuchte die Naumburger Stadtschule unter dem Rektor Karl David Ilgen, der zur Schulzeit der Gebrüder Ranke in Pforta als Rektor der Landesschule wirkte.

[6] Der Nachweis über die Erfüllung der allgemeinen Wehrpflicht war Voraussetzung für die Anstellung im preußischen Staatsdienst (vgl. Nr. 85).

[7] Bei den antiken Schriftstellern selbst statt im Grotefend (vgl. Nr. 82); nach dem Vorbild der deutsch-lateinischen und lateinisch-deutschen Übersetzungen in Pforta (vgl. Nr. 7).

[8] Wohl Adolph Gottlob Lange (1778–1831), Latein- und Griechisch-Lehrer Heinrich und Leopold Rankes an der Landesschule in Pforta (vgl. F. H. Ranke, Jugenderinnerungen, S. 34); eventuell aber auch der Direktor der Landesschule in Pforta, Karl David Ilgen (1763–1834), oder Christian Gottlieb John (1762–1829), Oberpfarrer und geistlicher Inspektor der Landesschule in Pforta, der der Familie Ranke seit seiner Zeit als Diakonus in Wiehe eng verbunden war.

[9] Marcus Tullius Cicero (106–43 v. Chr.), römischer Redner, Politiker und Philosoph.

und zurück ins Latein. Oder aus dem Livius[10] u. s. w. Versuch' es. Vielleicht ein wenig würd' ich Dir helfen können, wär ich bei Dir, viel aber nicht. Heydler hat auf diese Weise Latein gelernt und kann es gut. Welch' ein mühsamer Weg, zu welch' mühsamem Amt! O⟨,⟩ daß Du da sein wirst, o⟨,⟩ daß Du an jenem Donnerstag, den 21.,[11] hier gewesen wärst! Die Schüler wollten mich früh erwecken mit Gesang. Vielleicht wär es gelungen. Aber die Magd[12] riß die Thür zu geschwind und stark auf: ich erwachte, sprang heraus. Einen Augenblick ging ich hinunter; sie indeß in meine Stube. Wie ich heraufkam, hielt mich Reymann[13] mit unnützen Reden vorn auf; dann ward geöffnet⟨,⟩ und sie hatten mir einen Christbaum angeputzt mit Äpfeln und Lichtern; ein junger Rosenstock stand unter dem Spiegel, viele schöne Tassen unter dem Christbaum; doch sah ich alles nicht, sondern hörte den Gesang, den sie anstimmten. Es war ein Gebet; Schöneich[14] sang vor, Junk[15] blies die Melodie auf der Flöte. Sie schwiegen: Reymann trat auf mich zu, faßte mich bei der Hand, begrüßte mich mit wohlgemeinter und herzlicher Rede, die anderen schlossen wiederum mit Gesang. Nun war die Reihe an mir zu danken. Die Ausführung des so lang Gedachten hatte sie selber überrascht; dem Ahlemann[16] und Junk standen die Thränen in den Augen. Ich war auch nicht ruhig; ich küßte sie alle. Sie gingen; da fand ich noch einen Brief[17] der Mutter Ahlemann[18], drin sechs silberne Theelöffel und wie schöne Worte! Ich wollt' anfangen zu arbeiten. Ahlemann kam zu mir: ob wir nicht zusammen frühstücken möchten. Seine Mutter hatte Kaffee und Chokolade und Kuchen geschickt. Es ward gebracht. Wohl zwei Stunden, bis der helle Morgen gekommen, saßen wir und redeten. Ich ging spazieren. Wie ich wiedergekommen, senden Junks[19] 6 Flaschen Wein, 4 Markbronner[20], und eine Torte und Glückwünsche. In der Schule ging es den Tag über sehr gut,

[10] Titus Livius (um 59 v. Chr.–um 17 n. Chr.), römischer Geschichtsschreiber.

[11] Leopold Rankes 25. Geburtstag.

[12] Nicht ermittelt.

[13] Wohl Gottlob Ernst Reymann (1803–1884), Schüler des Friedrichs-Gymnasiums in Frankfurt an der Oder.

[14] Johann Heinrich Ferdinand Schönaich (1803–1878), Schüler des Friedrichs-Gymnasiums in Frankfurt an der Oder, der zeitweise bei Leopold Ranke wohnte.

[15] August Friedrich Samuel Rudolph Junck (1803–1874), Schüler des Friedrichs-Gymnasiums in Frankfurt an der Oder, der zeitweise bei Leopold Ranke wohnte.

[16] Friedrich Traugott Julius Ahlemann (1804–vor 1879), Sohn von Friederike Wilhelmine Ahlemann, geb. Schultze, Schüler des Friedrichs-Gymnasiums in Frankfurt an der Oder (vgl. Nr. 63).

[17] Nicht ermittelt.

[18] Friederike Wilhelmine Ahlemann, geb. Schultze (1772–1843), Direktorin einer höheren Bildungsanstalt für Mädchen in Frankfurt an der Oder, Vertraute Leopold Rankes.

[19] August Friedrich (1773–1844) und Henriette Wilhelmine Junck, geb. Pauly (1786–1834), Besitzer des Gasthofes „Zum Goldenen Löwen“ in Frankfurt an der Oder.

[20] Wohl Wein aus „Markbronn“ bei Heidelberg, den auch Schelling trank (vgl. Xavier Tilliette: Schelling. Biographie. 2. Aufl., Stuttgart 2004, S. 156).

besser noch als gewöhnlich. Sie schienen's zu wissen. So verfloß dieser Tag. Den andern zu Abend beschert' ich ihnen einen heiligen Christ. Es war der letzte, den wir zusammen waren. Reymann und Hofmann[21] gingen nach Landsberg[22] den andern Morgen.

Nun lebe herzlich wohl! Grüße Altenkirchen und Bobbin. Baiern[23] dank ich für sein freudig Ja.

[21] August Ferdinand Hoffmann (1804–1830), Schüler des Friedrichs-Gymnasiums in Frankfurt an der Oder, wohnte zeitweise bei Leopold Ranke.

[22] Wohl Landsberg bei Halle.

[23] Hermann Julius Christoph Baier (1775–1822), Pfarrer in Altenkirchen auf Rügen, in dessen Haushalt Heinrich Ranke als Hauslehrer wirkte.

Nr. 88

Gottlob Israel[1] und Friederica Wilhelmina Ranke[2] sowie Ernst Constantin Ranke[3] an Leopold Ranke.

V: GStA PK VI. HA Nl Hoeft Nr. 1 (Abschrift)
G: GStA I. HA Rep. 92 L. v. Ranke Nr. 26 (nicht erhalten)

⟨Wiehe,⟩ den 23. Jan⟨uar 18⟩21.

Gott mit uns![4]
Wie glücklich ist doch der tugendhafte Jüngling, dessen reines Herz in stiller Einsamkeit, mit den hohen Gedanken an Gott, dem Geber alles Guten, und an seine lieben Eltern und Geschwister erfüllt ist, und der im Geiste mitten unter sie, der weiten Entfernung ungeachtet, sich versetzen kann, um die ihnen geschaffenen Freuden mit zu genießen.
Ferdinand[5] war eben bei uns, als Deine lieben Geschenke am dritten Feiertage[6] mit der Post bei uns ankamen, nachdem kurz vor dem Feste auch von der Insel Rügen über Berlin ein klein Kistchen mit dergleichen lieben Geschenken angefüllt, bereits bei uns angelanget war, und selbst Ferdinand und Wilhelm[7] uns mit Matthisons[8] Gedichten[9] und einigen Schriften von

[1] Gottlob Israel Ranke (1762–1836), Vater Leopold Rankes.
[2] Friederica Wilhelmina Ranke, geb. Lehmicke (1776–1836), Mutter Leopold Rankes
[3] Ernst Constantin Ranke (1814–1888), Bruder Leopold Rankes.
[4] Übersetzung des hebräischen Namens „Immanuel" aus der Prophezeiung Jesajas im Alten Testament (Jesaja 7,14), der im Neuen Testament auf Christus bezogen wird (Matthäus 1,23); seit 1701 Wahlspruch der preußischen Könige aus dem Haus Hohenzollern.
[5] Ferdinand Ranke (1802–1876), Bruder Leopold Rankes.
[6] 27. Dezember.
[7] Wilhelm Ranke (1804–1871), Bruder Leopold Rankes.
[8] Friedrich (ab 1809: von) Matthisson (1761–1831), Sohn von Johann Friedrich Matthisson (1729–1760), Pfarrer in Hohendodeleben bei Magdeburg, und Johanna Friederica Matthisson, geb. Caletzki (1735–1814), Privatunterricht, 1773 Pädagogium Kloster Berge bei Magdeburg, 1778 Studium der Theologie und Philologie in Halle, 1781 Lehrer am Philanthropinum in Dessau, 1784 Hauslehrer in der Familie von Juliana Gräfin von Sievers, geb. Gräfin von Manteuffel (1753–1785) in Altona, Bekanntschaft mit Klopstock, Johann Heinrich Voß und Matthias Claudius, 1790 Hauslehrer in Nyon am Genfer See, 1793 Hochzeit mit Louise von Glafey (* 1770), Hoffräulein von Fürstin Luise Henriette Wilhelmine von Anhalt-Dessau, Tochter von Eucharius Carl Friedrich von Glafey (1738–1822), anhalt-dessauischer Hofmarschall, und Marie Henriette Charlotte Friederike von Glafey, geb. von Wuthenau (1754–1799), 1795 Reisebegleiter und Vorleser der Fürstin Luise von Anhalt-Dessau (1750–1811), 1797 Scheidung von seiner Ehefrau, 1801 badischer Legationsrat, 1809 Erhebung in den erblichen Adelstand durch den König Friedrich von Württemberg (1754–1816), 1812 Mitglied der Oberintendanz des Hoftheaters und Oberbibliothekar der Königlichen Bibliothek in Stuttgart, 1820 Hochzeit mit Leopoldine Friederike Luise Schoch (1790–1824), Tochter von Johann Georg Schoch (1758–1826), Hofgärtner in Wörlitz, und Margarethe Luise Schoch, geb. Eyserbeck (1759–1841), 1828 Entlassung aus dem württembergischen Dienst, 1829 Übersiedlung nach Wörlitz.
[9] Friedrich von Matthisson, Gedichte. Mannheim 1787; Ausgabe letzter Hand, Zürich 1821.

Falk[10] schenkt hatten. Auch waren wir alle gesund, vergnügt, und unsere Herzen waren für die von unsern guten Kindern uns gemachten Weihnachts Freuden, empfänglich, und sind es⟨,⟩ Gott sey Dank⟨,⟩ noch jetzt. Möchte doch die segnende Gottheit, uns noch länger das hohe Glük zu Theil werden lassen, uns noch länger mit unsern guten Kindern hienieden, freuen[a] und die wonnigen Familien Freuden genießen zu können!!!
Ernst[11], ist jetzt fleißiger, liest deutsch und lateinisch ziemlich fertig, und geht auch gern in die Schule.
Dein gewesener Obergesell[12], der jetzige Amts-Actuar Schink[13] zu Heldrungen hat sich schon mehrmals nach Dir erkundiget und mir unlängst

[a] In der Vorlage nachträglich zu „feiern" verbessert.

[10] Johannes Daniel Falk (1768–1826), Sohn von Johann Daniel Falk (1737–1808), Perückenmacher und Armenvorsteher der reformierten Gemeinde in Danzig, und Constantia Falk, geb. Chaillou (1742–1813), 1784 Gymnasium Sankt Petri, 1785 Akademisches Klostergymnasium Grau-München, 1791 Studium der Theologie (Stipendiat des Danziger Rats) sowie der Philologie in Halle, 1792 Besuch bei Schiller in Jena und Goethe in Weimar, Tätigkeit als satirischer Schriftsteller und Dichter, 1797 Hochzeit mit Caroline Rosenfeld (1778–1841), Tochter des Accise-Obereinnehmers Karl August Rosenfeld, 1798 Übersiedlung nach Weimar, Privatgelehrter, 1806 Aufruf zum bewaffneten Widerstand, nach der Schlacht von Jena-Auerstedt zunächst Dolmetscher bei der französischen Stadtkommandantur in Weimar, danach Sekretär der französischen Generalintendanz in Naumburg, 1807 Legationsrat des Herzogtums Sachsen-Weimar-Eisenach, 1814 zusammen mit dem Stiftsprediger und späteren Oberkonsistorialrat Karl Friedrich Horn (1777–1852) Gründung der „Gesellschaft der Freunde in der Not", die sich zum Ziel gesetzt hatte, durch den Krieg verwaiste und heimatlos gewordene Kinder durch die Vermittlung einer Lehrstelle zu nützlichen Bürgern zu erziehen, 1821 Errichtung des „Lutherhofs" in Weimar, aus dem nach seinem Tod dann 1829 das „Falksche Institut", eine öffentliche Erziehungsanstalt für verwahrloste Kinder hervorging; Falk war ein Freund des Geistlichen Gotthard Christian August Thieme (1780–1860), eines Verwandten Leopold Rankes (vgl. Nr. 85), mit dem er Pfingsten 1817 bei der Familie Ranke in Wiehe zu Besuch war (vgl. F. H. RANKE, Jugenderinnerungen, S. 87–88). „Er war von hoher, ansehnlicher Gestalt, sein Gesicht trug das Gepräge des Geistes, seine Kleidung war die eines Edelmanns, sein Benehmen frei und lebendig. [...] Man sah, daß er mit dem Leben des Volkes genau bekannt war; er erzählte davon viele Züge, die uns um so mehr fesselten, da sie uns ganz fremd waren. Daß nur im Christenthum die Hilfe zu finden sei, um das ganze Volk aus dem tiefen Verderben zu erheben, in dem Alle befangen seien, sprach er mit großem Nachdruck aus." (ebd., S. 88). Von Falk waren zuletzt erschienen: Johannes Falk's Auserlesene Werke. (Alt und Neu). In drey Theilen. Erster Theil oder Liebesbüchlein; Zweiter Theil oder Osterbüchlein; Dritter Theil oder Narrenbüchlein. Leipzig 1819.

[11] Ernst Constantin Ranke.

[12] Vgl. Nr. 1, Anm. 3.

[13] Ernst Ludwig August Schink (1792–1872), Sohn von Johann Gottlob Schink (∗ 1747), Generalaccisinspektor in Lauban, 1808 Landesschule in Pforta, 1812 Studium der Rechte in Leipzig, 1821 Amtsaktuar für den Gerichtsbezirk Wiehe, 1823 Gerichtssekretär, 1843 Kanzleidirektor, 1855 Kanzleirat am Landgericht in Naumburg, 1864 Ruhestand (vgl. HOFFMANN, Pförtner Stammbuch, Nr. 6944, S. 263 und Nr. 8462, S. 336).

aufgetragen⟨,⟩ Dich zu grüßen. Gott erhalte Dich gesund und wohl, und beglükke Dich mit seiner Segens Fülle, Dies wünscht

Dein redlicher Vater
Ranke.

Da ich so eben diesen Brief beendigt habe, kommt Ernst aus der Schule zu mir herauf, und diktirt mir folgende Zeilen, an Dich.
Lieber Bruder, ich bedanke mich recht sehr, für das an Weihnachten mir geschenkte schöne Buch[14], ich lese gern darin.

[eigenhändig] Ernst Constantin Ranke.

Auch ich grüße Dich Herzlich⟨,⟩ mein lieber Sohn⟨,⟩ und danke Dier für alle Deine liebe⟨.⟩ Du und Heinrich[15] habt uns viel Freude gemacht⟨,⟩ auch Malgen[16] in Altenkirchen hat Sich viel Mühe gegeben⟨.⟩ Sie hat mir feine Strümpfe gestrikt und Hannichen[17] einen Kragen gemacht⟨,⟩Ernst Hosenheben[18] und Rosalgen[19] Garn zum Striken geschikt. so habe ich den⟨n⟩ von Hannichen einen schönen Kragen stiken laßen und an Malgen gesand⟨.⟩ Sie würd es[b] doch es[c] nicht übel aufnehmen? wen⟨n⟩ die Tage heller werden⟨,⟩ sol auch für Dich etwaß gestikt werden⟨,⟩ es könte freilich schon geschehen⟨,⟩ würst Du sagen⟨.⟩ ich kan es Dier auch nicht verdenken. Grüße Die gute Aleman[20] Herzlich von uns allen und behalt lieb

Deine
Treue Mutter
Friederica Ranke⟨.⟩

[b] Nachträglich eingefügt.
[c] Nachträglich eingefügt.

[14] Nicht ermittelt.
[15] Heinrich Ranke (1798–1876), Bruder Leopold Rankes.
[16] Amalie Baier (1778–1857), Schwester von Hermann Julius Christoph Baier.
[17] Johanna Ranke (1797–1860), Schwester Leopold Rankes.
[18] Hosenträger.
[19] Rosalie Ranke (1808–1870), Schwester Leopold Rankes.
[20] Friederike Wilhelmine Ahlemann, geb. Schultze (1772–1843), Direktorin einer höheren Bildungsanstalt für Mädchen in Frankfurt an der Oder, Vertraute Leopold Rankes.

Nr. 89

Friederica Wilhelmina Ranke[1] an Leopold Ranke

V: GStA PK VI. HA Nl Hoeft Nr. 1 (Abschrift)
G: GStA I. HA Rep. 92 L. v. Ranke Nr. 26 (nicht erhalten)

Wiehe⟨,⟩ den 20⟨.⟩ Februar 1821.

Heüte scheind die Sonne sehr schön⟨,⟩ da will ich geschwind sehen⟨;⟩ wie es in Franckfurt aus siht⟨.⟩ was machst Du den⟨n,⟩ mein guter Sohn⟨?⟩ bist Du den⟨n⟩ noch Gesund und Fidel⟨,⟩ und wie befindet Sich den⟨n⟩ die gute Ahleman[2]⟨?⟩ ist Sie den auch wohl und denkt zuweilen an mich? es ist wohl schon 7 Wochen⟨,⟩ das⟨s⟩ ich nichts von Dir gehört habe⟨,⟩ und das ist für mich sehr lange⟨.⟩ Der Herr Pastor Baier[3] schrib kürzlich an den Vater⟨,⟩ aber von Heinrich[4] war keine zeile da bei⟨.⟩ Heinrich würd wohl noch schlafen⟨,⟩ schrib Er. Das war mir jar nicht recht⟨.⟩ Er ist ganz Drobstlos⟨,⟩ das Ihn Heinrich verläst und will gern wißen⟨,⟩ was es mit Ihm würd⟨,⟩ ehe Er auß Seinem Hauße geht⟨.⟩ Er lobt Heinrich so sehr⟨,⟩ das⟨s⟩ ich es Dier es jar nicht beschreiben kan⟨.⟩ wier wahren sehr gerührt vor Freüde⟨,⟩ wie wier den schönen Brief bekamen⟨.⟩ wen⟨n⟩ Heinrich los komen kan⟨,⟩ so ist es gut⟨.⟩ es sol jezt sehr schwer sein⟨.⟩ Sie müßen Wache stehn⟨,⟩ und einige habe auch den Schütkarn fahren müßen⟨,⟩[5] das tuht mir sehr leid⟨,⟩ aber wen⟨n⟩ ich es nur ändern könte⟨,⟩ doch würd Got es Ihm schon tragen helfen⟨.⟩ Er würd doch wohl erst zu Dier komen⟨,⟩ ehe er zu uns kömt⟨.⟩ so sei Doch so gut⟨,⟩ und laß Ihm mit der Bost zu uns Fahren⟨,⟩ das ist doch sicherer als zu Fuse⟨.⟩ in 6 Wochen will Ferdinand[6] bei uns sein⟨.⟩ ich Freue mich sehr auf die Kinder. Wir sein alle Gesund⟨,⟩ und es geht alles seinen alten Gang fort⟨.⟩ ehe ich mich versehe⟨,⟩ ist die Stube voll Junge Damen⟨,⟩ waß erst gestern Abend der Fall war⟨,⟩ da wurde Tee getrunken und Prezlen gegessen und geplapert und alles von schönen Sachen den Hanigen[7] hat. Sich eben ein schönes Kleid gemacht⟨,⟩ nun

[1] Friederica Wilhelmina Ranke, geb. Lehmicke (1776–1836), Mutter Leopold Rankes
[2] Friederike Wilhelmine Ahlemann, geb. Schultze (1772–1843), Direktorin einer höheren Bildungsanstalt für Mädchen in Frankfurt an der Oder, Vertraute Leopold Rankes.
[3] Hermann Julius Christoph Baier (1775–1822), Pfarrer in Altenkirchen auf Rügen, in dessen Haushalt Heinrich Ranke als Hauslehrer wirkte.
[4] Heinrich Ranke (1798–1876), Bruder Leopold Rankes.
[5] Wohl für Erdbewegungen.
[6] Ferdinand Ranke (1802–1876), Bruder Leopold Rankes.
[7] Johanna Ranke (1797–1860), Schwester Leopold Rankes.

ist es aus⟨.⟩[8] ich kome balt wieder zu Dier⟨,⟩ vieleicht weiß ich dan⟨n⟩ mehr zu erzählen⟨.⟩ Grüß alle Deine Freunde von Deiner Dich Innig liebenden

Mutter
Friederica Ranke.

Heute uns ist Hofnung gemacht worden⟨,⟩ das Heinrich ganz gewis loskomen würd.[9]

[8] Wohl das Blatt, auf dem Rankes Mutter schrieb.
[9] Von der Militärpflicht (vgl. Nr. 66).

Nr. 90

Leopold Ranke an Heinrich Ranke[1]

V: L. v. Ranke, Neue Briefe, S. 19–21 (Druck)

⟨Frankfurt an der Oder, nach dem 20. Februar 1821.⟩[a]

Da schreibt nun die Mutter[2] viel von Deinem Soldatenstande,[3] und wie sie so übles höre davon; auch die Karre müßte man führen,[4] und ich darf ihr noch immer nicht sagen, wie nah Deine Hoffnung, dem zu entkommen. Dann aber ist neue Botschaft aus Berlin gekommen,[5] ob Du auch wohl für 500 Taler 24–30 Stunden geben würdest, auf welche Zahl alle Unterlehrerstellen gebracht werden sollten, und auch die mathematischen. Erst wollt' ich Dich fragen, endlich nach vielen Gesprächen mit Heydler[6] und Poppo[7] hab' ich zugesagt: 24 St⟨unden⟩ und die mathematischen. Wenn wir nur die Entscheidung damit beschleunigen!

Ich denke mir nun oft, wie es sein wird, wenn Du da bist. Du kannst nicht wohl oben wohnen bei mir, da schon jedes Plätzchen besetzt ist mit Pult und Bett, sondern wir müssen Heydlern eine Stube abmieten, auch ist er's zufrieden. Weißt Du wohl, wenn wir uns sonst manchmal begegneten auf den Spaziergängen, sprachen wir nur wenig zueinander und gingen vorbei zu unsern Arbeiten, auch einmal auf der Brücke. Es war sehr schmutzig; ich besinne mich noch. Ich dachte: wie lang' wird's währen, so trefft ihr euch nie mehr, auf keinem Spaziergange, geht auch nicht mehr beieinander vorüber, weder mit Füßen, noch mit Augen, sondern das weite Land trennt euch! Ich meine immer, wir hätten's sollen besser auskaufen,[8] das flüchtige Miteinander. Aber wie wird's werden, wenn Du kommst? – die Menge der Arbeiten, – einige ziehen, einige drängen; das nächste Ziel, so ein geringes es ist, liegt fern und wird weiter; die Schule ermüdet wohl einmal; aus dem Umgang mit den andern ekelt uns die Welt an; ein Tag verrinnt an dem andern, ohne die rechte Freude des Mitlebens, das warme

[a] Hoeft datiert: „[Frankfurt a. d. O., Anfang Januar 1821]"; doch der vorliegende Brief ist nach Brief Nr. 88 entstanden, auf den Leopold Ranke Bezug nimmt.

[1] Heinrich Ranke (1798–1876), Bruder Leopold Rankes.

[2] Friederica Wilhelmina Ranke, geb. Lehmicke (1776–1836), Mutter Leopold und Heinrich Rankes.

[3] Vgl. Nr. 89.

[4] Vgl. Nr. 89.

[5] Nicht ermittelt.

[6] Wilhelm Ferdinand Heydler (1793–1859), Mitschüler Leopold und Heinrich Rankes in Pforta, Leipziger Studienfreund Leopold Rankes sowie Konrektor am Friedrichs-Gymnasium in Frankfurt an der Oder.

[7] Ernst Friedrich Poppo (1794–1866), Direktor des Friedrichs-Gymnasiums in Frankfurt an der Oder, Leopold Ranke seit seiner Studienzeit in Leipzig verbunden.

[8] Eventuell eine Anspielung auf Epheser 5,16 („kauft die Zeit aus, denn die Tage sind böse").

Zusammenschlagen der Herzen. Drum geht's schon so schlimm mit den Briefen. Wie baut man vor, Lieber, schützt?

Über eins bin ich traurig, – damit wirst Du zu kämpfen haben, daß ich alle Tage kälter werde, obwohl ich schon lang sehr kalt gewesen bin. Mein Enthusiasmus richtet sich all auf die Einsicht. Meine Liebe stirbt der Welt ab.

Die Mutter[9] hat mir geschrieben, wie Baiers[10] Brief sie so gerührt und fröhlich gemacht hat, und all die Rügener Weihnachtsgeschenke.[11] Sag mir, ist Euer Leben niemals getrübt? – Ich schriebe gern an Baiern; er steht mir fast zu fern in ganz fleckenloser Reinheit, und ich bin so sehr töricht gewesen, ihm das Du anzubieten, das ich von fern nicht wert bin. Aber grüß ihn und Malchen[12]! Und ich dankt' ihr auch für Hosenheber[13] und Stickgarn und Kragen, – das hätte sie mir alles auch geschickt.

Schreib mir doch, wann willst Du kommen!

L⟨eopold⟩

Ich höre noch nicht auf. Wir waren neulich bei Junks[14], auch der Polizeiinspektor Schäfer[15]. Er fragte mich nach Dir. Lang' hab' er an niemand so lebendigen Anteil genommen. Baiers Briefe hätten ihn sehr bewegt, die ihn

[9] Friederica Wilhelmina Ranke, geb. Lehmicke.

[10] Hermann Julius Christoph Baier (1775–1822), Pfarrer in Altenkirchen auf Rügen, in dessen Haushalt Heinrich Ranke als Hauslehrer wirkte.

[11] Nr. 88.

[12] Amalie Baier (1778–1857), Schwester von Hermann Julius Christoph Baier.

[13] Hosenträger.

[14] August Friedrich Junck (1773–1844), und Henriette Wilhelmine Junck, geb. Pauly (1786–1834), den Besitzern des Gasthofes „Zum Goldenen Löwen“ in Frankfurt an der Oder, den Eltern von August Friedrich Samuel Rudolph Junck (1803–1874), einem Schüler des Friedrichs-Gymnasiums in Frankfurt an der Oder, der zeitweise bei Leopold Ranke wohnte.

[15] Gottlieb Wilhelm Reinherz Schäffer (1777–1855), Sohn von Polycarp Reinherz Schäffer (1738–1823), Substitut, 1781 Pfarrer in Nitzahn bei Brandenburg an der Havel, und Sophia Dorothea Schäffer, geb. Loesecke (∗ 1750), Besuch der Saldernschen Schule in Brandenburg an der Havel, 1796 Studium der Rechte in Halle, 1798 der Theologie in Frankfurt an der Oder, danach Referendar am Stadtgericht, 1803 Aufnahme in die Freimaurer-Loge „Zum aufrichtigen Herzen“ in Frankfurt an der Oder, 1809 Polizeisekretär, später Polizeiinspektor in Frankfurt an der Oder, Hochzeit mit Wilhelmine Christiane Louise Berger (1786–1848), später Stadrat in Frankfurt an der Oder (vgl. ELAB Frankfurt an der Oder, St. Marien, Bestattungen 1848; ELAB Frankfurt an der Oder, St. Nikolai, Bestattungen 1855; ELAB Plaue, Taufen 1750; GStA PK I. HA Rep. 77 Tit. 345 Nr. 14; Pfarrerbuch Kirchenprovinz Sachsen, Bd. 7, S. 381; Friedlaender, Matrikel Frankfurt, S. 536, Nr. 30; Gerlach, Logen zwischen Oder und Niederrhein, Nr. 219, S. 161.); sein Sohn Karl Eduard Reinherz Schäffer (1805–1893) war von 1818 bis 1825 Schüler des Friedrichs-Gymnasiums in Frankfurt an der Oder, bevor er ab 1825 Theologie in Halle studierte und der burschenschaftlichen Biergrafschaft Passendorf beitrat (vgl. Programm Friedrichs-Gymnasium 1825, S. XV; Lönnecker, Hallesche Burschenschaft, Nr. 1563, S. 240).

doch gar nichts angegangen.[16] Wie es mit Euch stehe? Der Wein machte ihn so gesprächig. Ich: Du würdest wohl bald wiederkommen. Vorpahl[17] fiel ein, wie sehr er gewünscht hätte, Dich für die Oberschule[18] zu gewinnen. Ich sagte, es sei besser, daß wir beide beisammen wären, der Einzelnen Wirkung sei so nichtig. Die errieten's, vielleicht sei etwas. Er wollt' es nicht zugeben.

[16] Die Briefe waren wohl wegen der Verbindung Heinrich Rankes zu Friedrich Ludwig Jahn (vgl. Nr. 36) polizeilich beschlagnahmt worden und Schäffer so bekannt geworden (vgl. F. H. Ranke, Jugenderinnerungen, S. 144–149).

[17] Carl Ludwig Vorpahl (1772–1860), geboren „auf dem Geninschen Holländer bei Landsberg an der Warthe", 1788 Lateinschule des Waisenhauses der Franckeschen Stiftungen, 1790 Studium der Theologie in Halle, 1799 Rektor in Soldin, 1802 Lehrer am städtischen Lyceum in Frankfurt an der Oder, 1804 Prediger in Tzschetzschnow bei Frankfurt an der Oder, 1812 Prediger und Diakonus an der Oberkirche St. Marien in Frankfurt an der Oder (vgl. GStA PK I. HA Rep. 76 alt II Nr. 90; Spieker, Marien- oder Oberkirche, S. 395; Fischer, Pfarrerbuch Mark Brandenburg, Bd. II/2, S. 924, hier der Name jedoch als „Vorzahl" geschrieben); veröffentlichte unter anderem: Versuche für die Vervollkommnung der Philosophie. Erster, zweiter und dritter Versuch, die Metaphysik, Poesie und Mathematik betreffend. Berlin 1811; Philosophie oder Grundriß eines dynamischen Lehrgebäudes derselben, Berlin 1818; Philosophie und heilige Schrift, zum Einklange. 2 Bde. Berlin 1818; Was ist eigentlich Metaphysik und wie ist sie möglich? Beantwortet von einem Schulmeister und seinen beiden Gesellen. Frankfurt an der Oder 1823; Materialien zu einem festen Lehrgebäude der Philosophie, nebst einer Kritik der bisherigen Philosophie und Offenbarung. Berlin 1830; Das Christenthum nach seinem bleibenden Inhalt und seiner veränderlichen Form mit freiem Geiste betrachtet und für den gesunden Verstand dargestellt. Frankfurt an der Oder 1843.

[18] Die zweite Schule in Frankfurt an der Oder, die Leopold Ranke Ende November 1820 in Zusammenhang mit der Stellenbesetzung ebenfalls erwähnte. Sie residierte anfangs in einem eigens errichteten Gebäude, in das 1815 die neue Regierung einzog. Zum Zeitpunkt dieses Briefes befand sich die städtische Oberschule im ehemaligen Reitstallgebäude der Ritterakademie der früheren Universität, das ihr als Ausweichgebäude diente. Erst 1824 zog sie dann in das ehemalige Universitätsgebäude in der Richtstraße (zu den verschiedenen Einrichtungen vgl. Benisch, Frankfurter Schulgeschichte, passim).

Nr. 91

Gottlob Israel[1] und Friederica Wilhelmina Ranke[2] an Leopold Ranke

V: GStA PK VI. HA Nl Hoeft Nr. 1 (Abschrift)
G: GStA I. HA Rep. 92 L. v. Ranke Nr. 26 (nicht erhalten)

Wiehe⟨,⟩ den 17ten März 1821.

Guter Sohn,
daß Du und auch Heinrich, in mehreren Monaten, keine Zeile nach der Heimat in das väterliche Haus abgesendet, beunruhiget uns nicht wenig, und dünkt uns räthselhaft.
In der Mitte Januar, hatte Hannchen[3] einen sehr schönen Kragen an die Schwester[4] d⟨es⟩ H⟨errn⟩ Pastor Baier[5] zu Altenkirchen abgeschikt, und ich hatte an Heinrich[6] einen Brief beygelegt, aber letzter hat nicht darauf geantwortet, und wir besorgen, daß der freigemachte Brief unterwegens liegen geblieben, oder gar verloren worden.
Der H⟨err⟩ Pastor Baier hatte vor kurzen auch an mich geschrieben und zeigte Heinrichs baldige Abreise[7] an.
Heinrich befindet sich jetzt wahrscheinlich in Deinen Armen ruhend, und stärkt sich auf seine Reise in die Heimath. Dem 19. d⟨es⟩ M⟨ona⟩ts hat Ferdinand[8] sein mündliches Abiturienten Examen[9] und wird dann am 28sten d⟨es Monats⟩ abgehen. Er hat die schöne Aussicht ein Königliches Stipendium von 50 Th⟨a⟩l⟨e⟩rn jährlich zu erhalten auf der Universität,[10] wodurch seine Unterstützung mir merklich erleichtert wird. Leb wohl, und behalte lieb

Deinen
Dich herzlich liebenden Vater,
Ranke.

[1] Gottlob Israel Ranke (1762–1836), Vater Leopold Rankes.
[2] Friederica Wilhelmina Ranke, geb. Lehmicke (1776–1836), Mutter Leopold Rankes
[3] Johanna Ranke (1797–1860), Schwester Leopold Rankes.
[4] Amalie Baier (1778–1857), Schwester von Hermann Julius Christoph Baier.
[5] Hermann Julius Christoph Baier (1775–1822), Pfarrer in Altenkirchen auf Rügen, in dessen Haushalt Heinrich Ranke als Hauslehrer wirkte.
[6] Heinrich Ranke (1798–1876), Bruder Leopold Rankes.
[7] Vgl. Nr. 89; am 3. März 1821 war Heinrich Ranke in Busow angekommen (vgl. Dürre, Aufzeichnungen, S. 271).
[8] Ferdinand Ranke (1802–1876), Bruder Leopold Rankes.
[9] Ferdinand Ranke gehörte zum ersten Jahrgang, der ein solches Examen zu absolvieren hatte; zuvor gingen die Schüler nach einer Prüfung allein durch den Rektor an die Universität über (vgl. F. Ranke, Rückerinnerungen, S. 120–125).
[10] Ferdinand Ranke nahm im April 1821 ein Studium der Theologie in Halle auf und erhielt auf Vermittlung des Rektors der Universität, Johann Gottfried Gruber (1774–1851), „einen halben Freitisch“ (vgl. F. K. Ranke, Leben in Briefen, S. 29).

Auch ich grüße Dich Herzlich⟨,⟩ lieber Sohn⟨,⟩ und wünsche bald zu höhren⟨,⟩ ob Du Dich wohl befindest⟨.⟩ an Heinrich hab ich lange nicht geschrieben⟨,⟩ weil wier keine Antwort von Ihm bekamen⟨,⟩ glaubte ich⟨,⟩ mein Brief würde ihn nicht mehr antrefen⟨.⟩ schreib Du uns bald⟨,⟩ was Du von Ihn weist und behald lieb

Deine
treüe Mutter
Friederica Ranke.

Nr. 92

Friederica Wilhelmina Ranke[1] an Leopold und Heinrich Ranke[2]

V: GStA PK VI. HA Nl Hoeft Nr. 10 (Abschrift)
G: Nachlaß Etta Hitzig (nicht erhalten)

⟨Wiehe, vor dem 25. April 1821.⟩

Meine lieben Kinder⟨,⟩
Wie sehnlich ich an Ostern auf Euch gehoft habe⟨,⟩ könnet Ihr Eüch leicht denken⟨,⟩ doch nach den vorletzten Brief[3]⟨,⟩ blos auf Heinrich⟨,⟩ den habe ich Kuchen auf gehoben und alles⟨,⟩ was ich hate. bei jeden Gewitter⟨,⟩ das in der Woche auf stig⟨,⟩ sagte ich⟨;⟩ jezt würd der gute Heinrich wieder Naß⟨,⟩ und Ferdinant[4] ging Ihn alle Tage mit den Kindern[5] entgegen⟨.⟩ den Sonabend[6] hies es⟨,⟩ heüte muß er kommen⟨,⟩ da wollen wier weit gehen. und wer kam⟨,⟩ Schmid[7] mit einen Brief von Frankfurt[8]⟨.⟩ ich erbrach und laß vor⟨,⟩ und alle Weinten in der ersten Bestürzung⟨,⟩ aber ich bedachte⟨,⟩ das⟨s⟩ es gut für Dich ist⟨,⟩ mein guter Sohn⟨,⟩[9] was Du jezt tuhest⟨,⟩[10] und under trükte meine leiden⟨,⟩ und jezt habe ich Sie alle beruhigt⟨,⟩ jezt ist nicht Zeit zu schreiben⟨,⟩ habe auch viel für Ferdinant zu tuhn⟨.⟩ es geschihet aber alles mit Freuden⟨,⟩ den⟨n⟩ Er ist sehr gut⟨.⟩ den 22⟨.⟩[11] ist hier Jarmarkt⟨,⟩ das trif wieder so wie Heinrich die Rede

[1] Friederica Wilhelmina Ranke, geb. Lehmicke (1776–1836), Mutter Leopold und Heinrich Rankes.
[2] Heinrich Ranke (1798–1876), Bruder Leopold Rankes.
[3] Nicht ermittelt.
[4] Ferdinand Ranke (1802–1876), Bruder Leopold und Heinrich Rankes.
[5] Wohl Rosalie (1808–1870) und Ernst Constantin Ranke (1814–1888), die jüngeren Geschwister von Leopold und Heinrich Ranke.
[6] 20. April 1821.
[7] Wohl Carl Traugott Siegismund Schmidt (1766–nach 1823), Briefträger in Wiehe.
[8] Nicht ermittelt.
[9] Heinrich Ranke.
[10] Heinrich Ranke entschied sich, seiner Wehrpflicht als Einjährig-Freiwilliger Genüge zu leisten, nachdem der Antrag von Ernst Friedrich Poppo, dem Direktor des Friedrichs-Gymnasiums in Frankfurt an der Oder, Heinrich Ranke die Wahrnehmung einer Stelle als „Unterlehrer" am Friedrichs-Gymnasium zu gestatten, von Seiten des Ministeriums der Geistlichen, Unterrichts- und Medizinal-Angelegenheiten durch Johann Wilhelm Süvern, einem der zwei Direktoren der Unterrichtsabteilung, wegen des Verdachts der Verwicklung Heinrich Rankes „in die demagogischen Dinge" abgelehnt worden war (vgl. F. H. Ranke, Jugenderinnerungen, S. 199–201), und dies, obwohl Johann Wilhelm Süvern bzw. sein Bruder Ernst August Süvern Heinrich Rankes Bruder Leopold spätestens seit 1819 persönlich kannte (vgl. Nr. 44).
[11] Im Jahr 1821 fiel auf den 22. April der Ostersonntag.

in der Scheine lernte.[12] Den 24⟨.⟩[13] Reist der Vater[14] mit Ferdinant nach hall[15] dan wil ich Eüch viel Schrieben⟨.⟩ Grüß die gute Ahleman[16] u⟨nd⟩ Car⟨oline⟩[17] und alle Freu[n]de Eure Euch Innig liebende

Mutter
Friederica Ranke⟨.⟩

[12] Eventuell Anspielung auf die Osterpredigt Heinrich Rankes in Wiehe im Jahre 1816 (vgl. F. H. RANKE, Jugenderinnerungen, S. 77).

[13] Dienstag der Osteroktav.

[14] Gottlob Israel Ranke (1762–1836).

[15] Ferdinand Ranke begann dort im Sommersemester 1821 sein Studium (vgl. K. F. RANKE, Leben in Briefen, S. 29: „Ostern 1821 kam ich nach Halle"; Verzeichniß, amtliches, d. Personals u. d. Studirenden auf d. Friedrichs-Universität zu Halle v. Michaelis 1823 bis Ostern 1824. Halle 1823, S. 19).

[16] Friederike Wilhelmine Ahlemann, geb. Schultze (1772–1843), Direktorin einer höheren Bildungsanstalt für Mädchen in Frankfurt an der Oder, Vertraute Leopold Rankes.

[17] Caroline Beer (1791–1851), Vertraute Leopold Rankes in Frankfurt an der Oder.

Nr. 93

Ferdinand Ranke[1] an Leopold Ranke

V: GStA PK VI. HA Nl Hoeft Nr. 1 (Abschrift)
G: GStA I. HA Rep. 92 L. v. Ranke Nr. 26 (nicht erhalten)
TY: GStA PK VI. HA Nl Hoeft Nr. 37 Kart. 2

Wiehe⟨,⟩ den 4ten May ⟨1821⟩.

Lieber Bruder,
Auf Deinem Pappier schreibe ich Dir, das Du nebst der Querfurther Inschrift[2] hier gelassen hast.
Ich bin gestern in Pforte gewesen, und habe Deinen Wink vollkommen verstanden; ich habe mich auch dieß Mal sehr wenig erbaut. Mein Entschluß ist daher, womöglich im Schreiben an ihn[3] fortzufahren, wie vorher, aber nicht hinzugehn.[4] Du meinst es doch auch so. – Ich sprach daselbst Wieck[5], der morgen schon zum zweyten Mal mit Marianne Kuffs[6] aufgeboten wird, und dann in Pforte sich trauen läßt, und nach Merseburg zieht. Er sagte, er wäre an demselben Tage Bräutigam geworden, an dem Du ihn verlassen hättest; er hätte Dir es aber noch nicht sagen können. Er ist fast den ganzen Tag bei seiner Braut, die ein sehr gutes Mädchen ist, und die ganze Wirthschaft mit Beihülfe ihrer Schwestern[7] besorgt. – Nun bist Du noch allein übrig von Deinen Bekannten.

[1] Ferdinand Ranke (1802–1876), Bruder Leopold Rankes.

[2] Querfurt, wo mehrere Verwandten seiner Mutter lebten, war für Leopold Ranke eine der Stätten seines Ursprungs und seiner Jugend (vgl. Leopold Ranke an Clara Ranke, 4. Oktober 1864; Druck: L. v. Ranke, Lebensgeschichte, S. 431–432, hier S. 431); bei der Inschrift mag es sich um eine Grabinschrift gehandelt haben.

[3] Wilhelm Ranke (1804–1871), Bruder Leopold und Ferdinand Rankes, Schüler der Landesschule in Pforta.

[4] Zum Verhältnis zwischen Ferdinand und Wilhelm Ranke während ihrer gemeinsamen Schulzeit in Pforta sowie der Ermahnungen Wilhelm Rankes durch Leopold Ranke vgl. Nr. 74.

[5] Carl Gottlob Ferdinand Wieck (1787–1864), während der Schulzeit Leopold Rankes Kollaborator, seit 1818 Diakonus und Professor an der Landesschule in Pforta.

[6] Marianne Sophie Kuffs (um 1800–nach 1864), Tochter von Carl Ludwig Kuffs (1774–1838), Oberamtmann und Pächter in Pforta, und Eleonore Wilhelmine Kuffs (um 1769–1829), (vgl. Archiv KPS Pforta, Trauungen 1821; Kirchner, Scholae Portensis, S. 110; freundliche Auskunft von Petra Dorfmüller, 17. Februar 2011).

[7] Marie Theresie Kuffs (∗ 1806), sie heiratete 1825 Friedrich Conrad Heinrich Rosenthal (∗ um 1793), Sohn eines Seifensieders in Osterwieck, Kreissekretär in Helmsdorf bei Hettstedt, und Eleonore Luise Kuffs (∗ 1804), sie heiratete 1828 Christian Wilhelm Traugott Pfeiffer (1797–1838), Sohn von Ernst Andreas Pfeifer, Amts-Geleitsmann und Obereinnehmer in Querfurt, Zollamts-Assistent in Mühlberg (vgl. Archiv KPS Pforta, Trauungen 1825 und 1828; freundliche Auskunft von Petra Dorfmüller, 17. Februar 2011).

Hier habe ich neue Psalmen und neues Testament fortgetrieben, den 12ten May gehn die Collegia an; den 9ten werde[a] ich in Halle seyn; dann will ich schnell anfangen, und hoffentlich nach Deinen und meinen Wünschen Alles glücklich vollenden. Wirst Du mir noch die Römische Geschichte[8] schicken? Von Halle aus werde ich Dir schnell und oft Nachricht von mir geben und von allen meinen Studien.

Jetzt aber will ich schließen.

Grüße die Ahlemann[9] recht herzlich von mir und dem ganzen Hause.

Dein
Dich herzlich liebender Bruder
Ferdinand.

[a] Im Typoskript HOEFTS „will".

[8] Wohl NIEBUHR, Römische Geschichte.

[9] Friederike Wilhelmine Ahlemann, geb. Schultze (1772–1843), Direktorin einer höheren Bildungsanstalt für Mädchen in Frankfurt an der Oder, Vertraute Leopold Rankes.

Nr. 94

Ferdinand Ranke[1] an Leopold Ranke

V: GStA PK VI. HA Nl Hoeft Nr. 10
G: Nachlaß Etta Hitzig (nicht erhalten)

⟨Wiehe, vor dem 24. Mai 1821.⟩[a]

[über die Vorlesungen, die er in Halle hören wolle. Reisig[2], Gerlach[3] Möchte auch Logik[4] anfangen.]
Ein Stipendium habe ich nicht.[5] Pförtnerische[6] gab es bisher gar nicht. …[b] Freitische bekommen blos die, die Armenatteste[7] haben.[8]

[a] Die Datierung folgt den Angaben Hoefts, der den Brief überwiegend als Regest wiedergibt, nur drei, nicht unmittelbar aufeinander folgende Sätze wörtlich dokumentiert. Im Text oben wird das Regest Hoefts in eckigen Klammern wiedergegeben.

[b] Auslassung unbekannter Länge.

[1] Ferdinand Ranke (1802–1876), Bruder Leopold Rankes.

[2] Karl Christian Reisig (1792–1829), Sohn von Dr. med. Johann Benjamin Reisig (1743–1810), Stadtphysikus, Bürgermeister und Stadtrichter in Weißensee (nördlich von Erfurt), und Augusta Rosina Catharina Reisig, geb. Rolle (1768–nach 1810), Tochter von Adolph Alexander Rolle († vor 1788), Bürgermeister in Weißensee; Privatunterricht, 1805 Klosterschule in Roßleben, 1809 Studium der Philologie in Leipzig, unter anderem bei Johann Gottfried Jakob Hermann, der ihn in die „Societas Graeca" aufnahm, 1812 Studium in Göttingen, 1813 als Freiwilliger Eintritt „in das sächsische Banner", Teilnahme an den Befreiungskriegen und Beförderung zum Feldwebel, 1815 Rückkehr nach Leipzig, 1817 Dr. phil., 1818 Privatdozent in Jena, 1819 Wechsel nach Halle, wohin er gemeinsam mit Friedrich August Wolf (1759–1824), einem anderen Mitglied der „Societas Graeca", als außerordentlicher Professor berufen worden war, 1824 ordentlicher Professor der alten Literatur, 1828 Reise nach Italien, 1829 Tod in Venedig im Beisein von Leopold Ranke (vgl. Archiv KPS Weißensee, Taufen 1768; Archiv KPS Weißensee, Trauungen 1788; Archiv KPS Weißensee, Bestattungen 1810; Hoffmann, Pförtner Stammbuch, Nr. 6812, S. 257; Album Roßleben, Nr. 679, S. 43; Koechly, Gottfried Hermann, S. 257).

[3] Gottlob Wilhelm Gerlach (1786–1864), Sohn von Carl Heinrich Gerlach (1758–1843), Kantor in Osterfeld (Regierungsbezirk Merseburg), und Giesela Dorothea Carolina Gerlach, geb. Wenzel (1766–1843), 1801 Domschule in Naumburg, 1807 Studium der Philosophie in Wittenberg, 1809 Dr. phil., 1811 Habilitation, 1811 Zweiter, 1812 Erster Kustos der Universitätsbibliothek, die Gerlach 1813 vor dem Zugriff der französischen Truppen rettete, 1813 Oberbibliothekar, 1816 Privatdozent in Halle, 1817 außerordentlicher Professor, nach einem Ruf nach Heidelberg 1819 ordentlicher Professor der Philosophie in Halle (vgl. Archiv KPS Osterfeld, Bestattungen 1843).

[4] Aus der Feder Gerlachs war 1817 hierzu erschienen: Grundriß der Logik zum Gebrauch bei Vorlesungen. Halle 1817.

[5] Vgl. Nr. 91.

[6] Stipendien für die Absolventen der Landesschule in Pforta.

[7] Ein solches „Testimonium paupertatis" ermöglichte die kostenlose Teilnahme an einem der halböffentlichen studentischen Mittagstische, wie sie von Professoren oder anderen Bürgern der jeweiligen Universitätsstadt ausgerichtet wurden.

[8] Auf Vermittlung des Rektors der Universität, Johann Gottfried Gruber (1774–1851), wurde Ferdinand Ranke in seinem ersten Semester „einen halben Freitisch" gewährt (vgl. F. K. Ranke, Leben in Briefen, S. 29).

[Will sich bei Seidler[9] zum Philologischen Seminar melden. Wohnt bei dem Ökonom Müller[10] am Steinthor. Stube, Kammer, Aufwartung 22 Taler[11]. 24. Mai Abfahrt von Wiehe, 28. Anfang der Kollegs.]

[9] Johann Friedrich August Seidler (1779–1851), wie Leopold Ranke und Reisig Schüler von Johann Gottfried Jakob Hermann und Mitglied der „Societas Graeca", war seit 1816 ordentlicher Professor der klassischen Philologie in Halle.

[10] Vermutlich der Sekretär des Oberbergamtes Anton Müller; er veröffentlichte: Über einige Gegenstände der Eisenhüttenkunde. Halle 1822.

[11] Wahrscheinlich für ein halbes Jahr.

Nr. 95

Ferdinand Ranke[1] an Leopold Ranke

V: GStA PK VI. HA Nl Hoeft Nr. 1
G: GStA I. HA Rep. 92 L. v. Ranke Nr. 26 (nicht erhalten)
TY: GStA PK VI. HA Nl Hoeft Nr. 37 Kart. 4

⟨Halle, Juni 1821.⟩[a]

Theuerster Bruder, wie groß unsrer aller Freude war, als wir Heinrich[2] in Wiehe begrüßten, den wir alle so lange nicht gesehen hatten, kannst Du Dir denken. Hannchen[3] hatte vor der Thür gesessen, und so zuerst ihn gesehen, und rief dann, daß es durch das ganze Haus schallte: Heinrich ist da. Ich saß in meiner kleinen hintern Stube. Auf diesen Ruf durchzuckte mich die Freude wie ein Blitz; ich stürzte die Treppe hinab und traf ihn, zum Vater[4] hinauf eilend. Ich hatte mich lange gesehnt, mit ihm einige Tage zusammen zu seÿn⟨,⟩ und so war Alles erfüllt. Nun ist er wieder fort und beym Abschiede hatte ich zwar nichts gefühlt, aber dann, als ich allein zurückkehrte, und dann nachdenken konnte, wen ich eben verloren, wurde es mir wieder recht sehnsüchtig⟨,⟩ und ich wäre beinahe wieder umgekehrt, um ihn nur noch einmal zu sehen, doch es war schon zu spät, und recht sehr traurig kam ich nach Zörbig[5], wurde aber bald wieder aufgeheitert durch Amalien[6], die ich vor dem Thore mit der Wäsche beschäftiget fand, und bei der ich mich nun ein wenig aufhielt. Mahlos[7] ließen mich nicht fort, ob sie mich gleich ganz unbeschäftigt ließen, und sogar von mir weggingen. Und erst nach zwei Uhr ging ich fort, bürstete[8] sehr und kam nach fünf Uhr in Halle an. –

Dir, theuerster Bruder, den wir auch gern in unserer Mitte gesehen hätten, ja, den wir mit Heinrich fast bestimmt erwarteten, Dir von meiner Seite herzlichen Dank für Dein Geschenk[9], das ganz zur rechten Zeit[10] mich

[a] HOEFT datiert den Brief auf „1822"; neu datiert, da sich Ferdinand Ranke 1822 während des Besuchs seines Bruders Heinrich in Wiehe in Halle aufhielt (vgl. Nr. 110).

[1] Ferdinand Ranke (1802–1876), Bruder Leopold Rankes.
[2] Heinrich Ranke (1798–1876), Bruder Leopold und Ferdinand Rankes.
[3] Johanna Ranke (1797–1876), Schwester Leopold Rankes.
[4] Gottlob Israel Ranke (1762–1836), Vater Leopold Rankes.
[5] Zu einem Besuch bei der mit der Familie Ranke verwandten Familie Malo.
[6] Ernestine Dorothee Amalie Malo, geb. Otto (1767–1834), Verwandte der Familie Ranke.
[7] Christian Friedrich Malo (um 1762–1845), kursächsischer Finanz-Commissair und Senator, und Ernestine Dorothee Amalie Malo, geb. Otto, Verwandte der Familie Ranke.
[8] Unklar.
[9] Nicht ermittelt.
[10] Ferdinand Ranke feierte am 26. Mai 1821 seinen 19. Geburtstag.

hier fand, von der Eltern[11] und Geschwister[12] Seite und von mir herzlichen Gruß, die wir alle Dich innig lieben und als unseren aelteren Bruder, der mit seinem Beispiel und mit Rath und That uns vorangeht, verehren. Sieh' auch, wie genau der aeltere Bruder mit dem Vater sich verbindet, wie nahe sich diese beiden stehen, wenn die jüngern Geschwister sie betrachten; und wie herrlich es auch für diese Jüngern ist, wenn Sie im Vater sowohl als in dem älteren Bruder Menschen erblicken, die, so gut sie selbst sind, auch sie sehen möchten, die mit gleicher Liebe geliebt und mit gleicher Hochachtung geehrt werden müssen. Auch Plato[13] verbindet ja so oft ὥσπερ πατὴρ ἢ[b] ἀδελφὸς πρεςβύτερος[c]. —

Das Symposion[14] von Sommer[15] ist da, doch scheint es mir nicht viel sagen zu wollen. Er hat den Bekkerschen[16] Plato[17] nicht berücksichtigt. Seine Interpunktion ist oft ganz falsch. Er ist auch oft inconsequent, so, um nur ein Beispiel[18] anzugeben, corrigirt er einmal ᾔδειν in ᾔδη, als eine Atticis usitatam formam[d], zeigt dieß in einer Anmerkung an und führt Gewährs-

[b] In der Vorlage: „ἤ“.

[c] In der Vorlage: „πρεςβυτέρος“.

[d] So die Formulierung bei Sommer, S. 57, Anm. 2; in der Vorlage: „Attico noctatre Formane“, im Typoskript findet sich an dieser Stelle hinter „Atticis“ eine Lücke.

[11] Gottlob Israel und Friederica Wilhelmina Ranke, geb. Lehmicke (1776–1836).

[12] Zu diesem Zeitpunkt hielten sich in Wiehe wohl auf: Heinrich, Johanna, Rosalie (1808–1870) und Ernst Constantin Ranke (1814–1888); eventuell weilte am Samstag, den 26. Mai 1812, auch Wilhelm Ranke (1804–1871) in Wiehe und nicht in Pforta.

[13] Platon (428/427–348/347 v. Chr.), griechischer Philosoph.

[14] Sommer, Platonis Convivium.

[15] Christian Lorenz Sommer (1796–1846), Kommilitone Leopold Rankes in Leipzig, wie dieser Mitglied der „Societas Graeca“, 1817–1819 Kollaborator an der Landesschule in Pforta und Lehrer Ferdinand Rankes, seit 1819 Professor am Gymnasium in Rudolstadt.

[16] August Immanuel Bekker (1785–1871), Sohn von August Friedrich Bekker (1736–1805), Schlosser-Meister in Berlin, und Rebecca Bekker, geb. Mewes (1751–1808), Schule des Kantors Franke, 1797 Gymnasium zum Grauen Kloster in Berlin, 1803 Studium der Philologie in Halle, unter anderem bei Friedrich August Wolf, 1806 Dr. phil., Inspektor des Philologischen Seminars in Halle, nach der Schließung der Universität unter anderem auf Vermittelung Schleiermachers Hauslehrer bei der Familie von Hans Heinrich Otto von Wülknitz († 1866) auf Schloß Lanke bei Bernau, 1810 außerordentlicher, 1811 ordentlicher Professor der Philologie in Berlin, 1810–1814 Aufenthalt in Paris, 1815 ordentliches Mitglied der Akademie der Wissenschaften in Berlin, 1817–1821 Aufenthalt in Italien, Paris, London, Cambridge und Oxford, 1833 auswärtiges Mitglied der Akademie der Wissenschaften in München, 1835 in Göttingen, 1853 Geheimer Regierungsrat, 1862 Pour le Mérite für Wissenschaften und Künste; Bekker war einer der herausragenden Philologen seiner Zeit, immer wieder mit Reisemitteln und Urlaub ausgestattet, reiste Bekker durch europäische Bibliotheken, kollationierte die maßgeblichen Codices und edierte weit über 100 textkritische Bände, wobei es ihm gelang, viele bislang rätselhafte Stellen zu erklären (vgl. ELAB Berlin, Dorotheenstädtische Kirche, Taufen 1736, 1751 und 1785; ELAB Berlin, Dorotheenstädtische Kirche, Bestattungen 1805 und 1808.

[17] Platonis Dialogi Graece et Latine, ex recensione Immanuelis Bekkeri. 3 Teile in 7 Bdn., Berlin 1816–1818.

[18] Ferdinand Ranke bezieht sich auf die Seite 57, Anm. 2 des Buches.

männer an,[19] und doch vernachlässigt er dasselbe fast in allen andern Stellen, wo es noch vorkommt und läßt da ᾔδειν, ἐκκαδολδεῶ, ἐρκίχειρήκων. – Daß er den Bekker nicht benutzt hat, entschuldigt er zwar in seiner Vorrede[20]; es ist aber doch die Frage, ob er es nicht wenigstens an solchen Stellen hätte thun sollen, wo die alte Lesart ohne Sinn ist und die Bekkersche Lesart schon durch Conjektur leicht hätte gefunden und geschrieben werden können, wie etwa in ἤδη, wo Bekker ἦ δ' ἥ hat, p. 206[21] zweimal, wo das Bekkersche auffallend das Bessere ist. – Aber auch in seinen Anmerkungen hat er sich manchmal geirrt, die übrigens sehr gering sind, und nicht eben hoch anzuschlagen. So p. 184[22] zu Anfang in den Worten διὰ ταῦτα οὖν τοῖς μέν διώκειν παρακελεύεται, τοῖς δὲ φεύγεν[23]. Sagt er.[e] Codd. Vind. 126. Paris, τοὺς μὲν — τοὺς δέ. Male. Utrumque τοῖς pertinet ad amatores. Doch ist es hier, wie mir scheint ganz klar, daß τούς φὰν zwar auf die amatores zu beziehen ist, aber τοìς δὲ auf die puera amatos. – Endlich noch giebt er sehr oft μοι den Akut[24], wovon er den Grund nicht angegeben hat, den ich durchaus nicht kenne und aus der Zusammenstellung der Stellen nicht finden konnte. Welcher ist er? –

Du hast, theuerster Bruder, für mich gefürchtet wegen der Philologie, daß ich werden möchte⟨,⟩ wie Reisig[25] ist, anmaßend und wegwerfend, daß ich wie dieser, Herz und Alles darüber verlieren möchte. Fürchte es nicht. Ich erkenne zu sehr, wie unglücklich ein solcher Mensch ist, und sehe so viel Beyspiele anderer besserer Philologen vor mir, als daß es mit mir zu so etwas kommen könnte, und dann ist mein Verstand dazu zu klein, und mein Herz noch, wenn ich es aussprechen darf, zu unverdorben. Fürchte darum nichts, und lebe wol⟨,⟩ und gedenke immer fort so brüderlich herzlich

Deines
Dich innig liebenden
Ferdinand.

[e] Die folgende Passage bis „amatores" gibt den Text der auf die vorhergehende griechische Passage bezogenen Anmerkung Sommers wieder (S. 15, Anm. 1).

[19] In der angesprochenen Anmerkung (S. 57, Anm. 2) nennt Sommer als Gewährsmänner sowohl Richard François Philipp Brunck (1729–1803), einen französischen Altphilologen, als auch Richard Dawes (1708–1766), einen englischen Altphilologen.

[20] Sommer, Platonis Convivium, S. V-VI.

[21] Ferdinand Ranke bezieht sich hier auf die bis heute übliche Paginierung, die auf der Ausgabe von Henricus Stephanus (Henri Estienne) beruht (Paris 1578).

[22] So nach Henricus Stephanus; die Stelle findet sich bei Sommer auf S. 15, Kapitel X, § 3.

[23] Die griechische Passage ist nach dem Text bei Sommer wiedergegeben, da die Passage bei Hoeft in der Abschrift zum Teil falsch wiedergegeben wird und das Typoskript an dieser Stelle nur eine Lücke aufweist.

[24] Einer der griechischen Akzente.

[25] Karl Christian Reisig (1792–1829), außerordentlicher Professor der alten Literatur in Halle, wie Leopold Ranke Schüler Johann Gottfried Jakob Hermanns und Mitglied der „Societas Graeca".

Reymann[26] schreibe ich jetzt nicht; denn die Zeit ist zu kurz, und die Menge des, was ich ihm sagen will, zu groß. Aber bald, sehr bald.

[26] Gottlob Ernst Reymann (1803–1884), Schüler Leopold Rankes, nach dem Abitur am Friedrichs-Gymnasium in Frankfurt an der Oder, ab Ostern 1822 Studium der Theologie in Halle, dort wohnte er, wie Ferdinand Ranke, in der Großen Steinstraße 167, und war, wie Wilhelm Ranke, Mitglied in der Quellengesellschaft.

Nr. 96

Leopold Ranke an das Ministerium der Geistlichen, Unterrichts- und Medizinal-Angelegenheiten

V: GStA PK I. HA Rep. 76 V d Sekt. XXXI Nr. 1 Bd. 12
D: L. v. RANKE, Neue Briefe, S. 22

Frankfurt an der Oder⟨,⟩
am 7ten July 1821.[a]

Der Oberlehrer, Leopold Rancke, zu Frankfurt an der Oder bittet untertänigst, ihm den Gebrauch der Königlichen Bibliothek zu gestatten.

An ein Hohes Ministerium der geistlichen, Schul⟨-⟩ und Medizinal-Angelegenheiten ergeht des Unterzeichneten untertänigstes Gesuch, ihm den Gebrauch der Königlichen Bibliothek also zu gestatten, daß die Bücher, deren er sich zu bedienen wünscht, nach Frankfurt an der Oder verabfolgt werden mögen.
Des Herrn Staatsministers⟨,⟩ Freyherrn von Altenstein Excellenz[1] hatten bereits im August vorigen Jahres die Gnade, meiner Bitte Statt zu geben[b]. Ich hoffte damals, was hiesige Bibliothek[2] für meine Arbeiten aufbewahrt, früher zu erschöpfen: erst jetzt hab' ich dieß vollendet; da es mir aber nicht

[a] Orts- und Datumsangabe in der Vorlage unter dem Text links; über dem Text die Journal-Nummer: „6466", daneben der Vermerk: „d. dem H. Oberbibliothekar Professor Wilken zur gefälligen Erklärung br. m. vorzulegen. Berlin d. 23. July 1822", die Unterschrift „Süvern." von anderer Hand und mit derselben Tinte wie die Journal-Nummer.

[b] Aktenvermerk hierzu vom 23. Juli am Rand: „Hierüber sind keine früheren Verhandlungen auszumitteln."

[1] Carl Sigismund Franz Freiherr vom Stein zum Altenstein (1770–1840), Sohn von Friedrich Ernst Freiherr vom Stein zum Altenstein (1731–1779), Rittmeister, Kammerherr in Ansbach, und Juliane Philippine Wilhelmine vom Stein zum Altenstein, geb. Adelsheim (1747–1813); Besuch des Gymnasiums in Ansbach, 1788 Studium der Rechtswissenschaften, Philosophie und Naturwissenschaften in Erlangen, 1790 in Göttingen, markgräflich-brandenburgischer Hofjunker, 1793 Referendar, 1795 Assessor, 1797 Kriegs- und Domänenrat bei der Kriegs- und Domänenkammer Ansbach, 1799 Vortragender Rat, 1802 Finanzrat, 1802 Geheimer Oberfinanzrat im Fränkischen Departement des Generaldirektoriums in Berlin, 1806 mit dem Hof in Königsberg, Juli 1807 Mitglied der Immediatkommission, 1807 Mitarbeit an Hardenbergs Rigaer Denkschrift, 1808–1810 Minister der Finanzen, März–Juni 1813 Zivilgouverneur Schlesiens, 1815 Leiter eines Ausschusses zur Rückforderung von Kunstschätzen und Manuskripten in Paris, 1817 Minister der Geistlichen, Unterrichts- und Medizinal-Angelegenheiten, 1838 Pension.

[2] Gemeint ist die etwa 5000 Bände umfassende „Westermannsche Bibliothek", die Nikolaus Westermann (1678–1758), Professor der Eloquenz, Poesie und griechischen Sprache an der

vergönnt ist, in einer Stadt zu wohnen, die eine wohl versehene Bibliothek hätte, und da meine Arbeiten alte durch den Buchhandel nicht zu beziehende Werke aus dem geschichtlichen Fach fordern, so wiederhole ich nun mein unterthäniges Gesuch, indem ich glaube, daß mein öffentliches Amt in Königlichem Dienst und Gehalt eine genugsame Bürgschaft für die gesetzmäßige Rückgabe der empfangenen Bücher sey, der ich mich mit tiefster Ehrfurcht unterzeichne

Eines Hohen Ministeriums
untertänigster
Leopold Rancke, Dr⟨.⟩, Oberlehrer
am Gymnasium.

Frankfurter Universität, dem Lehrerkollegium des Friedrichs-Gymnasiums vermacht hatte (vgl. Programm Friedrichs-Gymnasium 1818, S. 9). Der Anstoß zu Leopold Rankes Erstlingswerk ging wesentlich auf Quellen zurück, die ihm dort bekannt geworden waren (vgl. L. v. Ranke, Lebensgeschichte, S. 32–34; L. v. Ranke, Tagebücher, S. 83 [1884] sowie Programm Friedrichs-Gymnasium 1825, S. XII); die zwischenzeitlich ausgelagerte Bibliothek wurde erst ab August 1825 am alten Ort neu aufgestellt und damit wiederum zugänglich. Leopold Rankes Freund Johann Carl Wilhelm Thomas Stange (1792–1854), der Sohn des Hallenser Professors für Kirchengeschichte Theodor Friedrich Stange (1742–1831), fungierte ab 1828 als Bibliothekar der Westermannschen Büchersammlung (vgl. Nr. 44).

Nr. 97

Gottlob Israel Ranke[1] an Leopold Ranke

V: GStA PK VI. HA Nl Hoeft Nr. 1 (Abschrift)
G: GStA I. HA Rep. 92 L. v. Ranke Nr. 26 (nicht erhalten)

⟨Wiehe,⟩ den 10ten Jul⟨i 18⟩21.

Mein lieber Sohn,
Wir freuen uns herzlich, daß Heinrich[2] den Examen[3] glücklich überstanden ⟨hat⟩, und er nun die Stelle an ⟨dem⟩ Gymnasium[4] gewiß erhalten wird.
Das Examen, die Reise nach Berlin[5], noch mehr aber die Militair Pflicht, oder vielmehr Heinrichs Equipirung[6], werden ihm wohl etwas bedeutendes gekostet haben, und Du wirst wahrscheinlich diese Auslagen für ihn bestritten haben. Diese Verläge will ich Dir willig und dankbar erstatten, wenn Du mich von dern Belang in Kenntniß setzest. Denn so lange ich noch leben werde, will ich gegen keines meiner Kinder, am allerwenigsten gegen den guten Heinrich⟨,⟩ meine Pflichten versäumen oder gar vergessen.
Freilich habe ich jetzt viel Ausgaben, ich hoffe jedoch⟨,⟩ selbige bestreiten zu können. Am vorigen Posttage trafen die lieben Briefe von Frankfurt[7] mit den⟨en⟩ von Ferdinand[8] aus Halle, und den Rechnungen von Pforta zusammen ein.
Ferdinanden schmeckte das Wasser in Halle, wie Torf, ich rieth ihm⟨,⟩ Kaffee zu trinken und Breihahn[9]. Jezt schrieb er, daß er sich für 1 r⟨eichs⟩t⟨aler⟩ 17 gr⟨oschen⟩ noch ein nöthiges Buch gekauft, Morgens aber keinen Caffee getrunken, sondern mit einem Glas Milch sich begnügt habe. Er wird gewiß keine unnöthigen Ausgaben machen, und ein guter Mensch bleiben. Auch Wilhelm[10], der meist während der Ferien bei uns ist, ist immer fleißig, nur scheint er⟨,⟩ schwache Nerven zu haben, die ihn wohl großentheils mitunter eigensinnig machen. Ich halte davor, daß⟨,⟩ wenn

[1] Gottlob Israel Ranke (1762–1836), Vater Leopold Rankes.
[2] Heinrich Ranke (1798–1876), Bruder Leopold Rankes.
[3] Vgl. Nr. 74 und Nr. 79.
[4] Am Friedrichs-Gymnasium in Frankfurt an der Oder (vgl. Nr. 78 und Nr. 85 sowie F. H. Ranke, Jugenderinnerungen, S. 204).
[5] Vgl. F. H. Ranke, Jugenderinnerungen, S. 202–204.
[6] Vgl. Nr. 66.
[7] Nicht ermittelt.
[8] Ferdinand Ranke (1802–1876), Bruder Leopold Rankes.
[9] Laut Jacob Grimm / Wilhelm Grimm: Deutsches Wörterbuch, Bd. 2: Biermörder-D, Leipzig 1860, Sp. 379: „eine art weiszbier".
[10] Wilhelm Ranke (1804–1871), Bruder Leopold Rankes, Schüler der Landeschule in Pforta.

seine körperlichen Kräfte nach und nach zunehmen, er auch heiterer werden wird. Den bewußten Schein[11] habe ich ganz kassirt und vernichtet, da mir nicht unbekant geblieben, daß Du Heinrichen sehr unterstützt und ihn echt brüderlich behandelt hast.
Leb wohl, empfiehl mich Heinrichen, an den ich jetzt nicht mitgeschrieben habe⟨,⟩ bestens, und behalte lieb

Deinen
väterlichen Freund
Ranke.

Hierbei liegt auch ein Briefchen von der Mutter[12] und von mir an die Frau Dir⟨ektor⟩ Ahleman[13] und einige an d⟨en⟩ H⟨errn⟩ Pastor Baier[14] und dessen Familie in Altenkirchen, welche Heinrich gelegentlich einsiegeln und an die Behörde besorgen wird.

[11] Hierbei handelt es sich wohl um eine Art von Schuldschein; der Vater löscht die Schulden Leopold Rankes, weil dieser seinen Bruder Heinrich finanziell unterstützt hat.

[12] Friederica Wilhelmina Ranke, geb. Lehmicke (1776–1836), Mutter Leopold Rankes.

[13] Friederike Wilhelmine Ahlemann, geb. Schultze (1772–1843), Direktorin einer höheren Bildungsanstalt für Mädchen in Frankfurt an der Oder, Vertraute Leopold Rankes.

[14] Hermann Julius Christoph Baier (1775–1822), Pfarrer in Altenkirchen auf Rügen, in dessen Haushalt Heinrich Ranke als Hauslehrer wirkte.

Nr. 98

Ferdinand Ranke[1] an Leopold und Heinrich Ranke[2]

V: GStA PK VI. HA Nl Hoeft Nr. 1 (Abschrift)
G: GStA I. HA Rep. 92 L. v. Ranke Nr. 26 (nicht erhalten)

Halle, den 29sten Juli [1821]⟨.⟩

Meine lieben Brüder,
Endlich erhaltet Ihr den Brief, den ich gleich zu Anfang meines Hierseyns versprach, den ich schon oft begann, aber immer wieder unterbrach, und nun endlich theils durch das Mahnen der Mutter[3], theils aber und am meisten durch mein eigenes inneres Verlangen, Euch Nachricht von meinem jetzigen Leben zu geben, vollenden werde. Am meisten wurde meine Sehnsucht nach Euch rege gemacht, als ich am heiligen Abend des Pfingstfestes[4] einen Deiner Schüler sah, liebster Leopold, Grundmann[5] Er hatte kaum erfahren, daß ich hier sey, ein Bruder seines geliebten Lehrers, so kam er sogleich mich zu sehen und mit mir bekannt zu werden. Wir hatten uns schon oft in dem Collegium bey Reisig[6] gesehen, und er hatte es geahndet, daß ich Euer Bruder sey, er hatte es an den Zügen des Gesichts bemerkt, mich oft scharf angeblickt, zu fragen aber noch nicht gewagt. Dieß hat mich schon gefreut, meine lieben Brüder; seine Anhänglichkeit, – seine Liebe zu seinem Lehrer, sein gutes Herz, das er durch jedes Wort, welches er nur sprach verrieth, es hat mir sehr gefallen und sein ganzes Wesen, seine Offenheit, Alles hat mich zu ihm hingezogen. Schade nur, daß wir so entfernt von einander wohnen, ziemlich an den beiden Enden der Stadt. Ich habe ihn schon so viel gefragt nach Euch beiden, nach allen Euren Umgebungen, nach den Lehrern und Schülern, daß ich sehr sehnsüchtig geworden bin, gern hingeeilt wäre sogleich zu Euch. Da begann ich sogleich einen Brief an Euch und gedachte ihn schnell zu vollenden,

[1] Ferdinand Ranke (1802–1876), Bruder Leopold Rankes.
[2] Heinrich Ranke (1798–1876), Bruder Leopold Rankes.
[3] Friederica Wilhelmina Ranke, geb. Lehmicke (1776–1836), Mutter Leopold Rankes.
[4] Samstag, den 9. Juni 1821.
[5] Peter Grundemann (1801–1859), Sohn von Martin Grundemann, Landwirt in Schaumburg bei Cüstrin, 1819 Friedrichs-Gymnasium in Frankfurt an der Oder, 1821 Studium der Theologie in Halle, 1826 Diakonus und Rektor in Bärwalde, 1843 Pfarrer in Bernstein (vgl. StdA Frankfurt an der Oder XIX Nr. 60).
[6] Karl Christian Reisig (1792–1829), außerordentlicher Professor der alten Literatur in Halle, wie Leopold Ranke Schüler Johann Gottfried Hermanns und Mitglied der „Societas Graeca“. Reisig befaßte sich in Vorlesungen und Veröffentlichungen mit Aristophanes und den griechischen Tragikern, las aber auch über Horaz und Tibull, Demosthenes und Cicero sowie über griechische und lateinische Grammatik. Später wandte er sich besonders der Realphilologie zu, las über griechische und römische Altertümer.

doch ich bekam Nachricht vom Vater[7], daß er es gern sähe, daß ich die Feyertage bei Mahlo's[8] in Zörbig zu brächte und der Brief ward unterbrochen und blieb aus. Und nun, denn auch dieß will ich Euch, meine lieben Brüder, nicht verhehlen, wenn ich auch Unrecht daran gethan habe und Euren gegründeten Tadel verdiene; es war nicht lange nach Pfingsten, als in Pforte die Ferien begannen, und die Pförtner kamen auch hierher und unter ihnen einer meiner gewesenen Untergesellen[9]. Er kam hierher, hier seinen Vater[10] zu erwarten, der eine Lustreise nach Schlesien mit ihm machen und ihn hier abholen wollte. Der Vater kam an, traf mich, lud mich ein ein Stück der Reise bis Dresden mit ihm zu machen und ich ging mit und kehrte erst nach etwas mehr als zwey Wochen nach Halle zurück. Freylich hatte ich nun viel versäumt, doch habe ich nun auch schon Vieles nachgeholt, und diese Woche wird das Ganze beendigt; doch sehe ich wohl, daß ich nie nachholen kann, was ich überhaupt versäumt habe, denn in jener Zeit hätte ich noch viel Anderes thun können, was ich nun nicht thun kann und nicht gethan habe, und dann hätte ich auch die Zeit, die ich zum Nachholen gebraucht habe besser verwenden können; doch hat es mich nicht gereut, denn ich habe viel Schönes und Herrliches gesehen, ohne Geldaufwand zu machen, denn die ganze Reise kostet etwas über zwey Thaler, da ich die Rückreise allein machte; ich bin zu allem Guten und Schönen immer mehr durch das, was ich sah, angefeyert worden und endlich ist dieß der größte Vortheil, daß ich so etwas gewiß nie wieder thun werde, da ich es nun selbst erfahre, wie viel Nachtheil es bey sich führt. Durch diese Reise aber wurde mir ein großer Zeitraum genommen, in dem ich gewiß nach Frankfurt geschrieben haben würde. Doch nun genug hiervon; ich will dazu übergehen, was Ihr wohl am liebsten zu hören wünschet, und was auch ich gern Euch mittheilen möchte, mein äußeres und inneres Leben in Halle, damit ich von Euch, meine lieben Brüder, gute Lehren höre, in dem, wo ich irre, und da Bestätigung, wo ich recht handelte.

Am 6ten August.

So weit hatte ich geschrieben, als der Oberlehrer Stange[11] mir Euren brüderlichen Gruß überbrachte. Beides[12] habe ich besorgt, was Du wolltest, lieber Heinrich und Du erhältst es durch Stange. – Ich habe weder Frey-

[7] Gottlob Israel Ranke (1762–1836).

[8] Christian Friedrich Malo (um 1762–1845), kursächsischer Finanz-Commissair und Senator, und Ernestine Dorothee Amalie Malo, geb. Otto (1767–1834), Verwandte der Familie Ranke.

[9] Nicht ermittelt.

[10] Nicht ermittelt.

[11] Johann Carl Wilhelm Thomas Stange (1792–1854), Oberlehrer am Friedrichs-Gymnasium in Frankfurt an der Oder.

[12] Heinrich Ranke hat Bücher in der Universitätsstadt bestellt.

tisch, noch Stipendium,[13] doch habe ich Aussicht auf beydes,[14] freylich erst im zweyten Jahre, da mir der Vater ein testimonium paupertatis verschafft hat. Hiernach brauche ich in diesem halben Jahre 50 Thaler, die mir auch der Vater gleich zu Anfang gab, denn 11[a] Thaler kostet die Wohnung, 13 Thaler kostet mir der Tisch zu Mittag, 9 r⟨eichs⟩t⟨haler⟩ die Collegia.[15] Ich höre bei Reisig lateinische Grammatik, bei Seidler[16] Iphigenie auf Taurus, bei Gerlach[17] Logik und Encyclopaedie und Metho[do]logie der Philosophie, und bey Reisig die Wolken des Aristophanes[18]. Ich wollte noch griechische Grammatik bey Seidler hören, und er hatte mir beide Collegia erlassen[19], indem er sagte, als ich ihm eine Empfehlung meiner Person von Gruber[20] mit brachte: „Dieser Empfehlung bedurfte es nicht. Sie sind mir schon genug durch Ihre Brüder empfohlen." Dann habe ich mir einige Bücher gekauft, Die Wolken von Reisig[21], die Iphigenie von Seidler[22], den Aristophanes pp. von Tauchnitz[23] und Gerlachs Compendium der Lo-

[a] Hoeft notiert darunter: „14?".

[13] Vgl. Nr. 94.

[14] Vgl. Nr. 91.

[15] Zur Einordnung dieser Angaben: Ein wissenschaftliches Buch kostete etwa einen Taler, die Wohnung, die Heinrich Ranke 1815 in Jena bezog, 12 Taler im Halbjahr. Die Hilfslehrerstelle in Frankfurt an der Oder brachte 500 Taler im Jahr ein (Nr. 90); Leopold Ranke erhielt als Oberlehrer 600 Taler (Nr. 115), an der Berliner Universität betrug sein erstes Gehalt — ohne die Hörergelder — nur 500 Taler (Nr. 270).

[16] Johann Friedrich August Seidler (1779–1851), wie Leopold Ranke und Reisig Schüler von Johann Gottfried Jakob Hermann und Mitglied der „Societas Graeca", war seit 1816 ordentlicher Professor der klassischen Philologie in Halle.

[17] Gottlob Wilhelm Gerlach (1786–1864), ordentlicher Professor der Philosophie in Halle.

[18] Aristophanes (um 450–um 385 v. Chr.), griechischer Komödiendichter; die Komödie, „Die Wolken", wure 423 v. Chr. in Athen uraufgeführt.

[19] Eventuell ist damit das Hörergeld für die beiden „Collegia" gemeint.

[20] Johann Gottfried Gruber (1774–1851), ordentlicher Professor für historische Hilfswissenschaften an der Universität Halle. Gruber besuchte die Naumburger Stadtschule unter dem Rektor Karl David Ilgen, der zur Schulzeit der Gebrüder Ranke in Pforta als Rektor der Landesschule wirkte.

[21] Aristophanis Nubes. Fabula nobilissima. Integrior edita auctore Carolo Reisigio Thuringo. Accedit Syntagma criticum cum additamentis et commentatio de vi et usu ἄν particulae. Leipzig 1820: lateinische Praefatio (S. VI-XXXVI), griechischer Text der Kommödie (S. 1–94), lateinische Commentatio (S. 95–140), danach als Anhang (S. 1–44): Caroli Reisigii Thuringi de constructione Antiastrophica trium Carminum melicorum Aristophanis Syntagma criticum.

[22] Euripidis Tragoediae. Ad optimorum librorum fidem recensuit et brevibus notis instruxit Augustus Seidler. Vol. III: Iphigenia in Tauris. Leipzig 1813. Praefatio auf den Seiten V–XXIV, der Text füllt die Seiten 1–217, wobei jeweils etwa zwei Drittel auf die gelehrten Anmerkungen entfallen.

[23] Ein Werk aus der Tauchnitzschen Buchhandlung: Aristophanis comoediae. Ad optimorum librorum fidem accurate editae. 3 Bde., Leipzig 1812 (Bd. 1 und 2) und 1814 (Bd. 3); neu erschienen war: Aristophanis comoediae. Ad optimorum librorum fidem accurate editae. Editio stereotypa. 3 Bde., Leipzig 1819.

gik[24] – Ich hatte, da mir der Vater mehr als zwanzig Thaler daließ mir eine Berechnung auf das ganze halbe Jahr gemacht, damit auszukommen, und schrieb auch bald darauf dem Vater, daß ich ganz gut damit auskäme. Doch ist durch zweierley ein Defect in meine Berechnung gekommen, zuerst, durch meine Reise nach Dresden, denn da ich den Mittagstisch schon bezahlt hatte auf das ganze halbe Jahr, so ist nun durch meine vierzehntägige Abwesenheit verursacht worden, daß der[b] Tisch noch vierzehn Tage in künftigem halben Jahre bezahlt worden ist; aber zwei Thaler gerade habe ich da zu viel verthan auf der Reise, denn mit dem, was ich noch über so gebraucht habe, hätte ich in Halle 14 Tage reichen können. Dies war der erste Defect. Ein zweyter entsprang durch die Reise unsrer Schwester[25], denn sie hatte nur die zwey Thaler bei sich, die Du ihr geschenkt hattest, und fünfe brauchte sie, daher gingen drey Thaler aus meinem Beutel, und so ist bey mir ein Cassendefect von fünf Thalern entstanden, den ich nun nicht anders zu heben weiß, als wenn ich mich an Euch wende, meine lieben Brüder, und Euch darum bitte, denn vom Vater möchte ich mir es nicht gern geben lassen, einmal habe ich ihm schon geschrieben, daß es genug sey, und dann möchte ich ihm nicht gern entdecken, woraus der Defect entstanden ist. Ich bitte Euch also recht sehr und inständigst darum; ich würde sonst hier in Verlegenheit gerathen, und borgen möchte ich gern nie. —

Mein inneres Leben geht nun ganz ruhig dahin. Der Tag vergeht unter Arbeit und Lust. Bis um 10 Uhr morgens habe ich immer ganz für mich. Nur früh von fünf bis sechs Uhr gebe ich einem Studenten[26] griechische Stunde, wofür dieser mir Clavierstunde gibt, doch habe ich dieß erst nicht lange angefangen. Abends von 7 Uhr bis 9 gehe ich gewöhnlich spaziren, mit Parreidt[27], einem meiner besten Freunde in Pforte und auch hier mein Ver-

[b] So die spätere Lese-Variante Hoefts; in der Vorlage ursprünglich: „[ich] den".

[24] Grundriß der Logik zum Gebrauch bei Vorlesungen von Gottlob Wilhelm Gerlach, Doctor und Privatlehrer der Philosophie zu Halle. Halle 1817.

[25] Johanna Ranke (1797–1876), Schwester Leopold und Ferdinand Rankes

[26] Nicht ermittelt.

[27] Friedrich Albert Parreidt (1802–1851), Sohn von Johann August Parreidt (1761–1829) Justiz-Kommissar und Rechtskonsulent in Delitzsch, und Christiane Wilhelmine Parreidt, geb. Laue, 1815 Landesschule in Pforta, ein halbes Jahr nach Ferdinand Ranke, 1820 Studium der Theologie in Leipzig, 1821 in Halle, 1823 Erstes Theologisches Examen in Wittenberg, 1823 Predigerseminar in Wittenberg, 1825 Zweites Theologisches Examen in Magdeburg, Hauslehrer, nach der Ordination in Magdeburg 1827 Pfarrer substitutus in Zwochau (Kreis Delitzsch), 1833 Oberpfarrer und Superintendent in Gerbstedt, 1838 in Seyda; sein Bruder August Parreidt (1797–1887) war ein Mitschüler Leopold Rankes, sein Bruder Friedrich Gustav Parreidt (1804–1848) ein Mitschüler von Wilhelm Ranke in Pforta (vgl. Hoffmann, Pförtner Stammbuch, Nr. 8504, 8538, 8704, 8717, 8778, 8783 auf S. 339, 341, 349–350, 353; Pfarrerbuch Kirchenprovinz Sachsen, Bd. 6, S. 432).

trautester, oder mit Oesterreich[28], den ich erst d[urc]h Neue[29] kennen gelernt habe, aber der ein herrlicher Mensch ist, der auch sehr genau bekannt ist mit Professor Raumer[30], und mich künftigen Sonntag in dessen Familie[31] einführen will. Raumer hat schon einige Male⟨,⟩ lieber Heinrich⟨,⟩ nach Dir durch ihn sich erkundigen lassen, und da ich nun Deine näheren Umstände genauer weiß, will ich zu ihm gehen. Diese beyden sind Theologen. Einer aber, mit dem ich auch schon in Pforte genau bekannt war und hier oft zusammenarbeite, Schmidt[32] ist Philolog. Dieß sind die,

[28] Johann Wilhelm Friedrich Oestreich (1798–1850), Sohn von Carl Julius Oestreich (1770–vor 1832), Schneider-Meister in Halle, und Christiane Elisabeth Oestreich, geb. Kuhlemann (1773–1832), 1812 Lateinische Schule der Franckeschen Stiftungen, 1819 Studium der Theologie und Pädagogik, Mitglied der Quellengesellschaft, Besitzer einer Leihbibliothek in Halle, 1831 Hochzeit mit der verwitweten Maria Rosina Weichert, geb. Meyer (1792–1847), Tochter von Johann Nicolaus Meyer, Papierformenmacher in Halle, und Johanna Maria Meyer, geb. Schlauer (vgl. Archiv KPS Halle, St. Marien, Taufen 1798; Archiv KPS Halle, St. Marien, Trauungen 1831; Archiv KPS Halle, St. Ulrich, Trauungen 1797; Archiv KPS Halle, St. Ulrich, Bestattungen 1832; Lönnecker, Hallesche Burschenschaft, Nr. 1340, S. 217; freundliche Auskunft von Sylvia Hünert bzw. Karin Keller, Archiv der Martin-Luther-Universität Halle-Wittenberg, 17.10.2011 bzw. 12.6.2014).

[29] Christian Friedrich Neue (1798–1886), Sohn von Christian Friedrich Neue (1757–1829), Bürger und Kürschner-Meister in Spandau, und Friederike Sophie Wilhelmine Neue, geb. Kresse (1756–1819), 1812 Gymnasium zum Grauen Kloster in Berlin, Zeugnis Nr. I, 1816 Studium der Theologie, später der Philologie in Berlin, 1820 Adjunkt, 1824 Professor an der Landesschule in Pforta, 1829 vergebliches Gesuch um eine außerordentliche Professur in Halle, 1831 Professor für alte Literatur in Dorpat, 1836–1839 sowie 1843–1851 Rektor der Universität (vgl. ELAB Spandau, St. Nikolai, Taufen 1760 und 1798; ELAB Spandau, St. Nikolai, Bestattungen 1819 und 1829; GStA PK I. HA Rep. 76 VI Sekt. XII gg Lit L. Nr. 1 Bd. 2 und 4; GStA PK I. HA Rep. 76 VI Sekt. XIV z Nr. 26 Bd. 1; Berlinische Privilegirte Zeitung, Nr. 198, 26. August 1829; Bahl / Ribbe, Matrikel Berlin, Bd. 1, S. 80, Nr. 22); Ferdinand Ranke hatte zu ihm einen herzlichen Kontakt: „um seinetwillen geschah es vorzüglich, daß ich Michaelis 1820 um eine halbjährige Verlängerung meines Sexeniums bat, und so ausnahmsweise 6 1/2 Jahr in Pforta verlebte und ein ganzes Jahr hindurch als primus omnium und erster Inspector fungirte" (F. Ranke, Rückerinnerungen, S. 68); die Inspektoren waren „die zwölf ältesten und ersten Mitglieder der obersten Classe" (vgl. F. Ranke, Rückerinnerungen, S. 145).

[30] Karl Ludwig Georg von Raumer (1783–1865), Professor für Mineralogie in Halle.

[31] Neben Karl Ludwig Georg von Raumer umfaßte diese seine Ehefrau Friederike von Raumer, geb. Reichardt (1790–1869), seine Kinder Dorothea Sophie Luise (1812–1848), Rudolf Heinrich Georg (1815–1876) und Hans von Raumer (1820–1851) sowie seine Schwiegermutter Johanna Wilhelmine Dorothea Reichardt, verw. Hensler, geb. Alberti (1755–1827) und deren unverheiratete Tochter Sophie Reichardt (1795–1838).

[32] Maximilian Friedrich Christian Schmidt (1802–1841), Sohn von Christian Ernst (1759–1835), Advokat und Stadtrichter in Naumburg, und Franziska Augusta Wilhelmina Schmidt, geb. Strigelius (1774–1832); Privatunterricht, 1812 Dom-Gymnasium Naumburg, 1815 Landesschule in Pforta, 1819 Studium der Philologie, hebräischen Literatur und Pädagogik in Halle, 1824 Oberlehrer am Gymnasium in Ratibor, 1826 Konrektor am Gymnasium in Zeitz, 1828 Hochzeit mit Cölestine Rosalie Constantin (1804–1887), Tochter von Friedrich Heinrich Constantin (1777–1853) und Johanna Rosina Constantin, geb. Schindler (vor 1775–1849), 1831 Inspektor am Pädagogium in Halle, 1833 Rektor der Lateinischen Schule, Inspektor der Pensionsanstalt und Mitdirektor der Franckeschen Stiftungen, 1834 Dr. phil. in Halle (vgl. Archiv KPS Naumburg, St. Wenzel, Bestattungen 1832

denen ich genau bekannt bin. Mit vielen andern noch stehe ich auf recht vertraulichem Fuß, wenn wir zusammentreffen, sonst gehe ich aber mit wenigen öfter um. Freylich ist nun zuerst durch die Theologen, Parreidt und Österreich, eine eigne Zerstreuung in mich gekommen. Parreidt neigt sich mehr zum Rationalismus, Oesterreich zum Supernaturalismus.[33] Mit beyden muß ich oft im Gespräch auf solche Sachen kommen, und [der Schluß fehlt][c]

[c] Vermerk Hoefts direkt am letzten Wort.

und 1835; GStA PK I. HA Rep. 76 VI Sekt. X z Nr. 4 Bd. 2 und 3; Hoffmann, Pförtner Stammbuch, Nr. 8711, S. 350; F. Ranke, Rückerinnerungen, S. 163–164).

[33] Der Rationalismus versuchte die Erzählungen der Heiligen Schrift aus innerweltlichen Motiven und Ursachen zu erklären und führte etwa das alttestamentarische Verbot des Schweinefleischs auf hygienische Gründe zurück; der Supernaturalismus hielt an der Möglichkeit fest, Gott habe im Wortsinne wunderbar und direkt in die Geschichte eingegriffen, so etwa Moses den Weg durch die Wüste gezeigt (vgl. auch F. H. Ranke, Jugenderinnerungen, S. 59–61, und L. v. Ranke, Lebensgeschichte, S. 29).

Nr. 99

Leopold Ranke an Ferdinand Ranke[1]

V: GStA PK VI. HA Nl Hoeft Nr. 1 (Abschrift)
G: GStA I. HA Rep. 92 L. v. Ranke Nr. 23 (nicht erhalten)
D: L. v. Ranke, Neue Briefe, S. 23–24

⟨Frankfurt an der Oder, nach dem 6. August 1821.⟩[a]

Es war Sonntag Abend, lieber Ferdinand, und ich kam von einem Freund[2] zurück, den ich besucht, als ich übers Feld hin unter den Bäumen am Weg Heinrichs[3] Rock unterschied. Ich ritt auf ihn los⟨,⟩ er wars. Er erzählte mir von Deinem Brief[4] und Richters[5], den er bekommen⟨,⟩ und wie die Schüler von uns[6] Dir doch einiges Gute gesagt, es tröstete mich zu dem Anfang der Lektionen und wie Du uns besuchen wolltest, und wie es wahr geworden, was ich von dem Studium der Theologie und Dir vorausgesagt, nämlich, Ihr würdet Euch auch nicht vorbei gehen, genug ziemlich alles. Ich las es darnach[b] auch, wie ich nach Haus gekommen. Und verlange herzlich, Dich zu sprechen einmal, meinen lieben Bruder, den ich mir durchaus denke, wie ich mit ihm den Schloßberg[7] hi⟨n⟩anlief und in das Fliegenthal[8] ging und wie ich mich freute, als[c] er Tó[9] usw.[d] eines Morgens sobald begriff. Es verwischt sich alles und vergeht und ist als ein Traum, nur wenn man einmal mit einander gelebt und im Herzen zusammen gewesen, davon bleibt ein ewig Bild.

Wie lieb wäre mirs, Dich zu sehen eine kurze Zeit. Aber Heinrich wird zu Michael[10] nach Wiehe reisen und Du wirst ihn nicht entbehren wollen. Er kann erst in den ersten Tagen Oktobers weg und Du könntest ihn

[a] Datierung nach L. v. Ranke, Neue Briefe, S. 23.
[b] In der Vorlage ursprünglich: „danach".
[c] In der Vorlage ursprünglich: „dass".
[d] Hoeft notiert am Rand mit Bleistift: „Τόπςω".

[1] Ferdinand Ranke (1802–1876), Bruder Leopold Rankes.
[2] Nicht ermittelt.
[3] Heinrich Ranke (1798–1876), Bruder Leopold und Ferdinand Rankes.
[4] Nicht ermittelt.
[5] Wohl Carl Anton Richter (1797–1827), Privatgelehrter und Lexikograph in Leipzig, ein Mitschüler Leopold Rankes in Pforta und ein enger Freund Heinrich Rankes.
[6] Wohl Peter Grundemann (1801–1859, ab Ostern 1821), Gottlob Ernst Reymann (1803–1884, ab Ostern 1822) und Johann Heinrich Ferdinand Schönaich (1803–1878, ab Ostern 1823), alle drei Studenten der Theologie in Halle.
[7] In Wiehe.
[8] Laut Hoeft „Ein zum Walde führender Grund im Südosten der Stadt Wiehe" (L. v. Ranke, Neue Briefe, S. 23, Anm. 3).
[9] Die bestimmten Artikel im Griechischen.
[10] 29. September.

begleiten⟨;⟩ wenn Du im September kämst. Aber der Weg ist allzuweit⟨;⟩ als dass ich Dir's zumuten könnte. Auch⟨,⟩ wenn Du hoffst, hier eine besonders gute Schule zu sehen, so wirst Du Dich täuschen. Bedenk es für Dich!

Ich schicke Dir einen Louis d'or[11]. Ich würde Dir mehr und eher geschickt haben, wenn wir beide[12] nicht jetzt von [e]einem[e][13] Gehalt lebten, und ich mir nicht wenigstens ein halbes Pferd[14] gekauft hätte, so daß wir nicht allzu reich sind.

Grüße Grundmann[15], auch die Professoren, die ich kenne.[16] Möchtest wohl auch Neue'n[17] einmal von mir grüssen, dem wir um Deinetwillen alle verpflichtet sind.

Nun hab' ich noch viel im Herzen, zu sagen. Ein ander Mal, wo nicht jetzt. Wir sehen uns ja doch irgendwann.

L⟨eopold⟩.

[e–e] In der Vorlage unterstrichen.

[11] Ferdinand Ranke hatte Leopold Ranke um fünf Taler gebeten (vgl. Nr. 98), was etwa einem Louis d'or entsprach.

[12] Leopold Ranke und Heinrich Ranke, der seinen Militärdienst als Einjährig-Freiwilliger in Frankfurt an der Oder ableistete.

[13] Nicht ganz korrekt, da Heinrich Ranke neben seinem Militärdienst Unterrichtsstunden erteilte.

[14] Unklar.

[15] Peter Grundemann (1801–1859), ehemaliger Schüler Leopold Rankes am Friedrichs-Gymnasium in Frankfurt an der Oder, seit Ostern 1821 Student der Theologie in Halle.

[16] Wohl Johann Gottfried Gruber (1774–1851), ordentlicher Professor für historische Hilfswissenschaften in Halle; Karl Christian Reisig (1792–1829), außerordentlicher Professor, ab 1824 ordentlicher Professor der alten Literatur in Halle; Johann Friedrich August Seidler (1779–1851), ordentlicher Professor der klassischen Philologie in Halle; alle, wie Leopold Ranke Schüler von Karl David Ilgen, die letzten beiden, wie Leopold Ranke Schüler von Johann Gottfried Jakob Hermann und Mitglieder der „Societas Graeca".

[17] Christian Friedrich Neue (1798–1886), Adjunkt an der Landesschule in Pforta.

Nr. 100

Carl Sigismund Franz Freiherr vom Stein zum Altenstein[1] an Leopold Ranke[a]

V: GStA PK I. HA Rep. V d Sekt. XXXI Nr. 1 Bd. 12 (Konzept)
A: GStA PK VI. HA Nl Hoeft Nr. 4 (nach einer Abschrift[b])
G: Königliche Bibliothek zu Berlin. Akten betreffend die an Auswärtige verliehenen Bücher u. Manuscripte aus der K. B. Band 1. No. II.10 — 1691–1825, fol. 307 (nicht erhalten)

Berlin, den 13ten August 1821.[c]

Auf Ihr Gesuch vom 7ten v⟨origen⟩ M⟨onats⟩[2], will das Ministerium gestatten, daß Ihnen aus der Königl⟨ichen⟩ Bibliothek Bücher unter der Bedingung verabreicht werden, daß Sie dem Oberbibliothekar, Professor Wilken[3], das Fach der Geschichte, zu dessen Bearbeitung Sie Bücher nöthig

[a] Adresse: „An | den Ober-Lehrer am Gymnasium, Herrn | Dr. Rancke | zu Frankfurth a/O."; Journal-Nummer: „ad No. 7324".

[b] Die von Hoeft wiedergegebene Abschrift war zusammen mit einem Begleitbrief an Friedrich Wilken als Leiter der Königlichen Biblothek gesandt worden; das Konzept des Begleitbriefes findet sich auf der Rückseite des Konzepts des Briefes an Leopold Ranke in GStA PK I. HA Rep. V d Sekt. XXXI Nr. 1 Bd. 12.

[c] Orts- und Datumsangabe in der Vorlage oben links vom Briefkonzept; in der an Wilken übersandten Abschrift unter dem Text zentriert.

[1] Carl Sigismund Franz Freiherr vom Stein zum Altenstein (1770–1840), Minister der Geistlichen, Unterrichts- und Medizinal-Angelegenheiten.

[2] Nr. 96.

[3] Friedrich Wilken (1777–1840), aus Ratzeburg, Sohn eines Regierungskanzlisten, Dom-Gymnasium in Ratzeburg, Ostern 1795 Studium in Göttingen, „Freitisch" bei Christian Gottlob Heyne (1729–1812), Kontakt zu Johann Gottfried Eichhorn (1752–1827), 1798 Dr. phil. und Preis für die Arbeit „Commentatio de bellorum cruciatorum ex Abulfeda historia", 1799 Reise nach Gotha, Erfurt, Weimar und Jena, wo er unter anderem Karl David Ilgen, dem späteren Rektor der Landesschule in Pforta, bekannt wurde, 1800 Privatdozent an der philosophischen Fakultät und Repetent an der theologischen Fakultät, Mitarbeiter der Universitätsbibliothek in Göttingen, 1803 Dr. phil. in Jena, 1803 Instruktor des Prinzen Georg Wilhelm von Schaumburg-Lippe (1784–1860) in Leipzig, 1805 außerordentlicher Professor für Geschichte und orientalische Sprachen in Heidelberg, 1806 Hochzeit mit Caroline Tischbein (1783–1843), der Tochter des Direktors der Leipziger Kunstakademie Johann Friedrich August Tischbein (1750–1812), 1807 ordentlicher Professor für Geschichte und orientalische Sprachen, 1808 Direktor der Universitätsbibliothek in Heidelberg, 1811 Reise nach Paris, 1812 Korrespondent der Akademie der Wissenschaften in Berlin, 1815/16 Prorektor der Heidelberger Universität, 1815 Dr. theol. in Heidelberg, 1815 im Auftrag des Großherzogs von Baden zur Rückgewinnung der „Bibliotheca Palatina" in Paris, hierbei Zusammenarbeit mit Carl Sigismund Franz Freiherr vom Stein zum Altenstein und Wilhelm von Humboldt, und 1816 in Rom, 1817 ordentlicher Professor für Geschichte und orientalische Sprachen sowie Oberbibliothekar der Königlichen Bibliothek in Berlin, 1819 Mitglied der Akademie der Wissenschaften in Berlin und des Oberzensurkollegiums, 1821 Historiograph des preußischen Staates, 1821–1822 Rektor der Universität in

zu haben glauben, angeben,[d] auch die übrigen reglementsmäßigen Bedingungen, nach welchen Sie die geliehenen Bücher nicht über die gesetzmäßige Zeit behalten dürfen und für sorgfältige und gegen jede Beschädigung sichernde Verpackung bei der Zurücksendung Sorge tragen müssen, zu erfüllen sich verpflichten.
Es wird Ihnen hiernach überlassen, Sich nunmehr deshalb an den O⟨ber-⟩b⟨ibliothekar⟩[e] Wilken zu wenden, der heute mit dem erforderlichen desfallsigen Auftrage versehen worden ist.[f]

[d] In der Vorlage folgt ursprünglich: „und".

[e] In der Vorlage ursprünglich: „p.".

[f] Laut der Abschrift Hoefts folgte an dieser Stelle, nach der Orts- und Datumsangabe, die Schlußpassage: „Ministerium der Geistlichen, Unterrichts- und Medicinal-Angelegenheiten. | [gez.] von Altenstein.".

Berlin, ab 1822 zugleich Professor für Geschichte an der Kriegsschule in Berlin, ab 1823 wiederholt schwere geistige Erkrankungen, Archivreisen nach Dresden, Prag, Wien, Paris, London und Oxford, 1830 Sekretär der Philosophisch-Historischen Klasse der Akademie der Wissenschaften in Berlin und Geheimer Regierungsrat; Wilken, Autor einer persischen Grammatik (Institutiones ad fundamenta Linguae Persicae cum chrestomathia maximam partem ex auctoribus ineditis collecta et glossario locupleti. Leipzig 1805), veröffentlichte ab 1807 eine „Geschichte der Kreuzzüge nach morgen- und abendländischen Berichten" (7 Bde., erschienen zu Leipzig bis 1832); durch die erstmalige Einbeziehung der arabisch und persisch verfaßten Quellen stellte Wilken die Kenntnis dieses Teils der mittelalterlichen Geschichte auf eine neue Grundlage. 1828 erschien von ihm eine „Geschichte der Königlichen Bibliothek zu Berlin".

Nr. 101

Leopold Ranke an Friedrich Wilken[1]

V: GStA PK VI. HA Nl Hoeft Nr. 4 (Abschrift)
G: Königliche Bibliothek zu Berlin. Akten betreffend die an Auswärtige verliehenen Bücher u. Manuscripte aus der K. B . Band 1. No. II.10 — 1691–1825, fol. 309–310 (nicht erhalten)
D: L. v. Ranke, Neue Briefe, S. 24–25

Frankf⟨urt an der Oder,⟩ am 25. August 1821.[a]

Hochwohlgeborner,
Hochverehrtester Herr Geheimer Hofrath,
Vor dem Jahr schon nahm ich mir die Freyheit, Sie wegen des Gebrauchs der Königlichen Bibliothek anzugehen,[2] und faßte Vertrauen zu Ihrer Milde und Güte. Erst jetzt komm' ich mit der Erlaubniß eines Hohen Ministerii vom 13ten August[3] in derselben Angelegenheit bey Ihnen ein. Nun wünsch' ich zunächst solche Werke zu empfangen, welche die Geschichte des 16ten und 17t⟨en⟩ Jahrhunderts politische und kirchliche, in Europa, erläutern.[4] Euer[b] Hochwohlgeboren wissen aber selbst am besten, wie unentbehrlich hiezu die Kenntniß früherer Zeiträume ist, und indem ich die Sammlungen und Abhandlungen Muratoris[5] z. B. ebenfalls zu erlangen

[a] Orts- und Datumsangabe in der Vorlage unter dem Text links.
[b] In der Vorlage: „Ew.".

[1] Friedrich Wilken (1777–1840), Professor für Geschichte und orientalische Sprachen sowie Oberbibliothekar der Königlichen Bibliothek in Berlin.
[2] Eventuell mündlich, kein Brief ermittelt.
[3] Nr. 100.
[4] Die Integrierung von politischer und kirchlicher Geschichte blieb auch künftig ein Hauptthema in Leopold Rankes Geschichtsschreibung; die früher übliche Trennung von profaner und sakraler Geschichte war damit endgültig vergangen.
[5] Lodovico Antonio Muratori SJ (1672–1750); folgende „Sammlungen und Abhandlungen" des berühmten italienischen Gelehrten kommen in Frage, wobei die „Abhandlungen" nur bei dem ersten hier genannten Titel wörtlich auftauchen („dissertationes"): Antiquitates Italicae medii aevi, sive Dissertationes de moribus, ritibus, religione regimine ⟨...⟩, nunc primum ex archivis Italiae depromptarum, additis etiam nummis, chronicis, allisque monumentis numquam antea editis auctore Ludovico Antonio Muratorio, 7 Bde., Mailand 1738–1742; Rerum Italicarum Scriptores ab anno aerae Christianae quingentesimo ad millesimumquingentesimum, quorum potissima pars nunc primum in lucem prodit ex Ambrosianae, Estensis, aliarumque insignium bibliothecarum codicibus. ⟨...⟩ Ludovicus Antonius Muratorius Collegit, ordinavit & praefationibus auxit ⟨...⟩, 25 Bde., Mailand 1723–1751 (in Rankes Bibliothek waren später die Bände 1–24 in der Auflage Mailand 1732–1738 vorhanden); Annali d'Italia dal principio dall'era volgare ⟨...⟩. 12 Bde., Mailand 1744–1749, 2. Aufl. in 16 Bdn., Mailand 1753 (in Rankes Bibliothek war später eine Ausgabe „Annali ⟨...⟩ fino all'anno 1750. Continuati fino ai giorni nostri". 15 Bücher in 29 Bdn., Rom 1752–1790, vorhanden).

wünschen muß, bitte ich, jene Erlaubniß zugleich auf das Fach der Geschichte des Mittelalters zu erstrecken.

Ob ich ferner die Bücher unmittelbar empfangen kann oder nicht, und welche Gesetze ferner zu befolgen sind, bät ich mir wohl darüber vergebens eine Weisung von Euer[c] Hochwohlgeboren aus? Für jenen ersten Fall nehm' ich mir die Freyheit, einen Zettel beyzulegen[6].

Noch eins ist übrig. Ich zweifle nicht, daß mir trotz mancher Mühe, Vieles entgangen, welches zu kennen ganz nothwendig ist. Auch befindet sich kein Catalog in den Händen des Publicums. Es dünkt mich daher die Erlaubniß wünschenswerth, selber kommen und sehen, und das Fach durchsuchen zu dürfen. Auch um diese Erlaubniß komm' ich Euer[d] Hochwohlgeb⟨oren⟩ zu bitten.

Die Republik der Gelehrten hat sich also ausgebildet, daß auch eines Anfängers Bemühen auf einige Hülfe und Handreichung der Meister rechnen darf. Dieß bedenkend und auf die Erlaubniß eines Hohen Ministerii, mich an Sie zu wenden, trauend, wag' ich so viele Bitten auf einmal, die letzte um Verzeihung der übrigen,

Euer[e] Hochwohlgeboren
gehorsamster Diener
Dr. Rancke, Oberlehrer am Gymnasium zu Frankfurt an der Oder.

[c] In der Vorlage: „Ew.".
[d] In der Vorlage: „Ew.".
[e] In der Vorlage: „Ew.".

[6] Notiz Hoefts am Rand: „[liegt nicht bei]".

Nr. 102

Ernst Constantin Ranke[1] an Leopold Ranke

V: GStA PK VI. HA Nl Hoeft Nr. 1 (Abschrift)
G: GStA I. HA Rep. 92 L. v. Ranke Nr. 26 (nicht erhalten)

⟨Wiehe, nach dem 10. September 1821.⟩[a]

Lieber Bruder⟨,⟩
Bald hätten wir uns⟨,⟩ Lieber Bruder⟨,⟩ nicht wieder gesehen, denn ich bin zweimahl krank gewesen. Nun aber bin ich ganz gesund und kann draußen herumlaufen. Ich danke Dir vielmals vor die Bücher⟨,⟩ die Du mir geschickt hast.[2] Zu Hause geht alles recht gut.

Dein
Dich liebender
Ernst.

[a] Da Büchergeschenke Leopold Rankes erwähnt werden, dürfte der Brief nach dem Geburtstag von Ernst Constantin Ranke am 10. September entstanden sein.

[1] Ernst Constantin Ranke (1814–1888), Bruder Leopold Rankes.
[2] Nicht ermittelt.

Nr. 103

Friederica Wilhelmina Ranke[1] an Leopold und Heinrich Ranke[2]

V: GStA PK VI. HA Nl Hoeft Nr. 10 (Abschrift)
G: Nachlaß Etta Hitzig (nicht erhalten)

Wiehe⟨,⟩ den 20ten Nov⟨ember 1821.⟩[a]

Meine lieben Kinder⟨,⟩
die inliegenden Briefgen[3] habe ich schon am 9den geschrieben und⟨,⟩ wie ich sie fort schicken wolde⟨,⟩ kammen Eüere Briefe[4]. darüber freüeten wier uns sehr⟨,⟩ und ich wahr sehr froh⟨.⟩ am Donnerstage bin ich in Gehofen gewesen zu den Jarmarkte⟨.⟩ da ist mir es sehr wohl gegangen⟨.⟩ der Vater[5] würd auch bald schreiben⟨,⟩ vieleicht auch erst⟨,⟩ wen⟨n⟩ die Sächelgen ferdig sind⟨.⟩ heüte würd angefangen⟨.⟩ der Herr von Römer[6] schrieb⟨,⟩ Wilheln[7] währ bei Ihn zu der Kirmis gewesen⟨,⟩ und Sie hätten Sich sehr über den Talent- und hofnungsvollen Jüngling gefreuet⟨,⟩ und es währ viel von der würdigen Familie gesprochen worden⟨.⟩ ist das nicht schön⟨?⟩

lebt wohl⟨!⟩
die Mutter⟨.⟩

[a] Hoeft vermerkt am linken Rand: „?1820". – 1820 hielt sich Heinrich Ranke noch auf Rügen auf, daher hier neu datiert.

[1] Friederica Wilhelmina Ranke, geb. Lehmicke (1776–1836), Mutter Leopold und Heinrich Rankes.
[2] Heinrich Ranke (1798–1876), Bruder Leopold Rankes.
[3] Nicht ermittelt.
[4] Nicht ermittelt.
[5] Gottlob Israel Ranke (1762–1836).
[6] Carl August Wilhelm von Römer (1764–1825), Rittergutsbesitzer, Erb- und Gerichtsherr auf Neumark, Janisroda und Nausitz.
[7] Wilhelm Ranke (1804–1871), Bruder Leopold Rankes.

Nr. 104

Gottlob Israel[1] und Friederica Wilhelmina Ranke[2] an Leopold und Heinrich Ranke[a3]

V: GStA PK VI. HA Nl Hoeft Nr. 10 (Abschrift)
G: Nachlaß Etta Hitzig (nicht erhalten)

[Wiehe]⟨,⟩ dem 24. Nov⟨em⟩b⟨e⟩r 1821.

Geliebten Söhne!

Eure lieben Briefe vom 5ten d⟨ieses Monats⟩[4] liegen eben jetzt zur Beantwortung vor mir, und mein Herz freuet sich bei deren Wiederlesen ganz ungemein, über Eure Zufriedenheit und glückliche Stimmung. Wir, eure glüklichen Eltern⟨,⟩ gedenken Eurer mit steten Wohlgefallen, und unsre Herzen erfreuen sich eures Besitzes. Dein, geliebter Heinrich, kurzes Verharren bei uns schien uns wie ein leichter und angenehmer Traum. Doch Wiedersehn bringt freudiges Entzücken. Und Ihr habt ja uns, mit einem baldigen Besuch beide Hofnung gemacht?

Eure würdige Freundin, die Frau Director Ahlemann[5], hat Schmerzen gehabt? Wir beklagen Sie, und wünschen derselben gute Gesundheit, lassen Sie auch herzlich grüßen. Dir, guter Heinrich, wünschen Dir zu Deinem 24sten Geburtstag[6] von Herzen Glük, Gesundheit und stetes Wohlseyn!!

Das mitfolgende Loos[7], wird gewiß in Deiner Hand die halbe Prämie von Fünfzig Th⟨a⟩l⟨e⟩r Dir verschaffen.

Ein junger hübscher Mann, jüdischer Nation,[8] schwatzte mir es auf, und betrog mich um — 12 gr⟨oschen⟩.

[a] Adresse: „Dem Herrn Dr: Rancke | Ober-Lehrer am Friedrichs-Gymnasio zu | Frankfurth an der Oder".

[1] Gottlob Israel Ranke (1762–1836), Vater Leopold Rankes.
[2] Friederica Wilhelmina Ranke, geb. Lehmicke (1776–1836), Mutter Leopold Rankes.
[3] Heinrich Ranke (1798–1876), Bruder Leopold Rankes.
[4] Nicht ermittelt.
[5] Friederike Wilhelmine Ahlemann, geb. Schultze (1772–1843), Direktorin einer höheren Bildungsanstalt für Mädchen in Frankfurt an der Oder, Vertraute Leopold Rankes.
[6] Am 30. November; hierbei ist der Tag der Geburt mitgezählt.
[7] Nicht ermittelt; wohl ein Lotterielos.
[8] Nicht ermittelt.

Es ist doch ein Jammer, daß der Betrug den Juden gleichsam aufgeerbt ist — . Ich würde mich ausnehmend freuen, wenn Dir der sehr mäßige Gewinn zu Theil würde. Nun⟨,⟩ ich empfehle Euch der ferneren göttlichen Fürsorge, und verbleibe bis ins Grab

Euer
Euch mit väterlicher Liebe
umfassender Vater,
Ranke.

Auch Ich Grüße Euch herzlich⟨,⟩ liebe Kinder⟨.⟩ Ich hofe⟨,⟩ daß dieser Brief den 30⟨.⟩ N⟨o⟩v⟨ember⟩[9] bei Eüch ankömt⟨.⟩ das⟨s⟩ an dem Tag⟨,⟩ wo Ihr gewiß sehr vergnügt zu Sammen seit⟨,⟩ auch Eüere Eltern doch nur schriftlich bei Eüch sein⟨.⟩ die Geschwister[10] Grüßen Eüch. Gott Segne Eüch meine lieben Kinder

Eüere Treüe Mutter
Friederica Rancke.

[9] Dem Geburtstag Heinrich Rankes.

[10] Zum Zeitpunkt des Briefes hielten sich in Wiehe auf: Johanna (1797–1860), Rosalie (1808–1870) sowie Ernst Constantin Ranke (1814–1888); Ferdinand Ranke (1802–1876) hingegen studierte bereits in Halle und Wilhelm Ranke (1804–1871) besuchte noch die Landesschule in Pforta.

Nr. 105

Friederica Wilhelmina Ranke[1] an Leopold Ranke[a]

V: GStA PK VI. HA Nl Hoeft Nr. 1 (Abschrift)
G: GStA I. HA Rep. 92 L. v. Ranke Nr. 26 (nicht erhalten)

⟨Wiehe, Mitte Dezember 1821.⟩

Mein lieber Sohn⟨,⟩
Du tuhst mir sehr leit⟨,⟩ das⟨s⟩ Deine Wünsche vereitelt sein⟨.⟩[2] Du hast Dich so aufgeopfert für Deinen Bruder[3]⟨,⟩ und nun verlierst[b] Du Ihn doch⟨.⟩ Er häte Sich doch nicht sollen beruhigen, Er hätte selbst sollen nach Berlin Reisen⟨,⟩ doch ich verstehe es nicht⟨.⟩ Du weist es am besten. nihm es ja nicht übel⟨,⟩ das⟨s⟩ für Dich so Sehr wenig mit kömt⟨.⟩[4] ich glaubte⟨,⟩ es wärde Dier lieber sein⟨,⟩ wen⟨n⟩ jezt die Ahleman[5] was bekäm⟨.⟩ ich habe den Schal für Sie bestimt⟨,⟩ doch laß Sie wählen⟨,⟩ wen⟨n⟩ Ihr der Kragen lieber ist⟨,⟩ so schike den Schal an die Frau Pastor Baier[6]⟨.⟩ nach Weihnachten wil ich Dier vorhemdchen besorgen⟨,⟩ die Arbeit kostet so viel Mühe und macht sich bei den trüben Tagen nicht gut. Rosaligen[7] ist sehr fleißig gewesen⟨.⟩ Sie ist nur Unpeßlich⟨,⟩ es möchte Ihre Arbeit nicht gut genug sein⟨.⟩ wier müßen Sie immer trösten⟨.⟩ jetzt strikt sie heimlich für den Vater[8] u⟨nd⟩ die andern Brüder[9] Strümpfe, ach⟨,⟩ könte ich doch an Deinen Geburts Tage[10] bei Dir seyn, und Dier einen schönen Kuchen baken⟨.⟩ doch ich wil den Tag recht oft an Dich denken und Gott bitten⟨,⟩ das⟨s⟩ Er Dich ferner in Seinen Schuz nehme und Segne bis in die spätesten Jahre. zum Feier Tagen kömt Ferdinand[11] und Wilhelm[12]⟨.⟩ ich freue mich darauf⟨.⟩ da werden Eüch wohl die Ohren klingen, ich wünsche Euch auch viel vergnügen und Gesundheit⟨.⟩ es ist die Ruhe Deines Herzen in etwas gestört⟨,⟩ habe nur Geduld⟨.⟩ Gott

[a] Adresse auf der Rückseite: „Leopold“.
[b] In der Vorlage folgt ein Komma.

[1] Friederica Wilhelmina Ranke, geb. Lehmicke (1776–1836), Mutter Leopold Rankes.
[2] Die Hoffnung, Heinrich Ranke am Friedrichs-Gymnasium in Frankfurt an der Oder eine Kollaboratorstelle zu verschaffen (vgl. Nr. 79).
[3] Heinrich Ranke (1798–1867).
[4] Die Mutter meint die selbst hergestellte Kleidung.
[5] Friederike Wilhelmine Ahlemann, geb. Schultze (1772–1843), Direktorin einer höheren Bildungsanstalt für Mädchen in Frankfurt an der Oder, Vertraute Leopold Rankes.
[6] Alwina Baier, geb. Kosegarten (1787–1864), Ehefrau von Hermann Julius Christoph Baier.
[7] Rosalie Ranke (1808–1870), Schwester Leopold Rankes.
[8] Gottlob Israel Ranke (1762–1836).
[9] Ferdinand (1802–1876), Wilhelm (1804–1871) und Ernst Constantin Ranke (1814–1888).
[10] 21. Dezember.
[11] Ferdinand Ranke.
[12] Wilhelm Ranke.

würd Dich auch wieder erfreuen⟨,⟩ wie Du es so sehr verdienst⟨.⟩ Ich habe auch mancherlei Leiden gehabt⟨.⟩ ich habe alles mit geduld ertragen⟨,⟩ und es wurde alles wieder gut⟨.⟩ die Welt kan⟨n⟩ es nicht leiten⟨,⟩ wenn man zu gut und gefällig ist⟨,⟩ dan⟨n⟩ würd man oft verkant.

leb wohl
Deine Treüe
Mutter
R⟨anke⟩.

wunder Dich nicht⟨,⟩ das⟨s⟩ der Vater nicht mehr schreibt⟨.⟩ Er trauet sich nicht⟨,⟩ was davon zu schreiben.

Nr. 106

Johanna Ranke[1] an Leopold Ranke

V: GStA PK VI. HA Nl Hoeft Nr. 10 (Abschrift)
G: Nachlaß Etta Hitzig (nicht erhalten)

⟨Wiehe, Ende Dezember 1821.⟩[a]

Lieber Bruder, die Weinachts Feiertage haben wir in der Geselschaft unser, guten Brüder,[2] recht glücklich verlebt, Ich hofe⟨,⟩ daß auch ihr lieben Brüder[3], recht froh gewesen seyt, Leider haben wir hören müßen⟨,⟩ daß Du bist krank gewesen⟨,⟩ daß machte freilich keine kleine Störung, ich will wünsch⟨en,⟩ daß der Brief Dich⟨,⟩ guter Leopold⟨,⟩ ganz gesund antrift, Der Vater[4] über raschte mich sehr mit einen Weinachts Präsente⟨,⟩ daß nemlich in einen Schonster[5] bestant, Ich danke Dir herzlich für daß gelt⟨.⟩ grüße den guten Heinrich von mir⟨.⟩

Deine Dich liebende Johanna.

[a] Der Brief wurde von Hoeft ursprünglich auf „1828 28 Dec." datiert, dann korrigiert auf „1823 um den 28 Dec."; da Leopold Ranke aber das Weihnachtsfest 1823 in Wiehe verbrachte (vgl. Nr. 179), ist der Brief auf das Jahr 1821 zu datieren, in dem Ferdinand und Wilhelm Ranke in Wiehe weilten (vgl. Nr. 106 und Nr. 107) und sich Heinrich Ranke als Einjährig-Freiwilliger bei Leopold Ranke in Frankfurt an der Oder aufhielt.

[1] Johanna Ranke (1797–1868), Schwester Leopold Rankes.
[2] Wohl Ferdinand (1802–1876), Wilhelm (1804–1871) und Ernst Constantin Ranke (1814–1888) (vgl. Nr. 105).
[3] Leopold Ranke (1795–1886) und Heinrich Ranke (1798–1878).
[4] Gottlob Israel Ranke (1762–1836).
[5] Unklar.

Nr. 107

Gottlob Israel[1] und Friederica Wilhelmina Ranke[2] an Leopold Ranke

V: GStA PK VI. HA Nl Hoeft Nr. 1 (Abschrift)
G: GStA I. HA Rep. 92 L. v. Ranke Nr. 26 (nicht erhalten)

⟨Wiehe,⟩ am 8. Jan⟨uar 18⟩22.

Geliebter Sohn,
Deine lieben Weihnachts Geschenke, trafen am 24. zur Abendzeit richtig ein, durch einen Bothen[3] des H⟨errn⟩ Kammerherr v⟨on⟩ W⟨erthern⟩[4] eben als wir mit Ferdinand[5] und Wilhelm[6] fröhlich zu sammen waren, und bescheert oder ausgetheilt hatten. Unser aller Freude wurde dadurch noch mehr erhöht. Als ich aber beim Auspakken der lieben Geschenke Deinen[7] und Heinrichs[8] Briefe[9] fand und las, wurden wir Eltern bis zum Thrähnen gerührt, weil Du uns Deine Genesung von einer Dich befallenen Krankheit anzeigtest. Gott seÿ gelobet, der Dich von diesem bösen Anfall so bald mit Hülfe eines Arztes[10] wieder hergestellt hat!! Wahr-

[1] Gottlob Israel Ranke (1762–1836), Vater Leopold Rankes.
[2] Friederica Wilhelmina Ranke, geb. Lehmicke (1776–1836), Mutter Leopold Rankes.
[3] Nicht ermittelt.
[4] Hans Carl Leopold Freiherr von Werthern (1790–1834), Sohn von Carl Christian Freiherr von Werthern (1754–1795), Erbherr auf Wiehe, und Charlotte Friederike Luise Freifrau von Werthern, geb. von Wangenheim (1754–1815); 1800 Pädagogium, 1805 Forstakademie in Dreißigacker bei Meiningen, 1809 Studium in Leipzig, 1810 Kammer- und Jagdjunker von Carl August Großherzog von Sachsen-Weimar-Eisenach, Hochzeit mit Elise von Ziegesar (1790–1834), Tochter von Franz Carl von Ziegesar (1748–1826), sachsen-meiningischer Oberjägermeister, Ende 1810 Kammerherr, 1813 Führer der sachsen-weimar-eisenachischen Freiwilligen Jäger, 1814 Scheidung, 1816 Entlassung aus dem Dienst des Großherzogtums Sachsen-Weimar-Eisenach unter der Ernennung zum Major und Beibehaltung des Kammerherrn-Ranges, 1821 Hochzeit mit Bertha von Wangenheim (1798–1866), Tochter von Adam Carl Friedrich Freiherr von Wangenheim (1770–1846), sachsen-gotha-altenburgischer Kammerherr und Kammerrat, später sachsen-coburg-gothaischer Kammerpräsidenten, und Charlotte Louise Auguste, geb. Freifrau von Ziegesar (1775–1837), einer Großcousine seiner ersten Ehefrau (vgl. Hugo von Werthern, Geschichte des Geschlechts der Grafen und Freiherrn von Werthern, Theil 3: Stammtafeln 1350–1893, nach Urkunden, Kirchenbüchern u. s. w. zusammengestellt. Erfurt 1893; zu den vielfältigen Verbindungen zwischen den Familien Werthern und Ziegesar vgl. ausführlich Marko Kreutzmann, Zwischen ständischer und bürgerlicher Lebenswelt. Adel in Sachsen-Weimar-Eisenach 1770 bis 1830 [= Veröffentlichungen der Historischen Kommission für Thüringen, Kleine Reihe, Bd. 23]. Köln / Weimar / Wien 2008).
[5] Ferdinand Ranke (1802–1876), Bruder Leopold Rankes, Student in Halle.
[6] Wilhelm Ranke (1804–1871), Bruder Leopold Rankes, Schüler in Pforta.
[7] Nicht ermittelt
[8] Heinrich Ranke (1798–1876), Bruder Leopold Rankes.
[9] Nicht ermittelt.
[10] Nicht ermittelt.

scheinlich hast Du durch vieles Nachtarbeiten Dir diesen Zufall zugezogen. Ich ermahne Dich väterlich⟨,⟩ Deine Gesundheit besser zu schonen. Die Fr⟨au⟩ Dir⟨ektorin⟩ Ahlemann[11] hat Dich in Deiner Krankheit gepfleget? Möge die alles Gute belohnende gütige Vorsehung, die gute Fr⟨au⟩ Dir⟨ektorin⟩ Ahlemann in diesem nun angetretenen Jahr, mit dauerhafter Gesundheit und Freude an ihren Kindern[12] reichlich belohnen!! Mit dem überaus schönen Erbauungsbuch, Stunden der Andacht[13] hast Du uns ein vortreffliches Geschenk gemacht, und wir lesen sehr gern in demselben. Den dritten Band bat sich Ferdinand aus, und hat ihn mit genommen. Gott schenke Dir recht bald eine gute dauerhafte Gesundheit und lasse Dich Deine Jugend Jahre gesund und froh genießen!! Dies der [a]der[a] herzliche Wunsch

Deines
Dich herzlich liebenden Vaters,
Ranke.

Gott gebe Eüch Glück und Segen in diesen neüen Jahr⟨,⟩ liebe Kinder[14]⟨,⟩ Das wünschet von Herzen

Eüre
Treüe Mutter
F⟨riederica⟩ R⟨anke⟩.

[a–a] In der Vorlage unterstrichen.

[11] Friederike Wilhelmine Ahlemann, geb. Schultze (1772–1843), Direktorin einer höheren Bildungsanstalt für Mädchen in Frankfurt an der Oder, Vertraute Leopold Rankes.

[12] Von den drei Söhnen und drei Töchtern von Friederike Wilhelmine Ahlemann, geb. Schultze, lebten zu diesem Zeitpunkt noch: Louisa Juliana Wilhelmine (∗ 1793), Johann Gottfried Wilhelm (1796–1867), Kaufmann in Berlin, und Friedrich Traugott Julius Ahlemann (1804–vor 1879), der erst nach dem Tod des Vaters Ernst Heinrich Friedrich Ahlemann (1763–1803) geboren worden war (vgl. ELAB Frankfurt an der Oder, St. Marien, Taufen 1804; ELAB Frankfurt an der Oder, St. Marien, Bestattungen 1805, 1811 und 1816; GStA PK VIII. HA Militärkirchenbücher Infanterie-Regiment Nr. 1, Taufen 1793 und 1796; Krug, Ahlemann's geistliche Reden, S. XV).

[13] Wohl Heinrich Zschokke: Stunden der Andacht zur Beförderung wahren Christentums und häuslicher Gottesverehrung. 8 Bde., 6. verbesserte Ausgabe, Aarau 1821.

[14] Leopold und Heinrich Ranke, die sich Anfang 1822 beide in Frankfurt an der Oder aufhielten.

Nr. 108

Gottlob Israel Ranke[1] an Leopold und Heinrich Ranke[a][2]

V: GStA PK VI. HA Nl Hoeft Nr. 10 (Abschrift)
G: Nachlaß Etta Hitzig (nicht erhalten)

[Wiehe]⟨,⟩ am 2ten Februar 1822.

Lieben Söhne⟨,⟩

Nach den von den Herren von Römern[3] als Kirchen Patronen gefaßten und mir so eben bekannt gemachten Entschluß, soll nun die Pfarr Stelle zu Nausitz[4] wieder besezt werden.

Ich beeile mich daher⟨,⟩ Dich⟨,⟩ lieber Heinrich⟨,⟩ da von in Kenntniß zu setzen, und Dich zu befragen:

1. Ob Du Deiner Militairpflichtigkeit[5] Dich bereits entlediget hast, oder doch in der Kürze davon befreiet zu werden bestimmte und gegründete Hofnung hast?[6] und
2. Ob Du Dich tüchtig fühlst, dem Candidaten Examen zu machen.[7]

[a] Adresse: „Dem | Herrn Dr. Rancke | Ober Lehrer am | Friedrichs Gymnasium | zu | Frankfurth | an der Oder".

[1] Gottlob Israel Ranke (1762–1836), Vater Leopold Rankes.
[2] Heinrich Ranke (1798–1876), Bruder Leopold Rankes.
[3] Carl August Wilhelm von Römer (1764–1825), Sohn von Hans Rudolph von Römer (1732–1800), Rittergutsbesitzer, Erb- und Gerichtsherr in Neumark bei Zwickau, Oberneumark, Lichtentanne und Weißenbrunn, und Augusta Friederica von Römer, geb. Heynitz (1730–1803); sein Bruder Jobst Christoph von Römer (1769–1838), 1790 Studium in Wittenberg, danach in Freiberg, „Haushaltungsprotcollist" in Schneeberg, 1794 Bergmeister der Bergämter Lauterstein, Ehrenfriedersdorf und Geyer, 1786 Hochzeit mit Marie Poppe, 1797 Bergkommissionsrat, 1800 Oberbergamtsassessor, danach Obersteuereinnehmer in Dresden, Besitzer des Rittergutes Löthain bei Meißen (vgl. Carl Wilhelm Hering, Geschichte des Sächsischen Hochlandes, mit besondrer Rücksicht auf das Amt Lauterstein und angrenzende Städte, Schlösser und Rittergüter, Dritte Abtheilung, Leipzig 1827, S. 215), sowie sein Neffe Carl Friedrich Eduard von Römer (1802–1851), Sohn von Hans Ernst Erasmus von Römer (1765–1813), und Christiane Eleonore von Römer, geb. Löbner († 1848); gemeinsame Besitzer der Rittergüter in Neumark, Janisroda und Nausitz, Kirchenpatrone von Nausitz (vgl. Genealogisches Handbuch der adeligen Häuser, Bd. 9 der Gesamtreihe, Glückburg/Ostsee 1954, S. 367–368); Carl Friedrich Eduard von Römer hatte gegen die beiden Brüder seines verstorbenen Vaters 1820 bis 1821 vor dem Oberlandesgericht einen Prozeß wegen seiner Erbanteile am Rittergut in Neumark geführt (vgl. Sächsisches Staatsarchiv, Staatsarchiv Chemnitz, Bestand 3078 Grundherrschaft Neumark, Nr. 276 und Nr. 281).
[4] Etwa acht Kilometer nördlich von Wiehe; in Nausitz war Rankes Vater als Justitiar tätig.
[5] Vgl. Nr. 66.
[6] Heinrich Ranke empfing im Februar 1822 seine „Entlassung vom Regiment; was ich als Befreiung aus einer Art von Gefangenschaft empfand" (F. H. Ranke, Jugenderinnerungen, S. 214).
[7] Vgl. Nr. 117, Nr. 121, Nr. 124 und Nr. 133.

Es war⟨,⟩ wie Du weist⟨,⟩ lange schon mein sehnlichster Wunsch, Dich in unsrer Nähe als Prediger angestellt zu wissen, damit wir bei unsren angehenden Alter doch einen unsrer guten Söhne als Stützpunkt nahe hätten! Vielleicht gelingt es uns jezt⟨,⟩ diesen meinen liebsten Wunsch erfüllt zu sehen. Ich setze dabei voraus, daß Du Seiten Deiner⟨,⟩ diesen väterlichen Wunsch mir zu gewähren⟨,⟩ im Stande bist, und kann Dir versichern, daß ich bei den Herren von Römern, Deinet wegen keine Fehlbitte thue –.
Auch ist die Pfarrstelle gar nicht schlecht⟨,⟩ sondern mittelmäßig, trägt jährlich 350 reichstaler — — ein, und kann Dich also ernähren.
Berathe Dich also mit Deinen guten Bruder Leopold, den wir insgesammt herzlich grüßen, und antworte mir mit umgehender Post,[8] damit ich zeitig genug bei den Herren v⟨on⟩ Roemer für Dich um die Pfarrstelle zu Nausitz nachsuchen kann. Herzlich begrüßet von Eltern und Geschwistern, schließe ich Euch⟨,⟩ lieben Söhne⟨,⟩ in meine treuen Vater Arme, drükke Euch im Geiste an mein Herz, und verbleibe bis zum Grabe

Euer
Euch herzlich liebender
Vater, Ranke.

[8] Brief nicht ermittelt.

Nr. 109

Leopold Ranke an Heinrich Ranke[1]

V: GStA PK VI. HA Nl Hoeft Nr. 10 (Abschrift)
G: Nachlaß Etta Hitzig (nicht erhalten)
D: L. v. Ranke, Neue Briefe, S. 25–26

⟨Frankfurt an der Oder, 24. Februar 1822.⟩[a]

Ostern[2] nach Wittenberg.[3] Lies erst das Übrige.[4]

Von dem schönen Platz auf dem linken Damm komm' ich grad, wo die Stadt wie über dem See zu liegen scheint, aus demselben Sonnenschein, in dem ich mit Dir vor 8 Tagen auf dem Berg über der Schäferey[5] stand. Nun bist Du bey den Eltern[6]. Bist Du auch ein guter Bote von Dingen, die man Dir nicht sagt? Wie ich Dir an Vater und Mutter so eigentlich nichts aufgetragen, hoffe aber, Du richtest es alles aus, was ich meinen könnte. Langsam sah ich den Postwagen fortrollen; gar zu gern im Freyen hätt ich von Dir Abschied genommen; ich wollt' ihm noch nach, aber Du hattest Dich hintergesetzt, und warst schon im Fußsack; schlich ich allein heim. Den Abend kam ich zur Ahlemann[7]: sie konnte die Thräne nicht halten; nun würde sie Dich nicht mehr zu Bett gehn hören und die Thür schließen, was ihr Schlaf bis jetzt immer abgewartet habe, eh er gekommen; und die schönen Abende, wo ihre Seele sich oft wunderbar erhoben, kämen nicht wieder. Gleich am Morgen hatte Caroline[8] sie besucht, ob sie gesund sey. Denn sie hatte ein krampfhaftes Gefühl in der That gehabt bey Deinem Abschied. Aber sie ist ganz munter wieder, und sehr schreiblustig, doch der Arzt[9] verbietets.

[a] Heinrich Ranke hatte die Reise am 16. Februar 1822 angetreten (vgl. F. H. Ranke, Jugenderinnerungen, S. 214) und war am 20. Februar 1822 in Wiehe eingetroffen (vgl. Nr. 110). Hoeft datiert den Brief im Druck auf März 1822 (vgl. L. v. Ranke, Neue Briefe, S. 25).

[1] Heinrich Ranke (1798–1876), Bruder Leopold Rankes.
[2] Der Ostersonntag fiel 1822 auf den 7. April.
[3] Vgl. Nr. 114.
[4] Eventuell beiliegende, ältere Briefe.
[5] Schäferberg, westlich des Stadtzentrums von Frankfurt an der Oder bei Booßen.
[6] Gottlob Israel (1762–1836) und Friederica Wilhelmina Ranke, geb. Lehmicke (1776–1836).
[7] Friederike Wilhelmine Ahlemann, geb. Schultze (1772–1843), Direktorin einer höheren Bildungsanstalt für Mädchen in Frankfurt an der Oder, Vertraute Leopold Rankes.
[8] Caroline Beer (1791–1851), Vertraute Leopold Rankes in Frankfurt an der Oder.
[9] Eventuell der mit Friederike Wilhelmine Ahlemann befreundete Dr. Friedrich Wilhelm Hohnhorst (1777–1858).

Gestern hat Caroline Dein Testament[10], und meinen Johannes[11] bekommen. Sie sagt, sie würd im Buch Deiner Seele oft begegnen.[12] Sie könnte im Herzen nun alle unsre Festtäge mit feyern. Ich war erst in Versuchung, die guten Festtäge verkleben zu lassen, aus Scham, ich weiß nicht, was mich am End abgehalten hat.

Weißt Du⟨,⟩ daß mir Müller[13] schon geschrieben hat, u⟨nd⟩ Programm[14] sammt Wochenblatt zugeschickt? Er ist erschrocken, wie er meine Stimme zu hören vermeint, und im Zwielicht freylich eine andre Gestalt gesehen. Du mußt dieß treue Herz erkannt haben.

Ist schon solcher Frühling im Thal wie hier? Die Lerchen singen um die Wette im Kornbusch, und die Zweige hinan quillt der Saft in den Bäumen. Gott mit Dir⟨.⟩

L⟨eopold⟩.

[10] Eventuell handelte es sich um: Das Neue Testament unsers Herrn und Heylandes Jesu Christi nach der Teutschen Uebersetzung Martin Luthers mit jeden Capitels neuen Summarien auserlesenen richtigen Schrift-Stellen und beygefügtem Register der sonn- und festtäglichen Evangelien und Episteln auf das sorgfältigste ausgefertigt. Frankfurt am Main 1812; unter den „Fest-Tägen" finden sich dort auch die Geburtstage der Brüder Leopold (21. 12., Gedenktag des Apostels Thomas) und Heinrich (30. 11., Gedenktag des Apostels Andreas).

[11] Nicht ermittelt.

[12] Eventuell auf Grund persönlicher Eintragungen aus der Feder von Heinrich Ranke.

[13] Gottlob Wilhelm Müller (1790–1875), Rektor des Lyceums in Torgau, wie Leopold Ranke Schüler von Johann Gottfried Jakob Hermann und Mitglied der „Societas Graeca".

[14] Wohl das gedruckte Programm des Lyceums in Torgau aus dem Jahr 1821, in dem Müller einen Beitrag mit dem Titel „Versuch einer allgemeinen Einleitung zur Sprachlehre, oder Ableitung und Erklärung der sprachlichen Grundbegriffe und Kunstausdrücke" veröffentlichte.

Nr. 110

Gottlob Israel[1] und Friederica Wilhelmina Ranke[2] an Leopold Ranke

V: GStA PK VI. HA Nl Hoeft Nr. 1 (Abschrift)
G: GStA I. HA Rep. 92 L. v. Ranke Nr. 26 (nicht erhalten)

⟨Wiehe,⟩ den 26. Febr⟨uar 18⟩22.

Ich benachrichtige Dich, geliebter Sohn, daß unser guter Heinrich[3] am 20sten d⟨es⟩ M⟨ona⟩ts gesund und wohl bei uns eingetroffen ist, und wir die schöne Hofnung haben, ihn auf eine längere Zeit bei uns zu haben und zu behalten, bis zum Antritt seiner anderweiten Bestimmung in Wittenberg, woselbst er sich noch mehr auszubilden bestreben wird zum Predigt Amt.[4]

Heinrich war über Halle gereiset, hatte daselbst Ferdinanden[5] gesprochen und konte uns nun, so wie auch dessen Wirth (John Müller[6]⟨)⟩ aus Halle, welcher Heinrich hergefahren, uns die erwünschte Nachricht ertheilen, daß Ferdinand an dem großen Tumult der Studenten[7] gar keinen Antheil genommen, indem derselbe glücklicher Weise vorher eine Reise nach Mühlberg gemacht.[8] Du hast durch Heinrich uns Hofnung zu Deinem baldigen Besuch gemacht. Wir freuen uns darüber herzlich und wünschen Dir zu dieser Anherreise im voraus schon von ganzem [Herzen] Glük. Zukünftige Ostern hoffen wir⟨,⟩ alle unsre lieben Söhne wieder einmal

[1] Gottlob Israel Ranke (1762–1836), Vater Leopold Rankes.
[2] Friederica Wilhelmina Ranke, geb. Lehmicke (1776–1836), Mutter Leopold Rankes.
[3] Heinrich Ranke (1798–1876), Bruder Leopold Rankes.
[4] Vgl. F. H. Ranke, Jugenderinnerungen, S. 213–214.
[5] Ferdinand Ranke (1802–1876), Bruder Leopold und Heinrich Rankes, Student in Halle.
[6] Nicht ermittelt.
[7] Am 19. Januar 1822 hatte der Minister die Selbstauflösung der als Burschenschaft angesehenen „Gesellschaft auf der Quelle" gefordert. Ihre 219 Mitglieder führten sich tadellos, und man sah diese Forderung zunächst als Privileg an. Als die Gesellschaft ihren genehmigten Abschiedskommers halten wollte, schritt Georg Hartmann von Witzleben, der Regierungsbevollmächtigte an der Universität Halle (vgl. Nr. 208), dennoch polizeilich ein. Daraufhin warfen die gekränkten jungen Männer dem Regierungsbevollmächtigten am 4. Februar 1822 die Scheiben ein und wanderten zusammen mit anderen organisierten Studenten am 7. Februar nach Ammendorf aus. Am 9. Februar durften sie ohne Waffen, aber unbehelligt wieder in die Stadt einziehen (vgl. Schrader, Universität Halle, S. 106–107).
[8] Wohl um dort Otto (1800-nach 1843) und Eduard Mehner (1802–1856) zu besuchen, die aus Mühlberg stammten und die Ferdinand und Wilhelm Ranke aus ihrer Schulzeit in Pforta kannten; beide Brüder Mehner studierten in Leipzig, Otto Mehner seit Mai 1819 Jura, Eduard Mehner seit Juni 1821 Theologie, nach seinem Wechsel nach Halle war Eduard Mehner darüber hinaus in Halle der „Stubenbursche" von Ferdinand Ranke (vgl. Hoffmann, Pförtner Stammbuch, Nr. 8689, 8704 und 8738, S. 349 und 351; Blecher / Wiemers, Matrikel Leipzig, Bd. 1, S. 152, Nr. 0031 und S. 205, Nr. 0031, S. 176 Nr. 0197 und S. 235 Nr. 0197; K. F. Ranke, Leben in Briefen, S. 43).

beisammen zu sehen, denn auch Ferdinand und Wilhelm[9] haben ihren Besuch schon angekündiget, Mutter⟨,⟩ Bruder[10] und Schwestern[11] lassen Dich herzlich grüßen, und ich bin wie allezeit

Dein
Dich liebender Vater
Ranke.

Auch ich Grüße Dich herzlich⟨,⟩ lieber Sohn⟨.⟩ ich freue mich sehr⟨,⟩ das⟨s⟩ Heinrich bei uns ist und das⟨s⟩ Er die schöne Nachricht mit gebracht hat⟨,⟩ das⟨s⟩ Du auch balt kömst⟨.⟩ Grüße die gute Ahleman[12]⟨.⟩ es thut mir sehr leit⟨,⟩ das⟨s⟩ Sie so krank ist⟨.⟩ Gott schenke Ihr doch balt Gesundheit und Kräfte wieder⟨.⟩ vieleicht bringst Du uns die erfreuliche Nachricht mit⟨,⟩ das⟨s⟩ Sie gesund ist⟨.⟩ auch der guten Carlina[13] empfihl uns⟨.⟩ Rosalia und Ernst laßen Sich schöne bedanken.

Deine Treüe Mutter⟨.⟩

[9] Wilhelm Ranke (1804–1872), Bruder Leopold Rankes, Schüler in Pforta.
[10] Ernst Constantin Ranke (1814–1888).
[11] Johanna (1797–1860) und Rosalie Ranke (1808–1870).
[12] Friederike Wilhelmine Ahlemann, geb. Schultze (1772–1843), Vertraute Leopold Rankes in Frankfurt an der Oder.
[13] Caroline Beer (1791–1851), Vertraute Leopold Rankes in Frankfurt an der Oder.

Nr. 111

Ferdinand Ranke[1] an Leopold Ranke

V: GStA PK VI. HA Nl Hoeft Nr. 1 (Abschrift)
G: GStA I. HA Rep. 92 L. v. Ranke Nr. 26 (nicht erhalten)
TY: GStA PK VI. HA Nl Hoeft Nr. 37 Kart. 2

Halle⟨,⟩ den 6ten März ⟨1822⟩.[a]

Theuerster Bruder,
Auch Dir wird unser guter Heinrich[2] geschrieben haben,[3] wen aus unserer nahen Anverwandschaft Gott zu sich gerufen hat. Liebhold[4] war ein recht seelenguter Mann; einmal sah ich ihn, wo er mir ganz herrlich erschien; da, wo er mich einmal sah, und sich erinnerte an meine Feyer des Geburtstages unseres Vaters[5], da weinte er so sehr, als wenn es eben erst geschähe. Es hat mich recht traurig gemacht. –
Sonst bin ich hier sehr fröhlich und glücklich. Dazu trägt am meisten Raumer[6] bey, den ich durch Heinrich kennen gelernt habe. Dieß ist ein ganz herrlicher Mann, auch Heinrich wird Dir von ihm schreiben. Er giebt mir sehr schöne Bücher in die Hände; und in seiner Familie[7] ist es so, daß es[b] gewiß jeder andern zum Muster dienen könnte. Sonntags Nachmittags gehe ich zu ihm mit noch mehreren andern Studenten. Da lesen wir Schriften über Schule und Erziehung mit ihm, zuerst Pestalozzi[8], dann

[a] Die Datierung folgt den Angaben Hoefts.
[b] In der Vorlage ursprünglich: „da [sie]“.

[1] Ferdinand Ranke (1802–1876), Bruder Leopold Rankes.
[2] Heinrich Ranke (1798–1876), Bruder von Leopold und Ferdinand Ranke.
[3] Brief nicht ermittelt.
[4] Johann Friedrich Gottlob Liebhold (1774–1822), Kaufmann in Querfurt, Onkel von Leopold und Ferdinand Ranke, seine Ehefrau war die Taufpatin von Heinrich Ranke.
[5] Gottlob Israel Ranke (1762–1836), er wurde am 22. Juni geboren.
[6] Karl Ludwig Georg von Raumer (1783–1865), Professor für Mineralogie in Halle.
[7] Friederike von Raumer, geb. Reichardt (1790–1869), Ehefrau von Karl Ludwig Georg von Raumer, und seine Kinder Dorothea Sophie Luise (1812–1848), Rudolf Heinrich Georg (1815–1876) und Hans von Raumer (1820–1851); daneben wohnten zu diesem Zeitpunkt auch noch Raumers Schwiegermutter, Johanna Wilhelmine Dorothea Reichardt, verw. Hensler, geb. Alberti (1755–1827), und seine Schwägerin Sophie Reichardt (1795–1838) in Giebichenstein (vgl. K. Raumer, Leben, S. 289).
[8] Johann Heinrich Pestalozzi (1746–1827), Sohn von Johann Baptist Pestalozzi (1718–1751), Chirurg in Zürich, und Susanne Pestalozzi, geb. Hotze (1720–1796), 1751 Elementarschule, ab 1754 Lateinschule am Frauenmünster und am Großmünster sowie Collegium Humanitatis in Zürich, 1763 Studium der Philologie und Philosophie am Collegium Carolinum in Zürich, 1764 Mitglied der Helvetischen Gesellschaft zur Gerwe, 1765 Abbruch des Studiums, Kontakte zu Johann Caspar Lavater (1741–1801) und Johann Heinrich Füssli (1741–1825), 1768 einjährige landwirtschaftliche Lehrzeit, 1769 Hochzeit mit Anna Schulthess (1738–1815) und Gründung des „Neuhof“ bei Birr (Kanton Aargau), 1774 wurde

[c]Harnisch[c9]. Dieß ist sehr gut für mich, da habe ich doch einen Gegensatz zu Reisig[10], und werde mit Allem dem bekannt, was mir sehr nützlich sein kann. Nachher gehen wir zu seiner Familie, und singen geistliche und an-

c–c In der Vorlage unterstrichen.

der Neuhof zu einer Anstalt, die „armen Kindern Auferziehung und Arbeit" (NDB) geben sollte, 1780 mußte die Anstalt aufgegeben werden, publizistische Tätigkeit, 1783 Aufnahme in den Illuminaten-Orden, 1798 Redakteur des „Helvetischen Volksblatts" und Gründung einer Armenanstalt für Waisen in Stans (Kanton Nidwalden), 1799 Verlegung nach Burgdorf (Kanton Bern), hier Errichtung eines „Lehrerseminars", 1803 Verlegung nach Münchenbuchsee (Kanton Bern), 1804/05 nach Yverdon-les-Bains (Kanton Waadt), 1825 löste Pestalozzi die Anstalt auf und zog sich nach Neuhof im Birrfeld zurück; von der 15bändigen Ausgabe „Pestalozzi's sämmtliche Schriften", die von 1819 bis 1826 im Verlag der Cotta'schen Buchhandlung erschien, lagen 1822 insgesamt neun Bände vor. Die Ideen des Schweizer Pädagogen gehörten zu den Grundlagen der Humboldtschen Bildungsreform; Karl Ludwig Georg von Raumer hatte sich, wie zahlreiche andere Pädagogen aus ganz Europa, für mehrere Monate bei Pestalozzi in Yverdon aufgehalten (vgl. Nr. 74; vgl. ausführlich Wagner, Einführung der Pestalozzischen Methode in Preussen).

9 Christian Wilhelm Harnisch (1787–1864), Sohn von Joachim Christoph Harnisch (1755–nach 1822), Schneider-Meister in Wilsnack, und Catharina Sophia Harnisch, verw. Busse, geb. Hopf (1747–1810), 1800 Gymnasium in Salzwedel, Ostern 1806 Studium der Theologie in Halle, Herbst 1806 Hauslehrer in Klein-Leppin bei Wilsnack, Herbst 1807 Studium der Theologie in Frankfurt an der Oder, 1809 Hauslehrer auf dem mecklenburgischen Gut Dannenwalde bei der Familie von Ferdinand Heinrich Thomas von Waldow (1765–1830), preußischer Major und Vize-Erblandmarschall der Herrschaft Stargard, und Albertine von Waldow, geb. von Junck (1774–1854), die „nach Rousseau erzogen" und in erster Ehe mit dem Dichter Franz Alexander von Kleist verheiratet gewesen war (vgl. Mein Lebensmorgen. Nachgelassene Schrift von Wilhelm Harnisch. Zur Geschichte der Jahre 1787–1822. Hrsg. von H. E. Schmieder. Berlin 1865, S. 151), Weihnachten 1809 Lehrer an der Plamannschen Anstalt in Berlin, wo nach Pestalozzis Methoden unterrichtet wurde und auch Friesen und Jahn als Lehrer tätig waren, Beteiligung an der Einrichtung des Fechtbodens, des Turnplatzes und der Schwimmanstalt in Berlin, führendes Mitglied des „Deutschen Bundes", Herbst 1810 Studium der Philosophie in Berlin bei Fichte, Frühjahr 1812 Promotion zum Dr. phil. in Wittenberg, Mai 1812 Lehrer am evangelischen Schullehrerseminar in Breslau, Hochzeit mit Maria Ulrike Tusch (1789–1842), Tochter von Carl Tusch, Gutsherr in Russisch-Litauen, 1813 Beteiligung an der Errichtung des Lützowschen Freikorps, Frühjahr 1815 Errichtung eines Turnplatzes in Breslau nach dem Vorbild der Berliner Hasenheide, 1822 Direktor des Lehrerseminars in Weißenfels, 1842 Pfarrer in Elbeu bei Wolmirstedt, 1852 Hochzeit mit Sophie Pauline Künzel (1815–nach 1864), Tochter von Christian Gottfried Künzel (1776–1861), Pfarrer in Benndorf bei Merseburg, und Erdmuthe Sophia Künzel, geb. Heukenrott, 1856 Superintendent, 1861 wegen eines Nervenleidens Ruhestand (vgl. ELAB Berlin, Sophienkirche, Trauungen 1812; ELAB Wilsnack, Taufen, 1787; ELAB Wilsnack, Trauungen 1780; ELAB Wilsnack, Bestattungen 1810 und 1822; Archiv KPS Elbeu, Trauungen 1852; Archiv KPS Elbeu, Bestattungen 1864; Pfarrerbuch Kirchenprovinz Sachsen, Bd. 5, S. 227); Harnisch verfaßte zahlreiche pädagogische Schriften, darunter etwa ein Buch über „Das Turnen in seinen allseitigen Verhältnissen" (1819) oder ein „Handbuch für das deutsche Volksschulwesen" (1820), das bis 1893 mehrere Auflagen erfuhr.

10 Karl Christian Reisig (1792–1829), außerordentlicher Professor der alten Literatur in Halle, wie Leopold Ranke Schüler Johann Gottfried Jakob Hermanns und Mitglied der „Societas Graeca".

dere Lieder zum Pianoforte; und dann essen wir mit ihnen.[11] – Nun höre ich auch Crystallographie bey ihm und sehe ihn Alle Tage.
Alle vier Wochen gehe ich zur Erholung Sonnabends mit meinem Stubenburschen[12] zu dessen Aeltern[13], die in Mücheln sind, welches Du ja wohl von Deinen Reisen von Leipzig nach Wiehe kennst, wo Heydenreich[14] ist; und Sonntags kehre ich wieder zurück. Auch da habe ich schon manche glückliche Stunde verlebt; die Leute sehen mich gern und sind sonst sehr gut, so daß es mir immer eine wahre Erholung ist und mich stärkt zu meinen künftigen Arbeiten.
So lebe ich immer ruhig fort, mische mich in gar keine Verhältnisse unter den Studenten, weiß auch gar nicht, was für welche hier sind.
In vierzehn Tagen bin ich bei dem lieben Heinrich, und bald, mein[d] Bruder, erwarte ich auch Dich.

[d] Im Typoskript folgt „lieber".

[11] Eine retrospektive Schilderung des Lebens in Giebichenstein findet sich in K. Raumer, Leben, S. 49–54.

[12] Christoph Ottomar Harnisch (1802–1865), Sohn von Johann Christoph Harnisch (1762–1839), Gerichtsdirektor in Oechlitz und Krumpa, und Henrietta Friederika Harnisch, geb. Schulze (1773–vor 1839), 1814 Landesschule Pforta, 1820 Studium der Theologie in Halle, wie Wilhelm Ranke, Mitglied in der Quellengesellschaft, 1826 Zweites Theologisches Examen, 1826 Vicar ordinatus am Dom in Merseburg, 1827 Pfarrer in Obernessa, Kreis Weißenfels, 1835 Hochzeit mit Johanne Sophie Friederike Hermine Rabe (* 1812), Tochter von Friedrich Carl Heinrich Rabe (1783–nach 1855), Erb-, Lehn- und Gerichtsherr auf Schleinitz, und Caroline Sophie Rabe, geb. Goetze (1784–1855), Propst in Schkölen (vgl. Archiv KPS Obernessa, Trauungen 1835; Archiv KPS Kistritz, Bestattungen 1855; Archiv KPS Mücheln, Taufen 1773; Hoffmann, Pförtner Stammbuch, Nr. 8686, S. 348; Lönnecker, Mitglieder der Halleschen Burschenschaft, Nr. 658, S. 150; Pfarrerbuch Kirchenprovinz Sachsen, Bd. 3, S. 518); Harnisch war ein halbes Jahr vor Ferdinand Ranke in Pforta eingetreten und hatte bereits ein Jahr vor diesem in Halle sein Studium aufgenommen, trotzdem bezeichnet Ferdinand Ranke ihn auch in seiner Autobiographie als seinen „Stubenburschen" (K. F. Ranke, Leben in Briefen, S. 43).

[13] Johann Christoph Harnisch (1762–1839), aus Merseburg gebürtig, 1783 Studium der Rechte in Leipzig, danach Advokat, kursächsischer Gerichtsdirektor in Oechlitz und Krumpa, nach 1815 preußischer Justizkommissar und Justitiar, zeitweise auch Bürgermeister in Mücheln; und Henrietta Friederika Harnisch (1773–vor 1839), geb. Schulze, Tochter von Jakob Heinrich Schulze (1728–1788), Diakonus in Mücheln, und Christiane Dorothea Schulze, geb. Kanne (vgl. Archiv KPS Mücheln, Taufen 1787; Archiv KPS Mücheln, Bestattungen 1839; Pfarrerbuch Kirchenprovinz Sachsen, Bd. 8, S. 114–115).

[14] Carl Friedrich August Heydenreich (1754–1827), Sohn von Friedrich Erdmann August Heydenreich (1717–1768), Oberpfarrer in Schafstädt bei Querfurt, und Christine Sophie Heydenreich, geb. Jacobi, 1773 Studium der Theologie in Leipzig, 1776 Hauslehrer in Freyburg an der Unstrut, 1789–1824 Diakonus in Mücheln (vgl. National-Zeitung der Deutschen, 27. Januar 1819, Sp. 66; Pfarrerbuch Kirchenprovinz Sachsen, Bd. 4, S. 186–187); Bruder von Karl Heinrich Heydenreich (1764–1801), Professor der Philosophie in Leipzig und Mitglied der Freimaurerloge „Minerva zu den drei Palmen" (vgl. Förster, Matrikel Minerva, Nr. 722), Johann Heinrich Christian Heydenreich (1776–1808), Amtsactuarius in Querfurt, und Friedrich Erdmann August Heydenreich (1763–1847), Oberpfarrer in Merseburg; eventuell auch Bruder von Wilhelm Heinrich Heydenreich, Criminalactuarius in Liebenwerda.

Noch eins; ich habe einen Student [e]Hennig[e][15] jetzt kennen gelernt, der eben seinen Examen in Halle als Philolog macht. Er hatte gehört, daß eine Stelle in Frankfurt offen sey, die, die Heinrich bekommen sollte;[16] und da er hörte, daß ich einen Bruder in Frankfurt hätte, bat er mich, doch Dich zu fragen, ob die Stelle noch offen sey oder nicht, damit er sich nicht etwa vergebens darum bemühte. Wenn Du nun könntest nur mit einem Worte gleich nach Empfang dieses Briefes mir schreiben, ob die Stelle noch offen ist, oder nicht, so thätest Du ihm einen großen Gefallen. Du brauchst es ja nur mit einem Wort zu thun, denn wir kommen ja so bald zu einander; aber ja gleich, damit mich der Brief noch trifft.

So leb denn wohl, mein Bruder, und behalte mich lieb bis auf Wiedersehn.

Dein
Dich herzlich liebender Bruder
Ferdinand.

[e–e] In der Vorlage unterstrichen.

[15] Eventuell Johann Christian Jacob Hennige (1798–1863), Sohn von Martin Jakob Hennige (1760–1842), Strumpfwirker-Meister, und Johanna Magdalena Rosine, geb. Dittmar (1766–1842), 1808 Dom-Gymnasium in Magdeburg, 1818 Einjährig-Freiwilliger beim Infanterie-Regiment Nr. 26 in Magdeburg, 1819 Studium der Philologie und Mathematik in Halle, Mitglied der „Homiletischen Gesellschaft“, Sommer 1822 Lehrer am Gymnasium in Stendal, Herbst 1822 Lehrer, 1833 Prorektor, 1835 Professor am Pädagogium des Klosters Unser Lieben Frauen in Magdeburg, 1836 Hochzeit mit Ottilie Grüel (um 1804–1845), Tochter von Carl Sigismund Grüel (1772–1855), Oberregierungsrat in Magdeburg, und Schwester von Carl Maximilian Grüel (1807–1874), von 1848–1849 Mitglied der Frankfurter Nationalversammlung, 1847 Eintritt in die Freimaurer-Loge „Ferdinand zur Glückseligkeit“, 1848 Hochzeit mit Emilie Hermes (1821–1900), Tochter von Johann August Friedrich Hermes, Hofrat in Magdeburg, 1852 Eintritt in die Freimaurer-Loge „Friedrich zur grünenden Linde“, 1853–1855 substituierter Redner, 1855 Oberredner (vgl. GStA PK I. HA Rep. 76 VI Sekt. XI z Nr. 19 Bd. 4).

[16] Die Anstellung Heinrich Rankes als Lehrer am Friedrichs-Gymnasium in Frankfurt an der Oder war im November 1821 vom Ministerium der Geistlichen, Unterrichts- und Medizinal-Angelegenheiten nicht gestattet worden, da sich der Bruder von Leopold Ranke „durch seine früheren Verbindungen verdächtigt gemacht“ hatte (vgl. F. H. Ranke, Jugenderinnerungen, S. 208). Im Schulprogramm des Friedrichs-Gymnasiums in Frankfurt an der Oder von 1822 heißt es dazu: „Die Aussicht, welche wir in dem letzten Programme eröffneten, den Schulamtskandidaten Rancke d. J. als Lehrer an unserm Gymnasium angestellt zu sehen, ist nicht in Erfüllung gegangen, da das Königl. Ministerium der Wahl die Bestätigung versagte. Die kurze Zeit, wo Herr Rancke bei uns lehrte, wirkte er mit sichtbarem Erfolge, und Lehrer und Schüler, ja nicht wenige andere angesehene Bewohner unserer Stadt, sahen ungern einen Mann scheiden, der ihnen durch seinen liebevollen Charakter und seinen Eifer für den Jugendunterricht werth geworden war. Sein Abgang wurde dadurch noch schmerzhafter, daß wir eine Vakanz von 9 Monaten zu erdulden bekamen“ (Programm Friedrichs-Gymnasium 1822, S. 32). Heinrich Rankes Nachfolger wurde der Philologe Heinrich Friedrich Reinhardt (1797–1870), wie der Direktor des Friedrichs-Gymnasiums, Ernst Friedrich Poppo, und Leopold Ranke ein Schüler von Johann Gottfried Jakob Hermann und Mitglied der „Societas Graeca“; er war drei Monate nach Heinrich Ranke in Pforta eingetreten, hatte aber im Gegensatz zu diesem dort seine Abschlußprüfung abgelegt (vgl. Nr. 125).

Nr. 112

Leopold Ranke an Ferdinand Ranke[1]

V: GStA PK VI. HA Nl Hoeft Nr. 1 (Abschrift)
G: GStA I. HA Rep. 92 L. v. Ranke Nr. 23 (nicht erhalten)
D: L. v. Ranke, Neue Briefe, S. 21

⟨Frankfurt an der Oder, nach dem 6. März 1822.⟩[a]

Du empfängst, lieber Ferdinand, das Wort, nach dem Du verlangt, daß hiesige Stelle noch unbesetzt ist, aber zwey Bewerber hat, einen aus Leipzig[2] u⟨nd⟩ einen aus Berlin[3], und wollte Hennig[b][4] anhalten, so müßte er Ein Schreiben ans Consistorium in Berlin, und eins an das Curatorium hiesiger Schule senden (Ist er den gut?;) u⟨nd⟩ weiter nichts, als noch einen Gruß an Dich und wenn Du willst an Raumern[5], den ich vor vielen ehre und liebe.

Sey froh, glücklich u⟨nd⟩ fleißig, aber gewiß in Wiehe, wenn ich komme[6].

Leopold R⟨anke⟩.

[a] Hoeft datiert den Brief auf „1821 vor März Mitte"; die neue Datierung erfolgt im Hinblick auf Nr. 111.

[b] In der Vorlage „Heinrich"; wohl Lesefehler Hoefts.

[1] Ferdinand Ranke (1802–1876), Bruder Leopold Rankes.

[2] Heinrich Friedrich Reinhardt (1797–1870), der wie der Direktor des Friedrichs-Gymnasiums, Ernst Friedrich Poppo, und Leopold Ranke in Leipzig bei Johann Gottfried Jakob Hermann studiert hatte und wie diese Mitglied der „Societas Graeca" war; Reinhardt war Ferdinand Ranke zudem aus Pforta bekannt, da er nur drei Monate nach Heinrich Ranke in Pforta eingetreten war (vgl. Nr. 125).

[3] Nicht ermittelt.

[4] Johann Christian Jacob Hennige (1798–1863), Student der Philologie und Mathematik in Halle.

[5] Karl Ludwig Georg von Raumer (1783–1865), Professor für Mineralogie in Halle.

[6] Leopold Ranke reiste zum Osterfest 1822 nach Wiehe, wo er nicht nur seinen Bruder Ferdinand Ranke traf, sondern auch an einem Gottesdienst teilnahm, bei dem sein Bruder Heinrich Ranke predigte (vgl. F. H. Ranke, Jugenderinnerungen, S. 216–217).

Nr. 113

Leopold Ranke an Friederica Wilhelmina Ranke[1]

V: GStA PK VI. HA Nl Hoeft Nr. 10 (Abschrift)
G: Nl Etta Hitzig (nicht erhalten)
D: L. v. Ranke, Neue Briefe, S. 27–28

⟨Frankfurt an der Oder, Mitte April 1822.⟩[a]

Liebe Mutter,
Hat Dir denn nur Dietzsch[2] erzählt, wie mirs zwischen der Wespe[3] und Bubra[b] gegangen? Denn allzuschlecht saß der Mantelsack,[4] er küppte herüber und hinüber. Bald fand[c] ich⟨,⟩ er[d] ziehe den Sattel nach sich. Endlich beugt sich der Mantelsack ganz nach rechts: ich gab ihm einen Ruck nach links: aber Gurt und Sattel fuhren mit, und ich war froh, wie ich auf den Füßen stand, auf der Erde. Ich sah, nur an wenigen Fäden hing der Gurt noch zusammen. Sollt' ich mich aufsetzen? Leitend wollt' ich zu Fuß zur Wespe zurück⟨,⟩ aber kaum zwey Schritt, so riß der Gurt. Mantelsack und Sattel lagen unten, und ich hielt es nebst Pferd in meiner Hand. Ich sah Niemand, als einige Weiber in der Ferne. Und rief laut. Da sah ich Einen übers Feld setzen. Und erkannte bald den Kober[5] und den Dietzsch. Er

[a] Datiert nach der Angabe Hoefts im Druck und im Hinblick auf die Ausführungen von Leopold Ranke im folgenden Brief (vgl. Nr. 114).
[b] Wohl Lesefehler, im Druck von Hoeft auf „Bibra" korrigiert; Bibra im damaligen Kreis Eckartsberga (vgl. Naumann, Eckartsberga, S. 309–317).
[c] In der Vorlage „stand"; im Druck: „fand".
[d] Verbesserung von Hoefts Hand, ursprünglich „und".

[1] Friederica Wilhelmina Ranke, geb. Lehmicke (1776–1836), Mutter Leopold Rankes.
[2] Der Pferdeknecht der Familie Ranke mit dem Namen „Dietsch" wird sowohl in den Erinnerungen von Heinrich Ranke (F. H. Ranke, Jugenderinnerungen, S. 72) als auch der Autobiographie von Ernst Constantin Ranke (Hitzig, Ernst Constantin Ranke, S. 10–11) erwähnt; letzterer bezeichnet ihn als „unseren alten Knecht". Dies spräche für den um 1752 geborenen Andreas Dietsch, doch starb dieser bereits am 23. September 1818; dementsprechend müßte es sich bei dem erwähnten Dietsch um einen seiner Söhne — etwa Johann Gottlob Dietsch (1784–1845) — handeln, doch war dieser 1822 erst 38 Jahre alt, was der zu diesem Zeitpunkt siebenjährige Ernst Constantin Ranke als „alt" empfunden haben mag (vgl. Archiv KPS Wiehe, Taufen 1784; Archiv KPS Wiehe, Bestattungen 1818 und 1845); sollte es sich bei der erwähnten Person doch um Andreas Dietsch handeln, wäre der Brief wohl auf 1818 zu datieren.
[3] Gasthof bei Bibra im damaligen Kreis Eckartsberga (vgl. Extra-Blatt zum Zehnten Stück des Amts-Blattes der Königlichen Regierung zu Merseburg, 19. März 1821, S. 89).
[4] „Mantelsack, zylindrisches od. viereckiges Behältniß von Leder od. Tuch, an der langen Seite mit einer Klappe zu öffnen. Man schnallt den M. dem Reitpferd hinter dem Sattel auf den Rücken, um darin allerlei Sachen auf der Reise bei sich zu führen." (Pierer's Universal-Lexikon der Vergangenheit und Gegenwart oder Neuestes encyclopädisches Wörterbuch der Wissenschaften, Künsten und Gewerbe, Bd. 10, Altenburg 1860, S. 841).
[5] Rückengestell für einen großen Rucksack bzw. Rückengepäck.

nahm den Mantelsack, das Pferd empfieng den Sattel, und ich führte das Pferd; so kamen wir nach Bubra[e].

Aber außerdem reist ich sehr schön. Von Naumburg mit dem Mahler Laffer[f6], und seiner Mutter[7], die aus Querfurt gebürtig ist,[8] und Hennings Lorchen, es ist die Neuberten[9], sehr gut kennt, was mir eine Freude war. Von Leipzig fuhr ich in dem schönsten Wagen ganz allein nach Berlin. Von da vorn sitzend recht gut hierher.

Und aß Abends aus der Ahlemann[10] Küche, und erfreute sie so mit Euren Briefen, daß sie behauptet, sie habe die Nacht nicht schlafen können vor Vergnügen.

Nun leb wohl⟨,⟩ liebe Mutter. Von Herzen grüß' ich Hannchen[11] und Ernsten[12] und Röschen[13].

Leopold.

[e] Wohl Lesefehler, im Druck von Hoeft auf „Bibra" korrigiert.
[f] Im Druck: „Lesser".

[6] Nicht ermittelt.
[7] Nicht ermittelt.
[8] Auch Leopold Rankes Mutter war in Querfurt aufgewachsen.
[9] Christina Eva Eleonore Neubert, geb. Henning, verw. Stäßner (1760–1838); war in zweiter Ehe mit Johann Christian Adam Neubert (1766–1838) verheiratet (freundliche Auskunft von Gottfried Braasch, 25.8.2010, 6.12.2011).
[10] Friederike Wilhelmine Ahlemann, geb. Schultze (1772–1843), Direktorin einer höheren Bildungsanstalt für Mädchen in Frankfurt an der Oder, Vertraute Leopold Rankes.
[11] Johanna Ranke (1797–1868), Schwester Leopold Rankes.
[12] Ernst Constantin Ranke (1814–1888), Bruder Leopold Rankes.
[13] Rosalie Ranke (1808–1870), Schwester Leopold Rankes.

Nr. 114

Leopold Ranke an Heinrich Ranke[1]

V: GStA PK VI. HA Nl Hoeft Nr. 2 (Abschrift)
G: GStA I. HA Rep. 92 L. v. Ranke Nr. 7 (nicht erhalten)
D: L. v. Ranke, Neue Briefe, S. 28–29

⟨Frankfurt a. d. O., Mitte April 1822.⟩[a]

Lieber Heinrich,

Als Wilhelm[2] dem alten Ilgen[3] von dem Besuch sagt, den ich ihm zugedacht, meint er, heut' könn' er das Vergnügen wohl kaum haben, da er mit Inscripirenden[b] und ihren Vätern umlagert sey.[4] Auf den Rath der Andern blieb ich weg, und will es⟨,⟩ wenn du meinst und es nicht selbst thun willst, mit einem Brief versuchen.

Jacobi[5] wußte noch gar nicht, daß Du in Wiehe bist. Er vergaß ganz, wie er von seiner Hochzeit geschwiegen,[6] so traurig war er über Dein Stillschweigen.

Wie ich in Leipzig mit Richtern[7] in dem Wagen saß, der mich allein nach Berlin fahren sollte, Freytag Mittag, da wünscht' ich, lieber Heinrich, daß Du doch neben mir säßest, und wir führen in guten Gesprächen durch dieses Land voll aufgehenden Grünes und jungen Sonnenscheins, und ich lie-

[a] So die Datierung durch Hoeft; Bezug: Angabe bei F. H. Ranke, Jugenderinnerungen, S. 215, wo dieser berichtet, daß er an Heubner geschrieben habe, um nach Ostern in das Predigerseminar einzutreten. Dies verschob sich aber auf den Beginn des Wintersemesters.

[b] Im Druck stattdessen „Rezipienden"; diese Formulierung entspricht dem zeitgenössischen Sprachgebrauch (vgl. F. Ranke, Rückerinnerungen, S. 119).

[1] Heinrich Ranke (1798–1876), Bruder Leopold Rankes.

[2] Wilhelm Ranke (1804–1871), Schüler in Pforta.

[3] Karl David Ilgen (1763–1834), Rektor der Landesschule in Pforta.

[4] Die neuen Schüler wurden nach einer Prüfung im Lateinischen aufgenommen; die angedeutete Szene beschreibt ausführlich F. Ranke, Rückerinnerungen, S. 118–120. Auch Leopold Rankes Vater hatte seine Söhne begleitet (vgl. L. v. Ranke, Lebensgeschichte, S. 16, und F. H. Ranke, Jugenderinnerungen, S. 18). Angesichts der Formulierung im Text kommen von den Aufnahmeterminen des Jahres 1822 wohl nur zwei Tage als Termin für das geplante Treffen Rankes mit Ilgen in Frage, konkret: der 11. und 12. April 1822; zum Zeitpunkt des Herbst-Termins (7. und 8. Oktober 1822) hatte Wilhelm Ranke bereits die Landesschule in Pforta verlassen (vgl. Hoffmann, Pförtner Stammbuch, S. 364–366 sowie Nr. 8778, S. 353).

[5] Carl Friedrich Andreas Jacobi (1795–1855), enger Studienfreund Heinrich Rankes, Lehrer der Mathematik an der Landesschule in Pforta, Ferdinand Ranke war sein „Famulus".

[6] Jacobi hatte im Juli 1821 Augusta Friederika Koch (∗ 1800), Tochter von Johann Andreas Friedrich Koch (1749–1807), Pfarrer in Tonndorf und Tiefengruben, geheiratet (vgl. Archiv KPS Pforta, Trauungen, 1821; Meinhof, Pfarrerbuch Großherzogtum Sachsen(-Weimar-Eisenach), S. 556.

[7] Carl Anton Richter (1797–1827), Privatgelehrter und Lexikograph in Leipzig, ein Mitschüler Leopold Rankes in Pforta und ein enger Freund Heinrich Rankes.

ße Dich in Wittenberg. Aber ich fuhr allein, lesend, und singend, und war Sonnabend Mittag in Wittenberg, wo um Luthers[8] Bild[9] das Volk tauschte und mäkelte. Ich wollte in Deiner Sache zu Heubnern[10]; Breyther[c][11] versicherte mich; er habe die Confirmanden, und sey gar nicht zu sprechen. Der Kutscher hatte mir versprochen⟨,⟩ Sonntag um 12 in Berlin zu seyn. Wir fuhren gegen 2 in den Hof von Holland[12]. Natürlich, als ich zu Köpken[13]

[c] In der Vorlage folgt nach „Bey“ eine Lücke im Text und wird am Rand vermerkt: „Beyther?“; im Druck: „Breyther“.

[8] Martin Luther (1483–1546), Reformator.

[9] Das Luther-Denkmal in Wittenberg stand auf dem Marktplatz der Stadt. Seine Figur hatte Johann Gottfried Schadow geschaffen, während der Sockel von Karl Friedrich Schinkel entworfen worden war und der Baldachin auf eine Anregung des preußischen Kronprinzen Friedrich Wilhelm zurückging (vgl. Hans Mackowsky: Die Bildwerke Gottfried Schadows. Berlin 1951, S. 243–246). Das Denkmal war erst wenige Monate vor dem Besuch Rankes in Wittenberg am Reformations-Fest, dem 31. Oktober 1821, feierlich enthüllt worden (vgl. Wittenbergs Denkmäler der Bildnerei, Baukunst und Malerei, mit historischen und artistischen Erläuterungen hrsg. von Johann Gottfried Schadow. Wittenberg 1825, S. 119–125); die Festpredigt hierzu, die auch im Druck erschien, hatte der im Folgenden erwähnte Heinrich Leonhard Heubner gehalten (vgl. DBA 0531/22); den Grundstein des Luther-Denkmals hatte der preußische König Friedrich Wilhelm III. persönlich gelegt — am 31. Oktober 1817, dem Gedenktag zum 300jährigen Jubliäum der Reformation.

[10] Heinrich Leonhard Heubner (1780–1853), Sohn von Leonhard Heubner (1732–1783), Prediger in Lauterbach im Erzgebirge, 1793 Landesschule in Pforta, 1799 Studium der Theologie in Wittenberg, 1805 Privatdozent, 1808 zugleich Dritter Diakonus an der Stadtkirche, 1811 außerordentlicher Professor der Theologie, 1817 Dritter Direktor des neu eingerichteten Predigerseminars in Wittenberg, Dr. theol. h. c. in Halle, 1818 Hochzeit mit Charlotte von Brück (1799–1866), deren Schwester Luise (1803–1861) war ab 1823 Ehefrau von Richard Rothe (1799–1867), Gesandtschaftsprediger in Rom, Professor der Theologie in Wittenberg und Heidelberg, 1825 zugleich Archidiakonus, 1831 Superintendent, 1832 Erster Direktor des Predigerseminars in Wittenberg, 1842 Konsistorialrat (vgl. F. H. Ranke, Jugenderinnerungen S. 215; Hoffmann, Pförtner Stammbuch, Nr. 7937, S. 309).

[11] Carl August Breyther (1794–1854), Sohn von Wilhelm August Breyther (1760–1833), Pfarrer in Oberröblingen südlich von Sangerhausen, und Magdalena Beata Breyther, geb. Kenzelmann (1763–1845), 1808 Landesschule in Pforta, 1814 Studium der Theologie in Leipzig, 1818 Kollaborator am Gymnasium in Wittenberg, 1819 Dr. phil. in Halle, 1820 Erstes Theologisches Examen, 1822 Zweites Theologisches Examen, 1822 Pfarrsubstitut in Obhausen bei Querfurt, 1825 Hochzeit mit Johanna Sophia Henriette Fritzsche (1797–1841), Tochter von Johann Gottlob Fritzsche (1755–1825), Pfarrer in Obhausen, und Johanna Sophie Henriette Fritzsche, geb. Hüllmann (1763–1821), 1825 Pfarrer in Klosterhäseler bei Eckartsberga, 1842 Hochzeit mit Laura Wittholz (vgl. Archiv KPS Oberröblingen, Taufen 1794; Archiv KPS Oberröblingen, Bestattungen 1833 und 1845; Pfarrerbuch Kirchenprovinz Sachsen, Bd. 2, S. 55–56, Bd. 3, S. 156 und Bd. 4, S. 502; Hoffmann, Pförtner Stammbuch, Nr. 8484, S. 337; Bullmann, Denkwürdige Zeitperioden, S. 173); Mitschüler von Heinrich und Leopold Ranke an der Landesschule in Pforta.

[12] Ein Hotel der „II. Klasse“ in Berlin (vgl. Johann Christian Gädicke: Lexicon von Berlin und der umliegenen Gegend. Enthaltend alles Merkwürdige und Wissenswerthe von dieser Königsstadt und deren Gegend. Ein Handbuch für Einheimische und Fremde. Berlin 1806, S. 226).

[13] Wohl Georg Gustav Samuel Köpke (1773–1837), Sohn von Samuel Anastasius Christoph Köpke (1739–1798), Pfarrer in Medow bei Anklam, und Johanne Salome Köpke, geb. Has-

wollte, fand ich die Wohnung verschlossen, denn das Wetter war äußerst schön. Und den andern Morgen mußte ich weg. So daß in Deiner Sache gar nichts geschehen ist. Schreib jedoch, Lieber, ohne Verzug.
Eben sagte das Mädchen[14] zu Schönaichen[15]: „Der H⟨err⟩ D⟨oktor⟩ möchte wohl noch spät kommen," als ich auf der Treppe rief, da bin ich schon. Montag Abend. Einen Tag Schule hatt' ich doch versäumt. Du kannst leicht denken, daß meine Stube reinlich war und duftete. Aber denke! mit eignen Händen hat C⟨aroline⟩[16] das Sopha aufgepolstert, und den Überzug gewaschen, so daß es schöner und mir natürlich lieber ist, als im Anfang. Dieß verschwieg Hannchen[17]. Gott sey mit Dir, mein Bruder⟨.⟩

Leopold.

selbach (1745–1823), so Cousin von Karl Friedrich Wilhelm Hasselbach (1781–1864); Lateinschule in Anklam, 1788 Joachimsthalsches Gymnasium in Berlin, 1791 Studium der Theologie in Halle, unter anderem bei Friedrich August Wolf, 1793 Seminar für gelehrte Schulen von Friedrich Gedike, zugleich Lehrer am Cöllnischen Gymnasium, 1797 Kollaborator am Gymnasium zum Grauen Kloster in Berlin, 1798 Dr. phil. in Halle, 1800 Professor und Prorektor am Cöllnischen Gymnasium in Berlin, 1802 Hochzeit mit Johanna Christiane Henriette Rohleder (1780–1835), Tochter von Carl Ludwig Rohleder (1746–1813), Superintendent in Sonnenburg bei Küstrin, und Charlotte Elisabeth Dorothea Rohleder, geb. Schmidt (1758–1845), 1810–1828 Lehrer an der Allgemeinen Kriegsschule, 1813 Hauptmann des Landsturms, 1816–1817 Mitglied der wissenschaftlichen Kommission beim Konsistorium in Berlin, 1821 Konrektor am Gymnasium zum Grauen Kloster, 1827 Dr. theol. in Heidelberg, 1828 Direktor des Gymnasiums zum Grauen Kloster in Berlin (vgl. Peter P. Rohrlach, Der Vorstand der Streitschen Stiftung zu Berlin. Kurzbiographien seiner Mitglieder von 1752 bis zur Gegenwart. Berlin 2011, S. 66); denkbar aber auch der jüngere Bruder von Georg Gustav Samuel Köpke: Friedrich Carl Köpke (1785–1865), Sohn von Samuel Anastasius Christoph Köpke (1739–1798), Pfarrer in Medow bei Anklam, und Johanne Salome Köpke, geb. Hasselbach (1745–1823); 1795 Lateinschule in Anklam, 1798 nach dem Tod des Vaters Übersiedlung zum Bruder nach Berlin, Gymnasium zum Grauen Kloster, 1804 Studium der Theologie, Philologie und Geschichte in Halle, „Famulus" bzw. „Fiscal" (ADB) von Friedrich August Wolf, 1806 Seminar für Gelehrte Schulen von Friedrich Gedike, zugleich Lehrer am Cöllnischen Gymnasium, 1808 Lehrer am Friedrich-Werderschen Gymnasium in Berlin, 1808 Dr. phil. in Erfurt, 1810 Oberlehrer am Collegium Fridericianum in Königsberg, 1812 Hochzeit mit Johanne Dorothea Colon (1795–1875), 1817 Professor am Joachimsthalschen Gymnasium in Berlin, 1857 Pension; Heinrich Ranke hatte „Professor Köpke von Berlin" im Sommer 1820 auf Rügen kennengelernt (vgl. F. H. Ranke, Jugenderinnerungen, S. 185); als Heinrich Ranke ihn auf der Rückreise von Rügen in Berlin besuchte, riet Köpke Heinrich Ranke, sich in Wittenberg zu bewerben und sicherte ihm zu, sich für ihn dort zu verwenden (vgl. ebd., S. 213).

[14] Nicht identifziert.

[15] Johann Heinrich Ferdinand Schönaich (1803–1878), Schüler des Friedrichs-Gymnasiums in Frankfurt an der Oder, der zeitweise bei Leopold Ranke wohnte.

[16] Caroline Beer (1791–1851), Vertraute Leopold Rankes in Frankfurt an der Oder.

[17] Johanna Ranke (1797–1868), Schwester Rankes.

Nr. 115

Leopold Ranke an Friedrich Wilhelm Thiersch[1]

V: BSB Autogr. Cim. Leopold von Ranke Nr. 1 (eigenhändig)
D: HELMOLT, Ein merkwürdiger Brief, S. 35–37

Frankfurt a. d. O.⟨,⟩ am 28sten April 1822.[a]

Wohlgeborner,
Hochgeehrtester Herr Hofrath,
Unfern Scheidingen an der Unstrut[2] liegt das Städtchen Wiehe[3]. Von daher nenn ich mich Ihren Landtmann. Schon auf den Pförtnischen Schulbänken neben Ihrem Bruder Bernhard[4] hört' ich oft Ihren Namen und begleitete seitdem Ihr Geschick und Ihre Schriften mit wachsendem Vertrauen.[5] In diesem hab ich schon oft, sey es über meine Ansichten homerischer Grammatik oder über die historischen Manuscripte der Münchner Bibliothek an Sie schreiben wollen: ich erröthete über die Zudringlichkeit und unterließ es: jetzt treibt mich die Noth mit einem größeren Anliegen zu Ihnen. Die Unterdrückung der Lehre und der Lehrer ist in preußischen

[a] Orts- und Datumsangabe in der Vorlage unter dem Text links.

[1] Friedrich Wilhelm Thiersch (1784–1860), Professor am Lyceum und Mitglied der Bayerischen Akademie der Wissenschaften in München, wie Leopold Ranke Mitglied der „Societas Graeca".

[2] Geburtsort von Friedrich Wilhelm Thiersch.

[3] Geburtsort von Leopold Ranke.

[4] Johann Bernhard Thiersch (1793–1855), Sohn von Johann Samuel Philipp Benjamin Thiersch (1753–1832), Bäcker und Dorfschulze in Kirchscheidungen bei Freyburg an der Unstrut, und Henriette Bernhardine Louise Thiersch, geb. Lange (1762–1813), 1809 Landesschule in Pforta, 1814 Studium der Philologie in Leipzig, 1816 in Halle, 1816 Lehrer am Pädagogium in Halle, 1817 Dr. phil. in Halle, Lehrer am Gymnasium in Gumbinnen, Hochzeit mit Catharina Wilhelmine Sophie von Wiersbitzki, geb. Mandel (1786–1851), Tochter von Johann Gottfried Mandel, Tischler-Meister in Treptow an der Tollense, geschiedene Ehefrau von Heinrich August von Wiersbitzki (1766–1823), Major a. D. und Postdirektor in Gumbinnen, 1818 Dritter Oberlehrer am Gymnasium in Lyck, 1823 Erster Oberlehrer am Dom-Gymnasium in Halberstadt, 1833 Direktor des Gymnasiums in Dortmund, 1855 Ruhestand; Dichter des „Preußenliedes"; Autor zahlreicher altphilologischer Publikationen, unter anderem Urgestalt der Odyssee oder Beweis, daß die homerischen Gesänge zu großen Partieen interpolirt sind. Königsberg 1821; gemeinsam mit Ferdinand Ranke veröffentlichte Thiersch: ΑΡΙΣΤΟΦΑΝΟΥΣ ΚΩΜΩιΔΙΑΙ. Aristophanis Comoediae. Tomus I. Continens plutum, prolegomena in Aristophanem et C. Ferdinandi Ranke commentationis de Aristophanis vita partem primam. Leipzig / London 1830; Bernhard Thiersch trat einen Monat vor Leopold Ranke in die Landesschule in Pforta ein und verließ die Anstalt am selben Tag wie Ranke; Leopold Ranke immatrikuliert sich dann am 25. Mai 1814 in Leipzig, Thiersch am 26. Mai 1814 (vgl. HOFFMANN, Pförtner Stammbuch, Nr. 8486 und 8504, S. 338–339; BLECHER / WIEMERS, Matrikel Leipzig, Bd. 1, S. 106, Nr. 0121 und Nr. 0133).

[5] Vgl. Nr. 17.

Landen mit dem Edict vom 12⟨.⟩ April[6] auf so hohen Punct gestiegen, daß ein gewissenhafter Mann ihr entfliehen muß. Von meinen Studien in Leipzig hat mich dieser Staat zu einer Oberlehrerstelle an dem Gymnasium in Frankfurt an der Oder, mit 600 T⟨ha⟩l⟨e⟩r.[7] für wöchentlich 20 Stunden berufen, die ich ins vierte Jahr verwalte. Er bricht aber den Vertrag, den ich mit ihm auf sein früheres Gesetz geschlossen. Wer hätt' es nicht seit 1819 vorausgesehn?[8] Aber ich wollte eine lange schwere und ernste Arbeit vollenden,[9] die vielleicht in Entfernteren und Glücklicheren mir Freunde und Zutrauen erwecken könnte. Dieß ist mir versagt. Nicht als ob ich in Untersuchungen wegen demagogischer Umtriebe[b] verwickelt gewesen wäre,[10] oder abgesetzt zu werden fürchten müßte, aber es ist unerträglich, in einem Staat zu wohnen, der den moralischen Grund, auf dem er ruht, unter seinen Füßen wegzieht, und nun erst bestehen zu können meint. Er ist nicht wesentlich mein Vaterland: ich habe keine Verpflichtung gegen ihn. Darum und weil Sachsen mit meines Gleichen erfüllt ist,[11] in anderen Ländern mir aber auch nicht einmal Landsleute wohnen, so hab' ich mein Auge auf eine der protestantischen Städte Baierns geworfen – unter den übrigen nur auf München um der Bibliothek willen – ⟨,⟩ ob es möglich wäre⟨,⟩ daß ich dort in eine der obern Classen eines Gymnasiums als Lehrer der alten Sprachen und der Geschichte, oder in einen andern leidlichen Verhältniß ein freyeres Daseyn gewönne. Gäbe es eine solche Möglichkeit, so hätten Sie, mein hochverehrter Herr und Landtmann, um unserer Mutter Thüringens willen, die uns beyde geboren und erzogen, und um

[b] In der Vorlage ursprünglich hier ein Komma, doch von Leopold Ranke selbst gestrichen.

[6] Allerhöchste Kabinettsordre, betreffend das Verfahren bei Amtsentsetzung der Geistlichen und Jugendlehrer, wie auch anderer Staatsbeamter, 12. April 1822; Druck: Gesetz-Sammlung 1822, Nr. 714, S. 105–108; vgl. Nr. 112.

[7] Zur relativen Höhe dieser Summe vgl. Nr. 98; als außerordentlicher Professor erhielt Leopold Ranke neben den Hörergeldern eine jährliche Besoldung von 500 Thalern (vgl. Nr. 266).

[8] Vgl. Nr. 43.

[9] Leopold Rankes historische Forschungen (vgl. Nr. 63 und Nr. 101).

[10] Entgegen dieser Behauptung war Leopold Ranke durchaus in Untersuchungen wegen demagogischer Umtriebe verwickelt: er kannte Friedrich Ludwig Jahn seit 1818 persönlich (vgl. Nr. 36) und hatte nach dessen Verhaftung 1820 seinen Schreibtisch erworben (vgl. Nr. 72); Leopold Rankes Bruder Heinrich hatte sich „durch seine Verbindungen verdächtig gemacht" und „seine Papiere" waren „von Staatspolizei wegen" beschlagnahmt worden (vgl. F. H. Ranke, Jugenderinnerungen, S. 208), und laut einem internen Aktenvermerk von Gustav Adolph Tzschoppe (1794–1842) war Leopold Ranke durchaus selbst „bei den demagogischen Untersuchungen vorgekommen" (vgl. Vermerk Tzschoppes auf einem Schreiben des Kultusministers Altenstein an den Außenminister Bernstorff und den Minister des Königlichen Hauses Fürst Wittgenstein, 31. Dezember 1824 in GStA PK VI. HA Nl Hoeft Paket 5).

[11] Viele derjenigen, die wegen ihrer freiheitlichen oder nationalen Ideale in Konflikt mit den politischen Vorgaben der Regierung gerieten, wandten sich von Preußen in das benachbarte Sachsen.

Deutschlands willen, das in seiner Zerstückelung den einigen Trost gehabt hat, daß wer hier flieht, dort aufgenommen wird, die große Güte wohl, mir davon eine Anzeige zukommen zu lassen. Das Studium meines Lebens ist die Geschichte der germanischen Nazionen,[12] aber ich hoffe, der Professor Lange[13] in Pforta, der Prof⟨essor⟩ Hermann[14], und vielleicht oder gewiß auch Poppo[15], durch dessen Bekanntschaft ich an diese Schule kam, würden Ihnen, wenn der Fall da wäre und Sie wünschten's, solche Dinge von mir und meiner Alterthums Kenntniß sagen, daß Sie es nicht bereuten, einem ganz Unbekannten die Hand gereicht zu haben. Ja⟨,⟩ wären den Baiern der Alten kundige Männer zur Belehrung ihrer Jugend willkommen, so wüßt' ich Ihnen noch Einen zu nennen, der jetzt bey uns in den mittleren Classen lehrt, eben so bereit, wie ich, diesen Staat zu verlassen.[16]
Sind Sie wohl über so dringendes Gesuch bös? Ist doch das Vertrauen, das Sie genießen, Ihre eigne Schuld, und die Hauptveranlassung dieser Zeilen.

Euer[c] Wohlgeboren
ganz ergebener
Fr⟨anz⟩ Leopold Ranke,
Dr. der Philos⟨ophie⟩ Oberlehrer.

[c] In der Vorlage: „Ew.".

[12] Anspielung auf die Arbeit am Erstlingswerk.

[13] Adolph Gottlob Lange (1778–1831), Lehrer an der Landesschule in Pforta, wie Ranke und Thiersch Absolvent der Landesschule in Pforta, Schüler von Johann Gottfried Jakob Hermann und Mitglied der „Societas Graeca".

[14] Johann Gottfried Jakob Hermann (1772–1848), ordentlicher Professor der Beredsamkeit und der Poesie an der Universität in Leipzig, akademischer Lehrer von Leopold Ranke und Friedrich Wilhelm Thiersch, Adolph Gottlob Lange und Ernst Friedrich Poppo, Begründer der „Societas Graeca".

[15] Ernst Friedrich Poppo (1794–1866), Direktor des Friedrichs-Gymnasiums in Frankfurt an der Oder, dienstlicher Vorgesetzter Leopold Rankes, wie Ranke und Thiersch Schüler von Johann Gottfried Jakob Hermann und Mitglied der „Societas Graeca".

[16] Entweder Anspielung auf Leopold Rankes Schulfreund in Pforta und unmittelbaren Kollegen am Friedrichs-Gymnasium in Frankfurt an der Oder, Wilhelm Ferdinand Heydler (1793–1859), oder auf Rankes Bruder Heinrich, der „Privatstunden" am Friedrichs-Gymnasium gegeben hatte (vgl. F. H. Ranke, Jugenderinnerungen, S. 204) und von der königlichen Kabinettsordre vom 12. April 1822 besonders betroffen war, da diese auch eine Aufnahme in das Wittenberger Predigerseminar verhinderte (vgl. ebd., S. 217).

Nr. 116

Leopold Ranke an Heinrich Ranke[1]

V: GStA PK VI. HA Nl Hoeft Nr. 10 (Abschrift)
G: Nachlaß Etta Hitzig (nicht erhalten)
D: L. v. Ranke, Neue Briefe, S. 30–31

⟨Frankfurt an der Oder,⟩ 2t⟨er⟩ May ⟨1822.⟩[a]

Wie oft⟨,⟩ lieber Heinrich⟨,⟩ hab' ich schon die Nachtigallen beneiden müssen! Aber nie mehr, als da ich dieß Buch[b] gelesen, und in den Wald gieng[c], am linken Damm[2], und sie zuerst so heiter aus den dichten Wipfeln schlagen hörte, unschuldig, ohne Streit und Klage! Mir zu Herzen, einem Herzen, zerrissen von allerley Begier, leidenschaftlich, und fern, so fern von kindlichem Gesang.

Aber hast Du eine Antwort von Berlin?[3] Oder hast Du nur geschrieben? Lieber, trau' Ihnen nicht. In dem Gesetz ist ein Artikel⟨,⟩ der auch Dich trifft.[4] Geh doch morgen nach Weimar und nimm Dir ein Herz und sage Falken[5] alles. Schreib an Thimern[6]! Bey Rudolstadt ist eine Anstalt, von

[a] Datumsangabe in der Vorlage unter dem Text links.
[b] Im Druck: „Wort".
[c] Nachträgliche Verbesserung Hoefts aus „ging".

[1] Heinrich Ranke (1798–1876), Bruder Leopold Rankes.
[2] Wohl der Damm, der die Dammvorstadt von Frankfurt an der Oder vom Umland trennte; denkbar aber auch der Damm beiderseits des Unstruts-Kanals bei Wiehe (vgl. Nr. 74).
[3] Wohl im Hinblick auf die Anstellung von Heinrich Ranke als Lehrer am Friedrichs-Gymnasium in Frankfurt an der Oder (vgl. Nr. 111).
[4] Allerhöchste Kabinettsordre, betreffend das Verfahren bei Amtsentsetzung der Geistlichen und Jugendlehrer, wie auch anderer Staatsbeamter, 12. April 1822; Druck: Gesetz-Sammlung 1822, Nr. 714, S. 105–108; Leopold Ranke spielt hier wohl auf die Formulierung an, daß sich die Verordnung „zuvörderst gegen diejenigen" richte, „gegen welche wegen vermutheter oder erwiesener Theilnahme an demagogischen Umtrieben von Seiten des Staats, Maaßregeln genommen worden sind" (ebd., S. 106–107). Eventuell meint Ranke mit „Artikel" aber auch den vorletzten Absatz der Verordnung (vgl. ebd., S. 108), in dem der preußische König anordnet, „daß die Theilnehmer oder Beförderer der demagogischen Umtriebe jeder Art in Meinen Staaten nicht angestellt oder befördert werden und auch aus öffentlichen Fonds, welche nur für Meine treuen Unterthanen eine Aufhülfe gewähren können, nicht unterstützt werden sollen."
[5] Johannes Daniel Falk (1768–1826); er war Heinrich Ranke seit 1817 persönlich bekannt (vgl. Nr. 88); er hatte 1814 die „Gesellschaft der Freunde in der Not" gegründet, die sich zum Ziel gesetzt hatte, für die Erziehung von verwaisten und heimatlos gewordenen Kindern zu sorgen, darüber hinaus hatte Falk 1821 ein baufälliges Gebäude in Weimar zu einem neuen Heim für die angenommenen Kinder ausgebaut.
[6] Gotthard Christian August Thieme (1780–1860), Diakonus in Ilmenau; Leopold Ranke schätzte den vielseitig gebildeten und auch literarisch ambitionierten Mann (vgl. Nr. 21), der ihm von Kindheit an bekannt war (vgl. ausführliche Charakteristik im Brief Leopold Rankes an seine Tochter Maximiliane vom 9. September 1879 in L. v. Ranke, Neue Briefe, S. 679–681). Falk und Thieme kannten sich persönlich (vgl. Nr. 88).

der man viel rühmt.[7] Es ist ein Buch da von ihrem inneren Leben.[8] Erkundige Dich bey ihnen. Oder geh nach Schnepfenthal[9]. Damit der Vater[10] nicht glaubt, was wir thun und lassen, trifft doch am End ihn alles! Und überzeug' ihn nur, daß mich keine Noth so leicht treffen wird. Und daß Recht gethan zu haben, mir ein ganz ander Gefühl für alles Lehren[d] geben wird, als Unrecht zu leiden.
Ich wollte noch Mal[e] schreiben, kann jedoch nicht. Gestern bin ich in der Buschmühle[11] gewesen. Der untere Garten hat ein einzig gewölbtes Dach von Blüthen. Die grünen jungen Blätter lauschen dazwischen; und

d Im Druck: „Leben".
e Im Druck: „viel".

7 Leopold Ranke spricht hier wohl die „Allgemeine Deutsche Erziehungsanstalt" an, die 1816 von dem Schüler Pestalozzis und ehemaligen Lützower Jäger Friedrich Wilhelm August Fröbel (1782–1852) in Griesheim bei Arnstadt gegründet und 1817 nach Keilhau bei Rudolstadt verlegt worden war, wo auf einem ehemaligen Bauerngut in den folgenden Jahren ein Gebäudeensemble mit Lehr- und Schlafräumen entstand, in dem Schüler aus ganz Deutschland einen neuartigen Unterricht erhielten. Für Fröbel stand das Spiel als typische kindliche Lebensform und dessen Bildungswert im Zentrum seiner Pädagogik. Neben Fröbel wirken zwei weitere ehemalige Mitglieder des Lützowschen Freikorps in Keilhau als Erzieher: Johann Wilhelm Middendorff (1793–1853) und Johann Heinrich Langethal (1792–1879).
8 Wohl Grundsätze, Zweck und inneres Leben der allgemeinen deutschen Erziehungsanstalt in Keilhau bey Rudolstadt, so weit sich dieselbe namentlich auch in Hinsicht auf den Umfang und die Behandlung der Lehrgegenstände bis jetzt entwickelt und ausgebildet hat. Dargelegt von dem Vorsteher derselben, Friedrich Wilhelm August Fröbel. Rudolstadt 1821; im Jahr 1822 lagen aber noch vier weitere Schriften zur Erziehungsanstalt Keilhau vor: An unser deutsches Volk! Zweyte Anzeige von einem für den Zweck einer allgemeinen Erziehungs-Anstalt in Keilhau bey Rudolstadt im Thüringischen sich gebildeten Vereine, gegeben von dem Vorsteher desselben Friedrich Wilhelm August Fröbel. Erfurt 1820; Durchgreifende, dem deutschen Charakter erschöpfend genügende Erziehung ist das Grund- und Quellbedürfnis des deutschen Volkes. In einzelnen Sätzen entwickelt und besonders den Denkenden unseres Volkes zur Prüfung vorgelegt. Anzeige von einem für den Zweck einer allgemeinen Erziehungs-Anstalt in Keilhau bey Rudolstadt im Thüringischen sich gebildeten Vereine, gegeben von dem Vorsteher desselben Friedrich Wilhelm August Fröbel. Erfurt 1821; Ueber deutsche Erziehung überhaupt, und über das allgemeine Deutsche der Erziehungsanstalt in Keilhau insbesondere von dem Vorsteher derselben, Fr. Wilh. Aug. Fröbel. Rudolstadt 1822; Die allgemeine deutsche Erziehungsanstalt in Keilhau bey Rudolstadt betreffend von dem Vorsteher derselben Fr. Wilh. Aug. Fröbel. Rudolstadt 1822.
9 Die philanthropische Erziehungsanstalt Schnepfenthal wurde 1783 von dem Freimaurer Christian Gotthilf Salzmann (1744–1811) errichtet, der hierbei vom Freimaurer und Illuminaten Herzog Ernst II. von Sachsen-Gotha-Altenburg (1745–1804), der Freimaurer-Loge „Zum Rautenkranz" sowie den Gothaer Illuminaten maßgeblich unterstützt wurde (zur zentralen Rolle der Illuminaten bei der Gründung von Schnepfenthal, der elementaren Bedeutung der Erziehungsanstalt für das illuminatische Gesamtkonzept sowie die freimaurerische Symbolik und Emblematik vgl. ausführlich Christine Schaubs: Die Erziehungsanstalt in Schnepfenthal im Umfeld geheimer Sozietäten. Ein Beitrag zum Leben und Werk Christian Gotthilf Salzmanns. Nordhausen 2005).
10 Gottlob Israel Ranke (1762–1836).
11 Ausflugslokal südlich von Frankfurt an der Oder (vgl. Hausdorf / Noack, Straßen, S. 34).

unter ihnen treten die Dorfmädchen im Sonntagsputz, mit einem großen Busch Flieder und Feldblumen den Spaziergängern entgegen. Wie müssen im Garten am Riesbach[12] die Nachtigallen schlagen? Machst Du wieder Predigten drin? – –

Treib den Vater an, daß er unverzüglich schreibt. –

Dieser Brief ist für Ferdinand[13] mit, und [f] des Vaters für die Mutter[14]. Röschen[15] und Ernsten[16] grüß' ich auch; ja und Hannchen[17].

Leopold⟨.⟩

[f] Unklare Streichung von Hoeft in der Vorlage, im Druck folgt: „als".

[12] Heute der Rößbach (vgl. Nr. 74).
[13] Ferdinand Ranke (1802–1876), Bruder Leopold Rankes.
[14] Friederica Wilhelmina Ranke, geb. Lehmicke (1776–1836).
[15] Rosalie Ranke (1808–1870), Schwester Leopold Rankes.
[16] Ernst Constantin Ranke (1814–1888), Bruder Leopold Rankes.
[17] Johanna Ranke (1797–1860), Schwester Leopold Rankes.

Nr. 117

Heinrich Ranke[1] an Leopold Ranke

V: GStA PK VI. HA Nl Hoeft Nr. 37 Kart. 4 (Typoskript)

Wiehe⟨,⟩ am 7ten Mai 1822.

Gott mit uns![2]

Du hast, geliebter Leopold, durch den Brief, den wir soeben empfangen haben,[3] Vater[4] und Mutter[5] in große Bestürzung und Betrübniß gesetzt. Der gute Vater sieht alle seine Bestrebungen für seine Kinder vereitelt, alle Entbehrungen und mühevolle Arbeit vergebens. Er liebe Dich⟨,⟩ sagt er, wie sein rechtes Auge. Du seiest seine Freude. Du hättest sein Trost, seine Stütze im Alter werden sollen.

Es hat ihn ein ungeheurer Schmerz ergriffen, und mein Herz — — —. Er bittet Dich, das Eine nicht zu verlassen, ehe Du gegründete Ansprüche auf ein Anderes habest.[6] Nur in diesem Falle kann er Dir seine väterliche Einwilligung geben.

Ich bitte Dich, liebster Bruder, uns sogleich Antwort zu geben. Ich habe dem guten Vater gesagt, ohne seine Einwilligung würdest Du keinen Schritt thun. Reiß uns, sobald Du kannst, aus aller Ungewißheit.

Ich habe von B⟨erlin⟩[7] noch keine Antwort, jedoch die Examenarbeit von Magdeburg.[8]

1 Heinrich Ranke (1798–1876), Bruder Leopold Rankes.

2 Übersetzung des hebräischen Namens „Immanuel" aus der Prophezeiung Jesajas im Alten Testament (Jesaja 7,14), der im Neuen Testament auf Christus bezogen wird (Matthäus 1,23); seit 1701 Wahlspruch der preußischen Könige aus dem Haus Hohenzollern.

3 Nicht ermittelt.

4 Gottlob Israel Ranke (1762–1836).

5 Friederica Wilhelmina Ranke, geb. Lehmicke (1776–1836).

6 Vgl. Nr. 115.

7 Vgl. Nr. 116; Hoeft ergänzt in der Vorlage zu „Baier".

8 Heinrich Ranke hatte, nachdem durch die königliche Kabinettsordre seine Aufnahme in das Predigerseminar in Wittenberg unmöglich geworden war (vgl. Nr. 115 und Nr. 116), beim Konsistorium in Magdeburg um Zulassung zur theologischen Prüfung nachgesucht: „Darauf empfing ich zunächst einen Predigttext, den ich zu bearbeiten, und eine Reihe von Fragen, die ich zu beantworten hatte"; außerdem sollte er seine bisherigen Abschlußzeugnisse vorlegen (vgl. F. H. Ranke, Jugenderinnerungen, S. 218). Eine Kopie der Examensarbeit Heinrich Rankes befindet sich heute im Archiv des Ranke-Vereins in Wiehe (freundlich Auskunft von Gottfried Braasch, 24.2.2010).

Gott sei mit Dir, und vor seinen Augen, mit Rücksicht auf den alten, nicht mehr starken Vater, mögest Du bedenken, was das Beste ist.
Lieber Leopold, ich umarme Dich mit heißer Bruderliebe.

Ewig Dein Heinrich.

Der Vater[9] kam so eben in mein Stübchen. „Einen Gruß von mir!" sagte er traurig. Sag auch den guten A⟨hlemann⟩[10] und C⟨aroline⟩[11] unsere und meine herzlichen Grüße.

[9] Gottlob Israel Ranke (1762–1836).
[10] Friederike Wilhelmine Ahlemann, geb. Schultze (1772–1843), Direktorin einer höheren Bildungsanstalt für Mädchen in Frankfurt an der Oder, Vertraute Leopold Rankes.
[11] Caroline Beer (1791–1851), Vertraute Leopold Rankes in Frankfurt an der Oder.

Nr. 118

Heinrich Ranke[1] an Leopold Ranke

V: GStA PK VI. HA Nl Hoeft Nr. 37 Kart. 4 (Typoskript)

Wiehe, Am dritten Pfingsttag ⟨, 28. Mai 1822⟩[a].

Herzlichen Brudergruß!

Deine letzten Briefe[2], die wir am Sonnabend mit den schönen Büchern[3] erhielten, machten uns so heiter — daß ich es recht schmerzlich fühle, Dir durch meinen letzten Brief[4] wehe gethan zu haben. Dießmal ist mir anders zu Muthe.

Höre, wie schön die letzte Stunde des 22sten[5] war. Gegen 9 Uhr Abends nämlich tritt der Vater[6], von Nausitz[7] zurückkehrend, in die Wohnstube, worin die Mutter[8]⟨,⟩ Hannchen[9] und Rothe[10], die Thür, in welcher der Vater steht, die Tische, die Wände mit Kränzen geschmückt. Ah! – ruft der Vater voller Freuden. — Da beginnt augenblicklich der fröhliche Gesang: Nun danket alle Gott.[11] Der Vater sieht sich überrascht, lächelnd um. Von Hannchens Stube her kam der Gesang. Die Thür dahin aus der Wohnstube war geöffnet, mit einem grünen Tuch verhangen und mit Grün geschmückt. Da die drei Verse gesungen sind, öffnet sich der grüne Vorhang – die Tante Liebhold[12] kömmt hervor, und begrüßt den Vater, dann Karoline[13] – die gute, die mit ihr gekommen war, dann Fritz[14],

[a] Die Datumsangabe wird von Hoeft handschriftlich aufgelöst in: „22. Mai 1822".

[1] Heinrich Ranke (1798–1876), Bruder Leopold Rankes.
[2] Nicht ermittelt.
[3] Nicht ermittelt.
[4] Nr. 117.
[5] Der Geburtstag des Vaters von Leopold Ranke.
[6] Gottlob Israel Ranke (1762–1836).
[7] Eines der Rittergüter zwischen Wiehe und Gehofen, auf denen der Vater tätig war.
[8] Friederica Wilhelmina Ranke, geb. Lehmicke (1776–1836).
[9] Johanna Ranke (1797–1860), Schwester Leopold und Heinrich Rankes.
[10] Wohl Benjamin Rothe (1777–1826), Sohn der Schwester von Gottlob Israel Ranke, Maria Magdalena Sophia Elisabeth Rothe, geb. Ranke (1759–1812).
[11] Kirchenlied von Martin Rinckart (1586–1649) mit 3 Strophen (Druck: Evangelisches Gesangbuch, Nr. 321).
[12] Caroline Henriette Liebhold, geb. Lehmicke (1778–1841), Schwester der Mutter Leopold und Heinrich Rankes, Taufpatin Heinrich Rankes.
[13] Wohl Carolina Louisa Wilhelmina Neubert (∗ 1797), Tochter von Johann Christian Adam Neubert (1766–1838) und Christina Eva Eleonore Neubert, geb. Henning, verw. Stäßner (1760–1838); sie war ein Patenkind von Johann Friedrich Wilhelm Lehmicke (1740–1801), des Vaters der Mutter Rankes.
[14] Wohl einer der beiden Söhne von Caroline Henriette Liebhold, entweder Friedrich Wilhelm Liebhold (∗ 1804) oder Friedrich August Liebhold (1807–nach 1850).

dann Heinrich[15]⟨,⟩ Röschen[16] und Ernst[17]. – Es wurde fast zu ernst. Dem Vater standen Thränen in den Augen. Bei Tisch waren wir fröhlich; die Mutter hatte gut gebacken, die Tante hatte lieblich schmeckenden Wein mitgebracht, ich saß neben Karoline. Einmal kam die Mutter herein. „Der Herr Oberpastor[18] und die Frau Oberp⟨astorin⟩[19] sitzen vor der Thür auf dem Stein.“ Ich eilte mit dem Vater hinaus. — Wir blieben lange bei einander. Den andern Tag früh um 5 U⟨hr⟩ begleitete ich Vetter Rothen nach Allerstedt. Er wollte in's Eckardtsberger Amt.[20] Die Querfurter[21] fuhren gegen 9 U⟨hr⟩ vor Mittag schon fort. Karoline, mit der ich den Geburtstags Abend Brüderschaft getrunken, auf Anrathen der Mutter, lud mich ein – ein Stück mitzufahren. Ich zauderte, weil der Platz mir eng schien. Sie stiegen ein — und baten fort. „Das kann Sie ja doch nicht inkommodiren, ob Sie da ä bischen mitfahren. Durch die Trift geht's so schlecht.“ Nach diesen Worten trieb der gewesene Postillon[22] die Pferde an, und der Wagen war bald um Schreibers Ecke[23] und verschwunden.

Am Geburtstage sprachen wir oft von Dir, so daß Du gewiß an uns dächtest, vielleicht unsere lieben Freundinnen[24] auch.

Wir bekamen am Sonnabend auch Briefe von Ferdinand[25]. Er ist sehr glücklich. Raumer[26] hat (in Bezug auf Deine Bestimmungen) ihm gerathen, die Krystallkunde jetzt aufzugeben. Er will mit ihm täglich ausgehn und gelegentlich Botanik und Geognosie mit ihm treiben. So liebreich ist dieser Mann. Er ist ganz erstaunt, Reimannen[27] in seinem Hause gefunden zu haben. Auch von Reim⟨ann⟩ scheint es recht gut, daß er sich F⟨erdinand⟩ so nähert. Zugleich bekam ich einen Brief von Friedrich Franke[28], der bei

[15] Heinrich Ranke.

[16] Rosalie Ranke (1808–1870), Schwester Leopold und Heinrich Rankes.

[17] Ernst Constantin Ranke (1814–1888), Bruder Leopold und Heinrich Rankes.

[18] Johann Friedrich Damm (1774–1849), Oberpfarrer in Wiehe.

[19] Rosalie Elisabeth Damm, geb. Ferber (1774–1849), Ehefrau von Johann Friedrich Damm.

[20] In Eckhartsberga befand sich zu diesem Zeitpunkt nicht nur der Sitz des Landrats, der für Wiehe und Umgebung zuständig war, sondern auch der Sitz des Superintendenten, der dem gleichnamigen Kirchenkreis vorstand.

[21] Die Mitglieder der Familie Liebhold.

[22] Nicht ermittelt.

[23] Nicht ermittelt.

[24] Friederike Wilhelmine Ahlemann, geb. Schultze (1772–1843), Direktorin einer Mädchenschule in Frankfurt an der Oder, und Caroline Beer (1791–1851), Vertraute Leopold Rankes.

[25] Ferdinand Ranke (1802–1876), Bruder Leopold und Heinrich Rankes, Student in Halle.

[26] Karl Ludwig Georg von Raumer (1783–1865), Professor für Mineralogie in Halle.

[27] Gottlob Ernst Reymann (1803–1884), ehemaliger Schüler Leopold Rankes aus Frankfurt an der Oder, 1822 Student der Theologie in Halle, dort wohnte er, wie Ferdinand Ranke, in der Großen Steinstraße 167 und war, wie Wilhelm Ranke, Mitglied in der Quellengesellschaft.

[28] Wohl Friedrich Joachim Christian Francke (1795–1869), Sohn von Friedrich Wilhelm Gustav Francke (1763–1841), Prediger in Boitin und Witzin in Mecklenburg-Schwerin, Gym-

de Wette[29] gewesen ist.[30] Er hat F⟨erdinand⟩ bei Raumers[31] getroffen. Er will entweder in Rostock oder Jena Vorlesungen halten. Er thut sehr ernste Fragen an mich. warum ich mich von der Philosophie abgewendet, warum

nasium in Güstrow, 1813 Studium der Theologie in Rostock, Herbst 1815 in Halle, Mitglied der burschenschaftlichen (Vor-)Verbindung Teutonia, Frühjahr 1816 Studium der Theologie, Herbst 1817 „unter dem Einfluß von Fries und nach dem Wartburgfest, das ihn verdächtig gemacht hatte" (Catalogus Professorum Rostochiensium), Studium der Philosophie in Jena, 1824 Dr. phil., Privatdozent, 1828 außerordentlicher Professor der Philosophie in Rostock; es könnte sich aber auch um dessen Bruder handeln: Joachim Friedrich Heinrich Francke (1793–1844), 1811 Studium der Theologie in Rostock, 1813 Teilnahme an den Befreiungskriegen als Freiwilliger Jäger zu Fuß, mecklenburg-schwerinische Militär-Verdienstmedaille in Silber, Herbst 1815 Studium der Theologie, später der Philologie in Halle, Mitglied der burschenschaftlichen (Vor-)Verbindung Teutonia, 1817 Teilnahme am Wartburgfest, Hauslehrer an verschiedenen Orten, 1824 an der Erziehungs- und Bildungsanstalt für Söhne höherer Stände in Hofwyl bei Bern, Ende 1825 Lehrer, nach 1841 Oberlehrer an der Großen Stadtschule in Wismar, Dr. phil., Mitglied des Vereins für mecklenburgische Geschichte und Alterthumskunde; veröffentlichte zahlreiche historische Untersuchungen, unter anderem: Arnold von Brescia und seine Zeit nebst einem Anhang: über die Stiftung des Paraklet bei Nogent an der Seine, Zürich 1825; Mecklenburgs Noth und Kampf vor und in dem Befreiungskriege. Zur Feier d. 50jährigen Regierungsjubliäi Großherzogs Friedrich Franz des Ersten v. Mecklenburg-Schwerin, nach Handschriften und gedruckten Urkunden. Mit e. Charte zum Treffen bei Sehestedt. Wismar 1835 (vgl. Steiger, Teilnehmerliste, Nr. 345, S. 121; Lönnecker, Hallesche Burschenschaft, Nr. 462, S. 130).

29 Wilhelm Martin Leberecht de Wette (1780–1849), Sohn von Johann August de Wette (1744–1812), Pfarrer in Ulla bei Weimar, und Dorothea Christina de Wette, geb. Schneider, 1792 Schule in Buttstädt, 1796 Gymnasium in Weimar, 1798 als Repetitor eines jungen Franzosen Reise nach Genf, 1799 anfänglich Studium der Rechte, nach wenigen Wochen der Philosophie und Theologie, März 1805 Dr. phil., Assistent der Redaktion der Jenaer Literaturzeitung, April 1805 Hochzeit mit Eberhardine Boye († 1806), Herbst 1805 Privatdozent in Jena, 1807 außerordentlicher Professor der Theologie, 1809 ordentlicher Professor der Theologie in Heidelberg, 1809 Hochzeit mit der Witwe Henriette Beck, geb. Frisch († 1825), 1810 ordentlicher Professor der Theologie in Berlin, 1819 auf Anordnung Friedrich Wilhelms III. Entlassung aus dem preußischen Staatsdienst wegen eines Briefes an Dorothee Wilhelmine Sand, geb. Schöpf (1766–1821), die ihm persönlich bekannte Mutter von Carl Ludwig Sand, danach Übersiedlung nach Weimar, Arbeit an der Edition der Briefe Martin Luthers, 1822 ordentlicher Professor der Theologie in Basel, 1823, 1829, 1834, 1835, 1849 Rektor der Universität in Basel, 1833 Hochzeit mit der Witwe Sophie von Mai, geb. Streckeisen (1788–1867), Ablehnung der Berufung zum Prediger in Hamburg und eines Rufes auf eine Professur in Jena, 1846 Reise nach Rom und Neapel; Freund des Philosophen Jakob Friedrich Fries. De Wettes Hauptwerk waren die „Beiträge zur Einleitung ins Alte Testament". 2 Bde., Halle 1806/1807.

30 Friedrich Joachim Christian Francke hatte Heinrich Ranke während seiner Studienzeit in Halle auf die philosophischen Werke von Fries und die theologischen Werke von de Wette hingewiesen, mit beiden Autoren stand Francke „in inniger Verbindung" (vgl. F. H. Ranke, Jugenderinnerungen, S. 89–90).

31 Neben Karl Ludwig Georg von Raumer lebten zu diesem Zeitpunkt in Giebichenstein seine Ehefrau Friederike von Raumer, geb. Reichardt (1790–1869), seine drei Kinder Dorothea Sophie Luise (1812–1848), Rudolf Heinrich Georg (1815–1876) und Hans von Raumer (1820–1851) sowie seine Schwiegermutter, Johanna Wilhelmine Dorothea Reichardt, verw. Hensler, geb. Alberti (1755–1827), und seine Schwägerin Sophie Reichardt (1795–1838).

ich gemeint, im Fluge müßte ich das höchste Gut erringen. Er nennt Fries[32] den sichern Führer zum seligen Leben, und beklagt⟨,⟩ daß ich diesen verlassen. Sonst schreibt er außerordentlich liebreich, und giebt mir Lobsprüche, die ich nie verdient habe. –

Auch von Berlin kam ein Brief. Herr pp. N⟨icolovius⟩[33] schreibt freundlich, es thue ihm leid, er wage nichts zu sagen, ich möge mich an den Freih⟨errn⟩ v⟨on⟩ A⟨ltenstein⟩[34] wenden.

Dieß scheint der letzte Schritt zu sein. Ich will ihn thun. Ich erwarte nichts. Vater und Mutter sind nun sehr ruhig darüber. Der Vater will, daß ich auf

[32] Jakob Friedrich Fries (1773–1843), Professor für Philosophie in Jena, auf Grund seiner Verbindungen zu Angehörigen der Burschenschaft 1820 vom Dienst suspendiert.

[33] Georg Heinrich Ludwig Nicolovius (1767–1839), Sohn von Matthias Balthasar Nicolovius (1717–1778), Hofrat und Obersekretär beim ostpreußischen Etatsministerium in Königsberg, und Elisabeth Eleonore Nicolovius, geb. Bartsch († 1778), Collegium Fridericianum in Königsberg, 1782 Studium der Rechte, der Philosophie und der Philologie, unter anderem bei Immanuel Kant, Christian Jacob Kraus und Johann Georg Hamann, 1784 der Theologie in Königsberg, 1789 Kandidat der Theologie, Reise nach England und Holland, Besuch bei Friedrich Heinrich Jacobi in Pempelfort bei Düsseldorf und bei Justus Möser in Osnabrück, 1790 Rückkehr nach Königsberg, 1791 Hofmeister bei Friedrich Leopold Graf von Stolberg-Stolberg (1750–1819), Reise durch Deutschland, die Schweiz, Italien und Sizilien, Bekanntschaft mit Lavater und Pestalozzi, 1793 Aufenthalt in Holstein bei der Familie Stolberg-Stolberg, im November 1793 Rückkehr nach Königsberg, Februar 1795 unter Stolberg-Stolberg Erster Sekretär der Kammer des Herzogs von Oldenburg und Bischofs von Lübeck in Eutin, Juni 1795 Hochzeit mit Luise Schlosser (1774–1811), einer Nichte Goethes, 1797 Reise mit Stolberg nach Rußland, Mai 1805 Assessor bei der ostpreußischen Kriegs- und Domänenkammer, Mitglied des ostpreußischen Konsistoriums in Königsberg, Bearbeitung der Schulsachen auf Grund seiner langjährigen Verbindung zu Pestalozzi, August 1805 weltlicher Konsistorialrat, 1806 Kurator der Königsberger Universität, Herbst 1807 Oberbibliothekar der königlichen Bibliothek, Juli 1808 Mitglied des Departements für das Geistliche, Schul- und Armenwesen, Dezember 1808 Staatsrat im Ministerium des Inneren und Leiter der Sektion des Kultus und öffentlichen Unterrichts, 1817 aus besonderem Vertrauen des Königs Mitglied des Staatsrates und Wirklicher Geheimer Oberregierungsrat, Herbst 1817 nach der Umwandlung der zweiten Abteilung des Ministeriums des Inneren zum Ministerium der Geistlichen, Unterrichts- und Medizinal-Angelegenheiten Direktor der Geistlichen Abteilung und zugleich Direktor der Unterrichts-Abteilung, 1824 nur mehr Direktor der Geistlichen Abteilung, 1830 Dr. theol. h. c. in Halle, Februar 1832 erneut neben der Leitung der Geistlichen Abteilung auch die Leitung der Unterrichts-Abteilung, Mai 1839 Entlassungsgesuch aus gesundheitlichen Gründen genehmigt; Nicolovius setzte sich von Anfang an, ganz im Sinne Humboldts, besonders für eine Reform der Volksschulen im Geiste Pestalozzis ein, mit dem er seit 1791 in engster Verbindung stand. Sie sollte, an Stelle der bisherigen ständisch und utilitaristisch geprägten Erziehung, „das Ideal der formalen universalen Bildung" verwirklichen; das bedeutete gleiche Bildung für alle, Erweckung „der elementaren Erkenntnis- und Gemütsbetätigungen", Faßlichkeit der Unterrichtsgegenstände und Selbsttätigkeit der Schüler (die Zitate aus Eduard Spranger: Wilhelm von Humboldt und die Reform des Bildungswesens. 2. Aufl., Tübingen 1960, S. 146–147). Nicolovius sorgte als Mitarbeiter Humboldts auch dafür, daß junge Erzieher an die Anstalt Pestalozzis nach Yverdon gesandt wurden (vgl. Wagner, Einführung der Pestalozzischen Methode in Preussen).

[34] Carl Sigismund Franz Freiherr vom Stein zum Altenstein (1770–1840), Minister der Geistlichen, Unterrichts- und Medizinal-Angelegenheiten.

jeden Fall den Examen in Magdeburg bestehe.[35] Er hat mir schon Geld dazu gegeben. Diese Woche noch sende ich meine Predigt dahin über Ebr. 13,5 – [b]Der Wandel sei ohne[b] Geiz[36]. — Der Consist⟨orialrath⟩ Ilgen[37] will mir ein Zeugniß und ein Empfehlungsschreiben nach Magdeburg geben.[38] Wenn ich vielleicht als Hauslehrer, im Lande bliebe, so hätte ich dann die Erlaubniß⟨,⟩ mich im Predigen zu üben. Ich habe heut und am ersten Feiertag die Metten[39] gehalten. — Grüße unsre lieben Freundinnen, die A⟨hlemann⟩[40] und C⟨aroline⟩[41] von mir und den Unsrigen. Der Herr sei mit Dir!

Ewig Dein Heinrich.

[b-b] In der Vorlage nachträglich eingefügt.

[35] Vgl. Nr. 117.

[36] Hebräer-Brief 13,5: „Der Wandel sei ohne Geiz; und lasset euch genügen an dem, was da ist. Denn er hat gesagt: ‚Ich will dich nicht verlassen noch versäumen.'"

[37] Karl David Ilgen (1763–1834), Rektor der Landesschule in Pforta.

[38] Heinrich Ranke erhielt von Ilgen „einen versiegelten Brief, ⟨...⟩ der die Stelle eines Schulzeugnisses vertrat" (F. H. Ranke, Jugenderinnerungen, S. 219); Heinrich Ranke hatte 1814 die Schule ohne Abschluß verlassen (vgl. Nr. 15).

[39] Gottesdienst zwischen Mitternacht und dem frühen Morgen.

[40] Friederike Wilhelmine Ahlemann, geb. Schultze (1772–1843), Direktorin einer höheren Bildungsanstalt für Mädchen in Frankfurt an der Oder, Vertraute Leopold Rankes.

[41] Caroline Beer (1791–1851), Vertraute Leopold Rankes in Frankfurt an der Oder.

Nr. 119

Friederica Wilhelmina Ranke[1] an Leopold Ranke

V: GStA PK VI. HA Nl Hoeft Nr. 1 (Abschrift)
G: GStA I. HA Rep. 92 L. v. Ranke Nr. 26 (nicht erhalten)

⟨Wiehe, Ende Mai 1822.⟩

Mein lieber Sohn⟨,⟩
Ich hatte mir vorgenohmen⟨,⟩ diese Feier Tage[2] einen langen Brief an Dich zu schreiben⟨,⟩ aber ich wurde jar nicht wohl und bekam noch dazu Zahnschmerzen⟨,⟩ das⟨s⟩ mir alles verging⟨.⟩ heute ist es aber wieder besser⟨.⟩ Du glaubst⟨,⟩ ich bin ängstlich⟨,⟩ ich bin es nicht⟨.⟩ Gott würd schon für meine Kinder sorgen⟨,⟩ den⟨n⟩ ich richte doch mit alle[a] meiner Sorge nichts aus⟨;⟩ doch ist das mein Wunsch⟨,⟩ das⟨s⟩ ich Dich möchte näher haben⟨.⟩ dazu habe ich nun aber auch keine Hofnung mehr und will mich auch gerne trösten⟨,⟩ wen⟨n⟩ es Dier nur wohl geht⟨.⟩ Heinrich[3] ist so gut⟨,⟩ und ich bin so glücklich⟨,⟩ wen⟨n⟩ er bei uns ist⟨,⟩ aber auch Der würd vieleicht weit von mir komen⟨,⟩ weil das Schiksal Ihn hier durchaus nicht günstig ist⟨.⟩ doch was Klage ich⟨,⟩ den⟨n⟩ Gott würd ja alles zum besten wenden⟨.⟩ wier denke alle Tage an Dich⟨,⟩ die Ahleman[4] und Carolina[5] Grüße Sie herzlich von uns allen⟨.⟩ Gott erhalte Dich Gesund!

Deine Treüe
Mutter F⟨iederike⟩ R⟨anke⟩

ich schreibe Dier bald einen langen Brief.

[a] Verbesserung aus „aller".

[1] Friederica Wilhelmina Ranke, geb. Lehmicke (1776–1836), Mutter Leopold Rankes.
[2] Wohl Pfingsten 1822, da sich ein Brief mit Dank der Eltern für die Geschenke von Leopold Ranke an die Eltern erhalten (Nr. 107) hat und Leopold Ranke das Osterfest 1822 in Wiehe verbrachte (vgl. F. H. Ranke, Jugenderinnerungen, 216); der Pfingstsonntag wurde 1822 am 26. Mai gefeiert.
[3] Heinrich Ranke (1798–1867), Bruder Leopold Rankes.
[4] Friederike Wilhelmine Ahlemann, geb. Schultze (1772–1843), Direktorin einer höheren Bildungsanstalt für Mädchen in Frankfurt an der Oder, Vertraute Leopold Rankes.
[5] Caroline Beer (1791–1851), Vertraute Leopold Rankes in Frankfurt an der Oder.

Nr. 120

Leopold Ranke an Heinrich Ranke[1]

V: GStA PK VI. HA Nl Hoeft Nr. 2 (Abschrift)
G: GStA I. HA Rep. 92 L. v. Ranke Nr. 7 (nicht erhalten)
D: L. v. RANKE, Neue Briefe, S. 31–32

⟨Frankfurt a. d. O., Juni 1822.⟩[a]

Das sind keine rhetorischen Fragen, lieber Heinrich, die ich gethan: ich weiß sie noch alle, und wenn Du wiederschreibst, so nimm ein größeres Papier und beantworte sie auch.

Ich gehe täglich allein aus. Das Pferd will nicht wieder gesund werden. Du kannst denken⟨,⟩ wie einsam ich bin. Am ersten Pfingsttag[2] hab ich mit Niemand gesprochen, als mit dem Mädchen[3]; aber gelebt und geschwelgt in einer Fülle von Lust. Das sind die einzigen Mayen[4] gewesen, die ich gesehen, welche die Semmelverkäuferinnen[5] unter den Linden[6] an ihre Buden befestigt hatten. Aber weit hinaus durch den Eichbusch[7] in den frischen Abendwind gieng ich, wo die Dornbüsche voll Rosen hängen, mit den langen blühenden Bogen, und kletterte die Berge an dem Büschenufer[b8] hinauf, wo wir eine neue Aussicht entdeckt haben; durch die Schweiz[9] nahm ich den Rückweg und kam ganz erfrischt wieder an. So geht es immer.

Richter[10] hat zuerst und sehr liebreich an mich geschrieben.[11] Er hofft durch mich auf Nachrichten von Dir.

[a] Datierung nach L. v. RANKE, Neue Briefe, S. 31.
[b] Im Druck: „der Buschmühle".

[1] Heinrich Ranke (1798–1876), Bruder Leopold Rankes.
[2] 20. Mai 1822.
[3] Nicht ermittelt.
[4] Unter „Maien" versteht man grünende Zweige oder junge Bäume, die einer jungen Frau in der Nacht zum 1. Mai von einem jungen Mann heimlich verehrt werden.
[5] Nicht ermittelt.
[6] Lindenstraße in der Gubener Vorstadt; deren Verlängerung stellt der Buschmühlenweg dar (vgl. HAUSDORF / NOACK, Straßen, S. 99–100).
[7] Wohl das Gebiet des heutigen Eichwaldwegs, der vom Buschmühlenweg abzweigt und näher am Ufer der Oder verläuft (vgl. HAUSDORF / NOACK, Straßen, S. 43).
[8] In der Nähe der Buschmühle befinden sich die Lossower Berge (vgl. HAUSDORF / NOACK, Straßen, S. 34).
[9] Wohl die sogenannte „Tzschetzschnower Schweiz", das Gebiet um Tzschetzschnow nördlich von Lossow, aber noch südlich von Frankfurt.
[10] Carl Anton Richter (1797–1827), Privatgelehrter und Lexikograph in Leipzig, ein Mitschüler Leopold Rankes und ein enger Freund Heinrich Rankes.
[11] Nicht ermittelt.

Da Du mir von Franke[12] schreibst, muß ich Dir gestehen, daß ich selber Hofnungen hege, und immer gehegt habe, Deine strenge Dogmatik werde noch eine andere Gestalt in Dir nehmen. Aber ich möchte Dir nicht hineinreden.

Lieber, ich weiß nicht, wie sonderbar unser Geschick sich entwickelt, und Deins zumal. Die beste Hofnung laß Deine Jugend seyn.

Appel[13] ist hier und will mich zum Bad abholen. Er grüßt Dich von Herzen, so wie die Andern[14] oft nach Dir fragen, und macht diesem Briefe ein Ende.

Leb wohl.

[12] Friedrich Joachim Christian Francke (1795–1869) oder Joachim Friedrich Heinrich Francke (1793–1844) (vgl. Nr. 118).

[13] Friedrich Ferdinand Appel (1794–1840), Supernumerar bei der Regierung in Frankfurt an der Oder.

[14] Wohl Wilhelm Ferdinand Heydler (1793–1859), Mitschüler Leopold und Heinrich Rankes in Pforta, Leipziger Studienfreund Leopold Rankes sowie Konrektor am Friedrichs-Gymnasium in Frankfurt an der Oder, sowie Friederike Wilhelmine Ahlemann, geb. Schultze (1772–1843), Direktorin einer höheren Bildungsanstalt für Mädchen in Frankfurt an der Oder, und Caroline Beer (1791–1851), Vertraute Leopold Rankes in Frankfurt an der Oder.

Nr. 121

Heinrich Ranke[1] an Leopold Ranke

V: GStA PK VI. HA Nl Hoeft Nr. 37 Kart. 4 (Typoskript)
TD: Fuchs, Heinrich Ranke, S. 153–154

[a][Wiehe, Juni 1822.][a b]

Liebster Bruder,
Sei beim Empfang dieses Briefes nicht so misvergnügt, als ich es bin, da ich schreibe.

Ich hatte am 1sten Jun⟨i⟩ meine Examenarbeit[2] nach Magdeburg geschickt mit einigen Zeugnissen, die ich für hinlänglich hielt. Heute bekomme ich ein Schreiben – auf einem 12 gr⟨oschen⟩ cour⟨ant⟩ Stempelbogen! – nachdem die Correspondenz schon mehrere Thaler gekostet hat. – Darin fordern sie ein Attest förmlicher Entlassung vom Militairdienst, ohne mir jedoch das Frankfurter Entlassungszeugniß[3] zurückzuschicken. In diesem Zeugniß war bemerkt, ich sollte mich sogleich der Kreis-Ersatz-Commission vorstellen und von dieser meine ferneren Militairverhältnisse bestimmen lassen. Dieß war ein Versehen des Feldwebels[4] meiner Compagnie.[5] Denn ich bin schon in Frankfurt vor ein Büreau gestellt worden. – Du erinnerst Dich vielleicht[c] noch, daß ich zum General Rudolphi[6] ge-

a–a In der Vorlage nachträglich handschriftlich ergänzt.
b Fuchs datiert den Brief auf „Mai/Juni 1822".
c In der Vorlage „t" nachträglich handschriftlich ergänzt.

1 Heinrich Ranke (1798–1876), Bruder Leopold Rankes.
2 Eine Abschrift der Examensarbeit wird heute im Archiv des Ranke-Vereins in Wiehe verwahrt (freundliche Auskunft von Gottfried Braasch, 24.2.2010).
3 Zeugnis über die Entlassung aus dem Militärdienst (vgl. Nr. 108).
4 Nicht ermittelt.
5 Auf Grund der im folgenden genannten Offiziere ist anzunehmen, daß Heinrich Ranke einer Kompanie des in Frankfurt an der Oder stationierten 1. Bataillons des Königlich Preußischen Infanterie-Regiments Nr. 12 angehörte (vgl. Rang- und Quartier-Liste 1823, S. 65), das auch als 2. Brandenburgisches Infanterie-Regiment oder als Grenadier-Regiment Prinz Carl von Preußen bezeichnet wurde.
6 Nikolaus Ludwig von Rudolphi (1772–1837), Sohn von Karl Ludwig von Rudolphi (1732–1795), Justizdirektor, und Karoline von Rudolphi, geb. Pauli; 1792 Volontär im Dragoner-Regiment von Kalckreuth, 1793 Junker im Dragoner-Regiment Ansbach-Bayreuth, 1794 Seconde-Lieutenant und Adjutant, 1800 Hochzeit mit Friederike Wilhelmine Henriette von Pelet, geb. von Wedel-Malchow (1764–1831), der geschiedenen Frau seines Regimentskommandeurs, deshalb Versetzung zum Füsilierbataillon von Wakenitz der 1. Ostpreußischen Füsilierbrigade, 1805 Premier-Lieutenant, 1805 Stabskapitän, 1806 in französischer Kriegsgefangenschaft, 1807 aus der Gefangenschaft zurück, 1809 wirklicher Kapitän bei dem Gouvernement in Berlin, 1810 Brigadier der Grenzcordons im Bezirk Oels, 1811 auf Vorschlag von Scharnhorst Major, 1811 Vorsitzender der Militär-Examinations-Kommission in Berlin, 1812 Bataillonskommandeur im 2. Westpreußischen Infanterie-

bracht werden sollte, welches[d] mich auch vom Landwehrdienst entließ.[7] Der Adjutant[8] des Maj⟨ors⟩ Sarniz[9] sagte mir, ich wär nun ganz frei und hätte mich weiter keiner Commission vorzustellen. – Da nun das Consistorium mit meinem freilich dummen Zeugniß [sich][e] nicht zufrieden stellen läßt, so muß ich ein richtiges Entlassungszeugniß von der Frankfurter Landwehrkommission — welchen Titel sie hat, weiß ich nicht — zu bekommen suchen.

Ich belästige Dich, lieber Bruder, höchst ungern mit dem Auftrage, dieß mir wo möglich zu verschaffen. Ich weiß⟨,⟩ wie ekelhaft langweilig und weitläuftig man dabei behandelt wird. Du könntest vielleicht von H⟨er⟩rn

[d] Wohl auf das „Büreau" bezogen.

[e] In der Vorlage handschriftlich ergänzt.

Regiment, 1812 Pour le Mérite, 1813 Generalstab des I. Armee-Korps, 1814 Oberstleutnant, 1814 Chef des Generalstabes in Schlesien bei Yorck, 1815 Generalquartiermeister beim 5. Deutschen Bundes-Korps, 1815 Chef des Generalstabs des V. Armee-Korps, 1815 Oberst, 1817 Inspekteur der Landwehr im Regierungsdepartement Stettin, 1829 Kommandeur der 5. Landwehrbrigade und Generalmajor, 1834 Kommandeur der 9. Division, 1835 Abschied als Generalleutnant; Rudolphi war seit 1820 Kommandeur der 5. Landwehr-Brigade der 3. Division des III. Armee-Korps, zu der das 1. Bataillon des 12. Landwehr-Regiments gehörte, das sein Quartier in Frankfurt an der Oder hatte und dem Heinrich Ranke nach seinem Ausscheiden aus dem aktiven Militärdienst wohl zugeordnet war (vgl. Rang- und Quartier-Liste 1823, S. 63; Geschichte der Preußischen Landwehr seit Entstehung derselben bis zum Jahre 1856. Historisch dargestellt von E. Lange II., Lieutenant im 3. Bataillon des 20. Landwehr-Regiments. Berlin o. J., S. 314–315 sowie S. 323).

[7] Nach dem Dienst als Einjährig-Freiwilliger im Heer („Linie") waren die männlichen Bürger Preußens an sich bis zum Alter von 36 Jahren zum Dienst in der Landwehr verpflichtet (vgl. Gesetz über die Verpflichtung zum Kriegsdienst vom 3. September 1814, Abs. 7 und 8; Druck: Gesetz-Sammlung 1814, Nr. 14, S. 79-82, hier S. 80).

[8] Nicht ermittelt.

[9] Wohl Friedrich Wilhelm August von Sanitz (1764–1833), Sohn von Hans Ehrenreich von Sanitz, preußischer Oberst, 1796 Junker beim Infanterie-Regiment von Crousatz, 1799 Fähnrich, 1801 Seconde-Lieutenant, 1806 mit halben Gehalt inaktiv, August 1808 zum Kolbergschen Infanterie-Regiment, November 1808 zum Leib-Infanterie-Regiment, 1811 Premier-Lieutenant, Februar 1813 Stabskapitän beim I. Brandenburgischen Reserve-Bataillon, Juni 1813 Kompagnie-Chef, Juli 1813 mit dem Bataillon zum Brandenburgischen Infanterie-Regiment (3. Kompagnie), 1815 Major, 1816 Kommandeur des I. Bataillons des Königlich Preußischen 12. Infanterie-Regiments (= 2. Brandenburgischen Infanterie-Regiment, = Grenadier-Regiment Prinz Carl von Preußen), 1830 Oberstleutnant, 1831 als Oberst mit der Regiments-Uniform mit Aussicht auf Wiederanstellung und Pension dimittiert, 1832 als 2. Mitglied bei der Allgemeinen Kriegsschule wieder angestellt (vgl. Offizier-Stammliste des Grenadier-Regiments Prinz Carl von Preußen (2. Brandenburgischen) Nr. 12 von der Errichtung des Regiments am 1. Juli 1813 bis 30. April 1913. Auf Befehl des Regiments bis zum 1. März 1901 zusammengestellt von ⟨Ernst Ulrich⟩ von Reden. Erweitert und vervollständigt bis 30. Apr. 1913 von ⟨Erich⟩ von Witzleben. Oldenburg / Leipzig 1913, S. 9).

Hohenhorst[10] erfahren⟨,⟩ was zu thun ist⟨,⟩ um dieß wichtigste Dokument auszumitteln.

O! Alle Ausmittelung in Frankfurt und Berlin ist nichts gegen diese ausmittelndste Ausmittelung⟨,⟩ die ich von Magdeburg aus erfahren, sie wollen alles auf's Haar wissen, von meiner Geburt an bis zu meinem seligen Ende⟨,⟩ und lassen sich leider immer von der Post auszahlen – was so ein armer Schulamts- und anderer Candidat nur mit Schmerzen wieder erstattet. – Klage Heidlern[11] meine Noth und Stangen[12], vielleicht helfen sie auch in dieser Sache ein wenig. Die Magdeburger wollen auch ein Fakultätszeugniß von Halle, und Du weißt doch⟨,⟩ daß ich mich dort in den Streit der Fakultäten[13] durchaus nicht einließ⟨,⟩ sondern ganz neutral blieb und über allen schwebte. Sie haben mich sogar veranlaßt⟨,⟩ zu sagen, ob ich mich zur Union[14] bekenne. Auch auf das Pförtnische Zeugniß dringen sie. Der Cons⟨istorialrat⟩ Ilgen[15] hat mir⟨,⟩ als ich bei ihm war⟨,⟩ versprochen, einen Brief für mich nach Magdeburg zu schreiben.

Baier[16] ist sehr schwer krank gewesen. Seit Pfingsten hatte er sich einige Tage erholt, nachdem er sehr besorgt gewesen war, wie viel Mühe es machen würde, seine Leiche nach Altenkirchen schaffen zu lassen.

Ich schließe⟨,⟩ geliebter Bruder⟨,⟩ mit herzlicher Bitte, mir meine elenden Briefe zu verzeihen, die aus dem elendesten Humor hervorkommen.

Schmidt[17] wird sogleich fortwollen.

[10] Friedrich Wilhelm Hohnhorst (1777–1858) war seit 1813 Regimentsarzt im Infanterie-Regiment Nr. 12 in Frankfurt an der Oder; Heinrich Ranke kannte ihn wohl persönlich, da der Mediziner mit der Witwe Friederike Wilhelmine Ahlemann befreundet war; außerdem dürfte Hohnhorst als Regimentsarzt im Korps Yorck während der Befreiungskriege auch den erwähnten General Rudolphi persönlich gut gekannt haben, der ab 1814 im Generalstab des Korps Yorck eingesetzt war; darüber hinaus verfügte Hohnhorst auch als Freimaurer über vielfältige Kontakte.

[11] Wilhelm Ferdinand Heydler (1793–1859), Mitschüler Leopold und Heinrich Rankes in Pforta, Leipziger Studienfreund Leopold Rankes sowie Konrektor am Friedrichs-Gymnasium in Frankfurt an der Oder.

[12] Johann Carl Wilhelm Thomas Stange (1792–1854), Oberlehrer am Friedrichs-Gymnasium in Frankfurt an der Oder.

[13] Anspielung auf die gleichbetitelte Schrift Immanuel Kants von 1798.

[14] Die 1817 von Friedrich Wilhelm III. in Preußen verfügte Vereinigung von Lutheranern und Reformierten. Heinrich Ranke, „nach Abstammung und Ueberzeugung Lutheraner“, der von der Union „wenig oder nichts“ wußte, „erklärte, dem Bekenntniß der evangelisch-lutherischen Kirche von Herzen anzugehören, fügte aber in aller Unschuld hinzu, ich wisse nicht, was mich hindern sollte, auch einer unirten Gemeinde das Evangelium zu verkünden“ (F. H. Ranke, Jugenderinnerungen, S. 218).

[15] Karl David Ilgen (1763–1834), Rektor der Landesschule in Pforta.

[16] Hermann Julius Christoph Baier (1775–1822), Pfarrer in Altenkirchen auf Rügen, in dessen Haushalt Heinrich Ranke zeitweise als Hauslehrer wirkte. Baier hielt sich zum Zeitpunkt von Heinrich Rankes Brief bei Verwandten in Greifswald auf, wo er drei Monate später sterben sollte (vgl. F. H. Ranke, Jugenderinnerungen, S. 220–221). Heinrich Ranke wird ihn dort im Juli 1822 das letzte Mal aufsuchen.

[17] Carl Traugott Siegismund Schmidt (1766–nach 1823), Postbote in Wiehe.

Was verschlingt sich – verstrickt sich – ⟨;⟩auch im Weimarischen⟨,⟩ wo ich gewesen bin⟨,⟩[18] sind neue Untersuchungen ergangen von Berlin aus. Robert Wesselhöft[19] – Jurist – ist vom Weimarer[f] Hofe – auf Antrieb der Berliner – abgesetzt. Dort ist für mich nichts zu machen.
Herrlich wäre es, wenn man sich ganz auf der Höhe erhalten könnte und die Stürme und die Wetter unter sich toben sähe – aber in mir selbst ist jetzt alles Sturm und Welle gewesen – und ich stehe durchaus nicht auf der Höhe.

[f] In der Vorlage „er“ nachträglich handschriftlich ergänzt.

[18] Vgl. Nr. 116.

[19] Robert Wesselhöft (1796–1852), Sohn von Johann Carl Wesselhöft (1767–1847), ab 1799 Buchdrucker in Jena, und Friederike Karoline Wesselhöft, geb. Heitmann, Tochter von Karl Wilhelm Heitmann, Sekretär der Kurprinzessin von Sachsen; Hauslehrer, unter anderem Wilhelm Martin Leberecht de Wette, Klosterschule in Roßleben, 1815 Studium der Rechte, später der Medizin in Jena, Mitbegründer der Urburschenschaft, 1816–1817 Mitglied des Ausschusses, 1817 und 1818–1819 Vorsteher der Burschenschaft, Juni 1818 an der Konstitution und Gründung der Leipziger Burschenschaft beteiligt, Oktober 1818 Leitung der Gründungsversammlung der Allgemeinen Deutschen Burschenschaft, 1819 Leitung der durch die Karlsbader Beschlüsse erzwungenen Auflösungsversammlung der Jenaer Burschenschaft als deren letzter Sprecher, danach mit Stadtarrest belegt, Mai 1821 Eintritt in den geheimen „Jünglingsbund“ (vgl. ausführlich: Erkenntniss wider die Mitglieder des sogenannten Jünglingsbundes auf den Grund der zu Cöpenick stattgefundenen Untersuchungen und den hierüber verhandelten Akten, gesprochen von dem Königl. Ober-Landesgericht zu Breslau; mit ausdrücklicher Erlaubniß des Königl. Preuß. hohen Ministerii der geistlichen, Unterrichts- u. Medicinal-Angelegenheiten verlegt von Eduard Anton. Halle 1826; Vertheidigungsschrift für Robert Wesselhöft, ausgearbeitet vom Regierungsrath Schede in Berlin. Für Verwandte und Freund als Manuskript zum Druck befördert und mit einigen nothwendigen Anmerkungen versehen von Johann Karl Wesselhöft. Jena 1826), Januar 1822 nach bestandenem Examen Accessist am sachsen-weimar-eisenachischen Kriminalgericht in Weida, August 1822 auf preußischen Druck Entlassung aus dem Dienst des Großherzogtums Sachsen-Weimar-Eisenach, Oktober 1822 auf dem Nürnberger Bundestag Wahl zum Vorsitzenden des Jünglingsbundes, 1823 Pächter der Fischerei in den Wallgräben zu Erfurt, 1824 Verhaftung, strenge Einzelhaft in Köpenick, 1826 in der Festung Magdeburg, 1828 zu 15 Jahren Festungshaft verurteilt, 1831 nach Verbüßung eines Drittels der Strafzeit begnadigt und aus Preußen ausgewiesen, Rückkehr nach Jena, erneut Accessist am sachsen-weimar-eisenachischen Kriminalgericht in Weida, 1832 Inquirent, 1833 Assessor am Kriminalgericht in Weimar, 1840 Emigration in die USA zu seinem Bruder Wilhelm, 1841 Arzt in Cambridge bei Boston, 1843 in absentia Promotion zum Dr. med. in Basel, 1846 Gründung einer Kaltwasser-Heilanstalt in Brattleboro (Vermont), 1852 Rückkehr nach Deutschland (vgl. Album Schüler Roßleben, Nr. 739, S. 49–50; Dvorak, Biographisches Lexikon I/6, S. 276–280; Kaupp, Stamm-Buch, Nr. 146, S. 55–56); von seinen Schriften sind vor allem die mit August Daniel von Binzer (1793–1868) herausgegebene Publikation „Carl Ludwig Sand, dargestellt durch seine Tagebücher und Briefe von einigen seiner Freunde“ (Altenburg 1821) sowie das Werk „Teutsche Jugend in weiland Burschenschaften und Turngemeinden“ (Magdeburg 1828) zu nennen. Heinrich Ranke war mit dem Bruder Robert Wesselhöfts, mit Wilhelm Wesselhöft (1794–1858), seit seiner Jenaer Studienzeit eng befreundet und wohnte bei ihm, nachdem er 1818 Friedrich Ludwig Jahn nach Berlin begleitet hatte (vgl. F. H. Ranke, Jugenderinnerungen, S. 101); der zweite Bruder Robert Wesselhöfts, Eduard Wesselhöft (1792–1873), wurde später Heinrich Rankes Kollege an der Bildungsanstalt des Erziehervereins in Nürnberg.

Der Insp[g]ektor John[g][20] rieth mir⟨,⟩ in Leipzig Hauslehrer und Katechet zu werden. Ich thät es⟨,⟩ wenn ich die Wege dazu wüßte. Vielleicht weißt Du Wege zuerst zu einer Hauslehrerstelle, die nicht ganz tödtete. Bruder, liebster Bruder – verzeihe! Erhalte mir Deine Liebe! Mein lieber Bruder! Grüße auch unsre lieben Freundinnen[21], die Gott segnen wolle.

Ewig Dein Heinrich.

g–g In der Vorlage nachträglich handschriftlich ergänzt.

[20] Christian Gottlieb John (1762–1829), Oberpfarrer, zugleich geistlicher Inspektor mit Professorentitel an der Landesschule in Pforta, wo er das Amt des Religions- und Hebräischlehrers versah; davor Diakonus in Wiehe.

[21] Friederike Wilhelmine Ahlemann, geb. Schultze (1772–1843), Direktorin einer Mädchenschule in Frankfurt an der Oder, und Caroline Beer (1791–1851), Vertraute Leopold Rankes in Frankfurt an der Oder.

Nr. 122

Leopold Ranke an Ferdinand Ranke[a1]

V: GStA PK VI. HA Nl Hoeft Nr. 1 (Abschrift)
G: GStA I. HA Rep. 92 L. v. Ranke Nr. 23 (nicht erhalten)
D: L. v. RANKE, Neue Briefe, S. 27

⟨Frankfurt an der Oder, Anfang August 1822.⟩[b]

Warum hören wir garnichts von einander, Ferdinand? Was mich, seit wir einander nicht gesehen,[2] bewegt, das Edict vom 12t⟨en⟩ April,[3] hast Du wohl von Wiehe gehört.[4] Und ich wünschte nur, daß Ihr nicht alle dieselbe Bahn einschlüget, die uns ganz zu öffentlichen Sklaven macht. Wie Du unsere Pläne erfüllst, bin ich begierig zu wissen. Wenn ich eine leidliche Handschrift[5] hätte haben können, würde ich sie Dir gewiß geschickt haben. Nimm dafür den Heeren[6]. Das Ausführliche laß Dich nur die Alten

[a] Adresse: „Herrn Ferdinand Rancke in Halle".
[b] Datierung im Hinblick auf die Adresse ohne Straßenangabe und Nr. 123.

[1] Ferdinand Ranke (1802–1876), Bruder Leopold Rankes.
[2] Seit Ostern 1822 (vgl. Nr. 112 und Nr. 113).
[3] Allerhöchste Kabinettsordre, betreffend das Verfahren bei Amtsentsetzung der Geistlichen und Jugendlehrer, wie auch anderer Staatsbeamter, 12. April 1822; Druck: GESETZ-SAMMLUNG 1822, Nr. 714, S. 105–108; diese königliche Anordnung ermächtigte den Kultusminister Altenstein und den Innen- und Polizeiminister Schuckmann fast unbeschränkt, Lehrer und Pfarrer, die „einen Oppositionsgeist ⟨...⟩ zeigen und sich namentlich auf Angelegenheiten der Staatsverfassung und Verwaltung eine nähere oder entferntere Einwirkung anmaaßen", ohne weiteren Rechtsweg zu entlassen (S. 106); außerdem durften „die Theilnehmer oder Beförderer demagogischer Umtriebe jeder Art ⟨...⟩ nicht angestellt oder befördert werden und auch aus öffentlichen Fonds ⟨...⟩ nicht unterstützt werden" (ebd., S. 108); darüber hinaus legte Friedrich Wilhelm III. in dieser Kabinettsorder fest, daß der Kultusminister auf fünf Jahre die ausdrückliche Pflicht hatte, vor jeder Neuanstellung eines Lehrers ein Gutachten des Innenministers über die politische Ungefährlichkeit des Bewerbers einzuholen. Die Minister sollten selber aktiv werden können und nicht auf Anträge der niedrigeren Behörden warten müssen; die Empfehlungen der Oberkonsistorien mußten sie nicht beachten. Damit hatte der preußische Staat, wie Leopold Ranke am 28. April 1822 an Friedrich Wilhelm Thiersch nach Bayern schrieb, „den Vertrag" gebrochen, „den ich mit ihm auf sein früheres Gesetz geschlossen" (vgl. Nr. 115 sowie DIETHER, Ranke als Politiker, S. 65–67, und HELMOLT, Leben und Wirken, S. 18).
[4] Von Heinrich Ranke, der sich zu diesem Zeitpunkt in Wiehe aufhielt und von den Bestimmungen der Königlichen Kabinettsordre vom 12. April 1822 unmittelbar betroffen war.
[5] Mitschrift einer Vorlesung.
[6] Arnold Hermann Ludwig Heeren (1760–1842), Sohn von Hinrich Erhard Heeren (1728–1811), Pfarrer in Arbergen bei Bremen, und Margarethe Heeren, geb. Wolters (1730–1770), Privatunterricht, 1776 Domschule in Bremen, 1779 Studium der Theologie, später der Philologie und Geschichte in Göttingen, 1784 Magister und Dr. phil. und Assessor der Sozietät der Wissenschaften in Göttingen, Privatdozent in Göttingen, 1785 Reise durch Italien, Frankreich und die Niederlanden, 1787 außerordentlicher Professor der Philosophie in

lehren. Dieß Vergnügen entzieh Dir durch keine neue Bearbeitung. Mein lieber Ferdinand, ich denke gewiß oft an Dich, und wenn wir dann alle dieselbe Gefahr der Studien teilen, so wollt' ich, wir teilten auch ihre Lust und ihre Frucht und ihr Leben. Diese und das verwandte Blut bildeten unsre Seele gleichnamig, Einer Labe[7], Einem Ziel, Gott und den Alten, der Tugend und der guten Tat zu. –

Schreib mir denn! Leopold.

Göttingen, 1789 außerordentliches Mitglied der Sozietät der Wissenschaften in Göttingen, 1794 ordentlicher Professor der Philosophie in Göttingen, 1796 Hochzeit mit Wilhelmine Heyne (1778–1861), Tochter von Christian Gottlob Heyne (1729–1812), Professor der Beredsamkeit und der Dichtkunst in Göttingen, 1798 ordentliches Mitglied der Sozietät der Wissenschaften in Göttingen, 1801 ordentlicher Professor der Geschichte in Göttingen, 1806 Hofrat, 1808 auswärtiges Mitglied der Akademie der Wissenschaften in München, 1812 außerordentliches Mitglied der Sozietät der Wissenschaften in Kopenhagen und korrespondierendes Mitglied der Akademie der Wissenschaften in Berlin, 1827 Redakteur der Göttingischen gelehrten Anzeigen, 1830 außerordentliches Mitglied der Akademie der Wissenschaften in Berlin, 1837 Geheimer Justizrat, Mitglied der Freimaurer-Loge „Augusta zum goldenen Zirkel" in Göttingen, außerdem Mitglied der Akademien der Wissenschaften in Amsterdam, Stockholm und Sankt Petersburg sowie Ehrenmitglied der Curländischen Gesellschaft für Literatur und Kunst; einer der angesehensten Historiker seiner Zeit, der noch ganz im wissenschaftlichen Denken der Spätaufklärung wurzelte. Leopold Ranke empfahl hier seinem Bruder Ferdinand wohl Heerens Handbuch der Geschichte der Staaten des Alterthums, mit besonderer Rücksicht auf ihre Verfassungen, ihren Handel und ihre Colonien. Göttingen 1799; 2. sehr verbesserte Aufl. Göttingen 1810; eventuell handelt es sich bei dem angesprochenen Buch aber auch um Heerens „Ideen über die Politik, den Verkehr und den Handel der vornehmsten Völker der alten Welt" (seit 1793 in mehreren Auflagen), die Leopold Ranke selbst bei der Vorbereitung seiner Geschichtsstunden am Friedrichs-Gymnasium in Frankfurt an der Oder heranzog (vgl. L. v. RANKE, Frühe Schriften, S. 505 u. ö.).

[7] Labung.

Nr. 123

Ferdinand Ranke[1] und Gottlob Ernst Reymann[2] an Leopold Ranke

V: GStA PK VI. HA Nl Hoeft Nr. 1 (Abschrift)
G: GStA I. HA Rep. 92 L. v. Ranke Nr. 26 (nicht erhalten)
TY: GStA PK VI. HA Nl Hoeft Nr. 37 Kart. 2

Halle⟨,⟩ den 6ten August ⟨1822⟩.[a]

Theuerster Bruder,

Eine große Freude war es mir, als ich eines Nachmittags, wo ich nach Giebichenstein gieng,[3] unterweges Stangen[4] sah; denn ich vermuthete sogleich, daß ein Brief von Dir mit kommen würde. Wir giengen an einander vorüber, ohne uns zu erkennen. Eben als ich vorbey war, fiel mir es erst auf, und ihm auch; dann kam er den anderen Tag zu mir, und ich sahe, daß ich mich nicht getäuscht hatte. Ich freute mich sehr über Deinen Brief[5], und auch die Innlage, für die ich Dir sehr danke, war mir nicht ungelegen; ich wandte sie sogleich zu Büchern an.

Mit meinen Studien ist es nun bisher recht[b] glücklich gegangen. Ihren ganzen Gang, den ich leider noch nicht in der Ausführung des Planes niedergeschrieben habe, will ich Dir nun erzählen, was ich freylich schon längst hätte thun sollen. Ich weiß nicht, wie es kam, daß ich nie recht dazu kommen konnte. Oft schon fing ich einen Brief an Dich an, aber er wurde nie ausgeführt, – zuerst, als ich nach Halle herkam, war es mir eine große Freude, Reymann hier zu treffen, was ich durchaus nicht hatte erwarten können, und wie es nun natürlich war, die ersten Tage hatten wir einander so viel zu erzählen, daß wir gar nicht von einander los kommen konnten; was besonders dadurch befördert wurde, daß Reymann zu mir ins Haus gezogen war. Darum wurde die ersten Paar Tage nicht so viel gearbeitet, als wohl hätte geschehen können. Ich kam den 6ten May; nun wurde sogleich angefangen, zuerst die Collegia zu bedenken, die ich hören wollte,

[a] Datierung durch Hoeft ursprünglich „1821“, nachträglich auf „1822“ verbessert.
[b] In der Vorlage ursprünglich: „nicht“.

[1] Ferdinand Ranke (1802–1876), Bruder Leopold Rankes, Student in Halle.
[2] Gottlob Ernst Reymann (1803–1884), ehemaliger Schüler Leopold Rankes am Friedrichs-Gymnasium in Frankfurt an der Oder, seit Ostern 1822 Student der Theologie in Halle, dort wohnte er, wie Ferdinand Ranke, in der Großen Steinstraße 167 und war, wie Wilhelm Ranke, Mitglied in der Quellengesellschaft.
[3] Wohl um dort Karl Ludwig Georg von Raumer zu besuchen (vgl. Nr. 111).
[4] Johann Carl Wilhelm Thomas Stange (1792–1854), Oberlehrer am Friedrichs-Gymnasium in Frankfurt an der Oder.
[5] Nr. 122.

und mich darauf vorzubereiten. Ich nahm an bei Seidler[6]. Euripides'[7] Hippolitus[8] und Metrik, und b⟨ei⟩ Reisig[9] lateinische Grammatik; daher war ich genöthigt, zuerst den Hippolytus[10] durchzulesen und dann die Hermannsche[11] Metrik[12] und das Heft von Reisig[13]. Den Hippolytus las ich, die Hermannsche Metrik auch, doch diese etwas flüchtiger, nur eigentlich repetirend, was ich bei Seidler gehabt hatte; mit dem Lesen des Heftes von Reisig gelang mir es aber nicht so, weil ich es zu schlecht geschrieben hatte; ich las daher nur einige Stücke, die mir vorzüglich wichtig schienen, und gieng dann zu meinen übrigen Arbeiten über. Nach unserem Plan sollte ich nun mit dem Plautus[14] beginnen; ich ging zu Reisig, um mir eine Ausgabe zu holen; und dieser rieth mir⟨,⟩ doch mit dem Terenz[15] anzufangen, um von Bentley[16] in die Metrik eingeführt zu werden, zumal da im Plautus in der Metrik noch so wenig gethan sey. Dieß hielt ich für wahr, und begann mit dem Terenz, und las vorzüglich mit Bentley genau den Eunuch, und dann noch schnell dazu die Adolphi[c]. Dann wand ich mich zum Plautus und las mit Gronov[17] genau den Amphitruo und schnell dazu den Mi-

c Im Typoskript: „Αδελφι".

6 Johann Friedrich August Seidler (1779–1851), ordentlicher Professor der klassischen Philologie in Halle; wie Leopold Ranke Schüler von Johann Gottfried Jakob Hermann und Mitglied der „Societas Graeca".

7 Euripides (um 480–406 v. Chr.), griechischer Dichter.

8 Tragödie von Euripides, die von der Liebe Phaidras zu ihrem Stiefsohn Hippolytos handelt.

9 Karl Christian Reisig (1792–1829), außerordentlicher Professor der alten Literatur in Halle; wie Leopold Ranke Schüler von Johann Gottfried Jakob Hermann und Mitglied der „Societas Graeca".

10 Wohl in der Ausgabe Ευριπιδου Ιππολυτος Στεφανηφορος e recensione Rich. Fr. Phil. Brunck in usum praelectionum editio nova emendatior cura G. H. Schaefer. Leipzig 1818.

11 Johann Gottfried Jakob Hermann (1772–1848), ordentlicher Professor der Beredsamkeit und der Poesie an der Universität in Leipzig, Leopold Rankes Doktorvater.

12 Gottfried Hermann: Handbuch der Metrik. Leipzig 1799.

13 Eine Vorlesungsmitschrift; die umfangreichen Vorlesungen über lateinische Sprachwissenschaft erschienen erst nach Reisigs Tod im Druck: Professors K. Reisig's Vorlesungen über lateinische Sprachwissenschaft. Hrsg. mit Anmerkungen von Dr. Friedrich Haase, Oberlehrer. Leipzig 1839.

14 Titus Maccius Plautus (um 245–um 184 v. Chr.), römischer Komödiendichter.

15 Publius Terentius Afer (um 190–um 158 v. Chr.), römischer Komödiendichter.

16 Richard Bentley (1662–1742), britischer Philologe, 1700–1740 Rektor des Trinity College in Cambridge; seine Terenz-Ausgabe enthielt ein „Schediasma de metris Terentianis", das für das wissenschaftliche Studium der lateinischen Metrik bahnbrechend wurde (vgl. Publii Terentii Afri comoediae. Phaedri fabulae Aesopiae, Publii Syri et aliorum veterum sententiae, ex recensione et cum notis Richardi Bentleii. Cambridge 1726); aktuell lag damals vor: P. Terentii Afri comoediae. Ad editionem R. Bentleii diligentissime expressae. Leipzig 1819; die im Folgenden genannten Komödien „Der Eunuch" und „Die Brüder" waren in dieser Ausgabe enthalten.

17 Johann Friedrich Gronov (1611–1671), aus Hamburg, 1642 Professor in Deventer, 1659 in Leiden; neben seinen zahlreichen Editionen griechischer und römischer Schriftsteller

les gloriosus und Rudenus[d]; den letzteren vorzüglich, weil seine Metrik von Reiz bestimmt ist. Ich habe recht empfunden den großen Unterschied zwischen Plautus und Terenz. Terenz ist weit gebildeter und feiner, Plautus mehr gerade heraus und gemeiner. Aber auch der Styl ist ganz anders; der Plautus ist weit kräftiger und männlicher; besonders gefiel mir sehr der Anfang des Miles gloriosus, und dessen Charakter durch das ganze Stück, und seine hochtrabenden Reden. — Ich hätte gern alles von ihnen gelesen, doch hielt ich mich selbst dabei zurück, weil ich es durchaus von schlechtem Einfluß auf die Sittlichkeit halte. Wenn ich es hätte mit einem ganz durchlesen können, so hätte ich es gern gethan, dann wäre es recht rasch gegangen und man hätte einmal darüber gelacht und dann Alles vergessen; aber es fand sich keiner.

Mit diesem Allen war ich aber doch in der Zeit etwas zu langsam vorgeschritten, besonders da immer andere Arbeiten dabei sich drängten, und das Seminar, in das ich nun ganz getreten bin, nicht ganz voll war, und nun alle, die darin waren, sehr viel thun mußten. Nachher wand ich mich zum Livius[18] und holte mir dazu von Reisig die Ausgabe von Drakenborch[19], und las ganz genau das erste Buch des Livius, vergleichend alle Anmerkungen der dort gesammelten vielen Gelehrten. Ich that dieß um so lieber, weil ich dadurch gleich eine Menge der Leute kennen lernte, die mir ja in gewisser Hinsicht Vorbilder seyn sollen, denen ich in meinem Streben nachfolgen soll. Besonders wichtig sind da Gronov, Dukker[20] und Drakenborch. Eigen aber ist es, daß alle diese Leute nichts von Cicero[21] wissen, auch Gronov und Drakenborch nicht, von denen erster hauptsächlich

[d] Im Typoskript: „Rudenuo".

und Dichter beschäftigte er sich mit dem antiken Geldwesen; bei der hier angesprochenen Ausgabe handelte es sich wohl um M. Acci Plauti quae supersunt Comoediae. Cum commentario ex variorum notis et observationibus. Ex recensione Ioh. Frederici Gronovi. Accessere ex eiusdem lectionibus plautinis notulae asterisco notatae. Cum praefatione Io. Augusti Ernesti. 2 Bde., Leipzig 1760; die im Text im Folgenden genannten Komödien „Amphytrion", „Miles gloriosus" und „Rudenus" waren in dieser Ausgabe erhalten.

[18] Titus Livius (um 59 v. Chr.–um 17 n. Chr.), römischer Geschichtsschreiber.

[19] Arnold Drakenborch (1684–1748), aus Utrecht, Dr. iur., 1716 Professor der Beredsamkeit und Geschichte in Utrecht; sein Hauptwerk war die 1738–1746 erschienene Edition des Livius, in der er die Ausgabe von Gronov wesentlich ergänzte und bereicherte, jüngste Ausgabe: T. Livii Patavini Historiarum libri qui supersunt omnes. Ex recensione Arn. Drakenborchii cum indice rerum locupletiss. Accessit praeter varietatem lectt Gronovianae et Creverianae Glossarium Livianum curante Augusto Guil. Ernesti. Editio nova emendatior. 4 Bde., Leipzig 1801–1804; eine weitere Ausgabe erschien in Stuttgart ab 1820, sie wurde aber erst 1825 vollendet.

[20] Carl Andreas Duker (1670–1752), aus Unna in Westfalen, 1716 zugleich mit Drakenborch als Professor der Beredsamkeit und Geschichte an die Universität in Utrecht berufen.

[21] Marcus Tullius Cicero (106–43 v. Chr.), römischer Politiker und Schriftsteller.

den Tacitus[22] kennt und der andere den Silius[e] Italicus[23] und Livius, aus dem er das Meiste citirt. Dann las ich noch die neuen Bücher, die ich mir vorgenommen hatte, rasch, ohne Drakenborch. – Bei dem Allen habe ich aber den Fehler gemacht, daß ich das, was ich in der Geschichte hatte lernen wollen,[24] nicht gelernt hatte, sondern nur das, was ich eben im Livius las. Daran war Schuld, daß ich zu Anfang gleich nicht recht in der Zeit unserm Plan treu geblieben war.

Doch den ersten August wand ich mich zum Sallustius[25], von dem ich auch den Catilina[26] schon gelesen habe, und den Iughurtha[27] angefangen. So sehr er mir anfangs gefiel, so wenig gefällt er mir jetzt, nachdem ich mich überzeugt habe zuerst von der Feindschaft gegen Cicero, die so offenbar ist, daß sie gewiß kein Mensch läugnen kann, dann aber hauptsächlich von seinem gewiß schlechten Leben. Dieß letztere scheint mir auch so ganz deutlich hervorzuleuchten, daß ich gar nicht glauben kann, daß ein Mensch daran gezweifelt hat. Man sieht es gleich daran, wie er von der Tugend und dem Laster spricht. Spricht er von der Tugend, so sieht es immer so aus, als gienge es ihm nicht von Herzen, und spricht er vom Laster, so hat er manchmal so schändliche unverschämte Ausdrücke, daß Jeder so gleich sieht, daß dieß Spuren sind seines unverschämten Wandels. Und wenn ich dieß einmal von einem Schriftsteller weiß, so sind mir alle seine schönen Worte nicht angenehm; so ist es auch bei Tiedge[28], und den Schle-

[e] In der Vorlage: „Sitius".

[22] Publius Cornelius Tacitus (um 58–um 120), römischer Geschichtsschreiber.

[23] Titus Catius Asconius Silius Italicus (um 25–um 100), römischer Politiker und Dichter.

[24] Sachwissen aus neueren Darstellungen wie der Heerenschen, die Leopold Ranke seinem Bruder ausdrücklich empfohlen hatte (vgl. 122).

[25] Gaius Sallustius Crispus (86–um 35 v. Chr.), römischer Politiker und Geschichtsschreiber.

[26] De coniuratione Catilinae; Werk über die von dem römischen Politiker Lucius Sergius Catilina (108–62 v. Chr.) betriebene Verschwörung.

[27] De bello Iugurthino; Werk über den Krieg gegen den König Jugurtha von Numidien (um 160–104 v. Chr.).

[28] Christoph August Tiedge (1752–1841), Sohn von Johann Conrad Tiedge († 1769), Rektor der Gelehrten Schule in Gardelegen in der Altmark, ab 1758 Konrektor am Gymnasium in Magdeburg, und Johanna Christiana Tiedge, geb. Lempolius (1725–um 1790), 1759 Volksschule, 1761 Gymnasium in Magdeburg, 1770 Studium der Rechte in Halle, 1777 Rückkehr nach Magdeburg, 1781 Hauslehrer in Ellrich, 1788 auf Einladung von Johann Wilhelm Ludwig Gleim (1719–1803) Übersiedlung nach Halberstadt, 1789 Sekretär des Landrats in Eilenstedt, 1791 Mitherausgeber der Deutschen Monatsschrift, 1792 Gesellschafter und Hauslehrer in der Familie von Stedern, 1798 Aufenthalt in Frankfurt an der Oder, 1799 in Dresden, danach Übersiedlung nach Berlin, Freundschaft mit der von ihrem Mann getrennt lebenden, schriftstellerisch tätigen Charlotte Elisabeth Constantia von der Recke, geb. Gräfin von Medem (1754–1833), der Stiefschwester der Herzogin Dorothea von Kurland (1761–1821), 1804-1808 gemeinsam mit Charlotte Elisabeth Constantia von der Recke Reisen in die Bäder von Teplitz, Karlsbad und Franzensbad, nach Italien und in die Schweiz, nach Gotha und Löbichau, 1819 Übersiedlung nach Dresden; Frau von der Recke vermachte ihrem Reisebegleiter nach ihrem Tod eine ansehnliche Rente, von

gels[29]; – da wandelt mich auch allemal ein grausendes Gefühl an, wenn ich ihre Schriften lese. – Ich habe hierzu die Ausgabe von Havercamp[30]. Nun habe ich noch den Caesar[31] und Tacitus vor mir; da freue ich mich noch weit mehr darauf; ich will darum noch diese Woche den Sallust beendigen.

Um nun in der römischen Geschichte meinem Ziele entgegen zu gehen, habe ich mit Reymann einen Bund gemacht, sie zusammen zu treiben, da werde ich mir sie noch tiefer einprägen, als wenn ich es allein thät. –

Den Beweiß nun von dem Allen, was ich Dir erzählt habe, sollst Du haben, wenn ich, wie ich es nun ganz bestimmt hoffe, zu Michaëlis[32] bei Dir bin. Den 12ten oder 13ten September denke ich bei Dir einzutreffen mit Reymann, mit dem ich, kleine, unnütze Streitigkeiten abgerechnet, recht vertraulich und freundschaftlich lebe. Ich freue mich sehr darauf, Dich in Deinen dortigen Umgebungen zu sehen.

Mit der Mineralogie bei Raumer[33] hat es sich jetzt von selbst aufgelöst, da nur noch einer war, der bei ihm lesen wollte, doch setze ich selbst bisweilen fort, und strebe danach, wenigstens das Gelernte nicht wieder zu vergessen. In welchem Verhältniß ich zu dieser herrlichen Familie[34] stehe,

der Tiedge, dessen literarischer Erfolg schnell erlosch, bis zu seinem Tode lebte; zuletzt waren von Tiedge erschienen: Urania. 6. Aufl., Halle 1819; Denkmale der Zeit. Leipzig 1814; Aennchen und Robert, oder der singende Baum. Halle 1815; eine Gesamtausgabe von Tiedges Schriften war über den ersten Band, Göttingen 1796, nicht hinausgekommen (vgl. C. A. Tiedge's Leben und poetischer Nachlaß. Hrsg. von Dr. Karl Falkenstein. Erster Band: Tiedge's Jugend und Mannesalter. Leipzig 1841).

[29] Wohl die Brüder August Wilhelm (1767–1845) und Carl Wilhelm Friedrich von Schlegel (1772–1829); Ferdinand Ranke könnte sich hier auf des letzteren Roman „Lucinde" aus dem Jahr 1799 beziehen, in dem ein Loblied des Müßigganges und der romantisch-freien Liebe gesungen wird; von den zahlreichen weiteren schriftstellerisch tätigen Mitgliedern der Familie Schlegel kämen aber auch Johann Elias Schlegel (1719–1749) oder Johann Adolph Schlegel (1721–1793) in Betracht, die beide wie Leopold und Ferdinand Ranke ihre Schulbildung in Pforta erhalten hatten (vgl. Hoffmann, Pförtner Stammbuch, Nr. 5946, S. 220 und Nr. 6041, S. 223).

[30] Sigebert Haverkamp (1684–1742), aus Utrecht, 1720 Lektor der Griechischen Sprache, 1724 Professor der Beredsamkeit und der Geschichte in Leiden; der Titel der Sallust-Ausgabe lautet: C. Crispi Sallustii quae extant. Cum notis integris Glareani, Rivii, Ciacconii, Ursini, Carrionis, Manutii, Coleri, C. et A. Popmae, Palmerii, Putschii, Douzae, Gruteri, Ruperti, Graswinckelii, et Josephi Wasse; atque selectis Castilionei, Zanchii, J. Fr. Gronovii, Jani Brouckhusii, [...] Sigeberti Havercampi. 2 Bde., Amsterdam 1742.

[31] Gaius Julius Cäsar (100–44 v. Chr.), römischer Politiker, Feldherr und Schriftsteller.

[32] 29. September.

[33] Karl Ludwig Georg von Raumer (1783–1865), Professor für Mineralogie in Halle.

[34] Neben Karl Ludwig Georg von Raumer umfaßte diese seine Ehefrau Friederike von Raumer, geb. Reichardt (1790–1869), seine Kinder Dorothea Sophie Luise von Raumer (1812–1848), Rudolf Heinrich Georg (1815–1876) und Hans (1820–1851) sowie seine Schwiegermutter Johanna Wilhelmine Dorothea Reichardt, verw. Hensler, geb. Alberti (1755–1827) und deren unverheiratete Tochter Sophie Reichardt (1795–1838); zur Bedeutung der Familie Raumer für Ferdinand Ranke vgl. auch die einschlägigen Passagen in seiner Autobiographie K. F. Ranke, Leben in Briefen, S. 38–43.

wird Dir Heinrich[35] gesagt haben. Sie ist für mich ein wahrer Gottessegen. Nun leb recht wohl, und behalt mich lieb, und sey so gut und schreib auch noch einmal einige Worte an mich.

Dein
Dich herzlich liebender Bruder
Ferdinand.

Auch ich würde von dem gütigen Anerbieten des Herrn O⟨ber⟩L⟨ehrer⟩ Stange Gebrauch gemacht und ihn um Besorgung eines Briefes an Sie gebeten haben, wenn mir nicht die Zeit dazu gefehlt hätte, mich in demselben über das auszulassen, was ich Ihnen gern mitgetheilt hätte. Darum behalte ich mir dieß mit Ihrer gütigen Erlaubniß bis auf ein ander Mal vor. Bis dahin erhalte Sie Gott gesund, das wünscht herzlich

Ihr
Reÿmann.

[35] Heinrich Ranke (1798–1876), Bruder von Leopold und Ferdinand Ranke.

Nr. 124

Gottlob Israel Ranke[1] an Leopold Ranke

V: GStA PK VI. HA Nl Hoeft Nr. 1 (Abschrift)
G: GStA I. HA Rep. 92 L. v. Ranke Nr. 26 (nicht erhalten)

⟨Wiehe,⟩ dem 13/8 ⟨18⟩22.

Mit vieler Freude, melde ich[a] Dir⟨,⟩ geliebter Sohn, daß Heinrich[2] nun nach der mit folgenden Ladung[3], schon dem 14⟨.⟩ d⟨es⟩ M⟨ona⟩ts in Magdeburg zum Examen sich einfinden soll.[4] Kann er diesen Tag nicht erscheinen; so muß er wenigstens die Behinderungs Ursachen dem Königl⟨ichen⟩ Consistorio anzeigen, und um Nachsicht bitten. Es ist nun doch sehr gut, daß er die Reise zu Dir unternommen, und nun hoffentlich gehörig darauf vorbereitet ist, auch die nöthigen Zeugniße[5] mit bringen kann. Die in seinem mit heutigen Posttage angekommenen Briefe verlangten Zeugniße, folgen auch mit,[6] und wir freuen uns sehr über die von Dir in selbigen inserirten wenigen Zeilen[7], und kann ich Dir darauf antworten, daß Gott uns eine sehr schöne Erndte an Feldfrüchten aller Art hat zu Theil werden laßen, mit deren Einbringung wir uns noch jetzt beschäftigen. Mögte Gott uns nun auch Gesundheit schenken, diese reichliche Erndte zu unsern und vorzüglich unserer Kinder, und andrer Wohl gut zu nutzen und zu gebrauchen!!

Beiliegend übersende ich noch 3. Briefe, welche seit Heinrichs Abgange von hier bei uns eingetroffen sind, nämlich den von Amalien Baier[8], den zweiten von dem frommen⟨,⟩ jetzt sehr kranken Pastor Baier[9], und den Dritten von dessen leidenden Gattin[10], welcher letzte mit heutiger Post eingegangen ist. Gott schenke dem guten Pastor Baier eine baldige Genesung von seiner schweren Brustkrankheit, tausend herzliche Grüße an die liebe Baiersche Familie von uns allen, und auch dergleichen an die Frau

[a] In der Vorlage folgt ein Komma.

[1] Gottlob Israel Ranke (1762–1836), Vater Leopold Rankes.
[2] Heinrich Ranke (1798–1876), Bruder Leopold Rankes.
[3] Nicht ermittelt.
[4] Vgl. Nr. 125 und Nr. 128; tatsächlich legte Heinrich Ranke erst am 22. Oktober 1822 seine theologische Prüfung in Magdeburg ab (vgl. F. H. Ranke, Jugenderinnerungen, S. 231–232).
[5] Vgl. Nr. 117, Nr. 118 und Nr. 121.
[6] Nicht ermittelt.
[7] Nicht ermittelt.
[8] Amalie Baier (1778–1857), Schwester von Hermann Julius Christoph Baier.
[9] Hermann Julius Christoph Baier (1775–1822), Pfarrer in Altenkirchen auf Rügen, in dessen Haushalt Heinrich Ranke zeitweise als Hauslehrer wirkte.
[10] Alwina Baier, geb. Kosegarten (1787–1864), Ehefrau von Hermann Julius Christoph Baier.

Director Ahlemann[11] und Demois⟨elle⟩ Caroline[12], so wie an Dich und den guten Heinrich von uns allen.

Ich empfehle Euch⟨,⟩meine geliebten Söhne, der göttlichen Obhut, und verbleibe bis ins Grab

Dein
Dich liebender Vater
Ranke.

[11] Friederike Wilhelmine Ahlemann, geb. Schultze (1772–1843), Direktorin einer höheren Bildungsanstalt für Mädchen in Frankfurt an der Oder, Vertraute Leopold Rankes.

[12] Caroline Beer (1791–1851), Vertraute Leopold Rankes in Frankfurt an der Oder.

Nr. 125

Leopold Ranke an Heinrich Ranke[1]

V: GStA PK VI. HA Nl Hoeft Nr. 2 (Abschrift)
G: GStA I. HA Rep. 92 Nl L. v. Ranke Nr. 7 (nicht erhalten)
D: L. v. RANKE, Neue Briefe, S. 12–13

⟨Frankfurt an der Oder, nach dem 13. August 1822.⟩[a]

Da bekömmst Du nun, lieber Heinrich, Deine Citation nach Magdeburg[2] auf den 8ten August, die bey mir den 12ten Abends 4 Uhr anlangte. Wie wirst Du Dir nun erst den Schweis von der Stirn wischen, wenn Du noch eintreffen willst. Ich habe gleich am 12ten an Westermeyern[3] geschrieben und Dich indeß entschuldigt. Du magst es nun sogleich auch thun. Vielleicht erlauben sie Dir, Dein Hithpaël und Hiphil[4] und die andere Gelehrsamkeit nach Stettin zu tragen.[5]

Du sähest Deinen Koffer[6] wohl auch gern mit diesem langen Brief? Wir haben Bedenken. Die Betten wirst Du nicht haben wollen, aber vieles, was dabey ist. Die Ahlemann[7] sagt, vielleicht könntest Du auch Manches aus dem Koffer entbehren: Du möchtest bezeichnen; an dessen Stelle sollte das Übrige kommen. Willst Du aber alles⟨,⟩ so schreib es nur.

[a] HOEFT datiert den Brief im Druck auf den „13. August 1820", angesichts des in Nr. 126 erwähnten Schreibens Heinrich Rankes an Franz Bogislaus Westermeyer ist der Brief aber wohl auf August 1822 zu datieren.

[1] Heinrich Ranke (1798–1876), Bruder Leopold Rankes.
[2] Zum Predigerexamen an das Oberkonsistorium (vgl. Nr. 124).
[3] Franz Bogislaus Westermeyer (1773–1831), Sohn von Georg Ludwig Westermeyer, Pfarrer in Flechtorf bei Braunschweig, und Katharina Henriette Jakobine Westermeyer, geb. Hartmann, Martini-Schule in Braunschweig, Karolineum in Braunschweig, 1792–1794 Studium der Theologie in Helmstedt, Dr. theol., Privaterzieher in Braunschweig, 1799 Diakonus an St. Ulrich und Levin in Magdeburg, 1806 Zweiter Domprediger, 1809 Erster Domprediger in Magdeburg, 1812 Mitglied des Konsistoriums und Generalsuperintendent des Elbedepartements, 1817 Regierungs- und Schulrat in Magdeburg, Dr. theol. h. c. in Halle; 1826 Verleihung des Titels „Bischof", 1829 Direktor des Konsistoriums in Magdeburg (vgl. Pfarrerbuch Kirchenprovinz Sachsen, Bd. 9, 366).
[4] Hebräische Verbalformen, paradigmatisch dekliniert am Verb „tun".
[5] Eventuell Anspielung auf die Möglichkeit, das Predigerexamen bei dem näher bei Greifswald gelegenen Konsistorium der preußischen Provinz Pommern in Stettin abzulegen.
[6] Vgl. Nr. 151.
[7] Friederike Wilhelmine Ahlemann, geb. Schultze (1772–1843), Direktorin einer höheren Bildungsanstalt für Mädchen in Frankfurt an der Oder, Vertraute Leopold Rankes.

Stange[8] ist mit Dir zugleich⟨,⟩ wie es scheint⟨,⟩ in Potsdam gewesen.[9] Schon vom Vetter Brun[10], bey dem Ferdinand[11] auf der Rückreise vorgesprochen, hat er von Deiner Reise gehört.[12] Vielleicht in Anhalt, meint Brun, möchte Dir am leichtesten eine Anstellung gelingen. In Coswig sey ein Subdiaconat, zur Unterstützung des Probstes[13], das eine alte Fürstin[14] allein vergebe, eröffnet; ein Amtmann[15] wolle einen Hauslehrer, bey dem Du wenigstens etwas besseres erwarten könntest u. s. w.; fernliegende Dinge, aber die die Gunst des guten Vetters doch beweisen⟨,⟩ und Du könntest immer an ihn schreiben.

Heut morgen sah ich zuerst den alten Bäntsch[16] im Fenster bei Quinta stehen, denn er hat uns zwey Tag s⟨eine⟩ Sexta regieren lassen und mich auch⟨,⟩ mußt Du wissen, mit trojanischen Geschichten. Ach⟨,⟩ hätten wir das gewußt, sagt' er. Was denn? ich. „In Zerbst ist eine Stelle für Ihren Bruder[17], eine Oberlehrerstelle, die 650 r⟨eichs⟩t⟨aler⟩ trägt, aber unser Rein-

[8] Johann Carl Wilhelm Thomas Stange (1792–1854), Oberlehrer am Friedrichs-Gymnasium in Frankfurt an der Oder, zeitweise Hausgenosse Leopold Rankes.

[9] In seinen Jugenderinnerungen erwähnt Heinrich Ranke nichts von einem Aufenthalt in Potsdam während seiner Wanderung von Wiehe nach Greifswald vom 17. bis zum 31. Juli 1822 (vgl. F. H. Ranke, Jugenderinnerungen, S. 221–223).

[10] Heinrich Brunn (1783–1860), Propst und Inspektor der Schulen im Kreis Wörlitz.

[11] Ferdinand Ranke (1802–1876), Bruder Leopold und Heinrich Rankes, Student in Halle.

[12] Die Mutter von Heinrich Brunn, Wilhelmine Brunn, war eine geborene Stange, eventuell Tochter von Philipp Friedrich Stange, reformierter Prediger in Osternienburg in Anhalt-Köthen, und somit eine Schwester von Theodor Friedrich Stange (1742–1831), Rektor der reformierten Schule in Köthen bzw. Professor am reformierten Gymnasium in Halle, und damit Tante von Johann Carl Wilhelm Thomas Stange.

[13] Johann Christoph Ludwig Henning (1748–1826), Sohn von Johann Georg Henning († 1770), Bürgermeister in Coswig, Hauslehrer, unter anderem August Gottlob Friedrich Koltitz (1729–1799; Diakonus, 1768 Propst von Coswig), 1764 Pädagogium Kloster Berge bei Magdeburg, 1766 Studium der Theologie in Wittenberg, 1769 Examen pro candidatura, Kandidat des Predigeramts in Zerbst, 1770 Studium der Theologie in Leipzig, 1771 Supernumerarius, 1772 Diakonus an der Schloß- und Stadtkirche in Zerbst, 1776 Pfarrer in Buko, Hochzeit mit Johanne Christiane Sophie von Regis, Tochter von Johann Carl Wilhelm von Regis, Kanzleidirektor in Zerbst, 1799 zugleich Propst in Coswig, 1816 Hofprediger und Propst, 1821 fünfzigjähriges Amtsjubiläum (vgl. Graf, Anhaltisches Pfarrerbuch, S. 280).

[14] Friederike Auguste Sophie Fürstin von Anhalt-Zerbst, geb. Prinzessin von Anhalt-Bernburg (1744–1827), Tochter von Viktor II. Friedrich Fürst (1700–1765) und Albertine Fürstin von Anhalt-Bernburg, geb. Prinzessin von Brandenburg-Schwedt (1713–1750), Hochzeit mit Friedrich August Fürst von Anhalt-Zerbst (1734–1793), somit Schwägerin von Katharina II., Zarin von Rußland (1729–1796), verwaltete ab 1793 die Erbherrschaft Jever, 1806 Abdankung und Rückzug auf Schloß Coswig, hier gemeinsame Hofhaltung mit ihrer Schwester Christine Elisabeth Albertine Fürstin von Schwarzburg-Sondershausen, geb. Prinzessin von Anhalt-Bernburg (1746–1823).

[15] Nicht ermittelt.

[16] Lebrecht Ludwig Baentsch (1767–1836), Subrektor des Friedrichs-Gymnasiums in Frankfurt an der Oder.

[17] Heinrich Ranke.

hard[18] wird sie wohl bekommen.⟨“⟩ Heydler[19] stand dabey: Um die halt ich selber an, Stange giebt mir ein Empfehlungsschreiben. Nach der Stunde traf ich im Haus und fragte Stangen. Ei, ich will mich auch melden, sagte dieser. Doch stellt' ich ihm Dich vor Augen, und die Sache möge sich wohl so glänzend nicht verhalten; genug, um 11 kamen beyde herauf, und Stange sagte, um Alles genauer zu erfahren, woll er an Brunnen[20] schreiben. Von beykommenden Briefen wollt' ich immer einen und den andern behalten, um ihn bey guter Muße zu lesen, die ich noch nicht gefunden; doch will ich meine Schuld vorenthaltener Briefe bey Dir nicht vermehren, und schicke Dir alles, was aus Wiehe gekommen ist.[21]

Ihr seyd wohl sehr still, und traget leid, und denket den ganzen Tag an Gott. Sage doch ausführlich von Baiers Zustand.[22] Ich denke oft an ihn und wir drey[23] grüßen ihn im Geist und alle. Die beyden[24] grüßen Dich.

Leopold.

Denke, der Schimmel ist krepirt.[25]

[18] Heinrich Friedrich Reinhardt (1797–1870), Sohn von Johann Christian Reinhardt (1761–1832), Pastor und Propst in Lissen, und Christiane Amalie Reinhardt, geb. Hedschold († 1832), 1811 Landesschule in Pforta, 1817 Studium der Theologie und Philologie in Leipzig, unter anderem bei Christian Daniel Beck und Johann Gottfried Jakob Hermann, Mitglied des Philologischen Seminars und der „Societas Graeca“, 1821 Promotion zum Dr. phil. in Halle, Oberlehrer-Examen, 1822 Achter ordentlicher Lehrer, 1823 zugleich Inspektor des Alumnats, 1829 Konrektor, 1841 Oberlehrer am Friedrichs-Gymnasium in Frankfurt an der Oder, 1866 Ruhestand (vgl. Archiv KPS Lissen, Bestattungen 1832; Pfarrerbuch Kirchenprovinz Sachsen, Bd. 7, S. 105; Hoffmann, Pförtner Stammbuch, Nr. 8585, S. 343; Koechly, Gottfried Hermann, S. 257; Amts-Blatt der Königlichen Preußischen Regierung zu Frankfurth an der Oder 1825, No. 22, 1. Juni 1825, S. 220); Bachmann, Abiturienten, S. 56); Reinhardt war ein alter Bekannter von Heinrich Ranke, denn er war drei Monate nach Heinrich Ranke in Pforta eingetreten, hatte aber im Gegensatz zu diesem dort auch seine Abschlußprüfung abgelegt.

[19] Wilhelm Ferdinand Heydler (1793–1859), Mitschüler Leopold und Heinrich Rankes in Pforta, Leipziger Studienfreund Rankes sowie Konrektor am Friedrichs-Gymnasium in Frankfurt an der Oder.

[20] Heinrich Brunn.

[21] Vgl. Nr. 124.

[22] Hermann Julius Christoph Baier (1775–1822), Pfarrer in Altenkirchen auf Rügen; er befand sich schwer erkrankt seit Juli 1822 in Greifswald, wo er am 12. September 1822 verstarb (vgl. F. H. Ranke, Jugenderinnerungen, S. 220–227).

[23] Neben Leopold Ranke wohl Friederike Wilhelmine Ahlemann und Caroline Beer (1791–1851), Vertraute Leopold und Heinrich Rankes in Frankfurt an der Oder.

[24] Friederike Wilhelmine Ahlemann und Caroline Beer.

[25] Im Sommer 1821 hatte sich Leopold Ranke „wenigstens ein halbes Pferd“ gekauft (vgl. Nr. 99).

Nr. 126

Heinrich Ranke[1] an Leopold Ranke

V: GStA PK VI. HA Nl Hoeft Nr. 37 Kart. 4 (Typoskript)
TD: Fuchs, Heinrich Ranke, S. 154

Greifswald⟨,⟩ am 21sten August 1822.

Mein Leopold,
Gruß und Kuß! – Du bist mein lieber Bruder. Ich sitze in Baiers[2] Stube,[3] die Mutter[4] von Bobbin am Bett ihres Sohnes und Johanna[5]⟨,⟩ seine Schwester⟨,⟩ und Malchen Frank[6] am Fenster. Gestern Abend begleitete ich die (gottergebene) Mutter in ihre Wohnung. „Ich wollte ihn recht gern in meinen Armen sterben lassen," sagte sie. Der Arzt[7] hat schon lang alle Hoffnung für uns aufgegeben, [a]ja[a]⟨,⟩ er hat gestern der Mutter bekannt, es werde nicht lange mehr dauern. Er liegt fortwährend zu Bett, wird seit einer Woche von einem Bett in das andere getragen. Er leidet an Kopfweh, hustet oft schmerzhaft; seine Füße sind etwas geschwollen. Seit 8 Tagen sind seine Beklemmungen weder so stark mehr noch so häufig als vorher; aber die Schwäche hat zugenommen. Ich habe bisher ganz allein noch an der Hoffnung gehalten; aber nun merk' ich doch, es ist Zeit⟨,⟩ daß ich mich nun auch bereit halte, wozu sich die Altenkircher und Bobbiner schon lang bereitet haben. Etwa 4 Wochen ist es her⟨,⟩ daß Baier in einer Nacht seinen Tod sehr nahe geglaubt hat. Er bittet seine Schwester Johanna, die bei ihm wacht, das Maaß zum Sarge zu nehmen, damit die Wegschaffung der Leiche nach Altenkirchen nicht verzögert werden möchte.[8] Zugleich eilt ein Bote nach Altenkirchen, Frank[9] möchte kommen und alles Nöthige zur Einkleidung der Leiche mitbringen, auch den Priesterrock. Malchen

[a–a] In der Vorlage nachträglich handschriftlich ergänzt.

[1] Heinrich Ranke (1798–1876), Bruder Leopold Rankes.
[2] Hermann Julius Christoph Baier (1775–1822), Pfarrer in Altenkirchen auf Rügen, in dessen Haushalt Heinrich Ranke zeitweise als Hauslehrer wirkte.
[3] Heinrich Ranke war auf den dringenden Wunsch der Angehörigen Baiers im Juli 1822 nach Greifswald gereist, wo sich Baier seit Frühjahr 1822 todkrank bei seiner Schwiegermutter, der Witwe Kosegartens, befand (vgl. F. H. Ranke, Jugenderinnerungen, S. 223–227).
[4] Margaretha Amalia Baier, geb. Behrens (1753–1834), die bei ihrem Schwiegersohn Bernhard Friedrich Olivius Franck (1759–1833) lebte, der als Nachfolger ihres Ehemanns Johann Christoph Baier (1744–1790) in Bobbin als Pfarrer wirkte.
[5] Johanna Baier (∗ nach 1773), Schwester von Hermann Julius Christoph Baier.
[6] Amalie Franck, Tochter von Bernhard Friedrich Olivius Franck (1759–1833), Pfarrer in Bobbin auf Rügen, und Charlotte Elenora Franck, geb. Baier (∗ 1773) der Schwester von Hermann Julius Christoph Baier.
[7] Nicht ermittelt.
[8] Vgl. Nr. 131.
[9] Bernhard Friedrich Olivius Franck, Schwager von Hermann Julius Christoph Baier.

möchte in Altenkirchen bleiben (um die Leiche zu empfangen). Aber das Leben ist noch nicht zu Ende gewesen.

Sie haben alle den Schmerz über sein Abscheiden nun schon einmal durchgefühlt. Sie haben ihn völlig aufgegeben; ich wollte ihn noch in meinen Armen halten; aber der Vater wird ihn wohl nun zu sich nehmen. Heil ihm! Er wird aus schweren Verwickelungen[10] hinweggenommen; seiner Unmündigen[11] wird der ewige Vater sich erbarmen; seine Mutter wird nicht lang von ihm getrennt sein; die Geschwister[12] und Geschwisterkinder[13] werden jammern; mein Gott! und ich werde es empfinden, wenn dieses Herz nicht mehr schlägt auf Erden. Aber – wie fern war ich diesem Herzen, und wie freundlich hat Gott mich hinzugeführt, daß auch ich 3 Jahre hindurch aus dieser Quelle Kraft, Trost und Freude habe schöpfen dürfen![14] Daran erinnere mich, lieber Bruder, wenn ich die Bitterkeit seines Todes mit schmecken würde. Und wie sonderbar, durch welche Bedrückungen und Schme⟨r⟩zen hat es sich gefügt, daß ich nun dem treuen Freunde in den letzten Tagen noch einige Dienste erweisen kann! Dadurch bin ich für das Vergangene und Genommene reichlich entschädigt. Ihm selbst kann ich nur wenig helfen. Allwine[15], Johanna und das Hausmädchen[16] leisten ihm fast alle nöthigen Hülfen – und vielleicht werde ich mit den Kindern nicht einmal in Greifswald sein, sondern in Altenkirchen. Aber es ist denn doch sein Wunsch, den ich erfülle. 8 Tage nach meiner Ankunft bekam ich von Dittmar[17] in Nürnberg eine förmliche Ein-

[10] Nicht ermittelt.

[11] Den Kindern Allwill Hermann (1811–1892), Therese Catharina (* 1814) und Gotthard Julius Gottfried Baier (1816–1898).

[12] Charlotte Elenora Franck, geb. Baier (* 1773); Wilhelmine (* nach 1773), Johanna (* nach 1773), und Amalie Baier (1778–1857).

[13] Amalie und Ernst Friedrich Franck (1795–1875); weitere „Geschwisterkinder" nicht ermittelt.

[14] Vgl. F. H. Ranke, Jugenderinnerungen, S. 111–194.

[15] Alwina Baier, geb. Kosegarten (1787–1864), Ehefrau von Hermann Julius Christoph Baier.

[16] Nicht ermittelt.

[17] Johann Christian Gottlob Heinrich Dittmar (1792–1866), Sohn von Johann Gottlob Dittmar (1751–1826), Geheimer Sekretär in Ansbach, 1799 Stadtschule, 1800 Gymnasium in Ansbach, 1810 Studium der Rechte in Erlangen, 1813 Eintritt in die Freimaurer-Loge „Libanon zu den drei Cedern" in Erlangen, 1814 Auskultator in Ansbach, danach am Landgericht Erlangen, in der Freimaurer-Loge Bekanntschaft mit dem ehemaligen sachsen-coburgischen Minister Theodor Konrad von Kretschmann (1762–1820) und Dr. theol. Friedrich Wilhelm Hartung, 1815 Studium der Philosophie in Würzburg bei Johann Jakob Wagner (1757–1841), 1815 Dr. phil., danach zusammen mit Friedrich Christian Georg Kapp (1792–1866), einem Jugendbekannten Jean Pauls, und Friedrich Wilhelm Hartung Eleve bei Pestalozzi in Yverdon, 1816 zusammen mit Friedrich Kapp, unterstützt durch Maximilian Emanuel von Lerchenfeld (1778–1843), der als Hofkommissär die Verwaltung des Großherzogtums Würzburg leitete, und Hofkommissionsrat Ferdinand Freiherr von Andrian-Werburg (1776–1851) Gründung einer Erziehungsanstalt für Söhne aus gebildeten Ständen in Würzburg, 1817 Trennung von Friedrich Christian Georg Kapp, gemeinsam mit Friedrich Benedict Wilhelm (ab 1843: von) Hermann (1795–1868) Gründung

ladung zu einer Lehrerstelle in seiner Anstalt.[18] Ich sollte in alten Sprachen und dem Christenthum unterrichten und die Erbauungsstunden mit

der „Dittmar'schen und Hermann'schen Erziehungs- und Unterrichtsanstalt" in Nürnberg, 1819 Gründung des Erziehervereins, Leiter der Bildungsanstalt des Erziehervereins, 1823 Rheinreise, 1824 Rektor des Gymnasiums in Grünstadt in der Pfalz, 1825 Hochzeit mit Sophie Oehrl († 1826) aus Ansbach, 1827 Hochzeit mit Luise Karolina Moré († 1830), Tochter von Philipp Nikolaus Moré (1772–nach 1832), Notar in Grünstadt in der Pfalz und Teilnehmer am Hambacher Fest, und Schwester von Franziska Sophie Moré (1807–1850), ab 1829 Ehefrau von Hans Ferdinand Maßmann, 1836 Hochzeit mit Gertrauda Philippina Moré (1810–1876), ebenfalls Tochter von Philipp Nikolaus Moré, 1852 Rektor des Gymnasiums in Zweibrücken (zu Dittmars Schulordnung vgl. Nr. 186 und zu seinem Lesebuch für die Jugend Nr. 173).

[18] Im Juli 1817 errichteten Johann Christian Gottlob Heinrich Dittmar und Friedrich Benedict Wilhelm Hermann mit der Genehmigung der bayerischen Regierung und unterstützt von Polizeipräsident Christian Heinrich Clemens Wurm (1771–1835), dem Generalkommissär des Rezatkreises Carl Joseph Graf von Drechsel auf Deuffstetten (1778–1838), Dr. Karl August Wilhelmi (1777–1822) und dem Kaufmann Albrecht Johann Cramer (1784–1844) in Nürnberg für sechs- bis 15jährige Knaben die „Dr. Dittmar- und Dr. Hermann'sche Unterrichts- und Erziehungsanstalt". Zweck dieser Einrichtung war die „allseitige Menschenbildung, als allgemeine Vorbereitung für jeden Berufsstand, auch für den gelehrten". Hierzu versuchte man, „mit dem Unterrichte die Erziehung möglichst innig zu vereinen", und bemühte sich, der Schule eine „Einrichtung zu geben, daß der Schüler die möglichst längste Zeit des Tages" unter der „Einwirkung" der Lehrer verbrachte. Dementsprechend verband man 1818 mit der Schule ein Internat, in dessen Obhut 28 Schüler „aus der mittleren und Oberabtheilung" eintraten. Neben Dittmar und Hermann wirkten anfangs fünf weitere Lehrer: Johann Georg Grosch (1796–1862, Arithmetik, Geometrie, Zeichnen, Turnen), Johann Melchior Pausch (1794–1862, Latein), Johann Jakob Schnerr (1788–1860, Französisch), Pfarrer Johann Christoph Jacob Wilder (1783–1838, Religion) sowie ein Mann namens Winter (Schönschreibunterricht) (vgl. W. K. Schultheiß: Geschichte der Schulen in Nürnberg. Heft 4, Nürnberg 1856, S. 75–81 sowie Friedrich Benedikt Wilhelm von Hermann (1795–1868). Ein Genie im Dienste der bayerischen Könige. Politik, Wirtschaft und Gesellschaft im Aufbruch. Hrsg. und bearb. von Manfred Pix. Stuttgart 1999, S. 428–430, 471–475). Im Dezember 1819 schlossen sich acht der zu diesem Zeitpunkt als Lehrer und Erzieher an der Unterrichtsanstalt tätigen Personen zu einem „Erzieherverein" zusammen, der „die Sorge für die Erhaltung der Anstalt" übernehmen und „in der Form einer ⟨…⟩ einigen Familiengemeinde für den Zweck der Menschenbildung leben" sollte. Bei seiner Gründung gehörten dem Erzieherverein neben Johann Christian Gottlob Heinrich Dittmar und Friedrich Benedict Wilhelm Hermann an: Joseph Gersbach (1787–1830), Johann Georg Grosch, Johann Jacob Kirchner (1796–1837), Georg Wolfgang Karl Lochner (1798–1882), Leonhard Steinlein (1794–1838) und Dr. Karl Michael Marx (1794–1864) (vgl. Hauschronik der Bildungsanstalt des Erziehervereins 1822, S. 19). Im September 1821 schied Friedrich Benedict Wilhelm Hermann aus dem Erzieherverein aus und wurde Lehrer der Mathematik am Gymnasium in Erlangen. Die Entwicklung der Bildungsanstalt des Erziehervereins, in der die Kinder nach den Grundsätzen der Pestalozzischen Pädagogik erzogen und unterrichtet wurden (von den Lehrern hatten sich Dittmar, Gersbach, Marx und Raumer über einen längeren Zeitraum bei Pestalozzi in Yverdon aufgehalten), ist ausführlich dargestellt in: DITTMAR / HERMANN, Bericht; Die Bestrebungen des Erziehervereins zu Nürnberg, sowohl in festerer Begründung seiner Anstalt für allgemein vorbereitende und für gelehrte Bildung, als auch in Errichtung einer Waisenanstalt zur Bildung künftiger Volksschullehrer, dargelegt den Ständen des Königreichs Baiern, Nürnberg 1822; Hauschronik der Bildungsanstalt des Erziehervereins 1822.

ihm abwechselnd leiten. Raumer[19], der gute, hat ihm von meiner Reise sogleich geschrieben, und so hat mich Dittmar durch seinen Brief auf das Freundlichst⟨e⟩ begrüßt, da er mich sogar Du nennt und an Raumer einiges Reisegeld für mich geschickt hat. Ich habe ihm sogleich geschrieben, daß ich seiner gegenwärtigen Einladung nicht folgen könne.
Ich lebe von Tag zu Tag hin und weiß nicht, wie sich mein äußeres Leben gestalten wird. Das Eine weiß ich, daß ich jetzt Baiers Wünsche erfüllen werde, so viel mir möglich ist.
Es ist mir sehr lieb, daß Du meine Sachen nicht geschickt hast. Die Ausgabe würde bedeutend [b]sein[b]. Ich begehre nichts als die Wäsche, Schneiders[20] Lexikon[21] und den Seiler[22]. Einige alte Kleidungsstücke mögen dort sein; ich will sie nicht; aber alles⟨,⟩ was von Hemden pp. möchte aufzutreiben sein.
Grüße die Beiden herzlich.[23] Grüße Heidler[24], Stange[25], Bäntsch[26]. Dürre[27] hat uns besucht. Er ist kränklich. Ich danke Dir für das schöne Brief-

[b–b] In der Vorlage nachträglich handschriftlich ergänzt.

[19] Karl Ludwig Georg von Raumer (1783–1865), Professor der Mineralogie in Halle; er verließ im März 1823 den preußischen Staatsdienst und trat wie Heinrich Ranke eine Lehrerstelle an der Bildungsanstalt des Erziehervereins in Nürnberg an.

[20] Johann Gottlob Saxo Schneider (1750–1822), Sohn eines Maurers in Kollm bei Wurzen, Erziehung durch einen Onkel in Elsterwerda, 1762 Landesschule in Pforta, 1769 Studium der Philologie und Naturwissenschaften in Leipzig, 1772 in Göttingen, Magister der Philosophie, 1774 Mitarbeiter des Philologen Richard François Philipp Brunck in Straßburg, 1776 Professor der Beredsamkeit in Frankfurt an der Oder, 1805 zugleich Leiter der Universitätsbibliothek, 1810 auswärtiges Mitglied der Akademie der Wissenschaften in Berlin, 1811 Professor der Beredsamkeit und Direktor des Philologischen Seminars in Breslau, 1815 zugleich Leiter der Universitätsbibliothek, 1817 von seinen Dienstgeschäften als Professor „dispensirt" (WBIS) (vgl. Hoffmann, Pförtner Stammbuch, Nr. 6951, S. 263).

[21] Wohl Griechisch-Deutsches Wörterbuch beym Lesen der griechischen profanen Scribenten zu gebrauchen. Ausgearbeitet von Johann Gottlob Schneider, Professor und Oberbibliothekar zu Breslau. Dritte verbesserte und sehr vermehrte Auflage. 2 Bde., Leipzig 1819.

[22] Wohl eine der zahlreichen Publikationen des Erlanger Theologen Georg Friedrich Seiler (1733–1807), eventuell im Hinblick auf die Unterrichtung der Kinder des verstorbenen Pastors Baier das 1822 erschienene Buch „Der kleinste Katechismus für die Kleinen zur Anregung sittlich religiöser Gefühle. Für Kinder von etwa 5 bis 7 Jahren."

[23] Friederike Wilhelmine Ahlemann, geb. Schultze (1772–1843), Direktorin einer höheren Bildungsanstalt für Mädchen in Frankfurt an der Oder, und Caroline Beer (1791–1851), Vertraute Leopold und Heinrich Rankes.

[24] Wilhelm Ferdinand Heydler (1793–1859), Mitschüler Leopold und Heinrich Rankes in Pforta, Leipziger Studienfreund Leopold Rankes sowie Konrektor am Friedrichs-Gymnasium in Frankfurt an der Oder.

[25] Johann Carl Wilhelm Thomas Stange (1792–1854), Oberlehrer am Friedrichs-Gymnasium in Frankfurt an der Oder.

[26] Lebrecht Ludwig Baentsch (1767–1836), Subrektor des Friedrichs-Gymnasiums in Frankfurt an der Oder.

[27] Christian Eduard Leopold Dürre (1796–1879), Turner, Burschenschaftler und Studienfreund Heinrich Rankes, mit dem er zeitweise gemeinsam als Lehrer an der Wagner'schen Erziehungsanstalt in Frankfurt an der Oder tätig war.

chen der Mutter[28]. Grüße die Brüder[29], die Eltern[30]! Gott mit uns![31] An Westermeier[32] hab' ich nun geschrieben. Ich danke Dir, daß Du es schon gethan hast.

Ewig Dein Heinrich.

Heinrichs v⟨on⟩ Friedland[33] ist heute⟨,⟩ den 22st⟨en⟩ Aug⟨ust,⟩ hier. Er fragte sehr freundlich, ob Du wohl einmal wieder in diese Gegend kommen würdest.[34]

Gieb doch bei Gelegenheit den Eltern Nachricht von Baier und mir.

[28] Friederica Wilhelmina Ranke, geb. Lehmicke (1776–1836), Mutter Leopold Rankes.

[29] Ferdinand (1802–1876), Wilhelm (1804–1871) und Ernst Constantin Ranke (1814–1888).

[30] Gottlob Israel (1762–1836) und Friederica Wilhelmina Ranke, geb. Lehmicke.

[31] Übersetzung des hebräischen Namens „Immanuel" aus der Prophezeiung Jesajas im Alten Testament (Jesaja 7,14), der im Neuen Testament auf Christus bezogen wird (Matthäus 1,23); seit 1701 Wahlspruch der preußischen Könige aus dem Haus Hohenzollern.

[32] Franz Bogislaus Westermeyer (1773–1831), Generalsuperintendent und Mitglied des Konsistoriums in Magdeburg, Regierungs- und Schulrat.

[33] Johann Carl Conrad Heinrichs (1793–1855), wie Dürre Turner, Freiwilliger im Lützowschen Freikorps und Mitbegründer der Urburschenschaft in Jena, seit 1819 Pfarrer in Friedland in Mecklenburg, er hatte den Kontakt zwischen Hermann Julius Christoph Baier und Heinrich Ranke hergestellt (vgl. Nr. 42).

[34] Leopold Ranke hatte Heinrichs wohl auf seiner Reise nach Rügen im Herbst 1819 kennengelernt; danach war er eine gewisse Zeit lang mit ihm in brieflichem Kontakt gestanden (vgl. Nr. 67 und 68).

Nr. 127

Leopold Ranke an Heinrich Ranke[1]

V: L. v. Ranke, Lebensgeschichte, S. 99–100 (Druck)

[Frankfurt a. O.]⟨,⟩ 1. September [1822].

Lieber Heinrich!

Könnt ich nur gleich, wie ich sage: Was machst Du? Aber was macht Baier[2]? Lebt er? Was sagt er zu Dir? zu seiner Frau[3]? Hofft er? Giebt er sich auf? – auch die Antwort hören. Erinnere ihn in einem lebhaften Augenblick, daß, wie viele andere wohl, auch ich gewiß täglich an seine Gefahr und an seine Hoffnung denke und mir ihn lebhaft, als wär ich gegenwärtig, einbilde; und daß ich für seine Kinder[4] fast mehr als für ihn – – – doch was sag ich Dir? mach ihn einmal im Guten an mich denken!

Lieber Heinrich, wenn mit dem Tage auch seine Spur weg ist, von diesem flüchtigen Leben nichts als der matte Schein in der Überbliebenen Erinnerung zurückbleibt, wie der Mond in den Tag scheint, wozu, wozu doch? Ich denke oft, der Tod nimmt Jung und Alt. Was läßt Du der Erde, auch nur auf kurze Zeit, wenn er durch das hintere Kammerfenster auf Dein Bett haucht, morgen, heute? Ein schlechtes Denkmal ist ein Werk, das fünf, sechs vielleicht lesen, und der siebente legts zu den alten Büchern, indem er nach den Novitäten greift. Die Alten sammelten sich zu ihren Vätern, lebten wenigstens in ihres Geschlechts Gedächtniß. An wen von den Unsern denken wir nur? Du wirst sagen: unsere Stätte ist wo anders. Wir lieben aber diese, nur dies Geschlecht und dies Volk, und möchten nicht von seinem Geist, auf keine Zeit. Wenigstens ich. Wenn ich nur nicht Abends, wenn wie jetzt über die Wiese, am Eichwald der Mond scheint und die reine Vorherbstluft das Herz mir kühlt und nachdenklich macht und höher, reiner erhebt, wenn ich nur nicht da alles bedächte, beschlösse, und doch stehe ich wieder zwischen den vier Bücherbrettern oder vor den Bänken in der Schule, lebe leider wie vorher! Sind wir also so, so sind wir freilich allesammt Lügner, doch die sich selber belügen.

[1] Heinrich Ranke (1798–1876), Bruder Leopold Rankes.

[2] Hermann Julius Christoph Baier (1775–1822), Pfarrer in Altenkirchen auf Rügen, in dessen Haushalt Heinrich Ranke zeitweise als Hauslehrer wirkte.

[3] Alwina Baier, geb. Kosegarten (1787–1864).

[4] Allwill Hermann (1811–1892), Therese Catharina (∗ 1814) und Gotthard Julius Gottfried Baier (1816–1898).

Sagen wollt' ich Dir noch, daß ich die Bücher Mose[5], Josua[6], der Richter[7], Samuelis[8] und der Könige[9] in den letzten Abenden gelesen habe – nicht ganz jedoch, sondern nur die Geschichten – Bücher voll Wunder, aber wahrhaftig nicht so leicht, wie der Homer[10]. Ich bin an die Luthersche[11] Typologie[12] und das erwählte Volk vollends ganz ungläubig geworden. Kennst Du die Geschichte Sauls[13]? Eine so wahre, menschliche, hohe tragische Heldenmär von da an, wo der weidliche Sohn Kis[14] ausgeht, bis wo die Hexe Samueln beruft,[15] hat wohl keine andere Geschichte. Giebt es wohl eine menschliche und der Vernunft erklärbare Schuld bei der Schonung Amaleks[16]? Denn der Mord des Königs[17], den Samuel vollbringt,[18] und die Bestimmung der Güter zum Opfer läßt doch an Eigennutz nicht denken. –

Denkst Du wohl, daß Reymann[19] Anfänge Wulkowischer[20] Geschichte wie er sich gerühmt, in Halle genommen hat? Du wirst nicht glauben, wo.

[5] Die fünf Bücher Moses bilden den ersten Hauptteil des Alten Testaments. Sie schildern die Schöpfung der Welt, die Zeit der Erzväter Abraham, Isaak und Jakob, den Auszug der Israeliten aus Ägypten, die Begründung des Alten Bundes am Berg Sinai und den Zug des Volkes Israels durch die Wüste.

[6] Das Buch ist benannt nach Josua, dem Nachfolger Moses (vgl. Dtn. 31,7), der das Volk Israel bei der Landnahme in Kanaan anführte (Josua 1,1–18).

[7] Der Name des auf das Buch Josua folgenden Buches des Alten Testaments leitet sich von den „Richtern" ab, die in der Zeit nach der Landnahme Israels einzelne Stämme des von Gott auserwählten Volkes leiteten und Recht sprachen.

[8] Die Bücher Samuel sind nach dem jüdischen Propheten und letzten Richter benannt.

[9] Die beiden Bücher der Könige schildern die Geschichte Israels vom Ende der Herrschaft des Königs David bis zum babylonischen Exil.

[10] Homer galt im 19. Jahrhundert als Autor der Ilias und der Odyssee.

[11] Martin Luther (1483–1546), Reformator.

[12] Luther deutet die Geschichten und Figuren des Alten Testaments als Sinnbilder oder Prophetien der Geschichte Christi (vgl. L. v. Ranke, Tagebücher, Nr. 86, S. 113–114).

[13] Saul, erster König des Volkes Israel (1 Samuel 9–31).

[14] Der als jung und schön beschriebene Saul (1 Samuel 9,1–2).

[15] 1 Samuel 28.

[16] 1 Samuel 15.

[17] Agag, König von Amalek.

[18] 1 Samuel 15,32–33.

[19] Gottlob Ernst Reymann (1803–1884), ehemaliger Schüler Leopold Rankes, seit Ostern 1822 Student der Theologie in Halle, dort wohnte er, wie Ferdinand Ranke, in der Großen Steinstraße 67, und war, wie Wilhelm Ranke, Mitglied in der Quellengesellschaft.

[20] Eventuell ein Lesefehler, wohl gemeint: Traugott Gotthilf Voigtel (1766–1843), Sohn von August Traugott Voigtel (1728–1810), Pfarrer in Siersleben, und Johanna Eleonora Voigtel, geb. Freyberg (1729–1797) Lutherisches Gymnasium, Studium der Philosophie in Halle, Kollaborator, 1787 Lehrer am Lutherischen Gymnasium, 1796 Privatdozent, 1799 außerordentlicher Professor der Philosophie, 1804 ordentlicher Professor der Geschichte, 1809 Zweiter Oberbibliothekar der Universität in Halle (vgl. Archiv KPS Siersleben, Taufen 1765; Archiv KPS Siersleben, Trauungen 1765; Archiv KPS Siersleben, Bestattungen 1797 und 1810; GStA PK I. HA Rep. 76 alt I Nr. 733; Pfarrerbuch Kirchenprovinz Sachsen, Bd. 9, S. 146–147); von ihm lagen etwa vor: Versuch eines hochdeutschen Handwörterbuches für die Aussprache, Orthographie, Biegung, Ableitung, Bedeutung und Verbindung.

Ich hoffe nämlich, daß man mich nicht belogen. Er hat auch schon geschrieben,[21] Ferdinand[22] sei schon nach Haus und werde in kurzem hier sein. Ich fürchte nun, das war nicht der Weg. Wilhelm[23] hat mir von dem Anfang seines Examens[24] geschrieben[25] und Dich, den er in Nürnberg glaubt,[26] grüßen heißen.

Caroline[27] denkt oft an Dich und euch; ihr Bruder[28] ist vorgestern wiedergekommen.

Lebwohl
L⟨eopold⟩.

3 Bde., Halle 1793–1795; Genealogische Tabellen zur Erläuterung der Europäischen Staatengeschichte. Für Freunde der Wissenschaft und Studierende auf Universitäten und Schulen. Teil 1, Halle 1811; Deutsche Geschichte von den ältesten bis auf die neuesten Zeiten. Halle 1818.

[21] Brief nicht ermittelt.

[22] Ferdinand Ranke (1802–1876), Bruder Leopold und Heinrich Rankes, Student in Halle, wohnte im selben Haus wie der ehemalige Schüler Leopold Rankes Reymann.

[23] Wilhelm Ranke (1804–1871), Bruder Leopold Rankes, Schüler in Pforta.

[24] Abschlußprüfung in Pforta. Wilhelm Ranke verließ die Schule nach dem bestandenen Examen am 11. bzw. 18. September 1822 (vgl. Hoffmann, Pförtner Stammbuch, Nr. 8778, S. 353 bzw. den folgenden Brief Nr. 130).

[25] Brief nicht ermittelt.

[26] Vgl. Nr. 126.

[27] Caroline Beer (1791–1851), Vertraute Leopold Rankes in Frankfurt an der Oder.

[28] Carl Heinrich Beer (1785–1858), Sohn von Johann Philipp Beer († 1816), Kaufmann und Kirchenvorsteher in Hirschberg, und Sophia Elisabeth Beer, geb. Jaerschky (1753–1833), seit 1817 Bürger und Kaufmann in Frankfurt an der Oder, 1823 Hochzeit mit Marianne Elisabeth Bassenge (1799–1827), Tochter von Carl Friedrich Bassenge (1761–1808), le cadet genannt, Bankier in Dresden, und Henriette Sophie Bassenge, geb. Lerch (1774–1842), Nichte von Heinrich Wilhelm Bassenge (1751–1822), Bankier in Dresden (vgl. ELAB Frankfurt an der Oder, St. Gertrauden, Bestattungen 1858; ELAB Frankfurt an der Oder, St. Marien, Trauungen 1823; ELAB Frankfurt an der Oder, St. Marien, Bestattungen 1827 StdA Frankfurt an der Oder V 2° Nr. 2; Artikel Bassenge in Deutsches Geschlechterbuch 154 [1970], S. 78–80).

Nr. 128

Friederica Wilhelmina Ranke[1] an Leopold Ranke

V: GStA PK VI. HA Nl Hoeft Nr. 1 (Abschrift)
G: GStA I. HA Rep. 92 L. v. Ranke Nr. 26 (nicht erhalten)

⟨Wiehe, 2. September 1822.⟩[a]

Heüte habe ich nach vieler Arbeit und unruhe wieder eine Stunde an Dich zu schreiben⟨,⟩ mein lieber Sohn⟨.⟩ die Ernte ist zimlich vorüber und auch der große Jarmarkt⟨,⟩ der mir viel Arbeit gemacht hat⟨.⟩ wier haben sehr viel Gäste gehabt⟨,⟩ auch meine Schwester[2] mit Malgen[3] wahr bei uns und blieb 8 Tage da⟨.⟩ heüte ist der Vater[4] wieder mit Ihr nach Qüerfurt gefahren⟨.⟩ Sie laßen Dich schöne Grüßen⟨.⟩ Friz[5] ist in Leipzig in der Schonburgschenhandlung[6]. Heinrich[7] schrieb⟨,⟩ ich möchte Ihn doch alle Seine Sachen und Bücher schiken⟨.⟩ das wahr aber zu viel⟨,⟩ das⟨s⟩ es ein Bote nach Querfurt tragen konte⟨,⟩ und ich glaubte⟨,⟩ das⟨s⟩ Er zu

[a] Die Datierung folgt dem Typoskript Hoefts.

[1] Friederica Wilhelmina Ranke, geb. Lehmicke (1776–1836), Mutter Leopold Rankes.
[2] Caroline Henriette Liebhold, geb. Lehmicke (1778–1841), sie war aus Querfurt angereist.
[3] Amalia Friederika Liebhold (1805–1873), Nichte und Patenkind der Mutter Leopold Rankes.
[4] Gottlob Israel Ranke (1762–1836).
[5] Wohl einer der beiden Söhne von Caroline Henriette Liebhold (1778–1841) und ihrem Ehemann, dem Querfurter Kaufmann Johann Friedrich Gottlob Liebhold (1774–1822): entweder Friedrich Wilhelm Liebhold (∗ 1804) oder Friedrich August Liebhold (1807–nach 1850).
[6] Wohl zur Lehre in der „Colonialwaaren- und Tabakhandlung“ Heinrich Schomburgk. Deren Inhaber war 1823 Johann Heinrich Christian Schomburgk (1785–1855), Sohn von Johann Moritz Schomburgk (1742–1804), aus Querfurt, Advokat und Stadtrichter, später Bürgermeister in Freyburg, und Maria Concordia Schomburgk, geb. Himmler († 1788), sowie Enkel von Johann Heinrich Schomburgk (1702–1772), Stadt- und Ratssyndikus in Querfurt, dessen Sohn Dr. Johann Friedrich Schomburgk (1732–1805) war nach einem Studium der Rechte ab 1751 in Leipzig, 1755 Dr. iur., 1760 seinem Vater als Stadt- und Ratssyndikus „substituiret“ worden, bevor er selbst 1772 Stadt- und Ratssyndikus sowie 1778 schließlich Bürgermeister in Querfurt wurde; sowohl Johann Friedrich als auch Johann Moritz Schomburgk gehörten seit 1772 der Freimaurer-Loge „Zu den drei Hammern“ in Naumburg an, bei dem dieser Loge ebenfalls angehörenden Johann Georg Schomburgk (1721–1785), Advokat in Querfurt, dürfte es sich um einen Bruder der beiden anderen Träger des Namens handeln (vgl. Archiv KPS Freyburg, Taufen 1785; Archiv KPS Freyburg, Bestattungen 1788 und 1804; Archiv KPS Querfurt, St. Lampertus, Bestattungen 1785 und 1805; Leipziger Adreßkalender auf das Jahr 1823, S. 163; Paul Benndorf: Der Alte Johannisfriedhof in Leipzig. Ein Beitrag zur Stadtgeschichte. Leipzig 1922, S. 144; Schröder, Freimaurerei in Naumburg, S. 185).
[7] Heinrich Ranke (1798–1876), Bruder Leopold Rankes, zu diesem Zeitpunkt in Greifswald (vgl. Nr. 126 und Nr. 129).

erst Wäsche und Kleider brauchte⟨,⟩ und bakte es in einen Kasten und schikte es auf die Post⟨.⟩ dafür muste ich 8 gr⟨oschen⟩ botenlohn und 2 r⟨eichs⟩th⟨aler⟩ 17 gr⟨roschen⟩ bostgeld bezahlen bis Berlin⟨.⟩ da sind die Sachen kaum so viel werht⟨,⟩ den⟨n⟩ was würd Heinrich noch bezahlen müßen⟨.⟩ nun sind die Sachen und Bücher noch ein mahl so schwer⟨,⟩ die ich noch habe⟨.⟩ die wil ich nun noch da behalten und wil erst sehen⟨,⟩ wo zu sich Heinrich entschliß⟨,⟩ den⟨n⟩ vermutlich würd Er wieder hier her müßen⟨.⟩ der Vater hat Ihn in Magdeburg entschuldigt wegen Seines ausenbleibens⟨.⟩[8] darauf bekam Er eine sehr höfliche antword⟨:⟩ Sein Sohn möchte Seinen Aufenthalts Ort fest bestimmen und dan⟨n⟩ wieder um die Prüfung nachsuchen⟨.⟩ es ist sehr schade⟨,⟩ das⟨s⟩ Heinrich nicht 8 Tage länger bei uns blieb⟨,⟩ so währ das alles vorbei⟨.⟩ gester⟨n⟩ kam auch von Berlin ein schreiben⟨,⟩[9] worin Sie sagten⟨,⟩ man könte Seinent wegen in Akten jar nichts finden⟨.⟩ Er möchte doch schreiben⟨,⟩ wan⟨n⟩ Er um Wittenberg nachgesucht[10] und was Er für einen bescheid erhalten hätte⟨.⟩ darauß konten wier nicht klug werden⟨,⟩ und der Vater Sigeltes wieder zu und schikte es nach Altenkirchen⟨.⟩ es stant Dinstverwaltungs Sachen darauf⟨.⟩ ich glaube⟨,⟩ der liebe Gott würd alles zum besten wenden für unsern guten Heinrich, nun waß anderes⟨:⟩ Ferdinand[11] will diese Ferien ver⟨r⟩eisen⟨.⟩ ich weis nicht wo hin⟨,⟩ weist Du es den⟨n⟩ nicht⟨?⟩ Er freuet Sich Königlich darauf⟨.⟩ ich wünschte ich könte mit Ihn⟨.⟩ und den 18. S⟨e⟩p⟨tember⟩ ist Wilhelms[12] abgang von Pforta⟨,⟩[13] da will ich auch gerne mit hin, wen⟨n⟩ ich gesund bin und gutes wetter ist⟨,⟩ will mich der Vater auch mit nehmen⟨,⟩ den⟨n⟩ ich möchte gerne Johns[14] noch ein mahl sehen und Sie wünschen es auch so sehr⟨.⟩ nun⟨,⟩ mein lieber Sohn⟨,⟩ bist Du den⟨n⟩ recht Gesund und auch die gute Ahleman[15] und Carolina[16]⟨?⟩ Sie haben ja meinen Heinrich mit begleitet⟨,⟩ ich danke Euch allen Herzlich dafür⟨,⟩ Ihr lieben⟨.⟩ ich bin bei den Schreiben sehr gestört worten⟨,⟩ erst kam Rückgen[17]⟨,⟩ den⟨n⟩ kam Alberteni-

[8] Vgl. Nr. 124 und Nr. 125.
[9] Nicht ermittelt.
[10] Vgl. Nr. 108 und Nr. 110.
[11] Ferdinand Ranke (1802–1876), Bruder Leopold Rankes, Student in Halle.
[12] Wilhelm Ranke (1804–1871), Bruder Leopold Rankes, Schüler in Pforta.
[13] Laut den Angaben bei Hoffmann, Pförtner Stammbuch, Nr. 8778, S. 353, ging Wilhelm Ranke bereits am 11. September 1822 von Pforta ab.
[14] Christian Gottlieb John (1762–1829), Oberpfarrer, zugleich geistlicher Inspektor mit Professorentitel an der Landesschule in Pforta, davor Diakonus in Wiehe.
[15] Friederike Wilhelmine Ahlemann, geb. Schultze (1772–1843), Direktorin einer höheren Bildungsanstalt für Mädchen in Frankfurt an der Oder, Vertraute Leopold Rankes.
[16] Caroline Beer (1791–1851), Vertraute Leopold Rankes in Frankfurt an der Oder.
[17] Wohl die in Nr. 74 als „Rieckchen“ bezeichnete Karoline Friederike Dorothee Luise Sophie Leberechtine Wankel (1798–nach 1837), Nichte der im weiteren eventuell angesprochenen Johannette Sophie Wilhelmine Schneider, geb. Weißhuhn (1763–1819).

gen[18] und den⟨n⟩ die Frau Magisterin[19]⟨,⟩ und alle laßen Dich Grüßen⟨,⟩ und nun würd der Vater komen⟨,⟩ ich wil aufhören und ihn seine Supe kochen.

den 3⟨.⟩ S⟨e⟩p⟨tember⟩. der Vatt⟨e⟩r kam⟨,⟩ so wie die Supe fertig wahr⟨,⟩ glüklich wieder an⟨.⟩ wier haben eine Sehr kranke Freundin⟨,⟩ die Auguste Voichtel[20]⟨,⟩ es Starb Ihr Dienst Mädgen[21]⟨,⟩ die Sie sehr liebte⟨.⟩ darüber wahr Sie erschroken und hate Sich gleich krank gefühlt und am Donnerstags blieb Sie liegen und glaubte es währ Schnupfen⟨.⟩ ich ging hin und fand Sie sehr Fieberhaft⟨.⟩ Sie wolte den Artst[22] nicht haben⟨.⟩ ich beretete Sie⟨,⟩ das⟨s⟩ Sie erlaubte⟨,⟩ das⟨s⟩ ich den Dokter beßer rufen durfte⟨.⟩ der sagte⟨,⟩ es ist gefährlich und heüte würd vieleicht der lezte Tag Ihres lebens Sein⟨.⟩ doch sagt der Vater⟨,⟩ Got ist den sch⟨w⟩achen Mächtig[23]⟨.⟩ wier haben uns Ihrer ganz angenohmen⟨.⟩ hanign[24] hat die Nacht bei Ihr gewacht und ist sehr betrübt⟨,⟩ den⟨n⟩ Sie verliert Ihr beste Freündin hier⟨,⟩ wen⟨n⟩ Sie Stirbt⟨.⟩ da komt der bostbote[25] schon⟨.⟩ Gott erhalte Dich gesund⟨,⟩ mein lieber Sohn.

Deine Treüe
Mutter Friederica R⟨anke⟩.

[18] Albertine Ockhardt (1789–1834), Tochter von Alexander Christoph Sigismund Ockhardt (1743–1828), Advokat und Justizkommissar in Wiehe, und Johanna Friederike Ockhardt, geb. Finke (1764–1804), Tochter von Johann Friedrich Finke, Stadtrichter in Schafstädt (vgl. Archiv KPS Wiehe, Bestattungen 1804, 1828 und 1834; freundliche Auskunft von Gottfried Braasch, 6.12.2011).

[19] Entweder Johannette Sophie Wilhelmine Schneider, geb. Weißhuhn (1763–1819), die Ehefrau des Magisters Ernst Gottlieb Schneider (1749–1816), mit deren Sohn Carl Ernst Christoph Schneider (1786–1856/1859) Leopold Ranke in Leipzig zusammen wohnte (vgl. Nr. 17), oder Rosalie Elisabeth Damm, geb. Ferber (1774–1849), die Ehefrau des Nachfolgers von Ernst Gottlieb Schneider als Oberpfarrer von Wiehe, Magister Johann Friedrich Damm (1774–1849), oder Christine Friederike Charlotte Patzig, geb. Meyh, die Ehefrau von Ernst Theodor Patzig (1792–1825), Diakonus in Wiehe.

[20] Marie Juliane Auguste Voigtel (1792–1822).

[21] Eventuell: Eleonore Werner (1787–1822) aus Wohlmirstedt, gestorben am 26. September 1822 (vgl. Archiv KPS Wiehe, Bestattungen 1822).

[22] Christian Gottfried Wilke (1768–1844), Apotheker und Arzt in Wiehe.

[23] 2. Korinther 12,9.

[24] Johanna Ranke (1797–1860), Schwester Leopold Rankes.

[25] Carl Traugott Siegismund Schmidt (1766–nach 1823), Postbote in Wiehe.

Nr. 129

Heinrich Ranke[1] an Leopold Ranke

V: GStA PK VI. HA Nl Hoeft Nr. 37 Kart. 2 (Typoskript)
TD: Fuchs, Heinrich Ranke, S. 154

Greifswald⟨,⟩ am 5. Sept⟨em⟩b⟨e⟩r. 1822.

Mein lieber Bruder,
Ueber meine Erwartung schnell habe ich Brief[2] und Wäsche von Dir erhalten. Möchte meine Antwort eben so zu Dir eilen. „Was machst Du?“[3] Ich leiste hier Baiern[4] und seinem Allwill[5] einige Dienste, und freue mich, daß ich dieß darf. Vorige Nacht wachte ich im Krankenzimmer. Ich hatte mir das Buch Samuels[6] in der hebräischen Bibel aufgeschlagen, und las bis gegen 12 Uhr. Da bat mich Baier⟨,⟩ an sein Bett zu kommen. Er hatte Fieber und heftige Schmerzen im Kopf. Ich hielt ihm den Kopf mit beiden Händen. In derselben Stube schlief auf dem Bett seine Schwester Johanna[7]. Als die Schmerzen sehr heftig wurden, rief er auch sie. Er bat mich, am Bett zu bleiben. Wir waren bis gegen 2 Uhr beschäftigt, nachher wurde er stiller, ich setzte mich auf das Sopha an seinem Bett und schlief ein. Ich hatte einen grünen Winterrock an, den mir Baier vor Kurzem machen ließ. Mit einigen Unterbrechungen schlief ich bis um 5 U⟨hr⟩. Dann wusch ich mich munter, nahm den Samuel zur Hand und las bis an das Capitel, wo der Sohn Kis ausgeht⟨,⟩ die Eselinnen zu suchen.[8] Dann eine kurze Zeit wehrte ich dem lieben Kranken die Fliegen ab. Um 9 Uhr ging ich mit Allwill in das Nachbarhaus, wo für mich und Allwill eine sehr hübsche Stube mit Kammer gemiethet ist – und zwar von heut an. Allwill bemerkte an der Decke der Hausflur hängend eine Seekatze, einen Seehund und eine Schildkröte – ausgestopft. Dann haben wir bis 11 Uhr griechisch und Mathematik getrieben. Baier hat nemlich in seiner Krankheit griechisch mit Allwill angefangen – recht wacker – bis zu der Conjugation. Um 11 Uhr ging ich zu Baiern, der mir etwas in die Feder dictiren wollte – Geschäftsbriefe pp. Ich fand ihn schlafend – so habe ich nun die Feder ergriffen, Dir zu schreiben, geliebter Bruder. In ähnlicher Weise gehen mir die Tage hin. Ich bin schon einige Mal in Altenkirchen gewesen – wo es mir bei aller Güte

[1] Heinrich Ranke (1798–1876), Bruder Leopold Rankes.
[2] Nr. 127.
[3] Zitat aus Nr. 127.
[4] Hermann Julius Christoph Baier (1775–1822), Pfarrer in Altenkirchen auf Rügen, in dessen Haushalt Heinrich Ranke zeitweise als Hauslehrer wirkte.
[5] Allwill Hermann Baier (1811–1892), Sohn von Hermann Julius Christoph Baier.
[6] 1 Samuel 1–31 (vgl. Nr. 127).
[7] Johanna Baier (* nach 1773).
[8] 1. Samuel 9,1–3 (vgl. Nr. 127).

und Liebe von Malchen[9] und Ernst[10], die ich herzlich liebe, doch sehr öde war. Als ich zuerst mit ihnen bei Tische saß – und er war nicht dabei, und als ich in seine Stube kam und vor seinem Schreibtisch den Johannes[11] und höher hinter Blumenkränzen das Bild des Gekreuzigten sah, so fühlte ich einen tiefen Schmerz; einen tieferen aber Sonntags in der Kirche.

„Aber was macht Baier?"[12] Alle Menschen geben ihn auf. Er ist sehr abgezehrt, seine Schenkel sind beinah wie meine Arme; er hustet stark und schmerzlich, seine Füße sind geschwollen; er leidet oft an heftigen Kopfschmerzen, liegt oft im Fieber. Ein Gespräch führt er nun gar nicht mehr. Einmal (früher) sagte er: was hat Dein Bruder wohl von Dir leiden müssen! Wir hatten von politischer und religiöser Schwärmerei gesprochen. Ich bin hierin oft sehr thöricht gewesen – glaube mir, lieber Bruder, ich weiß es – ; angestrengte Arbeit und Gottes Kraft wird mir doch helfen. Einmal sagte er tief bewegt: Strebe doch ja kein Mensch nach großem Gut, wer nicht recht fest ist. Dann den ersten Vers des Liedes: Eins ist Noth, o Herr, dieß Eine lehre mich erkennen doch![13] Vor einigen Tagen kam der alte Wudrich[14] aus Beseritz von Baiers Freund Rudpertus[15], der ihm durch den 75jährigen Greis eine Schachtel mit Aprikosen und Pfirsichen schickte. Diesen Alten rief er ans Bett. Wudrich sagte, der Herr Pastor würde gewiß noch einmal wieder. Dann ergoß er sich in herrliche Bibelsprüche und Lieder⟨,⟩ und Baier streichelte ihm die alten⟨,⟩ runzligen Backen und antwortete ihm aus Bibel und Gesangbuch. Der Alte sagte: wenn ich so allein auf der Landstraße gehe, halte ich mich immer an Gottes Wort; da habe ich immer Gesellschaft, ich rede mit dem lieben Gott. Endlich versprach er⟨,⟩ für B⟨aier⟩ zu beten. Der wird wohl noch einmal⟨,⟩ sagte er auf der Treppe zu mir, da ich ihn hinunterbrachte. – Daß ich von Nürnberg eine förmliche Einladung erhalten habe – habe ich Dir wohl geschrieben.[16] Auch die Weberin[17] hat geschrieben. Sie preiset mich glücklich, daß mir Baier seine Kinder[18] anvertrauet. Sie wünscht ihm die Ruhe der Seligen

[9] Amalie Baier (1778–1857), Schwester von Hermann Julius Christoph Baier.

[10] Ernst Friedrich Franck (1795–1875), Neffe von Hermann Julius Christoph Baier und Diakonus in Altenkirchen.

[11] Eventuell ein Bild oder eine Plastik des Evangelisten Johannes.

[12] Erneut ein Zitat aus Nr. 127.

[13] Evangelisches Kirchenlied von Johann Heinrich Schröder (1666–1699) mit 10 Strophen (Druck: Evangelisches Gesangbuch, Nr. 386). Es endet: „gib, daß ich nichts achte, nicht Leben noch Tod / und Jesum gewinne: dies Eine ist not!"

[14] Nicht ermittelt.

[15] Nicht ermittelt.

[16] Vgl. Nr. 126.

[17] Francisca Christiana Jeanette Weber, geb. Krug († 1824), Witwe von Adolph Dietrich Weber (1753–1817), Professor der Rechte in Rostock, gemeinsame Bekannte Leopold und Heinrich Rankes.

[18] Allwill Hermann (1811–1892), Therese Catharina (* 1814) und Gotthard Julius Gottfried Baier (1816–1898).

im Himmel. Rostock wird sie nun mit Neu-Streeliz vertauschen, wohin Du nun Deine Briefe richten kannst. Denn schreiben mußt Du nun. „Was macht Leopold? Es ist mir schmerzlich, so gar lange nichts von ihm gehört zu haben. Grüße ihn ja."

Dr. Westermeier[19] antwortet mir heute sehr freundlich.[20] Er räth mir, mit einer Rückreise nach Hause den Examen zu verbinden. So schließt er: Es wird mir sehr angenehm sein, darauf von Ihnen zu erfahren, daß Ihr Beistand zur Genesung Ihres kranken Freundes beigetragen hat und von Gott gesegnet worden ist.

Ueber Saul und Samuel wollen wir recht brüderlich unterhandeln;[21] ich bin aber auch daran⟨,⟩ ihre Geschichte zu studiren.

Von Wiehe[22] habe ich Nachricht und Kleider pp. Sie sind gesund. Grüße Ferdinand[23] herzlich, wenn er bei Dir ist. Ich freue mich Eurer Freude und Liebe. Grüße die Beiden[24]. Grüße auch Stangen[25]⟨,⟩ Heidlern[26].

Der gute Geist geleite uns! Ewig Dein treuer

H⟨einrich⟩.

Baier grüßt Dich und Allwill. Wenn Dich die gute A⟨hlemann⟩ bittet, so theile ihr doch aus dem Brief etwas mit!

[19] Franz Bogislaus Westermeyer (1773–1831), Generalsuperintendent und Mitglied des Konsistoriums, Regierungs- und Schulrat.

[20] Auch als Heinrich Ranke zu seiner theologischen Prüfung am 22. Oktober 1822 in Magdeburg eintraf, erfuhr er durch Westermeyer eine „sehr freundliche Aufnahme" (vgl. F. H. Ranke, Jugenderinnerungen, S. 231).

[21] Vgl. Nr. 127.

[22] Vgl. Nr. 128.

[23] Ferdinand Ranke (1802–1876), Bruder Heinrich und Leopold Rankes.

[24] Friederike Wilhelmine Ahlemann, geb. Schultze (1772–1843), Direktorin einer höheren Bildungsanstalt für Mädchen in Frankfurt an der Oder, und Caroline Beer (1791–1851), Vertraute Leopold und Heinrich Rankes in Frankfurt an der Oder.

[25] Johann Carl Wilhelm Thomas Stange (1792–1854), Oberlehrer am Friedrichs-Gymnasium in Frankfurt an der Oder.

[26] Wilhelm Ferdinand Heydler (1793–1859), Mitschüler Leopold und Heinrich Rankes in Pforta, Leipziger Studienfreund Leopold Rankes sowie Konrektor am Friedrichs-Gymnasium in Frankfurt an der Oder.

Nr. 130

Wilhelm[1] und Ernst Constantin Ranke[2] an Leopold Ranke

V: GStA PK VI. HA Nl Hoeft Nr. 1 (Abschrift)
G: GStA I. HA Rep. 92 L. v. Ranke Nr. 26 (nicht erhalten)
TY: GStA PK VI. HA Nl Hoeft Nr. 9
TY: GStA PK VI. HA Nl Hoeft Nr. 37 Kart. 2

Wiehe⟨, nach dem 11. September 1822⟩.[a]

Lieber Leopold!
Das Examen[3] habe ich überstanden, und mit der ersten Censur haben mich die Eltern[4] abgeholt. Bei dem Abschiede sprachen die Lehrer meist von Dir, wie Du so glücklich uns in Pforte die Bahn gebrochen,[5] und Du solltest mir auch für das künftige Leben Muster sein. Ueberhaupt ist unsere Familie bei ihnen in rechtem Ansehn, und das wird auch einmal für Ernsten[6] gewiß sehr vortheilhaft sein. Die Eltern führte ich zu Ilgen[7] und Jakobi[8], welche sich sehr darüber freuten, und auch den fünften Bruder zu erziehen hofften. –
Jetzt besehe ich mir zu Hause die Merkwürdigkeiten unserer Gegend, was ich früher auf unverantwortliche Weise vernachlässigt habe. Mit Röschen[9] bin ich auf dem Rabeswalde[10] gewesen und habe dort schon mehrere Kleinigkeiten wegen des Ganges der Ringmauer, der Verschiedenheit der Wall-

[a] Wilhelm Ranke ging von der Landesschule in Pforta am 11. September 1822 (vgl. Hoffmann, Pförtner Stammbuch, Nr. 8778, S. 353) bzw. 18. September 1822 (vgl. Nr. 128) ab; Hoeft datiert den Brief in seiner Abschrift auf „1823/4"; im Typoskript in GStA PK VI. HA Nl Hoeft Nr. 9 datiert er den Brief auf „22. September 1822", was er zuerst auf „12. November 1822" und dann auf „11. November 1822" verändert, im Typoskript GStA PK VI. HA Nl Hoeft Nr. 37 Kart. 2 wiederum verbessert er „11. November 1822" auf „11. September 1822".

[1] Wilhelm Ranke (1804–1871), Bruder Leopold und Ernst Constantin Rankes.
[2] Ernst Constantin Ranke (1814–1888), Bruder Leopold und Wilhelm Rankes.
[3] Die Abschlußprüfung in Pforta.
[4] Gottlob Israel (1762–1836) und Friederica Wilhelmina Ranke, geb. Lehmicke (1776–1836).
[5] Leopold Ranke hatte als erster der fünf Brüder 1814 sein Examen in Pforta abgelegt (vgl. Hoffmann, Pförtner Stammbuch, Nr. 8504, S. 339.).
[6] Der jüngste der Brüder besuchte zu diesem Zeitpunkt noch den Unterricht der Stadtschule in Wiehe. Von seinen Schreibkünsten gibt er am Ende des Briefes seinem Bruder Leopold Zeugnis; Ernst Constantin Ranke besuchte die Landesschule in Pforta ab 1828 und legte dort 1834 sein Abitur ab (vgl. Hoffmann, Pförtner Stammbuch, Nr. 9278, S. 378).
[7] Karl David Ilgen (1763–1834), Rektor der Landesschule in Pforta.
[8] Carl Friedrich Andreas Jacobi (1795–1855), enger Studienfreund Heinrich Rankes, Lehrer der Mathematik an der Landesschule in Pforta, Ferdinand Ranke war sein „Famulus".
[9] Rosalie Ranke (1808–1870), Schwester Leopold, Wilhelm und Ernst Constantin Rankes.
[10] Ruine der Burg Rabenswalde auf einem Bergsporn im Rabenswald, südlich von Garnbach bei Wiehe.

gräben, und der Eingänge entdeckt. Bald werde ich nach Memleben[11], Wendelstein[12] etc. und dann auch auf den Kiffhäuser[13] gehen. Denn dazu kommt mir die Gelegenheit vielleicht nie so schön wie jetzt wieder. – Mit dem Vater nehme ich Obst ab, und bewache den Garten, in den die verwegene Jugend ziemliche Breschen gemacht hat. Das alles zielt auf die *recreation* meines Körpers ab, der durch den Examen ziemlich gelitten hat. Wäre das nicht der Fall, so besuchte ich Dich vielleicht in Deinem Frankfurt, was nun aber unterbleiben muß.

Grüße doch Ferdinand[14] von mir, u⟨nd⟩ von Neue[15] und Krome[16]. Der Vater kann Dir nicht schreiben; er hat zu viel zu arbeiten, obgleich ich ihm manchmal ein wenig helfe, und auch sein Secretaire geworden bin.

Noch hat mir der Inspector John[17] und seine Gattin[18] aufgetragen, Dir ihren Gruß zu bringen.

Dein Wilhelm.

Lieber Leopollt! Wenn kömmst Du?

Ernst Constantin Ranke.

Der Bote ist bald gekommen, und Ernst und Rosalie müssen in die Schule gehn. Hannchen[19] ist bei der Wäsche. Sonst würden Dir alle geschrieben haben. Ernst's Geburtstag ist am 10ten Sept⟨ember⟩ gewesen.

[11] Ottonische Kaiserpfalz und ehemaliges Benediktinerkloster, nach seiner Säkularisation im 16. Jahrhundert der Landesschule in Pforta als Gut unterstellt.

[12] Burg oberhalb Memlebens, zeitweise im Besitz der Grafen von Rabenswalde.

[13] Mittelgebirge bei Bad Frankenhausen, in dem nach sagenhafter Überlieferung Kaiser Friedrich I. Barbarossa auf den Zeitpunkt seiner Wiederkehr wartet; auf einem östlichen Ausläufer des Gebirges befinden sich die Ruinen der staufischen Reichsburg Kyffhausen, 1846 und 1848 fanden hier Burschenschaftstreffen statt.

[14] Ferdinand Ranke (1802–1876), Bruder Leopold, Wilhelm und Ernst Constantin Rankes; er war zu diesem Zeitpunkt bei Leopold Ranke in Frankfurt an der Oder zu Besuch (vgl. Nr. 132 sowie L. v. Ranke, Lebensgeschichte, S. 44).

[15] Christian Friedrich Neue (1798–1886), Adjunkt an der Landesschule in Pforta.

[16] Carl Crome (1794–1871), Sohn von Friedrich Crome (∗ 1764), Oberbürgermeister in Cochstedt und preußischer Justiz-Kommissar, und Catharina Elisabeth Johanna Crome, geb. Wollhering (∗ 1765), 1802 Dom-Gymnasium in Halberstadt, 1811 Studium der Theologie in Göttingen, Dr. phil., 1815 Lehrer am Institut in Vorfelde bei Braunschweig, 1817 Kollaborator am Dom-Gymnasium in Halberstadt, 1820 Adjunkt an der Landesschule in Pforta, 1823 Professor am Gymnasium in Düsseldorf (vgl. Archiv KPS Cochstedt, Taufen 1794; Archiv KPS Cochstedt, Trauungen 1792; F. Ranke, Rückerinnerungen, S. 70–71; Bittcher, Pförtner Album, S. 558; Koessler, Personenlexikon, Bd. C, S. 81).

[17] Christian Gottlieb John (1762–1829), Oberpfarrer, zugleich geistlicher Inspektor mit Professorentitel an der Landesschule in Pforta, davor Diakonus in Wiehe.

[18] Johanna Christiana John, geb. Groß (1763–1824), Tochter eines Kaufmanns in Leipzig (vgl. Archiv KPS Pforta, Bestattungen 1824; Pfarrerbuch Kirchenprovinz Sachsen, Bd. 4, S. 417).

[19] Johanna Ranke (1797–1860), Schwester Wilhelm und Leopold Rankes.

Nr. 131

Heinrich Ranke[1] an Leopold Ranke

V: GStA PK VI. HA Nl Hoeft Nr. 37 Kart. 2 (Typoskript)
D: Fuchs, Heinrich Ranke, S. 155

Greifswald⟨,⟩ am 13ten Sept⟨em⟩b⟨e⟩r ⟨18⟩22.

Mein lieber Leopold,
Nur wenige Worte für jetzt. Baier[2] ist gestern zur ewigen Ruh entschlummert. Den Abend zuvor, am 11ten Sept⟨ember⟩, gegen 9 Uhr⟨,⟩ überfiel ihn ein entsetzlicher Frost. Seitdem blieben Hände und Füße kalt. Gegen Mitternacht schlummerte er ein wenig. Von 1 Uhr Nachts bis gegen 12 Uhr Mittags hat er gelitten. Früh um 3 U⟨hr⟩ hatte ich ihn lange in den Armen⟨,⟩ um ihn etwas emporzuhalten. Gott erbarme dich, sagte ich leise. Laß ihn nur machen, sagte er. Gegen 9 Uhr Vormittags stemmte er seine Hände gegen meine Schultern. Ach, sagte er, ihr wißt nicht, wie schwer der Tod ist. Er lag fortwährend in den heftigsten Magenschmerzen – gegen die kein Mittel mehr half. – Ich will es Dir ein andermal erzählen, lieber Bruder. Gestern⟨,⟩ am 12ten Sept⟨em⟩b⟨e⟩r⟨,⟩ habe ich den Tod zum ersten Mal gesehen. Nach 12 Uhr ist er entschlafen. Morgen bringen wir die Leiche nach Altenkirchen. Vielleicht den Sonntag wird sie beerdigt.
O Bruder, was ist doch der Tod!

In Ewigkeit Dein Heinrich.

[1] Heinrich Ranke (1798–1876), Bruder Leopold Rankes.
[2] Hermann Julius Christoph Baier (1775–1822), Pfarrer in Altenkirchen auf Rügen, in dessen Haushalt Heinrich Ranke zeitweise als Hauslehrer wirkte.

Nr. 132

Leopold Ranke an Heinrich Ranke[1]

V: L. v. Ranke, Lebensgeschichte, S. 100–102 (Druck)

[Frankfurt a. O.]⟨,⟩ 18. Oktober 1822.

Lieber Heinrich!

Den ersten Schmerz hast Du nun wohl überwunden[2] und ruhig zu Dir selber oder zu andern gesagt: οὐκ ἔστιν ὧδε ἀλλ' ἠγέρθη[3]. Ja⟨,⟩ erwacht ist er[4] von unserm Traum.[5]

Ferdinand[6] war bei mir, als ich Dein letztes Blatt[7] empfing. Aus dem Vorsälchen, wo er Pult, Tisch, Stuhl und Deinen Vorhang von Carolinen[8] hatte, kam er herein: was drin stünde? Wir wollten sogleich schreiben. Warum sollt' ich Dir beiliegenden Zettel vorenthalten, den ich sogleich schrieb?[9] Welchen Menschen übernähme nicht diese Furcht einmal? Nicht lange darauf kam Ferdinand wieder: ich sollt' ihm die Feder schneiden. Er sah aus seinen hellen Augen und dem rothen guten Gesicht lebensfroh: Du wirst auch sterben, sagt ich zu ihm, und dachte mirs lebhaft, und die Thräne trat mir ins Auge. Nun kannst Du wohl denken, wie wir vom Schreiben durch Reden abkamen und endlich zusammen ausgingen.

Er ist hier fleißig gewesen und hat einen guten Theil des Tacitus[10] gelesen, auch einen Auszug gemacht und mir dagelassen.[11] Ein gutes Herz. Wir haben nicht weniger gelacht, als gesprochen, besonders da das Examen da war⟨,⟩ und er mir corrigiren half. Schade, daß Stange[12] den Examenfreitag krank wurde; denn wir wollten den Sonnabend zusammen nach Berlin. Ferdinand entschloß sich kurz, mit einem Wagen eines Schülers[13]

[1] Heinrich Ranke (1798–1876), Bruder Leopold Rankes.

[2] Vgl. Nr. 131.

[3] Lukas 24,6: „Er ist nicht hier, er ist auferstanden".

[4] Hermann Julius Christoph Baier (1775–1822), Pfarrer in Altenkirchen auf Rügen, in dessen Haushalt Heinrich Ranke zeitweise als Hauslehrer wirkte.

[5] Leopold Ranke spielt hier möglicherweise auf das Werk „Das Leben ein Traum" von Pedro Calderón de la Barca (1600–1681) an.

[6] Ferdinand Ranke (1802–1876), Bruder Leopold und Heinrich Rankes.

[7] Nr. 131.

[8] Caroline Beer (1791–1851), Vertraute Leopold Rankes in Frankfurt an der Oder.

[9] Siehe Beilage.

[10] Publius Cornelius Tacitus (um 58–um 120), römischer Historiker.

[11] Anläßlich des Todes seines Bruders Ferdinand erinnert sich Leopold Ranke im Jahre 1876: „Er studierte viel, namentlich Tacitus; ein Exzerpt über die Regierung des Tiberius, das wir damals verfaßten, wird wenigstens stückweise noch vorhanden sein" (L. v. Ranke, Tagebücher, S. 78); eventuell handelt es sich dabei um den oben angesprochenen Auszug.

[12] Johann Carl Wilhelm Stange (1792–1854), Oberlehrer am Friedrichs-Gymnasium in Frankfurt an der Oder.

[13] Nicht ermittelt.

Sonnabends früh wegzufahren. Aber Mittag war Stange wieder gesund, und wir gingen gegen 4 Uhr, Heydler[14] mit; nicht etwa Ferdinand, welcher früh nach Mühlberg die Straße nahm.[15] Die letzte Station sind wir des Sonntags doch gefahren; ich muß bekennen, das Gehen bekam mir überaus wohl. In der Kunstausstellung[16] traf ich Köpke[17]. Doch durch wen, meinst Du wohl? Wir standen an der Statue Scharnhorst's[18], oder kamen

[14] Wilhelm Ferdinand Heydler (1793–1859), Mitschüler Leopold und Heinrich Rankes in Pforta, Leipziger Studienfreund Leopold Rankes sowie Konrektor am Friedrichs-Gymnasium in Frankfurt an der Oder.

[15] Wohl um dort Otto (1800-nach 1843) und Eduard Mehner (1802–1856) zu besuchen, die Ferdinand Ranke aus seiner Schulzeit in Pforta kannten (vgl. Hoffmann, Pförtner Stammbuch, Nr. 8689, 8704 und 8738, S. 349 und 351); Eduard Mehner war darüber hinaus in Halle sein „Stubenbursche" (vgl. K. F. Ranke, Leben in Briefen, S. 43).

[16] Zu der von der Königlichen Akademie der Künste in Berlin veranstalteten Kunstausstellung des Jahres 1822 vgl. etwa Die diesjährige Kunstausstellung in Berlin, in: Zeitung für die elegante Welt, 21. Jg., 1822, Nr. 233, Sp. 1860–1862; Nr. 234, Sp. 1865–1868; Nr. 235, Sp. 1875–1877; Nr. 236, Sp. 1884–1885; Nr. 237, Sp. 1889–1892; Nr. 238, Sp. 1901–1902; Nr. 239, Sp. 1907–1909; Nr. 240, Sp. 1913–1915 und Nr. 241, Sp. 1923–1926 oder Amalie von Helwig, geb. Freyin v. Imhoff, Ueber die Kunstausstellung vom Herbst 1822 in Berlin, in: Morgenblatt für gebildete Leser 17 (1823), Kunst-Blatt Nr. 25, S. 97–100; Nr. 26, S. 101–103; Nr. 50, S. 197–200; Nr. 51, S. 201–203; Nr. 66, S. 261–263; Nr. 67, S. 265–267 und Nr. 68, S. 269–271.

[17] Entweder Georg Gustav Samuel Köpke (1773–1837), Professor und Konrektor am Gymnasium zum Grauen Kloster in Berlin, oder Friedrich Carl Köpke (1785–1865), Professor am Joachimsthalschen Gymnasium in Berlin; Heinrich Ranke hatte „Professor Köpke" im Sommer 1820 auf Rügen kennengelernt (vgl. F. H. Ranke, Jugenderinnerungen, S. 185).

[18] Gerhard Johann David von Scharnhorst (1755–1813), Sohn von Ernst Wilhelm Scharnhorst (1723–1782), Quartiermeister im 8. hannoverschen Kavallerie-Regiment, und Friederike Wilhelmine Scharnhorst, geb. Tegtmeyer († 1796), 1771 gräflich lippische und bückeburgische Kriegsschule auf dem Wilhelmstein, 1772 Bombardier im Artillerie-Korps von Wilhelm Friedrich Ernst Graf zu Schaumburg-Lippe, 1777 Fähnrich im hannoverschen Infanterie-Regiment von Estorff, 1780 Leutnant bei der Artillerie und Lehrer an der Kriegsschule in Hannover, 1785 Hochzeit mit Clara Christina Johanna Schmalz (1762–1803), Tochter von Friedrich Wilhelm Schmalz (1724–1763), Kriegskanzlist in Hannover, und Clare Justine Louise Schmalz, geb. Völkening (1738–1808), 1792 Stabskapitän, 1793 Kapitän und Chef einer reitenden Artillerie-Abteilung, 1793–1795 Feldzug, 1794 Major im Generalstab, 1796 Oberstleutnant, 1801 Übertritt in preußische Dienste, Chef einer Fußartillerie-Kompagnie im 3. Artillerie-Regiment, Direktor der „Lehranstalt für junge Offiziere in den Militärwissenschaften" in Berlin, 1802 Mitbegründer der „Militärischen Gesellschaft", der Keimzelle der 1810 gegründeten preußischen Kriegsakademie, 1802 Erhebung in den Adelstand, 1804 Generalquartiermeister im Generalstab, 1804 Oberst, 1805 Generalstabschef in verschiedenen Armeekorps, 1806 Generalquartiermeister, nach der Niederlage von Jena und Auerstedt kapitulierte er mit dem von Feldmarschall Blücher befehligten Armeekorps in Lübeck, französische Kriegsgefangenschaft, Austausch, Teilnahme an der Schlacht von Preußisch-Eylau, Pour le Mérite, 1807 Generalmajor und Vorsitzender der Militär-Reorganisationskommission, 1808 Chef des neuen Allgemeinen Kriegsdepartements sowie Chef des Ingenieur- und Pionier-Korps und Generalinspekteur der Festungen, 1810 auf französischen Druck von der Stellung als Chef des Allgemeinen Kriegsdepartements entbunden, März 1813 Generalleutnant und Generalstabschef der schlesischen Armee des preußischen Oberbefehlshabers, Feldmarschall Blücher, Mai 1813 Verwundung in der Schlacht bei Großgörschen, an deren Folgen er verstarb. Bei der Statue

eigentlich davon, als fast unkenntlich geworden Eiselen[19] uns auffiel und sagte: Dürr[20] sei da. Bald darauf holt ich ihn. Er ist ja nicht da, sagte seine Mutter[21]; so lang, bis er aus der Stube sprang und doch da war. Es ist keine kleine Resignation, daß er zum zehnten oder zwanzigsten mal wieder ein Anfänger wird, und dies in der Musik. Er führte uns auf die Kunstausstellung und zeigte mir Köpken. Ich sprach mit ihm, da erst erfuhr er Baier's Tod[22]. Es war mir unangenehm, daß er sogleich anfing, Schw.[arz?][23]

handelt es sich wohl um das von Christian Daniel Rauch geschaffene Denkmal, das Friedrich Wilhelm III. für Scharnhorst vor der Neuen Wache in Berlin errichten ließ und das erst am 18. Juni 1822 enthüllt worden war (vgl. Jutta von Simson: Christian Daniel Rauch. Oeuvre-Katalog. Berlin 1996, Kat. 75, S. 132–136, Abb. auf S. 133).

[19] Ernst Wilhelm Bernhard Eiselen (1792–1846), Sohn von Johann Christoph Eiselen (1752–1816), Bergrat in Berlin, und Charlotte Wilhelmine Eiselen, geb. Teßler (1760–1839), Bruder von Johann Friedrich Gottfried Eiselen (1785–1865), der ab 1820 in Breslau als außerordentlicher und ab 1829 in Halle als ordentlicher Professor der Staatswissenschaften wirkte und 1841 eine Geschichte des Lützowschen Freikorps verfaßte, dem er selbst angehört hatte; 1807 Gymnasium zum Grauen Kloster in Berlin, 1812 Bergeleve in Breslau, 1813 Eintritt in das Lützowsche Freikorps, Gefreiter bei der 1. Kompanie, Erkrankung, daraufhin im Auftrag Jahns Übernahme der Leitung des Turnplatzes Hasenheide in Berlin, 1814 Turnlehrer an der Plamannschen Anstalt, 1816 bei einer Reise nach Franken Bekanntschaft mit Carl Ludwig Sand in Erlangen (vgl. Alfred Boettcher: Ernst Bernhard Eiselen. Mittheilungen aus seinem Tagebuch, in: Deutsche Turn-Zeitung. Blätter für die Angelegenheiten des gesammten Turnwesens. Organ der Deutschen Turnerschaft. Nr. 12, S. 61–64 und Nr. 13, Nr. 65–72 und Nr. 14, S. 73–79, hier S. 68; nach der Ermordung Kotzebues bezeichnet Eiselen Sand in seinem Tagebuch als „Freund", vgl. ebd., S. 71.), 1819–1827 Lehrer der Erdkunde, Mathematik und Geschichte an der Plamannschen Anstalt, 1825 Errichtung eines „Fecht- und Voltigiersaals", 1828 einer „Anstalt für Leibesübungen", 1829 Hochzeit mit Hanna Louise Henrietta Putsch (1801–nach 1846), Tochter von Martin Friedrich Putsch (1761–1808), Bürger und Kaufmann in Spandau, und Louisa Amalia Henrietta Putsch, geb. Nagel, 1832 Errichtung einer Mädchenturnanstalt in Berlin, 1846 Leiter des Turnplatzes zu Moabit bei Berlin; zahlreiche Publikationen über das Turnen und Fechten, unter anderem gemeinsam mit Friedrich Ludwig Jahn Die Deutsche Turnkunst zur Einrichtung der Turnplätze. Berlin 1816 (vgl. ELAB Berlin, Dorotheenstädtische Kirche, Bestattungen 1839; ELAB Berlin, Dorotheenstädtische Kirche, Trauungen 1829; ELAB Trampe, Trauungen 1829; ELAB Spandau, St. Nikolai, Taufen 1801; ELAB Spandau, St. Nikolai, Bestattungen 1808; Johann Marker: Leben und Wirken von Ernst Eiselen in Berlin. Zu seinem 190. Geburstag am 27. September 1982, in: Jahrbuch für brandenburgische Landesgeschichte 33 (1982), S. 79–88).

[20] Christian Eduard Leopold Dürre (1796–1879), Turner, Burschenschaftler und Studienfreund Heinrich Rankes, mit dem dieser zeitweise gemeinsam als Lehrer an der Wagner'schen Erziehungsanstalt in Frankfurt an der Oder tätig war.

[21] Margaretha Sophia Friederica Dürre, geb. Hartung (1759–1835), Tochter von Balthasar Ferdinand Hartung, Bürger und Schneider in Fürstenberg in Mecklenburg (vgl. ELAB Berlin, Dorotheenstädtische Kirche, Trauungen 1786; ELAB Berlin, Sophienkirche, Bestattungen 1835).

[22] Der gemeinsame Freund Leopold und Heinrich Rankes sowie Christian Eduard Leopold Dürres war am 12. September 1822 verstorben (vgl. Nr. 131).

[23] Adolph Philipp Theodor Schwarz (1777–1850), Sohn von Erich Georg Theodor Schwarz (1740–1814), Pfarrer in Wiek, Unterricht durch Hauslehrer, 1798 Studium der Theologie in Jena, 1800 Hauslehrer in Schweden, 1805 Diakonus in Wiek, 1815 Nachfolger seines Vaters als Pfarrer in Wiek, Verfasser theologischer Abhandlungen und mehrerer religiöser Roma-

hab' ihm erzählt, wie er Kosegarten[24] aus Greifswald nach Altenkirchen begleitet, wie ihm zu Muth gewesen, als ihn die Wellen mit der Leiche geschaukelt. Daß Du in den Hundstagen[25] dagewesen, schien er nicht erfahren zu haben. Er sagte: wenn Sie mich besuchen wollen –, aber wir hatten keine rechte Zeit. – Dürr hat mich gebeten, ihm einen Brief von Dir über Baier's Tod zu schicken. Er sprach viel von dieser äußersten Seelenruhe desselben. Deine Briefe[26] hatten einen etwas anderen Eindruck auf mich gemacht. Wenn Dirs nicht zu weh thäte, bät ich Dich selber um eine ausführliche Beschreibung von den letzten Tagen. Dürr soll Originalsabschrift oder Auszug bekommen, wie Du verlangst.

Es ist morgen das Ende der Michaelisferien.[27] Täglich erweitert sich Kenntniß und Aussicht über die Weltgeschichte.[28] Wer enthüllt Kern, Natur, lebend Leben des Individuums? Ich bin jetzt einer von denen, die am meisten bald verzweifeln, bald Hoffnung fassen, an sich, an anderen, an allem. Caroline[29] und die Ahleman[30] sind wohl auf. Wir sind alle vier, Ferdinand mit, an einem schönen Nachmittag in der steilen Wand[31] gewesen. Aber zu Wagen.

ne (vgl. ausführlich Maskow, Pommerscher Romantiker), 1834 Ehrendoktor der Universität Greifswald; Schwarz war ein Freund von Hermann Julius Bayer (vgl. F. H. Ranke, Jugenderinnerungen, S. 117, 193–194), sein Nachfolger als Pfarrer in Wiek wurde Ernst Friedrich Franck (1795–1875), ein Neffe Baiers (vgl. Heyden, Rügen, S. 141–142).

[24] Johann Gottfried Ludwig Kosegarten (1792–1860), Sohn von Ludwig Gotthard Theobul Kosegarten (1758–1818), Pfarrer in Altenkirchen auf Rügen, später Professor für Geschichte bzw. Theologie in Greifswald, und Katharina Kosegarten, geb. Linde, Schwager von Hermann Julius Christoph Baier; Unterricht durch Hauslehrer, unter anderem durch Ernst Moritz Arndt, Karl Lappe und 1803–1805 Hermann Julius Christoph Baier in Lausanne, 1808 Studium der Theologie und Geschichte in Greifswald, 1812 Studium der orientalischen Sprachen in Paris, 1814 Adjunkt für orientalische Sprachen in Greifswald, 1817 Professor für orientalische Sprachen in Jena, hier enger Kontakt zu Goethe, 1823 ordentlicher Professor der Theologie für das Fach der alttestamentlichen Exegese und der orientalischen Sprachen in Greifswald, daneben Mitarbeit in der Gesellschaft für Pommersche Geschichte und Alterthumskunde sowie an der Herausgabe des Codex Pomeraniae diplomaticus (unter anderem mit Karl Friedrich Wilhelm Hasselbach; vgl. Nr. 57).

[25] Die Tage vom 23. Juli bis zum 24. August, benannt nach einem in diesem Zeitraum sichtbaren Sternbild.

[26] Nr. 126, Nr. 129 und Nr. 131.

[27] Michaelis: 29. September.

[28] Leopold Ranke befaßt sich im doppelten Sinn mit Weltgeschichte: einmal, weil sein Gegenstand, Renaissance und Reformation, der allgemeinen Geschichte angehört, und zum anderen, weil sich an ihm die Natur der geschichtlichen Welt überhaupt studieren läßt, als dessen Inbegriff Ranke das Individuum oder das Individuelle, also das Besondere, Einzigartige, Singuläre ansieht. Er äußert hier bei ihm schon lange angelegte Gedanken (vgl. Nr. 63), die Wilhelm von Humboldt in seiner gleichzeitigen Rede „Ueber die Aufgabe des Geschichtschreibers" auf den Begriff bringt.

[29] Caroline Beer (1791–1851), Vertraute Leopold Rankes in Frankfurt an der Oder.

[30] Friederike Wilhelmine Ahlemann, geb. Schultze (1772–1843), Direktorin einer höheren Bildungsanstalt für Mädchen in Frankfurt an der Oder, Vertraute Leopold Rankes.

[31] Hochufer der Oder, etwa ein Kilometter von Lossow.

Lieber Bruder, lebwohl! Wollte Gott, wir wären Ein Herz; der starre Reifrock der Persönlichkeit, so hart wie Fischbein, fiele ab und ließe Leben an Leben! Du wirst gewiß ein neues Kleid[32] in Rügen anziehen; auch ich, hoffe ja, werde anders. Es schade nichts und trenne nichts! Wird es?

Dein Bruder L⟨eopold⟩.

Beilage.

'Αλλ' ἐπί[a] τοι καὶ ἐμοὶ θάνατος καὶ μοῖρα κραταιή[33] — weiter nichts? Ja⟨,⟩ wenn man nur gewiß glaubte, lieber Heinrich. Die Erde ist gar zu nah und hart und dunkel; und wir haben alle von der Granate[34] gegessen, und schon oben sind wir den Unteren gefangen und verfallen. Alles, was auf Erden ist, geht hinab, nur der Sonnenstrahl nicht; und das Licht und die Farbe, die arme Farbe selbst allein ist überirdisch. Ob wir das an den Dingen gebrochene Licht allein zurückspringen sähen, wenn die Dinge vergingen? Lieber Heinrich, — was sind das für Reden, sagst Du, sind wir nicht Christi? Gesteh mir doch, was Baier davon sterbend sagte. Ich habe oft gefürchtet, der Glaube halte nicht aus. Worte und Bibelsprüche gehen wohl aus der Sterbenden Munde. Drücken sie sich auch selbst aus? Ihr eigenes Gefühl, das nicht Gewöhnung ist noch gute Sitte, sondern aus der Seele quillt und von der Gegenwart des Engels zeugt, der die Seelen löset, wie man spricht? Was quäl ich Dich doch? Mose[35] und die Propheten zeugen;[36] sollt ich Dir mehr glauben? — Glaub nicht daran, daß ich krank bin, weil ich solche Gedanken habe. Vielmehr hab' ich sie von freien Stücken und immer gehabt.

[a] In der Vorlage: „ἐπι".

[32] Anspielung auf das sogenannte „Taufkleid", Metapher für die Veränderung der Persönlichkeit, wie sie vor allem für die christliche Taufe verwendet wird, die zu einem „neuen Menschen" macht.

[33] Nach Homer, Ilias V 83, XVI 334, XX 477: „Aber über dir und mir schwebt der Tod und das gewaltige Schicksal".

[34] Paradiesapfel; Anspielung auf 1. Mose 3.

[35] Moses, jüdischer Prophet.

[36] Das ist der Glaube Heinrich Rankes, dem Leopold Ranke am 1. September 1822 mit seiner Wendung gegen die „Luthersche Typologie" widersprochen hat (vgl. Nr. 127).

Nr. 133

Ferdinand Ranke[1] an Leopold Ranke

V: GStA PK VI. HA Nl Hoeft Nr. 1 (Abschrift)
G: GStA I. HA Rep. 92 L. v. Ranke Nr. 26 (nicht erhalten)
TY: GStA PK VI. HA Nl Hoeft Nr. 37 Kart. 2

Halle⟨,⟩ den 28sten Oktober 1822.

Theuerster Bruder,
So lange bin ich nun schon von Dir weg,[2] und noch habe ich Dir kein Wort von mir hören lassen, ob ich Dir es wohl versprochen hatte; noch habe ich Dir nicht gedankt für Deine viele Liebe und Güte, die Du mir erwiesen hast, als es mir endlich gelang, einmal bei Dir zu seyn, und ich weiß nicht, womit ich es entschuldigen soll, ja⟨,⟩ ich kann es auch nicht; es ist nur meine Nachlässigkeit gewesen, die freylich jetzt, wenn ich es recht bedenke, an Undankbarkeit gränzt, zumal da ich auch von der lieben Ahlemann[3] und Carolinen[4] noch gar nicht Abschied genommen, und Ihnen für ihre viele Freundlichkeit noch kein Wort zum Dank gesagt habe. Laß es mir dießmal doch so hingehen und vergilt mir nicht nach meinen Werken[5].
Wie es mir bis Ressen bei Schlomka[6] und dann noch ein Stück nach Mühlberg zu gegangen,[7] wirst Du durch diesen wol erfahren haben. Nach Senf-

[1] Ferdinand Ranke (1802–1876), Bruder Leopold Rankes.
[2] Vgl. Nr. 132.
[3] Friederike Wilhelmine Ahlemann, geb. Schultze (1772–1843), Direktorin einer höheren Bildungsanstalt für Mädchen in Frankfurt an der Oder, Vertraute Leopold Rankes.
[4] Caroline Beer (1791–1851), Vertraute Leopold Rankes in Frankfurt an der Oder.
[5] Anspielung auf Matthäus 16,27.
[6] Friedrich Traugott Schlomka (1803–1872), Sohn von Caspar Schlomka (1760–1835), Getreidehändler in Ressen bei Cottbus, und Catharina Schlomka, geb. Noack († nach 1835), 1819 Friedrichs-Gymnasium in Frankfurt an der Oder, 1821 Rede „über die Gründe, warum die Herstellung der Freiheit Griechenlands allgemein gewünscht wird“, 1823 Zeugnis Nr. II A, Herbst 1823 Studium der Theologie in Halle, wo er in Kontakt mit Ferdinand Ranke stand und, wie Wilhelm Ranke, der „Quellengesellschaft“ angehörte, 1828 Pfarrer in Teuplitz, Kreis Forst, und Hochzeit mit Johanne Wilhelmine Henriette Jaenicke (1801–1881), Tochter von Johann Christian Jaenicke (1771–1829), Pfarrer in Reddern, und Christiane Sophie Wilhelmine, geb. Fritze (* 1777), 1845 Pfarrer in Klettwitz, Kreis Senftenberg (vgl. ELAB Cottbus, Klosterkirche, Taufen 1777; ELAB Frankfurt an der Oder, Friedenskirche, Bestattungen 1881; ELAB Reddern, Taufen 1801; ELAB Ressen, Taufen 1803; ELAB Ressen, Trauungen 1796; ELAB Ressen, Bestattungen 1835; Fischer, Pfarrerbuch Mark Brandenburg, Bd. II/2, S. 755; Lönnecker, Mitglieder der Halleschen Burschenschaft, Nr. 1600, S. 244; Programm Friedrichs-Gymnasium 1821, S. 30 und 1823, S. 33).
[7] Wohl um dort Otto (1800-nach 1843) und Eduard Mehner (1802–1856) zu besuchen, die Ferdinand Ranke aus seiner Schulzeit in Pforta kannte (vgl. Hoffmann, Pförtner Stammbuch, Nr. 8689, 8704 und 8738, S. 349 und 351); Eduard Mehner war darüber hinaus in Halle „Stubenbursche“ von Ferdinand Ranke (vgl. K. F. Ranke, Leben in Briefen, S. 43).

tenberg bin ich nicht gekommen; ich ging von Ressen gleich nach Elsterwerda. Bei Schlomkas Eltern[8] hat es mir sehr gefallen. Es waren zwar ganz gewöhnliche Bauern, aber wohlhabend, und sehr, sehr gute Leute. Alles, was sie nur hatten, brachten sie hervor, und drangen es mir auf, und ließen mich 4 Meilen fahren am andern Morgen, nicht einmal mit eigenen Pferden, denn sie hatten keine, sondern mit Pferden aus dem Gasthofe. Auch Schlomka selbst, Dein Schüler, hat mir recht sehr gefallen, er war sehr gefällig und verrieth mir oft seinen guten Charakter. – Bei Cottbus sind wir auch nur vorbey gegangen. In Mühlberg hielt ich mich länger auf, als nach meinem ersten Entschlusse, dann aber ging ich mit meinem Stubenburschen[9] zugleich hierher, und von hier nach Wiehe ohne ihn. In Wiehe kam ich ziemlich unerwartet an, und habe einige vergnügte Tage gelebt, und viel von Dir und Deinen Umgebungen zu Aller großen Freude erzählt. Eins aber hat mich daselbst betrübt, und zwar sehr betrübt, desto mehr, je unerwarteter es mir kam; nämlich der Tod der Auguste Voigtel[10]. Ich ahnete nichts mehr, da die Mutter[11] Dir in Frankfurt geschrieben hatte, es hätte sich wieder gebessert. Sie hatte zuerst ein starkes Nervenfieber gehabt, und hatte dabei so fürchterlich gerast, daß das sonst so schwächliche Mädchen kaum von sechs Personen hat gehalten werden können. Dieß war veranlaßt wahrscheinlich durch die vielen Stürme, die sie kurz vorher betroffen hätten. Ein Mensch, Kaufmann in Sangerhausen[12], hatte sich mit ihr versprochen gehabt, und schickt ihr auf einmal eine Verlobungskarte

[8] Caspar und Catharina Schlomka, geb. Noack.

[9] Eduard Mehner (1802–1856), Sohn von Friedrich Leberecht Mehner (1763–1858), Patrimonialgerichtsdirektor in Strehla, später Steuer-Revisor und Advokat in Mühlberg, und Charlotte Sophie Mehner, geb. Stolle (1773–1852), 1815 Landesschule in Pforta, Mitschüler von Ferdinand und Wilhelm Ranke, 1821 Studium der Theologie in Leipzig, 1822 in Halle, 1823 in Leipzig, 1825 Erstes Theologisches Examen in Dresden, 1832 Zweites Theologisches Examen und Ordination in Magdeburg, 1838 Kollaborator an der Schule der Franckeschen Stiftungen in Halle, 1839 Pfarrer in Schlettau (vgl. Archiv KPS Mühlberg, Taufen 1802; Archiv KPS Mühlberg, Bestattungen 1852 und 1858; Hoffmann, Pförtner Stammbuch, Nr. 8738, S. 351; Blecher / Wiemers, Matrikel Leipzig, Bd. 1, S. 176, Nr. 0197 und S. 235, Nr. 0197; Pfarrerbuch Kirchenprovinz Sachsen, Bd. 6, S. 23; freundliche Auskunft von Gudrun Weikert, Archiv der Martin-Luther-Universität Halle-Wittenberg, 1.3.2012); Mehner wohnte, wie Ferdinand Ranke, in der Großen Steinstraße 167. Ferdinand Ranke bezeichnet ihn retrospektiv als seinen „Stubenburschen" (vgl. K. F. Ranke, Leben in Briefen, S. 43) und als „Freund ohne Gleichen" (vgl. F. Ranke, Rückerinnerungen, S. 164); eventuell war Eduard Mehner ein Verwandter von August Johann Christian Mehner († 1781), der ab 1773 als Diakonus in Wiehe und zugleich als Pfarrer in Garnbach gewirkt hatte (vgl. Pfarrerbuch Kirchenprovinz Sachsen, Bd. 6, S. 23) und dessen zweite Ehefrau Christiane Amalie Mehner, geb. Brack († 1804), in zweiter Ehe Christian Heinrich Spieler († 1810) heiratete, der in dritter Ehe die Witwe Dorothea Sophie Eberhardt, geb. Bannach († 1805) heiratete und dadurch in verwandschaftlicher Beziehung zur Familie Ranke stand (vgl. Pfarrerbuch Kirchenprovinz Sachsen, Bd. 8, S. 112, sowie Nr. 3).

[10] Marie Juliane Auguste Voigtel (1792–1822), Freundin Johanna Rankes.

[11] Friederica Wilhelmina Ranke, geb. Lehmicke (1776–1836).

[12] Nicht ermittelt.

mit einer andern[13]. Dieß hat sie sehr empört, wie natürlich, und sie hat ihn in ihrer Krankheit immer gräßlich erwähnt und ihn der Rache Gottes dargegeben. Dazu kam die immerwährende schlechte Behandlung ihres Bruders[14], und noch mehr solche Sachen. Doch war sie davon wieder genesen, wenigstens so ziemlich, und das fiel gerade in die Zeit, wo die Mutter an uns schrieb. Aber immer noch sehr schwach, traf sie nun eine andere Krankheit, die ihren Tod nach sich zog unausbleiblich, nämlich die Schleimschwindsucht, und so ist sie den 3ten Oktober, Nachmittag 2 Uhr verschieden. Die Mutter und Hannchen[15] haben das arme liebe Mädchen recht gepflegt und gewartet, bis an ihren Tod, und da ihr Bruder es nicht that, hat die Mutter bei ihrem Begräbnisse alle Mädchens zusammengebeten, und sie haben Kränze gewunden und sind mit zum Grabe gegangen. Ein Kranz hängt am Altar; verziert mit weißem Band, auf das Wilhelm[16] ein Gedicht geschrieben hat.

Ach! es blutet unsrer Herzen Wunde:
Ach! es welkt der Freude Lebenskranz!
Denn die Freundin aus dem Schwesterbunde
Rief der Tod zum lichten Himmelsglanz.

O Verklärte, siehe unsre Trauer!
Sieh uns stumm an Deinem Sarge stehn!
Ach! wir weinen. Sieh wie Todesschauer
Leise zitternd grauend uns durchwehn.

Schmerz und Freude prüften Dich hienieden,
Dich umstürmten harte Leiden hier
O nun lebst Du! Frieden, ewger Frieden,
Milde Christusseele, sey mit Dir.

Nimm sie hin, der Liebe letzte Gabe:
Sieh herab: und liebend nimm sie hin:
Schlummre sanft in Deinem frühen Grabe
Schlummre sanft verwaiste Dulderin

[13] Nicht ermittelt
[14] Johann Friedrich Wilhelm Voigtel (1793–nach 1822), Sohn von Friedrich Wilhelm August Voigtel (1750–1803), Justizamtmann in Seeburg, und Friederike Voigtel, geb. Bennemann († vor 1802) (freundliche Auskunft von Gottfried Braasch, 10.2.2013).
[15] Johanna Ranke (1797–1860), Schwester Leopold Rankes.
[16] Wilhelm Ranke (1804–1871), Bruder Leopold und Ferdinand Rankes, Student in Halle.

Am Tage ihres Todes hat sie unsrer Familie noch einige Vermächtnisse hinterlassen, nämlich für Hannchen einen kleinen Nähtisch, für Heinrich[17] ein sehr schönes Christusbild, und mir ein kleines Etui und eine Busennadel. Heinrichs Bild ist sehr schön; er weiß aber auch ihren Tod noch nicht; es wird auch ihn sehr betrüben. An uns beide hat sie auch in ihrer Raserey sehr oft gedacht. Auf meinem Etui stehen auf einer kleinen Schreibtafel die Worte: „M. Loui, Im Grabe ist Ruh[18]. den 27sten Jan⟨uar⟩ 1818." ⟨;⟩ es weiß aber niemand, worauf es eigentlich gehen soll. Ueberhaupt hatte sie ihren jetzigen Tod schon so ziemlich vorher geahndet, und oft darauf hingedeutet. –

Es war eine große⟨,⟩ überraschende Freude für mich, als ich vorgestern Abend zu Prof. Raumers[19] kam und da erfuhr, daß Heinrich in Magdeburg sey. Wahrscheinlich ist er bey Dir gewesen. Von Magdeburg aus[20] hatte man[a] Raumer geschrieben, der Dich herzlich grüßen läßt. Als der Vater[21] hier war, habe ich ihn zu Raumers geführt, es hat ihm sehr dort gefallen. Da überlegten sie beyde, daß es doch wohl nöthig sey, daß Heinrich von Rügen wegginge und mit dem kleinen Allwill[22] sich nach Nürnberg begäbe.[23] Dorthin kann er Allwill um so eher nehmen, da Dittmar[24] schon ziemlich gewiß ihm versprochen hat, daß Allwill sogleich eine Freystelle dort empfangen werde. Da hat er es nun selbst gethan. Auf künftigen Donnerstag oder Freytag wird er nun hier eintreffen; wir freuen uns sehr. – An demselben Tage, als ich dieß erfuhr⟨,⟩ war auch Harnisch[25] von Weißenfels mit seiner Frau[26] und ganzen Familie[27] angekommen; er hat mir sehr gefallen. Er ist schon in Weißenfels ganz eingezogen.[28]

[a] Im Typoskript: „er".

[17] Heinrich Ranke (1799–1876), Bruder Leopold und Ferdinand Rankes.

[18] Eventuell erste Zeile der zweiten Strophe eines Kirchenlieds, das bei Beerdigungen gesungen wurde und dessen Text abgedruckt ist in: Der Neue Teutsche Merkur vom Jahr 1805, S. 96–97; denkbar aber auch die erste Zeile der ersten Strophe eines Gedichtes von Christian Erhard Langhansen (erstmals gedruckt in Göttinger Musen-Almanach 1792, S. 165–166), das auf die Melodie eines Kinderliedes gesungen wurde (http://www.volksliederarchiv.de/text6437.html).

[19] Karl Ludwig Georg von Raumer (1783–1865), Professor für Mineralogie in Halle.

[20] Heinrich Ranke war wenige Tage zuvor dort eingetroffen, um dort sein theologisches Examen abzulegen (vgl. F. H. Ranke, Jugenderinnerungen, S. 231–232).

[21] Gottlob Israel Ranke (1762–1836), Vater Leopold und Ferdinand Rankes.

[22] Allwill Hermann Baier (1811–1892), Sohn des verstorbenen Hermann Julius Christoph Baier.

[23] Um dort an der Bildungsanstalt des Erziehervereins als Lehrer tätig zu sein.

[24] Johann Christian Gottlob Heinrich Dittmar (1792–1866), Leiter der Bildungsanstalt des Erziehervereins.

[25] Christian Wilhelm Harnisch (1787–1864), Direktor des Lehrerseminars in Weißenfels.

[26] Maria Ulrike Harnisch, geb. Tusch (1789–1842).

[27] Nicht ermittelt.

[28] Harnisch hatte seit 1812 als Erster Lehrer am Lehrerseminar in Breslau gewirkt und war

Den Homer[29] habe ich angefangen. Wegen des Herodot[30] und Homer wolltest Du mir noch etwas sagen, wie ich es am besten lesen, und bei Herodot den Auszug machen sollte; doch wir haben es zuletzt vergessen. Wolltest Du wohl so gut seyn, und recht bald mir es schreiben?

Reymann[31] läßt Dich herzlich grüßen; ich habe ihm Alles vorgehalten, und er hat mir zugestanden, daß es sehr toll gewesen sei von ihm, solche Sachen zu schreiben; doch wüsse er gar nichts mehr davon, und sähe gar nicht ein, was er dabey könne für einen Zweck gehabt haben. Mit Sophie Reichard[32] gestand er⟨,⟩ noch kein Wort gesprochen zu haben.

Unsrer lieben Ahlemann[33], und Caroline[34] sage nun meinen schönen Gruß, und innigen Dank für die Freundlichkeit, die sie mir die ganze ⟨Zeit⟩[b] meines Bey Dir Seyns[35] bewiesen haben. Schade ist es, daß ich den Eichenkranz vergaß mit zu nehmen. Könntest Du vielleicht mir zum lieben Andenken ihn zu meiner Wäsche und Sachen packen, wenn Du diese mir schicktest? Es würde mich sehr freuen, wenn ich ihn hier in meiner Stube haben könnte.

Willst Du wohl Schönaich[36] und Schlomka herzlich von mir grüßen, und Schlomka für mich danken? Leb nun recht wohl.

Dein
dankbarer, Dich herzlich liebender Bruder,
Ferdinand.

[b] Fehlt in der Vorlage sowie auch im Typoskript.

erst 1822 zum Direktor des Lehrerseminars in Weißenfels ernannt worden.

[29] Homer galt im 19. Jahrhundert als Autor der Ilias und der Odyssee; unklar welches der genannten Werke.

[30] Herodot (nach 490–nach 430 v. Chr.), griechischer Geschichtsschreiber.

[31] Gottlob Ernst Reymann (1803–1884), ehemaliger Schüler Leopold Rankes, seit Ostern 1822 Student der Theologie in Halle, dort wohnte er, wie Ferdinand Ranke, in der Großen Steinstraße 167, und war, wie Wilhelm Ranke, Mitglied in der Quellengesellschaft.

[32] Sophie Reichardt (1795–1838), Tochter von Johann Friedrich Reichardt (1752–1814), Komponist und Hofkapellmeister Friedrichs des Großen, Schwägerin von Karl Ludwig Georg von Raumer.

[33] Friederike Wilhelmine Ahlemann, geb. Schultze (1772–1843), Direktorin einer höheren Bildungsanstalt für Mädchen in Frankfurt an der Oder, Vertraute Leopold Rankes.

[34] Caroline Beer (1791–1851), Vertraute Leopold Rankes in Frankfurt an der Oder.

[35] Vgl. Nr. 132.

[36] Johann Heinrich Ferdinand Schönaich (1803–1878), Schüler des Friedrichs-Gymnasiums in Frankfurt an der Oder, der zeitweise bei Leopold Ranke wohnte.

Nr. 134

Rosalie Ranke[1] an Leopold Ranke

V: GStA PK VI. HA Nl Hoeft Nr. 1 (Abschrift)
G: GStA I. HA Rep. 92 L. v. Ranke Nr. 26 (nicht erhalten)

⟨Wiehe, nach dem 24. November 1822⟩.[a]

Liebster Bruder⟨,⟩ ich habe mich sehr über Dein Briefchen[2] gefreut⟨.⟩ ich will nun bald an Deinen Hemden anfangen⟨,⟩[3] dann schreibe ich Dir einen recht großen Brief[4]⟨,⟩ wen⟨n⟩ sie erst ferdich sind⟨.⟩ bleib gesund und behalde lieb Deine

Rosalie⟨.⟩

[a] Hoeft datiert den Brief „1823?“; neu datiert unter Bezug auf den Geburtstag von Rosalie Ranke am 24. November sowie Nr. 141.

[1] Rosalie Ranke (1808–1870), Schwester Leopold Rankes.
[2] Nicht ermittelt.
[3] Vgl. Nr. 141.
[4] Nicht ermittelt.

Nr. 135

Leopold Ranke an Heinrich Ranke[a][1]

V: L. v. Ranke, Lebensgeschichte, S. 103–104 (Druck)
TA: GStA PK VI. HA Nl Hoeft Nr. 2
G: GStA I. HA Rep. 92 L. v. Ranke Nr. 7 (nicht erhalten)

[Frankfurt a. O.]⟨,⟩ 28. November 1822.

Lieber Heinrich!

Wäre doch das Buch geschrieben, das ich so oft Abends, nachdem der Tag mich zerstreut, oder Morgens, nachdem die Träume und der Schlaf, zu haben und zu lesen wünsche: das den Menschen zu dem ganzen Gefühl seines Lebens ungetheilt, andringend, ideal emporhübe, jenes Lebens, das wir in Gott und der Welt, als Schüler und Lehrer, als Kinder und Männer, als Nichts und als Etwas, zusammen in jedem Augenblick doch zu führen berufen sind. Warum sollt' ich wohl jetzt wünschen, daß es wäre, als damit ichs Dir schickte und in Deinen Gedanken mit wäre, wenn Du die besten hast? Du glaubst, ich vergesse die Bibel; und weißt doch, warum sie's nicht ist, wenigstens mir nicht. Der Kern jener ewigen in Natur, täglichem Leben, der Entwickelung der Jahrhunderte und wo noch sonst vorhandenen Offenbarung, in ein starkes Wort gefaßt, in ein Zeugniß von lebendigem Odem wär es! Wie schal ist doch diese Literatur!

Gestern verfiel ich auf Eichhorns[2] sechs Bände[3], voll von Registern, von Satiren, Schäfer- und Heldengedichten, Trauerspielen und Nachahmung der Alten, ein Dichten von nichts, ein Wiederholen der dagewesenen Narrheit, keine Auferweckung, sondern Mumienlumpen über alte Verwesung.

[a] Adresse ⟨nach der Teilabschrift Hoefts⟩: „Herrn Heinrich Ranke | in Altenkirchen auf Rügen | frey mit einem kl.[einen] Päckchen: H. H. R.".

[1] Heinrich Ranke (1798–1876), Bruder Leopold Rankes.

[2] Johann Gottfried Eichhorn (1752–1827), Sohn von Johann Georg Christoph Eichhorn (1716–1789), Pfarrer in Dörrenzimmern im Fürstentum Hohenlohe-Öhringen, und Sophie Friederike Eichhorn, geb. Storner (1721–1803), Stadtschule in Weikersheim, Gymnasium in Heilbronn, 1770 Studium der Philologie in Göttingen, 1774 Rektor am Gymnasium in Ohrdruf, 1775 Dr. phil., Professor der orientalischen Sprachen in Jena, Hochzeit mit Susanna von Müller (1756–1835), Tochter von Friedrich von Müller, hohenlohischer Geheimer Rat, 1783 sachsen-weimarischer Hofrat, 1788 Professor der Philosophie in Göttingen, großbritannischer Hofrat, 1811 Dr. theol., 1813 Mitdirektor der Akademie der Wissenschaften in Göttingen, Redakteur der Göttingischen gelehrten Anzeigen, 1819 Geheimer Justizrat.

[3] Johann Gottfried Eichhorn: Geschichte der Litteratur von ihrem Anfang bis auf die neuesten Zeiten. 6 Bde., Göttingen 1805–1813.

Nach dieser Vorrede, was soll ich Dir wohl schicken? Du wirst das Buch[4] zuweilen neben Dir haben, wenn Du den Eusebius[5], oder wenn Du den Tertullian[6] lesen wirst.

Nun möcht' ich gern wissen und hoff es auch morgen oder sonst zu erfahren, wie Du angekommen, Deinen alten Freund in Stettin[7] gefunden, besonders, wie Du die Mutter[8] bewegt hast.

An dem Sonntag Deines Abschieds[9] fühlt' ich freilich am lebendigsten Deinen Verlust, und lebendiger als in den Werktagen an der Schule. Mein Gang auf die Wiese nach der Schäferei[10] war ganz mit Dir erfüllt, und ob wir einmal zusammenleben; jedoch nicht danach sehnsüchtig, wie es das letzte mal war, wo wir jeder einen so abweichenden Weg genommen,

[4] Gemäß den im Folgenden genannten Autoren könnte es sich um das von Heinrich Ranke angeforderte Griechisch-Deutsche Wörterbuch von Johann Gottlob Schneider handeln (vgl. Nr. 126).

[5] Eusebius (um 260–um 340), Bischof von Caesarea, „Vater der Kirchengeschichte".

[6] Quintus Septimus Florens Tertullianus (um 150–um 230), bedeutenster lateinischer Kirchensschriftsteller vor Augustinus.

[7] Heinrich Ludwig Theodor Giesebrecht (1792–1873), Sohn von Benjamin Christian Heinrich Giesebrecht (1741–1826), Pfarrer in Mirow, eines „Spielkamerad⟨en⟩" des späteren Fürsten Blücher (WBIS), Onkel des Historikers Wilhelm von Giesebrecht (1814–1889) sowie des Theologen und Romanisten Eduard Böhmer (1827–1906), und Elisabeth Adolphine Luise Christine Giesebrecht, geb. Leithäuser; Besuch der Stadtschule in Mirow, 1808 Gymnasium zum Grauen Kloster in Berlin, 1812 Studium der Philologie und Philosophie in Berlin, 1813 Freiwilliger und Unteroffizier im Mecklenburgischen Husaren-Regiment, das dem Yorkschen Corps zugeordnet war, 1814 Studium der Philologie und Philosophie in Greifswald, unter anderem bei Ludwig Gotthard Theobul Kosegarten, 1815 erneuter Eintritt in das Mecklenburgische Husaren-Regiment, 1816 Lehrer, 1817 nach Prüfung für den Unterricht an höheren Schulen Oberlehrer am Gymnasium in Stettin, 1820 Hochzeit mit Amalie Hasselbach (1803–1866), der Schwester seines Kollegen Karl Friedrich Wilhelm Hasselbach (1781–1864), mit dem er gemeinsam 1824 die Gesellschaft für Pommersche Geschichte und Altertumskunde gründete, deren erster Sekretär er wurde, 1826 Professor am Gymnasium in Stettin, 1844–1866 Schulrat, 1848 Abgeordneter der Deutschen Nationalversammlung in Frankfurt, 1862 Dr. phil. h. c. in Königsberg, 1866 Dr. theol. h. c. in Greifswald (vgl. EZA Stettin, St. Jakobi, Trauungen 1820); veröffentlichte von 1833 bis 1846 ein dreibändiges Lehrbuch der Geschichte als Grundlage für den Unterricht am Gymnasium, zahlreiche philologische und historische Schriften, aber auch Gedichte; sein älterer Bruder Carl Heinrich Ludwig Giesebrecht (1782–1832) besuchte das Joachimsthalsche Gymnasium, wo er der „liebste Freund und Stubenbursche" von Karl Ludwig Georg von Raumer war (vgl. K. v. Raumer, Leben, S. 284), und ab 1802 das Seminar für Gelehrte Schule, das mit dem Gymnasium zum Grauen Kloster verbunden war, ab 1805 wirkte er als Lehrer am Pädagogium und kehrte 1812 als Professor an das Gymnasium zum Grauen Kloster in Berlin zurück (freundliche Auskunft von Dr. Peter Rohrlach, Streitsche Stiftung Berlin, 17.10.2011).

[8] Elisabeth Adolphine Luise Christine Giesebrecht, geb. Leithäuser (1756–1823), Tochter von Johann Ludwig Leithäuser (um 1725–1769), Pfarrer in Mirow, und Ilse Dorothea Leithäuser, geb. Helm (1731–1812), 1772 Hochzeit mit dem Nachfolger ihres Vaters, Benjamin Christian Heinrich Giesebrecht (1741–1826) (vgl. KRÜGER, Pastoren im Lande Stargard, S. 106–107).

[9] Datum nicht ermittelt.

[10] Vgl. Nr. 109.

daß wir uns oft gleichsam nur sahen, um desselben inne zu werden. Deine Heimkehr zu menschlicher Philosophie und zu den Alten machte mich von Dir alles hoffen, was ich etwa vermißt; was hatte ich von mir für Bürgen, von dieser oft starren Einsamkeit und Härte, daß ich sie verlöre? Denk ich nach, so will ich einsam sein, weil mir manche Theilnahme so selbstgefällig, kühl und untheilnehmend geschienen. Sollt' ichs verleugnen? Auch mit dem Halben mich begnügen? Und wer ist, der sich nicht selber fürs allererste zu besorgen hätte, und hab ichs nicht auch, und wie soll es nun anders werden?

Lieber Bruder! Gott gebe Dir, daß Du auch im Schmerz heiter bist, frische Deine Seele mit dem Wehen von lebendiger Natur an! Meine auch! Führe Dich vom Niedergang zum Aufgang, sei mit Dir!

Dein L⟨eopold⟩.

Grüße die Kinder[11] und ihre Mutter[12], Malchen[13], Ernst Franken[14].

[11] Allwill Hermann (1811–1892), Therese Catharina (∗ 1814) und Gotthard Julius Gottfried Baier (1816–1898), Kinder von Hermann Julius Christoph Baier.

[12] Alwina Baier, geb. Kosegarten (1787–1864), Witwe von Hermann Julius Christoph Baier.

[13] Amalie Baier (1778–1857), Schwester von Hermann Julius Christoph Baier.

[14] Ernst Friedrich Franck (1795–1875), Neffe von Hermann Julius Christoph Baier und Diakonus in Altenkirchen.

Nr. 136

Heinrich Ranke[1] an Leopold Ranke

V: GStA PK VI. HA Nl Hoeft Nr. 37 Kart. 2 (Typoskript)

Altenkirchen⟨,⟩ d⟨en⟩ 30st⟨en⟩ Nov⟨em⟩b⟨e⟩r ⟨18⟩22.

Mein Leopold,

Ich begrüße Dich mit meinem herzlichsten Gruße. Heut vor einem Jahr waren wir in brüderlicher Liebe beisammen. Wie schön war es doch, als ich in der Morgenstunde zu Dir kam! „Warte nur noch [a]einen[a] Augenblick vor der Thür!" Dann brannten die Weihnachtskerzen⟨,⟩ und dazwischen lagen die Schönen Geschenke. Auch von Wiehe war etwas angekommen. Oft habe ich wieder an die Stunde denken müssen, da ich in Deiner Stube war, und Du hattest neue schöne Briefe von Wiehe[2], worin statt Unwillens Trost für mich war – und ich mußte so bitterlich weinen. Es war doch das Gefühl, daß damals schöne Hoffnungen[3] geknickt wurden. Nie wieder seitdem habe ich einen Schmerz so kindlich ausweinen können. – Und wie ist doch nachher alles so wunderbar gekommen – daß ich nun am Pult meines lieben Freundes[4] an Dich schreibe; Allwill[5] arbeitet neben mir. Aber wiewohl wir ohne Fühlen, wie Luther[6] sagt, glauben müssen[7] und das Herz brechen, so kann ich doch schon durch alle die ernsten, strengen Führungen hindurch das Vaterherz fühlen. Οὐκ ἔστιν ὧδε ἀλλ' ἠγέρθη[8]. So schreibst Du in Deinem Briefe[9], den ich mit größter Freude hier vorfand. So spreche ich den Engeln[10] und Dir getrost nach. Der, an welchem dieß einmal sichtbarlich wahr wurde, wird es an allen den Seinigen wahr machen. Er ist die Auferstehung und das Leben.[11] Ueber diesen

a–a In der Vorlage unterstrichen.

1 Heinrich Ranke (1798–1876), Bruder Leopold Rankes.

2 Neben anderen Briefen Nr. 103 und Nr. 104.

3 Die Hoffnungen Heinrich Rankes auf die Stelle als Lehrer am Friedrichs-Gymnasium in Frankfurt an der Oder (vgl. Nr. 78 und Nr. 79), die sich im November 1821 zerschlugen.

4 Hermann Julius Christoph Baier (1775–1822), Pfarrer von Altenkirchen auf Rügen, in dessen Haushalt Heinrich Ranke zeitweise als Hauslehrer gewirkt hatte; er war am 12. September 1822 gestorben (vgl. Nr. 131).

5 Allwill Hermann Baier (1811–1892), Sohn von Hermann Julius Christoph Baier.

6 Martin Luther (1483–1546), Reformator.

7 Vgl. Martin Luther, Eine andere Predigt am zwanzigsten Sonntage nach Trinitatis. Evang. Matth. 22,1–14; Druck in: Dr. Martin Luther's sämmtliche Werke. Erste Abtheilung. Homiletische und katechetische Schriften, Erlangen 1828, S. 198–213, hier S. 203: „Denn wo du glauben sollst, mußt du nicht an dem hangen, was deine Gedanken oder Fühlen dir sagt; sondern an dem, das dir Gottes Wort sagt, wie wenig du auch davon fühlest."

8 Lukas 24,6: „Er ist nicht hier, er ist auferstanden".

9 Nr. 132.

10 Bezogen auf Lukas 24,6.

11 Vgl. Johannes 11,25.

Spruch predigte ich am Todtenfest[12] Nachmittags, im Andenken an den seligen Freund. – Heut morgen⟨,⟩ als die Kinder[13] mit der Mutter[14] zur Frühstunde kamen⟨,⟩ brachte mir Thereschen[15] einen schönen Blumenstrauß, Nelken, Levkojen, Heliotrop und Myrthe. Auch Rosmarin fehlte nicht, wie im vorigen Jahr bei Dir. Allwill brachte mir ein schönes Lied, Gotthardt[16] feines Papier – in seinem und Malchens[17] Namen, weil er glaubte, sie hätte nichts für mich; sie hatte aber schon früh um 4 Uhr⟨,⟩ als sie mich weckte, einen Myrthenstrauß auf mein Pult gelegt. Die Mutter reichte mir Hebels[18] Gedichte, eine Ausgabe mit einigen Kupfern,[19] noch vom seligen Baier gekauft. Meine Freude gerieth fast zur Wehmuth. Dann betete ich mit den Kindern⟨,⟩ und wir lasen dann das 25ste Cap⟨itel⟩ des Matthäus mit seinen herrlichen Gleichnissen.[20] Dann wurde mir den Tag über noch manche Freude bereitet. Ich ging mit den Kindern allen an den Strand, weil das Wetter so mild war.

In Stettin ging mir das Herz recht auf. Nach Mitternacht kam ich an. Dienstag gegen 9 U⟨hr⟩ ging ich zu Giesebrecht.[21] Er kam im Schlafrock die Treppe herunter⟨,⟩ um sich unten zur Schule anzukleiden. „Ich will

[12] Totensonntag, letzter Sonntag des Kirchenjahres vor Beginn der Adventszeit. Der Totensonntag war seit einer Verfügung Friedrich Wilhelms III. von Preußen aus dem Jahre 1816 ein offizieller Feiertag (vgl. Ministerium des Inneren an Konsistorium zu Stettin, 25. November 1816; Druck: Amts-Blatt der Königlichen Regierung zu Stettin, Nr. 1, 6. Januar 1817, S. 6–7).

[13] Allwill Hermann, Therese Catharina (∗ 1814) und Gotthard Julius Gottfried Baier (1816–1898), Kinder von Hermann Julius Christoph Baier.

[14] Alwina Baier, geb. Kosegarten (1787–1864), Witwe von Hermann Julius Christoph Baier.

[15] Therese Catharina Baier.

[16] Gotthard Julius Gottfried Baier.

[17] Amalie Baier (1778–1857), Schwester von Hermann Julius Christoph Baier.

[18] Johann Peter Hebel (1760–1826), unehelicher Sohn von Johann Jakob Hebel (1720–1761), Diener der Familie Iselin-Ryhiner in Basel und Weber in Hausen im Wiesenthal, und Ursula, geb. Örtlin (1726–1773), Magd der Familie Iselin-Ryhiner in Basel, Dorfschule in Hausen, Gemeindeschule in Basel, 1770 Lateinschule in Schopfheim, 1772 Gymnasium in Basel, 1774 Gymnasium Illustre in Karlsruhe, 1778 Studium der Theologie in Erlangen, 1780 Hauslehrer in Hertingen, 1780 „Präceptoratsvicar" (ADB) am Pädagogium in Lörrach, 1791 Subdiakonus am Gymnasium in Karlsruhe, 1792 Hofdiakonus, 1798 Professor der Dogmatik und hebräischen Sprache am Gymnasium in Karlsruhe, 1805 Kirchenrat, 1808 Direktor des Lyceums in Karlsruhe, 1814 Mitarbeiter der evangelischen Ministerialsektion, 1819 Prälat der evangelischen Landeskirche Badens und Mitglied des badischen Landtags in Karlsruhe, 1821 wesentlich am Zusammenschluß der lutherischen und der reformierten Kirchen zur „Union" beteiligt; neben seiner amtlichen Tätigkeit trat Hebel als Dichter in allemanischer Mundart und als Schriftsteller hervor.

[19] Wohl Johann Peter Hebel, Alemannische Gedichte. Für Freunde ländlicher Natur und Sitten, Karlsruhe 1803, die 5. Auflage war 1820 erschienen und enthielt drei Kupferstiche.

[20] Das Gleichnis von den törichten und den klugen Jungfrauen (Matthäus 25,1–13); das Gleichnis vom anvertrauten Geld (Matthäus 25,14–30); die Schilderung des Weltgerichts (Matthäus 25,31–46).

[21] Heinrich Ludwig Theodor Giesebrecht (1792–1873), Oberlehrer am Gymnasium in Stettin.

Dich nur[b] gleich zu meiner Frau[22] bringen!" Sie kannte mich schon durch den treuen Giesebrecht, und nahm mich freundlich auf. Giesebrecht mußte zur Schule. Ich zu Baltzer[23]. „Der Herr Diakonus sind nicht zu Hause, aber die Frau D⟨iakonus⟩[24]." Sie brachte mich in[c] Baltzers Stube. Auf seinem Bücherbrett unter schwarz gebundenen Büchern ein eisernes Kruzifix. An den Wänden einige schöne Kupfer. Die B⟨altzer⟩ ein angenehmes⟨,⟩ gutes Mädchen. Ich sprach mit ihr bis 10 U⟨hr⟩. Sie hatte die kleine Marie[25] auf dem Arm. Da trat Baltzer herein.

1. Dec⟨em⟩b⟨e⟩r ⟨1822.⟩

Ich legte beide Hände auf seine Schultern. Er kannte mich nicht mehr. Als ich mich ihm entdeckt, nahmen wir uns in den Arm⟨,⟩ und er nannte mich nach 7 Jahren wieder Heinrich.[26] Während ich bei seiner Frau war, hatte er in der Schule Wiehe erwähnt und meiner gedacht. Die 7 Jahre des Zwiespalts[27] waren vorüber, und wir hingen an einander mit der ersten zarten

[b] Handschriftliche Verbesserung aus „nun".
[c] Handschriftliche Verbesserung aus „zu".

[22] Amalie Giesebrecht, geb. Hasselbach († 1866), Schwester von Karl Friedrich Wilhelm Hasselbach (1781–1864), Direktor des Gymnasiums in Stettin.

[23] Albert Carl Baltzer (1798–1835), Sohn von Johann Friedrich Baltzer (1765–1838), Prediger, ab 1803 Pfarrer in Hohenleina, Kreis Delitzsch, und Johanna Carolina Charlotte Baltzer, geb. Wachsmuth (1775–1856), 1811 Landesschule in Pforta, 1816 Studium der Theologie in Jena, 1821 Diakonus an St. Jacobi in Stettin, Hochzeit mit Caroline Juliane Schlockwerder (1801–1823), Tochter von Carl August Schlockwerder (1771–1862), Lic. iur., Hofgerichtsadvokat, Justizkommissar und Senator in Wittenberg, und Caroline Friederike Schlockwerder, geb. Marckwordt, 1822 Geburt der Tochter Maria Caroline (1822–1849), 1823 Geburt des Sohnes Friedrich Julius Albert (1823–1823), 1824 Hochzeit mit Laura Caroline Wachsmuth (1806–1886), Tochter von Friedrich Heinrich Wachsmuth († vor 1824), sächsischer Justiz-Amtmann in Torgau, und Nichte seiner Mutter Johanna Carolina Charlotte Baltzer, geb. Wachsmuth, 1826 Geburt des Sohnes Richard Origenes (1826–1894) (vgl. Archiv KPS Merseburg, Domkirche, Trauungen 1824; Archiv KPS Wittenberg, Taufen 1801; Archiv KPS Wittenberg, Stadtkirche, Trauungen 1821; EZA Stettin, St. Jakobi, Taufen 1822 und 1823 sowie Bestattungen 1823; Bittcher, Pförtner Album, Nr. 8590, S. 461, Hoffmann, Pförtner Stammbuch, Nr. 8572, S. 343; Pfarrerbuch Kirchenprovinz Sachsen, Bd. 1, S. 193–194); er veröffentlichte: Cuius regio, eius religio. Kirchenrechtliche Andeutungen, Erörterungen und Untersuchungen, zur Steuer der Wahrheit. Zum Reformationsfeste 1826, zur Ehre Jesu Christi. Leipzig 1826.

[24] Caroline Juliane Baltzer, geb. Schlockwerder (1801–1823), Ehefrau von Albert Carl Baltzer.

[25] Maria Caroline Baltzer (1822–1849), Tochter von Albert Carl und Caroline Juliane Baltzer, 1848 Hochzeit mit Heinrich Wilhelm Engelhardt (1818–1904), Besitzer der „Kleine⟨n⟩ Kuttel-Mühle" in der Nähe von Nordhausen.

[26] Heinrich Ranke war am 1. Februar 1811, Albert Carl Baltzer am 18. April 1811 in Pforta eingetreten. Beide hatten sich wohl zuletzt kurz vor Heinrich Rankes Flucht aus Pforta am 22. Dezember 1814 (vgl. Nr. 12 und Nr. 13) gesehen.

[27] Entweder täuscht sich Heinrich Ranke hier um ein Jahr oder Albert Carl Baltzer und er haben sich ein Jahr nach der Flucht Heinrich Rankes noch einmal getroffen.

Jugendliebe. Um 1 Uhr ging ich an seinem und Giesebrechts Arme zum Thor hinaus, vor dem mich die Post erwartete.

Lieber Bruder, wie gesegnet war diese Reise, auch Dir und den Freundinnen[28] verdanke ich große Freude. Nun ist auch ein sehr günstiges Zeugniß von Berlin[29] angekommen. Bleiben wir gesund, so komme ich, will's Gott, nächste O'stern mit Allwill! Gottes Gnade mit Dir, mein L⟨eopold⟩.

Dein H⟨einrich⟩.

[28] Friederike Wilhelmine Ahlemann, geb. Schultze (1772–1843), Direktorin einer höheren Bildungsanstalt für Mädchen in Frankfurt an der Oder, und Caroline Beer (1791–1851), Vertraute Leopold und Heinrich Rankes.

[29] Abschlußzeugnis über die Lehramtsprüfung im Juni 1821 (Kopie im Archiv des Ranke-Vereins in Wiehe, freundliche Auskunft von Gottfried Braasch, 24.8.2009).

Nr. 137

Gottlob Israel Ranke[1] an Leopold Ranke

V: GStA PK VI. HA Nl Hoeft Nr. 1 (Abschrift)
G: GStA I. HA Rep. 92 L. v. Ranke Nr. 26 (nicht erhalten)

⟨Wiehe,⟩ den 14./12. ⟨18⟩22.

Gott mit uns[2]!!!
Zu Deiner, dem 22sten d⟨en⟩ Christmonats wiederkehrenden Geburtstags Feier,[3] gratulire ich Dir⟨,⟩ geliebter Sohn, von ganzen Herzen. Möge der Allgütige Gott, Dich ferner in seinen heiligen Schutz nehmen, und mit Gesundheit und steten Wohlseÿn Dich, und unser ganzes Hauß, also keins uns von Gott geschenktes Liebespfand ausgenommen, sondern alle insgesamt beglükken!!!
Wohl dem, der Freude an seinen Kindern erlebet[4]: sagt die heilige Schrift, und welche Freuden schenkt mir Gott bei meinem Leben?? Der Herr sey dafür gepriesen.
Auch Ernst[5] ist äußerst lehrbegierig, lernt leicht, behält auch das erlernte. Täglich sehe ich an ihm meine Freude, wie sehr munter derselbe Früh und am Abend ist, und wie gern er die Schule besucht.
Nun⟨,⟩ lieber Leopold, ich hoffe⟨,⟩ daß⟨,⟩ wenn Du nun bald das väterliche Hauß wirst besuchen, Du alles bestätiget finden wirst.
Auch hat es den Anschein, als wenn die gütige Vorsehung mir die süßen Freuden an meinen guten Kindern[6] noch länger schenken und genießen lassen werde, da meine Gesundheit jezt sich befestiget, und sich um vieles gebessert hat.
Empfiehl uns der Frau Prediger Alemann[7] und Dem⟨oiselle⟩ Carolinchen[8] unbekannter weise ergebenst und behalte ferner lieb

Deinen
Dich herzlich liebenden
Vater Ranke.

[1] Gottlob Israel Ranke (1762–1836), Vater Leopold Rankes.
[2] Übersetzung des hebräischen Namens „Immanuel" aus der Prophezeiung Jesajas im Alten Testament (Jesaja 7,14), der im Neuen Testament auf Christus bezogen wird (Matthäus 1,23); seit 1701 Wahlspruch der preußischen Könige aus dem Haus Hohenzollern.
[3] Zum Geburtsdatum Leopold Rankes vgl. Nr. 13.
[4] Jesus Sirach 25,7, nach andere Zählung 25,10.
[5] Ernst Constantin Ranke (1814–1888), Bruder Leopold Rankes.
[6] Leopold, Johanna (1797–1860), Heinrich (1798–1876), Ferdinand (1802–1876), Wilhelm 1804–1871), Rosalie (1808–1870) und Ernst Constantin Ranke.
[7] Friederike Wilhelmine Ahlemann, geb. Schultze (1772–1843), Direktorin einer höheren Bildungsanstalt für Mädchen in Frankfurt an der Oder, Vertraute Leopold Rankes.
[8] Caroline Beer (1791–1851), Vertraute Leopold Rankes in Frankfurt an der Oder.

Auch meinen herzlichen Gruß an den Bruder Heinrich[9], der seit seinem letzten Besuch[10], keine Zeile an uns geschrieben hat. Doch im augenblick, da ich dies schreibe, komt von Heinrich ein Brief von Altenkirchen mit seinem erhaltenen sehr guten Attest aus Magdeburg[11] bei mir an, und vielen andern Briefen von der Baierschen Familie[12].

[9] Heinrich Ranke.

[10] Im Sommer 1822 (vgl. Nr. 121 und Nr. 124).

[11] Zeugnis über die Pfarramtsprüfung im Oktober 1822 (vgl. Nr. 129 und Nr. 133).

[12] Von Angehörigen des verstorbenen Pfarrers von Altenkirchen, Hermann Julius Christoph Baier (1775–1822), in dessen Haushalt Heinrich Ranke zeitweise als Hauslehrer gewirkt hatte.

Nr. 138

Heinrich Ranke[1] an Leopold Ranke

V: GStA PK VI. HA Nl Hoeft Nr. 37 Kart. 2 (Typoskript)
TD: Fuchs, Heinrich Ranke, S. 155

Altenkirchen⟨,⟩ am 16ten Dec⟨em⟩b⟨e⟩r ⟨18⟩22.

Mein liebes Bruderherz,
Welch ein sanfter⟨,⟩ stiller Zug der Bruderliebe führt mich zu Dir, mein naher, freundlicher Bruder! – Gern trät ich wieder in der Tagesfrühe vor Deine Thür und spielte den schönen Lobgesang[2]. Dann unterbrächst Du mich wieder mit Deiner Umarmung – und wir sängen dann zusammen weiter. Nun bin ich durch Gottes Vatertreue – unter Thränen – so weit hinweggeführt – und ich kann nur kommen in der Liebe, [a]und so bin ich denn auch nun bei Dir mit voller Liebe[a] – wie Du mit voller Liebe bei mir – und ich freue mich der ruhigen⟨,⟩ schönen Hoffnung – die so fern von Schwärmerei in mir lebt⟨,⟩ als die Liebe es zuläßt – daß unsere Herzen zu immer näherem Bunde sich einen werden. – Eines wünscht ich: Man sollte das Zusammensein – eine köstliche Gabe – doch treuer nützen; sollte sich nicht dem zerstreuenden Augenblick zu sehr hingeben, sondern mit brüderlichem Ernst über die wichtigsten Dinge sich berathen. Sie liegen uns beiden gleich sehr am Herzen – o⟨,⟩ wir sind in vielen so einig. Du hast mir zu Ende Deines letzten lieben Briefes so schöne Segenswünsche für die Zukunft gegeben. „Sei mit Dir!" schreibst Du[3]. Ich weiß nicht⟨,⟩ ob es ein Klang sein soll zu meinem[4] „Gott mit uns!"[5] Sie klingen

a–a In der Vorlage nachträglich eingefügt.

1 Heinrich Ranke (1798–1876), Bruder Leopold Rankes.

2 Wohl „Tochter Zion, freue dich!" (Druck: Evangelisches Gesangbuch, Nr. 13, S. 47–48), dessen deutschen Text Heinrich Ranke um 1820 verfaßte; eventuell aber auch das Lied „Herbei, o ihr Gläubigen" (Druck: Evangelisches Gesangbuch, Nr. 45, S. 99–100), dessen deutscher Text auch von Heinrich Ranke stammte, doch wird das Lied auf 1823 datiert; laut dem Kommentar zu „Tochter Zion, freue dich" in Hans-Christian Drömann / Gerhard Hahn / Jürgen Henkys (Hg.): Liederkunde zum Evangelischen Gesangbuch, Heft 5, Göttingen 2002, S. 17–21, übersetzte Heinrich Ranke die lateinischen Texte der älteren Lieder „für den musikalischen Salon von Karl Ludwig Georg von Raumer" in Nürnberg; beide Lieder wurden von der Stiefschwester der Ehefrau Raumers, Louise Caroline Reichardt (1779–1826), zum Druck gebracht (Louise Reichardt: Christliche liebliche Lieder. Hamburg o. J.) und in viele Schulliedersammlungen aufgenommen.

3 Nr. 135.

4 Auch Gottlob Israel Ranke, der Vater von Leopold und Heinrich Ranke, verwandte die folgende Formulierung in seinem Brief zu Leopold Rankes Geburtstag im Jahr 1822 (vgl. Nr. 137).

5 Übersetzung des hebräischen Namens „Immanuel" aus der Prophezeiung Jesajas im Alten Testament (Jesaja 7,14), der im Neuen Testament auf Christus bezogen wird (Matthäus 1,23); seit 1701 Wahlspruch der preußischen Könige aus dem Haus Hohenzollern.

harmonisch — und ich danke freundlich für Deinen Ruf. — Ich bin ein so närrischer Mensch, daß ich das Gute und Schöne — das ich von ganzem Herzen liebe — oft nur dadurch vor mir verdecke, weil ich zu hitzig darauf losgehe. Und die Wahrheit und die Güte — will einen ruhigen stillen Geist — der von dem Seinen sich entlade — und wie die Blume sich sanft zur Sonne kehre. Die Schönheit der ewigen Liebe und Güte sollst Du nicht ergrübeln — sie ist einmal in der Zeit erschienen. Dahin blicke kindlich und still — so wirst Du selig. — Denn wie Er[6] einmal den Menschen leibhaftig vor Augen gestanden, wie er geheilt, getröstet, von den Todten auferwecket hat — so stehet er fort und fort bei Dir⟨,⟩ locket und warnet. — — Höre! Das ist es, was ich im Glauben erkannt — was ich nun durch Gottes gnadenreiche Gegenwart ausüben möchte. — Aber wir lernen daran unser Leben lang — und lernen's nicht aus — denn die Sünde klebt uns immerdar an. Und wir fühlen es wohl⟨,⟩ wie die Sünde — ich will nicht sagen verdammen wird oder verdammt — sondern unausweichlich abscheidet von dem göttlichen Leben — von Gott. Aber es ist eine Hülfe vorhanden — nicht von Menschen, nicht von uns. Das müssen wir in Demuth erkennen: Wir können uns nicht selig machen. — O Bruder — warum rede ich? — Siehe, das fröhliche Kinderfest ist da, und die[b] Kerzen brennen⟨,⟩ und alle Kinder jubeln und singen — und das ewige Vaterherz möchte uns gern Alle zu sich ziehen. O⟨,⟩ daß wir Kinder würden[7] und die heilige Christgabe, ja⟨,⟩ das heilige Christkind mit fröhlichen Händen annähmen!
Mein liebes Herz — wende Dich nicht von mir! Wollte uns der Vater noch einmal zusammenführen!

Ewig Dein Heinrich.

Für das schöne Buch[8] dank' ich freundlich. Es kömmt mir wie gerufen. Grüße unsre lieben Freundinnen[9], auch H⟨eidler⟩[10] und St⟨ange⟩[11]. Es ist sehr häßlich⟨,⟩ daß ich den Brief nicht frei mache; aber ich habe so zu sagen Keinen Heller.

[b] Handschriftliche Verbesserung aus „alle".

[6] Jesus Christus.
[7] Anspielung auf Markus 10,14–15.
[8] Vgl. Nr. 135.
[9] Friederike Wilhelmine Ahlemann, geb. Schultze (1772–1843), Direktorin einer höheren Bildungsanstalt für Mädchen in Frankfurt an der Oder, und Caroline Beer (1791–1851), Vertraute Leopold Rankes.
[10] Wilhelm Ferdinand Heydler (1793–1859), Mitschüler Leopold und Heinrich Rankes in Pforta, Leipziger Studienfreund Leopold Rankes sowie Konrektor am Friedrichs-Gymnasium in Frankfurt an der Oder.
[11] Johann Carl Wilhelm Thomas Stange (1792–1854), Oberlehrer am Friedrichs-Gymnasium in Frankfurt an der Oder.

Nr. 139

Ferdinand Ranke[1] an Leopold Ranke

V: GStA PK VI. HA Nl Hoeft Nr. 1 (Abschrift)
G: GStA I. HA Rep. 92 L. v. Ranke Nr. 26 (nicht erhalten)

Halle⟨,⟩ den 21sten December ⟨1822⟩.

Theuerster Bruder!
Gott grüße Dich! Gern hätte ich geschrieben, daß Dich mein Gruß heute[2] getroffen hätte in Frankfurt, aber meine Zeit verstattete es nicht, und es war mir auch nicht unangenehm, weil es eine große Freude für mich ist, meinen Lieben an solchen Tagen zu schreiben, die mir durch sie theuer und werth geworden sind; ich kann mir sie dann weit lebhafter denken, und bin mit meinem Geist weit inniger und herzlicher bei ihnen. Und dann ist auch ein Fest in der Nähe, was ja so recht eigentlich ein Familienfest ist, und wo um so lieber der Bruder den geliebten Bruder herzlich begrüßt, und da begrüße ich auch Dich, mein innigst geliebter Bruder. Von meiner ersten Kindheit an bin ich gegen Dich von Achtung und Liebe erfüllt gewesen; von meiner ersten Kindheit an aber auch zugleich von inniger Dankbarkeit, indem Du von jeher mein Lehrer und väterlicher Freund warst. Und besonders in der letztern Zeit hast Du mir dieß so treulich gezeigt! Ich bin bey Dir gewesen⟨,⟩ und Du warst so liebevoll, daß ich Dir es nie genug danken kann. Gott segne Dich, mein Bruder, er behüte Dich auf allen Deinen Wegen.[3]

Wie ich Dir es versprochen hatte, sende ich Dir, zum Weihnachtsgeschenk, wie ich Dir es zu geben vermag, die Fortsetzung des Auszugs[4]. Freylich ist dieser weit schlechter ausgefallen, als die frühern, denn bei diesen folgte ich immer Deinem Ideengang und Deinen Vorarbeiten, aber hier mußte ich es ganz allein thun, und hatte nicht einmal so viel Muße, wie damals, als ich bey Dir war. Indeß hoffe ich doch, Du wirst es brauchen können. Ein andermal⟨,⟩ hoffe ich, soll das Andere aus dem Tacitus[5] und noch anderes nachfolgen. –

[1] Ferdinand Ranke (1802–1876), Bruder Leopold Rankes, Student in Halle.
[2] Am Geburtstag Leopold Rankes.
[3] Anspielung auf Psalm 91,12.
[4] Einen Auszug aus Tacitus hatte Ferdinand Ranke in Frankfurt begonnen (vgl. Nr. 132), jetzt folgte die Fortsetzung (vgl. Nr. 141). Leopold Ranke benötigte die Exzerpte wohl vor allem für seinen Geschichtsunterricht (vgl. L. v. Ranke, Frühe Schriften, S. 506–509, 547–548).
[5] Publicus Cornelius Tacitus (um 55–nach 115), römischer Geschichtsschreiber.

Gern hätte ich jetzt, und es war schon fest bestimmt, Deinen und, wenn ich es denken darf, auch meinen lieben Freundinnen[6] einen herzlichen Gruß gebracht zum heiligen Christ, und hätte selbst an sie geschrieben, aber die Zeit ist mir jetzt zu kurz zugemessen. Grüße sie, und danke Ihnen in meinem Namen auf das Herzlichste. Sie haben mich so sehr freundlich aufgenommen und liebevoll auch nachher an mir gehandelt, daß es wohl sehr unrecht ist, daß ich noch nicht geschrieben habe. Bitte sie ja recht um Verzeihung in meinem Namen, und um fernere Freundschaft.
Grüße doch auch Heidlern[7] herzlich und danke auch ihn für seine viele Freundschaft, die er mir bewiesen hat, als ich dort war. Grüße auch, wenn Du willst, Schönaich,[8] und Schlomka[9].
Nun, mein theuerster Bruder, sey recht glücklich in Deinem ganzen Leben, und behalte mich lieb

Deinen
dankbaren, Dich ewig liebenden Bruder
Ferdinand.

Wilhelm[10] grüßt herzlich, und stimmt mit allen meinen Wünschen überein.

[6] Friederike Wilhelmine Ahlemann, geb. Schultze (1772–1843), Direktorin einer höheren Bildungsanstalt für Mädchen in Frankfurt an der Oder, und Caroline Beer (1791–1851), Vertraute Leopold Rankes.

[7] Wilhelm Ferdinand Heydler (1793–1859), Mitschüler Leopold und Heinrich Rankes in Pforta, Leipziger Studienfreund Leopold Rankes sowie Konrektor am Friedrichs-Gymnasium in Frankfurt an der Oder.

[8] Johann Heinrich Ferdinand Schönaich (1803–1878), Schüler des Friedrichs-Gymnasiums in Frankfurt an der Oder, der zeitweise bei Leopold Ranke wohnte und ab Ostern 1823 Theologie in Halle studierte, wo er Kontakt zu Ferdinand Ranke hatte.

[9] Friedrich Traugott Schlomka (1802–1872), Schüler des Friedrichs-Gymnasiums in Frankfurt an der Oder, der ab Ostern 1823 Theologie in Halle studierte, wo er Kontakt zu Ferdinand und Wilhelm Ranke hatte.

[10] Wilhelm Ranke (1804–1871), Bruder Leopold und Ferdinand Rankes, Student in Halle.

Nr. 140

Leopold Ranke an Gottlob Israel Ranke[1]

V: GNN, Archiv Autographen K. 53 (eigenhändig).
TD: L. v. Ranke, Neue Briefe, S. 16–17 (Anmerkung 5)

⟨Frankfurt an der Oder, Ende Dezember 1822.⟩[a]

Lieber Vater,

Ich bin gesund in Frankfurt und schon einmal mit Deinen Sporen[2] ausgeritten. Gott erhalte Dich lang Deinen Kindern[3] gütig und mild.

In Leipzig habe ich entsetzliche Dinge erfahren. Donnerstag Abend um 8 fand ich Schladebachen[4] in seinem Haus[5] allein mit seiner Nichte[6] und seinem Dienstmädchen[7]. „Alles sey im besten Stand bey ihm⟨,⟩ sagte er, 15000 r⟨eichs⟩t⟨aler⟩ sein Vermögen, Abends find' er die Pantoffeln vor seinem Sopha (in der That wars reinlich);[b] da hab' er nun durch einen Mäkler[8], Hofmann[9], die Fritz Rothe[10] kennen gelernt, und sey mit ihr einig geworden. Doch hab' er gefunden, ihr Leib werde immer stärker, und

[a] Laut L. v. Ranke, Neue Briefe, S. 17: „Ende Oktober 1820"; die neue Datierung erfolgt im Hinblick auf das Todesdatum der Ehefrau Schladebachs, Christiane Sophie, geb. Fischer († 1819), und auf das Geburtsdatum von Friederike Eleonore Stahr (∗ 30. Juni 1807).

[b] In der Vorlage „;)".

[1] Gottlob Israel Ranke (1762–1836), Vater Leopold Rankes.

[2] Wohl ein Geschenk von Gottlob Israel Ranke an Leopold Ranke zu dessen Geburtstag am 21. Dezember bzw. zu Weihnachten.

[3] Leopold (1795–1886), Heinrich (1798–1876), Ferdinand (1802–1876), Wilhelm (1804–1871), Rosalie (1808–1870) und Ernst Constantin Ranke (1814–1888).

[4] Johann Gottlob Schladebach (1762–1833), Sohn von Christoph Schladebach (1731–1807), Bürger und Bierschenker in Leipzig, und Johanna Eleonora Schladebach, geb. Stein († vor 1807), Buchhändlerlehre in Leipzig, drei Jahre als Buchhändler in Berlin tätig, vor 1787 Hochzeit mit Johanna Carolina Fischer, 1791 Gründung der Schladebachschen Buchhandlung in Leipzig, 1801 Hochzeit mit Christiane Sophie Fischer († 1819), 1828 Hochzeit mit Johanne Christiane Graupner († nach 1848), (vgl. KAL Taufkarte 1762 und 1787; StdA Leipzig Ratsleichenbücher 1798 und 1807).

[5] Schladebach besaß das Haus Nr. 717 in der Ritterstraße (vgl. Leipziger Adreßkalender auf das Jahr 1822, 2. Abtl., S. 110); Leopold Ranke hatte von 1814 bis Sommer 1815 im Haus Nr. 722 in der Ritterstraße gelebt (vgl. Nr. 11, Nr. 14 und Nr. 15), bevor er in das Haus Nr. 355 in der Hainstraße gezogen war (vgl. Nr. 19), wo er bis zu seiner Übersiedelung ins neue Paulino im Jahr 1817 lebte (vgl. Nr. 22, Nr. 30 und Nr. 34).

[6] Nicht ermittelt.

[7] Nicht ermittelt.

[8] Heiratsvermittler.

[9] Nicht ermittelt.

[10] Wohl Friederike Eleonore Stahr (∗ 1807), uneheliche Tochter von Johann Gottlieb Rothe (1779–1814) und Sophie Dorothea Stahr (1780–nach 1848); die Mutter der „Fritz Rothe" war Tochter von Johann Christian Stahr (1739–1786), Schuhmacher in Querfurt, und Carolina Sophia Stahr, geb. Müller († 1809), und Haushälterin von Johann Gottlieb Rothe sowie die Mutter seiner drei unehelichen Kinder Friedrich Wilhelm (∗ 1806), Friederike

ihr Gesicht doch und ihre Füße nicht. Nie habe sie ihm geradzu gesagt, daß sie schwanger sey. Endlich Mittwoch vor dem dritten Aufgebot, als er hinausgefahren, und von den Freunden allein mit ihr gelassen worden, hab' er die Entdeckung sicher gemacht; und sey mißmuthig zurückgekehrt. Schon hab' er die Zettel von der Stadt wegen des Einlasses ihrer Sachen gehabt, ⟨an⟩ alle⟨,⟩ welche gepackt gelegen, zum Abschicken, und noch hab' er am Donnerstag einen zärtlichen Brief aufgesetzt, als sein Rechts freund[11], dem ers anvertraut, ihn getroffen⟨,⟩ und ihn zu anderem Sinn gebracht, und zu einem kurzen Brief. „Wenn sie schwanger sey, mög' er sie nicht." So sey der Vertrag rückgängig geworden; aus der Heurath nichts, und die Schande offenbar. Ein Barbier, oder Chirurg, der Doctor zu seyn vorgegeben,[12] sey der Vater des Kindes, das sie trage, und seitdem schon selbst verheurathet. Er[13] aber, der ihre Documente bereits bey sich gehabt, halte eins von 100 r⟨eichs⟩t⟨haler⟩ zurück, womit er sich für seine Auslagen, Geschenke etc⟨.⟩ bezahlt zu machen gedenke. Ich könne sie besuchen, sie wohne in Näbens Gut[14]⟨,⟩ hart vor Leipzig in den Kohlgärten. Dieß und anderes sagt' er, bewirthete mich, und brachte mich die Treppe herab. Dich hieß er mich grüßen.

Den andern Morgen, um 8, begleitete mich Richter[15] die Chaussee von Dresden hinaus bis zu Näbens Gut. Ich erfuhr, hier wohne sie, und, natürlich allein, klopft' ich an ihrer Thür an. Ich hört' ein fernes. „Gleich". Darauf gieng die Kammerthür: sie machte auf: ich sah sie hochschwanger: „ach⟨,⟩ wo kommst Du hieher?⟨"⟩ sprach sie. Ihre Stube war ganz kalt, sie stand ohne Zweifel eben auf. Die Haare von den Schläfen hiengen lang zurück. Sie war eingefallen und an den Zähnen beschädigt, aber noch etwas roth. Ich sagt' ihr: ich sey bey Schladebachen gewesen. „Der schlechte Kerl, schrie sie auf, ein Schwindler, ein Betrüger, auf dem Rathhause steht er schlecht.[16] Ich solle nicht glauben⟨,⟩ daß sie in schlechten Umständen sey. Ein Freyer nach dem Andern schreibe an sie. Ihr Chirurg sey ein schöner junger Mensch gewesen; Ein Augenblick, Ein Augenblick; das

Eleonore (* 1807) und Johann Wilhelm (* 1809); Johann Gottlieb Rothe war der älteste Sohn eines Schwagers von Gottlob Israel Ranke (vgl. Archiv KPS Querfurt, St. Lampertus, Taufen 1780; Archiv KPS Querfurt, St. Lampertus, Trauungen 1775; Archiv KPS Querfurt, St. Lampertus, Bestattungen 1786 und 1809; freundliche Auskunft Gottfried Braasch, 24.8.2009).

[11] Nicht ermittelt.

[12] Nicht ermittelt.

[13] Schladebach.

[14] Nicht ermittelt.

[15] Wohl Carl Anton Richter (1797–1827), Privatgelehrter und Lexikograph in Leipzig, ein Mitschüler Leopold Rankes in Pforta, und enger Freund Heinrich Rankes (vgl. HOFFMANN, Pförtner Stammbuch, Nr. 8514, S. 339).

[16] Diese Aussage ist erstaunlich, da der Vater von Johann Gottlob Schladebach, Christoph Schladebach (1731–1807), ein Haus aus seinem Besitz der Stadt „zu mildtätigen Zwecken" (WBIS) abtrat.

sey keine Schande. Aber sie habe später von ihm gehört, er sey leichtsinnig, und sie selbst habe den Umgang mit ihm abgebrochen; so daß er eine gute Parthie gemacht, von 10000 r⟨eichs⟩t⟨halern⟩. Jetzt werde sie nicht heurathen. Sie brauch es auch nicht. Hier wolle sie ihre Niederkunft erwarten." Dieses Alles schrie sie sehr laut, indem sie bald heraus, bald herein gieng, selbst in der Thüre stehend: „Die Mamsells⟨,⟩ sie wüßtens". Nun weiß ich nicht, welches Unglück mir begegnete, daß ich sage: Auch mit ihrem Bruder[17] steh' es schlecht, Sie solle sich doch das Elend nicht mit Gewalt auf ihren Kopf ziehen. Dieß machte sie erst lebendig. „Auch mit meinem Bruder? sagte sie. Herr Je⟨,⟩ ich habe ja auch noch 800 r⟨eichs⟩t⟨halern⟩ an ihm stehen. Das kündige ich ihm auf. Setz dich! Bleib da! Ich will dir was vorsetzen, also mit meinem Bruder?⟨"⟩ – Ich war mehr todt als lebendig. Ich bedeutete sie, Du hofftest⟨,⟩ ihrem Bruder die Mühle zu retten,[18] bringe sie ihn vollends um den Credit, so sey zu fürchten, man verkauf' ihm die Mühle, während er drin wohnt. Etwas verschlugs. Ich wollt' etwas zu ihrer Seele reden. Gleich fieng sie von ihren 3000 r⟨eichs⟩t⟨halern⟩ an. Und schimpft' auf Schladebachen. Ein alter Kerl sey er, schon einmal an Krücken sey er gegangen; sie gab deutlich zu vernehmen, sie hab' auf seinen Tod gehofft. Und wies mich an den Oberhofgerichtsactuarius Thümmel,[19] den sie sich zum Curator wolle bestätigen lassen. So schied ich. In der Thür sagte sie: „Du bist ja sehr traurig⟨.⟩" Denn sie war allerdings äußerst munter.

Nun könnt ihr Euch leicht denken, wie ich zurück gieng und Thümmeln aufsuchte. „Dieser Mann betheuerte⟨,⟩ daß Schladebach allerdings nichts tauge, ja ein Bösewicht sey, bey dem sie die Hölle würde gehabt haben. Und jene 100 r⟨eichs⟩t⟨haler⟩ hoff' er ihr zu erretten."

Ich kann mich nicht besinnen, daß mir etwas Fürchterlicheres begegnet. Ohne Zweifel hat Eins das Andere betrügen wollen. Und sie ists wenigstens. Solch ein Schimpf über unserem Geschlecht. Und diese Bruderliebe! Sonst bin ich glücklich gereist, und grüß Euch von Herzen. Wir wollen Gott bitten, daß er uns vor solchem Elend behütet.

Leopold⟨.⟩

[17] Entweder Friedrich Wilhelm (* 1806) oder Johann Wilhelm Stahr (* 1809).

[18] Die Mühle in Schönewerda, wo Gottlob Israel Ranke als Justitiar und Amtmann fungierte, war von der Familie Rothe gepachtet, zu diesem Zeitpunkt von Benjamin Rothe (1777–1826). Er war ein Cousin Johann Gottlieb Rothes (1779–1814), des Vaters der unehelich geborenen Geschwister Friedrich Wilhelm, Friederike Eleonore und Johann Wilhelm Stahr (freundliche Auskunft von Gottfried Braasch, 24.8.2009).

[19] Eventuell Benjamin Alfred von Thümmel (1791–1828) (vgl. Bernhard Thümmel: Mitteilungen zur Geschichte der Familien Thümmel [Dümmel, Tümmel, Timmel]. Heft 2, Görlitz-Biesnitz 1929, S. 7 und 11).

Nr. 141

Leopold Ranke an Heinrich Ranke[1]

V: L. v. Ranke, Lebensgeschichte, S. 104–106 (Druck)

[Frankfurt a. O.]⟨,⟩ 19. Januar 1823.

Lieber Heinrich!

Ich komme etwas spät, aber dafür auch mit ganz Wiehe, und immer ist mein erster Brief von ⟨18⟩23 einer an Dich. Ich hätte Deinen Kindern[2] gern etwas zu Weihnacht geschickt, aber höre: am 20. December kam Geisler[3] eilig in die Stube zu mir; ich sage: Sie wollen doch kein Geld? „Eben." Das ist, was ich habe, sagt ich und zeigt ihm 20 Groschen; dennoch bat er mich⟨,⟩ und ich gab ihm 8 davon. Was ist da zu thun?

Am 21. ⟨Dezember⟩[4] hab ich in der Frühe gewiß Dein und Deines Liedes[5] gedacht. Mein lieber Heinrich! Diesmal, etwa fünf ⟨Uhr morgens⟩, stand ich schon am grünen Pult[6], als ich Stimmen vor der Thür hörte. Die guten Schüler[7] und mein Hausgenoß Schlobach[8] hatten unter einem Christbaum mit Wachsstock und Äpfeln vier Leuchter angebrannt und standen in ihren guten Kleidern daran und sangen ein kleines Lied für mich. Ich trat zu ih-

[1] Heinrich Ranke (1798–1876), Bruder Leopold Rankes.

[2] Die Kinder des verstorbenen Pfarrers von Altenkirchen, Hermann Julius Christoph Baier (1775–1822): Allwill Hermann (1811–1892), Therese Catharina (∗ 1814) und Gotthard Julius Gottfried Baier (1816–1898).

[3] Friedrich Samuel Ludwig Geisler (1791–1826), aus Liegnitz, 1819 Zeichenlehrer am Friedrichs-Gymnasium und an der „Töchterschule" in Frankfurt an der Oder (vgl. ELAB Frankfurt an der Oder, St. Nikolai, Bestattungen 1826; Programm Friedrichs-Gymnasium 1827, S. VIII-X).

[4] Leopold Rankes Geburtstag.

[5] Wohl „Tochter Zion, freue dich!" (Druck: Evangelisches Gesangbuch, Nr. 13, S. 47–48), dessen deutschen Text Heinrich Ranke um 1820 verfaßte; eventuell aber auch „Herbei, o ihr Gläubigen", dessen deutschter Text ebenfalls von Heinrich Ranke stammte (Druck: Evangelisches Gesangbuch, Nr. 45, S. 99–100), doch wird dieses Lied auf 1823 datiert (vgl. Nr. 138).

[6] Vgl. Nr. 72.

[7] Nicht ermittelt.

[8] Wohl Johann Friedrich Schlobach (1802–nach 1854), Sohn von Johann Friedrich Schlobach (1752–1841), Steuereinnehmer in Frankfurt an der Oder, und Anna Louise Schlobach, geb. Marowsky (1765–1831), später Schullehrer-Seminar in Neuzelle, 1828 interimistisch Lehrer an der Ersten Töchterschule in Frankfurt an der Oder, 1832 Hochzeit mit der Witwe Caroline Dorothea Klix, geb. Lehmann (∗ 1803), Tochter von Christian Gottlieb Lehmann, Bürger und Schiffseigentümer in Frankfurt an der Oder, und Charlotte Louise Lehmann, geb. Klix, 1835 Lehrer an der Ersten Töchterschule in Frankfurt an der Oder, 1854 Lehrer an der Communal-Armenschule in Berlin; denkbar aber auch sein Bruder Carl Friedrich August Schlobach (1806–1834), (vgl. ELAB Frankfurt an der Oder, St. Georgen, Bestattungen 1831, 1834 und 1841; ELAB Frankfurt an der Oder, St. Georgen, Trauungen 1821 und 1832; ELAB Frankfurt an der Oder, St. Nikolai, Taufen 1802, 1803 und 1806; Fischer, Pfarrerbuch Mark Brandenburg, Bd. II/2, S. 755).

nen. Schlanke[9], dem es, glaub' ich, nicht war, wie damals, als er die Bücher wegsetzen half, redete mich mit kurzen Worten und gutem Glückwunsch an. Wir brachten das Werk[10] in meine Stube. Es ist für Sie bestimmt, sagte einer. Doch nicht alles?⟨,⟩ sagt' ich; denn mich schreckten die neuen Leuchter, welche brannten, und die Lichtputzen auf ihren Unterlagen. Aber sie sagten: Ja wohl! Dies ist ein Geschenk der Armuth. Wenigstens haben Schlobach und Schöneich[11] viele Stunden[12] darum halten müssen. Von denen stamm' es, sagte die Ahlemann.[13] Du denkst nun leicht, daß wir etwas in der Bibel lasen, auch mancherlei Gespräche beim Kaffee führten und noch beisammen waren, als der Barbier[14] in die Stube trat und nicht wenig erschrak, als er die Zubereitungen sah; nun war es 8 Uhr. Um 10 waren Homer[15] und Cäsar[16] für diesmal gelesen; ich fand ein paar warme Schuhe, die mir die Ahlemann selbst gestickt; Caroline[17] schickte mir eine Torte mit einer sehr schönen Tasse. Zu Mittag, als ich vom Spaziergang kam, war Heydler[18] mit einem Kalender und einem Wachsstock in der Stube gewesen; nach Mittag brachte der Bote[19] die Briefe aus Wiehe[20]. Die Mutter[21] hatte von Hannchen[22] ein Halstuch sticken, von Röschen[23] ein Vorhemd nähen lassen.[24] Ich nun? Du weißt wohl, wie vergnügt ich war, aber ich eilte, mich auch selbst zu beschenken; mit der Vollendung eines Entwurfs der französischen Geschichte[25], der mich mehrere Wochen beschäftigt, macht' ich mir selbst Ehrengeschenk und That. 1/4 auf 9 war ich fertig. Sonnabend wars ohnehin. Drüben fand ich Caroline noch nicht.

[9] Wohl Friedrich Traugott Schlomka (1802–1872), Schüler des Friedrichs-Gymnasiums in Frankfurt an der Oder.

[10] Das Geschenk für Leopold Ranke bestand wohl aus den im Text erwähnten neuen Leuchtern, Wachssträngen mit Docht („Wachsstock") und Dochtscheren („Lichtputzen").

[11] Johann Heinrich Ferdinand Schönaich (1803–1878), Schüler des Friedrichs-Gymnasiums in Frankfurt an der Oder, der zeitweise bei Leopold Ranke wohnte.

[12] Wohl bezahlte Nachhilfestunden.

[13] Friederike Wilhelmine Ahlemann, geb. Schultze (1772–1843), Direktorin einer höheren Bildungsanstalt für Mädchen in Frankfurt an der Oder, Vertraute Leopold Rankes.

[14] Nicht ermittelt.

[15] Homer galt im 19. Jahrhundert als Autor der Ilias und der Odyssee.

[16] Gaius Julius Cäsar (100–44 v. Chr.), römischer Politiker, Feldherr und Schriftsteller.

[17] Caroline Beer (1791–1851), Vertraute Leopold Rankes in Frankfurt an der Oder.

[18] Wilhelm Ferdinand Heydler (1793–1859), Mitschüler Leopold und Heinrich Rankes in Pforta, Leipziger Studienfreund Leopold Rankes sowie Konrektor am Friedrichs-Gymnasium in Frankfurt an der Oder.

[19] Nicht ermittelt.

[20] Nr. 137 bzw. nicht ermittelt.

[21] Friederica Wilhelmina Ranke, geb. Lehmicke (1776–1836).

[22] Johanna Ranke (1797–1868), Schwester Leopold Rankes.

[23] Rosalie Ranke (1808–1870), Schwester Leopold Rankes.

[24] Vgl. Nr. 134.

[25] Gemeint ist ein Entwurf des ersten Kapitels der „Geschichten der romanischen und germanischen Völker", das die „Lage von Frankreich und von Italien" sowie „Karls VIII. Zug nach Neapel" behandelt (L. Ranke, Geschichten, S. 3–47).

Die Ahlemann erzählte mir, Caroline habe ein Buch für mich gestickt, und der Buchbinder[26] habe es verdorben. Darauf kam sie selbst und hatt' es mit. Natürlich gab ichs nicht wieder weg. Du sollst Dich trotz des Verderbs freuen, wenn Dus siehst.

Gott! wie viel schwatz' ich von diesem Tag⟨,⟩ und immer hab' ich noch die schönen Briefe nicht erwähnt, die ich damals bekam[27] und darauf von Dir[28], von Ferdinanden[29] und — — — von wem wohl? — — von Hofmann[30], einst unserm Schüler. Er wünscht mir, wie er sagt, ein Leben voll seliger Zufriedenheit. Dieser kam etwas spät, nämlich den Sonntag vor dem Anfang der Lectionen[31] und machte mich fröhlicher dazu, denn er ist voll einer herzlich guten Meinung. Ferdinand schenkte mir eine Fortsetzung seines Auszugs aus dem Tacitus[32]. Neulich Abend suchte ich eine Karte in Flutens[33] Buchhandlung. Indem kam ein Mann herein, der auch mich anredete, und ich merkte wohl, es wäre der Besitzer selbst. Hatten Sie nicht einen Bruder hier? sagt' er endlich. „Ja." Ist er nicht in Wittenberg[34]? — Nein — er wunderte sich und erzählte mir, Bardeleben[35] habe sich an ihn gewandt und er an Nicolovius[36], von dem er günstige Nachrichten erhalten. Ist dies der Kanal? Wie viele Menschen haben sich in dieser Sache bemüht!

26 Nicht ermittelt.
27 Nicht ermittelt.
28 Nr. 138.
29 Ferdinand Ranke (1802–1876), Bruder Leopold Rankes, Student in Halle; Nr. 139.
30 August Ferdinand Hoffmann (1804–1830), 1820–1822 Schüler des Friedrichs-Gymnasiums in Frankfurt an der Oder, der zeitweise bei Leopold Ranke wohnte; Brief nicht ermittelt.
31 Wohl Sonntag, der 5. Januar 1823.
32 Publicus Cornelius Tacitus (um 55–nach 115, römischer Geschichtsschreiber; vgl. Nr. 139.
33 Wohl Christian Gottfried Flittner (1770–1828), Sohn von Franz Jacob Flittner († 1772), Kantor in Düben, und Johanna Erdmuthe Flittner, geb. Zschinzschky, 1789 Studium der Medizin, Pharmazie und Philosophie in Leipzig, Dr. phil., Dr. med., 1797 Inhaber der „Apotheke zum König Salomo" in der Jägerstraße 51, zugleich Hilfslehrer der Pharmazie an der Tierarzneischule, 1808 Ober-Medizinal- und Sanitäts-Assessor am Collegium Medico-Chirurgicum in Berlin, 1809–1816 zugleich Inhaber des „Luisenbades", 1815 Bürger in Frankfurt an der Oder; Inhaber von Buchhandlungen in Berlin, Cottbus und Frankfurt an der Oder; verfaßte, zum Teil unter Pseudonym, zahlreiche moralphilosophische und sexualkundliche Publikationen (vgl. Archiv KPS Bad Düben, Taufen 1770; Archiv KPS Bad Düben, Trauungen 1751; Archiv KPS Bad Düben, Bestattungen, 1772; StdA Frankfurt an der Oder V 2° Nr. 2).
34 Heinrich Ranke hatte sich vergeblich an das dortige Predigerseminar beworben (vgl. Nr. 114 und Nr. 115.).
35 Carl Ludwig Heinrich Bardeleben (1775–1852), Justizrat und Notar in Frankfurt an der Oder.
36 Georg Heinrich Ludwig Nicolovius (1767–1839), Wirklicher Geheimer Oberregierungsrat und Leiter der Unterrichtsabteilung im Ministerium der Geistlichen, Unterrichts- und Medizinal-Angelegenheiten.

Weihnachts haben wir vier, Stange[37], Heydler, Appel[38] und ich, nach kleinen Bescherungen ein wenig getrunken und gingen fröhlich von einander. Früh war große Kirchenmusik angekündigt. Ich wollte auch das Fest feiern und ging hinauf. Um die Musik zu hören, stellt' ich mich der Orgel gegenüber an den Chor; mit Schrecken bemerkt' ich, daß hierneben Vorbereitungen zum Gesange gemacht wurden. Ja⟨,⟩ einer sagte: ich hätte auch wohl nicht allein Ohren, sondern besonders Augen mit. Er meinte: für die Sängerinnen. Ich ärgerte mich stark, doch hatt' ichs wohl verschuldet. Man führte Händels[39] Messias[40] stückweis auf. Ich weiß nicht, wie mir der Text, einige schöne Stellen aus dem alten Testament, musikalischer vorkamen, als die Musik selbst. Besonders schien es mir lächerlich, daß man die Stelle: Sein Nam ist Wunderbar, Herrlichkeit[41] – nicht anders auszudrücken wußte, als indem man erst ganz milde Töne verhallen ließ und bei Wunderbar wiederholentlich mit allen Instrumenten einposaunte. Einige Chöre rührten mich sehr, denn Du kannst glauben, daß ich mich der Musik ganz hingab. Aber es ist eine Dehnung, Ausführlichkeit, Wiederholung, bedeutungsloses Nudeln in den großen Musikstücken, daß sie die Gedanken nicht festhalten. Ich denke mir, in der Kirche sind sie wohl nur dazu, daß man während des Hörens betet.
Neujahr, nachdem wir auch den Sylvester-Abend vertrunken, fing ich mit Augustins[42] Confessionen[43] an. Ich wunderte mich, daß es keine Bekennt-

[37] Johann Carl Wilhelm Thomas Stange (1792–1854), Oberlehrer am Friedrichs-Gymnasium in Frankfurt an der Oder.

[38] Friedrich Ferdinand Appel (1794–1840), Supernumerar bei der Regierung in Frankfurt an der Oder.

[39] Georg Friedrich Händel (1685–1759), Komponist; der in diesem Brief eingangs erwähnte Liedtext „Tochter Zion" von Heinrich Ranke wurde auf der Basis einer von Händel für das Oratorium „Judas Maccabaeus" komponierten Melodie gesungen; Händel wurde auch vom Direktor des Friedrichs-Gymnasiums, Ernst Friedrich Poppo, besonders geschätzt, so vermerkt dieser etwa das Geschenk von „Musikalien" aus der Feder Händels in den jährlichen Schulnachrichten und ließ einige „Chöre von Händel" bei den Schulfeierlichkeiten 1824 aufführen (vgl. Programm Friedrichs-Gymnasium 1824, S. I und S. V–VI.).

[40] Händel komponierte das Oratorium, das die jüdisch-christliche Heilsgeschichte zum Inhalt hat, im Sommer 1741.

[41] Es handelt sich um die auf Jesaja 9,6 zurückgehende Nr. 11 des Oratoriums.

[42] Augustinus (354–430), Bischof von Hippo, einer der vier großen lateinischen Kirchenväter.

[43] Folgende Ausgabe war neu erschienen: Sancti Augustini Confessionum libri tredecim denuo typis exscripti ad edit. Benedict. Praefatus est Dr. A. Neander. Berlin 1823.

nisse waren, oder Reinhardische[44] Geständnisse[45], die nichts gestehen, sondern Beichte bei dem großen und einzigen Beichtvater. Sie haben in der That eine große und eindringende Wahrheit und sind ganz aus dem Kreis der Studierenden. Ich habe sie Heydlern an seinem Geburtstag[46] gegeben; sah aber erst, indem ich sie ihm gab, daß ich viele Stellen im ersten Buche mit Bleistift angestrichen. Die wollt er besonders lesen, sagt er.
Was machst Du indeß bei diesem Frost, Wind und Schnee? Capellenbrink[47] magst Du wohl nicht oft besuchen können. Wie bewegst Du Dich? Denn thu es ja! Aber der Vater[48] schrieb mir[49], für Allwill[50] fürchte seine Mutter[51] wegen einer Osterreise. Eine Furcht, die ich lange auch für Dich gehabt, da Ostern noch in den März fällt, und Du Dich auf jeden Fall den

[44] Franz Volkmar Reinhard (1753–1812), Sohn von Johann Stefan Matthias Reinhard († 1768), Prediger in Vohenstrauß im Herzogtum Sulzbach, und Sophia Maria Johanna, geb. Müller († 1769), Privatunterricht, 1768 Gymnasium poeticum, 1772 Auditorium in Regensburg, 1777 Studium der Theologie, Philosophie und Philologie, 1777 Dr. phil., 1778 Adjunkt der philosophischen Fakultät, Baccalaureus der Theologie, 1780 außerordentlicher Professor der Philosophie in Wittenberg, Hochzeit mit Christine Dorothea Matthesius, verw. Schmidt († 1792), Tochter von Christian Gottfried Matthesius (1714–1780), Archidiakon an der Nikolai-Kirche in Leipzig, Witwe von Christian Friedrich Schmidt (1741–1778), Professor der Theologie in Wittenberg, 1782 ordentlicher Professor der Theologie in Wittenberg, 1792 Oberhofprediger in Dresden, 1794 Hochzeit mit Ernestine von Charpentier (1776–1829), Tochter von Johann Friedrich Wilhelm (ab 1784: von) Charpentier (1738–1805), Bergrat in Freiberg in Sachsen, 1808 Visitator der Universität Leipzig, 1809 Vizepräsident des Oberkonsistoriums in Dresden, Ablehnung einer Berufung in das preußische Ministerium der Geistlichen, Unterrichts- und Medizinal-Angelegenheiten mit dem Titel eines Staatsrats, 1810 Auftrag zur Visitation und Revision der königlich-sächsischen Fürstenschulen und Universitäten; Reinhard war wie Georg Friedrich Philipp Freiherr von Hardenberg (Novalis) 1800 in Wiehe Taufpate von Franz Friedrich Julius von Thielmann (1800–1868), der zur selben Zeit wie Ferdinand und Wilhelm Ranke die Landesschule in Pforta besuchte und dessen Vater, der spätere Generalleutnant Johann Adolf (ab: 1812 Freiherr) von Thielmann (1765–1824), in Wiehe „in Garnison lag"; die Ehefrau von Reinhard war eine Schwester der Ehefrau von Thielmann, Wilhelmine (1772–1842), und der zweiten Verlobten von Novalis, Julie (1778–1811), weshalb sich auch Novalis, der zeitweise auch in der Saline von Artern tätig war, gelegentlich in Wiehe aufhielt (vgl. K. F. Ranke, Leben in Briefen, S. 68; Hoffmann, Pförtner Stammbuch, Nr. 8704, 8735 und 8778, S. 349, 351, 353).

[45] Franz Volkmar Reinhard: Geständnisse seine Predigten und seine Bildung zum Priester betreffend in Briefen an einen Freund. Sulzbach 1810.

[46] 13. Januar 1793 (vgl. Bachmann, Abiturienten, S. 55).

[47] Name eines bei Altenkirchen gelegenen Hünengrabes, „von welchem man über die See nach Jasmund hinüber sieht" und oft das Ziel der Spaziergänge Kosegartens, des Vaters der Witwe von Hermann Julius Christoph Baier war (vgl. Ludwig Gotthard Kosegarten: Dichtungen. Zwölfter Band: Kosegartens Leben. Fünfte Ausgabe. Greifswald 1827, S. 168).

[48] Gottlob Israel Ranke (1762–1836), Vater Leopold und Heinrich Rankes.

[49] Nicht ermittelt.

[50] Allwill Hermann Baier (1811–1892), Sohn von Hermann Julius Christoph Baier.

[51] Alwina Baier, geb. Kosegarten (1787–1864), Witwe von Hermann Julius Christoph Baier.

14. März aufmachen müßtest. Kommst Du,[52] so habe ich einen Plan, nicht sowohl Ostern mitzureisen, wo wir uns ja hier sehen, sondern in den Hundstagen[53] Dich aufzusuchen; wenn nicht in Nürnberg, aber in Coburg, oder in Hof, wohin Du kommen müßtest. Doch wie weit ist hier Ort und Zeit!

Nun, mein liebes Herz, so sei gegrüßt und liebgehabt in diesem und in allen Jahren, oder vielmehr in keinem, sondern überhaupt! Grüße Malchen[54] einmal, wenn sie Dir den Kaffee, und die Mutter, wenn sie Dir die Kinder[55] bringt. Auch Franken[56] und die Kinder selbst. Gott mit Dir.

L⟨eopold⟩.

[52] Der hier ausgesprochenen Einladung ist Heinrich Ranke nicht nachgekommen. Auf seinem Weg von der Ostsee nach Wiehe machte er nicht Station bei seinem Bruder in Frankfurt an der Oder, was bei Leopold Ranke eine Verstimmung auslöste (vgl. Nr. 147).

[53] Die Tage vom 23. Juli bis zum 24. August, benannt nach einem in diesem Zeitraum sichtbaren Sternbild.

[54] Amalie Baier (1778–1857), Schwester des verstorbenen Hermann Julius Christoph Baier.

[55] Allwill Hermann, Therese Catharina (∗ 1814) und Gotthard Julius Gottfried Baier (1816–1898), die Kinder des verstorbenen Pfarrers von Altenkirchen, Hermann Julius Christoph Baier.

[56] Ernst Friedrich Franck (1795–1875), Neffe von Hermann Julius Christoph Baier und Diakonus in Altenkirchen.

Nr. 142

Ferdinand Ranke[1] an Leopold Ranke

V: GStA PK VI. HA Nl Hoeft Nr. 1 (Abschrift)
G: GStA I. HA Rep. 92 L. v. Ranke Nr. 26 (nicht erhalten)

Giebichenstein⟨,⟩ am Sonntag, den 19ten Januar ⟨18⟩23.

Innigst geliebter Bruder,

Schon seit Freytags bin ich hier in der lieben Familie, und arbeite mit Raumer[2], und Wakkernagel[3] und für mich allein, und lebe in süßer Freudigkeit, und es kommt die Zeit, daß ich wieder zurückkehren will nach Halle, und es ist mir ganz, als hätte ich ⟨eine⟩ kleine Reise gemacht, aber auch eine sehr schöne Reise. Du schreibst mir, in Deinem letzten lieben

[1] Ferdinand Ranke (1802–1876), Bruder Leopold Rankes, Student in Halle.

[2] Karl Ludwig Georg von Raumer (1783–1865), Professor für Mineralogie in Halle.

[3] Philipp Karl Eduard Wackernagel (1800–1877), Sohn von Johann Wilhelm Wackernagel (1765–1815), Buchdrucker, später Criminalcommissar in Berlin, und Sophie Agnes Wackernagel, geb. Schulz (1763–1818), 1813 Gymnasium zum Grauen Kloster in Berlin, Lieblingsschüler Friedrich Ludwig Jahns, der hier als Lehrer wirkte, 1816 nach dem Tod des Vaters Abgang vom Gymnasium, Schreiber bei einem Juristen, 1817 auf Empfehlung Jahns als Lehrer und Schüler an der Plamannschen Anstalt, 1819 im Hause Jahns Bekanntschaft mit Karl Ludwig Georg von Raumer, der „fortan Vaterstelle an ihm vertrat" (ADB) und Wackernagel, wie auch seinen Freund, den Burschenschaftler Hans Ferdinand Maßmann (1797–1874), in sein Haus aufnahm, danach Studium der Philologie, Mineralogie und Pädagogik in Breslau, demagogischer Umtriebe verdächtigt, auf Grund seiner Aktivitäten als Turner Stadtarrest in Breslau bis Juni 1820, Hauslehrer bei einer polnischen Familie bei Landsberg in Oberschlesien, 1823 Einjährig-Freiwilliger in Berlin, Herbst 1824, wie Raumer und Heinrich Ranke, Lehrer an der Bildungsanstalt des Erziehervereins in Nürnberg, 1826 Dr. phil. in Erlangen, Sommer 1827 Lehrer am Cöllnischen Gymnasium in Berlin, Herbst 1828 an der Berliner Gewerbeschule, 1830 Hochzeit mit Auguste Harleß, Tochter von Felix Harleß (1775–1854), Kaufmann in Nürnberg, und Schwester von Gottfried Christoph Adolf Harleß (1806–1879), Mitglied der Burschenschaft der Bubenreuther und später Professor der Theologie in Erlangen, 1838 Lehrer an der Erziehungs- und Unterrichtsanstalt in Stetten im Remstal, die von seinem Schwager Johann Valentin Strebel geleitet wurde, Ostern 1844 Kündigung infolge der Abhandlung „Ueber den Unterricht in der Muttersprache", 1845 Professor am Realgymnasium in Wiesbaden, 1848 Vorbereitung des ersten deutschen Kirchentags in Wittenberg, 1850 Direktor der Real- und Gewerbeschule in Elberfeld, 1861 Pension, Dr. theol. h. c. in Breslau, Umzug nach Dresden; veröffentlichte neben mineralogischen und krystallographischen Publikationen unter anderem Das deutsche Kirchenlied von Martin Luther bis auf Nicolaus Hermann und Ambrosius Blaurer (1841), Deutsches Lesebuch (1842), Bibliographie zur Geschichte des deutschen Kirchenliedes im 16. Jahrhundert (1855), Das deutsche Kirchenlied von der ältesten Zeit bis zum Anfang des 17. Jahrhunderts, 5 Bde. (1864–1877). Ferdinand Rankes Bruder Heinrich kannte Wackernagel bereits seit 1818, Friedrich Ludwig Jahn hatte ihm diesen „schlanken, hochgewachsenen Jüngling mit edlem Angesicht", einen „der gewandtesten und kräftigsten Turner" persönlich vorgestellt (vgl. ELAB Berlin, St. Petri, Bestattungen 1818; F. H. Ranke, Jugenderinnerungen, S. 101; K. F. Ranke, Leben in Briefen, S. 78; freundliche Auskunft Dr. Peter Rohrlach, Streitsche Stiftung Berlin, 17.10.2011).

Briefe,[4] mein Bruder, ich solle, wenn ich in Wiehe wäre, in Wiehe, oder wo ich auch wär', sogleich an Dich schreiben, und die Gelegenheit nicht vorbey lassen, aber ich weiß nicht, wie es kam, ich ließ sie doch vorbey gehen. Nun schriebst Du mir aber auch, ich sollte Raumern sagen, daß er mich erinnern sollte, Dir zu schreiben, und dieß hat mir nun im Herzen gelegen, so lange ich hier war, und da schreib ich denn jetzt, und ich thue es hier um so lieber, da ich doch jetzt meine fröhlichsten, glücklichsten Tage hier an diesem Orte zu bringe; hier fallen alle, auch die allergeringsten Sorgen alle weg, die ich noch in Halle habe; ich habe nichts zu thun als recht mit zu arbeiten mit denen, die mich hier umgeben, und freudig mit zu singen und zu beten. Wenn ich so Sonntags hier bin, hole ich mir immer auf die ganze Woche rechte Kraft und rechten Muth und frischen Eifer. Und nun wird es nicht lange mehr dauern, da verläßt uns Raumer und geht nach Nürnberg[5]; die ganze Familie zerstreut sich dann, und ich komme ganz ab von Ihnen. Da wird mir es in Halle sehr einsam werden, und ich weiß nicht, was mir sie wiederersetzen soll. Aber es ist doch gut; nun kommt Heinrich[6] auch zu ihnen einige Zeit; ich habe sie ja lange genug genossen, und bin durch sie zu vielen Gütern geführt worden. Ach, wenn Du sie nur noch kennen lerntest, ehe sie von hier weggehen. Kannst Du nicht vielleicht künftige Ostern hierher kommen; da sind sie vielleicht noch hier, es wäre recht schön; sie wünschen es auch sehr.

Halle⟨,⟩ den [a] Februar ⟨1823⟩.

Lieber Bruder,

Ich muß mich sehr schämen vor Dir, daß ich Dich auf Deinen letzten Brief[7] noch ganz unbeantwortet gelassen habe. Du siehst wie in dem Vorigen ich schon längst angefangen hatte, so habe ich nachher schon mehrmals wieder angefangen, aber immer ward ich unterbrochen⟨,⟩ und es blieb liegen. Du hast große Ursache, auf mich böse zu sein, daß ich, da ich schon so vieles Gute von Dir empfangen habe, doch immer so undankbar erscheine. Und jetzt zumal, ich freute mich so sehr über Dein liebes Weihnachtsgeschenk[8], und dachte da auch wirklich recht ernstlich, Dir durch recht viel Briefe zu danken, da ich es durch nichts anders kann, und nun bin ich doch

[a] Lücke in der Vorlage; keine Tagesangabe.

[4] Nicht ermittelt.

[5] Karl Ludwig Georg von Raumer gab seine Professur auf und verließ den preußischen Staatsdienst, um ab Ostern 1823 als Lehrer an der Bildungsanstalt des Erziehervereins in Nürnberg zu wirken, gefolgt von Heinrich Ranke, der ebenfalls einen Ruf dorthin erhalten hatte (vgl. dazu die folgenden Briefe Heinrich Rankes Nr. 144 und Nr. 148).

[6] Heinrich Ranke (1798–1878), Bruder Leopold und Ferdinand Rankes.

[7] Nr. 143.

[8] Nicht ermittelt.

so nachlässig gewesen. Aber verzeihe es mir noch einmal, lieber Bruder, ich will es von nun an Alles wieder gut machen. Ich lasse mich bisweilen von dem Trüben um mich so hinreißen, daß ich alles Andere darüber vergesse. Manchmal habe ich wieder an Dich gedacht, und an die herrliche Zeit, die ich bei Dir verlebte, so still und so freudig immerdar.[9] Ich gedenke immer noch mit großer Freude der Zeit, wo ich zuerst Frankfurts Thürme in der Ferne erblickte, zuerst Dein Haus sah, wo ich in Deine Stube trat, und Du hattest mir eine Taube aufgehoben; wie Du mich dann durch den Eichenwald führtest zur Buschmühle[10], und Abends zu Karolinen[11] und der Ahlemann[12]. Ach⟨,⟩ und alle die Tage, die mich so glücklich machten, gehen mir oftmals vor der Seele vorüber, und ich sehne mich wieder nach dem verlornen Gut. Nun⟨,⟩ vielleicht sehe ich Dich nun zu Ostern wieder, wenn Du zu uns kommst, denn wahrscheinlich ist ja Heinrich auch noch bei uns. Heinrich soll nehmlich den 30sten März eigentlich schon in Nürnberg seyn, aber Raumer schrieb ihm neulich durch mich, er könnte wenigstens bis den dritten Feyertag[13] in Wiehe bleiben, und dann rasch nach Nürnberg gehen; er hat ihm auch 4 Friedrichsdor Reisegeld geschickt, da Heinrich schrieb, es würde ihm sehr knapp gehen. Da könnten wir nun wieder einmal alle Alle zusammenkommen bei den lieben Eltern[14], auch Wilhelm[15] mit uns, der sonst immer fehlte. Ich habe Heinrichen geschrieben, ich wollte ihm ein Stück entgegen kommen, wenn er mir nur bestimmen könnte, wohin; vielleicht kannst Du auch mitkommen, da käme ich Dir auch entgegen, oder auch, wenn Du später kommst, und es ist Dir lieb, will ich kommen, so weit Du es willst, wenn wir uns an einem bestimmten Orte treffen können. Ich habe Heinrich geschrieben, daß wir uns vielleicht in Mühlberg[16] treffen könnten, aber sage ihm, wenn er zu Dir kommt, daß er dabey vorsichtig seyn soll, denn es ist leicht möglich, daß man dann wegen der Elbe gar nicht hin kann, wenn sie austritt; durch die Eisfahrth[17], die jetzt dort so stark ist, daß schon Mühlberg fast von allen Seiten mit

[9] Ferdinand Ranke hatte Leopold Ranke im September 1822 in Frankfurt besucht (vgl. Nr. 127, Nr. 129 und Nr. 133).

[10] Ausflugslokal südlich von Frankfurt an der Oder (vgl. Hausdorf / Noack, Straßen, S. 34).

[11] Caroline Beer (1791–1851), Vertraute Leopold Rankes in Frankfurt an der Oder.

[12] Friederike Wilhelmine Ahlemann, geb. Schultze (1772–1843), Direktorin einer höheren Bildungsanstalt für Mädchen in Frankfurt an der Oder, Vertraute Leopold Rankes.

[13] Osterdienstag.

[14] Gottlob Israel (1762–1836) und Friederica Wilhelmina Ranke, geb. Lehmicke (1776–1836).

[15] Wilhelm Ranke (1804–1871), Bruder Leopold und Ferdinand Rankes, Student in Halle.

[16] Wohl bei der Familie Otto (1800-nach 1843) und Eduard Mehner (1802–1856), die Ferdinand und Wilhelm Ranke aus ihrer Schulzeit in Pforta kannten, Heinrich Ranke dürfte in Pforta zumindest Otto Mehner noch kennengelernt haben (vgl. Hoffmann, Pförtner Stammbuch, Nr. 8567, 8689, 8704 und 8738, S. 342, 349 und 351). Eduard Mehner war darüber hinaus in Halle der „Stubenbursche" von Ferdinand Ranke (vgl. K. F. Ranke, Leben in Briefen, S. 43).

[17] Eisschollen.

Wasser umgeben ist, das Eis liegt fest zwischen Torgau und Mühlberg, also ganze 5 Stunden, und noch über Mühlberg weit hinauf, da ist die Gefahr dort sehr groß. Indeß dauert es ja noch einige Wochen. Unter dieser Zeit kann sich noch viel ändern. Sie[18] haben auch in Mühlberg sehr gebeten, doch auch Dich zu bewegen, auf dem Wege von Frankfurt einmal dort einzukehren, wie Heinrich. Könntest Du nicht einmal vielleicht Deinen Weg so nehmen von Torgau über nach Leipzig? Es ist freylich ein Umweg.

Wilhelm hat Dich, lieber Bruder, um Geld gebeten, und zwar sich auf mich dabei stützend, und ich bin wirklich daran Schuld gewesen, indem ich ihm etwas abborgte, und ich nun nicht weiß, wo ich es herbekommen soll. Ich hatte nehmlich auf einige Worte von Reisig[19] getraut, mit denen er mir es so ziemlich gewiß, aber doch nicht ausdrücklich sagte, wenn ich das Privatissimum bei ihm annehmen wolle, wolle er mir das Honorar dafür erlassen. Nun aber verlangte er es nachher doch von mir, da er selbst in Geldnoth war, und so kam ich in Wilhelms Schuld. Ich bitte Dich daher auch sehr darum, wenn Du kannst, ihm etwas zu schicken.

Jetzt wird auch Reisigs Oedip⟨us⟩ Colonus[20] fertig; wahrscheinlich kann ich Dir ein Exemplar geben, wenigstens hat er mir dieß ausdrücklich versprochen.

Nun aber, mein theuerster Bruder, damit diese wenigen Zeilen nicht noch länger aufgehalten werden, will ich nun schließen. Leb recht wohl und behalte mich lieb,

Deinen Dich innig liebenden Bruder
Ferdinand.

Grüße herzlich die Ahlemann und Caroline, und Heidler[21] und Alle, die mich lieb haben.

[18] Wohl die Angehörigen der Familie Mehner.

[19] Karl Christian Reisig (1792–1829), außerordentlicher Professor der alten Literatur in Halle, wie Leopold Ranke Schüler Johann Gottfried Jakob Hermanns und Mitglied der „Societas Graeca".

[20] Caroli Reisigii Thuringi Commentarii in Sophoclis Oedipum Coloneum. Criticis commentationibus addidit enarratione integri. Jena 1823.

[21] Wilhelm Ferdinand Heydler (1793–1859), Mitschüler Leopold und Heinrich Rankes in Pforta, Leipziger Studienfreund Leopold Rankes sowie Konrektor am Friedrichs-Gymnasium in Frankfurt an der Oder.

Nr. 143

Leopold Ranke an Ferdinand Ranke[1]

V: GStA PK VI. HA Nl Hoeft Nr. 1 (Abschrift)
G: GStA I. HA Rep. 92 L. v. Ranke Nr. 23 (nicht erhalten)

⟨Frankfurt a. d. O., den 24. Januar 1823.⟩[a]

Guter Ferdinand,
Ich schriebe Dir heute wohl kaum, wenn ich Wilhelms[2] Wohnung wüßte. Aber gieb ihm das Geld[3] in seinen Brief[4] geschlagen, und dann teilt, wie ich ihm geschrieben.
Mein lieber Bruder, Dein Weihnachtsgeschenk[5], Dein Brief[6], Deine Liebe. Wie glücklich bist Du jetzt und wirst es einmal erst werden. Grüße Raumern[7] von ganzem Herzen. Sag ihm nur, ich hätte die größte Sehnsucht, ihn kennen zu lernen; doch wann ist's möglich?
Sag einen Gruß an Reymann[8]. Wenn ich an ihn schreiben will, stellt sich gleich die Geschichte von dem Brief an Dich mir entgegen und hindert mich. Das kannst Du ihn entweder merken lassen oder geradezu sagen. Auch Ferd⟨inand⟩ Hofmann[9] sei glücklich und habe mir Ausgang Jahres geschrieben[10]. Bist Du auch zuweilen unmutig? Schreib's mir doch. Es wird mir zwar schwer werden, einige Bücher ungekauft zu lassen. Doch nein? was sag ich? keineswegs schwer.

Leb wohl!

[a] Datierung nach Hoefts Zusatz in der Vorlage.

[1] Ferdinand Ranke (1802–1876), Bruder Leopold Rankes.
[2] Wilhelm Ranke (1804–1871), Bruder Leopold und Ferdinand Rankes, Student in Halle.
[3] Wilhelm Ranke hatte Leopold Ranke um Geld gebeten (vgl. Nr. 143).
[4] Nicht ermittelt.
[5] Einen Auszug aus Tacitus (vgl. Nr. 141).
[6] Nr. 139.
[7] Karl Ludwig Georg von Raumer (1783–1865), Professor für Mineralogie in Halle.
[8] Gottlob Ernst Reymann (1803–1884), ehemaliger Schüler Leopold Rankes, seit Ostern 1822 Student der Theologie in Halle, dort wohnte er, wie Ferdinand Ranke, in der Großen Steinstraße 167 und war, wie Wilhelm Ranke, Mitglied in der Quellengesellschaft.
[9] Wohl August Ferdinand Hoffmann (1804–1830), ehemaliger Schüler des Friedrichs-Gymnasiums in Frankfurt an der Oder, der zeitweise bei Leopold Ranke wohnte.
[10] Vgl. Nr. 141; Brief nicht ermittelt.

Nr. 144

Heinrich Ranke[1] an Leopold Ranke

V: GStA PK VI. HA Nl Hoeft Nr. 37 Kart. 4 (Typoskript)
TD: Fuchs, Heinrich Ranke, S. 156

Altenkirchen⟨,⟩ am 2ten Februar ⟨18⟩23⟨.⟩

Mein Leopold,
Gott wolle Dich segnen, und durch Dich Deine Schüler!
Vor wenigen Tagen bekam ich einen Brief von D⟨r⟩. Dittmar[2] aus Nürnberg, worin er schreibt, daß wir nothwendig zu Ende des März in N⟨ürnberg⟩ eintreffen müssen. So werde ich zu Anfang des März schon Altenkirchen verlassen – und zwar wahrscheinlich ohne Allwill[3], der wahrscheinlich mit Prof⟨essor⟩ Kosegarten[4] bis Halle reisen wird.[5] Dadurch ist mir eine große Sorge abgenommen, weil das Kind auf der Post hätte zu Grund gehn können.[6] Eins thut mir weh: daß ich ihn nicht[a] nach Frankfurt bringe. – Ich will zufrieden sein, wenn er mir [b]nur[b] überhaupt anvertrauet wird. Du glaubst es wohl kaum, daß auch hier Furcht vor Demagogen ist. Prof⟨essor⟩ Kosegarten nämlich begreift es nicht, warum Jemand seine Professur niederlege⟨,⟩[7] um Lehrer an einer Erziehungsanstalt zu werden. Er hat auch gehört, daß Maßmann[8]⟨,⟩ der Wartburger Calefak-

[a] In der Vorlage handschriftlich verbessert zu „einst".
[b-b] In der Vorlage nachträglich eingefügt.

[1] Heinrich Ranke (1798–1876), Bruder Leopold Rankes.
[2] Johann Christian Gottlob Heinrich Dittmar (1792–1866), Leiter der Bildungsanstalt des Erziehervereins in Nürnberg.
[3] Allwill Hermann Baier (1811–1892), Sohn des verstorbenen Hermann Julius Christoph Baier.
[4] Johann Gottfried Ludwig Kosegarten (1792–1860), Professor der orientalischen Literatur in Jena, Onkel Allwill Hermann Baiers.
[5] Tatsächlich reiste Allwill Hermann Baier Anfang März gemeinsam mit Heinrich Ranke nach Nürnberg (vgl. ausführlich F. H. Ranke, Jugenderinnerungen, S. 236–247).
[6] Durch die Fahrt in der Kutsche während der kalten Jahreszeit.
[7] Anspielung auf Karl Ludwig Georg von Raumer (1783–1865), der seine Professur in Halle niedergelegt und den preußischen Staatsdienst verlassen hatte (vgl. K. v. Raumer, Leben, S. 314–316).
[8] Hans Ferdinand Maßmann (1797–1874), Sohn von Johann Christoph Maßmann (1758–1822), Uhrmacher in Berlin aus Hemleben bei Kölleda, und Christina Maria Elisabeth Maßmann, verw. Raetz, geb. Hübner (* 1768), 1806 Friedrich-Werdersches Gymnasium in Berlin, Schüler und Mitarbeiter Friedrich Ludwig Jahns, 1814 Studium der Theologie in Berlin, 1815 Freiwilliger Jäger, nach der Rückkehr zusammen mit Christian Eduard Leopold Dürre Leitung des Turnplatzes und Studium der Theologie in Berlin, 1816 in Jena, 1817 in Berlin, 1817 in Jena, Wohnung im Hause der Familie Wesselhöft, Mitglied der Urburschenschaft, Mitorganisator des Wartburgfestes, Leiter des Turnplatzes in Jena, Ostern 1818 Kandidaten-Examen, Lehrer am Pädagogischen Seminar unter Christian Wilhelm

tor[9]⟨,⟩ eine Zeit lang in N⟨ürnberg⟩ bei Dittmar gewesen, – was er von mir denkt, weiß ich nicht. So hat er nun nach Jena geschrieben, man möge von dort nach Nürnberg an Verwandte[10] schreiben, die ausmitteln sollen⟨,⟩ ob und in wie weit dort in der Anstalt demagogisirt werde⟨,⟩ damit dieß nach Jena berichtet werde und von da nach Greifswald[11] – worauf er dann das Vormundschaftliche Gericht vermögen wird zu Ja oder Nein. Nun turnen sie in Nürnberg und tragen Deutsche Tracht. Wie sollte ein Philister anders urtheilen – als Demagogen riechend. Diese elende, jämmerliche Beschränktheit macht mich bange – ja⟨,⟩ gallig und schwermüthig, (zumal da ich diese Nachricht auf einem 7tägigen Krankenlager ganz durchspinnen konnte). Gott sei Dank! Ich bin nun wieder gesund. Wenn ich

Harnisch und am evangelischen Gymnasium sowie Leiter der öffentlichen Turnanstalt in Breslau, daneben bei Karl Georg Ludwig von Raumer Studium der Mineralogie, 1819 Beschlagnahme von Papieren und Verhöre durch die Polizei, Versetzung an das Gymnasium in Magdeburg, 1820 Entlassung aus dem Staatsdienst „wegen demagogischer Umtriebe" (WBIS), Rückkehr nach Berlin, Beschäftigung mit dem Studium der deutschen Sprache und Erlernung des Drechslerhandwerks und der Holzschneidekunst, 1821 Mitglied des Erziehervereins in Nürnberg und Lehrer an der Bildungsanstalt des Erziehervereins in Nürnberg, Dr. phil. in Jena, 1822 Reise in die Schweiz zu Pestalozzi, Rückkehr nach Berlin zu philologischen Studien, 1823 kurzzeitige Verhaftung 1824 „sprachwissenschaftliche Reise durch die an Handschriften für ältere deutsche Sprache und Literatur reichen Bibliotheken" (WBIS) in Hannover, Wolfenbüttel, Kassel, Frankfurt und in Süddeutschland, 1826 Turnlehrer am königlich-bayerischen Kadetten-Korps, 1827 Habilitation, 1828 Errichtung und Leitung einer öffentlichen Turnanstalt, 1829 außerordentlicher Professor für deutsche Sprache und Literatur in München, Hochzeit mit Franziska Sophie Moré (1807–1850), Tochter von Philipp Nikolaus Moré (1772–nach 1832), Notar in Grünstadt in der Pfalz, dadurch Schwager von Johann Christian Gottlob Heinrich Dittmar, 1835 ordentlicher Professor für deutsche Sprache und Literatur in München sowie Referent für das Schulwesen im bayerischen Ministerium des Unterrichts, 1842 zur Organisation des Turnunterrichts nach Berlin berufen, 1846 außerordentlicher Professor für altdeutsche Sprache und Literatur, 1851 zur Disposition gestellt (vgl. ausführlich Joachim Burkhard Richter: Hans Ferdinand Maßmann. Altdeutscher Patriotismus im 19. Jahrhundert. [= Quellen und Forschungen zur Sprach- und Kulturgeschichte der germanischen Völker, Neue Folge, Bd. 100 = 224]. Berlin / New Yorik 1992); gab unter anderem gemeinsam mit Ernst Wilhelm Bernhard Eiselen die zweite Auflage der Deutschen Turnkunst von Jahn heraus; Mitglied der Berlinischen Gesellschaft für deutsche Sprache und des Frankfurter Gelehrtenvereins für deutsche Sprache, der deutschen Gesellschaft zu Erforschung vaterländischer Sprache und Alterthümer in Leipzig, der Gesellschaft für Pommersche Geschichte und Alterthumskunde in Stettin (vgl. ELAB Berlin, St. Georgen, Taufen, 1768; ELAB Berlin, St. Georgen, Trauungen 1788; ELAB Berlin, St. Matthäus, Bestattungen, 1850; K. F. Ranke, Leben in Briefen, S. 77).

[9] Maßmann hatte 1817 am Wartburgfest teilgenommen und war an der Verbrennung der „unsaubern Bücher" (WBIS) beteiligt gewesen (vgl. hierzu ausführlich ⟨Hans Ferdinand Maßmann⟩: Kurze und Wahrhafte Beschreibung des großen Burschenfestes auf der Wartburg bei Eisenach am 18ten und 19ten des Siegesmonds 1817. [Nebst Reden und Liedern.] Gedruckt in diesem Jahr).

[10] Nicht ermittelt.

[11] Dort hielt sich Kosegarten zu diesem Zeitpunkt auf; im weiteren Verlauf des Jahres trat er in Greifswald eine Professur für das Fach der alttestamentlichen Exegese und der orientalischen Sprachen an der theologischen Fakultät an.

nicht unvorsichtig gewesen wäre, ich stand nämlich nach dem kränksten Abend den ander Morgen um 2 Uhr auf, so hätte ich nur 2 Tage gelegen. Sonderbar⟨,⟩ daß es dasselbe Uebel war, das mich als Kind einige Wochen im Bett hielt nach dem Fall:[12] Uebelkeit nämlich und Kopfschmerz. Die freundlichste Pflege hinderte doch meine Ungeduld nicht. –

O⟨,⟩ Bruder, wie werden doch meine schönsten Hoffnungen durch Dinge getrübt, die ich verachte! – Es wär ein eigenes Geschick⟨,⟩ wenn ich allein nach Nürnb⟨erg⟩ gehen sollte, ohne das Kind[13], das ich besonders im Auge hatte, als ich für Nürnb⟨erg⟩ entschied. Gott verhüte es! Es würde mich oft betrüben.

Da ich in den Ostertagen, oder sogleich nachher⟨,⟩ schon in N⟨ürnberg⟩ eintreffen soll, so wird wohl die Hoffnung auf unsere Zusammenkunft in Wiehe auch vereitelt sein. Ob ich über Frankfurt reisen werde? Ich bin in Geldnoth, und weiß nicht, ob ich dieß möglich mache. [c]Ist es möglich⟨,⟩ so komme ich.[14] Es wäre mir sehr lieb⟨,⟩ wenn Du mit umgehender Post schriebest.[c]

Sollte ich so weit in die Ferne gehen – und Dich⟨,⟩ mein Leopold⟨,⟩ nicht mehr begrüßen. Ich müßte verrückt sein⟨,⟩ wenn ich nicht käm.

Ich denke fast täglich an Dich; auch Du begleitest mich gewiß oft.

Der Herr lasse unsre Bruderliebe immer inniger und reiner werden, zu seines Namens Ehre.

Ewig Dein!
H⟨einrich⟩ R⟨anke⟩.

Malchen[15] grüßt Dich, die Treue!

[c–c]In der Vorlage unterstrichen.

[12] Vgl. Nr. 74.
[13] Allwill Hermann Baier.
[14] Der Besuch in Frankfurt kam aus anderen Gründen nicht zustande (vgl. Nr. 145).
[15] Amalie Baier (1778–1857), Schwester des verstorbenen Hermann Julius Christoph Baier.

Nr. 145

Heinrich Ranke[1] an Leopold Ranke

V: GStA PK VI. HA Nl Hoeft Nr. 37 Kart. 2 (Typoskript)
TD: Fuchs, Heinrich Ranke, S. 156

Berlin⟨,⟩ am 17ten März 1823.
Morgens 9 Uhr.

Mein Leopold,
So nahe, und doch nicht bei Dir. – Es kostete Schmerzen⟨,⟩ als ich in die Reise einwilligen sollte, die mich nicht zu Dir und unsern Guten führte. Dich jedoch hoffe ich bald zu sehn, [a]denn ich bitte sehr,[a] daß Du doch mit uns in Wiehe das Osterfest feiern wollest. Dann sind wir Geschwister hoffentlich alle beisammen und der neue kleine Bruder aus Altenkirchen[2] auch. Wenn Du wieder an das Fenster klopfen wolltest! Machte es Dir Freude, so wollte ich an den heiligen Tagen in der Gemeine von der Herrlichkeit unseres demüthigen und sanften Erlösers verkündigen⟨,⟩ was ich weiß oder[b] ahnde.[3] Und Du könntest, ja⟨.⟩ Du müßtest in der heiligen Frühstunde wieder den verkündigen, der über dem Grabe die Siegesfahne schwinget, wie Du es voriges Jahr so erhebend und tröstend thatest.[4]
Aber unsere Guten – ich gehe so weit weg und sehe sie jetzt nicht mehr. Malchen[5] sagte, als dieß bestimmt wurde, es sei ganz unmöglich. Sie brachte den Vorschlag heraus, daß ich von Berlin nach Frankfurt eilen und Allwill indeß in Berlin bleiben sollte. – Die Mutter[6] aber war dabei so unglücklich, daß sie vor Angst fast unhöflich oder wenigstens unartig wurde

a–a In der Vorlage nachträglich eingefügt.
b Bei Fuchs: „und“.

1 Heinrich Ranke (1798–1876), Bruder Leopold Rankes.
2 Allwill Hermann Baier (1811–1892), der Sohn des verstorbenen Hermann Julius Christoph Baier, Pfarrer in Altenkirchen, dessen Erziehung Heinrich Ranke anvertraut war.
3 Heinrich Ranke hatte in Wiehe zu Ostern 1816 über die „Auferstehung Deutschlands“ gepredigt; am 8. April 1822 war er in Gegenwart von Leopold Ranke in Donndorf erneut auf der Kanzel gestanden (vgl. F. H. Ranke, Jugenderinnerungen, S. 77 und 216).
4 Leopold Ranke hatte über dieses Thema 1822 am Ostermontag in Wiehe gepredigt: „Wie es in diesem Gottesdienste, der in die frühesten Morgenstunden fiel, gewöhnlich war, sprach er nicht von der Kanzel, sondern von dem Lesepult aus, das vor den Stufen des Altars angebracht war. Er sprach von dem Auferstandenen, wie er die Siegesfahne schwingt und sie uns reicht. Das ist eine der theuersten Erinnerungen aus meiner Jugend; denn er sprach mit einer inneren Bewegung und mit einer Kraft und Freudigkeit, die uns ergriff. Es ist wohl die einzige Predigt, die er gehalten hat; sie zeigte, daß er auch als Prediger hätte Großes leisten können, wenn ihm nicht ein anderer Beruf zum Theil geworden wäre.“ (F. H. Ranke, Jugenderinnerungen, S. 216–217.)
5 Amalie Baier (1778–1857), Schwester des verstorbenen Hermann Julius Christoph Baier.
6 Alwina Baier, geb. Kosegarten (1787–1864), Witwe von Hermann Julius Christoph Baier.

und⟨,⟩ um den Strom der sie und uns beengenden Rede zu hemmen, mußte ich es bestimmt versprechen⟨,⟩ Allwill weder zu verlassen noch mitzunehmen nach F⟨rankfurt⟩. — — Unsre lieben Freundinnen[7] sollen mich bedauern, daß es mir unmöglich wurde⟨,⟩ zu Dir und ihnen zu kommen — und auch ihren und Deinen mündlichen Segen mitzunehmen.

Wo bin ich aber gewesen, lieber Bruder? Nur eins fehlte mir. Du nämlich wußtest es nicht, als ich am 12ten März bei unserer lieben W⟨eber⟩[8] in Neu-Strelitz war und nun auch ihre Kinder[9] kennen und lieben lernte. Es war ein schöner Tag — ich freue mich⟨,⟩ Dir mündlich davon zu erzählen. Denke, sie hatte wieder Strümpfe für Heinrich gestrickt — wie vor 2 Jahren. Auch für die Unsrigen in W⟨iehe⟩[10] hat sie mir kleine Geschenke mitgegeben.

Heinrichs[11] und Zehlicke[12] grüßen freundlich.

Grüße doch Stange[13] und Heidler[14] herzlich. Du hast mir einen gar lieben Brief[15] gesendet, auch die Begleitung[16] war⟨,⟩ wie der Hauptbrief⟨,⟩ längst

[7] Friederike Wilhelmine Ahlemann, geb. Schultze (1772–1843), Direktorin einer höheren Bildungsanstalt für Mädchen in Frankfurt an der Oder, und Caroline Beer (1791–1851), Vertraute Leopold Rankes.

[8] Francisca Christiana Jeannette Weber, geb. Krug († 1824), Witwe von Adolph Dietrich Weber (1753–1817), Professor der Rechte in Rostock, gemeinsame Bekannte Leopold und Heinrich Rankes.

[9] Es handelte sich um ihre zwei noch lebenden Stiefsöhne Dr. iur. Joachim Friedrich Adolf Weber (* 1792), Auditor beim Amt Stavenhagen, und Dr. iur. August Wilhelm Ludwig Weber (* 1794), Stadtsyndikus in Neubrandenburg im Großherzogtum Mecklenburg-Strelitz, aus der ersten, 1789 geschlossenen Ehe ihres verstorbenen Ehemannes, des Rostocker Professors Dr. iur. utr. Adolph Dietrich Weber (1753–1817) mit Friederika Magdalena von Prangen (um 1770–1796), der Tochter eines Geheimen Rat zu Kiel; das einzige Kind aus der Ehe zwischen Francisca Christiana Jeannette Krug und Adolph Dietrich Weber, Henriette Dorothea Friderica Jeannette (1798–1799), war zu diesem Zeitpunkt bereits verstorben (vgl. Koppe, Weber, S. 17–18).

[10] Die Eltern, Gottlob Israel (1762–1836) und Friederica Wilhelmina Ranke, geb. Lehmicke (1776–1836), sowie die in Wiehe lebenden Geschwister von Leopold und Heinrich Ranke Johanna (1797–1860), Rosalie (1808–1870) und Ernst Constantin Ranke (1814–1888).

[11] Johann Carl Conrad Heinrichs (1793–1855), Turner, Mitglied des Lützowschen Freikorps und Mitbegründer der Urburschenschaft in Jena, seit 1819 Pfarrer in Friedland in Mecklenburg.

[12] Wohl Johannes Christian Wilhelm Zehlicke (1791–1856), Konrektor am Gymnasium in Friedland in Mecklenburg.

[13] Johann Carl Wilhelm Thomas Stange (1792–1854), Oberlehrer am Friedrichs-Gymnasium in Frankfurt an der Oder.

[14] Wilhelm Ferdinand Heydler (1793–1859), Mitschüler Leopold und Heinrich Rankes in Pforta, Leipziger Studienfreund Leopold Rankes sowie Konrektor am Friedrichs-Gymnasium in Frankfurt an der Oder.

[15] Nicht ermittelt.

[16] Wohl Geld; Heinrich Ranke hatte Leopold Ranke in seinem Brief vom 2. Februar 1823 (Nr. 144) seine Mittellosigkeit geschildert.

ersehnt und traf mich in Bobbin, wo ich im Hause der guten Großmutter[17] etwas von dem Frieden empfand⟨,⟩ der über seinen Bewohnern ruhet. Mein Allwill grüßt Dich⟨,⟩ und Du möchtest nur nach Wiehe kommen. Ich bin sehr glücklich, daß ich an das Leben dies[c]es Kindes so eng geknüpft bin.

Gott wolle Dich innig erfreuen! Amen.

Dein Heinrich.[c]

[c–c] In der Vorlage nachträglich handschriftlich ergänzt.

[17] Margaretha Amalia Baier, geb. Behrens (1753–1834), Mutter des verstorbenen Hermann Julius Christoph Baier.

Nr. 146

Wilhelm Ranke[1] an Leopold Ranke

V: GStA PK VI. HA Nl Hoeft Nr. 1 (Abschrift)
G: GStA I. HA Rep. 92 L. v. Ranke Nr. 26 (nicht erhalten)
TY: GStA PK VI. HA Nl Hoeft Nr. 37 Kart. 2

⟨Halle, nach dem 17. März 1823.⟩[a]

Theurer Leopold,

Wie warst Du mir nach und nach doch so gänzlich entfremdet worden![2] Kaum wußte es mein Herz noch, daß außer Wiehe und Pforte noch manches Andere nahe Ansprüche auf seine Liebe habe. Lebhaft genug fühlte ich dieß bei des lieben Heinrich's[3] so unerwarteter Ankunft.[4] Da wurde mein Gefühl seit langer Zeit wieder zum ersten Male so erregt, daß ich mit tiefer Wehmuth den verlornen, ja! vernachlässigten Schatz betrachtete. Macht doch immer langes Entbehren eines Gutes dessen Besitz nur um so anziehender und erfreulicher!

Nun, so sey denn auch zwischen uns, lieber Leopold, der brüderliche Bund der Freundschaft erneuert! Ich bringe Dir ein volles, aber ruhiges und vertrauendes Herz dar. Möge mein Streben und Sehnen noch mehr, als das bloße Entbehren, wenn nicht den Werth, doch die Wonne des geschlossenen Bundes erhöhen!

Dein Wilhelm.

[a] In der Vorlage datiert Hoeft den Brief auf „Ca. 1824“, im Typoskript auf „Mitte März 1823“; neue Datierung entsprechend Nr. 145 und F. H. Ranke, Jugenderinnerungen, S. 241.

[1] Wilhelm Ranke (1804–1871), Bruder Leopold Rankes, Student in Halle.
[2] Vgl. Nr. 74.
[3] Heinrich Ranke (1798–1876), Bruder Leopold und Wilhelm Rankes, Student in Halle.
[4] Vgl. F. H. Ranke, Jugenderinnerungen, S. 241.

Nr. 147

Leopold Ranke an Heinrich Ranke[1]

V: GStA PK VI. HA Nl Hoeft Nr. 1 (Abschrift)
G: GStA I. HA Rep. 92 L. v. Ranke Nr. 23 (nicht erhalten)
D: L. v. Ranke, Neue Briefe, S. 32–33

⟨Frankfurt an der Oder,⟩ Palmarum ⟨, 23. März 18⟩23.

So sehen wir uns denn auf diese Ostern nicht, Heinrich; mein Gott, wie bald ist das menschliche Leben aus, und wir nehmen die Stunden so wenig wahr; wir lassen leer, was[a] wir mit der Seligkeit voller Liebe, Einmuth[b] und Verbrüderung feyern könnten; könnten[c], wissen wir, ob wirs würden? Du wirst sagen: warum kommst Du nicht? warum, da ich es nicht thunlich gefunden⟨,⟩ nach Frankfurt zu kommen.[2] Ich hatt Dir geschrieben,[3] es gienge nicht, doch würd' ich wohl schwanken, wenn nicht der Examen erst morgen oder übermorgen wäre, d⟨as⟩ i⟨st⟩ Montag und Dienstag. Noch Dienstag Nachmittag habe ich Secunda[4]. Also, bräch ich nun auch Mittwoch früh auf, so wär ich allerhöchstens den heil⟨igen⟩ Abend[5], wahrscheinlich den ersten Feyertag bey Euch[6]. Es wäre zwar immer noch gut, aber wahrscheinlich wirst Du predigen; vielleicht den zweyten damit anfüllen, und den dritten, wie mir Ferdinand[7] gesagt hat, abreisen. In diesem Getümmel erster Begrüßung, oder Zubereitung, der Abreise, dieser Besuche Wiehischer Freunde, des Abschieds, was wären wir einander. Also will ich nicht kommen; will Dir auch keine Vorwürfe machen, daß Du so nahe warest, und um unartiger Worte willen den kurzen Umweg einer Nacht vermiedest.[8]

Ich hätte Appels[9] Gesellschaft, wenn ich reiste; denn Appel wird nach Halle gehen.[10] Du erinnerst Dich, wie wir einmal gegen Weihnachten über

[a] In der Vorlage ursprünglich: „wenn".
[b] In der Vorlage ursprünglich: „Freimuth".
[c] Nachträglich eingefügt.

[1] Heinrich Ranke (1798–1876), Bruder Leopold Rankes.
[2] Vgl. Nr. 145.
[3] Nicht ermittelt.
[4] Unterricht in der Jahrgangstufe „Secunda".
[5] In der Osternacht.
[6] In Wiehe.
[7] Ferdinand Ranke (1802–1876), Bruder Leopold und Heinrich Rankes, Student in Halle.
[8] Vgl. Nr. 145.
[9] Friedrich Ferdinand Appel (1794–1840), Supernumerar bei der Regierung in Frankfurt an der Oder.
[10] Um dort ab Ostern 1823 Staatswissenschaften zu studieren. Appel wohnte wie Ferdinand Ranke und Gottlob Ernst Reymann in der Großen Steinstraße 167 (vgl. Amtliches Ver-

Lossow nach der steilen Wand[11] giengen, und er sich[d] mit Lachen entschuldigte, daß ihn die Schenkel hinderten, gleichen Schritt zu halten. So ist es nun mit seinen übrigen Gliedern beynah auch geworden, und da er seinem Geschäfte[12] die Schuld giebt, will ers wenigstens eine Zeitlang verlassen. Es[e] ist ein guter Mensch. Wir sind jetzt fast alle Sonntag zusammen ausgegangen. Mit wem werd' ich mich nun auf den Sommer baden?

[d] Nachträglich eingefügt.
[e] In der Vorlage ursprünglich: „Er".

zeichnis der Studirenden auf der vereinten Friedrichs-Universität zu halle, nebst Anzeige ihrer Ankunft, ihres Vaterlandes, ihrer Studien und Wohnungen auf das halbe Jahr von Ostern bis Michael 1823. Halle 1823, S. 1, 19–20.).

[11] Hochufer der Oder, etwa ein Kilometer von Lossow und damit etwa acht Kilometer von Leopold Rankes Wohnung in Frankfurt an der Oder entfernt.

[12] Wohl seiner sitzenden Tätigkeit als Supernumerar bei der Regierung in Frankfurt an der Oder.

Nr. 148

Heinrich Ranke[1] an Leopold Ranke

V: GStA PK VI. HA Nl Hoeft Nr. 37 Kart. 2 (Typoskript)
TD: FUCHS, Heinrich Ranke, S. 157–159

Nürnberg⟨,⟩ am 7[a]ten April 1823.

Mein lieber Leopold,
Herzlichen Gruß aus der alten⟨,⟩ herrlichen Reichsstadt – o⟨,⟩ komm doch bald zu uns, wie Du mir Hoffnung machtest.
Am dritten Osterfeiertag[2] fuhren wir mit Ferdinand[3] aus Wiehe. Die Glocken läuteten zur Metten⟨,⟩ als wir die Lehmengrube neben dem Wagen hinaufgingen. Abends kamen wir nach Erfurt, Ferdinand hatte uns bis vor Cölleda begleitet. In E⟨rfurt⟩ fanden wir freundliche Aufnahme und Nachtquartier bei der Mutter[4] eines Heinr⟨ich⟩ Schmidt[5], der auf Rügen Hauslehrer ist. Hannchen[6], gleichalterig mit Röschen[7]⟨,⟩ führte uns auf

[a] In der Vorlage ursprünglich: „3", im Teildruck von FUCHS ebenfalls auf „7. April 1823" datiert.

[1] Heinrich Ranke (1798–1876), Bruder Leopold Rankes, Lehrer an der Bildungsanstalt des Erziehervereins in Nürnberg.
[2] 1. April 1823.
[3] Ferdinand Ranke (1802–1876), Bruder Leopold und Heinrich Rankes, Student in Halle.
[4] Johanna Christiana Schmidt, geb. Melzer (1771–1836), Tochter von Johann Justus Melzer (1723–1796), Pfarrer in Bischleben bei Erfurt, und Friederike Sophie Melzer, geb. Büchner (∗ 1749), 1797 Hochzeit mit Johann Christian Schmidt (1749–1819), Regierungs- und Bauinspektor in Erfurt (vgl. Archiv KPS Erfurt, Reglerkirche, Trauungen 1797; Archiv KPS Erfurt, St. Thomas, Bestattungen 1819 und 1836; Archiv KPS Bischleben, Taufen 1771; Thüringer Pfarrerbuch, Bd. 1: Gotha, S. 184 und 457).
[5] Johann Heinrich Daniel Schmidt (1800–1875), Sohn von Johann Christian und Johanna Christiana Schmidt, geb. Melzer, Gymnasium Erfurt, 1819 Studium der Theologie in Halle, 1822 Erstes Theologisches Examen in Halle, Hauslehrer auf Rügen, 1825 Lehrer, später Konrektor an der Predigerschule, Oberlehrer an der Knabenoberschule, Rektor der Mädchenmittelschule in Erfurt, 1828 Nachmittagsprediger, 1830 Oberpfarrer an der St. Thomas-Kirche in Erfurt, Hochzeit mit Rosalie Ranke (1808–1870), 1844 Senior an St. Thomas-Kirche in Erfurt, 1846 Oberpfarrer, 1850–1869 zugleich Superintendent in Weißensee in Thüringen; aus der Ehe gingen sechs Kinder hervor: Marie (∗ 1831–1895), Gustav (∗ 1832–1880), Elisabeth (∗ 1835), Anna (∗ 1837–nach 1870), Friedrich Wilhelm August (∗ 1839–nach 1881), Rosalie (1842–1910), Klara (1845–1918) (vgl. Archiv KPS Erfurt, Reglerkirche Taufen 1800; Pfarrerbuch Kirchenprovinz Sachsen, Bd. 7, S. 519–520; L. v. Ranke, Zur eigenen Lebensgeschichte, S. 605).
[6] Johanna Schmidt (∗ 1808), Tochter von Johann Christian und Johanna Christiana Schmidt, geb. Melzer, Schwester von Johann Heinrich Daniel Schmidt.
[7] Rosalie Ranke (1808–1870), Schwester Leopold und Heinrich Rankes.

den Platz „vor den Graden“[8]⟨,⟩ wo man den erhabenen Dom sieht, dessen Chor auf Gewölben ruhet. Eine Frau[9] stand neben ihrem Eimer auf dem Platz. Wir wollten sie nach dem Kirchner[10] fragen. „Ist Ihnen noch gefällig zur großen Glocke[11]?“ – Eben da. – Sie führte uns nun die Stufen zur linken Seite des Doms hinauf. Oben blieb ich vor einem hohen Crucifix stehen. Die Frau setzte ihren Eimer nieder, hinter mir: „Das ist der liebe Gott am Kreuz.“ Ich hatte in der ganzen stillen Woche[12] kein so tiefes Charfreitagswort gehört. Wir stiegen nun den Thurm hinauf zur Glocke. Ich saß eben unter ihr, um sie von unten[b] zu betrachten, so kamen zwei junge Leute[13] herauf, die, von Schmidts Mutter gesandt, uns hier in der Höhe begrüßten. Es war dämmerig, als wir in den Dom gingen, nur die Gesellschaft verhinderte mich, hier niederzusinken. Ich ging allein durch die hohen Säulengänge, die in Stein gehauenen Bilder sahen mich geisterhaft an. Ein Denkmal des Grafen von Gleichen[14] mit seinen 2 Frauen[15] ist hier –, eine Mutter Gottes von Kranach[16]. Am andern Morgen eilten wir nach 5 Uhr zur Messe im Dom. Die Leute knieten und beteten andächtig. Mich erfüllte tiefe Betrübniß⟨,⟩ daß dieser tägliche Gottesdienst nicht mehr bei uns ist. Woran könnten die Leute in dieser Frühe gehindert werden? Der Prediger könnte ja auch bei uns am Altar singen, oder still

[b] In der Vorlage nachträglich handschriftlich verändert zu „innen“.

[8] Platz vor dem Dom bei der Straße „An den Graden“, am südlichen Ende des Domplatzes; die Bezeichnung Graden (lat. gradus = Stufe) bezieht sich auf die breiten Stufen, die an dieser Stelle zum Dom und zur Severikirche hinaufführen.

[9] Nicht ermittelt.

[10] Nicht ermittelt.

[11] Die sogenannte „Gloriosa“ ist die größte frei schwingende mittelalterliche Glocke der Welt.

[12] Karwoche, Woche vor Ostern.

[13] Nicht ermittelt.

[14] Eventuell Ernst II. Graf von Gleichen († 1170) oder Erwin II. Graf von Gleichen († um 1193), Inhaber der Vogtei über die Stadt Erfurt.

[15] Nicht ermittelt. Nach einer in der Romantik bekannten Sage handelte es sich bei den drei dargestellten Personen nicht um einen der genannten beiden Grafen und seine Ehefrauen aus zwei aufeinanderfolgenden Ehen, sondern um einen Graf von Gleichen, der 1227 am Kreuzzug Friedrichs II. teilgenommen habe und vor Akkon in Gefangenschaft geraten sei. Aus dieser sei der Graf mit Hilfe der Tochter des Sultans, Melechsala bzw. Selina geflohen. In Rom hätte die Heidin vom Papst die Taufe und die Erlaubnis erhalten, den Graf als zweite Ehefrau zu heiraten, bevor er zu seiner Ehefrau nach Thüringen zurückkehrte. Die Sage entstand eventuell im Hinblick auf die Doppelehe Landgrafs Philipp I. von Hessen (1506–1567) mit Christine von Sachsen (1505–1549) und Margarethe von der Saale (1522–1566) (vgl. etwa Heinrich Döring: Der Graf von Gleichen. Romantische Volkssage. Gotha / Erfurt 1836; Jutta Assel / Georg Jäger: Grafen von Gleichen und seine Doppelehe, in: http://www.goethezeitportal.de/wissen/illustrationen/legenden-maerchen-und-sagenmotive/graf-von-gleichen.html, Zugriff: 23. April 2011; http://www.th.schule.de/ef/gs31/datenbank/hg/hg_sa/gleichen1.htm, Zugriff: 23. April 2011).

[16] Lucas Cranach, der Ältere (1472–1553): „Madonna mit dem Kinde“ von 1522.

beten – ohne zu predigen – ⟨,⟩ und die Gemeinde hielt ihr Morgengebet auf den Knien – in Gemeinschaft. In 3 Kirchen heute[c] eine[d] Messe. – Von E⟨rfurt⟩ fuhren wir über Arnstadt hart am Thüringerwald nach Ilmenau, wo leider der liebe Vetter[17] nicht mehr lehrt.[18] Das Gebirg ist hier noch ganz mit Schnee bedeckt. Aber welch eine herrliche Bildung des Gebirgs – welche Schluchten, Wälder und Höhen! 5 Stunden lang fuhren wir über Schnee; am südlichen Abhang des Gebirges ist die Gegend viel freundlicher. Abends waren wir über Hildburghausen nach Coburg gekommen – nun schon in dem schönen Frankenlande, das Du ja besser kennst, als ich.[19] In C⟨oburg⟩ stiegen wir auf die Ehrenburg[20], wo wir Luthers[21] Zimmer mit herrlicher Aussicht auf den Thüringer Wald, viele Ahnenbilder, und Zimmer und Waffen besahen. Von hier nach Bamberg⟨,⟩ wo der katholische Gottesdienst weit und breit am prächtigsten ist. Im Dom (mit dem Denkmal Heinrichs II.[22] und seiner jungfräulichen Kunigund[23],) ist ein überaus schönes Bild von Kranach, Himmel und Erde darstellend. Der Himmel ist von einem schönen Rosenkranz eingefaßt.[24] Oben Gott Vater, zu seiner Rechten kniet Maria. Unter ihm die himmlischen Chöre der Apostel⟨,⟩ Märtyrer⟨,⟩ Heiligen und Jungfrauen. In ihrer Mitte ist das Kreuz mit dem Erlöser aufgerichtet. Rings um diese Himmlischen stehen Cherubinen und Seraphinen. Um diese dann der Kranz. Unter dem Himmel zur Rechten knien die Geistlichen vom Papst bis zur Nonne, links die Weltlichen vom Kaiser bis zum Bauer. Ich habe kein so schönes Bild von Kranach gesehen. Im Bamberger Dom muß man viele Tage auf⟨-⟩ und abgehen. –

[c] In der Vorlage nachträglich handschriftlich verändert zu „hörten".
[d] In der Vorlage nachträglich handschriftlich verändert zu „wir".

[17] Gotthard Christian August Thieme (1780–1860), 1813–1822 Diakonus in Ilmenau. Die Verwandschaftsbeziehungen Thiemes zur Familie Ranke beruhten auf den Großeltern mütterlicherseits, dem Allstedter Superintendenten August Rudolph Wahl (1716–1780) und seiner Ehefrau Dorothea Eleonore Eberhardt (* 1715), deren Schwester Magdalena Sophie Elisabeth (1719–1771) die Ehefrau von Johann Heinrich Israel Ranke (1719–1799) und damit die Großmutter von Heinrich und Leopold Ranke war (vgl. Pfarrerbuch Kirchenprovinz Sachsen, Bd. 9, S. 202–203; freundliche Auskunft von Gottfried Braasch, 25.8.2009).
[18] Thieme wirkte ab Oktober 1822 als Diakonus in Allstedt und Pfarrer in Mönchpfiffel.
[19] Anspielung auf Leopold Rankes Reise an den Rhein im Spätsommer und Frühherbst 1817, bei der er auch Franken durchquerte.
[20] Die Veste Coburg; beim heutigen Schloß Ehrenburg handelt es sich um die Stadtresidenz der Coburger Herzöge.
[21] Martin Luther (1483–1546), Reformator.
[22] Heinrich II. (973–1024), Kaiser des Heiligen Römischen Reichs.
[23] Kunigunde († 1033), Tochter Siegfrieds Graf von Lützelburg († 998), Ehefrau Kaiser Heinrichs II.
[24] Dieses Motiv gab dem „Rosenkranzgemälde" Cranachs von etwa 1520 den Namen (zur Bewertung von Lukas Cranach durch Leopold Ranke vgl. L. v. Ranke, Tagebücher, Nr. 222, 223 und 230, S. 190–191, 220–221).

Von B⟨amberg⟩ fuhren wir Sonnabends, am 5ten April⟨,⟩ über Vorchheim, wo wir auch eine sehr schöne Katholische Kirche sahen nach Erlangen.[25] Wir gingen zu Prof⟨essor⟩ Schubert[26], an den ich von Leidenroth[27] einen Brief, von Neander[28] einen Gruß hatte. Schon vor dem Zimmer hörte ich

[25] Die im Folgenden beschriebenen Erlebnisse hat Heinrich Ranke auch ausführlich in seiner Autobiographie dargestellt (vgl. F. H. Ranke, Jugenderinnerungen, S. 244–246).

[26] Gotthilf Heinrich Schubert (1780–1860), Professor für allgemeine Naturgeschichte und Mineralogie in Erlangen. Der spätere Schwiegervater Heinrich Rankes war Leopold und Heinrich Ranke zu diesem Zeitpunkt nur als Autor bekannt (vgl. Nr. 57). Schubert schildert in seiner Selbstbiographie die Ankunft Heinrich Rankes in seinem Hause: „Da traten an einem sonnig schönen Nachmittag, den wir im Garten am Hause zubrachten, ein Jüngling und ein Knabe zu uns herein, welche von Raumer und seinem kleinen Volke fröhlich und vertraulich wie alte, liebe Bekannte, bewillkommnet wurden. Ich betrachtete mir den Jüngling, wie er mit seiner Reisetasche auf dem Rücken so vor mir stand. Er hatte mir gleich mit seinem ersten Gruße Viel zu sagen, denn er kam von der Insel Rügen, aus dem Hause und von dem Herzen meines Freundes, des Pfarrer Baier, und der Knabe, den er mir da zuführte, war Allwill, jenes glückliche Kind, dem der Vater die Grundtöne seines eigenen Wesens, noch ehe es Menschenworte verstand, in sein Gemüth gesungen hatte. ⟨...⟩ An dem Führer aber des Knaben hing mein Auge und bald auch mein Herz mit besonderem Gefallen. Die jugendlich blühende Wohlgestalt des Jünglings war wohl eine schöne, ihm von Gott geschenkte Zierde, schöner aber noch stand ihm die Zierde der Demuth an. Sein ganzes Wesen trug das Johanneische Gepräge eines Gemüthes, das durch die kindlich treue Liebe zu dem Herrn geweiht und zubereitet ist für Thaten der Liebe an den Menschenseelen. Wer in dieses Auge sah, dem kam daraus der Blick eines reinen, guten Gewissens entgegen. ⟨...⟩ Der Jüngling hieß Heinrich Ranke, war aus Preußen, Candidat der Theologie und der Philologie, aus Wolf's Schule in Halle." (Schubert, Erwerb und Erwartungen, Bd. 3/II, S. 463–464.).

[27] Johann Christian Leidenroth (1793–1854), Mitschüler von Leopold und Heinrich Ranke in Pforta, Lehrer an der Klosterschule in Roßleben.

[28] Johann Wilhelm August Neander (1789–1850), bis 1806 David Mendel, Sohn von Emanuel Gumprecht Mendel († nach 1813), Neffe von Henriette Scholtz, geb. Mendel, geschied. Wertheimer, der Ehefrau des preußischen Legationsrats Hieronymus Gottfried Scholtz († 1834), Verwandter Moses Mendelssohns (1729–1786); 1803 Johanneum in Hamburg, gemeinsam mit Karl August Varnhagen (1785–1858), 1805 Akademisches Gymnasium in Hamburg, 1806 Taufe, Taufpaten: Johannes Gurlitt (1754–1827), Wilhelm Neumann (1781–1834) und Karl August Varnhagen, 1806 Studium der Theologie und Philosophie in Halle, wo auch Neumann und Varnhagen ein Studium der Philosophie aufnahmen, nach der Schließung der Universität Halle durch Napoleon Studium in Göttingen, 1809 Erstes Theologisches Examen in Hamburg, 1810 Lic. theol. in Wittenberg, 1811 Dr. theol., 1812 Extraordinarius in Heidelberg, 1813 ordentlicher Professor der Theologie in Berlin, die Berufung erfolgte auf Empfehlung Niebuhrs; Neander, der über Kirchengeschichte und Exegese des Neuen Testaments las, war einer der Gegner Hengstenbergs (vgl. Nr. 197), der eine Erneuerung der lutherischen Orthodoxie betrieb; Neanders Hauptwerk war die „Allgemeine Geschichte der christlichen Religion und Kirche", 6 Bde. in 11 Teilbdn., Hamburg, zuerst 1825–1852; Heinrich Ranke hatte Neander erst kurz zuvor, im März 1823, in Berlin kennengelernt (vgl. F. H. Ranke, Jugenderinnerungen, S. 238–239).

Raumers[29] Stimme. Er war mit Frau[30] und Kind[31] noch hier. Schubert empfing uns sehr herzlich, die gutmüthigste, freundlichste, liebevollste Seele. Wir wurden gebeten⟨,⟩ den Nachmittag und die Nacht hier zu bleiben. Wir thaten es gern. Nachmittag gingen wir zu Prof⟨essor⟩ Pfaff[32], wo bald Schellings[33] Frau[34] und Töchterlein[35] auch ankamen. Endlich kam der Held selbst[36] mit seinem scharfblickenden Auge. Anfangs stockte es

[29] Karl Ludwig Georg von Raumer (1783–1865), bis März 1823 Professor für Mineralogie in Halle; er hielt sich schon seit dem Ostermontag 1823 bei Schubert auf (vgl. K. v. Raumer, Leben, S. 317), mit dem er seit der gemeinsamen Studienzeit in Freiberg befreundet war.

[30] Friederike von Raumer, geb. Reichardt (1790–1869), Tochter von Johann Friedrich Reichardt (1752–1814), Komponist und Hofkapellmeister Friedrichs des Großen.

[31] Zu diesem Zeitpunkt hatten Karl Ludwig Georg von Raumer und seine Frau drei Kinder: Dorothea Sophie Luise (1812–1848), Rudolf Heinrich Georg (1815–1876) und Hans von Raumer (1820–1851).

[32] Johann Wilhelm Andreas Pfaff (1774–1835), Sohn von Friedrich Burkhard Pfaff (1738–1825), Geheimer Oberfinanzrat, Gymnasium in Stuttgart, 1791 Studium der Theologie und Aufnahme in das Stift in Tübingen, 1796 Erstes Theologisches Examen, 1800 Repetent im Stift, nachdem sein Bruder Johann Friedrich (1765–1825) einen Ruf nach Dorpat abgelehnt hatte, 1803 Professor der Mathematik und Astronomie in Dorpat, 1804 Hochzeit mit Pauline von Patkul († 1816), 1809 Professor der Mathematik am Nürnberger Realinstitut, das von Gotthilf Heinrich Schubert als Direktor geleitet wurde, 1816 außerordentlicher Professor für Mathematik und Physik in Würzburg, 1817 Hochzeit mit der Witwe Luise Kraz, geb. Planck, 1818 ordentlicher Professor für Physik in Erlangen; neben seinen naturwissenschaftlichen Forschungen beschäftigte er sich auch mit der Astrologie, der vergleichenden Sprachwissenschaft und der ägyptischen Archäologie, so gab er etwa ausgehend von Athanasius Kircher eine polemische Abhandlung gegen Champollion heraus.

[33] Friedrich Wilhelm Joseph (ab 1812: von) Schelling (1775–1854), Sohn von Joseph Friedrich Schelling (1737–1812), Diakonus in Leonberg, und Gottliebin Marie Schelling, geb. Cleß (1746–1818); 1785 Lateinschule in Nürtingen, 1787 Höheres Seminar in Bebenhausen, 1790 Eintritt in das Stift, und bis 1792 Studium der Philosophie und Theologie in Tübingen, Studienfreund Hegels, 1795 nach dem Konsistorialexamen Hofmeister der Barone Riedesel, 1798 außerordentlicher Professor der Philosophie in Jena, 1803 ordentlicher Professor der Philosophie in Würzburg, 1806 ordentliches Mitglied der Physikalischen Klasse, 1807 der Philologisch-Philosophischen Klasse der Akademie der Wissenschaften in München, 1807 Generalsekretär der Akademie der Bildenden Künste (bis 1823), 1817 Sekretär der Philologisch-Philosophischen Klasse der Akademie der Wissenschaften in München, 1820 auf eigenen Wunsch an der Akademie der Wissenschaften beurlaubt, Honorarprofessor für Philosophie in Erlangen, 1827 ordentlicher Professor der Philosophie, Präsident der Akademie der Wissenschaften und Generalkonservator der staatlichen wissenschaftlichen Sammlungen in München, Mitwirkung an der Entwicklung des bayerischen Schulplans und der Studienordnung der Philosophischen Fakultät, 1835 Lehrer des Kronprinzen Maximilian, 1841 ordentlicher Professor für Philosophie in Berlin, 1842 auswärtiges Mitglied der Philologisch-Philosophischen Klasse der Akademie der Wissenschaften in München, 1846 Ende der öffentlichen Lehrtätigkeit.

[34] Pauline Schelling, geb. Gotter (um 1788–1854), zweite Ehefrau Schellings, Tochter des Geheimen Sekretärs und Schriftstellers Friedrich Wilhelm Gotter (1746–1797).

[35] Julie Friederike Wilhelmine Schelling (1821–1885), 1843 Hochzeit mit Carl Friedrich Hermann (ab 1856: von) Eichhorn (1813–1892), Sohn von Johann Albrecht Friedrich Eichhorn (1779–1856), preußischer Minister der Geistlichen, Unterrichts- und Medizinalangelegenheiten.

[36] Friedrich Wilhelm Joseph von Schelling.

etwas, da faßte ich mir ein Herz, und fragte⟨,⟩ ob er sich auf Baier[37] und Schwarz[38] noch besinne. So kamen wir zu sprechen noch[e] auf jene[f] Zeit⟨,⟩ da Fichte[39] abgesetzt[40] war. Nach und nach kamen die Herren in ein geognostisches Gespräch[41] ⟨,⟩ wo er Raumer mit großem Interesse hörte. Er sagte, er habe seine Ideen hierüber, jedoch fehle ihm[g] die positive Kenntniß der Thatsachen. Mit gewaltiger Stärke und feurigem Blick sprach er, besonders konnte man seinen Scharfsinn an seinen Fragen bemerken. Vorher noch lobte er Wolf[42] in B⟨erlin⟩ vor allen Philologen, die er sehr tief unter ihn stellt. Ueber das Buch[43] von Heinrichs[44] äußerte er, es sei ganz

[e] In der Vorlage nachträglich gestrichen.

[f] In der Vorlage nachträglich zu „von jener" verändert.

[g] In der Vorlage nachträglich handschriftlich eingefügt.

[37] Hermann Julius Christoph Baier (1775–1822), verstorbener Pfarrer von Altenkirchen auf Rügen, in dessen Haushalt Heinrich Ranke zeitweise als Hauslehrer wirkte; Baier hatte von 1797 bis 1800 in Jena studiert und sich dort gegen die Absetzung Fichtes eingesetzt.

[38] Adolph Philipp Theodor Schwarz (1777–1850), Pfarrer in Wiek auf Rügen; Schwarz hatte von 1798 bis 1800 in Jena studiert und unter anderem Vorlesungen bei Fichte und Schelling gehört.

[39] Johann Gottlieb Fichte (1762–1814), 1794–1799 Professor der Philosophie in Jena.

[40] Fichte wurde 1799 in Jena abgesetzt, da er das gegen ihn im Zusammenhang mit dem sogenannten „Atheismusstreit" verhängte Schweigegebot gebrochen hatte; der Streit war um seinen Aufsatz „Ueber den Grund unseres Glaubens an eine göttliche Weltregierung" (1798) entbrannt.

[41] Ein Gespräch über geologische Fragen.

[42] Friedrich August Wolf (1759–1824), Professor für Philologie in Berlin.

[43] Vermutlich: Hermann Friedrich Wilhelm Hinrichs: Die Religion im inneren Verhältnisse zur Wissenschaft. Nebst Darstellung und Beurtheilung der von Jacobi, Kant, Fichte und Schelling gemachten Versuche, dieselbe wissenschaftlich zu erfassen, und nach ihrem Hauptinhalte zu entwickeln. Mit einem Vorworte von Georg Wilhelm Friedrich Hegel. Heidelberg 1822.

[44] Wohl: Hermann Friedrich Wilhelm Hinrichs (1794/1797–1861), Sohn von Ulrich Wilhelm Hinrichs († 1823), Pfarrer in Karlseck in Oldenburg, und Dorothea Sophia Hinrichs, geb. Ewen, Gymnasium in Jever, 1812 Studium der Theologie, 1813 der Rechte in Straßburg, 1814 in Heidelberg, 1816 Studium der Philosophie, unter anderem bei Hegel, 1819 Habilitation in Heidelberg, 1822 außerordentlicher Professor in Breslau, 1824 ordentlicher Professor der Philosophie in Halle; er veröffentlichte unter anderem: Aesthetische Vorlesungen über Goethe's Faust als Beitrag zur Anerkennung wissenschaftlicher Kunstbeurteilung. Halle 1825 (als Herausgeber); Grundlinien der Philosophie der Logik als Versuch einer wissenschaftlichen Umgestaltung ihrer bisherigen Principien. Zum Gebrauch bei academischen Vorlesungen. Halle 1826; Schillers Dichtungen nach ihren historischen Beziehungen und nach ihrem inneren Zusammenhange. Erster, Lyrischer Theil; Zweiter, dramatischer Theil in 2 Bdn., Leipzig 1837–1839; Hinrichs' Politische Vorlesungen. Unser Zeitalter und wie es geworden, nach seinen politischen, kirchlichen und wissenschaftlichen Zuständen, mit besonderem Bezuge auf Deutschland und namentlich Preußen. In öffentlichen Vorträgen an der Universität Halle dargestellt. 2 Bde., Halle 1843; Hinrichs' Ferienschriften. Ostern 1845. Die Deutsche Verfassungsfrage. Darstellung und Kritik der Carlsbader Verhandlungen über die Interpretation des Artikel 13. der Bundesacte. Halle 1845.

jämmerlich. Ich erzählte ihm von meinem Examen bei Hegel[45]. Er sagte, man vergesse gewönlich⟨,⟩ daß das Meiste, was dieser lehre, von andern herrühre; sein Neues aber wäre eben noch sehr in Streit. Ueber Fichte sprach ich so unschuldig mit ihm, als hätte ich nicht gewußt, wie er ihn in Schriften mitgenommen.[46] – Wir drei Männer begleiteten den Helden in seine Wohnung. Ich kam zu der Ehre⟨,⟩ bei ihm mit Raumers und Schuberts zu Abend zu essen. Hier kamen keine gelehrten Gespräche vor, er benahm sich sehr freundlich gegen Alle. Schubert ist sein Dutzbruder – Und Raumer hat er sehr lieb gewonnen. –
Am 6ten April Sonntags früh gingen wir in[h] Schuberts Garten am Haus, auf und ab. Da kam Dittmar[47] mit 2 Lehrern⟨,⟩ Steinlein[48] und Grosch[49].

[h] Nachträglich handschriftlich eingefügt.

[45] Georg Wilhelm Friedrich Hegel (1770–1831), Sohn von Georg Ludwig Hegel (1733–1799), Rentkammer-Sekretär in Stuttgart, und Maria Magdalena Hegel, geb. Fromm (1741–1783), Privatunterricht, 1773 Deutsche Schule, 1780 Gymnasium Illustre in Stuttgart, 1788 Studium der Theologie in Tübingen, Aufnahme in das Evangelische Stift, Freundschaft mit Johann Christian Friedrich Hölderlin und Friedrich Wilhelm Joseph Schelling, 1790 Magister der Philosophie, 1793 Magister der Theologie und Erste Theologische Prüfung, Hauslehrer bei Karl Friedrich von Steiger (1754–1841), Mitglied des Großen Rats in Bern und Landvogt in Interlaken, 1797 Hauslehrer bei Johann Noë Gogel (1758–1825), Kaufmann in Frankfurt am Main, 1801 Habilitation in Jena, 1802–1803 gemeinsam mit Schelling Herausgeber des Kritischen Journals der Philosophie, 1805 außerordentlicher Professor der Philosophie in Jena, März 1807 Redakteur der Bamberger Zeitung, Dezember 1808 Rektor des Ägidien-Gymnasiums in Nürnberg, 1811 Hochzeit mit Marie Susanne Helene Freifrau von Tucher von Simmelsdorf (1791–1855), Tochter von Jobst Wilhelm Karl Freiherr von Tucher von Simmelsdorf (1762–1813), Senator in Nürnberg, und Susanna Maria Freifrau von Tucher von Simmelsdorf, geb. Freifrau Haller von Hallerstein (1769–1832), Herbst 1816 ordentlicher Professor der Philosophie in Heidelberg, Herbst 1818 in Berlin; Hegel war einer der Prüfer beim Schulamtsexamen, das Heinrich Ranke im Juni 1821 in Berlin ablegte (vgl. Friedhelm Nicolin: Von Stuttgart nach Berlin. Die Lebensstationen Hegels [= Marbacher Magazin 56 (1991)], Marbach 1991; F. H. Ranke, Jugenderinnerungen, S. 203–204).

[46] Vgl. etwa Friedrich Wilhelm Joseph Schelling: Darstellung meines Systems der Philosophie, in: Zeitschrift für spekulative Physik 2 (1801), Heft 2, S. III–XIV, 1–127 oder Darlegung des wahren Verhältnisses der Naturphilosophie zu der verbesserten Fichte'schen Lehre. Eine Erläuterungsschrift der ersten von F. W. J. Schelling. Tübingen 1806.

[47] Johann Christian Gottlob Heinrich Dittmar (1792–1866), Leiter der Bildungsanstalt des Erziehervereins in Nürnberg.

[48] Leonhard Steinlein (1794–1838), aus Steinbühl bei Nürnberg, Besuch des Gymnasiums, später der Realanstalt Nürnberg, 1819 Mitbegründer des Erziehervereins, Lehrer an der Bildungsanstalt des Erziehervereins in Nürnberg, 1824 Studium der Philologie, Mathematik und Naturgeschichte in Erlangen, Hauslehrer in der Familie eines Graf von Lippe in Erlangen zugleich Lehrer an der Realschule, 1827 Dr. phil., April 1829 Hilfslehrer an der Musterschule in Frankfurt am Main, 1834 Hochzeit mit Meta Bayer, Tochter eines Pfarrers in Kirchardt (Baden), 1837 Lehrer an der Musterschule in Frankfurt am Main (vgl. Kössler, Personenlexikon, Bd. Staa-Stutzki, S. 57; Verzeichnis Erlanger Promotionen, Bd. 1, S. 342: Philosophische Fakultät Nr. 1514).

[49] Johann Georg Grosch (1796–1862), Sohn eines Lehrers in Schalkau (Herzogtum Sachsen-Meiningen), Besuch des Lehrerseminars in Meiningen, Hauslehrer, 1816 Lehrer an der

Sie wollten Raumer abholen und fanden mich nun auch schon mit Allwill.[50] Dittmar ist kleiner als ich, blaß, mit schwarzem Haar, sinnig, ernst. Ich habe ihn innig lieb gewonnen. Grosch um einen halben Kopf größer als ich, Mathematiker, roth, frisch, mit langem Haar und Deutschem Rock⟨.⟩ Steinlein kleiner [als][i] Dittmar, kräftig, stämmig. Liebe⟨,⟩ gute Menschen. Wir gingen in die Kirche⟨,⟩ wo wir von Kraft[51] eine herrliche⟨,⟩ erweckende Predigt von der ewigen Seligkeit hörten. Nach der Kirche kamen Schellings⟨,⟩ um von Raumer Abschied zu nehmen. Sch⟨elling⟩ sprach viel mit D⟨ittmar⟩ und sagte ihm, daß er nun auch bald kommen werde, die Anstalt zu sehen. Er hat schon graues Haar.

Gegen 3 Uhr fuhren wir in 2 Kutschen von Erlangen ab gen Nürnberg. Allwill und ich schauten fleißig aus. Endlich sah er mit bloßem Auge die Burg und die Thürme der Lorenzkirche, ich erkannte sie mit Freuden

[i] Klammern in der Vorlage handschriftlich eingefügt.

„Pestalozzischen Privat-Erziehungs- und Jahnischen Turnanstalt" von Friedrich Christian Georg Kapp (1792–1866) und Johann Christian Gottlob Heinrich Dittmar (1792–1866) in Würzburg, 1817 Lehrer für Arithmetik, Geometrie, Zeichnen, Turnen an der „Dittmar'schen und Hermann'schen Erziehungs- und Unterrichtsanstalt" in Nürnberg, 1819 an der daraus erwachsenen „Bildungsanstalt des Erziehervereins", 1824 Studium der Chemie und Mineralogie, zugleich Hauslehrer in der Familie des bayerischen Staatsministers der Finanzen, Maximilian Emanuel Freiherr von Lerchenfeld (1778–1843), der 1816 als „Civilgouverneur" von Würzburg die dortige Schulgründung Dittmars unterstützt hatte, 1826 auf Grund der Ernennung Lerchenfelds zum bayerischen Bundestagsgesandten Übersiedlung nach Frankfurt am Main, Juli 1826 provisorische Anstellung, Juni 1828 definitive Anstellung an der Musterschule, 1830 Hochzeit mit Anna Maria Martha Pollich (1806–nach 1862) aus Stromberg, Januar 1847 Abschied, danach Rektor der Landwirtschafts- und Gewerbeschule in Frankfurt am Main, 1854 Rektor der Landwirtschafts- und Gewerbeschule in Zweibrücken (vgl. Kössler, Personenlexikon, Bd. G, S. 260); im April 1829 tritt mit Leonhard Steinlein (1794–1838), ein weiterer Lehrer der vom Erzieherverein in Nürnberg getragenen Bildungsanstalt in die Frankfurter Musterschule ein (vgl. Kössler, Personenlexikon, Bd. Staa-Stutzki, S. 57).

[50] Allwill Hermann Baier (1811–1892), der Heinrich Ranke anvertraute Sohn des verstorbenen Hermann Julius Christoph Baier.

[51] Johann Christian Gottlob Ludwig Krafft (1784–1845), Sohn von Elias Christoph Krafft (1748–1798), reformierter Prediger in Duisburg, und Johanne Ulrike Krafft, geb. Leidenfrost (1752–1819), Tochter von Johann Gottlob Leidenfrost (1715–1794), Professor der Medizin in Duisburg; Gymnasium in Duisburg, 1803 Studium der reformierten Theologie in Duisburg, 1806 Privatlehrer in Frankfurt am Main, 1808 reformierter Prediger in Weeze bei Kleve, 1811 Hochzeit mit Katharine Wilhelmine Neumann (1785–1833), Tochter von Peter Neumann (1750–1825), evangelischer Prediger in Kleve, 1817 auf Vorschlag von Johann Christoph Spieß (1799 deutsch-reformierter Pfarrer in Duisburg, 1813 Pfarrer in Frankfurt am Main) Pfarrer der deutsch-reformierten Gemeinde in Erlangen, 1817 Dr. theol., 1818 außerordentlicher Professor der reformierten Theologie in Erlangen, 1821 unter dem Einfluß von Johann Arnold Kanne und dem Katholiken Martin Ried ein Erweckungserlebnis, 1824 Gründung einer Erziehungsanstalt für arme und verwahrloste Töchter, Mitbegründer des bayerischen Bibelvereins; neben seiner Dissertation erschienen zahlreiche seiner Predigten im Druck.

durch die Brille. – Näher an der Stadt erwarteten uns Bauer[52] (Dürres[53] Freund) und Brest[54]⟨,⟩ ein hiesiger Lehrer. Weiterhin sahen wir die Zöglinge der Anstalt nach der Stadt zurückgehen (weil sie gemeint hatten, wir würden erst später kommen). Nicht lange, so kamen sie in vollem Lauf uns entgegen, reichten uns die Hände in den Wagen, gar fröhliche, muntere Jungen. Ein kleiner 7jähriger (Richard[55]) kam auch; ich zog ihn bei der Hand in die Kutsche auf meinen Schooß. Als wir durch die Vorstadt fuhren, glänzte die Burg mit den naheliegenden Kirchen im Widerschein der untergehenden Sonne⟨,⟩ und zur Linken zeigte sich ein Regenbogen. Als wir abstiegen⟨,⟩ umringten uns Lehrer und Schüler von Neuem. Allwill verlor sich bald in der Schaar der munteren Knaben. Abends gingen wir mit den Kindern singend im Hof auf und nieder.

Eine neue⟨,⟩ frische Lebenshoffnung ergreift mich. Es wird viel von mir verlangt und erwartet; ich habe die wichtigsten Theile des Unterrichts – und ich müßte verzagen, wenn ich nicht auf die Hülfe von oben vertraute. Lieber Bruder⟨,⟩ besuch uns bald⟨,⟩ so Du kannst. Wir machen vielleicht im Sommer eine kleine Wanderung nach Regensburg und weiter.

[52] Ernst Friedrich Albert Baur (1803–1886), Sohn von Gabriel Wilhelm Baur (1775–1841), Buchhalter bei der General-Militärkasse in Berlin, und Anna Susanna Devrient (1783–1836), Besuch der Hartungschen Schule, 1817 Gymnasium zum Grauen Kloster in Berlin, 1824 Studium der Theologie in Bonn, 1825–1826 in Berlin, 1829 Zweites Theologisches Examen, 1831 Hochzeit mit Luise Wilmsen (1807–1848), Tochter von Friedrich Philipp Wilmsen (1770–1831), Erster Prediger an der Parochialkirche in Berlin; 1862 Hochzeit mit Clara Ludwig (1835–1902), Tochter von Carl Wilhelm Ernst Ludwig (1795–1851), Amtsinspektor der Grafen Lynar in Lübbenau (freundliche Auskunft von Dr. Peter Rohlacher, Streitsche Stiftung Berlin, 1.11.2011; vgl. ausführlich Gerber, Albert Baur); Albert Baur war ein „Vetter" von Eduard und Franz Lieber (vgl. ebd., S. 56) und kannte Leopold und Heinrich Ranke seit einem Aufenthalt in Frankfurt an der Oder im 1819 (vgl. ebd., S. 70, sowie Nr. 66); Baur reiste von Erlangen weiter nach Tübingen, wo er im Sommersemester 1823 sein Studium fortsetzte.

[53] Christian Eduard Leopold Dürre (1796–1879), Turner, Burschenschaftler und Studienfreund Heinrich Rankes, mit dem er zeitweise gemeinsam als Lehrer an der Wagner'schen Erziehungsanstalt in Frankfurt an der Oder tätig war.

[54] Nicht ermittelt.

[55] August Richard Wurm (1816–1887), Sohn von Christian Heinrich Clemens Wurm (1771–1835), Polizeidirektor in Nürnberg, und Maria Regina Wurm, geb. von Buckingham (1785–nach 1820), 1821 Bildungsanstalt des Erziehervereins in Nürnberg, 1825 Evangelische Knabenschule in München, kaufmännische Ausbildung, Gründung einer Buntpapierfabrik, 1844 Gründung der Gesellschaft „Heuschrecken" in Nürnberg, 1846 Aufenthalt in Schleswig-Holstein, danach Hochzeit mit Jeannette Katzenberger (1818–1881), 1854 Übersiedlung nach Wilten bei Innsbruck, Teilhaber an einer „Kramerei", 1858 Übersiedlung nach München, 1864 Gründung der „Farben- und Malerleinwandfabrik Richard Wurm", 1873 Mitglied des Polytechnischen Vereins in München (vgl. Christine Berberich: Die Firma Richard Wurm und die „Wurm'sche Tempera" – Eine kommentierte Archivaliensammlung. Seminararbeit im Fach Werkstoffkunde am Lehrstuhl für Restaurierung, Kunsttechnologie und Konservierungswissenschaften, Prof. Erwin Emmerling, TU-München SS 2012).

Grüße unsre lieben Freundinnen[56] herzlich. Grüße auch Heidler[57] und Stange[58], unsre lieben Gefährten. Gott mit uns![59]

H⟨einrich⟩ R⟨anke⟩.

[56] Friederike Wilhelmine Ahlemann, geb. Schultze (1772–1843), Direktorin einer höheren Bildungsanstalt für Mädchen in Frankfurt an der Oder, und Caroline Beer (1791–1851), Vertraute Leopold Rankes.

[57] Wilhelm Ferdinand Heydler (1793–1859), Mitschüler Leopold und Heinrich Rankes in Pforta, Leipziger Studienfreund Leopold Rankes sowie Konrektor am Friedrichs-Gymnasium in Frankfurt an der Oder.

[58] Johann Carl Wilhelm Stange (1792–1854), Oberlehrer am Friedrichs-Gymnasium in Frankfurt an der Oder.

[59] Übersetzung des hebräischen Namens „Immanuel" aus der Prophezeiung Jesajas im Alten Testament (Jesaja 7,14), der im Neuen Testament auf Christus bezogen wird (Matthäus 1,23); seit 1701 Wahlspruch der preußischen Könige aus dem Haus Hohenzollern.

Nr. 149

Leopold Ranke an Carl Anton Richter[1]

V: L. v. Ranke, Lebensgeschichte, S. 106–108 (Druck)
A: GStA PK VI. HA Nl Hoeft Nr. 2 (Abschrift)[a]
G: GStA I. HA Rep. 92 L. v. Ranke Nr. 7 (nicht erhalten)

⟨Frankfurt an der Oder,⟩ 13. April ⟨18⟩23.

Lieber Freund,

Da ist's nun wieder ein Vierteljahr, daß ich Deinen Brief[2] habe, und habe Dir alle Tage antworten wollen, und nun –. Hättest Du nur etwas Dringendes geschrieben, wie ich sogleich thun will, so hätt' ich Dir so gut gleich geantwortet, wie Du's thun wirst. Nemlich: ein Jurist Meister[3] ist nicht hier; selbst die Buchhandlung Apitz[4] mag mit der Universität ausgewan-

[a] Hierbei vermerkt Hoeft nachträglich zahlreiche Abweichungen seiner Lesung vom Druck durch Dove; sie sind durch den Vergleich des Erstdruckes mit dem hier abgedruckten Text der Abschrift Hoefts nachvollziehbar.

[1] Carl Anton Richter (1797–1827), Privatgelehrter und Lexikograph in Leipzig, ein Mitschüler Leopold Rankes in Pforta und ein enger Freund Heinrich Rankes.

[2] Nicht ermittelt.

[3] Johann Christian Friedrich Meister (1758–1828), Sohn von Carl Ludwig Meister († 1762), Amtmann zu Hollenbach im Fürstentum Hohenlohe-Neuenstein, und Neffe des Göttinger Professors Christian Georg Friedrich Meister (1718–1782); gemeinsam mit Johann Gottfried Eichhorn (1752–1827) Lateinschule in Weikersheim, 1770 Gymnasium in Rothenburg ob der Tauber, 1774 Studium der Theologie und der Rechte in Göttingen, 1777 Hauslehrer in Berlin, 1779 durch die Vermittlung des General-Feldstabsarztes Johann Wilhelm Kellner von Zinnendorf (1731–1782), des Gründers der Freimaurer-Loge „Zu den drei goldenen Schlüsseln" in Berlin und Landesgroßmeisters der „Großen Landesloge der Freimaurer von Deutschland", Haupt-Feldlazarettsekretär, 1781 Justitiar der Herrschaften von Heinrich Christian Kurt Freiherr von Haugwitz, des „Provinzialgroßmeisters" Schlesiens, 1782 Justizkommissar und Notar des Kreises Oppeln und Falkenberg, 1784 Hof-, Kriminal- und Justizkommissionsrat bei der Oberamtsregierung in Brieg, 1792 Dr. iur. utr. in Göttingen, Michaelis 1792 ordentlicher Professor der Rechte in Frankfurt an der Oder, 1806 Mitglied der Deputation der Viadrina zu Napoleon, 1811 ordentlicher Professor der Rechte und Dekan der Juristischen Fakultät in Breslau, 1816 Dr. med. h. c., 1819 Pensionierung aus gesundheitlichen Gründen, 1820 aus materiellen Gründen Umzug nach Strehlen (vgl. Allgemeines Handbuch der Freimaurerei. Dritte, völlig umgearbeitete und mit den neuen wissenschaftlichen Forschungen in Einklang gebrachte Auflage von Lennig's Encyklopädie der Freimaurerei. Hrsg. vom Verein deutscher Freimaurer. Zweiter Band. M–Z. Nachträge und Berichtigungen, Verzeichnis der Namen sämtlicher [eingegangenen und noch thätigen] deutschen Grosslogen, Logen, Kapitel und Kränzchen. Register. Leipzig 1901, S. 583–584; Lothar Kittstein: Politik im Zeitalter der Revolution. Untersuchungen zur preußischen Staatlichkeit 1792–1807. Stuttgart 2003, S. 466–467).

[4] Christian Ludwig Friedrich Apitz (1763–1828), Sohn von Carl Wilhelm Apitz, Bediener/Schreiber in Berlin, und Maria Louisa Apitz, geb. Beuchlin, bis zur Schließung der Universität in Frankfurt an der Oder 1811 Königlicher Universitäts-Buchdrucker in Frankfurt an der Oder, 1788 Hochzeit mit Johanne Christiane Sophie Winter (1751–1831), Tochter

dert seyn.[5] Es giebt hier nur 2, ganz andern Namens oder Ursprungs.[6] – Jetzt kommt mein Dringendes.

Erstens: Wenn Du einmal zum Grimmischen Thor hinausgehn willst, besuche doch links Barth[7] und Comp.[8] und sprich: man wünsche in Frankfurt von den Boisserées[9] das Heft zu haben, worin die Verkündigung Ma-

von Johann Christian Winter († 1791), Königlicher Universitäts-Buchdrucker in Frankfurt an der Oder, 1804 Aufnahme in die Freimaurer-Loge „Zum aufrichtigen Herzen“ in Frankfurt an der Oder, 1816 betrieb Apitz eine „Leih- und Lesebibliothek“, (vgl. ELAB Berlin, Jerusalem, Taufen 1763; ELAB Frankfurt an der Oder, St. Marien, Trauungen 1788; ELAB Frankfurt an der Oder, St. Marien, Bestattungen 1828 und 1831; StdA Frankfurt an der Oder V 2° Nr. 2; GStA PK I. HA Rep. 77 Tit. 267 Nr. 1 Adhib. 2 Bd. 1; Oeffentlicher Anzeiger als Beilage zu Nro. 33. des Amts-Blattes der Königlich Preußischen Regierung zu Frankfurth an der Oder, 14. August 1816, S. 193; Gerlach, Logen zwischen Oder und Niederrhein, S. 146, Nr. 5).

[5] Im Rahmen der Zusammenlegung der Universität von Frankfurt an der Oder mit der Universität in Breslau 1811.

[6] Die Buchhandlung von Christian Gottfried Flittner (1770–1828) sowie diejenige von Johann Heinrich Hoffmann (1790–1845).

[7] Wilhelm Ambrosius Barth (1790–1851), Sohn von Johann Ambrosius (1760–1813), Buchhändler und Verleger in Leipzig, und Catharina Wilhelmina Barth, verw. Haug, geb. Mann (1755–1799), Buchhändlerlehre im Betrieb des Vaters in Leipzig und in Frankfurt am Main, 1813 nach dem Tod des Vaters Übernahme der Leitung der Buchhandlung Barth und Compagnie, 1825 Hochzeit mit Auguste Friederike Wilde (1804–1869), Tochter von Carl Gottlieb Wilde († 1813), Besitzer der Salomonis-Apotheke in Leipzig und Schatzmeister der Freimaurer-Loge „Balduin zur Linde“, 1831 Stadtverordneter, 1831–1834 Vorsteher des Börsenvereins des Deutschen Buchhändler, 1834 Gründung des Börsenblattes für den Deutschen Buchhandel, 1837 einer der Initiatoren des Leipziger Kunstvereins (vgl. Annemarie Meiner: Johann Ambrosius Barth, Leipzig 1780–1930. Leipzig 1930).

[8] Diese Buchhandlung in Leipzig war eine der Adressen, die im Subskriptionsprospekt der „Sammlung“ angegeben waren (vgl. unten Anm. 10); sie ging auf die Haug'sche Buchhandlung zurück und wurde 1823 von Wilhelm Ambrosius Barth geleitet, dem Sohn von Johann Ambrosius Barth, der nach dem Besuch der Armenschule des Waisenhauses der Franckeschen Stiftungen und einer Lehre in der Waisenhausbuchhandlung in Halle als Gehilfe in die Haug'sche Buchhandlung in Leipzig eingetreten war, 1789 die Witwe des Besitzers Johann Philipp Haug (1755–1799) geheiratet und das Geschäft übernommen hatte.

[9] Johann Sulpice Melchior Dominikus Boisserée (1783–1854), Sohn von Nicolas de Boisserée (1736–1792), Handelsherr in Köln, und Maria Magdalena de Boisserée, geb. Brentano († 1790), Hauslehrer, 1798 Kaufmannslehre bei Drewes und Compagnie in Hamburg, Beziehungen zu Johann Albert Heinrich Reimarus, Friedrich Christoph Perthes und der Familie Sieveking, 1799 Rückkehr nach Köln, 1803 gemeinsam mit seinem Bruder Melchior Hermann Joseph Georg Reise in die Niederlande und nach Paris, Bekanntschaft mit Friedrich Schlegel, bei dem die Brüder zeitweise wohnten und der ihnen Privatvorlesungen hielt, 1804 Rückkehr nach Köln, Aufbau einer Sammlung von mittelalterlichen Kunstwerken, 1810 Übersiedlung nach Heidelberg, 1819 Übersiedlung nach Stuttgart, 1827 Erwerb der Boisseréeschen Sammlung durch König Ludwig I. von Bayern, Übersiedlung nach München, 1828 Hochzeit mit Mathilde Rapp (1796–1876), Tochter von Gottlob Heinrich Rapp (1761–1832), Geheimer Hof- und Domänenrat, Direktor der Hofbank in Stuttgart, 1835 bayerischer Oberbaurat und Generalkonservator der plastischen Denkmale, 1845 Übersiedlung nach Bonn.

Melchior Hermann Joseph Georg Boisserée (1786–1851), Sohn von Nicolas de Boisserée (1736–1792), Handelsherr in Köln, und Maria Magdalena de Boisserée, geb. Brentano

riä ist.[10] Ob man noch ein einzelnes Heft bekommen könne, wie in dem[b] vorigen Ostern? Hernach geh mit der Antwort spatziren, denke Dir einen Brief an mich aus, und, wenn Du nach Haus gekommen bist, schreib, ohne die Feder viel zu schneiden, sogleich an mich, und schicke den Brief, ohne ihn lange frey zu machen, gütigst augenblicklich zur Post.

Zweytens hält es mich wenig ab, daß Du auf meine Anfragen wegen einiger Bücher so kümmerlich eingegangen bist, — sondern ich komme mit neuen. Wegen des Ochoa[11] habe ich mich nach Göttingen gewendet[12]; die Lettere di principi a principi, Tomus 2 et 3[13], erlasse ich Dir noch nicht, wenigs-

[b] Von Hoeft nachträglich verbessert zu „den“, so auch Dove.

(† 1790), 1792 Pensionat der Lehr- und Erziehungsanstalt von Pater Aemilian Schollmayer in der Salm-Salm'schen Residenzstadt Anholt, 1799 Centralschule in Köln, 1803 gemeinsam mit seinem Bruder Johann Sulpice Melchior Dominikus Reise in die Niederlande und nach Paris, Bekanntschaft mit Friedrich Schlegel, bei dem die Brüder zeitweise wohnten und der ihnen Privatvorlesungen hielt, 1804 Rückkehr nach Köln, Aufbau einer Sammlung von mittelalterlichen Kunstwerken, 1810 Übersiedlung nach Heidelberg, 1819 Übersiedlung nach Stuttgart, 1827 Erwerb der Boisseréeschen Sammlung durch König Ludwig I. von Bayern, Übersiedlung nach München, Beschäftigung mit der Wiederbelebung und Erneuerung der Glasmalkunst, 1845 Übersiedlung nach Bonn.

[10] Das Heft 1 des in Lieferungen erscheinenden Werks: Die Sammlung alt-, nieder- und oberdeutscher Gemälde der Brüder Sulpitz und Melchior Boisserée und Johann Bertram, lithographiert von Johann Nepomuk Strixner, mit Nachrichten über die Altdeutschen Maler von den Besitzern. Stuttgart / München 1821–1834, enthielt die „Verkündigung“ des Jan van Eyck.

[11] Juan Ochoa de la Salde, Prior perpetuus der Canonicorum regularium zu St. Johannes im Lateran; bei dem von Leopold Ranke mit dem Autorennamen angesprochenen Buch handelt es sich wohl um: Primera Parte de la Carolea. Inchiridion, que trata de la vida y hechos del Invictissimo Emperador Don Carlos Quinto de este Nombre, y de muchas notables cosas en ella sucedidas hasta al Año 1555, recopilada en dos partes por Iuan Ochoa de la Salde Prior perpetuo de Sant Iuan de Lettran. Lisboa 1585. Der aus Spanien stammende Prior schildert in diesem Werk die Taten Karls V. in chronologischer Folge Jahr für Jahr. Das Werk befindet sich noch heute in der Universitätsbibliothek Göttingen.

[12] Wohl an Jeremias David Reuss (1750–1837), Sohn von Jeremias Friedrich Reuss (1700–1777), Generalsuperintendent der Herzogtümer Schleswig und Holstein, später Kanzler der Universität Tübingen, und Clara Catharina Reuss, geb. von Creuz († 1768), 1765 Studium der Philologie, 1768 Dr. phil., danach Habilitation und Kustos der Universitätsbibliothek in Tübingen, 1782 außerordentlicher Professor der Philosophie, 1785 ordentlicher Professor der Gelehrtengeschichte, 1789 Unterbibliothekar in Göttingen, 1799 Hochzeit mit Marianne Louise Charlotte Heyne (1768–1834), Tochter von Christian Gottlob Heyne (1729–1812), Professor der Beredsamkeit und Dichtkunst sowie Direktor der Universitätsbibliothek in Göttingen, 1802 königlich großbritannischer Hofrat, später Geheimer Justizrat, 1805 korrespondierendes Mitglied der Akademie der Wissenschaften in München, 1812 Direktor der Universitätsbibliothek in Göttingen, Mitglied der Freimaurer-Loge „Augusta zum goldenen Zirkel“; Brief nicht ermittelt.

[13] Girolamo Ruscelli: Delle Lettere di principi, le quali o si scrivono da principi, o a principi, o ragionano di principi. 3 Bde., Venedig 1581. Der in Rom tätige Philologe Hieronymus Ruscellus († 1569 in Venedig) stammte aus Viterbo. Er schrieb vor allem Kommentare zur italienischen Literatur (Boccaccio, Orlando furioso, aber auch zu dem Geschichtswerk des Giovio; vgl. Nr. 202), alle in italienischer Sprache. Leopold Ranke bestellt Band 2 und 3 der

tens nicht,[c] ihretwegen nachzufragen; sollte sich nicht vielleicht Göbel[14]: Chronika von d⟨en⟩ Kriegsthaten Maximilians[15] u⟨nd⟩ Marineus Siculus[16]: Epistolae Familiares ad Ferdinandem Aragonensem 1514[17] auf einer Eurer Bibliotheken finden?

Liebes Herz, glaub nicht, daß ich wegen der Bücher oder dieser Kunstblätter an Dich schreibe; Du weißt doch, wie gern ich an Dich denke; sondern ich wollte gern, daß wir auf irgend eine Weise mit einander zu verkehren hätten, damit wir uns nicht ganz aus den Augen verlieren.

Heinrich[18] ist diese Ostern nach Nürnberg;[19] Du weißt, daß er dahin gewollt.

[c] Dieser Nebensatz fehlt im Druck.

„Lettere", die unter anderem die Briefe von und an Guicciardini enthalten. Von diesem vor Ranke als beispielhaft angesehenen Autor ging seine „Kritik neuerer Geschichtschreiber" aus. In Leopold Rankes später entstandenem Bibliothekskatalog werden alle drei Bände als in seinem Besitz erwähnt. Das Werk, auch Band 1, wird in der „Kritik neuerer Geschichtschreiber" benutzt (etwa S. 65 und 74).

[14] Justinus Goebler (1504–1567), aus St. Goar bei Rheinfels, Studium der Rechte in Bourges, Erfurt und Mainz, Dr. iur. utr. in Mainz, 1535 Professor für Moralphilosophie in Trier, 1539 Rat im Fürstentum Calenberg-Göttingen und Hofgerichtspräsident in Minden, 1546 Kanzler des Hochstiftes Münster, 1549 Hofrat in der Grafschaft Nassau-Dillenburg, 1559 Syndicus in Frankfurt am Main.

[15] Der genaue Titel des Werkes lautet: Chronica der Kriegßhändel / des Allergroßmechtigsten / unüberwindtlichsten / Hochlöblichsten Rhömischen Teutschen Keysers Fürsten / Weyland Herrn Maximiliani / des Namens der Erst / Ertzhertzogs zu Osterreich / Hertzogs zu Burgundi / etc. gegen die Venediger und Frantzosen / etc. Zu rettung ihrer Keyserlichen Maiestat Osterreichischen Erblanden in Kärnten / Steyer / Crain / Tyroll / und anderer / etc. Durch weylandt den Durchleuchtigen Hochgebornen Fürsten und Herrn / Herrn Erichen / Hertzog zu Braunschweigk unnd Lüneburg / etc. Unnd Herrn Casimir Marggraven zu Brandenburg / etc. als Hochgewelter Keyserlicher Maiestat derzeit öbersten Feldthauptman und Commissari / im Jar fünfftzehnhundert und acht / gefürt / unnd verhandelt / Höchstgemelter Keiserlicher Maiestat / auch derselbigen Nachkommenden Erben / und Stammen zu lob und ehren. Jetz und durch den Hochgeleerten Herrn Justinum Göblern von Sanct Sewere / der Rechten Doctorn / und Bürgern zu Franckfurt / Hochermelts Fürsten / weylandt Hertzog Erichs von Braunschweigk / etc. etwan gewesenen Rath unnd Hoffrichters zu Münden / etc. im Truck außgangen. Frankfurt am Main 1566 (zur Bewertung Göblers vgl. L. Ranke, Kritik, S. 138–139).

[16] Lucius Marineus Siculus (1444–1536), Besuch von Schulen in Catania, Palermo und Rom, 1483 Professor für Poetik und Rhetorik in Salamanca; 1495 Wechsel an den Hof zu Madrid, wo er als Kaplan, Lehrer und königlicher Chronist tätig war.

[17] Bei dem von Leopold Ranke gesuchten Titel handelte es sich wohl um Lucius Marineus Siculus: Epistolarum familiarum libri XVII; in seinem Erstlingswerk zitiert Ranke Siculus nach der Ausgabe: Hispaniae illustratae seu rerum urbiumque Hispaniae, Lusitaniae, Aethiopiae et Indiae scriptores varii. Partim editi nunc primum, partim aucti atque emendati. Quorum Seriem sequens post Praefationem pagina exhibet. Opera et studio doctorum hominum. 1. Bd., Frankfurt 1603 (vgl. L. Ranke, Kritik, S. 115–116).

[18] Heinrich Ranke (1798–1876), Bruder Leopold Rankes und enger Freund Carl Anton Richters.

[19] Vgl. Nr. 148.

Wir haben jetzt Ferien gehabt⟨,⟩ und ich lebe so hin. Du denkst wohl, daß mich gewisse Studien bewegen. Aber der Stoff ist unermeßlich, der Mensch wenig, und die Stunde kurz.[20] Ich habe mir vorgenommen, niemals die Zeit mit Bücherschreiben zu verderben, sondern jenen Einsichten nachzustreben, die den Menschen zugleich gut machen und erleuchten. Da alles von Gott kommt, mag es wohl nicht an dem Stoff liegen, sondern an dem Auge für denselben; indem wir den Dingen die Schaale, die Hülle nehmen, und das Wesentliche hervorkehren, geschieht es, daß auch in uns selbst Wesen, inneres Leben, Seele und Odem Gottes Flügel bekommt, oder wenigstens Daseyn.

Lieber Richter, erschrick nicht, daß Du diese Bücher etwa einpacken müßtest. Wöchentlich schickt eine Buchhandlung von Leipzig[21] Bücher an eine hiesige[22]. Ich weiß die Firma nicht: aber sind die Bücher nur da, neml⟨ich⟩ nur zu haben, werde ich sie schreiben. Mit dieser kannst Du dann jene Folianten auch übersenden.

Heydler[23] denkt im Besten an Dich. Wir sind gestern ein paar Meilen geritten und fühlens heute noch. Rhods[24] Eigenschaften habt ihr Lobenden wenigstens nicht alle genannt.

Nun mußt Du mir aber den Gefallen thun, und wirklich Deinen Brief sowohl schreiben, als schicken.

L⟨eopold⟩ Ranke.

[20] Eventuell Anspielung auf Hippokrates, Aphorismen I.1: ῾Ο βίος βραχύς ἡ δὲ τέχνη μακρή (lat.: Ars longa, vita brevis).

[21] Nicht ermittelt.

[22] Wohl die Buchhandlung von Johann Heinrich Hoffmann (1790–1845), der aus Leipzig stammte.

[23] Wilhelm Ferdinand Heydler (1793–1859), Mitschüler Leopold und Heinrich Rankes in Pforta, Leipziger Studienfreund Leopold Rankes sowie Konrektor am Friedrichs-Gymnasium in Frankfurt an der Oder.

[24] Eventuell der Leipziger Kaufmann Carl Ferdinand Rhode (1802–1872), der mit seinem Testament die „Stiftung für die Stadt Leipzig" ins Leben rief, die unter anderem das Städtische Museum und das Konservatorium Leipzigs unterstützte; denkbar wären aber auch August von Rhode (1751–1837), der Leiter der herzoglichen Büchersammlung in Anhalt-Dessau, oder der Schriftsteller Johann Gottlieb Rhode (1762–1827), der als Lehrer an der Allgemeinen Kriegsschule in Breslau wirkte und 1821 in Jena die Ehrendoktorwürde verliehen bekam.

Nr. 150

Gottlob Israel Ranke[1] an Leopold Ranke

V: GStA PK VI. HA Nl Hoeft Nr. 1 (Abschrift)
G: GStA I. HA Rep. 92 L. v. Ranke Nr. 26 (nicht erhalten)

Wiehe⟨,⟩ am 20. April 1823.

Geliebter Sohn!

Deinen lieben Brief vom 20. Februar d⟨es⟩ J⟨ahre⟩s[2] haben wir diesmal sehr lange unbeantwortet gelassen.

Der hauptsächlichste Grund davon ist unstreitig die ersehnte Erwartung Deines lieben Besuchs an vergangenen Osterfeste.[3] Wir glaubten nämlich, Du würdest mit unsern guten Heinrich[4] zu uns kommen. Dieser kam aber mit Allwill[5] ohne Dich, und brachte Ferdinand[6] und Wilhelm[7] von Halle[8] mit, welcher seit dem Ersten März d⟨es⟩ J⟨ahre⟩s bettlägerich geworden und von den Masern befallen war.

Am dritten Osterfeiertage reiste Heinrich mit Allwill wieder von uns ab, über Erfurth nach Nürnberg[9] und hat auch uns bereits seine glückliche und freudige Ankunft daselbst, berichtet, auch mit folgenden Brief an Dich[10] anher gesendet. Herzlich haben wir uns darüber erfreuet, und preisen die gütige Gottheit mit gerührten Herzen, für die überschwenglichen Freuden, welche er uns an unsern guten Söhnen[11] erleben lässet, und unsre Bemühungen reichlich seegnet. Dem Ferdinand habe ich am Mittwoch nach Ostern auf seiner Rükreise nach Halle bis Querfurth[12] begleitet.

Er will das letzte Jahr in Halle viel arbeiten und vor Ostern künftigen Jahres sein Examen machen, um so dann seinen Bruder Heinrich auch nach Nürnberg folgen zu können,[13] und seine Anstellung dort zu finden.

[1] Gottlob Israel Ranke (1762–1836), Vater Leopold Rankes.
[2] Nicht ermittelt.
[3] Vgl. Nr. 147.
[4] Heinrich Ranke (1798–1876), Bruder Leopold Rankes.
[5] Allwill Hermann Baier (1811–1892), der Heinrich Ranke anvertraute Sohn des verstorbenen Hermann Julius Christoph Baier.
[6] Ferdinand Ranke (1802–1876), Bruder Leopold Rankes.
[7] Wilhelm Ranke (1804–1871), Bruder Leopold Rankes.
[8] Wo beide Brüder Leopold Rankes zu diesem Zeitpunkt studierten.
[9] Vgl. Nr. 148 sowie F. H. Ranke, Jugenderinnerungen, S. 243–247.
[10] Wohl Nr. 148.
[11] Leopold, Heinrich, Ferdinand, Wilhelm und Ernst Constantin Ranke (1814–1888).
[12] Hier lebte die Schwester der Mutter Leopold Rankes, Caroline Henriette Liebhold, geb. Lehmicke (1778–1841), mit ihrer Familie.
[13] Vgl. Nr. 178.

Wilhelm ist auch wieder hergestelt, und wird nach beendigten Ferien auch nach Halle zurükgehen, wo er in der Krankheit von guten Menschen[14] viel Güte und Liebe genossen hat.
Seit dem Monat März ist auch statt des abgegangenen Amtmann Koehlau[15], welcher das Werthernsche Kreisgericht[16], oder das Gerichts Amt abgeben solte, ein neuer Gerichts Amtmann, ein getaufter Jude mit Namen Ilberg[17]⟨,⟩ 24. Jahr alt⟨,⟩ in hiesigen Ort gekommen, welcher mit unsern Heinrich in Halle studirt hat.

[14] Nicht ermittelt.

[15] Carl Christian Coelestin Koehlau (1769–1848), Sohn von Johann Friedrich Koehlau (* um 1730), Kammerkommissionsrat in Wurzen, 1784 Landesschule St. Afra in Meißen, 1790 Studium der Rechte in Leipzig, 1793 Dr. iur., 1794 Aktuar beim Gräflich Werthernschen Gericht zu Nausitz und Eythra, 1802 Justitiar in Wiehe, 1804 Hochzeit mit Henriette Amalie Clementine Faulstich (1780–1806), Tochter von Johann Gottlieb Faulstich, Akzise-Inspektor und Justizamtmann in Wiehe (1743–1790), 1806 Justitiar in Wolmirstedt, 1812 Hochzeit mit Henriette Wilhelmine Ludovike Ockhardt (1794–1862), Tochter von Alexander Christoph Sigismund Ockhardt (1743–1828), Advokat und Justizkommissar in Wiehe, und Johanna Friederike Ockhardt, geb. Finke (1764–1804), 1818 Gräflich Werthernscher Patrimonialrichter in Wiehe, 1821–1823, 1825–1837 zugleich Gerichtsamtmann beim Königlichen Gerichtsamt in Wiehe, 1837 Justizrat, ab 1840 zugleich Gräflich Einsiedelscher Bergrichter in Bottendorf bei Roßleben; drei seiner vier Söhne, konkret Ernst Cölestin (1805–1873), Carl Ludwig (* 1813) und Friedrich (* 1817) besuchten, wie die fünf Söhne Gottlob Israel Rankes, die Landesschule in Pforta, Ernst Cölestin, der später als Chef der Zentralabteilung bzw. der Abteilung für das Invalidenwesen im Kriegsministerium in Berlin wirkte, von 1817 bis 1821 gemeinsam mit Ferdinand Ranke und von 1817 bis 1822 gemeinsam mit Wilhelm Ranke (vgl. Archiv KPS Wiehe, Taufen 1780 und 1794; Archiv KPS Wiehe, Trauungen 1804; Archiv KPS Wiehe, Bestattungen 1806 und 1848; GStA PK I. HA Rep. 89 Nr. 17321, fol. 214–215; Kreyssig, Afraner-Album, s. 370; Hoffmann, Pförtner Stammbuch, Nr. 8812, 9227, 9383, S. 355, 375, 383).

[16] Die Freiherren von Werthern besaßen in und um Wiehe zwei Rittergüter („Ober- und Unterhaus") mit eigener Gerichtsbarkeit (vgl. L. v. Ranke, Lebensgeschichte, S. 7).

[17] Philipp Meyer, ab 1808 Meyer Ilberg, ab 1817 Johann Christoph Theodor Ilberg (1798–nach 1863), Sohn von Abraham Meyer, ab 1808 Meyer Ilberg (1758–nach 1817), Kaufmann in Wiegersdorf, der ihn enterbte, als er sich am 17. November 1817 taufen ließ und so von der mosaischen zur christlichen Religion übertrat; 1811 Pädagogium in Ilfeld, 1814 Studium der Rechte in Halle, Aktuar beim Stadtgericht in Delitzsch, 1821 Aktuar und Amtsverweser beim Gerichtsamt Eilenburg, Januar 1823 Gerichtsamtmann in Wiehe, Mai 1823 Hochzeit mit Therese Hasper, Tochter von Friedrich Christian Gottlob Hasper (1756–1822), und Eleonore Hasper, geb. Viebig, und Schwester von Friedrich Gustav Hasper (1796–1854), eines Mitschülers Leopold Rankes und engen Freundes Heinrich Rankes in Pforta (vgl. Nr. 9), 1824 Gerichtsamtmann in Hohenmölsen, 1833 vom Dienst suspendiert wegen des Verdachts der Gewinnsucht und der Zurückhaltung von Kassengeldern, 1834 in Erster Instanz wegen Verletztung seiner Amtspflichten seines Amtes entsetzt und zu einer Geldstrafe von 500 Gulden verurteilt, 1836 in Zweiter Instanz vom Verdacht der Untreue freigesprochen, Wiedereinsetzung als Gerichtsamtmann in Hohenmölsen, 1837 zugleich Assessor beim Land- und Stadtgericht in Weißenfels, 1847 Assessor beim Land- und Stadtgericht in Kölleda, später Kreisrichter und Gerichts-Kommissar, 1852 Kreisgerichtsrat in Belgern, Juli 1863 Pension (vgl. Archiv der Martin-Luther-Universität Halle-Wittenberg, Rep. 46, Nr. 8; GStA PK I. HA Rep. 89 Nr. 17319, fol. 126–134 und fol. 141; GStA PK I. HA Rep. 89 Nr. 17321, fol. 105–107; GStA PK I. HA Rep. 89 Nr. 17323, fol. 284; Archiv

Nun, wir hoffen, daß Du uns nun während der ersten Ferien mit Deinen lieben⟨.⟩ lang ersehnten Besuch wieder einmal erfreuen werdest, bitten Dich dringend⟨,⟩ uns recht bald zu schreiben und von Deinen Befinden uns zu benachrichtigen. Mutter[18] und Geschwister[19] lassen Dich herzlich grüßen, und ich verbleibe Dein

Dich herzlich liebender
Vater, Ranke⟨.⟩

Der Frau Prediger Ahleman[20] und Dem⟨oiselle⟩ Carolinen[21] wirst Du uns ergebenst empfehlen.

KPS Halle, St. Ulrich, Taufen 1817); sein Sohn Friedrich Theodor Hugo (1828–1883) besuchte später, wie die Kinder Gottlob Israel Rankes, die Landesschule in Pforta und stieg bis zum Dezernenten im sächsischen Kultusministerium auf (vgl. HOFFMANN, Pförtner Stammbuch, Nr. 9892, S. 409), sein Sohn Max (1832–1907) wurde Landgerichtsdirektor in Magdeburg (vgl. HOFFMANN, Pförtner Stammbuch, Nr. 9995, S. 414).

[18] Friederica Wilhelmina Ranke, geb. Lehmicke (1776–1836), Mutter Leopold Rankes.

[19] Zu diesem Zeitpunkt lebten von Leopold Rankes Geschwistern in Wiehe: Johanna (1797–1860), Rosalie (1808–1870) und Ernst Constantin Ranke (1814–1888).

[20] Friederike Wilhelmine Ahlemann, geb. Schultze (1772–1843), Direktorin einer höheren Bildungsanstalt für Mädchen in Frankfurt an der Oder, Vertraute Leopold Rankes.

[21] Caroline Beer (1791–1851), Vertraute Leopold Rankes in Frankfurt an der Oder.

Nr. 151

Leopold Ranke an Heinrich Ranke[1]

V: L. v. Ranke, Lebensgeschichte, S. 108–111 (Druck)

[Frankfurt a. O.]⟨,⟩ 25. April 1823.

Lieber Heinrich!

Hat Dich Gott wohlbehalten nach Nürnberg geführt,[2] so wirst Du Dich wohl vor allem nach Deinem Koffer und den Büchern sehnen, die Du liebst. Unmittelbar von hier kannst Du sie nur zur hiesigen Messe, d⟨as⟩ i⟨st⟩ Mitte oder Ende Juli, oder Anfang August bekommen. Dann kostet der Centner 3 Th⟨a⟩l⟨e⟩r. Vorher müßte es durch mehrere Commissionäre[3] gemacht werden und wäre ohne Zweifel theurer. Ich denke, Du wirst die Messe wählen. Wär es nicht, so müßtest Dus nur sogleich schreiben.

Die Mutter[4], lieber Heinrich, hat so Unrecht nicht gehabt, Dein Vorüberreisen müßte mich gekränkt haben.[5] Wie sehr, siehst Du daraus, daß dies der vierte Brief ist, den ich für den Deinen[6] an Dich angefangen, und daß ich sie alle zurückbehalten. Du kannst denken, warum. Wenigstens besinnst Du Dich wohl, daß Du mir von Berlin aus keinen anderen Grund angegeben, als ein unartiges Wort der Mutter[7] Allwills[8].[9] Darin fand ich in der That wenig Noth für Dich und wenig Trost für mich. Aber in dem andern hatte die Mutter doch Unrecht, ich möchte darum nicht nach Wiehe gekommen sein. Du mußt wissen, das Examen[10] war erst nach dem Palmsonntag[11], und ich hätte höchstens den Mittwoch[12] fortgekonnt. Nun fuhren Stange[13] und Appel[14] diesen Mittwoch allerdings in einem besonderen Wagen ab und sind den Sonnabend[15] früh 9 nach Halle gekommen, so daß

[1] Heinrich Ranke (1798–1876), Bruder Leopold Rankes, Lehrer an der Bildungsanstalt des Erziehervereins in Nürnberg.

[2] Vgl. Nr. 148.

[3] Nicht ermittelt.

[4] Friederica Wilhelmina Ranke, geb. Lehmicke (1776–1836), Mutter Leopold und Heinrich Rankes.

[5] Vgl. Nr. 147.

[6] Nr. 148.

[7] Alwina Baier, geb. Kosegarten (1787–1864), Witwe von Hermann Julius Christoph Baier.

[8] Allwill Hermann Baier (1811–1892), der Heinrich Ranke anvertraute Sohn des verstorbenen Hermann Julius Christoph Baier.

[9] Vgl. Nr. 145.

[10] Vgl. Nr. 147.

[11] 23. März 1823.

[12] 26. März 1823.

[13] Johann Carl Wilhelm Stange (1792–1854), Oberlehrer am Friedrichs-Gymnasium in Frankfurt an der Oder.

[14] Friedrich Ferdinand Appel (1794–1840), Supernumerar bei der Regierung in Frankfurt an der Oder, ab Ostern 1823 Student der Rechts- und Staatswissenschaften in Halle.

[15] 29. März 1823.

ich etwa den Sonntag[16] früh hätte bei euch sein können. Stange aber, der die ganze Sache wußte, bot mir nicht an, theilzunehmen, und ich mochte mich seinen Grillen, Einbildungen und Vorurtheilen am wenigsten als ein Bittender aussetzen. Warum auch? um nach einer Reise ohne Einsamkeit und doch ohne Gesellschaft in Aussicht zu haben, Dich nicht zu treffen, da ich wohl wußte, wie sehr Du eilen würdest? Da bin ich wohl nicht zu tadeln, außer daß ich Euch warten lassen. Die gute Weber[17] hatte mir Tags darauf[18] geschrieben,[19] als Du bei ihr gewesen warst, und ich sollte Dich in Wiehe grüßen; das will ich nun nach Nürnberg thun.

Ihr habt da eine sonderbare Übereinkunft meinetwegen getroffen.[20] Ist es Dein Ernst, so kennst Du mich doch nicht, am wenigsten meinen gegenwärtigen Zustand. Aber ich glaube, es ist bloß so ein Reden. Warum? Was ist dies für ein Zustand? Mir fällt oft ein, daß ich, als ich ein Knabe war, mir gerade gewünscht, was mir jetzt gewährt worden, und noch weniger gewünscht, als ich empfangen. Edele Geschäfte – gute Studien – freien Muth und einen Freund. Du weißt, daß Caroline[21] mein Freund ist; ein so guter, verständiger, fester, und der nun alle meine Gedanken wissen kann, und der alle meine Wünsche theilt, daß ich keinen bessern, noch nähern brauche. In der That, meine Seele hat zwar, wenn ich sie recht verstanden, die Liebe eines zarten Mädchens bisweilen gewünscht, aber nie eine Frau; mein Leib – hier trennen sich die beiden Geschwister auffallend und ganz – auf meinen Leib bin ich entschlossen⟨,⟩ in dieser Sache nicht im mindesten zu hören. Sonst, lieber Bruder, was soll ich Dir von meinem Leben sagen? von diesem unendlich fernen Ziel und den kurzen Tagereisen danach? und wie ich nur eine einzige Pein habe, das bin ich selbst; und nur eine, wenn nicht die einzige, aber eine Hauptfreude, das sind die kleinen Entdeckungen menschlicher Tugenden, menschlichen Lebens und einer menschlichen Geschichte, die ich täglich in diesen Berliner Folianten[22] mache.

Hier bricht der Frühling nach den kalten Tagen, die ihn etwas zurückhielten, aus den Bäumen und Wiesen ganz hervor. Ach – Du wirst ihn auch schön finden und haben. Und wenn Du unter den Linden auf der Schütt[23],

[16] 30. März 1823.
[17] Francisca Christiana Jeanette Weber, geb. Krug († 1824), Witwe von Adolph Dietrich Weber (1753–1817), Professor der Rechte in Rostock, gemeinsame Bekannte Leopold und Heinrich Rankes.
[18] 13. März 1823.
[19] Brief nicht ermittelt.
[20] Vgl. Nr. 153.
[21] Caroline Beer (1791–1851), Vertraute Leopold Rankes in Frankfurt an der Oder.
[22] Bücher aus der Königlichen Bibliothek in Berlin (vgl. Nr. 96, Nr. 100 und Nr. 101).
[23] Die größte der Inseln in der Pegnitz innerhalb der Nürnberger Stadtmauern.

oder auf den Wöhrter Wiesen[24] zwischen den beiden Flüssen[25] gehst, so denk' einmal an hiesige Linden und Wiesen und Nachtigallen, und an die steile Wand[26] und wie gern ich einmal mit Dir an dem obersten Tisch in der steilen Wand unter dem Gebüsch säße und wir hätten gute Gespräche. Ich weiß nicht, wie es gekommen ist, daß unsere Betrachtungsweise doch so stark auseinandergeht. Zwar weiß ich wohl, und es ist gewiß, daß die andere Richtung, die Du genommen, zu jener biblischen Orthodoxie, wo sich der Verstand unter so trefflichen und schon bereiten Gedanken leicht einheimisch macht und, beschäftigt sie sich anzueignen, das Widersprechende zurückstoßen muß, daran Schuld ist; doch nicht allein, sondern noch etwas mehr. Aber wie wirds künftig werden? Altenkirchen veränderte einst Deinen Dialekt, was wird Nürnberg thun? Ich bitte Dich, allen Dingen etwas mehr Stahl oder Eisen um die Brust entgegenzusetzen, nur mir nicht. Mich kommen jetzt häufig Zweifel an, ob diese Art der Bildung, die Du nun auch an Deinen Schülern versuchen wirst, auch nützlich, ja⟨,⟩ ob sie nur nicht verderblich sei. Nämlich unter den Geschichtschreibern sind einige, die das Alterthum kennen und nachahmen und diese Bildung haben, die wir selbst ausbreiten wollen, und andere, die es nicht kennen noch nachahmen. Fragst Du mich nun, in welchen ich lieber lese, bei welchen ich die größere Wahrheit und oft das schärfere Eindringen in das Wesen der Dinge finde, so sind es die letzteren. Glaubst Du wohl, daß mich das Chronicon Bononiense[27] in Muratori[28] über Bologna im Grund viel besser unterrichtet hat, als selbst Machiavell[29] über Florenz[30]? Aber so ists.

[24] Der Begriff „Wöhrd“ bezeichnet eine Flußinsel. Die Wöhrder Wiesen bei Nürnberg liegen östlich der Schütt, außerhalb der Stadtmauer Nürnbergs und südlich der Pegnitz. Die Bildungsanstalt des Erziehervereins, an der Heinrich Ranke tätig war, befand sich im sogenannten „Hatzfeld'schen Garten“, der ebenfalls östlich der Schütt und außerhalb der Stadtmauer Nürnbergs lag (vgl. K. v. Raumer, Leben, S. 318).

[25] Den beiden Armen der Pegnitz.

[26] Hochufer der Oder, etwa ein Kilometer von Lossow und damit etwa acht Kilometer von Leopold Rankes Wohnung in Frankfurt an der Oder entfernt.

[27] Leopold Ranke bezieht sich wohl auf folgendes Werk: Historia miscella Bononiensis ab Anno MCIV usque ad Annum MCCCXCIV. Auctor praesertim Fratre Bartholomaeo (laut Opac SBB) / Matthaeo (laut Opac MGH) della Puglioli Ordinis Minorum. Accedit ejusdem continuatio usque ad Annum MCCCCLXXI. Ab aliis auctoribus synchronis facta. Omnium nunc primum in lucem prodeunt e codicibus manuscriptis Bibliothecae Estensis (vgl. Nr 101). Das annalistische Werk ist in italienischer Sprache verfaßt; ab 1443 (col. 98), dann immer dichter, enthält es Briefe und andere Dokumente, auch Reden.

[28] In der von Lodovicus Antonius Muratori SJ (1672–1750) herausgegebenen Quellensammlung Rerum Italicarum Scriptores. Bd. 18, Mailand 1731, col. 241–792 (vgl. Nr 101).

[29] Niccolò Machiavelli (1469–1527), florentinischer Politiker, Diplomat und Schriftsteller.

[30] Von der 1532 postum erschienen „Istorie fiorentine“ Machiavellis waren Leopold Ranke eventuell sowohl die 1810 in Mailand erschienene zweibändige als auch die 1818 bis 1820 in Florenz erschienene dreibändige Ausgabe zugänglich. In der „Kritik neuerer Geschichtschreiber“ urteilt Leopold Ranke allerdings ungleich positiver über Machiavelli: „Die florentinische Historie, sein zweytes Werk, ist eins der vorzüglichsten Erzeugnisse der italienischen Prosa, lebendig, anschaulich, in edelem Styl.“ (L. Ranke, Kritik,

Denn das Lateinschreiben bringt eine gewisse Vornehmheit in die menschliche Sprache. Zwischen den Gedanken und das Wort stellt sich noch ein Drittes, das beide auseinanderhält. Das bleibt nun auch, wenn wir unsere Muttersprache reden, und gilt bei allen Schriftstellern, und wer wäre, der so geredet, wie ihm der Schnabel gewachsen war? Du merkst's an diesem Brief; ich merk' es auch und mit Abscheu. Aber kann ichs ändern? Kannst Dus? Keiner kanns. So werden wir durch die Bildung unsere eigenen Gefangenen und sind wir in diesen beinah Zauberkreis eingetreten, so können wir nicht wieder heraus. Siehst Du wohl, daß ich Dich auf Deinen beiden Flügeln[31] angreife? Wirst Du Dich vertheidigen? Aber wahrhaftig, Du darfst den Angriff nur etwas fortsetzen, so wird es einer auf mich.
Weißt Du, und wie scheint es Dir, daß Wilhelm Jura studieren will? Ist es Eitelkeit? Ist es Abneigung von der Theologie? Oder beruht es auf einem wirklichen Zug seines Innern, der auch achtbar ist? In diesem Fall wünscht' ich, daß ers thäte und sich auf keine Weise durch die Vorstellung abhalten ließe, es sei zu theuer u. s. w. Du hast ihn gesprochen, Du kannst mir wohl etwas darüber sagen.
Nun, mein Bruder, bist Du dort; Gott ist mit Dir gegangen und ist bei Dir. Wollte er doch, daß ich ihm einigermaßen so ergeben wäre, wie Du. Lessing[32] schreibt an Jacobi[33]: Wie kann man bei einander sein, außer in Gedanken?[34] Ich find' es ziemlich wahr und wenigstens tröstend.
Sieh einmal, welch ein langer Brief! Aber es wäre auch abscheulich, wenn wir 10 oder 12 weitläufig geschriebene Zeilen so weiten Weg schicken wollten, die ja nur ein Trank sind, wie man ihn vor der Mahlzeit genießt, um den Appetit zu erwecken, aber keineswegs die Mahlzeit selbst. Ich

S. 185). Machiavelli hat nach diesem späteren Urteil also doch die Kraft, formvollendet und zugleich anschaulich zu schreiben; Ranke führt sogar am Beispiel der Beschreibung Veronas vor, daß die im nachhinein ausgearbeitete Darstellung anschaulicher sei als der aus unmittelbarem Erleben hingeworfene Gesandtschaftsbericht, der ihr zugrundeliegt (ebd., S. 185–186).

[31] Vermutlich Religion und Bildung.

[32] Gotthold Ephraim Lessing (1729–1781), bedeutender Schriftsteller der Aufklärung, ab 1770 Bibliothekar in der Herzog August Bibliothek in Wolfenbüttel, 1771 Aufnahme in die Freimaurer-Loge „Zu den drei Rosen" in Hamburg.

[33] Friedrich Heinrich Jacobi (1743–1819), 1765 Aufnahme in die Freimaurer-Loge „La Parfaite Amitié" in Düsseldorf, 1784 Aufnahme in den Illuminaten-Orden, 1807–1812 Präsident der Akademie der Wissenschaften in München.

[34] Vgl. Gotthold Ephraim Lessing an Friedrich Heinrich Jacobi, 11. Juli 1780; Druck: Friedrich Heinrich Jacobi's Werke. Vierter Band. Erste Abtheilung. hrsg. v. Friedrich Köppen. Leipzig 1819, S. 82: „Ich werde oft genug in Gedanken bey Ihnen seyn. Und wie kann man denn sonst beyeinander seyn, als in Gedanken?"

muß Dich besonders tadeln, daß Du so groß, so gut, so deutlich und weitläufig (nämlich in Schriftzügen) schreibst. Nimm mich nur zum Beispiel. So viel Undeutlichkeit will ich gern vertragen, als Du vertragen mußt.

Auch Caroline, auch die Ahlemann[35] haben Dich sehr erwartet. Ich will Dir nur gestehen, daß sie Dir auch etwas auf die Reise mitgeben und zum heiligen Christ[36] bescheren wollten. Aber nun freilich! Wir, ich mit Appeln und Heydlern[37], gingen den Sonntag, da ich Deinen Brief[38] bekommen, spazieren. Sie fanden, daß mir etwas fehlte. Ich schämte mich, zu gestehen, Du seists; aber that es, und sie wurden auch traurig. Appel[39] läßt seine Stelle[40] gegenwärtig von andern[41] verwalten und wartet in Halle seine Krankheit und zugleich kameralistische Studien ab.

Doch, mein Herz, jetzt ist alles gut; – gefalle Dir nur selbst, den andern wirst Dus schon – und leb wohl.

[a]Dein Leop⟨old⟩[a].

Grüß doch ja Raumern[42] und auch Dittmarn[43]; ja, sag ich? Wenn Dirs gut scheint: sonst laß es.

[a–a] In der Vorlage gesperrt gedruckt.

[35] Friederike Wilhelmine Ahlemann, geb. Schultze (1772–1843), Direktorin einer höheren Bildungsanstalt für Mädchen in Frankfurt an der Oder, Vertraute Leopold Rankes.

[36] Ostern.

[37] Wilhelm Ferdinand Heydler (1793–1859), Mitschüler Leopold und Heinrich Rankes in Pforta, Leipziger Studienfreund Leopold Rankes sowie Konrektor am Friedrichs-Gymnasium in Frankfurt an der Oder.

[38] Nr. 148.

[39] Friedrich Ferdinand Appel (1794–1840), Supernumerar bei der Regierung in Frankfurt an der Oder, ab Ostern 1823 Student in Halle.

[40] Bei der Regierung in Frankfurt an der Oder.

[41] Nicht ermittelt.

[42] Karl Ludwig Georg von Raumer (1783–1865), ehemaliger Professor der Mineralogie in Halle, wie Heinrich Ranke Lehrer an der Bildungsanstalt des Erziehervereins in Nürnberg.

[43] Johann Christian Gottlob Heinrich Dittmar (1792–1866), Leiter der Bildungsanstalt des Erziehervereins in Nürnberg.

Nr. 152

Ferdinand Ranke[1] an Leopold Ranke

V: GStA PK VI. HA Nl Hoeft Nr. 1 (Abschrift)
G: GStA I. HA Rep. 92 L. v. Ranke Nr. 26 (nicht erhalten)

Halle⟨,⟩ den 29sten April ⟨1823⟩.

Geliebtester Bruder,

Bald sind nun die Ferien wieder zu Ende, und die Collegia beginnen wieder; doch jetzt bin ich aber hier mit Appeln[2] noch ganz allein; indeß sind wir hier nicht ganz ruhig geblieben; um doch die Ferien nicht ganz fahren zu lassen, und uns einmal recht auszulaufen, gingen wir nach Mühlberg,[3] wo Appel auch Bekannte[4] hat, wie Du ja weißt, wenigstens sagte dort der Steuercontrolleur Schulz[5]; daß Du ihm bei Tische gegenüber gesessen hättest im Löwen[6]; und wir haben doch acht Tage zugebracht, indem wir zwei Tage hin, und drei wieder her gingen über Leipzig. Unterwegs sind wir aber sehr vergnügt gewesen.

Bis jetzt bin ich nun immer noch mit dem Hiob[7] beschäftigt, und habe andere[a] Vorarbeiten für das halbe Jahr gemacht; nun beginnt aber der May,

[a] In der Vorlage ursprünglich: „meine“.

[1] Ferdinand Ranke (1802–1876), Bruder Leopold Rankes, Student in Halle.

[2] Friedrich Ferdinand Appel (1794–1840), Freund Leopold Rankes aus Frankfurt an der Oder, der ab Ostern 1823 ein Studium der Rechts- und Staatswissenschaften in Halle aufgenommen hatte.

[3] Wohl um dort Otto (1800-nach 1843) und Eduard Mehner (1802–1856) zu besuchen, die Ferdinand Ranke aus seiner Schulzeit in Pforta kannten (vgl. Hoffmann, Pförtner Stammbuch, Nr. 8689, 8704 und 8738, S. 349 und 351); Eduard Mehner war darüber hinaus in Halle der „Stubenbursche“ von Ferdinand Ranke (vgl. K. F. Ranke, Leben in Briefen, S. 43).

[4] Nicht ermittelt.

[5] Wohl Carl Friedrich Schulz (1796–nach 1846), Sohn von Christian Friedrich Schulz, Bürger und Ackerbesitzer in Friedeberg in der Neumark, um 1820 Steuerkontrolleuer, 1823 Obersteuerkontrolleur in Mühlberg an der Elbe, um 1824 Oberzollgrenzkontrolleur in Herrengosserstedt, 1825 Hochzeit mit Caroline Auguste Eleonore Wilhelmine Freifrau Zollner von Brand (* 1805), Tochter von Johann Friedrich Wilhelm Freiherr Zollner von Brand (1768–1827), ehemals Hauptmann in königlich-sächsischen Diensten, Oberzollinspektor in Zeitz, um 1829 Oberzollgrenzkontrolleur in Auerstedt, 1834 Hauptsteueramtskontrolleur in Landsberg an der Warthe, um 1838 Steuereinnehmer in Friedeberg in der Neumark, 1839 Hauptsteueramts-Rendant in Cottbus; Carl Friedrich Schulz, „Ober-Steuer-Controlleur“ in Mühlberg, kannte sicher den Vater der Gebrüder Mehner, der als Steuerrevisor in Mühlberg tätig war, außerdem gehörte Schulz als auswärtiges Mitglied der Freimaurer-Loge „Euthanasia zur Unsterblichkeit“ in Frankfurt an der Oder an (vgl. Archiv KPS Herrengosserstedt, Taufen 1826; Archiv KPS Herrengosserstedt, Trauungen 1825; GStA PK I. HA Rep. 77 Tit. 267 Nr. 1 Adhib. 3, Bde. 1–23).

[6] Wohl im Gasthof „Zum goldenen Löwen“ neben dem Rathaus in Mühlberg.

[7] Nach einem frommen Mann aus dem Land Uz benanntes Buch der Bibel.

und mit ihm wieder Dein Plan[8]. Dazu möchte ich Dich nun noch Einiges fragen. Nehmlich zuerst beginnt nun der Pindar[9], und mit ihm zugleich mittlere Geschichte und Mythologie. Meinst Du, daß ich Alles von Pindar lese, und nach welcher Ausgabe, und wie richte ich es wohl am besten ein. Ich dächte, es würde doch das Beste seyn, wenn ich ihn ganz läse; die Böckhsche[10] Ausgabe[11] kann ich von Reisig[12] bekommen, vielleicht auch Ahlwardt[13], und andere; dann aber weiß ich gar nicht recht, wie ich es mit der Mythologie machen soll; ich habe nur die kleine M[ythologie][14]

[8] Leopold Ranke hatte für seinen Bruder Ferdinand einen Lese - und Studienplan aufgestellt (vgl. Nr. 122).

[9] Pindar (522/518–nach 446 v. Chr.), griechischer Dichter.

[10] Philipp August Boeckh (1785–1867), Sohn von Georg Matthäus Boeckh (1735–1790), Notar und Hofratssekretär in Karlsruhe, und Marie Salome Boeckh, geb. Hörner (1745–1815), Bruder von Christian Friedrich (ab 1825: von) Boeckh, 1821–1844 Finanzminister, 1844–1846 Präsident des Staatsministeriums in Baden; 1791 Gymnasium Illustre in Karlsruhe, 1803 Studium der Theologie und Philologie in Halle bei Friedrich August Wolf und Friedrich Daniel Ernst Schleiermacher, 1806 Seminar für gelehrte Schulen von Friedrich Gedike in Berlin, März 1807 Dr. phil., Oktober 1807 Habilitation und außerordentlicher Professor der alten Literatur in Heidelberg, 1809 Ruf als ordentlicher Professor nach Königsberg, infolgedessen ordentlicher Professor der Beredsamkeit in Heidelberg, 1811 Professor der Beredsamkeit und Poesie an der neu gegründeten Universität Berlin, dort wiederholt Dekan und Rektor, 1814 Mitglied, 1835 als Nachfolger Schleiermachers Sekretär der Philosophisch-Historischen Klasse der Akademie der Wissenschaften in Berlin.

[11] Ferdinand Ranke bezieht sich hier wohl auf die maßgebliche Gesamtausgabe der Gesänge Pindars: ΠΙΝΔΑΡΟΥ ΤΑ ΣΩΖΟΜΕΝΑ. Pindari Opera quae supersunt. Textum in genuina metra restituit et ex fide librorum manuscriptorum doctorumque coniecturis recensuit annotationem criticam scholia integra interpretationem Latinam commentarium perpetuum et indices adiecit Augustus Boeckhius. 2 Teile in 4 Bdn., Leipzig 1811–1821.

[12] Karl Christian Reisig (1792–1829), außerordentlicher Professor der alten Literatur in Halle, wie Leopold Ranke Schüler Johann Gottfried Jakob Hermanns und Mitglied der „Societas Graeca“.

[13] Christian Wilhelm Ahlwardt (1760–1830), Sohn eines Tischlers, 1769 Große Ratsschule, 1778 Studium der Medizin, später der Theologie, 1782 Hauslehrer in Greifswald, 1783 Hauslehrer und Privatgelehrter, 1787 Privatdozent in Rostock, 1792 Kollaborator an der Stadtschule in Demmin, 1795 Rektor der Gelehrtenschule in Anklam, 1797 auf Empfehlung von Johann Heinrich Voß Rektor des Gymnasiums in Oldenburg, 1811 auf Vermittlung Ludwig Gotthard Theobul Kosegartens Rektor der Großen Ratsschule, 1817 Professor der alten Literatur in Greifswald, zweite Ehe mit Dorothea Hingst (1802–1837); wurde als Übersetzer des Ossian bekannt. Seine 1820 erschienene Pindar-Ausgabe gehört zu seinen kleineren Arbeiten: Pindari Carmina recensuit metra constituit lectionisque varietatem adiecit Christ. Guilielmus Ahlwardt. Editio minor in usum praelectionum academicarum et scholarum. Leipzig 1820.

[14] Christian Tobias Damm's Mythologie der Griechen und Römer. Nach der von Friedrich Schulz veranstalteten Ausgabe aufs neue bearbeitet von Konrad Levezow. Berlin 1803; 16. Aufl., Berlin 1814; 17. verbesserte und vermehrte Aufl., Berlin 1820.

von Levezow[15] und Damm[16]; zuerst muß ich diese wohl lesen, dann weiß ich nicht⟨,⟩ ob ich etwas tiefer gehen soll, und mich zum Beispiel in die Symbolik[17] von Kreuzer[18] und andere Sachen hineinwagen darf. Endlich möchte ich wohl wissen, was ich für ein Buch gebrauchte zur Erlernung der mittleren Geschichte. Ich habe jetzt ein Buch geborgt von Halem[19],

[15] Jakob Andreas Konrad Levezow (1770–1835), Sohn von Immanuel Friedrich Levezow (1731–1801), Konrektor am Gymnasium in Stettin, Besuch des Gymnasiums in Stettin, 1789 Studium der Theologie, später unter dem Einfluß von Friedrich August Wolf der Philologie in Halle, danach Hauslehrer in Pommern, 1795 Dr. phil. Göttingen, 1797 Philologisch-pädagogisches Seminar von Friedrich Gedike, Lehrer am Berlinischen Gymnasium, 1803–1824 Professor am Friedrich-Wilhelms-Gymnasium in Berlin, 1804 Hochzeit mit Maria Ulrike Wilhelmine Gilly, geb. Hainchelin (∗ 1771), Tochter von Peter Jeremias Hainchelin (1727–1787), Oberfinanzrat in Berlin, und Hedwig Charlotte Hainchelin, geb. Kühn, Witwe von Friedrich David Gilly (1772–1800), Oberhofbauinspektor und Professor an der Bauakademie in Berlin, 1804–1824 Professor für Mythologie und Altertumskunde an der Akademie der Künste, 1821 zugleich Zweiter Aufseher des Königlichen Antikenkabinetts und der Kunstkammer, 1828 Direktor des Antiquariums, 1832 Mitglied der Philologisch-Historischen Klasse der Akademie der Wissenschaften in Berlin (ELAB Berlin, Dreifaltigkeit, Trauungen 1804; GStA PK I. HA Rep. 76 alt I Nr. 366; freundliche Auskunft von Karin Keller, Archiv der Martin-Luther-Universität Halle-Wittenberg, 10.11.2011); Levezow verfaßte neben seinen altphilologischen und archäologischen Werken mehrere patriotische Theaterstücke.

[16] Christian Tobias Damm (1699–1778), Rektor des Cöllnischen Gymnasiums in Berlin.

[17] Georg Friedrich Creuzer: Symbolik und Mythologie der alten Völker, besonders der Griechen. In Vorträgen und Entwürfen. 4 Bde., Leipzig / Darmstadt 1810–1812; Abbildungen zu Friedrich Creuzers Symbolik und Mythologie der alten Völker. Auf sechzig Tafeln. Leipzig / Darmstadt 1819.

[18] Georg Friedrich Creuzer (1771–1858), Sohn von Christoph Andreas Joachim Leonhard Creuzer († 1772), Buchbinder in Marburg, 1789 Studium der Theologie in Marburg, 1790 Studium der Theologie, später der Philologie und Literaturgeschichte in Jena, 1791 in Marburg, 1792 Gründung einer Privatlehranstalt, 1798 Studium der Philologie in Leipzig, unter anderem bei Johann Gottfried Jakob Hermann, 1799 auf Rat von Friedrich Carl von Savigny Habilitation, 1800 außerordentlicher, 1802 ordentlicher Professor der griechischen Sprache und der Eloquenz in Marburg, 1804 Professor für Philologie und alte Geschichte in Heidelberg, 1808 in Leiden, 1809 in Heidelberg, 1845 Pension; Creuzer, der Rufe nach Göttingen, Bonn und Kiel ablehnte, erschloß die mythologische und religiöse Geschichte der alten Welt von romantischen Motiven aus. Diesem Interesse ist sein oben genanntes Hauptwerk zuzuordnen, das auf den gesamten Schatz der archäologischen Überlieferung zurückgriff und seinen Verfasser in ganz Europa bekannt machte; über die Möglichkeit einer wissenschaftlichen Rekonstruktion der Welt der alten Völker mit Hilfe einer „Mythologie“ lieferte er sich eine 1818 veröffentlichte, viel beachtete Kontroverse mit Johann Gottfried Jakob Hermann, dem Leipziger Lehrer Leopold Rankes.

[19] Bernhard Jacob Friedrich (ab 1792: Reichsfreiherr) von Halem-Ilksen (1768–1823), Sohn von Anton Wilhelm von Halem (1711–1771), Stadtsyndicus und Justizrat in Oldenburg, Besuch des Gymnasiums in Oldenburg, 1785 Studium der Rechte in Jena und 1786 in Göttingen, danach Rückkehr nach Oldenburg, 1792 Kriegsrat beim Armee-Directorium in Berlin, 1795 Rückkehr nach Oldenburg, 1798 herzoglich oldenburgischer Landgerichtsassessor, zuerst in Neuenburg, später in Delmenhorst, 1811 Generalsekretär des Weser-Departements, 1813 Versetzung nach Paris, 1814 Schriftsteller und Übersetzer in Leipzig bzw. in Jena (freundliche Auskunft von Achim Blankenburg, Abt. Handschriften, Thüringer Universitäts- und Landesbibliothek Jena, 4.11.2011).

eine Uebersetzung des Hallam[20], und dieß scheint recht gut geschrieben zu sein: ich möchte gern das Buch[21] von Rieß[22] haben; ich weiß aber nicht, wo ich es herbekommen soll. Besonders aber fehlt mirs an Charten, und ich weiß immer gar nicht, wie ich mich auf neuen Charten in dieser Geschichte finden soll. Hier wird nun zwar von zwey Professoren[23] mittlere

[20] Henry Hallam (1777–1859), Sohn von John Hallam, Dean of Bristol, Erziehung in Eton, Studium der Rechte am Christ Church College in Oxford, 1799 B.A., Übersiedlung nach London, 1801 Fellow, 1824 Vizepräsident der Society of Antiquaries of London, 1802 Rechtsanwalt („barrister I.T.", 1841 „bencher"), 1805 Mitarbeiter an der Edinburgh Review, 1806 „Commissioner of Stamps" im „Stamp Department", 1832 M.A., 1834 Mitbegründer und Schatzmeister der Statistical Society of London, 1848 Doctor of Canon Law, ein Freund von Sir Walter Scott. Der Titel des Buches, das Ferdinand Ranke anspricht, lautet: Henry Hallam: Geschichtliche Darstellung des Zustandes von Europa im Mittelalter, nach der Zweiten Ausgabe aus dem Englischen übertragen von B. J. F. von Halem. 2 Bde., Leipzig 1820 und 1821. Der von liberalen Anschauungen erfüllte britische Historiker Hallam bringt hier die mittelalterliche Geschichte nicht in einer geschlossenen Erzählung, sondern in neun separaten Abhandlungen, die sich thematisch von den Geschichten einzelner Länder über die Geschichte der „kirchlichen Macht" bis zu kulturgeschichtlichen Überblicken über das Feudalsystem und die Geschichte „der Gesellschaft, des Handels, der Sitten, der Literatur" erstrecken.

[21] Wohl entweder Friedrich Rühs: Entwurf einer Propädeutik des historischen Studiums. Berlin 1811 oder Friedrich Rühs: Handbuch der Geschichte des Mittelalters. Berlin 1816; 2. Aufl., 2 Bde. in 3 Tlbde., Wien 1817.

[22] Wohl Christian Friedrich Rühs (1781–1820), Sohn von Joachim Rühs († 1811), Kaufmann und Ratsherr in Greifswald, Besuch des Gymnasiums in Greifswald, 1797 Studium der Geschichte und Staatswissenschaften in Greifswald, 1800 Studium der Geschichte und der Philologie in Göttingen, unter anderem bei Arnold Hermann Ludwig Heeren, 1801 Magister der Philosophie und Privatdozent in Göttingen, 1802 Vizebibliothekar der Universitätsbibliothek, 1802 Privatdozent, 1808 außerordentlicher Professor der Geschichte in Greifswald, 1810 ordentlicher Professor der Geschichte in Berlin, 1817 Historiograph des preußischen Staates, 1818 Mitglied der Philosophisch-Historischen Klasse der Akademie der Wissenschaften in Berlin, 1820 Tod in Florenz, verheiratet mit Eleonore Hypolithe Kriebel, der Tochter von Johann August Kriebel (1735–1819), 1763 Rektor des Gymnasiums in Greifswald, 1783 Propst in Wolgast.

[23] Wohl Friedrich Karl Brömmel (1791–1856), Sohn von Philipp Brömmel, Domvikar in Goslar, und Karoline Brömmel, geb. Henrici, 1805 Collegium Carolinum in Braunschweig, 1808 Studium der Philosophie, Geschichte und Philologie in Göttingen, unter anderem bei Arnold Hermann Ludwig Heeren und Christian Gottlob Heyne, 1812 Ruf auf eine Professur der griechischen Sprache in Helmstedt, da diese aber von der westphälischen Regierung aufgehoben wurde, Hauslehrer in Stade, 1813 Freiwilliger Jäger, 1814 Studium der Geschichte und der Philologie in Halle, 1815 Freiwilliger Jäger, Teilnahme an der Schlacht von Waterloo, 1815 Dr. phil., Lehrer am Pädagogium in Halle, 1820 Habilitation in Halle, 1823 ordentlicher Professor der Geschichte in Basel, 1825 Hochzeit mit Johanne Philippine Hermine Model (∗ 1804), Tochter von Carl August Christlieb Model (1774–1857), Justizkommissar und Actuar in Halle, und Johanna Charlotte Wilhelmina, geb. Winter (vgl. Archiv KPS Oschersleben, Taufen 1804; Archiv KPS Oschersleben, Trauungen 1802); sowie Traugott Gotthilf Voigtel (1766–1843), Professor der Geschichte in Halle.

Geschichte gelesen;[24] aber erstlich habe ich nicht Geld genug, weil ich da doch wenigstens 4 Thaler bezahlen müßte, und dann kann ich es mit Büchern, die ich leicht geborgt bekomme, eben so gut, und da die Leute hier so nicht die größten Helden zu seyn scheinen, vielleicht noch besser lernen.

In diesem Allen möchte ich Dich nun⟨,⟩ lieber Bruder, um Deinen Rath bitten, damit ich es Alles richtig anfange.

Der Vater[25] hat Dir von Nürnberg geschrieben;[26] es war so ein Plan von Heinrich[27] und mir;[28] seine Erfüllung ist freylich noch ein wenig ungewiß, und dann ist mir doch eingefallen, ob ich so gerade zu aus Preußen weggehen kann, weil ich doch durch das Seminar[29], und die Schule[30] dem Staate verbindlich bin, und weil ich doch dann nicht so gleich wieder in das Vaterland zurückkehren kann.

Appel grüßt Dich; und Stange[31] und Heidler[32] auch ich herzlich, auch Caroline[33] und die Ahlemann[34].

Lebe wohl und behalte mich lieb.

Dein
Dich herzlich liebender Bruder
Ferdinand.

[24] Im Sommersemester 1823 hielt Brömmel laut des Vorlesungsverzeichnisses eine Vorlesung mit dem Titel „Geschichte des Mittelalters“; er war erst 1822 mit einem althistorischen Thema promoviert worden. Voigtel las über „Die Anfangsgründe der Chronologie und Diplomatik“; von seinen Publikationen seien hier nur erwähnt: Genealogische Tabellen zur Erläuterung der Europäischen Staatengeschichte für Freunde der Wissenschaft und Studierende auf Universitäten und Schulen. 2 Bde., Halle 1811 / 1829; Deutsche Geschichte von der ältesten bis auf die neuesten Zeiten. Halle 1818; Versuch einer Statistik des preussischen Staates für Freunde der Wissenschaft, Geschäftsmänner und höhere Unterrichtsanstalten. Halle 1819, 4. Aufl., Halle 1837.

[25] Gottlob Israel Ranke (1762–1836), Vater Leopold und Ferdinand Rankes.

[26] Vgl. Nr. 150.

[27] Heinrich Ranke (1798–1876), Bruder Leopold und Ferdinand Rankes, Lehrer an der Bildungsanstalt des Erziehervereins in Nürnberg.

[28] Ferdinand Ranke plante nach seinem Examen als Lehrer an die Bildungsanstalt des Erziehervereins in Nürnberg zu wechseln, an der sein Bruder Heinrich tätig war (vgl. etwa Nr. 163 oder Nr. 172); dieser Plan scheiterte aus verschiedenen Gründen (vgl. etwa Nr. 208–210, Nr. 212 und Nr. 214–215).

[29] Das Philologische Seminar, das nach dem Vorbild des Philologischen Seminars in Göttingen 1787 von Friedrich August Wolf an der Universität Halle gegründet worden war und das vom preußische Staat finanziert wurde.

[30] Die Landesschule in Pforta, die seit 1815 vom preußischen Staat getragen wurde.

[31] Johann Carl Wilhelm Thomas Stange (1792–1854), Oberlehrer am Friedrichs-Gymnasium in Frankfurt an der Oder.

[32] Wilhelm Ferdinand Heydler (1793–1859), Mitschüler Leopold und Heinrich Rankes in Pforta, Leipziger Studienfreund Leopold Rankes sowie Konrektor am Friedrichs-Gymnasium in Frankfurt an der Oder.

[33] Caroline Beer (1791–1851), Vertraute Leopold Rankes in Frankfurt an der Oder.

[34] Friederike Wilhelmine Ahlemann, geb. Schultze (1772–1843), Direktorin einer höheren Bildungsanstalt für Mädchen in Frankfurt an der Oder, Vertraute Leopold Rankes.

Nr. 153

Heinrich Ranke[1] an Leopold Ranke

V: GStA PK VI. HA Nl Hoeft Nr. 37 Kart. 2 (Typoskript)
TD: Fuchs, Heinrich Ranke, S. 159–161

[a]Nürnberg,[a] Am Sonntag vor Himmelfahrt⟨, 4. Mai⟩ 1823.

Mein Leopold,

Für Deinen lieben Brief[2] meinen freundlichsten Dank, und herzlichen Gruß von der kleinen Pegniz an die schöne Oder.

Wie wohlbehalten ich mit Allwill[3] [b]hier[b] angekommen, habe ich Dir schon geschrieben.[4] Nun kann ich Dir sagen, wie wohlbehalten wir uns fühlen. Es wird mir hier oft zu Muthe, wie mir's in der schönsten Zeit in Pforte war;[5] man lebt mit den Knaben eng zusammen, man lernt und spielt mit ihnen, legt sich Abends mitten unter ihnen zu Bett, hat kein steifes Lehrerverhältniß zu den Kindern, sondern das eines älteren Freundes;[6] die Lehrer selbst sind, Raumer[7] ausgenommen, in frischer⟨,⟩ aufstrebender Jugend; so wachen denn die Gefühle der Kindheit freundlich in mir auf — und es wird mir so wohl zuweilen, als hätte ich nie eine Männersorge, nie Männergram empfunden. – Heut früh um 6 Uhr hielt ich das Morgengebet, wo, wie immer, die Lehrer[8] zugegen waren — und übergab dann mein (geistliches) Amt an Eduard Wesselhöft[9], mit dem ich von Woche zu Wo-

a–a In der Vorlage nachträglich handschriftlich ergänzt.
b–b In der Vorlage nachträglich handschriftlich ergänzt.

1 Heinrich Ranke (1798–1876), Bruder Leopold Rankes, Lehrer an der Bildungsanstalt des Erziehervereins in Nürnberg.

2 Nr. 151.

3 Allwill Hermann Baier (1811–1892), der Heinrich Ranke anvertraute Sohn des verstorbenen Hermann Julius Christoph Baier.

4 Vgl. Nr. 148.

5 Vgl. F. H. Ranke, Jugenderinnerungen, S. 17–53

6 Zum pädagogischen Konzept in der Landesschule in Pforta während der Schulzeit der Gebrüder Ranke vgl. ausführlich F. Ranke, Rückerinnerungen.

7 Karl Ludwig Georg von Raumer (1783–1865), ehemaliger Professor der Mineralogie in Halle, wie Heinrich Ranke Lehrer an der Bildungsanstalt des Erziehervereins in Nürnberg.

8 Johann Christian Gottlob Heinrich Dittmar (1792–1866), Joseph Gersbach (1787–1830), Johann Georg Grosch (1796–1862), Carl Gottlieb Hermann (1793–1858), Karl Ludwig Georg von Raumer (1783–1865), Leonhard Steinlein (1794–1838), Johann Valentin Strebel (1801–1833), Eduard Wesselhöft (1792–1873), Lehrer an der Bildungsanstalt des Erziehervereins in Nürnberg.

9 Eduard Wesselhöft (1792–1873), Sohn von Johann Carl Wesselhöft (1767–1847), ab 1799 Buchdrucker in Jena, und Friederike Karoline Wesselhöft, geb. Heitmann, Tochter von Karl Wilhelm Heitmann, Sekretär der Kurprinzessin von Sachsen; Hauslehrer, unter anderem Wilhelm Martin Leberecht de Wette, ab 1805 gemeinsam mit seinen Brüdern bei „einem Landprediger in der güldenen Aue in Thüringen", 1807 Klosterschule in Roßle-

che abwechsele. Er beginnt heut früh um 9 Uhr sein Amt mit Leitung unserer Sonntagsstunde, wo gesungen und (kurz) gepredigt wird. Nach dem Morgengebet ging ich mit dem kleinen Psalmbuch in den Gängen unsers herrlichen Gartens auf und ab; da ich den Morgengesang der Vögel hörte, dachte ich an die Nachtigallen des Poetenganges[10] und an Dich und an die Zwei[11]. Freilich⟨,⟩ ja, ich hätte mich durch nichts sollen abhalten lassen⟨,⟩ hinüber nach F⟨rankfurt⟩ zu kommen.[12] Ich kann es jetzt nicht wieder gut machen; so Gott will, nach 2 Jahren erst. So mache Du es denn gut, liebes Herz, was ich versehen habe, und komme Du zu mir in das schöne Frankenland. Ich will auch die nächsten freien Stunden anwenden⟨,⟩ um das Merkwürdige zu besehen, daß ich Dir's dann zeige. Die Stadt bekömmt durch die Burg und die herrlichen Thürme von St. Sebald und St. Lorenz[13] etwas Erhabenes; man erkennt mit Freude und Wehmuth die Spuren alter Herrlichkeit. Wunderbar innig ergriff es mich, als ich in St. Sebald aus alter katholischer Zeit noch das ewige Licht brennen sah, und die Menge Meßaltäre schön bekleidet, und hinter dem Hochaltar das Legendenbuch des heil⟨igen⟩ Sebald[14], dessen Grabmahl von Peter Fischer[15] die Zierden der

ben, 1813 Studium der Theologie und Philologie in Jena, 1815 in Leipzig, unter anderem bei Johann Gottfried Jakob Herrmann, 1817 Hauslehrer „auf einem Krongut bei Magdeburg", 1820 Prediger in Jena, zugleich Leiter der „Freischule", 1821 Ordination in Weimar, Kollaborator in Wolferstedt bei Allstedt, 1822 Hauslehrer der Kinder von Friedrich August Köthe (1781–1850), Konsistorialrat im Großherzogtum Sachsen-Weimar-Eisenach, Superintendent und Oberpfarrer zu Allstedt, 1823 Lehrer an der Bildungsanstalt des Erziehervereins in Nürnberg, 1824 Lehrer an der Fröbelschen Erziehungsanstalt in Keilhau bei Rudolstadt, 1825 erneut Hauslehrer der Kinder von Friedrich August Köthe, 1826 Pfarrer in Hottelstedt bei Weimar, 1849 Ruhestand, Übersiedlung nach Ilmenau, 1868 nach Gotha (vgl. Hauschronik der Bildungsanstalt des Erziehervereins 1823, S. 9–16; Album Schüler Roßleben, Nr. 712, S. 46; F. H. Ranke, Jugenderinnerungen, S. 101, 250–251); Heinrich Ranke hatte 1818 von Eduard Wesselhöfts Bruder Wilhelm (1794–1858) in Berlin „freie Wohnung" erhalten (vgl. Nr. 36).

[10] Poetensteig, Straße in der Lebuser Vorstadt, nördlich der ehemaligen Stadtbefestigung von Frankfurt an der Oder, in der Leopold Ranke später für einen Sommer einen Garten mietete (vgl. Nr. 221).

[11] Wohl Friederike Wilhelmine Ahlemann, geb. Schultze (1772–1843), Direktorin einer höheren Bildungsanstalt für Mädchen in Frankfurt an der Oder, und Caroline Beer (1791–1851), Vertraute Leopold Rankes (vgl. Nr. 151).

[12] Vgl. Nr. 145 und Nr. 151.

[13] Die dem heiligen Sebald geweihte Kirche liegt nördlich, St. Lorenz südlich der Pegnitz.

[14] Sebaldus, frühmittelalterlicher Einsiedler, 1425 heiliggesprochen, Stadtpatron Nürnbergs (vgl. Georg Hammbacher: St. Sebald, der Schutzpatron Nürnbergs. Zum fünfhundertjährigen Feste seiner Heiligsprechung 1425–1925. Nürnberg 1925).

[15] Peter Vischer, der Ältere (um 1460–1529), Rotgießer in Nürnberg; er schuf von 1506–1519 zusammen mit seinen Söhnen das Sebaldusgrab (vgl. ausführlich Simon Meller: Peter Vischer der Ältere und seine Werkstatt [= Deutsche Meister, Bd. 6]. Leipzig 1925).

Kirche ist. Als [c]er[c] im Sterben lag fragte man, wo er begraben sein wolle. „Setzt, sagte er, den Sarg auf einen Wagen mit Ochsen bespannt, wo sie stehen bleiben⟨,⟩ begrabt mich.“ Und die Ochsen hielten bei der Peterskapelle. Hier ruht er nun in der über seinen Gebeinen errichteten Kirche. – Vor 20 Jahren soll in dieser Kirche noch täglich Messe gelesen ⟨worden⟩ sein.

Am ersten Mai zogen wir mit allen Zöglingen und Schülern[16] aus nach der hohen Veste, wo Wallenstein[17] einst hielt und Gustav Adolf[18] vorüberzog. Auf dem Hinwege kamen wir durch das Hans Sachsen Gäßchen[19], das freilich eng und unansehnlich genug ist⟨,⟩ um ein Schustergäßchen zu sein. Sonst sind die Straßen hier breit⟨,⟩ hell und reinlich.

Außer Allwill wohnen bei mir 3 katholische Knaben, einer von 17 Jahren[20], ein Sohn des Häcker⟨,⟩ der auf dem bai⟨erischen⟩ Landtag bedeutend ist[21]; einer im 16. Jahre, Stumpf[22] ⟨,⟩ der in Bamberg geboren, in Mün-

c–c In der Vorlage unterstrichen.

16 Nicht ermittelt.

17 Albrecht Wenzel Eusebius von Wallenstein (1583–1634), 1625 Herzog von Friedland, 1627 Herzog von Sagan, 1625–1630, 1632–1634 Oberbefehlshaber der kaiserlichen Truppen.

18 Gustav II. Adolf (1594–1632), König von Schweden.

19 Benannt nach Hans Sachs (1494–1576), Schuhmacher-Meister und Dichter in Nürnberg.

20 Carl Häcker (1806–nach 1857), Sohn von Franz Joseph Häcker (1777–1851), Landrichter in Rothenburg ob der Tauber, 1820 Königliches Erziehungsinstitut in Neuburg an der Donau, 1821 Bildungsanstalt des Erziehervereins in Nürnberg, danach Berg- und Salinen-Praktikant in Traunstein, 1834 Subfaktor an der Saline Traunstein, später Subfaktor beim Hauptsalzamt Traunstein, 1838 Bergmeister beim Bergamt Amberg, 1843 Bergamtsverweser beim Bergamt Orb im Bergrevier Kahl, später Salinen-Inspektor in Traunstein, dann in Berchtesgaden, 1850 Salinen-Inspektor, später Oberberg-Salinenrat in Reichenhall (vgl. Hauschronik der Bildungsanstalt des Erziehervereins 1822, S. 2).

21 Franz Joseph Häcker (1777–1851), Sohn eines Gutsbesitzers in Obergailnau, 1793 Studium der Rechte in Würzburg, Lic. iur., danach Rechtspraktikant in Würzburg, 1801 Administrator des Klosters St. Stephan in Würzburg, 1804 Privatdozent an der Universität Würzburg, Landrichter in Aub, 1805 Landrichter in Kitzingen, 1806–1819 Landrichter in Rothenburg ob der Tauber, 1819–1831 Mitglied der Kammer der Abgeordneten des bayerischen Landtags, 1819–1827 Erster, 1827–1828 Zweiter Sekretär, 1818–1832 Zweiter Präsident der Kammer der Abgeordneten des bayerischen Landtags, 1824 Zweiter Direktor des Kreis- und Stadtgerichts München, 1826 außerordentlicher Professor der Rechte, 1827 Ministerialrat im bayerischen Staatsministerium der Justiz, 1835 ordentlicher Professor der Rechte in München, 1851 als Ministerialrat und Vorstand der Redaktion des Gesetz- und Regierungsblattes sowie des Hof- und Staatshandbuches in den Ruhestand versetzt (vgl. Carl Prantl: Geschichte der Ludwig-Maximilians-Universität in Ingolstadt, Landshut, München. Zur Festfeier ihres vierhunderjährigen Bestehens. München 1872, Bd. 1, S. 726–727, und Bd. 2, S. 539; Regierungsblatt für das Königreich Bayern 1854, S. 1126).

22 Pleickhard Stumpf (1807–1877), Sohn von Andreas Sebastian Stumpf (1772–1820), Landesdirektionsrat in München, und Margaretha Josepha Stumpf, geb. Dichtel; 1817 Königliches Erziehungsinstitut in Neuburg an der Donau, 1818 Königliche Studienanstalt in Würzburg, am 15. Oktober 1821 von seinem Vormund, dem Rentamtmann Kaspar Probst (1768–1836) aus Würzburg, der Bildungsanstalt des Erziehervereins in Nürnberg als Zög-

chen erzogen, in Würzburg auf dem Gymnasium gewesen ist;[23] einer von 12 Jahren, Schütlinger⟨,⟩ aus Kulmbach am Fichtelgebirg.[24] Alle drei sind mir lieb, wie denn der Geist unter unsern Kindern im Allgemeinen recht gut ist; wir 5 bilden eine eigne Familie, und ich bin als εἰρήν[d][25] gar fröhlich und glücklich. Du weißt von Wagner[26] her, wie viel ich zu thun haben kann, und hier habe ich wo möglich noch mehr, für jetzt. Ich habe den Homer[27], Virgil[28] und Livius[29] zu erklären, dabei griechische und lateinische Correkturen, täglich eine Turnstunde; einen Sonntag um den andern

[d] In der Vorlage: „εἴρην“.

ling übergeben, 1825 Königliche Studienanstalt in Würzburg, 1826 Studium der Philosophie, später der Rechte in München, Eintritt in die Burschenschaft „Markomannia“, Referendar am Landgericht Würzburg, 1832 Archivsekretär beim königlichen Archiv in Würzburg, 1833 Juridischer Staats-Concurs, Note zwei, 1837 Actuar beim königlichen Archiv in Würzburg, 1843 Archivar der Stände des Königreichs Bayern, 1845 Rang eines Regierungsrats, 1854 außerordentliches Mitglied der Historischen Klasse der Akademie der Wissenschaften in München, 1871 Rang eines Regierungsdirektors (vgl. Hauschronik der Bildungsanstalt des Erziehervereins 1822, S. 28; Bayerische National-Zeitung, Nr. 2, 3. Januar 1836).

[23] Dies spiegelt den Lebensweg des 1820 verstorbenen Vaters des Jungen: Andreas Sebastian Stumpf (1772–1820), Sohn von Markus Stumpf, Zehntgraf in Seßlach, und Anna Stumpf, geb. Reindl, 1790 Hauslehrer bei der Familie des Bankiers Johann (ab 1782: Reichsfreiherr) von Türkheim (1707–1793) in Straßburg, 1794 Studium der Rechte, Geschichte und Diplomatik in Würzburg, Januar 1799 Archivar des Hochstifts Würzburg, November 1799 Hochzeit mit Margaretha Josepha Dichtel, Tochter von Philipp Franz Dichtel, Amtskeller zu Schlüsselfeld, September 1800 Hof- und Regierungsrat des Hochstifts Würzburg, Dezember 1800 Mitglied der Akademie der Wissenschaften in Erfurt, 1802 pfalz-bayerischer Archivar in Würzburg, 1803 Dr. phil., 1804 Professor der Diplomatik und der vaterländischen Geschichte in Würzburg, 1806 Landesdirektionsrat in Bamberg, März 1808 korrespondierendes Mitglied der Akademie der Wissenschaften in München, August 1808 Legationsrat im bayerischen Ministerium des Auswärtigen, 1812 Mitglied des Vorstands des Geheimen Staatsarchivs, 1817 ordentliches Mitglied der Akademie der Wissenschaften in München, 1817 Zweiter Direktor der Regierung des Untermainkreises in Würzburg (vgl. ausführlich Pleickhard Stumpf: Biographie des im Jahre 1820 dahier verstorbenen Regierungsdirektors Andreas Sebastian Stumpf, in: Archiv des historischen Vereines von Unterfranken und Aschaffenburg 12 (1853), Heft 2 und 3, S. 298–311, hier auf S. 306–311 findet sich ein Verzeichnis der Publikation von Andreas Sebastian Stumpf).

[24] Wohl Karl Schüttinger (1809/1811–1839), dessen Vater 1823 bereits verstorben war; Schüttinger war nach dem Ende seiner Schulzeit, wie sein Vater, als Kaufmann in Kronach tätig und heiratete 1835 Margaretha Schaller (vgl. Hauschronik der Bildungsanstalt des Erziehervereins 1822, S. 2; Königlich Bayerisches Intelligenz-Blatt für den Ober-Main-Kreis 1835, Nr. 62, S. 494; Der Bayerische Landbote 1839, Nr. 298, S. 1272).

[25] Heinrich Ranke vergleicht sich mit einem spartanischen Jüngling.

[26] Georg Eduard Wagner (1784–nach 1870), 1817–1820 Leiter der Wagner'schen Erziehungsanstalt in Frankfurt an der Oder, an der Heinrich Ranke als Lehrer tätig gewesen war; seit 1820 Geometer im Regierungsbezirk Trier.

[27] Er galt im 19. Jahrhundert als Autor der Ilias und der Odyssee.

[28] Publius Vergilius Maro (70–19 v. Chr.), römischer Dichter, Autor der Aeneis.

[29] Titus Livius (um 59 v. Chr.–um 17 n. Chr.), römischer Geschichtsschreiber.

Predigt, eine Woche um die andere Leitung des Morgen⟨-⟩ und Abendgebetes[30] – und dazu habe ich Deine schöne hebräische Bibel[31] nun endlich auch vor mir stehen – und möchte auch hierin gern weiter in den Propheten. So ist denn jede Stunde gezählt – aber ich bin doch glücklich durch Gottes Gnade, gesund und fröhlich. – Nachmittag. – So eben⟨,⟩ als ich nach Hause kam⟨,⟩ fand ich einen Brief vor an [e]Dr.[e] Ranke in Nürnberg mit der Ueberschrift: Verehrtester Herr und Freund.[32] Ich sehe nach der Unterschrift, sie ist von Döderlein in Erlangen[33]. Er bittet mich um Entschuldigung, daß er mir nicht eher geantwortet auf meinen freundlichen Brief[34]. Er habe nämlich bald darauf gehört⟨,⟩ daß ich von Frankf⟨urt⟩ nach Rügen gegangen sei. So[f] freue er sich⟨,⟩ da er mich, wie Prof. Schubert[35] ihm gesagt, in Nürnberg erreichen könne, ich solle ihn doch bald besuchen. Du siehst⟨,⟩ durch welche Menge von Irrthümern er hindurchgegangen ist, um mich mit Dir zu verwechseln. ihn schmerzen wird, wenn er den Pseudo-Leopold entdeckt. Indeß da Du ihm freundlich geschrieben, will ich ihn in der That freundlich besuchen und aufklären – und laß Du Dir dieß einen Antrieb sein, einmal zu uns nach Baiern zu reisen.

[e–e] In der Vorlage unterstrichen.

[f] In der Vorlage handschriftlich durch „Nun" ersetzt.

[30] Vgl. Nr. 186.

[31] Sie war wohl ein Geschenk Leopold Rankes. Zuletzt war folgende umfangreiche und wissenschaftliche Ausgabe erschienen: Biblia Hebraica Manualia. Ad praestantiores editiones accurata. Cura et studio Iohannis Simonis. Editio tertia emendatior. Halle 1822.

[32] Nicht ermittelt.

[33] Johann Ludwig Christoph (ab 1861: von) Döderlein (1791–1863), Sohn von Johann Christoph Döderlein (1746–1792), 1772 Professor der Theologie in Altdorf, 1782 in Jena, und Rosine Eleonore Döderlein, geb. Eckardt (1770–1832), Tochter von Johann Ludwig (ab 1792: von) Eckardt (1732–1800), Professor der Rechte in Jena, die 1797 den Theologie-Professor Friedrich Immanuel Niethammer (1766–1848) heiratete; 1804 Landesschule in Pforta, 1804 Gymnasium in Windsheim, 1807 Landesschule in Pforta, Mitschüler Leopold Rankes, 1810 Studium der Philologie in München, am Lyceum bei Friedrich Wilhelm Thiersch, 1811 in Heidelberg, 1813 in Erlangen, 1814 Dr. phil., 1814 in Berlin, 1815 Professor der alten Literatur an der Akademie in Bern, 1816 Hochzeit mit Therese Hufeland (1796–1833), Tochter von Gottlieb Hufeland (1760–1817), Professor der Rechte in Jena, 1819 Professor der alten Literatur, 1827 auch der Beredsamkeit an der Universität, zugleich Direktor des Gymnasiums (bis 1862), ab 1827 auch des Philologischen Seminars in Erlangen, 1833 Hochzeit mit Johanna Wilhelmine Custer (1807–1839), Tochter von Lucas Custer, eines in Erlangen lebenden Schweizer Kaufmanns, 1841 Hochzeit mit Luise Friederike Wilhelmine von Biarowsky (1804–1877), Tochter von Friedrich Moritz Ferdinand (ab 1813: Edler von) Biarowsky (1766–1834), Legationsrat im Ministerium des königlichen Hauses und des Äußeren in München (vgl. Simon, Briefe Döderlein; Wachter, Professoren Erlangen, Teil 3, S. 36–37).

[34] Leopold Ranke hatte Mitte April 1822 an Johann Ludwig Christoph Döderlein geschrieben, mit dem er während seines Aufenthalts auf der Landesschule in Pforta zeitweise an einem Tisch gesessen hatte (vgl. Nr. 1 und Nr. 154); Brief nicht ermittelt.

[35] Gotthilf Heinrich Schubert (1780–1860), Professor für allgemeine Naturgeschichte und Mineralogie in Erlangen.

Erlangen möchte Dir vielleich⟨t⟩ durch Döderlein sehr lieb, durch Schubert und Schelling[36], die innige Freunde sind, bedeutend werden. Nach Erlangen geht man von hier in 3 Stunden. — —

Daß Dir unsre gute W⟨eber⟩[37] sogleich schreiben würde,[38] wußte ich wohl. Ich habe einen gar vergnügten Tag bei ihr mit Allwill verlebt. Eins ihrer ersten Worte bezog sich auf Dich⟨,⟩ und unter den ersten Fragen nach Dir [g]war die[g], ob Du schon Bräutigam seiest. Da regte sich in mir der alte Wunsch, daß Du — bei Deinem frischen Leben in langvergangener Zeit, wovon ich die herrlichsten Früchte hoffe, — doch möchtest durch ein liebes Weib und gute Kinder auch der Gegenwart noch enger verbunden sein, als Du es bist. — In diesem Sinne antwortete ich⟨,⟩ und dadurch wurden wir angeregt⟨,⟩ auf diese schöne Hoffnung anzuklingen. Gar liebe, freundliche Bilder ruhen mir im Herzen von der innigen Verbindung zwischen Mann und Weib — die eine ewige ist⟨,⟩ weil sie auf dem Ewigen in uns, auf der Liebe beruht; die auch durch Kind und Kindeskind so wunderbar eingreift in das irdische Leben. Mir nun will es scheinen, als werde mir dieß Glück nicht zu Theil werden. Dir aber gönnte ich's von Herzen. Dein jungfräulicher Sinn aber, den Du so schön in Deinem Briefe[39] aussprichst⟨,⟩ [h]Deine jungfräuliche Freundschaft[h]⟨,⟩ ist mir so heilig — daß ich nun davon schweige.

Unsre lieben Freundinnen[40] grüße auf das Freundlichste von mir, Theile ihnen aus diesem Briefe mit, was Dir passend scheint, und sage ihnen, daß ich auch hier, wie über dem Meer⟨,⟩[41] ihrer oft und gern in Liebe gedenke. Ich habe jetzt gar viel zu thun und auch gar viel nothwendige Briefe zu schreiben; darum schreibe ich jetzt nicht an sie. Bitte sie, daß sie ja nicht an meinem treuen Angedenken zweifeln. Sie sollen doch manchmal nach Altenkirchen schreiben und Malchen[42] von Dir und mir grüßen.

Du bist glücklich in Deinen Studien. Wohl Dir! Gott wolle es segnen, daß wohlgesinnte Freunde die Früchte Deiner Arbeit genießen. Ich lese jetzt,

g–g In der Vorlage nachträglich eingefügt.

h–h In der Vorlage nachträglich eingefügt.

[36] Friedrich Wilhelm Joseph von Schelling (1775–1854), Honorarprofessor für Philosophie in Erlangen.

[37] Francisca Christiana Jeanette Weber, geb. Krug († 1824), Witwe von Adolph Dietrich Weber (1753–1817), Professor der Rechte in Rostock, gemeinsame Bekannte Leopold und Heinrich Rankes.

[38] Vgl. Nr. 151; Brief nicht ermittelt.

[39] Vgl. Nr. 151.

[40] Friederike Wilhelmine Ahlemann, geb. Schultze (1772–1843), Direktorin einer höheren Bildungsanstalt für Mädchen in Frankfurt an der Oder, und Caroline Beer (1791–1851), Vertraute Leopold Rankes.

[41] Anspielung auf den Aufenthalt Heinrich Rankes auf Rügen.

[42] Amalie Baier (1778–1857), Schwester des verstorbenen Hermann Julius Christoph Baier.

was ich im 13. und 14. Jahre zuerst gelesen habe, Virgil und Homer. An meist biblische Studien seit mehreren Jahren gewohnt⟨,⟩ wurde mir's sonderbar zu Muthe, als ich Tag für Tag im Zimmer und in der Schule von Kriegen und Kriegsgeschrei las und sprach, zumal da ich auch nun zum ersten Mal in meinem Leben zum regelmäßigen Lesen politischer Zeitungen genöthigt war.

Seit dem ersten Mai erfreuen wir uns hier des freundlichsten Frühlingswetters. Von meinem Zimmer, in welchem die 4 Kinder mit mir wohnen, habe ich die Aussicht auf unsern schönen, geräumigen Garten, in dem man jetzt jeden neuen Tag einen neuen Baum geschmückt sieht. Es ist nicht ungewöhnlich⟨,⟩ Stunden im Garten zu geben; ich werde es auch öfter thun.

Du klagst, lieber Bruder, daß unsere Betrachtungsweise so weit aus einandergegangen. Meine biblische Orthodoxie stoße zurück, doch dieß sei es nicht allein. Hier ist ein Lehrer[43], von dem ein andrer[44] sagte: wenn man eine halbe Stunde bei ihm ist, so weiß man, daß er eine Braut[45] hat. Ja⟨,⟩ es dauerte nur kurze Zeit⟨,⟩ so zeigte er mir das Bild der Braut. – Ich lobe dieß nicht, kann es aber doch entschuldigen⟨,⟩ weil der Mund davon übergehet, wessen das Herz voll ist.[46] – Eine solche Zeit hatte ich einst – und ich weiß⟨,⟩ daß ich im Weinkeller Dir von einer[i] Liebe erzählt habe – ja⟨,⟩ ich weiß, daß ich Dich damit quälen mußte. – Aber es kommen Zeiten, die uns den Mund verschließen und uns bange machen um Trost. Man erkennt ja dann von Tag zu Tag⟨,⟩ wie ernst unsre kurze Erdenstunde – und wie weit wir vom Ziele sind – und wie andere⟨,⟩ die wir kaum achteten⟨,⟩ doch so viel weiter sind als wir – dann thut es einem Leid, daß man jemand geplagt hat, wär' es auch in bester Absicht geschehen. Zumal wenn man anerkennen muß, daß man auf diese Weise geschadet und zurückgestoßen hat. So thut es mir Leid mit Dir. – [j]Lieber Bruder,[j] Wir haben ja gewiß [k]Ein[k] Ziel, daß Gott von Allen erkannt und geliebt werde und der göttliche Wille auf Erden herrsche. Ich lebe des Glaubens, daß in dem Menschen Jesu Christo die Fülle der Gottheit leibhaftig wohnte

[i] In der Vorlage handschriftlich zu „meiner" verändert.
[j–j] In der Vorlage nachträglich eingefügt.
[k–k] In der Vorlage unterstrichen.

[43] Nicht ermittelt.
[44] Nicht ermittelt.
[45] Nicht ermittelt.
[46] Anspielung auf Matthäus 12,34.

— und daß er der Weg⟨,⟩ die Wahrheit und das Leben sei.[47] Auf diesen Glauben hin denke ich⟨,⟩ mit Gottes Gnade zu leben und zu sterben, und diesen Weg möchte ich, wo der Herr will, verkündigen. Du gedenkst⟨,⟩ göttliche⟨s⟩ Walten und menschliche Tugend im Gang der Geschichten nachzuweisen; ich bin auf die Evangelisten gerichtet und such in ihnen Gott und die Welt zu erkennen — und diese Erkenntniß mit ihrem Segen für unser Herz Andern mitzutheilen. Auch Dir wird keiner als Christus Jesus der Mittelpunkt der Weltgeschichte[48] sein können. Lieber Bruder, wie möchte ich Dich bitten, Dich umarmen, daß Du [l]Dich[l] doch ja durch mein thörichtes Reden nicht wollest zurückstoßen lassen. Vielmehr bitte ich Dich, mich recht bestimmt aufmerksam zu machen, besonders auf das noch, was Du nicht nennest. Du bist besorgt, was Nürnberg an mir thun werde, da Altenkirchen einst meinen Dialekt veränderte. Ich habe die freudige Hoffnung, daß mir viel Gutes an Seel und Leib in Nürnberg geschehen werde. Das Zusammenleben mit diesen rüstigen Männern, die tägliche Arbeit, die alle meine Kräfte verlangt⟨,⟩ besonders das Amt des Religionslehrers — sind, wo Gott sein Gedeihen giebt, kräftige Stützen — und ich hoffe Gedeihen von Gott, weil Er mir einen getrosten Muth ins Herz gegeben hat. — —

Die Stelle Deines Briefes, wo Du vom Studium der alten Sprachen handelst,[49] ist uns ein sehr wichtiges Urtheil. Wir sind keinesweges gegen Dich. Was mir Muth gab⟨,⟩ den Unterricht in diesen Sprachen [m]hier[m] zu übernehmen, war dreierlei⟨:⟩ 1) daß sie nicht Hauptsache sein sollten, sondern mit Naturkunde, Musik, (Geschichte), Mathematik im Gleichgewicht; und für diese 3 (4) Fächer haben wir an dem trefflichen Raumer,

[l–l] In der Vorlage nachträglich eingefügt.
[m–m] In der Vorlage nachträglich eingefügt.

[47] Vgl. Johannes 14,6.

[48] Demhingegen betont Leopold Ranke später ausdrücklich: „Indem ich diesen Namen nenne, muß ich, obwohl ich glaube ein guter evangelischer Christ zu sein, mich dennoch gegen die Vermuthung verwahren, als könnte ich hier von dem religiösen Geheimniß zu reden unternehmen, das doch, unbegreiflich wie es ist, von der geschichtlichen Auffassung nicht erreicht werden kann. So wenig wie von Gott dem Vater, kann ich von Gott dem Sohne handeln. Die Begriffe der Verschuldung, Genugthuung, Erlösung gehören in das Reich der Theologie und der die Seele mit der Gottheit verknüpfenden Confession. Dem Geschichtschreiber kann es nur darauf ankommen, die große Combination der welthistorischen Momente, in welchen das Christenthum erschienen ist und wodurch dann auch seine Einwirkung bedingt wurde, zur Anschauung zu bringen"; später fügt er verallgemeinernd hinzu: „Die Gebiete des religiösen Glaubens und des historischen Wissens stehen, wie angedeutet, nicht im Gegensatz mit einander, sind aber doch ihrer Natur nach getrennt. Der Historiker kann von dem eigentlich Religiösen abstrahieren; er hat nur die Ideen zu erforschen, welche durch ihre Macht die allgemeinen Bewegungen veranlassen und ihre Strömung beherrschen, und an die Thatsachen zu erinnern, in denen sie sich manifestirt haben" (vgl. L. v. RANKE, Weltgeschichte, Bd. 3/I, S. 160 und 165).

[49] Vgl. Nr. 151 Zeile 69–90.

an Gersbach[50] und Grosch[51] sehr gute Lehrer. 2) daß das biblische Christenthum hier gelehrt werden sollte; und siehe, wie schön ist es gekommen, daß der gute Eduard Wesselhöft, mit dem ich von Herzen übereinstimme, einen Theil dieser Sorge mit mir übernommen hat, ja⟨,⟩ daß mit unbedeutender Ausnahme alle Lehrer gut mitwirken, besonders Raumer und Dittmar[52]. 3) daß auch den Leibesübungen ihr gebührendes Recht gegeben ist. — Es ist also in unserer Anstalt gegen ein einseitiges, tödtendes Betreiben der alten Sprachen ein Damm aufgeführt, wie ich sonst nirgends weiß. Dabei werden Homer und Virgil mit einer rührenden Theilnahme aufgenommen.

Mein lieber, lieber Leopold! Wie fein und lieblich ist's⟨,⟩ wenn Brüder einträchtig bei einander wohnen.[53] Wie fein und lieblich, wenn sie auch in der Ferne einträchtig mit einander leben.

Dein lieber Brief[54] — für den ich Dir nochmals danke — hat mir gar herrliche Hoffnung gegeben. So sei denn innig geliebt von mir und Deinen Brüdern allen⟨,⟩ groß und klein,[55] und von den lieben Eltern[56] und Schwestern[57]. Daß es Wilhelm[58] rechter Ernst mit der Jurisprudenz ist, scheint mir nicht. Das Studium der alten deutschen Poesie scheint mir in ihm am

[50] Joseph Gersbach (1787–1830), Sohn eines Müllers und Ratsherrn, ab 1812 Bürgermeisters in Säckingen (Baden), 1800 Gymnasium in Villingen (Baden), 1805 Studium der Philosophie, Philologie und Mathematik in Freiburg im Breisgau, 1808 Musiklehrer in einer Privaterziehungsanstalt in Göttstadt bei Biel, 1810 Studienreise nach Lausanne und Stuttgart, Aufenthalt bei Pestalozzi in Yverdon, 1811 Privatlehrer bei der Familie Hierzel in Zürich, 1816 Musiklehrer an der „Pestalozzischen Privat-Erziehungs- und Jahnischen Turnanstalt" von Friedrich Christian Georg Kapp (1792–1866) und Johann Christian Gottlob Heinrich Dittmar (1792–1866) in Würzburg, 1817 erneut bei Pestalozzi in Yverdon, anfänglich Lehrer des Gesangs an der Nieder'schen Töchterschule, wenig später in der Pestalozzi'schen Knabenanstalt, 1818 Musiklehrer am katholischen Lehrerseminar in Rastatt, 1819 Musiklehrer an der Bildungsanstalt des Erziehervereins in Nürnberg, 1822 Übertritt zum Protestantismus, 1823 Lehrer für Musik, Mathematik, Naturwissenschaften und deutsche Sprache am neuerrichteten evangelischen Lehrerseminar in Karlsruhe. Gersbach veröffentlichte unter anderem eine Sammlung von Volksliedern: Wandervögelein, das ist: Sechzig feine Lieder mit Tonweisen für sang- und reiselustige Knaben. Zu haben in der Bildungsanstalt des Erziehungsvereins zu Nürnberg und im Auftrag von Palm und Enke in Erlangen. 1821 (vgl. F. H. Ranke, Jugenderinnerungen, S. 250).

[51] Johann Georg Grosch (1796–1862), Lehrer für Arithmetik, Geometrie, Zeichnen, Turnen an der Bildungsanstalt des Erziehervereins in Nürnberg.

[52] Johann Christian Gottlob Heinrich Dittmar (1792–1866), Leiter der Bildungsanstalt des Erziehervereins in Nürnberg.

[53] Vgl. Psalm 133,1, auf den Heinrich Ranke wiederholt anspielt (vgl. Nr. 82, Nr. 184 und Nr. 209.

[54] Nr. 151.

[55] Heinrich, Ferdinand (1802–1876), Wilhelm (1804–1871) und Ernst Constantin Ranke (1814–1888).

[56] Gottlob Israel (1762–1836) und Friederica Wilhelmina Ranke, geb. Lehmicke (1776–1836).

[57] Johanna (1797–1860) und Rosalie Ranke (1808–1870).

[58] Wilhelm Ranke, Bruder Leopold und Heinrich Rankes, Student in Halle.

lebendigsten zu wirken und zu rufen.[59]

Dittmar und Raumer grüßen Dich herzlich – sie freuen sich Deines Urtheils über das Nachahmen der Alten.

Gott nehme alle Menschen in seine Vaterarme!

Dein getreuer H⟨einrich⟩ R⟨anke⟩.

Grüße doch Heidler[60] und Stange[61]. Ich kann den Brief nicht frei machen, denn ich habe jetzt weniger als nichts. Appel[62] läßt mir durch Ferdinand[63] aus Halle sagen: ich sollte mich nur recht in der Oestreichschen Sprache vervollkommnen. Ich sage Dir nur Eins: die Kirche ist gar=aus. Es wäre mir lieb⟨,⟩ wenn Du an C⟨onsistorialrath⟩ Muzel[64] einen herzlichen Gruß von mir gelangen ließest.

[59] Vgl. Nr. 265.

[60] Wilhelm Ferdinand Heydler (1793–1859), Mitschüler Leopold und Heinrich Rankes in Pforta, Leipziger Studienfreund Leopold Rankes sowie Konrektor am Friedrichs-Gymnasium in Frankfurt an der Oder.

[61] Johann Carl Wilhelm Stange (1792–1854), Oberlehrer am Friedrichs-Gymnasium in Frankfurt an der Oder.

[62] Friedrich Ferdinand Appel (1794–1840), Supernumerar bei der Regierung in Frankfurt an der Oder, seit Ostern 1823 Student in Halle, Freund Leopold und Heinrich Rankes.

[63] Ferdinand Ranke, Bruder Leopold und Heinrich Rankes, Student in Halle.

[64] Philipp Ludwig Muzel (1756–1831), Sohn von Carl Ludwig Muzel (1719–1791), reformierter Prediger und Superintendent in Prenzlau, und Franziska Muzel, geb. Martin (1733–nach 1791), 1775 Studium der Theologie in Halle, später in Frankfurt an der Oder, 1778 Hilfslehrer am Joachimsthalschen Gymnasium in Berlin, 1783–1784 Bildungsreise durch Deutschland und die Schweiz, 1785 Dr. theol., Professor der Theologie in Duisburg, 1787 in Frankfurt an der Oder, zugleich Superintendent und Erster Prediger der reformierten Kirche sowie Kurator der Friedrichsschule, 1806 Dekan der Theologischen Fakultät, 1811 nach der Aufhebung der Universität in Frankfurt an der Oder Konsistorialrat bei der Regierung in Königsberg in der Neumark, 1815 bei der Regierung in Frankfurt an der Oder, hier Hochzeit mit Anna Charlotte Henriette Friederike Wintgens (1760–1834), Tochter von Heinrich Wintgens (1729–1799), Oberbürgermeister von Duisburg; Muzel beaufsichtigte im dreiköpfigen Leitungsgremium das Friedrichs-Gymnasium. Muzel war maßgeblich an der Einstellung Ernst Friedrich Poppos beteiligt (vgl. ELAB Angermünde, französisch-reformierte Gemeinde, Taufen 1733; ELAB Prenzlau, St. Johannis, Trauungen 1750; Fischer, Pfarrerbuch Mark Brandenburg, Bd. II/1, S. 583; Erinnerung an die vornehmsten Wohlthäter der ehemaligen Friedrichsschule womit zu der feierlichen Einführung des Herrn D. Ernst Friedrich Poppo als Directors des Friedrichs-Gymnasiums am 16. März. d. J. Vormittags um 9 Uhr und zu den darauf folgenden Feierlichkeiten gehorsamst und ergebenst einladet D. Philipp Ludwig Muzel. ⟨Frankfurt an der Oder 1818⟩; freundliche Auskunft von Karin Keller, Archiv der Martin-Luther-Universität Halle-Wittenberg, 1.12.2011).

Nr. 154

Leopold Ranke an Heinrich Ranke[1]

V: L. v. RANKE, Lebensgeschichte, S. 111–115 (Druck)

[Frankfurt a. O.] ⟨,⟩ Donnerstag nach Pfingsten⟨,⟩ [22. Mai 1823.]

Lieber Heinrich!

Ist's nicht heute der 22. Mai[2], und obwohl der Himmel traurig über unsers Vetters Otto[3] Haus herhängt, doch ein Festtag in Frankfurt und Halle und Wiehe und Nürnberg[4], den wir wenigstens mit Briefen feiern müssen? Eigentlich ist es freilich 2 Uhr nach Tisch, aber da sich von unsern Primanern nur zwei[5] wieder eingefunden haben, hat Poppo[6] sich und mich dispensirt, und ich denk an Dich, statt Schule zu halten.

Du hast mich aber neulich nicht, wie ichs gemeint hatte, verstanden. Denn die Betrachtungsweise zweier Menschen, die in einerlei Lage aufgewachsen, kann, lang dieselbe, sowie der eine eine andere Richtung nimmt, ohne die Schuld des einen oder des andern sich plötzlich und ganz trennen. Wie wär es auch möglich, und wenn ein Bruder den andern mit dem, was ihm am liebsten wäre, und was er an ihn zu bringen sucht, Tag und Nacht quälte, daß dieses eine innere Abweichung hervorbrächte, ein wesentliches

[1] Heinrich Ranke (1798–1876), Bruder Leopold Rankes, Lehrer an der Bildungsanstalt des Erziehervereins in Nürnberg.

[2] Der Geburtstag von Gottlob Israel Ranke (1762–1836), des Vaters von Heinrich und Leopold Ranke.

[3] Eventuell: Carl Wilhelm Otto Thieme (1816–1872), Sohn von Gotthard Christian August Thieme (1780–1860), 1836 Studium der Medizin in Jena, 1837 in Berlin, Dr. med., danach Amtsphysikus in Großrudestedt, später in Allstedt, Hochzeit mit Ida Melos, um 1845 Hochzeit mit Friederike von Broitzem, wohl einer Verwandten der zweiten Ehefrau seines Vaters, Carolina Friederike Louisa Julie von Broitzem (∗ 1812), Tochter von Johann August Wilhelm von Broitzem (1774–1828), Erb-, Lehn- und Gerichtsherr zu Schöppenstedt, eventuell handelt es sich aber auch um eine Tochter von Carl Viktor August von Broitzem (1741–1812), Erb-, Lehn- und Gerichtsherr auf Cunnersdorf und Ebersdorf, kursächsischer Geheimer Kriegsrat und Amthauptmann im Amt Hohnstein, und damit eine Schwester von Carl Friedrich von Broitzem (1770–1846), 1857 Auswanderung in die USA, Tod in Burlington (vgl. MEINHOF, Pfarrerbuch Großherzogtum Sachsen[-Weimar-Eisenach], S. 1139; BAHL / RIBBE, Matrikel Berlin, Bd. 2, S. 781, Nr. 650; freundlicher Hinweis von Gottfried Braasch, 24.2.2010); seine Urgroßmutter war eine Schwester der Großmutter von Leopold und Heinrich Ranke (vgl. Nr. 85); denkbar wäre aber auch ein Verwandter aus der Familie Malo, da Ernestine Dorothee Amalie Malo (1767–1834) eine geborene Otto war (vgl. Nr. 22).

[4] Aufenthaltsorte von Leopold, Ferdinand und Wilhelm, Johanna, Rosalie und Ernst Constantin sowie Heinrich Ranke, der Kinder Gottlob Israel Rankes.

[5] Nicht ermittelt.

[6] Ernst Friedrich Poppo (1794–1866), Direktor des Friedrichs-Gymnasiums in Frankfurt an der Oder.

oder dauerndes Mißbehagen? Dies war es nicht. Aber ergreift uns nicht das Element, in dem wir leben, und welches mehr ist und stärker als wir, mit einer bildenden Gewalt? Nenn ichs Wasser, so sind wir gewiß mehr Fisch, der seine Floßfedern von Element und Natur bekommt, als Schiff, dem sie ein überwiegender Verstand giebt. Das ist der Ursprung der Ritterschaft und der Zunft und dieser hundert und hundert Kasten der Nationen. Den fühlten wir vielleicht ein wenig. Aber wer weiß? Denn ich gewinne ja. Der βοὴν ἀγαθός[7], der πόδας ὠκύς[a],[8] die *pietas Aeneae*[9] und der Unterricht, den Du wieder beim Herodot[10] hast, werden Dich, unvermerkt oder vermerkt, unserm alten Gleis nahe bringen.

Hat Dich denn auch diese plötzliche Ankunft des vollen Frühlings über Nacht verwundert? Am Himmelfahrtstage war hier noch wenig. Dann sahen wir die ersten Blitze von Tschetschnow nach Kliestow und Lebus hin im Thal, dann kam der erste warme Regen; da hörten die Winde auf, welche die Jahreszeiten, nämlich Sommer und Winter, zu unterscheiden und zu trennen pflegen; den andern Tag waren all die grauen Bäume grün. Da hatten, wie ich glaube, von allen Geschöpfen die Nachtigallen die größte Freude. Denn vorher waren sie auch schon da und saßen in dem leeren Gezweig und warteten alle Tag und sangen Abends und Morgens ein wenig, dann schwiegen sie wieder vor der starken Kälte; aber nun hatten sie mit einemmal eine Hütte. Du besinnst Dich auf die hohen Pappeln nach Simons Mühle[11] hin am Bach, sie waren (*n⟨ota⟩ b⟨ene⟩* ehe es grün ward und der Himmelfahrtstag[12] kam) voller Nachtigallen, weil die Zweige etwas dichter sein mögen. Darauf ging ich hin, um sie noch einmal zu hören. Aber sie hatten — ich meine die faulen Pappeln — noch immer keine Blätter, und sämmtliche Nachtigallen waren fort und schlugen weiter vorwärts in den einzelnen Bäumen und am Zaun nach dem Gottesacker hinan und in dem Poetensteig[13] den ich täglich zweimal besuche, als wäre ich einer; so wohl gefiel ihnen das junge Grün da.

[a] In der Vorlage: „ὠκὺς".

[7] Stimmgewaltig; ein Epitheton vor allem des Menelaos (Homer, Ilias, etwa Gesang 2,586 und 17,246), auch dem Diomedes zugeschrieben (ebd., Gesang 5,114 und 9,31).

[8] Schnellfüßig; ein Epitheton des Achills (Homer, Ilias, etwa Gesang 9,196).

[9] Eine Anspielung auf die „Aeneis" des Vergil und die berühmte Eigenschaft des Aeneas (etwa Buch 1,10). Alle drei Bemerkungen zielen auf Unterrichtsstoffe.

[10] Herodot (nach 490–nach 430 v. Chr.), griechischer Geschichtsschreiber; Leopold Ranke hatte diesen klassischen Historiker selbst „erst vollständig" in Frankfurt gelesen: „Die Verbindung des Sagenhaften und Historischen übte ihre volle Wirkung auf mich aus; so die Anmuth der Sprache, die Durchsichtigkeit der Darstellung, aber hauptsächlich die unendliche Weltumfassung, die sich in diesem Grundbuch des historischen Wissens ausgeprägt hat" (L. v. Ranke, Zur eigenen Lebensgeschichte, S. 39–40).

[11] Ausflugslokal in der Nähe von Frankfurt an der Oder.

[12] Das Fest Christi Himmelfahrt fiel 1823 auf den 8. Mai.

[13] Weg in der Lebuser Vorstadt, nördlich der Innenstadt von Frankfurt an der Oder.

Den Pfingstabend[14] ritt ich mit Heydlern[15] nach Müllrose. Wir nahmen den Rückweg auf mein dringendes Gesuch den Kanal[16] entlang. Du weißt, wenn man von Markendorf nach Müllrose reist, führt ein den Postpferden immer allzuabschüssiger Weg oder Paß in den Sand des Thales. Über diesen besinnst Du Dich wohl⟨,⟩ auch eine herrliche Aussicht in ein volles und blühendes Tiefland gehabt zu haben. Diese ganze Blüthe kommt von dem Kanal, der seinen Reiz dem Thale mittheilt. Genug, wir ritten bald auf dem Fußsteig daran zur Linken, bald auf dem Fahrweg zur Rechten, denn viele Brücken und Schleußen verbinden die Ufer, aber fast immer durch einen Garten. Wir ließen die Pferde langsam gehen. Unsere Seelen erheiterten sich mit allen diesen blühenden Creaturen auch etwas. Am allerschönsten sind die Dörfer. Da ist eins mit Namen Spring[17], wo an jedem Bauerhaus ein Garten, oben mit der vollen rothweißen Apfelblüthe, unten mit den eben kommenden und hinaufbegehrenden Pflanzen, so schön in Ordnung, prangte und zugleich gab und hoffen ließ. Vor den Thüren standen die Jungen und bissen in den eben frisch gebackenen Pfingstkuchen; die Mädchen scheuerten die Thüren, die Männer hackten das Holz zu ihrem Fleischtopf auf morgen; den Kanal in langen Reihen ruderte oder zog man die Oderschiffe mit den Salztonnen hinauf. Nur vor dem Gut war alles still; aber das herrliche Grün der Kastanien und das frische Gras darunter lockte einen, auf die Bänke niederzusitzen und ein verständiges Gespräch zu führen. Uns war es lieb, daß wir zu Pferd waren. Erstens weil wir nicht müd wurden, zweitens weil wir so von oben das Innere der Gärten, oder auch in einem Haus das wohlgemachte Bett sehen konnten und die Ordnung, mit der man das Fest erwartet. Ein schöner Weg. Als wir aber von Lindow nach Lossow wollten, sah ich einen Weg von der Hauptstraße ab in den Wald gehen, denke, es ist einer, den ich sonst oft geritten war, und führt uns gleich nach der Schweiz[18]. Heydler giebt zu, daß wir ihn nehmen. Der gute Weg wars nicht; er nahm eine andere Richtung. Es wird dunkler. Wir spornen die Pferde. Mittendurch große Zwischenwege; aber für den unsern kein Ausgang. Der Wald öffnet und schließt sich. Heydler behauptete, wir kämen zurück auf Müllrose. Wir hörten auf keinen Vogel mehr, wo einer sang. Wir sahen kein Blatt auf einem Baum mehr an. Einen Weg nach dem andern, wie sie uns die Richtung zu haben, zu ver-

[14] Abend des 17. Mai 1823, des Tages vor dem Pfingstsonntag, der im Jahr 1823 am 18. Mai gefeiert wurde.

[15] Wilhelm Ferdinand Heydler (1793–1859), Mitschüler Leopold und Heinrich Rankes in Pforta, Leipziger Studienfreund Leopold Rankes sowie Konrektor am Friedrichs-Gymnasium in Frankfurt an der Oder.

[16] Gemeint ist wohl der Brieskower Kanal, der in einer süd-östlichen Schleife zur Oder und damit schließlich über Brieskow nach Frankfurt an der Oder zurückführt.

[17] Heute: Weißenspring.

[18] Wohl die sogenannte „Tzschetzschnower Schweiz“, das Gebiet um Tzschetzschnow nördlich von Lossow, aber noch südlich von Frankfurt.

lieren schienen, nahmen und verließen wir. Wir stritten schon, was Nord und Süd und Ost und West sei. Endlich tiefere Spuren auf dem Holzweg; geackertes Land: „hörst Du? da ist Vieh und ein Hirt[19]." Wohin führt der Weg? fragten wir. Nach Tschetschnow, oder auch nach Lossow. Wir nahmen den nächsten und waren froh. Indeß ärgerte ich mich stark, da ich die Richtung immer ganz gut im Kopfe gehabt, daß ich mich hatte doch zu etwas Furcht hinreißen lassen. Doch was schwatz ich alles? Es ist bloß die Liebe zum Erzählen, daß ich Dir so nichtiges Zeug auftische.

Unter den Präservativen gegen den Mißbrauch der Alten[20] halte ich eins für das beste; das ist: die Alten so zu lesen, wie sie einander selbst gelesen haben mögen. Oder vielmehr nie ein Werk für eine Gattung anzusehen, zu der auch wir wohl noch unser Contingent stoßen lassen könnten, sondern für ein ehrliches Individuum seiner eigenen Wurzel, Luft, Natur, seines eigenen Bestehens.Dann verliert es das anscheinend Instructive – denn es belehrt nicht mehr, wie man eine Sache angreifen müsse, was der Hauptfehler ist, da man ja bei einer jeden nur an die Natur derselben gewiesen ist – aber es gewinnt eine wahrhaft geistige Belehrung, dies Treiben der Alten, indem es uns die Welt voll doch ganz andrer und häufig reinerer oder anmuthigerer Bestrebungen und Thaten, als sich sonst finden, aufschließt und gewährt. Ich habe eine rechte Sehnsucht, einmal diesem Studium mich wieder ein paar ganze Jahre zu widmen.

An Döderlein[21] hab ich vorm Jahr geschrieben,[22] als ich das geistliche Edict nicht leiden wollte.[23] Sonst kennt er mich garnicht einmal recht von Person, außer von den ersten Jahren in Pforta, wo ich an seinem Tisch saß.[24] Ich halte den Brief an Dich für eine Finte. Verzeih mirs, wenn Du ihn gesprochen und es nicht wahr ist.

Wegen Deines Koffers halt ich Stillschweigen für Zugegeben⟨,⟩ und er soll im Juli fort.[25] Schreib mir doch, wenn ihr nach Regensburg denkt.[26] Damit nicht, nach so langem Zaudern, wenn ich mich endlich erhebe und so weit weg, dies vergeblich ist. Nach Altenkirchen hab ich einen Brief der

[19] Nicht ermittelt.
[20] Vgl. Nr. 151.
[21] Johann Ludwig Christoph Döderlein (1791–1863), Mitschüler Leopold Rankes in Pforta, Professor der alten Literatur an der Universität, zugleich Direktor des Gymnasiums in Erlangen.
[22] Vgl. Nr. 153.
[23] In diesem Kontext hatte sich Leopold Ranke mit einem Brief auch an Friedrich Wilhelm Thiersch gewandt (vgl. Nr. 115).
[24] Vgl. Nr. 1.
[25] Vgl. Nr. 151.
[26] Vgl. Nr. 148.

Mutter[27] gesandt. Einer von Caroline[28] an Malchen[29] ging mit. Ach Gott! denk ich so spät an diese? Heut früh zu des Vaters[30] Geburtstag hat sie mir einen schönen Aschkuchen, die Ahlemann[31] eine Apfelsine und einen Strauß geschickt. Heut Abend werden wir zusammen scherzen. Natürlich denken sie Dein von Herzen. Weißt Du, daß Caroline jetzt viele Clavierstunden giebt? Ihr Bruder[32] ist thöricht genug, Anstalten zu einer Heirath zu machen.[33] Nun, mein Herz, sei gegrüßt! leb wohl! Denke, es schlüge eben⟨,⟩ und wir müßten beide fort, unsere Stunden zu besorgen.

Dein Bruderherz oder Herzbruder L⟨eopold⟩.

Deine Briefe[34] hab ich immer ein paar Mal gelesen und danke Dir dafür. An des Vaters Geburtstag haben wir den ersten ganz und den zweiten zum Theil gemeinschaftlich gelesen.
Merke: Poppo hat eine Braut[35], die sehr reich ist, ein Kind getaufter Juden[36]. Heydler und Stange[37] tragen große Hüte, die sie Streichhüte nen-

[27] Wohl Friederica Wilhelmina Ranke, geb. Lehmicke (1776–1836), Mutter von Leopold und Heinrich Ranke.

[28] Caroline Beer (1791–1851), Vertraute Leopold Rankes in Frankfurt an der Oder.

[29] Amalie Baier (1778–1857), Schwester des verstorbenen Hermann Julius Christoph Baier.

[30] Gottlob Israel Ranke, Vater Leopold und Heinrich Rankes.

[31] Friederike Wilhelmine Ahlemann, geb. Schultze (1772–1843), Direktorin einer höheren Bildungsanstalt für Mädchen in Frankfurt an der Oder, Vertraute Leopold Rankes.

[32] Carl Heinrich Beer (1785–1858), Kaufmann in Frankfurt an der Oder.

[33] Vgl. Nr. 173. Carl Heinrich Beer heiratete am 12. Oktober 1823 in Dresden Marianne Elisabeth Bassenge (1799–1827), Tochter von Carl Friedrich Bassenge (1761–1808), Bankier in Dresden, und Henriette Sophie Bassenge, geb. Lerch (1774–1842), Nichte von Heinrich Wilhelm Bassenge (1751–1822), Bankier in Dresden. Diese Einschätzung der Heirat erstaunt, stammte die Braut doch aus einer ausgesprochen wohlhabenden Familie.

[34] Wohl Nr. 148 und Nr. 153.

[35] Sophie Auguste Meyer (1804–1849), Tochter von Immanuel Ferdinand Meyer (1776–1813), außerordentlicher Professor der Arzneikunde in Frankfurt an der Oder, und Hendel Johanna Meyer, geb. Bendix (1781–1839) (vgl. ELAB Frankfurt an der Oder, St. Gertrauden, Trauungen 1823; ELAB Frankfurt an der Oder, St. Gertrauden, Bestattungen 1839; Jacob Jacobson: Jüdische Trauungen in Berlin 1758–1813. Mit Ergänzungen für die Jahre von 1723 bis 1759 [= Veröffentlichungen der Historischen Kommission zu Berlin, Quellenwerke, Bd. 4], Berlin 1968, S. 458).

[36] Immanuel Ferdinand Meyer stammte aus Züllichau in der Neumark und gehörte der jüdischen Familie Itzig an, nach dem Studium der Medizin und der Promotion zum Doktor der Arzneiwissenschaft 1799 in Frankfurt an der Oder ließ er sich taufen. Sein „Gevatter“ war Wilhelm Traugott Krug, der 1805 posthum die Predigten des Ehemanns von Friederike Wilhelmine Ahlemann, der Vertrauten Leopold Rankes, zum Druck brachte und Pate des nach dem Tod seines Vaters geborenen Friedrich Traugott Julius Ahlemann war, der zu Leopold Rankes Schülern zählte (vgl. Krug's Lebensreise in sechs Stazionen von ihm selbst beschrieben. Nebst Franz Volkmar Reinhard's Briefen an den Verfasser. Neue, verbesserte und vermehrte Ausgabe. Leipzig 1842, S. 95 und 107, sowie Nr. 63). Meyer arbeitete auch an dem von Krug herausgegebenen Encyklopädischen Handbuch der wissenschaftlichen Literatur mit, er behandelt hier die medizinische Literatur.

[37] Johann Carl Wilhelm Stange (1792–1854), Oberlehrer am Friedrichs-Gymnasium in Frankfurt an der Oder, zeitweise Hausgenosse Leopold Rankes.

nen, um auch Bräute oder Gelder einzustreichen. Sollt' ich Dir denn nicht einiges Neue mittheilen? Da ist mir neulich Bardeleben[38] begegnet, welcher behauptet, den Brief, dessen Unterschrift wir nicht haben lesen können, habe er geschrieben.

[38] Carl Ludwig Heinrich Bardeleben (1775–1852), Justizrat und Notar in Frankfurt an der Oder.

Nr. 155

Caroline Beer[1] an Leopold Ranke[a]

V: GStA PK VI. HA Nl Hoeft Nr. 1 (Abschrift)
G: GStA I. HA Rep. 92 L. v. Ranke Nr. 26 (nicht erhalten)[b]
TY: GStA PK VI. HA Nl Hoeft Nr. 37 Kart. 1

⟨Frankfurt an der Oder, Ende Mai 1823.⟩[c]

Bei den Juden hält der Mann, der die Dienste thut wie bei uns[2] der Küster⟨,⟩ während der Trauung 2 Leuchter mit Wachskerzen; die kurzen sind mehr oder weniger mit bunten Bändern geschmükt, je nach dem sich der Küster mehr oder weniger Erkenntlichkeit für diese freiwillige Aufmerksamkeit vom[d] Brautpaar verspricht; nach der Trauung löscht sie der Küster aus und macht damit, was ihm beliebt. O⟨,⟩ die wunderlichen Leute; wo ist da eine Aehnlichkeit von jenem zarten Gebrauch?

[a] Adresse auf der Rückseite: „Herrn Doctor Ranke | Wohlgeb.".

[b] Im Bestand "GStA I. HA Rep. 92 L. v. Ranke Nr. 26" wurde nach dem Vermerk Hoefts unter anderem eine Mappe mit der Aufschrift „Caroline Beer an Leopold Ranke. 1823–1847" verwahrt.

[c] Eventueller Bezug: die Hochzeit von Ernst Friedrich Poppo, Direktor des Friedrichs-Gymnasiums in Frankfurt an der Oder, mit Sophie Auguste Meyer (vgl. Nr. 161), deren Eltern, Immanuel Ferdinand und Hendel Meyer, im Jahr 1803 nach jüdischen Ritus getraut worden waren (vgl. Nr. 154); denkbar als Bezug aber auch die Hochzeit des konvertierten Juden Johann Christoph Theodor Ilbergs mit Therese Hasper im Mai 1823, der Schwester eines Mitschülers von Leopold Ranke und engen Freunds von Heinrich Ranke in Pforta (vgl. Nr. 150).

[d] Hoeft fügt in seiner Abschrift dem zweiten Abstrich des „n"s einen weiteren Abstrich in eckigen Klammern hinzu.

[1] Caroline Beer (1791–1851), Vertraute Leopold Rankes in Frankfurt an der Oder.

[2] Caroline Beer war, wie Leopold Ranke, evangelischer Konfession.

Nr. 156

Ferdinand Ranke[1] an Leopold Ranke

V: GStA PK VI. HA Nl Hoeft Nr. 1 (Abschrift)
G: GStA I. HA Rep. 92 L. v. Ranke Nr. 26 (nicht erhalten)

Halle⟨,⟩ den 6ten Juni⟨1823⟩.

Theuerster Bruder,
Was Du mir für eine herrliche Freude bereitet hast durch Dein liebes Geschenk[2], kann ich Dir gar nicht sagen. Gleich als ich es zuerst erblickte, freute ich mich sehr; las zugleich die Zueignung an Jahn[3] und in der Einleitung und die Gesänge noch einmal, die ich schon gelesen hatte und konnte mich gar nicht wieder davon losmachen, als ich ihn einmal in die Hand genommen hatte. Es dauerte lange, ehe ich zu Wilhelm[4] ging, und diesem sein Buch[5] übergab und was ihm gehört, und ich hatte auch darinn schon viel gelesen. Besonders reizte mich auch da die zarte Zueignung

[1] Ferdinand Ranke (1802–1876), Bruder Leopold Rankes, Student in Halle.
[2] Es handelt sich wohl um: ΠΙΝΔΑΡΟΥ ΤΑ ΣΩΖΟΜΕΝΑ. Pindarus Werke. Urschrift, Uebersetzung in den pindarischen Versmaaßen und Erläuterungen von Friedrich Thiersch. 2 Bde., Leipzig 1820; Ferdinand Ranke hatte am 26. Mai 1823 seinen 21. Geburtstag gefeiert.
[3] Friedrich Ludwig Jahn (1778–1852), Begründer der Turner-Bewegung (vgl. Nr. 16).
[4] Wilhelm Ranke (1804–1871), Bruder Leopold Rankes, Student in Halle.
[5] Wohl Karl Heinrich Heydenreich: Mann und Weib, ein Beytrag zur Philosophie über die Geschlechter. Leipzig 1798; eventuell war der Autor, Karl Heinrich Heydenreich (1764–1801), Leopold Ranke und seinen Brüdern persönlich bekannt. Der Bruder des Autors, Johann Heinrich Christian Heydenreich (1776–1808), war seit 1795 in Querfurt, wo Verwandte der Mutter Leopold Rankes lebten, als Amtsactuarius tätig und veröffentlichte unter dem Pseudonym Gustav Schmidt mehrere Romane. Nach dem Tod Karl Heinrich Heydenreichs brachte er dessen Gedichte in zwei Bänden postum zum Druck (vgl. Schelle, Heydenreich's, S. XIV). Carl Friedrich August Heydenreich (1754–1827) wiederum – ein weiter Bruder – wirkte von 1789 bis 1824 in Mücheln als Diakonus und war Leopold und Ferdinand Ranke nachweisbar persönlich bekannt (vgl. Nr. 111).

an Schelle[6]. Seitdem ich nun Thiersch's[7] Buch[8] länger gebraucht habe, ist es mir immer lieber geworden. Die Uebersetzung ist zwar ohne das Griechische nicht zu verstehen möglich, doch soll sie dieß auch nicht; sie ist ja dem griechischen Text gegenüber gedruckt. Indeß hilft sie mir doch immer so viel, daß ich das Griechische desto mehr fühle, wie schön es ist, und wie reich an Gedanken und Phantasie des Dichters. Es ist mir von jeher so gegangen: bei jedem fremd geschriebenen Buche, daß ich seinen ganzen Inhalt erst recht zu fassen geglaubt habe, und seine Kraft recht zu erkennen, wenn ich es Deutsch las in einer Uebersetzung. Es mag wohl nur daher noch kommen, daß mir jene Sprachen immer noch etwas fremd geblieben sind. Ich lese nun immer erst die einzelnen Gesänge mit der Ausga-

[6] „Meinem Freunde Karl Gottlob Schelle gewidmet". Karl Gottlob Schelle (1777–nach 1825), vor 1794 Stadtschule Naumburg unter dem Rektor Karl David Ilgen, 1797 Studium der Philologie in Leipzig, unter anderem bei Karl Heinrich Heydenreich, 1800 Lehrer am Pädagogium in Halle, 1801 Privatdozent in Leipzig, 1804 Bewerbung um eine Stelle als Lehrer für klassische Sprachen am Gymnasium in Weimar, 1805 Konrektor am Gymnasium in Freiberg, 1807 Ruhestand aus Kränklichkeit, Übersiedlung nach Waldheim, nach 1825 Tod in der Krankenanstalt auf Schloß Sonnenstein bei Pirna; von den zahlreichen Veröffentlichungen seien hier nur genannt: Mein Zimmer eine kleine Welt, nach dem Französischen des Grafen von Ximanex frei bearbeitet 〈...〉. Leipzig 1797; Marci Tulli Ciceronis pro A. Licin. Archia, T. Ann. Milonne und Q. Ligario orationes 〈...〉. Übersetzt nebst beygedrucktem verbesserten Lateinischen Text, kritischen Anmerkungen, erklärendem Kommentar, erläuternden und beurtheilenden Sachbemerkungen. 3 Bde. Leipzig 1797–1798; Lobrede auf J. J. Rousseau über dessen weltbürgerlichen Einfluss und den Charakter seiner Schriften 〈...〉. Leipzig 1799; Die Spatziergänge oder die Kunst spatzieren zu gehen. Leipzig 1802; Welche alte klassische Autoren, wie, in welcher Folge und Verbindung mit andern Studien soll man sie auf Schulen lesen? Als sicherer Weg, das Studium der klassischen Litteratur und klassischen Kultur für befördern. Bd. 1, Leipzig 1804; Ueber den Frohsinn. Seine Natur, seinen Einfluss auf Geist und Körper, sein Empfehlendes in der Gesellschaft, seine Wichtigkeit in der Erziehung, zumahl des weiblichen Geschlechts, und die Mittel, sich ihn zu erhalten. Leipzig 1804; Schelle war ein Studienfreund von Johann Gottfried Gruber (vgl. Reinhard Markner: Johann Gottfried Gruber und die Ordnung des Wissens, in: Gerald Hartung / Wolf Peter Klein (Hg.): Zwischen Narretei und Weisheit. Biographische Skizzen und Konturen alter Gelehrsamkeit, Hildesheim / New York 1997, S. 288–318), in dessen Haus Wilhelm Ranke verkehrte und der als Zensor Leopold Rankes Erstlingswerk begutachtete (vgl. Nr. 198); mit Karl Heinrich Heydenreich, der von Goethe und Schiller angegriffen wurde, war Schelle eng befreundet: Heydenreich widmete ihm nicht nur die oben genannte Publikation, sondern versah auch Schelles Lobrede auf Rousseau mit einem Vorwort, Schelle wiederum verfaßte einen Nachruf auf seinen Freund (Schelle, Heydenreich's).

[7] Friedrich Wilhelm Thiersch (1784—1860), Professor am Lyceum und Leiter des Philologischen Seminars in München.

[8] Vgl. Anm. 2.

be von Boeckh[9] und dessen Scholien[10] (seine erklärenden Anmerkungen[11] sind noch nicht in Halle,) und auch den Corpus[12] schon zuweilen, und dann erst lese ich das von Thiersch, also nicht zum Verständnis eigentlich, sondern damit mir das Ganze klarer und deutlicher vor Augen liege und inniger. An das Musikalische[13] vorn habe ich mich noch nicht gewagt; es wird mir wohl auch schwer sein, es zu verstehen, und doch wohl am Ende für jetzt unnöthig. Nicht wahr? Am meisten habe ich noch jetzt etwas Kleines darinn benutzt, aber mit vieler Freude, nämlich die Anzeige des Inhalts jedes Gedichtes, die dem zweiten Theile angehängt ist. Dieß hilft mir sehr viel einmal zur Erklärung des Ganzes und dann hauptsächlich, daß ich sehr große Lust bekomme, diesen Gesang zu lesen, wegen seines Inhaltes. Ich bin da immer sehr erfreut, und ruhe bei keinem Gedichte, bis es zu Ende ist. Das Letzte endlich, was wegen der Ausgabe mir zum Gebrauch sehr lieb ist, ist das, daß ich darinn den Boeckhischen Text mit den Versabtheilungen habe, da ich mir die Ausgabe von Boeckh doch gewiß so bald nicht anschaffen kann; und nun habe ich beide Rezensionen,

[9] Philipp August Boeckh (1785–1867), Professor der Beredsamkeit und Poesie in Berlin. Ferdinand Ranke bezieht sich auf den ersten Band der maßgeblichen Gesamtausgabe der Gesänge Pindars: ΠΙΝΔΑΡΟΥ ΤΑ ΣΩΖΟΜΕΝΑ. Pindari Opera quae supersunt. Textum in genuina metra restituit et ex fide librorum manuscriptorum doctorumque coniecturis recensuit annotationem criticam scholia integra interpretationem latinam commentarium perpetuum et indices adiecit Augustus Boeckhius. Band I in zwei Teilbänden, Leipzig 1811. Der Band I/1 enthält neben einem lateinischen Vorwort ausschließlich den griechischen Text; Band I/2 „De metris Pindari lib. III“ und die „Notae criticae in Pindari Epinicia“.

[10] ΠΙΝΔΑΡΟΥ ΤΑ ΣΩΖΟΜΕΝΑ. Pindari Opera quae supersunt. Textum in genuina metra restituit et ex fide librorum manuscriptorum doctorumque coniecturis recensuit annotationem criticam scholia integra interpretationem latinam commentarium perpetuum et indices adiecit Augustus Boeckhius. Band II/1, Leipzig 1819. Dieser Band enthält die gesammelten gelehrten Scholien antiker Autoren.

[11] ΠΙΝΔΑΡΟΥ ΤΑ ΣΩΖΟΜΕΝΑ. Pindari Opera quae supersunt. Textum in genuina metra restituit et ex fide librorum manuscriptorum doctorumque coniecturis recensuit annotationem criticam scholia integra interpretationem latinam commentarium perpetuum et indices adiecit Augustus Boeckhius. Band II/2, Leipzig 1821. Dieser Band enthält eine lateinische Übertragung in Prosa („Interpretatio latina [S. 1–99]“) und Boeckhs ausführlichen lateinischen Sachkommentar („Commentario perpetuo [S. 100–550]“) und Indices.

[12] Damit sind wohl die „notae criticae“ Boeckhs gemeint, mithin die Überlieferungsvarianten in den verschiedenen Codices (Band I/2).

[13] Thiersch eröffnet seine Ausgabe mit einer Einleitung, in der er neben anderem ausführlich „Von der griechischen Tonkunst in Beziehung auf die Gesänge des Pindarus“ handelt (S. 34–66). Knappere musikalische Hinweise bis hin zu Vertonungsversuchen finden sich auch in Boeckhs Pindar-Ausgabe (Band II/1, S. L–LII).

die Hermannisch-Heynische[14] in dem Abdruck[15] von Schaefer[16], und die Boeckhsche von Thiersch, der mir dadurch sehr lieb wird. – Aus diesem Allen siehst Du nun recht deutlich die große Freude, die mir dieses Buch erregt hat durch Dich, und Du kannst wol, so fern Du auch bist, den Dank in meinen freudigen Augen lesen, aber nicht allein dafür, sondern auch für Deinen brüderlich herzlichen Brief[17]. Ja⟨,⟩ lieber Bruder⟨,⟩ Du hast mich wahrlich mit Anmut erfreut. Du warst der Letzte, der mich zu meinem Geburtstag[18] begrüßte und beschenkte, aber auch der mir Willkommenste und Liebste von allen mit Heinrichen[19]. Doch da muß ich Dir doch[a] erzählen, wie es mir an meinem Geburtstage ging, und was sich da Alles zutrug. Früh Morgens ging ich, wie ich es gern thue, spatziren, und als ich zurückkam, und noch nicht lange über dem Pindar[20] mich ergötzte,

[a] Im Typoskript: „noch".

[14] Johann Gottfried Jakob Hermann (1772–1848), Professor der Beredsamkeit und der Poesie in Leipzig, akademischer Lehrer Leopold Rankes; Christian Gottlob Heyne (1729–1812), Professor der Beredsamkeit und der Dichtkunst in Göttingen; bei der angesprochenen Ausgabe handelt es sich wohl um: Pindari Carmina curavit Chr. Gottl. Heyne. Nova editio correcta et ex schedis Heynianis aucta. 3 Bde. in 5 Teilbdn., Leipzig 1817, die wiederum auf der Ausgabe der Gesänge Pindars von Heyne basierte: Pindari carmina curavit Chr. Gottl. Heyne. 3 Bde. in 5 Teilbdn., Göttingen 1798–1799.

[15] Pindari Carmina. Ad fidem optimorum librorum edidit Godofredus Henricus Schaefer. Leipzig 1810, 2. Aufl., 1817.

[16] Gottfried Heinrich Schäfer (1764–1840), Sohn von Christian Gottfried Schäfer (1727–1802), Schneider-Meister in Leipzig, und Johanna Dorothee Schäfer, geb. Schnell (1742–1797), 1773 Nikolai-Schule, 1781 Studium der Medizin und der Philosophie, der Mathematik und Physik sowie der Philologie in Leipzig, 1792 Magister der Philosophie, 1794 Gründung der Schäferschen Buchhandlung, 1802–1805 zugleich Lektor für die Ausgaben der römischen Klassiker in der Offizin von Georg Joachim Göschen, 1806 Dr. phil., Privatdozent, 1808 außerordentlicher Professor der Philosophie und zugleich Bibliothekar der Universitätsbibliothek in Leipzig, Verkauf der Buchhandlung an Professor Carl Gottlob Kühn (1754–1840), 1818 Ankauf der philologischen Bibliothek Schäfers (6696 Bände) für die Leipziger Universitätsbibliothek durch den König von Sachsen (vgl. KAL Taufkartei 1764; StdA Leipzig, Ratsleichenbücher 1797 und 1802; Nekrolog, in: Bibliopolitsches Jahrbuch, 5. Jg., 1841, S. 59–61). Schäfer war, wie Leopold Ranke, ein Schüler von Johann Gottfried Jakob Hermann (zu seinem Konflikt mit Hermann vgl. ausführlich Koechly, Gottfried Hermann, S. 215–220) und besorgte nach den gängigen Ausgaben Textabdrucke antiker Schriftsteller für den Schulgebrauch.

[17] Nicht ermittelt.

[18] 26. Mai.

[19] Heinrich Ranke (1798–1876), Bruder Leopold und Ferdinand Rankes, Lehrer an der Bildungsanstalt des Erziehervereins in Nürnberg.

[20] Pindar (522/518–nach 446 v. Chr.), griechischer Dichter (vgl. Anm. 2).

kam Appel[21] mit einem freundlichen Gruß und brachte mir einen kleinen Herderkopf, ein Gypsbild, und hinten darauf stand: Herdern[22] lieb ich am meisten, er hat am reinsten gesungen; ein Gedanke, den ich ganz mit Appel theile. Als dieser nun wieder fort war, ging ich ins Collegium, wo ich bei Gesenius[23] Hiob[24] hörte, und als ich von da zurückkehrte, fand ich in meiner Stube zwei sehr schöne Blumenstöcke, einen von Wilhelm und einen von Mehner[25], über die [ich] mich sehr freute, ich hatte mir längst solche gewünscht. Nun kamen andere[26] und wünschten mir Glück; fast das ganze Haus, alle, denen Mehner es gesagt hatte,[27] und wir waren sehr vergnügt. Abends gingen wir spatziren und tranken in Giebichenstein[28] Milch alle zusammen und spät erst gingen wir zurück. Die andern gingen nach Hause. Ich aber und Appel besuchten noch einen Studenten[29]. Als wir zurückkehrten⟨,⟩ nahm mich Appel mit in Reymanns[30] Stube, und da saßen sie alle um einen Tisch, mit Wein und Kuchen, und den Blumenstöcken besetzt, und empfingen mich sehr freundlich. Da schwärmten wir

[21] Friedrich Ferdinand Appel (1794–1840), Supernumerar bei der Regierung in Frankfurt an der Oder, seit Ostern 1823 Student in Halle, Freund Leopold Rankes.

[22] Johann Gottfried (ab 1802: von) Herder (1744–1803), Generalsuperintendent und Oberpfarrer an der Stadtkirche St. Peter und Paul in Weimar, einflußreicher Schriftsteller der Aufklärung.

[23] Heinrich Friedrich Wilhelm Gesenius (1786–1842), Professor der Theologie in Halle.

[24] Buch des Alten Testaments.

[25] Eduard Mehner (1802–1856), Mitschüler von Ferdinand und Wilhelm Ranke an der Landesschule in Pforta, Student der Theologie in Halle und „Stubenbursche" Ferdinand Rankes.

[26] Nicht ermittelt.

[27] Nicht ermittelt.

[28] Eventuell bei Angehörigen von Karl Ludwig Georg von Raumer (vgl. Nr. 118).

[29] Nicht ermittelt.

[30] Gottlob Ernst Reymann (1803–1884), ehemaliger Schüler Leopold Rankes, Student der Theologie in Halle, dort wohnte er, wie Friedrich Ferdinand Appel, Eduard Mehner und Ferdinand Ranke, in der Großen Steinstraße 167 und war, wie Wilhelm Ranke, Mitglied in der Quellengesellschaft.

bis tief in die Nacht, und den andern Morgen fühlten wir es alle noch, was wir gethan hatten. – Die künftigen Tage kam aber noch das Beste, nämlich die Briefe von den Abwesenden, von Hause, von Heinrich und endlich von Dir[31]. – Heinrich schreibt am Ende seines Briefes: „Wenn Du an Leopold schreibst, so grüße ihn und die Freundinnen[32] von mir." Hat er denn Dir noch nicht geschrieben? oder wie geht das zu? Er schreibt, wie es ihm jetzt in seiner Lage gehe, daß es ihm sehr gefällt, daß er Schubert[33] sehr lieb hat, daß er in Erlangen Doctor[34] geworden ist, daß er das Diplom dem Vater[35] zum Geburtstag[36] geschickt hat, und daß er von Dir einen sehr schönen Brief erhalten,[37] und von Berlin die Briefe Baiers[38], und daß sein Allwill[39] sehr glücklich ist.

Nun etwas von meinen übrigen Verhältnissen hier in Halle. Meine philologischen Collegia sind jetzt sehr gering. Seidler[40] ist ins Bad gereist, und

[31] Nicht ermittelt.

[32] Friederike Wilhelmine Ahlemann, geb. Schultze (1772–1843), Direktorin einer höheren Bildungsanstalt für Mädchen in Frankfurt an der Oder, und Caroline Beer (1791–1851), Vertraute Leopold Rankes.

[33] Gotthilf Heinrich Schubert (1780–1860), Professor für allgemeine Naturgeschichte und Mineralogie in Erlangen.

[34] An der philosophischen Fakultät (vgl. F. H. Ranke, Jugenderinnerungen, S. 250).

[35] Gottlob Israel Ranke (1762–1836).

[36] 22. Mai.

[37] Wohl Nr. 154.

[38] Hermann Julius Christoph Baier (1775–1822), Pfarrer in Altenkirchen auf Rügen, in dessen Haushalt Heinrich Ranke zeitweise als Hauslehrer wirkte. Die Behörden hatten im Rahmen der sogenannten Demagogenverfolgungen die Briefe Baiers an Heinrich Ranke beschlagnahmt. Ihre Rückgabe war Heinrich Ranke erst auf Grund seiner persönlichen Intervention bei Carl Albert Christoph von Kamptz, dem Direktor im Polizeiministerium, zugesandt worden (vgl. F. H. Ranke, Jugenderinnerungen, S. 240).

[39] Allwill Hermann Baier (1811–1892), der Heinrich Ranke anvertraute Sohn des verstorbenen Hermann Julius Christoph Baier.

[40] Johann Friedrich August Seidler (1779–1851), Professor der klassischen Philologie in Halle; wie Leopold Ranke Schüler von Johann Gottfried Jakob Hermann und Mitglied der „Societas Graeca".

Reisig[41] liest nichts, als Tibull[42]; bei Jacobs[43], Lange[44] und Raabe[45] etwas zu hören, geht nicht, sie genügen mir wenigstens nicht im Geringsten. Der einzige ist also wirklich der leidige Reisig. Wenn es nicht wirklichen Werth hätte, was er vorträg[t], würde ich gewiß auf keinen Fall zu ihm hingehen, am allerwenigsten beim Tibull,wo er gerade recht Gelegenheit hat, so viel

[41] Karl Christian Reisig (1792–1829), außerordentlicher Professor der alten Literatur in Halle, wie Leopold Ranke Schüler von Johann Gottfried Jakob Hermann und Mitglied der „Societas Graeca".

[42] Albius Tibullus (um 55–um 19 v. Chr.), römischer Dichter.

[43] Johann August Jacobs (1788–1829), Sohn von Bernhard Friedrich Johann Heinrich Jacobs (1754–1823), Amtmann in Pietzpuhl bei Magdeburg, und Charlotte Henriette, geb. Richter (1760–1839), 1801 Landesschule in Pforta, 1806 Studium der Rechte in Halle, 1807 der Philologie in Leipzig, 1808 der Rechte in Halle, 1810 Lehrer am Pädagogium in Halle, 1812 Mag. phil. in Wittenberg, Privatdozent, 1816 außerordentlicher Professor der Philologie, 1819 Inspektor am Pädagogium, Hochzeit mit Agnes Sophie Niemeyer (1793–1820), Tochter von August Hermann Niemeyer (1754–1828), Kanzler der Universität und Professor der Theologie in Halle sowie Direktor der Franckeschen Stiftungen, und Agnes Wilhelmine Niemeyer, geb. von Köpken (1769–1849), 1821 ordentlicher Professor der Philologie, 1826 Kondirektor, 1828 Direktor der Franckeschen Stiftungen in Halle (vgl. Archiv KPS Stegelitz, Taufen 1782 und 1788; Hoffmann, Pförtner Stammbuch, Nr. 8194, S. 322; Album Academiae Vitebergensis, S. 251; freundliche Auskunft von Karin Keller, Archiv der Martin-Luther-Universität Halle-Wittenberg, 19.12.2011); Jacobs teilte seine Arbeitskraft zwischen Universität und Schule und veröffentlichte daher nur einige wenige Textausgaben des Theokrit und Hesiod. Im Sommersemester 1823 las er über Ciceros „De officiis" und Platons Symposion.

[44] Johann Wilhelm Lange (1767–1831), Sohn von Johann Lange (1710–1794), Gastwirt sowie Amts-, Zoll- und Geleits-Einnehmer in Halle, Besitzer des Gasthofes zur goldenen Kugel, und Christiana Dorothea Lange, geb. Mühlhausen (∗ 1734), Besuch des Lutherischen Gymnasiums in Halle, Studium der Medizin, später Philologie in Halle (laut freundlicher Auskunft von Karin Keller, Archiv der Martin-Luther-Universität Halle-Wittenberg, 19.12.2011, nicht in der Matrikel Halle verzeichnet) bei Friedrich August Wolf, 1789 Kollaborator, 1794 Lehrer am Lutherischen Gymnasium in Halle, 1795 Dr. phil. und Magister der freien Künste, Privatdozent, Hochzeit mit Friederike Schmieder (∗ um 1774), Tochter von Benjamin Friedrich Schmieder (1736–1813), Rektor des Lutherischen Gymnasiums in Halle, 1802 interimistisch, 1805 definitiv Unterbibliothekar der Universitätsbibliothek, 1808 nach der Vereinigung des Reformierten und des Lutherischen Gymnasiums mit der Lateinischen Schule der Franckeschen Stiftungen zur Hauptschule des Waisenhauses Lehrer an dieser, 1810 außerordentlicher Professor der Philologie in Halle (vgl. Archiv KPS Bad Lauchstädt, Taufen 1734; Archiv KPS Halle, Marktkirche, Trauungen 1795; Archiv KPS Halle, St. Ulrich, Taufen 1767; Archiv KPS Halle, St. Ulrich, Trauungen 1758; Archiv KPS Halle, St. Ulrich, Bestattungen 1794); Lange erläuterte in seinen Vorlesungen Sophokles' „Ajax" und die Geschichte der römischen Literatur im Überblick; er veröffentlichte unter anderem: C. Sallustii Crispi opera quae exstant praeter fragmenta omnia. Textum recognovit et illustravit. Halle 1815, 3. Aufl., Halle 1833).

[45] Abraham Gottlieb Raabe (1763–1845), Sohn von Johann Christian Raabe, Tuchfabrikant in Bernstadt bei Herrnhut in der Oberlausitz, 1769 Gymnasium in Lauban, 1783 Studium der Theologie und der Philologie in Leipzig, 1787 Magister, 1791 Dr. phil., Privatdozent, 1794 außerordentlicher Professor der Philosophie, 1803 zugleich Kustos der Universitätsbibliothek in Leipzig, 1805 Professor der griechischen Sprache und Literatur sowie Direktor der Universitätsbibliothek in Wittenberg, 1816 in Halle, Mitglied der königlichen deutschen Gesellschaft in Königsberg und der Oberlausitzischen Gesellschaft der Wissenschaften; Raabe las über „Die griechischen Alterthümer" und über Oden des Horaz.

er will, schlechte Witze und Zoten von sich zu geben; wo nur Ahndung an[b] so etwas ist, das weiß[c] er hervorzuheben; er declamirt Gedichte mit allerhand Gestikulationen und Gesichtsverzerrungen und, brüllt dazu, was er kann. In Hinsicht der Wissenschaften bin ich ihm vielen Dank schuldig; er hat mir seine Bibliothek ganz geöffnet, und giebt mir auch guten Rath, und ist sehr freundlich. Aber sein moralischer Charakter ist doch wirklich sehr anstößig und verwerflich. Schon mehrere Male haben ihn liederliche Weiber[46] angegeben, und seine Reden sind seinem Leben gleich. Als Raumer[47] wegging, hat er mir noch einen Freund hinterlassen, der mir sehr werth ist: das ist der Professor Blanc[48]. Bei ihm bin ich schon oft gewesen, und er ist sehr freundlich, und von ihm kann man auch etwas lernen.

[b] In der Vorlage ursprünglich: „von„.
[c] In der Vorlage ursprünglich: „sucht“ bzw. „...“.

[46] Nicht ermittelt.
[47] Karl Ludwig Georg von Raumer (1783–1865), ehemaliger Professor der Mineralogie in Halle, wie Heinrich Ranke Lehrer an der Bildungsanstalt des Erziehervereins in Nürnberg.
[48] Ludwig Gottfried Blanc (1781–1866), Sohn von Jean Daniel Blanc (1739–1805), Tanzlehrer in Berlin, und Marie Susanne Blanc, geb. Malaisé (1743–1801), Französisches Gymnasium, 1799–1806 Lehrer am Französischen Gymnasium in Berlin, 1801 Studium am französisch-reformierten Theologischen Seminar, 1805 Ordination und Pfarrsubstitut an der Friedrichwerderschen Kirche in Berlin, 1806 Zweiter Prediger der französisch-reformierten Gemeinde in Halle, 1808 auf seinen Vorschlag Vereinigung der französisch- und deutsch-reformierten Gemeinde, 1809 Dritter Domprediger in Halle, 1810 auf Grund seiner patriotischen Gesinnung von der geheimen Polizei des Königreichs Westphalen verhaftet und in Magdeburg und Kassel inhaftiert, 1813 Feldprediger der Blücherschen Armee, später Brigadeprediger im Yorkschen Corps, 1814 Eisernes Kreuz, 1813 Eintritt in die Freimaurer-Loge „Zu den Drei Degen“ in Halle, 1815 Zweiter Domprediger in Halle, 1816 Hochzeit mit Charlotte Juncker (1795–1866), Tochter von Johann Christian Wilhelm Juncker (1761–1800), Professor der Medizin in Halle, und Nanette Esther Marguerite Juncker, geb. Plantier (1768–1829), spätere Ehefrau von Carl Friedrich Wilhelm Pollau (1764–1815), 1818 Veröffentlichung der Publikation „An meine Mitbürger, über die Vereinigung der beyden, bis jetzt getrennten protestantischen Kirchenparteyen“, 1822 außerordentlicher Professor der südeuropäischen Sprachen und ihrer Literaturen, 1825 Dr. phil. h. c. in Erlangen, 1833 ordentlicher Professor der romanischen Sprachen und ihrer Literatur in Halle, (vgl. ELAB Berlin, Dreifaltigkeit, Bestattungen 1866; Eckstein, Freimaurer Halle, S. 287–288, Nr. 496; freundliche Auskunft von Gisela Hintzsche, Archiv der Evangelisch-reformierten Domgemeinde Halle, 1.6.2011; freundliche Auskunft von Robert Violet, Archiv der Französisch-reformierten Kirche zu Berlin, 19.8.2011); Blanc las über französische und italienische Literatur und trat als Autor besonders mit Studien zu Dantes Göttlicher Komödie hervor, von der er auch einer Übersetzung vorlegte (Die Göttliche Komödie des Dante Allighieri. Uebersetzt und erläutert von L. G. Blanc. Halle 1864; vgl. auch sein Vocabolario Dantesco ou Dictionnaire critique et raisonné de la Divine Comédie de Dante Alighieri. Leipzig 1852). 1821 begann sein mehrbändiges „Handbuch des Wissenswürdigsten aus der Natur und Geschichte der Erde und ihrer Bewohner. Zum Gebrauch beim Unterricht in Schulen und Instituten, vorzüglich für Hauslehrer auf dem Lande, so wie zum Selbstunterricht“ (4 Bde., Halle 1821–1824; 5. Aufl., 3 Bde., Halle 1846–1849; 7. Aufl., Braunschweig 1858) zu erscheinen, das ein enormer Erfolg wurde und Blanc eine gewisse Unabhängigkeit sicherte. Blanc war eng mit Friedrich Daniel Ernst Schleiermacher und Johannes Karl Hartwig Schulze befreundet, seine Ehefrau war eine Schwester von Fanny Pollau, der späteren

Nach diesem Allen habe ich aber nun noch etwas auf dem Herzen, was ich so gern Dir nicht sagte, aber doch wirklich sagen muß. Nachdem Du mir von jeher mein Proculejus[49] gewesen bist, und mir so viel Gutes erzeigt hast, und eben jetzt, kann ich nicht anders, als Dich noch um mehr Geld bitten. Ich bin schon im vorigen halben Jahre mit dem Gelde des Vaters nicht ganz ausgekommen, und nun kam ich auch mit dem Deinigen noch lange nicht aus. Ich bin in den Ferien 5 Wochen hier gewesen, und dazu habe ich vom Vater gar nichts bekommen, und zu dem halben Jahre hat er mir 20 Thaler gegeben, davon kann ich dieß nur mit Noth bestreiten, viel weniger jenes. Ich sehe mich also genötigt, Dich noch einmal recht dringend um etwas zu bitten, wenn Du kannst. Sey aber darum ja nicht böse. Ich halte Dich dadurch vielleicht ab, Dir nothwendige Bücher zu kaufen, und das sollte mir sehr leid thun. Den Vater kann ich [nicht] bitten, denn es that mir schon leid, daß ich ihm etwas mit fortnehmen mußte aus dem Hause, da er sonst keine Einnahme hat, und an [wen], lieber Bruder, sollte ich mich recht lieber wenden, als an Dich gerade. – Macht es Dir aber irgend Beschwerde, so laß es, ich will dann schon sehen, wie ich es mache. – Leb nun wohl, lieber Bruder, und behalte lieb

Deinen
Dir ewig verpflichteten Bruder
Ferdinand.

Ehefrau Ferdinand Rankes, und eine Großcousine von Anne Esther Hermann, geb. Plantier (* 1743), der Mutter von Johann Gottfried Jakob Hermann, dem Doktorvater von Leopold Ranke. Aus dem weiteren Briefwechsel zwischen Leopold Ranke und Ferdinand Ranke geht hervor, wie intensiv der Romanist Blanc Ferdinand Ranke bei den Korrekturen von Leopold Rankes Erstlingswerk, das in Halle gedruckt wurde, unterstützte (vgl. auch K. v. Raumer, Leben, S. 213, 288).

[49] Römischer Ritter, der sein Vermögen mit seinen mittellos gewordenen Brüdern teilte (vgl. Horaz, Carmina 2,2,5).

Nr. 157

Caroline Beer[1] an Leopold Ranke[a]

V: GStA PK VI. HA Nl Hoeft Nr. 1 (Abschrift)
G: GStA I. HA Rep. 92 L. v. Ranke Nr. 26 (nicht erhalten)

⟨Frankfurt an der Oder,⟩ am 9ten Juni 1823.[b]

Heut ist ein großer, ein doppelter Festtag in Wiehe!![2] wir sind auch dabei; – Und der Kranz? Wollen Sie ihm wohl Gelegenheit geben⟨,⟩ über dem Bilde einer frommen Mutter zu leben und zu sterben? Er ist sehr einfach; aber hätten Sie nur gesehen; wie weit seine Zweige sich ranken,[3] da würden sie ihn zur heutigen Feier schon passend finden.

C⟨aroline⟩.

[a] Adresse: „Ihre Wohlgeb. | Herrn Doctor Ranke".
[b] Datumsangabe in der Vorlage unter dem Text links.

[1] Caroline Beer (1791–1851), Vertraute Leopold Rankes in Frankfurt an der Oder.
[2] Der Geburtstag von Friederica Wilhelmina Ranke, geb. Lehmicke (1776–1836), der Mutter Leopold Rankes, und von Johanna Ranke (1797–1860), der Schwester Leopold Rankes.
[3] Wohl Anspielung auf die räumlich von Wiehe weit entfernt liegenden Wohnsitze der vier ältesten Söhne von Friederica Wilhelmina Ranke: Frankfurt an der Oder, Nürnberg und Halle.

Nr. 158

Friederica Wilhelmina Ranke[1] an Leopold Ranke

V: GStA PK VI. HA Nl Hoeft Nr. 1 (Abschrift)
G: GStA I. HA Rep. 92 L. v. Ranke Nr. 26 (nicht erhalten)

⟨Wiehe, nach dem 9. Juni 1823.⟩

Mein lieber Sohn⟨,⟩
Ich habe mich sehr über Deinen freundlichen Brief[2] gefreuet⟨.⟩ es kam mir ganz unerwartet⟨.⟩ ich glaubte nicht⟨,⟩ das⟨s⟩ Du schreiben würdest⟨,⟩ weil Du uns[3] nun doch wohl balt besuchest. auch Deine Brüder[4] haben an den Tage schöne Briefe an mich geschrieben⟨,⟩ die mit Deinen zugleich ankamen. es ist ein schöner Lohn für mich⟨,⟩ das⟨s⟩ auch meine fernen Kinder so liebe voll meiner gedenken⟨.⟩ ich bin auch stets vergnüg⟨t⟩ und zufrieden und danke Gott dafür⟨.⟩ Heinrich[5] läßt Dich grüßen⟨.⟩ Er schreibt⟨,⟩ Du würdest zu Ihn komen und dan⟨n⟩ zu uns⟨.⟩ das wär mir zwar lieb⟨,⟩ nur fürchte ich⟨,⟩ das⟨s⟩ Dein Aufendhalt bei uns zu kurz würd⟨.⟩ doch mache es nach Deinen gefallen⟨,⟩ wen⟨n⟩ Du nur 8 Tage hier bleibst⟨,⟩ dan⟨n⟩ bin ich schon zu frieden. ich danke herzlich der guten[6]⟨,⟩ die Dich an meinem Geburts Tag[7] erfreüet hat⟨.⟩[8] ich wünschte nur⟨,⟩ das⟨s⟩ ich gelegenheit fände⟨,⟩ mich dankbar gegen Sie zu zeigen⟨.⟩ Du schreibst mir nicht⟨,⟩ wär es ist⟨,⟩ aber ich glaube⟨,⟩ ich habe es errahten. Amalie Liebhold[9] ist mit den Kaufmann Teli[a][10] verlobt⟨.⟩[11] ich könte Dier noch mehr erzählen⟨,⟩ doch ich wil warten⟨,⟩ bis Du kömst⟨.⟩ ich wünsche Dir glükliche Reise

Deine Treüe Mutter F⟨riederica⟩ R⟨anke⟩.

[a] Hoeft notiert am Rande: „Delly“.

[1] Friederica Wilhelmina Ranke, geb. Lehmicke (1776–1836), Mutter Leopold Rankes.
[2] Nicht ermittelt.
[3] Gottlob Israel (1762–1836) und Friederica Wilhelmina Ranke, geb. Lehmicke (1776–1836), Eltern Leopold Rankes.
[4] Heinrich (1798—1876), Ferdinand (1802–1876) und Wilhelm Ranke (1804–1871).
[5] Heinrich Ranke (1798–1876), Bruder Leopold Rankes, Lehrer an der Bildungsanstalt des Erziehervereins in Nürnberg.
[6] Caroline Beer (1791–1851), Vertraute Leopold Rankes in Frankfurt an der Oder.
[7] 9. Juni.
[8] Vgl. Nr. 157.
[9] Amalia Friederika Liebhold (1805–1873), Cousine Leopold Rankes in Querfurt und Patenkind der Mutter Leopold Rankes; ihr Vater, Johann Friedrich Gottlob Liebhold, war 1822 gestorben.
[10] Arnold August Philipp Delly (1794–1868), Sohn von Johann Christian Delly (1748–1817), Postmeister in Querfurt, und Dorothea Elisabeth Delly, geb. Nohr (1766–1818), Kaufmann in Querfurt (vgl. Archiv KPS Querfurt, St. Lampertus, Bestattungen 1817 und 1818).
[11] Die Hochzeit fand am 2. Juli in Querfurt statt.

Nr. 159

Heinrich Ranke[1] an Leopold Ranke

V: GStA PK VI. HA Nl Hoeft Nr. 37 Kart. 2 (Typoskript)

Nürnberg⟨,⟩ am 13ten Juny[a] 1823.

Mein lieber Leopold,

Schon in Wimpfen am Neckar erfuhr ich, daß mich ein Brief von Dir[2] erwarte. Von Sonntag, wo ich diese fröhliche Nachricht erhielt⟨,⟩ bis zum Donnerstag Abend, da wir nach Hause kamen,[3] hatte ich doch gewiß lange genug gewartet. Und bekam ich denn da Deinen Brief? – Es war gestern gegen 12 Uhr Nachts, als wir ankamen⟨,⟩ und Raumer[4] hat zwar im Hemd, wie er mir heute sagt, mich gerufen, aber entweder hat er's nur geträumt⟨,⟩ oder es ist für mich zu leise gewesen. Aber heut früh bekam ich ihn, und der frische Hauch Deines Lebens hat mich daraus angewehet. Lieber Leopold, und so schnell hast Du geantwortet! Nimm nun auch meinen herzlichen Brudergruß so warm ⟨,⟩als er mir aus dem Herzen strömt. Und grüße auch die liebe C⟨aroline⟩[5] und die liebe A⟨hlemann⟩[6]. – Wie gern wäre ich einmal unter Euch und freute mich an Euren fröhlichen Scherzen – wie an dem stillen⟨,⟩ ernsten Wort. Es thut mir recht weh, daß das Wiedersehen so lang hinausgeschoben werden muß. Indeß tüchtig und fröhlich vorwärts in Gottes Namen! Das Wiedersehen dann desto erfreulicher! Und Du⟨,⟩ liebes Herz? – Nach Regensburg⟨,⟩ meinst Du⟨,⟩ gehn wir?[7] Und Du träfst uns nicht. Komm doch⟨,⟩ liebes Herz – Du triffst uns gewiß. Ich muß Dich bald einmal in den Arm nehmen⟨,⟩ und wir haben auch so viel zu sprechen. Es ist hier alles noch im Werden – besonders für meinen Unterricht giebt es eigne Verhältnisse, die ich gern mit Dir besprochen hätte. Komm⟨,⟩ und Du kömmst mit Segen! Gott mit Dir! – Unsre Sommerferien sind vorüber. Wir sind 14 Tage im Würtenberger Land um-

[a] In der Vorlage: „(Mai) Juny", wobei „(Mai)" nachträglich gestrichen wurde.

[1] Heinrich Ranke (1798–1876), Bruder Leopold Rankes, Lehrer an der Bildungsanstalt des Erziehervereins in Nürnberg.
[2] Nr. 154.
[3] Vgl. Zeile 24–25.
[4] Karl Ludwig Georg von Raumer (1783–1865), ehemaliger Professor, wie Heinrich Ranke Lehrer an der Bildungsanstalt des Erziehervereins in Nürnberg.
[5] Caroline Beer (1791–1851), Vertraute Leopold Rankes in Frankfurt an der Oder.
[6] Friederike Wilhelmine Ahlemann, geb. Schultze (1772–1843), Direktorin einer höheren Bildungsanstalt für Mädchen in Frankfurt an der Oder, Vertraute Leopold Rankes.
[7] Vgl. Nr. 148 und Nr. 154.

hergewandert, 3 Lehrer⟨,⟩ Dittmar[8], Steinlein[9] und ich mit 27 Zöglingen[10]. Das Land ist überaus anmuthig. Die Flüßchen der Schwäbischen Alb bilden die schönsten Thäler⟨,⟩ deren Höhen mit schönem Laubholz oder mit Weinbergen besetzt sind. Steigt man aus einem Thal in die Höhe⟨,⟩ so sieht man schon in das nächste Flußthal nieder. Schöne Punkte waren das Kloster Lorch, von den Ahnherrn der Hohenstaufen[11] gegründet; man hat von den Gärten die Aussicht auf den Hohenstaufen, den Rechberg und den Stuifenberg – und rechts und links das liebliche Rhemsthal entlang. In der verödeten Kirche sieht man an den Wänden die verblichenen Bilder der Hohenstaufen. Als wir hinaufkamen⟨,⟩ kam uns ein freundlicher Mann in Pantoffeln entgegen. Es war der Dekan Kapf[12] aus Schorndorf⟨,⟩der heut in dem Dorf Lorch Kirchenvisitation halten wollte (es war Sonntag[13]). Er führte uns in den Garten an dem Wohnhaus vorbei. „Nürnberger sind es.“ rief er den herausschauenden Frauen[14] und Männern[15] zu. Als wir uns umsahen⟨,⟩ waren diese auch herabgekommen und traten zu uns. Sie waren sämmtlich zum Besuch hier bei dem Kameralverwalter[b][16]. Unter ih-

[b] In der Vorlage ursprünglich: „Rainrealverwalter“.

[8] Johann Christian Gottlob Heinrich Dittmar (1792–1866), Leiter der Bildungsanstalt des Erziehervereins in Nürnberg.

[9] Leonhard Steinlein (1794–1838), Lehrer an der Bildungsanstalt des Erziehervereins in Nürnberg.

[10] Eine Zusammenstellung der 33 „Zöglinge“ und der 32 „Schüler“ der Bildungsanstalt des Erziehervereins in Nürnberg im Jahr 1822 findet sich in: Hauschronik der Bildungsanstalt des Erziehervereins 1822, S. 2–3, dort ist zwar vermerkt, daß fünf Zöglinge im Oktober 1822 von der Schule abgingen, doch werden ihre Namen nicht genannt. Dies macht eine eindeutige Identifizierung der Schüler unmöglich, die an dem Ausflug nach Württemberg teilgenommen haben.

[11] Friedrich I. von Hohenstaufen (1050–1105), ab 1079 Herzog von Schwaben.

[12] Sixt Jakob Kapff (1765–1848), Sohn von Johann Melchior Kapff (1727–1799), Diakonus, später Pfarrer in Lorch, und Maria Katharina Kapff, geb. Meyer (1732–1788), 1781 Studium der Theologie in Tübingen, Repetent im theologischen Stift zu Tübingen, Dr. theol., 1794 längere Bildungsreise, unter anderem nach Jena, 1794 Zweiter, 1799 Erster Diakonus in Göppingen, 1808 Diakonus in Pfullingen, 1817 Dekan in Schorndorf, 1824 Prälat und General-Superintendent und Erster Prediger an der Stadtpfarrkirche in Ludwigsburg (vgl. F. H. Ranke, Jugenderinnerungen, S. 253); er verfaßte unter anderem: Repertorium für die Amtspraxis der Evangel. Lutherischen Geistlichkeit im Königreiche Würtemberg. 2 Abteilungen, Heilbronn 1813–1814 sowie Das Teutsche Schulwesen im Königreiche Würtemberg, für die Evangelisch-Lutherischen Schullehrer, nach seinen ältern und neurn Gesetzen. Reutlingen 1814, 2. Aufl., 1819.

[13] 1. oder 8. Juni 1823.

[14] Nicht ermittelt.

[15] Nicht ermittelt.

[16] Karl Martin Friedrich Neuffer (1766–1835), 1799 Hochzeit mit Elisabeth Friederike Pistorius (1769–1845), Tochter von Johann Christoph Gottlieb Pistorius (1732–1806), Oberamtmann in Göppingen, und Susanne Charlotte Friederike Pistorius, geb. Neuffer (1739–1810) (vgl. Königlich Württembergisches Hof- und Staatshandbuch auf das Jahr 1815. Stuttgart 1816, S. 430; Ferdinand Friedrich Faber [Hg.]: Die Württembergischen Familien-Stiftungen nebst genealogischen Nachrichten über die zu denselben berechtigten

nen war der Kaufmann Konradi aus Stuttg⟨art⟩[17]⟨,⟩ an den Dittmar einen Gruß vom Rektor Roth[18] hatte. Konradi lud uns sogleich für Stuttgart und zum Mittagsmahl ein. Unsre Kinder sangen die schönsten Lieder, die sie konnten. Besonders zuletzt war es hübsch⟨,⟩ da wir hinausgingen zu einer überaus dicken Linde⟨,⟩ auf deren Aeste wir uns setzten, sangen und Wein tranken. Der Herr Cameralverwalter steuerte zu unserm Mahl auch bei, und zwar einen gewaltigen Remsthaler Käse⟨,⟩ der sich gar gut dazu schickte. Wir sangen das Lied von Uhland[19] auf den Apfelbaum[20]⟨,⟩

Familien, 12. Heft, Stuttgart 1855, S. 57); bei Karl Martin Friedrich Neuffer, einem Freund von Ludwig Uhland, handelte es sich wohl um einen Verwandten des Dichters und Zweiten Stadtpfarrers von Ulm, Christian Ludwig Neuffer (1759–1839), eines Studienfreunds von Johann Christian Friedrich Hölderlin.

[17] Johann Nepomuk Leopold Friedrich Conradi (1776–1839), Sohn von Friedrich Albert Conradi (1742–1786), kurpfälzischer Hofkammer-Renovator in Bretten, und Christine Sybille Conradi, geb. Hochstetter (1749–1805), Kaufmann in Stuttgart, 1804 Hochzeit mit Wilhelmine Auguste Louise Feuerlein (1780–1861), Tochter von Carl Friedrich Feuerlein (1730–1808), Regierungsrat und Kabinettssekretär in Stuttgart, und Auguste Elisabeth Franziska Johanna Feuerlein, geb. Fischer (1747–1823), einer illegitimen Tochter von Herzog Carl Eugen von Württemberg (1728–1793); der Bruder der Ehefrau von Conradi, Dr. iur. Willibald Feuerlein (1781–1850), war Justitiar der Universität Tübingen, Abgeordneter der Württembergischen Ständeversammlung und Oberbürgermeister von Stuttgart, 1832 unterlag er bei der Landtagswahl Johann Ludwig Uhland, dem Schwiegersohn seiner Schwester (vgl. Abel, Feuerlein, S. 373).

[18] Carl Ludwig Roth (1790–1868), Sohn von Christoph Friedrich Roth (1751–1831), Lehrer am Gymnasium in Stuttgart, und Christine Wilhelmine Roth, geb. Hochstetter (1751–1823), Unterricht durch Hauslehrer, Besuch des Gymnasium in Stuttgart, 1807 Studium der Philosophie, 1809 der Theologie und Philologie in Tübingen, 1812 Vikar, 1813 Lehrer am Gymnasium in Stuttgart, 1821 Hochzeit mit Elisabeth Merkel (1799–1830), Tochter von Paul Wolfgang Merkel (1756–1820), Kaufmann und Begründer der Freimaurer-Loge „Zu den drei Pfeilen" in Nürnberg, Schwester von Johann Merkel (1785–1838), Zweiter Bürgermeister von Nürnberg und Abgeordneter im bayerischen Landtag, und Katharina Merkel (1792–1842), der Ehefrau seines Bruders Carl Johann Friedrich (ab 1831: von) Roth (1780–1852), Ministerialrat im bayerischen Ministerium der Finanzen und Mitglied der Akademie der Wissenschaften in München, 1822 Rektor des städtischen Gymnasiums in Nürnberg, 1831 Hochzeit mit Adelheid Blank (1798–nach 1868), 1843 Ephorus des Theologischen Seminars in Schönthal, 1850 Rektor des Gymnasiums in Stuttgart, 1858 Ruhestand, Titel und Rang eines Prälaten, 1859 Habilitation für Philologie in Tübingen.

[19] Johann Ludwig Uhland (1787–1862), Sohn von Johann Friedrich Uhland (1756–1831), des Sekretärs der Universität Tübingen, 1793 Besuch der „Schola Anatolica", 1801 Studium der Philologie, 1805 der Rechte in Tübingen, 1808 Examen, 1810 Dr. iur., Reise nach Paris, 1811 Advokat in Tübingen, 1812 Zweiter Sekretär im württembergischen Ministerium der Justiz, 1814 Abschied aus dem Staatsdienst, Advokat in Stuttgart, 1819–1826 Mitglied des württembergischen Landtags, 1820 Hochzeit mit Emilie Auguste Vischer (1799–1881), einer Enkelin von Carl Friedrich Feuerlein (1730–1808) und damit einer Nichte von Wilhelmine Auguste Louise Feuerlein (1780–1861), der Ehefrau von Johann Nepomuk Leopold Conradi, 1829 außerordentlicher Professor der deutschen Sprache und Literatur in Tübingen, 1833–1838 Abgeordneter im württembergischen Landtag, 1848 Abgeordneter der Deutschen Nationalversammlung in Frankfurt, 1849 Mitglied des Stuttgarter Rumpfparlaments; schwäbischer Dichter (vgl. Abel, Feuerlein, S. 190 und S. 373).

[20] Das Lied basierte wohl auf Uhlands Gedicht „Einkehr" (Druck: Ludwig Uhland: Gedichte. Stuttgart 1815, S. 67–68), das die Rast unter einem Apfelbaum beschreibt.

das hier besonders gut paßte und alle in die vergnügteste Stimmung setzte. Die Kinder purzelten dann den steilen Berg mehr hinunter⟨,⟩ als sie gingen. Von da wanderten wir nach Hohenstaufen.

Aber ich darf nichts mehr erzählen. Wenn Du kommst⟨,⟩ recht ausführlich. Nur dieß noch. In Stuttgart wurden wir von den freundlichen Leuten vertheilt Ich kam mit Allwill[21] zu Konradi.[22] Merke: Konradi hat 4 Buben[23] und 8 Mädchen[24]. Die vor Kurzem gestorbene Großmut-

[21] Allwill Hermann Baier (1811–1892), der Heinrich Ranke anvertraute Sohn des verstorbenen Hermann Julius Christoph Baier.

[22] Johann Nepomuk Leopold Friedrich Conradi (vgl. F. H. Ranke, Jugenderinnerungen, S. 253–254).

[23] Leopold Friedrich Carl Albert Conradi (1810–1861), Landwirt in Bodelshofen, 1835 Hochzeit mit Friederike Gaiser (1814–1879), Tochter von Carl Ludwig Gaiser, Lehrer in Dettingen (vgl. Abel, Feuerlein, S. 435);
Carl Arthur Conradi (1813–1868), Kaufmann in Stuttgart, Geschäftsführer des Handelshauses „Carl Feuerlein", Mitglied des Gemeinderats und des Bürgerausschusses von Stuttgart, 1837 Hochzeit mit Emilie Auguste Friederike Roser (1818–1889), Tochter von Carl Ludwig Friedrich (ab 1828: von) Roser (1787–1861), Legationsrat und Zensor im Departement der auswärtigen Angelegenheiten, März 1848 Leiter des Departements der auswärtigen Angelegenheiten, und Luise Rosner, geb. Vischer (1796–1841), 1856–1858 Abgeordneter der Zweiten Kammer des württembergischen Landtags (vgl. Abel, Feuerlein, S. 470);
Gustav Adolf Conradi (1815–1871), Kaufmann in München, 1846 Hochzeit mit Marie Anna Caroline Grieser (∗ 1821), Tochter von Johann Georg Grieser, Professor der Mathematik in Neuburg an der Donau, Straubing und München (vgl. Abel, Feuerlein, S. 470);
Wilhelm August Leopold Conradi (1820–1860), Particulier in Stuttgart, Gutsbesitzer in Oberensingen, 1849 Hochzeit mit Malwine Luise Auguste Wächter (1829–1905), Tochter von Dr. iur. Carl Joseph Georg (ab 1879: von) Wächter (1797–1880), und Johanna Emilie von Wächter, geb. Baumeister; Carl Joseph Georg Wächter war Stifter der Burschenschaft Armina und Mitglied der Burschenschaft Germania in Tübingen, Professor der Rechte in Tübingen und Leipzig, Kanzler in Tübingen und Rektor in Leipzig, Präsident der Abgeordnetenkammer des württembergischen Landtags sowie 1848 Mitglied des Vorparlaments und des Fünfziger Ausschusses (vgl. Abel, Feuerlein, S. 544).

[24] Louise Auguste Leopoldine Conradi (1805–1890), 1823 Hochzeit mit ihrem Cousin Dr. phil. Ernst Martin Emil Elben (1795–1873), Redakteur des Schwäbischen Merkur in Stuttgart (vgl. Abel, Feuerlein, S. 373);
Auguste Wilhelmine Conradi (1806–1858), 1829 Hochzeit mit Georg Ludwig Hartmann (1797–1884), Kaufmann in Heidenheim an der Brenz und Stuttgart, Sohn von Carl Ludwig Friedrich Hartmann, Kommerzienrat in Heidenheim an der Brenz (1766–1852), und Christiane Dorothee Hartmann, geb. Heyd (1777–1857) (vgl. Abel, Feuerlein, S. 373);
Marie Christiane Dorothea Conradi (1808–1839), 1837 Hochzeit mit Christian Immanuel Friedrich Klemm (1804–1863), Pfarrer in Grüntal und Eberdingen, Sohn von Immanuel Klemm, Pfarrer in Wendlingen, und Veronika Dorothea Klemm, geb. Hehl, sowie Studienfreund von Eduard Friedrich Mörike (vgl. Abel, Feuerlein, S. 409);
Pauline Conradi (1809–1884), 1831 Hochzeit mit Georg Emil Schott (1798–1870), Gerichtsnotar in Neckarsulm, Pupillenrat in Ellwangen, wohl Sohn von Christoph Friedrich Schott (1758–1833), Oberamtmann in Vaihingen (vgl. Abel, Feuerlein, S. 409);
Theophanie Conradi (1811–1891), 1833 Hochzeit mit Carl Christoph Friedrich Haug (1795–1869), Sohn von Johann Friedrich Gottlob Haug (1769–1850), Professor für Mathematik und Mechanik am Polytechnikum in Stuttgart, und Juliane Luise Haug, geb. Märklin (1774–1823), Professor für Universalgeschichte in Tübingen (vgl. Abel, Feuerlein, S. 442);

ter[25] hat 57 Enkel[26] und 16 Urenkel[27] hinterlassen. Uhland wohnt in seinem Hause. Aber leider wollte er eben verreisen. Als wir bei Konr⟨adi⟩ zu Tisch waren in seinem schönen Garten, kam Uhland auf wenige Augenblicke⟨,⟩ und ich habe ihm auch die Hand gedrückt. Nachher fuhr er ab. – Und die Boissereische Sammlung[28] – Nun⟨,⟩ Du hast sie nicht gesehen. – Ich aber – auch nicht.[29] – Hatte ich doch das Buch von der Schopenhauer[30] excerpirt und durchgelernt und rechte Sehnsucht nach den schönen

Emilie Conradi (1812–1880), 1851 Hochzeit mit Dr. med. Gottlieb Heinrich Zeller (1794–1864), Sohn von Christian Gottlieb Zeller (1771–1847), und Heinrika Zeller, geb. Hofacker († 1814), Pharmazeut und Apotheker in Nagold (vgl. Abel, Feuerlein, S. 470);
Elise Auguste Emilie Conradi (1816–1871), 1839 Hochzeit mit Dr. phil. Johannes Mährlen (1803–1871), Sohn von Johannes Mährlen (1778–1828), Feldmesser und Baurat in Ulm, und Anna Katharina Mährlen, geb. Gerber (1779–1827), Professor für Nationalökonomie an der Polytechnischen Hochschule in Stuttgart, einem engen Freund von Eduard Friedrich Mörike (vgl. Abel, Feuerlein, S. 470–471; Eduard Friedrich Mörike: Werke und Briefe. Historisch-kritische Gesamtausgabe. Hrsg. von Hans Henrik Krummacher / Herbert Meyer / Bernhard Zeller, Bd. 16, Stuttgart 2000, S. 343);
Sophie Charlotte Conradi (1817–1882), 1838 Hochzeit mit Alfred Weber (1811–1885), Sohn von Johann Friedrich Ernst Weber (1769–1834), und Friederika Sophie Augustina Weber, geb. Schlesier (∗ 1785), Kaufmann, Industrieller sowie Geheimer Kommerzienrat in Gera; Ernst Weber war Gründer und Mitinhaber der Firmen „Flanz, Weber & Co." und der „Kattundruckerei Oberländer, Weber & Co.", außerdem war er Mitglied der Freimaurer-Loge „Archimedes zum ewigen Bunde" in Gera und zusammen mit Daniel Friedrich List (1789–1846) im Allgemeinen Deutschen Handels- und Gewerbeverein aktiv (vgl. Abel, Feuerlein, S. 503).

[25] Auguste Elisabeth Franziska Johanna Feuerlein, geb. Fischer (1747–1823), illegitime Tochter von Carl Eugen Herzog von Württemberg (1728–1793) und Magdalena Barbara Fischer, geb. Castenbauer (1718–1786), 1766 Hochzeit mit Carl Friedrich Feuerlein (1730–1808), Geheimer Kabinettssekretär von Carl Eugen Herzog von Württemberg, Regierungsrat in Stuttgart (vgl. Abel, Feuerlein, S. 13).

[26] Siehe Abel, Feuerlein, passim.

[27] Siehe Abel, Feuerlein, passim.

[28] Die berühmte Gemäldesammlung der Brüder Johann Sulpice Melchior Dominikus (1783–1854) und Melchior Hermann Joseph Georg Boisserée (1786–1851), die sich seit 1819 in Stuttgart befand (vgl. Nr. 149).

[29] In seinen gedruckten Erinnerungen betont Heinrich Ranke demhingegen, daß er die Sammlung damals in Stuttgart gesehen habe (vgl. F. H. Ranke, Jugenderinnerungen, S. 254–255). Leopold Ranke wiederum berichtet in den Diktaten zu seiner Lebensbeschreibung von einer Besichtigung der Sammlung im Jahre 1817, und zwar in Heidelberg, wo die Bilder von 1810 bis 1819 gezeigt wurde (vgl. L. v. Ranke, Lebensgeschichte, S. 31). Das Tagebuch Leopold Rankes von der Rheinreise bemerkt hingegen nichts über die Boisseréesche Sammlung (vgl. L. v. Ranke, Frühe Schriften, S. 330, Anm. 3). Dies paßt zu der Aussage Heinrich Rankes in dem hier vorliegenden Brief. Die Sammlung wurde aber seit 1827 in München gezeigt, wo sie sowohl Heinrich als auch Leopold Ranke gesehen haben dürften.

[30] Johanna Henriette Schopenhauer, geb. Trosiener (1766–1838), Tochter von Christian Heinrich Trosiener (1730–1797), Kaufmann und Senator in Danzig, 1785 Hochzeit mit dem Großkaufmann Heinrich Floris Schopenhauer (1747–1805), 1787 Europareise, 1788 Geburt ihres Sohnes Arthur, des späteren Philosophen, 1793 nach der preußischen Okkupation von Danzig Übersiedlung der Familie nach Hamburg, hier Kontakt zu Friedrich Gottlieb Klopstock und Johann Heinrich Wilhelm Tischbein, 1803 erneute Europareise,

H⟨e⟩iligen und Marien bekommen; hatte ich doch auch die Excerpte bei mir im Sack, wie sie hier sagen. Selbst die Empfehlung des Bairischen Gesandten[31] fruchtete wenig, nichts nämlich. — Ich ärgerte mich gewaltig — denn die Schönheit des Landes kannte ich ja nicht⟨,⟩ und nur diese Gemälde hatten mich bestimmt, die Reise mitzumachen. Aber ich habe doch reichliche Entschädigung bekommen. Ich lernte bei Konradi einen jungen Lehrer vom Gymnasio[32] kennen. Er gefiel mir sehr, ohne daß sich jedoch ein näheres Verhältniß knüpfte. Ich wünschte sehr⟨,⟩ ihn wiederzusehen. Auf einen Nachmittag hatten wir eine Fahrt nach Kornthal, wo die unabhängigen Gemeinden sich angebaut hat,[33] besprochen. Als wir uns versammelt, so stand auf einmal Klaiber neben mir. Wir gingen den ganzen Nachmittag mit einander. Ihm war es eben so zu mir gewesen, wie mir zu ihm. Da öffnet sich dann das Herz leicht. Eine gründliche Kenntniß der Alten, frischer⟨,⟩ tüchtiger Sinn, Liebe zum alten Christenthum — dieß Alles erregten mich zu großer Freude. Als die andern den letzten Tag früh und Nachmittag wieder umherlaufen wollten und besehen — beurlaubte ich mich und blieb theils bei Konradi's, theils besuchte ich Klaibern⟨,⟩ wenn seine Stunden aus waren. Zuletzt führte er mich in ein zweites Zimmer, zeigte mir Bücher, Arbeiten — endlich führte er mich an ein Stehpult,

1805 Rückkehr nach Hamburg, Tod des Ehemannes, 1806 Übersiedlung nach Weimar, wo sie literarische Teegesellschaften abhielt, an denen auch Goethe teilnahm, nach Vermögensverlusten Schriftstellerin, 1829 Übersiedlung nach Bonn, 1837 nach Jena; der Titel des Buches lautete: Johann van Eyck und seine Nachfolger. 2 Bde., Frankfurt am Main 1822. In der Einleitung betont Schopenhauer, die deutsche Kunst dürfe sich durch die neueren Funde, etwa des Nibelungenliedes, der Minnesänger und der Bilder durch die Brüder Boisserée, endlich neben die ausländische stellen (ebd., Einleitung, S. 1–6); „ich schreibe nur für meines Gleichen: für Frauen, welche, wie ich, die deutsche Kunst lieb gewannen, höchstens für Kunstfreunde, deren übrige Verhältnisse ihnen nicht erlauben der Kunstgeschichte ihres Vaterlandes ein eignes tieferes Studium zu weihen." (ebd., S. 5).

[31] Johann Nepomuk Franz Xaver (ab 1792: Reichsfreiherr) von Tautphoeus (1765–1835), Sohn von Franz Gottfried Jakob von Tautphoeus (1714–1781), Herr auf Schlachtegg, Pfalz-Neuburgischer Geheimer Rat und Landvogtamtsadministrator, 1792 Hochzeit mit Antonia Freifrau von Hertling († 1804), nach deren Tod Hochzeit mit Maria von Sarasin-Manskopf aus Frankfurt am Main († 1864), 1795 kurbayerischer Gesandter am Fränkischen Reichskreis in Nürnberg, 1803 außer Funktion, 1806 Erster Kreis- und Konvents-Direktorialgesandter beim Fränkischen Kreiskonvent, 1807 bayerischer Gesandter und bevollmächtigter Minister am Großherzoglichen Hof in Würzburg, 1811 abberufen und temporär quiesziert, 1816 bayerischer Gesandter und bevollmächtigter Minister in Stuttgart, ab 1829 zugleich in Karlsruhe akkreditiert (vgl. Schärl, Beamtenschaft, Nr. 665, S. 342).

[32] Johann Gottfried Klaiber (1796–1889), Sohn von Johann Christian Klaiber (1749–1822), Pfarrer in Wankheim, und Christiana Euphrosina Klaiber, geb. Stänglin (1761–1832), 1814 Studium der Philosophie in Tübingen, 1816 Magister der Philosophie, 1820 Repetent im Evangelischen Stift, 1821 Lehrer am Gymnasium in Stuttgart, 1824 Hochzeit mit Marie Hauff (1805–1842), 1825 Professor der alten classischen Literatur, der hebräischen Sprache und der Religionslehre am Gymnasium in Stuttgart, 1866 Pension (vgl. Georgii-Georgenau, Biographisch-genealogische Blätter, S. 469–470).

[33] Seit 1819 bestand dort eine pietistische Brüdergemeinde, die ihr inneres Leben in der Gründungszeit nach dem Vorbild der christlichen Urgemeinde ausrichtete.

worüber das Bild des lieblichsten Mädchens[34] hing, im schwarzen Kleid⟨,⟩ das Kreuz auf der Brust, kniend hingegossen. – Ich erstaunte und freute mich. Das ist meine Braut, sagte er. Du glücklicher Mensch⟨,⟩ dachte ich und umarmte ihn vor Freude. „Wenn Du wiederkommst⟨,⟩ ist sie wohl bei mir!" Gott gesegn' es. – Ich hätte gern auch eine Braut; schön sollte sie nicht sein – aber ein Herz sollte sie haben! – Manchmal wallt mir das Herz. Daher freue ich mich so sehr über „Bräutigam". – Mir ist's, als sei mir dieses höchste Erdenglück nicht beschieden. – Da sieh⟨,⟩ wie gut der himmlische Vater ist⟨,⟩ – ich habe schon ein Kind an meinem Allwill – und soviel Kinder⟨,⟩ als mein Herz aufnehmen kann⟨,⟩ – an den andern. –
Nur ein Gruß soll dieser Brief sein und eine Bitte⟨,⟩ daß Du kommst.

Dein Heinrich.

Ich schicke Dir ein Blatt von der Zugbrücke in Jaxthausen[35]. Grüße auch Heidler[36] und Stange[37].

[34] Marie Hauff (1805–1842), Tochter von August Friedrich Hauff (1772–1809), Geheimer Sekretär beim Ministerium der Auswärtigen Angelegenheiten in Stuttgart, und Hedwig Wilhelmine Friederike Hauff, geb. Elsäßer (1773–1845), und somit Schwester des Dichters Wilhelm Hauff (1802–1827), der sich 1820 in Nane Klaiber († 1822), die Schwester von Johann Gottfried Klaiber verliebt hatte, 1824 Hochzeit mit Johann Gottfried Klaiber; ihr Sohn Carl Hermann Klaiber (1835–1896), der zeitweise als Hauslehrer und Vikar beim preußischen Gesandtschaftsprediger Karl Heintz († nach 1861) in Rom wirkte, trat mit mehreren Beiträgen zur Geschichte der reformierten Kirche in Württemberg hervor; ihr Neffe Julius Klaiber (1834–1892), der Sohn ihrer Schwester Sophie Klaiber, geb. Hauff (1807–1858), und deren Ehemann Ernst Wilhelm Klaiber (1798–1841), wirkte als Professor für Literatur und Ästhetik an der Technischen Hochschule in Stuttgart und veröffentlichte unter anderem zwei Bücher über schwäbische Dichter der Romantik (Hölderlin, Hegel und Schelling in ihren schwäbischen Jugendjahren. Eine Festschrift zur Jubelfeier der Universität Tübingen. Stuttgart 1877; Lebensbilder schwäbischer Dichter [darin: Wilhelm Hauff]. Stuttgart 1881), außerdem übernahm er nach dem Tod Eduard Mörikes die schwierige Aufgabe, die Überarbeitung des Werks seines Freundes „Maler Nolten" für den Neudruck zu Ende zu führen (vgl. Georgii-Georgenau, Biographisch-genealogische Blätter, S. 469–470).

[35] Wohl ein Stich der durch Goethes Drama „Götz von Berlichingen" berühmt gewordenen Burg bei Jagsthausen und in der Nähe von Berlichingen, gut 50 Kilometer nördlich von Stuttgart. Der Ort wird im Drama Jaxthausen genannt. Zu dem Besuch Heinrich Rankes dort vgl. F. H. Ranke, Jugenderinnerungen, S. 257–258.

[36] Wilhelm Ferdinand Heydler (1793–1859), Mitschüler Leopold und Heinrich Rankes in Pforta, Leipziger Studienfreund Leopold Rankes sowie Konrektor am Friedrichs-Gymnasium in Frankfurt an der Oder.

[37] Johann Carl Wilhelm Thomas Stange (1792–1854), Oberlehrer am Friedrichs-Gymnasium in Frankfurt an der Oder, zeitweise Hausgenosse Leopold Rankes.

Nr. 160

Gottlob Israel Ranke[1] an Leopold Ranke[a]

V: GStA PK VI. HA Nl Hoeft Nr. 1 (Abschrift)
G: GStA I. HA Rep. 92 L. v. Ranke Nr. 26 (nicht erhalten)

⟨Wiehe,⟩ dem 28/6⟨.18⟩23.

Mein lieber Sohn,
Du hast mich und die Mutter[2], an unserer diesjährigen Geburts Feier[3] mit lieben Briefen[4] und Büchern[5] wieder beschenket, und Deine kindliche liebevolle Theilname bezeiget, welches wir dankbar erkennen.
Ich habe nun mein 62.stes Lebens Jahr schon angetreten, bin aber ziemlich wohl, und kann auch noch arbeiten. Du klagst über schlechte und rothe Augen. Wahrscheinlich hast Du so viel bei Licht gearbeitet. Woltest Du Dir ein ganz kleines spanisch Fliegenpflaster[6] hinter die Ohren legen, das würde die Schärfe aus den Augen vielleicht wegnehmen.
Heinrich[7] hat seit Ostern schon 3mal an uns geschrieben, und mir den Vorschlag gethan⟨,⟩ auch Ernsten[8] nach Nürnberg zu thun.[9] Bei seinen jezt noch sehr zarten Alter bin ich jedoch nicht geneigt, darauf einzugehen.
Der Wilhelm[10] widmet sich seit Ostern der Rechtskentniß, wozu ihn der neue Gerichts-Amtmann Ilberg[11] überredet, ihm auch ein Armenzeugniß kostenfrei mit gegeben hat, welches der Herr Landrath v⟨on⟩ Helmolt[12] auch authorisirt hat. Mit dessen Hülfe wird ihn das Studium der Jurisprudenz sehr erleichtert werden.

[a] Adresse: „Dem | Herrn Dr: Ranke. | Oberlehrer am Friedrichs | Gymnasium | zu Frankfurth an der Oder“.

[1] Gottlob Israel Ranke (1762–1836), Vater Leopold Rankes.
[2] Friederica Wilhelmina Ranke, geb. Lehmicke (1776–1836), Mutter Leopold Rankes.
[3] 22. Mai und 9. Juni.
[4] Nicht ermittelt.
[5] Nicht ermittelt.
[6] Eine aus der Käferart „Lytta vesciatoria“ gewonnene Arznei.
[7] Heinrich Ranke (1798–1876), Bruder Leopold Rankes, Lehrer an der Bildungsanstalt des Erziehervereins in Nürnberg.
[8] Ernst Constantin Ranke (1814–1888), Bruder Leopold Rankes.
[9] Hier hätte Ernst Constantin Ranke an der Schule seines Bruders Heinrich vermutlich ebenso wie Allwill Baier (vgl. Nr. 133) eine Freistelle erhalten, was den Eltern das nicht unerhebliche Schulgeld für den Besuch der Landesschule in Pforta erspart hätte.
[10] Wilhelm Ranke (1804–1871), Bruder Leopold Rankes, Student in Halle.
[11] Johann Christoph Theodor Ilberg (1798–nach 1863), seit März 1823 Gerichtsamtmann in Wiehe.
[12] Carl Christian Ludwig Friedrich von Helmolt (1769–1847), Landrat des Kreises Eckartsberga.

In den nächst künftigen Schulferien, glauben wir auf Deinen, uns so lange schon entzogenen Besuch, ganz gewiß rechnen zu können.
Leb indessen wohl, und empfiehl uns der Frau Prediger Ahlemann[13] und Deiner Freundin Carolinen[14] herzlich.
Ich bin, bis ins Grab

Dein treuer Vater
Ranke.

[13] Friederike Wilhelmine Ahlemann, geb. Schultze (1772–1843), Direktorin einer höheren Bildungsanstalt für Mädchen in Frankfurt an der Oder, Vertraute Leopold Rankes.
[14] Caroline Beer (1791–1851), Vertraute Leopold Rankes in Frankfurt an der Oder.

Nr. 161

Leopold Ranke an Heinrich Ranke[1]

V: Nl Walther Peter Fuchs – Privatbesitz (eigenhändig)

⟨Frankfurt an der Oder, Ende Juli 1823.⟩

Gewiß, lieber Heinrich so viel es auch alle Tag regnet, säß ich gern auf einem Post⟨-⟩ oder Miethwagen und führe von unsern Sand in euren Sand. Was hindert mich nun? Ich weiß es selbst nicht recht. Aber giebt es Leute, die kein Setzefleisch haben, so hab ich dafür wenigstens für jetzt so viel, daß ich nicht von der Stelle kann. Ich weiß nichts zu sagen als: ich kann noch nicht weg; auf der Reise wär [a]ich[a] unglücklich, wären's alle die⟨,⟩ zu denen ich käme; oder ich machte sie unmuthig durch unerträgliche Gesellschaft; – ermüdet, zerstreut käm ich wieder und hätte einige Wochen zu thun, eh ich mich fassen könnte. Zuweilen sprech ich zu mir: warum machst du dir das Leben nicht noch viel leichter? schreibst Bücher? bewirbst dich um Beförderung? nimmst eine Frau, reisest durch die Welt, warum nicht? Du wärst vielleicht besser als so: vielleicht hättest du auch einen Namen, wie andere deines Alters. Mich bindets aber, mich fesselts: ich bin mitten darin: und zuweilen fasst mich, wie ich dir gestehn will, so eine himmlische und kindliche Freude der vollen Wahrheit, daß ich in seligem Genuß – – Lieber Heinrich, die Einsamkeit hat ihr Gutes und hat ihr Schlimmes. Ich kann mir denken, daß einem ganz Einsamen alle Farben des Lebens allmählich ganz verbleichen; daß in der ganzen Welt kein Du mehr für ihn ist; da wird das Ich ihm zweifelhaft werden; hat er Gott nicht, wo alle Dus und Ichs und Ers in Einem, mir hat er ihn nicht vollkommen lebendig und gegenwärtig – und nur zuweilen eine Ahnung, es ist mir noch nicht so gut, – mitten in den Stunden manchmal, auf dem schmuzigen[b] Weg dahin kömmts über mich, ich bete wahrlich in diesem Augenblick darum, und du mit mir – hat er ihn aber nicht, so muß er glaub' ich, verrückt werden. – (Weißt Du, daß Wilken[2] verrückt ist?) –

[a–a] In der Vorlage unterstrichen.
[b] In der Vorlage folgt ein gestrichenes „G".

[1] Heinrich Ranke (1798–1876), Bruder Leopold Rankes.
[2] Friedrich Wilken (1777–1840), Professor für Geschichte und orientalische Sprachen sowie Oberbibliothekar der Königlichen Bibliothek in Berlin. Nachdem Wilken im Wintersemester 1821/1822 noch als Rektor der Universität in Berlin gewirkt hatte, erkrankte er im Frühjahr 1823; da eine Kur in Marienbad im Sommer 1823 keine Besserung brachte, wurde er im Dezember 1823 in die Nervenheilanstalt Sonnenstein bei Pirna eingewiesen. Im April 1824 als geheilt entlassen, erlitt Wilken aber im November 1824 einen Rückfall. Leopold Ranke kannte Wilken persönlich. Im Sommer 1820 hatte er sich an Wilken „wegen des Gebrauchs der Königlichen Bibliothek" gewandt (vgl. Nr. 101). Die Berufung Leopold Rankes zum außerordentlichen Professor im März 1825 war eine Folge der erneuten Er-

— Doch was? bin ich denn einsam? Auch in diesen 3 Wochen werd ichs nicht seyn; sondern[c] gewiß einmal und mehr als einmal in Freude. Meinen Schülern hab ich eine Arbeit vom Unterschied des thätigen und des beschaulichen Lebens aufgegeben, und ihnen eine weitläuftige Exposition gehalten, daß die Vereinung Beyder das Beste sey.
In dem Brief da, den Du bekömmst,[3] hab' ich ein wenig zu lesen versucht, denn ich wollte gar zu gern etwas von Altenkirchen wissen. Ich habe nun weiter nichts gefunden, als Malchens[4] Seele voll Liebe und Nachdenken, und das ist viel. Doch hab ich nur so von vorn herein gelesen.
Du wirst sprechen: Kommt mein Koffer nicht? Warum hast du die Briefe alle beyseit gepackt? — Fürchte nichts! Dein Koffer und ein kleiner Kasten dazu ist unterwegs. In der kleinen Stube der Ahl⟨emann⟩[5], während sie an einem langen schmalen Stickrahmen zu der Hohzeit ihres Sohnes[6] an einem großen Teppich stickte, half mir Caroline[7], oder vielmehr sie that das Beste. Auch das Kästchen mit dem Kreuz kam hinein. Den andern Abend hatte C⟨aroline⟩ einen zieml⟨ichen⟩ Kasten herbeyschaffen lassen: und wir packten alles bis auf[d] den Sallust[8] von Minellius[9] und das elende Werk von

[c] In der Vorlage folgt ein gestrichenes „ha⟨be⟩".
[d] In der Vorlage folgt ein gestrichenes „das"

krankung Wilkens, denn sie diente der Vertretung Wilkens als Professor an der Universität in Berlin (vgl. Nr. 270). 1841 wurde Ranke dann von Friedrich Wilhelm IV. zum Nachfolger Wilkens im Amt des Historiographen des preußischen Staates ernannt, das Friedrich Wilken von 1821 bis zu seinem Tod 1840 im Auftrag von Friedrich Wilhelm III. ausgeübt hatte.

[3] Nicht ermittelt.

[4] Amalie Baier (1778–1857), Schwester von Hermann Julius Christoph Baier, dem verstorbenen Pfarrer von Altenkirchen auf Rügen, in dessen Haushalt Heinrich Ranke als Hauslehrer tätig gewesen war.

[5] Friederike Wilhelmine Ahlemann, geb. Schultze (1772–1843), Direktorin einer höheren Bildungsanstalt für Mädchen in Frankfurt an der Oder, Vertraute Leopold Rankes.

[6] Johann Georg Wilhelm Ahlemann (1796–1867), Sohn von Ernst Heinrich Friedrich Ahlemann (1763–1803), Feld- und Garnisonprediger in Berlin, ab 1798 Zweiter Prediger und Archidiakonus an St. Marien in Frankfurt an der Oder, und Friederike Wilhelmine Ahlemann, geb. Schultze, Kaufmann in Berlin; er heiratete am 14. Oktober 1823 Friederike Luise Pietsch (∗ 1800), Tochter von Valentin Theodor Pietsch, Kaufmann in Berlin, und Friederike Pietsch, geb. Rick (vgl. ELAB Berlin, Parochial, Trauungen 1823; zu weiteren Verwandten der Ehefrau von Johann Georg Wilhelm Ahlemann vgl. Berlinische Nachrichten von Staats- und gelehrten Sachen, Nr. 9, 21. Januar 1812, Beilage).

[7] Caroline Beer (1791–1851), Vertraute Leopold Rankes in Frankfurt an der Oder.

[8] Gaius Sallustius Crispus (86–um 35 v. Chr.), römischer Politiker und Geschichtsschreiber.

[9] Johannes Minellius (1625–1683), Rektor der Erasmus-Schule in Rotterdam; er gab mehrere antike Klassiker mit Anmerkungen versehen für den Schulgebrauch heraus; hier wohl gemeint: C. Sallustius Crispus, Primus in Historia, seu Bellum Catalinarium, et Jugurthinum: cum commentariis Johannis Min-Ellii. Hagae-Comitum 1685; denkbar aber auch: Caii Crispi Sallvstii Opera omnia. In Vsum Iuuentutis Scholasticae emendate admodum edidit Notisque ad modum Iohannis Minellii explicuit et intellectu facillima reddidit M. Christ. Iuncker, Dresd. Ill. Gymn. Sax. Henneb. Schleus. Con-R. Leipzig 1717.

Horst[10], das Du so wenig lesen wirst, als Dus bereits gethan, ja Leuchter; Licht putze[11], und alte graue Nankin Hosen hinein; aber wir packten und er wurde nicht voll. Nun wär es doch nicht sehr schön, wenn Du außer diesem Nichts als Ballast, das schon darin war, noch andern Ballast, den wir etwa hineingepackt, hättest bezahlen sollen. – Unser Triumvirat schritt daher zu einem kleineren[e] Kasten. Leider wollte nun dieser nicht Alles fassen. Ich suchte nun also die vortrefflichsten Dinge, einen zerbrochenen Spiegel, einen alten Telemaque[12], kl. Gürgel[13], etc., aus, um sie als Invaliden im Depot zu behalten: wo du nur zu gebieten brauchst, so rücken sie dir ins Feld. Dieß Alles warfen wir in einen Kasten, der herübergebracht wurde. Was machen wir damit⟨,⟩ sagt das Mädchen[14]. Ich besehe es: diese alte Stiefeln — sie sind beynah ganz unbrauchbar – schenken wir auf den ersten dem alten Mann[15] etc. – so find ich darunter – ich wills nicht verheimlichen und mich gar nicht mehr wundern, wenn beym Umpacken und Umziehen die besten Livii integri und Taziti[16] zu Grund gegangen sind – genug ich finde beykommenden Schatz⟨,⟩ ja Hauptschatz⟨,⟩ altenkirchner und rostocker Briefe. Weißt du nun, wie es kommt, daß du sie jetzt in der Hand hast? Aber gewiß, weiter fehlt nichts. Muzeln[17] hab ich deinen

[e] In der Vorlage folgt gestrichen: „Koffer".

[10] Georg Conrad Horst (1779–1832), Studium der Theologie in Gießen, Dr. theol., danach Pfarrer in Lindheim in Hessen (Grafschaft Hanau-Münzenberg) und großherzoglich-hessischer Kirchenrat; bei dem angesprochenen Werk handelt es sich eventuell um das Buch: Von der alten und neuen Magie. Ursprung, Idee, Umfang und Geschichte. Als Ankündigung der Zauber-Bibliothek und Verständigung mit dem Publikum über dieß literarische Unternehmen. Mainz 1820; denkbar aber auch: Dämonomagie, oder Geschichte des Glaubens an Zauberei und dämonische Wunder, mit besonderer Berücksichtigung des Hexenprocesses seit den Zeiten Innnocentius des Achten. Nebst einer ausführlichen, nach Inquisitionsacten bearbeiteten Beschreibung des Hexenthums zu Lindheim in der Wetterau, als eines Beitrags zu den alterthümlichen Denkwürdigkeiten in den Großherzoglich-Hessischen Landen. 2 Teile. Frankfurt am Main 1818, oder die ersten drei bis 1822 erschienen Bände der sechsbändigen Zauber-Bibliothek oder von Zauberei, Theurgie und Mantik, Zauberern, Hexen, und Hexenprocessen, Dämonen, Gespenster, und Geistererscheinungen. Zur Beförderung einer rein-Geschichtlichen, von Aberglauben und Unglauben freien Beurtheilung dieser Gegenstände. Erster Theil, Mainz 1821; Zweyter Teil, Mainz 1821, Dritter Theil, Mainz 1822.

[11] Dochtschere.

[12] Wohl eine Ausgabe des Bildungsromans Les Aventures de Télémaque, fils d'Ulysse von François de Salignac de La Mothe-Fénelon, den dieser als Prinzen-Erzieher am Hofe Ludwigs XIV. verfaßt hatte. Auch Ferdinand Ranke, der Bruder Leopold und Heinrich Ranke, besaß eine Ausgabe dieses wichtigen Werkes der französischen Literatur, das zahlreiche Auflagen und Übersetzungen erfuhr (vgl. Nr. 220).

[13] Unklar.

[14] Nicht ermittelt.

[15] Nicht ermittelt.

[16] Unklar; eventuell Ausgaben der Autoren Titus Livius und Publicus Cornelius Tacitus.

[17] Philipp Ludwig Muzel (1756–1831), Konsistorialrat bei der Regierung in Frankfurt an der Oder.

Gruß[18] eines Nachmittags auf dem Spaziergang gesagt und er erkundigte sehr dringend nach dir. Darauf hat mir Brescius[19] gestern[f] diese schöne Bibel mit dem Zettel zugestellt, der darin liegt ohne weitere Auskunft. Ich lege mit einiger Scham ein Gedicht zu Poppos[20] Hohzeit[21] bey[g]; und du kannst mir immer schreiben, ob dir und Euch solch Arbeiten zuläßlich oder ein bloßer Zeitvertreib[h]. Nun muth ich dir auch noch zu, mich für mein Zu Haus Bleiben durch einen großen langen Brief zu entschädigen. Du bist noch mit Stuttgarder Geschichten[22] im Rückstand.
Denke doch, was der alte Liebeskind[23] für einen Ausgang genommen hat. Mitten im Freyschütz[24] hat ihn im Theater der Schlag gerührt. Das Stück

[f] Es folgt ein gestrichenes „bey".
[g] In der Vorlage ursprünglich: „dabey".
[h] In der Vorlage folgt, wohl irrtümlich: „schreiben".

[18] Vgl. Nr. 153.
[19] Carl Friedrich Brescius (1766–1842), Sohn von Carl Ehrenfried Brescius (vor 1740–1802), Vizeoberpostmeister, später Oberamtsadvokat und Oberpostmeister in Bautzen, und Friederike Caroline Brescius, geb. Poeppelmann, 1778 Gymnasium in Bautzen, 1784 Studium der Theologie und Philologie in Leipzig, unter anderem bei Christian Daniel Beck, 1787 Dr. phil. und Mag. der freien Künste, Rückkehr nach Bautzen 1788 Rektor und Diakonus in Muskau, 1790 Hofprediger und Erzieher von Hermann Ludwig Heinrich Reichsgraf von Pückler (1785–1871), Mitglied der Oberlausitzischen Gesellschaft der Wissenschaften, 1793 Assessor am Konsistorium und Adjunkt der General-Schulinspektion der Standesherrschaft Muskau, 1801 Hochzeit mit Henriette Jacobine Busch († 1839), Tochter von Gottlieb Busch (1753–1833), Oberpfarrer und Superintendent in Rothenburg in der Oberlausitz, 1806 Pfarrer in Triebel, 1811 Pfarrer in Lübben und Generalsuperintendent des Markgrafentums Niederlausitz, 1816 Superintendent, Konsistorial- und Schulrat bei der Regierung in Frankfurt an der Oder, 1819 Leitung der Provinzialsynode in Frankfurt an der Oder, 1827 Mitglied des Konsistoriums der Provinz Brandenburg in Berlin, 1836 Generalsuperintendent des Regierungsbezirks Frankfurt an der Oder (vgl. Darstellungen aus dem Leben des General-Superintendenten und Consistorialrath Carl Friedrich Brescius, Doctors der Theologie und Philosophie, Ritter des rothen Adlerordens zweiter Klasse u. s. w. Mit Auszügen aus seinen Briefen und seinem literarischen Nachlaß. Zum Besten der Brescius-Stiftung hrsg. von Christian Wilhelm Spieker. Frankfurt a. d. O. 1845).
[20] Ernst Friedrich Poppo (1794–1866), Direktor des Friedrichs-Gymnasiums in Frankfurt an der Oder.
[21] Die Hochzeit von Ernst Friedrich Poppo und Sophie Auguste Meyer (1804–1849) fand am 16. Juli 1823 statt (vgl. ELAB Frankfurt an der Oder, St. Gertraud, Trauungen, 1823).
[22] In seinem Brief vom 13. Juni 1823 hatte Heinrich Ranke seinem Bruder ausführlich von einer zweiwöchigen Wanderung einiger Lehrer und Schüler der Bildungsanstalt des Erziehervereins in Nürnberg durch Württemberg und einem damit verbundenen Aufenthalt in Stuttgart berichtet (vgl. Nr. 153).
[23] Wohl Johann Heinrich Liebeskind (1754–1823), Gerichtsherr und Kirchenpatron des Rittergutes Schönewerda, wo der Vater von Leopold und Heinrich Ranke, Gottlob Israel Ranke (1762–1836), als Justitiar und Patronatsrichter wirkte. Liebeskind starb laut den Angaben bei Hohlfeld, Ahnentafel, S. 16 am 17. Juni in Bernburg an „Schlagfluß"; bei dem dort angegebenen Todesjahr „1832" handelt es sich wohl ebenso um einen Satzfehler wie bei der Angabe „1822" in Hohlfeld, Aus dem Familienarchiv, S. 35.
[24] Wohl die Oper „Der Freischütz" von Carl Maria Friedrich Ernst von Weber (1786–1826), deren Uraufführung 1821 im Schauspielhaus in Berlin stattfand; 1823 wurde die Oper un-

hat hie und da eine gewisse Wahrheit. Er hatte immer[i] Ernst, vielleicht Tiefe. –

[i] In der Vorlage folgten ursprünglich, nun überschrieben wohl: „einen ganzen".

ter anderem erstmals in Dessau und im neu errichteten Gewandhaustheater in Zwickau aufgeführt; das neue Gebäude des heute nach Carl Maria von Weber benannten Hoftheaters in Bernburg wurde am 2. März 1827 mit einer Aufführung der Oper „Der Freischütz" eröffnet; der Architekt dieses Theaters, Johann Philipp August Bunge (1774–1866), errichtete auch die Familiegrabstätte Liebeskind auf dem Friedhof in Bernburg (vgl. HOHLFELD, Ahnentafel, Bildtafel 4) und zählte 1817 zu den Gründungsmitgliedern der Freimaurer-Loge „Alexius zur Beständigkeit", die er von 1828 bis 1852 als Meister vom Stuhl leitete.

Nr. 162

Gottlob Israel Ranke[1] an Leopold Ranke

V: GStA PK VI. HA Nl Hoeft Nr. 1 (Abschrift)
G: GStA I. HA Rep. 92 L. v. Ranke Nr. 26 (nicht erhalten)

⟨Wiehe, 2. August 1823.⟩[a]

Guter Leopold,
Da Du so lange nicht geschrieben hattest,[2] so glaubten wir, daß Du Deine Eltern[3] durch Deinen Besuch in den Ferien recht überraschen würdest. Indeßen statt Deiner kam endlich ein Brief von Dir[4], in welchem Du Deinen Besuch bis zu Michael[5] verschiebst. Nun⟨,⟩ die Hofnung ist auch angenehm, und zeither war die Hitze drükend. Ob der Traum Deiner Freundin[6] jemals in Erfüllung gehen wird, läßt sich bei unsern guten Willen doch schwer bestimmen, da meine Geschäfte mir kaum erlauben, eine Reise von wenig Meilen zu unternehmen.
Wir wollen uns freuen, wenn wir von Dir einen Besuch erhalten, und bitten Dich recht sehr, solchen nicht länger zu verschieben. Ich wünsche Dir also eine glückliche Herkunft und bin unverändert

Dein
Dich herzlich liebender
Vater, Ranke.

Mutter und Schwestern[7] lassen Dich herzlich grüßen.

[a] Datierung nach den Angaben Hoefts; vgl. hierzu auch den Brief der Mutter Leopold Rankes an Ferdinand und Wilhelm Ranke vom 2. August 1823 in GStA PK VI. HA Nl Hoeft Nr. 1, Abschrift aus GStA I. HA Rep. 92 L. v. Ranke Nr. 26: „Schon vor 8 Tagen habe ich an Euch geschrieben und ich bekam keine Antwort⟨,⟩ da schikte ich heüte hinaus⟨,⟩ da läst mir der Mann sagen⟨:⟩ Er häte seinen Rock mit meinen brief verlohren⟨.⟩ das ist mir sehr unangenehm⟨.⟩ heute hat Leopold an uns geschrieben⟨,⟩ das Er nicht komt⟨.⟩ es ist doch nicht recht von Ihn⟨.⟩ Ich habe mich so sehr auf Ihm gefreuet⟨,⟩ sein betgen zu recht gemacht u⟨nd⟩ alle Tage mit den Esen darauf eingerichtet⟨.⟩ ich habe keinen Kirschkuchen gebaken⟨,⟩ nur wen Er käm⟨,⟩ solte es geschehen und Alles war barat dazu⟨.⟩ ach⟨,⟩ das täht mir so weh⟨,⟩ den⟨n⟩ was habe ich den⟨n⟩ sonst auf der Welt."

[1] Gottlob Israel Ranke (1762–1836), Vater Leopold Rankes.
[2] Zuletzt hatte Leopold Ranke seinen Eltern jeweils zum Geburtstag geschrieben, dem Vater zum 22. Mai 1823, der Mutter zum 9. Juni 1823 (vgl. 160).
[3] Gottlob Israel und Friederica Wilhelmina Ranke, geb. Lehmicke (1776–1836).
[4] Nicht ermittelt.
[5] 29. September.
[6] Eventuell Caroline Beer (1791–1851), Vertraute Leopold Rankes in Frankfurt an der Oder, die wohl einen Besuch der Eltern Rankes in Frankfurt an der Oder angeregt hatte.
[7] Johanna (1797–1860) und Rosalie Ranke (1808–1870).

Nr. 163

Ferdinand Ranke[1] an Leopold Ranke

V: GStA PK VI. HA Nl Hoeft Nr. 1 (Abschrift)
G: GStA I. HA Rep. 92 L. v. Ranke Nr. 26 (nicht erhalten)

Halle⟨,⟩ den 4ten August ⟨1823.⟩

Innigstgeliebter Bruder,

Es ist schon wieder eine lange Zeit vergangen, seit ich Dir versprach, gleich wieder zu schreiben, da ich nach einem Beweis Deiner großen Liebe[2] nur mit wenigen Worten Dir danken und Dich begrüßen konnte.[3] Und nun, da Stange[4] wieder fortgeht, und ich ihm einen Brief an Dich mitgeben sollte, wie ich es gedacht hatte, habe ich es doch wieder versäumt, und kann nur wenige Worte Dir schreiben. Glaube es aber nicht, lieber Bruder, daß ich dieß Alles aus Undankbarkeit thue; ich will Dich sogleich davon durch mein nächstes Verhalten überzeugen.

Das, was Du nach Nürnberg gesendet haben wolltest,[5] ist dahin abgegangen. Kurz vorher, als ich das von Dir bekam, hatte ich den ersten Brief von Raumer[6] und einen von Heinrich[7] bekommen. Sie müssen beide dort sehr viel zu thun haben; so scheint es mir aus Allem. Raumer schrieb nur sehr wenig, Heinrich aber viel Erfreuliches. Sie stehen mit den nächsten Gymnasienlehrern[8] in sehr gutem Vernehmen. So waren schon früher die Lehrer von den Gymnasien von Bayreuth, Erlangen und Nürnberg[9] in Streitberg[10] zusammengekommen, um sich dort über Gegenstände der Er-

[1] Ferdinand Ranke (1802–1876), Bruder Leopold Rankes.

[2] Leopold Ranke hatte nach dem letzten Brief Ferdinand Rankes (Nr. 156) diesem wohl wunschgemäß Geld geschickt, eventuell wurde es von Johann Carl Wilhelm Stange, dem im Weiteren genannten Kollegen Leopold Rankes, persönlich überbracht.

[3] Nicht ermittelt.

[4] Johann Carl Wilhelm Stange (1792–1854), Oberlehrer am Friedrichs-Gymnasium in Frankfurt an der Oder.

[5] Nicht ermittelt.

[6] Karl Ludwig Georg von Raumer (1783–1865), ehemaliger Professor, wie Heinrich Ranke Lehrer an der Bildungsanstalt des Erziehervereins in Nürnberg.

[7] Heinrich Ranke (1798–1876), Bruder Leopold Rankes, Lehrer an der Bildungsanstalt des Erziehervereins in Nürnberg.

[8] Nicht ermittelt.

[9] Nicht ermittelt.

[10] In diesem Ort bei Erlangen hatten sich im September 1821 auch Abgesandte der verschiedenen Burschenschaften zu einem Burschentag versammelt und hier unter anderem festgelegt: „Es sollen daher keine Juden und Ausländer als solche aufgenommen werden, weil jene kein Vaterland haben, und durch diese die vaterländische Ausbildung gestört wird“ (vgl. Georg Heer: Geschichte der Deutschen Burschenschaft. Band 2: Die Demagogenzeit. Von den Karlsbader Beschlüssen bis zum Frankfurter Wachensturm [1820–1833], Heidelberg 1927, S. 24); die Erlanger Burschenschaft versammelte sich in Streitberg laut

ziehung zu berathen. Und jetzt hatten sie den Erziehungsverein[11] dazu eingeladen, und Heinrich war als Abgeordneter mit dort gewesen; wo es ihm sehr gefallen hat. Ich freue mich sehr auf die Zeit, wo es vielleicht auch mir vergönnt ist, dort unter ihnen zu sein. Ich habe große Lust zu Michaëlis[12] nach Nürnberg zu reisen, und Raumer und Heinrich haben mich gebeten hinzukommen.[13] Ich möchte doch einmal selbst sehen, wie es dort zuginge, und möchte auch Heinrich und Raumer alle herzlich gern einmal sehen und begrüßen, freue mich auch auf die alte, ehrwürdige Stadt Nürnberg und All das Andere.

Vielleicht weißt auch Du noch nicht, daß Malchen Liebhold[14], Frau des Kaufmanns Delly[a][15] ist.[16]

Dein
Dich innigst liebender
Ferdinand.

[a] In der Vorlage ursprünglich: „Liebhold".

der Aussage des späteren Schwiegervaters von Heinrich Ranke regelmäßig zu mehrtägigen Ausflügen, „philosophischen Wortkriege⟨n⟩" und „wissenschaftlichen Forschungen der attischen Nächte, in denen die Werke der griechischen Tragiker, vor allem die des Sophokles und Aeschylus gelesen wurden" (vgl. SCHUBERT, Erwerb und Erwartungen, Bd. 3/II, S. 519–520).

[11] Der Erzieherverein trug seit 1819 die von Rektor Dittmar gegründete Bildungsanstalt (vgl. Nr. 126, Anm. 18).

[12] Der 29. September.

[13] Ferdinand Ranke reiste am 11. September 1823 nach Nürnberg (vgl. Nr. 165), Anfang Oktober hielt er sich aber bereits wieder in Wiehe auf (vgl. Nr. 166 und Nr. 167).

[14] Amalia Friederika Liebhold (1805–1873), Cousine Leopold Rankes in Querfurt und Patenkind der Mutter Leopold Rankes (vgl. Nr. 158).

[15] Arnold August Philipp Delly (1794–1868), Kaufmann in Querfurt.

[16] Die Hochzeit fand am 2. Juli 1823 in Querfurt statt.

Nr. 164

Leopold Ranke an Julius Maximilian Schottky[a][1]

V: SBB Autogr. I/965 (eigenhändig)
D: HENZ, Briefwechsel, S. 290–291

Frankfurt a⟨n⟩ d⟨er⟩ O⟨der,⟩ am 8⟨te⟩n September 1823.[b]

Wohlgeborner, Hochgeehrtester Herr Professor,
Die Vorrede schenken Sie mir. Denn da sich wohl Niemand über Ihre östreichischen Volkslieder[2] mehr gefreut hat, als ich, so habe ich mich, obwohl Ihnen ganz unbekannt, nicht wenig vergnügt, da Sie in unsre Nachbarschaft kamen,[3] und wünschte, Sie sähen mich ferner und in Zukunft als einen Bekannten an. Nun hab ich einmal gelesen, Sie hätten in Wien das eigentliche Werk Fuggers[4] über das Haus Östreich[5] mit dem Ehren-

[a] Adresse: „Herrn Prof. Schottky | Wohlgeb⟨oren⟩ | in | Posen".
[b] Orts- und Datumsangabe in der Vorlage unter dem Text links.

[1] Julius Maximilian Schottky (1794/1797–1849), Vater († 1830) Aktuar beim Justizamt in Kupp bei Oppeln, Unterricht im Elternhaus, Besuch einer Pensionsanstalt in Grottkau, der Gymnasien in Schweidnitz und Breslau, 1815 Studium der Rechte und der Philologie in Breslau, Mitglied der auf Initiative von Friedrich Ludwig Jahn gegründeten Berlinischen Gesellschaft für Deutsche Sprache, 1816 Reise nach Wien zu Archiv- und Bibliotheksstudien, 1817 Stipendium des Ministeriums der Geistlichen, Unterrichts- und Medizinal-Angelegenheiten, 1822 Professor der deutschen Sprache und Literatur am Gymnasium in Posen, ab 1824 Bibliotheksstudien in Breslau, Dresden, Leipzig und Weimar, 1828 Forschungsaufenthalt in Prag, 1832 in München, 1834 Reise nach Innsbruck und Bozen, später nach Paris und Zürich, 1848 Redakteur der „Rheinischen Volkshalle" in Köln, 1849 Redakteur der „Trierer Zeitung"; Schottky veröffentlichte unter anderem: Die Karolinische Zeit, oder der äußere Zustand und die Sitten und Gebräuche Prag's und Böhmen's überhaupt, vor und insbesondere während der Regierung Kaiser Karl des IV., nebst vorausgehenden geschichtlichen Abhandlungen über den heiligen Johannes von Nepomuk, dessen allgemeine Verehrung, die Zeit und das Fest seiner Heiligsprechung etc. etc. Ein treues, durch die besten Actenstücke mit historischer Genauigkeit erläutertes Zeit- und Sittengemälde. Prag 1830; Paganini's Leben und Treiben als Künstler und Mensch mit unpartheiischer Berücksichtigung der Meinung seiner Anhänger und Gegner. Prag 1830; Prag, wie es war und wie es ist, nach Aktenstücken und den besten Quellenschriften geschildert. 2 Bde., Prag 1831–1832; Ueber Münchens Kunstschätze und künstlerische der Oeffentlichkeit gewidmete Bestrebungen. Erste Abtheilung. Malerei. München 1833 (vgl. GStA PK I. HA Rep. 76 Sekt. VI z Nr. 1, Bde. 1–5; GStA PK I. HA Rep. 76 Sekt. XXXIX Lit. S Nr. 3 Bd. 1 und 2; postum wurden von ihm gesammelte Volkslieder veröffentlicht: Emil Karl Blümml (Hg.): Schottkys Volksliedernachlaß (= Quellen und Forschungen zur deutschen Volkskunde, Bd. 7). Wien 1912.
[2] Oesterreichische Volkslieder mit ihren Singweisen gesammelt und hrsg. von Franz Ziska und Julius Max Schottky. Pesth 1819; 2. Aufl., 1844.
[3] Schottky hatte 1822 eine Stelle am Gymnasium in Posen angetreten.
[4] Johann Jakob Fugger (1516–1575), Augsburger Kaufmann, kaiserlicher Rat, bayerischer Hofkammerpräsident, Besitzer einer bedeutenden Bibliothek und Geschichtsschreiber.
[5] Johann Jakob Fugger, Spiegel der Ehren des Erzhauses Österreich, Handschrift aus den

spiegel von Birken[6] collationirt. Da, denk' ich mir, haben Sie gefunden, daß der Fugger gänzlich von dem Birken verschieden ist, dessen Spiegel ja nichts spiegelt, als einige sehr wohlbekannte Schriftsteller, die nicht einmal gleichzeitig sind, und ich bilde mir ein, Sie haben von dem wahren Werk eine Abschrift genommen. Auf diese Abschrift bin ich kühn genug⟨,⟩ eine Intention zu hegen. Nicht auf das Übrige, sondern⟨,⟩ da ich mich besonders mit den letzten Geschichten Maximilians I[7] beschäftigt habe, auf jenen Theil, der etwa von 1491 bis 1519 reicht, und wenn sich noch etwas Späteres finden sollte. Ich denke nicht etwa daran⟨,⟩ es drucken zu lassen, worin es lächerlich wäre, Ihnen zuvorkommen zu wollen, sondern es bey einer Bearbeitung dieser Geschichten sonst zu benutzen.[8] Nun? Schlagen Sie mirs in Gedanken ab? Ich bitte, thun Sies nicht. Es kann mir ja leicht ein Supernumerar[9] von der Posener Regierung, oder ein armer Secundaner Ihres Gymnasiums eine Abschrift von Ihrer Abschrift nehmen. Für die Erstattung der Kosten würde gewiß Herr Regierungs Rath Täuber[10],

Jahren 1590–1598 (ÖNB Cod. 8614).

[6] Sigmund von Birken (1622–1681), Prinzenerzieher und Dichter; der Titel des Buches lautet: Spiegel der Ehren des Höchstlöblichsten Kayser- und Königlichen Erzhauses Oesterreich oder Ausführliche GeschichtSchrift von Desselben, und derer durch Erwählungs- Heurat- Erb- und Glücks-Fälle ihm zugewandter Kayserlichen HöchstenWürde, Königreiche, Fürstentüm er, Graf- und Herrschaften, Erster Ankunft, Aufnahme, Fortstammung und hoher Befreundung mit Kayser- König- Chur- und Fürstlichen Häusern; auch von Derer aus diesem Haus Erwählter Sechs Ersten Römischen Käysere, Ihren Nachkommen und Befreundten, Leben und Großthaten: mit Kays. Rudolphi I GeburtsJahr 1212 anfahend, und mit Kays. Maximiliani I TodesJahr 1519 sich endend. Erstlich vor mehr als C Jahren verfasset durch ⟨...⟩ Johann Jacob Fugger ⟨...⟩ nenmehr aber ⟨...⟩ in sechs Bücher eingetheilet durch Sigmund von Birken ⟨...⟩ Nürnberg 1668; Leopold Ranke sah diesen Druck bereits ohne Kenntnis der Handschrift von Fugger als fehlerhaft an: „Daher wird vielleicht das Eigenthümlichste und Bezeichnendste aus dem ächten Fugger so lange im Verborgenen bleiben, bis man sich zu Wien entschließt, wenigstens den letzten Theil der wahren Handschrift drucken zu lassen. Aber ist dieß erst geschehen, so wird man des weitläuftigen Birken ganz entbehren können" (L. Ranke, Kritik, S. 61); er fand sich in diesem Urteil bestätigt, als ihm später das Original zugänglich geworden war (vgl. L. Ranke, Zeitalter der Reformation, Bd. 6, S. 85–97).

[7] Maximilian I. (1459–1519), Sohn von Kaiser Friedrich III. (1415–1493), und Eleonore Helena von Portugal (1436–1467), 1477 Herzog von Burgund, 1486 Wahl zum Rex Romanorum, 1493 Erzherzog von Österreich, 1508 Kaiser des Heiligen Römischen Reiches Deutscher Nation.

[8] Ranke spielt hier auf seine „Geschichten der romanischen und germanischen Völker" an.

[9] Da ein „Supernumerar" in der preußischen Verwaltung zu seiner Ausbildung unentgeltlich arbeitete bzw. nur geringe „Diäten" hierfür erhielt, war er, wenn er nicht auf persönliches Vermögen zurückgreifen konnte, auf zusätzliche Einnahmen angewiesen.

[10] Christian Gottlieb Täuber (1775–1853), Sohn eines Gastwirts in Nimmersath in Schlesien, Schulbesuch in Nimmersath, 1790 Lyceum in Landeshut, danach Schullehrerseminar in Breslau, 1798 Adjunkt an der deutschen Schule zu Landeshut, 1801 Studium der Rechts- und Staatswissenschaften in Königsberg, 1804 Auskultator beim Justiz-Magistrat, 1805 Referendar bei der Kriegs-und Domänen-Kammer in Warschau, 1806 Weigerung, in polnische Dienste zu treten, 1810 Expedient bei der Regierung in Königsberg in der Neumark, 1811 Hochzeit mit Sophie Ortmann (1794–1850), Tochter eines Accise-Einnehmers

der eine Zeitlang in meiner Wohnung gewohnt hat,[11] wenn Sie die Güte haben wollten, ihm davon zu sagen, sich zu stehen getrauen; augenblicklich würde ich sie senden. Bey der Benutzung würde ich auf jeden Wunsch, den Sie äußern möchten⟨,⟩ Rücksicht nehmen; und Ihnen immer verpflichtet bleiben. Sie selbst reisen gewiß einmal nach Berlin und kommen über Frankfurt und gehen ⟨an⟩[c] meiner Stube nicht vorbey. Dann lernen wir uns kennen⟨,⟩ und ich kann Ihnen mündlich sagen, wie erkenntlich ich Ihnen für Ihre Güte seyn werde.

Zu guter Nachbarschaft dann und einem freundschaftlichen Verhältniß lad' ich Sie von Herzen ein, baldiger Antwort, so gut wie versichert,

Euer[d] Wohlgeboren
ergebenster
L⟨eopold⟩ Rancke, Dr. und
Oberlehrer am Gymnasium.

[c] Ebenso ergänzt bei: Henz, Briefwechsel, S. 291.
[d] In der Vorlage: „Ew.".

in Zehden in der Neumark, 1815 Expedient bei der Regierung in Frankfurt an der Oder, 1816 Assessor-Examen, 1817 Assessor bei der Regierung in Frankfurt an der Oder, 1819 Rat bei der Regierung in Posen, 1826 im Zuge der Reorganisation der Regierung in Posen pensioniert, 1827 probeweise, ohne Gehalt, 1828 mit Gehalt Hilfsarbeiter im Ministerium der Geistlichen, Unterrichts- und Medizinal-Angelegenheiten, 1848 Pension (vgl. GStA PK I. HA Rep. 76 I Sekt. XXXI Lit. T Nr. 91, Bd. 1 und 2; GStA PK I. HA Rep. 125 Nr. 4963; ELAB Berlin, Domkirche, Bestattungen 1850 und 1853, sowie Berliner Adressbücher 1826–1850).

[11] Eventuell handelt es sich bei Täuber um einen Vormieter der Wohnung Leopold Rankes in Frankfurt an der Oder, denkbar wäre auch, daß Leopold Ranke mit Täuber zusammen gewohnt hatte, bevor dessen Familie von Königsberg in der Neumark nach Frankfurt an der Oder übersiedelte; den Kontakt zu Täuber könnte Rankes Freund Friedrich Ferdinand Appel hergestellt haben, der wie Täuber bei der Regierung in Frankfurt an der Oder beschäftigt war; nach Antritt seines Dienstes am Friedrichs-Gymnasium im Jahr 1818 wohnte Ranke anfänglich zusammen mit seinen ebenfalls unverheirateten Kollegen Poppo, Schmeißer, Stange und Heydler „in den Anstaltsgebäuden" der Schule (vgl. Rethwisch, Oberlehrer in Frankfurt, S. 11).

Nr. 165

Friederica Wilhelmina Ranke[1] an Leopold Ranke

V: GStA PK VI. HA Nl Hoeft Nr. 1 (Abschrift)
G: GStA I. HA Rep. 92 L. v. Ranke Nr. 26 (nicht erhalten)

⟨Wiehe, Mitte September 1823.⟩

Mein Guter lieber Sohn⟨,⟩
Ja⟨,⟩ wohl habe ich sehr auf Dich gewartet⟨.⟩ ehe Dein Brief[2] ankam⟨,⟩ war ich sehr betrübt und glaubte⟨,⟩ Du wärest krank⟨.⟩ dawegen habe ich mich sehr über Deinen Brief gefreüet⟨,⟩ den⟨n⟩ ich wurde doch beruhigt⟨.⟩ wen⟨n⟩ Gott will⟨,⟩ werde ich Dich doch ein mal bei uns sehen⟨.⟩ Ferdinand[3] ist den 11den[4] nach Nürnberg gereist⟨,⟩ was würd Sich Heinrich[5] freuen, es tuht Ihn auch sehr leit⟨,⟩ das⟨s⟩ Du nicht gekommen bist⟨,⟩ den⟨n⟩ Er wolte Dich auch gern haben⟨.⟩ ich würde schon längst an Dich geschriben haben⟨,⟩ wen⟨n⟩ nicht die vielen Ernte geschäfte mich abgehalten hätten⟨,⟩ doch habe ich jezt eine treüe Hilfe an der gute⟨n⟩ Rosallie[6]⟨.⟩ Sie muß bei die leüte auf das Feld⟨,⟩ den⟨n⟩ der Vater[7] bekümert Sich nicht mehr darum⟨,⟩ ob Er gleich ganz gesund ist⟨.⟩ Er hat auf Seiner Stube so viel zu tuhn. Er wolte nicht⟨,⟩ das⟨s⟩ ich allein an Dich schreiben solte⟨.⟩ Er sagt⟨,⟩ Er hätte Dich eben so lieb wie ich⟨.⟩ Er wolte auch mit schreiben⟨,⟩ aber es würd mir doch jar so lange⟨,⟩ und Du möchtest sorge tragen. An 9⟨.⟩ d⟨ieses Monats⟩ besuchte uns der Profeßor Blank[8] aus Halle mit Seiner Frau[9] und Schwigermutter[10] und Schwäger-

[1] Friederica Wilhelmina Ranke, geb. Lehmicke (1776–1836), Mutter Leopold Rankes.
[2] Nicht ermittelt.
[3] Ferdinand Ranke (1802–1876), Bruder Leopold Rankes, Student in Halle.
[4] Gemeint ist wohl der 11. September 1823.
[5] Heinrich Ranke (1798–1876), Bruder Leopold Rankes, Lehrer an der Bildungsanstalt des Erziehervereins in Nürnberg.
[6] Rosalie Ranke (1808–1870), Schwester Leopold Rankes.
[7] Gottlob Israel Ranke (1762–1836).
[8] Ludwig Gottfried Blanc (1781–1866), Professor der südeuropäischen Sprachen und ihrer Literaturen, zugleich Domprediger in Halle.
[9] Charlotte Blanc, geb. Juncker (1795–1866), Tochter von Johann Christian Wilhelm Juncker (1761–1800), Professor der Medizin in Halle, und Nanette Esther Marguerite Juncker, geb. Plantier (1768–1829), Großcousine von Anne Esther Hermann, geb. Plantier (∗ 1743), der Mutter von Johann Gottfried Jakob Hermann, dem Doktorvater von Leopold Ranke, und Stiefschwester von Fanny Pollau; 1816 Hochzeit mit Ludwig Gottfried Blanc (1781–1866) (freundliche Auskunft von Gisela Hintzsch, Archiv der Evangelisch-reformierten Domgemeinde Halle, 1.6.2011).
[10] Nanette Esther Marguerite Pollau, verw. Juncker, geb. Plantier (1768–1829), Tochter von François Plantier (1729–1788), Kaufmann und Direktor des 1715 von Hugenotten gegründeten „Bureau d'Adresse" in Halle, und Cathérine Plantier, geb. Poinlou (1726–1787), 1794 Hochzeit mit Johann Christian Wilhelm Juncker (1761–1800), Professor für Medizin

in[11] und blieben auch die Nacht hier bloß Ferdinand Seinet wegen⟨,⟩ den Sie so sehr lieben und auch Wilhelm[12]⟨.⟩ das hat mir viel Freude gemacht⟨,⟩ ob mirs gleich viel Mühe machte⟨.⟩ ich sehe doch⟨,⟩ das⟨s⟩ alle meine Kinder[13] geachtet werden. Sperel[14] ist auch wieder[15] hier gewesen und will

in Halle, 1803 Hochzeit mit Carl Friedrich Wilhelm Pollau (1764–1815), Sohn von Abraham Pollau (1733–1787), Regimentschirurg des Infanterie-Regiments Nr. 1 in Berlin, ab 1779 Leibchirurg des Prinzen August Ferdinand (1730-1813), und Sophie Louise Henriette Pollau, geb. Bock (1744–1822), Direktor des „Bureau d'Adresse" in Halle und ab 1811 Mitglied der Freimaurer-Loge „Zu den drei Degen"; Nanette Esther Marguerite Pollau, geb. Plantier, war eine Cousine von Anne Esther Hermann, geb. Plantier (∗ 1743), der aus Halle stammenden Mutter von Johann Gottfried Jakob Hermann, des Doktorvaters von Leopold Ranke (vgl. GStA PK VIII. HA Militärkirchenbücher, Infanterie-Regiment Nr. 1, Berlin, Taufen 1764; Archiv KPS Halle, deutsch-reformierte Domkirche, Trauungen, 1794 und 1803; Zahn, Zöglinge Calvin's, S. 116, 149–150, 151, 162, 166–168; Nekrolog auf das Jahr 1800. Enthaltend Nachrichten von dem Leben merkwürdiger in diesem Jahre verstorbenen Deutschen. Gesammelt von Friedrich Schlichtegroll. 11. Jg., Bd. 2, Gotha 1806, S. 254–277, hier S. 273; C. H. Freiherrn vom Hagen: Die Stadt Halle, nach amtlichen Quellen historisch-topographisch-statistisch dargestellt. Zugleich Ergänzung und Fortsetzung der Dreyhaupt'schen Chronik. Bd. 2, Halle 1867, S. 176; Hallisches patriotische Wochenblatt, 30. Jg., 1829, S. 1175 und 1198; Eckstein, Freimaurer-Loge Halle, S. 284, Nr. 466; freundliche Auskunft von Gisela Hintzsche, Archiv der Evangelisch-reformierten Domgemeinde Halle, 1.6.2011).

[11] Fanny Louise Pollau (1804–1867), Tochter von Carl Friedrich Wilhelm Pollau (1764–1815), Direktor des „Bureau d'Adresse" in Halle, und Nanette Esther Marguerite Pollau, verw. Juncker, geb. Plantier (1768–1829), Stiefschwester von Charlotte Blanc, geb. Juncker, und Großcousine von Anne Esther Hermann, geb. Plantier (∗ 1743), der Mutter von Johann Gottfried Jakob Hermann, dem Doktorvater von Leopold Ranke; November 1825 Hochzeit mit Ferdinand Ranke.

[12] Wilhelm Ranke (1804–1871), Bruder Leopold Rankes, Student in Halle.

[13] Leopold (1795–1886), Johanna (1797–1860), Heinrich (1798–1876), Ferdinand (1802–1876), Wilhelm (1804–1871), Rosalie (1808–1870) und Ernst Constantin Ranke (1814–1888).

[14] Georg Gottlob August Spoerel (1796–1840), Sohn von Johann Heinrich Philipp Spoerel (1763–1813), Pfarrer in Petersberg bei Halle, und Johanna Christine Elisabeth, geb. Modler (1758–nach 1813), 1814 Studium der Rechte in Halle, danach Landgerichtssekretär in Erfurt, Dezember 1825 Hochzeit mit Johanna Ranke (1797–1860), Tochter von Gottlob Israel Ranke (1762–1836), Advokat in Wiehe und Justitiar in Gehofen und Nausitz, und Friederica Wilhelmina Ranke, geb. Lehmicke (1776–1836), und Schwester Leopold Rankes, 24. April 1828 Geburt, 17. Dezember 1828 Tod des Sohnes Heinrich Wilhelm Leopold Spoerel (1828–1828), 1829 Scheidung von Johanna Ranke, Dezember 1837 Hochzeit mit der Witwe Johanne Jacobine Christiane Müller, geb. Winne (1805–nach 1841), Tochter von Johann Christoph Andreas Winne (1767–1836), Ökonom aus Arnstadt, und Dorothea Henriette Christiane Winne, geb. Hauschild (1780–1848), 1839 Pension (vgl. Archiv KPS Erfurt, Predigerkirche, Trauungen 1837; Archiv KPS Erfurt, Kaufmannskirche, Bestattungen 1828 und 1840; Archiv KPS Teicha, Taufen 1758; Pfarrerbuch Kirchenprovinz Sachsen, Bd. 8, S. 318; freundliche Auskunft von Gottfried Braasch, 24.8.2009; freundliche Auskunft von Karin Keller, Archiv der Martin-Luther-Universität Wittenberg-Halle, 1.4.2011).

[15] Spoerel hatte Johanna Ranke wohl bereits 1822 kennengelernt, da sie mit der Begründung „Sie wär versprochen" einen Heiratsantrag von Traugott Wilhelm Pfeiffer ablehnte (vgl. Nr. 224).

Hannchen[16] zur Frau. Er ist landgerichts Sekretär in Erfurt⟨.⟩ verlobung ist aber noch nicht gewesen⟨.⟩ Er will bald wieda komen⟨,⟩ und dan⟨n⟩ werden wier sehen⟨,⟩ waß der Vater spricht. Hanichen hat große lust. Der Vater ist in Nausiz u⟨nd⟩ Wilhelm und Rosalie auf den Felde. Sie sagt⟨,⟩ schreib doch⟨.⟩ Er solte schon sehn⟨,⟩ das⟨s⟩ Er nicht gekomen wär⟨.⟩ nun⟨,⟩ mein lieber Sohn⟨,⟩ leb wohl⟨.⟩ Schmit[17] ist schon da.

Deine Treue
Mutter F⟨iederica⟩ Ranke⟨.⟩

viele grüße der Ahleman[18] und Carolina[19].

[16] Johanna Ranke (1797–1860), Schwester Leopold Rankes.
[17] Carl Traugott Siegismund Schmidt (1766–nach 1823), Postbote in Wiehe.
[18] Friederike Wilhelmine Ahlemann, geb. Schultze (1772–1843), Direktorin einer höheren Bildungsanstalt für Mädchen in Frankfurt an der Oder, Vertraute Leopold Rankes.
[19] Caroline Beer (1791–1851), Vertraute Leopold Rankes in Frankfurt an der Oder.

Nr. 166

Ernst Constantin Ranke[1] an Leopold Ranke

V: GStA PK VI. HA Nl Hoeft Nr. 1 (Abschrift)
G: GStA I. HA Rep. 92 L. v. Ranke Nr. 26 (nicht erhalten)

⟨Wiehe, 5. Oktober 1823.⟩[a]

Lieber Bruder⟨,⟩
Du hast Dich doch in Deinen Brief[2] beklaget, das⟨s⟩ ich Dir keinen Brief geschikt habe, aber er war liegen geblieben durch ein Versehen. Ferdinand[3] ist wieder da, von der Reise nach Nürnberg[4], er hat mir auch von der Schütt[5] erzählt, worauf sie an Dich gedacht hätten.

Dein
Dich liebenter
Bruder Ernst.

[a] Hoeft vermerkt nur: „1823?"; die Neudatierung erfolgt im Hinblick auf den Aufenthaltsort von Ferdinand Ranke und die Angaben zum „Dankfest" in Nr. 167.

[1] Ernst Constantin Ranke (1814–1888), Bruder Leopold Rankes.
[2] Nicht ermittelt.
[3] Ferdinand Ranke (1802–1876), Bruder Leopold und Ernst Constantin Rankes, Student in Halle.
[4] Vgl. Nr. 172; am 30. September 1823 hielt sich Ferdinand Ranke noch in Nürnberg auf, wie ein Stammbuchblatt für Eduard Wesselhöfft belegt (ULB Münster, Nl Raumer B 26.069a).
[5] Die Pegnitzinsel Schütt (vgl. Nr. 151).

Nr. 167

Rosalie Ranke[1] an Leopold Ranke

V: GStA PK VI. HA Nl Hoeft Nr. 1 (Abschrift)
G: GStA I. HA Rep. 92 L. v. Ranke Nr. 26 (nicht erhalten)

⟨Wiehe, 5. Oktober 1823.⟩[a]

Lieber Leopold⟨,⟩ heute haben wir unser Dankfest[2] und komme jetzt mit der Mutter[3] mit Ferdinand[4] aus der Kirche⟨.⟩ der Herr Magister[5] hilt eine recht sehr schöne Predigt⟨.⟩ ich habe mich sehr über Dein Briefchen[6] gefreud⟨,⟩ welches ich gestern bekamm⟨,⟩ und besonders darüber⟨,⟩ das⟨s⟩ Du Dich so wohl befindest⟨,⟩ so freundlich und fröhlich bist⟨.⟩ wünsche⟨,⟩ das⟨s⟩ Du ferner so bleibst⟨.⟩ leb wohl⟨,⟩ lieber Leobold⟨,⟩ und behalte lieb

Deine Rosalie.

[a] Hoeft vermerkt nur: „1823?"; die Neudatierung erfolgt im Hinblick auf die Angaben zum Aufenthaltsort von Ferdinand Ranke sowie zum „Dankfest" im Folgenden.

[1] Rosalie Ranke (1808–1870), Schwester Leopold Rankes.
[2] Das Ernte-Dankfest wurde in der Regel am Michaelis-Tag, dem 29. September, oder an dem auf diesen Tag benachbarten Sonntag gefeiert; da Michaelis im Jahr 1823 auf einen Montag fiel und Ferdinand Ranke am 30. September noch in Nürnberg weilte (vgl. Nr. 166), wurde 1823 das Erntedankfest in Wiehe wohl am 5. Oktober gefeiert.
[3] Friederica Wilhelmina Ranke, geb. Lehmicke (1776–1836), Mutter Leopold Rankes.
[4] Ferdinand Ranke (1802–1876), Bruder Leopold Rankes, Student in Halle.
[5] Johann Friedrich Damm (1774–1849), Oberpfarrer in Wiehe, oder Ernst Theodor Patzig (1792–1825), Diakonus in Wiehe.
[6] Nicht ermittelt.

Nr. 168

Gottlob Israel Ranke[1] an Leopold Ranke

V: GStA PK VI. HA Nl Hoeft Nr. 1 (Abschrift)
G: GStA I. HA Rep. 92 L. v. Ranke Nr. 26 (nicht erhalten)

Wiehe, am 25. Oct⟨o⟩b⟨e⟩r 1823.

Geliebter Leopold,
Ich habe Deinen lieben Brief[2], dies mal ungewöhnlich lange unbeantwortet gelassen, weshalb ich Dich um Entschuldigung bitte. Ich sitze immerfort nach beendigter Erndte Zeit[3] am Schreibtische, und kan kaum die nothwendigsten Arbeiten fertigen. Unlängst wurde mir auch eine neue Gerichtsbestallung angetragen, welche ich aber, wegen äußerst beschwerlichen und langweiligen Weg über Sümpfe und Berge, anzunehmen nicht für räthlich fand, und daher deren Annahme ablehnte. Da selbige 4. gute Stunden von hier entfernt war, so hätte bei den jetzigen kurzen Tagen, ich zur Hin- und Herreise einen ga⟨n⟩zen Tag zubringen müssen. Die diesjährige Erndte ist besonders hier äußerst strohreich ausgefallen, und hat fast von Niemanden in die Scheuern untergebracht werden können; sondern viele Früchte stehn noch auf den Feldern in Haufen aufgethürmt, wobei aber selbige von den Gänsen, Mäusen und Hamstern, außer der Nässe, sehr vielen Nachtheil ausgesezt sind.
Ernst[4] hat sich nun ziemlich wieder erholt, die Mutter[5] aber klagt öfters über Kopfweh. Rosalchen[6] hat die Masern dies mal nicht bekommen. Wie stehts aber mit Deiner Gesundheit⟨,⟩ lieber Sohn, und besonders mit Deinen Augen[7]? Hast Du zu deren Verbesserung ein gutes Mittel angewendet?
Das beste ist wohl, wenn man die Augen etwas schont, und bei Licht nicht spät in die Nacht arbeitet, wie Du zu thun pflegst. Ich empfehle Dir daher das Cura, ut valeas!![8]
Du äußertest zwar in dem lezten Deiner Briefe oder richtiger in dem neuesten, daß Du „zwar nichts versprochen, aber doch etwas zu halten gedächtest"⟨.⟩
Aber nun ist auch dieses schwache Fünkchen von Hofnung, für dieses Jahr Dich bei uns zu sehen und umarmen zu können, schier verschwunden.

[1] Gottlob Israel Ranke (1762–1836), Vater Leopold Rankes.
[2] Nicht ermittelt.
[3] Vgl. Nr. 167.
[4] Ernst Constantin Ranke (1814–1888), Bruder Leopold Rankes.
[5] Friederica Wilhelmina Ranke, geb. Lehmicke (1776–1836), Mutter Leopold Rankes.
[6] Rosalie Ranke (1808–1870), Schwester Leopold Rankes.
[7] Vgl. Nr. 160.
[8] Wörtlich: „Sorge dafür, daß es Dir gut geht!" Ein häufiger Gruß in den Briefen von Cicero.

Auch hast Du Deines langen Außenbleibens halber nicht einmal Ehehaften vorschützen.

Du kontest z⟨um⟩ b⟨eispiel⟩ nicht sagen:

Ich habe ein Weib genommen, darum kann ich nicht kommen – Doch Du hast gewiß noch wichtigere Beschäftigungen, welche Dich von dieser Reise abgehalten haben?

Und ernstlich schmeichle ich mich⟨,⟩ es noch zu erleben, daß Du, oder doch Dein Name als Author in dem neuesten Meßkatalog[9] pranget.

Nun⟨,⟩ lieber Leopold, ich freue mich stets über Dich und meine guten Söhne[10], und habe Dich fast täglich in Gedanken. Erhalte Du uns auch ferner Deine Liebe und vergiß uns nicht.

Tausend herzliche Empfehlung von uns Allen an Dich, die Frau Prediger Ahlemann[11], und Demoi⟨selle⟩ Caroline[12]. Ich bin und bleibe

Dein Dich herzlich liebender
Vater, Ranke.

N⟨ach⟩S⟨chrift:⟩ So eben komme ich von der Repräsentantenwahl[13] nach 12. Uhr Mittags nach Hause, sehe Ferdinand[14] u⟨nd⟩ Wilhelm[15] in der Haus Thür stehen, und mir Deinen lieben Brief[16] entgegen bringen. Wir freuen uns über dessen Eingang ungemein, und bei Tische eröfne ich solchen, und nun erhöhet sich unsre Freude noch bedeutend. Den Verfasser, des uns mitgetheilten schönen Hochzeit Gedichts[17], glauben wir nun ganz zuverlässig in Dir zu erblikken.

[9] Leopold Rankes Vater spielt hier auf die Veröffentlichung aller Neuerscheinungen an, die im Katalog der Leipziger Buchmesse angezeigt werden. Ranke muß also wenigstens eine Andeutung über die Fertigstellung eines größeren Werkes gemacht haben.

[10] Die Brüder Leopold Rankes: Heinrich (1798–1876), Ferdinand (1802–1876), Wilhelm (1804–1871) und Ernst Constantin Ranke (1814–1888).

[11] Friederike Wilhelmine Ahlemann, geb. Schultze (1772–1843), Direktorin einer höheren Bildungsanstalt für Mädchen in Frankfurt an der Oder, Vertraute Leopold Rankes.

[12] Caroline Beer (1791–1851), Vertraute Leopold Rankes in Frankfurt an der Oder.

[13] Wahl der Stadtverordneten in Wiehe gemäß der Steinschen Städteordnung von 1808, die die preußische Regierung nach 1815, bis zu einer endgültigen Regelung, in den ehemals kursächsischen Städten eingeführt hatte (vgl. Nr. 19 und 27). Über die früheren Verhältnisse in Wiehe berichtet Leopold Ranke im autobiographischen Diktat von 1863: „Die Stadt bildete [...] ihr eigenes Gemeinwesen. Den Kern derselben bildeten einige alte Familien" (L. v. Ranke, Lebensgeschichte, S. 7); der Stadtrat ergänzte sich aus ihnen und war niemandem verantwortlich, er bestand aus acht Personen, die bei ihrer Wahl ein Einkommen von mindestens 4000 Talern nachweisen mußten, der Magistrat der Stadt Wiehe bestand aus dem Bürgermeister und drei Repräsentanten, die jährlich wechselten (freundliche Auskunft von Gottfried Braasch, 24.8.2009).

[14] Ferdinand Ranke (1802–1876), Bruder Leopold Rankes, Student in Halle.

[15] Wilhelm Ranke (1804–1871), Bruder Leopold Rankes, Student in Halle.

[16] Nicht ermittelt.

[17] Nicht ermittelt.

Im August erhielten wir von dem jungen Ehepaar Herrn K⟨au⟩fm⟨ann⟩ Delly[18] und Amalien, geb⟨orene⟩ Liebhold[19], welche in Jun⟨i⟩ d⟨ieses⟩ J⟨ahre⟩s sich ganz in der Stille hatten trauen lassen, den ersten Besuch. Da wir selbigen Tages von H⟨errn⟩ Oberpf⟨arrer⟩ Damm[20] zu Gaste gebeten waren, so nahmen wir selbige[21] mit dahin, wo diese Freunde, eine sehr ansehnliche Gesellschaft von den Vornehmen hiesigen Orts anwesend fanden. Den Tag ihrer ersten Kindtaufe will ich Dir, wenn Dir daran liegt, melden.[22]

[18] Arnold August Philipp Delly (1794–1868), Kaufmann in Querfurt.

[19] Amalia Friederika Delly, geb. Liebhold (1805–1873), Cousine Leopold Rankes in Querfurt und Patenkind der Mutter Leopold Rankes.

[20] Johann Friedrich Damm (1774–1849), Oberpfarrer in Wiehe.

[21] Das Ehepaar Delly.

[22] Das erste Kind aus der Ehe von Arnold August Philipp Delly und Amalia Friederika Liebhold wurde am 31. März 1824 geboren und am 13. April 1824 entsprechend der Vornamen ihrer Eltern auf den Namen Amalia Auguste getauft; nachdem das achte Kind des Ehepaars am 9. Mai 1832 auf den Namen Friedrich Leopold getauft worden und danach verstorben war, erhielt das zehnte Kind des Ehepaars im Jahr 1836 den Namen Ernst Leopold Otto. Es lebte bis zum 21. September 1902.

Nr. 169

Wilhelm Ranke[1] an Leopold Ranke

V: GStA PK VI. HA Nl Hoeft Nr. 37 Kart. 1 (Typoskript)

⟨Halle, Anfang November 1823.⟩[a]

Ich habe Dich gewiß beleidigt, Du lieber Leopold. So dringend habe ich bei Dir angefragt: so freundlich hast Du mich eingeladen, hast auf mich gewartet, und ich bin nicht gekommen. Du wirst meinen, die Menge Deiner Geschäfte, und meine Vergnügungslust habe mich zurückgehalten. Doch höre erst meine Entschuldigung, und überhaupt die Veranlassung meiner Anfrage. Ich habe nunmehr, seit ich (Sept⟨ember⟩ 1822) von der Schule abgegangen bin, fast sieben Monate zu Hause zugebracht.

Das ist zu viel, und ich fühle die Folgen. Immitte der jetzigen Ferien gieng ich nach Halle, schrib an Dich[2], und wartete 14 Tage lang auf Deine Antwort. Endlich mußte ich vermuthen, Du hättest Dich selbst auf die Reise gemacht; drum gieng ich zurück nach Wiehe, wo bald darauf auch Ferdinand[3] eintraf.[4] Hier erwarteten sie Dich schon längst; und ich schicke Dir ein Paar Briefe der Mutter[5] an uns[6], die sich darauf beziehen. Lies ihre Briefe zuletzt; nimm auch nicht übel, daß sie es uns geschrieben, und komm, so bald Du kannst; Du kennst das liebe Mutterherz. Dieses Mal konnte die Mutter an Dich nicht schreiben. – Ferdinand läuft in Halle umher, und besorgt seine vielen Briefe und Aufträge von Nürnberg. – Mit meiner Jurisprudenz steht es, denk' ich, gut; ich höre die Pandekten[7]. Der Vater[8] hat mir 10 r⟨eichs⟩t⟨aler⟩ mitgegeben, und zu Weihnachten werde ich auch noch 10 r⟨eichs⟩t⟨aler⟩ bekommen; doch kann ich die theuern Kollegia nicht bezahlen.[9]

Dein Bruder Wilhelm Ranke.

[a] Datierung nach dem Typoskript Hoefts.

[1] Wilhelm Ranke (1804–1871), Bruder Leopold Rankes, Student in Halle.
[2] Brief nicht ermittelt.
[3] Ferdinand Ranke (1802–1876), Bruder Leopold und Wilhelm Rankes, Student in Halle.
[4] Vgl. Nr. 167 und Nr. 168.
[5] Friederica Wilhelmina Ranke, geb. Lehmicke (1776–1836), Mutter Leopold und Wilhelm Rankes.
[6] Nicht ermittelt.
[7] Die Pandekten sind der Hauptteil des Corpus Iuris Civilis.
[8] Gottlob Israel Ranke (1762–1836).
[9] Wilhelm Ranke spricht zuvor davon, er „höre" die Pandekten: er kann also aus finanziellen Gründen nur an den öffentlichen Vorlesungen teilnehmen.

Nr. 170

Heinrich Ranke[1] an Leopold Ranke

V: GStA PK VI. HA Nl Hoeft Nr. 37 Kart. 1 (Typoskript)
TD: Fuchs, Heinrich Ranke, S. 161–162

Nürnberg⟨,⟩ am 18. Nov⟨em⟩b⟨e⟩r 1823.

Mein geliebter Bruder⟨,⟩
Warum bin ich so selig – warum eile ich Dir zu schreiben? – Warum erwachte ich gestern früh in Erlangen, in Schuberts[2] Hause, mit tiefer Freude und lautem Lob und Dank? – O Leopold, mein Leopold – wie fließet die Gnade des Herrn auf mich armes⟨,⟩ dürres Reis und treibt mir frischen Lebenssaft durch Mark und Bein![3] – Ich will Dir's erzählen. Vorgestern – Sonntag – hielt ich hier halb 7 Uhr das Morgengebet – und eilte dann gen Erlangen. – Die hellen Kirchenglocken läuteten aus allen Dörfern zu mir herüber – und als ich in den Wald kam, kniete ich nieder, und als ich vor Erlangen stand und die Sonne mit einem Mal aus der Nebelhülle vorbrach, wollte ich es kaum glauben, daß ich schon so nahe war. Die Glocken läuteten mir auch aus Erlangen entgegen. Als ich nun in des lieben Schuberts Haus trat, kam er mir so freundlich entgegen. Ranke, sagte er laut und freundlich. Die Seinigen[4] waren alle in der Kirche⟨,⟩ seine Pflegetochter Adeline[5] ausgenommen. Ich war nun mit ihm allein. – Er erbaute mich mit lehrreichem väterlichen Gespräch und Lesen. Nach Tisch ging ich mit Schubert in sein schönes Gastzimmer⟨,⟩ wo das Pianoforte stehet. Wir wollten ein Lied singen. Rufen Sie doch Selma[6], sagte ich leise.

[1] Heinrich Ranke (1798–1876), Bruder Leopold Rankes, Lehrer an der Bildungsanstalt des Erziehervereins in Nürnberg.

[2] Gotthilf Heinrich Schubert (1780–1860), Professor für allgemeine Naturgeschichte und Mineralogie in Erlangen.

[3] Anspielung auf Jesaja 53.2.

[4] Seine Ehefrau Julie Schubert, geb. Steuernagel (1788–1880), seine Tochter Selma Schubert (1806–1878) sowie sein Pflegesohn Richard Georg.

[5] Adeline Ritter (1807–nach 1856), Tochter von Johann Wilhelm Ritter (1776–1810), Hofrat und Mitglied der Physikalischen Klasse der Akademie der Wissenschaften in München, und Dorothea Catherine Ritter, geb. Münchgesang (1785–1823); 1810 Adoption durch Gotthilf Heinrich Schubert, 1824 Hochzeit mit Georg Benedict (bis 1817: Wiener) Winer (1789–1858), Sohn von Johann Georg Wiener, Weissbäcker in Leipzig, und Maria Magdalene Wiener, geb. Hahn, Professor der Theologie in Erlangen (vgl. KAL St. Thomas, Taufen 1789).

[6] Selma Wilhelmine Schubert (1806–1878), Tochter von Gotthilf Heinrich Schubert, Professor für allgemeine Naturgeschichte und Mineralogie in Erlangen, aus seiner Ehe mit Henriette Martin (1780–1812); Heinrich Rankes Bericht hat eine genaue Entsprechung in Schuberts Selbstbiographie (vgl. Schubert, Erwerb und Erwartungen, Bd. 2/II, S. 423–426; die Geschichte der Eheanbahnung wird beschrieben in Schubert, Erwerb und Erwartungen, Bd. 3/II, S. 595–597, die Hochzeit von Heinrich Ranke und Selma Schubert in

Er rief die Andern alle mit⟨,⟩ und ich war etwas betrübt. Eben wollten wir anfangen. „Herr Emmert[7] ist da und will Dich sprechen." Schubert eilte hinunter und alle mit ihm. Selma nur blieb am Fenster — und nach einigen Augenblicken hatte ich sie an meinem Herzen. Ich hatte in der langen Zeit bis dahin nur wenig Worte mit ihr gesprochen — nun brach auf einmal die helle Sonne hervor. — O mein Leopold — als ich das liebe, fromme, sanfte Kind an mein Herz drückte — so war meine Seele mit ihr bei unserm Gott und Heiland im Himmel — und es dauerte nicht lange, so knieten wir nieder — und es dauerte nicht lange, so kam der freundliche Vater Schubert und segnete uns. — Wie wirst Du Dich über Selma freuen, — sie ist sanft und fromm wie der selige Baier[8] — und holdselig. — Mein lieber Bruder — ich umarme Dich und küsse Dich, und Du bist so ganz bei mir und freuest Dich mit Deinem Heinrich. — Gehe doch hin und sage es unsern lieben Freundinnen[9], wie wohl der Herr an mir thut. — Mein lieber Gott, wie gut bist Du und wie barmherzig — und wie vergiebst Du doch Uebertretung, Sünde und Missethat — und erbarmst Dich wie ein lieber Vater über seine Kinder. — Ach⟨,⟩ wie ferne lässet er unsere Sünden von uns sein — wie bedeckt und verhüllt er alles so gnädig. —

Bärenwalde, dem Heimatort ihrer Mutter, im Jahre 1825 ebd., S. 601–607. Hierbei waren Gottlob Israel Ranke, Leopold und Ferdinand Ranke anwesend).

7 Johann Friedrich Emmert (1802–1868), Sohn von Carl Leopold Emmert (1772–1841), Ratsassessor und Appellationsgerichtsadvokat in Schweinfurt, und Marie Friederike Emmert, geb. Bach (1780–nach 1841), Tochter von Johann Friedrich Adam Bach (1752–1815), Pfarrer in Schweinfurt und „Vetter" von Johann Sebastian Bach; Gymnasium in Schweinfurt, 1820 Studium der Philosophie in Würzburg, 1821 Studium der Theologie in Erlangen, Eintritt in die Burschenschaft der Bubenreuther, der auch Carl Ludwig Sand und Georg Friedrich Christoph Dittmar (1795–1817), der Bruder von Johann Christian Gottlob Heinrich Dittmar (1792–18866), dem Leiter der Bildungsanstalt des Erziehervereins in Nürnberg, angehörten, 1824 Pfarrverweser in Remmlingen, 1826 Examen pro ministerio, 1829 Pfarrer in Maroldsweisach, 1831 Hochzeit mit Amalie Christine Rosalie Voit (1812–1841), Tochter von Dr. Paul Christian Voit, Professor am Gymnasium in Schweinfurt, und Agneta Dorothea Eleonore Voit, geb. Freytag, 1842 Pfarrer in Zell und Weipoltshausen, 1852 Mitglied der Leopoldina, der Kaiserlich Leopoldinisch-Carolinischen Deutschen Akademie der Naturforscher, Emmert war ein direkter Nachkomme von Johann Michael Fehr (1610–1688), dem Mitbegründer und ab 1666 Vorsitzenden der Leopoldina, 1860 Ruhestand, 1862 Gründungsmitglied und Erster Vorsitzender des Naturwissenschaftlichen Vereins Schweinfurt (vgl. http://www.bubenreuther.de/buugle.php?detail=458 sowie ausführlich Lenz Meierott: Johann Friedrich Emmert (1802–1868) und sein Herbar. Pflanzensammeln und Pflanzentausch um 1850 [= Ausstellungshefte des Stadtarchivs Schweinfurt, Nr. 7]. Schweinfurt 2011); Emmert veröffentlichte 1852 zusammen mit Gottfried von Segnitz (1827–1905) ein Buch über die „Flora von Schweinfurt und Umgebung", eine der ältesten „Lokalfloren Deutschlands".

8 Hermann Julius Christoph Baier (1775–1822), Pfarrer in Altenkirchen auf Rügen, in dessen Haushalt Heinrich Ranke zeitweise als Hauslehrer wirkte.

9 Friederike Wilhelmine Ahlemann, geb. Schultze (1772–1843), Direktorin einer höheren Bildungsanstalt für Mädchen in Frankfurt an der Oder, und Caroline Beer (1791–1851), Vertraute Leopold Rankes.

Es sollte noch vor den Andern in Schuberts Hause[10] verborgen bleiben. Selmas rechte Mutter[11] lebt nicht mehr auf Erden.[12] – Nachmittag ging Schubert mit mir hinaus in den Wald und erzählte mir viel Wichtiges aus seinem Leben.– O mein Gott, wie väterlich und mild und liebevoll ist er! – Ich konnte Selma nicht mehr ohne Gesellschaft sehen. Ich blieb die Nacht da. O⟨,⟩ welches Erwachen – mein Leopold. Dann kam der liebe Vater Sch⟨ubert⟩ ⟨,⟩ mich zu wecken. Als ich hinunter kam⟨,⟩ war Schubert mit Selma und Adeline allein da. Die Andern schliefen noch. Sch⟨ubert⟩ ließ Selma ein Lied beten: Fang Dein Werk mit Jesu an, Jesus hats in Händen,[13] – dann las ich beim Frühstück ihnen das 14. Capit⟨ulum⟩ Ev⟨angelii⟩ Joh⟨annis⟩[14] vor. Wir lasen noch, so kam Ernst[15], ein Lehrer unserer Anstalt, der mit mir nach Nürnberg zurückkehren wollte. Nun konnte ich Selma nur die Hand geben zum Abschied. Und als ich nun hier ankam, so war es freilich schon ein Viertel über 8 Uhr – und Raumer[16] hatte meine Kinder[17], denen ich von 8–9 Uhr Religionsstunden zu geben hatte – übernommen. Ich fand die Frau v⟨on⟩ Raumer[18] mit der kleinen Doro-

[10] Julie Schubert, geb. Steuernagel (1788–1880), Ehefrau von Gotthilf Heinrich Schubert und Stiefmutter von Selma Schubert, Adeline Ritter und Richard Georg, Pflegekinder von Gotthilf Heinrich Schubert.

[11] Henriette Schubert, geb. Martin (1780–1812), Tochter von Benjamin Martin († vor 1819), Eisenwarenhändler in Bärenwalde, und Christine Sophie Martin, geb. Wagner († vor 1836), Ehefrau von Gotthilf Heinrich Schubert, Professor für allgemeine Naturgeschichte und Mineralogie in Erlangen.

[12] Sie verstarb am 11. Februar 1812.

[13] Der Text ist abgedruckt bei: ⟨K. L. G. v. Raumer:⟩ Sammlung Geistlicher Lieder. Nebst einem Anhang von Gebeten. Basel 1831, Nr. 299, S. 186–187; die zweite Auflage dieser Sammlung wurde 1845 von Philipp Karl Eduard Wackernagel herausgegeben, der ab 1824, wie Raumer und Heinrich Ranke, als Lehrer an der Bildungsanstalt des Erziehervereins in Nürnberg wirkte.

[14] Es enthält die Worte Jesu über den Weg zum Vater und den Beistand des Heiligen Geistes.

[15] Carl Moritz Ernst (1800–1829), Sohn eines Lehrers in Bankwitz (Oberschlesien), 1818 evangelisches Schullehrerseminar in Breslau, Oktober 1821 auf Empfehlung seines Breslauer Lehrers Christian Wilhelm Harnisch (1787–1864) Lehrer an der Bildungsanstalt des Erziehervereins in Nürnberg, Dezember 1823 Lehrer am Schullehrerseminar in Moers, 1826 in Bunzlau, 1828 in Neuzelle; Ernst hatte fünf Hefte mit „Vorlegeblättern" „für den Unterricht im Zeichnen" sowie eine Wandkarte der biblischen Geographie „für den Schulgebrauch" entworfen und gezeichnet, die von Grüson und Comp. in Breslau vertrieben wurde (vgl. ausführlich A. D.: Zur Erinnerung an Carl Moritz Ernst, in: Rheinische Blätter für Erziehung und Unterricht mit besonderer Berücksichtigung des Volksschulwesens, Neue Folge, Bd. 1 [1830], Heft 2, S. 279–289; wieder abgedruckt in: Friedrich Adolph Wilhelm Diesterweg: Sämtliche Werke, 1. Abt. II. Bd., bearb. von Ruth Hohendorf. Berlin 1957, S. 85–91 mit Anmerkungen auf S. 635).

[16] Karl Ludwig Georg von Raumer (1783–1865), ehemaliger Professor, wie Heinrich Ranke Lehrer an der Bildungsanstalt des Erziehervereins in Nürnberg.

[17] Die Schüler der Klasse, die Heinrich Ranke unterrichtete; nicht ermittelt.

[18] Friederike von Raumer, geb. Reichardt (1790–1869), Tochter von Johann Friedrich Reichardt (1752–1814), Komponist und Hofkapellmeister Friedrichs des Großen.

thea[19] unten an der Thür stehen. Ich ging nun mit ihnen hinauf – und sie war so ganz glücklich über meine Freude. Sie hat von Anfang gewußt, daß wir einander liebten. Und als nun Raumer kam und ich erzählte, daß es Schuberts Frau[20] noch nicht wisse, die Selma's zweite Mutter ist – so beschlossen sie, sogleich hinüberzufahren und noch Alles ins Gleichgewicht zu bringen. – So ist denn Alles so herrlich gegangen⟨,⟩ und als sie wiederkamen, bekam ich den ersten Brief von meiner Selma – und alle Freunde, die es hören, freuen sich. Hier im Hause weiß es außer Raumers nur mein Allwill[21], dem ich meine Freude nicht verbergen konnte. Er umarmte mich so herzlich. O⟨,⟩ mein Leopold – wie werden wir uns freuen. – Möchtest Du es wohl an unsre Freundin in Strelitz[22] schreiben? An Malchen[23] und die Großmutter[24] will ich es noch heute schreiben.

O⟨,⟩ wie freut Ihr Euch alle mit mir.

Gnade und Friede sei mit Dir. Amen.

Dein getreuer Heinrich.

Habt ihr denn wirklich den langen Brief nicht erhalten⟨,⟩ den ich an die liebe A⟨hlemann⟩ gesendet habe mit Dank für die überschickten Sachen? Ich schrieb darin auch von dem Pfarrer Spleiß[25] aus Buch bei Schaffhausen, der ein Mann ist voll Geistes und Kraft.

[19] Dorothea Sophie Luise von Raumer (1812–1848), Tochter von Karl Ludwig Georg und Friederike von Raumer, geb. Reichardt.

[20] Julie Schubert, geb. Steuernagel (1788–1880), zweite Ehefrau von Gotthilf Heinrich Schubert, eine Nichte von Henriette Schubert, geb. Martin (1780–1812), der Mutter von Selma Schubert.

[21] Allwill Hermann Baier (1811–1892), der Heinrich Ranke anvertraute Sohn des verstorbenen Hermann Julius Christoph Baier.

[22] Francisca Christiana Jeanette Weber, geb. Krug († 1824), Witwe von Adolph Dietrich Weber (1753–1817), Professor der Rechte in Rostock, gemeinsame Bekannte Leopold und Heinrich Rankes.

[23] Amalie Baier (1778–1857), Schwester von Hermann Julius Christoph Baier.

[24] Margaretha Amalia Baier, geb. Behrens (1753–1834), Mutter von Hermann Julius Christoph Baier und Großmutter von Allwill Hermann Baier.

[25] Johann David Spleiß (1786–1854), Sohn von Johannes Spleiß, Buchbinder-Meister und Stadthauptmann in Schaffhausen, 1800 Französische Schule, 1803 kaufmännische Lehre, 1804 Collegium Humanitatis in Schaffhausen, 1806 Studium der Theologie in Tübingen, 1809 Ordination in Schaffhausen, Hauslehrer in Osterhoot in den Niederlanden, 1810 in Kleve, 1812 Professor der Physik und Mathematik am Collegium Humanitatis in Schaffhausen, 1813 zugleich Pfarrer im benachbarten Buch, 1816 Hochzeit mit Friederike Schoch, 1817 Anschluß an die Erweckungsbewegung von Barbara Juliane Freifrau von Krüdener, 1818 Urheber einer Erweckung in Buch, 1826 Gründung einer Rettungsherberge für bedürftige Kinder, 1841 Pfarrer in St. Johann Schaffhausen, 1842 Dekan; Johann David Spleiß, Johann Arnold Kanne, Friedrich August Köthe und Johann Christian Gottlob Ludwig Krafft widmete Schubert den zweiten Band seines bekannten Werkes "Altes und Neues aus dem Gebiet der innren Seelenkunde", der 1824 in Leipzig erschien.

Seit einiger Zeit ist Fahrenholzens[26] zweiter Sohn[27] hier und soll mit Gottes Hülfe zum Lehrer gebildet werden. – Du kannst Dir denken⟨,⟩ welche Grüße und Briefe er mitbrachte. – O Leopold⟨,⟩ liebe meine Selma! Grüße die lieben A⟨hlemann⟩ und K⟨aroline⟩. Kommt doch zusammen und freut Euch mit mir.

[26] Eventuell Gottlieb Fahrenholz (1783–1813), Fuhrherr aus Spandau, 1813 Freiwilliger Jäger im Leib-Regiment, fiel in der Völkerschlacht bei Leipzig (vgl. Die freiwilligen Jäger des Leib-Infanterie-Regiments, in: Zeitschrift für Kunst, Wissenschaft und Geschichte des Krieges 1850, S. 54–83, 139–168, 250–283, hier S. 154 Nr. 239).

[27] Eventuell Johann Gottlieb Fahrenholz (1808–nach 1831), 1828 Totengräbergehilfe in Berlin (vgl. Extrablatt zum Amts-Blatt der Königlichen Regierung zu Potsdam und der Stadt Berlin, 49. Stück, 5. Dezember 1828, S. 243).

Nr. 171

Friederica Wilhelmina Ranke[1] an Leopold Ranke

V: GStA PK VI. HA Nl Hoeft Nr. 1 (Abschrift)
G: GStA I. HA Rep. 92 L. v. Ranke Nr. 26 (nicht erhalten)

Wiehe⟨,⟩ den 26⟨.⟩ Nov⟨ember 1823.⟩[a]

Gott grüß Dich⟨,⟩ mein lieber guter Sohn⟨,⟩ Waß meinst Du den⟨n⟩ zu Deines Bruders[2] Glük[3]⟨.⟩ Er geht Dier mit guten Beispiel voran⟨.⟩ ich freue mich sehr darüber⟨,⟩ aber nun würd die liebe geteilt⟨,⟩ glaube ich⟨.⟩ solte Er mich den⟨n⟩ nun noch so lieben wie sonst⟨?⟩ Du bist da noch ganz mein⟨.⟩ ich schreibe Dier recht balt⟨.⟩ bleibe Gesund und kom balt zu uns⟨.⟩

Deine Treüe Mutter
Friederica Ranke⟨.⟩

alle⟨,⟩ Vater[4] u⟨nd⟩ Geschwister[5]⟨,⟩ grüßen Dich herzlich⟨.⟩

[a] Orts- und Datumsangabe in der Vorlage unter dem Text links.

[1] Friederica Wilhelmina Ranke, geb. Lehmicke (1776–1836), Mutter Leopold Rankes.
[2] Heinrich Ranke (1798–1876), Bruder Leopold Rankes, Lehrer an der Bildungsanstalt des Erziehervereins in Nürnberg.
[3] Vgl. Nr. 170.
[4] Gottlob Israel Ranke (1762–1836).
[5] In Wiehe lebten zu diesem Zeitpunkt: Johanna (1797–1860), Rosalie (1808–1870) und Ernst Constantin Ranke (1814–1888).

Nr. 172

Ferdinand Ranke[1] an Leopold Ranke

V: GStA PK VI. HA Nl Hoeft Nr. 1 (Abschrift)
G: GStA I. HA Rep. 92 L. v. Ranke Nr. 26 (nicht erhalten)

Halle⟨,⟩ den 29sten November ⟨1823⟩.

Innigstgeliebter Bruder,

Einen herzlichen Gruß zuvor. Ich könnte Dir viel schreiben, von meiner recht fröhlichen Reise nach Nürnberg[2], und von meinem dortigen Aufenthalte vier Wochen lang; aber Alles ist gehemmt und aufgehoben durch die weit wichtigere und freudigere Nachricht, die jetzt von Nürnberg her gekommen ist. Heinrich[3] bittet mich, zur Vervollständigung der Nachrichten über seine Liebe auch seinen Brief an die Eltern[4] Dir zu schicken, und ich thue es mit Freuden. Er schreibt.

⟨„⟩Meine geliebten Eltern, meine Freude ist so groß und rein, daß ich gar nicht anders kann, als an meine lieben Eltern schreiben, die mich mit so großer Geduld mein Leben lang getragen haben. Ich habe euch, liebe Eltern, mehr Kummer gemacht,[5] als irgend einer meiner Brüder[6] – und ich bitte Gott, er möge mir es möglich machen, Euch zu erfreuen. – Ich habe wohl schon früher von dem lieben Professor Schubert[7] geschrieben, wie er mich mit so großer Freundlichkeit von Anfang an aufgenommen hat; wie er Raumers[8] liebster Freund ist;[9] wie wir uns oft in vergangenem Sommer besucht haben. Als Ferdinand bei mir war, reisten wir einmal nach Erlangen mit Raumers zum Pfarrer Kraft[10], weil Schubert mit seiner Familie[11]

[1] Ferdinand Ranke (1802–1876), Bruder Leopold Rankes, Student in Halle.

[2] Vgl. Nr. 165 und Nr. 166.

[3] Heinrich Ranke (1798–1876), Bruder Leopold Rankes, Lehrer an der Bildungsanstalt des Erziehervereins in Nürnberg.

[4] Gottlob Israel (1762–1836) und Friederica Wilhelmina Ranke, geb. Lehmicke (1776–1836).

[5] Hier spielt Heinrich Ranke wohl vor allem auf seine Flucht aus Pforta an (vgl. Nr. 9 und Nr. 11).

[6] Leopold (1795–886), Ferdinand (1802–876), Wilhelm (1804–1871) und Ernst Constantin Ranke (1814–1888).

[7] Gotthilf Heinrich Schubert (1780–1860), Professor für allgemeine Naturgeschichte und Mineralogie in Erlangen.

[8] Karl Ludwig Georg von Raumer (1783–1865), ehemaliger Professor, wie Heinrich Ranke Lehrer an der Bildungsanstalt des Erziehervereins in Nürnberg.

[9] Vgl. Nr. 74.

[10] Johann Christian Gottlob Ludwig Krafft (1784–1845), Pfarrer der deutsch-reformierten Gemeinde und außerordentlicher Professor der reformierten Theologie in Erlangen.

[11] Julie Schubert, geb. Steuernagel (1788–1880), seine Ehefrau, Selma Schubert (1806–1878), seine leibliche Tochter, Adeline Ritter (1807–nach 1856), seine Adoptiv-Tochter, und Richard Georg, sein Pflege-Sohn.

ins sächsische Erzgebirg gereist war. Ich ging mit Ferdinand an Schuberts Haus – die Läden waren verschlossen. Die Leute gegenüber sagten, es wär da Niemand zu Hause. Ich weiß es wohl, sagte ich, ging aber doch mit Ferd⟨inand⟩ an die Thür und zog die Schelle. Es klingelte, aber niemand hörte drin. Nun bin ich gestern (Sonntags⟨,⟩ am 16ten November) wieder an die Thür gegangen und habe geklinget und nun hörte die Magd[12] und machte auf. Und mein lieber Vater Schubert kam mir freundlich entgegen. Er war ganz allein. Die Uebrigen[13] waren in der Kirche. Er erquickte mich erst mit Wein und Weißbrod – es wurde mir bei dem lieben frommen Vater gar sehr wohl – ich erzählte ihm von meinem Wirken in unserer Anstalt, und wie ich schon so manche gute Früchte meiner Arbeit bemerken könnte, wie mir auch der Gedanke gar sehr angenehm geworden sey, im Verein mit Raumer einer solchen christlichen Erziehungsanstalt mein ganzes Leben zu weihn, wenn der Herr es wollte. Dann las er mir eine gar lehrreiche und tröstliche Predigt vor, weil wir nun nicht mehr in die Kirche konnten. Gegen 12 Uhr kamen die Seinigen wieder. Wir aßen zu Mittag. Nachher ging Schubert mit mir in sein kleines Hausgärtchen, dann hinauf, um einen Choral auf dem Pianoforte zu spielen. Rufen [a]sie[a] doch Selma[14], sagte ich leise. Er that es – alle Andern kamen auch mit. Da kam ein Student[15]. Schubert eilte etwas mißmuthig hinunter, da gingen die Andern auch, und ich war mit Selma allein. – Danach hatte ich mich längst gesehnt. Meine lieben Eltern – wie selig war Euer Heinrich, als er die liebe fromme Selma zum ersten Male an sein Herz drückte. Das Gefühl von der überreichen Gnade Gottes durchströmte Leib und Seele. Und als wir so in erster Liebesfreude bei einander standen, da kam der liebe Vater Schubert und segnete uns. O⟨,⟩ wie werdet ihr euch freuen, wenn ihr Selma seht, das liebe, reine, fromme Kind – die so gänzlich für mich bestimmt ist. O Gott⟨,⟩ wie gnädig und barmherzig bist Du. Schubert stimmte dann am Pianoforte den schönen Choral an: Befiehl Du deine Wege[16]."

– – Das Andere⟨,⟩ was er schreibt⟨,⟩ bezieht sich auf die Eltern allein, und kann Dich nicht so interessiren. Ach⟨,⟩ der liebe Heinrich ist so glücklich, daß nichts darüber geht, und er ist es auch werth. Aber in Wiehe ist

[a–a] In der Vorlage unterstrichen.

[12] Nicht ermittelt.
[13] Julie Schubert, geb. Steuernagel, Selma Schubert, Adeline Ritter und Richard Georg.
[14] Selma Schubert.
[15] Johann Friedrich Emmert (1802–1868), Student der Theologie in Erlangen.
[16] Kirchenlied von Paul Gerhardt aus dem Jahr 1653 nach Psalm 37,5 (Druck: Evangelisches Gesangbuch Nr. 361, S. 661–663).

jemand, [b]den[b] es großen Kummer bereiten wird, Riekchen Wankel[17]; ich kenne freylich die zu wenig, aber es ist doch gewiß, daß sie gedacht hat, Heinrich wird sie heyrathen. Indeß wird sie sich wohl zu trösten wissen.[18] Doch⟨,⟩ lieber Bruder, damit ich Deinen Brief nicht länger aufhalte, und damit [du] bald aller Freude Heinrichs theilhaftig wirst, verspare ich jetzt mein Schreiben auf ein anderes Mal.
Leb recht wohl, mein lieber Bruder, und behalte lieb

Deinen
Dir ewig dankbaren, Dich herzl⟨ich⟩ liebenden
Ferdinand.

[b–b] In der Vorlage unterstrichen.

[17] Karoline Friederike Dorothee Luise Sophie Leberechtine Wankel (1798–nach 1837), Tochter von Christian Friedrich Wankel (1755–1812), Pfarrer in Schönewerda, und Sophie Wilhelmine Wankel, geb. Weißhuhn (1760–1830).

[18] Sie heiratete im Oktober 1827 in Schönewerda Johann Friedrich Lehne (1790–1837), freiherrlich Werthernscher Förster in Wiehe, Sohn von Johann Friedrich Lehne, freiherrlich Werthernscher Förster in Wiehe (vgl. Archiv KPS Schönewerda, Trauungen 1827; Archiv KPS Wiehe, Bestattungen 1837; Allgemeine Forst- und Jagd-Zeitung, Neue Folge, 11. Jg., 1842, S. 236; freundliche Auskunft von Gottfried Braasch, 6.12.2011).

Nr. 173

Leopold Ranke an Heinrich Ranke[1]

V: GStA PK VI. HA Nl Hoeft Nr. 38 (Typoskript)
D: L. v. RANKE, Neue Briefe, S. 33–38

[Frankfurt a. d. O., 3. und 4. Dezember 1823.]

Mein allerliebster Bruder,
Wie mußte mir denn das begegnen, daß ich Dir dies Jahr zu Deinem Geburtstag[2] nicht schrieb? Aber ich glaubte gewiß, Du hättest mich ganz vergessen und machtest Dir aus keinem Brief etwas, die Du ja nicht beantwortetest; denn weder einen großen, noch einen kleinen Brief von Dir habe ich seit vielen Monaten gesehn. Also — — — doch nein, aber nein! Gott ist freilich mit Dir, mein Herz; ich kann mir Schuberts[3] Tochter[4] wohl denken, wenn ich an das herrliche Kapitel von dem alten Salzmann[5] in seinem Wanderbuch[6] denke, und an den Schmetterling, womit er ungefähr schließt. Sie ist doch Schuberts wahre und nicht Pflegetochter[7]? So ganz eigentlich hast Du mir's nicht gesagt. Warum rührte mich doch neulich die Ode Klopstocks[8] Selmar und Selma[9] so sehr! Ganz von ungefähr fiel mir die neue Ausgabe von Kl[opstock][10] in die Hand, und hätt' ich nur ein Tagebuch von dem, was ich lese, damit ich sehn und gewiß sagen

[1] Heinrich Ranke (1798–1876), Bruder Leopold Rankes, Lehrer an der Bildungsanstalt des Erziehervereins in Nürnberg.

[2] 30. November.

[3] Gotthilf Heinrich Schubert (1780–1860), Professor für allgemeine Naturgeschichte und Mineralogie in Erlangen.

[4] Selma Schubert (1806–1878).

[5] Johann Daniel Salzmann (1722–1812), Lic. iur. utr., Aktuar bei der Oekonomiekammer in Straßburg; an seinen Tischgesellschaften nahm der junge Goethe teil.

[6] Wanderbüchlein eines reisenden Gelehrten nach Salzburg, Tirol und der Lombardey von Dr. G. H. Schubert. Erlangen 1823; im letzten Kapitel kommt Schubert auch auf den „Straßburger Salzmann, dessen Göthe in seiner Lebensbeschreibung mit so viel Auszeichnung erwähnt", zu sprechen (ebd., S. 263–265).

[7] Die Frage war insofern berechtigt, als Schubert Adeline Ritter (1807–nach 1856) als Pflegekind bei sich aufgenommen hatte, was Heinrich Ranke erwähnt hat (Nr. 170). Schubert nennt Selma „unsere leiblich eigene Tochter" (SCHUBERT, Erwerb und Erwartungen, Bd. 3/II, S. 585).

[8] Friedrich Gottlieb Klopstock (1724–1803), bedeutender Dichter des 18. Jahrhunderts, der, wie Heinrich und Leopold Ranke, seine schulische Prägung in Pforta erfuhr.

[9] In der Leipziger Ausgabe der Oden Klopstocks finden sich zwei Oden „Selma und Selmar", eine kürzere aus dem Jahr 1766 (KLOPSTOCK, Sämmtliche Werke, Bd. 1, S. 208) und eine längere aus dem Jahr 1748 (KLOPSTOCK, Sämmtliche Werke, Bd. 2, S. 115–118).

[10] Dementsprechend wohl nicht die in Karlsruhe von 1821 bis 1825 verlegte zwölfbändige Ausgabe der Sämmtlichen Werke, sondern die in Leipzig ab 1823 erscheinende, insgesamt achtzehnbändige Ausgabe (KLOPSTOCK, Sämmtliche Werke). Von der Leipziger Ausgabe lagen im Dezember 1823 insgesamt zwölf Bände vor: Bd. 1: Oden, Erster Band; Bd. 2: Oden, Zweiter Band; Bd. 3: Messias, Erster Band; Bd. 4: Messias, Zweyter Band; Bd. 5:

könnte, was ich glaube, daß es an demselben 16. November, dem Sonntag, um 11 Uhr etwa, gewesen ist. Es ist mir ganz so. Daß ich an Dich dabei gedacht habe, auch. Ich meine nicht sowohl die kleine Ode[11] als die Elegie, in der sie streiten, wer von beiden eher sterben soll, und eins werden, zusammen zu sterben.[12] O, lieber Bruder, es ist gewiß, daß es einen Zusammenhang der Seelen gibt, da, wo sie nicht denken, sondern allein sind; auch ohne die Ode ist es gewiß; und ist gar zu schmerzhaft, einander zu verlieren. – Ging ich etwa Sonntag abends spazieren, – nach der Arbeit des ganzen Tags, so um 6, das war nun grad' an dem 16. und der herrlichste Mondschein; und hatte ich mich den ganzen Tag mit Freuden genährt und gefüllt, – so war mir's doch allzu traurig, Dich ganz verloren zu haben. „Was denk' ich gleich daran?" sagt' ich zu mir und wollte den Gedanken das Ufer hinabstoßen; aber es drängte mich, bis ich umkehrte und in ein Konzert lief. Karoline[13] hatte es mir wohl gesagt, es könnte ein Brief verloren gegangen sein. Aber ich sagte: „Ach, wird ein Brief verloren gehn!"[14] Nun freut es mich so sehr, daß er doch verloren gegangen.

Lieber Bruder, schreib mir, wie Du diesen Geburtstag begangen hast. Ich hatte bis um 4 gearbeitet. Dann bat ich Heydlern[15], ein Glas Wein auf den Abend mit mir zu trinken. Dann ging ich spazieren – bis an die Insel in der Oder[16], wo man die Stadt so schön und seeähnlich sieht, kehrte um und tat noch etwas, bis wir abends um 8 wirklich zu Schiffmanns[17] gin-

Messias, Dritter Band; Bd. 6: Messias, Vierter Band; Bd. 7: Oden, Geistliche Lieder, Epigramme; Bd. 8: Der Tod Adams, Hermanns Schlacht; Bd. 9: Salomo, Hermann und die Fürsten; Bd. 10: David, Hermanns Tod; Bd. 11: Hinterlassene Schriften; Bd. 12: Die deutsche Gelehrtenrepublik, ihre Einrichtung, ihre Gesetze, Geschichte des letzten Landtags.

[11] Klopstock, Sämmtliche Werke, Bd. 1, S. 208.

[12] Klopstock, Sämmtliche Werke, Bd. 2, S. 115–118.

[13] Caroline Beer (1791–1851), Vertraute Leopold Rankes in Frankfurt an der Oder.

[14] Heinrich Ranke erwägt am Schluß seines Schreibens vom 18. November 1823 diese Möglichkeit für einen seiner Brief (vgl. Nr. 170).

[15] Wilhelm Ferdinand Heydler (1793–1859), Mitschüler Leopold und Heinrich Rankes in Pforta, Leipziger Studienfreund Leopold Rankes sowie Konrektor am Friedrichs-Gymnasium in Frankfurt an der Oder.

[16] Die Insel „Ziegenwerder".

[17] Ernst Friedrich A⟨dolf⟩ Schiffmann (1782–1849), Sohn von Christian Samuel Sigismund Schiffmann (1743–1817), Rat bei der Regierung in Stettin sowie Mitglied der Freimaurer-Loge „Zu den drei Zirkeln", und Amalia Schiffmann, geb. Drews (1741–1809), 1805 Hochzeit mit Henriette Magdalene Pagés (1784–1849), Tochter von Christian Peter Pagés (1761–1816) und Charlotte Pagés, geb. Krieger, 1809 Bürgerrecht in Frankfurt an der Oder, Kaufmann und Weinhändler, Mitglied der Freimaurer-Loge „Zum aufrichtigen Herzen" (vgl. ELAB Frankfurt an der Oder, französisch-reformierte Kirche, Taufen 1784; ELAB Frankfurt an der Oder, französisch-reformierte Kirche, Bestattungen 1816; ELAB Frankfurt an der Oder, St. Gertrauden, Bestattungen 1849; ELAB Frankfurt an der Oder, St. Marien, Trauungen 1805; ELAB Frankfurt an der Oder, St. Marien, Bestattungen 1817; EZA Stettin, Schloßkirche, Bestattungen 1809; GStA PK I. HA Rep. 77 Tit. 267 Nr. 1 Adhib. 2 Bd. 1; Straubel, Verwaltungs- und Justizbeamte, S. 865; Gerlach, Logen in Pommern, Preußen und Schlesien, S. 120, Nr. 169).

gen und zweimal die schönen Gläser voll des reinsten Rheinweins[18] auf Dich klingen ließen. Heydler war sehr gut und vertraute mir eine gewisse Neigung, die erste wahre und seiner würdige, die ich an ihm bemerkt habe, und wie er nur wenig Hoffnung habe. Er ist der erste, dem ich Deine Nachricht gesagt, aber zuvor habe ich ihn geküßt. Als er Deinen Brief[19] gelesen hatte, sagte er: „das ist eine Verlobung," und fiel mir um den Hals. „Eine Verlobung der Seele", sagte ich, „Gott beschere uns auch so eine!"
Am 1. Dezember war der Geburtstag von Karolinens Mutter[20]; wir waren beisammen und sehr vergnügt; ich legte so viel von meinen Unarten ab, als gerade ging. Da haben wir, wie Du leicht erachten kannst, Deiner und Deines Geburtstags[21] zuerst gedacht und hoffen, Du werdest etwas davon gemerkt haben. Heut abend, denk' ich, sind sie wieder bei einander; da werde ich hingehn und denke nach, wie ich es ihnen artig sagen will.
Nun mußt Du noch wissen, daß Karolinens Bruder[22] geheiratet hat;[23] und daß Karoline jetzt allein in der hintersten Stube wohnt, an welche ihr Bruder eine Kammer [hat] anbauen lassen; sie gibt die Woche vierunddreißig Klavierstunden. Zu der Hochzeit ist ein Gedicht gemacht worden, von dem ich ein paar Zeilen ausschneide und Dir schicke, da sie auf Deinen und unsern Fall passen.
Auch mußt Du wissen, daß Stange[24] mit der Tochter[25] des Subrektors Bäntsch[26] verlobt ist. Wider alles sein Wollen, durch eine wahre, und, wie es schien, unüberwindliche Neigung war er lange zu ihr gezogen. Einmal wollte sie verreisen. Den Tag zuvor kam er mit ein paar Losen herauf, ich möchte ziehen. Ich zog, doch was ich zog, verneinte. Den Abend hatte er bereits Abschied genommen und kam wieder herauf, saß an dem weißen Ofen bei mir – und halb in Verzweiflung. Ich verneinte ihm noch einmal. Darauf ging er zu Elsners[27]. Um 11 Uhr kam Heydler sehr bewegt her-

[18] Eventuell war Ernst Friedrich Adolf Schiffmann, der Weinhändler in Frankfurt an der Oder, ein Verwandter des Gutsbesitzers und Winzers Friedrich Schiffmann in Bingen am Rhein.
[19] Nr. 170.
[20] Sophia Elisabeth Beer, geb. Jaerschky (1753–1833), Mutter von Caroline Beer.
[21] 30. November.
[22] Carl Heinrich Beer (1785–1858), Kaufmann in Frankfurt an der Oder.
[23] Am 12. Oktober 1823 (vgl. Nr. 154).
[24] Johann Carl Wilhelm Thomas Stange (1792–1854), Oberlehrer am Friedrichs-Gymnasium in Frankfurt an der Oder, zeitweise Hausgenosse Leopold Rankes.
[25] Henriette Wilhelmine Marie Müller (1801–1844), Tochter von Carl Ludwig Müller († vor 1806), Buchhändler in Dessau, und Caroline Wilhelmine Baentsch, verw. Müller, geb. Wiesecke (1777–1828), Stieftochter von Lebrecht Ludwig Baentsch (1767–1836), Subrektor am Friedrichs-Gymnasium in Frankfurt an der Oder.
[26] Lebrecht Ludwig Baentsch (1767–1836), Subrektor des Friedrichs-Gymnasiums in Frankfurt an der Oder.
[27] Carl Friedrich August Elsner (1788–1828), Sohn von Benjamin Daniel Elsner (1758–1831), Prediger der reformierten böhmischen Kolonie in Berlin, und Susanne Charlotte Elsner, geb. la Croix (1766-um 1840), Neffe von Christian Friedrich Elsner (1754–1822), Profes-

auf und sagte, er glaube, Stange verlobe sich. Dort[28] hatte er sie wirklich noch einmal getroffen; und sie gefragt, ob sie nicht lieber zu ihm kommen wolle, als nach Potsdam reisen. Den andern Morgen, um 6, kam er herauf zu mir. „Es ist aus"! sagte er. Doch war er sehr selig. Nicht lange darauf noch einmal. Ehe er sich mit seiner Braut Du nenne, wolle er's mit den andern Freunden. Seitdem nennt er sich mit Heydlern[29] und mit mir Du. Merke auch: mit Elsnern. Er ist seitdem immer sehr gut gewesen; ich bemühe mich auch, leidlich gegen ihn zu sein. So geht es erträglich dahin; doch nicht allein; zuweilen auch gut.

Mein lieber Bruder; jetzt wird mir deutlicher, wie es am 16. war.[30] Nämlich den Abend zuvor wies mir die Ahlemann[31] ein Buch: „Sittenspiegel für die deutsche Jugend"[32]. Ich sagte: „Von wem?" Von – Dittmar[33] – sahen wir unter der Vorrede[34] und lasen die Geschichte aus dem Heldenbuch. Ich nahm es mit herüber und las bis gegen zwölf und freute mich sehr darüber, daß es von Nürnberg war. Den andern Morgen arbeitete ich an der Geschichte des Kardinals Ximenes[35], worin es heißt:

sor der Theologie und Kurator der Friedrichsschule; Böhmische Kolonie-Schule, später Berlinische Realschule, 1802 Joachimsthalsches Gymnasium in Berlin, 1808 Studium der Theologie in Frankfurt an der Oder, 1811 Hauslehrer in einer adeligen Familie in Wittstock in der Prignitz, 1813 Inspektor am Waisenhaus in Berlin, Inspektor des Alumnats und Lehrer, Hochzeit mit Johanna Julie Kagel (1794–1815) aus Stettin, 1814 Konrektor am Friedrichs-Gymnasium in Frankfurt an der Oder, nach 1815 Hochzeit mit Louise Amalie Schultz (1800–1834); sie heiratete nach Elsners Tod im Jahr 1829 den Referendar Carl Eduard Dregert (∗ 1805), aus Beelitz, der von 1825–1828 in Berlin Jura studiert hatte (vgl. ELAB Berlin, Bethlehem reformiert, Taufen 1788; ELAB Frankfurt an der Oder, Friedenskirche, Trauungen 1829; ELAB Frankfurt an der Oder, Friedenskirche, Bestattungen 1815; StdA Frankfurt an der Oder V 2° Nr. 2; SCHWARZE, Geschichte, S. 33; BAHL / RIBBE, Matrikel Berlin, Bd. 1, S. 328, Nr. 632).

[28] In der Wohnung von Carl Friedrich August Elsner.

[29] Wilhelm Ferdinand Heydler (1793–1859), Mitschüler Leopold und Heinrich Rankes in Pforta, Leipziger Studienfreund Leopold Rankes sowie Konrektor am Friedrichs-Gymnasium in Frankfurt an der Oder.

[30] Vgl. Nr. 170.

[31] Friederike Wilhelmine Ahlemann, geb. Schultze (1772–1843), Direktorin einer höheren Bildungsanstalt für Mädchen in Frankfurt an der Oder, Vertraute Leopold Rankes.

[32] Wohl der im Verlag von Georg Andreas Reimer verlegte Lebensspiegel für die deutsche Jugend. 2 Bde., Berlin 1823.

[33] Johann Christian Gottlob Heinrich Dittmar (1792–1866), Leiter der Bildungsanstalt des Erziehervereins in Nürnberg.

[34] Der Autor wurde nicht auf dem Titel, sondern, wie von Leopold Ranke bemerkt, unter dem Vorwort auf Seite VIII genannt; Dittmar druckte in diesem Buch unter anderem Auszüge und Gedichte von Claudius, Goethe und Schiller, Arndt, Jahn und Körner, Falk, Guts Muths und Harnisch, Hebel, Krummacher und Uhland sowie Schubert ab.

[35] Gonzalo (ab 1484: Francisco) Ximénes de Cisneros (1436–1517), Franziskaner, Erzbischof von Toledo, Kardinal und spanischer Staatsmann.

„Südlich von Toledo ist ein Kastanienwald, wo die Minoriten ein kleines Kloster gebaut. Dahin kam er. Er geißelte sich oft, damit der Leib, wie er sagte, seiner Herrin, der Seele, untertan würde; in besseren Stunden ging er zu den Kastanien, wo sie über hohem Gras dicht und breit genug standen, um ihn selbst vor der Mittagssonne dieses Himmelstrichs zu schützen, da lag er oft mit der Bibel im Gras; oder kniete und betete, oder erfuhr jene himmlische Entzückungen, deren sich alle rühmen, die Gott in Einsamkeit und Inbrunst gesucht. Er hatte sich hier eine Hütte gemacht; am Tag ging er barfuß und im Sack; nachts lag er auf ein wenig Stroh."[36] –

Hier nun, wenn ich mich nicht ganz irre, fällt mir „Selmar und Selma" in die Hand. Ich les' es; dann fahr' ich fort zu arbeiten – in großem Frieden, bis es Nacht war.

Mein liebster Bruder, Du bist oft meine Freude gewesen. In dem letzten Jahr hab' ich geglaubt, Dich zu verlieren. Laß es nicht geschehn! Es rührt mich jedesmal, wenn ich von Brüdern lese, die sich lieben, von Freunden, die es tun. Ich denke bei beiden oft an Dich. Der selige Nitter[37], der Dich auch sehr liebte, schrieb mir in das Stammbuch[38], was Schiller in der Braut von Messina von der brüderlichen Freundschaft sagt.[39] Laß sie uns bewahren! Entferne Dich nicht von mir! Ich bedarf der Liebe und bedarf des Zuspruchs aus der Ferne. Du wirst es nicht geschehn lassen, daß, wenn Du heuraten solltest, dies uns entfremde[a]. Es muß Deine Braut[40] uns nur näher verknüpfen. Was geb' ich Dir für ein Zeichen meiner treuen, unverfälschten, wahren Zuneigung? Ich will Dir das Geheimnis von dem Buch entdecken, aus welchem jene Stelle von Ximenes ist. Es weiß wahrhaftig

[a] Im Druck: „entfernt".

[36] Leopold Ranke zitiert hier wohl aus dem Manuskript des zweiten Buches seines Erstlingswerkes; die Druckfassung weicht aber von den im Brief wiedergegebenen Passagen ab (vgl. L. Ranke, Geschichten, S. 256).

[37] Johann Karl Nitter (1792–1814), Sohn von Johann Christoph Nitter (1753–1824), Oberpostamts-Schreiber in Leipzig, und Johanna Dorothea Nitter, geb. Scharb († nach 1824), 1806 Landesschule in Pforta, Mitschüler Leopold und Heinrich Rankes bis 1812, er war als Student der Theologie am 8. Juni 1814 in Leipzig verstorben (vgl. KAL Taufkartei 1793 ⟨Bruder⟩; StdA Leipzig, Ratsleichenbücher 1824; Hoffmann, Pförtner Stammbuch, Nr. 9395, S. 332).

[38] Nicht ermittelt.

[39] Leopold Ranke meint die Verse 364–367 des genannten, im Jahre 1803 veröffentlichten Dramas: „Die Neigung giebt | Den Freund, es giebt der Vortheil den Gefährten, | Wohl dem, dem die Geburt den Bruder gab, | Ihn kann das Glück nicht geben!"

[40] Selma Schubert (1806–1878), Tochter von Gotthilf Heinrich Schubert, Professor für allgemeine Naturgeschichte und Mineralogie in Erlangen.

noch nicht ein einziger Mensch davon, und ich bitte Gott, daß er mir's nicht anrechnet, wenn ich vor der Tat einmal davon rede. Es heißt also:

„Geschichten der germanischen und romanischen Völker seit 1494.“[41] –

Doch still: nun will ich mich noch einmal ganz zu Dir wenden.
Du kannst auch erfahren, daß ich in diesen Tagen von Dir geträumt, Du hättest eine Braut, kämest nach Wiehe und bätest uns um unsern Glückwunsch. Da schlief Ernst[42] in einer Brotrinde und wollte gar nicht aufwachen, wie Du ihn wecktest.

Am 4. Dezember früh um 5

Gestern abend habe ich es ihnen gesagt. Jetzt wissen sie noch nichts, aber in kurzem werden sie's wissen, sagte ich. Eine bessere Artigkeit brachte ich nicht zustande. Karoline läßt Dir sagen, sie wolle oft bei ihrer Arbeit an Dich denken. Und auch an die Mutter[43], die mir geschrieben hat, ob nun Deine Liebe noch so ganz ungeteilt zu ihr sein werde,[44] wie sonst? Als die Ahlemann nicht trinken wollte, – sie könne sonst nicht schlafen, sagte ihr Karoline, sie solle nur trinken, schlafen werde sie doch nicht. Sie läßt Dir so viele tausend Grüße und Glückwünsche sagen.
Also zu Dir wollte ich mich wenden, mein Herz, vor dem ein Leben steht voll Gesang und Liebesfreude, voll seligen Einschlafens und Erwachens, heiterer Himmel, Sonne und Sterne zugleich. Ich wollte nur, ich könnte beten, wie Ihr beten werdet. Ich wollte es nicht zu oft; die Erde sollte mich behalten, so viel sie von mir hat. Ihre Gegenwart wird Dich bewegen wie eine gute Tat, wie ein treffliches Buch, wie ein schönes Gedicht. Daß sie's unverändert ihr ganzes Leben tue! Mir ist, es hätten nur noch ein paar Steine zu der Wölbung der Kirche über Deinem Kopf, die Du mit Dir trägst, aus Gedanken und Neigungen gebaut, und Freunde die Säulen im Chor, nur noch die Schlußsteine hätten dazu gefehlt und sich eingefunden. Wie ist sie? Sie wird schlank sein, auch im Gesicht eine Lilie; sie wird nie einen Ball besucht haben; sie wird nicht wissen, was ein Vereiner[b] ist; böse Worte wird sie nur wenig vernommen haben – und vergessen. Während

[b] Im Druck: „Wiener“.

[41] Die gegenüber der Druckfassung noch umgekehrte Reihenfolge der romanischen und germanischen Völker spiegelt die Entstehungsgeschichte, wie sie im Briefwechsel deutlich wird. Ranke hatte sich zunächst besonders mit den „germanischen Nazionen“ (vgl. Nr. 115) in der Reformationszeit befaßt und sich danach der von den „romanischen Völkern“ dominierten europäischen Staatengeschichte seit 1494 zugewandt, mit der er Ende 1822 die Niederschrift eröffnete; der endgültige Titel nahm diesen Schlußpunkt zum Ausgangspunkt.

[42] Ernst Constantin Ranke (1814–1888), Bruder Leopold Rankes.

[43] Friederica Wilhelmina Ranke, geb. Lehmicke (1776–1836), Mutter Leopold Rankes.

[44] Vgl. Nr. 171.

ihr Leib zu der Schönheit der Erde aufgewachsen ist, wird ihre Seele geblieben sein, wie Gott sie schuf, und über alles wird sie Dich lieben. Ich werde sie nicht besonders lieben, aber Euch beide zusammen. Nicht als Selma, denke ich mir, aber als Deine Braut. Gott über Dir und ihr! Meine ganze Seele grüßt Euch. — — —

Nun will ich wieder zu Aristoteles'[45] Politik[46] und Machiavelli[47].[48] — — —

L⟨eopold⟩.

Gestern mittag, am 3., habe ich Deinen Brief[49] bekommen. Über Halle hat er gar zu weit, besonders wenn ihn Ferdinand[50] erst mit nach Wiehe nimmt. Aus 7 Groschen[51] mache ich mir wenig. —

[45] Aristoteles (384–322 v. Chr.), griechischer Philosoph.

[46] Wichtigste, in acht Bücher gegliederte staatsphilosophische Schrift des Aristoteles.

[47] Niccolò Machiavelli (1469–1527), florentinischer Politiker, Diplomat und Schriftsteller.

[48] Leopold Ranke nennt hier Autoren, über die er sich in seiner „Kritik neuerer Geschichtschreiber", der quellenkritischen „Beylage" seines Erstlingswerks, äußeren wird (vgl. L. RANKE, Kritik, S. 182–202); die Aristotelische „Politik" findet hier als „Quelle des Principe" Berücksichtigung, die Machiavelli benutzte, ohne von ihr abhängig zu werden (vgl. ebd., S. 195–196.).

[49] Nr. 170.

[50] Ferdinand Ranke (1802–1876), Bruder Leopold Rankes, Student in Halle.

[51] Ein Hinweis an den Bruder, Briefe doch ruhigen Gewissens unfrei zu schicken, anstatt mit so langsamen und umwegreichen, wenngleich brüderlichen „Gelegenheiten".

Nr. 174

Leopold Ranke an Samuel Heinrich Spiker[1]

V: GStA PK VI. HA Nl Hoeft Nr. 4 (Abschrift)
G: Königliche Bibliothek zu Berlin. Akten betreffend die an Auswärtige verliehenen Bücher u. Manuscripte aus der K. B. Band 1. No. II.10 – 1691–1825, fol. 439 (nicht erhalten)
D: L. v. Ranke, Neue Briefe, S. 39

Frankfurt a. d. O.⟨,⟩ am 7⟨te⟩n Dezember 1823.[a]

Wohlgeborner,
Hochgeehrtester Herr Bibliothekar,
Hätten Euer[b] Wohlgeboren nicht schon einmal die Güte gehabt, die Übersendung einiger Bücher der Königlichen Bibliothek an mich zu besor-

[a] Orts- und Datumsangabe in der Vorlage unter dem Text links; Hoeft notiert über dem Brief den Vermerk: „Uebersandt 15 Xb. 1823 4 Vol. 4". – Leopold Ranke hat also wohl 4 Bände im Quartformat erhalten.

[b] In der Vorlage: „Ew.".

[1] Bei dem Empfänger handelt es sich wohl um Samuel Heinrich Spiker, da sich der Oberbibliothekar Professor Friedrich Wilken, von Leopold Ranke als „Geheimer Hofrath" angesprochen (vgl. Nr. 101), zu diesem Zeitpunkt in der Nervenheilanstalt Sonnenstein bei Pirna aufhielt, was Ranke bekannt war (vgl. Nr. 161), und der Bibliothekar Philipp Carl Buttmann (1764–1829) von Ranke als Professor angesprochen wurde (vgl. Nr. 225).
Samuel Heinrich Spiker (1786–1858), Sohn von Samuel Benedikt Spiker (1721–1792), Kriegsrat, Geheimer Sekretär und Archivar in der Geheimen Staatskanzlei in Berlin, und Susanne Henriette, geb. Ziegler († 1818), Joachimsthalsches Gymnasium in Berlin, 1804 Studium der Philologie in Halle, „Stubengenosse" von Philipp August Boeckh und Karl August Varnhagen, 1806 Dr. phil., Anstellung als Gehilfe an der Königlichen Bibliothek in Berlin, daneben umfangreiche Tätigkeit als Übersetzer von Shakespeare, Walter Scott und Washington Irving, 1807 Mitglied der Sing-Akademie, 1810 Mitglied der Zelter'schen Liedertafel, 1813 Leutnant im Landsturm, 1815–1850 Bibliothekar an der Königlichen Bibliothek in Berlin, 1816 Reise nach England, Wales und Schottland (vgl. Samuel Heinrich Spiker: Reise durch England, Wales und Schottland im Jahr 1816. Leipzig 1818), 1817 Hochzeit mit Sophie Wilhelmine Lehmann, (1781–1855), Tochter von Johann David Lehmann (1744–1805), Akzise-Einnehmer in Berlin, später General-Akzise-Inspektor auf dem Neuen Packhof, und Caroline Regine Wilhelmine Lehmann, geb. Schüler (1749–1815), 1818 Geburt der Tochter Susanne Elisabeth, 1827 Kauf der Zeitung „Berlinische Nachrichten von Staats- und gelehrten Sachen, Haude- und Spenersche Zeitung" und ihrer Druckerei von Johann Carl Philipp Spener (1749–1827), danach neben seiner Tätigkeit als Bibliothekar an der Königlichen Bibliothek nicht nur Besitzer, sondern auch Herausgeber und Redakteur der Zeitung (vgl. ausführlich Alexander von Humboldt / Samuel Heinrich Spiker. Briefwechsel. Hrsg. von Ingo Schwarz unter Mitarbeit von Eberhard Knobloch [= Beiträge zur Alexander-von-Humboldt-Forschung. Schriftenreihe der Alexander-von-Humboldt-Forschungsstelle, Bd. 27]. Berlin 2007; hier [S. 434–436] ein Verzeichnis der Publikationen Spikers, aber keine Angaben zu den Eltern und den Schwiegereltern, hierzu vgl. ELAB Berlin, Dreifaltigkeit, Bestattungen 1818; ELAB Berlin, Friedrichswerder, Trauungen 1762; ELAB Berlin, Friedrichwerder, Bestattungen 1805, 1815 und 1855; ELAB Berlin, St. Marien, Taufen 1781; ELAB Neustadt/Dosse, Taufen 1721).

gen,[2] so würde ich vielleicht nicht wagen, Ihnen gegenwärtig aufs neue beschwerlich zu fallen. Auch hatte ich, in der Hofnung einige Bücher anderswoher zu beziehn, und verzweifelt, alle zu erlangen, schon aufgegeben, wieder an die Königliche Bibl⟨iothek⟩ zu schreiben. Aber es ist mir besonders weder mit Machiavelli[3] von dem mir der Unfall[c] eine unvollständige Ausgabe[4] in die Hände gespielt hat, noch mit Vasari[5] so gut geworden. Also ersuche ich Euer[d] Wohlgeboren dringend und so sehr ich nur kann, mir mit denen der hiebey verzeichneten Werke, welche die Königliche Bibliothek besitzt, zu Hülfe zu kommen. Einige sind mir durchaus unentbehrlich, einige werden mir sehr lieb seyn. Meines steten Dankes versichre ich Sie.

Euer[e] Wohlgeboren
ergebenster Diener
Ranke,
Ob⟨er⟩l⟨e⟩hrer zu
Frankf⟨urt⟩.

[c] Eventuell Lesefehler Hoefts; wohl eher: „Zufall“.
[d] In der Vorlage: „Ew.“.
[e] In der Vorlage: „Ew.“.

[2] Vgl. Nr. 101.
[3] Niccolò Machiavelli (1469–1527), florentinischer Politiker, Diplomat und Schriftsteller.
[4] Nicht ermittelt.
[5] Giorgio Vasari (1511–1574), Architekt und Hofmaler der Medici sowie Kunsthistoriker. Leopold Ranke benutzte für sein Erstlingswerk Vasaris „Lebensbeschreibungen berühmter Maler, Bildhauer und Architekten“. Die zwei neuesten vollständigen Ausgaben waren: Vite de' piu' eccellenti pittori, scultori e architetti. 16 Bände, Mailand 1807–1811 sowie Opere. 5 Bände, Florenz 1822–1823. Beide Ausgaben war in der Königlichen Bibliothek vorhanden.

Nr. 175

Heinrich Ranke[1] an Leopold Ranke

V: GStA PK VI. HA Nl Hoeft Nr. 37 Kart. 4 (Typoskript)
TD: Fuchs, Heinrich Ranke, S. 162–163

Nürnberg⟨,⟩ am 9. Christm⟨onat 18⟩23.

Mein lieber Bruder,
Dein Brief[2] hat mich wahrhaft im Tiefsten erquickt. – Du liebe, liebe Seele! Wie konntest Du je meinen, Du hättest mich verloren. Ich könnte Dir's recht bestimmt nachweisen, wie ich gerade in diesen Zeiten Dich in meinem Herzen getragen habe. Als ich am 16ten zu Selma[3] ging⟨,⟩ träumte ich den ganzen Weg hinüber – und ein lieblicher Traum war es, Du würdest auch bei uns sein, und wir würden uns lieben und das Werk unsers himmlischen Königs mit Freuden miteinander treiben. Es ist eigentlich thöricht, daß ich so fortfahre – denn unsere Anstalt[4] ist noch sehr gering und klein. – Aber die Thorheit der Kinder ist manchmal klüger als Männerklugheit. Jetzt wär für Dich wenig zu thun, – in einigen Jahren, wo wir etwa eine zweite und dritte Gymnasialklasse gebildet haben könnten, schon mehr, und so immer mehr. Dann leitetest Du das ganze Studium der Alten[5] mit Ferdinand[6] und das ganze Studium würde ein ächt geschichtliches[7] und der Eckstein, den – Gott erbarme sich bald! – viele Bauleute verworfen haben und noch immer verwerfen,[8] der wäre bei uns in seinen gebührenden Ehren. O liebes Herz, was könnte das für eine Schule werden! – Es wird ein großer Segen über uns kommen – das weiß ich so fest, als daß Jesus [a]lebt[a] und [b]schafft[b] und [c]trägt[c]. Ach, wenn Du doch hier sein möchtest, könntest, dürftest! Wir wollten Dir mit aller Treue noch 1 oder 2 Jahre vorarbeiten, daß Du dann ein größeres Dir angemessenes Feld hättest. Und siehe, es ist hier eine herrliche Stadtbibliothek, so groß wie ich noch keine

a–a In der Vorlage unterstrichen.
b–b In der Vorlage unterstrichen.
c–c In der Vorlage unterstrichen.

1 Heinrich Ranke (1798–1876), Bruder Leopold Rankes, Lehrer an der Bildungsanstalt des Erziehervereins in Nürnberg.
2 Nr. 173.
3 Selma Schubert (1806–1878), Tochter von Gotthilf Heinrich Schubert, Professor für allgemeine Naturgeschichte und Mineralogie in Erlangen.
4 Die Bildungsanstalt des Erziehervereins in Nürnberg.
5 Der antiken Schriftsteller.
6 Ferdinand Ranke (1802–-1876), Bruder Leopold Rankes, Student in Halle.
7 Heinrich Ranke meint das im „geschichtlichen" Sinne erneuerte „Studium der Alten".
8 Nach Psalm 118,22 und Lukas 20,17: „Der Stein, den die Bauleute verworfen haben, ist zum Eckstein geworden."

gesehen habe – mit den herrlichsten Werken für die Geschichte. Da könntest Du studieren nach Herzenslust und nachdem der Geist von Gott Dich triebe. Mein liebes Herz, indem ich schreibe, wird mir so wohl und leicht zu Muth. Es war ein inniger Wunsch, und wird nun zur Hoffnung, zur lieblichen, lichten Lebenshoffnung. – Ich nähme mich dann, wie schon jetzt, der Seelenpflege der Kinder und des Unterrichts im Christenthum – nur mit noch größerer Kraft und Treue an – und wär euer Prediger. Und Raumer[9] treibt die Naturkunde so schön und lebendig. Und seine Frau[10] ist eine so liebe treue Seele, ein Engel mit einem Mutterherzen für die Kinder und für uns alle und auch für Selma, die dann auch ihre herrlichen Gaben liebreich austeilen wird. Die Anstalt, die eine wahrhafte Gemein⟨d⟩e Christi werden kann, wäre unendlich wichtig und segensreich. Nun⟨,⟩ Alles lege ich an Dein treues Herz, der Du uns alle auf Deinem Herzen trägst in dem obern Heiligthum, – Du hörst mein kindliches Lallen freundlich an,[11] und lässest Dir wohlgefallen die Rede meines Mundes.[12] Du kannst uns noch wunderlich führen; aber Eines weiß ich wahrlich – Du führest uns zum Segen. Amen. –

⟨Nürnberg, 10. Dezember 1823.⟩

Soweit schrieb ich noch gestern Abend. Es ist nun Morgens 6 Uhr. Ich habe schon eine Stunde mit Hermann[13] im Griechischen Testament gelesen, und meine Kinder[14] sind nun aus der Schlafkammer gekommen, und ich habe mit ihnen den Morgensegen gesprochen. Auch Dir, Du lieber Bruder sage ich meinen herzlichen Morgengruß und gehe nun in das andere

[9] Karl Ludwig Georg von Raumer (1783–1865), ehemaliger Professor, wie Heinrich Ranke Lehrer an der Bildungsanstalt des Erziehervereins in Nürnberg.

[10] Friederike von Raumer, geb. Reichardt (1790–1869), Tochter von Johann Friedrich Reichardt (1752–1814), Komponist und Hofkapellmeister Friedrichs des Großen.

[11] Wohl Anspielung auf eine Passage in dem von Christian Wilhelm Spieker 1808 herausgegebenen Andachtsbuch „Emiliens Stunden der Andacht und des Nachdenkens. Für erwachsenen Töchter der gebildeten Stände". Es war 1823 in einer dritten Auflage erschienen; dort heißt es auf S. 446: „Mich stärkt das frohe Bewußtsein, daß Du mit Wohlgefallen auf mich herabschaust und das freudige Lallen deiner Kinder gern vernimmst"; eventuell handelt es sich aber auch um die Anspielung auf eine Stelle in dem Andachtsbuch „Verschiedene Poesien, verfertiget von einer armen Sünderin, die sich Christum zum Führer und zur offen Freystadt erwählet hat" von 1752, hier heißt es auf S. 418: „Doch, du HErr! verschmäh'st mich nicht, |Sondern hör'st das arme Lallen, |Deiner Kinder gnädig an, |So laß Dir auch diß gefallen, |Denn ich bring's, so gut ich kan." Für das Buch von Spieker spricht, daß dieser Heinrich und Leopold Ranke als zweiter Prediger an der Marienkirche in Frankfurt an der Oder persönlich bekannt gewesen sein dürfte (vgl. auch Nr. 183).

[12] Anspielung auf Psalm 19,15.

[13] Wohl Carl Gottlieb Hermann (1793–1858), Mitglied der Urburschenschaft und enger Studienfreund Heinrich Rankes, Lehrer an der Bildungsanstalt des Erziehervereins in Nürnberg.

[14] Die Schüler der Klasse, die Heinrich Ranke unterrichtete; nicht ermittelt.

Haus, wo mir noch 4 kleine 5 und 6jährige Büblein[15] mit Fahrenholzens[16] Gottlieb[17] schlafen, um die nun zu wecken und auch mit ihnen zu beten. Das solltest Du einmal sehen. Ich habe dort ein ganz kleines Kämmerchen mit einem kleinen Sopha. Die Kinder drängen sich eng an mich, wenn wir beten – und nach dem Gebet überfallen sie mich alle mit ihrem Guten Morgen und klettern an mir herauf. – Es ist eine große Seligkeit⟨,⟩ mit Kindern zu beten – und mir wird sie hier in so reichem Maße zu Theil. – Lieber, lieber Bruder. –

Um 8 Uhr Morgens. Ich habe jetzt zwei Stunden lang Stellen aus den apostolischen Briefen ausgezeichnet. Du hast mir entdeckt, woran Du arbeitest. Gott segne Deine Arbeit mit reichem Segen, liebster Bruder. Ich habe Dir nichts ähnliches zu entdecken. Meine Arbeit ist an den Kindern die Arbeit eines Ungelehrten. Aber ich freue mich darin überaus und möchte es Gott täglich danken, daß er mich dahin geführt hat. Da sammle ich nun Stellen der heiligen Schrift zu einem Büchlein: Das Evangelium von Jesu Christo im Alten und Neuen Testament. Es sollen auch Lieder dazu kommen. – Dann arbeite ich schon seit Michael[18] an der Sammlung alter Kirchenlieder und habe in Sinn, sobald das kleine Evangelium gedruckt ist, den Druck des Gesangbuchs beginnen zu lassen.[19] – Erbitte mir auch Gottes Segen dazu! –

15 Nicht ermittelt.

16 Eventuell Gottlieb Fahrenholz (1783–1813), 1813 Freiwilliger Jäger im Leib-Regiment.

17 Eventuell Johann Gottlieb Fahrenholz (1808–nach 1831).

18 29. September.

19 Heinrich Ranke erwähnt hier zwei geplante Veröffentlichungen: eine Sammlung von auf Jesus Christus bezogenen Kernstellen aus beiden Testamenten und eine Sammlung alter Kirchenlieder; beide sollten ganz aus dem Schulalltag, genauer aus der christlichen Unterweisung, hervorgehen. Die erste Sammlung nannte Heinrich Rankes Nürnberger Kollege Karl Ludwig Georg von Raumer ein „Lehrbüchlein für den Religionsunterricht, in welchem die Geschichte des Erlösungwerks in ihrer Folge durch Stellen der h. Schrift und Verse aus geistlichen Liedern dargestellt war" (K. v. Raumer, Leben, S. 322). Sie erschien gemäß dem Titelblatt 1823 in Nürnberg anonym unter dem Titel „Der christliche Glaube. Für die reifere Jugend der evangelischen Kirchen". Der Verlag war Riegel und Wießner, derselbe, in dem auch das Programm der Bildungsanstalt des Erziehervereins in Nürnberg erschienen war (vgl. Nr. 186). Heinrich Rankes Werk untermauerte den pietistischen Ruf der Anstalt in den Augen der Nürnberger Öffentlichkeit (vgl. K. v. Raumer, Leben, S. 320–324). Inhaltlich bietet das Büchlein nach einer allgemeinen Einleitung einen Durchgang durch das apostolische Glaubensbekenntnis und das „Vaterunser", wobei unter den einzelnen Abschnitten neben anderem die Schöpfungsgeschichte, die Zehn Gebote, Prophezeiungen vom Leben Christi im Alten Testament sowie die Evangelien und die Sakramente besprochen werden. Heinrich Ranke erläutert und vertieft die einzelnen Abschnitte und Gedanken überwiegend durch die heilige Schrift selbst. Die Hauptinhalte des Glaubens werden so im Zusammenhang erkennbar. Im Hinblick auf den reinen Unterrichtszweck seines Buches meint Heinrich Ranke jede Vergleichbarkeit mit Leopold Rankes angekündigten wissenschaftlichen Arbeiten bestreiten zu dürfen. Der ältere Bruder wollte dennoch der erste sein, der seinen Eltern eine Veröffentlichung 'schenkte', und riet Heinrich Ranke gleich in seinem Antwortbrief vom 28. Dezember 1823 (Nr. 182) selbst von diesem kleinen Büchlein ab.

Um 9 Uhr M⟨orgens⟩ – Ich komme wieder in mein Kämmerlein von der Religionsstunde mit den 12 oder 14 Kleinsten. Sie haben mir das Weihnachts Evangelium hergesagt, und ich habe sie zur Harfe ein Paar sehr schöne Verse singen lassen. Sage doch unserer lieben K⟨aroline⟩[20], daß die Harfe mich sehr erfreut und meine Kleinen auch.
Um 10 Uhr M⟨orgens⟩ – Ich komme jetzt aus der griechischen Stunde mit Allwill[21] und seinen Genossen – und soeben tritt die kleine Dorothea Raumer (11 Jahre alt)[22] ⟨ein⟩ und setzt sich mit dem Gruß: Guten Morgen, Heinrich, auf das kleine Sopha und schlägt ihre Bibel auf. So gehe ich denn zu ihr und erwarte eine liebliche Herzenserquickung von unserm treuen Herrn. – Ich genieße von den guten Raumers ein so großes Vertrauen. Es beschämt mich, macht mich aber immer muthiger und freudiger zu meiner Arbeit und zum Anhalten im Flehen und Gebet zu dem, der in den Schwachen mächtig ist.[23] Mein lieber Bruder, ich habe stille, verborgene, aber große Erfahrungen gemacht von der Kraft des Gebetes im Namen Christi. Einige sehr verdorbene Kinder fangen an, sich emporzurichten und die Häupter aufzuheben – und ich darf es sagen, es ist beinah mein einziges Gebet für diese Kinder, die mir anvertraut sind – und für alle Seelen, für alle Gefallene, Lebendige und Todte – besonders seit dem 16ten[24]. Dorothee wartet, mein lieber Bruder! Der Herr gebe Dir viel Gnade und Friede! –
In dem verlorenen langen Briefe[25] an die A⟨hlemann⟩[26] hatte ich für Dich viel geschrieben von dem Prof. und Pfarrer Spleiß[27] aus Schaffhausen, den Schubert[28] zu uns brachte. Ein apostolischer Mann, kleiner Statur, gedrungen, unscheinbaren Gesichts, aber feurig und durchdringend, wenn er sprach. Er beteuerte, es sei noch heute möglich ein Christ zu sein, wie vor 1800 Jahren. In seiner Gemeinde (in dem Dorfe Buch bei Sch⟨affhausen⟩) sind wunderbare Dinge geschehen. Die Erweckung hat bei ihm, dann bei den Kindern angefangen, denen er es zur Sünde gemacht hat, den Namen

[20] Caroline Beer (1791–1851), Vertraute Leopold Rankes in Frankfurt an der Oder.
[21] Allwill Hermann Baier (1811–1892), der Heinrich Ranke anvertraute Sohn des verstorbenen Hermann Julius Christoph Baier.
[22] Dorothea Sophie Luise von Raumer (1812–1848), Tochter von Karl Ludwig Georg und Friederike von Raumer, geb. Reichardt.
[23] 2. Korinther 12,9.
[24] Vgl. Nr. 170.
[25] Vgl. Nr. 170.
[26] Friederike Wilhelmine Ahlemann, geb. Schultze (1772–1843), Direktorin einer höheren Bildungsanstalt für Mädchen in Frankfurt an der Oder, Vertraute Leopold Rankes.
[27] Johann David Spleiß (1786–1854), Professor der Physik und Mathematik am Collegium Humanitatis in Schaffhausen, zugleich Pfarrer im benachbarten Buch, ein Freund Gotthilf Heinrich Schuberts.
[28] Gotthilf Heinrich Schubert (1780–1860), Professor für allgemeine Naturgeschichte und Mineralogie in Erlangen.

Gottes[29] und Jesu [d]unnützlich[d] zu führen. Diese Kinder haben dann ihre Eltern, die dort besonders sehr gern fluchen und wettern sollen, gebeten, es nicht mehr zu thun, es sei Sünde, der Herr Pfarrer habe es gesagt. Einmal soll er über die Worte predigen: Ihr werdet Rechenschaft geben müssen von jedem [e]unnützen[e] Wort.[30] Erst vernünftelt er daran herum und will es nicht ganz glauben, nachher bittet er sich Licht aus von dem Geist, der die Schrift eingegeben hat. Und nun hält er mit großer Freudigkeit eine gewaltige Predigt. Mit dieser Predigt begann eine fühlbare Veränderung in der ganzen Gemein⟨de⟩. (Davon erzählte Spleiß nichts, ich weiß es nur durch Schubert). — Spleiß ist früher Philosoph gewesen, ich meine Naturphilosoph. — Einmal⟨,⟩ als er schon Prediger ist, da er denn nur so weit das Christenthum gelehrt hat, als ers glaubte⟨,⟩ philosophisch begründen zu können, träumt ihm, er gehe auf einem hohen Gebirgskamm, ganz schmal, links der tiefste Abgrund. Er hat einen festen Gebirgsstock in der Hand und geht rüstig neben dem Abgrund hin, sich auf den Stock verlassend. Plötzlich merkt er, daß er den Stab nicht auf der Seite, wo der Abgrund ist, aufstützt, sondern gegen die Seite hin, wo gar keine Gefahr ist. Er will den Stab herumnehmen, kann nicht, wird immer mehr gegen den Abgrund gedrängt, er stürzt unwiederbringlich mit furchtbarem Hülfeschreien in die Tiefe. — Als er erwachte, dankte er Gott und warf den Stab der Philosophie weg und ergab sich der Hirtentreue dessen, der durch das dunkle Thal führt, dessen Lämmer sich nicht fürchten, denn Er ist bei ihnen, sein Stecken und Stab tröstet sie.[31] Auch das weiß ich von Sch⟨ubert⟩. Eine Frau aus seiner Gemein⟨de⟩, adlich⟨,⟩[32] verfällt in geistlichen Hochmuth, meint, Gott müßte ihr alles geben sogleich auch, da sie sonst unwirtschaftlich war, alle Kenntnisse und Fertigkeiten zur tüchtigen Führung einer Wirthschaft. Es geschieht nicht. Sie wird sehr unwillig, mißlaunig. Endlich denkt sie, wenn mir Gott nicht helfen will, mag mir der Teufel helfen. — Sie war sonst eine artige, gebildete Frau — und wird nun grob, bös, unartig wie ein böses Kind, schlägt, schimpft, ist scharfsinnig in Bestreitung des Christenthums. Einmal als ihre Schwester[33] sie ausziehen will, schlägt und stößt sie auch. Die Schwester sagt: Da muß ich Hülfe suchen, geht hinunter, sagt aber Niemand etwas. Da fällt der Wahnsinnigen ein wie aus weiter Ferne: Wer im Namen Jesu betet, den erhört Gott[34] — und so betet sie im Namen Jesu, Gott möge sie doch wieder herstellen. In

[d–d] In der Vorlage unterstrichen.
[e–e] In der Vorlage unterstrichen.

[29] Nach dem dritten der Mosaischen Zehn Gebote: 2. Mose 20,7.
[30] Matthäus 12,36.
[31] Ein Anspielung auf Psalm 23: „Der Herr ist mein Hirte".
[32] Nicht ermittelt.
[33] Nicht ermittelt.
[34] Johannes 16,23.

der Nacht (die Schwester schlief neben ihr) weint sie viel. Die Schwester fragt. – Ach, sagt sie, liebe Schwester, ich glaube, es wird besser mit mir, aber sag es doch Niemand. – Ihr Glaube wurde erfüllt⟨,⟩ und sie ist nun viel besser geworden, als sie vorher gewesen ist. –
Du fragst, wie ich meinen Geburtstag[35] begangen habe.[36] Nun weißt Du doch, er fiel auf den schönsten Tag, auf den er je fallen kann, auf den ersten Advent nämlich. Den Tag vorher kam Vater Schubert mit zwei jungen Freunden, Schneider[37] und Heller[38], und brachte mir einen lieben Brief von Selma, der mich tröstete. (Ich schalte hier ein: Selma ist Schuberts einziges Kind[39]. Eine Pflegetochter[40] hat er noch, von dem verst⟨orbenen⟩ Physiker Ritter[41] und einen kleinen Buben Richard Georg[42], aus dem Sächs⟨ischen⟩ Erzgebirge, woher Sch⟨ubert⟩ gebürtig ist.[43] Aber wie kommst

[35] 30. November.

[36] Vgl. Nr. 173.

[37] Karl Ferdinand Robert Schneider (1798–1871), Sohn eines Kaufmanns und Börsensensals in Breslau, Gymnasium in Breslau, Bekanntschaft mit Karl Georg Ludwig von Raumer, 1815 Apothekerlehre in Wohlau, Tätigkeit in verschiedenen Apotheken, unter anderem in Aschaffenburg, Begleitung von Gotthilf Heinrich Schubert auf seiner Reise nach Südfrankreich, 1823 Studium in Breslau, später in Erlangen und München, danach Lehrer in Nürnberg und Weißenfels, 1828 Oberlehrer am Königlichen Waisenhaus und Lehrer am Schullehrerseminar in Bunzlau, 1850 Ruhestand, Übersiedlung nach Roslasin bei Lauenburg in Pommern (vgl. Neues Lausitzisches Magazin 51 [1874], S. 280–281; Jahres-Bericht der Schlesischen Gesellschaft für vaterländische Cultur 49 [1872], S. 138–139).

[38] Georg Peter Heller (1804–1882), Sohn von Peter Georg Heller († 1816), Mautoffiziant in Nürnberg, und wohl Neffe von Ludwig Heller (1776–1826), der 1808, wie Schubert, als Lehrer am Gymnasium in Nürnberg tätig war und ab 1817 als Professor der Philosophie und Philologie sowie Direktor des Philologischen Seminars in Erlangen wirkte; Gymnasium in Nürnberg, 1823 Studium der Theologie in Erlangen, 1825–1827 in Berlin, auf Anregung von Johann Arnold Kanne besonders der orientalischen Sprachen, danach Direktor der Berliner Missionsanstalt, 1831 Hochzeit mit Dorothea Sophie Luise von Raumer (1812–1848), der Tochter von Karl Georg Ludwig von Raumer, 1833 Repetent am Theologischen Ephorat in Erlangen, 1837 Pfarrer in Kleinheubach am Main, später zugleich Redakteur des Missionsblatts, das vom Verwaltungs-Ausschuß des protestantischen Central-Missionsvereins in Nürnberg herausgegeben wurde, 1851 Hochzeit mit Antonie Goez (1818–1852), 1858 Hochzeit mit Charlotte Sybille Caroline Christiane Beck (1817–1874), Tochter von Ferdinand und Luise Marianne Beck (vgl. Bahl / Ribbe, Matrikel Berlin, Bd. 1, S. 305, Nr. 19).

[39] Vgl. Nr. 170 und Nr. 173.

[40] Adeline Ritter (1807–nach 1856), Tochter von Johann Wilhelm Ritter (1776–1810) und Dorothea Catherine Ritter, geb. Münchgesang (1785–1823), Adoptivtochter von Gotthilf Heinrich Schubert.

[41] Johann Wilhelm Ritter (1776–1810), Sohn von Johann Wilhelm Ritter, Pfarrer in Samitz bei Hainau in Schlesien, und Juliana Friederica, geb. Decovius, Lateinschule in Liegnitz, 1791–1795 Apothekerlehre in Liegnitz, 1796 Studium der Medizin in Jena, Dr. med., ab 1798 Privatier in Jena, in Gotha und Weimar, 1804 Hochzeit mit Dorothea Catherine Münchgesang (1785–1823), ordentliches Mitglied der Physikalischen Klasse der Akademie der Wissenschaften in München; veröffentlichte vor allem zum Galvanismus und der Elektrophysiologie.

[42] Richard Georg, Pflegesohn von Gotthilf Heinrich Schubert.

[43] Schubert stammte aus Hohenstein im Erzgebirge.

Du darauf⟨,⟩ so zu fragen? – Selma's rechte Mutter[44] lebt nicht mehr.[45] Ihr Ende ist in „Altes und Neues" beschrieben.[46] Sie muß ein wahrer Engel gewesen sein. Selma aber soll ihr sehr ähnlich sein. –) Die Mutter[47] hatte gemeint⟨,⟩ es schicke sich nicht recht, daß sie zu mir komme, und die Tanten und Verwandten, weißt Du wohl, stimmen immer mit ein, wenn es auf „das Schickliche, Vernünftige" ankommt. (Das „Schickliche" ist ein häßlicher Götze.) Schubert war sehr freundlich. Abends gingen wir zu dem Buchhändler Rau[48]⟨,⟩ und Sch⟨ubert⟩ trug meine Bitte vor, daß er mein Büchlein besorgen möchte, es sollte nicht mehr kosten, als Druck und Papier erfordern. Er war es zufrieden, denn er ist ein wackerer Mann. Dann gingen wir zu dem alten Bäcker Burger[49] im Stöpselgäßchen. Du weißt, daß Sch⟨ubert⟩ in Nürnberg Rektor gewesen ist an der Realschule, die mit ihm entstanden und eingegangen ist.[50] Da ist der alte tiefsinnige, fromme Burger ihm zu großem Trost gewesen. Besonders auch beim Tode von Selmas Mutter. Sch⟨ubert⟩ war damals sehr trostlos und konnte nicht weinen noch beten. Da kam B⟨urger⟩, kniete bei dem Leichnam nieder und betete:

[44] Henriette Schubert, geb. Martin (1780–1812).

[45] Sie verstarb am 11. Februar 1812.

[46] Schubert, Altes und Neues, Bd. 1, S. 148–152.

[47] Julie Schubert, geb. Steuernagel (1788–1880), Ehefrau von Gotthilf Heinrich Schubert, Stiefmutter von Selma Schubert.

[48] Johann Philipp Raw (1744–1826), aus Württemberg, 1765 Buchhalter der „Georg-Friedrich-Kellnerschen Handlung und Nadelfabrik", 1781 Mitglied der Nürnberger Partikulargesellschaft der Christentumsgesellschaft, ab 1789 betrieb er den „Verlag der Raw'schen Buchhandlung" und verlegte religiöse Schriften; Raw sollte zu diesem Zeitpunkt (Ende November) den Druck der oben angekündigten Textsammlung („mein Büchlein") besorgen (zur Rolle des Verlages der Raw'schen Buchhandlung in Nürnberg vgl. Gerhard Schwinge: Jung-Stilling und seine Verleger. Von Deinet in Frankfurt bis Raw in Nürnberg, in: Archiv für Geschichte des Buchwesens 56 (2002), S. 109–124, hier S. 119–121). Die Sammlung von Liedern erschien damals nicht, das Textbuch in einem anderen, der Schule Heinrich Rankes verbundenen Verlag (s.o.).

[49] Georg Matthias Burger (1750–1823), Sohn von Johann Mathias Burger, Söldner in Dittenheim bei Gunzenhausen, und Anna Margarete Burger, geb. Preßlein, Dorfschule in Dittenheim, Bäckerlehre, sechs Jahre Wanderschaft, unter anderem als Feldbäcker in der preußischen Armee während des Bayerischen Erbfolgekriegs, 1779 Bäcker in Nürnberg, daneben Tätigkeit als Mechanikus und Uhrmacher, 1790 Hochzeit mit Susanne Walburga Trinklein († 1799), Tochter von Johann Wolfgang Trinklein, Metzger-Meister in Gräfensteinberg bei Gunzenhausen, 1799 Hochzeit mit Margareta Barbara Trinklein († nach 1823), der Schwester seiner ersten Ehefrau, 1817 Obermeister und einer der Ältesten des Bäckerhandwerks. „Das Geschäft der Bäckerei hatte er im Alter seiner noch rüstigen Frau und seinen beiden erwachsenen Söhnen ⟨Georg Wolfgang [∗ 1796] und Johann Carl Sigmund [∗ 1803]⟩ überlassen. Er bewohnte ein oberes Zimmer, dessen Wände mit Büchern bedeckt waren. ⟨...⟩ Bei ihm lernte ich Tauler's Werke in der Bearbeitung von Spener kennen; ⟨...⟩ Mit Burger konnte ich über diese Dinge als mit einem tiefen Kenner derselben sprechen; aber seine Richtung mochte mehr mit Jakob Böhm übereinstimmen, und so kam es, daß auch er sich in Höhen aufschwang, die wohl meine Verwunderung erregten aber nicht meine Beistimmung gewinnen konnten." (F. H. Ranke, Jugenderinnerungen, S. 278–279).

[50] Im März 1809 wurde Schubert Rektor der neu gegründeten Realschule in Nürnberg, die er bis zu ihrer Aufhebung 1816 leitete.

Selig sind⟨,⟩ die in dem Herrn sterben⟨,⟩ von nun an, ja⟨,⟩ der Geist spricht, daß sie ruhen von ihrer Arbeit, und ihre Werke folgen ihnen nach.[51] – B⟨urger⟩ hat eine herrliche christliche Bibliothek. Lavater[52] hat ihm alle seine Schriften geschenkt⟨,⟩ und sie haben sich beide innig geliebt. „Wenn ich nur bei meinem Lavater wär⟨“⟩, spricht er, ⟨„⟩da wär's gut.“ B⟨urger⟩ ist ein kräftiger, feuriger Mann. Sch⟨ubert⟩ sagt, er ist immer noch Jüngling. – Dem sagte er nun, daß Selma meine Braut sei, und er wünschte uns Glück, hielt sich aber nicht dabei auf, sondern zeigte Sch⟨ubert⟩ viele wichtige Bücher, las vor und war begeistert. –

Es war nun Abends 7 Uhr. Nach Tisch sangen wir. Die Raumer[53] singt sehr schön und die herrlichsten Sachen aus dem Händelschen Messias[54] und dergleichen. Wenn K⟨aroline⟩ ihn noch nicht hat, mußt Du ihr ihn schenken, er kostet (von Schwenke[55] fürs Klavier bearbeitet)[56] etwa 3 Thaler. Ich habe auch Einiges daraus mit ihrer Hülfe gelernt. Es war so eingerichtet worden, daß ich mit Sch⟨ubert⟩ in [f]seiner[f] Kammer schlief. Zwischen uns der kleine Richard[57]. – Im Schlaf nun hat Sch⟨ubert⟩ mich Kinderlehre halten hören. Jungens, habe ich gesagt, ihr müßt zu unserm Herrn Christus beten. Dann habe ich auch selbst gebetet. – Ich erwachte sehr fröhlich, stieg leise aus dem Bette, zog mich im Dunkeln an, und freute mich, daß ich Niemand gestört hätte. – Da rief Sch⟨ubert⟩ ganz wach: „Welche Zeit mag es wohl sein?“ – Ich eilte dann in mein Zimmer. Es war noch nicht 4 Uhr. Ich hatte recht selige 2 Stunden in Betrachtung⟨,⟩ Dank und Gebet. Um 6 Uhr schellte die Glocke. Ich ging mit der Harfe vor Schuberts Thür

[f–f] In der Vorlage unterstrichen.

[51] Offenbarung 14,13.

[52] Johann Caspar Lavater (1741–1801), Pfarrer an St. Peter in Zürich, reformierter Theologe und Philosoph, wichtiger Vertreter der Physiognomik.

[53] Friederike von Raumer, geb. Reichardt (1790–1869), Tochter von Johann Friedrich Reichardt (1752–1814), Komponist und Hofkapellmeister Friedrichs des Großen.

[54] Oratorium des in Halle geborenen Georg Friedrich Händel (1685–1759).

[55] Christian Friedrich Gottlieb Schwenke (1767–1822), Sohn von Johann Gottlieb Schwenke (1744–1823), Hautboist bei den Waldhausischen Dragonern, später als Fagottist Ratsmusiker in Hamburg, Johanneum und Akademisches Gymnasium in Hamburg, musikalische Ausbildung durch seinen Vater und Carl Philipp Emanuel Bach, 1779 erster Auftritt als Klavierspieler, 1782 Fortsetzung seiner musikalischen Ausbildung bei Johann Philipp Kirnberger in Berlin, 1787 Studium der Mathematik und Philosophie in Leipzig, 1788 in Halle, 1788 Kantor am Johanneum und Nachfolger von Carl Philipp Emanuel Bach als Musikdirektor der fünf Hauptkirchen in Hamburg, 1791 Hochzeit mit Johanna Margarethe Catharina Minder (1772–1812), 1801 Gründung einer Musikalienhandlung; machte sich als Komponist, Pianist und Herausgeber musikalischer Werke einen Namen.

[56] Wohl „Der Messias als Clavierauszuge“ von Christian Friedrich Gottlieb Schwenke, „mit deutschen Texten von Klopstock und Ebeling“, zuerst Hamburg 1809; zur negativen Bewertung des „Messias“ durch Leopold Ranke (vgl. Nr. 141).

[57] Richard Georg, Pflegesohn von Gotthilf Heinrich Schubert.

und sang: Allein Gott in der Höh' sei Ehr'[58] (Weißt Du noch?).[59] Halb 7 Uhr hielt ich Sonntags Morgengebet. Früh gingen wir in die Kirche, weil Pfarrer Kraft[60] aus Erlangen, ein trefflicher evangelische Prediger, [g]die Kirche hielt[g]. Zu Mittag kamen Krafts[61] mit andern Freunden[62] zu uns. – Aber wie schlecht erzähle ich! – Als ich nun das Morgengebet zu halten in den Saal trat und auf die Kanzel, da lag auf dem Pultchen eine Pomeranze mit lieblichem Grün geschmückt. Als nun das Gebet geendigt war⟨,⟩ und ich ging zum Frühstück zu Raumers – da brannten dort die Weihnachtslichter und ein Tisch mit Geschenken beladen stand unter den Lichtern. Da stand ich lange – voll seliger Freuden. Meine Kinder[63] waren mit in der Stube. Es war eine lange Tafel für diese Kinder und uns zur Chokolade gedeckt. Auf dem Tisch nun lagen einige schöne Büchlein. Zuoberst aber Lieder und Psalmen von meinen Kindern geschrieben. Darunter ein sehr schön gebundenes Buch, worin sehr zierlich eine Weihnachtspredigt geschrieben war, von Heller, der bei uns wohnte und nun in Erlangen ist. Von Raumer Speners[64] theologische Bedenken[65], 2 Quartanten.[66] Von der R⟨aumer⟩ ein sehr schönes Büchlein mit Versen von Terstegen[67]. Die inne-

g–g In der Vorlage nachträglich handschriftlich ergänzt.

58 Druck: Evangelisches Gesangbuch, Nr. 179, S. 344–345.

59 Anspielung unklar.

60 Johann Christian Gottlob Ludwig Krafft (1784–1845), Pfarrer der deutsch-reformierten Gemeinde und außerordentlicher Professor der reformierten Theologie in Erlangen.

61 Johann Christian Gottlob Ludwig Krafft und Katharine Wilhelmine Krafft, geb. Neumann (1785–1833).

62 Nicht ermittelt.

63 Die Schüler der Klasse, die Heinrich Ranke unterrichtete; nicht ermittelt.

64 Philipp Jacob Spener (1635–1705), lutherischer Theologe und bedeutender Vertreter des Pietismus.

65 Philipp Jacob Speners / D. Theologische Bedenken Und andere Brieffliche Antworten ⟨...⟩. 4 Bde., Halle 1700–1702; 3. Aufl. in 4 Bdn., Halle 1712–1715. Die „Bedenken" enthalten die Summe von Speners Ideen. Der Gründervater des Pietismus, suchte durch die von ihm innerhalb der evangelischen Kirche ins Leben gerufene Bewegung fromme Persönlichkeiten zu schaffen. Ziel war der Glaube an einen persönlichen Gott, an die Heilige Schrift, an die Mächtigkeit des einfachen Wortes. Spener wollte die Kirche von innen heraus, vor allem durch in seinem Sinne religiös erweckte Prediger, mit lebendigem Glauben füllen.

66 Raumer hat eventuell die vier vom Buchhändler gelieferten Bände für Heinrich Ranke in zwei starken „Quartanten" (Quartbänden) binden lassen. Eine dreibändige, die bisherigen Sammlungen ergänzende Ausgabe erschien in Halle zuerst 1711 unter dem Titel „Letzte theologische Bedenken".

67 Gerhard Tersteegen (1697–1769), mystisch-pietistischer Dichter; bei dem hier angesprochenen Buch handelte es sich eventuell um die 1818 erschienene 12. Auflage des 1729 erstmals publizierten „Geistliches Blumen-Gärtlein Inniger Seelen; Oder Kurtze Schluß-Reimen und Betrachtungen Uber allerhand Warheiten des Inwendigen Christenthums; Zur Erweckung, Stärkung, und Erquickung in dem Verborgenen Leben mit Christo in GOtt; Nebst einigen Geistlichen Liedern"; denkbar aber auch ein Büchlein mit Auszügen aus diesem Werk.

re Seite des Einbandes mit Taffet überzogen. Darein von ihr eine Weinranke gestickt mit Haaren von Raumers und allen ihren Kindern. Die Weinranke umschließt H R von Allwills und Selmas Haaren. — Das war das Allerschönste. — Dann noch viele Dinge — und wie vergeßlich! Den Abend vorher kam ein Brief von der lieben A⟨hlemann⟩[68], deren [h]treue[h] Liebe mich sehr erfreute. Nur betrübt mich die Nachricht, daß mein langer Brief verloren sei. —

Sonntag Nachmittag waren Schubert, Krafts, alle die übrigen Freunde[69] bei mir in der Kinderlehre zugegen. Und wer war wohl noch mit da? Ein steifer Mann, der sich nicht setzte, die Hände mit dem Hut auf dem Rücken liegen hatte und erstaunt zuhörte (es traf gerade die Geschichte von dem besessenen Gardarener im Markus[70] –, denn ich muß nur bekennen: Ich erzähle sehr schlecht). Als nämlich das Frühstück eingenommen war, wollte ich den 23sten Psalm von Stadler[71] singen. Da trat einer herein. Schon etwas alterthümlich. Kennen Sie mich nicht mehr? redete er mich an, mit einer wachstuchenen Rolle unter dem Arm, Frack unter Oberrock. Breitenbauch[72], dachte ich, sagte es aber nicht. Er war's. „Meine

[h–h] In der Vorlage nachträglich handschriftlich ergänzt.

[68] Friederike Wilhelmine Ahlemann, geb. Schultze (1772–1843), Direktorin einer höheren Bildungsanstalt für Mädchen in Frankfurt an der Oder, Vertraute Leopold und Heinrich Rankes.

[69] Nicht ermittelt.

[70] Markus 5,1–20.

[71] Maximilian Johann Carl Dominik Stadler (1748–1833), Sohn von Carl Stadler (1725–1801), Bäckermeister und Marktrichter in Melk in Niederösterreich, und Eleonora Stadler, 1758 musikalische Ausbildung und Gymnasium im Zisterzienser-Stift Lilienfeld, 1762 Gymnasium der Jesuiten in Wien, 1766 Eintritt in das Benediktiner-Stift Melk, 1767 Profeß, Studium der Philosophie und Theologie, 1772 Priesterweihe, 1775 Professor der Theologie, 1784 Prior in Melk, 1786 Kommendatar-Abt des Zisterzienser-Stifts Lilienfeld, 1789 des Benediktiner-Stifts Kremsmünster, 1791 Konsistorialrat in Linz, 1796 Übersiedlung nach Wien, 1803 Pfarrer von Altlerchenfeld, 1810 Pfarrer in Böhmischkrut, 1815 Pension; der österreichische Komponist und Organist, der mit Joseph Haydn, Wolfgang Amadeus Mozart, Ludwig van Beethoven und Franz Schubert befreundet war, komponierte bereits als Schüler; Stadler ordnete den Nachlaß von Mozart; 1819 wurde seine Vertonung des 23. Psalms unter dem Titel „Dominus regit me" in Berlin verlegt.

[72] Heinrich Ferdinand von Breitenbauch (1767–1836), dritter Sohn von Georg August von Breitenbauch (1731–1817), Gutsherr in Bucha bei Wiehe, und Juliane Henriette Christiane von Breitenbauch, geb. von Thüna (1726–1800), 1789 sachsen-weimar-eisenachischer Hofjunker und Leutnant, 1800 Kammerjunker, 1802 Capitain, 1804 als Hauptmann verabschiedet, 1798 Hochzeit mit Dorothee von Oldershausen (1778–1823) in Weimar, die Ehe wurde von Johann Gottfried Herder eingesegnet, blieb aber kinderlos; Heinrich Ferdinand von Breitenbauch ist wohl identisch mit dem Meister vom Stuhl der 1825 gegründeten Loge „Zum Zirkel der Eintracht" in Naumburg, der nach der Vereinigung der beiden Freimaurer-Logen „Zu den drei Hammern" und „Zum Zirkel der Eintracht" zur Freimaurer-Loge „Zu den drei großen Lichtern" 1827 als Vertreter der Großen Mutterloge „Royal York zur Freundschaft" fungierte (in den Verzeichnissen der Mitglieder der Großen Mutterloge „Royale York zur Freundschaft" und ihrer Tochterlogen im Gehei-

Frau[73] ist gestorben, [i]ich reise nach Rom[i]", sagte er. Er war aber munter und lustig. Als wir in die Kirche gingen⟨,⟩ bat er von dem Instrument Gebrauch machen zu dürfen. Er wickelte seine Rolle auf – voll Beethovenscher[74] Klänge[75]. Er suchte nicht Menschen, sondern Pianoforte, auch nicht mit der Laterne⟨,⟩ sondern mit der Wünschelruthe[j], die ihn ein so sonderbares Ansehn gab.[76] Nun weißt Du, wie mich dieß sonderbare Eintreten rührt – wie ich mich des alten Gönners erinnerte. B⟨reitenbauch⟩ hielt mich glaub ich für Dich. Ich suchte ihn über die vier Brüder[77] aufzuklären; er schien aber kein Licht anzunehmen. Er war mit bei Tisch zwischen Schubert und Kraft. Wie eigen mag es ihm in dieser Gesellschaft zu Muth gewesen sein! – Kirchen wollte er nicht besehen, er wollte sie sich nicht expreß aufmachen lassen. An die katholische[78] führte ich ihn. „Sonderbar! Spielerei! Spielerei." Die Durchbrochene Arbeit meinte er und den Kaiser Karl[79], oben, um welchen um 12 U⟨hr⟩ die Churfürsten

i–i In der Vorlage nachträglich handschriftlich ergänzt.
j In der Vorlage ursprünglich: „Wünschelrolle".

men Staatsarchiv lauteten Breitenbauchs Vornamen zwar „Heinrich Chr.", doch ist Heinrich Christof von Breitenbauch (1766–1788), das einzige Mitglied der Familie von Breitenbauch mit entsprechenden Vornamen und Lebensdaten, bereits vor 1800 verstorben; eventuell handelt es sich bei dem zweiten Vornamen, laut Schröder „Christoph" um ein weiteren, nicht in den Stammtafeln dokumentierten Vornamen Heinrich Ferdinands (vgl. GStA PK I. HA Rep. 77 Tit. 267 Nr. 1 Adhib. 1 Bd. 4 und 5; Stammtafeln Breitenbauch; Schröder, Freimaurerei in Naumburg, S. 118–130, 195; W. Daniel Wilson [Hg.]: Goethes Weimar und die Französische Revolution. Dokumente der Krisenjahre. Köln / Weimar / Wien 2004, S. 717).

73 Dorothee von Breitenbauch, geb. von Oldershausen (1778–1823), war am 28. Juni 1823 gestorben; am 4. April 1823 war bereits Georg Ludwig von Breitenbauch (1761–1823), der Bruder von Heinrich Ferdinand, gestorben (vgl. Stammtafeln Breitenbauch).

74 Ludwig van Beethoven (1770–1827), Musiker und Komponist.

75 Der Onkel von Heinrich Ferdinand von Breitenbauch, Melchior Heinrich von Breitenbauch (1724–1802), hatte als Erster Hofmarschall in Dresden Ludwig van Beethoven (1770–1827) trotz Hoftrauer den Zutritt zum kursächsischen Hof gestattet und so ein Konzert vor dem Kurfürsten ermöglicht. Da die beiden Kinder Melchior Heinrichs bereits bis 1811 verstarben, wäre es denkbar, daß aus dem Nachlaß von Melchior Heinrich Noten „Beethovenscher Klänge" in den Besitz seines Bruders Georg August von Breitenbauch (1731–1817) übergegangen und so zum Erbe seines Neffen Heinrich Ferdinand von Breitenbauch geworden waren (vgl. Stammtafeln Breitenbauch; Neues Genealogisches Reichs- und Staats-Handbuch auf das Jahr 1796, zweiter Theil oder ⟨...⟩. Frankfurt am Main 1796, S. 224; Hans Volkmann: Beethoven in seinen Beziehungen zu Dresden. Unbekannte Strecken seines Lebens. Dresden 1942, S. 27–28).

76 Anspielung auf die Anekdote über den Kyniker Diogenes aus Sinope (um 410–323 v. Chr.), der am hellen Tag eine Laterne anzündete mit der Begründung, er suche Menschen.

77 Leopold (1795–1886), Ferdinand (1802–1876), Wilhelm (1804–1871) und Ernst Constantin Ranke (1814–1888).

78 St. Marien am Hauptmarkt.

79 Karl IV. (1316–1378), 1346 König von Böhmen, 1355 Kaiser des Heiligen Römischen Reichs; er erließ 1356 die Goldene Bulle, in der die Wahl des Kaisers durch die Kurfürsten festgeschrieben wurde.

herumgehen und die Herolde blasen. – Er hatte den Kapellmeister Reichardt[80] oft dirigiren sehen in Berlin (wo er Fahnenjunker [k]war[k]) und war entzückt seine Tochter[81] zu sehen. Adieu Beethoven! A. B! A. B! sagte er, als er Stücke von Bach[82] und Händel[83] hörte. A B! sage ich, nämlich Breit⟨en⟩bauch, und zwar für jetzt.

Dieser wunderte sich also wohl sehr mit seinem Hut in der Hand über meine Kinderlehre, wo gerade vom Teufel und von Christus auf eine eigene Weise gesprochen werden mußte. Um 4 Uhr Nachmittag wollte ich mit Sch⟨ubert⟩ nach Erl⟨angen⟩ fahren. Der Wagen, bestellt, kam nicht und kam nicht. Endlich um 5 Uhr im Regen machten wir uns zu Fuß auf; nun schritt Schubert mir so kräftig voran, in tiefem Dunkel, denn kein Stern war am Himmel, auf dem schlüpfrigen Wege. 1/4 auf 9 kamen wir bei Selma an. Siehe⟨,⟩ wie schön! Am Geburtstage[84] in Nacht und Regen zu meiner Braut. Am andern Morgen (Montag) waren wir um 5 Uhr zusammen, lasen aus Johannes, beteten, – ach selige Stunden! Der bestellte Wagen kam nicht und kam nicht – [l]und[l] wie froh war ich. Ich blieb bis 7 Uhr und fuhr dann fort, kam nun freilich um eine Stunde zu spät. Raumer hatte aber die Stunde für mich gehalten.

Nachmittag nach 2 Uhr. Nun⟨,⟩ Du mein lieber, lieber Bruder – Gottes reicher Segen ströme auf Dich nieder und erquicke Dir Leib und Seele

k–k In der Vorlage nachträglich handschriftlich ergänzt.
l–l In der Vorlage nachträglich handschriftlich ergänzt.

80 Johann Friedrich Reichardt (1752–1814), Sohn von Johann Reichardt (1720–1780), Stadtmusikant in Königsberg in Preußen, Lautenist und Oboist in der preußischen Armee, und Catharina Dorothea Elisabeth Reichardt, geb. Hintz (1721–1776), 1762 erste Konzertreisen im Baltikum, 1768 Studium der Rechte, 1769 der Philosophie in Königsberg, 1771–1774 Bildungs- und Konzertreise nach Danzig, Leipzig, Dresden, Prag, Berlin, Hamburg und Eutin, 1775 Hofkapellmeister Friedrichs II. in Berlin, 1776 Hochzeit mit der Pianistin und Komponistin Bernhardine Juliane Benda (1752–1783), Tochter von Franz Benda (1709–1786), Komponist und Violinist, Konzertmeister in Berlin, ab 1777 zahlreiche Reisen, unter anderem nach Wien, London, Paris und Neapel, 1783 Hochzeit mit Johanna Wilhelmine Dorothea Hensler, geb. Alberti (1755–1827), Witwe von Peter Wilhelm Hensler (1742–1779), Jurist und Dichter in Stade, und Tochter von Julius Gustav Alberti (1723–1772), Diakonus und Dichter in Hannover, 1794 von Friedrich Wilhelm II. wegen offener Sympathie für die Ziele der Französischen Revolution ohne Pension entlassen, 1795 Übersiedlung nach Giebichenstein bei Halle, 1796 Salinendirektor in Halle, auf seinem Landsitz verkehrten unter anderem Achim von Arnim, Clemens Brentano, Johann Ludwig Tieck, die Brüder Grimm, Jean Paul, Fichte, Goethe, Schleiermacher, Novalis und Johann Heinrich Voß d. Ä.; Schwiegervater von Karl Georg Ludwig von Raumer; Ferdinand Ranke hatte in Halle und in Berlin Kontakt zur Familie Reichardt (vgl. Nr. 236); Leopold Ranke hatte die Familie Reichardt Anfang 1824 in Berlin besucht (vgl. Nr. 192).

81 Friederike von Raumer, geb. Reichardt (1790–1869), Ehefrau von Karl Georg Ludwig von Raumer

82 Wohl Johann Sebastian Bach (1685–1750), Musiker und Komponist; denkbar aber auch Carl Philipp Emanuel Bach (1714–1788), der als Musiker am Hofe Friedrichs II. wirkte.

83 Georg Friedrich Händel (1658–1759), Musiker und Komponist.

84 30. November.

durch und durch. Dein Geburtstag[85] ist ein heiliger Abend – vor dem schönsten Fest. Möchten wir alle heiligen Abend haben unser Leben lang von dem großen Weihnachtsfest des Himmels, da das göttliche Kind in uns wird geboren werden in Herrlichkeit und Klarheit – wie hier in Niedrigkeit und Dunkel. Dittmar[86] fragte, ob Du nicht einmal kommst. Raumer antwortet: 70 Meilen[87]. Ja! sage ich – und hoffe still. Und die liebe R⟨aumer⟩, der ich aus Deinen Briefen immer mitgetheilt habe, und die euch Drei[88] herzlich liebt – grüßt Dich auf das Freundlichste und wünscht Dir Segen und Heil von unserm lieben Herrn! – Denke doch niemals wieder so traurig an mich, wie die letzten Monate! Du thust auch so schon nicht mehr. Wie wird Selma sich freuen, wenn ich ihr von Deinem Brief[89] erzähle. Denn höre! – – Sie kömmt – wie die R⟨aumer⟩ sagt, und ich kaum noch zu hoffen wage – sie kömmt übermorgen zu uns. – Schreib doch der lieben Mutter[90] und Allen⟨,⟩ daß meine Liebe zu Selma mir das Herz nimmermehr zuschließen wird,[91] sondern viel weiter aufthun gegen alle die geliebten Seelen! –
Du liebes Herz – Der Herr mit Dir!

Ewig Dein Heinrich.

Grüß doch die liebe A⟨hlemann⟩ auf das Herzlichste und unsere K⟨aroline⟩. Den 2ten Feiertag[92] denkt an mich – ich werde dann⟨,⟩ so Gott will⟨,⟩ in Erlangen für Kraft predigen. – Grüß doch Stange[93] und Heidler[94] recht freundlich von mir. Möchte Stange recht fröhlich und gesegnet sein. Sind die lieblichen Reime von Dir? Wenigstens ganz aus Deinem Herzen.

[85] 21. Dezember.
[86] Johann Christian Gottlob Heinrich Dittmar (1792–1866), Leiter der Bildungsanstalt des Erziehervereins in Nürnberg.
[87] Eine Meile war in Preußen etwa 5,5 Kilometer, in Bayern und Sachsen etwa 7,5 Kilometer lang. Die tatsächliche Entfernung zwischen Frankfurt an der Oder und Nürnberg beträgt schon in der Luftlinie 450 Kilometer, so daß hier eher sächsische Meilen gemeint sein dürften.
[88] Wohl Leopold Ranke, Friederike Wilhelmine Ahlemann und Caroline Beer.
[89] Nr. 173.
[90] Friederica Wilhelmina Ranke, geb. Lehmicke (1776–1836).
[91] Vgl. Nr. 177.
[92] 26. Dezember.
[93] Johann Carl Wilhelm Thomas Stange (1792–1854), Oberlehrer am Friedrichs-Gymnasium in Frankfurt an der Oder, zeitweise Hausgenosse Leopold Rankes; Leopold Ranke hatte am 3. Dezember 1823 von Stanges Verlobung berichtet (vgl. Nr. 173).
[94] Wilhelm Ferdinand Heydler (1793–1859), Mitschüler Leopold und Heinrich Rankes in Pforta, Leipziger Studienfreund Leopold Rankes sowie Konrektor am Friedrichs-Gymnasium in Frankfurt an der Oder.

Nr. 176

Gottlob Israel Ranke[1] an Leopold Ranke

V: GStA PK VI. HA Nl Hoeft Nr. 1 (Abschrift)
G: GStA I. HA Rep. 92 L. v. Ranke Nr. 26 (nicht erhalten)

Wiehe⟨,⟩ am 12. Dec⟨em⟩b⟨e⟩r ⟨18⟩23.

Geliebter Sohn!
Unter steter Arbeit und Sorgen sind wir abermals dem Schlusse eines Jahres allmählich näher gekommen. Doch hat uns Gott auch unser Herz oft mit Freuden erfüllet.
So wurden auch wir[2] vor nunmehr 28. Jahren in diesem Monat, durch die Geburt eines Söhnleins⟨,⟩ unsers Erstgebornen⟨,⟩[3] erfreuet, das nach kaum 9. Monden schon den süßen Namen Vater und Mutter nicht lalte, sondern ganz vernehmlich aussprach.
Oft zitterten wir zwar für Dein Leben, aber Gott erhielt ihn uns, und lies uns die schönsten Freuden an ihm in unsern Alter erleben. Dieses Kind, erblikken wir in Dir, dessen wieder erlebter Geburtstags Feier wir uns herzlich erfreuen, und Dir dazu Glük wünschen. Möge die gütige Vorsehung, Dich bis in das späteste Alter mit Gesundheit und Wohlseyn erfreuen, Dich aber in dem künftigen Jahr recht bald in unsre Arme führen und Dich an unsre Herzen mit Inbrunst drükken lassen!!!
Auf künftige Weihnachten hat sich der Landgerichts Sekretair Spörel[4] zu Erfurth, als Besuch bei uns angemeldet, welcher ernstliche Absichten auf Hannchens[5] Hand und Herz hat, und unsre nähern Bestimmungen, wegen der künftigen Verheirathung mit derselben, vernehmen will.
Auch Heinrich[6] hat uns seine vorhabende eheliche Verbindung mit der einzigen Tochter[7] des H⟨errn⟩ Professor Schuberth[8] zu Erlangen angezeigt und um unsere Einwilligung gebeten, wie Dir schon bekant ist. Nun was sagst Du dazu? wirst Du Dich dadurch nicht auch bestimmen lassen, bald ein gleiches zu thun?

[1] Gottlob Israel Ranke (1762–1836), Vater Leopold Rankes.
[2] Friederica Wilhelmina Ranke, geb. Lehmicke (1776–1836), Mutter Leopold Rankes und Gottlob Israel Ranke (1762–1836), Vater Leopold Rankes.
[3] Leopold Ranke.
[4] Georg Gottlob August Spoerel (1796–1840), Landgerichtssekretär in Erfurt.
[5] Johanna Ranke (1797–1860), Schwester Leopold Rankes.
[6] Heinrich Ranke (1798–1876), Bruder Leopold Rankes, Lehrer an der Bildungsanstalt des Erziehervereins in Nürnberg.
[7] Selma Schubert (1806–1878), Tochter von Gotthilf Heinrich Schubert, Professor für allgemeine Naturgeschichte und Mineralogie in Erlangen.
[8] Gotthilf Heinrich Schubert (1780–1860), Professor für allgemeine Naturgeschichte und Mineralogie in Erlangen, späterer Schwiegervater Heinrich Rankes.

Laß mich doch Deine Meinung recht bald vernehmen, und ertheile uns Nachricht von Deinem Befinden.

Wir unsrer Seits befinden uns bei dieser stürmischen und nassen regnichten Witterung bis dahin noch ziemlich leidlich. Es sind aber die Aerzte anjezt in voller Thätigkeit und mehrere jung und alt, liegen von Krankheiten gefoltert und heimgesucht, und eilen ihrer Bestimmung nach Jenseits entgegen. Leb wohl und behalte ferner lieb

Deinen
Dich herzlich liebenden
Vater, Ranke.

Nr. 177

Leopold Ranke an Gottlob Israel[1] und Friederica Wilhelmina Ranke[2]

V: L. v. Ranke, Lebensgeschichte, S. 115–116 (Druck)

[Frankfurt a. O.⟨,⟩ ca. 16. December 1823.]

Liebe Eltern.

Ich wünsche von Herzen, daß Ihr diesen Brief und dieses Packet den heiligen Abend und zum heiligen Christ bekommt, und daß es in die Hände der Mutter fallen mag, die dann zu den Nüssen und den Wecken eines jeden auch mein Geschenk legen wird. Liebe Mutter, dann nimm zuerst die Pfeife und die Pfeifenschnur und mache sie aneinander und lege sie zu den Wecken des Vaters. Die Pfeifenschnur schickt die Ahlemann[3]; so wie ich ihr die Pfeife gezeigt hatte, bat sie mich, eine machen zu dürfen. Eh der Vater raucht, zeige ihm auch die kurfürstlichen Schwerter im Kopf, zum Beweis, daß es ein echter Meißner[4] ist.

Dann, liebste Mutter, findest Du ein Petschaft[5]. Verstehst Du wohl das M. darauf?[6] Es ist freilich eine dumme Sache, daß man etwas so Heiliges und Gutes durch keine andren Zeichen ausdrücken kann, als durch einen Buchstaben. Wenn nur die Weinrebe noch sieben Trauben[7] hätte! Kluger Rath fällt einem aber immer zu spät ein. Ich bilde mir nun ein, der erste Brief, den Du damit siegelst, wird an mich sein, und so oft Du das Petschaft siehst, wirst Du Lust haben, einen neuen zu schreiben. Laß Dir doch von Wilhelmen[8] gleich eine Menge Couverts machen und addressiren; das frei kann er immer weglassen.[9] Dann, Mutterchen, findest Du ein Paar warme Schuhe. Ich habe sie eigentlich selbst zum Geschenk bekommen, für mich aber sind sie zu gut; und so habe ich die Erlaubniß der Ahlemann, sie Dir zu schicken.

Aber was würde der Vater sagen, wenn ich in einem Brief an beide Eltern nur mit der Mutter sprechen wollte? Das rothe Buch[10] ist für Ern-

[1] Gottlob Israel Ranke (1762–1836), Vater Leopold Rankes.

[2] Friederica Wilhelmina Ranke, geb. Lehmicke (1776–1836), Mutter Leopold Rankes.

[3] Friederike Wilhelmine Ahlemann, geb. Schultze (1772–1843), Direktorin einer höheren Bildungsanstalt für Mädchen in Frankfurt an der Oder, Vertraute Leopold Rankes.

[4] Ein Pfeifenkopf aus der Meißener Porzellanmanufaktur.

[5] Siegel zum Kennzeichnen und Verschließen von Briefen.

[6] Der Buchstabe „M." stand für „Mutter".

[7] Entsprechend der Zahl der Kinder Friederica Wilhelmina Rankes.

[8] Wilhelm Ranke (1804–1871), Bruder Leopold Rankes.

[9] Mit anderen Worten: Leopold Ranke war bereit, die Portokosten für die Briefe zu übernehmen.

[10] Dabei handelte es sich um eine „Bilderbuch" (vgl. Nr. 195); laut den Angaben Hitzig, Ernst Constantin Ranke, S. 12, um „Kupfer zu Menzels deutscher Geschichte"; eventuell war dies ein Separat-Druck der von Johann Gottlob Böttger (1763–1825) erstellten Kup-

sten[11]; das Zeug zu einem Oberrock oder zu einem Kleid für Röschen[12], die alten Bücher[13] für Wilhelm; die drei kleinen[14] für Ferdinand[15] – nicht wahr, sie sind in Wiehe? Ich wollte sie apart nach Halle schicken; doch wäre es kein heiliger Christ geblieben; es sind noch zwei Päckchen für jeden; und für Hannchen[16] auch eins.

Ich wollte nur, ich wäre diesen einzigen Abend bei Euch. Es geht mir wohl; ich werde auch vergnügt sein, aber ich wollte gar zu gern, ich wäre bei Euch, und zündete dem Vater die erste Pfeife Tabak an, die er nothwendig noch heute rauchen muß⟨,⟩ und blätterte mit Ernsten in den Kupfern[17] und erzählte ihm bei jedem etwas.

Lieber Vater, was sprichst Du denn zu Heinrich[18]? und zu der neuen Tochter[19], die Du bekommst? Ich denke, die erste Nachricht hat Dich sehr gefreut; ein paar Tage darauf hast Du vielleicht eher mit dem Kopfe geschüttelt, aber dann in Betrachtung, daß die Wege, die Heinrich genommen hat, immer etwas besonders, aber zuletzt doch gut gewesen sind, wirst Du ganz ruhig und heiter geworden sein. Nicht wahr, so ist es? Ich schließe nämlich ungefähr von mir. Ein Freund[20], dem ich den Brief zeigte, fiel mir um den Hals und sagte: das ist eine wahre Verlobung. Übrigens vermuthe ich, dasselbe wirst Du immer noch eher von Ferdinand und Wilhelm erleben, als von mir. Sie sind ja auch größer und schöner, als ich, und werden mich noch in andern Stücken genug übertreffen. Ich werde nun achtundzwanzig Jahr. Lieber Gott! für meine Thaten Jahre genug! Doch wer änderts?

Liebe Eltern, Gott erhalte Euch mir; das ist ein großer Theil meines Glückes, daß ich so oft an Euch denken kann und Euch in Heiterkeit und Liebe danken. Ich bin in diesem und in den folgenden Jahren, die Gott uns mit einander schenkt, Euer allezeit getreuer und gehorsamer Sohn

[a]Leopold.[a]

[a–a] In der Vorlage gesperrt gedruckt.

ferstiche und ihrer Erläuterungen, die den acht von 1819 bis 1823 in Breslau erschienenen Bänden der Geschichte der Deutschen von Carl Adolf Menzel beigegeben waren.

[11] Ernst Constantin Ranke (1814–1888), Bruder Leopold Rankes.

[12] Rosalie Ranke (1808–1870), Schwester Leopold Rankes.

[13] Nicht ermittelt.

[14] Nicht ermittelt.

[15] Ferdinand Ranke (1802–1876), Bruder Leopold Rankes, Student in Halle.

[16] Johanna Ranke (1797–1860), Schwester Leopold Rankes.

[17] Gestochene Abbildungen in dem Buchgeschenk an den Bruder.

[18] Heinrich Ranke (1798–1876), Bruder Leopold Rankes, Lehrer an der Bildungsanstalt des Erziehervereins in Nürnberg.

[19] Selma Schubert (1806–1878), Tochter von Gotthilf Heinrich Schubert, Professor für allgemeine Naturgeschichte und Mineralogie in Erlangen, spätere Ehefrau von Heinrich Ranke.

[20] Wilhelm Ferdinand Heydler (1793–1859), Mitschüler Leopold und Heinrich Rankes in Pforta, Leipziger Studienfreund Leopold Rankes sowie Konrektor am Friedrichs-Gymnasium in Frankfurt an der Oder (vgl. Nr. 173).

Nr. 178

Ferdinand Ranke[1] an Leopold Ranke

V: GStA PK VI. HA Nl Hoeft Nr. 1 (Abschrift)
G: GStA I. HA Rep. 92 L. v. Ranke Nr. 26 (nicht erhalten)

Halle⟨,⟩ am 17ten December ⟨18⟩23.

Innigst geliebter Bruder,
Empfange meinen herzlichen, brüderlichen Gruß in dieser Zeit der Freude und des lauten Jubels. Dein Geburtstag[2], den wir stets mit inniger Liebe gesegnet haben, trifft doch jetzt gerade in eine Zeit, die so voller Freude, und so selig ist, daß die Liebe noch weit inniger wird, und die Freude größer. Es kommt mir jetzt gerade so viele Freude zusammen, daß ich gar nicht weiß, wie ich sie verdient habe; ja⟨,⟩ ich weiß, daß ich sie nicht verdient habe. Die Gnade des Herrn ist groß, lieber Bruder, gegen alle Menschen. Ich war vier Wochen in Nürnberg,[3] und erlebte unendliche Freude. Raumers[4] Liebe und Heinrichs[5] Liebe haben sie mir so versüßt, daß sie mir waren und jetzt sind, wie [a]ein[a] froher Tag. Da mußte mir es zur vollkommenen Gewißheit werden, daß ich zu Ostern ganz hingehen wollte, und es wurde fest bestimmt, daß ich jetzt nach Halle zurückkehren sollte, um das Examen ⟨zu⟩ bestehen, und dann noch vor dem grünen Donnerstage[6] eintreffen. So ist es geblieben, und so hoffe ich mit Gottes Hülfe es hinauszuführen. Ich würde es jetzt nicht wagen, an irgend einem Orte als Lehrer aufzutreten, dort thue ich es mit Freuden, da ich in solchen Händen bin, wo ich mich zum Lehrer bilden kann, zu einem christlichen Lehrer. Ich habe Dir nun eine Menge Briefe[7] zu senden, über die Du Dich recht freuen wirst. Ich will Dir dazu auch noch Heinrichs Brief an die Eltern[8] ganz schreiben. Heute geht die reitende Post ab; mit dieser will ich die Briefe senden; die Geschenke aber später; damit sie wenigstens noch an dem rechten Tage eintreffen. Heinrich schrieb noch Folgendes an die Eltern: „Sehet liebe Eltern, so freundlich wird von allen Seiten für mich ge-

[a–a] In der Vorlage unterstrichen.

[1] Ferdinand Ranke (1802–1876), Bruder Leopold Rankes, Student in Halle.
[2] 21. Dezember.
[3] Vgl. Nr. 165 und Nr. 172 sowie F. H. Ranke, Jugenderinnerungen, S. 268.
[4] Karl Ludwig Georg von Raumer (1783–1865), ehemaliger Professor, wie Heinrich Ranke Lehrer an der Bildungsanstalt des Erziehervereins in Nürnberg.
[5] Heinrich Ranke (1798–1876), Bruder Leopold Rankes, Lehrer an der Bildungsanstalt des Erziehervereins in Nürnberg.
[6] 15. April 1824.
[7] Nicht ermittelt.
[8] Gottlob Israel (1762–1836) und Friederica Wilhelmina Ranke, geb. Lehmicke (1776–1836), Eltern von Leopold, Heinrich und Ferdinand Rankes.

sorgt – und die Gnade Gottes ist überschwenglich groß. Raumers[9] sagen, weil ihr nicht hier wäret, so wollen sie wie meine Eltern für mich sorgen. – Ich kann es ihnen niemals verdanken[b], was sie an mir Gutes und Liebes thun, habt sie nur auch recht lieb. – Und nun fehlt mir nur noch Euer Segen, meine lieben Eltern. Ich war immer noch schüchtern und blöde – und war schon glücklich, wenn ich Selma[10] nur sehen konnte – und nun ist es so schnell gekommen, ganz ohne mein Zuthun – so eine reine Gabe aus der Hand meines Gottes. Das einzige Kind eines so theuren, berühmten Mannes ist nun mein, und [er] segnet uns und betet für uns. Mein Geburtstag[11] ist nahe, und ich habe nun dieß köstliche Geschenk schon voraus. Vor zwei Jahren war ich in Frankfurt[12] und ohngefähr um dieselbe Zeit bekam ich die traurige Nachricht von dem Preußischen Ministerio.[13] Es lag mir damals so schwer auf dem Herzen. Ich glaube wohl, daß es mir gut sein müßte, aber ich war doch, besonders um Euretwillen tief betrübt. Ich habe in diesen 2 Jahren viel Schmerz gehabt. Mein liebster Freund[14] ist von mir gegangen.[15] Und sehet, nun kömmt ein so großer Segen über mich; ich kann hier zum Heil vieler Kinder arbeiten; ich habe ihnen das süße, trostreiche Evangelium von Jesu Christo zu verkündigen und über ihre Seelen zu wachen; ich habe an den lieben Raumers so treue Gefährten, mit denen ich jede Freude und jeden Schmerz theilen kann; ich habe meinen Allwill[16], dem ich Vater sein darf, und nun zu alle dem giebt mir noch der Herr diese fromme, liebe, sanfte Selma; ich höre darin den freundlich lockenden Ruf meines himmlischen Hirten, der mir nichts mangeln läßt und mich weidet auf einer grünen Aue.[17] Ihm sei Ehre von Ewigkeit zu Ewigkeit. Ja – Amen. Ach⟨,⟩ wie wird euch Selma gefallen – wie wird sie sich an Dich schmiegen, lieber Vater, als Deine Tochter, und an Dich, meine liebe Mutter. Aber wie freundlich wird sie mit Hann-

[b] In der Vorlage dahinter als Lesevariante vermerkt: „[gelten]“

[9] Karl Ludwig Georg von Raumer und seine Ehefrau Friederike von Raumer, geb. Reichardt (1790–1869).

[10] Selma Schubert (1806–1878), Tochter von Gotthilf Heinrich Schubert, Professor für allgemeine Naturgeschichte und Mineralogie in Erlangen.

[11] 30. November.

[12] Vgl. Nr. 103, Nr. 104 und Nr. 108.

[13] Im November 1821 hatte das Ministerium für Geistliche, Unterrichts- und Medizinal-Angelegenheiten untersagt, daß Heinrich Ranke als Lehrer am Friedrichs-Gymnasium angestellt wurde, da er sich auf Grund seiner „früheren Verbindungen verdächtig gemacht“ habe (vgl. F. H. Ranke, Jugenderinnerungen, S. 208).

[14] Hermann Julius Christoph Baier (1775–1822), Pastor in Altenkirchen auf Rügen.

[15] Vgl. Nr. 131.

[16] Allwill Hermann Baier (1811–1892), der Heinrich Ranke anvertraute Sohn des verstorbenen Hermann Julius Christoph Baier; er kam zusammen mit Heinrich Ranke nach Nürnberg und hatte an der Schule des Erziehervereins eine Freistelle inne (vgl. Nr. 133).

[17] Vgl. Psalm 23.

chen[18] und Röschen[19] und Ernst[20] sein. – Freut Euch doch mit mir – daß mich der treue Gott so hoch beschenkt hat. – Ich bin so ganz zuversichtlich zu Euch, liebe Eltern. Ich denke, es ist gar nicht anders möglich, als daß Ihr uns freudig Euren Segen gebt, wie der liebe Vater Schubert[21] so freudig im Augenblick seinen Segen über uns sprach.[22] Ihr habt beyde gut gewählt, sagte er freundlich. Ich betete im Stillen zu Gott, daß er doch Selma bey mir recht selig machen möchte, daß ich sie nie betrüben möchte, diese sanfte, liebe, gottselige Seele. – Als ich nachher mit Schubert ausging, erzählte er mir, wie Selma von Jugend auf so gut und fromm gewesen sey⟨,⟩ und von ihrer seligen Mutter[23], von der die Leute gar nicht genug rühmen können. – Die Frau von Raumer sagte: wenn je 2 für einander aufgehoben worden sind, so seid Ihr's beyde. – Ach⟨,⟩ wie froh bin ich – wie fröhlich erwachte ich heut Morgen bei Schuberts – wie etwa die Kinder zum heiligen Christ erwachen. – Bei meinem ersten Erwachen im Bett mußte ich Gott laut loben und preisen, um alle seine Gnade, die er an mir thut. – Raumers hatten mir versprochen, gestern Abend noch wieder zu kommen. Sie kamen schon sehr früh und brachten mir den ersten Brief von meiner Selma. Ich ging auf mein Zimmer und las ihn. Ich konnte nicht zu Bett, und schrieb sogleich wieder an sie. Als ich endlich zu Bett ging, war ich so voll Freude, daß ich lange im Lobe unsers freundlichen Gottes und Heilandes wachte. Mein lieber Gott, woher kommt mir all dieser Segen. Schreibt mir doch ja, wo möglich ohne alle Sorge, – daß Selma und Schubert sich recht rein freuen können⟨,⟩ und schreibt doch recht eilig. Ich brauch nichts als Deinen väterlichen Segen. Der wird mir dann das Haus bauen und hat es schon gebaut.[24] Und die liebe Mutter segnet uns gewiß auch. Wenn ihr nur Selma erst sähet! Ich habe noch nie ein so frommes gutes Kind gesehen, und ich glaube, Ihr wohl auch nicht. – Gestern Abend nahm ich Allwill allein zu mir, und sagte ihm, daß Selma meine Braut sey. Ach⟨,⟩ wie herzlich umarmte und küßte mich der liebe Junge. – Ja⟨,⟩ wie hätte sich sein Vater gefreut, wenn er es noch gesehen hätte. Ja⟨,⟩ wie hätte er Selma geliebt, wie hätte er sie geliebt. – Sie ist so sanft und gut wie er. Mein Gott, mein Gott, wie freundlich bist Du. Ich glaube, daß der Geist des seligen Vaters[25] auf Allwill ruhte, als er sich so sehr über Selma freute.

[18] Johanna Ranke (1797–1860), Schwester Leopold Rankes.

[19] Rosalie Ranke (1808–1870), Schwester Leopold Rankes.

[20] Ernst Constantin Ranke (1814–1888), Bruder Leopold Rankes.

[21] Gotthilf Heinrich Schubert (1780–1860), Professor für allgemeine Naturgeschichte und Mineralogie in Erlangen, späterer Schwiegervater Heinrich Rankes.

[22] Vgl. Nr. 170.

[23] Henriette Schubert, geb. Martin (1780–1812), Ehefrau von Gotthilf Heinrich Schubert, Professor für allgemeine Naturgeschichte und Mineralogie in Erlangen.

[24] Anspielung auf Psalm 127.

[25] Gemeint ist der von Heinrich Ranke sehr verehrte Hermann Julius Christoph Baier.

– Weißt Du noch, lieber Vater, wie ich zur silbernen Hochzeit[26] Abends beschneit und verhüllt ankam, und Du sagtest zu mir: daran erkenne ich Dich, Du bist auf Flügeln der Liebe hergeeilt.[27] Und wie Du dann ja sagtest, als Leopold Dich bat, Du möchtest mich nach Rügen ziehen lassen.[28] Du sagtest dann, als ich ging: Geh Du in Gottes Namen zu dem lieben, frommen Mann. – So sagest Du auch jetzt zu mir, Du lieber freundlicher Vater: Nimm in Gottes Namen Deine liebe, fromme Selma! Ja? Erfreuet mich, so bald Ihr könnt."

Du verzeihst, geliebtester Bruder, daß mein Brief so mit fremden Briefen geschmückt ist. Was kann ich Dir zu Deinem lieben Geburtstage[29] Besseres bescheeren, als, was jetzt meine ganze Freude ausmacht, was mir das Liebste auf dieser Welt ist. Es muß mich ja dieß Alles entzücken und mit Lob und Dank gegen Gott erfüllen! Denke, daß es nicht lange mehr währt, so sind sie alle um mich; ich mitten unter ihnen. Ach⟨,⟩ welche Seligkeit muß das werden! Jetzt geh ich zu Heinrich, um dort meine Laufbahn zu beginnen. Vielleicht giebt es Gott, daß ich später einmal zu Dir mich wende, und mit Dir und unter Deinem brüderlichen Rath sie fortführe. Jetzt gehe ich fern weg von den lieben Eltern in fremde Länder, wie auch Ihr alle beyde; später einmal hoffe ich in ihre Nähe mich wieder zu wenden, und dann bist Du vielleicht, will's Gott, auch wieder mehr in ihre Nähe gekommen, daß wir zusammen kommen können. Denn ich glaube nicht, daß ich ohne Einen von Euch irgendwo Lehrer sein kann, ohne Euren Rath.

Gestern habe ich nun wieder einen Brief von Nürnberg[30] bekommen, und auch von diesem mußt Du etwas hören. Nicht wahr⟨,⟩ Du willst auch gern.

„Und meine Selma war für mich längst bestimmt und aufgehoben. Wie wir in unsern tiefsten Gedanken und Gefühlen zusammenstimmen – das kannst Du kaum glauben – ja⟨,⟩ ich erstaune selbst bei jedem Briefe, davon ich schon viele schöne habe. Sie ist demüthig und doch muthig – sie ist auch bereit gern um Seines Namens willen zu leiden, wenn es sein Wille wär. Sie sucht auch nichts auf Erden – als Ihm zu dienen mit Liebe gegen alle Menschen. Mein Geburtstag[31] war überaus schön, den Tag vorher war der liebe Vater Schubert schon hier. Halb 7 Uhr hielt ich das Morgengebet. Auf der Kanzel lag eine Pomeranze, mit lieblichem Grün belegt. Nachher

[26] Am 17. Februar 1820 (vgl. Nr. 57).

[27] Eventuell Anspielung auf eine Stelle aus dem ersten Roman von Friedrich Christian Schlenkert, der wie die Brüder Ranke die Landesschule in Pforta besucht hatte: „Nun, das nenn' ich doch, auf Flügeln der Liebe herbeigeeilt – sie waren noch eine ganze Stunde hinter mir zurück" (Friedrich Christian Schlenkert: Friedrich mit der gebißnen Wange. Erster Theil. Leipzig 1786, S. 240).

[28] Vgl. Nr. 72.

[29] 21. Dezember.

[30] Vgl. die Parallelen im Brief Heinrich Rankes an Leopold Ranke vom 9. und 10. Dezember 1823 (Nr. 175).

[31] 30. November.

ging ich zum Frühstück. Da fand ich meine Kinder[32] und die Freunde[33] versammelt – und die Wachslichter brannten so hell mir entgegen. Auf einem Tische waren die schönen Gaben ausgelegt. Das Liebste war mir das Vergißmeinnicht von der lieben Raumer, sehr schön gebunden mit Goldschnitt; auf der inneren Seite des Einbandes war gestickt eine Weinranke aus Haaren von den lieben Raumers allen. Darin H. R. von Selmas und Allwills Haaren. Raumer hatte mir das herrliche Buch von Spener[34] geschenkt, Dittmar[35] das Bildniß von Lavater[36]. Als wir gefrühstückt hatten, trat der Hauptmann von Breitenbauch[37] ein. Ich erkannte ihn sogleich. Ich freute mich, daß zu dem schönen Tage doch auch ein Abgesandter aus der Aue kam. Er blieb einige Tage und reiste nach Rom. Abends hatte der liebe Vater Schubert einen Wagen bestellt, weil wir noch nach Erlangen wollten. Er kam nicht, da machten wir uns im Regenwetter zu Fuß Abends auf um 5 Uhr. War es nicht schön, daß ich am Abend – durch Dunkel, da kein Stern leuchtete, im Regen meinem lieben Vater Schubert nachfolgte zu meiner Braut."

Auch die Frau v⟨on⟩ Raumer hat mir geschrieben einen freundlichen, herrlichen Brief und schließt diesen so. „Nun⟨,⟩ Gott behüte Sie, wie bisher. Beten sie auch für uns und für alle unsere Kinder[38], die ja auch Ihre Kinder sind. Ihre getreue F⟨riederike⟩ Raumer." Sieh, diese Liebe, mein Bruder. Ich war ganz selig, und innigst beglückt, als ich dieses las.

Nun, geliebtester Bruder, Gott segne Dich, und führe Dir auch bald eine solche Selma zu, die Dich beglücke, wie Heinrichen die seine. Es ist doch gar was Herrliches, wenn ein Mensch einen so liebt, daß er Alles für ihn hinzugeben, Alles zu leiden, bereit wäre. Gott segne Dich, und führe Dir bald eine solche zu. Sie wird Dich in Deinen Studien stärken mit neuer Kraft und eine neue Liebe im Herzen, wirst Du noch glückseliger sein, als jetzt. Indeß thue, wie Dir der Geist es räth. Wir alle lieben Dich als unsern älteren Bruder, der uns die Bahn gebrochen, und uns einen ausgezeichne-

[32] Die Schüler der Klasse, die Heinrich Ranke unterrichtete; nicht ermittelt.

[33] Nicht ermittelt.

[34] Philipp Jacob Spener (1635–1705), lutherischer Theologe und bedeutender Vertreter des Pietismus; bei dem Buch handelte es sich wohl um Philipp Jacob Speners / D. Theologische Bedencken Und andere Brieffliche Antworten ⟨…⟩. 4 Bde., Halle 1700–1702; 3. Aufl. in 4 Bdn., Halle 1712–1715.

[35] Johann Christian Gottlob Heinrich Dittmar (1792–1866), Leiter der Bildungsanstalt des Erziehervereins in Nürnberg.

[36] Johann Caspar Lavater (1741–1801), Pfarrer an St. Peter in Zürich, reformierter Theologe und Philosoph, wichtiger Vertreter der Physiognomik.

[37] Heinrich Ferdinand von Breitenbauch (1767–1836), Sohn von Georg August von Breitenbauch (1731–1817), dem Besitzer des Guts Bucha bei Wiehe, mit dem Leopold Ranke bereits 1815 in brieflichem Kontakt stand (vgl. Nr. 16), Meister vom Stuhl der Freimaurer-Loge„Zum Zirkel der Eintracht" in Naumburg .

[38] Dorothea Sophie Luise (1812–1848), Rudolf Heinrich Georg (1815–1876) und Hans von Raumer (1820–1851).

ten Namen gegeben hat, wir lieben Dich als unsern liebsten Freund, der uns von jeher mit Rath und That beÿgestanden hat, und uns ferner mit brüderlicher Liebe begleiten wird. So lieben wir Dich, als unsern zweiten Vater; wir lieben Dich mit der innigsten Liebe von jeher. In dieser Liebe bringen wir Dir unsre Wünsche dar für Dein Wohl und beten für Dich um Gottes schönsten Segen. Und nun, mein Bruder, mit Deiner bisherigen Liebe, nimm Du sie auf diese Wünsche und Gebete

Deines
ewig dankbaren Kindes
Ferdinand Ranke.

Nr. 179

Leopold Ranke an Ferdinand[1] und Wilhelm Ranke[2]

V: GStA PK VI. HA Nl Hoeft Nr. 1 (Abschrift)
G: GStA I. HA Rep. 92 L. v. Ranke Nr. 23 (nicht erhalten)
TY: GStA PK VI. HA Nl Hoeft Nr. 9
D: L. v. Ranke, Neue Briefe, S. 40–41

Fr⟨an⟩kf⟨urt an der Oder,⟩ 18. Dez⟨ember 1823.⟩[a]

Lieber Ferdinand,

Sey nicht etwa unterwegs nach Frankfurt, wenn dieser Brief nach Halle kommt. Denn ich denke am Dienstag⟨,⟩ den 23st⟨en⟩ Dezember in Merseburg[3], und zum heiligen Abend in Wiehe zu seiyn. Ist das Wetter gut, so daß wir zu Fuß gehen könnten, oder Du den Weg auf Dich nehmen möchtest, so komme entweder zu Montag Mittag nach Leipzig oder zu Dienstag Mittag nach Merseburg, von wo ich über Mücheln[4] u⟨nd⟩ Carsdorf[b] ebenfalls zu Fuß zu gehen u⟨nd⟩ in der Stunde des heil⟨igen⟩ Christ in Wiehe einzutreffen denke.

Dann rede mit Appeln[5]. Ob er den Neujahrstag zu Stangens[6] Hochzeit hier zu seyn wünscht? Ob er Hofnung hat, St⟨ange⟩'s Schwester[7] mitzubringen? Ob er wohl darauf eingehen würde, wenn ich u⟨nd⟩ vielleicht sogar auch Heydler[8], wenn wir den Sonntag nach den Feyertagen nach

[a] In der Vorlage ursprünglich: „[1824]", dann „1822?", im Druck zu „1823" verbessert.
[b] Zuerst: „Lersdorf", am Rand: „Lors?"; im Typoskript: „Lorsdorf", im Druck: „Carsdorf".

[1] Ferdinand Ranke (1802–1876), Bruder Leopold Rankes, Student in Halle.
[2] Wilhelm Ranke (1804–1871), Bruder Leopold Rankes, Student in Halle.
[3] Hier lebte zu diesem Zeitpunkt Carl Gottlob Ferdinand Wieck, einer der Lehrer Leopold Rankes auf der Landesschule in Pforta.
[4] Der Heimat von Ferdinand Rankes Mitschüler in Pforta und Hallenser „Stubenbursche" Christoph Ottomar Harnisch (1802–1865), wo zu diesem Zeitpunkt zudem Carl Friedrich August Heydenreich (1754–1827) als Diakon wirkte.
[5] Friedrich Ferdinand Appel (1794–1840), Supernumerar bei der Regierung in Frankfurt an der Oder, seit Ostern 1823 Student in Halle, Freund Leopold Rankes.
[6] Johann Carl Wilhelm Thomas Stange (1792–1854), Oberlehrer am Friedrichs-Gymnasium in Frankfurt an der Oder.
[7] Möglich: Friederike Wilhelmine Louise (1782–1829), Maria Charlotte Friderica (∗ 1785) oder Susanna Carolina Christiana Stange (∗ 1789), Töchter von Theodor Friedrich Stange (1742–1831), Professor der Theologie in Halle, und Maria Agnesa Stange, geb. De Marées (1754–1824) (vgl. Archiv KPS Halle, deutsch-reformierte Domkirche, Taufen 1782, 1785 und 1789; Archiv KPS Halle, deutsch-reformierte Domkirche, Bestattungen 1829 und 1831).
[8] Wilhelm Ferdinand Heydler (1793–1859), Mitschüler Leopold und Heinrich Rankes in Pforta, Leipziger Studienfreund Leopold Rankes sowie Konrektor am Friedrichs-Gymnasium in Frankfurt an der Oder.

Halle kämen und M⟨on⟩t⟨a⟩g bis M⟨it⟩twoch zur Rückfahrt zugleich mit ihnen verwendeten. Nemlich er zur Anherkunft[c] u⟨nd⟩ wir zur Rückreise. Wodurch wir recht[d] füglich[e] am Neujahrtag hier einlaufen könnten.

In Leipzig müßtest Du mich bey Richter[9] oder im goldnen Adler auf der Hainstraße[10], in Merseburg bey Wiek[11], Haun[f12] oder im Hahn[13] suchen.

Liebster Ferdinand, es ist gewiß, daß ich komme.

Dein tr⟨euer⟩ Br⟨uder⟩ L⟨eopold⟩

[c] In der Vorlage ursprünglich: „Ankunft".

[d] In der Vorlage ursprünglich: „wohl".

[e] In der Vorlage ursprünglich: „freylich".

[f] In der Vorlage: ursprünglich: „Hzm."; danach verändert zu „Hain-Gym.", im Typoskript an dieser Stelle eine Lücke, im Druck: „Hain-Gymnasium". Ein Hain-Gymnasium existierte in Merseburg nicht.

[9] Carl Anton Richter (1797–1827), Privatgelehrter und Lexikograph in Leipzig, ein Mitschüler Leopold Rankes in Pforta und ein enger Freund Heinrich Rankes.

[10] Seit 1600 bestehender Gasthof im Haus Nr. 348 (vgl. www.leipzig-lexikon.de).

[11] Carl Gottlob Ferdinand Wieck (1787–1864), während der Schulzeit Leopold Rankes Kollaborator an der Landesschule in Pforta, seit 1822 Rektor des Dom-Gymnasiums in Merseburg.

[12] Wohl Christian Wilhelm Haun (1793–1868) Sohn von Johann Theodor Wilhelm Haun (1751–1818), Posamentier und Stadt-Offizier in Langensalza, und Johanna Sophia Haun, geb. Fischer (1764–1834), 1809 Landesschule in Pforta, 1814 Studium der Theologie und Philologie in Leipzig, 1817 Dr. phil. und Magister der freien Künste, Subrektor am Gymnasium in Merseburg, 1820 Hochzeit mit Emilie Burmann (1800–nach 1868), Tochter von Johann Adam Burmann (1770–1856), Pfarrer in Schlettau bei Merseburg, und Anna Friederike Ernestine Burman, geb. Erdmann, um 1835 Konrektor am Gymnasium in Merseburg, 1838 Direktor des Gymnasiums in Mühlhausen, 1866 Eintritt in den Ruhestand (vgl. Archiv KPS Langensalza, St. Stephani, Taufen 1793; Archiv KPS Langensalza, St. Stephani, Bestattungen 1818 und 1834; Archiv KPS Schlettau, Taufen 1800; Hoffmann, Pförtner Stammbuch, S. 338, Nr. 8492; Blecher / Wiemers, Matrikel Leipzig, Bd. 1, S. 106, Nr. 0109; L. v. Ranke, Lebensgeschichte, S. 22–23; Grünberg, Sächsisches Pfarrerbuch, II/1, S. 97; Pfarrerbuch Kirchenprovinz Sachsen, Bd. 2, S. 122 und Bd. 3, S. 554–555); Leopold Ranke bezeichnete Haun im Rückblick auf die gemeinsame Schulzeit in Pforta explizit als „Freund" (L. v. Ranke, Lebensgeschichte, S. 22); Haun war am 7. April 1809, Ranke am 9. Mai 1809 in die Landesschule aufgenommen worden, am 2. April 1814 verließen beide die Anstalt; Haun immatrikulierte sich daraufhin am 20. Mai 1814 in Leipzig, Ranke am 25. Mai 1814; beide studierten, wie der ihnen aus Pforta eng verbundene Kollaborator Carl Gottlob Ferdinand Wieck, bei Christian Daniel Beck und Johann Gottfried Jakob Hermann und wurden in Leipzig am 20. Februar 1817 zum „Doctor der Philosophie und Magister der freien Künste" graduiert (vgl. Hermann, Mythologia Graecorum, S. XXXII–XXXIII); Haun wurde kurz darauf zum Subrektor am Dom-Gymnasium in Merseburg ernannt, das zu diesem Zeitpunkt von Carl Gottlob Ferdinand Wieck geleitet wurde.

[13] Gasthof zum Goldenen Hahn; hier trafen sich im 18. Jahrhundert bereits Ernst Christoph von Manteuffel und Christian Wolff (vgl. Johannes Bronisch: Der Mäzen der Aufklärung. Ernst Christoph von Manteuffel und das Netzwerk des Wolffianismus. Berlin / New York 2010, S. 215).

Lieber Wilhelm, dieser ganze Brief ist an Dich mit gerichtet, und das Du sollte u⟨nd⟩ soll überall Ihr heißen. Und von Herzen grüße ich Euch Beyde.

L⟨eopold⟩ R⟨anke⟩.

Habt Ihr Appels Geburtstag[14] begangen? Wir drey, St⟨ange,⟩ H⟨eydler,⟩ i⟨ch⟩, haben uns eine Terine mit Rheinwein und Champagner eingeweiht u⟨nd⟩ sind von 8 bis 1 sehr vergnügt zusammen gewesen. Einen Augenblick auch St⟨ange⟩'s Braut[15] dabey. Sagt ihm das!

[14] „XIIX Calendi Januarii" (vgl. die eigenhändig abgefaßten „Capita vitae" in GStA PK I. HA Rep. 125 Nr. 194).

[15] Henriette Wilhelmine Marie Müller (1801–1844), Tochter von Carl Ludwig Müller († vor 1806), Buchhändler in Dessau, und Caroline Wilhelmine Baentsch, verw. Müller, geb. Wiesecke (1777–1828), Stieftochter von Lebrecht Ludwig Baentsch (1767–1836), Subrektor am Friedrichs-Gymnasium in Frankfurt an der Oder.

Nr. 180

Georg Andreas Reimer[1] an Leopold Ranke

V: GStA PK VI. HA Nl Hoeft Nr. 1 (Abschrift)[a]
G: GStA I. HA Rep. 92 L. v. Ranke Nr. 26 (nicht erhalten)
TY: Schwarz, Studien, S. 75–76

⟨Berlin, vor dem 21. Dezember 1823.⟩[b]

Mit lebhaftem Dank für Ihr Vertrauen⟨,⟩ welches mir Ihr Brief[2] u⟨nd⟩ Antrag zu erkennen giebt, verbinde ich die Versicherung der Bereitwilligkeit zur Annahme, wenn nicht wegen der Bedingungen[3] Hindernisse entstehen oder⟨,⟩ was noch mehr zu befürchten ist, Inhalt und Fassungsart bei der Censur Anstoß erregen; in Ansehung des Erstern, hab ich mirs bei gegenwärtigem literarischen Verkehr fest zur Pflicht gemacht das so genannte Honorar, vom Erfolg abhängig bleiben zu lassen; die Entscheidung des andern muß der Behörde anheimfallen. Heut zu Tage ist es schwer, freisinnigen Äußerungen Verbreitung zu verschaffen, wie sehr sie auch im ge-

[a] Als Insert im Brief von Caroline Beer an Leopold Ranke vom 28. Dezember 1823 (Nr. 183). Den Brief Reimers hatte Caroline Beer offenbar für Ranke beinahe komplett abgeschrieben. Sie schreibt direkt im Anschluß an die Abschrift: „Im ersten Satz ist einiges Ausgelassen, im letzten nichts".

[b] Datiert im Hinblick auf Nr. 183.

[1] Georg Andreas Reimer (1776–1842), Sohn von Carl Christoph Reimer (1734–1786), Schiffer, Brauer und Kaufmann in Greifswald, und Eva Christina Reimer, geb. Wien (1743–1808), 1790 Buchhändlerlehre in der Greifswalder Filiale des Verlags von Gottlieb August Lange († 1796), 1795 Geschäftsführer des Verlags von Gottlieb August Lange in Berlin, Juni 1800 Übernahme der Leitung der Berliner Realschulbuchhandlung, Dezember 1800 in Magdeburg Hochzeit mit Wilhelmine Philippine Charlotte Reinhardt (1784–1864), Tochter von August Heinrich Reinhardt (1751–1790), Prediger der Deutsch-Reformierten Gemeinde in Magdeburg, und Ludevica Johanna Wilhelmine Jacobine Reinhardt, geb. Classen (1757–1832), und Nichte der Ehefrau von Adolph Gottlob Lange, 1801 Übernahme der Realschulbuchhandlung in Erbpacht, 1810 Mitglied der „Gesetzlosen Gesellschaft", 1813 Hauptmann im 4. kurmärkischen Landwehr-Bataillon, kämpfte unter anderem in der Schlacht von Großbeeren, Juni 1814 Rückkehr nach Berlin, 1816 Kauf des Palais Wilhelmstraße 73 und Einrichtung einer eigenen Druckerei, 1817 Umbenennung der Realschulbuchhandlung in „Reimer'sche Buchhandlung", 1819 im Rahmen der Demagogenverfolgung Hausdurchsuchung und Beschlagnahmung umfangreichen Materials, 1822 Kauf der Buchhandlung von den bisherigen Eigentümern und Kauf der Weidmann'schen Buchhandlung in Leipzig, 1831 Stadtrat in Berlin (vgl. ELAB Berlin, Dreifaltigkeit, Trauungen 1800; Doris Reimer: Passion & Kalkül. Der Verleger Georg Andreas Reimer [1776–1842]. Berlin / New York 1999); Reimer baute seine Buchhandlung zu einem der führenden deutschen Verlagshäuser des Vormärz aus, das Autoren wie Kleist, Novalis, Jean Paul und Tieck, aber auch Boeckh, Fichte, Wilhelm von Humboldt und Niebuhr herausbrachte und insoweit für Leopold Ranke eine ideale Adresse war.

[2] Nicht ermittelt.

[3] Details des Autorenvertrags.

schichtlichen Boden wurzeln[c], da man den Gedanken an Verhältnisse[4], die auf Kreisverhältnisse der bürgerlichen Gesellschaft hindeuten⟨,⟩ mit der Erinnerung an ihr wahres früheres Bestehen zugleich ausrotten möchte[d]. Die Klippe wird schwer zu umschiffen sein in einer Zeit, wo man für die geschichtliche Entwickelung den Sinn verloren hat. Man muß es versuchen.

Ueber den Styl Ihres Buchs und die Behandlung der Sprache hätte ich noch allerlei zu erinnern; ich habe natürlich alle Achtung vor der Eigenthümlichkeit desselben; und finde in vielen Stellen eine Gediegenheit und Kürze, wie geschichtliche Werke sie fodern, allein häufig fehlt es den zu sehr verschlungenen Redesätzen an Klarheit, u⟨nd⟩ man muß sie erst aus sich entwickeln, damit sie verständlich werden, und damit glaube ich fehlt es an dem ersten und unentbehrlichsten Element, da bei einem gesch⟨ich⟩t⟨lichen⟩ Werk der Sinn augenfällig sein muß, und keinem Gedanken von Zweideutigkeit Raum lassend, verzeihen Sie mir diese vielleicht oder wenigstens in Ihren Augen vorschnelle und ungebührliche Bemerkung. Mit aufrichtiger Hochachtung die keiner leeren Formel Ausdruck ist,

der Ihre — —

[c] Ende der Abschrift von Caroline Beer; Beginn der nur bei Schwarz dokumentierten Passage.

[d] Ende der nur bei Schwarz dokumentierten Passage; Fortsetzung der Abschrift von Caroline Beer.

[4] Die in dem eingesandten Kapitel wohl geschilderten Reichsreformbestrebungen in der Zeit Maximilians mochten sich auf gegenwärtige Verfassungsforderungen beziehen lassen.

Nr. 181

Friederica Wilhelmina Ranke[1] an Leopold Ranke

V: GStA PK VI. HA Nl Hoeft Nr. 1 (Abschrift)
G: GStA I. HA Rep. 92 L. v. Ranke Nr. 26 (nicht erhalten)

⟨Wiehe, 21. Dezember 1823.⟩[a]

Ich grüße Dich Freündlich an Deinen Geburts Tag⟨,⟩ mein Geliebter Sohn⟨.⟩ Gott Segne Dich und gebe Dier ferner Kraft und Stärke zu Deinen berufs Geschäfte⟨.⟩ es komt ein Geburts Tag nach den andern und wier werden immer Aelter⟨.⟩ die Zeit vergeht so schnell und wir mit⟨.⟩ kom doch ja in künftigen Jahre zu uns⟨.⟩ Du weist ja nicht⟨,⟩ wie lange wier leben und die Freüde genisen können⟨,⟩ Dich bei uns zu sehn⟨.⟩ jezt sind wir noch gesund und vergnügt⟨.⟩ wir haben auch ein Kränzen[2] Ober Pastors[3] und Amtsverwalter Rohkrämers[4]⟨,⟩ D⟨oktor⟩ Wilkens[5] u⟨nd⟩ Amtmann Ilbergs[6] komen alle Dinstage zu samen⟨,⟩ und der Vater[7] ist recht vergnügt dabei⟨.⟩ Er spielt alles mit⟨.⟩ komenden Dinstag ist es bei uns. Wie geht es den mit der guten Ahleman[8]⟨.⟩ ist Sie den⟨n⟩ Gesund und noch Deine Freündin? Grüße Sie doch herzlich von mir⟨.⟩ und ist den⟨n⟩ Caroline[9] noch in Frankfurt⟨,⟩ nach den Ihr Bruder[10] verheirathet ist⟨,⟩ und geht es Ihr wohl⟨,⟩ der guten? auch Sie grüße ich herzlich. und Wünsche Dier Gesunde und vergnügte Feüer Tage⟨,⟩ dabei erinere Dich Deiner Dich Inig liebenden Mutter

Friederica Ranke.

[a] Hoeft datiert den Brief in seiner Abschrift auf „ca. 1823 Dez. Aus der Frankfurter Zeit. 1823 od. 24. Hannchen verheiratet.“, im Typoskript findet sich die Datierung „Dezember“, die nachträglich um „12.“ handschriftlich ergänzt wurde; neu datiert auf Grund des Geburtstags von Leopold Ranke und der Hochzeit des Bruders von Caroline Beer im Oktober 1823 (vgl. Nr. 154).

[1] Friederica Wilhelmina Ranke, geb. Lehmicke (1776–1836), Mutter Leopold Rankes.
[2] Vgl. etwa auch Nr. 194.
[3] Johann Friedrich Damm (1774–1849), Oberpfarrer in Wiehe.
[4] Wohl Carl Gotthold Rohkrämer (um 1775–um 1834), Sohn von Anton Carl Christoph Rohkrämer, Geleitseinnehmer, Schultheiß und Gastwirt zu Olbersleben, und Christiane Friederike Rohkrämer, geb. Schröder, Pächter zu Wiehe (vgl. Archiv KPS Herrengosserstedt, Taufen 1812, 1815 und 1822; Archiv KPS Wiehe, Taufen, 1815; Archiv KPS Wiehe, Trauungen, 1823).
[5] Christian Gottfried Wilke (1768–1844), Apotheker und Arzt in Wiehe.
[6] Johann Christoph Theodor Ilberg (1798–nach 1863), Gerichtsamtmann in Wiehe.
[7] Gottlob Israel Ranke (1762–1836).
[8] Friederike Wilhelmine Ahlemann, geb. Schultze (1772–1843), Direktorin einer höheren Bildungsanstalt für Mädchen in Frankfurt an der Oder, Vertraute Leopold Rankes.
[9] Caroline Beer (1791–1851), Vertraute Leopold Rankes in Frankfurt an der Oder.
[10] Carl Heinrich Beer (1785–1858), Kaufmann in Frankfurt an der Oder.

Nr. 182

Leopold Ranke an Heinrich Ranke[1]

V: L. v. Ranke, Lebensgeschichte, S. 116–120 (Druck)

Wiehe, am 28. December 1823.

Lieber Heinrich!
Am zweiten Feiertag haben wir in Wiehe auf Dich, Deine Braut[2] und Deine Predigt angestoßen, und ich bin mit Ferdinand[3], Wilhelm[4] und Appeln[5] hier. Höre nun, wie dies geschehen ist. Am Donnerstag vor acht Tagen kam es mir in der Nacht, nämlich zum Donnerstag 17.–18. December, lebhaft im Traum vor, als wäre der Vater[6] in einer großen Lebensgefahr. Den Abend zuvor hatte ich mein Weihnachtspäckchen, das Caroline[7] gepackt, auf die Post geschickt; aber zum Glück war es mit Zwirn genäht und nicht mit Bindfaden, so daß sies nicht annahmen. Noch im Traume kam es mir vor, als spräch ich mit Poppon[8], weil die Lectionen noch einige Tage dauern sollten, und als hieße er mich gehen; ich erwachte sehr früh, zwischen Wachen und Schlafen beschloß ichs noch einmal; mein Mädchen[9] heizte ein, nun ging ich gegen eine Stunde in der Stube auf und ab, ließ meine venetianischen Geschichten[10], mit denen ich eingeschlafen, schnell fahren, bedachte alles und beschloß es wachend zum dritten male. Endlich stand auch Heydler[11] auf, ich sprang hinunter, und er bestärkte mich; sogleich

[1] Heinrich Ranke (1798–1876), Bruder Leopold Rankes, Lehrer an der Bildungsanstalt des Erziehervereins in Nürnberg.
[2] Selma Schubert (1806–1878), Tochter von Gotthilf Heinrich Schubert, Professor für allgemeine Naturgeschichte und Mineralogie in Erlangen.
[3] Ferdinand Ranke (1802–1876), Bruder Leopold und Heinrich Rankes, Student in Halle.
[4] Wilhelm Ranke (1804–1871), Bruder Leopold und Heinrich Rankes, Student in Halle.
[5] Friedrich Ferdinand Appel (1794–1840), Supernumerar bei der Regierung in Frankfurt an der Oder, seit 1823 Student in Halle, Freund Leopold Rankes.
[6] Gottlob Israel Ranke (1762–1836).
[7] Caroline Beer (1791–1851), Vertraute Leopold Rankes in Frankfurt an der Oder.
[8] Ernst Friedrich Poppo (1794–1866), Direktor des Friedrichs-Gymnasiums in Frankfurt an der Oder.
[9] Johanna, Bedienstete Leopold Rankes (vgl. Nr. 183).
[10] Vermutlich handelt es sich um Lektüre im Kontext des zweiten Buchs der „Geschichten“, das in der Druckfassung unter dem Titel „Handel, Eroberungen, Verfassung der Venetianer; Angriff auf die Romagna“ figuriert (L. Ranke, Geschichte, S. 264–273; vgl. auch die Passagen zur venezianischen Geschichtsschreibung in L. Ranke, Kritik, S. 88–93 und 174–175).
[11] Wilhelm Ferdinand Heydler (1793–1859), Mitschüler Leopold und Heinrich Rankes in Pforta, Leipziger Studienfreund Leopold Rankes sowie Konrektor am Friedrichs-Gymnasium in Frankfurt an der Oder.

schrieb ich nach Halle[12], Leipzig[13] und Merseburg[14] und kündigte mich an. Lieber Bruder, was soll ich Dich hinhalten? Vernimm einmal.
An dem Dienstag zuvor, 16. December, ist hier im Hause Gesellschaft[15] beim Vater. Er geht in den Stall und fällt, doch thut es ihm nichts; nur daß er sich am Mittwoch statt um zehn um neun zu Bett zu legen wünscht. Indem ihm nun Röschen[16] und die Mutter[17] beim Ausziehen helfen, sieht die Mutter den Boden naß, bückt sich, sieht auf: da hat der Vater die Augen geschlossen, er sitzt wie leblos in seinem Stuhl, das Wasser ist von ihm abgegangen. Sie spricht: Vaterchen, bist Du müde, schläfst Du? Sie streichelt ihm ins Gesicht und faßt ihn an die Hände, so ist er kalt. Nun läuft Röschen zu Wilken[18]: „Herr Doctor, mein Vater!", weiter sagt sie nichts. Dieser eilt herbei; er muß zurück, um nun erst die Arzneien zu holen; indeß hält ihn die Mutter in ihren Armen. Sie weiß nicht, was Wilke alles versucht hat; endlich gegen zehn, unter seinen und ihren Händen, bewegen sich die Wimpern wieder, und das Auge schlägt halb auf. „Das war, als wäre der Himmel offen⟨,⟩ und wir sähen hinein", spricht die Mutter. Halb laut sagt er: „Herr Doctor, meine Frau, was macht ihr? mir war so wohl; sorgen Sie für meine Frau!" Und so lebt er wieder auf, aber in den Beinen, vom Knie an dehnt und ziehts sich, und weiter hinauf; und er glaubt, wenn es bis zum Herzen kommt, so wird er todt sein. Er ist ganz matt. Sie bringen ihn ins Bett, aber alle Augenblicke erwartet er seinen letzten. „Liebe Mutter, grüße mir alle Kinder[19] von mir; Dir wird es wohl gehen, liebe Mutter; und begrab mich nicht zu früh!" Was sagst Du nun dazu, daß in den nämlichen Stunden der Nacht dies in Wiehe geschieht und ich es in Frankfurt weiß? Allmählich wird es mit dem Vater besser, und er schläft ein, doch noch einmal zum Leben. Man spricht von dem unmittelbaren Zusammenhang der Seelen; auch hier der Oberpfarrer[20], mit dem und mit weiter niemand außer dem Haus ich davon gesprochen, meint dies und er-

[12] An Ferdinand und Wilhelm Ranke, Brüder Leopold Rankes, Studenten in Halle; Nr. 179.

[13] An Carl Anton Richter (1797–1827), Privatgelehrter und Lexikograph in Leipzig, ein Mitschüler Leopold Rankes in Pforta sowie ein enger Freund Heinrich Rankes; Brief nicht ermittelt.

[14] Wohl an Carl Gottlob Ferdinand Wieck (1787–1864), Rektor des Dom-Gymnasiums in Merseburg, während der Schulzeit Leopold Rankes Kollaborator an der Landesschule in Pforta; denkbar aber auch Christian Wilhelm Haun (1793–1868), Subrektor am Dom-Gymnasium in Merseburg, während der gemeinsamen Schulzeit in Pforta enger Freund Leopold Rankes; Brief nicht ermittelt.

[15] Vgl. Nr. 181.

[16] Rosalie Ranke (1808–1870), Schwester Leopold und Heinrich Rankes.

[17] Friederica Wilhelmina Ranke, geb. Lehmicke (1776–1836).

[18] Christian Gottfried Wilke (1768–1844), Apotheker und Arzt in Wiehe.

[19] Leopold (1795–1886), Johanna (1797–1860), Heinrich (1798–1876), Ferdinand (1802–1876), Wilhelm (1804–1871), Rosalie (1808–1870) und Ernst Constantin Ranke (1814–1888).

[20] Johann Friedrich Damm (1774–1849), Oberpfarrer in Wiehe.

zählte mir eine Geschichte aus Wielands[21] Euthanasia[22]. Doch ist mir das zu mystisch. Und ich finde nichts als des lebendigen Gottes unmittelbare und sichtbare Fürsehung, seine Liebe zu denen, die doch ein Nichts sind, und was weiter? den lieben Gott selbst. Der Vater ist wieder wohl; obgleich er noch ein Ungemach erlitten hat.

In Leipzig holten mich Ferdinand[23] und Wilhelm[24] im goldnen Adler ein;[25] in Merseburg erschien Appel Abends, und wie wir von da des Morgens nach Mücheln kamen, war er indeß wieder zurück und aufs neue nach Mücheln gelaufen; nun gingen wir nach Carsdorf und durch den entsetzlichen Schmutz des Thales[26]. Wir kamen nach Wiehe, da war doch eine Leiche im Haus. Du kennst unsre Magd Rike[27]: 23 Jahr 5 Monat 9 Tage alt ist sie gestorben. Um 7 starb sie, um 1/2 9 kamen wir. Es ist ordentlich rührend, daß sie sich über nichts mehr gefreut hat, als über eine weiße Schürze, die sie zum Bartholomämarkt[28] bekommen, und daß sie sie nie angezogen! „Wenn man sich auf Weihnachten gefreut", hat sie gesagt: Ich weiß nicht, aber mich schaudert davor. Die Mutter bemerkt, daß sie kurz vorher die Leichenfrau[29] zweimal am Brunnen gefunden und vor Ekel nicht geschöpft. Nun kam dieses kleine Weib mit ihrem gelben Gesicht, ihrer halblächelnden Nase und dem schwarzen Mantel doch über sie.

Indem sie im Haus diesen Schmerz fühlten, pochten wir an die verschlossene Thüre. „Ach Gott, die Kinder!" sprach die Mutter, zum Fenster heraus. Sie erkannte Ferdinand und Wilhelm, dann kam auch Appel und unser

[21] Christoph Martin Wieland (1733–1813), sachsen-weimar-eisenachischer Hofrat und Prinzenerzieher, aufgeklärter Dichter, Schriftsteller und Übersetzer, Mitglied der Freimaurer-Loge „Anna Amalia zu den drei Rosen" in Weimar.

[22] Euthanasia. Drey Gespräche über das Leben nach dem Tode. Veranlaßt durch D. J. R. W∗ ∗LS Geschichte der wirklichen Erscheinung seiner Gattin nach ihrem Tode. Hrsg. von C. M. Wieland (= C. M. Wielands Sämmtliche Werke. Sieben und dreyssigster Band). Leipzig 1805; zwischen 1818 und 1828 besorgte der Leopold, Heinrich, Ferdinand und Wilhelm Ranke gut bekannte Johann Gottfried Gruber die Ausgabe der Sämmtlichen Werke Wielands in 53 Bänden. Das von Leopold Ranke angesprochene Werk enthält Berichte über sogenannte Geistererscheinungen, Traumbilder, Einbildungen sowie echte und vermeintlich echte Erinnerungen, deren Bedeutung und Wahrheitsgehalt von den Protagonisten Blandine, Willibald und Selmar erörtert werden.

[23] Ferdinand Ranke.

[24] Wilhelm Ranke.

[25] Vgl. Nr. 179.

[26] Von Karsdorf gelangt man durch das Tal der Unstrut nach Wiehe. Leopold Rankes Bemerkung bezieht sich wohl auf den Schlamm und Matsch an den Ufern des unregulierten Flusses während der Herbst- und Winterzeit.

[27] Johanna Friederike Kurzhals (1800–1823) (freundliche Auskunft von Gottfried Braasch, 24.8.2009).

[28] Markttag im Umfeld des Festes des Apostels Bartholomäus am 24. August. An diesem Tag endet auch die Schon- und Laichzeit der Fische und beginnt der Fischfang in den Binnengewässern; im Geburtsort Leopold Rankes hat dieser Feiertag eine besondere Bedeutung, da die Stadtpfarrkirche von Wiehe dem Heiligen Bartholomäus geweiht ist.

[29] Nicht ermittelt.

Bote[30] hinein; das war ihr so unerwartet nicht; ich bin aber so sehr von ihnen entfernt, daß ich es freilich war. So ein langer Mutterkuß! Die Arme des Vaters so lang um die Schultern des Kindes. Lieber Bruder Heinrich, merke nun diesen Augenblick. Ich hatte in Frankfurt mein Päckchen wieder ausgepackt und in den Mantelsack geladen und dazu auch die Bibel gethan, die Du mir einmal geschenkt; denn sie war mir nun unleserlich. Und dazu hatte mir Heydler am Abend vor der Abreise eine größere Bibel gegeben. Also nahm ich sie für Röschen mit. Genug, dies und das übrige hatte ich nun in Wiehe oben mit der Hülfe der Mutter ausgelegt und mit Wachsstöcken[31] umstellt und alle heraufgerufen. Jeder hatte das Seine; die Lichter brannten noch, wir freuten uns alle und hielten uns umarmt; so schlug es zehn; der Nachtwächter[32] kam und sang das Todtenlied, viele Verse: „nun gute Nacht, es ist vollbracht!“[33] Wir waren alle still.

Lieber Bruder, die Reise hatte einen herrlichen Anfang. Ich stieg von der Post ab und lief den Müllroser Weg voraus. Er war gefroren⟨,⟩ und es ging leicht über den Sand. Dann kam ich in den Tannenwald; da war Weihnachten. Denn die Bäume und Sträucher standen herrlich in Schnee und Reif; der helle Mondschein lag über dem Holz; alle Sterne schienen; mit frischem Gutmorgen begegneten mir Besenbinderinnen[34] und wer etwa einen Korb zu Markte trug. Da war Dein Bruder frisch und gutes Muths. Es ward erst Tag, als ich bei Markendorf war. Meist zu Fuß ging ich bis Müllrose, Beeskow u. s. w. Hier und oft fielst Du mir ein und Dein schöner langer Brief[35]. In der Länge aber besteht ein guter Theil der Schönheit; denn ich hatte ihn noch am Freitag bekommen, und noch nicht einmal mit vollem Bedacht gelesen; unterwegs las ich ihn erst recht. Glaub mir, es ist mir zwar wohl, doch oft auch wehmüthig dabei geworden.

Denn denk nicht etwa, als paßt’ ich zu eurer Schule. Ich fühle zwischen dem, was ihr thut, welches ich als ein selbständig Gewächs und eine Creatur Gottes ehre, und zwischen dem, was ich will, welches jedoch eben auch nicht ganz in Willkür[36] und Entschluß ruht, einen so wesentlichen Unterschied, daß ich beinah denken muß: unsere Trennung ist näher, als eine solche Vereinigung, wie um welche Du Gott bittest. Überdem denk’ ich: euer

[30] Nicht ermittelt.

[31] Wachsstränge mit Docht.

[32] Zu dieser Zeit gab es in Wiehe zwei Nachtwächter: Friedrich August Nord (1790–1855) und Johann Andreas Güldner (1780–1852) (freundliche Auskunft von Gottfried Braasch, 14.2.2012).

[33] Evangelisches Kirchenlied von Gottfried Arnold (1666–1714); unter anderem abgedruckt bei Arnold Knapp: Evangelischer Liederschatz für Kirche und Haus. Eine Sammlung geistlicher Lieder aus allen christlichen Jahrhunderten, gesammelt und nach den Bedürfnissen unserer Zeit bearbeitet. Erster Band, Stuttgart / Tübingen 1837, S. 620–621, Nr. 1426 .

[34] Nicht ermittelt.

[35] Nr. 175.

[36] Vgl. Nr. 154.

Wille ist gut, insofern er euer Wille ist;[37] aber nicht, insofern er, so viel an euch ist, eine Zurückbildung der Welt auf ein Früheres oder überhaupt eine Umbildung bezweckt; das ist eine Umbildung nicht zum Christenthum allein, zu Christi Worten, sondern zu St. Johannis Mystik[38], zur Scholastik Pauli[39], zum Antiarianismus[40], Antipelagianismus[41], ferner nicht allein zu Luthers[42] wesentlichem Begriff, sondern zu dem System der lutherischen Theologen, unsrem Kirchenthum, zu Buddeus[43] und Seiler[44], zu Spener[45] und den Herrenhutern[46]; zu Kempis[47] und Arndt[48], welche alle ihr nicht allein im Begriff und Verstand zu fassen, sondern im Leben darzustellen strebt. Ich kann euer Bestreben *a priori* tadeln. Ich frage Schubert[49] und Raumer[50], ob unser Auge Gott sehen, ob unser Ohr Gott hören kann? Ob das Wort nicht ebenso gut Creatur sei, als Baum, Stein, Menschenstirn? Ob wir also irgend ein Wort für reine Gottheit oder ungetrübten Erguß derselben ansehen können? In allen Dingen ist Gott; dieses Ding für Gott zu halten⟨,⟩ ist Götzendienst; wie ist es nun mit dem Wort? Ein andermal, denn Du verstehst mich und wirst nicht erschrecken, wollen wir hierüber weiter reden; auch will ich das *a priori* fahren lassen, denn meine Schlüsse

[37] Anspielung auf Passagen in Johann Gottlieb Fichte: Die Bestimmung des Menschen. Berlin 1800.

[38] Offenbarung des Johannes.

[39] Paulus von Tarsus (um 5–um 65), Apostel.

[40] Bewegung gegen die von Arius (um 260–336) vertretenen Lehren.

[41] Bewegung gegen die von Pelagius (um 350–um 420) vertretenen Lehren.

[42] Martin Luther (1483–1546), Reformator.

[43] Johann Franz Buddeus (1667–1729), 1693 Professor der Moralphilosophie, 1705 Professor der Theologie in Halle.

[44] Georg Friedrich Seiler (1733–1807), Professor der Theologie in Erlangen und Superintendent; veröffentlichte neben wissenschaftlichen Publikationen zahlreiche, zum Teil weit verbreitete biblische Erbauungsbücher, so etwa: Das kleine biblische Erbauungsbuch oder die biblischen Historien mit erklärenden kurzen Andachten und Gebeten. 2 Bde., 12. Aufl., Reutlingen 1810.

[45] Philipp Jacob Spener (1635–1705), bedeutender Vertreter des Pietismus.

[46] Die Herrnhuter Brüdergemeine führt sich auf Anhänger von Jan Hus zurück, die im Zuge der Gegenreformation zu Anfang des 18. Jahrhunderts auf das Gut des bekannten Pietisten und ersten Herausgebers der „Losungen" Nikolaus Ludwig Graf von Zinzendorf (1700–1760) flohen. Die Brüdergemeine von Herrnhut wurde 1722 gegründet. Sie pflegte eine strenge biblische Orthodoxie; es galt ausschließlich das Wort der Heiligen Schrift.

[47] Thomas a Kempis (um 1380–1471), Augustiner-Chorherr; sein mystisch-kontemplatives Hauptwerk „De imitatione Christi / Von der Nachfolge Christi" war zu Anfang des 15. Jahrhunderts erschienen und hatte seitdem zahllose Übersetzungen und Auflagen erlebt. Leopold Ranke hatte im Januar 1820 ein Exemplar von Hermann Julius Christoph Baier erhalten (vgl. Nr. 53); Ferdinand Ranke wiederum schenkte Heinrich Ranke im November 1824 ein Exemplar des Buches (vgl. Nr. 236).

[48] Johann Arndt (1555–1621), lutherischer Theologe und Erbauungsschriftsteller.

[49] Gotthilf Heinrich Schubert (1780–1860), Professor für allgemeine Naturgeschichte und Mineralogie in Erlangen, späterer Schwiegervater Heinrich Rankes.

[50] Karl Ludwig Georg von Raumer (1783–1865), ehemaliger Professor, wie Heinrich Ranke Lehrer an der Bildungsanstalt des Erziehervereins in Nürnberg.

gehen alle *a posteriori*. Insofern kann ich nichts gegen euch haben, sondern über jedes besondere Leben freue ich mich meiner Natur nach. Doch ist zu fürchten, wer euch seine Kinder giebt, will sie nicht allzu pietistisch; und die Sache geht einmal euch über dem Kopfe zu Grund. Überhaupt wünschte ich sehr, daß Du nicht so viel Betstunden, Religions- und Kinderlehre oder Predigten hieltest; die wahre Wirkung geschieht im Kurzen und im Augenblick. Oftmalige Wiederholung, die hierbei nicht zu vermeiden, vernichtet den Eindruck und weckt den Spott. Daher ist es mir nicht ganz lieb, daß Ferdinand[51] nach Nürnberg will, um Dir allen philologischen Unterricht abzunehmen. Erstlich um Deinetwillen, zweitens wegen der Schule. Denn⟨,⟩ so viel ich sehe, wird dann ein jeder von euch eine besondere Wissenschaft abgesondert treiben; welches doch die Auflösung aller Einheit der Studien im Kopf des Knaben ist. Wäre es nicht besser, daß Ihr das Gebet theiltet? Solltest Du auch die meisten Religionsstunden und alle Predigten halten. Dies⟨,⟩ glaub ich, würde den Zwiespalt, der zwischen euch ist, bald aufheben. Und nur vor dem Druckenlassen[52] einer excentrischen Meinung hüte Dich bis zum dreißigsten Jahr. Es ist nicht mehr lange hin; ich hab es bald erreicht. Die Nation ist keine Quinta oder Sexta, und wahrlich schwer, sie belehren zu wollen. In allen Dingen gilt der gute Wille, doch hier gewiß nicht. –

Lieber Bruder. Wir haben hier von dem Leben unserer Großeltern[53] aufgesucht, so viel wir finden können, und Ferdinand wird Dir ein herrliches Gebet Israel Rankes[54], unseres Urgroßvaters, abschreiben, das er als Knabe entworfen. Übrigens sind wir in und außer dem Hause sehr vergnügt. Es giebt hier Picknicks, Pfänderspiele und Küsse dabei. Ich habe schon ein Blüthchen am Munde davongetragen.

Der Vater sagt: er hätte die Mutter noch nie so wahrhaft lieb gehabt, wie jetzt; und sollte sie vor ihm sterben, so würde er am zweiten Tag darauf todt sein.

[51] Ferdinand Ranke.

[52] Heinrich Ranke spricht am 9. Dezember von seinem Plan, Sammlungen von Bibelstellen und alten Kirchenliedern in Nürnberg drucken zu lassen (vgl. Nr. 175).

[53] Väterlicherseits: Johann Heinrich Israel Ranke (1719–1799), Pfarrer in Ritteburg, und Magdalena Sophie Elisabeth Ranke, geb. Eberhardt (1719–1771); mütterlicherseits: Johann Friedrich Wilhelm Lehmicke (1740–1801), Erb-, Lehn- und Gerichtsherr in Laue bei Delitzsch und später Rittergutsbesitzer in Weidenthal bei Querfurt, und Marie Sophie Lehmicke, geb. Frantz, verw. Neubert (1744–1814).

[54] Israel Ranke (1674–1723), Pfarrer in Wolferode bei Eisleben, Urgroßvater Leopold und Heinrich Rankes.

Nr. 183

Caroline Beer[1] an Leopold Ranke[a]

V: GStA PK VI. HA Nl Hoeft Nr. 1 (Abschrift)
G: GStA I. HA Rep. 92 L. v. Ranke Nr. 26 (nicht erhalten)

Frankfurth ⟨an der Oder,⟩ am 28ten December 1823⟨.⟩

Nun glücklich wieder bis nach Berlin gelangt![2] Gott geb' es! Am Morgen Ihres Geburtstages[3] wars mir doch recht wehe, daß ich Sie da auf dem unangenehmen Postwagen wußte, so freundlich auch sonst der Morgen anbrach; doch, je mehr ich an Sie dachte, desto stiller und friedlicher wards mir in der Seele, am schönsten aber am Nachmittag, ich ging mit den Geschwistern[4] nach Tzschetzschnow[b][5], ich ließ sie ein wenig vorangehen, und kam still nach, da so unter freiem Himmel fühlt ich Seine Liebe noch inniger, und daß Sie am Abend dieses Tages einen Freund[6] wieder sehen würden, war mir ein sehr lieber Gedanke. Mit Ihren Ahndungen ists aber doch bald zu arg; richtig brachte mir Hannchen[7] am Montag[8] 2 Briefe, den einen öffnete ich, sein Inhalt ist der:

> ⟨„⟩Mit lebhaftem Dank für Ihr Vertrauen⟨,⟩ welches mir[9] Ihr Brief u⟨nd⟩ Antrag zu erkennen giebt, verbinde ich die Versicherung der Bereitwilligkeit zur Annahme, wenn nicht wegen der Bedingungen Hindernisse entstehen oder was noch mehr

[a] Adresse: „ Sr. Wohlgeb. | Herrn Doctor Ranke."
[b] In der Vorlage ursprünglich: „Tschatzschnaun".

[1] Caroline Beer (1791–1851), Vertraute Leopold Rankes in Frankfurt an der Oder.
[2] Hinweis darauf, daß Leopold Ranke von Wiehe aus, nachdem er noch bei seinem Bruder Ferdinand in Halle Station gemacht hatte (vgl. Nr. 185), nach Berlin weitergereist war.
[3] 21. Dezember; er fiel im Jahr 1823 auf einen Sonntag. Leopold Ranke war zum Weihnachtsfest von Frankfurt an der Oder über Leipzig, Merseburg, Mücheln und Karsdorf nach Wiehe gereist (vgl. Nr. 179).
[4] Gemeint sind wohl ihre Schwester Christiane Henriette Kiepert, geb. Beer (1782–1864), verheiratet mit Samuel Gottfried Kiepert (1763–1836), Kaufmann in Berlin, und ihre Brüder, Carl Heinrich Beer (1785–1858), Kaufmann in Frankfurt an der Oder, und Georg Philipp Wilhelm Beer, Kaufmann in Hirschberg (um 1783–1829) (vgl. ELAB Berlin-Marienfelde, Bestattungen 1864; ELAB Frankfurt an der Oder, St. Gertrauden, Bestattungen 1858; ELAB Frankfurt an der Oder, St. Marien, Trauungen 1810).
[5] Vgl. Nr. 154.
[6] Wohl Carl Anton Richter (1797–1827), Privatgelehrter und Lexikograph in Leipzig, ein Mitschüler Leopold Rankes in Pforta sowie ein enger Freund Heinrich Rankes (vgl. Nr. 179).
[7] Johanna, Bedienstete Leopold Rankes.
[8] 22. Dezember 1823
[9] Georg Andreas Reimer (1776–1842), Buchhändler und Verleger in Berlin.

zu befürchten ist, Inhalt und Fassungsart bei der Censur Anstoß erregen; in Ansehung des Ersten[c] hab ich mirs bei gegenwärtigem literarischen Verkehr fest zur Pflicht gemacht⟨,⟩ das so genannte Honorar, vom Erfolg abhängig bleiben zu lassen; die Entscheidung des andern muß der Behörde[10] anheimfallen. Heut zu Tage ist es schwer, freisinnigen Äußerungen Verbreitung zu verschaffen, wie sehr sie auch im geschichtlichen Boden wurzeln. Die Klippe wird schwer zu umschiffen sein, in einer Zeit, wo man für die geschichtliche Entwickelung den Sinn verloren hat. Man muß es versuchen.

Ueber den Styl Ihres Buchs und die Behandlung der Sprache hätte ich noch allerlei zu erinnern; ich habe natürlich alle Achtung vor der[d] Eigenthümlichkeit desselben; und finde in vielen Stellen eine Gediegenheit und Kürze, wie geschichtliche Werke sie fodern, allein häufig fehlt es den zu sehr verschlungenen Redesätzen an Klarheit, u⟨nd⟩ man muß sie erst aus sich entwickeln, damit sie verständlich werden, u⟨nd⟩ damit⟨,⟩ glaube ich⟨,⟩ fehlt es an dem ersten und unentbehrlichsten Element, da bei einen gesch⟨ich⟩t⟨lichen⟩ Werk der Sinn augenfällig sein muß, und keinem Gedanken von Zweideutigkeit Raum lassend, verzeihen Sie mir diese vielleicht oder wenigstens in Ihren Augen vorschnelle und ungebührliche Bemerkung. Mit aufrichtiger Hochachtung die keiner leeren Formel Ausdruck ist,

der Ihre — –⟨“⟩

Im ersten Satz ist einiges Ausgelassen, im letzten nichts, noch ein Brief lag drin an H⟨errn⟩ Major v⟨on⟩ Schmeling[11]; den hab ich abgeben lassen. Der zweite Brief war sehr dick, auf dem Petschaft ein R. endlich buchstabier ich

[c] In der Vorlage ursprünglich: „Erstern“.

[d] In der Vorlage: „vo rde“; aber im Typoskript wie in der Vorlage für Nr. 178: „vor der“.

[10] Zur Zensur in Preußen nach den Karlsbader Beschlüssen vgl. zuletzt Bärbel Holtz: Eine mit „Intelligenz ausgerüstete lebendig wirksame Behörde“. Preußens zentrale Zensurbehörden im Vormärz, in: Bernd Kortländer / Enno Stahl (Hg.): Zensur im 19. Jahrhundert. Das literarische Leben aus Sicht seiner Überwacher. Bielefeld 2012, S. 153–176; Bärbel Holtz: Zensur und Zensoren im preußischen Vormärz, in: Gabriele B. Clemens (Hg.): Zensur im Vormärz. Pressefreiheit und Informationskontrolle in Europa (= Schriften der Siebenpfeiffer-Stiftung, Band 9). Ostfildern 2013, S. 105–119 sowie Bärbel Holtz: Preußens Zensurpraxis von 1819 bis 1848 in Quellen (= Acta Borrussica, Neue Folge, Reihe 2: Der preußische Kulturstaat in der politischen und sozialen Wirklichkeit, Abt. II, Bd. 6 in zwei Teilbdn.). Berlin / Boston 2015.

[11] Otto Ludwig Wilhelm von Schmeling (1788–1844), Sohn von Gabriel Otto von Schmeling (1747–1826), Landrat des pommerschen Kreises Schlawe, und Marie Charlotte von Schmeling, geb. von Diringshofen († 1812), Mitte 1798 Kadettenanstalt in Stolp, Fähnrich

das halb verlöschte Postzeichen heraus⟨:⟩ Halle, aber Reitpost u⟨nd⟩ Cito darauf waren ein schreckens Wort; ich dachte an Ihren Traum[12], u⟨nd⟩ es ging mir ganz kalt durch alle Glieder; ich sagte mir vor; verspätete Geburtstags Briefe, aber immer kam der erste Gedanke wieder und machte mich sehr besorgt. Auch zum Weihnachtsabend, wie ich den ziemlich ansehnlichen Baum mit Lichtern bestekte und den Kranz wand um das Porträt[13], da dacht ich⟨:⟩ nun sind Sie bald dort, vielleicht schon, wie werden Sie alle gefunden haben? Aber wie mir das Herz vor Freuden überging über Mariannes[14] Freude, da wars mir auf einmal, als könn es gar nicht anders sein — Sie freuen sich eben so mit all — all den Ihren, nur noch höher, da sah ich die gute Mutter[15] ihre Arme ausbreiten u⟨nd⟩ weinend vor Freuden; u⟨nd⟩ Röschen[16] um Sie herum hüpfen u⟨nd⟩ Ernst[17] und alle, dann kam der Vater[18] — mein lieber, lieber Sohn, hab ich Dich einmal wieder? — war es so? und wenns auch anders war⟨,⟩ kommen Sie nur bald u⟨nd⟩ sagen mir⟨,⟩ daß sie alle gesund waren und daß Sie alle glückliche Tage verlebten — dann wollen wir die Träume segnen, die Ihnen zu solchen Freuden verholfen. —

Ihren Geburtstags Abend bracht ich bei der Ahlemann[19] zu, — sie hat noch keine⟨,⟩ gar keine Nachricht wieder, u⟨nd⟩ das Schreiben an jenen

im Garde-Regiment, im Kolberger Infanterie-Regiment, März 1809 Seconde-Lieutenant, Juni 1813 Capitain beim 4. Kurmärkischen Landwehr-Regiment, Oktober 1814 in der Adjutantur, November 1814 Premier-Lieutenant, August 1815 Capitain, später Hauptmann und Adjutant des Generals Leopold Wilhelm von Dobschütz (1763–1856), der seit Juni 1815 Kommandierender General am Rhein, ab Oktober 1816 Brigade-Chef in Glogau war, Dezember 1815 Hochzeit mit Dorothee Wilhelmine Jahn (1795–1856), älteste Tochter von Johann Friedrich Jahn, Regierungspedell in Schwerin, 1817 Aufnahme in die Freimaurer-Loge „Zu den drei Weltkugeln“ in Berlin, März 1822 Major, Juni 1825 dem Infanterie-Regiment Nr. 12 in Frankfurt an der Oder aggregiert, 1828 einrangiert, Stabsoffizier, 1831 Kommandeur des I. Bataillons des Infanterie-Regiment Nr. 12, März 1838 Oberstleutnant, 1840 Brigadier der 1. Gendarmerie Brigade, August 1841 Oberst (vgl. GStA PK IV. HA Rep. 1 Offiziernomenklatur Nr 86; Gothaisches genealogisches Taschenbuch der uradeligen Häuser 7 [1906], S. 711–712; Peter von Gebhardt / Alexander von Lyncker: Verzeichnis der Stolper Kadetten [1761–1816] [= Mitteilungen der Zentralstelle für Deutsche Personen- und Familiengeschichte 37 (1927)], S. 38); Schmeling veröffentlichte 1819 im Verlag von Georg Andreas Reimer in Berlin das Werk: „Die Landwehr, gegründet auf die Turnkunst“; sein Bruder Gustav Friedrich (1790–1833) war 1813 an der Organisation der Landwehr in Berlin beteiligt; sein Bruder Ernst Adolf (1795–1813) fiel 1813 bei Hagelberg. Leopold Ranke war in Frankfurt an der Oder regelmäßiger Gast im Haus von Major von Schmeling.

[12] Leopold Ranke hatte im Traum seinen Vater in Lebensgefahr gesehen (vgl. Nr. 182).

[13] Nicht ermittelt.

[14] Marianne Beer, geb. Bassenge (1799–1827), Schwägerin von Caroline Beer.

[15] Friederica Wilhelmina Ranke, geb. Lehmicke (1776–1836).

[16] Rosalie Ranke (1808–1870), Schwester Leopold Rankes.

[17] Ernst Constantin Ranke (1814–1888), Bruder Leopold Rankes.

[18] Gottlob Israel Ranke (1762–1836).

[19] Friederike Wilhelmine Ahlemann, geb. Schultze (1772–1843), Direktorin einer höheren Bildungsanstalt für Mädchen in Frankfurt an der Oder, Vertraute Leopold Rankes.

Mann[20] hat Roq.[uette][21] nicht gebilligt, doch finde ich sie etwas weiges[e] aufgerichteter als die lezten 14 Tage – ich wollte gar zu gern sie am Weihnachtsabend bei mir haben; ich konnte sie aber nicht dazu bewegen; da ging ich halb 9 Uhr hin; ich sah am Häuschen hinnauf, es war finster bis auf die vermiethete Wohnung, auch unten war alles finster – aber die beiden unteren Fenster bei Bänisch[22] um so heller – die Ahlemann fand ich lesend; die Stunden der Andacht[23] lagen auf dem Tisch, aber bei seit gelegt; sie hatte was anders geholt zur Zerstreu[u]ng, darin wars nicht gegangen; sie sah recht kummervoll aus; es that mir so weh um sie – die arme gute Mutter, ich erzählte ihr, wies am Abend bei uns her gegangen war; seit dem sah ich sie nur zwei Augenblicke; sie war die Feiertage täglich in größerer Gesellschaft, morgen erst ist wieder zu hoffen.
Schlüssel und Briefe hab ich für Sie, also wenn Sie kommen⟨,⟩ erfahr ichs sehr bald, Gott führe Sie nur recht gesund und froh wieder zu uns.

C⟨aroline⟩.

[e] In der Vorlage über dem Wort: „[weniges]“.

[20] Nicht ermittelt.

[21] Louis Roquette (1768–1855), Sohn von Jakob Roquette, Maurermeister in Strasburg in der Uckermark, und Elisabeth Roquette, geb. Bertrand, Studium der Theologie, 1794 französisch-reformierter Prediger in Strasburg in der Uckermark, 1796 Hochzeit mit Luise Charlotte Schulz (1777–1852), 1805 französisch-reformierter Prediger und seit 1809 zugleich Erster Hilfslehrer für französische Sprache am Friedrichs-Gymnasium in Frankfurt an der Oder, 1848 Ruhestand (vgl. ELAB Strasburg in der Uckermark, französisch-reformierte Kirche, Trauungen 1761 und 1796; ELAB Frankfurt an der Oder, Friedenskirche, Bestattungen 1852).

[22] Wohl Lebrecht Ludwig Baentsch (1767–1836), Subrektor des Friedrichs-Gymnasiums in Frankfurt an der Oder.

[23] Möglicherweise ein Band des mehrbändigen Werkes von Heinrich Zschokke (vgl. Nr. 107); eventuell handelte es sich bei dem Buch aber auch um das 1808 erstmals und 1823 in einer dritten Auflage erschienene einbändige Werk „Emiliens Stunden der Andacht und des Nachdenkens für die erwachsenen Töchter der gebildeten Stände“ von Christian Wilhelm Spieker, der – wie der 1803 verstorbene Ehemann von Friederike Wilhelmine Ahlemann – ab 1809 als Prediger an der Marienkirche in Frankfurt an der Oder wirkte und zu dem Frau Ahlemann als Leiterin der „Ersten städtischen Töchterschule“ in den Jahren von 1812 bis 1818 in engerem Kontakt gestanden haben dürfte, da Spieker in dieser Zeit neben dem geistlichen Amt des Archidiakons auch das Amt des Schulinspektors in Frankfurt ausübte.

Nr. 184

Heinrich Ranke[1] an Leopold Ranke

V: Nl Walther Peter Fuchs – Privatbesitz (Typoskript)
TD: Fuchs, Heinrich Ranke, S. 170–172

⟨Nürnberg, Anfang Januar 1824.⟩[a]

Seit ich nie vor Gott trete, ohne die Kinder[2] auf meinem Herzen zu tragen, habe ich besser beten gelernt – und so ist Friede in mein Herz geflossen. Mein Glaube ist hier in Nürnberg, hier in diesem unserm Hause so geprüft worden wie noch nirgend vorher – ich habe einsam auf meinem Stübchen bittere Tränen weinen müssen – und sah damals, als ich angefeindet und täglich gescholten ward, noch keine Frucht an den Kindern, keine Frucht der Lehre, der ich mein Heil zeitlich und ewig verdanke, an deren Fruchtbarkeit ich bis dahin fest geglaubt hatte und die nun hier die unfruchtbarste hieß.

– O Gott weiß es, wie mein Herz geweint hat. – Aber „Trübsal bringet Geduld, Geduld bringt Erfahrung, Erfahrung bringt Hoffnung, Hoffnung aber lässet nicht zu Schanden werden.“[3] Das hat der Herr auch an mir bewährt. Höchstens ein gutes Kind wie Allwill[4] und Rudolf Raumer[5], hieß es, können durch Dich in ihrem stillen Wesen erhalten werden, die Schlechten aber niemals gebessert. Dies wurde mir schriftlich in die Hände gegeben zu einer Zeit, als ich noch keine Frucht sah – und siehe, Gott wollte mich nicht Waise [werden] lassen, meine kindliche Hoffnung, die ich so oft öffentlich im Gebet ausgesprochen hatte, sollte nicht zu Schanden werden. Gerade mit dem, der ganz aufgegeben war von allen, selbst

[a] Fuchs datiert den Brief auf „Anfang 1825“; auf Grund der Angaben in Nr. 180 und Nr. 190 neu datiert.

[1] Heinrich Ranke (1798–1876), Bruder Leopold Rankes, Lehrer an der Bildungsanstalt des Erziehervereins in Nürnberg.

[2] Die Schüler der Bildungsanstalt des Erziehervereins in Nürnberg.

[3] Römer 5,3–5.

[4] Allwill Hermann Baier (1811–1892), der Heinrich Ranke anvertraute Sohn des verstorbenen Hermann Julius Christoph Baier.

[5] Rudolf Heinrich Georg von Raumer (1815–1876), Sohn von Karl Ludwig Georg von Raumer (1783–1865), Professor für Mineralogie in Halle, und Friederike von Raumer, geb. Reichardt (1790–1869), 1823 Bildungsanstalt des Erziehervereins in Nürnberg, 1826 Gymnasium in Nürnberg, 1827 in Erlangen, 1832 Studium der klassischen und der deutschen Philologie in Erlangen, 1834 in Göttingen, unter anderem bei Friedrich Christoph Dahlmann und Jacob Grimm, 1836 in München, 1839 Diss. phil., 1840 Habilitation in Erlangen, Ablehnung eines Rufes auf eine Professur für mittlere und neuere Geschichte in Halle, 1846 außerordentlicher Professor in Erlangen, 1847 Hochzeit mit Marie Schröder (1826–1893), Tochter von Eduard Schröder, Fabrikant in Fürth, und Dorothea Schröder, geb. Löhe, Ablehnung von Rufen nach Basel und Prag, 1852 ordentlicher Professor für deutsche Sprache und Literatur in Erlangen.

von Raum[er][6], fing das gnädige Werk Gottes an. Und als wollte er[7] mich in den Augen der Gegner als seinen Boten und Knecht darstellen, ein fortgeschickter Junge[8], katholischer Religion, von 16 Jahren, der seiner giftigen Einflüsse wegen, gegen [b]meinen[b] Willen, aber sonst einstimmig fortgeschickt wurde, schrieb mir ein Vierteljahr nachher einen Brief, der alle in das größte Erstaunen setzte. Ich hatte dem Jungen Einen Spruch ans Herz gelegt: Rufe mich an in der Not, so will ich Dich erretten⟨,⟩ und Du sollst mich preisen,[9] und dieser Spruch hat den Jungen nicht schlafen lassen, und des Nachts hat er ins Bett hinknien und Gott um Rettung anrufen müssen, und nun preiset er ihn schon und bittet mich um Verzeihung und um fernere Belehrung. Ein junger Graf[10], der 3 Jahr lang für sehr kalt gegolten hatte, schrieb mir in diesen Weihnachtsferien einen Brief von Hause[11], der so wahr und liebreich war, daß ich vor Freuden in der Stube umhersprang und dann viel schneller an meiner Weihnachtspredigt, die ich den zweiten Feiertag in Erlangen für den Pfarrer Kraft[12] halten sollte, fortarbeiten konnte. Und siehe, wie lieblich ist es. Gar nichts Exzentrisches zeigt sich bei diesen Knaben, bloß das Verlangen, daß doch alle recht liebe, gute Brüder werden möchten. Ach⟨,⟩ wie freu ich mich, denn das ist ja der Prüfstein: Daran wird jedermann erkennen, daß ihr [c]meine[c] Jünger seid, so ihr Liebe untereinander habt.[13] Keine Gesichte, keine Offenbarungen, nichts Auffallendes – bloß Liebe und Verlangen nach Bruderliebe. Wie fein und lieblich ist's, wenn Brüder einträchtig bei einander wohnen[14] – dieser himmlische Tau der Bruderliebe stärkt die zarten Pflanzen, und sie wachsen fröhlich empor – und der Herr verheißet daselbst Segen und Leben immer und ewiglich. – Liebes Herz, Du bist nimmermehr gegen uns – es ist Dir unmöglich – laß Dir nur nichts einreden[15]! – Wären wir scheue, falsch pietistische Kopfhänger, so würden auch so ernste, wackere

b–b In der Vorlage unterstrichen.
c–c In der Vorlage unterstrichen.

6 Karl Ludwig Georg von Raumer (1783–1865), ehemaliger Professor, wie Heinrich Ranke Lehrer an der Bildungsanstalt des Erziehervereins in Nürnberg.
7 Gott.
8 Nicht ermittelt.
9 Psalm 50,15.
10 Nicht ermittelt.
11 Nicht ermittelt.
12 Johann Christian Gottlob Ludwig Krafft (1784–1845), Pfarrer der deutsch-reformierten Gemeinde und außerordentlicher Professor der reformierten Theologie in Erlangen.
13 Johannes 13,35.
14 Psalm 133,1 (vgl. Nr. 82).
15 Die Bildungsanstalt des Erziehervereins in Nürnberg, an der Heinrich Ranke tätig war, stand zeitweise unter dem Verdacht des Pietismus (vgl. Nr. 182).

Männer wie die Rektoren Döderlein[16] in Er[langen] und Roth[17] in Nürnberg Deinen armen Heinrich nicht zum Religionslehrer an ihren Schulen begehren. Roth hat schon in München darauf angetragen — und auch darauf noch, daß eine eigne Studienkirche eingerichtet werde für seine 300 Gymnasiasten und unsre 60 und wer sich sonst noch anschließen möchte, denen ich das Wort verkündigen sollte. Ich gebe auf diese freundlichen Gedanken nicht zu viel — nur zum Zeichen, daß das Geschrei vom falschen Pietismus bis jetzt nur in der Ferne ist. — Du fragst, ob wir Gott sehen und hören können.[18] Wir nicht — aber der eingeborne Sohn, der in des Vaters Schoß ist, hat es uns offenbaret, er hat den Geist verheißen und gegeben und gibt ihn noch, und hat von Sünde realiter befreiet und tut es noch. — Es ist doch sonderbar⟨,⟩ — während ich Dir schreibe — sind wenigstens zehn der größern Knaben[19] zu mir gekommen, und ich habe sie in meine Arme geschlossen und geküßt und heimlich gebetet. — Und sieh, da ist mitten in dieser Liebe und Freude auch der Brief an meinen herzlich geliebten Leopold fertig geworden. Und nun stehen die Lichter hinter mir auf dem langen Tisch, und daran stehen 12 Knaben[20] und warten, daß ich ihnen zum letzten Mal vor der Reise[21] das Wort Gottes sage. So küsse ich Dich denn brüderlich. [. . .][d]

[d] Auslassung unbekannter Länge.

[16] Johann Ludwig Christoph Döderlein (1791–1863), Mitschüler Leopold Rankes in Pforta, Professor der Philologie und Rektor des Gymnasiums in Erlangen.

[17] Carl Ludwig Roth (1790–1868), Rektor des städtischen Gymnasiums in Nürnberg.

[18] Vgl. Nr. 182; Heinrich Ranke hatte diesem Problem einen eigenen Paragraphen in seinem christlichen Lesebuch (vgl. Nr. 175) gewidmet (F. H. RANKE, Der christliche Glaube, S. 8, Paragraph 2).

[19] Nicht ermittelt.

[20] Nicht ermittelt.

[21] Nach Wiehe (vgl. Nr. 187).

Nr. 185

Ferdinand Ranke[1] an Leopold Ranke

V: GStA PK VI. HA Nl Hoeft Nr. 1 (Abschrift)
G: GStA I. HA Rep. 92 L. v. Ranke Nr. 26 (nicht erhalten)

Halle⟨,⟩ den 4ten Januar ⟨1824⟩.

Geliebter Bruder,
Einen herzlichen Gruß! Bist Du denn glücklich nach Hause gekommen zu Deinen lieben Studien?[2] Ich wollte nur, Du wärest noch ein Weilchen hier gewesen, denn sobald Du von hier fort warest, bekam ich ein Weihnachtsgeschenk, das mir sehr lieb ist, und das ich Dir gern gezeigt hätte, nämlich von Fanni[3] eine Schreibtafel, sehr schön gestickt, der Deinigen ähnlich, nur ist die Stickerey ganz anders. Ich hatte sie einige Mal daran arbeiten sehen; sie sagte, es wäre für ihren Onkel[4], und nun bekam ich es,

[1] Ferdinand Ranke (1802--1876), Bruder Leopold Rankes, Student in Halle.

[2] Leopold Ranke war von Wiehe über Halle nach Berlin gereist (vgl. Nr. 183).

[3] Fanny Pollau (1804–1867), Tochter von Carl Friedrich Wilhelm Pollau (1764–1815), Direktor des „Bureau d'Adresse“ in Halle, und Nanette Esther Marguerite Pollau, verw. Juncker, geb. Plantier (1768–1829), Stiefschwester von Charlotte Blanc, geb. Juncker, und Großcousine von Anne Esther Hermann, geb. Plantier (∗ 1743), der Mutter von Johann Gottfried Jakob Hermann, dem Doktorvater von Leopold Ranke.

[4] Zu diesem Zeitpunkt lebten noch vier Brüder des Vaters von Fanny Pollau, Carl Friedrich Wilhelm Pollau (1764–1815), in Berlin:
Dr. Johann Friedrich Samuel Pollau (1766–1829), Sohn von Abraham Pollau (1733–1787), Regimentschirurg des Infanterie-Regiments Nr. 1 in Berlin, ab 1779 Leibchirurg des Prinzen August Ferdinand (1730-1813), und Sophie Louise Henriette Pollau, geb. Bock (1744–1822), Collegium medico-chirurgicum der Charité in Berlin, Studium der Medizin, Dr. med., Chirurg in Berlin, 1796 Mitglied der Freimaurer-Loge „Zu den drei Seraphim“, 1798 Hochzeit mit Maria Dorothea Strobel (1766–1852), Tochter von Johann Bernhard Strobel, Gastwirt in Berlin, 1803 Hofchirurg, 1804 Hofchirurg der Mutter von König Friedrich Wilhelm III., Königin Friederike Luise von Preußen, geb. Prinzessin von Hessen-Darmstadt (1751–1805), danach Hofwundarzt von Prinz Friedrich Wilhelm Carl von Preußen (1783–1851), 1810 Hof- und Stadtwundarzt, Mitglied, 1815 Großzeremonienmeister der Großen National-Mutterloge „Zu den drei Weltkugeln“, zugleich 1814–1829 Repräsentant der Freimaurer-Loge „Zu den drei Degen“ in Halle (vgl. GStA PK VIII. HA Militärkirchenbücher, Infanterie-Regiment Nr. 1, Berlin, Taufen 1766; ELAB Berlin, Dorotheenstädtische Kirche, Bestattungen 1852; ELAB Berlin, Parochialkirche, Bestattungen 1822; ELAB Berlin, St. Marien, Bestattungen 1787; ELAB Berlin, St. Petri, Trauungen 1798; Neuer Nekrolog, 7. Jg., 1829, Nr. 932; Gerlach, Logen in Berlin, S. 390, Nr. 146; Eckstein, Freimaurer Halle, S. 325, Nr. 10);
Gottfried August Michael Pollau (1768–vor 1859), Sohn von Abraham und Sophie Louise Henriette Pollau, geb. Bock, Lehrer der Zeichenkunst (vgl. GStA PK VIII. HA Militärkirchenbücher, Infanterie-Regiment Nr. 1, Berlin, Taufen 1768);
Friedrich Gustav Adolph Pollau (1776–1843), Sohn von Abraham und Sophie Louise Henriette Pollau, geb. Bock, Zeichenlehrer (vgl. GStA PK VIII. HA Militärkirchenbücher, Infanterie-Regiment Nr. 1, Berlin, Taufen 1776; ELAB Berlin, Domkirche, Bestattungen 1843);

Du kannst denken, daß meine Freude groß war, zugleich aber auch meine Angst, denn ich hatte nichts, womit ich ihr hätte erwidern können. Wär ich doch so klug gewesen, und hätte mir das geben lassen, was Du für Malchen[5] mitgenommen hattest. Du dachtest auch einmal daran.

Ich bin nun mitten in meinen Geschichtsstudien und in meinen Examenvorbereitungen drinn, und es ist ein recht angenehmes Gefühl, so von Arbeiten umringt zu sein, daß man nicht heraus kann. Es ist bei mir eigentlich jetzt zum ersten Mal. Es vergönnt mir gar keine Ruhe und treibt mich immer fort. Aber zur Mathematik komme ich auf keinen Fall. Es würde mir zu viel Zeit nehmen; ich müßte ja das ganze noch übrige viertel Jahr daran geben, und dann würde ich durch das ganze Feld doch noch nicht kommen können. Die meiste Zeit wende ich der Geschichte zu; zum 14ten Januar werde ich nun meine Arbeiten erhalten, wenn ich erst mit der mittlern und neuern Geschichte fertig bin, daß ich dann nur noch die bekannte alte Geschichte vor mir habe. Ich freue mich sehr darauf, wenn alles glücklich überstanden ist, und ich nach meinem lieben Nürnberg eilen kann,[6] wohin nun Deine Briefe vielleicht schon gelangt sind. Aber freylich sehe ich nach meiner Ansicht wenigstens die Zeit sehr fern, wo wir uns wieder sehen werden. Es war mir gar nicht lieb, daß Appel[7] durchaus bis die letzte Minute bei uns blieb. Gern hätten wir noch ein paar Worte mit einander gesprochen; so wurde alles verdorben, daß ich gar nicht recht daran denken konnte, daß Du von mir gingst. Es wäre sehr schön, wenn Du vielleicht schon zu Ostern wiederkommen könntest. Du hast jetzt gesehen, welchen Segen es gehabt hat! Doch wer weiß, wie die Sachen dann stehen. Wir könnten uns dann noch einmal brüderlich umarmen. Doch werde ich mich bemühen, so bald als möglich in Nürnberg einzutreffen, damit ich nach einiger Vorbereitung meine Stunden anfangen kann.

Ich wünschte aber auch noch einer andern Sache wegen, daß ich die letzte Zeit hätte Dich allein sprechen können, die ich bis auf diese letzte Zeit verschoben hatte. Es ist dieß aber eine Geldsache, um es nur gerade heraus zu sagen. Du weißt nämlich, lieber Bruder, daß ich vom Anfang meines Studierens an immer nur sehr wenig vom Vater[8] bekommen habe. Das,

Peter Philipp Anton Pollau (1781–1859), Sohn von Abraham und Sophie Louise Henriette Pollau, geb. Bock, 1806 Jäger im Freikorps von Ferdinand von Schill, an der Verteidigung Kolbergs beteiligt, 1813 Freiwilliger Jäger, 1818 Leibjäger des Kronprinzen Friedrich Wilhelm, 1826 Kammerdiener der Kronprinzessin, 1840 der Königin Elisabeth (vgl. GStA PK VIII. HA Militärkirchenbücher, Garnisonkirche Berlin, Taufen 1781; ELAB Berlin, Dreifaltikgeit, Bestattungen 1859; Berliner Adressbuch 1824, 1826, 1849).

[5] Vermutlich Amalia Friederika Delly, geb. Liebhold (1805—1873), Cousine Leopold Rankes in Querfurt und Patenkind der Mutter Leopold Rankes.

[6] Wo Heinrich Ranke als Lehrer an der Bildungsanstalt des Erziehervereins tätig war.

[7] Friedrich Ferdinand Appel (1794–1840), Supernumerar bei der Regierung in Frankfurt an der Oder, seit Ostern 1823 Student in Halle, Freund Leopold Rankes.

[8] Gottlob Israel Ranke (1762–1836).

was ich aus dem Seminar bekam,[9] was freylich manchmal noch geschmälert wurde, hat mir aber immer geholfen, daß ich gut ausgekommen bin. Dazu bist Du auch oft mit Deiner brüderlichen Hülfe dazwischen getreten. Indeß habe ich es nicht ändern können, daß jetzt, wo[a] es sich nun zu Ende neigt mit den Jahren des Studierens, in meiner Kasse ein Deficit gekommen ist. Ich könnte mich nun zwar gerade an den Vater wenden, und er würde recht fühlen, daß die Forderung nicht ganz unbillig wäre. Indeß Du weißt des Vaters Verhältnisse; es würde ihn gewiß betrüben; denn auch Wilhelm[10] braucht noch mehr als einmal so viel als ich. Nun dachte ich: vielleicht, weil ich doch von Ostern an einen kleinen Gehalt bekommen werde,[11] könnte ich das borgen. Aber an wen soll ich mich wenden? Pollau's[12] würden mir es gleich geben, doch ich kann das unmöglich. Da dachte ich denn, wäre es das Beste, mich an Dich zu wenden. Du hast mir so oft geholfen und wirst mir auch ferner helfen. Ich kann es Dir wohl gewiß nach einem Vierteljahre wiedergeben; es sind freylich 25 Thaler, und für Dich, besonders da Dir die Reise so viel gekostet hat⟨,⟩ eine schwere Zumuthung, indeß hoffe ich, lieber Bruder, daß Du es thust. Ich brauche es überaus nothwendig, und es ist doch durch meine Schuld nicht gekommen. Du wirst mir daher einen großen Gefallen thun, wenn Du mir so viel unter der Bedingung, daß ich es Dir so bald als möglich wieder gebe, leihest[b]. Du müßtest es dann freilich sehr bald thun, weil ich einigen es bald versprochen habe, und vorzüglich, wenn Du, was ich nicht fürchte⟨,⟩ gar nicht können solltest, mir sogleich Nachricht geben. Ich bitte Dich also, mir binnen 14 Tagen bestimmt zu antworten, damit ich weiß, woran ich bin.

Lieber Bruder, ich habe diese Bitte mit schwerem Herzen geschrieben[c]; mit schwerem Herzen habe ich oft daran gedacht, wenn ich Dich sah, aber ich bin zu sehr bedrängt, ich konnte nicht anders. Nimm mir es ja nicht übel.

Nun leb wohl⟨,⟩ mein geliebter Bruder, und behalte lieb

Deinen
Ferdinand R⟨anke⟩.

[a] In der Vorlage ursprünglich: „da".
[b] In der Vorlage ursprünglich: „leihen".
[c] In der Vorlage ursprünglich: „gethan".

[9] Unklar.
[10] Wilhelm Ranke (1804–1871), Bruder Leopold Rankes, Student in Halle.
[11] Als Lehrer an der Bildungsanstalt des Erziehervereins in Nürnberg.
[12] Nanette Esther Marguerite Pollau, geb. Plantier, verw. Juncker (1768–1829), und ihre Tochter Fanny Pollau (1804–1867), die spätere Ehefrau Ferdinand Rankes. Die spätere Schwiegermutter Ferdinand Rankes war Inhaberin eines Leihhauses (Hallisches patriotisches Wochenblatt, 30. Jg., 1829, S. 1175).

Nr. 186

Heinrich Ranke[1] an Leopold Ranke

V: GStA PK VI. HA Nl Hoeft Nr. 37 Kart. 4 (Typoskript)
TD: Fuchs, Heinrich Ranke, S. 164–165

Nürnberg⟨,⟩ Montag⟨,⟩ den 12ten Jan⟨uar 18⟩24.

Ein glückseliges Neujahr!
Lieber Leopold,
Gestern⟨,⟩ als ich im Begriff war, nach Erlangen zu reisen, bekam ich Deinen Brief aus Wiehe[2], der mich im tiefsten Grunde der Seele betrübt hat. Ich war schon auf der zweiten Seite des Briefes, als ich immer noch dachte, nun wird die Todesnachricht kommen. Gottlob! Es ist dießmal gnädig vorübergegangen – aber was ist das für ein Ungemach, woran er noch leidet? Lieber Gott – und ich sitze hier und erfahre das alles so sehr spät – beinah um einen Monat später. – Ich bekam den Brief, als ich aus einer Stadtkirche kam, in der ich über Jes⟨aja⟩ 60,1.2. „Mache dich auf, werde Licht," gepredigt hatte. Dann fuhr ich mit Raumers[3] nach Erlangen. Selma[4], Schubert[5] und die lieben Krafts[6] nahmen herzlichen Antheil. Wir fanden es Alle schön, wenn ich gerade in dieser Zeit 2 Tage in Wiehe sein könnte. So ist es denn beschlossen, und ich denke morgen abzureisen.[7] Alle Freunde segnen die Reise. Gott wolle es auch thun! – Aber⟨,⟩ liebes Herz, was soll ich Dir nun sagen von dem Wintersturm⟨,⟩ den Du über meine armen kleinen Frühlingsblumen schickst?[8] Ach! ich weiß es wohl, Du thust es nicht – Du gönnest ihnen ihr kleines, stilles Leben. – Aber es ist eine Macht da, die uns befeindet, die uns gern auf ein Aeußerstes treiben möchte, auf einen christlichen Exceß, – um uns dann auslachen zu können. Mein liebster Bruder – ich will Dir's bei unsrer alten Bruderliebe und bei ihren alten Schmerzen beschwören: Ich will hier wahrlich

[1] Heinrich Ranke (1798–1876), Bruder Leopold Rankes, Lehrer an der Bildungsanstalt des Erziehervereins in Nürnberg.
[2] Nr. 182.
[3] Karl Ludwig Georg von Raumer (1783–1865), ehemaliger Professor, wie Heinrich Ranke Lehrer an der Bildungsanstalt des Erziehervereins in Nürnberg, und Friederike von Raumer, geb. Reichardt (1790–1869).
[4] Selma Schubert (1806–1878), Tochter von Gotthilf Heinrich Schubert, Professor für allgemeine Naturgeschichte und Mineralogie in Erlangen.
[5] Gotthilf Heinrich Schubert (1780–1860), Professor für allgemeine Naturgeschichte und Mineralogie in Erlangen, späterer Schwiegervater Heinrich Rankes.
[6] Johann Christian Gottlob Ludwig Krafft (1784–1845), Pfarrer der deutsch-reformierten Gemeinde und außerordentlicher Professor der reformierten Theologie in Erlangen.
[7] Vgl. Nr. 187.
[8] Vgl. Nr. 182.

keine Ansicht geltend machen – ich will wahrlich Kanne[9] und Schubert[10] hier nicht ins Leben führen (den Kanne habe ich übrigens vor wenigen Tagen zum [a]ersten[a] Mal gesehen und freilich sehr lieb gewonnen, wie man einen Hiob[11], einen Lazarus[12] liebgewinnen kann und muß) – es gilt mir die [b]schleunige[b] Rettung verwahrloster, verwilderter[c] Kinder. Die Liebe zu den armen⟨,⟩ gebundenen Kinderseelen, – und glaube mir, lieber Bruder, es sind mehrere⟨,⟩ und sie sind mehr und schrecklicher mit Sünden und Lastern gebunden als wir sonst meinten – ich darf es sagen, die Liebe Christi zu diesen armen Kindern, die er alle aus der Tiefe der Sünden emporziehen und auf seinen Schooß nehmen und segnen will, treibt mich, daß ich mit Gebet für sie aufstehe und mich niederlege und nichts weiter den Tag über weiß als: ach! könntest Du sie alle zu Ihm führen – nicht, lieber Bruder, daß sie Kopfhänger werden und den ganzen Tag seufzen sollen – sondern daß sie der [d]anklebenden[d] Sünden loswerden möchten⟨,⟩ realiter los und ledig der anklebenden Sünden – und frei und fröhlich, wacker und tüchtig. Wie bist Du so sonderbar über uns berichtet worden!

[a–a] In der Vorlage unterstrichen.
[b–b] In der Vorlage unterstrichen.
[c] In der Vorlage ursprünglich: „verwildeter".
[d–d] In der Vorlage unterstrichen.

[9] Johann Arnold Kanne (1773–1824), Sohn von Friedrich Georg Kanne (1723–1793), Schuhmacher-Meister in Detmold, und Anna Elisabeth Kanne, geb. Schneeberg; Dorfschule in Heidenoldendorf, 1785 Gymnasium in Detmold, 1790 Studium der Theologie in Göttingen, 1791 der Philologie, unter anderem bei Christian Gottlob Heyne, 1795 in Halle, 1796–1797 Privatier in Detmold, Leipzig, Halle, Berlin, Frankfurt am Main, 1798 Lehrer am Gymnasium des Waisenhauses der Franckeschen Stiftungen, März 1799 Studium der Rechte in Jena, Juli 1799 Hauslehrer in Hersbruck, Oktober 1801 in Leuchtenberg, Sommer 1802 Eintritt in die österreichische Armee, 1805 Privatier in Würzburg, Aufenthalte in Leipzig, Jena und Berlin, Frühjahr 1806 Eintritt in die preußische Armee, französische Kriegsgefangenschaft, Flucht, erneuter Eintritt in die österreichische Armee, 1809 Professor für Geschichte am Realinstitut in Nürnberg, Hochzeit mit Henriette Herold († nach 1842) aus Hof, 1817 Professor der Philologie am Gymnasium in Nürnberg, 1818 Professor für orientalische Sprachen und Literatur an der Universität in Erlangen (vgl. GStA PK I. HA Rep. 76 alt II Nr. 91; Erich Neumann: Johann Arnold Kanne. Ein vergessener Romantiker. Ein Beitrag zur Geschichte der mystischen Sprachphilosophie. Berlin ⟨1927⟩, S. 23–71); von Bedeutung waren seine Schriften zur antiken Mythologie, in seinen religiösen Schriften zeigte er sich als Anhänger eines streng dogmatischen Christentums.

[10] Gotthilf Heinrich Schubert (1780–1860), Professor für allgemeine Naturgeschichte und Mineralogie in Erlangen, späterer Schwiegervater Heinrich Rankes.

[11] Frommer Mann aus dem Land Uz, dessen Leben in dem nach ihm benannten Buch des Alten Testaments dargestellt wird.

[12] Anspielung auf Lazarus aus Bethanien, der von Christus von den Toten auferweckt wurde (Johannes 11, 1–44), oder auf das Gleichnis vom reichen Mann und vom armen Lazarus (Lukas 16,19–31).

Wir haben kaum halb so viel Betstunden als in Pforte – [e]Betminuten[e][13] müßte man's nennen, was wir haben. Und, liebes, liebes Bruderherz, wenn nun das gemeinschaftliche Gebet nicht blos eine Erhebung wäre von unsrer Seite, die freilich wie jede Anspannung[f] auch Erschlaffung zur Folge haben könnte – wenn vielmehr eine Erniedrigung dabei stattfände, Gottes nämlich – und wenn er uns in diesen Gebeten etwas [von][g] seiner göttlichen Kraft mittheilte – mit einem Worte⟨,⟩ wenn [h]der Geist[h] wehte – erleuchtend und bessernd, heiligend – würdest Du sogesegnete[i] Betminuten tadeln mögen? – Und siehe, ich darf es sagen und lüge wahrhaftig nicht – der Geist wehet hier – ich habe überaus köstliche Gebetserhörungen in den Händen. Einige vergiftete Kinder haben mir ihre gräuliche Sünde bekannt – und die Schwermuth ist von ihren Augen gewichen. So danken wir des Abends mit Herzklopfen und gehen nicht mehr schlafen, ohne herzliches Dankgebet und dringende Fürbitte für die, deren Schwachheit sie kennen. Gott hat hier unter meinen Händen – unter meinen sündlichen Händen – (Ach⟨,⟩ glaub mir's – ich rede nicht hoffärtig – ich bin nie mehr auf meine übergroße Gebrechlichkeit aufmerksam gemacht worden als hier) – sein heiliges Werk der Errettung versunkener Kinderseelen begonnen⟨,⟩ und er wird es in Gnaden hindurchführen. Wer hat doch gesagt, daß wir pietistisch sind im schlimmen Sinn? Ich sage Dir nur Eines: Wir turnen täglich – noch jetzt den Winter hindurch im Freien – täglich beinah 2 Stunden. Ich bin Vorturner bei der ersten Riege. Wir sind in der vergangenen Woche 3 oder 4 Mal nacheinander die ganzen Nachmittage mit allen Kindern auf der Eisbahn gewesen. Ich und Raumer führten sie bei dem schönen Eistanz an – fröhlich und brüderlich. Ach⟨,⟩ lieber Bruder, laß Dir nichts vorreden, frage mich selbst – der Feind ist ein schändlicher Lügner und will die Brüder trennen – und dann hohnlachen. – Aber es soll ihm nicht gelingen – und ich will Dich lieben bis in den Tod als meinen lieben Bruder⟨,⟩ dem ich unendlich viel verdanke, und nach dem Tod, der uns vielleicht bald scheiden kann, will ich Dich noch inniger und wahrer lieben, als es der sündliche Leib jetzt zuläßt. Leopold,

[e–e] In der Vorlage unterstrichen.
[f] In der Vorlage ursprünglich: „Ausspannung".
[g] Nachträglich eingefügt.
[h–h] In der Vorlage unterstrichen.
[i] In der Vorlage ursprünglich: „sogenannte".

[13] Der Stundenplan für Pforta sah in dieser Zeit ein Morgen- und ein Abendgebet vor (vgl. Kirchner, Scholae Portensis, S. 26–27, 63 und 92). In Nürnberg hatte Heinrich Dittmar in seinem ursprünglichen Schulplan je ein Morgen- und ein Abendgebet sowie Gebete zum morgendlichen Unterrichtsbeginn und nach dem Mittagessen verbindlich festgelegt (vgl. Dittmar's und Hermann's Erziehungs- und Unterrichtsanstalt für Knaben. Ein Bericht an die königl. bair. Regierung des Rezatkreises, an den Magistrat der Stadt Nürnberg, und an die Aeltern der Zöglinge und Schüler dieser Anstalt. Nürnberg 1819, S. 85–89; F. H. Ranke, Jugenderinnerungen, S. 248–249).

ich bin in meinem Leben noch nie in so [j]dauernder[j] Fröhlichkeit des Herzens gewesen, als jetzt, mitten unter schweren Drangsalen, durch Gottes Gnade.

[k][Dein Heinrich.][k]

[j-j] In der Vorlage unterstrichen.
[k-k] In der Vorlage nachträglich handschriftlich ergänzt.

Nr. 187

Heinrich Ranke[1] an Leopold Ranke

V: GStA PK VI. HA Nl Hoeft Nr. 37 Kart. 4 (Typoskript)

Wiehe⟨,⟩ am 21sten Jan⟨uar 18⟩24. Mittwoch.

Liebster Leopold,

Gott grüße Dich, mein lieber Bruder! Wenn ich geträumt hätte, wie Du, unser lieber Joseph[2], so wären wir wohl auf [a]Einen[a] Tag in die Heimath gekommen. Nun bin ich freilich viel später hier und höre nur überall von Deiner Heiterkeit und Deinem fröhlichen Spiel. Als ich am Sonnabend früh[b] nach 7 Uhr die Schloßgasse herunterging und den Wagen langsam nachfahren ließ, fragte ich Herrn Weise[3], der vor der Thür stand, gleich: ⟨„⟩Was macht mein Vater[4]?⟨“⟩[5] Denn ich war immer ängstlicher geworden, je näher ich nach Hause kam. „Der ist ziemlich gesund.“ So eilte ich noch mehr – und der Vater saß im Lehnstuhl beim Kaffee. Ach, liebes Herz, wie ich ihn in meinen Armen hatte⟨,⟩ so konnte ich nichts denken und sagen, als: ⟨„⟩Gott sei gelobet und gebenedeiet!⟨“⟩ – Die Mutter[6] ist doch von allen den Leiden etwas angegriffen. Die Kinder[7] blühen aber fröhlich. Gleich den ersten Tag sagte der Vater ganz ohne mein Zuthun: ⟨„⟩ich kann mir nichts Schöneres denken als eine Falkische[8] Anstalt[9].⟨“⟩ Sie erzählen mir von der großen Verdorbenheit der Leute, besonders von den Ehegreueln. ⟨„⟩Man muß den Leuten die Kinder

[a]–[a] In der Vorlage unterstrichen.

[b] In der Vorlage ursprünglich: „fünf“.

[1] Heinrich Ranke (1798–1876), Bruder Leopold Rankes, Lehrer an der Bildungsanstalt des Erziehervereins in Nürnberg.

[2] Anspielung auf 1. Mose 37 bzw. 40–41.

[3] Adam Gottfried Weise (1782–1853), Sohn von Gottfried Samuel Weise und Eleonora Christiana Magdalena, geb. Bohland, verw. Schotte (1747–1812), Fleischhauer (freundliche Auskunft von Gottfried Braasch, 6.12.2011).

[4] Gottlob Israel Ranke (1762–1836).

[5] Vgl. Nr. 182.

[6] Friederica Wilhelmina Ranke, geb. Lehmicke (1776–1836).

[7] Wohl die noch im Hause der Eltern lebenden Geschwister: Johanna (1797–1860), Rosalie (1808–1870) und Ernst Constantin Ranke (1814–1888).

[8] Johannes Daniel Falk (1768–1826), Sachsen-Weimar-Eisenachischer Legationsrat.

[9] Falk gründete 1814 in Weimar die „Gesellschaft der Freunde in der Not“, die sich zum Ziel gesetzt hatte, verwaiste und heimatlose Kinder durch die Vermittlung einer Lehrstelle zu nützlichen Bürgern zu erziehen; 1821 errichtete Falk den „Lutherhof“ in Weimar, aus dem das „Falksche Institut“ hervorging, eine öffentliche Erziehungsanstalt für verwahrloste Kinder; Ziel der „Falkischen Anstalt“ war die Verbindung von christlicher Erziehung und praktischer Ausbildung. Heinrich Ranke kannte Johann Daniel Falk, der mit einem Verwandten der Familie Ranke befreundet war, persönlich (vgl. F. H. Ranke, Jugenderinnerungen, S. 87–88, 273–275).

wegnehmen⟨“⟩, sagt der Vater. Wenn wir doch etwas thun könnten für unser armes Wiehe. Du weißt von der Armenschule[10] in Beuggen bei Basel, wo zugleich „freiwillige Armenschullehrer“ gebildet werden,[11] junge Handwerker, die bereit sind⟨,⟩ mit ihrer Händearbeit sich zu ernähren, und zugleich die Armen christlich zu unterrichten. Diese Anstalt ist von der Missionsgesellschaft in Basel[12] ausgegangen – und ist eigentlich auch eine Missionsanstalt für das Vaterland. – Wir stehen mit dieser Schule seit vorigem Sommer in Freundschaft, und es würde uns wohl, wenn die Sache unterstützt würde, ein Lehrer von dort gesendet werden. Unser Berg[13] könnte vielleicht der Grund einer neuen Armenschule werden. Man könnte zuerst 4 der ärmsten und verwildertsten Jungen ins Haus nehmen. Der Vater meint⟨,⟩ zunächst in Hannchens[14] Hinterstube, die schon einmal Schulstube war. Da könnte der junge Handwerker wohnen, arbeiten, die Kinder lehren und erziehen. Vater und Mutter hätten die Aufsicht. Die Mutter und Röschen[15] wüschen und reinigten die Kinder und die Kleider. An diese 4 Zöglinge könnten sich andre arme Kinder als Schüler anschließen. Der vater ließ von ihnen, wenn sie größer wären, den Berg als Garten bearbeiten und dort vielleicht den alten Gedanken des Häuschens am Berge ausführen. Zur Erhaltung dieser 4 Kinder mit dem Lehrer, der ja arbeiten müßte, wäre, da die Mutter die Wirthschaft besorgt, gewiß wenig nöthig. Du, liebster Bruder, und ich wollten, was nur in unsern Kräften stände, dazu beisteuern und unsre Freunde zu einem Gleichen auffordern. Unsere Anstalt würde mich auf 14 Tage, oder einen Monat zur ersten Einweihung und Einrichtung einer solchen Schule gern entlassen. Die Kinder würden gründlich im Christenthum unterrichtet und besonders von einem lebendigen Christen zum christlichen Leben angeleitet, dann lernten sie noch Lesen und Rechnen, (vielleicht auch schreiben, doch ist dieß unnöthig⟨)⟩. Die Kinder werden zu Dienstboten gebildet⟨,⟩ einstweilen also nur wenige Lehrstunden haben und übrigens arbeiten. – Während ich dies niederschreibe, so erzählt mir die Mutter immer, daß nur der Vater zu unbeständig sei, und manchmal zu wunderlich. – Sonst ließe es sich

[10] Eine Armenschule ermöglichte begabten Kinder aus armen Familien ohne oder fast ohne Schulgeld Zugang zur Bildung, und zwar gewöhnlich in Internaten, zum Teil mit freier Kost und Logis. Die Plätze für arme Schüler wurden wie andere Freistellen von Stiftern finanziert oder durch das ansonsten übliche Schulgeld von den anderen Eltern bezahlt.

[11] Die Armenschule in Beuggen wurde zusammen mit der „Armen-Schullehrer-Anstalt“ 1817 unter dem Einfluß von Pestalozzi von Christian Heinrich Zeller (1779–1860) gegründet und nahm ihre Arbeit im Jahr 1820 auf.

[12] Die Evangelische Missionsgesellschaft Basel wurde am 25. September 1815 als Tochtergesellschaft der Deutschen Christentumsgesellschaft von Christian Friedrich Spittler und Nikolaus Brunn gegründet. Sie diente der Ausbildung von Missionaren.

[13] Teil der Besitzungen der Familie Ranke in Wiehe.

[14] Johanna Ranke.

[15] Rosalie Ranke.

ohne große Kosten ausführen. Man könnte auch nur 2 zuerst aufnehmen. – Ich glaube nun selbst, daß der Vater freilich seine Launen abgelegt haben müßte, und Friede und Eintracht im Hause wohnen⟨.⟩ Sieh nur, liebes Herz, wenn da in unserm Hinterstübchen 3 Leute wohnten oder 4, die täglich früh und Abends auf ihren Knien lägen und Gott um den Geist bäten für unser Haus und das ganze arme verwüstete finstere Wiehe – das könnte ein herrlicher Anfang des neuen Lichtes sein, das bald über unserm Thal anbrechen möge. Gestern sprach ich mit dem Magister[16], was wohl das Wichtigste sei zum Anfang eines neuen Lebens. „Das Muster Jesu und seine Belehrung über Tugend und Laster.“ Ich hatte nun in der Metten, da ich mit vollem Herzen in die Kirche gegangen war und mich über die schönen stillen Lichter auf dem Altar und auf den Chören gefreut hatte, ihn predigen hören: Man müsse⟨,⟩ um seine [c]Pläne[c], [d]Absichten[d] und [e]Entwürfe[e] und ich weiß nicht, was noch, auszuführen⟨,⟩ sich Freundlichkeit zu eigen machen. Christus auch hätte ein gewisses freundliches, einnehmendes und zuvorkommendes Wesen gehabt, und dadurch eben sei sein Tod so wichtig geworden, und habe er seine [f]Pläne[f], [g]Absichten[g] und [h]Entwürfe[h] ausgeführt – dazu las er eine Stelle aus einem Psalm⟨,⟩ die wie die Faust aufs Auge paßte – nämlich es war auch nicht [i]Eine[i] Silbe in dem Text⟨,⟩ die hierher gepaßt hätte. – Es war mir allzu traurig – ich ging dann aus Furcht weder in die Frühkirche, noch Nachmittags. – Nun konnte ich durchaus nichts anderes aus ihm herausbringen. Wo soll denn nun die Kraft herkommen, diese beschriebene Tugend an sich zu nehmen, die Leute bleiben ja auch immer so schlecht wie sonst. – Als ich nun ein leises Wörtchen von Jesu gegenwärtiger Wirkung und von dem Gebet zu ihm fallen ließ, so wollte er das zu den dunkeln Gefühlen rechnen – immer nur Muster und Hinblick auf dieses Muster und natürliche Folge davon. Das Gebet soll nur subjektive Wirkung [haben][j] – ich erinnerte an Elias[17]⟨,⟩ der um Regen bittet⟨,⟩[18] und den Jakobus[19] als Beispiel

c–c In der Vorlage unterstrichen.
d–d In der Vorlage unterstrichen.
e–e In der Vorlage unterstrichen.
f–f In der Vorlage unterstrichen.
g–g In der Vorlage unterstrichen.
h–h In der Vorlage unterstrichen.
i–i In der Vorlage unterstrichen.
j In der Vorlage nachträglich ergänzt.

16 Johann Friedrich Damm (1774–1849), Oberpfarrer in Wiehe, oder Ernst Theodor Patzig (1792–1825), Diakonus in Wiehe.
17 Elija, Prophet des Volkes Israel.
18 1. Könige 17,1 und 18,44–45.
19 Jakobus, der Gerechte († 62), Bruder von Jesus von Nazareth, Leiter der Urgemeinde in Jerusalem, Autor des Jakobusbriefes.

aufführt.[20] – Beinah verschämt sagte er, er könne doch Abends nicht einschlafen, ohne sich bekreuzt und gebetet zu haben. – Er betrachtet es beinah wie eine Schwachheit. Als ich ihm nun einiges aus unserer Erfahrung von der Kraft des Gebetes und der Fürbitte erzählte, so sollte alles nur subjektiv wirken – und er schrieb es meiner Lebendigkeit und kräftigen Aufregung zu. – Lieber Gott! – Die Leute merken auch hier an seinen Vorträgen eine schreckliche Kälte. – Es ist mir zu traurig, wenn ich an die hiesige Finsterniß denke – und wie doch wohl beinah kein Lichtstrahl hereingeleitet wird. – Die Leute kommen zu keiner Tugend, weil ihnen von Tugend so viel vorgepredigt wird – und bekämen sie endlich eine, so haben sie die der Predigt nach durch ihre eigne Kraft errungen, und so werden sie hoffärtig und verlieren alles. – Wir wollen doch, geliebter Bruder, unsre arme Vaterstadt auf dem Herzen tragen und für sie um Licht und Leben bitten – und thun, was möglich ist. Für jetzt ist unsre [k]Absicht[k], [l]Plan[l] und [m]Entwurf[m] auch nicht durch ein [n]einnehmendstes[n] Wesen auszuführen. Wir wollen bitten und warten, bis Seine Zeit kommt; und vielleicht bald. – –

Nun hat der Postillon[21] zum Erstaunen von ganz Wiehe geblasen; die Leute haben die Fenster aufgerissen, das Wunderthier, den alten Postschimmel⟨,⟩ besehen resp⟨ektive⟩ bewundert – ich aber muß mich nur darüber wundern⟨,⟩ daß mein armer Brief nun schon fort muß. Ich wollte Dir weiter nichts schreiben, als daß Du mein lieber Bruder bist.

Grüße [o][an][o] unsre lieben Freundinnen[22] und Dich von den Eltern, sämtlichen Geschwistern und mir.

Dein getreuer Heinrich.

Die Mutter sagt: ⟨„⟩heute wärs vielleicht der Schimmel nicht gewesen.⟨“⟩ – ⟨„⟩Vielleicht der Rappe⟨“⟩, sagt Ernst[23].

k–k In der Vorlage unterstrichen.
l–l In der Vorlage unterstrichen.
m–m In der Vorlage unterstrichen.
n–n In der Vorlage unterstrichen.
o–o In der Vorlage nachträglich handschriftlich ergänzt.

[20] Jakobus 5,17–18.
[21] Nicht ermittelt.
[22] Friederike Wilhelmine Ahlemann, geb. Schultze (1772–1843), Direktorin einer höheren Bildungsanstalt für Mädchen in Frankfurt an der Oder, und Caroline Beer (1791–1851), Vertraute Leopold Rankes in Frankfurt an der Oder.
[23] Ernst Constantin Ranke.

Nr. 188

Gottlob Israel Ranke[1] an Leopold Ranke

V: GStA PK VI. HA Nl Hoeft Nr. 1 (Abschrift)
G: GStA I. HA Rep. 92 L. v. Ranke Nr. 26 (nicht erhalten)

Wiehe⟨,⟩ am 22⟨.⟩ Jan⟨uar⟩ 1824.[a]

Gelieb⟨t⟩er Leopold,
Mein Unfall vor Weinachten[2] hat doch sehr gute und erwünschte Folgen gehabt. Denn er hat alle meine lieben entfernt lebenden Söhne[3] um mich versamlet⟨.⟩
Du erschienst uns zuerst mit Deinem Freund[4], und Brüdern[5] als ein freundlicher Genius⟨,⟩ der uns in der Betrübniß beistund und uns durch seine Gegenwart wieder erfreuete und uns auf andere Gedanken brachte. Zulezt traf auch Heinrich[6] von Nürnberg bei uns ein, welcher auf den Sontag hier erst, noch predigen will. Dan den folgenden Dienstag wieder abreiset. Da er auch an Dich schreibt, so wolte ich doch ein blätchen an Dich beilegen.[7] Gott lasse uns das Glük wieder fahren, noch einige Jahre⟨,⟩ wenn auch in der Entfernung, mit meinen lieben Söhnen noch länger zu leben, und mehr Freuden an Ihnen zu erleben! Er schenke Dir ferner Gesundheit und bringe Dich bald uns näher!! Mit diesen Wunsch für Deine Gesundheit und nähere Anstellung[8] zeichnet sich

Dein Dich innig liebender
Vater Ranke.

Tausend Empfehlungen an die Frau Prediger [b]Ahleman[b][9] der ich für Ihr Geschenk herzlich danke, auch an D⟨emoiselle⟩ Caroline[10].

[a] Orts- und Datumsangabe in der Vorlage unter dem Text links.
[b-b] In der Vorlage unterstrichen.

1 Gottlob Israel Ranke (1762–1836), Vater Leopold Rankes.
2 Vgl. Nr. 182.
3 Leopold (1795–1886), Lehrer am Friedrichs-Gymnasium in Frankfurt an der Oder, Heinrich (1798–1876), Lehrer an der Bildungsanstalt des Erziehervereins in Nürnberg, Ferdinand (1802–1876), Student in Halle, und Wilhelm Ranke (1804–1871), Student in Halle.
4 Wohl Friedrich Ferdinand Appel (1794–1840), Student in Halle, Freund Leopold Rankes.
5 Ferdinand und Wilhelm Ranke.
6 Heinrich Ranke.
7 Somit wäre dieser Brief des Vaters eine Beilage zu Nr. 187.
8 Bezug unklar.
9 Friederike Wilhelmine Ahlemann, geb. Schultze (1772–1843), Witwe des Zweiten Predigers und Archidiakonus an St. Marien in Frankfurt an der Oder, Direktorin einer höheren Bildungsanstalt für Mädchen in Frankfurt an der Oder, Vertraute Leopold Rankes.
10 Caroline Beer (1791–1851), Vertraute Leopold Rankes in Frankfurt an der Oder.

Nr. 189

Leopold Ranke an Samuel Heinrich Spiker[1]

V: SBB Slg. Darmstaedter 2 f 1826 (4) (eigenhändig)[a]
D: L. v. Ranke, Neue Briefe, S. 41–42

Frankf⟨urt an der Oder,⟩ am 25sten Januar 1824.[b]

Wohlgeborner,
Hochgeehrtester Herr Bibliothekar,

Mit großem und vielem Danke schicke ich Ihnen die mir übersandten Bücher zurück.[2] In den beyden Bänden des Machiavell[3] finden sich noch nicht alle Legazionen[4] desselben. Indem ich E⟨uer⟩[c] Wohlgeboren ersuche, mir auch den zu senden, in welchem die ersten enthalten sind, wahrscheinlich den vierten, verbinde ich damit die Bitte um

1. *Daru*[5] ⟨,⟩ *Histoire de Venise*: und zwar den Theil, welcher die Geschichte von 1480 bis 1530 begreift, vermuthlich den dritten[6]; welches mir ganz nothwendig ist;

[a] Auf der ersten Seite oben ein Vermerk von anderer Hand: „Am 14. Febr⟨uar⟩ 1824 die verlangten Bücher übersandt. “

[b] Orts- und Datumsangabe in der Vorlage unter dem Text links; im Druck fälschlich auf den 24. Januar 1824 datiert.

[c] In der Vorlage: „Ew.“.

1 Samuel Heinrich Spiker (1786–1858), Bibliothekar an der Königlichen Bibliothek in Berlin.

2 Vgl. Nr. 101 und Nr. 174.

3 Niccolò Machiavelli (1469–1527), florentinischer Politiker, Diplomat und Schriftsteller.

4 Gesandtschaftsberichte (vgl. Nr. 174).

5 Pierre Antoine Noël Bruno Comte Daru (1767–1829), Sohn von Noël Daru (1729–1804), Advokat und Erster Sekretär der Intendantur von Languedoc in Montpellier, 1783 Seconde-Lieutenant in einem Kavallerie-Regiment, 1789 Kriegskommissar, 1793 verhaftet, 1795 Secrétaire général des Kriegministers mit dem Rang d'inspecteur aux revues, 1799 Chef der Intendantur der Revolutions-Armee unter André Masséna, während dieser Zeit vollendete er seine Horaz-Übersetzung, die seinen literarischen Ruf begründete, 1800 Abschied, 1802 Mitglied des Tribunal, 1803 Chef der Intendantur der Nord-Armee, 1804 Staatsrat, 1805 Chef der Intendantur der Grande Armée, Bevollmächtiger Minister beim Friedensschluß von Preßburg, 1806 Generalintendant de la Maison militaire Napoleons, 1807 Bevollmächtiger Minister beim Friedensschluß in Tilsit, danach Generalintendant in Preußen, 1808 Mitglied der Akademie der Wissenschaften in Berlin, beim Kongreß von Erfurt beim Gespräch zwischen Napoleon und Goethe anwesend, 1809 beim Feldzug gegen Österreich erneut Chef der Intendantur der Armee, Erhebung in den Grafen-Stand, 1811 Staatssekretär, 1813 Leiter der Kriegsverwaltung, 1814 Rückkehr ins Privatleben, Titel eines Kommandanten der Ehrenlegion, 1816 Mitglied der Académie française, 1818 Ernennung zum Pair.

6 P. Daru: Histoire de la République de Venise. 2. Aufl., 8 Bde., Paris 1821 (vgl. L. Ranke, Kritik, S. 174); das XX. Buch widmet sich der für Leopold Ranke besonders interessanten „Expédition de Charles VIII à Naples, 1494–1498“. Daru zitiert vereinzelt Dokumente; dominiert wird sein Werk aber von langen Reden, in denen der Hauptpersonen und ihre Motive dargestellt werden.

2., *Flassan*[7] ⟨,⟩ *Histoire de la Diplomatie Française Tom⟨e⟩ I.*[8]
3., *Les Chroniques*[9] *de France abregées, cont⟨enants⟩ les vaillances et promesses du noble Roy François I.*[10] *oder Chroniques par Gilles*[11]. *Letzter Theil.*
4., *Carpesani*[12], *Commentaria suorum temporum in Martene Coll⟨ectio⟩ Ampl⟨issima⟩ I. V.*[13]

[7] Gaétan de Raxis de Flassan (1760–1845), Sohn von Joseph Dominique de Raxis de Flassan, Offizier der päpstlichen Truppen, und Marie-Thérèse de Raxis de Flassan, geb. de Joannis de Verclos, Gymnasium der Jesuiten in La Flèche, Militärschule in Paris, 1794 Eintritt in den Dienst des Wohlfahrtsausschusses, beschäftigt in der Zweiten Abteilung des Bureau d'Analyse des Ministeriums der auswärtigen Angelegenheiten, 1810 Chef de Cabinet von Charles-Maurice de Talleyrand-Périgord, 1813 Professor der Geschichte an der École militaire de Saint Germain, ab 1814 zugleich Historiograph des Ministeriums der auswärtigen Angelegenheiten, Mitglied der französischen Delegation auf dem Wiener Kongreß.

[8] Leopold Ranke bestellt wohl Flassans Histoire générale et raisonnée de la diplomatie française, ou de la politique de la France, Depuis la fondation de la Monarchie, jusqu' à la fin du règne de Louis XVI; avec des tables chronologiques de tous les traités conclus par la France. Par M. de Flassan, seconde Édition corrigée et augmentée. 7 Bde., Paris 1811. Die zweite Ausgabe ist gegenüber der Erstausgabe von 1808 nur in Einzelheiten korrigiert, vor allem aber um einige Einträge in die „tables chronologiques" bereichert (Discours préliminaire, Bd. 1, S. 48–50). Bereits nach der Hälfte des ersten Bandes beginnt Flassan die Darstellung des 16. Jahrhunderts, auf die es Leopold Ranke hier ankommt (S. 179–389: „Seconde période: Depuis la règne de Charles V, dit le Sage, jusqu' à la paix de Cateau-Cambrésis 1559"). Neben einer Erzählung der „Haupt- und Staatsaktionen" bietet Flassan die Texte aller von Frankreich in dieser Zeit abgeschlossenen Verträge; Das Werk geht auf Napoleon zurück, der sich eine chronologische, genealogisch geordnete Sammlung der Verträge („actes diplomatiques", Bd. 1, Avant-propos, S. I) Frankreichs wünschte. Die Wahrheit der Geschichte, einer „science exacte" mit streng kausalen Verknüpfungen (Bd. 1, S. V und VIII), ist ermittelbar; Vergleich, Kritik, umfassende Kenntnis und ausgefeilte Rhetorik sind die Mittel, Mitteilung neuer Fakten und guter Einfluß „sur la félicité publique" sind das Ziel. Aufmerksamkeit verdienen Flassans Erörterungen der historischen Wahrheit und der Bedeutung der Reden und Ansprachen in alten Geschichtswerken (vgl. Bd. 1, S. IV–X: Des qualités de l'histoire; S. X–XII: Des discours et harangues; S. XV–XVIII: La narration; S. XVIII–XX: Du style.); manche Passagen in Rankes „Kritik", etwa die Seiten 20 bis 27 über politische Reden, wirken wie ein Echo auf diesen Abschnitt. Ranke ist auch später auf dieses Werk zurückgekommen (vgl. etwa Leopold von Ranke: Vorlesungseinleitungen. Hrsg. von Volker Dotterweich und Walther Ernst Fuchs [= Leopold von Ranke. Aus Werk und Nachlass, Bd. 4, hrsg. von Walther Peter Fuchs und Theodor Schieder]. München / Wien 1975, S. 116).

[9] Les chroniques et annales de France dès l'origine des François. Faictes jadis briefvement par Nicole Gilles, et, depuis additionnées par Dénis Sauvage. Revues, corrigées et augmentées par F. de Belleforest. Avec la suite et continuation pp. par Chappuys, Paris 1600; eine weitere Ausgabe ebd. 1617 (vgl. L. Ranke, Kritik, S. 151–152).

[10] Franz I. (1494–1547), ab 1515 König von Frankreich.

[11] Nicolas Gilles († 1503), Sekretär des Königs von Frankreich Ludwig XII. (1462–1515) und contrôleur du trésor.

[12] Francesco Carpesano (1451–1528), Geistlicher und Sekretär des Bischofs von Parma.

[13] Carpesanos zeitgeschichtliche Chronik „Francisci Carpesani flaminis Parmensis commentaria suorum temporum libris X. comprehensa. Ab anno circiter MCCCCLXX. ad annum MDXXVI." ist abgedruckt in dem Sammelwerk: Veterum Scriptorum et Monumentorum Historicorum, Dogmaticorum, Moralium, Amplissima Collectio. Prodit nunc pri-

5., *Pasquier*[14] *Recherches de la France, l. VI.*[15]

Ich bitte E⟨uer⟩[d] Wohlgeb⟨oren⟩ nochmals, die Mühe, die ich Ihnen mache, mit dem Bedürfniß zu entschuldigen, das ich habe, und gewiß zu seyn⟨,⟩ daß Sie mir großen Nutzen verschaffen.

E⟨uer⟩[e] Wohlgeboren
ganz ergebener Diener
L⟨eopold⟩ Ranke.

[d] In der Vorlage: „Ew.“.

[e] In der Vorlage: „Ew.“.

mum studio et opera Edmundi Martene et Ursini Durand. 9 Bde., Paris 1724–1733; T. 5: Complectens plures Scriptores Historicos de rebus praesertim Gallicis, Anglicis, Italicis, Constantinopolitanis et Terrae-Sanctae. Paris 1729, col. 1175–1426.

[14] Etienne Pasquier (1529–1615), Advokat und Mitglied des obersten Gerichtshofes (parlement) in Paris.

[15] Die Recherches de la France von Etienne Pasquier erschienen das erste Mal in zwei Bänden und einem Zusatzband Paris 1571 unter dem Titel: Les recherches de la France, livre premier et second. Plus, un ⟨livre⟩ pour parler du prince. Eine Ausgabe dieser Forschungen zur französischen Geschichte in vier Bänden folgte 1596, eine in einem Band von über 1200 Seiten zusammengezogen Paris 1607 (mit zusätzlichem Material) und wiederum eine korrigierte und verbesserte in drei Bänden nach dem Tod des Autors Paris 1665. Leopold Ranke nennt in seiner Angabe das 6. Buch; gemäß seiner Seitenangabe (L. Ranke, Geschichten, S. 4 und 6) kommen die Ausgabe in einem Band (1607) und die letzte (1665) in Frage. Leopold Ranke widmet dem Werk in der „Kritik“ eine eingehende Erörterung (vgl. L. Ranke, Kritik, S. 170–172).

Nr. 190

Leopold Ranke an Georg Andreas Reimer[1]

V: University of Illinois at Urbana-Champaign Library
Post-1650 MS 131 (eigenhändig)
D: Ford, Ranke Letter, S. 142–144 (Druck)

Frankfurt a⟨n⟩ d⟨er⟩ O⟨der,⟩ 26sten Januar 1824.[a]

Hochgeehrtester Herr,

Hiermit übersende ich Ihnen das erste Buch meiner Geschichte[2]: ich wünsche demselben wenigstens in so weit Ihren Beyfall, daß es Sie nicht gereut, auf den Verlag dieser Schrift eingegangen zu seyn. Vielleicht finden Sie unter andern Mängeln[3] [b]daran[b] einen Anstoß, daß die einzelnen Capitel nicht genau genug zusammenhängen und ein Jedes eigentlich von neuem und mit einer neuen Trockenheit anhebt. Dieses geschieht⟨,⟩ weil ein Jedes eine abgesonderte Geschichte entwickelt, die auf ihrem besonderen Grund und Boden beruht; in den nachfolgenden Büchern, wo die Einleitungen beseitigt sind, wird es nicht mehr so störend einwirken⟨.⟩ Nun weiß ich nicht, ob Ihre Besorgnis vor der Censur[4] steigen oder fallen wird, wenn Sie diesem ganzen Buch Ihre Aufmerksamkeit werden geschenkt haben. Ich bilde mir ein, sie wird verschwinden. Sollte sies nicht, so ist mir ein anderer Rath beygefallen. Könnte dieß Buch nicht als dann zu Leipzig unter Ihrer Firma, wie ich schon bei einem anderen gesehen, oder als Weidmannischer Verlag[5] erscheinen? Denn die Leipziger Censur wird doch gewiß nichts dawider haben. Doch stelle ich dieses ganz und gar Ihrem Ermessen anheim, indem Sie die Sache besser verstehen werden, als ich.

In Hinsicht auf die Citate[6] bin ich, obwohl zuweilen mit einigem Widerwillen, dem in dem dritten Capitel[7], das in Ihren Händen ist, eingeschlagenen Wege gefolgt. Sorgfältig habe ich mich vor der eigentlichen Adnota-

[a] Orts- und Datumsangabe in der Vorlage unter dem Text links.
[b]–[b] In der Vorlage unterstrichen.

[1] Georg Andreas Reimer (1776–1842), Buchhändler und Verleger in Berlin.
[2] Im Druck: L. Ranke, Geschichten, S. 1–186.
[3] Vgl. Nr. 180.
[4] Vgl. Nr. 180.
[5] Der traditionsreiche, 1680 in Frankfurt am Main von Moritz Georg Weidmann (1658–1693) gegründete, 1682 nach Leipzig verlegte Verlag war 1822 von Georg Andreas Reimer erworben worden.
[6] Leopold Ranke meint hier die Anmerkungen, die Belegstellen für einzelne Behauptungen liefern.
[7] Im Druck: L. Ranke, Geschichten, S. 84–128.

tion[8] gehütet; das Citat schien mir in dem Werk eines Anfängers, der sich erst Bahn machen und Glauben verdienen soll, unerläßlich. Es ist dabey ein Übelstand: ließe es sich nicht auf eine gewiße Weise heben? Ich meine, wenn man am *margine* des Textes die Zeilen mit 10, 20, oder 5, 10, 15, 20, zählte, wie bey alten Dichtern geschieht, und dann in einem eigenen Anhang der Beweißstellen die Citate mit Angabe der Seite und Zeilen, worauf sie sich beziehen, zusammenstellte. Denn die Citate selbst zu zählen, und zwar hinten zusammenzustellen, aber vorn den Text mit den Zahlen zu durchbrechen, die immer sehr hoch steigen müßten, wie in der Cottaischen Ausgabe[9] von Müllers[10] Schweizergeschichte[11] geschehen, scheint mir ein noch größerer Übelstand, als wenn sie sich geradezu unter dem Text befinden. Auch dies fällt natürlich alles Ihrem gütigen Ermessen anheim. Endlich überschickte ich Ihnen diese Bogen gern geheftet und in besserer Gestalt; sollten Sie es nöthig finden, so müßte ich Sie nothwendig selbst um die Mühwaltung, dieß zu besorgen, ersuchen, da bereits ein Theil des Manüscriptes bey Ihnen liegt.

Übrigens habe ich insgeheim gehofft, es müßte Ihnen ein Catalog neugedruckter⟨,⟩ aber in der That alter und noch unbenutzter italienischer Wer-

[8] Leopold Ranke bringt unter dem Strich keine gelehrten Erörterungen, sondern beschränkt sich auf unmittelbare Belege, die sich mit den unerläßlichsten Nachweisen begnügen.

[9] Im Verlag der J. G. Cotta'schen Buchhandlung herausgegebene Ausgabe. Der Verlag war 1659 von Johann Georg Cotta (1631–1692) gegründet worden und wurde 1824 von Johann Friedrich Cotta Freiherr von Cottendorf (1764–1832), dem Verleger von Schiller und Goethe, geleitet.

[10] Johannes (ab 1791: Edler von) Müller (zu Sylvelden) (1752–1809), Sohn von Johann Georg Müller (1722–1779), Diakonus in Neunkirch, Kanton Schaffhausen, und Anna Maria Müller, geb. Schoop (1724–1790), Tochter von Johannes Schoop (1696–1757), Pfarrer in Neunkirch; 1769 Studium der Theologie, Geschichte und Philologie in Göttingen, 1772 Dr. phil., Erstes Theologisches Examen, Professor der griechischen Sprache am Collegium Humanitatis in Schaffhausen, 1773 Mitglied der Helvetischen Gesellschaft, 1774 Hauslehrer in Genf, Kontakt zu Voltaire, Reisen durch die Schweiz, 1781 Professor für Statistik am Collegium Carolinum in Kassel, wo er auch historische Vorlesungen hielt, Aufnahme in den Illuminaten-Orden, Freundschaft mit Johann Gottfried Herder und Gotthold Ephraim Lessing, 1783 Privatgelehrter in Genf, Schaffhausen und Bern, 1786 Hofbibliothekar des Kurfürsten von Mainz, kurmainzischer Hofrat, 1788 kurmainzischer Wirklicher Geheimer Legationsrat und Geheimer Konferenzrat, 1791 kurmainzischer Geheimer Staatsrat, 1792 Hofrat in der Geheimen Hof- und Staatskanzlei, 1800 Kustos der Hofbibliothek in Wien, 1804 preußischer Geheimer Rat, Historiograph des Hauses Brandenburg, 1807 Minister-Staatssekretär im Königreich Westphalen, auswärtiges Mitglied der Historischen Klasse der Akademie der Wissenschaften in München, 1808 Generaldirektor des öffentlichen Unterrichts im Königreich Westphalen.

[11] Gemeint ist wohl die von Johann Georg Müller besorgte Ausgabe, bei der die Anmerkungen als Endnoten in separaten Bänden veröffentlicht wurden (Johannes von Müller: Der Geschichten Schweizerischer Eidgenossenschaft, in: Johannes von Müllers sämmtliche Werke, hrsg. von Georg von Müller. Bd. 19–24 (Text), Bd. 25–26 (Anmerkungen), Stuttgart / Tübingen 1815–1817; die erste und die zweite Auflage der Geschichte der Schweizerischen Eidgenossenschaft von Johannes von Müller waren ab 1787 bzw. 1806 in der Weidmannischen Buchhandlung in Leipzig erschienen.

ke zur Hand gekommen seyn, zu deren Gebrauch Ihre Güte mir auf irgend eine Weise verhelfen konnte. In dem Germanischen Archiv für Geschichte, Geographie, u. s. w.[12] sind verschiedene wichtige Aktenstucke abgedruckt, die sich auf meinen Gegenstand beziehen.[13] Die ganzen Jahrgänge kann ich nicht wohl kaufen. Um die einzelnen Blätter habe ich mich vergeblich an die Verlagshandlung[14] gewandt. Könnte ich nicht vielleicht durch Ihre Vermittelung ein Exemplar zum Gebrauch auf eine kurze Zeit empfangen? Verzeihen Sie mir diese Bitten, wenn sie Ihnen unbescheiden scheinen sollten. Gewisser erwarte ich in Kurzem eine Nachricht über die Entscheidung der Censur zu erlangen, worauf ich nun freylich am meisten gespannt bin. Um diese bitte ich Sie und unterzeichne mich aufs neue mit wahrem Vertrauen und ausgezeichneter Hochachtung.

Ihr
ganz ergebener
L⟨eopold⟩ Ranke⟨.⟩

[12] Diese Zeitschrift wurde seit 1810 jährlich von Joseph Freiherr von Hormayr (1782–1848) herausgegeben und hieß: Archiv für Geographie, Historie und Staats- und Kriegskunst, Wien 1810–1822.

[13] Vgl. L. Ranke, Kritik, S. 44 und 179.

[14] Verlag der Franz Härter'schen Buchhandlung; sie war im Besitz von Franz Härter (1782–1824) aus Znaim in Mähren, Sohn eines Korporals und späteren Offiziers, anfänglich Buchhalter in der Verlagsbuchhandlung Franz Haas (1762–1811), 1809 zusammen mit Katharina Gräffer (1750–1837) Inhaber der Verlagsbuchhandlung Gräffer & Comp., 1814 zusammen mit Katharina Gräffer Inhaber der Verlagsbuchhandlung Gräffer & Härter, 1816 Kauf des Privilegs der Verlagsbuchhandlung von Andreas Gassler (um 1763–1815); im Verlag Härter publizierten neben Autoren der Romantik Historiker wie Arnold Hermann Ludwig Heeren, Joseph Freiherr von Hormayr oder Heinrich Luden, aber auch der Leopold Ranke wohl über Friederike Wilhelmine Ahlemann bekannte Philosoph Wilhelm Traugott Krug zählte zu den Autoren des Verlags. 1817 war hier auch eine zweibändige Machiavelli-Ausgabe erschienen: Des Nikolaus Machiavelli Florentinische Geschichten. Aus dem Italienischen übersetzt von Wilhelm Neumann (vgl. Peter R. Frank / Johannes Frimmel: Buchwesen in Wien 1750–1850. Kommentiertes Verzeichnis der Buchdrucker, Buchhändler und Verleger [= Buchforschung 4]. Wiesbaden 2008, S. 60–61, 70-71).

Nr. 191

Ferdinand Ranke[1] an Leopold Ranke[a]

V: GStA PK VI. HA Nl Hoeft Nr. 1 (Abschrift)
G: GStA I. HA Rep. 92 L. v. Ranke Nr. 26 (nicht erhalten)
TD: L. v. RANKE, Neue Briefe, S. 42, Anm. 2

Halle⟨,⟩ am 12ten Februar 1824.

Geliebter Bruder,

Es ist eigen, daß es sonst immer so geht, daß ich gerade da an Dich nicht gleich schreibe, wenn ich wieder einen großen Beweis Deiner brüderlichen Liebe empfangen habe, wie eben jetzt.[2] Wie sehr ich Dir dafür danke und noch ferner bis an meinen Tod mit der innigsten Bruderliebe Dir dafür danken werde, brauche ich wohl nicht erst mit vielen Worten zu versichern. Du kennst mich und siehest mir ins Herz. Aber die heftigste Bewegung meines Herzens hat mich in diesen Tagen verhindert, an irgend jemand zu schreiben, und so auch an Dich, dem ich vor Allen hätte schreiben sollen. Doch damit ich, wenn ich davon erst spreche, nicht alles Andere vergesse, will ich zuerst das schreiben, was Du von Halle wissen wolltest.

Was vor Weihnachten vorgegangen war,[3] weißt Du ganz, denn wir haben es Dir, als Du hier warst[4], erzählt. Auf diesen Aufstand, wenn man es so nennen darf, folgte Einrücken von Soldaten, Cavallerie und Infanterie zum Schutze der Polizei, und Untersuchungen zugleich im Kriminal- und Universitätsgericht, die aber bis jetzt noch gar nichts gethan haben. Darauf folgten am Neujahrsabend um 12 Uhr Neckereien der Studenten gegen die Soldaten, die sich alles gefallen ließen, und nun neue Untersuchungen,

[a] Adresse: „Sr. Wohlgeb. | dem Herrn Oberlehrer D. Rancke | in Frankfurt | an der Oder."

[1] Ferdinand Ranke (1802–1876), Bruder Leopold Rankes, Student in Halle.

[2] Wohl einen Brief (nicht ermittelt) mit der gewünschten finanziellen Unterstützung (vgl. Nr. 185).

[3] Nachdem am 16. Dezember 1823 der Student Moritz Grosser, der wie Leopold Rankes Bruder Wilhelm der Quellengesellschaft angehörte, wegen Beteiligung an burschenschaftlichen Umtrieben verhaftet und statt in den akademischen Karzer in das Polizeigefängnis abgeführt worden war, zogen mehr als 800 Studenten, also beinahe die gesamte Studentenschaft, mit Rapieren und Stöcken zum Marktplatz und verlangten die Überstellung Grossers in den akademischen Karzer, was der Prorektor der Universität, Heinrich Friedrich Wilhelm Gesenius, veranlaßte. Die Sicherheit der Stadt galt als gefährdet, und die in Halle anwesenden 150 Soldaten wurden auf Berliner Weisung verstärkt. Die Berliner Regierung ließ die vermuteten Verbindungen zwischen den Burschenschaften und dem Aufruhr untersuchen. Grosser wurde wegen seiner Mitgliedschaft im Jünglingsbund zu fünfzehn Jahren Festungshaft verurteilt (vgl. SCHRADER, Universität Halle, S. 219–220; LÖNNECKER, Mitglieder der Halleschen Burschenschaft, Nr. 599, S. 143).

[4] Vgl. Nr. 185.

die jetzt noch fortgehen, und einige neue Verbote, z. b. des Singens auf der Straße. Zugleich wurden an alle Bürger Aufruhrsgesetze vertheilt, wie sie sich bei Aufruhr in Hinsicht der Studenten zu verhalten hätten, und ihre Kinder u⟨nd⟩ d⟨er⟩gl⟨eichen⟩: die Schüler des Waisenhauses[5] sollten sich nicht in der Stadt herumtreiben, um nicht bei etwanigem Aufruhr der Studenten als solche angesehen zu werden; die Cavallerie besonders und auch die andern Soldaten sollten beständig zu jeder Zeit der Nacht bereit sein, auf dem Markte zu erscheinen, und eine starke Patrouille mußte immer des Nachts auf dem Saale des Rathskellers wachen. Die Studenten indessen blieben ganz ruhig und dachten an nichts weniger, als an einen Aufstand. Aber Patrouillen standen alle Tage fest an der Waage[6]. – Da wurden auf einmal des Nachts um 1 Uhr, 4 Studenten[7] durch Polizey aus den Betten geholt, jeder in einen Wagen gesetzt, und sogleich auf den Weg nach Berlin gebracht, bald darauf noch mehr, zuletzt gar 7 auf einmal[8]. Alles geschah mit gewaffneter Hand unter großer Bedeckung. Warum dieß aber geschieht, weiß hier kein Mensch. So viel scheint gewiß, daß es mit den jetzigen Hallischen Untersuchungen nicht in der geringsten Beziehung steht, da diese hier nach wie vor ruhig fortgehen, und [b]Demagogen[b] von allen Seiten nach Berlin gebracht worden sind, wie man sie nennt. Weiter weiß ich durchaus nichts.

Daß Heinrich[9] hier bei uns gewesen ist, weißt Du, denn er hat es Dir selbst geschrieben;[10] zwei Tage waren wir dort[11], und kehrten den Dienstag vor 14 Tagen[12] Abends hierher zurück. Kaum waren wir angekommen, so ging ich hinüber zu Pollau's[13] und brachte dort den Abend zu. Ahndest Du, lieber Bruder, was ich sagen will? Lieber Bruder, schon längst hatte ich sie[14] lieb, auch schon, als Du noch hier warst; ich hätte Dir es auch gern ge-

b–b In der Vorlage unterstrichen.

5 Teil der um 1700 von August Hermann Francke (1663–1727) begründeten Franckeschen Stiftungen.

6 Die große Waage auf dem Marktplatz von Halle.

7 Nicht ermittelt.

8 Nicht ermittelt

9 Heinrich Ranke (1798–1876), Bruder Leopold Rankes, Lehrer an der Bildungsanstalt des Erziehervereins in Nürnberg.

10 Nicht ermittelt (vgl. Nr. 192).

11 Gemeint wohl entweder Nürnberg oder Wiehe.

12 Da der 12. Februar 1824 ein Donnerstag war, wohl der 27. Januar 1824.

13 Nanette Esther Marguerite Pollau, verw. Juncker, geb. Plantier, (1768–1829), Cousine von Anne Esther Hermann, geb. Plantier (∗ 1743), der Mutter von Johann Gottfried Jakob Hermann, dem Doktorvater von Leopold Ranke, und ihre Tochter Fanny Pollau (1804–1867); Ferdinand Ranke war 1823 von der Großen Steinstraße 167 in eine Wohnung in der Galgstraße 280 gezogen, in der zuvor sein Bruder Wilhelm gelebt hatte und die der Familie Pollau gehörte, die Mutter und Tochter Pollau selbst lebten im Nachbarhaus (vgl. K. F. Ranke, Leben in Briefen, S. 46 und S. 74).

14 Fanny Pollau.

sagt; ich traute es mich nicht, und verleugnete es. Und jetzt noch wird mir ängstlich, indeß, es ist geschehn, und Du bist der Erste von den Unsrigen außer Wilhelm[15], dem ich es sage: den Donnerstag darauf[16] Abends zwischen 10 und 1 Uhr sind wir verlobt. Liebster, treuester[c] Bruder, jetzt möchte ich Dich sehen, was Du sagst. Ich bin ganz glücklich, ganz selig, und habe, ich darf es wohl sagen, mit solchem Eifer noch nie gearbeitet als eben jetzt. Es ist ein so gar süßes Gefühl, für ein so geliebtes Herz mit zu arbeiten. Sogleich nach unserer Verlobung wurde bestimmt, daß es wenigstens, so lange ich Student wäre, noch kein Mensch etwas erfahren sollte, als die Mutter[17], unter deren Augen Liebe und Verlobung entstanden war[d], Fannys Schwester, Lottchen Blanc[18] und Blanc[19] selbst. Unsre Eltern[20] sollten es segnen, wenn sie hierher kommen, wie sie versprochen haben. Heinrich und Raumers[21] sollen es wissen, wenn ich hinkomme, damit sie nicht fürchten, das neue Verhältniß würde mich von Nürnberg zurückhalten[22], zumal da nun nothwendig noch einige Wochen nach Ostern ich hier bleiben muß, um meine Examina so zu vollenden, wie es nothwendig ist. Liebster Bruder, es geht mir nicht so wohl, wie Heinrichen[23], der seine Freude und sein hohes Glück laut verkündigen durfte, und von allen Seiten Beyfall und Segenswünsche erhielt. Und dieß ist das Einzige, was mich manchmal in meinem Entzücken stört, in meinem innigen Dank zu Gott nicht. Ich habe das Mädchen lieb, wie mein Leben. Ihre innersten, geheimsten Gefühle stimmen mit den Meinigen überein⟨,⟩ und ich hoffe zu Gott auf ein recht glückliches Zusammensein. Und doch bin ich ängstlich manchmal, ich sehe etwas auf mich gelegt, was ich oft nicht erfüllen zu können denke, aber doch der Gedanke: was Gott zusammengefügt, wird er auch erhalten, stärkt mich wieder sehr, und eine freudige Begeisterung umschwebt mich immer. Liebster Bruder, höre unsre Geschichte. Ich hatte Fanny bei Raumers gesehen, wir kannten uns gar

[c] In der Vorlage ursprünglich: „theuerster".
[d] In der Vorlage ursprünglich: „waren".

[15] Wilhelm Ranke (1804–1871), Bruder Leopold Rankes, Student in Halle.
[16] Wohl der 29. Januar 1824.
[17] Nanette Esther Marguerite Pollau, verw. Juncker, geb. Plantier.
[18] Charlotte Blanc, geb. Juncker (1795–1866), Stiefschwester von Fanny Pollau und Ehefrau von Ludwig Gottfried Blanc.
[19] Ludwig Gottfried Blanc (1781–1866), Professor der südeuropäischen Sprachen und ihrer Literaturen, zugleich Domprediger in Halle.
[20] Gottlob Israel (1762–1836) und Friederica Wilhelmina Ranke, geb. Lehmicke (1776–1836).
[21] Karl Ludwig Georg von Raumer (1783–1865), ehemaliger Professor, wie Heinrich Ranke Lehrer an der Bildungsanstalt des Erziehervereins in Nürnberg, und Friederike von Raumer, geb. Reichardt (1790–1869).
[22] Ferdinand Ranke plante, wie Heinrich Ranke und Karl Ludwig Georg von Raumer, eine Stelle an der Bildungsanstalt des Erziehervereins in Nürnberg anzutreten (vgl. Nr. 150 und Nr. 178).
[23] Heinrich Ranke.

nicht, doch grüßte ich sie seitdem, wenn sie mir begegnete. Wilhelm zog in ihr Haus; und ein halbes Jahr lernte ich sie nicht kennen, erfuhr nur in seiner letzten Krankheit, wie mütterlich meine liebe Mutter[24] für ihn sorgte. Als ich zurückkam zu Ostern, wurde ich zuerst durch Raumers zu Blanc eingeladen; Pollau's waren gegenwärtig (so nannte ich sie damals) und luden mich bald darauf auch ein; nun ging ich öfter hin, aber ohne alle Liebe zuerst. Aber bald lernte ich Fanny achten, und zu Ende des halben Jahres versprachen sie, auf einer Harzreise Wiehe zu besuchen.[25] Ich ging ihnen 9 Stunden vergebens entgegen; zurückgekommen, traf ich sie, und begleitete sie den andern Tag auf den Kiffhäuser. Da führte ich sie hinauf, und hatte große Freude an ihr. Als wir herunter kamen⟨,⟩ erweckte eine Scene ihrer Liebe zur Mutter bei mir innige Liebe; ich schrieb zuerst von Liebe in meinem Tagebuch, aber nichts weniger hoffend, als Erfüllung. Ich ging darauf nach Nürnberg[26] und vergaß sie fast ganz. Aber zurückgekommen, zog ich in ihr Haus. Mit Liebe aufgenommen, liebte ich stärker. An ihrem Geburtstage⟨,⟩ den 6ten November⟨,⟩ schenkte ich ihr einen Rosenstock und[e] Nürnberg. Wir sangen und spielten mit einander und liebten uns. Zu Weihnachten ihr Geschenk[27], und an jenem Donnerstag der Liebe offenes Bekennen. – Ach⟨,⟩ liebster Bruder⟨,⟩ wie glücklich bin ich! Du hast das Mädchen nur gesehen; um sie zu lieben, muß man sie nahe kennen. Mein lieber, lieber Bruder⟨,⟩ was sagst Du? Was werden die Eltern und Geschwister[28] sagen? Gott wird ja helfen. Blanc sagt: Danke Gott, daß er Euch so früh zusammengeführt hat. Ja⟨,⟩ wir danken ihm so innig. Aber werdet Ihr wohl dasselbe sagen? Mein lieber, lieber Bruder⟨,⟩ gieb uns Deinen Segen. Sie weiß nicht, daß ich jetzt an Dich schreibe. Alle Abende zwischen 7 u⟨nd⟩ 8 Uhr bin ich eine halbe Stunde bei ihr, und Sonntags den ganzen Abend. Aber alle Morgen 1/2 8 und alle Abend 1/2 11 Uhr lesen wir zu gleicher Zeit in der Bibel, um mit einander zu beten, ohne miteinander zu sein. Gott wolle uns seinen Segen geben. Liebster Bruder⟨,⟩ gieb Du ihn uns auch!

[e] Unklar, eventuell Lesefehler Hoefts.

[24] Nanette Esther Marguerite Pollau, verw. Juncker, geb. Plantier, Mutter von Charlotte Blanc, geb. Juncker, und Fanny Pollau.

[25] Vgl. Nr. 165.

[26] Vgl. Nr. 165 und Nr. 172.

[27] Vgl. Nr. 185.

[28] Die Brüder Heinrich (1798–1876), Ferdinand (1802–1876), Wilhelm (1804–1871) und Ernst Constantin Ranke (1814–1888) sowie die Schwestern Johanna (1797–1860) und Rosalie Ranke (1808–1870).

Ich bin jetzt mitten in meinen Arbeiten[29]. Reisig[30] will wissen, ob die Accentlehre der Grammatiker glaubwürdig sei, und welche Mängel sie habe. Jacobs[31] will die Gesetze für den Chor in Horatii[32] Epistola ad Pisones, 193. Actores etc.[33] erklärt wissen und wie sie in den uns übrig gebliebenen griechischen Tragödien[34] beobachtet seien. Nur jetzt in solcher Gemüthsbewegung laß mich davon schweigen; sobald ich wieder schreibe, will ich Dir meine Arbeiten kurz sagen mit ihren Gründen. Und wenn Du etwas sorgen wolltest, wäre mir es sehr lieb.

Zunächst aber, liebster Bruder, Du bist ja mein Proculejus[35] gewesen von meiner ersten Kindheit an, ich danke Dir mit dem heißesten Dank, den ich im Herzen habe, und bitte nur noch das Einzige, gieb mir Deinen brüderlichen Segen, und sage auch Fanny'n Deinen Brudergruß. Sie ist so noch von unsrer Familie ganz verlassen. Mein liebster Bruder⟨,⟩ leb wohl.

Mit brüderlicher Liebe
Ewig
Dein Ferdinand.

[29] Für die philologischen Examina.

[30] Karl Christian Reisig (1792–1829), ordentlicher Professor der alten Literatur in Halle, wie Leopold Ranke Schüler von Johann Gottfried Jakob Hermann und Mitglied der „Societas Graeca".

[31] Johann August Jacobs (1788–1829), Professor der Philologie und Direktor der Franckeschen Stiftungen in Halle.

[32] Quintus Horatius Flaccus (65–8 v. Chr.), römischer Dichter.

[33] Horaz, Epistola ad Pisones, Vers 193–201 über Aufgabe und Stellung des Chores in der Tragödie.

[34] Nicht ermittelt.

[35] Römischer Ritter, der sein Vermögen mit seinen mittellos gewordenen Brüdern teilte (Horaz, Carmina 2,2,5; vgl. Nr. 156).

Nr. 192

Leopold Ranke an Heinrich Ranke[1]

V: L. v. Ranke, Lebensgeschichte, S. 120–124 (Druck)

[Frankfurt a. O.]⟨,⟩ am 18. Februar 1824.

Geliebter Bruder.

Es ist ganz nothwendig, daß ich Dir nach beinahe zwei Monaten[2] endlich wieder schreibe, erstlich Deinet-, dann meinetwegen, damit Du mir wieder schreibst. Lieber Bruder, Du hast mir drei treffliche Briefe geschrieben,[3] für die ich Dir danke. Ich weiß nicht, welcher Aberwitz mich angetrieben hat, Dir in solchen Ausdrücken zu schreiben, als wären wir im Wesentlichen uneins. Wir glauben beide an einen lebendigen Gott, bei mir gegenwärtig, der ich schreibe, und bei Dir, wenn Dus liest. Der einzige Unterschied ist, daß Du reiner, steter, fester an ihn glaubst und nach seinen Geboten wandelst, und ich häufig, das ist alle Tage, von ihm abfalle und ihn vergesse; aber daß er lebt und ist, weiß ich so gut⟨,⟩ als daß ich selber lebe (obwohl einem auch dies zuweilen zweifelhaft werden kann). Verkenne mich nicht; niemals hab' ich sagen wollen, daß ich darin mit Dir uneins wäre. Nach dem, was Du mir geschrieben hast, muß ich auch von ganzem Herzen billigen, was ihr, und besonders, was Du thust. Ich hatte mir ein Ding eingebildet, das, wie ich sehe, nicht ist, und eine Gefahr, die, wie ich nun auch einsehe, nicht statthat. Gott sei gelobt, daß er sich Dir gegenwärtig und hülfreich beweist! Ich prophezeie Dir aber: Dein Kampf vom vorigen Sommer[4] ist nicht der letzte gewesen. Mir verzeih, wenn und daß ich Dir Unrecht gethan habe. Wann werden wir uns wiedersehen? Muß ich Dir auch in der Ferne Unrecht thun? Du hast mir viel zu vergeben.

Lieber Bruder, Du wirst in Wiehe oder von Ferdinand[5] erfahren haben, aber vernimm noch von mir selbst, daß Reimer[6] mein Buch[7] in Verlag nimmt; und daß jetzt der erste Theil desselben in der Censur ist[8]. Wir haben oft über die *Specimina* gelacht, welche junge Schriftsteller ediren; nun muß ich nur bekennen, daß, so viel ich auch gehofft, meine Arbeit sollte keins werden, doch im Grund nichts anders daraus wird. Es fehlt nämlich viel, daß ich alles gelesen hätte, was über diesen Gegenstand zu lesen ist,

[1] Heinrich Ranke (1798–1876), Bruder Leopold Rankes, Lehrer an der Bildungsanstalt des Erziehervereins in Nürnberg.

[2] Leopold Rankes Brief datiert vom 28. Dezember 1823 (vgl. Nr. 182).

[3] Nr. 184, Nr. 186 und Nr. 187.

[4] Vgl. Nr. 197.

[5] Ferdinand Ranke (1802–1876), Bruder Leopold und Heinrich Rankes, Student in Halle.

[6] Georg Andreas Reimer (1776–1842), Buchhändler und Verleger in Berlin.

[7] L. Ranke, Geschichten.

[8] Vgl. Nr. 180 und Nr. 190.

oder daß meine Darstellung einigermaßen vollkommen wäre. Besonders über diese bin ich zuweilen ganz in Verzweiflung. Doch ich bin gezwungen, und will ich anders mein Leben nicht ganz verlieren und verderben, so muß diese Schrift sich und mir Freunde und Unterstützung suchen. Ich wünsche, daß Du mit mir hierüber einverstanden seist. Gewiß ist, daß ich zum Studieren geboren bin und auf der Welt zu weiter garnichts tauge; nicht so gewiß ist freilich, daß ich zum Studium der Geschichte geboren bin; aber ich habe es einmal ergriffen und lebe darin und fühle meine Seele dabei selig, zufrieden und vergnügt; also will ich es nur festhalten. Nun ist es aber unmöglich, daß ich an diesem Ort und in dieser Lage diese Studien mit einigem Vortheil treibe. Das Bekannte ist bald erschöpft, schal und fördert niemand. Das Wichtige ist entweder selten und kaum oder ungedruckt und für mich gar nicht zu haben. In Berlin sind sie verdrießlich, mir immer wieder Bücher zu schicken, da andere Leute, wenn sie ein Viertel so viel gelesen, zu zeigen wissen, daß sie es gethan, ich aber Jahr für Jahr in der gleichen Obscurität bleibe. Denke Dir. In Posen ist derselbe Schlottky[9], der die österreichischen Lieder edirt hat.[10] Er hat in Wien die wahre Urkunde des Fuggerischen[11] Ehrenspiegels[12] mit dem gedruckten[13] verglichen. Da ich nun gefunden, daß der gedruckte meist aus bekannten Schriftstellern entlehnt hat, die sogar später sind, als der Autor der Handschrift,[14] schreibe ich an ihn um die Collation. Nicht einmal eine Nachricht hat er mir gegeben, seit den Hundstagen[15] nicht einmal geantwortet; und dieser ist Lehrer am Gymnasium und nicht mehr, wie ich. Wie sollten mich andere Leute behandeln, an die ich mich etwa wenden möchte, und die mehr sind? Und vielleicht mit Recht. Wir müssen uns in die bestehenden Verhältnisse, auch der gelehrten Welt fügen. Da ich nun diese

[9] Julius Maximilian Schottky (1794/1797–1849), Professor der deutschen Sprache und Literatur am Gymnasium in Posen

[10] Vgl. Nr. 164.

[11] Johann Jakob Fugger (1516–1575), Augsburger Kaufmann, kaiserlicher Rat, bayerischer Hofkammerpräsident, Besitzer einer bedeutenden Bibliothek und Geschichtsschreiber.

[12] Johann Jakob Fugger, Spiegel der Ehren des Erzhauses Österreich, Handschrift aus den Jahren 1590–1598 (ÖBN Cod. 8614).

[13] Spiegel der Ehren des Höchstlöblichsten Kayser- und Königlichen Erzhauses Oesterreich oder Ausführliche GeschichtSchrift von Desselben, und derer durch Erwählungs- Heurat- Erb- und Glücks-Fälle ihm zugewandter Kayserlichen HöchstenWürde, Königreiche, Fürstentüm er, Graf- und Herrschaften, Erster Ankunft, Aufnahme, Fortstammung und hoher Befreundung mit Kayser- König- Chur- und Fürstlichen Häusern; auch von Derer aus diesem Haus Erwählter Sechs Ersten Römischen Käysere, Ihren Nachkommen und Befreundten, Leben und Großthaten: mit Kays. Rudolphi I GeburtsJahr 1212 anfahend, und mit Kays. Maximiliani I TodesJahr 1519 sich endend. Erstlich vor mehr als C Jahren verfasset durch ⟨...⟩ Johann Jacob Fugger ⟨...⟩ nenmehr aber ⟨...⟩ in sechs Bücher eingetheilet durch Sigmund von Birken ⟨...⟩ Nürnberg 1668.

[14] Vgl. L. Ranke, Kritik, S. 57–61.

[15] Die Tage vom 23. Juli bis zum 24. August, benannt nach einem in diesem Zeitraum sichtbaren Sternbild; Rankes Schreiben an Schottky datiert vom 8. September 1823 (vgl. Nr. 164).

Studien nicht lassen kann, ohne mich selbst zu morden, und doch nicht forttreiben ohne fremde Unterstützung, da ich auch weiß, daß ich nicht allein hier und da etwas Unbekanntes gefunden, sondern das unmittelbare Walten, sichtbare Handeln Gottes wenigstens von fern gesehen und von dem Leben der menschlichen Seele etwas gespürt, so habe ich beschlossen, mich mit diesem Buch auf Lob und Tadel hinauszuwagen. Aber glaub mir nur: lieber hätte ich ein paar Jahr Muße und einen Saal voll der Bücher und Nachrichten, die ich brauche, und einen Freund, nur einen wahren Menschen in der Nähe, mit dem ich mich zuweilen erlaben könnte; dann wollt' ich, bilde ich mir ein, ein leidliches Buch machen – nein, nicht allein! sondern von wahren Menschen, dem wahren Gott, und wirklich geschehener Geschichte wahrhaften Bericht erstatten. Dieses Buch alsdann zu lesen, würde selbst meinen Schülern weit nützlicher sein, als fünf Lectionen des Tags drei Jahr lang. Die Wirkung, die ein langes Beisammensein erfordert, ist die Wirkung des Beispiels; diese kann ich nicht haben, da mein Beispiel wenig taugt, und überhaupt kein Zusammenleben vorhanden ist. Die geistige Wirkung geschieht in einem Augenblick[16] und nicht ein Jahr lang; sie geschieht wie die Zeugung ein für allemal.

Gott, wie viel hätte ich Dir hiervon noch zu sagen! Anfangs wünschte ich die Arbeit erst von einem Freunde geprüft und durchgelesen. Ich dacht an Wieken[17]. Wiek, wie ich in Merseburg war[18] und in einer herzlichen, mir nur guten Stunde ihm von meinen Gedanken und Absichten sagte, war auch dazu bereit. Auch thue ichs vielleicht noch. Im Wesentlichen wird es mir wenig nützen können; denn an einzelnen Flicken kann es nicht liegen. Es liegt am ursprünglichen Ton, ungeschmückter und wahrer Natur, der Seele, dem Geist des Ausdrucks: kein Durchsehn kann sie mir geben. Ich mache nur Wieken Arbeit und Mühe. Ich kann Dir aber versichern, daß ich oft gründlich verzweifele. Ich habe mir vorgenommen, das Ganze noch einmal durchzugehn, – wo ich ein Wort auf dem Kothurn[19] ertappe, es auf den Soccus[20] oder ganz auf die Dielen zu setzen. Doch wird mirs schwerlich gelingen. Ich habe zu böse Angewohnheiten.

Doch so find ich ja kein Ende. Dies wollt' ich Dir noch schreiben: in Nürnberg muß eine sehr gut geschriebene Chronik von Müller[21] sein.

[16] Vgl. Nr. 182.

[17] Carl Gottlob Ferdinand Wieck (1787–1864), während der Schulzeit von Leopold Ranke Kollaborator an der Landesschule in Pforta, seit 1822 Rektor des Dom-Gymnasiums in Merseburg.

[18] Vgl. Nr. 179.

[19] Hoher Schuh der Tragödien-Schauspieler in der Antike.

[20] Niedriger Schuh der Komödien-Schauspieler in der Antike.

[21] Wohl Johannes Müllner (1565–1634), Ratsschreiber der Reichsstadt Nürnberg; für seine vollständig nur handschriftlich vorhandenen „Annalen", die die Geschichte Nürnbergs von den Anfängen bis in das Jahr 1600, behandeln, griff er auf die urkundlichen Quellen im Nürnberger Stadtarchiv zurück.

Von derselben ist auch ein Stück gedruckt unter dem Namen: Pfälzischer Krieg v⟨on⟩ M⟨üllner⟩ 1792.[22] Das Gedruckte hab' ich nicht einmal bekommen können und habe doch nach dem Geschriebenen ein großes Verlangen. Könntest Du mir nicht von dieser Chronik – auf meine Kosten – den Theil abschreiben lassen, welcher die allgemeine deutsche Geschichte von 1490 bis 1530 enthält? Besonders, was vor der Reformation geschehen. Wenn es nämlich nicht möglich wäre, ein Exemplar entweder zu leihen oder zu kaufen. Sollte es ferner nicht in Nürnberg Schweizerchroniken[23] geben? Ich meine geschriebene, von Bullinger[24], Anselm[25], Schweitzer[26] und dem Continuator des Tschudi[27]? Nürnberg ist häufig wider die Schwaben auf Seite der Schweizer gewesen.
Wie ich Deinen letzten Brief[28] vorbrachte, stritten wir uns lange, wem er eigentlich gehören sollte; und niemand konnte mir abstreiten, daß er durch Deine Nach- und Überschrift mein geworden sei. Hierauf erst las ich ihn

[22] Geschichte des Baierischen Erbfolge-Kriegs nach Absterben Herzogs Georg des Reichen. Gezogen aus Johannes Müllners, Nürnbergischen Rathsschreibers, ungedruckten Annalen der Reichsstadt Nürnberg. Frankfurt am Main 1792.

[23] Leopold Ranke kommt in seinem Brief an das Ministerium der Geistlichen, Unterrichts- und Medizinal-Angelegenheiten vom 28. Dezember 1824 (Nr. 246) auf die im folgenden genannten Autoren zurück; zu Rankes Bewertung der schweizerischen Chroniken vgl. L. Ranke, Kritik, S. 180–181.

[24] Heinrich Bullinger (1504–1575), Theologe und Geschichtsschreiber, Nachfolger Zwinglis als Leiter der Zürcher Kirche; er schrieb seit 1567 eine „Historia oder geschichten, so sich verlouffen in der Eydgenoschafft, insonders zu Zürych, mitt enderung der religion, und anrichten christenlicher reformation, von dem jar Christi 1519 biß in das jar 1532"; ihr fügte er 1572 bis 1574 Bücher über die Schweizer und Zürcher Geschichte bis 1519 hinzu. 1824 war von alledem noch nichts gedruckt; die Reformationschronik erschien erst in den Jahren von 1838 bis 1840.

[25] Valerius Rüd, gen. Anshelm (1475–1547), geb. in Rottweil am Neckar, Schulmeister, Arzt und Geschichtsschreiber in Bern; seine aus reichem archivalischem Material gearbeitete „Chronik der Stadt Bern", im Auftrag der Berner Regierung geschrieben, reichte von 1474 bis 1536 und sollte vor allem die 1528 in Bern eingeführte Reformation rechtfertigen; sie begann erst seit 1825 zu erscheinen.

[26] Johann Heinrich Schweizer (1553–1612), Pfarrer in Rickenbach; er gab eine Chronologie der Schweizer Geschichte heraus, die von 2300 v. Chr. bis 1607 n. Chr. reicht: Chronologia Helvetica, res gestas Helvetiorum ad nostra usque tempora indicans ordine, & brevissime complectens. Adiuncta Summorum Pontificum, Imperatorum, Regum & Principum in orbe Christiano, nec non & Turcicorum Imperatorum successione & serie succincta. opera fideli, summoq; studio conscripta Ioannis Heinrici Svizeri Tigurini. Hannover 1607.

[27] Aegidius Tschudi (1505–1572), humanistisch gebildeter Schweizer Staatsmann und Geschichtsschreiber; er verfaßte sein materialreiches „Chronicon Helveticum" in der Volkssprache. Der erste Teil des Werks, das um das Jahr 1000 einsetzt und bis ungefähr 1564 reicht, ist teilweise schon im 17. Jahrhundert verschollen. Von dem Basler Juristen Rudolf Iselin (1705–1779) wurden 1734 bis 1736 die Teile von 1000 bis etwa 1470 herausgegeben. Die Fortsetzung des Tschudi, auf die Leopold Ranke anspielt, stammte von Valentin Tschudi (ca. 1500–1555), einem Vetter des Aegidius, dessen annalistische Chronik reicht von 1519 bis 1533.

[28] Nicht ermittelt.

vor. Bei den letzten Worten weinte die Ahlemann[29]. Worauf ich ihr dann freilich mein Eigenthumsrecht überließ.
Hat nicht neulich Selma[30] die Überschrift zu meinem Briefe geschrieben? Man gab hier vor kurzem Haydn's[31] Schöpfung[32]. Ich weiß nicht, ob Du es jemals gehört hast. Die Engel erzählen darin die Schöpfung der Welt. (Gewiß ein schöner und musikalischer Gedanke und hie und da herrlich ausgeführt)⟨.⟩ Zuletzt sprechen Adam und Eva. Die Melodien sind zart und lauter Liebe. Eva wurde sehr schön gesungen. Genug, nach diesem Concert hatte ich einen Brief an Selma angefangen; und vielleicht hätte ich ihn fertig gemacht, wenn ich nicht wäre gestört worden. Heute kann ich nicht; in kurzem will ich ihr aber einen andern schicken. Sag mir doch: da auf die Verlobung in der Regel noch etwas anderes folgt, was denkst Du und was denkt Schubert[33] davon? Grüße den trefflichen Mann, den ich lange geliebt habe, ich will auch an ihn schreiben.
In Berlin hat mich Dürr[34] in das Haus von Reichards[35] mitgenommen, wo wir eine freie halbe Stunde hatten, da habe ich Selmas und Schubert's Handschrift gesehen. Es ist noch viel übrig; ein andermal. Ein Berg Correcturen, und aus Berlin 2 Foliobände, 7 Quartb⟨ände⟩, 3 Octavb⟨ände⟩[36]! Leb wohl, Gott Dein und mein.

D⟨ein⟩ Br⟨uder⟩ L⟨eopold⟩ R⟨anke⟩.

Ich bitte Dich, wenn Du kannst, für das Gelingen meines Werkes zu seiner, der Deutschen und unsrer Ehre ein Wort bei Gott einzulegen.
Ich grüße Raumers[37], und Selma von Herzen, versteht sich.

[29] Friederike Wilhelmine Ahlemann, geb. Schultze (1772–1843), Direktorin einer höheren Bildungsanstalt für Mädchen in Frankfurt an der Oder, Vertraute Leopold Rankes.

[30] Selma Schubert (1806–1878), Tochter von Gotthilf Heinrich Schubert, Professor für allgemeine Naturgeschichte und Mineralogie in Erlangen.

[31] Joseph Haydn (1732–1809), österreichischer Komponist.

[32] Entstanden zwischen 1796 und 1798, thematisiert das Werk die Erschaffung der Welt.

[33] Gotthilf Heinrich Schubert (1780–1860), Professor für allgemeine Naturgeschichte und Mineralogie in Erlangen, späterer Schwiegervater Heinrich Rankes.

[34] Wohl Christian Eduard Leopold Dürre (1796–1879), Turner und Burschenschaftler, Studienfreund Heinrich Rankes und mit diesem zeitweise gemeinsam Lehrer an der Wagner'schen Erziehungsanstalt in Frankfurt an der Oder.

[35] Johanna Wilhelmine Dorothea Reichardt, verw. Hensler, geb. Alberti (1755–1827), und Sophie Reichardt (1795–1838), Witwe und Tochter von Johann Friedrich Reichardt (1752–1814), Komponist und Hofkapellmeister Friedrichs des Großen, Schwiegermutter und Schwägerin von Karl Ludwig Georg von Raumer.

[36] Vgl. Nr. 189.

[37] Karl Ludwig Georg von Raumer (1783–1865), ehemaliger Professor, wie Heinrich Ranke Lehrer an der Bildungsanstalt des Erziehervereins in Nürnberg, und Friederike von Raumer, geb. Reichardt (1790–1869).

Nr. 193

Leopold Ranke an Ferdinand Ranke[1]

V: GStA PK VI. HA Nl Hoeft Nr. 1 (Abschrift)
G: GStA I. HA Rep. 92 L. v. Ranke Nr. 23 (nicht erhalten)
D: L. v. Ranke, Neue Briefe, S. 42–44

⟨Frankfurt an der Oder, 5. März 1824.⟩[a]

Vielgeliebter Ferdinand,

Du bist glücklich. Du siehst ein Leben vor Dir wie die Milchstraße, unter lauter Sternen; und Deine Liebe, die mit Gesang begonnen, sei mit Gesang gesegnet. Ich fühle einen großen Theil Deines Glückes mit. Du kannst Dir denken, als ich in dem ersten Satz Deines Briefes[2] von Deinen Gemüthsbewegungen las, doch Du wolltest erst von Halle schreiben, wie ich Halle fahren ließ und Deine Bewegung suchte und Dich auf der ersten Zeile verstand und mit Dir froh würde und Dein ganzes Herz erkannte. Zu verschweigen hattest Du denn freilich zu Weihnachten nicht soviel, wie Du denkst. Deine Fröhlichkeit, wenn man sie[3] erwähnte, verriet Dich doch. Und daß sie Dir geneigt war, ließ sich wohl vermuthen. Lieber Bruder, nun ist sie Dein; nun ist mir sehr lieb, daß ich sie gesehen habe; sage ihr, wir wollen gute Geschwister werden. Oft fällt mir ein: sollte ich nie heiraten, und wenn ich alt würde und hätte mir einen guten Namen und vielleicht ein kleines Besitzthum erworben⟨,⟩ sollte ich dann mir eine Freistatt des Friedens suchen wollen, so müßte Dein oder Heinrichs[4] Haus es sein, oder beider, worin ich sie fände, ein volles geschwisterliches Herz, frei von allem, was sonst Verwandte irrt. Doch was ich für ein Mensch bin, vor dem Krieg schon an den Frieden zu denken. Fürs erste denke ich Dich und sie allein. Deine Wahl gefällt mir, weil ich glaube, Gott hat für Dich gewählt, und in einem reinen Herzen geredet. Nein! In zwei reinen und guten Herzen! Ohne Gott ist alle Liebe nichts.

Ich nehme daran Anstoß, daß Du den Eltern[5] nicht geschrieben hast.[6] einen Widerspruch vermutet, zu schreiben, als sie zu sagen. Es treten nicht

[a] Datumsangabe von Hoeft mit Bleistift notiert.

[1] Ferdinand Ranke (1802-–1876), Bruder Leopold Rankes, Student in Halle.
[2] Nr. 191.
[3] Fanny Pollau (1804–1867), Tochter von Carl Friedrich Wilhelm Pollau (1764–1815), Direktor des „Bureau d'Adresse" in Halle, und Nanette Esther Marguerite Pollau, verw. Juncker, geb. Plantier (1768–1829), Stiefschwester von Charlotte Blanc.
[4] Heinrich Ranke (1798–1876), Bruder Leopold und Ferdinand Rankes, Lehrer an der Bildungsanstalt des Erziehervereins in Nürnberg.
[5] Gottlob Israel (1762–1836) und Friederica Wilhelmina Ranke, geb. Lehmicke (1776–1836).
[6] Dieser Hinweis wirkte (vgl. Nr. 194 und Nr. 195).

sogleich alle kleinen und unnützen Bedenklichkeiten hervor, die uns nur verwirren. Man bekommt auch rundere Ja's, oder Nein's. Zweitens, wer steht Dir dafür, daß Vater u⟨nd⟩ Mutter nach Halle kommen werden. Sind sie so reiselustig? Um Ostern, bei dem schlechten Weg? Wenn sie nun nicht kommen und Du fändest in Wiehe nicht den Augenblick, es zu sagen, Du bist ja auch etwas zaghaft, eine Sache zu bekennen, und Du nimmst es als Geheimnis nach Nürnberg mit;[7] welch ein Mißverhältnis in Deinem und ihrem Innern! – Über H⟨einrich⟩ und Raum[er][8] kann ich so ganz nicht urteilen. Sie könnten allerdings ein Bedenken haben. Doch hätte ichs ihnen geschrieben. Ich schwatzt's gern selbst mit H⟨einrich⟩ in einem Briefe. Und nun, mein Herz, grüße Deine und unsere neue Mutter[9], Deine und unsere neuen Verwandten[10]. Gott gebe, daß ich sie einmal genauer kennen lerne und ihre Freundschaft erwerbe. Wenn unser ganzes Haus einmal so trefflich in Blüte stehen wird und wir einander alle lieben werden.

Dein getreuer Bruder Leopold.

Was macht Wilhelm[11]? Will er mir gar nicht schreiben? Er sollte sich nur nicht so zurückhalten. Grüß ihn und Appel[12] u⟨nd⟩ Sch⟨walbe⟩[13].
Du hast mir den Datum[14] nicht genau geschrieben, den ich doch merken möchte.

7 Ferdinand Ranke wollte nach seinem Examen, wie sein Bruder Heinrich, als Lehrer an der Bildungsanstalt des Erziehervereins tätig sein (vgl. Nr. 152).

8 Karl Ludwig Georg von Raumer (1783–1865), ehemaliger Professor in Halle, Lehrer an der Bildungsanstalt des Erziehervereins in Nürnberg.

9 Nanette Esther Marguerite Pollau, verw. Juncker, geb. Plantier (1768–1829), Mutter von Charlotte Blanc, geb. Juncker, und Fanny Pollau.

10 Fanny Pollau, Charlotte Blanc, geb. Juncker (1795–1866), Stiefschwester von Fanny Pollau, und ihr Ehemann Ludwig Gottfried Blanc (1781–1866), Professor der südeuropäischen Sprachen und ihrer Literaturen, zugleich Domprediger in Halle.

11 Wilhelm Ranke (1804–1871), Bruder Leopold Rankes, Student in Halle.

12 Friedrich Ferdinand Appel (1794–1840), Supernumerar bei der Regierung in Frankfurt an der Oder, seit Ostern 1823 Student in Halle, Freund Leopold Rankes.

13 Carl Friedrich Hermann Schwalbe (1801–1878), Sohn von Gottfried Eusebius Schwalbe (1768–1836), Adjunkt, später Pfarrer in Schwaneberg, und Caroline Charlotte Schwalbe, geb. Bodenburg († 1837), Privatunterricht, 1817 Dom-Gymnasium in Magdeburg, 1820 Studium der Theologie und Philologie in Halle, 1825 Dritter Kollaborator in Quedlinburg, Prüfung „pro facultate docendi", 1826 Lehrer und Bibliothekar, 1839 Professor am Pädagogium des Klosters Unser Lieben Frauen in Magdeburg, 1843 Hochzeit mit Maria Solbrig (1823–1915), Tochter von Johann Friedrich Christian Carl Solbrig (1777–1866), Rektor des Pädagogiums des Klosters Unser Lieben Frauen in Magdeburg (sein Nachfolger wurde Ostern 1843 der Studienfreund Leopold Rankes Gottlob Wilhelm Müller), 1848 Conventualis probandus, 1855 Direktor des Gymnasiums in Eisleben, 1876 Ruhestand (vgl. GStA PK I. HA Rep. 76 VI Sekt. XI z Nr. 5 Bd. 1 und Bd. 3; Koessler, Personenlexikon, Bd. Schaab-Scotti, S. 491; Pfarrerbuch Kirchenprovinz Sachsen, Bd. 8, S. 157, hier mit den Lebensdaten: „1878–1861"; Jahrbuch des Pädagogiums des Closters unser lieben Frauen in Magdeburg 1838, S. 95); Studienfreund Ferdinand Rankes.

14 Den Tag der Verlobung mit Fanny Pollau; wohl der 29. Januar 1824 (vgl. Nr. 191).

Nr. 194

Friederica Wilhelmina Ranke[1] an Leopold Ranke[a]

V: GStA PK VI. HA Nl Hoeft Nr. 1 (Abschrift)
G: GStA I. HA Rep. 92 L. v. Ranke Nr. 26 (nicht erhalten)

Wiehe⟨,⟩ den 12⟨.⟩ März ⟨1824.⟩

Mein lieber⟨,⟩ lieber Sohn⟨,⟩ Du weist wohl nicht⟨,⟩ waß Du von mir denken solst⟨,⟩ das⟨s⟩ ich so lange nicht an Dich geschrieben habe⟨.⟩ ich war nicht gesund⟨,⟩ besonders traf mich ein übel⟨,⟩ waß mich sehr traurig machte⟨.⟩ den Tag darauf⟨,⟩ wie der gute Heinrich[2] fort war⟨,⟩ konte ich⟨,⟩ wie ich früh auf stant⟨,⟩ nicht sehen⟨.⟩ nur wenig schein hate ich noch⟨.⟩ ach⟨,⟩ mein lieber Sohn⟨,⟩ denke Dier meine Traurigkeit⟨,⟩ den⟨n⟩ meine gröste Freüde auf der Welt ist⟨,⟩ daß ich an meine guten Kinder[3] schreibe und Ihre Briefe lese⟨,⟩ und es kamen zweie von Heinrich und ich konte keinen Buchstaben sehen⟨.⟩ wie Heinrich Pretigte⟨,⟩ sagte Er oft in Seiner Pretigt⟨:⟩ Herr⟨,⟩ so Du wilst⟨,⟩ kanst Du mir wohl helfen⟨.⟩[4] an diese Worte dachte ich Tag und Nacht⟨,⟩ und Gott half mir⟨.⟩ den 15den Tag schlug ich früh das dike Gesang buch auf⟨,⟩ und da sahe ich die buchstaben und konte doch mit Mühe ein Lied lesen⟨.⟩ da habe ich gewaint für Freüde⟨,⟩ und so ist es imer beßer geworten⟨,⟩ doch noch wie Nebel vor den Augen⟨.⟩ der Artst[5] sagte⟨,⟩ es wär Nerfen schwäche⟨,⟩ weil ich den Winter so viel gelitten häte⟨,⟩ und ich bekam etwaß zur stärkung⟨.⟩ nun soll ich aber nicht lesen und nicht schreiben jezt, wie habe ich mich an Weinachte⟨n⟩ über Dich gefreuet⟨,⟩ nur tat es mir so leit⟨,⟩ das⟨s⟩ Du mich in so einer unortnug fantest und in so einer Traurigen stimmung⟨,⟩ so gar in einen schlechten bett mustest Du schlafen⟨.⟩ wen⟨n⟩ Du wieder komst⟨,⟩ soll es Dier beßer gehn⟨.⟩ kom doch ja in diesen Jahr wieder⟨.⟩ die leute haben Dich auch alle so lieb⟨.⟩ die Frau Rohkrämer[6] sagete⟨:⟩ Ihr ältester Herr Sohn[7] ist der beste⟨.⟩ ich habe es meinen Mädgens[8] gesagt⟨,⟩

[a] Adresse: „Sr. Wohlgebo. | dem Herrn Docktor Ranke | Ober lehrer am Friedrichs Gymnasio | zu | Frankfurt an der Oder"; Poststempel: „Artern"; Petschaft: „MR.".

[1] Friederica Wilhelmina Ranke, geb. Lehmicke (1776–1836), Mutter Leopold Rankes.
[2] Heinrich Ranke (1798–1876), Bruder Leopold Rankes, Lehrer an der Bildungsanstalt des Erziehervereins in Nürnberg.
[3] Gemeint sind wohl die Kinder, die zu diesem Zeitpunkt außerhalb von Wiehe lebten: Leopold (1795–1886), Heinrich (1798–1876), Ferdinand (1802–1876), Wilhelm (1804–1871); Johanna (1797–1860), Rosalie (1808–1870) und Ernst Constantin Ranke (1814–1888) lebten 1824 noch mit ihren Eltern zusammen.
[4] Matthäus 8,2: „Herr, so du willst, kannst Du mich wohl reinigen".
[5] Christian Gottfried Wilke (1768–1844), Apotheker und Arzt in Wiehe.
[6] Ehefrau von Carl Gotthold Rohkrämer (um 1775–um 1834), Pächter zu Wiehe.
[7] Leopold Ranke.
[8] Nicht ermittelt.

Sie sollen keinen Oekonom heirahten⟨,⟩[9] so ein Mann ist doch ganz waß anderes⟨.⟩ ich muste lachen. Der Vater[10] ist ganz Gesund⟨.⟩ das Cränzgen[11] besteht noch in größten Freüden⟨.⟩ Spörell[12] schreibt an Hannichen[13] und Sie an Ihm u⟨nd⟩ Sie wil keinen andern⟨.⟩ es will Sie der Bost Secrätter aus Artern[14] haben⟨,⟩ doch der ließ blasen⟨,⟩ wie er fort fuhr⟨,⟩ und ist ein guter Mensch⟨.⟩ gestern war der Kaufmann Mahler[15] hier⟨,⟩ der lobte Ihn und wolte hören⟨,⟩ wie es aus sehe⟨,⟩ aber Sie sagt⟨:⟩ nein⟨,⟩ Sporöll oder Keinen⟨.⟩ waß wollen wier da machen⟨?⟩ so bald als Er kan⟨,⟩ wil Er komen. Schubert[16] schrieb einen schönen Brief an uns⟨.⟩ Er ist ganz Glüklich⟨,⟩ das⟨s⟩ Heinrich sein Sohn geworden ist u⟨nd⟩ schreibt⟨,⟩ als wen⟨n⟩ Ihr nun alle auch Seine Kinder wärht und Selma[17]⟨,⟩ das gute Kind⟨,⟩ die schreibt so schöne Briefgen und versichert⟨,⟩ wie glücklich Sie ist⟨.⟩ Eüch nent Sie Ihre Brüder⟨,⟩ die Ihr der liebe Gott gegeben hat⟨,⟩ und kan es kaum erwarten⟨,⟩ das⟨s⟩ Sie Ihr Vater zu uns bringt⟨.⟩ wen⟨n⟩ Sie komt⟨,⟩ schreibe ich Dier⟨.⟩ vieleicht kanst Du dan auch komen; ich freue mich sehr darauf und danke Gott⟨,⟩ das⟨s⟩ ich wieder gesund bin⟨.⟩ Deine Soken sind mir lieber gewesen wie alles⟨.⟩ die sind so leicht und warm⟨,⟩ ich habe sie bis jezt beständig an gehabt⟨,⟩ und den Vater gefält die Pfeife[18] so sehr⟨.⟩ wen⟨n⟩ Er in Gesellschaft komt⟨,⟩ nehmen sie alle Damens in die hand⟨,⟩ da sagt Er mit einer wichtigen Mine⟨,⟩ die habe ich von mei-

[9] Wohl Anspielung auf die Hochzeit von Dorothea Christiana Rohkrämer (∗ 1801), die 1823 in Wohlmirstedt Wilhelm Christian Markscheffel (∗ um 1795), Rittergutsbesitzer in Wenigensömmern, geheiratet hatte, einen Sohn von Johann Georg Markscheffel, Ökonom und Gutsbesitzer in Tunzenhausen (vgl. Archiv KPS Wiehe, Trauungen 1823; freundliche Auskunft von Gottfried Braasch, 6.12.2011).

[10] Gottlob Israel Ranke (1762–1836).

[11] Vgl. Nr. 181.

[12] Georg Gottlob August Spoerel (1796–1840), Landgerichtssekretär in Erfurt.

[13] Johanna Ranke (1797–1860), Schwester Leopold Rankes.

[14] Nicht ermittelt.

[15] Wohl Johann Friedrich August Mahler (∗ 1767), Sohn von Johann Gottfried Mahler (1738–1781), kurfürstlich-sächsischer Kammer-Kommissarius, und Christiane Marie Mahler, geb. Teuthorn (1740–1805), Kaufmann in Artern, verheiratet mit Johanna Condordia Schönkopf (1771–1847) (vgl. Archiv KPS Artern, Taufen 1738, 1740 und 1767; Archiv KPS Artern, Trauungen 1759; Archiv KPS Artern, Bestattungen 1781, 1805, 1828 und 1847); sein Bruder war Johann Leberecht Constantin Mahler (1762–1828), 1778 Klosterschule in Roßleben, 1782 Studium der Rechte in Leipzig, 1784 in Wittenberg, 1785 Dr. iur., 1800 Zweiter Bürgermeister, 1814 alleiniger Bürgermeister in Artern, unverheiratet (vgl. Archiv KPS Artern, Taufen 1762; Archiv KPS Artern, Bestattungen 1828; Album Schüler Roßleben, S. 15; Erler, Matrikel Leipzig, S. 251; Juntke, Album Academiae Vitebergensis, S. 290; freundliche Auskunft von Gottfried Braasch, 6.12.2011).

[16] Gotthilf Heinrich Schubert (1780–1860), Professor für allgemeine Naturgeschichte und Mineralogie in Erlangen.

[17] Selma Schubert (1806–1878), Tochter von Gotthilf Heinrich Schubert, Professor für allgemeine Naturgeschichte und Mineralogie in Erlangen.

[18] Vgl. Nr. 177.

nen Sohn⟨.⟩ das höre ich so gerne, Wilhelm[19] will von Halle weg wegen der unruhen⟨,⟩[20] waß meinst Du den⟨n⟩? der Vater wil Ihn nach Erlangen bringen⟨,⟩ weil es uns in Berlin zu viel kostet⟨.⟩ so geht den⟨n⟩ alles weit von mir fort⟨.⟩ ach⟨,⟩ mein lieber Sohn⟨,⟩ ich bitte Gott alle Tage⟨,⟩ das⟨s⟩ Er Dich doch möchte in unsere Nähe führen⟨.⟩ ich wolte den Brief noch einmal abschreiben⟨,⟩ aber es möcht meinen Augen schaden⟨.⟩ Du nimst es nicht übel u⟨nd⟩ kanst es doch wohl lesen. Grüße die liebe Aleman[21] u⟨nd⟩ Caroline[22]⟨.⟩ ich wünsche eüch allen Gesundheit

Deine Treüe Mutter
Friederica Ranke⟨.⟩

Eben⟨,⟩ da ich den Brief fort schiken wil⟨,⟩ komt Dein lieber Brief[23]⟨,⟩ wie haben wir uns gefreuet⟨,⟩ Ernst[24] hüpft in der Stube rum und klatscht in die Händgen für Freude⟨,⟩ und der Vater[25] lachte vor Sich hin⟨,⟩ wie Er laß⟨.⟩ Du bist unser Getreüer Sohn.

Aber denke Dier⟨,⟩ Eben komt auch einer von Ferdinand[26] u⟨nd⟩ von Fanni[27] u⟨nd⟩ der Mutter[28]⟨,⟩ die bitten um die einwiligung zu Ihrer verlobung[29]⟨. „⟩wäre ich doch bei Sie⟨,⟩ gute Mutter⟨,⟩ ich wolte nidern knien und Sie bitten⟨“,⟩ schreibt Fani⟨.⟩ ich bin so erschroken und kome in die gröste verlegen heit⟨.⟩ in Nürnberg wollen Sie Ihn nicht haben⟨,⟩ wen⟨n⟩ Er eine Braut hat⟨.⟩ wen⟨n⟩ Er komt⟨,⟩ soll Er Ihn⟨en⟩ ganz angehören⟨,⟩ den⟨n⟩ Heinrich[30] hate es gemerkt⟨,⟩ was Er in Sinn hate⟨,⟩ aber ich glaubte es nicht⟨.⟩ der Vater sagt⟨: „⟩beruhgge dich nur⟨,⟩ eine Verlobung ist ja noch keine heirath⟨“.⟩ ich wil jar nicht antworten⟨,⟩ u⟨nd⟩ der Vater soll an den Pr⟨ofessor⟩ Blank[31] schreiben⟨,⟩ den⟨n⟩ das sind Kinder⟨,⟩ und die alte Frau ist auch so leicht Sinnig u⟨nd⟩ bitet mit⟨.⟩ ein Mensch⟨,⟩ der die

[19] Wilhelm Ranke (1804–1871), Bruder Leopold Rankes, Student in Halle.

[20] Vgl. Nr. 191.

[21] Friederike Wilhelmine Ahlemann, geb. Schultze (1772–1843), Direktorin einer höheren Bildungsanstalt für Mädchen in Frankfurt an der Oder, Vertraute Leopold Rankes.

[22] Caroline Beer (1791–1851), Vertraute Leopold Rankes in Frankfurt an der Oder.

[23] Nicht ermittelt.

[24] Ernst Constantin Ranke (1814–1888), Bruder Leopold Rankes.

[25] Gottlob Israel Ranke (1762–1836).

[26] Ferdinand Ranke (1802—1876), Bruder Leopold Rankes, Student in Halle.

[27] Fanny Pollau (1804–1867), Verlobte Ferdinand Rankes.

[28] Nanette Esther Marguerite Pollau, verw. Juncker, geb. Plantier (1768–1829), Mutter von Charlotte Blanc, geb. Juncker, und Fanny Pollau.

[29] Vgl. Nr. 191; Leopold Ranke hatte Ferdinand Ranke am 5. März 1824 ermahnt, doch an die Eltern zu schreiben und nicht auf einen Besuch derselben in Halle zu vertrauen (vgl. Nr. 193)

[30] Heinrich Ranke (1798–1876), Bruder Leopold Rankes, Lehrer an der Bildungsanstalt des Erziehervereins in Nürnberg.

[31] Ludwig Gottfried Blanc (1781–1866), Professor der südeuropäischen Sprachen und ihrer Literaturen, zugleich Domprediger in Halle.

Prüfung noch nicht überstanden u⟨nd⟩ noch gar keine außich zu einer anstellung hat⟨,⟩ den wil Sie Ihre Tochter geben⟨.⟩ was hälst Du den⟨n⟩ von der ganze Sache⟨.⟩ ich habe den Brief verstekt⟨,⟩ das⟨s⟩ die Kinder[32] nichts erfahren⟨,⟩ und sag Du auch niemand⟨,⟩ was davon⟨,⟩ das⟨s⟩ Sie in Nürnberg [es[33]] nicht erfahren⟨.⟩ in ein paar Tagen schreiben wir alle an Dich⟨.⟩ Rothe[34] ist [lädiert[b]] auf geschliesen⟨.⟩ lebe wohl⟨,⟩ Sonst geht die Bost ab⟨.⟩

[b] In der Vorlage folgt eine Lücke.

[32] Johanna (1797–1860), Rosalie (1808–1870) und Ernst Constantin Ranke (1814–1888) lebten 1824 noch bei ihren Eltern in Wiehe.

[33] In der Vorlage ursprünglich: „ja".

[34] Wohl Benjamin Rothe (1777–1826), Pachtmüller in Schönewerda, Sohn von Benjamin Rothe (1739–1807), Oberkämmerer und Bürgermeister in Nebra, und Maria Magdalena Sophia Elisabeth Rothe, geb. Ranke (1759–1812), Schwester von Leopold Rankes Vater.

Nr. 195

Gottlob Israel Ranke[1] an Leopold Ranke

V: GStA PK VI. HA Nl Hoeft Nr. 1 (Abschrift)
G: GStA I. HA Rep. 92 L. v. Ranke Nr. 26 (nicht erhalten)

⟨Wiehe,⟩ den 19. Maerz 1824[a]⟨.⟩

Innigst geliebter Sohn,

Du denkst an Deine Aeltern[2] jezt mehr wie sonst, und schreibst auch öfter, da Du Dich zu Weihnachten von deren zunehmenden Schwachheit überzeuget hast.[3] Ich kann Dir aber versicheren, daß wir jezt noch alle auf den Beinen sind.

Dein Petschaft[4] ist aber nicht schuld⟨,⟩ daß die Mutter zeither nicht an Dich geschrieben hat.[5]

Bald nach Heinrichs[6] Abreise, bekam die Mutter ein Augenübel[7], wodurch diese sehr litten, und die Sehkraft fast ganz verdunkelten. Der Arzt[8] schrieb diese Augenkrankheit einem zurückgetretenen Schnupfen und Nervenschwäche zu, gab ihr stärkende Arzenei und lies Blutigel anlegen, wodurch die Sehkraft zwar gewonnen hat, daß sie wieder lesen kann, aber die schwachen Augen nicht anstrengen darf.

Nun⟨,⟩ geliebter Sohn, sag mir nur, wie Du zu den Apfelsinen gekommen bist, daß wir Dir oder dem lieben Geber dafür danken können? Auf der langen Reise hatten sie sich gut erhalten⟨,⟩ blos 2. waren ein wenig anbrüchig geworden. Wir hatten darüber eine außerordentliche Freude, als sie bei uns ankamen, haben [wir] auch einige unsern Freunden[9] und krancken Personen[10] geschenkt, die sich wieder sehr darüber freueten.

Das Cränzchen[11] besteht noch immer bei uns, und gewöhnlich rauche ich dann aus der von Dir geschenkt erhaltenen schönen Pfeife[12], welche die

[a] Von Hoeft ursprünglich auf „1834" datiert.

[1] Gottlob Israel Ranke (1762–1836), Vater Leopold Rankes.
[2] Gottlob Israel und Friederica Wilhelmina Ranke, geb. Lehmicke (1776–1836).
[3] Vgl. Nr. 182.
[4] Ein Weihnachtsgeschenk an die Mutter (vgl. Nr. 177).
[5] Friederica Wilhelmina Ranke hatte ihrem Sohn Leopold vor Weihnachten zuletzt am 21. Dezember 1823 geschrieben (Nr. 181); über ihren Brief vom 12. März 1824 (Nr. 194) war ihr Ehemann sichtlich nicht informiert.
[6] Heinrich Ranke (1798–1876), Bruder Leopold Rankes, Lehrer an der Bildungsanstalt des Erziehervereins in Nürnberg.
[7] Vgl. Nr. 194.
[8] Christian Gottfried Wilke (1768–1844), Apotheker und Arzt in Wiehe.
[9] Nicht ermittelt.
[10] Nicht ermittelt.
[11] Vgl. Nr. 181.
[12] Vgl. Nr. 177.

Fr⟨au⟩ Oberpf⟨arrer⟩[13] die Cränzchen-Pfeife nennt. Wäre ich nur jünger und etwas stärker oder Frankfurth nicht zu weit entfernt⟨,⟩ daß ich Dich im künftigen Sommer in Deinem neuen Logis[14] einmal unvermuthet besuchen und überraschen könnte.
Die Deinem vorlezten Briefe[15] beigelegten Dreithaler Lotteriegeld habe ich auch erhalten, und wollen wir es nun dem glücklichen Zufall überlassen⟨,⟩ ob wir etwas gewinnen werden.
Was sagst Du aber zu Ferdinands[16] vorhabenden Verlobung mit Fanný[17], welche er Dir gemeldet.[18] Auf jeden Fall ist's noch viel zu früh, und in Nürnberg darf er sich gar nichts davon merken laßen.[19] Ich habe ihm noch nicht darauf geantwortet, und hätte gewünscht, er möchte sich [b]nicht[b] bei so wichtigen Angelegenheiten übereilt haben, da ich doch anjezt nichts anderes thun kann⟨,⟩ als ihm bis auf seine ordentliche Anstellung anrathen, sich zu gedulden.
Spörel[20] wird künftige Ostern zu uns kommen, und seinen Heiraths-Antrag, vielleicht auch Verlobung mit Hannchen[21] fodern.
Röschen[22] hat das von Dir geschenkt erhaltene Kleid[23] noch nicht machen lassen. Jezt besorget sie das nöthige zu der Abreise nach Nürnberg für Ferdinand, und arbeitet sehr fleißig. Ernst[24] liest gern und oft in dem retha…[c] Bilderbuch[25], ist aber gleich Wilhelm[26] schwächlich. Als Kind warest Du ja auch schwach. Gott erhalte Dich zu unserer grösten Freude ferner gesund u⟨nd⟩ wohl!! Besuche uns bald wieder. Mutter und Schwestern auch lassen Dich herzlich grüßen.

Ich bin und bleibe Dein Dich herzlich liebender Vater Ranke.

[b–b] In der Vorlage unterstrichen.

[c] In der Vorlage folgt eine Lücke. Hoeft bemerkt am Rand: „abgeschnitten".

[13] Rosalie Elisabeth Damm, geb. Ferber (1774–1849), Ehefrau von Johann Friedrich Damm, Oberpfarrer in Wiehe.

[14] Der Vater bezieht sich hier auf die von Leopold Ranke für den Sommer angemietete Gartenwohnung am Poetensteig (vgl. Nr. 200).

[15] Nicht ermittelt.

[16] Ferdinand Ranke (1802—1876), Bruder Leopold Rankes, Student in Halle.

[17] Fanny Pollau (1804–1867), Verlobte Ferdinand Rankes.

[18] Vgl. Nr. 191.

[19] Vgl. Nr. 194.

[20] Georg Gottlob August Spoerel (1796–1840), Landgerichtssekretär in Erfurt.

[21] Johanna Ranke (1797–1860), Schwester Leopold Rankes.

[22] Rosalie Ranke (1808–1870), Schwester Leopold Rankes.

[23] Vgl. Nr. 177.

[24] Ernst Constantin Ranke (1814–1888), Bruder Leopold Rankes.

[25] Leopold Ranke hatte es seinem jüngsten Bruder zu Weihnachten geschenkt (vgl. Nr. 177).

[26] Wilhelm Ranke (1804–1871), Bruder Leopold Rankes, Student in Halle.

Nr. 196

Friederica Wilhelmina Ranke[1] an Leopold Ranke

V: GStA PK VI. HA Nl Hoeft Nr. 1 (Abschrift)
G: GStA I. HA Rep. 92 L. v. Ranke Nr. 26 (nicht erhalten)

⟨Wiehe, 19. März 1824.⟩[a]

Gott grüß ⟨Dich,⟩ lieber Sohn⟨.⟩ Du bist ja so gut gegen uns und machst uns so viel Freüde⟨.⟩ laß Dier nur erzählen⟨,⟩ am Sontag lag ich an des Vaters[2] Sofa und schlief⟨,⟩ auf einmal sas der Vater neben mir und las einen Brief von Dier[3] vor⟨.⟩ so wurde ich auf eine sehr angenehme Art gewekt und freuete mich sehr⟨,⟩ und die Mittewoche war es derselbe fall⟨.⟩[4] die bost komt allemal um die zeit⟨.⟩ Rosalie[5] kam hinauf und sagte⟨:⟩ da bringe ich ein Brief und ein Kästgen⟨.⟩ ich glaube gar⟨,⟩ es ist von Frankfurt⟨.⟩ ich stant auf und dachte⟨:⟩ der will gewiß auch heirathen⟨,⟩ aber mit Freuden las ich⟨,⟩ das⟨s⟩ es blos aus liebe zu uns gescha⟨h⟩ u⟨nd⟩ die schönen Apfelsinen⟨.⟩ das war eine Freude⟨.⟩ Grüße die gute Aleman[6] und Ca⟨roline⟩[7],

Deine Muter⟨.⟩

am 30 Januar ist die[b] F[c]⟨rau⟩ Inspector John[8] gestorben in Pforta⟨.⟩

[a] Hoeft datiert den Brief auf: „[1824 Feb]“ und vermerkt: „[Rückseite] an Leopold“; die Neudatierung erfolgt im Hinblick auf Nr. 195.

[b] In der Vorlage: „der“.

[c] In der Vorlage: „H“; wohl Lesefehler Hoefts, denn Christian Gottlieb John (1762–1829), Oberpfarrer und geistlicher Inspektor der Landesschule in Pforta, der von 1787 bis 1800 als Diakonus in Wiehe wirkte und mit der Familie Ranke befreundet war (vgl. L. v. Ranke, Lebensgeschichte, S. 16), starb erst am 15. Dezember 1829.

[1] Friederica Wilhelmina Ranke, geb. Lehmicke (1776–1836), Mutter Leopold Rankes.

[2] Gottlob Israel Ranke (1762–1836).

[3] Nicht ermittelt.

[4] Brief nicht ermittelt.

[5] Rosalie Ranke (1808–1870), Schwester Leopold Rankes.

[6] Friederike Wilhelmine Ahlemann, geb. Schultze (1772–1843), Direktorin einer höheren Bildungsanstalt für Mädchen in Frankfurt an der Oder, Vertraute Leopold Rankes.

[7] Caroline Beer (1791–1851), Vertraute Leopold Rankes in Frankfurt an der Oder.

[8] Johanna Christiana John, geb. Groß (1763–1824), Ehefrau von Christian Gottlieb John.

Nr. 197

Heinrich Ranke[1] an Leopold Ranke

V: GStA PK VI. HA Nl Hoeft Nr. 37 Kart. 4 (Typoskript)
TD: Fuchs, Heinrich Ranke, S. 165–167

Nürnberg⟨,⟩ den 29sten März ⟨18⟩24.

Mein lieber Leopold,
Du hast mich mit Deinem lieben letzten Brief[2] gar sehr erfreut, und es ist recht abscheulich, daß ich nun erst antworte. Zu einem Briefe an Dich hatte ich mir immer Ruhe gewünscht, die ich noch nicht habe. Ich habe sie aber vor Ostern auch nicht zu erwarten, darum schreibe ich denn⟨,⟩ so gut es geht. Zuerst: Du bist mein lieber, lieber Bruder – und wir beide werden mit Gottes Hülfe von Jahr zu Jahr inniger vereinigt werden. Ich werde auch von nun an nicht mehr gegen Dich zurückhalten – nur bitte ich Dich dringend – nach [a]keiner[a] Seite hin, weder schräg hinüber[3], noch nach Wiehe[4], noch nach Berlin[5], noch nach Rügen[6] mittelbar oder unmittelbar etwas verlauten zu lassen, damit niemand unnützer Weise in unsere Sorgen hineingezogen werde. Du weißt schon, daß mein Lehren des Christenthums hier im Hause vom Anfang ⟨an⟩ großen Widerstand fand, Du weißt, wie ich darunter gelitten habe,[7] und unsre lieben Raumer's[8]. Es entstand eigentlich weniger Streit, als das Gefühl, daß hier 2 Elemente waren, die sich eben so wenig vertragen konnten als Feuer und Wasser. Im Sommer bin ich oft im Garten auf und ab gegangen, mit dem Gedanken: Hier kannst Du nicht bleiben. Ich entdeckte es auch R⟨aumer⟩s, die dann noch trauriger waren als ich. R⟨aumer⟩ war mit [b]Begeisterung[b]

a–a In der Vorlage unterstrichen.
b–b In der Vorlage unterstrichen.

1 Heinrich Ranke (1798–1876), Bruder Leopold Rankes, Lehrer an der Bildungsanstalt des Erziehervereins in Nürnberg.
2 Nr. 192.
3 Wohl gegenüber Friederike Wilhelmine Ahlemann, geb. Schultze (1772–1843), Direktorin einer höheren Bildungsanstalt für Mädchen in Frankfurt an der Oder, und Caroline Beer (1791–1851), Vertraute Leopold und Heinrich Rankes in Frankfurt an der Oder.
4 Gegenüber den Eltern Gottlob Israel (1762–1836) und Friederica Wilhelmina Ranke, geb. Lehmicke (1776–1836).
5 Zu den persönlichen und amtlichen Berliner Verbindungen Heinrich Rankes vgl. F. H. Ranke, Jugenderinnerungen, S. 237–241.
6 Gegenüber den Angehörigen der Familie und dem Umfeld des verstorbenen Hermann Julius Christoph Baier (1775–1822), dessen Sohn Allwill Hermann Baier (1811–1892) Heinrich Ranke in Nürnberg anvertraut worden war.
7 Vgl. Nr. 184.
8 Karl Ludwig Georg von Raumer (1783–1865), ehemaliger Professor, wie Heinrich Ranke Lehrer an der Bildungsanstalt des Erziehervereins in Nürnberg, und seine Ehefrau Friederike von Raumer, geb. Reichardt (1790–1869).

mit Weib[9] und Kind[10] hergegangen⟨,⟩ hatte eine sehr einträgliche⟨,⟩ sorgenfreie Stelle[11] aufgegeben – und hier sah er sich in Allem gehemmt – er war von Allen darauf hierhergerufen worden⟨,⟩ daß er die Leitung des Ganzen übernehmen solle. – Er war edel genug gewesen, sich den Andern nur gleich zu stellen. Denke Dir seinen Kampf. Wie der Unterricht in den alten Sprachen durch D⟨itt⟩M⟨ar⟩[12] so geführt war⟨,⟩ daß sie Homer[13]⟨,⟩ Virgil[14] und Cicero[15] lasen und weder dekliniren noch konjugiren konnten – so war mehr od⟨er⟩ minder Alles dem Schein dahingegeben. Nicht eben als wären Dittm⟨ar⟩ und die Uebrigen[16] von Haus aus unedel gewesen – sie waren durch die bedrängte Lage des Instituts dahin gekommen, sich nach der [c]Welt[c] im schlechten Sinn zu richten und manchen [d]Elenden[d] und [e]Erbärmlichen[e]⟨,⟩ aber [f]Vornehmen[f] Leuten zu schmeicheln. Nach meiner innigsten Ueberzeugung war das Ganze auf den Sand gebaut[17]⟨,⟩ und man hätte keinen Augenblick wünschen können, daß es bestehen möge, wenn es [g]so[g] hätte bestehen sollen. – Dieß alles wurde uns klar in derselben Zeit⟨,⟩ als ich so lang gegen Dich und alle Freunde schwieg. Und nun, lieber Bruder, vergiebst Du mir noch williger? – O⟨,⟩ es war sehr schwer! Denke Dir auch die Mutter Raumer[18], als ihr dieß aufging. (Ihre Berliner Verwandten[19] wissen davon nichts [h]und dürfen auch durch Dich nichts erfahren[h].)

Es kam allmählich so weit⟨,⟩ daß ein förmlicher Contrakt gemacht wurde. – Wir wollten noch 1 $^{1}/_{2}$ Jahr zusammenarbeiten – ob wir uns noch

c–c In der Vorlage unterstrichen.
d–d In der Vorlage unterstrichen.
e–e In der Vorlage unterstrichen.
f–f In der Vorlage unterstrichen.
g–g In der Vorlage unterstrichen.
h–h In der Vorlage unterstrichen.

9 Friederike von Raumer, geb. Reichardt.

10 Karl Ludwig Georg von Raumer hatte zum Zeitpunkt seines Eintreffens in Nürnberg drei Kinder: Dorothea Sophie Luise (1812–1848), Rudolf Heinrich Georg (1815–1876) und Hans von Raumer (1820–1851).

11 Karl Ludwig Georg von Raumer war von einer zwar sicheren, aber durch fortgesetzte Anfeindungen seiner Kollegen alles andere als sorgenfreien Professorenstelle in Halle an die Nürnberger Schule gewechselt (vgl. K. v. Raumer, Leben, S. 314–316).

12 Johann Christian Gottlob Heinrich Dittmar (1792–1866), Leiter der Bildungsanstalt des Erziehervereins in Nürnberg.

13 Homer galt im 19. Jahrhundert als der Autor der Ilias und der Odyssee.

14 Publius Vergilius Maro (70–19 v. Chr.), römischer Dichter, Autor der Aeneis.

15 Marcus Tullius Cicero (106–43 v. Chr.), römischer Redner, Politiker und Philosoph.

16 Die Lehrer an der Bildungsanstalt des Erziehervereins in Nürnberg (vgl. Nr. 126, Anm. 18).

17 Vgl. Matthäus 7,26.

18 Friederike von Raumer, geb. Reichardt.

19 Johanna Wilhelmine Dorothea Reichardt, verw. Hensler, geb. Alberti (1755–1827), und Sophie Reichardt (1795–1838), die Mutter und die Schwester von Friederike von Raumer.

vereinigen könnten. Wo nicht, so wollten wir uns dann in aller Freundlichkeit scheiden. Jene wollten weggehen und uns diese Anstalt überlassen. Sie wollten dann eine andere gründen. Du wirst hierüber erschrecken, aber ich fordere es von Deiner Bruderliebe, zu glauben, daß wir nichts Unedles und Schlechtes gethan haben. Du glaubst es mir auf's Wort: Sie sind vor unserer Ankunft auf dem Punkt gewesen, die Anstalt aufzulösen – sie sind froh⟨,⟩ daß nun die Anstalt mit aller ihrer Noth auf unsern Schultern liegt. Ich sage kein Wort weiter – Du glaubst mir's ohne Beweis. Wehe mir, wenn ich hier [i]eine[i] Lüge sagte. Kurz: der Musiklehrer Gersbach[20], der unser Hauptgegner war, hat vor einem halben Jahr eine Stelle im Badenschen angetreten;[21] Grosch[22]⟨,⟩ der Mathematiker⟨,⟩ wird im Sommer eine Universität beziehen, um weiter zu studieren (er ist nämlich früher nur Seminarist[23] gewesen). Zwei, die ganz die Unsern waren, Wesselhöft[24] und Strebel[25] sind von Staats wegen[26] entfernt. Einer,

i – i In der Vorlage unterstrichen.

20 Joseph Gersbach (1787–1830), Musiklehrer an der Bildungsanstalt des Erziehervereins in Nürnberg.

21 Als Lehrer für Musik, Mathematik, Naturwissenschaften und deutsche Sprache am neuerrichteten evangelischen Lehrerseminar in Karlsruhe.

22 Johann Georg Grosch (1796–1862), Lehrer für Mathematik an der Bildungsanstalt des Erziehervereins in Nürnberg.

23 Grosch hatte das Lehrerseminar in Meiningen besucht; er nahm 1824 ein Studium der Chemie und Mineralogie auf.

24 Eduard Wesselhöft (1792–1873), Bruder der führenden Mitglieder der Urburschenschaft Robert und Wilhelm Wesselhöft; Heinrich Ranke hatte, nachdem er Friedrich Ludwig Jahn nach Berlin begleitet hatte (vgl. Nr. 25), von Eduard Wesselhöfts Bruder Wilhelm dort „freie Wohnung" erhalten (vgl. Nr. 36).

25 Johann Valentin Strebel (1801–1833), Sohn eines Schullehrers in Oberndorf bei Schweinfurt, Gymnasium in Ansbach, 1819 Studium der Philosophie in Würzburg, Eintritt in die Würzburger Burschenschaft, 1820 Studium der Theologie in Erlangen, Eintritt in die Burschenschaft der Bubenreuther, der auch Carl Ludwig Sand und sein bester Freund Georg Friedrich Christoph Dittmar (1795–1817), der Bruder von Johann Christian Gottlob Heinrich Dittmar (1792–1866), dem Leiter der Bildungsanstalt des Erziehervereins in Nürnberg, angehörten, 1821 Sprecher der Burschenschaft und einer der Führer der Erlanger Burschenschaft beim Auszug nach Altdorf, 1822 Vertreter Erlangens auf dem Odenwalder Burschentag, 1823 Lehrer an der Bildungsanstalt des Erziehervereins in Nürnberg, 1824 als ehemaliger Sprecher der Burschenschaft der Universität verwiesen, dreijähriges Berufsverbot, 1825 Instruktor und Hofmeister der beiden Söhne von Friedrich August Karl Fürst von Hohenlohe-Öhringen (1784–1853), 1830 Stadtpfarrer in Forchtenberg bei Öhringen, 1835 Direktor der Erziehungs- und Unterrichtsanstalt in Stetten im Remstal, an der ab 1838 auch sein Schwager Philipp Karl Eduard Wackernagel tätig war, der Heinrich und Ferdinand Ranke gut bekannt war, und in deren Beirat Christian Friedrich Klaiber (1782–1850) wirkte, dessen Bruder Johann Gottfried Klaiber Heinrich Ranke 1823 kennengelernt hatte (vgl. Nr. 159), 1844 Pfarrer in Weil im Schönbuch bei Tübingen, 1850 Rektor eines Privatgymnasiums in Stuttgart, 1858 Pfarrer in Roßwang (vgl. F. H. Ranke, Jugenderinnerungen, S. 309; www.bubenreuther.de/buugle.php?detail=425).

26 Karl Ludwig Georg von Raumer schreibt, daß Wesselhöft wegen seiner „burschenschaftlichen Brüder" die Anstalt habe verlassen müssen (vgl. K. v. Raumer, Leben, S. 325).

Ernst[27], ist als Lehrer an ein Preußisches Seminar [j]am Niederrhein abgerufen[j]. Hermann[28] will uns im nächsten Sommer verlassen — er hofft⟨,⟩ eine Predigerstelle zu bekommen.[29] So steht es. Da ist zu dem Allen vor wenigen Tagen Dittmar[30] auch zum Thor hinausgefahren — auf ein halb Jahr, heißt es — aber wir wissen es anders. — Mein lieber, lieber Bruder, mein lieber Leopold. Es ist noch kein volles Jahr, daß wir hier sind. Ach⟨,⟩ ein schweres und herrliches Jahr. — Nun sitzen wir hier und arbeiten des Tages und wachen wohl auch des Nachts bei unserm Karlchen[31], einem 4jährigen[k] Knaben aus München, der vorige Woche mitten in unserer Bedrängniß noch das Bein hoch oben brach. — Gott stärke Euch⟨,⟩ sagte Dittmar⟨,⟩ als er Abschied nahm, wie man zu Leuten sagt, die den Tod eines Vaters zu erwarten haben. Da sind wir denn[l] hier und [m]hoffen auf Gott[m] — auf Menschen ist auch hier nicht mehr zu hoffen. Präsident Drechsel[32], der die Hauptstütze der Dittmarschen Anstalt war, nimmt sei-

j–j In der Vorlage nachträglich handschriftlich ergänzt.
k Laut Fuchs: siebenjährigen.
l In der Vorlage ursprünglich: „nun“.
m–m In der Vorlage unterstrichen.

27 Carl Moritz Ernst (1800–1829), Oktober 1821 auf Empfehlung seines Breslauer Lehrers Christian Wilhelm Harnisch (1787–1864) Lehrer an der Bildungsanstalt des Erziehervereins in Nürnberg, Dezember 1823 Lehrer am Schullehrerseminar in Moers.

28 Carl Gottlieb Hermann (1793–1858), Mitglied der Urburschenschaft und enger Studienfreund Heinrich Rankes, Lehrer an der Bildungsanstalt des Erziehervereins in Nürnberg.

29 Carl Gottlieb Hermann wurde 1824 Pfarrer in Möhra.

30 Johann Christian Gottlob Heinrich Dittmar (1792–1866), Leiter der Bildungsanstalt des Erziehervereins in Nürnberg.

31 Nicht ermittelt.

32 Carl Joseph Freiherr (ab 1817: Graf) von Drechsel auf Deuffstetten (1778–1838), Sohn von Joseph Maria Freiherr von Drechsel (1754–1780), Hauptpfleger zu Regenstauf, und Maria Anna Philippine Franziska Freifrau von Drechsel, geb. Freifrau von Schneidt (1754–1780), Tochter von Joseph Heinrich Freiherr von Schneidt (1705–1786), bayerischer Komitialgesandter am Immerwährenden Reichstag in Regensburg, 1797 Studium der Rechte in Erlangen, 1798 Beitritt zum Corps Onoldia, 1798 in Würzburg, 1799 in Ingolstadt, 1799 Besuch der diplomatischen Pepinière in München, 1800 Landesdirektionsrat in Neuburg an der Donau, Hochzeit mit Therese Gräfin von und zu Freyen-Seyboldtstorff (1778–1848), Tochter von Siegmund Maria Christoph Graf von und zu Freyen-Seyboldtstorff (1747–1789), Regierungsrat in Landshut, und Maria Walburga Gräfin von und zu Freyen-Seyboldtstorff, geb. Gräfin von Preysing-Moos (1751–1829), 1802 Wirklicher Landesdirektionsrat in Neuburg an der Donau, 1803 Generallandesdirektionsrat in München, 1806 Königlicher Kommissär bei den Taxisschen Post, 1808 Vorstand und Generaldirektor der königlich-bayerischen Post, 1817 Generalkommissär und Präsident der Regierung des Rezatkreises in Ansbach, 1826 des Oberdonaukreises in Augsburg, 1828 von König Ludwig I. wegen seiner liberaler Gesinnung in den Ruhestand versetzt, 1831–1837 Mitglied der Kammer der Abgeordneten des bayerischen Landtags in München (vgl. Otto Veh: Carl Joseph Graf von Drechsel, in: Jahresberichte des Historischen Vereins für Mittelfranken 71 (1951), S. 35–63; Schärl, Beamtenschaft, Nr. 288, S. 197).

nen Sohn[33] heraus. Und [n]nun[n] die Braut[34]? wirst Du denken. – Ja, liebes Herz, Du weißt es ja schon. Die hat mir der liebe Gott recht eigens zum Trost in dieser schweren Zeit gegeben – denn alle ihre Briefe sind Trost und Freudenbriefe⟨,⟩ wie sie aus der Seele eines gottergebenen Kindes nur immer kommen können. Als wir nach Strebels Entlassung den Brief von Grafen Dr⟨echsel⟩ bekamen⟨,⟩ so rieth uns Dittmar, der damals noch hier war, die Anstalt sogleich aufzugeben – freiwillig –⟨,⟩ damit wir anderwärts anfangen könnten. Für mich persönlich wär es ja gar kein Unglück⟨,⟩ wenn dieß hier zu Grunde ging – ich dürfte auf eine Anstellung als Prediger hoffen, wie es alle Schuberts[35] außer Selma so schon wünschen. Auch wegen R⟨aume⟩r ist schon eine Anfrage gekommen, ob er wohl wieder eine Professur annehmen würde. – – Aber es ist uns ganz gewiß, daß wir in Gottes Namen hier bleiben sollen. Ja⟨,⟩ ich muß es aussprechen: Und wenn die Regierung uns in 8 Wochen auseinander jagen wollte⟨,⟩ und wir erführen es jetzt, so müßten wir diese 8 Wochen noch in Gottes Namen aus aller Kraft an den Kindern arbeiten, damit noch in diesen wenigen Tagen ein [o]ewiger[o] Same in sie gestreuet werde durch Gottes Gnade.[36] Ich wußte nicht, daß ich etwas jemals mit solcher Bestimmtheit gewußt habe, wie dieses, daß ich hier bleiben muß nach Gottes Willen. Dazu bin ich denn auch mit Raumers bereit. Kömmt nun Ferdinand⟨,⟩ so kann er an Gottes Werk mitarbeiten, und was will er denn weiter? Seine Braut[37] kann er in einigen Jahren – will's Gott – auch heimführen[p]. – Du weißt vielleicht von der Armenschule in Beuggen bei Rheinfelden, wo sich auch junge Handwerker zu [q]freiwilligen Armenschullehrern[q] ausbilden lassen.[38] Die Anstalt

[n–n] In der Vorlage nachträglich handschriftlich ergänzt.
[o–o] In der Vorlage unterstrichen.
[p] In der Vorlage nachträglich verändert zu: „herführen".
[q–q] In der Vorlage unterstrichen.

[33] August Walther Guntram Graf von Drechsel (1810–1880), 1821 Bildungsanstalt des Erziehervereins in Nürnberg, 1834 Kammerjunker, 1841 Hochzeit mit Maximiliane Theodore Gräfin von Bayrstorff (1823–1885), Tochter von Karl Theodor Maximilian August Prinz von Bayern (1795–1875), Bruder König Ludwigs I., Generalfeldmarschall und Generalinspektor des bayerischen Heeres, und seiner morganatischen Gattin, Maria Anna Sophie Petin, ab 1823 Freifrau von Bayrstorff (1796–1838), später Generalmajor und Kreiskommandant der Landwehr in der Oberpfalz und Regensburg.

[34] Selma Schubert (1806–1878), Tochter von Gotthilf Heinrich Schubert, Professor für allgemeine Naturgeschichte und Mineralogie in Erlangen.

[35] Gotthilf Heinrich Schubert (1780–1860), Professor für allgemeine Naturgeschichte und Mineralogie in Erlangen; seine Ehefrau Julie Schubert, geb. Steuernagel (1788–1880), seine Pflegekinder Adeline Wiener, geb. Ritter (1807–nach 1856) und Richard Georg.

[36] Anklänge an das Luther zugeschriebene Wort: Und wenn ich wüßte, daß morgen die Welt unterginge, würde ich heute noch ein Apfelbäumchen pflanzen.

[37] Fanny Pollau (1804–1867), Verlobte Ferdinand Rankes.

[38] Die Armenschule in Beuggen wurde zusammen mit einer Armen-Schullehrer-Anstalt 1817 unter dem Einfluß Pestalozzis von Christian Friedrich Spittler (1782–1867) und Christian Heinrich Zeller (1779–1860) gegründet und nahm ihre Arbeit im Jahr 1820 auf.

ist von der Baseler Missionsgesellschaft[39] gestiftet und von großem Segen. Von dort haben wir vor Kurzem einen Hülfslehrer bekommen – Blankenburg[40]⟨,⟩ aus der Nähe von Berlin, seines Handwerks ein Schneider. Wir hoffen nämlich eine Armenschule zu errichten [r]ganz in der Stille[r]. (Habt Ihr etwas übrig⟨,⟩ so könnt Ihr es uns bei Gelegenheit dazu übersenden). – – Nun denk – nach Dittmars Abgang – kömmt ein Brief von Beuggen: Blankenburg soll nach einhelligem Beschluß des Commitee zu Basel[41] mit 2 Missionaren[42] am 3ten April von Stuttgart aus nach der Halbinsel Krimm abreisen. Das war unter allen Schlägen der härteste – und ich dachte: Ihr seid nicht rein erfunden vor Gott⟨,⟩ und er will euch richten. Meine große Sünde und Untreue, fiel mir ein. – Den Tag darauf sollte Bl⟨ankenburg⟩ mit der Post abgehen nach St⟨uttgart⟩. Abends um 5 Uhr. Um 4 Uhr saß er mit R⟨aumer⟩s und mir noch zusammen – da kam ein Brief aus St⟨uttgart⟩ – und siehe⟨,⟩ nun bleibt er noch hier. – Ach⟨,⟩ das war eine gar große Freude! – Als den Tag vorher die Nachricht von seiner Abrufung gekommen war⟨,⟩ so schlug ich Dein neues Testament[43] auf und traf mit dem Finger auf Gal. 2,10[44]. –

Ich muß wohl einmal inne halten, damit wir uns beide wieder erholen. Ach⟨,⟩ Du lieber Bruder, ich lege mich an Deine Brust, und weiß, daß Du mich liebst⟨,⟩ und freue mich⟨,⟩ daß Du mein Bruder bist. –

Ich habe aber noch mehr zu sagen. Bisher ist die Anstalt der Regierung wegen der Demagogie verdächtig gewesen und sie ist es noch. Ich den-

r–r In der Vorlage unterstrichen.

[39] Die Evangelische Missionsgesellschaft Basel wurde 1815 als Tochtergesellschaft der Deutschen Christentumsgesellschaft von Christian Friedrich Spittler und Nikolaus Brunn (1766–1849) gegründet.

[40] Johannes Friedrich Wilhelm Blankenburg (1799–1843), Sohn von Wilhelm Blankenburg, Tagelöhner in Diepensee bei Berlin, und Maria Dorothea Blankenburg, geb. Kieckebuch, Schumacher-Lehre (Heister, Zigeuner, S. 114) / Schneider-Lehre (K. v. Raumer, Leben, S. 323), 1820 Eintritt in die Armen-Schullehrer-Anstalt in Beuggen, 1824 Lehrer an der Erziehungsanstalt für arme, verwahrloste Knaben in Nürnberg, 1825 Hochzeit mit Barbara Catharina Thäter († 1841), Tochter von Georg Friedrich Thäter († 1814), Hopfenhändler in Nürnberg, 1830 im Auftrag des Evangelischen Missions-Hilfs-Verein in Naumburg und Umgebung, einer Tochtergesellschaft der Berlinischen Gesellschaft zur Beförderung der evangelischen Missionen unter den Heiden Errichtung eines Erziehungsinstituts für „Zigeunernkinder" in Friedrichslohra, das 1837 wieder aufgehoben werden mußte, Übersiedlung nach Berlin, durch Vermittlung von Marie Susanne Helene Hegel (1791–1855), der Witwe von Georg Wilhelm Friedrich Hegel (1770–1831), einer geborene Freifrau Tucher von Simmelsdorf, der Blankenburg wohl noch aus Nürnberg bekannt war, Anstellung bei der Kleinkinder-Bewahranstalt in Berlin, (vgl. ELAB Selchow mit Diepensee, Taufen 1799; Allgemeines Intelligenz-Blatt der Stadt Nürnberg, Nr. 77, 4. Juli 1825, S. 823; Heister, Zigeuner, S. 114–118; K. v. Raumer, Leben, S. 323).

[41] Leitungsgremium der Evangelischen Missionsgesellschaft Basel.

[42] Nicht ermittelt.

[43] Vgl. Nr. 59.

[44] „allein daß wir der Armen gedächten, welches ich auch fleißig gewesen bin zu tun."

ke, der Verdacht wird nicht lange mehr dauern. Nun ist aber unter dem Volk hie und da ein anderer ausgebrochen, den Du selbst schon befürchtet hast, nämlich der Verdacht des Pietismus. Ich muß hier frei heraus mit Dir reden. Es giebt ein, auch nach meiner Überzeugung falsch sektirerisches Wesen – davor behüte uns der allmächtige Gott. Sind aber Arndt[45], Spener[46] und Franke[47] Pietisten gewesen, so wollen wir's in Gottes Namen auch sein. Liebes Herz⟨,⟩ ich muß einmal heraus. Ich sehe roth und blühend aus, ich bin meist heiter, ich kann beim Spiel mit den Kindern – bei den Leibesübungen und draußen – alle Mannessorgen vergessen – mein Herz erweitert sich zur Liebe gegen alle Menschen – alle meine Kräfte sind jetzt angeregt, und ich darf es bekennen, zur Ehre Gottes. Es drängt mich, von der Seligkeit in Jesu Christo zu zeugen und Alle herbeizurufen, die noch nicht da sind. Warum sage ich das? Ach⟨,⟩ geliebter Bruder – wenn die kalte Rotte mich verkennt, so möchtest Du uns doch nimmermehr verkennen. (Von der großen Sünde, die noch in mir wohnt, rede ich jetzt nicht. Der Herr wird sie auch durch seinen Feuergeist von Tag zu Tag vertilgen.) – Nur das wollte ich: Denk Dir kein kränklich pietistisches Wesen. So wahr Gott lebt⟨,⟩ es ist nicht hier. In hiesigen Landen ist aber eine große Kraft der Finsterniß. (Du hast wohl von den Amberger Kindern[48] gehört – und ich könnte Dir recht abscheuliche Geschichten erzählen, da eine Gemeinde ihren[s] ächt apostolischen Prediger[49] anklagt darüber⟨,⟩ daß er die Seelsorge verwaltet und an dem Missionswerk Theil nimmt. Er wolle [t]Proselyten[t] machen und predige zu [u]dogmatisch[u] leidenschaftlich. Denke diesen Unsinn!). Wo sich nur irgend ein schwacher Strahl des höhern Lichtes blicken läßt (ach⟨,⟩ es ist ja auch hier bei uns nur ein glimmender Tocht)⟨,⟩ da sind sie alsbald geschäftig zu horchen, zu verdrehen, anzuschwärzen, zu verfolgen. – Ich kann aber nicht mehr anders.[50] Ich muß in Gottes Namen hindurch – und wenn alle Welt mich verließe, ich könnte keinen Augenblick ruhig sein, wenn ich anders wollte – ich muß hindurch und will es! – Du schreibst: „Ich prophezeie Dir: Dein Kampf vom letzten Sommer ist nicht der letzte."[51] – Du⟨,⟩ lieber Leopold, ich bitte Dich bei unserer Bruderliebe, schreib mir bald und gründlich. Wenn

[s] In der Vorlage ursprünglich: „ihre"

[t–t] In der Vorlage unterstrichen.

[u–u] In der Vorlage unterstrichen.

[45] Johann Arndt (1555–1621), lutherischer Theologe, der an die mittelalterliche Mystik anknüpfend die Bedeutung des subjektiven Glaubens an Christus betonte.

[46] Philip Jacob Spener (1635–1705), bedeutender Vertreter des Pietismus.

[47] August Hermann Francke (1663–1727), lutherischer Theologe, Begründer der Franckeschen Stiftungen in Halle.

[48] Nicht ermittelt.

[49] Nicht ermittelt.

[50] Anspielung auf Luthers Rede auf dem Reichstag in Worms.

[51] Vgl. Nr. 192 Zl. 19–20.

Du an uns denkst, so denke⟨,⟩ Du läsest in Deinen Geschichten von einer solchen Anstalt, die angefeindet und doch freudig in Gott dastehet⟨,⟩ arbeitet und harret, – dann wirst Du gewiß recht unpartheiisch sein. – Mache Dir über uns keine Sorge, wie Du ja auch so nicht thust. Wie wunderbar bin ich, wie wunderbar sind R⟨aumer⟩s hierhergekommen, wir ahneten nicht, wozu? – Aber wir wissen, daß uns der Herr hierher geführt hat, der wird uns nicht versäumen und verlassen. Hab ich Dir denn noch gar nicht geschrieben, daß ich bei Falk[52] gewesen bin und daß er so liebreich Deiner gedacht? Weißt Du denn, daß die liebe W⟨eber⟩[53] in Strelitz dem Tode nahe ist? – Wenn vielleicht in den Pfingstferien [v]Wilhelm Hengstenberg[v][54] aus Berlin zu Dir kommt (Stud. theol. aus Erlangen, aus Elberfeld gebürtig)⟨,⟩ so nenne ihn Wilhelm und küsse ihn von mir und behalte ihn einen Tag bei Dir oder zwei – –

Grüße mir doch von ganzem Herzen die lieben A⟨hlemann⟩[55] und K⟨aroline⟩[56]. Auch H⟨eydler⟩[57] und St⟨ange⟩[58].

[v–v]In der Vorlage unterstrichen.

[52] Johannes Daniel Falk (1768–1826), Dichter und Gründer einer Erziehungsanstalt für verwahrloste Kinder; er war an Pfingsten 1817 bei der Familie Ranke in Wiehe zu Gast (vgl. F. H. Ranke, Jugenderinnerungen, S. 87–88).

[53] Francisca Christiana Jeanette Weber, geb. Krug († 1824), Witwe von Adolph Dietrich Weber (1753–1817), Professor in Rostock, gemeinsame Bekannte von Leopold und Heinrich Ranke, sie starb im Sommer 1824 (vgl. Nr. 262).

[54] Wilhelm (ab 1837: von) Hengstenberg (1804–1880), Sohn von Heinrich Wilhelm Hengstenberg (1756–1844), Apotheker in Elberfeld, und Anna Wilhelmine Hengstenberg, geb. Aders (∗ 1763), Gymnasium in Elberfeld, 1820 Gymnasium in Erlangen, 1822 Studium der Theologie in Erlangen, 1824 in Berlin, 1826 Lehrer in Quedlinburg, Mai 1829 Erstes Theologisches Examen, Herbst 1829 theologischer Erzieher von Prinz Waldemar (1817–1849), Sohn des Prinzen Wilhelm von Preußen (1783–1851), des jüngsten Bruders König Friedrich Wilhelms III., Geheimer Hofrat, 1837 Erhebung in den Adelstand, 1838 in Torgau Hochzeit mit Frieda Freifrau von Quadt-Wykradt-Hüchtenbruck (1817–1890), Tochter von Karl Ludwig Constant Freiherr von Quadt-Wykradt-Hüchtenbruck (1781–1868), preußischer Genereal der Infanterie, und Sophie Freifrau von Quadt-Wykradt-Hüchtenbruck, geb. Freifrau von Bodelschwingh (1791–1855), 1840 auf Wunsch von Wilhelm Prinz von Preußen (1797–1888) Pfarrer in Teltow in Brandenburg, 1841 Ordination, 1851 Superintendent der Diözese Berlin-Cölln-Land, 1854 Vierter Hof- und Domprediger, 1863 Dritter Hof- und Domprediger, 1871 Erster Hof- und Domprediger am Dom zu Berlin, 1873 Oberhofprediger mit dem Rang eines Wirklichen Geheimen Rates, (vgl. Fischer, Pfarrerbuch Mark Brandenburg, Bd. II/1, S. 318; Bahl / Ribbe, Matrikel Berlin, Bd. 1, S. 257, Nr. 457).

[55] Friederike Wilhelmine Ahlemann, geb. Schultze (1772–1843), Direktorin einer höheren Bildungsanstalt für Mädchen in Frankfurt an der Oder, Vertraute Leopold Rankes.

[56] Caroline Beer (1791–1851), Vertraute Leopold Rankes in Frankfurt an der Oder.

[57] Wilhelm Ferdinand Heydler (1793–1859), Mitschüler Leopold und Heinrich Rankes in Pforta, Leipziger Studienfreund Leopold Rankes sowie Konrektor am Friedrichs-Gymnasium in Frankfurt an der Oder.

[58] Johann Carl Wilhelm Thomas Stange (1792–1854), Oberlehrer am Friedrichs-Gymnasium in Frankfurt an der Oder, zeitweise Hausgenosse Leopold Rankes.

Mein lieber⟨,⟩ lieber Bruder – Gott behüte Dich und erhalte mir Deine Liebe! Unsere liebe Mutter[59] ist Gottlob wieder gesund.[60] –

Dein Heinrich⟨.⟩

[w]Raumers grüßen Dich herzlich – besuche doch einmal den Berliner[61] – er weiß von Dir und wird Dich freundlich aufnehmen. – Allwill[62] grüßt.[w]

[w–w] In der Vorlage nachträglich handschriftlich ergänzt.

[59] Friederica Wilhelmina Ranke, geb. Lehmicke (1776–1836), Mutter Leopold Rankes.

[60] Vgl. Nr. 194 und Nr. 195.

[61] Friedrich Ludwig Georg von Raumer (1781–1873), Sohn von Georg Friedrich von Raumer (1755–1822), Domänenpächter und Kammerdirektor im Fürstentum Anhalt-Dessau, und Luise von Raumer, geb. de Marées (1761–1811), Bruder von Karl Ludwig Georg von Raumer (1783–1865), Privatunterricht im Hause seines Onkels, Carl Friedrich Leopold von Gerlach (1757–1813), 1793 Joachimsthalsches Gymnasium in Berlin, 1798 Studium der Rechts- und Staatswissenschaften, der Philosophie, Geschichte und Naturwissenschaften in Halle, 1800 in Göttingen, 1801 Referendar an der kurmärkischen Kriegs- und Domänenkammer in Berlin, 1803 Mitglied der Kommission zur Besitzergreifung des kurmainzischen Eichsfelds durch Preußen, 1804 Assessor bei der kurmärkischen Kriegs- und Domänenkammer in Berlin, 1806 kommissarisch Rat bei der Kriegs- und Domänenkammer in Königs Wusterhausen, 1808 Rat bei der Regierung in Potsdam, Mai 1810 nach der Veröffentlichung seiner Schrift über das britische Steuersystem auf Veranlassung von Carl Sigismund Franz Freiherr vom Stein zum Altenstein Rat im Finanzministerium, Mitarbeiter der Staatsschuldensektion, Juni 1810 Rat im Büro des Staatskanzler, zeitweise rechte Hand Hardenbergs, 1811 Dr. phil. in Heidelberg, ordentlicher Professor der Staatswissenschaften und Geschichte in Breslau, Hochzeit mit Louise von Goerschen (1785–1867), Tochter von Otto Heinrich von Goerschen (1746–1838), fürstlich anhalt-dessauer Oberforstmeister und Amtsherr, und Sophie Louise von Goerschen, geb. Ackermann, 1818–1819 Rektor in Breslau, 1819 Professor der Staatswissenschaften und Geschichte in Berlin, mehrmals Dekan der Philosophischen Fakultät, 1822–1823 und 1842–1843 Rektor der Friedrich-Wilhelms-Universität, 1820–1831 Mitglied des Oberzensur-Kollegiums, 1823 Mitglied der Gesetzlosen Gesellschaft zu Berlin, 1827 Mitglied der Akademie der Wissenschaften in Berlin, 1830 auswärtiges Mitglied der Akademie der Wissenschaften in München, 1841 Sekretär der Akademie der Wissenschaften in Berlin, außerdem korrespondierendes Mitglied der Akademie der Wissenschaften in Stockholm, in Turin und in Glasgow, sowie Ehrenmitglied der Royal Society in London, 1844 Geheimer Regierungsrat, 1847 Austritt aus der Akademie der Wissenschaften in Berlin, 1847–1848 Mitglied der Stadtverordnetenversammlung in Berlin, 1848 Abgeordneter der Deutschen Nationalversammlung in Frankfurt, August bis Dezember 1848 Gesandter der Provisorischen Zentralgewalt in Frankreich, Juni 1849 Mitglied der Gothaer Versammlung, 1849 Abgeordneter der Ersten Kammer des preußischen Landtags, 1859 Emeritierung, 1863 Pour le Mérite für Wissenschaften und Künste (vgl. Raumer, Familie von Raumer, S. 81–83, 87, 93–97, 99–114, 130–145); Friedrich Ludwig Georg von Raumer hatte bis 1824 neben anderen kleineren Arbeiten bereits eine staatswissenschaftliche Arbeit über das britische Steuersystem (Berlin 1810), eine Beschreibung seiner ersten Reise nach Italien (Berlin 1816) sowie zwei Bände „Vorlesungen über die alte Geschichte" (Leipzig 1821) veröffentlicht. Von besonderer Bedeutung war seine durch eine zweite Italienreise sorgfältig vorbereitete und mit viel Beifall aufgenommene „Geschichte der Hohenstaufen und ihrer Zeit", 6 Bde., Leipzig 1823–1825. Zu diesem Zeitpunkt waren die Bände 1 bis 4 mit Kupferstichen erschienen.

[62] Allwill Hermann Baier (1811–1892), der Heinrich Ranke anvertraute Sohn des verstorbenen Hermann Julius Christoph Baier.

Nr. 198

Ferdinand Ranke[1], Fanny Pollau[2], Nanette Esther Marguerite Pollau[3], Charlotte Blanc[4] an Leopold Ranke[a]

V: GStA PK VI. HA Nl Hoeft Nr. 1 (Abschrift)
G: GStA I. HA Rep. 92 L. v. Ranke Nr. 26 (nicht erhalten)

Halle⟨,⟩ den 9ten April ⟨1824⟩.

Liebster Bruder,

Ich hatte kaum Deinen lieben Brief[5] bekommen und gelesen, da ging ich durch das kleine Pförtchen, wo wir so oft Abends um 11 Uhr stehen, zu meiner lieben Fanny. Du machst uns viele Freude, geliebter Bruder, wir danken Dir herzlich, brüderlich, und schwesterlich. Du hast uns den ersten Gruß gesandt, so freundlich, und wir haben Dir noch nicht gedankt, da sendest Du schon den zweiten lieben Brief[6], und machst uns wieder so große Freude dadurch. [von der Hand Fannys:] Mein lieber, guter Bruder, Ferdinand sagt mir, daß ich Dich Du nennen soll⟨,⟩ und ich thue es mit großer Freude, weil ich auch glaube, daß Du mir nicht böse wirst. Mein lieber Ferdinand erzählt mir oft von Dir, und Deiner großen Liebe zu ihm, und wie er Dir so viel zu danken habe. Wenn ich Dir nur auch meine schwesterliche Liebe recht innig beweisen könnte! [von der Hand Ferdinands[b]:] Lieber Bruder, wir haben Dich sehr lieb; und möchten Dir auch gern unser ganzes Herz öffnen und sagen, was wir plaudern und wünschen. Aber was kann es sagen? Liebe denkt in süßen Tönen, den⟨n⟩ Gedanken stehn so fern; noch ist wenig mehr über unsre Lippen gekommen, als liebe, liebe Fanny, und lieber [Fanny][c] Ferdinand. [Ferdinand:] Siehst Du uns sitzen, lieber Bruder, meine Fanny mir auf dem Schoß, und als ich meinen Namen schreiben wollte, wie sie mir die Feder aus der Hand nahm und ihn selbst schrieb. Sieh her auf uns, mein Bruder, wir sind sehr glücklich, auch darüber, daß Du unser Bruder bist und so freundlich gegen uns, Ach, wie selig ist, wer so eine liebe, süße Fanny erlangt hat, und auf

[a] Adresse: „Sr. Wohlgeboren | Dem Herrn D. Ranke | Oberlehrer in | Frankfurt | an | der Oder".
[b] In der Vorlage ursprünglich: „Blancs".
[c] In der Vorlage nachträglich unter „Ferdinand" notiert.

[1] Ferdinand Ranke (1802–1876), Bruder Leopold Rankes, Student in Halle.
[2] Fanny Pollau (1804–1867), Verlobte Ferdinand Rankes.
[3] Nanette Esther Marguerite Pollau, verw. Juncker, geb. Plantier (1768–1829), Mutter von Charlotte Blanc, geb. Juncker, und Fanny Pollau.
[4] Charlotte Blanc, geb. Juncker (1795–1866), Stiefschwester von Fanny Pollau und Ehefrau von Ludwig Gottfried Blanc.
[5] Nr. 193.
[6] Nicht ermittelt.

sein ganzes Leben eine so treue Begleiterin, mein lieber Bruder. Und so früh der süßesten Liebe Glück. [Fanny] Ich kann dem Vater im Himmel nicht genug danken, daß er mir meinen lieben, lieben Ferdinand zuführte, und mir seine treue Liebe schenkte. [Ferdinand] Sieh, lieber Bruder, wie sie meine Worte zu den Ihrigen macht. So ist Alles Eins, und wir denken, und wünschen, schon von jeher, und wie herrlich ist die Liebe⟨,⟩[d] Einklang und der Seelen Harmonie. Was meines innersten Herzens Heiligstes ist, ist auch das ihre. Was wird das für ein Zusammenleben werden in der Zukunft. Und der Segen so vieler Menschen, und so guter Menschen begleitet uns, voran Ihre liebe Mutter[7], die in ihrer guten Kinder Glück ihr ganzes Glück sucht und findet. Sagen Sie uns doch selbst, liebe Mutter; nicht wahr, Ihr schönster Segenswunsch begleitet uns. Einen haben Sie zwar schon weggegeben, aber Sie haben doch noch den zweiten für uns, nicht wahr, liebste Mutter? [Frau Pollau] Mit Freuden habe ich Ihren lieben Bruder und Fanÿ meinen Seegen gegeben, da ich schon längst im stillen dachte⟨,⟩ daß[e] ihre Herzen sich angehörten, und bin[f] auch fest überzeugt, daß der gütige Gott auch ferner ihre Schicksale mit Liebe lenken wird. [Lotte Blanc] Auch meinen herzlichen schwesterlichen Gruß muß ich Ihnen selbst sagen, und Ihnen auch unsere innige Freude über unseres Ferdinand's und Fannÿ's Glück, und somit auch unseres, zu erkennen geben. Gott wolle es ferner segnen. Blanc grüßt Sie mit mir. – [Ferdinand:] Dies schrieb Lottchen, mein geliebter Bruder, ich bekomme erst jetzt den Brief wieder und antworte für heute nur ganz kurz auf Deinen Brief: Von Nürnberg[8] her haben Sie[9] mir in kurzen Briefen herrlich geantwortet, ihren Segen gegeben: ich gehe hin. Glaube nicht, lieber Bruder, daß wir uns je von Dir entfernen; ich gewiß nicht, meine Liebe und Dankbarkeit bleibt Dir ewig. Doch weiter darauf einzugehn muß ich jetzt für den Augenblick ersparen. Das Eine nur sage ich Dir, daß Du mich für besser hältst, als ich bin, aber daß Du doch versichert sein kannst, daß wir an Gesinnung nicht verschieden sind, und an dem Willen, und dem Gottvertrauen, und daß meine Liebe ewig bleibt. Ich verspreche Dir auch von Nürnberg aus einen festen Briefwechsel.

[d] In der Vorlage ursprünglich: „.“, von HOEFT nachträglich gestrichen.

[e] In der Vorlage folgt ursprünglich: „,“.

[f] In der Vorlage: „binn“.

[7] Nanette Esther Marguerite Pollau, verw. Juncker, geb. Plantier.

[8] Ferdinand Ranke wollte, wie sein Bruder, eine Lehrerstelle an der Bildungsanstalt des Erziehervereins in Nürnberg antreten und war zunächst unsicher, ob seine Verlobung ein Hinderungsgrund sein könnte. Leopold Ranke hatte ihm geraten, alles offenzulegen (vgl. Nr. 178 und Nr. 193).

[9] Wohl Heinrich Ranke (1798–1876), Bruder Leopold und Ferdinand Rankes, sowie Karl Ludwig Georg von Raumer (1783–1865), ehemaliger Professor in Halle, Lehrer an der Bildungsanstalt des Erziehervereins in Nürnberg.

Künftige Woche beendige ich meine Arbeiten[10], denn die Osterwoche behalte ich sie noch. Reisig[11] verreist aber morgen, u⟨nd⟩ kehrt erst gegen Mitte May zurück. So lange muß also nothwendiger Weise das Examen aufgeschoben bleiben, so wehe es mir auch thut, daß ich die Nürnberger so lange warten lassen muß. – Blanc[12] denkt⟨,⟩ es könne für meine Rückkehr nach Preußen gefährlich werden, nach Nürnberg zu gehen, und wünscht es nicht. Von Schlomka[13] habe ich nichts gehört. Stange[14] könnte es wohl wissen, nur müßte er es außer Frau[15] und Schwester[16] niemand sagen. Appel[17] grüßt, scheint die Richter[18] nicht recht zu verstehen. Wilhelmen[19] sind die Zeugnisse verweigert;[20] er bleibt den Sommer noch hier. Es hat indeß nichts zu sagen. Gruber[21] censirt Dein Buch[22]. Wilhelm hat es gesehen. Er will es auch recensiren[23].

[10] Ferdinand Ranke arbeitete an der Universität an seinem philologischen Abschlußexamen.

[11] Karl Christian Reisig (1792–1829), ordentlicher Professor der alten Literatur in Halle, wie Leopold Ranke Schüler von Johann Gottfried Jakob Hermann und Mitglied der „Societas Graeca“.

[12] Ludwig Gottfried Blanc (1781–1866), Professor der südeuropäischen Sprachen und ihrer Literaturen, zugleich Domprediger in Halle.

[13] Friedrich Traugott Schlomka (1802–1872), ehemaliger Schüler Leopold Rankes, seit 1823 Student der Theologie in Halle und, wie Wilhelm Ranke, Mitglied der „Quellengesellschaft“.

[14] Johann Carl Wilhelm Thomas Stange (1792–1854), Oberlehrer am Friedrichs-Gymnasium in Frankfurt an der Oder, Freund Leopold Rankes.

[15] Henriette Wilhelmine Marie Stange, geb. Müller (1801–1844), Tochter von Carl Ludwig Müller († vor 1806), Buchhändler in Dessau.

[16] Friederike Wilhelmine Louise Stange (1782–1829), Tochter von Theodor Friedrich Stange (1742–1831), Professor der Theologie in Halle.

[17] Friedrich Ferdinand Appel (1794–1840), Supernumerar bei der Regierung in Frankfurt an der Oder, seit Ostern 1823 Student in Halle, Freund Leopold Rankes.

[18] Nicht ermittelt.

[19] Wilhelm Ranke (1804–1871), Bruder Leopold Rankes.

[20] Eventuell im Zuge der Untersuchungen nach dem Studentenaufstand vom Dezember 1823 in Halle (vgl. Nr. 203).

[21] Johann Gottfried Gruber (1774–1851), ordentlicher Professor für historische Hilfswissenschaften in Halle, zugleich nach den Karlsbader Beschlüssen im Auftrag der preußischen Regierung Zensor der in Halle erscheinenden philosophischen Schriften (vgl. Monecke, Zensoren, S. 100–102); laut Schrader, Universität Halle, S. 118, waren Gruber, Johann Gebhard Maaß (1766–1823) und Johann Christoph Hoffbauer (1766–1827) für die „philosophischen und philologischen“ Werke zuständig, während „die geschichtlichen und politischen Werke“ der Zensur durch die Professoren für Staatswissenschaften Christian Daniel Voß (1761–1821) und Ludwig Heinrich von Jacob (1759–1827) unterlagen. Gruber hatte die Naumburger Stadtschule unter dem Rektor Karl David Ilgen besucht, der zur Schulzeit von Leopold Ranke in Pforta dort als Rektor wirkte.

[22] Die „Geschichten der romanischen und germanischen Völker“, die in Halle gedruckt werden sollten. Die preußische Zensur richtete sich nach dem Druckort der Bücher. Ferdinand Ranke hat sich von diesem Zeitpunkt an in Zusammenarbeit mit dem Drucker Franz Carl Leopold Bäntsch sehr intensiv um die Korrekturen gekümmert.

[23] Vgl. Nr. 265.

Liebster Bruder, der Vater[24] hat seine Einwilligung noch zurück gehalten; aber fast ganz zugegeben. Er schreibt heute, Du kämst. Ich sähe Dich gern, und spräche noch einmal mit Dir über mein künftiges Leben.

In großer Eil
Dein Ferdinand.

[24] Gottlob Israel Ranke (1762–1836).

Nr. 199

Leopold Ranke an Georg Andreas Reimer[1]

V: GStA PK VI. HA FA Geschwister Ranke Nr. 25 (eigenhändig)
D: L. v. Ranke, Lebensgeschichte, S. 127–129

Frankf⟨urt an der Oder,⟩ am 12te April 1824[a].[b]

Hochgeehrtester Herr,

Durch Euer[c] Wohlg⟨eboren⟩ geehrte Zuschrift vom 9ten April[2], die ich erst in diesem Augenblicke bekomme, sehe ich, daß wir uns in einem gewissen Mißverständniß befinden. Ich hoffte⟨,⟩ mein M⟨anu⟩S⟨cript⟩ zurück zu bekommen, um darin die in der That nothwendigen Veränderungen in Ruhe machen, und es wenigstens noch um zwey Drittheil, die ich bereits ausgearbeitet, vermehren zu können. Denn⟨,⟩ irre ich nicht ganz, so war unsre Übereinkunft, mit dem Übersandten nur eine Probe bey der Censur[3] machen zu wollen. Sie dagegen, mein hochgeehrtester Herr, haben einen schnellen Druck des ersten Buches zweckmäßiger gefunden, und ohne Zweifel auch für von mir beabsichtigt gehalten; ja⟨,⟩ Sie haben ihn schon beginnen lassen.

In dieser Lage giebt es nur zwey Auswege.

Entweder wir halten den Druck ein, und verschieben die Erscheinung dieses Buches bis auf die Michaelismesse[4]; oder wir suchen ihm sogleich gegenwärtig einen solchen Werth zu geben, daß es einen günstigen Eindruck macht.

Bey dem ersten wird die Übereinkunft, die Sie mit dem Drucker[5] eingegangen seyn werden, beym zweyten die nöthige Eile, die Kürze der Zeit im Wege seyn. Nun wollte ich allerdings nicht gern, daß Sie durch meinen Antrag, durch meine Arbeit u⟨nd⟩ Ihre bereitwillig⟨e⟩ Güte in Schaden kämen. Ist es indeß noch zu ändern, [d]so bitte ich um eine Änderung[d]. Sollte es aber nicht zu ändern seyn, so kann ich nur unter diesen Bestimmungen einwilligen:

[a] In der Vorlage: „1814".
[b] Orts- und Datumsangabe in der Vorlage unter dem Text links.
[c] In der Vorlage: „Ew.".
[d–d] In der Vorlage unterstrichen.

[1] Georg Andreas Reimer (1776–1842), Buchhändler und Verleger in Berlin.
[2] Nicht ermittelt.
[3] Vgl. Nr. 180 und Nr. 198.
[4] Herbstmesse; das Fest des Erzengels Michael wird am 29. September gefeiert.
[5] Franz Carl Leopold Bäntsch (1772–1825), Buchdrucker und Buchhändler in Halle.

1., daß noch ein Theil der Kritischen Abhandlung[6], auf welche ich einen besondern Werth lege, abgedruckt werde. Hiezu habe ich die wahren, das heißt, durch eigene Beobachtung zu Stand gebrachten Materialien[7] bey einander; und es fehlt mir nur Tiraboschi[8]: Storia della literatura Italiana[9]. Ich würde mirs längst aus der Königl⟨ichen⟩ Bibliothek verschafft haben, wenn ich nicht diese Ausarbeitung noch verschoben gehabt hätte. Da ich nun an dem heutigen Tag andere Bücher aus derselben empfangen, kann ich es unmöglich in diesen Tagen bekommen. Ich bitte daher[e] Sie selbst, so dringend ich kann, mir die Bände des Tiraboschi – die von dem 16: Jahrhundert handeln, – gütigst entweder aus der Königl⟨ichen⟩ Bibliothek oder von Herrn Gaspar Weiß[10], der sie wenigstens zu Weihnachten besaß,[11] zu verschaffen. Ich würde Ihnen dann gleich nach den

[e] In der Vorlage ursprünglich: ein Komma, von Leopold Ranke gestrichen.

[6] L. Ranke, Kritik.

[7] Leopold Ranke meint die Exzerpte aus den notwendigen Dokumenten; er spricht von „wahren, das heißt, durch eigene Beobachtung zu Stande gebrachten Materialien", um seine Absage an bloße Tradition und seinen Anspruch auf selbständige Forschung hervorzuheben. Die „Kritik" steht ganz im Zeichen dieses Grundkonzepts: sie sucht, gemessen an dem Kriterium der von den Quellen zu fordernden historischen Authentizität, die notorische Unzuverlässigkeit der meisten „neueren Geschichtschreiber" über die Epoche von 1494 bis 1514 zu erweisen und demgegenüber den Blick auf „die originalen Papiere über diese Zeit" zu lenken (S. 179) (vgl. Nr. 192).

[8] Girolamo Tiraboschi (1731–1794), Jesuit, Professor der Eloquenz in Mailand und Bibliothekar der Este in Modena.

[9] Girolamo Tiraboschi: Storia della letteratura italiana; das Werk erschien in diversen Ausgaben: 18 Bde. Florenz 1774–1782; 10 Bde., Modena 1787–1797; 9 Teile in 20 Bdn., „nuova edizione" Florenz 1805–1813, 8 Teile in 16 Bdn., Mailand 1822–1826. Leopold Ranke benutzte das Werk, wie gegenüber Reimer angekündigt, und zwar in der Ausgabe von 1805–1813 (vgl. L. Ranke, Kritik, 1824, S. 70 und S. 74). Tiraboschi verfaßte seine Geschichte der italienischen Literatur aus patriotischer und klassizistischer Perspektive. Er führt sie von den ältesten Zeiten und den ältesten Völkern auf italienischem Boden über die Römer bis in das Jahr 1700. Tiraboschi behandelt in jedem Abschnitt zunächst die äußeren, vor allem politischen und ökonomischen Bedingungen der wissenschaftlichen, aber auch der belletristischen und poetischen Literatur, dann ihre engeren Voraussetzungen in Kapiteln über Universitäten und Akademien, Bibliotheken und Museen und gibt sodann eine Übersicht über die Literatur aus den Bereichen der Theologie, Philosophie, Naturgeschichte, Medizin und Jurisprudenz. In dem Abschnitt über Guicciardini (Bd. 7.3, 1824, S. 1319–1326; vgl. auch L. Ranke, Kritik, S. 1–49.) äußert er Kritik an dessen „diffusem" und langatmigem Stil, bezweifelt mit literarisch-rhetorischen Gründen die Authentizität und innere Notwendigkeit einiger der von Guicciardini mitgeteilten Reden, urteilt aber insgesamt: „i sentimenti, le reflessione, i caratteri, le descrizione che in essa [der Geschichte von Italien] incontransi la rendono una delle più pregevoli e belle che abbia l'Italia." (S. 1324–1325)

[10] Gasparo Weiß († 1851), aus Telve di Sopra bei Valsugana im italienischen Tirol, ab 1799 Verleger von Kupferstichen, Kunsthändler und Inhaber der „Kunsthandlung G. Weiß et Comp." unter den Linden in Berlin, 1821/22 längerer Aufenthalt in der Lombardei und in Venetien, 1825 Kunsthändler in Dresden.

[11] Es ist unklar, ob Weiß das Werk aus der Bibliothek entliehen hatte oder ob er es in seiner Kunsthandlung zum Kauf anbot.

Osterfeyertagen diese Abhandlung zusenden, die auf einem ganz neuen Wege geht, und diesem Buch in den Augen jedes Unpartheyischen einen wahren Werth geben wird. Auch die Abhandlung über Machiavell[12] kann ich wesentlich verbessern,[13] und bitte um mein M⟨anu⟩S⟨kript⟩ davon[f] bey der gedachten Sendung.

2., daß das vierte Capitel[14] der Handschrift eben auch nicht vorher abgedruckt werde, ehe ich einige wesentliche, aus einem neuen Italienischen Werk[15] geschöpfte Verbesserungen beygebracht habe.

3., daß mir in einer Vorrede[16] erlaubt sey, die Lage der Sache vorzustellen, und überdieß eine Inhaltsanzeige, von dem Nachfolgenden hinzuzufügen.

Ich kann nicht bergen, daß ich auch in Hinsicht auf den allerdings etwas mangelhaften Styl einige Flecken zu verwischen hoffte; daß ich glaube, erst in dem Folgenden könne die Idee[17] in ihrer ganzen Fülle erscheinen, daß ich nun besonders fürchte, ein schnellerer Druck wird viele Druckfehler besonders in den Anführungen veranlassen, obwohl ich mir die letzte Correctur vorbehalten; aber ich sehe freylich auch, daß ein kleineres Volumen die Verbreitung begünstigen wird. Übrigens müßte der Titel, damit er nicht lächerlich würde, bey dem kleineren Umfang ohne Zweifel so gefaßt werden: „Das erste Buch einer Geschichte der Roman⟨ischen⟩ u⟨nd⟩ German⟨ischen⟩ Nazionen seit 1494. Nebst einer Kritik der Geschichtschreiber.“[18]

Die Bedingungen⟨,⟩ welche Sie mir vorschlagen, scheinen auch mir billig, vorausgesetzt, daß ich 30 Freyexemplare, 10 auf dem besten, und 20 auf gewöhnlichem Papiere erhalte.

Indem ich nun wiederhole, daß mein eigentlicher Wunsch ist, die Ausgabe und Vollendung dieser Arbeit bis auf Michael verschoben zu sehen; empfehle ich diesen und mich selbst nochmals Euer[g] Wohlgeboren.

Ihr ergebenster L⟨eopold⟩ Ranke.

[f] Nachträglich über der Zeile eingefügt.
[g] In der Vorlage: „Ew.“.

[12] Niccolò Machiavelli (1469–1527), florentinischer Politik, Diplomat und Schriftsteller.
[13] Die Abhandlung lag dem Verleger Georg Andreas Reimer, außer dem ersten Buch der „Geschichten“, ebenfalls probeweise vor; sie bildet in der Druckfassung der „Kritik“ den „Anhang“ S. 182–202).
[14] L. Ranke, Geschichten, S. 129–186: „Untergang des sforzisch-aragonesischen Hauses“.
[15] Nicht ermittelt.
[16] Die spätere „Vorrede“ der „Geschichten“, die sich zugleich auf den geplanten Folgeband bezieht.
[17] Vgl. Nr. 200.
[18] Rankes Werk erschien 1824 in zwei Theilen. Der erste trug den Titel „Geschichte der romanischen und germanischen Völker von 1494 bis 1535 von Leopold Ranke. Erster Band“, der zweite trug den Titel „Zur Kritik neuerer Geschichtschreiber von Leopold Ranke. Eine Beylage zu desselben romanischen und germanischen Geschichten“.

Nr. 200

Leopold Ranke an Heinrich Ranke[1]

V: L. v. Ranke, Lebensgeschichte, S. 124–127 (Druck)

[Frankfurt a. O.]⟨,⟩ 9. April 1824.

Wie ich sehe, liebster Heinrich, seid ihr in großen Bedrängnissen. Wollte Gott, ich könnte sie euch ertragen helfen. Aber Du weißt, wie der Vater[2] an einer ordentlichen Anstellung hängt;[3] und ich fürchte, ich machte ihn von neuem krank. Nun, lieber Heinrich, wir sind mit einander in einer tieferen Verbindung, als wir glauben. Von Ferdinands[4] Verlobung[5], von der Gefahr der Mutter[6] habe ich nichts gespürt, sie kamen mir ganz unerwartet; und das sind doch auch wichtige Dinge. Aber grad solche Nachrichten, wie Du sie mir schreibst, hatte ich um eines Traumes willen von Dir erwartet, und keine anderen. Etwa am 24. März träumte ich sehr lebhaft und sehr bestimmt, daß Du in einer großen Gefahr oder vielmehr in einem großen Kampfe wärest, und ich mit; doch trotz aller Anstrengung, die mich selbst gleich anfangs rettete, konnte ich Dir durchaus nichts helfen; Du rettetest Dich indeß und hinterließest bei den Leuten, die es gesehen, eine große Freude über Deine Standhaftigkeit. Es war an einem umzäunten Platz vor einem Gasthof. Am Sonnabend darauf habe ich es Caroline[7] und der Ahlemann[8] gesagt. Caroline sagte: sie hätte viermal hintereinander von Dir geträumt, doch war es weiter nichts. Und so ist es denn nun. Ich sehe Dich in diesem Kampfe, in dieser Noth, und kann Dir nicht einmal jemand zu Hülfe rufen.

Eure Lage recht überlegt, so scheint mir bloß das schlimm, daß die Anstalt schon groß ist und in einem gewissen Verderben groß geworden; es ist immer bedenklich, einen alten Baum zu pfropfen; am bedenklichsten aber, wenn er nicht natürliche Holzbirnen[9] hat, wie des Vaters großer grüner Doppelbaum im Berge, sondern wenn er vielmehr überpfropft und falsch cultivirt ist. Da haben nunmehr die Pfropfer und falschen Baumschulmeister euch ihr Werk hinterlassen und sind davon gegangen. Bei eurem

1 Heinrich Ranke (1798–1876), Bruder Leopold Rankes, Lehrer an der Bildungsanstalt des Erziehervereins in Nürnberg.
2 Gottlob Israel Ranke (1762–1836).
3 Vgl. Nr. 195.
4 Ferdinand Ranke (1802–1876), Bruder Leopold Rankes, Student in Halle.
5 Vgl. Nr. 191.
6 Friederica Wilhelmina Ranke, geb. Lehmicke (1776–1836), Mutter Leopold Rankes; vgl. Nr. 194.
7 Caroline Beer (1791–1851), Vertraute Leopold Rankes in Frankfurt an der Oder.
8 Friederike Wilhelmine Ahlemann, geb. Schultze (1772–1843), Direktorin einer höheren Bildungsanstalt für Mädchen in Frankfurt an der Oder, Vertraute Leopold Rankes.
9 Wildbirne, sommergrüner Baum, aus dem zahlreiche Kultursorten gezüchtet wurden.

Entschluß, auf jede Gefahr, selbst vor Regierungen, Grafen und Präsidenten, bis ans Ende auszuhalten, scheint mir nur das bedenklich, daß Ihr vielleicht eine Hemmung auf euer ganzes Leben erfahren möchtet. Mir ist eingefallen, daß es doch so schlimm nicht wäre, wenn auch Raumer[10] wieder Professor würde, und wenn es Dir gelänge, in Einer Stadt mit ihm Prediger zu werden. Ihr könntet dann, ohne von der Gunst oder Ungunst des Publikums[11] abzuhangen, euer Werk gemeinschaftlich und im Stillen, ohne allen Neid und Tadel fortsetzen, und wäre es auch bloß an den allerärmsten. Der Schluß der Leute ist: wir bezahlen Dir dies und das und nicht mehr oder weniger; dafür sollst Du unsern Kindern dies und das und nichts weiter lehren. Dieser Schluß ist so lange nicht falsch, als die Leute nicht die Person ihrer Kinder eurer Person völlig und mit ganzer Gewalt übergeben. Haben sie nun aber ihre Kinder der Anstalt anvertraut, wie sie vorher war, so ist zunächst zu erwarten, daß, wenn die Anstalt anders geworden, sie auch ihre Kinder zurückziehn. Wolltest Du daher meinen Rath haben, so wäre es dieser: daß ihr den Boden, auf dem ihr steht und baut, aufs genaueste untersuchtet, und ist er nicht ganz fest, und fändet ihr nicht bei einer unparteiischen Prüfung, er werde auch bei einer Erschütterung aushalten, daß ihr dann leise eine Änderung vorbereitet. Am Ende könntet ihr ja eure getreuesten Kinder als Fundamente einer neuen Pflanzschule mit euch nehmen. Aus dem Senfkorn wird der große Baum.[12] Was ist es aber für ein Unsegen, der alle diese Anstalten von Pestalozzi[13] an verdirbt?[14] Entweder suchen sie die Welt und verähnlichen sich ihr ganz und gar, oder sie sehen stündlich ihrem ökonomischen Ruin entgegen. Sie haben alle eine Apfelschale, wie der frischeste, reifste, reinste Apfel; aber inwendig! So ist es nun auch mit dieser gewesen. Je mehr ich die verschiedenen Bestrebungen der Lebendigen, Handelnden und die Welt Bestimmenden betrachte, um so mehr sehe ich, daß etwas gutes nur mit dem beschränktesten Anfang, welches die wahre und sichere Grundlage ist, und mit einer gewissen Unabhängigkeit kann ausgeführt werden. Übrigens werdet ihr das wohl reiflicher überlegen, als ich es kann, und Gott wird besser für euch sorgen, als ihr es könnt.

[10] Karl Ludwig Georg von Raumer (1783–1865), ehemaliger Professor, wie Heinrich Ranke Lehrer an der Bildungsanstalt des Erziehervereins in Nürnberg.

[11] Die Schule in Nürnberg war auf das Schulgeld und damit auch auf das Vertrauen und die Zustimmung der Eltern, und damit indirekt auf das der ganzen Stadt, angewiesen.

[12] Vgl. Lukas 13,19.

[13] Johann Heinrich Pestalozzi (1746–1827), Schweizer Pädagoge und Illuminat.

[14] Durch umfangreiche publizistische Tätigkeit und Ausbildung von „Eleven“, die sich für mehrere Monate in seinem Lehrerseminar aufhielten, verbreiteten sich Pestalozzis bildungspolitischen Reformideen in ganz Europa (vgl. etwa Wagner, Einführung der Pestalozzischen Methode in Preussen). Auch Johann Christian Gottlob Heinrich Dittmar und Karl Ludwig Georg von Raumer hatten sich in Yverdon aufgehalten.

Lieber Heinrich, weißt Du wohl, was uns diesen Winter hätte treffen können? Bedenk es ganz heimlich, daß uns der Vater hätte sterben[15] und dann die Mutter blind[16] werden können. Es ist noch vorübergegangen. Laß uns Gott danken!

Du wirst hierbei einen Zettel finden, den mir vorhin beim Examen der Major von Schmeling[17] für Raumer eingehändigt hat. Vor einigen Wochen kam ein Soldat[18] mit einem Zettel, worauf mein und Stangens[19] Name stand, um unsere Wohnungen zu suchen. Hierauf Mittag um 11 besuchte mich dieser Schmeling, der mir sehr wohl gefallen hat. Er war bei Reichards[20] in Berlin gewesen, wo man ihm wahrscheinlich Deinetwegen von uns gesagt hatte. Ich habe ihn einigemale besucht und ihm auch unsers Vetters Thieme[21] Predigten[22] überbracht. Sie sind ganz Christen, er und seine Frau[23]; sie sind von der Einheit des Alten und Neuen Testamentes und der lutherischen Lehre völlig überzeugt und gehen in die Übungen der hiesigen Herrenhuter[24]. Stimmte ich nur so von ganzer Seele mit ihnen überein, wie ich nicht thue, und wie Du thun würdest, und wäre nur nicht bei mir einiger katholische, vielleicht sogar heidnische Sauerteig zurück, so daß ich mich fürchten muß, ihnen einen Anstoß oder ein Ärgerniß zu geben, so würde ich ihre Gesellschaft erst recht oft suchen. Sie geben, wie man mir erzählt hat, so viel Wohlthaten, daß es ihnen oft selbst fehlt. Der gute Schmeling wird sich vorhin nicht sehr gefreut haben, als Schmeißer[25]

[15] Vgl. Nr. 182.

[16] Vgl. Nr. 194.

[17] Otto Ludwig Wilhelm von Schmeling (1788–1844), preußischer Major.

[18] Nicht ermittelt.

[19] Johann Carl Wilhelm Thomas Stange (1792–1854), Oberlehrer am Friedrichs-Gymnasium in Frankfurt an der Oder, Freund Leopold Rankes.

[20] Johanna Wilhelmine Dorothea Reichardt, verw. Hensler, geb. Alberti (1755–1827), und Sophie Reichardt (1795–1838), Witwe und Tochter von Johann Friedrich Reichardt (1752–1814), Komponist und Hofkapellmeister Friedrichs des Großen, Schwiegermutter und Schwägerin von Karl Ludwig Georg von Raumer.

[21] Gotthard Christian August Thieme (1780–1860), Diakonus in Allstedt und Pfarrer in Mönchpfiffel.

[22] August Thieme: Drei Predigten und zwei aus der Ilmenauer Kirche. Ilmenau ⟨1822⟩; einleitend nennt Thieme die Anforderung dreier Predigten ohne Nennung von Gründen durch das Oberkonsistorium in Weimar als Grund der Veröffentlichung, um das Vertrauen zwischen ihm und seiner Gemeinde wiederherzustellen (Umschlag an den Leser, ebd., S. IV–V; zu den Ermittlungen gegen Thieme durch die kirchlichen Behörden vgl. Oskar Thieme, August Thieme und sein Zusammenstoß mit dem Weimarischen Kirchenregiment um 1822. Auf Grund von Akten und Familienpapieren, in: Herbergen der Christenheit. Jahrbuch der deutschen Kirchengeschichte 3 [1959], S. 128–170).

[23] Dorothee Wilhelmine von Schmeling, geb. Jahn (1795–1856).

[24] Nicht ermittelt.

[25] Friedrich Johann Christian Schmeißer (1784–1869), Sohn von Wilhelm Ernst Schmeißer (1740–1809), Pfarrer in Kriebitzsch bei Altenburg, und Friederica Elisabeth Schmeißer, geb. Ranisch (1755–1798), Gymnasium in Altenburg, 1806 Studium der Mathematik in Jena, danach der Philologie in Leipzig, Dr. phil., 1813 Privatlehrer der Mathema-

erklärte, die Bibel sei kein physikalisches Lehrbuch – welches in Hinsicht der Richtigkeit letzterer ganz wahr ist, – und wenn in der Bibel stehe: er macht die Erde zum Schemel seiner Füße,[26] so folge nicht daraus, die Erde sei viereckig, wie zu gewisser Zeit die Schemel.

Am Osterheiligabend [17. April] 1824.

Lieber Heinrich, Vorstehendes habe ich am 9. April geschrieben und in den acht Tagen⟨,⟩ seitdem bin ich in ziemliche Arbeit und in eine gewisse Bedrängniß gekommen, die ich Dir um so weniger vorenthalten will, als sie diesen Brief aufgehalten hat. Du weißt, daß ich am Anfang des Februar einen Theil meines Buches[27] Reimern[28], nach desselben ausdrücklicher Forderung, zu einer Probe bei der Censur, zugeschickt habe. Seitdem habe ich immer fortgearbeitet, und wir waren übereingekommen, daß ich jenen ersten Theil zu einer Gesammtüberarbeitung, wofern ich fertig geworden, wieder bekommen sollte. Der Februar, der März verging; ich dachte nicht allzusehr an die Sache; aber als der April kam und immer noch keine Antwort, schrieb ich endlich am 5., wie es stehe. Am 12. bekam ich eine Antwort vom 9.;[29] denke mein Erstaunen, als ich lese, das Buch sei durch die Censur und schon im Druck! Ich habe darauf Reimern die bündigsten Vorstellungen gemacht: dies sei nicht meine Absicht; dem Buche fehle die letzte Hand – wovon ich Dir auch neulich schrieb –; man könne aus diesem Theil die Idee[30] noch nicht ganz ersehen; es sei genug, wenn

tik und alten Sprachen, danach Lehrer der Mathematik und alten Sprachen an der Ritterakademie in Dresden, 1817 Oberlehrer der Mathematik und Physik, Prorektor am Friedrichs-Gymnasium in Frankfurt an der Oder, 1821 Hochzeit mit Emilie Friederike Lasalle (1794–1864), Tochter von Isaac François Lasalle (1744–1822), Kaufmann in Frankfurt an der Oder, und Magdelaine Frédérique Lasalle, geb. Carita (1754–1832), 1839 Professor am Friedrichs-Gymnasium in Frankfurt an der Oder, 1855 Ruhestand (vgl. ELAB Frankfurt an der Oder, Friedenskirche, Trauungen 1821; ELAB Frankfurt an der Oder, französisch-reformierte Gemeinde, Taufen 1794; ELAB Frankfurt an der Oder, französisch-reformierte Gemeinde, Bestattungen 1822, 1832 und 1864; Thüringer Pfarrerbuch, Bd. 6: Das Herzogtum Sachsen-Altenburg, S. 437); Schmeißer veröffentlichte unter anderem: Orthodidaktik der Mathematik, insbesondere für gelehrte Schulen. Dresden 1813; Lehrbuch der reinen Mathesis zu einem zum Selbstfinden leitenden Vortrage derselben nach Platonischer Weise in Gymnasien nebst einer Vorrede über die Mathesis der Griechen gegen die Mathematik unserer Zeit und die Bildungskraft derselben. Erster Theil. Die Arithmetik. Berlin 1817; Die Elemente der Geometrie systematisch, zum Leitfaden beim Unterricht in Schulen. Frankfurt a. d. O. 1822.

[26] Vgl. Apostelgeschichte 7,49.

[27] Vgl. Nr. 190.

[28] Georg Andreas Reimer (1776–1842), Buchhändler und Verleger in Berlin.

[29] Beide Briefe nicht ermittelt.

[30] Der Plan des Werkes besteht darin, die „Geschichten der romanischen und germanischen Völker" von 1494 bis 1535, näherhin bis 1514 als zusammenhängend und damit „in ihrer Einheit zu ergreifen" (L. Ranke, Geschichten, S. V), die Leopold Ranke aus der „gemeinschaftlichen Entwickelung" dieser Völker aus dem Mittelalter hervorgehen läßt (ebd., S. XVII–XL).

es zu Michael[31] erscheine. Doch fürchtet Heydler[32], dem ich die Sache gesagt, und fürchte auch ich, er hat schon mit dem Drucker einen Vertrag. Ich bin entschlossen, wenigstens noch eine kritische Abhandlung[33] hinzuzufügen, die ich für wichtig halte, und mit der ich besonders hoffe mir einige Freunde unter den Gelehrten zu erwerben. Ich bin nun in stündlicher Erwartung der Entscheidung Reimer's. Es tröstet mich nur, daß er ohne Zweifel in guter Meinung handelt, und daß man beim ersten Anfang keinen Tacitus[34] und Herodot[35] in mir erwarten wird. An der Abhandlung arbeite ich mit Macht, ich weiß nicht, ob sie mir recht gelingen wird. Die Ausarbeitung ergötzt mich zuweilen sehr. Hiervon genug. –
Im Mai werde ich, wills Gott, in Balzer's[36] Berg, um die halbe Stadt, am Poetensteig[37] ziehen. Ferdinanden seine Braut[38] hat in F⟨erdinand⟩'s Brief[39] auch einige Worte an mich geschrieben. Das Ganze ist ein allerliebstes Werk, und Du mußt es einmal lesen. Lieber, Dein und Deiner Selma[40] denk ich alle Tag und schreibe ihr und ihrem Vater[41] gewiß. Aber aller Anfang ist schwer. Von Herzen grüße ich Raumer[42] und die Frau v⟨on⟩ R⟨aumer⟩[43] und Allwill[44]. Ich wünschte gern zu hören, wie es euch weiter geht. In welchen Bewegungen sind wir alle! Ihr beide habt Bräute und seid

[31] 29. September; tatsächlich erschien das Werk erst im Spätherbst, und zwar in der von Leopold Ranke gewünschten überarbeiteten und erweiterten Form.

[32] Wilhelm Ferdinand Heydler (1793–1859), Mitschüler Leopold und Heinrich Rankes in Pforta, Leipziger Studienfreund Leopold Rankes sowie Konrektor am Friedrichs-Gymnasium in Frankfurt an der Oder.

[33] Sie erschien 1824 gleichzeitig mit den „Geschichten": „Zur Kritik neuerer Geschichtschreiber von Leopold Ranke. Eine Beylage zu desselben romanischen und germanischen Geschichten".

[34] Publius Cornelius Tacitus (um 58–um 120), römischer Geschichtsschreiber.

[35] Herodot (nach 490–430 v. Chr.), griechischer Geschichtsschreiber.

[36] Wohl Christian Ludwig Balzer (1787–1860), Sohn von Gottfried Balzer (1743–1822), Bürger und Weinmeister in der Lebuser Vorstadt von Frankfurt an der Oder, und Maria Elisabeth Balzer, geb. Jaedicke (1756–1839), Bürger und Uhrmacher in Frankfurt an der Oder, 1815 Hochzeit mit Friederike Philippine Wallasch (1788–1851), Tochter von Gottfried Wallasch (vgl. ELAB Frankfurt an der Oder, St. Georgen, Taufen 1787; ELAB Frankfurt an der Oder, St. Georgen, Bestattungen 1822; ELAB Frankfurt an der Oder, St. Marien, Bestattungen 1851 und 1860; ELAB Frankfurt an der Oder, St. Nikolai, Trauungen 1815).

[37] Nördlich, etwas oberhalb der alten Stadt am Klingefließ. „Um die halbe Stadt" hieß die Straße, die um die begrünten Wallanlagen herumführte.

[38] Fanny Pollau (1804–1867), Verlobte Ferdinand Rankes.

[39] Nr. 198.

[40] Selma Schubert (1806–1878), Tochter von Gotthilf Heinrich Schubert (1780–1860), Professor für allgemeine Naturgeschichte und Mineralogie in Erlangen.

[41] Gotthilf Heinrich Schubert (1780–1860), Professor für allgemeine Naturgeschichte und Mineralogie in Erlangen.

[42] Karl Ludwig Georg von Raumer (1783–1865), ehemaliger Professor, wie Heinrich Ranke Lehrer an der Bildungsanstalt des Erziehervereins in Nürnberg.

[43] Friederike von Raumer, geb. Reichardt (1790–1869).

[44] Allwill Hermann Baier (1811–1892), der Heinrich Ranke anvertraute Sohn des verstorbenen Hermann Julius Christoph Baier.

um eure Anstalt in Sorgen. Ferdinand will das Examen machen. Wilhelm[45] will von Halle weg und darf nicht. Mir will man ein Buch allzufrüh ediren. Gott gebe, daß uns dies alles, alles zum Glück ausschlägt!

Dein getreuer Bruder L⟨eopold⟩

Diesen wichtigen Gedanken muß ich Dir, wenngleich als Nachschrift, noch nothwendig mittheilen. Sollte es nicht für Ferdinand das Beste sein, wenn er mit Dir sich den theologischen Wissenschaften widmete, später ein halb Jahr, wobei ich ihn unterstützen wollte, theologische Vorlesungen hörte und einmal das Candidatenexamen machte? Aber verschweig dies jedermann. Prüfe seine Natur, wenn er kommt, damit ihm nicht in späteren Jahren sein Amt mißfalle. Schreibe mir darüber ausführlich und spare das Papier nicht so, wie ich. –
Reimer behauptet, ich hätte ihm in meinem letzten Briefe[46] nichts von meiner Absicht geschrieben. Gesagt habe ich ihm gewiß davon.

[45] Wilhelm Ranke (1804–1871), Bruder Leopold Rankes, Student in Halle.
[46] Nicht ermittelt.

Nr. 201

Friederica Wilhelmina Ranke[1] an Leopold Ranke[a]

V: GStA PK VI. HA Nl Hoeft Nr. 1 (Abschrift)
G: GStA I. HA Rep. 92 L. v. Ranke Nr. 26 (nicht erhalten)

Wiehe⟨,⟩ den 2⟨.⟩ May ⟨1824.⟩

Eben komt der Bötger[2] Eberhart[3] und will an Dich waß zu bestellen haben⟨.⟩ mein lieber Sohn⟨,⟩ nun ist mir es sehr lieb⟨,⟩ den⟨n⟩ gestern haben wier Dein liebes Briefgen[4] bekomen und haben uns sehr gefreüet, ist den⟨n⟩ Wilhelm[5] glüklich bei Dir angekomen⟨,⟩ und hast Du Dich recht gefreuet⟨,⟩ wie Er an kam? ich kan mir es recht denken⟨,⟩ wie es gewesen ist⟨,⟩ als Er bei Dier ein trat⟨.⟩ nun seit doch recht vergnügt zusam und sag Ihn⟨,⟩ Er möchte doch auf der rükreise mit der Bost fahren⟨.⟩ es ist jezt so gefährlich⟨.⟩ am Dinstag haben sie von hier bis Roßleben einen Man[6] tot geschlagen und in die Unstrut geworfen⟨.⟩ wie Er gefunden wurde⟨,⟩ hat Er noch geblutet⟨,⟩ und die Geldkatze ist aufgeschnitten gewesen und das Geld raus⟨.⟩ Er ist noch unbekannt⟨,⟩ wer es ist. der Vater[7] ist heute in Artern[8]⟨.⟩ Er ist gesund und mit meinen Augen[9] geht es auch beßer. Spörell[10] ist am Ostern zwar nicht gekomen⟨,⟩ aber gestern kam ein Brief von Ihn⟨.⟩ Er häte wegen Seiner jezt sch⟨w⟩achen Gesundheit die Reise nicht unter nehmen konen⟨,⟩ wen⟨n⟩ Er sich nicht häte wollen ganz zu Grunde richten ⟨(⟩wie Er hier war⟨,⟩ sagte Er⟨: er⟩ wär noch nie krank gewesen⟨),⟩[b] den⟨n⟩ es währen bei Ihn nur 2 Feiertage[11] und Er häte den

[a] Adresse: „Sr. Wohlgeb. | dem Herrn Docktor Ranke | Oberlehrer am Friedrichs Gymnasio | in Frankfurt an der Oder | durch Güte".

[b] Die in den Text eingefügte Passage „⟨(⟩wie Er hier war⟨,⟩ sagte Er⟨:er⟩ wär noch nie krank gewesen⟨),⟩" steht in der Vorlage links am Rand, mit einem Strich vom dadurch leicht eingerückten Text getrennt. Im Typoskript ist der Einschub von Hoeft an derselben Position wie oben in den Text eingefügt worden.

[1] Friederica Wilhelmina Ranke, geb. Lehmicke (1776–1836), Mutter Leopold Rankes.

[2] Für: Böttcher; Handwerker, der aus Holz Fässer oder andere Behälter herstellt.

[3] Eventuell Gottfried Adam Eberhard (1799–1857), Holzaufseher; denkbar aber auch Johann Andreas Eberhard (1785–1855) (vgl. Archiv KPS Wiehe, Bestattungen 1855 und 1857).

[4] Nicht ermittelt.

[5] Wilhelm Ranke (1804–1871), Bruder Leopold Rankes. Wilhelm Ranke hatte Leopold Ranke für eine Woche in Frankfurt an der Oder besucht (vgl. Nr. 203).

[6] Nicht ermittelt.

[7] Gottlob Israel Ranke (1762–1836).

[8] Der Ort liegt 10 Kilometer nordwestlich von Wiehe.

[9] Die Mutter hatte am 12. März 1824 ihr Augenleiden geschildert (vgl. Nr. 194 und Nr. 195); der Vater hatte vor Weihnachten 1823 einen Schwächeanfall (vgl. Nr. 182).

[10] Georg Gottlob August Spoerel (1796–1840), Landgerichtssekretär in Erfurt.

[11] Osterfeiertage.

3ten schon wieder arbeiten müßen. wie sehr es Ihn schmerzte⟨,⟩ das⟨s⟩ Er die Reise⟨,⟩ nach der Er Sich so sehr gesehnt⟨,⟩ häte müßen au⟨f⟩schiben⟨,⟩ kenten wier uns nicht denken⟨,⟩ aber zu den schönen Pfin⟨g⟩stfeste[12] solte Ihn nichts abhalten⟨.⟩ Sie[13] solte nur getrost sein und mit Geduld den zeit punkt abwarten⟨,⟩ wo Sie mit einander verbunden würden und so weiter. Es ist jetzt hier sehr schön⟨,⟩ die Bäume blühen und⟨,⟩ die Nachtigallen schlagen⟨,⟩ aber dieß Nacht war ein starkes Gewitter und viel Regen. der Mensch[14] wil gleicht fort⟨,⟩ sonst häte ich auch an Selma[15] geschrieben⟨,⟩ die hat ursache⟨,⟩ mit mir zu zürnen⟨,⟩ den⟨n⟩ ich habe lange nicht an Sie geschrieben⟨.⟩ heute komt die Bost⟨,⟩ da erwarte ich Briefe von Nürnberg⟨,⟩ den⟨n⟩ seit den 5 März haben wier keinen bekomen⟨.⟩ das kan ich kaum ertragen⟨.⟩ nun⟨,⟩ lieber Sohn⟨,⟩ lebe wohl und behalte lieb

Deine Treüe Mutter
F⟨iederica⟩ Ranke⟨.⟩

grüße Wilhelm

[12] Vgl. Nr. 207.
[13] Johanna Ranke (1797–1860), Schwester Leopold Rankes.
[14] Nicht ermittelt; auf dem Umschlag vermerkt: „durch Güte".
[15] Selma Schubert (1806–1878), Tochter von Gotthilf Heinrich Schubert, Professor für allgemeine Naturgeschichte und Mineralogie in Erlangen.

Nr. 202

Leopold Ranke an Philipp Carl Buttmann[1]

V: GStA PK VI. HA Nl Hoeft Nr. 4 (Abschrift)[a]
G: Akten der Königlichen Bibliothek (nicht ermittelt)
D: L. v. Ranke, Neue Briefe, S. 44–45

Frankfurt an d. O.⟨,⟩ am 8ten May 1824.[b]

Wohlgeborner,
hochgeehrtester Herr Professor,
Sie haben die Güte gehabt, die letzte Sendung von Büchern aus der Königlichen Bibliothek an mich durch Ihren Namen zu autorisiren. Daher erlaube ich mir, eine neue Bitte an Sie zu richten.
Es wird nemlich in diesem Sommer eine historische, blos durch die Hülfe der Königl⟨ichen⟩ Bibliothek zu Stand gebrachte Arbeit[2] von mir gedruckt werden. Ehe ich noch Herberts[3] Life of Henry VIII[4], das Sie mir zuzusen-

[a] Hoeft notiert unter der Abschrift des Briefes den dienstlichen Vermerk: „Am 25. Mai 1824 einige Bücher übersandt.“.
[b] Orts- und Datumsangabe in der Vorlage unter dem Text links.

[1] Philipp Carl Buttmann (1764–1829), Sohn von Jakob Buttmann († 1780), ursprünglich Boudemont, hugenottischer Abstammung, Inhaber einer Papierhandlung in Frankfurt am Main, Gymnasium in Frankfurt am Main, 1782 Studium der Theologie, 1783 der Philologie in Göttingen, 1786 Aufenthalt in Straßburg, 1787 Lehrer der Geographie und Statistik des Erbprinzen Friedrich von Anhalt-Dessau, 1788 Aufenthalt in Frankfurt am Main, 1789 Hilfsarbeiter an der Königlichen Bibliothek in Berlin, 1796 Bibliothekssekretär, 1799–1808 daneben Professor am Joachimsthalschen Gymnasium, 1800 Hochzeit mit Karoline Selle (1779–nach 1829), Tochter von Christian Gottlieb Selle (1748–1800), Leibarzt von Friedrich II. und Friedrich Wilhelm II., 1803–1810 neben der hauptamtlichen Tätigkeit Redakteur der Haude und Spenerschen Zeitung, 1806 außerordentliches, 1808 ordentliches Mitglied der Akademie der Wissenschaften in Berlin, 1808 auf persönlichen Wunsch Friedrich Wilhelms III. Ablehnung eines Rufes auf eine Professur in Landshut, Latein- und Griechischlehrer des preußischen Kronprinzen, 1811 Bibliothekar der Königlichen Bibliothek in Berlin, 1811–1826 Sekretär der Historisch-Philologischen Klasse der Akademie der Wissenschaften in Berlin, zeitweise interimistischer Leiter des Philologischen Seminars, 1820 auswärtiges Mitglied der Akademie der Wissenschaften in München; verfaßte unter anderem eine vielfach aufgelegte Griechische Grammatik (17. Aufl., 1854) außerdem war er auch der Gründer der „Griechischen Gesellschaft“ und der „Gesetzlosen Gesellschaft“. Hoeft weist im Druck als Empfänger dieses Briefes Friedrich Wilken, den Oberbibliothekar der Königlichen Bibliothek aus, doch verwendet Leopold Ranke Wilken gegenüber die Anrede „Geheimer Hofrat“ (vgl. Nr. 101), während die Anrede „Professor“ für Philipp Carl Buttmann durch einen eigenhändigen Brief Rankes belegt ist (vgl. Nr. 225).
[2] L. Ranke, Geschichten, und L. Ranke, Kritik.
[3] Edward Herbert, 1st Baron Herbert of Cherbury (1583–1648), englischer Diplomat, Dichter und Geschichtsschreiber.
[4] The Life and Raign of King Henry the Eighth. Written By the Right Honourable Edward Lord Herbert of Cherbury, erschien erstmals 1649, in der Königlichen Bibliothek war die

den die Güte gehabt,[5] benutzen kann, sind mir einige andre Schriften sehr nothwendig. Ich habe mir daher dießmal erlaubt, den Herbert noch auf eine kurze Zeit zurückzubehalten; und indem ich die übrigen mir zugesendeten Bücher gegenwärtig zurückschicke, schmeichle ich mir dennoch, Euer[c] Wohlgeb⟨oren⟩ werden in Rücksicht auf eine bereits angefangene und in ihrem Lauf begriffene literarische Arbeit mir demohnerachtet einige andre gütigst suchen und verabfolgen lassen. Es sind aber folgende:

1. Franzisci Pici Mirandulani[6] Vita Hier. Savonarolae[7] ed. Quetif. 1674.[8]
2. Savonarola de triumpho Crucis[9]
3. Savonarola del governo. Pisaner Sammlung der italien. Classiker. 1820.[10]
4. Oefele[11]: Scriptores Boici Tom. II[12]
5. Paolo Giovio[13] Lettere[14]

c In der Vorlage: „Ew.".

Ausgabe London 1741 vorhanden. Herbert bietet eine chronologisch angeordnete Darstellung mit einigen abgedruckten Dokumenten wie Urkunden und Briefen.

5 Das genannte Buch wird in der Bücherbestellung vom 25. Januar nicht genannt (vgl. Nr. 189); es war von Leopold Ranke wohl bei anderer Gelegenheit angefordert worden.

6 Giovanni Francesco Pico della Mirandola (1469–1533), Neffe von Giovanni Pico della Mirandola, italienischer Humanist, der mit Willibald Pirckheimer und anderen deutschen Humanisten in Verbindung stand.

7 Girolamo Savonarola (1452–1498), Dominikaner, Bußprediger in Florenz.

8 Vitae Reverendi Patris F. Hieronymi Savonarolae Ferrariensis, Ord. Praedicatorum, Authore Ill. D. Joan. Franc. Pico Mirandola Concordiaque Principe ⟨...⟩. Paris 1674. Der berühmte Philosoph der italienischen Renaissance lebte von 1463 bis 1494 überwiegend in Florenz. Er kannte Savonarola persönlich.

9 Libro di Frate Hieronymo da Ferrara dello ordine de Frati predicatori: della verita della Fede Christiana sopra el Glorioso Triumpho della Cruce de Christo. Florenz 1497; von diesem Buch waren mehrere Auflagen in der Königlichen Bibliothek vorhanden.

10 Leopold Ranke benutzte die von Michael Lindener herausgegebene deutsche Ausgabe (vgl. L. Ranke, Geschichten, S. 110): Grund und bericht Vom gewalt und ansehen der Obrigkeit unnd schuldigen gehorsam der Unterthanen / gegen Geistlichen und Weltlichen / der gestalt zuvor nie gesehen noch an tag kommen / sehr nutzlich zuwissen / und newlich durch W. L. in Druck geordnet. Authore Ieronimo Savanorola. ⟨...⟩. Nürnberg 1561. Die hier bestellte „Pisaner Sammlung": Del Reggimento degli Stati. Di fra Girolamo Savonarola con due opuscoli del Guicciardini e l'Apologia di Lorenzo de' Medici. Pisa 1818, hat Ranke womöglich nicht erhalten.

11 Andreas Felix (ab 1772: von) Oefele (1706–1780), bayerischer Geschichtsschreiber, Leiter der Hofbibliothek in München, maßgeblich an der Gründung der Akademie der Wissenschaften in München beteiligt.

12 Rerum Boicarum Scriptores nusquam antehac editi quibus vicinarum quoque gentium nec non Germaniae universae historiae ex monumentis genuinis historicis et diplomaticis plurimum illustrantur. Ex membranis & Chartis vetustis collegit, descripsit ac Monitis praeviis Indiceque copiosissimo instruxit atque editit Andreas Felix Oefelius Monacensis. 2 Bde., Augsburg 1763. Der zweite Band enthält unter anderem die Monumenta Eberspergensia und Diessensia, diverse kürzere Chroniken, Stadtgeschichten und Genealogien sowie umfangreiche Quellen zum österreichischen Erbfolgekrieg von 1741–1748.

13 Paolo Giovio (1483–1553), Arzt, ab 1517 Bischof von Nocera, Geschichtsschreiber.

14 Im Jahr 1824 lagen in unterschiedlichen Auflagen zwei Briefsammlungen des humanistischen Geschichtschreibers vor: Lettere Volgari di Mons. Paolo Giovio da Como Vescovo

Ich werde mit diesen alsdann unfehlbar in kurzem auch den Herbert zurückschicken.
Ich bitte Euer[d] Wohlgeb⟨oren⟩ um Verzeihung wegen meiner Zudringlichkeit, zu welcher mich die Lage meiner Sachen zwingt.[15]

Euer[e] Wohlgeboren
ergebenster
Ranke, Dr. u⟨nd⟩ Oberlehrer am
Gymnas⟨ium⟩.

[d] In der Vorlage: „Ew.“.
[e] In der Vorlage: „Ew.“.

di Nocera, raccolte per Messer Lodovico Domenichi. Venedig 1548; Le Iscrittioni poste sotto le vere imagini de gli huomini famosi le quali á Como nel museo del Giovo si vegguino. Tradotte di Latino in volgare da Hippolito Orio Ferrarese. Venedig 1552.

[15] Die knappe Frist bis zur Veröffentlichung von Leopold Rankes Werk.

Nr. 203

Ferdinand Ranke[1] und Fanny Pollau[2] an Leopold Ranke[a]

V: GStA PK VI. HA Nl Hoeft Nr. 1 (Abschrift)
G: GStA I. HA Rep. 92 L. v. Ranke Nr. 26 (nicht erhalten)

Halle⟨,⟩ den 14ten Mai ⟨1824.⟩

Geliebter Bruder,
Herzlichen Dank für Deinen lieben Brief[3] von uns Allen[4]. Jetzt erhältst Du aber keine Antwort, nur wegen Wilhelms[5] den Brief. Gestern ist hier über die Burschenschaft entschieden; aber noch nicht bekannt gemacht; 34 sollen relegirt[6] einige 70 consilirt[7] sein. Vor der Entscheidung waren 118 zum nochmaligen Bekenntniß citirt, unter denen auch Wilhelm, er ist von [b]fünf[b] angegeben worden, und wird, sobald er hierher kommt, wenn er es nicht leugnen kann, daß er an der Verbindung Theil genommen, consiliirt. Das einzige wäre, wenn er recht spät ankäme, daß sie dann vielleicht des vielen Strafens müde, ihn verschonten: doch ist dieß sehr zweifelhaft, und deßwegen gefährlich, weil er dann schwerlich eine andere Universität beziehen könnte. Ich schreibe dieß Dir, daß Ihr nun überlegt, was da zu thun ist. Der Vater[8] darf es nicht wissen; es würde ein großes Unglück entstehn. Wird er consilirt, so muß er eben auf einer inländischen Universität fortstudiren, wenn er künftig in Preußen angestellt sein will.
Nur ein Wort, liebster Bruder, an Dich, die Schnellpost soll den Brief mitnehmen, und Blanc ist verreist; indeß thut er es auf jeden Fall[9], willst Du, so schicke den Brief[10]; er kann es ja nach der zweiten Correctur erst noch

[a] Adresse: „Sr. Wohlgeboren | Dem Herrn D. Ranke | Oberlehrer am Friedrichsgymnasium | in | Frankfurt | an der Oder.“.
[b-b] In der Vorlage unterstrichen.

[1] Ferdinand Ranke (1802—1876), Bruder Leopold Rankes, Student in Halle.
[2] Fanny Pollau (1804–1867), Verlobte Ferdinand Rankes.
[3] Nicht ermittelt.
[4] Wohl: Ferdinand Ranke, Fanny Pollau, ihre Stiefschwester, Charlotte Blanc, geb. Juncker (1795–1866) und deren Ehemann, Ludwig Gottfried Blanc (1781–1866), Professor der südeuropäischen Sprachen und ihrer Literaturen und Domprediger in Halle.
[5] Wilhelm Ranke (1804–1871), Bruder Leopold Rankes, der sich zu diesem Zeitpunkt in Frankfurt an der Oder aufhielt.
[6] Vom Studium an allen deutschen Univesitäten ausgeschlossen.
[7] Vom Studium an der Universität Halle ausgeschlossen.
[8] Gottlob Israel Ranke (1762–1836), Vater Leopold Rankes.
[9] Scheinbar hat Leopold Ranke über seinen Bruder Ferdinand Ranke, den zukünftigen Schwager Blancs, bei dem Professor der südeuropäischen Sprachen und ihrer Literaturen in Halle angefragt, ob er bereit wäre, sein Erstlingswerk durchzusehen.
[10] Nicht ermittelt.

bekommen zur letzten Durchsicht, was ihm wenig Mühe machen wird, und viel Freude beim Lesen. Lottchen[11] versichert es auch. Aber sobald Blanc da ist, bekommst Du gewiß die eigentliche Antwort.

Dein
Dich innig liebender Ferdinand.

Das Examen ist durch die Krankheit des Prof⟨essors⟩ Jacobs[12], des Direktors der Commission immer noch unmöglich.

[von Fanny[13]:] Mutter[14]⟨,⟩ Lottchen und Fanny grüßen Dich herzlich.

[11] Charlotte Blanc, geb. Juncker.
[12] Johann August Jacobs (1788–1829), Professor der Philologie und Direktor der Franckeschen Stiftungen in Halle.
[13] Fanny Pollau.
[14] Nanette Esther Marguerite Pollau, verw. Juncker, geb. Plantier, Mutter von Charlotte Blanc, geb. Juncker, und Fanny Pollau.

Nr. 204

Heinrich Ranke[1] an Leopold Ranke

V: GStA PK VI. HA Nl Hoeft Nr. 37 Kart. 2 (Typoskript)
TD: Fuchs, Heinrich Ranke, S. 167–168

Nürnberg, 22. Mai ⟨1824⟩.

Mein lieber Bruder,

Du hast mir und Raumers[2] mit Deinem letzten Briefe[3] eine sehr große Freude gemacht. Du weißt nun ganz, wie es mit unserer Schule steht[4] — und weißt welche Freuden und Leiden uns bewegen und unser erwarten. Indeß hat sich nun Manches zugetragen. Ich will Dir's nur in aller Kürze berichten; denn ich kann heute nur wenig schreiben.

Wir haben uns verbunden, was wir etwa erübrigen möchten, an die Armen zu wenden. So besteht nun seit dem Palmsonntag[5] eine Armenschule,[6] freilich erst im Anfang. 4 Kinder[7] sind aufgenommen⟨,⟩ die von Blankenburg[8]⟨,⟩ einem in Beuggen bei Basel gebildeten Lehrer[9]⟨,⟩ erzogen und unterrichtet werden. Sie erhalten von dem Verein Wohnung, Nahrung,

[1] Heinrich Ranke (1798–1876), Bruder Leopold Rankes, Lehrer an der Bildungsanstalt des Erziehervereins in Nürnberg.

[2] Karl Ludwig Georg von Raumer (1783–1865), ehemaliger Professor, wie Heinrich Ranke Lehrer an der Bildungsanstalt des Erziehervereins in Nürnberg, und Friederike von Raumer, geb. Reichardt (1790–1869).

[3] Nr. 200.

[4] Vgl. Nr. 197.

[5] 11. April 1824.

[6] Zur Gründung dieser Einrichtung vgl. Erster Bericht über die Armenknaben-Anstalt in Nürnberg nebst Rechnung über Einnahme und Ausgabe der Anstalt vom Februar ⟨!⟩ 1824 bis Februar 1826. Nürnberg 1826; laut den Angaben dort (S. 10) wurde der erste Knabe am 9. April 1824 aufgenommen, am 11. April, dem Palmsonntag, 1824 folgten zwei Söhne einer armen Witwe. Die Namen der Kinder wurden anfänglich bewußt nicht einzeln aufgeführt, denn in den Augen der Gründer der Anstalt tat es „gewiß dem Kinde nicht gut, wenn es sich und gewöhnlich auch seine Aeltern und Angehörigen so öffentlich ausgestellt sieht, mag man sein Böses herausheben oder seine Besserung" (S. 11–12).

[7] Georg Gebauer (* 1813), Aufnahme: 9. April 1824, Beginn einer Lehre: 26. Juni 1827; Veit Martin Seitz (1812–nach 1870), Aufnahme: 11. April 1824, Beginn einer Lehre: 12. September 1826, später Kammmacher und Drechsler-Meister; Michael Seitz (* 1816), Aufnahme: 11. April 1824 und Tobias Raschka (* 1818), Aufnahme: 17. April 1824 (vgl. Zweiter Bericht über die Erziehungs-Anstalt für arme und verwahrloste Knaben in Nürnberg nebst Rechnung über Einnahme und Ausgabe vom 1. März 1826 bis zum 31. August 1827. Nürnberg ⟨1827⟩, S. 47 sowie Vierter Bericht über die Erziehungs-Anstalt für arme und verwahrloste Knaben in Nürnberg nebst Rechnung über Einnahme und Ausgabe vom 1. September 1828 bis zum 31. August 1829. Nürnberg 1829, S. 38–39.

[8] Johannes Friedrich Wilhelm Blankenburg (1799–1843), Lehrer an der Erziehungsanstalt für arme, verwahrloste Knaben in Nürnberg.

[9] Er hatte die dortige unter dem Einfluß Pestalozzis von Christian Heinrich Zeller (1779–1860) gegründete „Armen-Schullehrer-Anstalt" besucht.

Unterricht, Kleidung pp. — Treten noch andere⟨,⟩ reichere Leute dazu so können mit der Zeit noch mehr aufgenommen werden. Am Palmsonntag beim Frühstück ließen wir eine arme Frau[10] kommen und sagten ihr, daß wir ihre beiden Jungen[11] zu uns nehmen wollten. Sie war kaum hinaus, so bekamen wir ganz unerwartet 90 Gulden (in einer Anweisung) für die Armenanstalt geschenkt. Ein Kaufmann[12] zahlte Abends 100 Gulden für diese Anweisung⟨,⟩ und auf der Straße bekam unser Bedienter[13] noch 10 Gulden von einem Ungenannten[14].

Wirst Du es aber glauben, lieber Leopold, daß man nach so vielen Ausmittelungen doch noch einmal ausgemittelt werden kann? Und zwar so, daß immer mehr herausgekommen ist, je öfter? Nämlich in Berlin dauerte es einen Nachmittag, in Magdeburg anderthalb Tage — in Ansbach aber vom 8ten bis 15ten Mai? — Und es kamen da ganz neue Wissenschaften dazu, in denen ich excelliren mußte z. B. das jus canonicum[15] von dem ich sonst kaum (mit einigem Schauder) gehört.

Du kennst doch Niethammer[16] (den Fichtischen[17]) von dem wir die Vorrede zu Luthers[18] Weisheit[19] gelesen haben. Er ist Oberkonsistorialrath,

[10] Mutter von Veit Martin und Michael Seitz, Witwe.

[11] Veit Martin und Michael Seitz.

[12] Nicht ermittelt.

[13] Nicht ermittelt.

[14] Nicht ermittelt; vgl. auch den fast wortgleichen Bericht über „Die Erziehungs-Anstalt für arme, verwahrloste Knaben in Nürnberg", den Heinrich Ranke 1834 in dem von ihm herausgegebenen Sonntagsblatt zum Druck brachte (Das Sonntags-Blatt, 4. Jahrgang, Nr. 27, 6. Juli 1834).

[15] Kirchenrecht.

[16] Friedrich Immanuel Niethammer (1766–1848), Sohn von Johann Elias Niethammer (1733–1805), Pfarrer in Beilstein, und Eleonore Elisabeth Niethammer, geb. Dörner (1745–1780), Klosterschule in Denkendorf, später in Maulbronn, 1784 Studium der Philosophie und Theologie und Angehöriger des Stifts in Tübingen, 1790 Studium der Philosophie in Jena, danach Hauslehrer in Gotha, 1792 Dr. phil., Adjunkt, 1793 außerordentlicher Professor der Philosophie in Jena, Aufenthalt in Klagenfurt, 1794 Rückkehr nach Jena, 1795 Gründung des Philosophischen Journals einer Gesellschaft teutscher Gelehrter, dessen Mitherausgeber ab 1797 Johann Gottlieb Fichte war, 1797 Dr. theol., Hochzeit mit Rosine Eleonore Döderlein, geb. Eckardt (1770–1832), Witwe von Johann Christoph Döderlein (1746–1792), Professor der Theologie und Kirchenrat in Jena, und Tochter von Johann Ludwig von Eckardt (1732–1800), Professor der Rechte in Jena, 1798 außerordentlicher Professor der Theologie in Jena, 1803 ordentlicher Professor der Theologie in Würzburg, 1806 Konsistorial- und Schulrat in Bamberg, 1808 Zentralschul- und Oberkirchenrat, 1815 Mitglied des Oberkonsistorium in München, 1845 Ernennung zum Geheimen Rat, Eintritt in den Ruhestand. Der Philosoph und Theologe Niethammer war einer der wenigen Schüler Fichtes. Für Friedrich Schiller übersetzte er aus dem Französischen, Goethe unterrichtete er in Philosophie.

[17] Johann Gottlieb Fichte (1762–1814), Professor für Philosophie, besuchte wie Leopold und Heinrich Ranke die Landesschule in Pforta.

[18] Martin Luther (1483–1546), Reformator.

[19] Die Weisheit D. Martin Luther's. Aeque pauperibus — locupletibus aeque. Voran J. G. Hamann's Betrachtungen über die Heilige Schrift. 2 Teile, Nürnberg 1816; 2. Auf.,

und war aus München zu diesem Examen gekommen. Er beschützt mich gegen die Rationalisten. – Ein herrlicher Mann.

Du weißt⟨,⟩ daß ich um das Indigenat[20] habe bitten müssen, (von Schuberts[21] aus) – und deßwegen wurde ich zum Examen nach Ansbach geladen – und ich sollte nur nicht scherzen – denn ich habe wahrlich eine sehr große Hülfe dabei erfahren, so daß alles sogar ehrenvoll abgelaufen ist – wie ich gar nicht verdiene.

Noch in diesem Jahr könnte ich eine Pfarrstelle bekommen, sagte mir der Consistorialrath, als ich Abschied nahm. Sie wunderten sich, als ich bat⟨,⟩ mich in Nürnberg in der Anstalt zu lassen. Einer verstand es. Niethammer ohnehin. – Mir ist's wunderbar, wie ich auch gar nicht innerlich zu der Wahl komme, ob ich bleiben soll oder nicht. Es ist mir so ganz gewiß, daß ich bleibe. Wie[a] kann ich noch viel mehr diesem Amt aus reiner Liebe oder aus reinem göttlichen Beruf dienen. – – Wir bekommen immer von Zeit zu Zeit Aeußerungen von den Aeltern über unser religiöses Leben zu hören, die uns doch sehr angreifen würden, wenn wir nicht auch von andern Seiten den freundlichsten brüderlichen Zuspruch oft zu gleicher Zeit bekämen. Auch von Dir erwarten wir nun blos dergleichen tröstenden, stärkenden Zuspruch. Gott wolle Dir alles reichlich vergelten, was Du Guthes an mir gethan hast und noch immer thust. Ich lasse die Hoffnung nicht fahren, daß wir endlich noch einmal zusammen arbeiten werden an [b]Einem[b] Werk in Gottes Namen. – Grüß viel tausendmal unsre lieben A⟨hlemann⟩[22] und K⟨aroline⟩[23].

[a] Bei FUCHS: „Nun".
[b–b] In der Vorlage unterstrichen.

Erster Theil: D. Martin Luther's Auslegungen der heiligen Schrift, Nürnberg 1817. Das Vorwort von Friedrich Immanuel Niethammer findet sich auf den Seiten III–XXII. Niethammer wendet sich darin gegen Rationalismus, der christliche Predigten zu „etwas wie Freimaurer-Reden" mache (S. XV), und spricht sich entgegen einer von ihm diagnostizierten, ebenfalls rationalistischen Zeitströmung für die Lehre des Christentums auch an Kinder aus (S. XVI). Zur Schule Heinrich Rankes in Nürnberg stand Niethammer in einem freundschaftlichen Verhältnis (vgl. F. H. RANKE, Jugenderinnerungen, S. 262).

[20] Staatsangehörigkeit. Die zukünftigen Schwiegereltern legten Wert auf einen offiziellen Aufenthalt Heinrich Rankes in Bayern (vgl. F. H. RANKE, Jugenderinnerungen, S. 271). Heinrich Ranke erhielt die Auskunft, „daß ich ohne Schwierigkeiten das bayerische Indigenat erlangen werde, wenn ich mich nur entschließen könne, mich der zweiten theologischen Prüfung – pro ministerio – zu unterziehen"; er bestand diese Prüfung im Mai 1824 (vgl. F. H. RANKE, Jugenderinnerungen, S. 288).

[21] Gotthilf Heinrich Schubert (1780–1860), Professor für allgemeine Naturgeschichte und Mineralogie in Erlangen, und Julie Schubert, geb. Steuernagel (1788–1880).

[22] Friederike Wilhelmine Ahlemann, geb. Schultze (1772–1843), Direktorin einer höheren Bildungsanstalt für Mädchen in Frankfurt an der Oder, Vertraute Leopold Rankes.

[23] Caroline Beer (1791–1851), Vertraute Leopold Rankes in Frankfurt an der Oder.

Vielleicht kommt Hengstenberg[24] nun bald einmal zu Dir. Der wird Dir Vieles von uns erzählen können. Könnte ich dann auf eine Stunde neben Euch sitzen!
Vielleicht dauert es doch nicht mehr über ein halbes Jahr, daß Selma[25] einzieht. Ach⟨,⟩ liebster Bruder, wie gnädig und barmherzig hat Gott mich Verlorenen gesucht, gefunden und getragen⟨!⟩ Mein Mund soll ewiglich sein Lob sagen.

Ewig Dein getreuer
Heinrich.

[24] Wilhelm Hengstenberg (1804–1880), Student der Theologie in Erlangen.
[25] Selma Schubert (1806–1878), Tochter von Gotthilf Heinrich Schubert, Professor für allgemeine Naturgeschichte und Mineralogie in Erlangen.

Nr. 205

Leopold Ranke an Ferdinand Ranke[a][1]

V: GStA PK VI. HA Nl Hoeft Nr. 1 (Abschrift)
G: GStA I. HA Rep. 92 L. v. Ranke Nr. 23 (nicht erhalten)
D: L. v. Ranke, Neue Briefe, S. 45–46

⟨Frankfurt an der Oder, vor dem 26. Mai 1824.⟩

Nur ein Wörtchen, liebster Ferdinand, einen kurzen Glückwunsch; und hier ein Büchelchen[2], das sich unter den Geschenken, die Du an Deinem Geburtstag bekommen wirst, schlecht ausnehmen wird. Vielleicht wirfst Du es nicht zum Fenster hinaus, – sondern nimmst es auf Deiner Reise[3] in die Tasche und liest zuweilen abends, oder[b] morgens darin. Es enthält immer einige gute Sachen.

Sieh, was hast Du für ein schönes Jahr gehabt. Glück wünschen will ich Dir weiter nicht: wenn Dir ein Glück begegnet, sollst Du es nicht auf meinen Wunsch schieben⟨,⟩ sondern auf die Wünsche und Gebete Deiner Braut[4], die sie Dir heute geweihet[5] hat.

Wann werden wir uns wiedersehn? Ich hätte freilich einen doppelten oder drei- und vierfachen Reiz nach Nürnberg[6] zu reisen; aber Ihr in Eurer Vereinigung und einem vollkommenen Genügen einen halbierten, geviertelten u. s. w. nach Frankfurt.

Gott sei Dein Geleit[c] und zwischen mir und Dir: Gott, allein: weiter nichts.

Dein getreuer Bruder Leopold.

[a] Adresse: „An Ferdinand R".
[b] In der Vorlage ursprünglich: „und".
[c] In der Vorlage ursprünglich: „Gut".

[1] Ferdinand Ranke (1802–1876), Bruder Leopold Rankes, Student in Halle.
[2] Titel nicht ermittelt.
[3] Nach Nürnberg (vgl. Nr. 206).
[4] Fanny Pollau (1804–1867), Verlobte Ferdinand Rankes.
[5] Leopold Ranke schreibt diesen Brief also direkt am Geburtstag seines Bruders Ferdinand.
[6] Ferdinand Ranke wollte eine Stelle an der Bildungsanstalt des Erziehervereins in Nürnberg antreten, an der bereits sein Bruder Heinrich tätig war. Leopold Ranke hätte dort seine beiden Brüder und seine ihm persönlich noch unbekannten Schwägerinnen in spe angetroffen.

Nr. 206

Leopold Ranke an Heinrich Ranke[1][a]

V: GStA PK VI. HA Nl Hoeft Nr. 10 (Abschrift)
G: GStA I. HA Rep. 92 L. v. Ranke Nr. 23 (nicht erhalten)

⟨Frankfurt an der Oder, 5. Juni 1824.⟩[2]

Ferdinand[3] wird über Torgau und Halle reisen, um daselbst Französisch zu lernen⟨,⟩[4] was er bey der Subrectorenstelle[5] können muß.

[a] Nachschrift Leopold Rankes zu einem Brief Ferdinand Rankes an Heinrich Ranke vom 2. Juni 1824.

[1] Heinrich Ranke (1798–1876), Bruder Leopold Rankes, Lehrer an der Bildungsanstalt des Erziehervereins in Nürnberg.
[2] Datiert nach dem Brief Ferdinand Rankes an Heinrich Ranke vom 5. Juni 1824 (GStA PK VI. HA Nl Hoeft Nr. 10).
[3] Ferdinand Ranke (1802–1876), Bruder Leopold und Heinrich Rankes, Student in Halle.
[4] Wohl bei seinem späteren Schwager, Ludwig Gottfried Blanc (1781–1866), Professor der südeuropäischen Sprachen und ihrer Literaturen, zugleich Domprediger in Halle.
[5] In Torgau (vgl. Nr. 209, Nr. 210 und Nr. 212).

Nr. 207

Gottlob Israel Ranke[1] an Leopold Ranke

V: GStA PK VI. HA Nl Hoeft Nr. 1 (Abschrift)
G: GStA I. HA Rep. 92 L. v. Ranke Nr. 26 (nicht erhalten)

⟨Wiehe, 8. Juni 1824.⟩[a]
am 3. Pfingsttage

Geliebter Sohn⟨,⟩
Herzlichen Dank Dir, für Deine guten Wünsche und Geschenke, [b]welche wahrscheinlich Wilhelm[2] noch bei sich hat,[b] zu meinem durch Gottes Gnade erlebten 62. Geburtstag[3].
Die gütige Gottheit hat die mich bedrohende Lebensgefahr glüklich von mir abgewandt,[4] und mir in diesen Jahr neue Freuden geschenkt.
Auch Freund Sp⟨ö⟩r⟨e⟩l[5] hat uns an diesem schönen Pfingstfest besucht, und hat wirklich bei uns um Hanchen[6] angehalten.
Es versteht sich, daß ich ihm solche zugesagt habe. In 6. Wochen wird förmliche Verlobung gehalten und dann auch bald darauf das Aufgebot bestelt werden.[7]
So hat die göttliche Vorsehung mir nun nicht allein einen Sohn, sondern auch zwei liebe Töchter geschenkt.[8] Ob mir der Himmel noch bald die 3te Tochter schenken wird, und diese Familien Ereignisse auch Dich anfeuern werden, recht bald nachzufolgen, da Du als älterer Bruder Ihnen hättest vorangehen können, dieses will ich nun in Gedult erwarten. Denn die Ehen werden bekantlich im Himmel geschloßen. Und die Erfahrung lehrt, daß das Glük dem einen hüpfend entgegen eilt, indessen der andere vergeblich darnach ringt.

[a] Datierung nach einem Vermerk von Hoeft und der Angabe zum Geburtstag des Vaters von Leopold Ranke in der Vorlage.
[b–b] In der Vorlage nachträglich eingefügt.

1 Gottlob Israel Ranke (1762–1836), Vater Leopold Rankes.
2 Wilhelm Ranke (1804–1871), Bruder Leopold Rankes, hatte sich in Frankfurt an der Oder aufgehalten (vgl. Nr. 201 und Nr. 203).
3 Am 22. Mai 1824.
4 Vgl. Nr. 182 und Nr. 187.
5 Georg Gottlob August Spoerel (1796–1840), Landgerichtssekretär in Erfurt.
6 Johanna Ranke (1797–1860), Schwester Leopold Rankes.
7 Die Hochzeit zwischen Georg Gottlob August Spoerel und Johanna Ranke verzögerte sich noch über ein Jahr (vgl. Nr. 263), sie fand am 4. Dezember 1825 in Wiehe statt (vgl. Schulenburg, Ahnen und Nachkommen, S. 10), nach dem Tod des gemeinsamen Kindes Heinrich Wilhelm Leopold im Dezember 1828 wurde die Ehe wieder geschieden.
8 Gottlob Israel Ranke zählt Spoerel als zukünftigen Schwiegersohn ebenso wie die zukünftigen Schwiegertöchter Selma Schubert (1806–1878) und Fanny Pollau (1804–1867) bereits zur eigenen Familie.

Vor dem Jahre wurde mir ein Loos von dem Lotterie Einnehmer Brauns[9] zu Magdeburg ungefordert zugeschikket.[10] Ich, kein Spieler⟨,⟩ erschrak anfänglich darüber, behielt es aber doch auf Zureden der Mutter[11], und gewann 25 r⟨eichs⟩t⟨haler⟩. — —
Dieses Jahr schikte mir dieser Collecteur wieder ein Loos. Den Brief zu dessen Zurücksendung hatte ich schon geschrieben. Da komt der Amtmann Ihlberg[12] und behielt davon 1 Viertel, der Geistliche H⟨err⟩ M⟨agister⟩ Patzig[13] auch ein Viertel, Du 1 Viertel und ich ein Vierthel. Wir haben zusammen auf dieses Loos einen Gewinn von 50 r⟨eichs⟩t⟨haler⟩ erhalten. Da ich die 5te Classe renovirte⟨,⟩ schrieb ich an den Einnehmer und [v]erbat wieder das neue Loos. Der Amtm⟨ann⟩ Ilberg und M⟨agister⟩ Patzig wollen das N⟨eue⟩ Loos wieder mitspielen. Wilst Du dieses auch thun, so behalte ich es, wo nicht schikke ichs wieder zurük, da aller guten Dinge Drei sind, und wir in Vortheil. Leb wohl, und behalte ferner lieb

Deinen Dich zärtlich liebenden
Vater, Ranke.

Die Mutter, Hanchen, Ferdinand[14], Rosalien[15], und Ernst[16] lassen Dich herzlich grüßen, Ferdinand hat sein Examen als Ober Lehrer bestanden, und eine sehr gute Censur erhalten. Nun wünschte ich, daß er in unsrer Nähe in Pforta[17] oder Roßleben[18] eine angemessene Anstellung erhalten möchte, denn in Nürnberg kann er solche nicht finden.

[9] Einnehmer der Königlichen Klassen-Lotterie in Magdeburg.
[10] Im November 1821 hatte Gottlob Israel Ranke Heinrich Ranke zu seinem 24. Geburtstag ein Los geschenkt (vgl. Nr. 104).
[11] Friederica Wilhelmina Ranke, geb. Lehmicke (1776–1836), Mutter Leopold Rankes.
[12] Johann Christoph Theodor Ilberg (1798–nach 1863), Gerichtsamtmann in Wiehe.
[13] Ernst Theodor Patzig (1792–1825), Diakonus in Wiehe.
[14] Ferdinand Ranke (1802–1876), Bruder Leopold Rankes.
[15] Rosalie Ranke (1808–1870), Schwester Leopold Rankes.
[16] Ernst Constantin Ranke (1814–1888), Bruder Leopold Rankes.
[17] An der dortigen Landesschule.
[18] An der dortigen Klosterschule.

Nr. 208

Leopold Ranke an Heinrich Ranke[1]

V: L. v. RANKE, Lebensgeschichte, S. 129–130 (Druck)

[Frankfurt a. O.]⟨,⟩ am 20. Juni 1824.

Geliebter Bruder!

Du wirst sehr erschrocken sein, daß Ferdinand[2] nicht kommt.[3] Es soll nicht sein, daß wir uns mit einander bilden. Er ist zwar für den Augenblick hier[4], aber wie lang wird es dauern? Mir ist sehr bang, daß euch dies niederschlägt, da ich wohl weiß, daß ihr ihn braucht. Was sagst Du: würde es wohl recht gewesen sein, wenn er nach der Äußerung Witzlebens[5]: (Ferdinand könne auf keine Anstellung im Preußischen hoffen, wenn er nach Nürnberg gehe,)[6] ohne die Eltern[7] zu fragen, die es ohne Zweifel nicht zugegeben haben würden, ohne auf seine Braut[8] Rücksicht zu nehmen, doch gegangen wäre? Unbegreiflich ist mir jene Äußerung indeß gänzlich.

[1] Heinrich Ranke (1798–1876), Bruder Leopold Rankes, Lehrer an der Bildungsanstalt des Erziehervereins in Nürnberg.

[2] Ferdinand Ranke (1802–1876), Bruder Leopold und Heinrich Rankes, Student in Halle.

[3] Vgl. Nr. 209.

[4] Ferdinand Ranke hielt sich seit dem 18. Juni 1824 bei Leopold Ranke in Frankfurt an der Oder auf (vgl. Nr. 212), wie wenige Wochen zuvor Wilhelm Ranke (vgl. Nr. 201 und Nr. 203).

[5] Georg Hartmann von Witzleben (1766–1841), Sohn von Friedrich Wilhelm von Witzleben (1714–1791), Fürstlich Sachsen-Weißenfelser Oberhofmeister und Erbherr auf dem blauen Hof in Wohlmirstedt bei Wiehe, und Christine Amalie von Witzleben, geb. Gräfin von der Schulenburg-Wolfsburg (1732–1781); Hauslehrer, 1781 Klosterschule in Roßleben (eine Stiftung der Familie Witzleben), 1783 Landesschule in Pforta, 1785 Studium der Philosophie, der Geschichte und der Rechte in Jena, 1788 in Leipzig, 1789 Prüfung am Oberhofgericht in Leipzig, 1790 Stiftsregierungsrat in Merseburg, 1793 Amtshauptmann in Thüringen, 1799 Erbadministrator der Klosterschule in Roßleben, 1800 Geheimer Oberfinanzrat in Dresden, 1801 Adjunkt des Saliendirektors Heinrich Ulrich Erasmus von Hardenberg (1739–1814), des Vaters von Novalis (1772–1801), 1808 Salinendirektor in Dürrenberg, 1816 Oberbergrat und vortragender Rat im Oberbergamt in Halle, 1819 Vizeberghauptmann und Geheimer Regierungsrat, in Folge der Karlsbader Beschlüsse am 18. November 1819 außerordentlicher Regierungsbevollmächtigter an der Universität Halle, 1828 auf eigenen Wunsch Versetzung in den Ruhestand, Dr. iur. und Dr. phil. h.c., Rückkehr nach Roßleben, Erbadministrator der Klosterschule in Roßleben (vgl. HOFFMANN, Pförtner Stammbuch, Nr. 7639, S. 293; SCHRADER, Universität Halle, S. 105); Bruder des Finanzministers von Kurhessen, Friedrich Ludwig von Witzleben (1755–1830), und entfernter Verwandter des Generaladjutanten des preußischen Königs Friedrich Wilhelm III., Karl Ernst Job Wilhelm von Witzleben (1783–1837).

[6] Vgl. Nr. 152.

[7] Gottlob Israel (1762–1836) und Friederica Wilhelmina Ranke, geb. Lehmicke (1776–1836).

[8] Fanny Pollau (1804–1867), Verlobte Ferdinand Rankes.

Ferdinand hat das Examen gut gemacht und bei der Durchreise in Berlin die Hoffnung bekommen, in Torgau oder in Zeitz an der Schule angestellt zu werden.
Wilhelm[9] ist vor Pfingsten acht Tage hier gewesen.[10] Er trug einen deutschen Rock; er sagte, daß er an der Burschenschaft Antheil genommen,[11] jedoch entfernt und ohne etwas fürchten zu dürfen, und war guter Dinge. So wie er nach Halle zurückgekommen, hat er das consilium abeundi bekommen und studiert nun in Berlin. Vom Consilium[12] weiß der Vater nichts. Diesen Brief bringt Dir Schmeling[13]. Es ist die erste grade Communication zwischen uns.[14] Hengstenberg[15] ist nicht bei mir gewesen. Wie sehr wünschte ich, mit Schmeling nach Schwerz[16] und Coburg, nach Bamberg und Nürnberg wandern zu können.
Du wirst erfahren haben, daß nach der Anstellung des Herrn von Kamptz[17] im geistlichen Ministerium hier allem, was Demagog heißt, der Vertilgungskrieg gemacht werden zu sollen scheint.

[9] Wilhelm Ranke (1804–1871), Bruder Leopold und Heinrich Rankes.
[10] Vgl. Nr. 201 und Nr. 203.
[11] Er war seit 1822 Mitglied der Quellengesellschaft in Halle.
[12] Vgl. Nr. 203.
[13] Otto Ludwig Wilhelm von Schmeling (1788–1844), preußischer Major.
[14] In Sinne: nicht der Zensur unterworfener Weg.
[15] Wilhelm Hengstenberg (1804–1880), Student der Theologie in Erlangen.
[16] Ort im heutigen Saalekreis, etwa 10 Kilometer nordwestlich von Halle.
[17] Carl Albert Christoph von Kamptz (1769–1849), Sohn von Christoph Albrecht von Kamptz (1741–1816), Erbherr auf Dratow sowie Oberkammerherr, Minister- und Kammerpräsident im Herzogtum Mecklenburg-Strelitz, und Louise Friderike von Kamptz, geb. von Dorne (1751–1800), sowie Neffe von Kaspar Friedrich (ab 1834: Freiherr) von Schuckmann (1755–1834), der von 1814 bis 1834 als preußischer Minister des Innern wirkte; 1787 Studium der Rechts- und der Staatswissenschaften in Bützow, 1788 in Göttingen, 1790 Assessor in der Justizkanzlei in Neustrelitz, 1792 Kanzleirat, 1793 Referendar im Geheimen Rats- und Regierungskollegium und weltlicher Direktor der Schulkommission, 1794 Abschied aus dem Staatsdienst, 1798 ritterschaftlicher Assessor am Mecklenburgischen Hof- und Landgericht in Güstrow, 1802 zugleich ritterschaftlicher Assessor am Tribunal in Wismar, 1802 Hochzeit mit Hedwig von Bülow (1783–1847), Tochter von Friedrich Christian von Bülow auf Prützen (1754–1840) und Hedwig Heilwig von Bülow auf Prützen, geb. von Behr (* 1759), 1804 Übertritt in preußische Dienste, 1805 kurbrandenburgischer Assessor am Reichskammergericht in Wetzlar, 1806 Kammerherr, 1810 Mitglied des Oberappellationssenats des Kammergerichts in Berlin, 1812 Wechsel in das Ministerium des Inneren, das seinem Onkel unterstand, Vortragender Rat im Departement der Höheren und Sicherheitspolizei, 1817 Mitglied des Staatsrats, Wirklicher Geheimer Regierungsrat, 1817–1824 Direktor im Polizei-Ministerium, 1819 Mitglied der Ministerialkommission zur Untersuchung „demagogischer Umtriebe", 1822 zugleich Erster Direktor der Unterrichts-Abteilung im Ministerium der Geistlichen, Unterrichts- und Medizinal-Angelegenheiten, 1824 Wirklicher Geheimer Rat mit dem Prädikat Excellenz, Direktor im Justiz-Ministerium, Vorsitzender der Justiz-Abteilung im Staatsrat, 1832 Minister für die Gesetz-Revision, 1842 Ruhestand.

Lieber Bruder, Gott gebe euch Muth und aushaltende Kraft! Mir geht es ganz wohl. Hab' ich Dir denn schon von dem Berge geschrieben, wo ich wohne?[18] Laß Dir das von Schmeling erzählen. Jetzt schreibe ich in der alten Stube. Wir sind aus einer Predigt von Muzel[19] gekommen. Ferdinand sitzt hinter mir an dem Tisch. (Es macht ihm zu viel Schmerz, wenn er an Dich schreiben soll, ehe er etwas von eurer Meinung hört.) Es ist Sonntag um 11 Uhr. Dann pflegtest Du sonst zuweilen zu kommen. Grüße Raumers[20], Schuberts[21] und Selma[22].

Dein getreuer Bruder
Leopold.

[18] Vgl. Nr. 200.

[19] Philipp Ludwig Muzel (1756–1831), Konsistorialrat in Frankfurt an der Oder.

[20] Karl Ludwig Georg von Raumer (1783–1865), ehemaliger Professor, wie Heinrich Ranke Lehrer an der Bildungsanstalt des Erziehervereins in Nürnberg, und seine Ehefrau Friederike Raumer, geb. Reichardt (1790–1869).

[21] Gotthilf Heinrich Schubert (1780–1860), Professor für allgemeine Naturgeschichte und Mineralogie in Erlangen, und Julie Schubert, geb. Steuernagel (1788–1880).

[22] Selma Schubert (1806–1878), Tochter von Gotthilf Heinrich Schubert, Professor für allgemeine Naturgeschichte und Mineralogie in Erlangen.

Nr. 209

Heinrich Ranke[1] an Leopold Ranke

V: GStA PK VI. HA Nl Hoeft Nr. 37 Kart. 2 (Typoskript)
TD: Fuchs, Heinrich Ranke, S. 168–169

N⟨ürn⟩b⟨er⟩g⟨,⟩ den 23sten Jun⟨i 18⟩24.

Mein Leopold,

Mit wahrer Bekümmerniß schreibe ich dießmal an Dich — unser Jonas[2] ist entflohen — vielleicht ist er bei Dir. Unser Jonas, aber ein innig geliebter Jonas, und ich wünschte wohl, daß ihn ein Ungewitter träf, aber nur ein solches, daß er hieher ans Land käm. Alles andere Unwetter möge bei ihm vorüberzihen!

Lieber, lieber Leopold, Du weißt ja alles von uns — und ich füge zu dem Allen noch dieses: Und nicht mit einem armen Wörtlein hat er uns getröstet, noch auch nur Nachricht gegeben. Wir haben es durch dritte und kalte Hände erfahren müssen.

Vergangenen Sonnabend Abend gegen 6 Uhr kam sein Brief, worin er schrieb, daß er uns nichts schrib, an Schubert[3] in Erlangen habe er Einiges. Die Mutter Raumer[4] bestellte schnell einen Einspänner für mich nach Erlangen — ich hatte gerade Brustschmerzen und konnte nicht zu Fuß hingehn. Als ich mich einsetzte, so stiegen beide lieben Raumer's[5] mit in den Wagen, um noch heut zu erfahren, ob Ferdinand[6] uns verlassen wolle oder nicht. So lieb haben sie ihn. Gegen 9 Uhr Abends kamen wir dort an; Schubert war nicht zu Hause; wir erfuhren (durch die Tante[7]) von Ferdinand einen ziemlich günstigen Bericht, der uns seine baldige Ankunft

[1] Heinrich Ranke (1798–1876), Bruder Leopold Rankes, Lehrer an der Bildungsanstalt des Erziehervereins in Nürnberg.

[2] Ferdinand Ranke (1802–1876), Bruder von Leopold und Heinrich Ranke; der Prophet Jona entzog sich einem Befehl Gottes durch Flucht auf ein Schiff, über das ein Unwetter hereinbricht (Jona 1); auch Ferdinand Ranke, der sich gegen eine Tätigkeit an der Bildungsanstalt des Erziehervereins in Nürnberg entschieden hatte, war aus der Sicht seines Bruders Heinrich vor seiner göttlichen Bestimmung geflohen.

[3] Gotthilf Heinrich Schubert (1780–1860), Professor für allgemeine Naturgeschichte und Mineralogie in Erlangen, späterer Schwiegervater Heinrich Rankes.

[4] Friederike von Raumer, geb. Reichardt (1790–1869), Ehefrau von Karl Ludwig Georg Raumer.

[5] Karl Ludwig Georg von Raumer (1783–1865), ehemaliger Professor, wie Heinrich Ranke Lehrer an der Bildungsanstalt des Erziehervereins in Nürnberg, und seine Ehefrau Friederike Raumer, geb. Reichardt.

[6] Ferdinand Ranke.

[7] Eventuell gemeint: die Schwester von Gotthilf Heinrich Schubert und Tante von Selma Schubert, Johanne Fröhnel, geb. Schubert, deren Ehemann Gottlob August Fröhnel († 1812) als Arzt in Hohenstein, dem Geburtsort von Gotthilf Heinrich Schubert, gewirkt hatte.

hoffen ließ – und nun fuhren Raumer's noch in derselben Nacht ohne mich nach Nürnberg zurück. – – – –

Als mir Schubert erzählte, daß Ferdinand in Furcht vor dem demagogischen Gerücht[8] weggeblieben sei und sich nun seinen Rath erbitte, so hatte ich noch immer die allerbeste Hoffnung. Denn durch die neue⟨,⟩ strenge Untersuchung mußte jeder unschuldig verfolgte – wie ich und Raumer – nothwendig auch als unschuldig vor den Behörden erscheinen. Die Mitglieder des vorigen Vereins[9] sind nun schon auseinander[10]; das alte Institut besteht schon nicht mehr. Das neue bilden Raumer, ich und einige junge ganz unangefochtene und unanfechtbare Freunde[11]. Noch in voriger Woche war ein sehr angesehener Mann aus München bei uns, der nach seinen Verhältnissen von den demagogischen Untersuchungen auf das Genaueste unterrichtet ist.[12] Er versicherte uns, daß [a]wir[a] als unschuldig erkannt

[a–a] In der Vorlage unterstrichen.

[8] Einige Lehrer der Schule wurden offenbar der „Demagogie" verdächtigt; tatsächlich verfügten einige Angehörige des Lehrkörpers der Bildungsanstalt des Erziehervereins über enge persönliche Beziehungen zu den führenden Persönlichkeiten sowohl der Turnerschaft als auch der burschenschaftlichen Bewegung: Georg Friedrich Christoph Dittmar (1795–1817), der Bruder des Leiters der Bildungsanstalt des Erziehervereins, Johann Christian Gottlob Heinrich Dittmar (1792–1866), sowie Johann Valentin Strebel waren Mitglieder der Burschenschaft der Bubenreuther, der auch Carl Ludwig Sand angehörte; außerdem wirkten Hans Ferdinand Maßmann, einer der Organisatoren der Bücherverbrennung auf der Wartburg, Philipp Karl Eduard Wackernagel, der Lieblingsschüler Friedrich Ludwig Jahns am Gymnasium zum Grauen Kloster und spätere Schwager Strebels, sowie Eduard Wesselhöft, der Bruder von Robert und Wilhelm Wesselhöft, den Mitbegründern der Urburschenschaft in Jena, zeitweise als Lehrer an der Bildungsanstalt des Erziehervereins in Nürnberg (vgl. Nr. 142, Anm. 3; Nr. 144, Anm. 8; Nr. 153, Anm. 8 und Nr. 197, Anm. 24).

[9] Johann Christian Gottlob Heinrich Dittmar (1792–1866), Joseph Gersbach (1787–1830), Johann Georg Grosch (1796–1862), Friedrich Benedict Wilhelm Hermann (1795–1868), Johann Jacob Kirchner (1796–1837), Georg Wolfgang Karl Lochner (1798–1882), Dr. Karl Michael Marx (1794–1864) und Leonhard Steinlein (1794–1838) (vgl. Nr. 126, Anm. 18).

[10] Vgl. Nr. 197.

[11] Nicht ermittelt

[12] Wohl Christian Heinrich Clemens Wurm (1771–1835), Sohn von Johann Christoph Wurm, Sekretär der Kanzlei des Ritterkantons Altmühl in Ansbach, und Anna Theresia Wurm, geb. Mayer, Tochter von Friedrich Johann Mayer, Kapellmeister des Markgrafen von Ansbach; 1789 Studium der Rechte in Erlangen, 1795 Regierungs- und Konsistorialsekretär in Ansbach, 1800 Erster Assessor der Polizeikommission Fürth, April 1806 auf eigene Bitte Entlassung aus dem preußischen Staatsdienst, Mai 1806 Eintritt in den bayerischen Staatsdienst, Erster Assessor, Juni 1806 Direktor der Polizeikommission in Fürth, September 1806 Direktor der Polizeikommission in Nürnberg, 1809 Hochzeit mit Maria Regina von Buckingham (1785–nach 1820), Tochter von Felix Samuel von Buckingham (1756–1831), bayerischer Leutnant, später Kreisforstrat in Neuburg an der Donau, September 1818 Ernennung zum Rat bei der Regierung des Regenkreises in Regensburg, auf eigenen Wunsch vom Antritt der Stelle entbunden und pensioniert, November 1818 Übersiedlung nach München (vgl. Gerhard Hirschmann: Die Ära Wurm in Nürnberg 1806–1818, in: Mitteilungen des Vereins für Geschichte der Stadt Nürnberg 45 (1958), S. 277–305); Wurm hatte zusammen mit dem Präsidenten der Regierung des Rezatkreises, Graf Drechsel, die Gründung der Bildungsanstalt des Erziehervereins unterstützt (vgl. Nr. 126).

wären und bestätigte so die Nachricht des Ministerialrath Roth[13], die er seinem hiesigen Bruder[14] gegeben. Er freue sich, daß von den Mitgliedern des Erziehervereins[15] hiebei keine Rede sei.

Vor wenigen Tagen bekam ich ein großes Schreiben vom Consistorium[16] „im Namen des Königs[17]“, worin mir die Erklärung des N⟨euen⟩ Testaments in der obersten Klasse des hiesigen Gymnasiums anvertrauet wird. Niethammer[18] hat sich gegen mich und Raumer auf das Allerfreundlichste benommen; er hat bei Schuberts gesagt, daß ich unter allen den 50 Candidaten, die er dieses Jahr mit examinirt, der beste gewesen sei. Er ist Oberconsistorialrath zu München und bedeutet hier im Lande etwas. — —

Ich muß mich hier, wie Paulus[19] sagt⟨,⟩ „Fleisches“ rühmen[20] wider die philiströsen Leute, die nur immer über uns schreien.

Sehr merkwürdig war es mit jenem vornehmen Münchner. Er kam⟨,⟩ um seinen Sohn[21] — einen sehr verzweifelten Burschen — auf dessen Bitten

[13] Carl Johann Friedrich (ab 1831: von) Roth (1780–1852), Sohn von Christoph Friedrich Roth (1751–1831), Professor am Gymnasium in Stuttgart, und Christine Wilhelmine Roth, geb. Hochstetter (1751–1823), 1797 Studium der Rechte in Tübingen, 1801 Dr. iur. utr., 1802 Rechtskonsulent in Nürnberg, 1803–1805 Gesandter der Reichsstadt Nürnberg am Immerwährenden Reichstag, in Paris, Wien und Berlin, 1806 Eintritt in bayerische Dienste, Finanzrat bei der Regierung des Pegnitzkreises in Nürnberg, 1809 Hochzeit mit Katharina Merkel (1792–1842), Tochter von Paul Wolfgang Merkel (1756–1820), Marktvorsteher und Mitglied des Größeren Rat in Nürnberg, 1810 Oberfinanzrat im Ministerialdepartement, 1817 Ministerialrat im Ministerium der Finanzen, 1818 Aufnahme in die Akademie der Wissenschaften in München, 1828 Präsident des Oberkonsistoriums in München und Mitglied der Kammer der Reichsräte, 1835–1850 Schriftleiter des Gelehrten Anzeigers der Akademie der Wissenschaften in München, April 1848 Entlassung als Präsident des Oberkonsistoriums, danach Berufung in den Staatsrat, 1850 Ruhestand auf eigenen Wunsch; Herausgeber der Schriften von Friedrich Heinrich Jacobi und Johann Georg Hamann.

[14] Carl Ludwig Roth (1790–1868), Rektor des städtischen Gymnasiums in Nürnberg.

[15] Vgl. Anm. 9.

[16] Nicht ermittelt.

[17] Maximilian I. Joseph (1756–1825), Sohn von Friedrich Michael Herzog von Pfalz-Birkenfeld-Zweibrücken (1724–1767) und Maria Franziska Dorothea Herzogin von Pfalz-Birkenfeld-Zweibrücken, geb. Prinzessin von Pfalz-Sulzbach (1724–1794), 1785 Hochzeit mit Auguste Wilhelmine Maria Prinzessin von Hessen-Darmstadt (1765–1796), Tochter von Georg Wilhelm Prinz von Hessen-Darmstadt (1722–1782) und Marie Luise Albertine Prinzessin von Hessen-Darmstadt, geb. Gräfin von Leiningen-Dagsburg-Heidesheim (1729–1818), 1795 Herzog von Pfalz-Birkenfeld-Zweibrücken, 1797 Hochzeit mit Prinzessin Caroline Friederike Wilhelmine von Baden (1776–1841), Tochter von Karl Ludwig Erbprinz von Baden und Amalie Friederike Prinzessin von Baden, geb. Prinzessin von Hessen-Darmstadt, 1799 Kurfürst von Kurpfalz-Bayern, 1806 König von Bayern.

[18] Friedrich Immanuel Niethammer (1766–1848), Zentralschul- und Oberkirchenrat sowie Oberkonsistorialrat in München.

[19] Paulus von Tarsus († um 65 n. Chr.), Apostel.

[20] 2. Korinther 11,18.

[21] August Richard Wurm (1816–1887), Sohn von Christian Heinrich Clemens Wurm, „Zögling“ der Bildungsanstalt des Erziehervereins in Nürnberg; er hatte Heinrich Ranke bei seiner Ankunft in Nürnberg am 6. April 1823 begrüßt (vgl. Nr. 148).

von uns zu nehmen. Er trug dieß heute weit und breit vor⟨,⟩ wo er ihn nun hinthun wolle und wie dort alles für diesen Knaben so sehr passend sei. — Wir hatten dieß alles schon vor seiner Ankunft gewußt, er hatte lange vorher, gleich nach Dittmars[22] Abgang[23], aufgekündigt. Am andern Tage kam er wieder — und übergab uns den Jungen ganz und gar. Eben so ist es mit einer Münchnerin[24]⟨,⟩ die anstatt ihren ersten Sohn[25] wegzunehmen⟨,⟩ nun auch den zweiten[26] zu uns thut und den ganzen Sommer hier bei uns bleiben will. So auch mit einem Schwabacher[27], der vor einem Vierteljahre für seine beiden Söhne[28], gleich nach Dittmars Abgang, aufkündigte und nun gebeten hat, wir sollten sie doch noch behalten, sehr geneigt auch seine beiden kleineren Söhne[29] noch zu uns zu bringen. Eine adliche Frau aus Nürnberg[30], die, nach Dittmars Abgang, über meinen Religionsunter-

[22] Johann Christian Gottlob Heinrich Dittmar (1792–1866), Leiter der Bildungsanstalt des Erziehervereins in Nürnberg.

[23] Vgl. Nr. 197.

[24] Nicht ermittelt.

[25] Nicht ermittelt.

[26] Nicht ermittelt.

[27] Georg Friedrich Beckh (1784–1868), Sohn von David Friedrich Beckh (1755–1828), Drahtfabrikant in Schwabach, und Barbara Kunigunde Beckh, geb. Kolb (1751–1813), Kaufmann und Gold- und Silberdrahtfabrikant in Schwabach, 1810 Hochzeit mit Jeanette Elisabetha Hüttlinger (1788–1872), Tochter von Johann Leonhard Hüttlinger (1752–1822), Kaufmann und Eisendrahtfabrikant in Schwabach, und Kunigunde Hüttlinger, geb. Steinberger (1756–1825), 1826–1828 Mitglied der Kammer der Abgeordneten des bayerischen Landtags in München (zu Georg Friedrich Beckh und seinen im Folgenden genannten Söhnen vgl. Hermann Beckh: Die Nachkommen des David Friedrich Beckh. Kaufmann in Schwabach [1755–1828]. Nürnberg 1951).

[28] Adolph Beckh (1811–1868), später Kaufmann und Inhaber der Manufacturwaren-Handlung „Beckh und Köhler“ in Nürnberg, 1837 Hochzeit mit Fanny Farber (1818–1840), 1845 Hochzeit mit Karoline Zahn (1818–1858), Tochter von Georg Albrecht Benedikt Zahn, Großhändler und Marktvorsteher, und Susanna Maria Zahn, geb. Morhard, 1862 Hochzeit mit Henriette Vogtherr (1826–1908), Tochter von Christian Vogtherr, Kaufmann in Bamberg;
Hermann Beckh (1813–1874), später Dr. phil., Teilhaber der von seinem Urgroßvater Georg Adam Beckh (1700–1747) gegründeten leonischen Gold- und Silberdrahtfabrik „Georg Adam Beckh“, Gutsbesitzer und im Vorstand des Trägervereins der von Heinrich Ranke und Karl Ludwig Georg von Raumer gegründeten Erziehungs-Anstalt für arme und verwahrloste Knaben in Nürnberg, 1841 Hochzeit mit Julie Vorbrugg (1823–1878), Tochter von Johann Michael Vorbrugg, Erster Pfarrer an der Heilig-Geist-Kirche in Nürnberg, und Anna Christina Vorbrugg, geb. Braun.

[29] Edmund Beckh (1815–1898), später Bezirksgerichtsrat in Ansbach, Bamberg und Fürth, 1850 Hochzeit mit Katharina von der Mark (1831–1884), Tochter von Heinrich von der Mark (1782–1865), bayerischer Generalleutnant, 1848 als Verweser Leiter des bayerischen Kriegsministeriums, 1849 Kommandeur der 2. Kavallerie-Divison in Ansbach;
Christian Beckh (1816–1837), später Kaufmann in Schwabach.

[30] Wohl Friederike von Schaden, verw. Appenburg, geb. Zehler († nach 1852), Tochter von Friedrich Zehler (1746–1814), hohenlohischer Amtmann und Hofrat, bayerischer Kreiskommissar, und Anna Juliane Sophia Zehler (1744–1827), erste Ehe mit Johann Bernhard Appenburg, einem preußischer Hauptmann und Regimentsquartiermeister, zweite Ehe mit

richt geschimpft hatte, sagte mir vor einigen Tagen⟨,⟩ sie freue sich jetzt sehr darüber, die Kinder machten jetzt offenbar mehr Fortschritte; blos um dieses Sohnes[31] willen wird sie hier bleiben und nicht nach München zu ihren Kindern[32] ziehen. –
Alle diese Leute habe ich auch auf Ferdinands Ankunft getröstet. Nach ihm fragen sie immer zu allererst. – Sie sagen, es sei offenbarer Beistand Gottes, daß wir bei unsrer Arbeit so munter bleiben. –
Die ganze Anstalt wartet seit Ostern auf Ferdinand. Nun kommt diese Nachricht. Übermorgen ist der Geburtstag unsrer lieben Mutter Raumer. Von Berlin wurde ihr heute geschrieben, diese Nachricht von Ferdinand würde ihr den Tag wohl ganz trüben. Gott werde uns stärken. – Wir haben in den letzten Zeiten ganz besonders erfahren, daß das Auge des Herrn über uns wacht. In diesem Glauben bleibt der Geist get⟨r⟩ost, obgleich die Trauer den Leib schwächt. Als wir Blanc's[33] Brief bekamen, so ging ich in mein Kämmerlein und wollte beten für die Anstalt. Ich konnte nicht und mußte für Ferdinand beten. Ich sehe durch seine neue Verwandtschaft[34]

Joseph Udalrich Johann von Schaden (1755–1814), Oetting-Wallersteinischer Hof- und Regierungsrat, 1808 Rat am Oberappellationsgericht in München, Gründer der Zeitung „Der Korrespondent von und für Deutschland" (vgl. D. G. Thomasius: Rede am Grabe des Herrn Emil August von Schaden, Doctors und ordentlichen Professors der Philosophie an der Universität Erlangen, gehalten am 15. Julius 1852. Erlangen ⟨1852⟩; Heinrich W. J. Thiersch (Hg.): Erinnerungen an Emil August von Schaden. Frankfurt am Main / Erlangen 1853).

[31] Emil August von Schaden (1814–1852), Sohn von Joseph Udalrich Johann von Schaden (1755–1814), Oberappellationsgerichtsrat in München, und Friederike von Schaden, verw. Appenburg, geb. Zehler († nach 1852), 1822 Bildungsanstalt des Erziehervereins, 1824 Gymnasium in Nürnberg, 1834 Studium der Rechte sowie der Philosophie, Philologie und Geschichte in München, unter anderem bei Schelling, Thiersch und Görres, Freundschaft mit Heinrich Puchta, Herbst 1835 Philosophisches Examen in Erlangen, Studium in Berlin, unter anderem bei Savigny, Steffens und Ranke, Herbst 1836 in München, 1839 Dr. phil., Privatdozent in Erlangen, Hochzeit mit Karoline Auguste Christiane Thiersch (1821–1880), Tochter von Friedrich Wilhelm Thiersch (1784–1860), des Bruders von Leopold Rankes Mitschüler auf der Landesschule in Pforta, Johann Bernhard Thiersch (1793–1855), 1845 Reise nach Italien, 1846 außerordentlicher Professor, 1849 ordentlicher Professor der Philosophie in Erlangen.

[32] Marianne von Schaden (∗ 1791), 1818 Hochzeit mit Joseph Hartmann Stuntz (1793–1859), 1823 Hofkapellmeister, 1824 zugleich Direktor der Hofoper in München, Sohn von Johann Baptist Stuntz (1753–1836/1847), Landschaftsmaler und Graphiker in Biel, Straßburg und ab 1808 in München, wo er die erste litographische Druckerei errichtete; und Luise von Schaden, 1820 Verlobung, später Hochzeit mit Karl Kleinschrod (1789–1869), Sohn von Alois Gallus Kaspar Kleinschrod (1762–1824), Professor der Institutionen des römischen Rechts und des peinlichen Rechts, 1806 Prorektor der Universität in Würzburg, und Josepha Kleinschrod (1764-1810), 1824 Oberberg- und Salienrat in München sowie Inspektor der Prozellanmanufaktur in Nymphenburg, 1832 Mininisterialrat im Innenministerium, 1835 im Finanzministerium, 1848 im Ministerium für Handel und öffentliche Aufgaben in München (vgl. Schärl, Beamtenschaft, Nr. 257, S. 185).

[33] Ludwig Gottfried Blanc (1781–1866), Professor der südeuropäischen Sprachen und ihrer Literaturen, zugleich Domprediger in Halle.

[34] Ferdinand Ranke war mit Fanny Pollau verlobt.

eine große Gefahr für ihn.[35] — Ach⟨,⟩ wie lieblich waren meine Träume — wie wollte ich mit Ferdinand arbeiten — und mich freuen! —

Vielleicht, wenn Du diesen Brief erhäl⟨t⟩st, hat er schon eine Stelle in Torgau[36], wie er schon nach Berlin abgereist war⟨,⟩ als Schubert[37], Selma[38] und ich an ihn und die Eltern schrieben. — Ich muß Dir dennoch gestehen, ich hoffe immer noch auf Ferdinands Ankunft. Lieber Leopold, Du kannst uns hier einen großen Liebesdienst erweisen. Mache Ferdinand sein ganzes Verhältniß, und, wenn er gefehlt hat, seinen ganzen Fehltritt klar. Sage ihm, daß ich ihn von ganzem Herzen liebe. Ich wollte sogleich zur Post nach Frankfurt eilen, aber die Mutter Raumer sagt, dieß sei allzu gewaltsam. Wir wollen die Frucht der Briefe von Schubert und Selma abwarten. — Sollte Ferdinand sich entschließen, so wollten wir Dir, lieber Leopold, die Kosten seiner Reise bald ersetzen. —

Es ist so gar schwer und so gar heilich, daß Brüder einträchtig bei einander wohnen[39] — oder daß so einträchtige Brüder zusammen wohnen und arbeiten an [b]Einem[b] Werk. Denn daselbst verheißt er Segen und Leben immer und ewiglich. Darum hat der Teufel einen großen Zorn und entzweit, wo er kann, einträchtige Brüder, dann ist der schöne Segen verloren. —

Schubert sagte, er fürchte, daß sich bei Ferdinand etwas Fleischliches eingemischt habe. Prüfet doch alles[40] als liebe treue Brüder und gedenket dabei an den sehnlich wartenden Heinrich.

Lieber Leopold, gieb mir doch über den Stand der Dinge [c]sogleich[c] Nachricht. Grüße die geliebten zwei[41], — ich denke ihrer mit großer Liebe, Freude, Dankbarkeit und Hoffnung. Grüße meinen lieben Ferdinand. Ach⟨,⟩ welche Freude, wenn ihn Gott dennoch zu uns führte! — Sein Wille geschehe![42] Amen.

b–b In der Vorlage unterstrichen.
c–c In der Vorlage unterstrichen.

[35] Vgl. Nr. 212, Nr. 214–216.
[36] Vgl. Nr. 206, Nr. 209, Nr. 210 und Nr. 212.
[37] Gotthilf Heinrich Schubert (1780–1860), Professor für allgemeine Naturgeschichte und Mineralogie in Erlangen, späterer Schwiegervater Heinrich Rankes.
[38] Selma Schubert (1806–1878), Tochter von Gotthilf Heinrich Schubert, Professor für allgemeine Naturgeschichte und Mineralogie in Erlangen.
[39] Psalm 133,1 (vgl. Nr. 82).
[40] 1. Thessalonicher 5,21.
[41] Friederike Wilhelmine Ahlemann, geb. Schultze (1772–1843), Direktorin einer höheren Bildungsanstalt für Mädchen in Frankfurt an der Oder, und Caroline Beer (1791–1851), Vertraute Leopold Rankes in Frankfurt an der Oder.
[42] Anspielung auf das Vaterunser (vgl. Lukas 11,2).

Raumer sagt, ich möchte Dir auch das bemerken, daß er gleich nach Ostern an Ferdinand geschrieben, er möge doch eilen, da ich seine Stunden übernommen zu meiner Menge und an der Brust leide. Hierauf hat Ferdinand nie geantwortet. – Ich halte es für höchst wichtig, daß Ferdinand (wenn er auch – wie es Gottes Wille zu sein scheint – nicht zu uns kommt) seine Schuld einsieht.
Ich thue das nehmlich nur aus Liebe zu seinem Heil. –

Dein getreuer Heinrich.

Raumers vertrauen fest auf Dich, lieber Leopold.

Nr. 210

Leopold Ranke an Heinrich Ranke[1]

V: L. v. RANKE, Zur eigenen Lebensgeschichte, S. 130–132 (Druck)

[Frankfurt a. O.⟨,⟩ Ende Juni 1824.]

Lieber Heinrich!

Das ist nun das zweite mal, daß die öffentlichen Verhältnisse zwischen uns Brüder treten.[2] Lieber Heinrich, ich fühle ganz Deinen lauten Schmerz; ich fühle ihn tief in Deiner Seele. Du hieltest ihn[3] für den Gefährten Deines Lebens: nun kann ers nicht werden; Du hieltest ihn für eine Stütze der Anstalt, die Du liebst: nun ist sie gefährdet. Schöne Hoffnungen verschwinden; schöne Hoffnungen auf Liebe, Zusammensein und christliches Leben. Aber höre erst hier alles, ehe Du diese Sache vor Gottes Gericht ziehst; bedenke auch ihn.

Alles liegt in der Erklärung des Universitätsbevollmächtigten[4], der ihm nicht allein widerrathen hat⟨,⟩ nach Nürnberg zu gehen (wie er geschrieben, um Dich zu schonen), sondern der ihm (wie ich auch in dem Brief[5] melde, den Schmeling[6] Dir entweder gebracht hat oder bringen wird) mit dürren Worten gesagt hat: „er könne auf eine Anstellung im Preußischen weiter nicht rechnen, wenn er nach Nürnberg gehe.“

Nun bedenke, wenn wir uns nicht täuschen wollen, daß ohne Frage die Eltern[7] auf diese Erklärung es nun und nimmermehr billigen können, wenn er geht; daß er seiner Fanny[8] allerdings verpflichtet ist; daß eure Anstalt alle Tage aufgehoben werden kann und keineswegs eine feste Sicherheit gewährt; daß, wird sie aufgehoben, Raumer[9] Professor, Du im Baierschen oder Preußischen Prediger, Ferdinand aber weder im Baierschen, wo, wie

[1] Heinrich Ranke (1798–1876), Bruder Leopold Rankes, Lehrer an der Bildungsanstalt des Erziehervereins in Nürnberg.

[2] Im Zusammenhang mit der Demagogenverfolgung war Heinrich Ranke eine feste Anstellung am Friedrichs-Gymnasium in Frankfurt an der Oder sowie die Aufnahme in das Wittenberger Predigerseminar verwehrt worden (vgl. F. H. RANKE, Jugenderinnerungen, S. 204 und S. 217).

[3] Ferdinand Ranke (1802–1876), Bruder Leopold und Heinrich Rankes.

[4] Georg Hartmann von Witzleben (1766–1841), Regierungsbevollmächtigter an der Universität Halle.

[5] Nr. 208.

[6] Otto Ludwig Wilhelm von Schmeling (1788–1844), preußischer Major.

[7] Gottlob Israel (1762–1836) und Friederica Wilhelmina Ranke, geb. Lehmicke (1776–1836).

[8] Fanny Pollau (1804–1867), Verlobte Ferdinand Rankes.

[9] Karl Ludwig Georg von Raumer (1783–1865), ehemaliger Professor, wie Heinrich Ranke Lehrer an der Bildungsanstalt des Erziehervereins in Nürnberg.

mir Thiersch[10] geschrieben,[11] keine Ausländer angestellt werden können, da es eine Überzahl Inländer zum Schuldienst giebt, noch im Preußischen angestellt werden kann und nothwendig zum Flüchtling werden muß.

Das Wichtigste habe ich noch nicht gesagt. Wäre Ferdinand entschieden eurer Meinung, wäre er von einer Idee ergriffen, die ihn innerlich nöthigte⟨,⟩ sich euch anzuschließen, suchte er etwas dem ähnliches, was ihr sucht, so würde ich billigen, wenn er Braut, Hoffnungen, Eltern vergäße, dem innerlichen Gott nachlebte und sich sozusagen auf Leben und Sterben mit euch vereinigte.

Doch wenn Du glaubst, so sei es, so irrst Du Dich. Gestern, als wir vor einem Kirschberg saßen, fragte ich ihn: was hieltest Du für Deinen glücklichsten Zustand? „Wenn ich in Torgau Subrektor würde, Fannyn heirathete, etwas Ordentliches lehrte und bei den Schülern Liebe hätte." Das ist das Maß seiner genügsamen und nicht nach dem zu Hohen, wie wir, strebenden Seele. Dies sagte er, ehe wir etwas von Deinem Briefe[12] erfahren.

Mein herzlich und wahrhaft geliebter Bruder bist Du. Es wäre aber räthlicher, daß ich mich auf immer an euch anschlösse, als daß Ferdinand. Ihr seid in wahrer Noth, ihr habt ihn erwartet, ihr bedürft ihn; und dies ist es auch, worauf ihr dringt. Du selbst, Heinrich, leidest an der Brust.

Es wäre doch möglich, daß der Curator[13] sich irrte. In dieser Meinung sind wir beide darauf gefallen, bei Kamptz[14] anzufragen, ob es wahr sei, was jener gesagt, und um die Erlaubniß dringend anzuhalten, daß er unbeschadet seiner Aussichten zu euch kommen dürfe.

Der Brief ist heute noch geschrieben. Geduldet euch nur eine kleine Weile, bis die Antwort kommt. Einen besseren Rath, der diese Sache besser schlichtete, habe ich nicht auffinden können.

Wird ihm dies gestattet, so werde es nun mit Torgau[15] und Zeitz[16], wie es wolle — wir denken, hier wird man ja ein wenig warten können –, dann wird er zu Dir eilen, um euch einige Hülfe, einigen Trost zu gewähren. Vielleicht, daß euch Gott anders hilft, eh er wieder weggehn muß.

Wer weiß besser, lieber Bruder, als ich, daß Du an Politik, Staat und Regiment nicht denkst, daß Du nichts sein willst als ein ganz christlicher Volks- und Jugendlehrer? (Also seh ich nichts zu Hohes, welcher Tadel auf mich allein fällt.) Wie wird es Dich schmerzen, daß der alte Verdacht Dich im-

[10] Friedrich Wilhelm Thiersch (1784–1860), Leiter des philologischen Seminars und Adjunkt an der Akademie der Wissenschaften in München.

[11] Wohl in dem nicht ermittelten Antwortbrief auf eine diesbezügliche Anfrage Leopold Rankes (Nr. 115).

[12] Nr. 209.

[13] Georg Hartmann von Witzleben.

[14] Carl Albert Christoph von Kamptz (1769–1849), Direktor der Unterrichts-Abteilung im Ministerium der Geistlichen, Unterrichts- und Medizinal-Angelegenheiten.

[15] Vgl. Nr. 209, Nr. 212, Nr. 215 und Nr. 216.

[16] Vgl. Nr. 208.

mer wieder in jedem neuen Vornehmen hindert? Mein geliebter Bruder, daß wir so fern sind! daß Du nicht in Deinem Schmerz meine gewiß treue Brust einmal drücken kannst! Könntest Du es wohl noch so wie sonst? Ich zweifle nicht. Gott hat diese Dinge geschickt; ist eure Sache gut, so muß er euch helfen; haltet nur an im Gebet! Was geschehen muß, geschehe! Grüße mir Schubert[17] und Raumer, die ich als ältere Freunde liebe und ehre.

Dein getreuer Bruder [a]Leopold[a].

[a–a]In der Vorlage gesperrt gedruckt.

[17] Gotthilf Heinrich Schubert (1780–1860), Professor für allgemeine Naturgeschichte und Mineralogie in Erlangen, späterer Schwiegervater Heinrich Rankes.

Nr. 211

Gottlob Israel Ranke[1] an Leopold Ranke

V: GStA PK VI. HA Nl Hoeft Nr. 1 (Abschrift)
G: GStA I. HA Rep. 92 L. v. Ranke Nr. 26 (nicht erhalten)

⟨Wiehe, Ende Juni 1824.⟩[a]

Geliebter Leopold,
Du wirst mit uns völlig einverstanden seyn, daß Ferdinand[2] seinen Bruder Heinrich[3] besuchen müße, und die Reise nach Nürnberg durchaus nicht länger verzögern könne. Ich bin auch völlig überzeugt, daß Du ihn gewiß anrathen wirst, die Reise dahin ungesäumt anzutreten, und zu unserer Beruhigung uns baldigst von dem Antritt seiner Reise zu benachrichtigen. Auch verlangt Heinrich, daß Ferdinand ihm nur jetzt ein wenig aushelfen soll, da er sich auf Ferdinanden verlassen hat, und nun⟨,⟩ da er außen geblieben⟨,⟩ dadurch in Noth sich befindet.
Herzliche Grüße von Eltern[4] und Geschwistern[5]. Leb wohl und bleib gesund. Dies der aufrichtige Wunsch Deines Dich innig liebenden

Vaters, Ranke.

[a] Datierung nach Hoeft im Typoskript.

[1] Gottlob Israel Ranke (1762–1836), Vater Leopold Rankes.
[2] Ferdinand Ranke (1802–1876), Bruder Leopold Rankes, Student in Halle.
[3] Heinrich Ranke (1798–1876), Bruder Leopold Rankes, Lehrer an der Bildungsanstalt des Erziehervereins in Nürnberg.
[4] Gottlob Israel und Friederica Wilhelmina Ranke, geb. Lehmicke (1776–1836).
[5] Wohl von den noch in Wiehe lebenden Geschwistern: Johanna (1797–1860) Rosalie (1808–1870) und Ernst Constantin Ranke (1814–1888).

Nr. 212

Leopold Ranke an Heinrich Ranke[1]

V: GStA PK VI. HA Nl Hoeft Nr. 1 (Abschrift)[a]
G: GStA I. HA Rep. 92 L. v. Ranke Nr. 23 (nicht erhalten)
D: L. v. RANKE, Neue Briefe, S. 46–49

Frankf⟨urt a. d. O.⟩, am 30. Juni ⟨1824⟩.[b]

Mein lieber Heinrich,

Erstens Ferdinands[2] Entschuldigung. Der Universitätsbevollmächtigte[3] hat ihm mit kurzen Worten gesagt, daß er im Preußischen nicht wieder angestellt werden würde, wofern er nach Nürnberg ginge. Dieß ist der eigentliche und einzige Grund, daß sein Entschluß zurückgegangen; alles⟨,⟩ was er und was Blanc[4] geschrieben haben, ist ein Nichts und gilt durchaus nicht das Mindeste: Dieß allein entscheidet und hat ihn entschieden. Ferdinand bekennt, daß er Unrecht getan, auch früher nicht und zuletzt nicht ausführlich zu schreiben. Wegen der Bedrängnisse um des Examens willen, wegen der steten innerlichen Beschäftigung mit Fanny[5] müßt ihr ihm dieß verzeihen. Du weißt, wir leiden alle an der Krankheit, daß wir die Briefe verzögern.

Nun die Lage der Sache. Johann Schulze[6] hat für ihn zu sorgen versprochen und er hat nach Torgau geschrieben, ehe er ein Wort mit mir gere-

[a] HOEFT notiert am rechten Rand über der Abschrift: „Ungedruckt. Orig. nicht gefunden.", darunter: „[Original im Besitz von Hermann Ranke]"; am linken Rand findet sich im Hinblick auf das nach der Abschrift erstellte Typoskript der Vermerk: „getippt ⟨unterstrichen⟩ nach dem Original!"; in L. v. RANKE, Neue Briefe, S. 46, Anm. 1 ist vermerkt: „Verglichen nach dem Original von Prof. W. P. Fuchs".

[b] Orts- und Datumsangabe in der Vorlage unter dem Text links.

[1] Heinrich Ranke (1798–1876), Bruder Leopold Rankes, Lehrer an der Bildungsanstalt des Erziehervereins in Nürnberg.

[2] Ferdinand Ranke (1802–1876), Bruder Leopold Rankes, Student in Halle.

[3] Georg Hartmann von Witzleben (1766–1841), Regierungsbevollmächtigter an der Universität Halle.

[4] Ludwig Gottfried Blanc (1781–1866), Professor der südeuropäischen Sprachen und ihrer Literaturen, zugleich Domprediger in Halle, verheiratet mit Charlotte Blanc, geb. Juncker, der Stiefschwester von Fanny Pollau, der Verlobten von Ferdinand Ranke.

[5] Fanny Pollau (1804–1867), Verlobte Ferdinand Rankes.

[6] Johannes Karl Hartwig Schulze (1786–1869), Sohn von Johann Georg Schulze (1760–1796), Elbzollverwalter in Dömnitz, und Hedwig Maria Sophie Schulze, geb. Lantzius (1764–1839), der Tochter des Bürgermeisters von Brüel bei Schwerin; Stadtschule zu Dömnitz, 1800 Domschule in Schwerin, 1802 Pädagogium Kloster Berge bei Magdeburg, 1805 Studium der Theologie und Philologie in Halle, unter anderem bei Friedrich August Wolf und Friedrich Daniel Ernst Schleiermacher, Bekanntschaft unter anderem mit Karl August Varnhagen, Eintritt in die Freimaurer-Loge „Zu den drei Degen" in Halle, nach der Schließung der Universität in Halle, Herbst 1806 Aufenthalt in Berlin, 1807 Studium der Philologie in Leipzig, unter anderem bei Johann Gottfried Jakob Hermann, der ihn in die

det.[7] Auf die Erklärung des Regierungsbevollmächtigten[8] habe ich seinen Entschluß nicht mißbilligen können. Wollen wir die Eltern[9] um Rath fragen, so wird die Mutter vielleicht für Nürnberg, der Vater aber für Torgau sein. Wir haben von Torgau in den 14 Tagen, daß Ferdinand hier ist (18. Juny kam er), keine Antwort bekommen, nur[c] er hat sich verpflichtet, die Stelle anzunehmen. Eltern – Schwiegereltern[10] – die meisten Hiesigen[11], wie gesagt, werden für Torgau seyn. Indeß ist die Stelle nicht ganz nach seinem Wunsch und nicht für ihn geeignet, obwohl er, um Fannys willen und um etwas zu thun, sie anzunehmen entschieden war.
Und nun unser Entschluß. Ferdinand wird nach Berlin reisen und mit Kamptz[12] sprechen. Er wird ihm sagen, was Du vom Ministerialrat

c L. v. Ranke, Neue Briefe, S. 47: „und".

„Societas Graeca" aufnahm, 1808 Dr. phil. bei Christian Daniel Beck, danach Aufenthalt in Dresden, Hauslehrer in Schlesien bei der Gräflich Stoschischen Familie, Herbst 1808 auf Vermittlung von Franz Ludwig Karl Passow, eines anderen Mitglieds der „Societas Graeca", Professor am Gymnasium in Weimar, 1812 Berufung in die Oberschul- und Studienkommission des Großherzogtums Frankfurt durch Karl Theodor Anton Maria Reichsfreiherr von Dalberg zur Gründung eines konfessionsfreien Gymnasiums, 1813 Direktor des Gymnasiums in Hanau, 1815 Hochzeit mit Caroline Böhm, geb. Rößler (1784–1846), 1816 auf Empfehlung von Johann Wilhelm Süvern Eintritt in den preußischen Staatsdienst, Schul- und Konsistorialrat beim Konsistorium und Provinzialschulkollegium in Koblenz, Kontakt zu Joseph Görres, 1817 Ordination als evangelischer Geistlicher, 1817 Mitbegründer der Freimaurer-Loge „Friedrich zur Vaterlandsliebe" in Koblenz, 1818 durch den Freimaurer Johann Albrecht Friedrich von Eichhorn Kontakt zu Carl August Fürst von Hardenberg, Juli 1818 Hilfsarbeiter, November 1818 Geheimer Oberregierungsrat und Vortragender Rat im Ministerium der Geistlichen, Unterrichts- und Medizinal-Angelegenheiten, Referent für das Gymnasialwesen, 1819–1821 Besuch der Abendvorlesungen Hegels, 1826 Mitglied der Militärstudienkommission, 1830 Mitglied des Kuratoriums der Charité, 1831 Mitglied des Direktoriums der Allgemeinen Kriegsschule, 1849 Direktor der Unterrichts-Abteilung im Ministerium der Geistlichen, Unterrichts- und Medizinal-Angelegenheiten, 1852 Wirklicher Geheimer Oberregierungsrat, Ehrenmitglied der Akademie der Wissenschaften in Berlin, 1858 Abschied (vgl. ausführlich Varrentrapp, Johannes Schulze).

7 Johannes Karl Hartwig Schulze wohnte als Student im Sommer 1806 im „Fleischerschen Garten", wo außer ihm auch Nanette Esther Marguerite Pollau, verw. Juncker, geb. Plantier, zusammen mit ihren Töchtern Charlotte und Fanny lebte. Charlotte Juncker heiratete 1816 Gottfried Blanc, dem Schulze bereits zu Studienzeiten „nahe getreten" war, wie es Varrentrapp formuliert (vgl. Varrentrapp, Johannes Schulze, S. 42–43.); Schulze fühlte sich sichtlich dazu verpflichtet, für den zukünftigen Ehemann der ihm persönlich bekannten Fanny Pollau und für den zukünftigen Schwager seines Freundes Blanc zu sorgen.

8 Georg Hartmann von Witzleben.

9 Gottlob Israel (1762–1836) und Friederica Wilhelmina Ranke, geb. Lehmicke (1776–1836).

10 Gemeint wohl die zukünftige Schwiegermutter: Nanette Esther Marguerite Pollau, verw. Juncker, geb. Plantier (1768–1829); der Vater der Verlobten Ferdinand Rankes, Carl Friedrich Wilhelm Pollau (1764–1815), war bereits verstorben.

11 Nicht ermittelt.

12 Carl Albert Christoph von Kamptz (1769–1849), Direktor der Unterrichts-Abteilung im Ministerium der Geistlichen, Unterrichts- und Medizinal-Angelegenheiten.

R[oth][13] und den andern[14] geschrieben hast.[15] Sagt ihm Kamptz, was Witzleben[16], liebster Bruder, so überläßt Du mir zu sagen, was recht ist; nun⟨,⟩ so siehst Du selbst, daß er um der Eltern willen, um seiner Braut willen, nicht kommen kann. Wenn dieß aber Kamptz nicht sagt, sondern ihm erlaubt, nach Nürnberg zu gehen, so ist er für seine Person entschieden, Torgau und Zeitz[17] und was sonst ihm angetragen werden kann, zu verlassen und augenblicklich zu Euch zu kommen, wohin ihn sein Wort und seine Liebe und seine ursprüngliche Neigung rufen. Dann können in dieser verwickelten Sache zwey Fälle eintreten. Entweder kann ihm Torgau abgeschlagen oder angetragen werden. Jenes: — welches das beste wäre, — so giebt es gar kein Hinderniß, und er kommt auf einige Jahre gewiß. Dieses: so ist zu hoffen, daß er wenigstens einige Monate zu Euch kommen kann; doch auf keinen Fall darf und wird er auch dann auf Torgau Rücksicht nehmen, wofern Ihr es nicht vollkommen billiget. Wir müssen nun hier bedenken, daß er in Halle Thränen und Bitten, und wenigstens das Gefühl, man ziehe Torgau vor, zu überwinden haben wird. Und von seiner Braut Abschied nehmen muß er.

Ferdinand würde morgen nach Berlin gereist sein, um mit Kamptz zu sprechen, wofern nicht der Mangel an aller Wäsche, und daß er alsdann doch eine Zeit lang auf eine Hallische Post[18] zu warten haben wird, dies unräthlich machte. Über Hals und Kopf ist an sich nicht gut. Zwey Tage tragen nicht viel aus. Denn Sonnabend erwarte ich aufs späteste eine sichere Nachricht von Torgau, da ich Müllern[19] selbst noch einmal dringend um eine Antwort ersucht habe.[20] Dann ist es für Ferdinand sehr gut, wenn er sie weiß, und mit einem festen Entschluß zu Kamptz und nach Halle[21] könnte. Daß er Euch blos auf 8, 14 Tage besuchen soll, kann ich der Kosten und des Zeitverlustes wegen nicht ganz gut heißen; da er Euch und ihr ihm das Herz nur schwer machen würdet. Sobald er nur[d] eine Erklärung von

[d] In der Vorlage ursprünglich: „nun“.

[13] Carl Johann Friedrich Roth (1780–1852), Ministerialrat im bayerischen Ministerium der Finanzen.

[14] Christian Heinrich Clemens Wurm (1771–1835), ehemaliger Direktor der Polizeikommission in Nürnberg.

[15] Vgl. Nr. 209.

[16] Georg Hartmann von Witzleben.

[17] Vgl. Nr. 210.

[18] Wohl auf einen Brief von seiner Verlobten oder von deren Familie.

[19] Gottlob Wilhelm Müller (1790–1875), seit 1814 auf Vermittlung von Johann Gottfried Gruber, der Leopold, Ferdinand und Wilhelm Ranke persönlich kannte (vgl. Nr. 17 und Nr. 109), am Lyceum in Torgau tätig, seit 1820 als Rektor, wie Leopold Ranke Schüler von Johann Gottfried Jakob Hermann und Mitglied der „Societas Graeca“.

[20] Brief von Leopold Ranke und Antwortschreiben von Gottlob Wilhelm Müller nicht ermittelt.

[21] An seinen Studienort, den Wohnort seiner zukünftigen Braut Fanny Pollau sowie von deren Mutter und Geschwistern.

Kamptz hat, ist er zu allem bereit, was Ihr wünscht, und es ist gut, daß sich die Familie seiner Braut[22] von Anfang an[e] nach ihm richten lernt und ihn nicht lenken will; auch sagt Fanny, sie könne ihm nichts rathen. Sie scheint mir sehr gut zu sein.

So ists, mein liebster Bruder, mit dieser Sache gegenwärtig beschaffen. Vielleicht weißt Du in diesem Augenblick aus dem Briefe, den Dir Schmeling[23] bringt,[24] schon selbst das Wesentliche. Und nur, daß Ferdinand euch schonen wollen[f], macht mir die Nichtigkeit seines Briefes erklärbar.

Glaub mir, Deinen ganzen Schmerz habe ich getheilt. Ferdinand ist das beste, redlichste Herz; ihr werdet an ihm eine wahre Hülfe haben, wenn er kommt. Sollte er nicht können, so müßt Ihrs freylich Gott überlassen. — Dieß Mal komm nicht auf die Post.[g]

Wirst Du einmal wieder an meine Brust fallen — mein Bruder?

Werde ich einmal bey Dir sein, Deine Braut[25] sehen, Deinen Freund[26], Deinen Vater[27], Deine Kinder[28], und mich jemals als einen Theil dessen betrachten können, woraus Dein Glück besteht?

Von Herzen grüße ich Schubert[29] und Raumer[30], die ich als ältere Freunde, verehre und liebe.

Sag Selman[31] einen Brudergruß. Doch Du wirst ihr Bräutigam seyn, ihr Mann; ich werde nicht werth sein, ihr Bruder zu heißen.

Dein getreuer Br⟨uder⟩ Leopold.

Dein Brief[32] hat erst das Postzeichen vom 25., nicht vom 23.⟨,⟩ wie Dein Datum ist. Ich habe ihn ohne alles Siegel, also wahrscheinlich von fremder Hand geöffnet,[33] doch ohne auffallende Verletzung erhalten. Ich woll-

[e] In der Vorlage gestrichen.
[f] In der Vorlage ursprünglich: „wollte".
[g] Der Satz ist nachträglich ergänzt.

[22] Fanny Pollau.
[23] Otto Ludwig Wilhelm von Schmeling (1788–1844), preußischer Major.
[24] Nr. 208.
[25] Selma Schubert (1806–1878), Tochter von Gotthilf Heinrich Schubert, Professor für allgemeine Naturgeschichte und Mineralogie in Erlangen.
[26] Wohl Karl Ludwig Georg von Raumer (1783–1865), ehemaliger Professor, wie Heinrich Ranke Lehrer an der Bildungsanstalt des Erziehervereins in Nürnberg.
[27] Wohl Gotthilf Heinrich Schubert (1780–1860), Professor für allgemeine Naturgeschichte und Mineralogie in Erlangen, der spätere Schwiegervater Heinrich Rankes.
[28] Die Schüler der Bildungsanstalt des Erziehervereins in Nürnberg.
[29] Gotthilf Heinrich Schubert.
[30] Karl Ludwig Georg von Raumer.
[31] Selma Schubert.
[32] Nr. 209.
[33] Die Post Heinrich Rankes stand zeitweise unter Beobachtung; sein Briefwechsel mit dem verstorbenen Hermann Julius Christoph Baier (1775–1822), Pastor in Altenkirchen auf Rügen, war beschlagnahmt worden (vgl. F. H. Ranke, Jugenderinnerungen, S. 144–149).

te, Revolution, was man Demagogie nennt etc., hätte nie existirt, daß wir nicht alle von einer Verwirrung leiden müßten, an der wir nicht Schuld sind, und die uns nichts angeht.

Dein Br⟨uder⟩ L⟨eopold⟩.

Nr. 213

Leopold Ranke an Heinrich[1] und Ferdinand Ranke[2]

V: GStA PK VI. HA Nl Hoeft Nr. 10 (Abschrift)
G: GStA I. HA Rep. 92 L. v. Ranke Nr. 23 (nicht erhalten)

⟨Frankfurt an der Oder, Anfang Juli 1824.⟩[a]

Den Koffer Ferdinands[3], worin Bibel, Bücher und Schuhe etc. für Euch, sollt Ihr öffnen; u⟨nd⟩ Eure Sachen herausnehmen⟨,⟩ wenn er kömmt.

L⟨eopold⟩.

[a] Datiert im Hinblick auf Nr. 212 und Nr. 215.

[1] Heinrich Ranke (1798–1876), Bruder Leopold und Ferdinand Rankes, Lehrer an der Bildungsanstalt des Erziehervereins in Nürnberg.
[2] Ferdinand Ranke (1802–1876), Bruder Leopold und Heinrich Rankes, Student in Halle.
[3] Er traf Anfang Juli in Nürnberg ein (vgl. Nr. 215).

Nr. 214

Leopold Ranke an Heinrich Ranke[1]

V: L. v. RANKE, Lebensgeschichte, S. 132–133 (Druck)

[Frankfurt a.O.]⟨,⟩ am 5. Juli 1824.

Lieber Bruder Heinrich!

Du wirst noch ein wenig gehofft haben; nun ist es freilich nach meinem Urtheil entschieden, daß Ferdinand[2] nicht kommen kann. Denkst Du, ich könnte doch anders urtheilen? Lieber Bruder, Du dringst in Deinen Briefen darauf, daß Ferdinand sich den Rückweg nach Preußen nicht verschließe.[3] Er ist in Berlin gewesen, und Kamptz[4] hat ihm gesagt: „wenn er gehe, mache er sich sehr verdächtig; euer Institut sei ein Gegenstand der Aufmerksamkeit für den Bundestag[5]; er werde alsdann erst durch die That zeigen müssen, daß er an demagogischen e⟨t⟩c⟨etera⟩ Grundsätzen keinen Theil habe."

Mein lieber Bruder, ich wüßte nicht, daß mich jemals ein Brief von Dir so tief gerührt hätte, wie der letzte.[6] Warum sind uns die Hände gebunden, daß wir Dir nicht helfen können? Ferdinand war gewiß entschieden,[7] sobald Kamptz ihm zu gehen erlaube, unverzüglich noch in dieser Woche bei Dir zu sein. Er hat durch das Gefühl seines Unrechts gegen euch dies selbst wirklich gut gemacht. Hier sind nun Deine Leiden an der Brust, sein Versprechen; auf der andern Seite offenbare Hindernisse, die Verpflichtung zu seiner Braut[8]; was sagst Du?

Mit der Stelle in Torgau ist es freilich so gut als gewiß, und er wird morgen[9] dahin abreisen; sie ist ihm nicht unangemessen und hat 625 Th⟨a⟩l⟨e⟩r

[1] Heinrich Ranke (1798–1876), Bruder Leopold Rankes, Lehrer an der Bildungsanstalt des Erziehervereins in Nürnberg.

[2] Ferdinand Ranke (1802–1876), Bruder Leopold Rankes, Student in Halle.

[3] Dieser Aspekt wird in den ermittelten Briefen von Heinrich Ranke nicht angesprochen, vielmehr verweist Leopold Ranke mit den Worten des Regierungsbevollmächtigten an der Universität Halle darauf, daß Ferdinand Ranke auf eine Anstellung in Preußen nicht mehr rechnen können, wenn er als Lehrer an die Bildungsanstalt des Erziehervereins in Nürnberg gehen würde (vgl. Nr. 208 und Nr. 210).

[4] Carl Albert Christoph von Kamptz (1769–1849), Direktor der Unterrichts-Abteilung im Ministerium der Geistlichen, Unterrichts- und Medizinal-Angelegenheiten.

[5] Der Bundestag war die Versammlung der bevollmächtigten Gesandten aller Staaten des Deutschen Bundes in Frankfurt am Main; er war das oberste Organ des Deutschen Bundes. An der Bildungsanstalt des Erziehervereins in Nürnberg war etwa zeitweise auch Hans Ferdinand Maßmann, der bekannte „Demagoge" und „Wartburger Calefaktor", als Lehrer tätig (vgl. Nr. 144).

[6] Nr. 209.

[7] Vgl. Nr. 210.

[8] Fanny Pollau (1804–1867), Verlobte Ferdinand Rankes.

[9] 6. Juli 1824.

Gehalt[10], doch keine freie Wohnung. Ich wünschte, daß er keinen Schritt thäte, ohne daß ihr ihn völlig seines Versprechens entbunden hättet; aber er glaubt, die Lage der Dinge verpflichte ihn zu eilen. Du wirst wieder weinen, mein Bruder, laut weinen, wie Du sprichst. O nein! nach unsern letzten Briefen hast Du Dich auf diesen Entschluß gefaßt gemacht; Du billigst unsern Entschluß; Du erwartest diesen Ausgang.

Mir ist lange kein Brief so traurig gewesen wie dieser. Ich bitte Dich, bedenke noch dies. Wäre Ferdinand entschieden eurer Idee und gehörte er eurer Sache ganz an, so würde er alles hintansetzen müssen, um sich auf Leben und Tod mit euch zu verbinden.[11] Doch da er, wie Du selbst weißt, euch nur so weit anhängt, als es die Seligkeit seiner Seele anbetrifft, aber nicht insofern ihr auf die Erziehung ganz christlicher Kinder, eines neuen Geschlechtes geht[12] – welche Idee ich weder aus geheimen noch aus offenbaren Ideen bei ihm erkennen kann – , so darf ich ihm nicht rathen, auf gut Glück: – diese Idee, auch fehlschlagend, mißlingend, wie immer erwartet werden muß, werde die Seligkeit seines Lebens werden – alles andere um ihretwillen aufzugeben.

Nun bitte ich Dich, geliebtester Bruder, wenn auch Dir dies so scheint, so tröste ihn schnell durch einen gütigen Brief nach Halle. Du selbst denke, er sei plötzlich krank geworden, es sei zu Haus etwas vorgefallen, das ihn zu kommen hindere; denke nicht, daß er Dir untreu ist. Es ist eine äußere Veranlassung,[13] die ihn zu kommen hindert, nicht eine innere. Was sagt Selma[14] zu Deiner Brust? Schone Dich; predige wenig. Sprich in Deinen Stunden sacht und nichts überflüssig; laß alle fahren, die Du nicht ohne Schaden geben kannst. Du wirst bald noch einen Brief von mir bekommen. Ich weine selbst bald. Was wirst Du thun?

Dein ewig getreuer Bruder
Leopold.

[10] Vgl. Nr. 98.
[11] Vgl. Nr. 210.
[12] Vgl. Nr. 182.
[13] Vgl. Nr. 209 und Nr. 237.
[14] Selma Schubert (1806–1878), Tochter von Gotthilf Heinrich Schubert, Professor für allgemeine Naturgeschichte und Mineralogie in Erlangen.

Nr. 215

Heinrich Ranke[1] an Leopold Ranke

V: GStA PK VI. HA Nl Hoeft Nr. 37 Kart. 2 (Typoskript)

⟨Nürnberg, vor dem 8. Juli 1824.⟩[a]

Mein lieber Leopold,
würde es uns doch und nun besonders Dir offenbaret, was für Ferdinand[2] das Beste ist! Ich muß jetzt oft für meinen lieben Ferdinand beten. Diese Tage haben für uns überhaupt manches Schwere, wie wohl auch Gottes Gnade recht sichtbar[b] da ist. Am Mittwoch[3] bekamen wir Blanc's[4] allerkältesten Brief mit der Trauernachricht[5]. Nachmittags hatte ich für die liebe Mutter Raumer[6] etwas übersetzen wollen aus den Actis martyrum[7]. Nun konnt' ich nicht. Am andern Morgen fühlte ich einen sonderbaren Reiz in meiner Brust, ich hustelte und es kam so warm herauf – es war Blut. – – – Lieber Bruder, ich ging in mein Stübchen – dachte an das Predigen und an Selma[8] – und ergab mich in Gottes heiligen Willen. – Der Arzt[9] behauptet, daß meine Brust nicht schwach sei, es sei bloß Zudrang des Blutes und Uebermaaß von Säften. Turnen soll ich nicht mehr. Mein lieber Leopold, ach⟨,⟩ vergieb mir alles, womit ich Dich so oft gekränkt habe. Vergieb mir auch mein oft so unzeitiges Drängen.

a Die Datierung erfolgt im Hinblick auf den Eintritt des sechsten und des siebten Kindes in die von Heinrich Ranke mitgegründete Armenschule am 25. Juni und 8. Juli 1824 (vgl. Bericht über den fünfundzwanzigjährigen Bestand der Erziehungs-Anstalt, S. 25); Hoeft datiert den Brief im Typoskript handschriftlich auf „[Nürnberg, Ju 1824.]“.

b In der Vorlage ursprünglich: „fühlbar“.

1 Heinrich Ranke (1798–1876), Bruder Leopold Rankes, Lehrer an der Bildungsanstalt des Erziehervereins in Nürnberg.

2 Ferdinand Ranke (1802–1876), Bruder Leopold und Heinrich Rankes, Student in Halle.

3 Wohl der 30. Juni 1824.

4 Ludwig Gottfried Blanc (1781–1866), Professor der südeuropäischen Sprachen und ihrer Literaturen, zugleich Domprediger in Halle.

5 Der Nachricht, daß Ferdinand Ranke nicht als Lehrer an der Bildungsanstalt des Erziehervereins in Nürnberg tätig sein würde.

6 Friederike von Raumer, geb. Reichardt (1790–1869), Ehefrau von Karl Ludwig Georg Raumer.

7 Als „Acta martyrum“ kommen zahlreiche Ausgaben vor allem des 18. Jahrhunderts in Frage. Eventuell handelte es sich hier um den ursprünglich in französischer Sprache erschienenen Katalog protestantischer Märtyrer des Jean Crespin (1520–1572): Acta martyrum, eorum videlicet, qui hoc seculo in Gallia, Germania, Anglia, Flandria, Italia, constans dederunt nomen Evangelio, idque sanguine suo obsignarunt: ab Wicleffs & husso ad hunc usque diem. Genf 1556; ursprüngliche Ausgabe: Le livre des martyrs. Genf 1554.

8 Selma Schubert (1806–1878), Tochter von Gotthilf Heinrich Schubert, Professor für allgemeine Naturgeschichte und Mineralogie in Erlangen.

9 Nicht ermittelt.

Eins bitte ich vom Herrn, daß wir auch in der Liebe zu Christo und seinen Gliedern wahrhaftig Brüder werden möchten! —

Mein lieber, theurer Bruder, das Angesicht des Herrn möge Dir leuchten[10] — die Herrlichkeit des Vaters im Angesicht Jesu Christi!

Ich umarme Dich mit inbrünstiger Liebe; Du wollest vor Gott bedenken, was für Ferdinand das Beste ist!

Ewig Dein getreuer Bruder H⟨einrich⟩.

Ich schicke Dir die Anzeige von unserer Armenschule[11]. Jetzt sind 6 Kinder[12] in unserm Waisenstübchen. Wir haben aber noch große Hoffnungen. Soll ich Dir was von dem kleinen Flott[13] erzählen, den wir der Mutter R⟨aumer⟩[14] zu ihrem Geburtstag[15] geschenkt haben?[16] — Seinen Vater[17] fand ich mit Ferdinand am Wege sitzen zwischen dem Spittler- und Frauenthor[18]. — Ferd⟨inands⟩ Koffer[19] ist heut angekommen. Die Kinder freuen sich sehr. O lieber Ferd⟨inand⟩.

Von meiner Brust sage den Eltern[20] nichts!

[10] 4. Mose 6,26.

[11] Vgl. Nr. 204.

[12] Georg Gebauer (* 1813), Eintritt: 9. April 1824; Veit Martin Seitz (1812–nach 1870), Eintritt: 11. April 1824; Michael Seitz (* 1816), Eintritt: 11. April 1824; Tobias Raschka (* 1818), Eintritt: 17. April 1824; Johann Georg Lederer (* 1819), Eintritt: 4. Juni 1824; Matthias Flott (* 1821), Eintritt: 25. Juni 1824 (vgl. Bericht über den fünfundzwanzigjährigen Bestand der Erziehungs-Anstalt, S. 25).

[13] Matthias Flott (* 1821), Sohn des Tagelöhners Flott († vor 1827) und seiner Ehefrau, Maria Magdalena Flott (1760–1827), einer Wäscherin (vgl. F. H. Ranke, Jugenderinnerungen, S. 276–278; Karl Werner: Christian Gottlob Barth, Doktor der Theologie, nach seinem Leben und Wirken gezeichnet. Bd. 1, Calw / Stuttgart 1865, S. 303; Allgemeines Intelligenz-Blatt der Stadt Nürnberg, 80. Jg., 1827, S. 320).

[14] Friederike von Raumer, geb. Reichardt.

[15] 25. Juni (vgl. K. v. Raumer, Leben, S. 99).

[16] Die Lehrer der Bildungsanstalt des Erziehervereins hatten wohl aus Anlaß des Geburtstags an Stelle eines Geschenkes das für die Aufnahme des Kindes in die Armenschule nötige Geld gestiftet.

[17] Flott († vor 1827), Tagelöhner.

[18] F. H. Ranke, Jugenderinnerungen, S. 276–278

[19] Ferdinand Ranke (1802–1876), Bruder Leopold Rankes, Student in Halle. Ferdinand Ranke hatte also in der Tat fest vor, nach Nürnberg zu gehen. Die nach Nürnberg gesandten Habseligkeiten erwähnte auch der Vater Ende Juni 1824.

[20] Gottlob Israel (1762–1836) und Friederica Wilhelmina Ranke, geb. Lehmicke (1776–1836).

Nr. 216

Ferdinand Ranke[1] an Leopold Ranke

V: GStA PK VI. HA Nl Hoeft Nr. 1 (Abschrift)
G: GStA I. HA Rep. 92 L. v. Ranke Nr. 26 (nicht erhalten)

Halle, Sonnabend⟨, 10. Juli 1824⟩.[a]

Innigst geliebter Bruder.

Glücklich kam ich den Donnerstag Abend[2] hier bei meiner geliebten Braut[3] an, habe aber nicht eher Gelegenheit gefunden⟨,⟩ an Dich zu schreiben. Es wurde mir[b] so sehr schwer⟨,⟩ mich nur von ihrem Anblick abzuwenden. Nun aber ist sie nicht da, und ich habe rechte Ruhe, Dir meine Schicksale von[c] hierher zu berichten.

Mittwoch[4] um 2 Uhr kam ich nach Torgau,[5] trug meine Sachen in den Gasthof, ging zu Müller[6] und traf ihn nicht; später fand ich ihn, nachdem ich erst mich mit Deinen Kleidern geschmückt hatte. So habe ich mir ihn nicht ganz vorgestellt. Ein gesunder, treuer Mann erschien er mir, der Hand und Fuß hat. Er war sehr freundlich, seine Frau[7] auch. Von ihm ging ich zu Koch[8], der behauptete, er habe heute oder morgen an mich schrei-

[a] Die Datierung erfolgt im Hinblick auf die Angaben in Nr. 212 sowie das Tagesdatum von Nr. 215; Hoeft datiert den Brief auf „[1824] Sept.".
[b] In der Vorlage ursprünglich: „uns".
[c] In der Vorlage folgt: „Dir".

[1] Ferdinand Ranke (1802--1876), Bruder Leopold Rankes, Student in Halle.
[2] 8. Juli 1824.
[3] Fanny Pollau (1804–1867), Verlobte Ferdinand Rankes.
[4] 7. Juli 1824.
[5] Vgl. Nr. 214.
[6] Gottlob Wilhelm Müller (1790–1875), Rektor des Lyceums in Torgau, wie Leopold Ranke Schüler von Johann Gottfried Jakob Hermann und Mitglied der „Societas Graeca".
[7] Concordia Friederika Müller, geb. Sörnitz (1790–1831), Tochter von Johann Christian Sörnitz (1756–1827), Archidiakonus an der Stadtpfarrkirche in Torgau, und Rahel Friederike Sörnitz (1764–1807), 1820 Hochzeit mit Gottlob Wilhelm Müller (vgl. Archiv KPS Torgau, Stadtkirche, Trauungen 1820; Archiv KPS Torgau, Stadtkirche, Bestattungen 1807 und 1827).
[8] Friedrich Lebrecht Koch (1761–1837), Sohn von Johann Gottfried Koch († 1797), Verwalter der beiden Schönfeldischen Rittergüter in Löbnitz bei Düben, und Susanne Elisabeth Koch, geb. Sernau († 1791), Privatunterricht, Nikolaischule in Leipzig, 1778 Studium der Theologie, Philosophie, Mathematik, Geschichte und Philologie in Leipzig, 1783 Erstes Theologisches Examen in Dresden, danach Fortsetzung des Studiums in Leipzig, 1785 Besuch des Philanthropischen Instituts in Dessau, danach Hauslehrer in der Familie von Carl Philipp Schindler (∗ 1735), Gold- und Silberfabrikant in Zerbst, danach im Hause von Christoph Gottlob von Burgsdorff (1736–1807), Konferenz-Minister und Oberconsistorial-Präsident in Dresden, 1795 Diakonus in Mittweida, Hochzeit mit Caroline Auguste Schindler († vor 1837), Tochter von Carl Philipp Schindler und Augusta Sophia Schindler, geb. Weise, damit Enkelin von Johann Gottfried Weise, Bürgermeister in

ben wollen, und mir auch einige Hoffnung machen. Merkwürdig aber ist es, daß Strobach[9] um dieselbe Stelle angehalten hatte,[10] und ich so mit meinem eigenen Lehrer kämpfen muß. Sein Examen hat er in Halle für mittlere Klassen gemacht; aber bei der Probe[11] wird er auf jeden Fall weit über mir sein, denn wie muß sich ein Mann, der 13 Jahre in Pforte Collaborator gewesen⟨,⟩ von mir unterscheiden, der ich erst eine einzige Stunde gehalten habe, und zwar eine Probestunde. Indeß will ich doch versuchen, wie es geht. Koch sagte mir, ich solle doch sehen, daß mich das Ministerium empfähle. Ich würde dann vielleicht allein zur Probe gelassen. Auch wegen des Französischen habe ich nun keine Furcht mehr; die erste Klasse besteht nicht aus großen Helden, wie ich gesehen habe. Koch verlangte nur eine gute Aussprache. Freylich⟨,⟩ woher soll diese einem Thüringer kommen. Nun⟨,⟩ wie Gott will! Von ihm ging ich zum regierenden Bürgermeister Brunner[d][12], und dann zum zweyten Bürg⟨ermeister⟩ Biener[e][13].

[d] Ursprünglich: „Brunnern".
[e] Ursprünglich: „Ziener" und am Rand ein „?".

Zerbst, 1797 Archidiakonus in Mittweida, 1801 Oberpfarrer und Superintendent in Torgau, 1802 Dr. theol. in Wittenberg (vgl. Archiv KPS Brehna, Bestattungen 1791 und 1797; Grünberg, Sächsisches Pfarrerbuch, Bd. II/1, S. 446; Pfarrerbuch Kirchenprovinz Sachsen, Bd. 5, S. 34).

[9] Leberecht Friedrich Fürchtegott Strobach (1783–1837), Sohn von Johann Malachias Strobach (1746–1813), Pfarrer in Hemleben bei Kölleda, und Johanna Friederike Wilhelmine Strobach, geb. Benze, 1798–1802 Klosterschule in Roßleben, 1803 Studium der Theologie in Leipzig, 1807–1821 Kollaborator an der Landesschule in Pforta, 1823 Prüfung „pro facultate docendi" in Halle, Lehrer am Pädagogium in Halle, 1824 Kollaborator am Gymnasium in Eisleben, 1836 Pension (vgl. GStA PK I. HA Rep. 76 VI Sekt. XII z Nr. 11 Bd. 3; Bittcher, Pförtner Album, S. 557; Pfarrerbuch Kirchenprovinz Sachsen, Bd. 8, S. 453; Album Schüler Roßleben, S. 29; Erler, Matrikel Leipzig, S. 411; K. F. Ranke, Leben in Briefen, S. 70).

[10] Strobach war von der Landesschule in Pforta wegen „Trunkliebe und pädagogischen Ungeschicks entfernt" worden, er wurde am 5. Dezember 1824 zum Kollaborator am Gymnasium in Eisleben ernannt, wo er aber bereits bald durch „sein unanständiges Leben und seine unvernünftige Art die Zucht zu handhaben [...] eine wahre Pein" für die Schule war (vgl. Friedrich Ellendt: Geschichte des Königlichen Gymnasiums zu Eisleben. Eine Jubelschrift zur Feier seines dreihunderjährigen Bestehens. Eisleben 1840, S. 273).

[11] Lehrprobe vor Schülern und Lehrern (vgl. Nr. 220).

[12] Georg Adam Brunner (1756–1845), Sohn von Johann Bernhard Brunner (1704–1764), aus Naumburg gebürtig, kursächsischer General-Akzise-Inspektor und Gerichts-Inspektor in Torgau, 1776 Studium der Rechte in Leipzig, Akzise-Inspektor in Torgau, 1785 Hochzeit mit Rahel Dorothea Schulze (1761–1813), 1797–1832 Bürgermeister in Torgau (vgl. Archiv KPS Torgau, Stadtkirche, Taufen 1756; Erler, Matrikel Leipzig, S. 44).

[13] Traugott August Biener (1755–1838), Sohn von Johann Wilhelm Biener (1719–1800), Licentiatius Medicinae, praktischer Arzt und kursächsischer Geleits- und Akzise-Einnehmer in Zörbig, und Johanna Dorothea Biener, geb. Otte (1713–1780), Tochter von Jacob Otte, Bürgermeister und Advokat in Torgau; 1769 Landesschule in Pforta, 1775 Studium der Medizin in Wittenberg, 1781 Dr. med. in Wittenberg, 1782 Hochzeit mit Christiane Caroline Francke (1755–1796), Tochter von Christian Gottfried Francke (1712–1789), Hofgerichts- und Konsistorial-Advokat sowie Stadtrichter in Wittenberg, und Elisabeth Ernestina

Den letzten fand ich nicht, und schickte ihm dann eine Karte⟨,⟩ wie mir Müller gerathen hatte. Dann ließ ich mich zur Nach⟨t⟩post einschreiben und brachte bei Müller den Abend recht sehr freundlich zu. Die Probe ist bestimmt erst in 6 Wochen. Ich habe nun nichts weiter zu thun, als an den Rath zu schreiben, den B⟨ürgermeister⟩ Brunner, den Syndicus Kämfe[14], und zugleich an das Ministerium, Kamptz[15] u⟨nd⟩ Schulz[e][16]
Donnerstag[17] Abends um 10 Uhr kam ich hierher, wie am 29sten Januar⟨,⟩[18] war gerade Concert auf dem Jägerberge[f][19], und noch niemand zu Hause. Ich höre, sie würden sogleich kommen, und wartete; als sie aber nicht kamen, ging ich von unserem kleinen Hund begleitet entgegen. Kurz

[f] In der Vorlage: „Jugerberge".

Francke, geb. Bauer, 1810–1831 Arzt, Stadt-Physicus und Bürgermeister in Torgau; Biener war durch seine Hochzeit Schwager des Theologen Christian Friedrich Francke (1767–1794); sein Bruder, Christian Gottlob Biener (1748–1828), war Professor der Rechte in Leipzig (vgl. Archiv KPS Torgau, Stadtkirche, Bestattungen 1796; Archiv KPS Wittenberg, Stadtkirche, Taufen 1755; Archiv KPS Wittenberg, Stadtkirche, Trauungen 1782; Archiv KPS Zörbig, Taufen 1748 und 1755; Archiv KPS Zörbig, Trauungen 1782; Archiv KPS Zörbig Bestattungen 1780 und 1800; Juntke, Album Academiae Vitebergensis, S. 23).

[14] Wohl Gottfried August Kaempfe (1750–1833), Sohn von Johann Gottfried Kaempfe (um 1720–nach 1786), kursächsischer Kammer-Kommissar in Strehla, 1764 Landesschule St. Afra in Meißen, 1769 Studium der Rechte in Leipzig, danach Registrator im Amt Grossenhain, später Syndicus, Advokat und praktischer Jurist in Torgau, 1786 Hochzeit mit Christiana Sophia Weizmann (1771–1805), Tochter von Christian Gotthold Weizmann, Kaufmann zu Pulsnitz (vgl. Archiv KPS Torgau, Stadtkirche, Trauungen 1786; Archiv KPS Torgau, Stadtkirche, Bestattungen 1805, 1809 und 1833; Kreyssig, Afraner-Album, S. 327; Erler, Matrikel Leipzig, S. 188).

[15] Carl Albert Christoph von Kamptz (1769–1849), Direktor der Unterrichts-Abteilung im Ministerium der Geistlichen, Unterrichts- und Medizinal-Angelegenheiten.

[16] Johannes Karl Hartwig Schulze (1786–1869), Geheimer Oberregierungsrat und Vortragender Rat im Ministerium der Geistlichen, Unterrichts- und Medizinal-Angelegenheiten, Referent für das Gymnasialwesen.

[17] 8. Juli 1824.

[18] Vgl. Nr. 191.

[19] Der Jägerberg liegt direkt an der Moritzburg und an der Stadtmauer. Er fällt zur Saale und ihren Inseln hin ab und war ein gern genutzter Erholungsort. Die Freimaurer-Loge „Zu den drei Degen", der der zukünftige Schwager Ferdinand Rankes, Ludwig Gottfried Blanc, angehörte, veranstaltete dort in ihrem Logengebäude öffentliche Konzerte (vgl. etwa Werner Rackwitz: Die Kantate *Der Sieg der Maurerey* von Daniel Gottlob Türk und ihre Kontrafakturen, in: Kathrin Eberl / Konstanze Musketa / Wolfgang Ruf [Hg.]: Daniel Gottlob Türk. Theoretiker, Komponist, Pädagoge und Musiker. Bericht üder die wissenschaftliche Konferenz anlässlich des 250. Geburtstag am 3. und 4. November 2000 in Halle [= Schriften des Händel-Hauses in Halle, Bd. 18], Halle an der Salle 2002, S. 165–184, hier S. 168, oder Hans-Joachim Kertscher: Lebensbeschreibungen im halleschen Umfeld um 1800, in: Manfred Beetz / Kathrin Eberl / Konstanze Musketa / Wolfgang Ruf [Hg.]: Johann Friedrich Reichardt (1752–1814). Zwischen Anpassung und Provokation. Goethes Lieder und Singspiele in Reichardts Vertonung. Bericht über die wissenschaftlichen Konferenzen in Halle anläßlich des 250. Geburtstages 2002 und zum Goethejahr 1999 [= Schriften des Händelhauses in Halle, Bd. 19]. Halle an der Saale 2003, S. 11–32, hier 11).

vor dem Jägerberge traf ich sie in Gesellschaft mit mehreren Leuten[20]; ich eilte also vorbey. Der Hund sprang an Fanny[21] an; sie wandte sich nach mir um, und erkannte mich halb und halb. Sie konnte aber in Gesellschaft nicht umkehren zu mir. Ich folgte in einiger Entfernung. Fanny ging immer etwas nach mir gewendet. Vor Blancs[22] Thür trennten sie sich auf eine etwas ungewohnte Weise von der Gesellschaft; da fand ich sie. Lieber, lieber Bruder, es ist etwas Herrliches um so ein geliebtes Mädchen. Seitdem bin ich beständig in der innigsten reinsten Freude. Es war wahrhaftig nur auf diese Weise Lösung des Knotens möglich. Hätte Kamptz mir erlaubt nach Nürnberg zu gehen;[23] ich wüßte nicht⟨,⟩ was geworden wäre. Meine liebe Fanny, u⟨nd⟩ die ganze liebe Familie[24] hier hat viel Kummer und Trauer über die ganze Sache gehabt: Fanny hat sehr viel geweint, auch an die traurige Trennung gedenkend. Blanc hat fest geglaubt, Kamptz wird es erlauben, und nichts dagegen wenigstens sagen. Er sagt: er habe nun ordentlich Respect für Kamptz, daß er Alles so treu beantwortet. Es sind eine Menge Briefe von hier an mich unterwegens, die Du nun alle bekommen wirst, und mir wieder zurückschicken. In Blancs Briefe ist ein Irrthum, da er den Superintendent Koch in Torgau[25], mit dem Consistorialrath Koch in Magdeburg[26] verwechselt. Du geliebter Bruder, sie haben mich alle hier so lieb; es ist eine wahre Freude; es wird mir sehr leicht werden⟨,⟩ französisch zu lernen. Aber meine geliebte Fanny ist die ganze Zeit meiner Abwesenheit nicht gesund gewesen: einmal hat sie sogar im Bett gelegen einen ganzen Tag. Sieh⟨,⟩ lieber Bruder⟨,⟩ nun muß ich schon hier bleiben, daß sie nicht wieder krank wird, oder daß ich wenigstens jeden Augenblick weiß, wie sie sich befindet; und daß ich immer um sie bin. Sie nimmt ein und badet alle Tage, und in diesem Augenblick auch. Jetzt ist sie aber wieder wohl.

[20] Nicht identifiziert.

[21] Fanny Pollau (1804–1867), Verlobte Ferdinand Rankes.

[22] Ludwig Gottfried Blanc (1781–1866), Professor der südeuropäischen Sprachen und ihrer Literaturen, zugleich Domprediger in Halle.

[23] Vgl. Nr. 214.

[24] Fanny Pollau; Nanette Esther Marguerite Pollau, verw. Juncker, geb. Plantier (1768–1829), die Mutter von Fanny Pollau; Charlotte Blanc, geb. Juncker (1795–1866), die Stiefschwester von Fanny Pollau, und ihr Ehemann Ludwig Gottfried Blanc.

[25] Friedrich Lebrecht Koch.

[26] Johann Friedrich Wilhelm Koch (1759–1831), Sohn von B. A. Koch († 1762), Kaufmann in Sudenburg bei Magdeburg, und Marie Magdalene Koch, geb. Preußer, 1771 Dom-Gymnasium, 1772 Pädagogium Kloster Berge bei Magdeburg, 1777 Studium der Theologie in Halle, Dr. theol., 1779 Lehrer am Dom-Gymnasium in Magdeburg, 1780 Lehrer, 1785 Rektor des Pädagogiums des Kloster Unser Lieben Frauen, 1792 Dritter, 1807 Zweiter Prediger an St. Johannis, 1810 Zweiter Domprediger, 1812 Superintendent, 1814 Mitglied des Konsistoriums, 1816 Konsistorial- und Schulrat beim Konsistorium der Provinz Sachsen, 1829 Dr. theol. h. c. in Halle (vgl. Pfarrerbuch Kirchenprovinz Sachsen, Bd. 5, S. 44).

Aber lieber Bruder, Du bist doch nicht böse, daß ich Deine Sachen[27] nicht von Torgau zurückgeschickt habe. Erstlich war die Zeit zu kurz, und ich mußte immer herumlaufen, und zweytens traute ich mir es auch nicht zu, alles wieder richtig einpacken zu können. Da dachte ich, es wäre das Beste, daß dieß meine Fanny besorgte, und nahm alles wohl verwahrt mit hierher. Nicht wahr, lieber Bruder, es war so das Beste?

Geliebter Bruder, ich danke Dir recht herzlich, für Deine brüderliche Liebe, die Du mir in jedem Augenblick meiner Anwesenheit bei Dir gegeben hast; ich danke Dir recht herzlich für allen Deinen guten Rath, und Deine Leitung meiner Schicksale, bitte Dich auch um Vergebung, wenn ich etwas Dir Unangenehmes bei Dir gethan habe. Lieber, lieber Bruder, ich bedarf Deiner Liebe, und Deines Rathes nothwendig in jeder Zeit meines Lebens; wende sie nie von mir ab.

Es grüßen Dich alle Verwandte[28] und Freunde[29] auf das Herzlichste. Gott sei mit Dir und mit uns Allen.

Dein Dich innigst liebender
Ferdinand.

[27] Leopold Ranke hatte seinem Bruder Kleidung geliehen (s. o. und vgl. Nr. 212).
[28] Vgl. Anm. 24.
[29] Nicht ermittelt.

Nr. 217

Fanny Pollau[1] an Leopold Ranke

V: GStA PK VI. HA Nl Hoeft Nr. 1 (Abschrift)
G: GStA I. HA Rep. 92 L. v. Ranke Nr. 26 (nicht erhalten)

Halle⟨,⟩ am 10ten Juli ⟨1824.⟩

Lieber, lieber Bruder,
Schon seit Donnerstag[2] Abend bin ich, und wir alle[3] wieder sehr glücklich und froh, denn mein guter lieber Ferdinand[4] ist wieder bei uns,[5] und wird uns jetzt nicht wieder verlassen. Wir alle glaubten uns jetzt erst recht weit von ihm trennen zu müssen⟨,⟩ und Gott hat nun alles ganz anders gelenkt und uns den lieben Ferdinand wieder ganz zugeführt. Du, lieber guter Bruder⟨,⟩ hast Ferdinand so treu und brüderlich beigestanden mit Rath und That; ich danke Dir recht herzlich. Wir sprechen jetzt sehr viel von Dir, und Deiner Liebe und Freundlichkeit gegen uns, und Ferdinand erzählt nur von Frankfurt, und wie er dort mit Dir so glücklich gewesen sey. Mein lieber, lieber Bruder, wenn Du nur gewiß recht bald zu uns kämmest; es wäre gar zu schön und herrlich, und für uns alle eine sehr große Freude. So glücklich ich bin⟨,⟩ meinen Ferdinand wieder zu haben, so macht mich doch auch der Gedanke an Heinrich[6] immer recht traurig;[7] aber ich hoffe gewiß⟨,⟩ der liebe Gott wird ihm bald Hülfe zuführen,[8] und er wird auch Ferdinand beruhigen, daß er nicht seinen Wunsch erfüllen und nach

[1] Fanny Pollau (1804–1867), Verlobte Ferdinand Rankes.
[2] 8. Juli 1824.
[3] Fanny Pollau; Nanette Esther Marguerite Pollau, verw. Juncker, geb. Plantier (1768–1829), Mutter von Fanny Pollau; Charlotte Blanc, geb. Juncker (1795–1866), Stiefschwester von Fanny Pollau, und ihr Ehemann Ludwig Gottfried Blanc (1781–1866), Professor der südeuropäischen Sprachen und ihrer Literaturen, zugleich Domprediger in Halle.
[4] Ferdinand Ranke (1802–1876), Bruder Leopold Rankes.
[5] Vgl. Nr. 216.
[6] Heinrich Ranke (1798–1876), Bruder Leopold Rankes, Lehrer an der Bildungsanstalt des Erziehervereins in Nürnberg.
[7] Vgl. Nr. 209 und Nr. 215.
[8] Zu diesem Zeitpunkt plante Ludwig Gottfried Blanc bereits Albert Carl Baltzer (1798–1835), seinen „Verwandten“, einen „Schulfreund“ von Heinrich Ranke (vgl. Nr. 136) „nach Nürnberg“ zu schicken, „um Ferdinands Stelle anzutreten“; neben Albert Carl Baltzer besuchten noch drei seiner Brüder – Friedrich (1801–1885), Theodor (1808–nach 1893) und Eduard (1814–1887) – die Landesschule in Pforta; Friedrich Baltzer war ein Schulfreund von Ferdinand Ranke (vgl. Gottlob Israel Ranke an Gotthilf Heinrich Schubert, 11. Juli 1824 in GStA PK VI. HA Nl Hoeft Nr. 10; Hoffmann, Pförtner Stammbuch, Nr. 8572, S. 343, Nr. 8694, S. 349, Nr. 9027, S. 365, Nr. 9273, S. 377–378).

Nürnberg kommen konnte. Mutter[9], Blanc[10] und Lottchen[11] grüßen Dich von Herzen, mein lieber Bruder, und vereinigen ihre Bitten mit den meinigen, daß Du uns recht bald durch Deinen Besuch erfreuen möchtest.

Deine treue Schwester Fanny.

[9] Nanette Esther Marguerite Pollau.

[10] Ludwig Gottfried Blanc; er hatte die Absage Ferdinand Rankes an Heinrich Ranke übermittelt (vgl. Nr. 215)

[11] Charlotte Blanc, geb. Juncker.

Nr. 218

Heinrich Ranke[1] an Leopold Ranke

V: GStA PK VI. HA Nl Hoeft Nr. 37 Kart. 2 (Typoskript)

Nürnberg⟨,⟩ den 14ten Juli 1824.

Mein geliebter Bruder,
Auf diesen Ausgang hatte ich mich doch nicht gefaßt gemacht. Schmeling[2] war zugegen, als wir den tröstlichen Brief von unserer lieben Mutter[3] über Ferdinand's[4] baldige Ankunft bekamen. Er hat unsre allgemeine Freude gesehen. Unsern Schmerz nicht, den hier niemand sehen darf, den überhaupt außer Selma[5], Dir und die Eltern[6] niemand kennt. Aber Du theure, liebe Seele, bist mir in dieser schweren Zeit[7] recht als mein Bruder – mein wahrer und ewiger – in die Arme gelegt worden, wie Du mich denn mit Deinen treuen Bruderarmen recht innig an Dein Herz gedrückt hast. Lieber Leopold, Du fühlst meine Liebe, denn Du hast mich lieb, und wir wollen den Vater bitten, daß er uns die Seligkeit dieser Bruderliebe bewahre. Denke Dir⟨,⟩ lieber Bruder⟨,⟩ wie schön meine Hoffnung war für uns und Ferdinand – für ein ganzes Leben. Nun ist sie zerrissen. Aber der Vater im Himmel weiß es und waltet mit Gnade über uns[8]. Ja⟨,⟩ es ist wahrlich etwas Großes, daß ein armer Mensch sagen darf: Mein Vater kennet und liebt mich – er ist der allmächtige Gott und liebt mich – und alle meine Haare auf meinem Haupte sind gezählet[9].
Darum sind wir getrost.
Es ist mir eine der größten Freuden⟨,⟩ daß Du uns klar und liebreich ansiehst, wie vielleicht noch Einer oder zwei. – Meine Gesundheit ist jetzt fast ganz hergestellt.[10]

[1] Heinrich Ranke (1798–1876), Bruder Leopold Rankes, Lehrer an der Bildungsanstalt des Erziehervereins in Nürnberg.
[2] Otto Ludwig Wilhelm von Schmeling (1788–1844), preußischer Major.
[3] Friederica Wilhelmina Ranke, geb. Lehmicke (1776–1836).
[4] Ferdinand Ranke (1802–1876), Bruder Leopold Rankes.
[5] Selma Schubert (1806–1878), Tochter von Gotthilf Heinrich Schubert, Professor für allgemeine Naturgeschichte und Mineralogie in Erlangen.
[6] Gottlob Israel (1762–1836) und Friederica Wilhelmina Ranke, geb. Lehmicke.
[7] Vgl. Nr. 209.
[8] Anspielung auf Psalm 103.11: „läßt er seine Gnade walten über die, so ihn fürchten" und Psalm 117.2: „Denn seine Gnade und Wahreit waltet über uns in Ewigkeit".
[9] Matthäus 10,30.
[10] Vgl. Nr. 209.

Ich freue mich auf Deine weiteren Briefe, Raumers[11] mit mir, die Dich sehr lieb haben.
Gott sei mit Dir, mein theurer, lieber Leopold!

Ewig Dein getreuer
Heinrich.

[11] Karl Ludwig Georg von Raumer (1783–1865), ehemaliger Professor, wie Heinrich Ranke Lehrer an der Bildungsanstalt des Erziehervereins in Nürnberg, und seine Ehefrau Friederike Raumer, geb. Reichardt (1790–1869).

Nr. 219

Leopold Ranke an Karl August Varnhagen[1]

V: olim SBB Varnhagenpapiere; heute Krakau (eigenhändig)
D: Wiedemann, Ranke und Varnhagen, S. 197

⟨Berlin,⟩ 2: Sept⟨ember 1824.⟩[a]

Meine etwas undeutliche mündliche Antwort[2] muß ich doch noch näher auslegen. Gegen sieben will ich kommen und wegen irgend eines Spazierganges in den Wind hinaus, bey Ihnen anfragen. Gewisse Meinungen, besonders beiderseitige und über dieß schriftliche weiß ich sehr zu schätzen.

Ihr L⟨eopod⟩ R⟨anke⟩.

[a] Datumsangabe in der Vorlage zwischen Textende und Unterschrift; über dem Text Datierung von fremder Hand: „2. September 1824.“.

[1] Karl August Ludwig Philipp Varnhagen (ab 1826: von Ense) (1785–1858), Sohn von Johann Andreas Jacob Varnhagen (1756–1799), kurpfalz-bayerischer Medizinalrat und Arzt in Düsseldorf, und Anna Maria Varnhagen, geb. Kunz (1755–1826), 1790 Übersiedlung der Familie nach Straßburg, 1796 nach Hamburg, 1799 medizinisch-chirurgische Pépinière der Akademie für Militärärzte in Berlin, 1803 Hauslehrer bei der Familie von Ernst Gustav Wilhelm (1766–1844) und Philippine Amelie Henriette Cohen, geb. Bernhardt (um 1774–1833), in Berlin, 1804 Hauslehrer bei der Familie des Bankiers Jacob Moses Hertz (1752–1833), zugleich Besuch des Johanneum und des Akademischen Gymnasiums in Hamburg, Freundschaft mit Johann Wilhelm August Neander und Wilhelm Neumann, Frühjahr 1806 Studium der Medizin, Philologie und Philosophie in Halle unter anderem bei Friedrich August Wolf und Friedrich Daniel Ernst Schleiermacher, Bekanntschaft mit Christian Gustav Alexander von der Marwitz, Karl Ludwig Georg von Raumer, Achim von Arnim, Herbst 1806 nach der Schließung der Universität Rückkehr nach Berlin, 1808 Studium der Medizin in Tübingen, 1809 Eintritt in österreichische Militärdienste, zeitweise Adjutant des Oberstleutnants Friedrich Wilhelm Belgicus Prinz von Bentheim-Steinfurt (1782–1839), den er 1810 nach Paris und Prag begleitete, hier erste Kontakte zu Justus Karl (ab 1815: von) Gruner (1777–1820) und Heinrich Friedrich Karl vom und zum Stein (1757–1831), 1812 Entlassung aus dem österreichischen Dienst, Aufenthalt in Berlin, 1813 Eintritt in die Freimaurer-Loge „Zur goldenen Kugel“ in Hamburg, Eintritt in russische Militärdienste, Hauptmann und Adjutant von Oberst Friedrich Karl von Tettenborn (1778–1845), September 1814 Hochzeit mit Rahel Levin (1771–1833), Tochter von Markus Levin (1723–1790), Bankier und Juwelier in Berlin, und Chaie Levin, geb. Moses (1742–1809), Oktober 1814 Eintritt in preußische Dienste, Mitarbeiter von Carl August Fürst von Hardenberg (1750–1822), Teilnahme am Wiener Kongreß und an den Verhandlungen zum Zweiten Pariser Frieden, Juni 1816 Geschäftsträger, November 1817 Minister-Resident in Karlsruhe, 1819 abberufen, zur Disposition gestellt, 1825 Geheimer Legationsrat im Ministerium der auswärtigen Angelegenheiten, Dezember 1826 Verleihung des seit 1811 „geführten“ Adelstitel „von Ense“, 1829 Sondermission nach Kassel, 1834 zur Disposition gestellt (vgl. Wilhelmy, Berliner Salon, S. 70–71 und S. 494; Grypa, Diplomatischer Dienst, passim); vielfältige und umfangreiche schriftstellerische und publizistische Tätigkeit.

[2] Ranke war im August und Anfang September 1824 in Berlin, Halle und Wiehe (vgl. Nr. 223). In Berlin traf er wohl mit dem im August von einer Reise nach Alexisbad und Leipzig zurückgekehrten Varnhagen zusammen. Das Treffen ging wahrscheinlich auf eine Initiative des Verlegers Georg Andreas Reimer zurück, der mit Varnhagen gut bekannt war. Varnhagens „Biographische Denkmale“ (vgl. Nr. 261) erschienen im Reimerschen Verlag.

Nr. 220

Ferdinand Ranke[1] an Leopold Ranke

V: GStA PK VI. HA Nl Hoeft Nr. 1 (Abschrift)
G: GStA I. HA Rep. 92 L. v. Ranke Nr. 26 (nicht erhalten)
TY: GStA PK VI. HA Nl Hoeft Nr. 37 Kart. 2

Halle⟨,⟩ am 4ten September ⟨1824.⟩

Geliebtester Bruder,
Nicht wahr, es hat Dir lange gedauert, seit ich Dir nicht ein Wort habe von mir hören lassen? Es ist aber nicht durch meine Schuld, sondern am meisten durch die Verzögerung der Torgauer Sache[2] geschehen. Ich wollte doch nicht gern eher schreiben, als bis ich etwas Gewisses wüßte. Freylich weiß ich nun auch jetzt noch nichts Gewisses, jedoch meine Hoffnungen sind sehr bestärkt[a]. Doch hier den Verlauf der Sache.
Es ist in Torgau gewöhnlich, daß unter denen, die um eine Stelle anhalten, nur zwei zur Probe[3] gelassen werden, und zwar die, deren Anhaltungsschreiben der Superintendent Koch[4] für die Besten hält. Durch die Zeizer Verzögerung[5] kam nun mein Anhaltungsschreiben erst dort an, als schon die beiden bestimmt waren zur Probe, nehmlich der Mag⟨ister⟩ Sauppe[6] aus Leipzig, Hermanns[7] Famulus, von Hermann und Beck[8] empfohlen,

[a] In der Vorlage ursprünglich: „beschränkt".

[1] Ferdinand Ranke (1802—1876), Bruder Leopold Rankes.
[2] Vgl. Nr. 208–210, Nr. 212, Nr. 214 und Nr. 216.
[3] Lehrprobe vor Schülern und Lehrern.
[4] Friedrich Lebrecht Koch (1761–1837), Superintendent in Torgau.
[5] Vgl. Nr. 230.
[6] Gustav Albert Sauppe (1802–1870), Sohn von Johann August Sauppe (1761–1809), Pfarrer in Kayna bei Zeitz, und Carolina Louise Sauppe, geb. Gruner, 1812 Stiftsgymnasium in Zeitz, 1820 Studium der Philologie in Leipzig, vor allem bei Christian Daniel Beck und Johann Gottfried Jakob Hermann, der ihn auch in die „Societas Graeca" aufnahm, 1824 Dr. phil., August 1824 Lehramtsexamen, November 1824 interimistisch, Ostern 1825 definitiv Subrektor, einige Jahre später Konrektor, 1843 Direktor am Lyceum in Torgau, 1853 Direktor der Ritterakademie in Liegnitz, 1862 Ruhestand (vgl. Pfarrerbuch Kirchenprovinz Sachsen, Bd. 7, S. 364; Koechly, Gottfried Hermann, S. 257); veröffentlichte mehrere Schriften zu Xenophon, von Bedeutung waren vor allem seine Bearbeitung der Werke von Xenophon: Xenophontis opera. 5 Bde., Leipzig 1811–1819, 2. Aufl., 1865–1866 und sein Lexilogus Xenophonteus sive Index Xenophontis Grammatikus. Leipzig 1869.
[7] Johann Gottfried Jakob Hermann (1757–1848), Professor der Eloquenz und der Poesie in Leipzig.
[8] Christian Daniel Beck (1757–1832), Direktor des Philologischen Seminars und ordentlicher Professor für Geschichte in Leipzig.

und Mag⟨ister⟩ Hornburg[9], aus Torgau, Quintus[10] der dortigen Bürgerschule. Der ganze Rath einstimmig hatte Hornburg im Sinn, ganz wie Du es gedacht hattest, und Sauppe war nur so zum Schein gerufen worden, um doch zu wählen. Den 16ten August hatten nun diese beiden, jener, Sauppe, am Nachmittag, und Hornburg Vormittags die Probe gehalten. Zur Wahl konnte nicht geschritten werden, weil beide noch kein Schulexamen gemacht hatten, da kam den 17ten das Schreiben vom Ministerium, zuvor erst durch das Consistorium[11], und dann durch die Regierung[12], an, daß das Ministerium wünsche, daß ich präsentirt werden möchte, zugleich mit Berufung auf des Königs Compatronatsrecht[13]. Daß dieser es hat, ist offenbar, denn in Müllers[14] Berufung zum Rektor steht ausdrücklich, er solle über des Königs Compatronatsrecht wachen. Natürlich war nun der ganze Rath[15] wüthend auf mich wegen des Eingriffs in ihre Rechte. Sie hatten gemeint, er[16] solle nur seinen Gehalt für sich behalten; sie hätten das alleinige Patronatsrecht; er könne seinen Gehalt wiedernehmen. Indeß alle Behörden geradezu vor[b] den Kopf stoßen konnten sie auch nicht. Sie schrieben mir also hierher, es hätten bereits 2[c] Männer ihre Proben gethan, und zwar mit ausgezeichnetem und allgemeinem Beyfalle, indeß mit ehrfurchtsvoller Berücksichtigung dieser hohen Empfehlung wollten sie auch mich noch den 2ten September mit einer Probe hören. Indeß wenn ich etwa ganz und gar von der Stelle abstrahiren wolle, so möchte ich doch sogleich schreiben. – Ich sah deutlich, daß sie mich dadurch nur abschrecken wollten, um mich los zu sein. Ich schrieb also ihnen: ich könnte unmöglich von der Stelle abstrahiren, am wenigsten, da sich zwei ausgezeichnet hätten; dieß reize mich noch weit mehr, mir auch vor ihnen Beifall zu erringen. Ich konnte natürlich nicht anders; denn was würde das Ministerium gesagt

[b] In der Vorlage gestrichen.
[c] In der Vorlage ursprünglich: „die".

[9] Carl Gotthelf Wilhelm Hornburg (1798–1867), Sohn von Christian Gotthelf Hornburg, Chirurg in Großenhain, und Juliana Friederica Hornburg, geb. Sperling, Schule in Großhain, 1812 Landesschule St. Afra in Meißen, 1818 Studium der Theologie und Philologie in Leipzig, 1821 Dr. phil., 1822 Erstes Theologisches Examen in Dresden, Hauslehrer in Leipzig, 1823 Fünfter Lehrer an der Stadtschule in Torgau, Hochzeit mit Caroline Koch, Tochter von Johann Ernst Koch, herrschaftlicher Jäger in Dresden, 1829 Diakonus in Gräfenhainichen, 1842 Pfarrer in Spora (vgl. Pfarrerbuch Kirchenprovinz Sachsen, Bd. 4, S. 313).
[10] Fünfter Lehrer.
[11] Die Schulaufsichtsbehörde.
[12] Die Regierung des Regierungsbezirks Merseburg.
[13] Recht des Königs von Preußen, die Stellen gemeinsam mit der kommunalen Behörde zu besetzen (vgl. Nr. 222).
[14] Gottlob Wilhelm Müller (1790–1875), Rektor des Lyceums in Torgau, wie Leopold Ranke Schüler von Johann Gottfried Jakob Hermann und Mitglied der „Societas Graeca".
[15] Mitglieder nicht ermittelt.
[16] Der König, der einen Zuschuß zur Besoldung der Lehrer zahlte (vgl. Nr. 237).

haben? Müller hatte sogleich auch geschrieben, ich sollte nur kommen. Doch kam dieser Brief, was mir nun leid thut, nicht vor meiner Abreise in die Hände. Ich nahm mir hier einen Einspänner und eilte den 30sten August, wie sie mir geschrieben hatten, nach Torgau. Sogleich ging ich zum Rector[17], der mich überaus freundlich aufnahm, und mir die Lage der Dinge aufdeckte. Ganz ohne Hoffnung war ich hingekommen; sie wurde aber bald belebt. Nehmlich mit der guten Probe Sauppens hatte es allerdings seine Richtigkeit, aber nicht mit der des Hornburg. Diese war sehr schlecht gewesen. Er hatte gezeigt, daß er gar zu wenig griechisch verstehe und auch nicht viel lateinisch. Wenigstens hatte er in den Metamorphosen[18] die Stelle so erklärt, daß sogleich ein Primaner[19] aufgetreten war, und ihm verletzte Metrik und Grammatik nachgewiesen hatte. Ferner waren einige Schüler zum Superintendenten gekommen und hatten gesagt: sie hätten gehört, Hornburg solle gewählt werden; sie ihres Theils hätten nicht die geringste Lust zu ihm; indeß ist der Rath noch immer von der ausgezeichneten Probe überzeugt, zum Theil wenigstens. Der Rector aber ist entschlossen, sobald Hornburg gewählt würde; Sogleich an das Ministerium zu schreiben, alle seine Fehler, deren er eine nicht geringe Anzahl sich aufgezeichnet, aufzudecken, und sich unverholen gegen ihn zu erklären. Auch sagte mir der Superintendent[20], Hornburg könne unmöglich gewählt werden, und der erste Bürgermeister[21] auch. Der Superintendent sagte, es käme vorzüglich auf meine Probe und Sauppens Examen an. Donnerstags von 9 bis um 12 stand ich nicht weit von dem grünen Koffer[22] in dem glänzenden Saale auf dem Katheder und docirte. Erst wurde ein Lied gesungen, dann das Vaterunser griechisch gebeten ⟨sic!⟩, dann hielt der Superintendent eine lateinische Rede, worin er unter anderm sagte, es solle sich niemand wundern, daß gegen die Gewohnheiten noch ein Dritter zur Probe gelassen werde; denn es würde eine religio[23] gewesen sein, mich nicht zu rufen, da ich durch so viele Privatleute und öffentlichen Zeugnissen[d] empfohlen wäre. Dann trat ich auf das Katheder, sagte eine ungeheuere Anode[24] her, worin auch ein kleines Thema lateinisch abgehandelt werden sollte; dann

[d] In der Vorlage ursprünglich: „Zeitgenossen".

[17] Gottlob Wilhelm Müller.
[18] In Hexametern verfaßtes mythologisches Werk des römischen Dichters Ovid.
[19] Schüler der Abschlußklasse des Lyceums in Torgau.
[20] Friedrich Lebrecht Koch; Ferdinand Ranke hatte ihn bei seinem Besuch in Torgau im Juli 1824 aufgesucht (vgl. Nr. 216).
[21] Georg Adam Brunner (1756–1845); Ferdinand Ranke hatte auch ihn bereits im Juli 1824 aufgesucht hatte (vgl. Nr. 216).
[22] Unklar.
[23] Unklar.
[24] Einführung, Redenbeginn.

einen deutschen Vortrag über den Römischen Bürgerkrieg[25]; dann erklärte ich eine Stelle aus den Metamorphosen und gab eine metrische Übersetzung, dann eine Stelle aus dem Sueton[26], jene wegen der Mythologie, diese wegen der Alterthümer; dann eine Stelle aus dem Homer[27], wo Hermes[28] zu Calypso[29] geht;[30] dieß[e] ging am besten; und endlich, nachdem die Schüler hinausgegangen waren, las ich eine Stelle aus dem Télémache[31] vor und übersetzte sie. So war alles vollendet; bald darauf verließ ich mit meinem Einspänner Torgau. Ich eilte um so mehr, weil ich hören wollte, wie Sauppes Examen abgelaufen. Ich kam, hörte und hatte gesiegt[32]. Er hat im Griechischen obere Klassen zuerkannt erhalten, im Lateinischen, der Geschichte und Geographie nur mittlere und untere. Diesen also können sie unmöglich wählen; seine Probe ist gut gewesen, aber meine auch nicht schlecht. Und das Zeugniß ist für das Ministerium doch die Hauptsache; denn dieses muß doch bestätigen. Nun will zwar Hornburg auch noch das Examen machen; indessen ist davon wohl nichts zu befürchten, erstlich wegen der Probe und zweitens auch deßwegen. Reisig[33] hat ihm aus dem Tacitus[34] Ann⟨alen⟩ 4[f], das caput primum et Septuagesimum[35] zu erklären

[e] In der Vorlage ursprünglich: „das“.

[f] In der Vorlage: „5“; geändert auf Grund des im Folgenden genannten Kapitels.

[25] Gemeint ist wahrscheinlich der Bürgerkrieg zwischen Caesar und der Partei des Pompeius 49 bis 45 v. Chr.; der klassische Quellentext, Caesars „De bello civili“, gehörte zur Schullektüre.

[26] Gaius Suetonius Tranquillus (um 70–nach 122), römischer Geschichtsschreiber; seine „Vitae Caesarum“ enthielten neben der ausführlichen Lebensbeschreibung der ersten Herrscher im Prinzipat viele Nachrichten über Bau- und Kunstwerke, staatliche, religiöse und soziale Einrichtungen sowie allgemeine Lebensverhältnisse („Alterthümer“) im kaiserzeitlichen Rom.

[27] Er galt im 19. Jahrhundert als Autor der Ilias und der Odyssee.

[28] Hermes, griechische Gottheit; Sohn von Zeus und der Pleiade Maia, einer Tochter des Titanen Atlas.

[29] Kalypso, Meernymphe der griechischen Mythologie, Tochter des Titanen Atlas; sie hielt Odysseus sieben Jahre auf der Insel Ogygia fest.

[30] Odyssee V 1.

[31] Wohl Les aventures de Telemaque fils d'Ulysse von François de Salignac de la Mothe Fénelon (1651–1715), der von 1689 bis 1699 als Erzieher des Herzogs Ludwig von Burgund, des Enkels Ludwigs XIV. und zeitweiligen Thronfolgers, wirkte. Er übte hier, im Medium eines im Umkreis der Homerischen „Odyssee“ spielenden Bildungs- und Staatsromans, scharfe Kritik an den politischen Verhältnissen im zeitgenössischen Frankreich. Das Werk konnte daher, nach einem Teildruck von 1699, vollständig erst 1717 erscheinen und kam seitdem, als eines der Hauptstücke der klassischen französischen Literatur geschätzt, in vielen Auflagen und Übersetzungen heraus.

[32] Nach Caesars häufig zitierter Äußerung „Veni, vidi, vici“ (Sueton, Leben des Caesar, 37,2).

[33] Karl Christian Reisig (1792–1829), ordentlicher Professor der alten Literatur in Halle, wie Leopold Ranke Schüler von Johann Gottfried Jakob Hermann und Mitglied der „Societas Graeca“.

[34] Publius Cornelius Tacitus (um 58–um 120), römischer Geschichtsschreiber.

[35] 71. Kapitel.

gegeben. Da ist er zu Müllern gekommen, und hat gefragt; er wisse gar nicht, wie es zuging, daß Reisig ihm[g] das erste und siebzigste Capitel gegeben hätte, da sie gar keinen Zusammenhang mit einander hätten. Sauppe hat dieß Reisigen erzählt. Reisig ist ganz Feuer und Flamme, ich müßte die Stelle nothwendig bekommen. Nun⟨,⟩ Gott wird das Weitere lenken. Sobald etwas geschieht, hörst Du es.

Nun wegen Deines Buches. Blanc[36] hat angefangen das critische Buch[37] zu erwägen, und ist ganz entzückt davon.[38] Er sagt, dieß wäre die Hauptsache; damit trätest Du sogleich in die Reihe der ersten Geschichtschreiber unserer Zeit. Es wäre ganz ausgezeichnet und mache ihm unbeschreibliche Freude; zwei Bogen sind aber erst ganz corrigirt. Nun aber verreist Blanc in acht Tagen nach Dresden[h], und die Correktur wird mit Freuden, so gut er es kann, Ferd⟨inand⟩ Ran[i]c[i]ke übernehmen. Freylich wird es Dir nicht lieb sein. Doch es hilft einmal nichts. Blanc hat nur diese Zeit⟨,⟩ wo er abkommen[39] kann. Damit ich mich nun aber hinein finde, fang ich jetzt gleich während Blancs Anwesenheit noch an bei dem nächsten Bogen. Blanc wird mir Alles sagen, wie ich es machen soll, und wird dann die französischen und italienischen Stellen mit mir durchlesen. Was ich kann, thue ich gewiß, lieber Bruder.

Ferner war hier ein Wort[40], das niemand lesen konnte, ich auch nicht. Alexander[41] hatte dem Cardinal George d'Umbriche[42] der Leg[j]ation[j] von Frankreich u. s. w. Ich dachte gleich, es müsse ein Wort von der Lega[k]te[k]-schaft sein. Blanc aber behauptete, es sei ein Logat[43], und hat einen schrecklichen Druckfehler stehn lassen; später kam eine Legation noch öfter vor; da hat es Blanc gesehen.

[g] In der Vorlage: „ist"; im Typoskript: „ihm".
[h] In der Vorlage ursprünglich: „Potsdam".
[i-i] In der Vorlage unterstrichen.
[j-j] In der Vorlage unterstrichen.
[k-k] In der Vorlage unterstrichen.

[36] Ludwig Gottfried Blanc (1781–1866), Professor der südeuropäischen Sprachen und ihrer Literaturen, zugleich Domprediger in Halle.
[37] Die Druckfahnen von L. Ranke, Kritik.
[38] Vgl. Nr. 203.
[39] Verbalform zu „abkömmlich sein".
[40] In der Druckfassung von L. Ranke, Geschichten, S. 190, lautet die Stelle: „Alexander hatte dem Cardinal Georg d'Amboise die Legation von Frankreich [...] übertragen".
[41] Papst Alexander VI. (1431–1503).
[42] Kardinal Georges d'Amboise (1460–1510), 1474 Bischof von Montauban, 1492 Erzbischof von Narbonne, 1493 von Rouen, Berater und Minister des Königs Ludwig XII. von Frankreich und ab 1498 zugleich Legat des Papstes Alexander VI. in Frankreich.
[43] Unklar.

Heinrich[44] hat auch geschrieben; er hat immer noch im Sinn, daß ich zu ihm kommen soll. Der Schönaich[45] hat ihn gesund gemacht. Raumer[46] hat nach Berlin und München geschrieben, um allen demagogischen Verdacht von sich zu entfernen. Kamptz[47] hat an Raumers Bruder[48] darauf geschrieben, daß in allen Untersuchungen sich nichts gegen ihn gefunden; er solle nur keine liberalen Schreier bei sich anstellen. Lieber[49] ist fortgeführt nach Köppenik, vorher sehr ängstlich, hat [er] jedem seiner Mädchen[50], die ihm aufwarten⟨,⟩ einen Louis d'or gegeben, und gesagt, dieß bringe seine Eltern[51] unter die Erde. Kurz vorher ist ein Major[52], u⟨nd⟩ ein Lieute-

[44] Heinrich Ranke (1798–1876), Bruder Leopold Rankes, Lehrer an der Bildungsanstalt des Erziehervereins in Nürnberg.

[45] Johann Heinrich Ferdinand Schönaich (1803–1878), ehemaliger Schüler Leopold Rankes, seit 1823 Student der Theologie in Halle und, wie Wilhelm Ranke, Mitglied der „Quellengesellschaft".

[46] Karl Ludwig Georg von Raumer (1783–1865), ehemaliger Professor, wie Heinrich Ranke Lehrer an der Bildungsanstalt des Erziehervereins in Nürnberg.

[47] Carl Albert Christoph von Kamptz (1769–1849), Direktor der Unterrichts-Abteilung im Ministerium der Geistlichen, Unterrichts- und Medizinal-Angelegenheiten.

[48] Friedrich Ludwig Georg von Raumer (1781–1873), Professor für Staatswissenschaften und Geschichte in Berlin; Bruder von Karl Ludwig Georg von Raumer (1783–1865), der wie Heinrich Ranke als Lehrer an der Bildungsanstalt des Erziehervereins in Nürnberg wirkte.

[49] Franz Lieber (1798–1872), Mitglied der Burschenschaften in Berlin und Jena, Hauslehrer beim preußischen Außenminister Christian Günther Graf von Bernstorff.

[50] Nicht ermittelt.

[51] Friedrich Wilhelm Lieber (1757–1831/1832), Kaufmann in Berlin, und Barbara Charlotte Catharina Lieber, geb. Baur (1763–1838).

[52] Wohl Carl Friedrich von Fehrentheil und Gruppenberg (1782–1852), Sohn von Johann Ernst von Fehrentheil (1753–1815), Erbherr auf Kapitz und Medlitz im Fürstentum Oels, Landesältester des schlesischen Kreises Trebnitz, und Johanne Henriette Friederike Sophie von Fehrentheil, geb. von Bock und Polach (1759–1819); Privatunterricht, 1791 Gymnasium in Oels, 1800 Privatunterricht in den militärischen Wissenschaften in Breslau bei einem pensionierten Ingenieur-Capitain, 1802 Eintritt als Eleve in die Ingenieur-Akademie in Potsdam, 1806 Seconde-Lieutenant im Ingenieur-Corps, 1806 in Kolberg, Bekanntschaft mit August Wilhelm Anton Neidhart von Gneisenau (1760–1831), 1808 Pour le Mérite, 1809 Mitglied des Tugendbundes, Seconde-Lieutenant in Graudenz, 1813, wie Karl Ludwig Georg von Raumer (1783–1865), Adjutant von Gneisenau, Teilnahme an den Schlachten von Großgörschen, Bautzen, Katzbach und Leipzig, Mitte 1813 Premier-Lieutenant, November 1813 Capitain, 1814–1815 Adjutant von Johann Georg Gustav Rauch (1774–1841), dem Chef des Ingenieur-Corps, Sommer 1814 für zwei Monate Reisebegleiter von Ludwig Leopold Gottlieb Hermann von Boyen (1771–1848), 1815 Ingenieur vom Platz in Glatz, Hochzeit mit Wilhelmine Charlotte von der Heyde (1790–1815), Tochter von Carl Gottlob von der Heyde († 1802), Oberst und Kommandant von Kolberg, Ende 1815 Beförderung zum Capitain 1. Klasse, 1817 Hochzeit mit Maria Anna Luise von Streit (1797–1864), Tochter eines Capitain in Wollstein, und eventuell Verwandte von Johann Carl August Streit, 1813 Oberstleutant und Kommandant von Erfurt, danach Generalmajor und Kommandant von Kolberg, März 1819 Ingenieur vom Platz in Erfurt, März 1823 Major, Ende August 1824 Festnahme wegen „demagogische Umtriebe" – in Fehrentheils Haushalt wirkte Moritz Michael Schmerbauch (1798–1871), der 1822 wegen „wegen Theilnahme an burschenschaftlichen Verbindungen" verhaftet worden war als Hauslehrer, außerem hatte Fehrentheil Kontakte zu Franz Lieber und Robert Wesselhöft – , Inhaftierung in

nant[53] in Erfurt festgenommen worden, mit welchen er in Verbindung gestanden haben soll.[54]

Köpenick, 1827 Bestätigung der Verurteilung wegen Teilnahme und Mitwissenschaft an verbotenen Verbindungen mit hochverräterischen Absichten zu lebenslanger Festungshaft durch König Friedrich Wilhelm III., 1832 Flucht aus der Zitadelle Magdeburg, Auswanderung nach Amerika (vgl. GStA PK I. HA Rep. 77 Tit. XXI Spez. F Nr. 31; Acten-Stücke über die unter dem Namen des Männer-Bundes und des Jünglings-Bundes bekannten demagogischen Umtriebe. Hrsg. von Carl Follenberg. Leipzig 1833).

[53] Wohl Carl Heinrich Samuel Busch (1790–1825), Sohn von Samuel Gottfried Busch (1747–1827), Kreis-Justizrat, Assistenzrat und Kammergerichtsdeputierter in Prenzlau, und Wilhelmine Christiane Busch, geb. Zimmermann (1755–1802), 1801 Gymnasium in Prenzlau, 1811 Studium der Theologie in Berlin, 1813 Engagemant bei den Garde-Jägern in Breslau, 1814 Seconde-Lieutenant, Herbst 1814 Abschied, Studium der Fortwissenschaften in Berlin, 1815 Adjutant beim 33. Garnison-Bataillon in Torgau, nach dessen Auflösung Seconde-Lieutenant beim 31. Infanterie-Regiment in Erfurt, 1816 Lehrer der Mathematik an der Divisionsschule in Erfurt, infolge übermäßigen Genusses von Wein und Branntwein Verfolgungswahn, Nervenschwäche und Gemütskrankheit, Frühjahr 1824 auf Inaktivitätsgehalt gesetzt, September 1824 Festnahme wegen der Teilnahme an „demagogischen Umtrieben", Inhaftierung in Köpenick, November 1824 Kur in der Charité in Berlin, Suizidversuch, Mai 1825 Tod in der Charité (vgl. GStA PK I. HA Rep. 77 Tit. XXI Spez. F Nr. 31; ELAB Prenzlau, St. Nikolai Bestattungen 1802 und 1827).

[54] Hoeft vermerkt: „Schluß des Briefes".

Nr. 221

Leopold Ranke an Ferdinand Ranke[1]

V: GStA PK VI. HA Nl Hoeft Nr. 1 (Abschrift)
G: GStA I. HA Rep. 92 L. v. Ranke Nr. 23 (nicht erhalten)
D: L. v. RANKE, Neue Briefe, S. 49–51

⟨Frankfurt an der Oder, nach dem 13. September 1824.⟩[a]

Liebster Ferdinand,

Es ist Abends um elf; wach auf: laß uns noch ein wenig wachen und plaudern.

Nicht wahr, diese Correctur macht Dir viel Mühe und so zu sagen Schererei? Tust Du's auch gern? Ich danke Dir von Herzen: Du weißt nicht, welch ein Stich ein schwerer Druckfehler für ein redliches Autorherz ist. Das kritische Heft[2] im Ganzen und auch im Andern[3] das Letztgedruckte nimmt sich recht gut aus und hat mich nicht besonders verwundet. Lagare[4] statt Legazion muß B[äntsch][5] nothwendig umdrucken. Es sind[b] auf derselben Seite noch zwei andere starke und ein schwächerer Druckfehler. Also harre nur aus. In den letzten kritischen Bogen habe ich zuweilen wandte und sandte statt meiner Form sandt und wandt stehen lassen.[6] Ich wünschte der Gleichförmigkeit halber, daß Du die kürzere Form wieder herstelltest.

Nun, mein Herz, wie steht es mit Torgau?[7] Schreib mir auch, wenn es sich noch nicht entschieden haben sollte von dem Fortgang dieser Sache,

[a] Orts- und Datumsangabe nach L. v. RANKE, Neue Briefe.
[b] In der Vorlage ursprünglich: „Ich fand".

[1] Ferdinand Ranke (1802–1876), Bruder Leopold Rankes.
[2] L. RANKE, Kritik.
[3] L. RANKE, Geschichten.
[4] Vgl. Nr. 220.
[5] Franz Carl Leopold Bäntsch (1772–1825), Sohn von Friedrich Wilhelm Bäntsch (1735–1807), Regimentsquartiermeister, später Hofrat und Steuerkassen-Rendant in Halle, und Sophie Juliane Bäntsch, geb. Franke, 1821 Hochzeit mit Juliane Charlotte Holzmüller (1792–nach 1825), Tochter von Friedrich Gottlob Holzmüller (1745–1822), Prediger in Allerstedt, Buchdrucker und Buchhändler in Halle (vgl. Archiv KPS Halle, deutsch-reformierte Domkirche, Trauungen 1821; Archiv KPS Halle, deutsch-reformierte Domkirche, Bestattungen 1807 und 1825; Pfarrerbuch Kirchenprovinz Sachsen, Bd. 4, S. 295).
[6] Dazu äußert sich Ranke in der „Vorrede" in einer Anmerkung: „Zweytens habe ich Anfangs aus Gewohnheit und Gefühl, später aus der Betrachtung, daß man Formen der starken Conjugation nicht durch ein angesetztes e in schwache verwandeln müsse, wie früher bey sahe, stritte u. s. w. geschehn ist, sandt und wandt, zwey häufig vorkommende Wörter für das gewöhnlichere sandte und wandte geschrieben: eine grammatische Erkühnung, die sich, wie ich fürchte, wenig Beyfall zu versprechen hat, und hiemit gänzlich dem Urtheil wahrer Grammatiker unterworfen wird." (L. RANKE, Geschichten, S. VII).
[7] Vgl. Nr. 208, Nr. 210, Nr. 212, Nr. 216 und Nr. 220.

die mich nicht viel weniger angeht als Dich. Nach Deinem Brief hattest Du zwar ziemliche Hoffnung: unparteiisch konnte ich indes Deinem Veni Vidi Vici noch nicht ganz beistimmen.[8] Vielleicht indes wirst oder triumphierst Du schon.

Aus dem Garten[9] bin ich schon am 13. Sept⟨ember⟩ ausgezogen. Die guten Leute[10] wollten auf der Hausflur vor meinen Ohren dreschen. Es war zwar gerade in der schönsten Zeit; indeß dieß wollte ich nicht ertragen und zog, Du kannst denken, unter welchen Thränen der Alten[11]. Die Kleine[12], die Essenbringerin, wurde gar krank. Es war mir beinah wohl, mich wieder von ihnen entfernt und unter allen meinen Büchern zu finden. Der Berg war schön, aber ihr Gezänk, ihr Gelärm vor der Tür war doch unerträglich.

Ihr seid ohne Zweifel auch wieder unfern von der Post zu finden.[13]

Ich bin gegenwärtig in dem größten Gedräng von Arbeiten: — diesen, die gedruckt werden sollen; Correcturen zum Examen; und überdieß soll ich und muß ich und bin ich gezwungen, auf den Donnerstag die Stiftungsrede[14] zu halten, an die ich bis jetzt noch nicht ⟨habe⟩ denken können.

Wärst Du doch wenigstens hier, damit ich einen ganz wohlwollenden Zuhörer hätte, der die Sachen zum besten kehren, und mit mir darnach unverstellt darüber schwatzen könnte.

Ist Blanc[15] wieder zurück?[16] Ihn und alle die,welche ich wohl die Deinigen nennen darf,[17] grüße ich als liebe und traute Verwandte von Herzen. An Fanny[18] erlaubst Du mir ein Blättchen beizulegen.[19]

Dein getreuer Bruder L⟨eopold⟩.

[8] Vgl. Nr. 220.

[9] Leopold Ranke hatte sich am Poetensteig etwas außerhalb der Stadt ein Sommerquartier angemietet (vgl. Nr. 200).

[10] Wohl Christian Ludwig Balzer (1787–1860), Bürger und Uhrmacher in Frankfurt an der Oder, und seine Ehefrau Friederike Philippine Balzer, geb. Wallasch (1788–1851).

[11] Christian Ludwig und Friederike Philippine Balzer.

[12] Evenutell Pauline Friederike Louise Balzer (1816–1873), Tochter von Christian Ludwig und Friederike Philippine Balzer, geb. Wallasch (vgl. ELAB Frankfurt an der Oder, St. Georgen, Taufen 1816.).

[13] Unklar.

[14] „Über die Wechselwirkung zwischen Staat, Publikum, Lehrern und Schülern in Beziehung auf ein Gymnasium", abgedruckt in: L. v. Ranke, Frühe Schriften, S. 611–627.

[15] Ludwig Gottfried Blanc (1781–1866), Professor der südeuropäischen Sprachen und ihrer Literaturen, zugleich Domprediger in Halle.

[16] Der ebenfalls mit Korrekturen beschäftigte Blanc war nach Dresden verreist (vgl. Nr. 220).

[17] Fanny Pollau (1804–1867), Verlobte Ferdinand Rankes; Nanette Esther Marguerite Pollau, verw. Juncker, geb. Plantier (1768–1829), die Mutter von Fanny Pollau; Charlotte Blanc, geb. Juncker (1795–1866), die Stiefschwester von Fanny Pollau, und ihr Ehemann Ludwig Gottfried Blanc.

[18] Fanny Pollau.

[19] Nicht ermittelt.

Nr. 222

Ferdinand Ranke[1] und Fanny Pollau[2] an Leopold Ranke

V: GStA PK VI. HA Nl Hoeft Nr. 1 (Abschrift)
G: GStA I. HA Rep. 92 L. v. Ranke Nr. 26 (nicht erhalten)

Halle⟨,⟩ den 7ten Oktober ⟨1824⟩.[a]

Innigst geliebter Bruder,
Mit meinem Triumphe ist nichts geworden.[3] Am 17ten September hat der Rath zu Torgau[4] Sauppen[5] gewählt, und dessen Bestätigung dem Ministerium vorgelegt. Ihre Gründe, die sie angegeben haben, sind mir unbekannt. Die Communerepräsentanten[6] haben mich gewählt und deßwegen einen Bericht an das Ministerium gemacht. Der Rath aber hat Sauppen nach Leipzig geschrieben; er solle kommen und einstweilen die Stelle als Privatlehrer verwalten. Danach habe ich also noch folgende Hoffnungen⟨:⟩ 1., Der Communerepräsentanten Bericht, also eine Parthey für mich. 2., Der Eingriff des Rathes in ministerielle Rechte, obwohl ich noch nicht weiß, ob Sauppe wirklich hingegangen ist. 3., Sauppens schlechteres Zeugniß, und 4., Kamptzens[7] Festigkeit bei seinen Wünschen. Es sieht freilich noch alles mißlich aus; und das Ganze ist eine fatale Geschichte. Bekomme ich die Stelle nicht, so weiß ich nicht, was ich machen will. Doch ich kann ja noch recht gut hier ein halbes Jahr studiren. Mit Freuden aber breche ich von diesen Sachen ab, und komme auf die Deinigen.
Zuerst muß ich Dir melden. Neulich erwarteten wir hier den geheimen Rath Schulze[8] von Berlin. Er kam aber nicht. Blanc[9] hat in meiner Sache

[a] In der Vorlage oben, links von der Ort- und Datumsangabe der unterstrichene Vermerk: „Geschäftsbrief.“.

[1] Ferdinand Ranke (1802—1876), Bruder Leopold Rankes.
[2] Fanny Pollau (1801–1867), Verlobte Ferdinand Rankes.
[3] Vgl. Nr. 220 und Nr. 221.
[4] Mitglieder nicht ermittelt.
[5] Gustav Albert Sauppe (1802–1870), wie Ferdinand Ranke Bewerber um die Stelle eines Subrektors am Lyceum in Torgau, wie Leopold Ranke Schüler von Christian Daniel Beck und Johann Gottfried Jakob Hermann sowie Mitglied der „Societas Graeca“.
[6] Nicht ermittelt.
[7] Carl Albert Christoph von Kamptz (1769–1849), Direktor der Unterrichts-Abteilung im Ministerium der Geistlichen, Unterrichts- und Medizinal-Angelegenheiten.
[8] Johannes Karl Hartwig Schulze (1786–1869), Geheimer Oberregierungsrat und Vortragender Rat im Ministerium der Geistlichen, Unterrichts- und Medizinal-Angelegenheiten, Referent für das Gymnasialwesen.
[9] Ludwig Gottfried Blanc (1781–1866), Professor der südeuropäischen Sprachen und ihrer Literaturen, zugleich Domprediger in Halle.

an ihn geschrieben,[10] und da auch der Deinigen gedacht. „Er bedauere es sehr, daß er nicht gekommen; er habe zugleich ihn auf Ein Buch von Leopold Ranke aufmerksam machen wollen, u. s. w.“[11] – Du hast nun alles geschickt bis auf das Letzte, die Inhaltsanzeige und die Druckfehler. Bäntsch[12] klagte mir seine Noth, daß er nun nicht fertig würde bis zur Zahlwoche, und also auch Reimern[13] die Rechnung nicht vorlegen könne vor künftigen Ostern, was ein großer Schade für ihn sey. Zugleich aber, daß es noch länger aufgehalten werden würde, wenn er Dir erst noch alles schicken müsse zur Inhaltsanzeige, weil er ohne diese ja die Einleitung und Vorrede nicht setzen und abdrucken könne; denn sie kommen ja nach der Vorrede und vor der Einleitung.[14] Darum habe ich es gewagt, ich weiß nicht, ob zu Deiner Freude, die Inhaltsanzeigen zur Kritik und zur Geschichte selbst zu verfertigen. In der Sache selbst sind ja keine Fehler möglich, da ich ja nur das schon einmal Gedruckte an einer andern Stelle wieder abdrucken lasse. Sollten in dem schon Gedruckten noch einige Fehlerchen stecken, so brauchst Du diese nur mit umgehender Post mir zu sagen, so ist noch Zeit sie zu ändern. Anders aber verhält es sich mit der Anordnung der Inhaltsanzeigen selbst. Da wäre es leicht möglich, daß Du eine andere im Sinne hättest, als ich machen werde. Aber auch da wäre es noch möglich, daß, wenn Dir meine unangenehm wäre, Du mich noch davon rasch benachrichtigtest. Bey der Critik war sie sehr leicht und ohne Hindernisse; sie ist auch schon fertig. Ich will Dir die Skizze davon geben.[15]

[10] Johannes Karl Hartwig Schulze wohnte als Student im Sommer 1806 im „Fleischerschen Garten“, wo außer ihm auch Nanette Esther Marguerite Pollau, verw. Juncker, geb. Plantier, zusammen mit ihren Töchtern Charlotte und Fanny lebte. Charlotte Juncker, die Halbschwester der Verlobten Ferdinand Rankes, heiratete 1816 Ludwig Gottfried Blanc, dem Schulze bereits zu Studienzeiten „nahe getreten“ war, wie es Varrentrapp formuliert (vgl. Varrentrapp, Johannes Schulze, S. 42–43).

[11] Blanc war von der Lektüre der Druckfahnen von L. Ranke, Kritik, „ganz entzückt“ (vgl. Nr. 220).

[12] Franz Carl Leopold Bäntsch (1772–1825), Buchdrucker und Buchhändler in Halle.

[13] Georg Andreas Reimer (1776–1842), Buchhändler und Verleger in Berlin.

[14] Der Druck ist dem gefolgt: L. Ranke, Geschichten, Vorrede S. III–VIII; Inhalt S. IX–XVI; Einleitung, Umriß einer Abhandlung von der Einheit der romanischen und germanischen Völker und von ihrer gemeinschaftlichen Entwickelung S. XVII–XL. Der Druck der römisch paginierten Seiten erfolgte unabhängig vom Hauptteil.

[15] In der Tat wurde bei der Drucklegung genauso verfahren (vgl. L. Ranke, Kritik, S. IX: „Erster Abschnitt. Von Guicciardini, Beaucaire, Mariana, Fugger, Sleidan und Giovo. / I. Ueber Guicciardini's historia d'Italia. / 1. Lebensumstände des Autors. / 2. Form des Werkes. / 3. Ob Guicciardini durchaus als Quelle zu betrachten sei. Etc.“). Ferdinand Ranke konnte hier die im Text vorhandenen und bereits gedruckten Überschriften verwenden.

Erster Abschnitt.
Von Guicc⟨iardini,⟩[16] B⟨eaucaire,⟩[17] M⟨ariana,⟩[18] F⟨ugger,⟩[19] S⟨leidan[20] und⟩ G⟨iovio.⟩[21]
1. Ueber G⟨uicciardini's⟩ *historia d'Italia*[22],
1. Lebensumstände
2. Form. 3. Ob. 4. Von 5. Von⟨.⟩
Bey 5 nun habe ich die unnumerirten kleineren Rubriken, Eroberung Maylands, Neapel an Spanien u. s. w. alle nach der Reihe mit herein gesetzt. Ich hoffe nicht, daß dieß Dir unrecht ist. Wo möglich, so laß es auch stehen! Dann II. Fr⟨anz⟩ Beaucaire. III. u. s. w. Auch bei Sleidanus habe ich die kleine Rubrik: Untersuchung u. s. w. mit hereingenommen. Dann bei den einzelnen Völkern, Florentiner u. s. w. Deutsche: immer die Einzelnen Schriftsteller mit hereingesetzt, auch die unbezeichneten, Paolo Paruta[23], Chronicon Venetum[24] und Alle.
Schwieriger war es bei der Geschichte; und ich hätte dieß vielleicht gar nicht zu machen gewagt, wenn ich nicht bei Blanc in Johannes Müller[s][25] schweizerischer Geschichte[26] etwas ähnliches gefunden hätte. So mache ich es also. Ich setze alle Ueberschriften; und alle Randglossen ohne Absatz, damit es nicht zuviel Raum einnimmt nebeneinander.[27] Bei dieser Gelegenheit habe ich auch 2 Druckfehler[28] gefunden; Du weißt vielleicht

[16] Francesco Guicciardini (1483–1540), florentinischer Diplomat, ab 1513 im Dienst der Päpste aus dem Hause Medici, Leo X. und Clemens VII., Gouverneur von Modena und Bologna sowie Geschichtsschreiber.
[17] François Beaucaire de Péguillon (1514–1591), französischer Theologe und Geschichtsschreiber, 1555–1568 Bischof von Metz.
[18] Juan de Mariana (um 1536–1624), spanischer Jesuit, Theologe und Geschichtsschreiber.
[19] Johann Jakob Fugger (1516–1575), Augsburger Kaufmann, kaiserlicher Rat, bayerischer Hofkammerpräsident, Besitzer einer bedeutenden Bibliothek und Geschichtsschreiber.
[20] Johannes Sleidanus (um 1506–1556), Jurist, Diplomat im Dienst von König Franz I. von Frankreich und Geschichtsschreiber des Schmalkaldischen Bundes.
[21] Paolo Giovio (1483–1553), Arzt, ab 1517 Bischof von Nocera, Geschichtsschreiber.
[22] Francesco Guicciardini: La historia di Italia. Florenz 1561.
[23] Paolo Paruta (1540–1598), venezianischer Politiker, Diplomat und Geschichtsschreiber, ab 1579 zählte er zu den „Istorici delle cose veneziane i quali hanno scritto per publico decreto".
[24] Es schildert die Geschichte Venedigs von den Anfängen bis zum Jahr 1009; es wurde verfaßt von Johannes Diaconus Venetus (vor 991–nach 1018), der im Auftrag des Dogen Petrus II. Orseolo mehrere diplomatischen Missionen übernahm.
[25] Johannes Edler von Müller zu Sylvelden (1752–1809), Schweizer Geschichtsschreiber.
[26] Das berühmte Werk hatte die Zwischenüberschriften jedes Kapitels mit den entsprechenden Seitenzahlen direkt unter dessen Hauptüberschrift fortlaufend als Inhaltsübersicht gedruckt (vgl. Johannes von Müller: Der Geschichten Schweizerischer Eidgenossenschaft. 5 Teile in 6 Bdn., Leipzig 1786–1808).
[27] Vgl. L. Ranke, Geschichten, S. IX–XVI.
[28] L. Ranke, Geschichten, S. 25: „3. Spaltung d. sforzisch-aragonischen Hauses". Das Versehen, den 3. Unterabschnitt des ersten Kapitels zu früh annonciert zu haben, ist weder im Druck noch im Druckfehlerverzeichnis korrigiert worden. Im Inhaltsverzeichnis

schon. p. 25 steht am Rand „3 Spaltung“. Diese 3 kommt aber p. 32 wieder; und p. 32 scheint sie mir richtig, und der Ueberschrift entsprechend. Ich habe also die 3 ⟨auf⟩ p. 25 als nicht dastehend angesehen, und Du wirst sie ins Druckfehlerverzeichniß bringen; habe aber vor der Inhaltsanzeige einen kleinen Absatz statuirt; weil ich diesen für richtig hielt. Sage Dein Urtheil. – Nur zufällig bemerkte ich p. 46. Z⟨.⟩ 4 von unten [b]der[b] statt [c]dem[c].[29]

Ich traue indeß den Druckbogen, und meinen Conjekturen doch nicht genug und habe mir darum Dein ganzes Manuscript von Herr⟨n⟩ Bäntschen geben lassen. Da finde ich nun wirklich die 3 erst bei Karls[30] Ankunft; die also bei: Spaltung des sforzisch etc. lasse ich weg. – Ich habe auch heute Nachmittag Deinen Brief an Bäntschen[31] gehabt, und die beyden Blätter aus einem Exemplar herausgeschnitten, und corrigirt. Sie werden nun nach Beendigung des Ganzen noch einmal abgedruckt. – Blanc ist wieder da, seit einiger Zeit.[32] Ich habe aber fort corrigirt, und nach meiner Correktur sieht er es noch einmal an, vorzüglich die Sachen, die ich nicht gewußt. Ein neuer Druckfehler ist p. 63, wo bei der Randglosse: Der Türkenkrieg aufgegeben die 3. fehlt. Die Inhaltsanzeige wird hier zugleich eine Fehleranzeige.[33] Ich lese allemal erst Dein Manuscript, und dann das Gedruckte. Dieses nemlich nicht ich, sondern meine liebe Fanny. – Ferner p. 77. In der Marginale fehlt [d]der[d] vor: [e]Westküste[e]. Es macht wohl nichts aus.[34] – Ferner p. 177 Mißgeschicke der Aragonen, statt Aragonesen.[35] – Zu Anfang des dritten Capitels p. 264 hat im Manuscript gestanden, „Drittes Kapitel in sechs Abschnitten⟨“⟩. Du hast aber [f]sechs[f] ausgestrichen, und da hat man Alles weggelassen.[36] Doch gewiß mit Recht?

b–b In der Vorlage unterstrichen.
c–c In der Vorlage unterstrichen.
d–d In der Vorlage unterstrichen.
e–e In der Vorlage unterstrichen.
f–f In der Vorlage unterstrichen.

(L. Ranke, Geschichten, S. IX) freilich ist die „3.“ an dieser Stelle weggefallen und nur bei „3. Karls Ankunft, S. 32.“ stehen geblieben.

[29] Die Stelle lautet: „Karl aber, der das Erste im Flug gelungen [...]“. Das Versehen ist weder im Text noch im Druckfehlerverzeichnis korrigiert.

[30] Karl VIII. (1470–1498), König von Frankreich.

[31] Nicht ermittelt.

[32] Vgl. Nr. 220 und Nr. 221.

[33] Das Versehen ist weder im Text noch im Druckfehlerverzeichnis korrigiert. Die Inhaltsanzeige ist korrekt.

[34] Der Text der Marginalie lautet im Druck: „Eroberung der Stadt u. Westküste, – der Abruzzen – der ersten Bergebene v. Calabrien“. Das Versehen wurde im Inhaltsverzeichnis richtiggestellt (vgl. L. v. Ranke, Geschichten, S. X).

[35] Das Versehen ist weder im Text noch im Druckfehlerverzeichnis und auch nicht in der Inhaltsübersicht (L. v. Ranke, Geschichten, S. XII) korrigiert.

[36] Das dritte Kapitel des zweiten Buches heißt im Druck nur „Drittes Capitel“.

Doch die Zeit vergeht. Damit Du schnell antworten kannst, wenn Du mit meinen Anordnungen unzufrieden bist, muß es mit der heutigen Post an Dich gelangen. Verzeihe mir die Eitelkeit, auch von meiner Hand etwas vor Deinem Buche gedruckt zu sehen.[37] Ich habe es dann doch zum Druck abgeschrieben. Ich habe viel zu thun gehabt mit Deinem Buch, aber ohne Scheererey mit Lust und Liebe. –

Den Dienstag[38] bekommst Du von Bäntsch Dein ganzes Buch gedruckt, ohne die Einleitungen.[39] Dann schicke doch gleich das Druckfehlerverzeichniß , so weit Du es hast. Für die Einleitungen wollen wir hier schon sorgen, daß kein Druckfehler stehen bleibt. Deine Handschrift, die so oft die Druckfehler veranlaßt, ist sehr gut, und veranlaßt sie hier gewiß nicht.

Dein
Dich innigst liebender Bruder
Ferdinand.

Herzlichen Dank, mein lieber guter Bruder, für Deinen lieben Brief[40]. Ich habe Lotte[41] alles gesagt, was Du mir schriebst und werde Dir ihren Versöhnungskuß aufheben. Komme nur recht bald zu uns und hohle Dir ihn ab. Recht viele herzliche Grüße von Mutter[42], Blanc und Lottchen

Deine treue Schwester Fanny.

[37] Die Inhaltsanzeige.

[38] 12. Oktober 1824.

[39] Vgl. Nr. 228 und Nr. 231.

[40] Leopold Ranke hatte seinem letzten Brief an seinen Bruder Ferdinand ein Separatum an Fanny Pollau beigelegt (vgl. Nr. 221).

[41] Charlotte Blanc, geb. Juncker (1795–1866), Stiefschwester von Fanny Pollau, Ehefrau von Ludwig Gottfried Blanc.

[42] Nanette Esther Marguerite Pollau, verw. Juncker, geb. Plantier (1768–1829), Mutter von Charlotte Blanc, geb. Juncker, und Fanny Pollau.

Nr. 223

Leopold Ranke an Heinrich Ranke[1]

V: L. v. Ranke, Lebensgeschichte, S. 133–136

[Frankfurt a. O.]⟨,⟩ 8. Oktober 1824.

Liebster Heinrich!

Es ist wahrhaftig lange her, daß wir nichts von einander gehört haben.[2] Und ich glaube, nur in täglicher Erwartung eines Briefes von mir hältst Du einen von Dir zurück. Gestern bin ich mit meinen langen und zuweilen schweren Arbeiten ein wenig zu Stande gekommen. Nicht allein ein Buch, sondern sogar ihrer zwei[3] habe ich zu Stande bringen müssen. Schon in den Hundstagen[4] glaubte ich⟨,⟩ mit beiden so weit fertig zu sein, daß fast nichts zu thun übrig wäre. Es ist, wie Du schon weißt oder in kurzem sehen wirst, erstens eine Geschichte, die von 1494 bis 1535 reichen soll, zuerst aber bloß bis 1514 geht. Ob Du sie lesen wirst, steht freilich dahin. Im Ganzen genügt sie mir selber, wie Du mir glauben wirst, bei weitem nicht; doch tröstet mich, daß sie im Einzelnen von einigen trefflichen Menschen, merkwürdigen Lagen und Zuständen und ohne Zweifel von Begebenheiten handelt, die für uns alle bis auf diesen Tag sehr wichtig sind und die bis jetzt noch in keinem Buch, weder in einem gleichzeitigen noch einem spätern, mit dieser Wahrhaftigkeit erzählt worden. Aber die Darstellung ist sehr mangelhaft, zuweilen ermüdend und hat keineswegs die Natur und Fülle, die ich ihr zu geben dachte.[5] Für Dich ist besonders Savonarola[6] beschrieben,[7] und ich hoffe, Du wirst seine Meinung eigentlich erkennen. Das ist also das eine Buch.[8] Das andere[9] gehört nun genau dazu; es hat indeß eine gewisse Selbständigkeit und ist rein kritisch. Du wirst Dich wohl noch auf das beschriebene Foliobuch besinnen (vielmehr das noch nicht geschriebene), in das ich alle Notizen über die Geschichtschreiber, die ich las, eintrug.[10] Nun war es unerläßlich, daß ich meine Behandlung dieser

[1] Heinrich Ranke (1798–1876), Bruder Leopold Rankes, Lehrer an der Bildungsanstalt des Erziehervereins in Nürnberg.
[2] Wohl seit Mitte Juli 1824 (vgl. Nr. 218).
[3] L. Ranke, Geschichten; L. Ranke, Kritik.
[4] Die Tage vom 23. Juli bis zum 24. August, benannt nach einem in diesem Zeitraum sichtbaren Sternbild.
[5] Vgl. L. Ranke, Geschichten, S. VIII.
[6] Girolamo Savonarola (1452–1498), Dominikaner, Bußprediger in Florenz.
[7] Vgl. L. Ranke, Geschichten, S. 106–109.
[8] L. Ranke, Geschichten.
[9] L. Ranke, Kritik.
[10] Leopold Rankes aus der Kollation der Quellennachrichten hervorgegangenen Notizen werteten und würdigten die historischen Schriftsteller in kurzen Texten; dabei handelte es sich um „gleichzeitige oder beynah gleichzeitige“ Autoren (L. Ranke, Kritik, S. V).

Geschichtschreiber in der Geschichte selbst einigermaßen rechtfertigte[11]. Da hab ich nun aus jenem Foliobuch eins in Quarto gemacht,[12] und daraus wird eines in Octavo gedruckt; aus diesem prophezeit man mir einen größeren Erfolg als aus dem andern.[13] Zu den Hundstagen war ich mit dem ersten bis auf die Vorrede fertig und mit dem andern bis auf einen gewissen Anhang. Jenes war vollkommen, dies wenigstens zum Theil rein geschrieben. Und so brach ich am 1. August mit meinen Schätzen auf.
In Berlin fand ich Reimern[14] zu allem, was ich wünschte,[15] bereit; und es war schade — Stange[16] war mit — , daß ich nicht länger bleiben und bessere Bekanntschaft mit ihm machen konnte. Ich besuchte auch Raumern[17]. Dieser hat mir sehr wohl gefallen; er ist voll Witz und traulicher Ausdrücke; er zeigte mir die Prachtausgabe der Hohenstaufen[18]; er war unterhaltend und unterrichtend. Denselben Abend fuhren wir in guter Gesellschaft mit der Schnellpost nach Halle ab. Sonntag um 4 Nachmittag kam ich in den Garten, wo Ferdinand[19], seine Schwiegermutter[20] und Fanny[21] wohnten.[22] (Ferdinand schlief indeß in der Stadt.) Fanny ist, wie Du Dir denken kannst, lauter Liebe gegen Ferdinand, und zwar wahre⟨r⟩ Liebe. Etwas zu oft küssen sie sich; Du wirst das am besten beurtheilen können. Mir hat ihr — Fannys — Wesen sehr gut geschienen; und da wir schon in Briefen Brüderschaft gemacht hatten[23] — wie dumm sieht das von diesem zarten Mädchen aus, die mir die Güte erzeigt, mich Du zu nennen — so waren wir bald bekannt. Blanc[24] ist euch wahrscheinlich noch besser

[11] Leopold Ranke begründete, aus welchen Gründen er welcher Quelle wie weit in seiner Darstellung folgte. Für einige zuvor als zuverlässig eingestufte Zeitzeugen konnte er Abhängigkeit und bloße Kompilation von anderen Quellen nachweisen.
[12] Gemeint ist wohl das Manuskript für den Drucker.
[13] Vgl. Nr. 220.
[14] Georg Andreas Reimer (1776–1842), Buchhändler und Verleger in Berlin.
[15] Unklar.
[16] Johann Carl Wilhelm Thomas Stange (1792–1854), Oberlehrer am Friedrichs-Gymnasium in Frankfurt an der Oder, zeitweise Hausgenosse Leopold Rankes.
[17] Friedrich Ludwig Georg von Raumer (1781–1873), Professor für Staatswissenschaften und Geschichte in Berlin; Bruder von Karl Ludwig Georg von Raumer (1783–1865), ehemaliger Professor der Mineralogie in Halle, der wie Heinrich Ranke als Lehrer an der Bildungsanstalt des Erziehervereins in Nürnberg wirkte; mit dem berühmten Berliner Historiker war Leopold Ranke bis dahin nicht persönlich bekannt (vgl. Nr. 197).
[18] Die Ausgabe der „Geschichte der Hohenstaufen und ihrer Zeit“ in sechs Bänden (Leipzig 1823–1825) ist in großem Format, mit festlich breitem Rand und einigen Kupfern gedruckt.
[19] Ferdinand Ranke (1802–1876), Bruder Leopold Rankes.
[20] Nanette Esther Marguerite Pollau, verw. Juncker, geb. Plantier (1768–1829), Mutter von Charlotte Blanc, geb. Juncker, und Fanny Pollau.
[21] Fanny Pollau (1804–1867), Verlobte Ferdinand Rankes.
[22] Die Familie Pollau wohnte zeitweise wohl noch in dem vor dem Stadttor gelegenen Fleischerschen Garten (vgl. Varrentrapp, Johannes Schulze, S. 42–43).
[23] Vgl. Nr. 217.
[24] Ludwig Gottfried Blanc (1781–1866), Professor der südeuropäischen Sprachen und ihrer Literaturen, zugleich Domprediger in Halle.

bekannt als mir. Mir hat er durch die schwierige Correktur der ersten Bogen meines Buches wahre Dienste geleistet; er kam mir anspruchslos und gütig vor. Lottchen[25] und die Mutter[26] sind beide sehr gut und ohne alles Falsch. Wir sind zusammen auf dem Petersberg[27] gewesen. In Halle ließ ich mein fertiges Manuscript beim Drucker[28] und nahm einige Bogen mit. Zu Fuß ging ich mit Ferdinand nach Wiehe. Wir kamen hinten herein; auf dem Hausflur standen Tische und Stühle; da stand die Mutter[29]. Ferdinand ging vorweg; und wie sie ihn noch küßte, so sah sie mich auch vorkommen. Da waren wir wieder einen schönen Abend beisammen. Alles war munter. In Hannchen[30] ihrer Sache reiste ich mit einem Wagen von Wiehe nach Erfurt.[31] In Berlin, Halle, besonders in Wiehe wurde Deiner oft gedacht; hier auch. Schulz[32] war von Rügen da. Unser künftiger Schwager[33] ist ein vollkommener Jurist und so wenig ganz ein Mann für mich und Dich, als ich für ihn; mir wars eine rechte Freude, daß ich einen so warmen, vollen und guten Menschen hier fand (wie Schulz). Er läßt Dich von Herzen grüßen. Seinem Schwesterchen[34] hatte ich gesagt, Du hättest mir von ihr geschrieben; was ihr nicht wenig zu gefallen schien. Also von da wieder zurück. Ich hatte mein nicht fertiges Manuscript bis hierher mitgenommen und arbeitete früh ein wenig daran: hier fiel mir recht aufs Herz, daß ich noch

[25] Charlotte Blanc, geb. Juncker (1795–1866), Stiefschwester von Fanny Pollau, Ehefrau von Ludwig Gottfried Blanc.

[26] Nanette Esther Marguerite Pollau, verw. Juncker, geb. Plantier.

[27] Etwa 14 Kilometer nördlich von Halle, höchste Erhebung im Umfeld von Halle, zugleich Heimat des Verlobten von Johanna Ranke (1797–1860), Georg Gottlob August Spoerel (1796–1840).

[28] Franz Carl Leopold Bäntsch (1772–1825), Buchdrucker und Buchhändler in Halle.

[29] Friederica Wilhelmina Ranke, geb. Lehmicke (1776–1836).

[30] Johanna Ranke (1797–1860), Schwester Leopold Rankes.

[31] Johanna Ranke hatte sich im Juli 1824 mit Georg Gottlob August Spoerel verlobt (vgl. Nr. 207), der in Erfurt als Landgerichtssekretär tätig war.

[32] Wohl Johann Ehrenfried Schultz (1799–1850), Sohn von Rudger August Schultz (1760–1836), Pfarrer in Pütte bei Stralsund, und Dorothea Schultz, geb. Gehrken (1767–1821), 1816 Studium der Theologie in Greifswald, 1821 Diakonus in Gingst, 1844 Pastor in Patzig, den Leopold und Heinrich Ranke wahrscheinlich von ihren Aufenthalten auf Rügen kannten, und nicht Friedrich Christian Schultz (1791–1878), Sohn von Ernst Christoph Schultz (∗ um 1755), Pastor an der Klostergemeinde in Stralsund, Gymnasium in Stralsund, 1809 Studium der Theologie in Greifswald, 1812 in Göttingen, 1814 Hauslehrer in Zürkvitz auf Wittow, 1815 Erstes Theologisches Examen in Greifswald, Hauslehrer in Zipke bei Barth in der Familie von Friedrich Carl Arndt (1772–1815), dem Bruder von Ernst Moritz Arndt (1769–1860), 1818 Ordination an der Marienkirche in Greifswald, Hilfsprediger in Garz auf Rügen, 1824 Pfarrer in Rappin, 1826 Hochzeit mit Auguste Wilhelmine Wallenius (∗ 1803), Tochter von Dr. theol. Jacob Wallenius (1761–1819), Professor in Greifswald, 1810 Pfarrer in Patzig; da Friedrich Christian Schultz am 10. Oktober 1824 instituiert wurde, dürfte er sich Anfang Oktober 1824 nicht in Wiehe aufgehalten haben (vgl. Heyden, Rügen, S. 90 und S. 96).

[33] Georg Gottlob August Spoerel (1796–1840), Landgerichtssekretär in Erfurt.

[34] Tochter von Rudger August Schultz (1760–1836) und Dorothea Schultz, geb. Gehrken (1767–1821).

lange nicht fertig sei. Und so nahm ich denn den alten Weg schnell wieder zurück. Hier fand ich nun erst, wieviel noch zu thun war. Am vorigen Sonntag endlich habe ich Einleitung und Vorreden fortgeschickt. So wie sie fort waren, mußte ich meine ganzen Gedanken auf die Stiftungsrede[35] wenden, die ich denn nun gestern, den Donnerstag, gehalten. Und so bin ich frei und will Dir sogleich diesen Brief schicken. Schmeling[36] wartet mit mir auf Nachrichten von euch. Malchen[37] hat einen etwas furchtsamen Brief an Caroline[38] geschrieben: wir haben sie etwas getröstet. Carolines Schwägerin[39] ist bedeutend krank. Mit Torgau ist es beinah, wo nicht völlig, entschieden: für Ferdinand. Nun schreib auch Du unverzüglich. Grüße die Deinen, Selma[40], Schuberts[41] und Raumers[42] beide von ganzem Herzen.

Dein getreuer Bruder L⟨eopold⟩.

Am 10. Gestern Mittag um 12 kam Stange herauf, sehr freudig: „ich habe Besuch bekommen“. Ich verstand ihn nicht. „So kleinen“, und er breitete die Hände ein wenig von einander. Worauf ich ihm um den Hals fiel. Er hat einen schönen großen Knaben[43]. Seine Frau[44] ist ziemlich wohl. Vorigen Mittwoch war Dreuß von Bunzlau[45] hier, in welchem ich die Ansichten

[35] Vgl. Nr. 221.

[36] Otto Ludwig Wilhelm von Schmeling (1788–1844), preußischer Major.

[37] Wohl entweder Amalia Friederika Delly, geb. Liebhold (1805–1873), Cousine von Leopold und Heinrich Ranke in Querfurt und Patenkind der Mutter Leopold Rankes, oder Amalie Baier (1778–1857), Schwester von Hermann Julius Christoph Baier (vgl. Nr. 33 und Nr. 51).

[38] Caroline Beer (1791–1851), Vertraute Leopold Rankes in Frankfurt an der Oder.

[39] Marianne Beer, geb. Bassenge (1799–1827), Ehefrau von Carl Heinrich Beer (1785–1858), des Bruders von Caroline Beer.

[40] Selma Schubert (1806–1878), Tochter von Gotthilf Heinrich Schubert, Professor für allgemeine Naturgeschichte und Mineralogie in Erlangen.

[41] Gotthilf Heinrich Schubert (1780–1860), Professor für allgemeine Naturgeschichte und Mineralogie in Erlangen, und Julie Schubert, geb. Steuernagel (1788–1880).

[42] Karl Ludwig Georg von Raumer (1783–1865), ehemaliger Professor, wie Heinrich Ranke Lehrer an der Bildungsanstalt des Erziehervereins in Nürnberg, und Friederike von Raumer, geb. Reichardt (1790–1869).

[43] Otto Carl Theodor Stange (1824–1891), Sohn von Johann Carl Wilhelm Thomas und Henriette Wilhelmine Marie Stange, geb. Müller (1801–1844), 1833 Friedrichs-Gymnasium in Frankfurt an der Oder, 1844 Studium der Rechte in Halle, 1846 in Berlin, 1849 Dr. iur., danach Kreisgerichtssekretär in Frankfurt an der Oder (vgl. Bachmann, Abiturienten des Friedrichs-Gymnasiums, Nr. 228, S. 16; Lönnecker, Mitglieder der Halleschen Burschenschaft, Nr. 1794, S. 264 [Otto Carl Theodor Stange hat nicht, wie hier angegeben, in Tübingen studiert; dort findet sich in der Matrikel für das Sommersemester 1845 nur ein Gustav Wilhelm Stange, der aber aus Stralsund stammte]; Bahl / Ribbe, Matrikel Berlin, Bd. 2, S. 1141, Nr. 569; Intelligenzblatt zur Allgemeinen Literatur-Zeitung, Halle, Nr. 1, Januar 1847, Sp. 3).

[44] Henriette Wilhelmine Marie Stange, geb. Müller.

[45] Wohl Carl August Gottlieb Dreist (1784–1836), Sohn von Samuel Christian Dreist (1759–1840), Adjunkt des Schloßpredigers in Rügenwalde, und Charlotte Sophia Sabine Dreist,

frömmerer Leute wiederfand. Er hielt etwas von Dittmar[46] und hatte über eure Sache seltsame Ansichten.

Ein kleiner Brief an Allwill[47] liegt bei.[48] Er ist etwas alt geworden. Allwill muß mir verzeihen. Ich lasse ihn, so oft ich schreibe, schön grüßen, wenn ich es auch nicht alle mal dazu setze. Grüße noch einmal Deine Selma[49]: ich habe von ihr so schöne Briefchen in Wiehe gefunden, an denen auch die Mutter[50] eine herzliche Freude hatte.

geb. Millies (1757–1809), Privatunterricht, 1800 Lyceum in Stettin, 1804 Studium der Theologie in Halle, 1809 als Eleve und Gesangslehrer von der preußischen Regierung zu Pestalozzi in Yverdon gesandt, nach dem Scheitern der geplanten Einrichtung einer Erziehungsanstalt nach den Vorstellungen Pestalozzis in Ohlau Pädagoge an der Plamannschen Anstalt in Berlin, 1815 Lehrer, später Oberlehrer am Waisenhaus in Bunzlau, 1827 Hilfsarbeiter im Ministerium, Bearbeiter der Seminar- und Volksschulangelegenheiten, 1834 Regierungs- und Schulrat in Stettin; Dreist wird auch in einem Brief Jahns aus dem Jahre 1816 erwähnt (vgl. EZA Stettin, Schloßkirche 1836; GStA PK I. HA Rep. 76 alt I Nr. 314 Vol. VII; Ernst Müller: Die evangelischen Geistlichen Pommerns von der Reformation bis zur Gegenwart, Bd. 2: Der Regierungsbezirk Köslin. Die reformierten Gemeinden Pommerns. Die Generalsuperintendenten, S. 342–343; Meyer, Briefe Jahns, S. 65).

46 Johann Christian Gottlob Heinrich Dittmar (1792–1866), Leiter der Bildungsanstalt des Erziehervereins in Nürnberg.

47 Allwill Hermann Baier (1811–1892), der Heinrich Ranke anvertraute Sohn des verstorbenen Hermann Julius Christoph Baier.

48 Nicht ermittelt.

49 Selma Schubert (1806–1878), Tochter von Gotthilf Heinrich Schubert, Professor für allgemeine Naturgeschichte und Mineralogie in Erlangen.

50 Friederica Wilhelmina Ranke, geb. Lehmicke (1776–1836), Mutter Leopold Rankes.

Nr. 224

Friederica Wilhelmina Ranke[1] an Leopold Ranke

V: GStA PK VI. HA Nl Hoeft Nr. 1 (Abschrift)
G: GStA I. HA Rep. 92 L. v. Ranke Nr. 26 (nicht erhalten)

Wiehe⟨,⟩ den 12⟨.⟩ Octob⟨er 1824.⟩[a]

Mein lieber⟨,⟩ lieber Sohn⟨!⟩
Es ist wohl schlecht von mir⟨,⟩ das⟨s⟩ ich so lange nicht an Dich geschrieben habe⟨.⟩[2] ich hate in der Ernte viel zu tuhn und war auch immer nicht wohl⟨,⟩ erst seit 3 Tagen bin ich wieder gesund⟨.⟩ wie sehr habe ich mich über die schönen Nachrichten von Heinrich[3] und Selma[4] gefreüet⟨,⟩ die der gute Wilhelm[5] brachte⟨.⟩ schreibe doch ja Heinrich⟨,⟩ wen⟨n⟩ Sie zu uns komen⟨,⟩ das⟨s⟩ Er es Dier schreibt⟨,⟩ das⟨s⟩ Du auch komst und das liebe Kind kenen lernst⟨.⟩ Sie sehnen Sich auch alle nach Dier⟨.⟩ das würd eine Freüde werden⟨,⟩ wen⟨n⟩ uns Gott gesundheit schenkt⟨.⟩ waß meinst Du aber zu Sperels[6] betragen⟨?⟩ würd Er wohl noch komen⟨,⟩ hanichen[7] ist getrost⟨.⟩ Sie sagt⟨,⟩ wen⟨n⟩ Er nicht komt⟨,⟩ so ist Er schlecht⟨,⟩ und dan⟨n⟩ ist es gut⟨,⟩ das⟨s⟩ ich Ihn nicht bekome⟨.⟩ Pfeifer[8] kam und wolte

[a] Hoeft datiert den Brief wohl auf Grund der angesprochenen Nachrichten über Heinrich Ranke und Selma Schubert auf „1824" (vgl. Nr. 170). Da Christian Wilhelm Traugott Pfeiffer bereits 1822 zum Oberkontrolleur in Herrengosserstedt ernannt wurde, lag der von der Mutter Leopold Rankes hier angesprochene Antrag Pfeiffers wohl bereits zwei Jahre zurück.

[1] Friederica Wilhelmina Ranke, geb. Lehmicke (1776–1836), Mutter Leopold Rankes.
[2] Der letzte, bisher ermittelte Brief stammt vom 2. Mai 1824 (vgl. Nr. 201).
[3] Heinrich Ranke (1798–1876), Bruder Leopold Rankes, Lehrer an der Bildungsanstalt des Erziehervereins in Nürnberg.
[4] Selma Schubert (1806–1878), Tochter von Gotthilf Heinrich Schubert, Professor für allgemeine Naturgeschichte und Mineralogie in Erlangen.
[5] Wilhelm Ranke (1804–1871), Bruder Leopold Rankes, Student in Berlin; Wilhelm Ranke hatte Heinrich Ranke in Nürnberg besucht (vgl. Nr. 201 und Nr. 203).
[6] Georg Gottlob August Spoerel (1796–1840), Landgerichtssekretär in Erfurt.
[7] Johanna Ranke (1797–1860), Schwester Leopold Rankes.
[8] Christian Wilhelm Traugott Pfeiffer (1797–1838), Sohn von Ernst Andreas Pfeiffer (1754–1822), Amts-Geleitsmann und Ober-Einnehmer in Querfurt, Klosterschule in Roßleben, 1811 Abgang ohne Abitur, um sich unter der Leitung des Vaters erste Vorkenntnisse im Steuerwesen zu verschaffen, 1819 Supernumerar bei der Regierung in Halle, 1822 Grenzaufseher in Eckartsberga, interimistischer Oberkontrolleur in Herrengosserstedt, 1824 nach Berlin berufen, um den Vorlesungen von Johann Friedrich Dorn (1782–nach 1835) über Brau- und Brennwesen beizuwohnen, 1825 berittener Grenzaufseher in Könnern, 1827 interimistischer Oberkontrolleur in Naumburg, Hauptamtsassisstent in Mühlberg, 1828 Hochzeit mit Eleonore Luise Kuffs (* 1804), Tochter von Carl Ludwig Kuffs (1744–1838), Oberamtmann und Pächter in Pforta, und Eleonore Wilhelmine Kuffs (um 1769–1828), und somit Schwester von der Ehefrau von Carl Gottlob Ferdinand Wieck (1787–1864), einem der Lehrer von Leopold, Heinrich, Ferdinand, Wilhelm und Ernst Constan-

Sie[9]⟨.⟩ Er ist ober⟨-⟩Controler geworden und wohnt in herngoßerstet⟨.⟩ Er war es 14 Tage⟨,⟩ so kam er schon⟨,⟩ aber Sie wolte nicht⟨.⟩ Sie sagte⟨,⟩ Sie wär versprochen⟨,⟩ wen⟨n⟩ nun Sperel schlecht ist⟨,⟩ wil Sie jar nicht heirathen⟨.⟩ wier wollen es Gott über laßen⟨.⟩ mein lieber Sohn⟨,⟩ schreibe uns balt⟨,⟩ wie es Dier geht⟨.⟩ Ich will auch balt wieder schreiben, es ⟨ist⟩ Abend 8 Uhr⟨,⟩ da kan ich nicht gut schreiben⟨.⟩ behalte lieb Deine Dich Innig

liebende Mutter F⟨riederica⟩ Ranke⟨.⟩

tin Ranke an der Landesschule in Pforta (vgl. Nr. 93), 1829 Hauptamtsassistent in Schkeuditz, 1834 Wechsel in den königlich sächsischen Staatsdienst, Obersteuerrevisor in Leipzig, vier Kinder; beschäftigte sich in seiner Freizeit intensiv mit Numismatik (vgl. Archiv KPS Pforta, Trauungen 1828; Archiv KPS Querfurt, St. Lampertus, Bestattungen 1822).

9 Pfeiffer kannte Johanna Ranke eventuell seit seiner Schulzeit in Roßleben (vgl. Album Roßleben, S. 45, Nr. 738), wo zu dieser Zeit auch Adolph Wilhelm Schneider (1794–1824), der Sohn des Oberpfarrers von Wiehe, Ernst Gottlieb Schneider, die Schule besuchte (vgl. Album Roßleben, S. 45, Nr. 733), der später in Leipzig zeitweise der „Stubengenosse" Leopold Rankes war (vgl. Nr. 17); unmittelbar nach Pfeiffer trat Robert Wesselhöft (1796–1852) in die Schule ein (vgl. Album Roßleben, S. 45, Nr. 739), den Heinrich Ranke aus Jena gut kannte und den er 1822 in Weimar besuchte (vgl. Nr. 121), seine Brüder waren Wilhelm Wesselhöft, bei dem Heinrich Ranke 1818 in Berlin einige Zeit wohnte (vgl. Nr. 36), und Eduard Wesselhöft, der, wie Heinrich Ranke, einige Zeit an der Bildungsanstalt des Erziehervereins in Nürnberg wirkte (vgl. Nr. 197).

Nr. 225

Leopold Ranke an Philipp Carl Buttmann[a][1]

V: SBB Sammlung Darmstaedter 2 f 1826 (4) (eigenhändig)
D: Kessel, Ranke und Burckhardt, S. 359–360

Frankfurt a. O.⟨,⟩ am 14t⟨en⟩ October 1824.[b]

Wohlgeborner,
Hochgeehrtester Herr Professor,
Nachdem ich einige Bücher aus der Königlichen Bibliothek etwas länger behalten, als ich wenigstens sonst gepflegt, sende ich dieselben mit ergebenstem Danke zurück. Ich kann es indeß nicht thun, ohne um einige neue zu bitten.
1⟨.⟩ *Anton⟨io⟩ Herrera*[2]⟨,⟩ *Decadas o Historia General de los hechos de los Castellanos pp*⟨.⟩; wo möglich die Madrider Ausgabe; und erste bis fünfte Decade.[3]

[a] Adresse: „Herrn Professor Buttmann | Wohlg. | in | Berlin"; Vermerk: „frey. | nebst 1 Pack Bücher aus | der Königlichen Bibliothek. | bez. U. B.".
[b] Orts- und Datumsangabe in der Vorlage unter dem Text links.

[1] Philipp Carl Buttmann (1764–1829), Bibliothekar der Königlichen Bibliothek in Berlin.
[2] Antonio de Herrera y Tordesillas (1549/1559–1625), 1596 durch König Philipp II. Ernennung zum „Cronista Mayor de Indias".
[3] Historia general de los hechos de los Castellanos en las islas y tierra firme del Mar Oceano. Escrita por Antonio de Herrera Coronista mayor de su Magestad de las Indias y Coronista de Castilla (bis Bd. 2 mit dem Zusatz: „en 4 decadas desde al año de 1492 hasta el de 1531"), 8 Teile, 4 Bde., Madrid 1601–1615 (Bd. 1: Dekade 1 ab dem Jahre 1492, Dekade 2 ab 1515, Bd. 2: Dekaden 3 und 4 ab 1520 und ab 1527, Bd. 3: Dekade 5 und 6 ab 1532 und ab 1536, Bd. 4: Dekade 7 ab 1541 und die letzte Dekade 8 von 1546 bis 1554; diese Ausgabe war in der Königlichen Bibliothek vorhanden); Ausgabe in 9 Bdn. Madrid 1730 und weitere Ausgaben. Jeder Teil besteht aus 10 Büchern („Decadas"). Herrera bietet eine umfangreiche, chronologisch geordnete Erzählung unter ständiger Rücksicht auf die politische Geschichte des spanischen Mutterlandes. Bd. 2 ist eine „Descripcion de las Indias Occidentales" beigebunden, die auch eine Liste der spanischen Kolonialbeamten enthält. Antonio de Herrera schrieb im Auftrag Philipps II. und III. in einer Zeit, in der, angesichts der Bedrängnis Spaniens in der Auseinandersetzung mit den Niederlanden, eine Verteidigung der spanischen Eroberungen in Übersee erwünscht, ja notwendig schien (vgl. Widmung „Valladolid, October 1601", ohne Paginierung).

2⟨.⟩ *Fernando Colon*[4]⟨,⟩ *Historia del Almirante Don Christoval Colon*[5]. oder italienisch von Ulloa[6].
2. b⟨.⟩ *Bernal Diaz del Castillo*⟨,⟩[7] *Historia Verdadera de la Conquista de la Nueva Espagna*[8]⟨.⟩
3⟨.⟩ *Commentarios*⟨,⟩[9] *do grande Afonso d'Alboquerque Capitam geral.*[10] *Lisboa 1557.*
4⟨.⟩ *Castanheda*⟨,⟩[11] *Historia do descobrimento pp. 1797.*[12]

[4] Fernando Colon (um 1488–1539), unehelicher Sohn von Christoph Kolumbus (um 1451–1506) und Beatriz Enríquez de Arana (um 1465–um 1521), Seefahrer, Humanist und Kosmograph.

[5] La historia de D. Fernando Colón en la qual se da particular, y verdadera relacion de la vida, y hechos de el almirante D. Christoval Colón, su padre, y del descubrimiento de las Indias Occidentales, Ilamadas Nuevo Mundo, que pertenece al Serenisimo Rei de España, que tradujo de Español en Italiano Alonso de Ulloa; Y aora, por no parecer el Original Español, sacada del traslado Italiano. Madrid 1749. Diese Schrift des Sohnes des großen Entdeckers war in Berlin in einer Sammelausgabe, zugleich die erste spanische Ausgabe, vorhanden: Historiadores primitivos de las Indias Occcidentales, que juntó, traduxo en parte, y facó á luz, ilustrados con erudítas Notas, y copiosos Indices, el ilustrissimo señor D. Andres Gonzalez Barcia. 3 Bde., Madrid 1749. Der erste Band beginnt mit dem von Leopold Ranke gesuchten Werk (S. 1–128). Es enthält eine detaillierte Geschichte der überseeischen Eroberungen durch die Spanier unter stetem Bezug auf die europäische spanische Geschichte, darüber hinaus zahlreiche Dokumente, völkerkundliche Beschreibungen und Berichte.

[6] Alfonso de Ulloa (1529–1570), Sohn von Francisco de Ulloa († 1540), eines Protegés von Hernán Cortés, Agent Maximilians II. und Philipps II. in Venedig, Geschichtsschreiber und Übersetzer; die italienische Übersetzung und Erstausgabe der Schrift Fernando Colons durch Ulloa war in der Königlichen Bibliothek ebenfalls greifbar: Historia Del S. D. Fernando Colombo; Nelle quali s'ha particolare, et vera relatione della vita, et de' fatti dell' Ammiraglio D. Christophoro Colombo, suo padre, Et dello scoprimento, ch' egli fece dell' Indie Occidentali, dette Mondo Nuovo, hora possedute dal Sereniss. Re Catolico: Nuovamente di lingua Spagnuola tradotte nell' Italiana dal S. Alfonso Ulloa. Venedig 1571.

[7] Bernal Diaz del Castillo (um 1495–um 1583), Conquistador, Teilnehmer des Feldzugs von Hernán Cortés gegen das Aztekenreich, Gouverneur von Santiago de los Caballeros, Chronist und Geschichtsschreiber.

[8] Historia verdadera de la conquista de la Nueva-España. Escrita Por el Capitan Bernal Diaz del Castillo, uno de sus Conquistadores. Sacada a luz Por el P. M. Fr. Alonso Remon, Predicador, y Coronista General del Orden de Nuestra Señora de la Merced Redempcion de Cautivos. A la Catholica Magestad del mayor Monarca Don Felipe Quarto, Rey de las Españas, y Nuevo Mundo, N. Señor. Madrid 1632. Der Autor, der sich als „regidor de esta cividad de Santiago de Guatemala" vorstellt, schildert die Eroberung und Besiedlung Mittelamerikas von 1514 bis etwa 1568.

[9] Commentarios do Grande Afonso Dalboquerque, Capitem geral que fay das Indias Orientales, em tempo do muito poderoso Rey D. Manuel o primeiro deste nome. Lissabon 1557; die 2. Aufl., 1576, und eine weitere Ausgabe, 1774, waren beide in Berlin vorhanden.

[10] Alfonso d'Alboquerque (1453–1515), portugiesischer Admiral, Gouverneur und Generalkapitän von Indien sowie Herzog von Goa.

[11] Ferñao Lopez de Castanheda (um 1500–1559), 1528–1538 Aufenthalt in Indien, danach Pedell der Universität Coimbra, portugiesischer Geschichtsschreiber.

[12] Historia do descobrimento & conquista da India pelos Portugueses. Feyta per Ferñao Lopez de Castanheda. 8 Bücher in 2 Bdn., Lissabon 1797; die 1. Aufl. erschien 1551–1561 in Coimbra.

Sollten diese Bücher nicht vorhanden seyn, so würde ich um die englischen Chroniken von Hall[13] und Hollinshed[14], die Bände über Heinrich VIII⟨.⟩[15], ergebenst bitten.
Diese Bücher werde ich auf jeden Fall sehr bald zurück zu schicken im Stande seyn.
Indem ich wegen des längeren Zurückhaltens der gegenwärtig ankommenden um Verzeihung bitte, empfehle ich mich Euer[c] Wohlgeboren gehorsamst.

Leop⟨old⟩ Ranke.

[c] In der Vorlage: „Ew.".

[13] Edward Hall (um 1498–1547) war nach dem Besuch von Eton und dem King's College im Stadtrat von London tätig und später Mitglied des Parlaments. Er vertrat die Suprematie der Krone in religiösen Fragen und unterstützte König Heinrichs VIII. publizistisch; der angesprochene Titel lautet: Hall's chronicle; containing the history of England, during the reign of Henry the Fourth, and the succeeding monarchs, to the end of the reign of Henry the Eighth, in which are particularly described the manners and customs of those periods. Carefully collated with the editions of 1548 and 1550. London 1809 (Erstausgabe). Diese Ausgabe lag in Berlin vor. Am Anfang gibt Hall die überwiegend erzählenden lateinischen, französischen und englischen Quellen und „other divers Pamphlettes, the names of whom are to moste menne unknowen" an, aus denen er schöpft. Die erzählende Darstellung ist chronologisch nach den Regierungsjahren der Könige geordnet; immer wieder sind Briefe, Akten, Verträge, Namenslisten eingearbeitet, auch große Reden der Handelnden wiedergegeben. Die detailreichen Schilderungen des Hoflebens dienten Shakespeare als Quelle.

[14] Raphael Holinshed (1529–1580), nach dem Magister-Examen in Cambridge Übersetzer und Mitarbeiter von Reginald Wolfe († 1573) bei dessen universalem und monumentalem Werk zur Geschichte und Kosmographie. Nach Wolfes war noch kein Stück des Werkes erschienen, und Holinshed wurde von den Verlegern mit der Herausgabe der Abschnitte für England, Schottland und Irland beauftragt. 1577 legte er ein zweibändiges Werk mit vielen Karten und Abbildungen vor, das in dieser Form äußerst selten ist: The Firste volume of the Chronicles of England, Scotlande, and Irelande. Conteyning, The description and Chronicles of England, from the firste inhabiting unto the conquest. The description and Chronicles of Scotlande, from the first originall of the Scottes nation, till the peace of our Lorde. 1571. The description and Chronicles of Yrelande, likewise from the firste originall of that Nation, until the yeare. 1547. Faithfully gathered and set forth, by Raphaell Holinshed; der zweite Band trug den Titel: The laste volume of the Chronicles of England, Scotlande, and Irelande, with their descriptions. Conteyning the description and Chronicles of England from the Norman conquest until the present time. Dieser zweite Band reicht bis 1575. 1586–1587 erschien in London eine Ausgabe in 3 Bänden, die aber zensurbedingt starke Auslassungen hatte. Die fehlenden Seiten dieser Ausgabe wurden 1722–1723 zur nachträglichen Ergänzung gedruckt. In Berlin lag neben der unvollständigen von 1587 eine Ausgabe in 6 Bänden (London 1807–1808) vor. Holinshed ist teilweise von dem zuvor genannten Hall abhängig, für die jüngere Zeit bietet er aber noch mehr Details und auch in den früheren Abschnitten noch einige Ergänzungen, da er insgesamt mehr Material ausgewertet hat als Hall. Holinshed „Chronicles" sind die Hauptquelle Shakespeares, der er viele wörtliche Zitate für seine historischen Dramen entnahm.

[15] Heinrich VIII. (1491–1547), 1509 König von England und 1541 zugleich König von Irland.

Nr. 226

Heinrich Ranke[1] an Leopold Ranke

V: GStA PK VI. HA Nl Hoeft Nr. 37 Kart. 4 (Typoskript)

Nürnberg⟨,⟩ 15ten Oktober ⟨18⟩24.

Mein geliebter Bruder –

Neulich legte ich einen großen Brief für Dich an, da ich mein langes Schweigen wieder gut machen wollte. Ich schrieb bis zum Abendessen⟨,⟩ und meine letzten Worte waren Klagen darüber, daß wir 4 Brüder[2] so wenig Nachricht von einander haben. Besonders klagte ich über Wilhelm und fragte Dich, was wir wohl thun sollten, um näher an einander zu kommen. – Nach Tisch saß ich in Raumers[3] Wohnstube am runden Tisch, und unsre kleinen Lämmchen[4] hatten sich um mich gedrängt – und ich hatte ihnen eben die Geschichte von Hanna und Samuel[5] erzählt – da trat jemand Langes herein und ging als ganz bekannt mitten durch die Stube. „Ach⟨,⟩ Wilhelm[6]!" schrie ich und hing an seinem Halse. – Könnte ich doch auch einmal „ach⟨,⟩ Leopold!" schreien und an Deinem Halse hängen! Könnte ich's doch am 30sten November[7]! Denn siehe⟨,⟩ mein liebes Herz, dann will der Vater zwei armen Kindern eine gar große Freude machen, und die Kinder heißen Heinrich und Selma.[8] –

Am 30sten November vorigen Jahres war ein lieblicher Tag. Vater Schubert[9] war ohne Selma hier, die damals noch in strenger Zucht gehalten wurde. Und Abends nach 5 Uhr ging der Vater mit mir in Dunkel und Regen nach Erlangen[10] zu meiner lieben Braut. Nun kömmt sie dießmal, so Gott will, wohl zu mir – und was werden wir dann für einen lieblichen Abend haben. Dann wollen wir wie David alle Engel und alle leuchtenden

[1] Heinrich Ranke (1798–1876), Bruder Leopold Rankes, Lehrer an der Bildungsanstalt des Erziehervereins in Nürnberg.

[2] Leopold (1795–1886), Heinrich (1798–1876), Ferdinand (1802–1876) und Wilhelm Ranke (1804–1871); der zehnjährige Bruder Ernst Constantin Ranke (1814–1888) war 1824 nicht in den Briefwechsel seiner deutlich älteren Brüder einbezogen.

[3] Karl Ludwig Georg von Raumer (1783–1865), ehemaliger Professor, wie Heinrich Ranke Lehrer an der Bildungsanstalt des Erziehervereins in Nürnberg.

[4] Wohl die Kinder der Bildungsanstalt des Erziehervereins in Nürnberg, für deren Betreuung Raumer und Heinrich Ranke zuständig waren (vgl. Nr. 227).

[5] 1. Samuel 1–2.

[6] Wilhelm Ranke (1804–1871), Bruder Leopold und Heinrich Rankes.

[7] Geburtstag Heinrich Rankes; an diesem Tage sollte 1824 seine Hochzeit mit Selma Schubert stattfinden (vgl. Nr. 227).

[8] Selma Schubert (1806–1878), Tochter von Gotthilf Heinrich Schubert, Professor für allgemeine Naturgeschichte und Mineralogie in Erlangen.

[9] Gotthilf Heinrich Schubert (1780–1860), Professor für allgemeine Naturgeschichte und Mineralogie in Erlangen.

[10] Vgl. Nr. 175.

Sterne herbeirufen⟨,⟩ mit uns zu loben.[11] – Siehe⟨,⟩ liebes Herz, sonst[a] wenn ich an Selma dachte, sehnte ich mich zu ihr hinüber; nun ist sie aber vor Kurzem 14 Tage bei uns gewesen – sie hat in meinem kleinen Stübchen auf dem Sopha gesessen⟨,⟩ während ich für den Sonntag schrieb, und nun fehlt sie mir immer in meinem Stübchen. Und wir sind zusammen im Garten umhergelaufen – da fehlt sie mir auch in allen Gängen. Da sehne ich mich denn nicht mehr hinüber, sondern daß sie nun auf immer hier sein möchte. Und die lieben Eltern[12] in Erlangen haben⟨,⟩ ohne daß ich je ein Wort darüber gesagt hätte – denn ich bin immer noch sehr schüchtern – ⟨,⟩ alles so schön bedacht und geordnet. Giebt nun der himmlische Vater auch sein Ja, so bin ich bald ein sehr fröhliches Kind.

– Wenn Du nun zu unsern lieben A⟨hlemann⟩[13] und K⟨aroline⟩[14] kömmst, so kannst Du sie rathen lassen – und dann von Heinrich freundlichst grüßen, der sie immer mit Liebe im Herzen trägt, und von meinem lieben Lämmchen Selma. Heidler[15] freut sich wohl auch, und Stange[16] – und so grüße sie doch brüderlich von mir! Begegnest Du Nachmittags um 3 oder 4 U⟨hr⟩ dem alten treuen Muzel[b][17] – so sage ihm, daß ich ihn sehr lieb habe – und von meiner Freude.

Unserm lieben Schmeling[18] bringe doch ja einen freundlichen Gruß von Raumers[19] und mir.

Und nun, Du lieber Leopold, laß Dich herzen und küssen⟨,⟩ und der Friede unsers Gottes erfülle und erquicke Deine Seele.

Ewig Dein Heinrich.

[a] Nachträglich handschriftlich eingefügt.

[b] Ursprünglich: „M.“, nachträglich handschriftlich ergänzt: „uzel“.

[11] Vgl. Psalm 148.

[12] Gotthilf Heinrich und Julie Schubert, geb. Steuernagel (1788–1880).

[13] Friederike Wilhelmine Ahlemann, geb. Schultze (1772–1843), Direktorin einer höheren Bildungsanstalt für Mädchen in Frankfurt an der Oder, Vertraute Leopold Rankes.

[14] Caroline Beer (1791–1851), Vertraute Leopold Rankes in Frankfurt an der Oder.

[15] Wilhelm Ferdinand Heydler (1793–1859), Mitschüler Leopold und Heinrich Rankes in Pforta, Leipziger Studienfreund Leopold Rankes sowie Konrektor am Friedrichs-Gymnasium in Frankfurt an der Oder.

[16] Johann Carl Wilhelm Thomas Stange (1792–1854), Oberlehrer am Friedrichs-Gymnasium in Frankfurt an der Oder, zeitweise Hausgenosse Leopold Rankes.

[17] Philipp Ludwig Muzel (1756–1831), Konsistorialrat bei der Regierung in Frankfurt an der Oder.

[18] Otto Ludwig Wilhelm von Schmeling (1788–1844), preußischer Major.

[19] Karl Ludwig Georg von Raumer (1783–1865), ehemaliger Professor, wie Heinrich Ranke Lehrer an der Bildungsanstalt des Erziehervereins in Nürnberg, und Friederike von Raumer, geb. Reichardt (1790–1869).

Nr. 227

Wilhelm Ranke[1] an Leopold Ranke[a]

V: GStA PK VI. HA Nl Hoeft Nr. 1 (Abschrift)
G: GStA I. HA Rep. 92 L. v. Ranke Nr. 26 (nicht erhalten)

Berlin, 18⟨.⟩ Okt⟨ober 1824.⟩

Mein lieber Leopold.

Du hast so lange von uns[2] keinen Brief bekommen, daß Du gewiß gar nicht recht weißt, was Du davon denken sollst. Gräme Dich nicht etwa; die liebe Mutter[3] hat Deiner auch nicht eine Stunde vergessen. Sie warteten nur auf meine Zurückkunft von Nürnberg, und auf die Lösung gewisser ungewisser Ereignisse. Ja! in Nürnberg bin ich gewesen und über das Fichtelgebirge zurück gereist. Ach, könnt ich Dir doch nur ein Theilchen der Liebe mitschicken, die mir da zu Theil geworden ist. Wenn Du hinkämest, Selma[4] würde Dich empfangen wie die Braut ihren Bräutigam. Ich traf sie in Erlangen allein; die Eltern[5] waren verreist. Aber so bald konnte ich von Selma nicht loskommen; ich blieb 2 Tage da, und mir ist nie so wohl und rein gewesen. – Den 23⟨.⟩ Sept⟨ember⟩ spät Abends kam ich in Nürnberg an. Heinrich[6] saß in der Stube unter vielen Kleinen und erzählte aus der Bibel. Ich trat unbemerkt hinein und setzte mich ihm gegenüber. Endlich fiel sein Blick auf mich; er riß die Augen weit auf, erkannte mich, schob die Kleinen weg und fiel mir um den Hals. Bald füllte sich die Stube mit frohen Jungen, die mich freundlich begrüßten.[7] – Ein Paar Tage nachher kam auch Selma nach Nürnberg, und es sollte ihr letzter Besuch sein; denn schon den 30. Nov⟨ember⟩ ist ihre Hochzeit. Nun könnt ich Dir mancherlei erzählen vom Stand der Erzieher und Zöglinge zu einander: wie sich das Ganze zusammen paßt; und von den Kunstwerken in Nürnberg. Aber in alle dem fügt sich eines zum andern so natürlich und einfach, und darum so besonders, daß ich nur mit einer langen Erzählung loskommen könnte. Das wird sich nun zu Weihnachten mündlich besser thun lassen. –

[a] Adresse: „Dem | Herrn Dr. Ranke | Oberlehrer in | Frankfurt a. d. O.“.

[1] Wilhelm Ranke (1804–1871), Bruder Leopold Rankes, Student in Berlin.
[2] Vgl. Nr. 226.
[3] Friederica Wilhelmina Ranke, geb. Lehmicke (1776–1836).
[4] Selma Schubert (1806–1878), Tochter von Gotthilf Heinrich Schubert, Professor für allgemeine Naturgeschichte und Mineralogie in Erlangen.
[5] Gotthilf Heinrich Schubert (1780–1860), Professor für allgemeine Naturgeschichte und Mineralogie in Erlangen, und Julie Schubert, geb. Steuernagel (1788–1880).
[6] Heinrich Ranke (1798–1876), Bruder Leopold und Wilhelm Rankes, Lehrer an der Bildungsanstalt des Erziehervereins in Nürnberg.
[7] Vgl. Nr. 226.

Am 1. Okt⟨ober⟩ begleitete⟨n⟩ mich Heinrich und Selma, Raumer[8] und seine Frau[9] und ein Paar Schüler[10] nach Muggendorf und Gößweinstein. Von da gieng ich, auch noch Schuberten[11] aufzusuchen im Fichtelgebirge. Nachdem ich die schönsten Punkte des Gebirges besucht hatte, traf ich ihn unterm Ochsenkopf[12], in Weißenstadt. Er erkannte mich gleich⟨,⟩ und ich blieb einen Tag bei ihm; er hat es sehr gut mit mir gemeint. Schubert ist groß, roth und stark; er hat schwarze Locken und der Grundzug seines Gesichts ist das gedrungen Hervortretende; aber eine unbegreifliche Liebe mildert diesen harten Ausdruck. Er neckt und scherzt gern, ist aber dazwischen oft nachdenklich. Es ist schön, zu betrachten, wie aus so vielem Leib eine so geistige, sanfte Liebe sich entwickelt. Er gab mir den 2. Theil von seinem „Altes und Neues"[13] mit „für das liebe Elternpaar in Wiehe"[14].[15] Von Weißenstadt gieng ich nach Wunsiedel, sah die Luchsenburg[16], und dann nach Hof. Schrecklich sehen da von fern die Thürme, ihrer Kuppeln beraubt.[17] Die Häuser sehen schöner aus und fester, als früher die alten Holzgebäude ausgesehen haben. Aber die Dächer sind noch nicht zu; aber die Fensterhölen noch blind. Die Kirche ist furchtbar verwüstet. Die Thüren sind vermauert; vom Portal aus blickt man hinunter. Dicke Schutthaufen bedecken den Boden; noch hat keine Schaufel drin gewühlt. Die Säulen und ganze Mauerstücke vom Gewölbe liegen in Stücken da. — Von da über Gefäll[18], Schleiz und Jena nach Hause[19], und nach einigen Tagen der Ruhe und Freude über Halle nach Berlin. In Halle erfuhr ich, daß eben den Tag vorher sie[20] der Mutter einen Shawl von Dir geschickt hatten. — Hier in Berlin geht alles nach Wunsch. Die Polizey erwähnte gar nicht, daß ich vergessen hatte, die Karte[21] abzugeben. Ich werde immatri-

[8] Karl Ludwig Georg von Raumer (1783–1865), ehemaliger Professor, wie Heinrich Ranke Lehrer an der Bildungsanstalt des Erziehervereins in Nürnberg.

[9] Friederike von Raumer, geb. Reichardt (1790–1869).

[10] Nicht ermittelt.

[11] Gotthilf Heinrich Schubert (1780–1860), Professor für allgemeine Naturgeschichte und Mineralogie in Erlangen.

[12] Der Ochsenkopf ist eine der höchsten Erhebungen des Fichtelgebirges.

[13] Schubert, Altes und Neues, Bd. 2; er war 1824 erschienen.

[14] Gottlob Israel (1762–1836) und Friederica Wilhelmina Ranke, geb. Lehmicke (1776–1836), Eltern Leopold und Heinrich Rankes.

[15] Den ersten Teil des Werkes hatte Heinrich Ranke seinen Eltern zum 25. Hochzeitstag geschenkt (vgl. Nr. 57).

[16] Burgruine bei Wunsiedel.

[17] Ein Feuer hatte im Jahr 1823 die alte Stadt vernichtet.

[18] Heute: Gefell, etwa 15 Kilometer nördlich von Hof.

[19] Nach Wiehe.

[20] Nicht ermittelt.

[21] In Berlin war der Zuzug von Nicht-Berlinern beschränkt worden. Zutritt wurde nur gegen Vorlage bzw. Lösen einer offiziell so genannten „Aufenthaltskarte" an einem vor der Stadt postierten Kontrollposten gewährt, die dann bei Verlassen der Stadt der Polizei, bei der der vorher einbehaltene Paß wieder abgeholt wurde, abzugeben war.

kulirt und höre eine Menge Kollegia. – Zu Weihnachten werde ich Dich besuchen, wenn Du nicht etwa verreisen willst.

Dein Dich liebender Wilhelm.

Meine Wohnung Scharrenstr. 8.

Nr. 228

Ferdinand Ranke[1] an Leopold Ranke[a]

V: GStA PK VI. HA Nl Hoeft Nr. 1 (Abschrift)
G: GStA I. HA Rep. 92 L. v. Ranke Nr. 26 (nicht erhalten)

Halle⟨,⟩ am 26sten October 1824.

Innig geliebter Bruder,
Zuerst schreibe ich Dir von Deinem Werk. Przystanowsky[2] ist hier gewesen, ein Mineralog aus Dresden, Blancs[3] und Raumers[4] Freund, dem Reimer[5] manches aus Deinen Werken vorgelesen hat. Er hat auch, wie natürlich, ein ausgezeichnetes Urtheil darüber gefällt, besonders über Machiavell[6]. Natürlich hat er nur wenig gelesen. Dieß Alles macht viel Hoffnung auf gute Urtheile Aller. Ich indeß muß Dich hart anklagen. Ich glaube doch, Du würdigst Deine Setzer[7] und Correctoren[8] weniger, als sie es verdienen. Sehe ich alle Druckfehler an, und vergleiche Dein M⟨anu⟩ss⟨kript⟩ damit, so finde ich, daß sie meistens durch Dich selbst veranlaßt sind, durch gar undeutliches Schreiben. Ich weiß gar nicht, wie es kommt, daß Dein Manuscript so sehr schön aussieht, und doch so schwer zu lesen ist.

[a] Adresse: „Sr. Wohlgeboren | dem Herrn Oberlehrer | D. Ranke | in Frankfurt | an | der Oder".

[1] Ferdinand Ranke (1802—1876), Bruder Leopold Rankes.
[2] Johann Rudolph von Przystanowski (um 1792–nach 1846), Sohn von Wladislaus von Przystanowski, Gutsbesitzer in Röhrsdorf bei Fraustadt in Südpreußen, 1804 Studium der Rechte in Halle, 1807 Studium an der Bergakademie in Freiberg, 1809–1810 gemeinsam mit Karl Ludwig Georg von Raumer Aufenthalt bei Pestalozzi in Yverdon, Oktober 1810 Studium der Medizin in Berlin, 1815 Aufenthalt in Italien und Mitarbeit an der Schrift seines Freundes Karl Ludwig Georg von Raumer über „Geognostische Fragmente", 1820 Rückkehr nach Freiberg, 1822 Veröffentlichung des Werkes „Ueber den Ursprung der Vulkane in Italien" im Verlag von Georg Andreas Reimer, danach Übersiedlung nach Dresden, Vorbereitung eines größeren Werkes, das nicht zustande kam, darüber Konflikt mit Georg Andreas Reimer, um 1830 Flucht vor Schulden nach England, Frankreich und Italien, ab 1840 Aufenthalt in Mexiko, (vgl. GStA I. HA Rep. 76 V c, Sekt. I, Tit. XI, Teil V A, Nr. 1, Bd. 5, fol. 250–271; Bahl / Ribbe, Matrikel Berlin, Bd. 1, S. 8, Nr. 147; K. v. Raumer, Leben, S. 73, 100–101).
[3] Ludwig Gottfried Blanc (1781–1866), Professor der südeuropäischen Sprachen und ihrer Literaturen, zugleich Domprediger in Halle.
[4] Karl Ludwig Georg von Raumer (1783–1865), ehemaliger Professor, wie Heinrich Ranke Lehrer an der Bildungsanstalt des Erziehervereins in Nürnberg.
[5] Georg Andreas Reimer (1776–1842), Buchhändler und Verleger in Berlin.
[6] Niccolò Machiavelli (1469–1527), florentinischer Politiker, Diplomat und Schriftsteller; L. Ranke, Kritik, S. 182–202.
[7] Nicht ermittelt.
[8] Nicht ermittelt.

Auch steht nach [b]so lang[b], Seite 182[9], kein Wort, was Du so bestimmt sagst. Der Setzer[10] hätte es gar zu gern nicht umgedruckt, sondern unter die Druckfehler gesetzt, weil nun der ganze letzte halbe Bogen noch einmal umgesetzt werden muß. Aber ich wagte doch nicht, Deinem unerläßlichen Willen nicht Genüge zu leisten, und er hat ihn umgesetzt. Als ich dem Setzer der Kritik[11], einem wirklich sehr guten Manne, sagte, ich wolle es ganz corrigiren, sagte er, es wäre auch gut, denn der erste Correktor[12] würde auf jeden Fall zu den Druckfehlern einen Zusatz verlangen, seiner Ehre wegen, nehmlich den, daß der Autor sie verschuldet. Er sagte auch, wenn alle Autoren so veränderten, wie Du die ersten Bogen, und jetzt die Einleitung, so gingen alle Setzer ins Wasser; es wären solche Veränderungen für den Setzer überaus schrecklich. Ein anderer[13] fügte hinzu, ja⟨,⟩ Du hättest immer einen Bruder für die Setzer mit schicken können. – Doch Reimer muß Alles bezahlen. 3 Correkturen sind nun gemacht, und noch 3 sind nöthig von denselben Bogen. Ja⟨,⟩ Bäntsch[14] will⟨,⟩ um sich zu rechtfertigen⟨,⟩ Deine Correkturen an Reimer selbst schicken. Denn sie machen noch viele, viele Kosten. Uebrigens nimmt sich Dein Druckfehlerverzeichniß zur Geschichte, das ich jetzt vor mir habe und corrigire, nicht groß aus. Es ist noch keine Seite. Es ist Dir doch bei weitem nicht so schlimm gegangen, wie hier Einem Juristen, Mühlenbruch[15], dessen Pandekten so gedruckt sind, daß an seinem Druckfehlerverzeichniß des ersten Bandes von vier Seiten jetzt beim zweiten Bande eins von 8 Seiten hinzugefügt hat.[16] – Endlich habe ich Dir die Einleitung geschickt, wegen einer

[b–b] In der Vorlage unterstrichen.

[9] Wohl Seitenangabe auf dem Manuskript Rankes.

[10] Nicht ermittelt.

[11] Nicht ermittelt.

[12] Nicht ermittelt.

[13] Nicht ermittelt.

[14] Franz Carl Leopold Bäntsch (1772–1825), Buchdrucker und Buchhändler in Halle.

[15] Christian Friedrich Simon Mühlenbruch (1785–1843), Sohn von Gottlieb Mühlenbruch († 1826), Chirurg in Rostock, und Dorothea Mühlenbruch, geb. Wendt, Schulbesuch in Güstrow und in Rostock, 1800 Studium der Rechte in Rostock, 1802 in Greifswald, hier Aufnahme in den Constantisten-Orden, Gegner der Unitisten und speziell von Friedrich Ludwig Jahn, 1803 Studium der Rechte in Göttingen, 1804 in Heidelberg, hier Senior der Loge des Constantisten-Ordens, zugleich Consenior Mitglied des Landsmannschaft der Rheinländer, 1805 Dr. iur. in Heidelberg, Herbst 1805 Habilitation in Rostock, Privatdozent, zugleich Advokat, 1808 Mitglied des Rats der Stadt Rostock, 1810 Professor der Rechte in Rostock, 1815 in Greifswald, 1818 in Königsberg, 1819 in Halle, 1833 in Göttingen (vgl. Walter Richter: Der Constantistenorden im Wandel des Zeitgeistes, in: Einst und Jetzt. Jahrbuch des Vereins für corpsstudentische Geschichtsforschung 24 (1979), S. 116–165, hier S. 149).

[16] Christian Friedrich Mühlenbruch, Doctrina Pandectarum in usum scholarum. 3. Bde., Halle 1823–1825 (der von Ferdinand Ranke erwähnte zweite Band erschien 1824). Die Druckfehler sind in der Tat so umfangreich wie von Ferdinand Ranke angegeben.

Stelle, die Du nun vielleicht schon corrigirt hast, wo steht: [c]hoch am[c] Hallia Halogabend, was ich nicht verstehe, Blanc auch nicht.[17]

Ich komme nun auf die zweyte Hälfte Deines lieben Briefes. – Ich weiß und fühle, daß Du mein Bestes willst, lieber Bruder; und es thut mir um so mehr Leid, daß ich unmöglich, rein unmöglich kann, wie Du willst. Noch steht die Sache in Nürnberg[18] wie vorher. Przystanowsky ist in Berlin gewesen, und hat mit Raumers Bruder[19] gesprochen. Kamptz[20] hat diesem gesagt, daß bei jedem der in Köppenik Untersuchten[21] eine Menge kleiner Briefe von Raumer[22], gefunden sind, obgleich sich aus ihnen nichts gegen Raumer ergeben hat. Ich kann nicht noch einmal bei Kamptz anfragen, da er mir einmal so öffentlich seinen Willen gesagt hatte. Auch kann ich, um dieß nicht zu verschweigen, meine Fanny[23] auf so lange und so weit nicht verlassen. Sey darum nicht auf mich böse, Du lieber Bruder.

Auf daß der Brief morgen mit abgehe, will ich schließen. Doch [hätte ich] fast in der Eile vergessen, ich bin gestern von Wiehe zurück gekommen. Sie sind alle recht wohl und erwarten mit großer Sehnsucht Deine Bücher. Endlich ich habe auch heute einen Brief von Oesterreich[24] bekommen, einen sehr schönen. Leb recht wohl und behalte lieb

Deinen
Dich innig liebenden Bruder
Ferdinand.

Meine Fanny grüßt Dich auf das Freundlichste, und ihre liebe Mutter[25] auch!

c–c In der Vorlage unterstrichen.

[17] Das Ferdinand Ranke und Ludwig Gottfried Blanc rätselhafte Wort bezeichnet das Siedlungsgebiet eines Volkes der Wikinger in Norwegen (vgl. L. Ranke, Geschichten, S. XX).

[18] Vgl. Nr. 209.

[19] Friedrich Ludwig Georg von Raumer (1781–1873), Professor für Staatswissenschaften und Geschichte in Berlin; Bruder von Karl Ludwig Georg von Raumer (1783–1865), der wie Heinrich Ranke als Lehrer an der Bildungsanstalt des Erziehervereins in Nürnberg wirkte.

[20] Carl Albert Christoph von Kamptz (1769–1849), Direktor der Unterrichts-Abteilung im Ministerium der Geistlichen, Unterrichts- und Medizinal-Angelegenheiten, zugleich Mitglied der Ministerialkommission zur Untersuchung „demagogischer Umtriebe".

[21] In dem auf einer Insel gelegenen Schloß Köpenick wurden Personen inhaftiert, die man für „Demagogen" hielt.

[22] Karl Ludwig Georg von Raumer (1783–1831), ehemaliger Professor, wie Heinrich Ranke Lehrer an der Bildungsanstalt des Erziehervereins in Nürnberg.

[23] Fanny Pollau (1804–1867), Verlobte Ferdinand Rankes.

[24] Johann Wilhelm Friedrich Oestreich (1798–1850), Bekannter Ferdinand Rankes (vgl. Nr. 98).

[25] Nanette Esther Marguerite Pollau, verw. Juncker, geb. Plantier (1768–1829), Mutter von Charlotte Blanc, geb. Juncker, und Fanny Pollau.

Nr. 229

Leopold Ranke an Ferdinand Ranke[1]

V: GStA PK VI. HA Nl Hoeft Nr. 1 (Abschrift)
G: GStA I. HA Rep. 92 L. v. Ranke Nr. 23 (nicht erhalten)
D: L. v. RANKE, Neue Briefe, S. 51–52

⟨Frankfurt an der Oder, vor dem 3. November 1824.⟩[a]

Lieber Ferdinand,

Von Herzen wünsche ich, dieser Brief möge noch eintreffen, ehe das Druckfehlerverzeichnis der Geschichte[2] abgedruckt ist. Denn wenn mich nicht alles täuscht, bin ich so nachlässig gewesen⟨,⟩ statt des Wortes: Zlemsan zu schreiben Zlemslan[3]; und zwar zwey Mal. Jenes aber ist allein die richtige Schreibart, und dieser Fehler macht mir gradezu Kummer. Ich bitte dich also⟨,⟩ wo möglich ⟨,⟩das: l ausstreichen zu lassen. Ist es nicht möglich, so sage es Niemand. Dann müssen wir erwarten, ob Jemand von selbst diesen Fehler findet.

Dann könnte noch bey den Druckfehlern eingeschoben werden, wenn es nicht schon darin ist:

p. 294,6[4] dem Sultan[5], zu Cypern ihrem — — —

wobey es besonders auf das Comma ankommt. Dieß würde unter die sinnentstellenden[6] gehören. Doch vielleicht ist es schon bemerkt.

— — — —

Nun⟨,⟩ was sagst Du zu Heinrichs[7] Hochzeit?[8] Willst Du nicht hin? Ich habe wohl auch daran gedacht⟨,⟩ doch ist es unmöglich⟨,⟩ und ich fühle allzuwohl, ich wäre dort ganz und gar überflüssig, ja vielleicht im Wege.[9]

[a] Datierung nach den Angaben von HOEFT und in Nr. 232.

[1] Ferdinand Ranke (1802–1876), Bruder Leopold Rankes.
[2] L. RANKE, Geschichten.
[3] L. RANKE, Geschichten, S. 55, Zeile 3: „die africanischen Reiche Oran und Ulemslan"; ebd., Druckfehlerverzeichnis, ohne Seitenzahl ⟨S. 424⟩: „53,3. Tlemslan".
[4] Der Fehler ist weder berücksichtigt, noch ins Fehlerverzeichnis aufgenommen.
[5] Al-Aschraf Quansuh II. al-Ghuri (1441–1516), ab 1501 Sultan des ägyptischen Mameluken-Reichs.
[6] Das Verzeichnis der Druckfehler (L. RANKE, Geschichten, ohne Seitenzahl [S. 424]) unterschied zwei Kategorien von Fehlern: „1. Sinnenstellende" und 2. „In Namen".
[7] Heinrich Ranke (1798–1876), Bruder Leopold Rankes, Lehrer an der Bildungsanstalt des Erziehervereins in Nürnberg.
[8] Sie war für den 30. November 1824 geplant (vgl. Nr. 226), fand aber erst ein knappes Jahr später am 2. Oktober 1825 statt.
[9] Letztlich nahm Leopold Ranke 1825 dann aber doch zusammen mit seinem Vater und Ferdinand Ranke an der Hochzeit von Heinrich Ranke mit Selma Schubert teil (vgl. F. H. RANKE, Jugenderinnerungen, S. 314–316).

Noch wollte ich Dir melden, daß⟨,⟩ so viel ich weiß⟨,⟩ in Luckau eine Lehrerstelle eröffnet ist. Jener Hanzschke[10]⟨,⟩ mein Begleiter auf dem Postwagen, der Redner, ist daselbst abgegangen. Ob es indeß der Rede oder einer Anfrage bei dem Rekt⟨or⟩ Lehmann[11] werth ist, kann ich nicht sagen. Unsre Lektionen sind am Montag wieder angegangen. Du glaubst nicht, wie gründlich und wahrhaft sie mir gefallen.

[10] Johann Carl Leberecht Hantschke (1796–1856), Sohn von Johann Georg Hantschke (1759–nach 1829), herrschaftlicher Gärtner in Zinnitz bei Luckau, und Christiana Hantschke, geb. Stephan (1767–1829), 1815 Studium der Theologie und Philologie in Leipzig, 1818 Bibliothekar in der Bibliothek von Veit Ludwig Freiherr von Seckendorff-Gudent (1763–1827) in Meuselwitz bei Altenburg, dessen Sohn Alfred Freiherr von Seckendorff-Gudent, ein Mitglied der Urburschenschaft, Hantschke wohl aus dessen Studienzeit in Leipzig kannte, 1819 Fünfter Lehrer am Gymnasium in Luckau, Dr. phil. in Halle, 1820 vergebliches Gesuch um das Konrektorat in Zeitz, danach Vierter Lehrer am Gymnasium in Luckau, 1824 Hochzeit mit Amalia Möller (∗ 1797), Tochter von Christian Friedrich Möller (1764–1825), Pfarrer in Zipsendorf, und Dorothea Amalie Möller, geb. Rapsch († 1813), Dritter Lehrer, 1829 Erster Oberlehrer, 1834 Professor, 1830–1842 interimistisch Direktor am Gymnasium in Elberfeld, 1842 Direktor des Gymnasiums in Wetzlar, 1854 Ruhestand (vgl. ELAB Zinnitz, Taufen 1759, 1767 und 1796; ELAB Weissack, Bestattungen 1829; Blecher / Wiemers, Matrikel Leipzig, Bd. 1, S. 115, Nr. 0094 [hier als „Gandschke" geführt]; Kössler, Personenlexikon, Bd. H, S. 98–99; Kaupp, Stamm-Buch, S. 74, Nr. 277; Pfarrerbuch Kirchenprovinz Sachsen, Bd. 6, S. 133; Bullmann, Denkwürdige Zeitperioden, S. 172); veröffentlichte neben mehreren Beiträge in Schulprogrammen unter anderem 1823 ein „Hebräisches Übungsbuch für Schulen"; während seiner Zeit als Lehrer in Elberfeld lebte zeitweise der Schüler Friedrich Engels in seinem Haushalt.

[11] Johann Gottlieb Lehmann (1782–1837), Sohn von Johann Gottlieb Lehmann (1753–1836), Bürgermeister von Sonnewalde, und Johanne Renate Lehmann, geb. Richter (1755–1838), 1792 Stadtschule in Senftenberg, 1795 Thomas-Schule in Leipzig, 1802 Studium der Theologie und Philologie in Leipzig, Mitglied des Philologischen Seminars, 1805 Magister und Erstes Theologisches Examen in Dresden, Hauslehrer bei Friedrich Gottlieb Julius von Bülow auf Beyernaumburg (1760–1831) bei Sangerhausen, 1808 Konrektor am Gymnasium in Luckau, 1811 Hochzeit mit Helena Christliebe Salome Israel (1792–vor 1823), Tochter von Johann Christian Wilhelm Israel (1731–1809), Pfarrer in Luckau, und Johanna Erdmuthe Israel, geb. Lehmann, 1820 Dritter Lehrer an der Thomas-Schule in Leipzig, 1822 Rektor des Gymnasiums in Luckau, 1823 Hochzeit mit Caroline Amalia Förtsch (1801–nach 1837), Tochter von Christian Karl Förtsch (1771–1842), Diakonus in Golßen, und Christiane Friederike Dolz (vgl. ELAB Golßen, Taufen 1801; ELAB Luckau, Taufen 1792; ELAB Luckau, Trauungen 1811 und 1823; ELAB Sonnenwalde, Taufen 1753 und 1755; ELAB Sonnenwalde, Trauungen 1780; ELAB Sonnenwalde, Bestattungen 1802 und 1838; Erler, Matrikel Leipzig, S. 232; GStA PK I. HA Rep. 76 III, Sekt. XII, Abt. XV Nr. 5 Bd. 2; Fischer, Pfarrerbuch Mark Brandenburg, Bd. II/1, S. 211 und S. 385); neben einigen Beiträgen für Schulprogrammen gab er die Werke Lukians heraus: ΛΟΥΚΙΑΝΟΣ. Luciani Samosatensis opera Graece et Latine. Post Tiberium Hemsterhuisum et Jo. Fredericum Reitzium denuo castigata cum varietate lectionis, scholiis Graecis, adnotationibus et indicibus edidit Johannes Theophilus Lehmann. 9 Bde. Leipzig 1822–1831.

Wen könnte ich herzlicher grüßen, als Deine Fanny[12]. Traute Fanny! Die M⟨utter⟩[13], Bl⟨anc[14],⟩ L⟨otte⟩[15] ebenfalls von ganzem Herzen. Und Dir einen schönen: Guten Abend!

Dein getreuer Leopold.

Zu etwas ganz Kleinem für Fa⟨nn⟩ys Geb⟨ur⟩tst⟨a⟩g[16], wenn Du etwa kein Geld hättest, nimm dieß[17]; vielleicht finde u⟨nd⟩ schicke ich selbst auch etwas.

[12] Fanny Pollau (1804–1867), Verlobte Ferdinand Rankes.

[13] Nanette Esther Marguerite Pollau, verw. Juncker, geb. Plantier (1768–1829), Mutter von Charlotte Blanc, geb. Juncker, und Fanny Pollau.

[14] Ludwig Gottfried Blanc (1781–1866), Professor der südeuropäischen Sprachen und ihrer Literaturen, zugleich Domprediger in Halle.

[15] Charlotte Blanc, geb. Juncker (1795–1866), Stiefschwester von Fanny Pollau, Ehefrau von Ludwig Gottfried Blanc.

[16] 6. November.

[17] Leopold Ranke hatte wohl etwas Geld beigelegt.

Nr. 230

Ferdinand Ranke[1] und Fanny Pollau[2] an Leopold Ranke

V: GStA PK VI. HA Nl Hoeft Nr. 1 (Abschrift)
G: GStA I. HA Rep. 92 L. v. Ranke Nr. 26 (nicht erhalten)

⟨Halle, 6. November 1824.⟩[a]

Innigst geliebter Bruder,
Tausend, tausend Dank für Deine viele Liebe. Du solltest die Blumen prangen sehen, die um den Tisch her stehen⟨,⟩ worauf die Geburtstagsgeschenke liegen; diese Alle sind von mir durch Dich;[3] ich selbst habe Fanny noch den zweyten Theil vom Altem und Neuem[4], und ein kleines Gedicht bescheert.

Aber um so mehr thut es mir leid, daß Dein Brief[5] zu spät kam. Schon waren beyde Bücher[6] geordnet, und sollten den andern Tag an Reimer[7] abgehn. Ueberdieß hatte Reimer sehr getrieben, Bäntsch[8] solle sie schicken. Da habe ich noch etwas thun müssen, was ich nicht gut ablehnen konnte. Reimer hatte geschrieben, durch Bäntsch's Verzögerung sey es geschehen, daß die beste Zeit zum Anzeigen beyder Bücher verstriche. Bäntsch bat mich, ihn darüber zu rechtfertigen, daß keine andere Druckerey es anders möglich gemacht haben würde.[9] Natürlich bleibt Bäntsch sehr gern mit Reimer in Geschäften. Ich habe daher auf seine Bitte an Reimer geschrieben, und den Hauptgrund der Verzögerung auf Deine Entfernung vom Druckort verschoben. Vielleicht schickt Dir Reimer diesen Brief zu.

Endlich hat Blanc[10] Antwort von Schulzen[11] bekommen, u⟨nd⟩ zwar traurig genug. Nehmlich noch sey kein Bericht über die ganze Sache, auch

[a] Datierung nach den Angaben von Hoeft.

[1] Ferdinand Ranke (1802—1876), Bruder Leopold Rankes.
[2] Fanny Pollau (1804–1867), Verlobte Ferdinand Rankes.
[3] Vgl. Nr. 229.
[4] Schubert, Altes und Neues, Bd. 2; er war 1824 erschienen (vgl. Nr. 227).
[5] Nr. 229.
[6] L. Ranke, Geschichten; L. Ranke, Kritik.
[7] Georg Andreas Reimer (1776–1842), Buchhändler und Verleger in Berlin.
[8] Franz Carl Leopold Bäntsch (1772–1825), Buchdrucker und Buchhändler in Halle.
[9] Leopold Ranke bekannte am 13. November 1824 gegenüber Reimer seine Verantwortung für einige der Verzögerungen und schilderte die insgesamt gute Zusammenarbeit mit Bäntsch (vgl. Nr. 231).
[10] Ludwig Gottfried Blanc (1781–1866), Professor der südeuropäischen Sprachen und ihrer Literaturen, zugleich Domprediger in Halle.
[11] Johannes Karl Hartwig Schulze (1786–1869), Geheimer Oberregierungsrat im Ministerium der Geistlichen, Unterrichts- und Medizinal-Angelegenheiten; Studienfreund Blancs, der während seiner Studienzeit wie die Mutter der Verlobten Ferdinand Rankes und ihre Töchter im „Fleischerschen Garten" wohnte (vgl. Varrentrapp, Johannes Schulze, S. 42–43).

nicht über Sauppes[12] Anstellung nach Berlin gelangt.[13] Müller von Torgau[14] sei in Berlin gewesen, und habe versichert: Sauppe sey mir an Lehrertalent weit überlegen. Aber zu seiner beabsichtigten Oberlehrerstelle würde ich sehr wohl passen. Wie er dieß sagen kann, weiß ich nicht. Er weiß⟨,⟩ daß ich noch keine Uebung hatte, als ich die Probe hielt, aber Lehrertalent überhaupt mir abzusprechen⟨,⟩ ist doch viel. Und als wenn zu seiner Oberlehrerstelle, ein anderes Lehrertalent gehörte, als zur Subrectorstelle. Endlich schreibt Schulze, so weit er die Sache übersehen könne, glaube er nicht, daß der Minister[15] mich gegen den Willen des Rathes zu Torgau dorthin setzen werde.[16]

Ich habe nun sogleich an Matthias[17] geschrieben, um nur zu erfahren, wie es dort stehe; und habe ihn um Rath in dieser verwickelten Sache gebeten.

Noch habe ich nichts von der Stelle in Luckau Näheres erfahren können.[18] Collaboraturen[19] sind aber in Zeiz, Wittenberg, Quedlinburg und Halberstadt offen. Nach Quedlinburg, wo zwey Collaboratorstellen offen sind, hätte ich wohl Lust zu gehen, besonders, da ein recht guter Freund von mir, Schwalbe[20], mit mir gehen will. Die Stelle hat das Consistorium zu vergeben. Auch über diese Stelle habe ich Matthias um Rath gebeten. Wer weiß, wo mich Gott noch hinführen wird. Ich ergebe mich ganz in seinen Willen, bin auch über Alles sehr ruhig.

[12] Gustav Albert Sauppe (1802–1870), wie Ferdinand Ranke Bewerber um die Stelle eines Subrektors am Lyceum in Torgau, wie Gottlob Wilhelm Müller und Leopold Ranke Schüler von Johann Gottfried Jakob Hermann und Mitglied der „Societas Graeca".

[13] Sauppe wurde zum 1. November 1824 interimistisch zum Subrektor am Lyceum in Torgau ernannt.

[14] Gottlob Wilhelm Müller (1790–1875), Rektor des Lyceums in Torgau, wie Leopold Ranke und Gustav Albert Sauppe Schüler von Johann Gottfried Jakob Hermann und Mitglied der „Societas Graeca".

[15] Carl Sigismund Franz Freiherr vom Stein zum Altenstein (1770–1840), Minister der Geistlichen, Unterrichts- und Medizinal-Angelegenheiten.

[16] Vgl. Nr. 220.

[17] Johann Andreas Matthias (1761–1837), Sohn eines Tuchmachers in Magdeburg, Dom-Gymnasium, später Pädagogium des Klosters Unser Lieben Frauen in Magdeburg, 1780 Studium der Theologie in Halle, 1783 Lehrer, später Conventualis probandus am Pädagogium des Klosters Unser Lieben Frauen, 1792 Domvikar und Lehrer am Dom-Gymnasium, später Leiter des Schullehrerseminars und bis 1806 Dombibliothekar, 1814 Rektor des Dom-Gymnasiums in Magdeburg, 1816 Schulrat für die Gymnasien der Provinz Sachsen und Konsistorialrat, 1830 Dr. theol. h. c. in Jena; veröffentlichte unter anderem: Leitfaden für einen heuristischen Schulunterricht über die allgemeine Größenlehre, Elementargeometrie, ebene Trigonometrie, gemeine Algebra und die Apollonischen Kegelschnitte. Magdeburg 1813, 10. Aufl., 1856 sowie Erläuterungen zu dem Leitfaden für einen heuristischen Schulunterricht ⟨...⟩. 3 Bde., Magdeburg 1814–1815.

[18] Vgl. Nr. 229.

[19] Hilfslehrerstellen.

[20] Carl Friedrich Hermann Schwalbe (1801–1878), Studienfreund Ferdinand Rankes.

Vor einigen Tagen hat dann die Hegelsche[21] Philosophie zuerst auch in Halle durch [b]Hinrichs[b][22] sich hören lassen,[23] der von Breslau hierher gekommen ist. Zuerst versuchte ich es in der Religionsphilosophie, aber noch war es mir⟨,⟩ [dem][c] zu wenig philosophisch gebildeten Geiste⟨,⟩ unmöglich zu folgen. Dann in der Geschichte der[d] Philosophie, und da gefällt mir es sehr. Er will besonders den nothwendigen Zusammenhang aller philosophischen Systeme untereinander zeigen, wie eins nothwendig aus dem andern gefolgt sey, Aristoteles[24] aus Plato[25], Spinoza[26] aus Descartes[27], Leibniz[28] aus Spinoza u. s. w.
Wie wir hören, soll Meyer[29] in Greifswalde an Seidlers[30] Stelle kommen, Reisigen[31] würde dieß wohl sehr betrüben.

b–b In der Vorlage unterstrichen.
c Ursprünglich: „[meinem]“.
d Ursprünglich: „und“.

21 Georg Wilhelm Friedrich Hegel (1770–1831), Professor der Philosophie in Berlin.
22 Hermann Friedrich Wilhelm Hinrichs (1794/1797–1861), Professor der Philosophie in Halle.
23 Vgl. Nr. 148.
24 Aristoteles (384–322 v. Chr.), griechischer Philosoph.
25 Platon (428/427–348/347 v. Chr.), griechischer Philosoph.
26 Baruch de Spinoza (1632–1677), niederländischer Philosoph.
27 René Descartes (1596–1650), französischer Philosoph und Naturwissenschaftler.
28 Gottfried Wilhelm Leibniz (1646–1716), deutscher Philosoph und Universalgelehrter.
29 Moritz Hermann Meyer (ab 1816: Moritz Hermann Eduard Meier) (1796–1855), Sohn von Mosche Meyer († vor 1812), jüdischer Kaufmann in Glogau, und Sarah Meyer, geb. Bamberger, Bürgerschule, später Gymnasium in Glogau, März 1812 Gymnasium zum Grauen Kloster in Berlin, Ostern 1813 Abgang zur Armee, April 1813 Studium der Philologie in Breslau, 1814 in Berlin, unter anderem zusammen mit Döderlein und Zumpt, 1816 Taufe durch Friedrich August Pischon, Prediger am Großen Friedrichs Waisenhaus in Berlin, 1818 Dr. phil., 1819 Habilitation in Halle, Privatdozent, 1820 außerordentlicher Professor der Altertumswissenschaften und der klassischen Philologie in Greifswald, Freundschaft mit Georg Friedrich Schömann, 1824 korrespondierendes Mitglied der Akademie der Wissenschaften in Berlin, Dr. iur. in Greifswald, ordentlicher Professor der klassischen Philologie, daneben ab 1829 kommissarisch, ab 1832 definitiv Professor der Beredsamkeit in Halle, 1833 Hochzeit mit Caroline Julia Wilhelmine Roesch (1800–1864), Tochter von Johann Georg Roesch (1767–1821), Porzellanmaler und Dirigent der Königlichen Gesundheitsgeschirr-Manufaktur, und Marie Roesch, geb. Jungmichel (1780–1865), 1848–1849 Prorektor der Universität in Halle, 1854 Mitglied der Akademie der Wissenschaften in Göttingen (freundliche Auskunft von Frau Susanne Knackmuß, Streitsche Stiftung Berlin, 9.4.2013, auf der Basis von Informationen der Nachfahren von Moritz Hermann Eduard Meier, insbesondere Frau van de Loo); das Verhältnis zu seinem Kollegen Reisig war bis zu dessen Tod 1829 gespannt.
30 Johann Friedrich August Seidler (1779–1851), Professor der klassischen Philologie in Halle; wie Leopold Ranke Schüler von Johann Gottfried Jakob Hermann und Mitglied der „Societas Graeca“.
31 Karl Christian Reisig (1792–1829), ordentlicher Professor der alten Literatur in Halle, wie Leopold Ranke Schüler von Johann Gottfried Jakob Hermann und Mitglied der „Societas Graeca“.

Was Nürnberg betrifft, so reiste ich freylich gar zu gern hin,[32] doch zu Fuße ist die Jahreszeit zu ungewiß, und zu Wagen ist es zu kostspielig. Hätte ich Geld, so ging' ⟨ich⟩ ohne Zweifel mit der Post. Wirst Du nicht ein Gedicht für die Familie in Wiehe[33] drucken lassen?

Nun⟨,⟩ lieber Bruder, heute um 7 Uhr Abends ist meine Fanny vor 20 Jahren geboren, mir zu großem Segen und Heil. Lieber, lieber Bruder, ich bin überglücklich. Alle die Meinigen[34] grüßen Dich auf das Herzlichste.

Dein Dich ewig, innig liebender Bruder
Ferdinand.

Mein lieber⟨,⟩ guter Bruder, Ferdinand hat mir unter seinen Brief nur ein so ganz kleines Plätzchen frei gelassen, daß ich ganz vorn anfangen muß. Vielen⟨,⟩ vielen herzlichen Dank für die Freude, die mein Ferdinand mir heute, durch Dich, bereitet hat, lieber Bruder. Ich will aber die herrlichen Blumen gewiß recht treulich warten und pflegen, damit sie noch in schönster Blüthe prangen⟨,⟩ wenn Du wie⟨der⟩ einmal zu uns kommst, und ich sie Dir dann so schön zeigen kann, als sie heute sind.

Deine
treue Schwester Fanny.[e]

[e] Hoeft notierte über der Nachschrift von Fanny Pollau: „[Unten auf allen vier Seiten:]".

[32] Vgl. Nr. 205.

[33] Gottlob Israel (1762–1836) und Friederica Wilhelmina Ranke, geb. Lehmicke (1776–1836), Eltern Leopold Rankes, sowie Johanna (1797–1860), Rosalie (1808–1870) und Ernst Constantin Ranke (1814–1888), die in Wiehe lebenden Geschwister Leopold Rankes.

[34] Fanny Pollau, Verlobte Ferdinand Rankes; Nanette Esther Marguerite Pollau, verw. Juncker, geb. Plantier (1768–1829), die Mutter von Fanny Pollau; Charlotte Blanc, geb. Juncker (1795–1866), die Stiefschwester von Fanny Pollau, und ihr Ehemann Ludwig Gottfried Blanc (1781–1866), Professor der südeuropäischen Sprachen und ihrer Literaturen, zugleich Domprediger in Halle.

Nr. 231

Leopold Ranke an Georg Andreas Reimer[1]

V: Helmolt, Leben und Wirken, S. 21–23 (Druck)
G: Privatbesitz Helmolt (nicht ermittelt)

Frankfurt⟨,⟩ am 13t⟨en⟩ November 1824.[a]

Verehrtester Herr und Freund, ohne Zweifel sind unsere beyden Bücher[2] schon einige Zeit in Ihren Händen. Dürfte ich nur, wie ich wohl wünschte, gegen Sie ganz aus dem Geschäftsstyl fallen, so würde ich Ihnen zwey Fehler beichten, die auch schon in unser Verhältnis eingegriffen haben. Den einen will ich nun nur noch verschweigen. Der andere muß heraus. Es hängt mir aber eine [b]besondere Neigung an, Alles⟨,⟩ was ich gemacht habe, zehnmal verbessern zu wollen[b].[3] Von denen, die nie etwas ausstreichen, was sie geschrieben, bin ich zu meinem Schaden gar zu sehr verschieden. Dieß hat nun auch in Hinsicht auf unsere Bücher zweyerley Übelstände veranlaßt. Der erste betrifft den Titel der Geschichte, dem ich eine kleine Abänderung gegeben habe.[4] Diese Abänderung, indem sie den Kreis der Schrift aufs genaueste bestimmt, kann dem Buch nur vortheilhaft seyn. Hätte ich blos beybehalten: seit 1494, so würde man anfangs einen so großen Umfang vermuthet haben, daß man sich hernach beklagt haben würde, wenn man ihn so klein gefunden. Ich glaube, dieß wird um so weniger den geringsten Nachtheil haben, da Viele von dem kleinern Umfang der bestimmten und an sich anziehenden Periode gereizt werden dürften, und da im Meßcatalog[5] noch ein andrer Fehler: Beyträge statt Beylage[6] zu finden war.

Über den zweyten Übelstand beklagt sich besonders Herr Bäntsch[7]. Den 3. October nemlich schickte ich ihm Vorrede und Einleitung.[8] Ungefähr

[a] Orts- und Datumsangabe in der Vorlage unter dem Text links.
[b–b] In der Vorlage gesperrt gedruckt.

[1] Georg Andreas Reimer (1776–1842), Buchhändler und Verleger in Berlin.
[2] L. Ranke, Geschichten; L. Ranke, Kritik.
[3] Vgl. Nr. 228.
[4] Der ursprüngliche Titel, „Das erste Buch einer Geschichte der Roman⟨anischen⟩ u⟨nd⟩ German⟨ischen⟩ Nazionen seit 1494. Nebst einer Kritik der Geschichtsschreiber“ (vgl. Nr. 199), wurde von Ranke verändert zu „Geschichten der romanischen und germanischen Völker von 1494 bis 1535. Erster Band“.
[5] Nicht ermittelt.
[6] Leopold Ranke nannte seine Schrift „Zur Kritik neuerer Geschichtschreiber“ im Untertitel „Eine Beylage zu desselben romanischen und germanischen Geschichten“.
[7] Franz Carl Leopold Bäntsch (1772–1825), Buchdrucker und Buchhändler in Halle.
[8] Begleitbrief nicht ermittelt.

den 18ten bekam ich sie, als Correcturbogen⟨,⟩ zurück.[9] Mein Bruder[10] hatte die Inhaltsanzeige gemacht.[11] Indem ich die Bogen durchsah, fiel mir Verschiedenes auf, das der Änderung bedurfte. Ich bin gewiß, daß sie durch diese Änderungen wesentlich gewonnen haben; nur die Correctur, die ich zurückschickte,[12] war allerdings etwas stark. Indeß, da ich die Bogen nur zwey Tage behielt, glaube ich nicht, daß dieß einen besonderen Verzug machen würde. Herr Bäntsch aber sagt, daß dem so geschehen sey, und fürchtet⟨,⟩ wie ich glaube, bey Ihnen dadurch in Mißcredit zu kommen. Ich kann dem guten Mann bezeugen, daß er's an Erinnerungen nicht hat fehlen lassen. Auch scheint mir sein Druck ganz gut, und sein Setzer[13] ziemlich verständig. Wenn meine Bitte etwas bey Ihnen gälte — was ich freylich nicht mit völliger Gewißheit voraussehen darf, so wollte ich Sie ergebenst ersuchen, den guten Bäntsch, der sich in Allem willig und zuvorkommend gezeigt hat, bald wieder mit einem Auftrag zu erfreuen.
Was die (30) Exemplare[14] betrifft, die sie mir zugestanden, so wünschte ich, daß Sie mir etwa zehn, die Hälfte auf gutem Papier⟨,⟩ herübersenden möchten. Ich bin sie meinen Verwandten[15] und nähern Freunden[16] schuldig. Um die übrigen an einige Gelehrten und Gönner zu überschicken, wünschte ich mich Ihrer Versendungen zu bedienen. Wenn Sie dieß zufrieden wären, würde ich Ihnen einige Briefe, zur Begleitung, zuzusenden mir erlauben.
Wieviel lieber sagte ich dieß Ihnen Alles mündlich! — Wissen Sie wohl, daß mein Bruder Heinrich Ranke[17], der bey Ihnen gewesen ist,[18] künftigen 30ten seine Hochzeit feyert? Ich schickte ihm zu diesem Tage gar zu gern ein schönes Exemplar, doch weiß ich nicht recht, ob es möglich seyn wird. In vollkommenem und wahrem Vertrauen auf Ihre Wohlmeinung und Güte

Ihr ganz ergebenster Leop⟨oldt⟩ Ranke.

[9] Begleitbrief nicht ermittelt.
[10] Ferdinand Ranke (1802–1876).
[11] Vgl. Nr. 222.
[12] Begleitbrief nicht ermittelt.
[13] Nicht ermittelt.
[14] Vgl. Nr. 199.
[15] Nicht ermittelt.
[16] Nicht ermittelt.
[17] Heinrich Ranke (1798–1876), Bruder Leopold Rankes, Lehrer an der Bildungsanstalt des Erziehervereins in Nürnberg.
[18] Heinrich Ranke hatte „Reimer's" 1819 besucht, um Wilhelmine Reimer (1784–1864), der Ehefrau des Berliner Verlegers, einen Brief von Amalie Baier zu überbringen (vgl. F. H. Ranke, Jugenderinnerungen, S. 128).

Nr. 232

Leopold Ranke an Ferdinand Ranke[1]

V: GStA PK VI. HA Nl Hoeft Nr. 1 (Abschrift)
G: GStA I. HA Rep. 92 L. v. Ranke Nr. 23 (nicht erhalten)
D: L. v. RANKE, Neue Briefe, S. 52–54

⟨Frankfurt an der Oder,⟩ Am 15. November ⟨18⟩24.[a]

Lieber Ferdinand,

Du hast gewiß ein Paar Zeilen zu Fannys Geburtstag[2] von mir erwartet; auch habe ich sie geschrieben, — und zwar bereits den 3ten oder 4ten, aber ich bin gehindert worden, sie wegzuschicken⟨,⟩ und sie kommen nun, als später Nachwunsch.[3]

Heidler[4] hat nach Luckau[5] an einen unserer Bekannten[6] geschrieben: in diesem Augenblick erhalten wir die Nachricht, daß die Stelle schon besetzt worden. Diese Hofnung⟨,⟩ Dich in unsre Nähe zu bekommen, war also vergeblich. In der Tat ist nicht so viel daran verloren (ich meine an der Stelle).

Müller[7] wird Dir wohl nicht alles Talent zu unterrichten abgesprochen haben, wie Du fürchtest; er wird nur sagen, bey dem Andern[8] sey es durch Übung besser ausgebildet. Dieß kann die Wahrheit seyn, da Jener Übung gehabt hat und Du nicht; fürs Talent ist es nicht entscheidend oder beweist es gar nichts. Warum fragst Du aber Mathias[9] um Rath?[10] Dieß ist gut, wenn Du den befolgst, den er Dir giebt, wo nicht, schlimm; denn Jedermann hält seinen Rath für den Besten. Betrachte und überlege doch Alles selbst; Quedlinburg hat durch die Nähe des Harzes viel Vorzüge. Am

[a] Datumsangabe in der Vorlage unter dem Text links.

[1] Ferdinand Ranke (1802–1876), Bruder Leopold Rankes.
[2] Fanny Pollau (1804–1867), Verlobte Ferdinand Rankes; sie feierte am 6. November 1824 ihren 20. Geburtstag.
[3] Nicht ermittelt.
[4] Wilhelm Ferdinand Heydler (1793–1859), Mitschüler Leopold und Heinrich Rankes in Pforta, Leipziger Studienfreund Leopold Rankes sowie Konrektor am Friedrichs-Gymnasium in Frankfurt an der Oder.
[5] Vgl. Nr. 230.
[6] Wohl Johann Carl Leberecht Hantschke (1796–1856), Lehrer am Gymnasium in Luckau.
[7] Gottlob Wilhelm Müller (1790–1875), Rektor des Lyceums in Torgau, wie Leopold Ranke Schüler von Johann Gottfried Jakob Hermann und Mitglied der „Societas Graeca“.
[8] Gustav Albert Sauppe (1802–1870), wie Ferdinand Ranke Bewerber um die Stelle eines Subrektors am Lyceum in Torgau, wie Gottlob Wilhelm Müller und Leopold Ranke Schüler von Johann Gottfried Jakob Hermann und Mitglied der „Societas Graeca“.
[9] Johann Andreas Matthias (1761–1837), Konsistorialrat und Schulrat, Rektor des Dom-Gymnasiums in Magdeburg.
[10] Vgl. Nr. 230.

liebsten wollte ich⟨,⟩ Du würdest mein Nachfolger; – nemlich ich wäre im Zustande, einen zu haben und zwar Dich.
Wie schön hast Du am Geburtstag Deiner Fanny meiner gedacht. Ich danke Dir von Herzen dafür. So hier, wie in der Sache mit meinem Buch⟨,⟩ hast Du Dich als meinen wahren Bruder bewiesen. Ich will es einmal wieder thun.
Hast Du nicht gehört, ob die Eltern[11] Hofnung haben, daß Heinrich[12] mit Selma[13] sie zu Weihnachten besuche? Dann würde ich auch kommen und Wilhelmen[14] mitbringen.
Ich habe nun mein ganzes Buch. Wie froh bin ich, daß die letzten Correcturen so schwer geworden sind, d. i. daß ich noch so viel verbessert habe. Wenn Setzer[15] und Correktor[16] sich für diese Bogen nicht mehr, als gewöhnlich von Reim.[er][17] bezahlen lassen, muß ich allerding einen Louis d'or daran setzen, aber nicht, wenn sie mehr berechnet haben.
Grüße noch einmal den Pr⟨ofessor⟩ Blanc[18]. Ich danke ihm nochmals für seine große Güte[19]. (Ich hoffe doch, Reimer wird sich auf eine andere Weise erkenntlich bezeigen.) Ich grüße Deine gute Mutter[20]; Lottchen[21] schönstens und Fanny'n[22] mit beiliegendem Brief[23].

Dein getreuer Bruder
Leopold.

[11] Gottlob Israel (1762–1836) und Friederica Wilhelmina Ranke, geb. Lehmicke (1776–1836).
[12] Heinrich Ranke (1798–1876), Bruder Leopold Rankes, Lehrer an der Bildungsanstalt des Erziehervereins in Nürnberg.
[13] Selma Schubert (1806–1878), Tochter von Gotthilf Heinrich Schubert, Professor für allgemeine Naturgeschichte und Mineralogie in Erlangen.
[14] Wilhelm Ranke (1804–1871), Bruder Leopold Rankes, Student in Berlin.
[15] Nicht ermittelt.
[16] Nicht ermittelt.
[17] Georg Andreas Reimer (1776–1842), Buchhändler und Verleger in Berlin .
[18] Ludwig Gottfried Blanc (1781–1866), Professor der südeuropäischen Sprachen und ihrer Literaturen, zugleich Domprediger in Halle.
[19] Seine Unterstützung bei der Korrektur der Druckfahnen (vgl. Nr. 220, Nr. 223 und Nr. 228).
[20] Nanette Esther Marguerite Pollau, verw. Juncker, geb. Plantier (1768–1829), Mutter von Fanny Pollau, der Verlobten von Heinrich Ranke.
[21] Charlotte Blanc, geb. Juncker (1795–1866), Stiefschwester von Fanny Pollau, Ehefrau von Ludwig Gottfried Blanc.
[22] Fanny Pollau, Verlobte Ferdinand Rankes.
[23] Nicht ermittelt.

Ist es wahr, daß nicht Thilo[24] (grüß ihn bei Gelegenheit)⟨,⟩ sondern Tholuk[25] nach Leipzig kommt? – Sag doch Bäntsch'n[26]⟨,⟩ daß ich ihn bey R[eimer] entschuldigt, so gut ich nur vermocht,[27] und daß ihm dieß gewiß keinen Eintrag thun solle. Grüß ihn ja.

Schreib mir doch, womit Du Dich jetzt hauptsächlich beschäftigst. Schreib mir bald. Werden die Eltern etwas nach Nürnberg schicken?[28] Vollends ohne ihren Auftrag kann ich keinen Vers machen.

[24] Johann Carl Thilo (1794–1853), Sohn von Johann Christian Thilo (1737–1808), Kauf- und Handelsmann in Langensalza, und Sophia Regina Thilo, geb. Wittvogel (1758–1833), 1809 Landesschule in Pforta, 1814 Studium der Theologie in Leipzig, 1816 in Halle, März 1817 Dr. phil., danach Lehrer an der Lateinischen Schule, später am Pädagogium der Franckeschen Stiftungen, 1819 Habilitation, Eintritt in die Freimaurer-Loge „Zu den drei Degen", Sommer 1820 zusammen mit Wilhelm Genesius (1786–1842) „literarische Reise nach Frankreich, England, und Holland" (Bullmann, Denkwürdige Zeitperioden, S. 177), 1822 außerordentlicher Professor der Theologie in Halle, 1823 Hochzeit mit Sophia Karolina Knapp (1802–nach 1853), Tochter von Georg Christian Knapp (1753–1825), Professor der Theologie in Halle, und Sophie Caroline Henriette Knapp, geb. Weinschenk (1763–1817), 1825 ordentlicher Professor der Theologie, 1833 Konsistorialrat, 1829 Dr. theol. h. c. (vgl. Archiv KPS Halle, St. Ulrich, Taufen 1802; Archiv KPS Halle, St. Ulrich, Trauungen 1823; Archiv KPS Halle, St. Ulrich, Bestattungen 1817 und 1853; Archiv KPS Langensalza, St. Bonifacii, Taufen 1794; Archiv KPS Langensalza, St. Bonifacii, Bestattungen 1808 und 1833; Eckstein, Freimaurer Halle, S. 299, Nr. 594; Bullmann, Denkwürdige Zeitperioden, S. 150, 177, 229–230 und 308); Thilo war einen knappen Monat vor Leopold Ranke in Pforta eingetreten und verließ am selben Tag wie Ranke die Landesschule; danach immatrikulierte sich Thilo, wie Rankes Freund Haun, am 20. Mai 1814 in Leipzig, Ranke am 25. Mai 1814 (vgl. Hoffmann, Pförtner Stammbuch, Nr. 8494, S. 338 und Nr. 8504, S. 339; Blecher / Wiemers, Matrikel Leipzig, Bd. 1, S. 106, Nr. 0117 und Nr. 0121).

[25] Friedrich August Gottreu Tholuck (1799–1877), Sohn von Johann Gottlob Tholuck, Goldschmied in Frankenstein in Schlesien, Reformiertes Gymnasium, 1810 Maria-Magdalenen-Gymnasium in Breslau, Goldschmied-Lehre, abgebrochen, 1816 Studium der orientalischen Philologie in Breslau, 1817 Studium der Theologie und der orientalischen Philologie in Berlin, 1819 Ruf auf eine außerordentliche Professur für orientalische Sprachen und alttestamentliche Exegese in Dorpat, aus Krankheitsgründen nicht angenommen, 1820 Licentiat der Theologie, 1821–1825 Direktor der preußischen Hauptbibelgesellschaft, Mitbegründer der Berliner Gesellschaft zur Beförderung der evangelischen Mission unter den Heiden, 1822 auf Empfehlung Kosegartens Dr. phil. in Jena, Habilitation, 1823 außerordentlicher Professor der Theologie in Berlin, 1825 – als Nachfolger des Schwiegervaters von Thilo – in Halle, daneben 1828–1829 Gesandtschaftsprediger in Rom, 1839–1873 Universitätsprediger, 1842 Konsistorialrat, 1867 Oberkonsistorialrat (vgl. GStA PK I. HA Rep. 76 V c Sekt. II Tit. XI Nr. 8 Bd. 1).

[26] Franz Carl Leopold Bäntsch (1772–1825), Buchdrucker und Buchhändler in Halle.

[27] Vgl. Nr. 231.

[28] Zur Hochzeit Heinrich Rankes, die für den 30. November 1824 geplant war, tatsächlich aber ein knappes Jahr später stattfand. Ferdinand Ranke hatte seinen Bruder um ein Gedicht zu diesem Anlaß gebeten (vgl. Nr. 230).

Nr. 233

Ferdinand Ranke[1] an Leopold Ranke

V: GStA PK VI. HA Nl Hoeft Nr. 1 (Abschrift)
G: GStA I. HA Rep. 92 L. v. Ranke Nr. 26 (nicht erhalten)

Berlin⟨,⟩ am 16ten November ⟨1824.⟩

Innigst geliebter Bruder,
Eins kommt jetzt nach dem andern, und immer ist es nicht besser, als das Vorige. Neulich schrieb Schulz[2], wovon ich Dir schon Bericht erstattet habe.[3] Darauf schrieb ich an Matthias[4] wegen Torgau,[5] und eine Collaboratorstelle in Quedlinburg[6], die aber sehr gering ist. Er antwortete mir, er zweifele nicht, daß man mich beachten werde, wenn ich schnell darum anhalten wollte. Doch ich sei doch auch Theolog? Nach einer Verfügung des Königl⟨ichen⟩ Ministeriums müsse jeder neuangehende Gymnasiallehrer ein theologisches Examen vor dem Consistorium machen![7] Also, ohne dieses Examen, in der Dogmatik, Moral und Kirchengeschichte und Exegese des alten und neuen Testaments ist kein Amt für mich zu bekommen. Dann denke Dir meine Lage. – Mein Entschluß war bald gefaßt, und ist von Blanc[8] bestätigt. Heute noch reise ich mit der Schnellpost nach Berlin, und spreche mit Kamptz[9]! Sie müssen mich von diesem Gesetz dispensiren. Ich werde auch noch einmal Nürnberg erwähnen, und was er mir versprochen. In jedem Fall werde ich mich bemühen um eine Stelle

[1] Ferdinand Ranke (1802–1876), Bruder Leopold Rankes.

[2] Johannes Karl Hartwig Schulze (1786–1869), Geheimer Oberregierungsrat und Vortragender Rat im Ministerium der Geistlichen, Unterrichts- und Medizinal-Angelegenheiten, Referent für das Gymnasialwesen.

[3] Vgl. Nr. 230.

[4] Johann Andreas Matthias (1761–1837), Konsistorialrat und Schulrat, Rektor des Dom-Gymnasiums in Magdeburg.

[5] Vgl. Nr. 206, Nr. 208–210, Nr. 212, Nr. 214, Nr. 216, Nr. 220, Nr. 222, Nr. 230, Nr. 232.

[6] Vgl. Nr. 230.

[7] Erlaß des Ministeriums der Geistlichen, Unterrichts- und Medizinal-Angelegenheiten, 21. August 1824. Aus der Sicht des Ministeriums hatten sich die Bewerber für Stellen an Gymnasien bis zu diesem Zeitpunkt einseitig nur den philologischen Studien gewidmet, die aber für jeden Gymnasiallehrer unentbehrlichen theologischen Disziplinen vernachlässigt. Dementsprechend wurden nun die Kommissionen für die wissenschaftliche Prüfung der Schulamtskandidaten angewiesen, alle Kandidaten auch in Philosophie, Logik, Metaphysik und den theologischen Disziplinen zu prüfen (vgl. GStA PK I. HA Rep. 76 VI Sekt. I z Nr. 1 Bd. 2, fol 23–25).

[8] Ludwig Gottfried Blanc (1781–1866), Professor der südeuropäischen Sprachen und ihrer Literaturen, zugleich Domprediger in Halle.

[9] Carl Albert Christoph von Kamptz (1769–1849), Direktor der Unterrichts-Abteilung im Ministerium der Geistlichen, Unterrichts- und Medizinal-Angelegenheiten.

im Berliner pädagogischen Seminar,[10] wenn keine angemessene Stelle sich findet; dazu werde ich auch Böckh[11] sprechen. Ich habe auch Briefe an Schleyermacher[12].

Darum bekommst Du diese Zeilen von Berlin. Was Du mir zu sagen hast, sey also so gut und schreibe augenblicklich. Den Brief schicke an den Zeichenlehrer Adolph Pollau[13], in der Burgstraße No: 17, oder zu Wil-

[10] Die Mitglieder des Königlichen Pädagogischen Seminars für höhere Schulen in Berlin wirkten als Lehrkräfte an den Berliner Gymnasien (vgl. L. H. Fischer: Das Königliche Pädagogische Seminar in Berlin 1787–1887. Nach den Akten des Königl. Geh. Staatsarchivs und des Königl. Provinzial-Schulkollegiums zu Berlin, in: Zeitschrift für das Gymnasial-Wesen 42 (1888), S. 1–42, hier S. 34–35).

[11] Philipp August Boeckh (1785–1867), Professor der Beredsamkeit und Poesie in Berlin, Leiter des Königlichen Pädagogischen Seminars für höhere Schulen.

[12] Friedrich Daniel Ernst Schleiermacher (1768–1834), Sohn von Gottlieb Adolf Schleiermacher (1727–1794), reformierter Feldprediger, und Maria Catharina Schleiermacher, geb. Stubenrauch (1736–1783), Nachfahrin von protestantischen Exulanten aus Österreich, ihr Großvater Timotheus Christian Stubenrauch (1693–1750) war Hofprediger in Stolp und Berlin sowie Mitglied der Akademie der Wissenschaften in Berlin, ihr Bruder, Schleiermachers Pate, Samuel Ernst Timotheus Stubenrauch (1738–1807), Professor der Kirchengeschichte und Altertümer am Reformierten Gymnasium in Halle; Friedrichsschule in Breslau, 1778 Stadtschule in Pleß, 1783 Pädagogium der Herrnhuter Brüdergemeinde in Niesky bei Görlitz, 1785 Predigerseminar der Herrnhuter Brüdergemeinde in Barby an der Elbe, 1787–1789 Studium der Theologie und Philologie in Halle, unter anderem bei Friedrich August Wolf, 1790 Erstes Theologisches Examen in Berlin, danach Hauslehrer bei der Familie von Friedrich Alexander Burggraf zu Dohna-Schlobitten auf Finkenstein, 1793 Seminar für gelehrte Schule Gedikes, zugleich Lehrer am Kornmesserschen Waisenhaus in Berlin, 1794 Zweites Theologisches Examen, Ordination als Hilfsprediger in Landsberg an der Warthe, 1796 reformierter Prediger an der Charité und am Invalidenhaus in Berlin, 1797 gemeinsame Wohnung mit August Wilhelm (1767–1845) und Friedrich Schlegel (1772–1829), 1802 Hofprediger in Stolp, 1804 Ablehnung eines Rufes auf eine Professur für praktische Theologie in Würzburg, Universitätsprediger, zugleich außerordentlicher Professor der Theologie und Philiosophie in Halle, 1805 korrespondierendes Mitglied der Akademie der Wissenschaften in München, Februar 1806 ordentlicher Professor der Theologie in Halle, März 1806 Ablehnung einer Berufung zum Zweiten Prediger der Gemeinde Unser Lieben Frauen in Bremen, Juli 1807 Dr. theol., Dezember 1807 Übersiedlung nach Berlin, Sommer 1808 Reisen nach Rügen und Königsberg, 1809 Prediger an der Dreifaltigkeitskirche in Berlin, Hochzeit mit der Witwe Henriette Sophie Charlotte von Willich, geb. von Mühlenfels (1787–1840), Tochter des preußischen Oberleutnants Friedrich Gottlieb von Mühlenfels († 1801), Gutsherr auf Sissow auf Rügen, und Pauline von Mühlenfels, geb. von Campagne († 1797), Mitarbeiter der Sektion des öffentlichen Unterrichts im Ministerium des Innern, an der Errichtung der Friedrich-Wilhelms-Universität in Berlin beteiligt, 1810 Professor der Theologie und Dekan der Theologischen Fakultät, Mitglied, 1814 Sekretär der Philosophischen Klasse der Akademie der Wissenschaften in Berlin, 1820 auswärtiges Mitglied der Philologisch-Philosophischen Klasse der Akademie der Wissenschaften in München (vgl. ELAB Berlin, Dreifaltigkeit, Bestattungen 1840).

[13] Friedrich Gustav Adolph Pollau (1776–1843), Sohn von Abraham Pollau (1733–1787), Regimentschirurg des Infanterie-Regiment Nr. 1 in Berlin, und Sophie Louise Henriette Pollau, geb. Bock (1744–1822), also ein Bruder von Carl Friedrich Wilhelm Pollau (1764–1815) und ein Onkel von Fanny Pollau, der Braut von Ferdinand Ranke; Zeichenlehrer in Berlin (vgl. GStA PK VIII. HA Militärkirchenbücher, Infanterie-Regiment Nr. 1, Berlin, Taufen 1776; ELAB Berlin, Domkirche, Bestattungen 1843).

helm[14]. Ich denke mich noch umzusehen, und also eine kurze Zeit zu verweilen, auch unverrichteter Sache nicht wieder abzuziehen.

Wie steht es mit Dir und Nürnberg.[15] Ich hatte große Lust zum 30sten November hin zu reisen.[16] Ja⟨,⟩ es war schon fast ganz gewiß gemacht, ob es wohl ohne 30 Thaler nicht abging. Da kommen diese Umstände und treiben mich nach einer andern Seite hin. Wäre ich so hingekommen, so war ich wirklich nahe daran, dort zu bleiben: doch das will nicht gehen. Aber ich bin Dir so nah, wo und wie kann ich Dich sehen? Befiehl nur darüber.

Bei solchen Nachrichten betrübt es mich sehr, daß die Meinigen[17] hier es so mittragen. Warum hast Du nicht zu Fannys Geburtstag[18] geschrieben?[19] Wir sind hier sehr, sehr fröhlich gewesen. Heinrich[20] hat geschrieben, recht schön, ein so sehr lieber Bruder.

Nun dieß ist meine Flugschrift. Ich erwarte mit der ersten Post Nachricht und Rath von Dir.

Dein
Dich innigst liebender Bruder
Ferdinand.

[14] Wilhelm Ranke (1804–1871), Bruder Leopold und Ferdinand Rankes, Student in Berlin.

[15] Anspielung auf die Hochzeit von Heinrich Ranke, die für den 30. November geplant war (vgl. Nr. 227).

[16] Vgl. Nr. 229.

[17] Fanny Pollau (1804–1867), die Verlobte Ferdinand Rankes; Nanette Esther Marguerite Pollau, verw. Juncker, geb. Plantier (1768–1829), die Mutter von Fanny Pollau; Charlotte Blanc, geb. Juncker (1795–1866), die Stiefschwester von Fanny Pollau, und ihr Ehemann Ludwig Gottfried Blanc (1781–1866), Professor der südeuropäischen Sprachen und ihrer Literaturen, zugleich Domprediger in Halle.

[18] 6. November.

[19] Vgl. Nr. 230 und Nr. 232.

[20] Heinrich Ranke (1798–1876), Bruder Leopold und Ferdinand Rankes, Lehrer an der Bildungsanstalt des Erziehervereins in Nürnberg.

Nr. 234

Leopold Ranke an Heinrich Ranke[1]

V: L. v. Ranke, Lebensgeschichte, S. 136–138 (Druck)

[Frankfurt a. O.]⟨,⟩ am 17. November 1824.

Lieber Bruder.

Wirklich dachte ich einen oder zwei Tage lang, an dem, an welchem Du hoffentlich diesen Brief empfangen wirst, bei Dir sein zu können. Dann hätte ich Dich doch noch einen Augenblick als Bräutigam und Selman[2] als Braut gesehn.[3] Aber es kann nicht sein. An der Entfernung ist das eben das Schlimme, daß man an denen, die man liebt, die verschiedenen neuen Zustände, die sie durchleben, gar nicht wahrnehmen kann. Billig sollte man sich wenigstens alle Jahr eine Woche lang sehen. Doch wir wollens nicht zu sehr bedauern. Für mich ist immer die Hauptsache, daß ich eine so reine, gute, schöne Schwester durch Dich empfange. Nach diesem Tag wird sie's ja noch mehr sein, als vor diesem Tag, so wahr Du nur mein Bruder bist und bleibst. Nicht wahr, Selma?

O Ihr beiden! wie liebe ich Euch und werde Euch lieben, falls ich auch Eure Liebe nicht sollte verdienen können. Wie wünschte ich mit Euch in wahrer Eintracht als mit meinen trauten Geschwistern[4], sei es nahe oder getrennt zu leben. Lieber Heinrich, nicht immer bin ich gegen Dich gewesen, wie ich gesollt hätte, sondern oft ganz anders. Daß doch geschehene Dinge nicht ungeschehen gemacht werden können! Wäre es möglich, jede Faser von dem Andenken daran ganz aus dem Gedächtniß zu reißen! Gäb es doch für diese Dinge wenigstens ein Lethe[5]. Von heute an verspreche ich – werd' ich's halten? Aber lieben werde ich Dich und sie immer, lieben immer.

Nun⟨,⟩ Ihr fühlt wohl mehr Wonne, als ich mir denken kann. Der Porphyr[6] ist mit anderm Gestein durchsprengt; das ist die Freude, die ich kenne. Eure sei ein reiner Marmor! –

[1] Heinrich Ranke (1798–1876), Bruder Leopold Rankes, Lehrer an der Bildungsanstalt des Erziehervereins in Nürnberg.

[2] Selma Schubert (1806–1878), Tochter von Gotthilf Heinrich Schubert, Professor für allgemeine Naturgeschichte und Mineralogie in Erlangen.

[3] Vgl. Nr. 227 und Nr. 233.

[4] Johanna (1797–1860), Heinrich (1798–1876), Ferdinand (1802–1876), Wilhelm (1804–1871), Rosalie (1808–1870) und Ernst Constantin Ranke (1814–1888).

[5] Einer der Flüsse der Unterwelt, der die Kraft hatte, daß die toten Seelen, die daraus tranken, ihr irdisches Elend vergaßen (vgl. Vergil, Aeneis VI, 705–715).

[6] Porphyr ist ein Sammelname für alle magmatischen Gesteine, denen meist Kalifeldspat beigemischt ist. Er bildet seinen Namen nach dem weiteren Bestandteil Granit-Porphyr, „die Grundmasse ist vielartig" (Johann Friedrich Blumenbach: Handbuch der Naturgeschichte, 10. Aufl., Göttingen 1821, S. 658; vgl. Nr. 82).

Mein lieber Bruder, bedenke ich den Gang unsres Lebensweges, und wie er sich seit jener ersten Reise, die Du nach Rügen machtest,[7] getrennt hat, so finde ich gegenwärtig, daß wir beide, beinah zugleich, an einem gewissen Ziel angekommen sind.

Das meine ist das Buch, das ich Dir gegenwärtig mitschicke.[8] Ich weiß zwar, daß es für Dich nicht das Interesse haben kann, wie ein Buch von Schubert[9] oder Raumer[10] oder einem andern, der Deine Richtung vollkommen theilte und zugleich Dein naher Freund wäre. Ich habe ihm dadurch noch einen besonderen Werth zu geben gesucht, daß ich Dir das einzige Exemplar, das ich bis jetzt gesehen, das ich bogenweis bekommen, übersende; meine Gesinnung, einen Theil meiner Erfahrung und meiner Gedanken wirst Du darin, wenn Du es liesest, unverhüllt wiederfinden. Wenn Du kannst, so weihe der Geschichte einige und zwar rechte Morgen. Jeden Morgen lies ein Capitel. Es ist zwar schwer, indeß hoff' ich, nicht dunkel. Ich würde ungern sehen, wenn Du davon ganz schwiegest, nicht ungern, wenn Du mir Deine Meinung gerade heraus sagst, sie sei nun, welche sie wolle.

Das ist nun freilich ein papiernes Ziel, wenn wirs genau nehmen, und mit dem nicht zu vergleichen, welches Du erreicht hast und heute in Deinen Armen lebendig fühlst. Doch es sei keines von beiden ein Ziel! Die Wahrheit ist, daß wir beide in derselben Zeit uns zu der Welt in einen neuen Bezug gesetzt haben. Gott wird Dir seinen Segen geben; er versage ihn mir nicht. Fern, fern sehe ich mein wahres Ziel. Bei diesem wahren Ziel, hoffe ich, finden wir uns zusammen; es seien auch unsre Bahnen verschieden.

Wird wohl Selma das goldne Kreuz tragen wollen, das ich ihr schicke? Mir wäre es freilich lieb, wenn sie's bei Eurer Trauung tragen wollte; doch sie wird vielleicht ganz anderen Schmuck haben, und der ihr lieber ist; dann trage sie's dann und wann einmal mir zum Andenken. Dies schlagt Ihr mir nicht ab. Die beiden Schriften sind mein Geschenk für Dich, das Kreuz für Selma; und nun schicke ich Euch beiden zusammen noch dies Bilderbuch

[7] Heinrich Rankes erste Reise nach Rügen fand im Sommer 1819 statt (vgl. F. H. Ranke, Jugenderinnerungen, S. 107–131 sowie Nr. 42).

[8] L. Ranke, Geschichten (vgl. Nr. 231 und Nr. 241).

[9] Gotthilf Heinrich Schubert (1780–1860), Professor für allgemeine Naturgeschichte und Mineralogie in Erlangen, späterer Schwiegervater Heinrich Rankes.

[10] Karl Ludwig Georg von Raumer (1783–1865), ehemaliger Professor, wie Heinrich Ranke Lehrer an der Bildungsanstalt des Erziehervereins in Nürnberg.

aus der Reformation.[11] Vielleicht finde ich einmal, wenn ich zu Euch komme, diesen Melanchthon[12] oder diesen Kranach[13] in Eurer Stube; und wenn auch nicht, so habt Ihr sie doch gewiß einmal mit gemeinschaftlichem Vergnügen angesehen. –

O Gott, wie viele Menschen lieben Euch beide, und feiern heute Euch alle beide und sind in Gedanken oder wirklich bei Euch. Unter diesen sind unsre Eltern[14], Heinrich, beide. Der Vater steht voran; er hat sein grünes Käppchen abgenommen, er denkt der Freude, die er in der That so oft über Dich gehabt. Wie schön hat sich die Mutter geputzt Dir zu Ehren, denn sonst thut sie's nicht gern, und weidet ihre Augen an Euch. Ferdinand[15] und die gute Fanny[16] wünschen, doch mit Euch leben zu können. Ist das nicht Schwarzenberg[17], Dein wahrster Freund – Jacobi[18], der den Tag Deiner Rettung aus der Saale[19] feiert –; Richter[20]? Nehmen die Abgeschiedenen an unsern Dingen Theil, so seid gewiß, daß die Seele unsers guten Baier[21] über Euch wacht. Doch wer ist der erste Gast? Gott selbst, wenn wir so kühn reden dürfen, und wir dürfens, sieht mit liebenden Augen auf Euch! Geht hin, geht nun hin zum Altar, zu dem man nur tritt zur Vereinigung mit Gott oder mit seiner Braut. Bei Euch sei beides verbunden.

L⟨eopold⟩.

[11] Nicht ermittelt.

[12] Philipp Melanchton (1497–1560), evangelischer Theologe; wohl ein Bild aus dem genannten „Bilderbuch“.

[13] Wohl ein Bild von Lucas Cranach, dem Älteren (1472–1553), oder Lucas Cranach, dem Jüngeren (1515–1586), den bedeutendsten Malern der reformatorischen Bewegung, aus dem genannten „Bilderbuch“.

[14] Gottlob Israel (1762–1836) und Friederica Wilhelmina Ranke, geb. Lehmicke (1776–1836).

[15] Ferdinand Ranke (1802–1876), Bruder Leopold und Heinrich Rankes.

[16] Fanny Pollau (1804–1867), Verlobte Ferdinand Rankes.

[17] Johann Eduard Schwarzenberg (1797–nach 1833), Studienfreund von Heinrich Ranke.

[18] Carl Friedrich Andreas Jacobi (1795–1855), Studienfreund Heinrich Rankes, später Lehrer der Mathematik an der Landesschule in Pforta, Ferdinand Ranke war sein „Famulus“.

[19] Heinrich Ranke hatte im Sommer 1815 während seiner Studienzeit in Jena einen Badeunfall, den er nur durch die Hilfe von Carl Friedrich Andreas Jacobi überlebte, mit dem er bereits zuvor „eine Freundschaft für das Leben“ geschlossen hatte (vgl. F. H. Ranke, Jugenderinnerungen, S. 68–70).

[20] Carl Anton Richter (1797–1827), Privatgelehrter und Lexikograph in Leipzig, Schulfreund Heinrich Rankes, mit dem er im Dezember 1814 gemeinsam aus Pforta floh.

[21] Hermann Julius Christoph Baier (1775–1822), Pfarrer in Altenkirchen auf Rügen, in dessen Haushalt Heinrich Ranke zeitweise als Hauslehrer wirkte.

Nr. 235

Leopold Ranke an Karl Ludwig Georg von Raumer[a][1]

V: ULB Münster Nl Raumer B 19.028 (eigenhändig)

Frankf⟨urt an der Oder,⟩ am 18ten November 1824.[b]

Mein lieber Freund,
doch die Frage ist, darf ich Sie so nennen? Ich will es einmal wagen. Also ich wollte gern, daß, was in diesem Päckchen enthalten ist, an meinen Bruder Heinrich[2] grad am 30sten[3] und wo möglich noch vor der Trauung[4] gelangte, und weder vor noch nach diesem Tag. Da schicke ichs dann an Sie. Wie gern wäre ich an diesem Tage in ihrer Mitte. Wie gern möchte ich Sie und Ihre Gemahlin[5] und Ihre Kinder[6], auch kennen, wie meine Brüder[7]. So muß ich Sie zugleich als ein Unbekannter und Ferner grüßen. Herzlich indeß ist mein Gruß, das glauben Sie, herzlich auch an Schubert's[8].

Ihr Leop⟨old⟩ Ranke⟨.⟩

[a] Adresse: „Herrn Prof. von Raumer | Hochwohlgeb. | in | Nürnberg | Erzieherverein“; Vermerk: „frey | nebst einem Päckchen mit Büchern“ (vgl. Nr. 231 und Nr. 234); Stempel: „Frankfurt A/O | 18 NOV.“.

[b] Orts- und Datumsangabe in der Vorlage unter dem Text links.

[1] Karl Ludwig Georg von Raumer (1783–1865), ehemaliger Professor, wie Heinrich Ranke Lehrer an der Bildungsanstalt des Erziehervereins in Nürnberg.

[2] Heinrich Ranke (1798–1876), Bruder Leopold Rankes, Lehrer an der Bildungsanstalt des Erziehervereins in Nürnberg.

[3] Dem Geburtstag von Heinrich Ranke.

[4] Vgl. Nr. 227, Nr. 231–232, Nr. 236 und Nr. 242.

[5] Friederike von Raumer, geb. Reichardt (1790–1869).

[6] Dorothea Sophie Luise (1812–1848), Rudolf Heinrich Georg (1815–1876) und Hans von Raumer (1820–1851).

[7] Heinrich (1798–1876), Ferdinand (1802–1876), Wilhelm (1804–1871) und Ernst Constantin Ranke (1814–1888).

[8] Selma Schubert (1806–1878), die Braut von Heinrich Ranke, sowie ihr Vater Gotthilf Heinrich Schubert (1780–1860), Professor für allgemeine Naturgeschichte und Mineralogie in Erlangen, und seine zweite Ehefrau Julie Schubert, geb. Steuernagel (1788–1880).

Nr. 236

Ferdinand Ranke[1] an Leopold Ranke[a]

V: GStA PK VI. HA Nl Hoeft Nr. 1 (Abschrift)
G: GStA I. HA Rep. 92 L. v. Ranke Nr. 26 (nicht erhalten)

Berlin⟨,⟩ [23.] November 1824.

Innigst geliebter Bruder,
Zu gleicher Zeit empfing ich gestern Abend gegen 11 Uhr zwei liebe Briefe von Dir,[2] und kann darum nicht unterlassen, noch vor meiner Abreise von hier nach Halle, die nun schon unbedingt gewiß war, da ich mich schon auf der Schnellpost hatte einschreiben lassen, ein paar Zeilen von Berlin an Dich abgehen zu lassen.
Zuerst will ich Dir nur erzählen, daß ich heute bei Schleiermacher[3] essen werde, und daß ich vor wenigen Tagen bei ihm war, und da etwas fand, was mir große Freude machte. Was war es wohl? Nichts anders, als Dein Buch[4], das eben vom Buchbinder angekommen war. Schleiermacher hatte wahrscheinlich schon im Manuscript etwas gelesen; er gab nicht nur selbst ein sehr gutes Urtheil darüber, sondern hat auch schon Mehrere darauf aufmerksam gemacht, mit denen ich gesprochen habe. Thue es also ja sogleich, und schicke an das Ministerium und an Schulz[5] wo möglich besonders. Ich glaube, es liegt in seinen Händen, Dich nach Halle zu senden.
Es war freylich thöricht, daß ich von Dir einen Rath forderte,[6] ehe ich bei Kamptz[7] und Schulz gewesen war. Bestimmtheit ist immer besser als Unbestimmtheit. Ich werde nun sogleich nach Halle gehen, an das Consistorium schreiben, um Quedlinburg bitten[8] und um das Examen. Ich fürchte nur immer, sie verlangen Collegienzeugnisse, die ich durchaus nicht habe. Dann müßte ich wirklich noch studiren: so hoffe ich⟨,⟩ es in höchstens 2 Monaten zu vollenden.

[a] Adresse: „Sr. Wohlgeboren | dem Herrn Oberlehrer D. Ranke. | in Frankfurt an der Oder."; Poststempel: „Berlin 23. NOV.".

[1] Ferdinand Ranke (1802–1876), Bruder Leopold Rankes.
[2] Unter anderem wohl Nr. 230; zweiter Brief nicht ermittelt.
[3] Friedrich Daniel Ernst Schleiermacher (1768–1834), Professor der Theologie in Berlin.
[4] L. Ranke, Geschichten; L. Ranke, Kritik.
[5] Johannes Karl Hartwig Schulze (1786–1869), Geheimer Oberregierungsrat und Vortragender Rat im Ministerium der Geistlichen, Unterrichts- und Medizinal-Angelegenheiten, Referent für das Gymnasialwesen; Leopold Ranke ließ Schulze tatsächlich rasch ein eigenes Exemplar zukommen (vgl. Nr. 239).
[6] Vgl. Nr. 233.
[7] Carl Albert Christoph von Kamptz (1769–1849), Direktor der Unterrichts-Abteilung im Ministerium der Geistlichen, Unterrichts- und Medizinal-Angelegenheiten.
[8] Um die dortige Stelle eines Kollaborators (vgl. Nr. 230 und Nr. 232).

Wilhelm[9] erwartet schon längst einen Brief von Dir; schicke ihn doch ja bald; er hält sich sonst für vernachlässigt. – Schönaich[10] ist sehr erfreut über Euch und dankbar.

Ich hoffe nun, daß ich Matthias[11] wieder versöhnen werde, indem ich seinem Rathe folge.[12] Aber freylich war es besser, ich fragte nicht. Meine Beschäftigung bis hierher ist eigentlich gering gewesen; ich hörte Collegia, und bereitete mich zum Examen im Hebräischen vor. Nun habe ich zunächst zu thun genug. Die Eltern[13] schicken silberne Löffel zur Hochzeit an Selma[14], ich an Heinrich[15] einen recht schönen, kleinen Kempis[16], und Fanny[17] ein Körbchen⟨,⟩ schön gemacht, was alles nun auch schon an Raumers[18] unterwegs ist. Ein Gedicht kann ich auch nicht machen, ist auch wohl bei Heinrich nicht angebracht. Daß Heinrich mit Selma die Eltern zu Weihnachten besuchen wird, hat er wenigstens wohl geschrieben, ist mir auch darum nicht wahrscheinlich, weil dieß Fest so ein Hauptfest ihres Instituts ist, daß sie da nicht gut fehlen können. Aber es wäre herrlich, wenn Du kämest. Freylich⟨,⟩ ich werde wohl auch nicht die Eltern besuchen. Das Weihnachtsfest ist so gar schön mit der Braut, und in Wiehe war es nicht immer so. Auch kann unsre Hallische Mutter[19] nicht in dieser Jahreszeit mit nach Wiehe reisen, und diese können wir doch da auch unmöglich verlassen. Wenn Du aber kämest, nähme vielleicht Alles eine andere Gestalt an. Komm doch, lieber Bruder.

Deinen Louis d'or[20] behalte nun nur; auf jeden Fall hat Reimer[21] Alles richtig bezahlen müssen, da werden sie ihm nichts schenken.

[9] Wilhelm Ranke (1804–1871), Bruder Leopold Rankes, Student in Berlin.

[10] Johann Heinrich Ferdinand Schönaich (1803–1878), ehemaliger Schüler Leopold Rankes, seit 1823 Student der Theologie in Halle und, wie Wilhelm Ranke, Mitglied der „Quellengesellschaft".

[11] Johann Andreas Matthias (1761–1837), Konsistorialrat und Schulrat, Rektor des Dom-Gymnasiums in Magdeburg.

[12] Vgl. Nr. 230 und Nr. 232.

[13] Gottlob Israel (1762–1836) und Friederica Wilhelmina Ranke, geb. Lehmicke (1776–1836).

[14] Selma Schubert (1806–1878), Tochter von Gotthilf Heinrich Schubert, Professor für allgemeine Naturgeschichte und Mineralogie in Erlangen.

[15] Heinrich Ranke (1798–1876), Bruder Leopold und Ferdinand Rankes, Lehrer an der Bildungsanstalt des Erziehervereins in Nürnberg.

[16] Wohl eine Ausgabe des mystisch-kontemplativen Hauptwerkes von Thomas a Kempis, „De imitatione Christi", das zu Anfang des 15. Jahrhunderts entstanden und seitdem in zahllosen Übersetzungen und Auflagen erschienen ist; Hermann Julius Christoph Baier hatte Leopold Ranke wohl ebenfalls eine Ausgabe dieses Buches geschenkt (vgl. Nr. 53).

[17] Fanny Pollau (1804–1867), Verlobte Ferdinand Rankes.

[18] Karl Ludwig Georg von Raumer (1783–1865), ehemaliger Professor, wie Heinrich Ranke Lehrer an der Bildungsanstalt des Erziehervereins in Nürnberg, und seine Ehefrau Friederike von Raumer, geb. Reichardt (1790–1869).

[19] Nanette Esther Marguerite Pollau, verw. Juncker, geb. Plantier (1768–1829), die Mutter von Fanny Pollau und künftige Schwiegermutter Ferdinands.

[20] Vgl. Nr. 232.

[21] Georg Andreas Reimer (1776–1842), Buchhändler und Verleger in Berlin.

Daß Thilo[22] nicht nach Leipzig kommt, ist wohl gewiß, weil die ganze erste Denomination[23] verworfen ist. Tholuck[24] ist nun vorgeschlagen, doch ist Alles noch unbestimmt; gewiß sind noch andere denominirt. Ich habe hier Tholuck gehört, und mich recht daran gefreut. Er hat einen schönen, klaren Vortrag, und seine Sachen gefielen mir sehr. Er spricht persisch und arabisch, ist 26 Jahre alt, ein in vielen Stücken sehr bewanderter Mann. –

Ich bin gestern bei Reichardts[25] gewesen; zuerst etwas unfreundlich behandelt, weil ich trotz des Verlustes einer Aussicht nicht gesonnen sei, nach Nürnberg zu gehen, nach und nach immer besser. Das Erste, was die beiden Frauen immer fragen, ist⟨,⟩ ob ein Mann gut gesinnt sei, oder christlich; alle andern sind bös gesinnt. Sie meinen wohl, daß Alle bösen Willen haben, die Rationalisten sind. Auch wenn, wie ich auch überzeugt bin, ihre Orthodoxie das Richtige ist, so kann man Andere auf christliche Weise doch wohl nicht bös gesinnt nennen.

Nun⟨,⟩ lieber Bruder, ich erwarte in Halle bald einige Zeilen von Dir. Es thut mir doch weh, daß ich nicht zu Dir kommen kann. Geld habe ich zur Hin- und Rückreise genug, ein Croesus[26] bin ich, doch würde ich Dich sehr stören, und aus Deinen Arbeiten bringen, und im Ganzen dient es auch zu nichts. Vielleicht sehen wir uns zu Weihnachten. Lebwohl, und behalte mich lieb.

Dein
Dich innigst liebender Bruder
Ferdinand.

Alle meine Verwandte[27] grüßen Dich herzlich. Tante Lotte[28] bedauert sehr, Dich nicht gesehen zu haben. Morgen Abend bin ich in Halle.

[22] Johann Carl Thilo (1794–1853), Lehrer an der Schule der Franckeschen Stiftungen und außerordentlicher Professor der Theologie in Halle; Mitschüler von Leopold Ranke an der Landesschule in Pforta.

[23] Die Vorschlagsliste der Fakultät.

[24] Friedrich August Gottreu Tholuck (1799–1877), Professor der Theologie in Berlin.

[25] Johanna Wilhelmine Dorothea Reichardt, verw. Hensler, geb. Alberti (1755–1827), und Sophie Reichardt (1795–1838), Witwe und Tochter von Johann Friedrich Reichardt (1752–1814), Komponist und Hofkapellmeister Friedrichs des Großen, Schwiegermutter und Schwägerin von Karl Ludwig Georg von Raumer.

[26] Kroisos (um 590–um 541 v. Chr.), König Lydiens, der für seinen Reichtum bekannt war.

[27] Fanny Pollau, die Verlobte Ferdinand Rankes; Nanette Esther Marguerite Pollau, verw. Juncker, geb. Plantier (1768–1829), die Mutter von Fanny Pollau; Charlotte Blanc, geb. Juncker (1795–1866), die Stiefschwester von Fanny Pollau, und ihr Ehemann Ludwig Gottfried Blanc (1781–1866), Professor der südeuropäischen Sprachen und ihrer Literaturen.

[28] Wohl Charlotte Blanc, die zukünftige Schwägerin Ferdinand Rankes.

Nr. 237

Ferdinand Ranke[1] an Leopold Ranke

V: GStA PK VI. HA Nl Hoeft Nr. 1 (Abschrift)
G: GStA I. HA Rep. 92 L. v. Ranke Nr. 26 (nicht erhalten)
TY: GStA PK VI. HA Nl Hoeft Nr. 37 Kart. 3

⟨Berlin, nach dem 23. November 1824.⟩[a]

Innigst geliebter Bruder,

Mit Torgau[2] ist es nichts; der Bericht des Consistoriums zu Magdeburg ist da, der dieß aussagt, und Kamptz[3] und Schulz[4] stimmen ein. Das Examen in der Theologie muß ich auch machen, Exegese des alten und neuen Testaments, Dogmatik, Moral und Kirchengeschichte.[5] Schulz hat das Gesetz selbst gegeben, und war davon nicht abzubringen. Er behauptete, in acht Tagen könne ich das machen. Ich werde also nach Halle auf den Dienstag zurückgehen, und dort mich vorbereiten.

Zugleich habe ich mit Schulz einige Worte über Deine Bücher[6] gesprochen; er ist sehr gespannt darauf; schicke doch ein Exemplar gerade an ihn⟨,⟩ sobald als möglich. Er sagte: ⟨„⟩Ihr Bruder ist ein lebendiger Mensch und ein tüchtiger Lehrer, so viel ich gehört und gesehen habe; ich bin sehr begierig auf seine Bücher, und will mir sie doch sogleich geben lassen." Also schicke sie doch gleich an ihn.

Du reist doch wohl nicht nach Nürnberg[7]; ich unter diesen Umständen auch nicht, denn mit Mühe nur würde ich wohl wieder wegkommen. Freylich risse es mich aus diesen schlechten Verhältnissen heraus, und brächte mich in die Herrlichsten. Aber ich will Dir es nur gestehen, in Halle würden sie die größte Betrübniß darüber haben. Fanny[8] hat schon oft über Nürnberg Thränen vergossen, als damals Heinrich[9] so hart schrieb,[10] und diese Thränen halten mich in Halle von Nürnberg zurück.

[a] Datiert nach dem Typoskript von Hoeft; in der Abschrift datiert auf „Dezember" 1824.

[1] Ferdinand Ranke (1802–1876), Bruder Leopold Rankes.
[2] Vgl. Nr. 206, Nr. 208–210, Nr. 212, Nr. 214, Nr. 216, Nr. 220, Nr. 222–223, Nr. 230, Nr. 233.
[3] Carl Albert Christoph von Kamptz (1769–1849), Direktor der Unterrichts-Abteilung im Ministerium der Geistlichen, Unterrichts- und Medizinal-Angelegenheiten.
[4] Johannes Karl Hartwig Schulze (1786–1869), Geheimer Oberregierungsrat und Vortragender Rat im Ministerium der Geistlichen, Unterrichts- und Medizinal-Angelegenheiten, Referent für das Gymnasialwesen.
[5] Vgl. Nr. 233, Anm. 7.
[6] L. Ranke, Geschichten; L. Ranke, Kritik.
[7] Vgl. Nr. 233 und Nr. 236.
[8] Fanny Pollau (1804–1867), Verlobte Ferdinand Rankes.
[9] Heinrich Ranke (1798–1876), Bruder Leopold Rankes, Lehrer an der Bildungsanstalt des Erziehervereins in Nürnberg.
[10] Vgl. Nr. 209.

Aber eine weit schlimmere Sache stürmt hier auf mich ein. Die ganze Familie Pollau hier in Berlin[11] hat nehmlich seit meinem letzten Hierseyn nichts Anderes im Sinne gehabt, als daß ich nothwendig das Adreßhaus[12] in Halle fortführen und ordentlich Direktor werden müsse. Es müsse beim Hause in der Familie bleiben; es erhalte eine Familie Jahrhundertelang in Wohlstand;[13] das Schulfach sey an sich ein schweres Fach, und ich könne es sehr gut mit jenem vertauschen; ich habe noch keine Anstellung, und wie lange könnte ich mich noch ohne Amt herumtreiben müssen, ohne heurathen zu können. So sagen sie; ich habe mich zuerst entschieden dagegen erklärt, zuletzt aber milder, da sie mir so oft sagten, es wäre ihrer aller Wunsch, ich habe gesagt: ich wolle jetzt erst ein Schulamt, wenn auch noch so gering, antreten, und wenn einmal Fannys Mutter[14] mit Tode abgehen solle, was Gott noch lange Jahre verschieben wolle, könne ich ja noch immer thun, was mir lieb wär. Dabei haben sie sich so halb und halb beruhigt. Mein Herz sträubt sich gegen das Adreßhaus, eben so Fannys, und auch, wie ich glaube, das ihrer Mutter. In was für Geschichten kom-

[11] Wohl vor allem die fünf noch lebenden Geschwister des Vaters von Fanny Pollau, Carl Friedrich Wilhelm Pollau (1764–1815), des Direktors des Adreßhauses in Halle: Dr. Johann Friedrich Samuel Pollau (1766–1829), Hof- und Stadtwundarzt in Berlin sowie Mitglied der Freimaurer-Loge „Zu den drei Seraphim" und zugleich Großzeremonienmeister der Großen National-Mutterloge „Zu den drei Weltkugeln"; Gottfried August Michael Pollau (1768–vor 1859), Lehrer der Zeichenkunst; Friedrich Gustav Adolph Pollau (1776–1843), Zeichenlehrer; Peter Philipp Anton Pollau (1781–1859), Leibjäger des Kronprinzen Friedrich Wilhelm, und Henriette Caroline Friederike Diederich, geb. Pollau (1783–1831); die Witwe des Kupferstechers Carl Diederich wohnte 1824, wie ihr Bruder Friedrich Gustav Adolph Pollau, in der Burgstraße 17 in Berlin (vgl. ELAB Berlin St. Marien, Bestattungen 1831).

[12] „Adreßhäuser" fungierten in Preußen als „Pfandleihanstalten" und zur „Arbeitsvermittelung für Dienstboten", außerdem leisteten sie Maklerdienste bei Verkauf und Vermietung von Immobilien. Das erste Privileg für ein „Bureaux d'adresse et de vente publique" in einer deutschsprachigen Stadt wurde 1689 einem Hugenotten in Berlin erteilt; das „Bureau d'Adresse" in Halle war 1715 ebenfalls von einem Hugenotten gegründet worden (vgl. Tantner, Adressbüros, S. 88, 90, 93–94; Zahn, Zöglinge Calvin's, S. 167).

[13] Die Leitung des „Bureau d'Adresse" in Halle befand sich seit 1739 in der Hand der Familie von Fanny Pollau: 1739 war die Leitung der 1715 gegründeten Institution dem aus Berlin stammenden Kaufmann, Goldschmied und Juwelier Louis Poinlou (1696–1740) übertragen worden; nach dessen Tod wurden die Geschäfte unter der Firma „Poinlous Erben" durch Louis Audoyer, einen Verwandten, fortgesetzt, bevor das „Bureau d'Adresse" an Poinlous Tochter Cathérine Poinlou (1726–1787) und deren Ehemann François Plantier (1729–1788) überging, der als Directeur du Bureau d'Adresse und Assesseur de la Colonie française fungierte; deren Tochter, Nanette Esther Marguerite Plantier (1768–1829), heiratete in zweiter Ehe Carl Friedrich Wilhelm Pollau (1764–1815), den Vater der Verlobten Ferdinand Rankes, der bis zu seinem Tod als Direktor des Adresshauses gewirkt hatte, das ab diesem Zeitpunkt bis 1829 von seiner Witwe geleitet wurde (vgl. Tantner, Adresshaus, S. 93–94; Henri Wilhelm Nathanael Tollin: Geschichte der Französischen Colonie von Magdeburg. Jubiläumsschrift. Bd. 3, Teil 2, Halle an der Saale 1893, S. 564; freundliche Auskunft von Gisela Hintzsche, Archiv der Evangelisch-reformierten Domgemeinde Halle, 1.6.2011).

[14] Nanette Esther Marguerite Pollau, verw. Juncker, geb. Plantier (1768–1829).

me ich durch diese Verlobung, in was für andere aber durch unsre innige Liebe. Willst Du mir hierüber etwas schreiben, so schreib es auf ein eignes Zettelchen, daß es Fanny nicht lieset; ich will auch nur ihrer Mutter etwas von der ganzen Sache sagen; es würde ihr sonst Thränen genug kosten. Ueberhaupt bitte ich Dich, wenn Du schreibst, den Brief so einzurichten, daß ihn alle freudig lesen können; anderes auf einen kleinen Zettel für mich allein zu schreiben. Ich glaube nicht, daß diese Täuschung unrecht ist; ich will sie ja nur vor Trauer behüten. Es jammert mich so sehr, wenn sie so mit mir leiden muß.

Ich würde gern jetzt zu Dir gekommen seyn, allein erstlich ist es Winter; ich müßte in Deiner Stube mit arbeiten; das störte Dich; zweitens muß ich das theologische Examen machen; ich wünsche noch Knapp[15] zu hören, und begehre nach Halle zurück.

Ich habe nun im Sinne, sogleich um die letzte Collaboratorstelle in Quedlinburg mit etwa 300 Thalern Gehalt anzuhalten, und dahin zu gehn. Es ist so nahe am Harz, und ein sehr guter Freund von mir, Candidat Schwalbe[16] von Halle⟨,⟩ geht mit dahin. Dort wollen wir ein recht fröhliches Leben führen. Müller[17] hat zu Schulzen gesagt, daß ihm Sauppe[18] lieber wäre. Mit seiner Oberlehrerstelle[19] ist auch gar nichts; das Ministerium gibt nichts; die Schule hat nur 300 Thaler; ich habe nun auch keine Lust dahin zu gehen.

[15] Georg Christian Knapp (1753–1825), Sohn von Dr. Johannes Georg Knapp (1705–1771), Professor der Theologie und Direktor des Waisenhauses der Franckeschen Stiftungen in Halle, und Johanna Christina Knapp, geb. Weinschenk (1728–1783), Privatunterricht, 1761 Pädagogium, 1767 Lateinische Schule der Franckeschen Stiftungen, 1771 Studium der Theologie und Philologie in Halle, 1774 in Göttingen, 1775 Magister der Philosophie, 1777 außerordentlicher, 1782 ordentlicher Professor der Theologie, 1784 Dr. theol., 1785 Kondirektor des Pädagogiums und Waisenhauses der Franckeschen Stiftungen in Halle, Hochzeit mit Sophie Caroline Henriette Weinschenk (1763–1817), Tochter von Johann Christian Weinschenk, Kriegs- und Domänenrat in Magdeburg (∗ 1735) und Maria Sophie Weinschenk, geb. Steinauer (1735–1791), und somit Nichte seiner Mutter, 1816 Konsistorialrat beim Konsistorium der Provinz Sachsen, 1820 Zensor der theologischen Schriften der Universität Halle (vgl. Archiv KPS Halle, St. Ulrich, Bestattungen 1783 und 1817); lutherischer Theologe mit pietistischen Neigungen, der in reger Verbindung zur Herrnhuter Brüdergemeine stand; bekannt war vor allem seine Ausgabe des Neuen Testamentes (2 Bde., 3. Aufl., Halle 1824; zuerst 1797).

[16] Carl Friedrich Hermann Schwalbe (1801–1878), Studienfreund von Ferdinand Ranke.

[17] Gottlob Wilhelm Müller (1790–1875), Rektor des Lyceums in Torgau, wie Leopold Ranke Schüler von Johann Gottfried Jakob Hermann und Mitglied der „Societas Graeca“.

[18] Gustav Albert Sauppe (1802–1870), wie Gottlob Wilhelm Müller und Leopold Ranke Schüler von Johann Gottfried Jakob Hermann und Mitglied der „Societas Graeca“; ihm wurde zum 1. November 1824 interimistisch die Stelle eines Subrektors am Lyceum in Torgau übertragen.

[19] Ihre Einrichtung scheiterte wohl am Widerstand des Ministeriums, das seinen Zuschuß verweigerte. Schon zuvor hatte das Ministerium unmißverständlich auf das königliche Kompatronatsrecht und seine Prärogative hingewiesen (vgl. Nr. 220).

Den Dienstag also reise ich hier ab; vielleicht höre ich bis dahin noch etwas von Dir.

Leb wohl und behalte mich lieb. Ich kann mir doch nicht bergen, daß ich ein wenig in Bedrängniß bin.

Dein
Dich innigst liebender
Ferdinand.

Nr. 238

Leopold Ranke an Carl Sigismund Franz Freiherr vom Stein zum Altenstein[1]

V: SBB Sammlung Darmstaedter 2 f 1826 (4) (eigenhändig)
D: LENZ, Geschichte, Bd. 4, 1910, S. 459–460

Frankfurt a. d. O.⟨,⟩ am 5ten Dezember 1824.[a]

Hochgeborner,
Gnädigster Herr Staatsminister,
Nur durch die Gnade Euer[b] Excellenz[2] ist es dem Unterzeichneten möglich geworden, zwey Schriften zu verfassen,[3] mit denen er kühn genug ist zu hoffen, der neueren Geschichte einen Dienst, wenn auch nur einen kleinen Dienst geleistet zu haben. Euer[c] Excellenz erlaubten mir vor einigen Jahren, von den Reichthümern der Königlichen Bibliothek Gebrauch zu machen. Habe ich nun auch mit Hülfe derselben nicht Alles erreicht, was sich vielleicht in einer günstigeren Lage erreichen ließ, so ist es doch gewiß, daß ich ohne dieselben gar nichts hätte leisten können. Vergönnen mir daher Euer[d] Excellenz, Ihnen dafür unterthänigst zu danken. Vergönnen mir Dieselben, die Früchte meiner Arbeit Ihrem erleuchteten Urtheil hiemit ehrfurchtsvoll zu unterwerfen. Ob ich mich durch dieselben durch eine siebenthalbjährige Amtsführung, und eine in allem Wechsel der Ansichten stets gemäßigte, wie ich hoffe, dem Guten zugewandte Gesinnung würdig gezeigt habe, dem Staat in einem größeren Kreise zu dienen, und zur Fortsetzung der angefangenen Arbeit, die mir in meiner gegenwärtigen

[a] Orts- und Datumsangabe in der Vorlage unter dem Text links; zur Datierung des Briefes vgl. Gunter Berg: Leopold von Ranke als akademischer Lehrer. Studien zu seinen Vorlesungen und seinem Geschichtsdenken (= Schriftenreihe der Historischen Kommission bei der Bayerischen Akademie der Wissenschaften, Bd. 9). Göttingen 1968, S. 22, Anm. 1.
[b] In der Vorlage: „Ew.".
[c] In der Vorlage: „Ew.".
[d] In der Vorlage: „Ew.".

[1] Carl Sigismund Franz Freiherr vom Stein zum Altenstein (1770–1840), Minister der Geistlichen, Unterrichts- und Medizinal-Angelegenheiten.
[2] Leopold Ranke bezieht sich auf die ihm vom Ministerium eingeräumte Möglichkeit, Bücher aus der Königlichen Bibliothek in Berlin nach Frankfurt an der Oder auszuleihen (vgl. Nr. 100).
[3] L. RANKE, Geschichten; L. RANKE, Kritik.

Lage nicht leicht möglich seyn wird, befähigt zu werden, stelle ich eben demselben Euer[e] Excellenz erleuchtetem und humanem Urtheil in tiefster Devotion anheim.

Euer[f] Excellenz
unterthänigster
Leopold Ranke, Dr⟨.⟩ phil.
Oberlehrer am Gymnasium zu
Frankfurt a. d. O.

[e] In der Vorlage: „Ew.“.
[f] In der Vorlage: „Ew.“.

Nr. 239

Leopold Ranke an Johannes Karl Hartwig Schulze[1]

V: olim SBB Varnhagenpapiere; Krakau (eigenhändig)
D: Wiedemann, Mittheilungen, S. 1–2

Frankfurt a. d. O.⟨,⟩ 5. Dezember 1824.[a]

Hochwohlgeborner,
Hochverehrter Herr Geheimer Ober Regierungs Rath
Wie sehr wünschte ich an jenem Tag, an welchem es Euer[b] Hochwohlgeboren gefiel, unser Gymnasium zu besuchen,[2] daß Sie auch einer meiner geschichtlichen Stunden beywohnen möchten. Dieß war nicht möglich. Gegenwärtig wage ich dafür, auf einmal mit zwey geschichtlichen Schriften[3] vor Ihnen zu erscheinen. Was würde es mir viel helfen, wenn ich meine Intention mit denselben bey Ihnen in irgend ein willkührliches Licht zu stellen suchen wollte? Sie werden ohne Zweifel baldigst erkannt haben, ob in diesen Schriften ein wahres Bemühen, eine durchdringende Forschung, eine gründliche Ansicht sichtbar, oder etwa gelehrter Schein⟨,⟩ Halbheit⟨,⟩ Heucheley. Im Fall Euer[c] Hochwohlgeboren das Letztere finden sollten, so wollte ich nicht ein Wort weiter sagen, sondern mich ergeben. Im Fall aber das Erstere, so hielte ich mich der Theilnahme Euer[d] Hochwohlgeboren für so gut als gewiß. Ich würde hoffen, daß Sie meine für die Fortsetzung dieser Arbeit nicht sehr günstige Lage ins Auge faßten. Mir fort und fort Bücher aus der Königlichen Bibliothek zu schicken, ist für die Herren Bibliothekare[4], allerdings höchst beschwerlich⟨,⟩ und sie thun es, wie es

[a] Orts- und Datumsangabe in der Vorlage unter dem Text links.
[b] In der Vorlage: „Ew.“.
[c] In der Vorlage: „Ew.“.
[d] In der Vorlage: „Ew.“.

[1] Johannes Karl Hartwig Schulze (1786–1869), Geheimer Oberregierungsrat und Vortragender Rat im Ministerium der Geistlichen, Unterrichts- und Medizinal-Angelegenheiten, Referent für das Gymnasialwesen.

[2] Schulze hatte im September 1824 das Friedrichs-Gymnasium in Frankfurt an der Oder besucht. „Auch hat der geh. Ober-Regierungs-Rath Dr. Schulz, den das Gymnasium schon immer als seinen besonderen Gönner zu verehren hatte, kürzlich uns die Ehre erzeigt, sich persönlich von dem Zustand desselben zu unterrichten, den Lehrstunden fast sämmtlicher Lehrer beizuwohnen, und durch seine rege Theilnahme Lehrer und Lernende von der Wichtigkeit, welche von ihren Vorgesetzten den Schulwissenschaften beigelegt wird, aufs neue recht lebendig zu überzeugen.“ (Programm Friedrichs-Gymnasium 1824, S. I).

[3] L. Ranke, Geschichten; L. Ranke, Kritik.

[4] Friedrich Wilken (1777–1840), Professor für Geschichte und orientalische Sprachen sowie Oberbibliothekar der Königlichen Bibliothek in Berlin; Philipp Carl Buttmann (1764–1829) und Samuel Heinrich Spiker (1786–1858), Bibliothekare an der Königlichen Bibliothek in Berlin.

scheint, nur ungern. Unsre Bibliothek ist für meine Art Studien nicht eben sehr reich, und überdieß gegenwärtig in einem völligen Ruin.[5] Ich muß mit einer steten Resignation studiren. So viel ich denn sehe⟨,⟩ könnte für mich nichts wünschenswerther seyn, als in den unbeschränkten Gebrauch einer großen Bibliothek gesetzt zu werden. Diese meine Lage würden Sie vielleicht in jenem ersten Fall ins Auge fassen. In demselben würden Sie mich vielleicht würdig finden, meine Wissenschaft in einem größern Kreise zu lehren. Aber Alles kommt auf Ihr Urtheil über meine Bücher an. Dem unterwerfe ich sie denn auch sehr gern; ob wohl ich manche alte und lang gehegte Hofnung davon abhängen sehe. Der Humanität, wegen deren Euer[e] Hochwohlgeboren überall gerühmt werden, wird auch dieß entsprechen.

Euer[f] Hochwohlgeboren
gehorsamer Untergebener
Leopold Ranke, Dr. phil.
Ob⟨er⟩l⟨e⟩rer⟨.⟩

[e] In der Vorlage: „Ew.".
[f] In der Vorlage: „Ew.".

[5] Die Westermannsche Bibliothek, die den Lehrern des Friedrichs-Gymnasium in Frankfurt an der Oder zur Verfügung stand, war seit Mai 1824 ausgelagert und nicht benutzbar. „Noch schmerzlicher aber ist es, daß wir lange Zeit nicht einmal die vorhandenen Lehrmittel zum großen Theile haben benutzen können, da bei dem Ausbaue des Kollegiengebäudes [für die städtische Bürgerschule] die Westermannsche Bibliothek, der Hauptschatz unserer Anstalt, von einer Stube zur andern geschafft werden mußte, und so in gänzliche Unordnung gerieth, ohne daß wir bis jetzt im Stande gewesen wären, sie wieder aufzustellen" (Programm Friedrichs-Gymnasium 1825, S. II–III.). Ein Jahr später hieß es: „Das erfreulichste Ereigniß für unser Gymnasium, welches wir anzukündigen haben, ist, daß unsere Westermannsche Bibliothek, nachdem sie auch noch fast das ganze verflossene Schuljahr auf dem Fußboden gelegen hatte, seit dem vergangenen August ihr altes Lokal wieder überwiesen bekommen hat, nachdem dasselbe auf Kosten der Commune so freundlich eingerichtet worden war, als wir es uns nur wünschen können. ⟨...⟩ An der Aufstellung der Bibliothek hat, da der Herr Bibliothekar durch seine andauernde Kränklichkeit daran verhindert wurde, Herr Oberlehrer Stange bereits thätig zu arbeiten angefangen, und ihm haben theils mehrere andre Lehrer, so weit es einem jeden seine Geschäfte erlauben, theils auch mehrere Gymnasiasten hülfreiche Hand geleistet. Es wird aber bei der großen Verwirrung, in der die Bücher so lange gelegen haben, und den anderweitigen Arbeiten der Lehrer noch einige Zeit vergehen, ehe diese Aufstellung wird vollendet werden können" (Programm Friedrichs-Gymnasium 1826, S. VIII-IX).

Nr. 240

Leopold Ranke an Barthold Georg Niebuhr[1]

V: Archiv der BBAdW Nl B.G. Niebuhr, Signatur 253 (eigenhändig)
D: Gerhard, Drei Briefe, S. 101–103

Frankfurt an der Oder⟨,⟩ am 14ten Dezember 1824.[a]

Hochwohlgeborner Herr,
Hochverehrter Herr Geheimer Staatsrath,
Um Euer[b] Excellenz bey Ihrer Rückkehr in das Vaterland meine Verehrung darzubringen wage⟨,⟩ ich Ihnen zwey Schriften[2] zustellen zu lassen, die ich zugleich und so eben über die Anfänge neuerer Geschichten herausgegeben. Euer[c] Excellenz eigene Römische Geschichte[3] ist eins der ersten deutschen historischen Werke, die ich eigentlich studirt habe.[4] Schon auf der Universität habe ich dieselbe excerpirt, und mir auf alle Weise zu eigen zu machen gesucht; in meinem siebenthalbjährigen Schulamt hat sie mir bey wiederholten Vorträgen der Römischen Geschichte die

[a] Orts- und Datumsangabe in der Vorlage unter dem Text links.
[b] In der Vorlage: „Ew“.
[c] In der Vorlage: „Ew.“.

[1] Barthold Georg Niebuhr (1776–1831), Sohn von Carsten Niebuhr (1733–1815), Mathematiker, Kartograph und Forschungsreisender in dänischen Diensten, und Christiane Sophie Niebuhr, geb. Blumenberg (1742–1807); Privatunterricht durch den Vater und Hauslehrer, 1789 Gymnasium in Meldorf, 1791 Privatunterricht, 1794 Studium der Rechte in Kiel, 1796 Privatsekretär des dänischen Finanzministers Ernst Heinrich Graf von Schimmelmann, 1798 Studium der Agrar- und Naturwissenschaften in Edinburgh, Januar 1800 Hochzeit mit Amalie Behrens (1773–1815), Tochter von Nicolaus Behrens (1732–1796), Landvogt in Heide, und Dorothea Amalie Behrens, geb. Hudemann († 1805), Juli 1800 Assessor im Ostindischen Kontor des Oeconomie- und Kommerzkollegiums, 1804 Direktor des Ostindischen Kontors, zugleich Direktor des Bank- und Wechselkontors in Kopenhagen, 1806 Wechsel in preußische Dienste, Direktor der Preußischen Seehandlung in Berlin, finanzpolitischer Berater Steins und Hardenbergs, 1807 Mitglied der Immediatkommission, 1808 Geheimer Staatsrat, Sektionschef für Staatsschuldenwesen und Geldinstitute, 1810 Königlicher Historiograph, Mitglied der Akademie der Wissenschaften in Berlin, Vorlesungstätigkeit an der neueröffneten Universität in Berlin, 1811 Dr. phil., 1814 erteilt er dem Kronprinzen Lektionen in Finanzwissenschaften und Geschichte, 1816 Hochzeit mit Margarethe Hensler (1787–1831), Tochter von Christian Gotthilf Hensler (1760–1812), Professor der Theologie in Kiel, und Anna Elisabeth Katharina Hensler, geb. Wulff (1763–1789), 1816 außerordentlicher Gesandter und bevollmächtigter Minister am Heiligen Stuhl, 1823 Rückkehr nach Berlin, 1824 Mitglied des Staatsrats, 1825 Umzug nach Bonn, Vorlesungstätigkeit zur antiken, vor allem römischen Geschichte an der 1818 gegründeten Rheinischen Friedrich-Wilhelms-Universität.
[2] L. Ranke, Geschichten; L. Ranke, Kritik.
[3] Niebuhr, Römische Geschichte.
[4] Vgl. L. v. Ranke, Lebensgeschichte, S. 31: „Niebuhr's Römische Geschichte, das erste deutsche historische Buch, welches Eindruck auf mich hervorbrachte“.

wesentlichsten Dienste gethan. Bin ich nun hiedurch Euer[d] Excellenz zu fortwährender Dankbarkeit verpflichtet, so wünsche ich, daß gegenwärtige Bücher des Unterrichts, den ich ohne Ihr Wissen von Ihnen genossen, nicht völlig unwürdig erscheinen mögen. Doch, daß ichs bekenne, so ungeheuchelt und wahr diese Verehrung ist, so hat sie sich doch gegenwärtig noch mit einem besonderen Wunsch vergesellschaftet, der mir allerdings am Herzen liegt. Er betrifft die Fortsetzung des gegenwärtigen Versuches, die mir nicht allein in meiner hiesigen Lage beynah unmöglich ist, sondern zu der auch eine etwas günstigere, in der Nähe einer großen Bibliothek, nicht alle Hülfsmittel darreichen dürfte. Für den ersten Theil fand ich gedruckte Tagebücher, Gesandschaftsberichte, Memoiren, die mich über die wichtigsten Puncte bis zu einer gewissen Evidenz unterrichteten. Für den zweyten Theil sind diese zwar auch vorhanden, aber nicht gedruckt. Da reizt mich nun — vergeben Euer[e] Excellenz meine vielleicht beschwerliche Feder dem Eifer für die Wissenschaft — vorzüglich eine Nachricht, die ich in des Dr. Pertz[5] jüngst erschienener ital⟨enischen⟩ Reise finde (p. 9), „in der Bibliothek des Fürsten Altieri[6] zu Rom sey eine ungemein

[d] In der Vorlage: „Ew".
[e] In der Vorlage: „Ew".

[5] Georg Heinrich Jakob Pertz (1795–1876), Sohn von Christian August Pertz (1753–1836), Hofbuchbinder-Meister in Hannover, und Henriette Justina Pertz, geb. Deppen (1765–1823), Privatunterricht, 1813 Studium der Theologie, später der Geschichte und Philologie in Göttingen, 1816 Anstellung am Landes-Archiv und an der Königlichen Bibliothek in Hannover, 1819 Dr. phil., Mitglied der Gesellschaft für Deutschlands ältere Geschichtskunde (Monumenta Germaniae Historica), 1820-1821 Besuch der Bibliotheken der österreichischen Stifte und in Wien, 1821 Archivsekretär am Landes-Archiv in Hannover, 1822–1823 Besuch der Bibliotheken in Rom, Monte Cassino, La Cava, Neapel und Palermo, 1823 Wissenschaftlicher Leiter der Monumenta Germaniae Historica, 1826–1827 Besuch der Bibliotheken in Belgien und Paris, 1827 in Paris Hochzeit mit Julia Garnett (1793–1852), Tochter von John Garnett (um 1750–1820), Astronom, Mitglied der American Academy of Arts and Sciences und der American Philosophical Society, 1827 Vorsteher der Königlichen Bibliothek, zugleich Archivrat und zweiter Archivsekretär am Landes-Archiv in Hannover, 1830–1842 Mitglied des Oberschulkollegiums in Hannover, 1831 Beteiligung an der Vorbereitung des neuen Staatsgrundgesetzes, 1832 Historiograph des Gesamthauses Braunschweig-Lüneburg, 1832–1833 Abgeordneter der Ständeversammlung, 1832–1837 Redakteur der „Hannoverschen Zeitung", 1836 auswärtiges Mitglied der Akademie der Wissenschaften in München, 1840 korrespondierendes Mitglied der Akademie der Wissenschaften in Berlin, 1842 auf Betreiben von Leopold Ranke Oberbibliothekar der Königlichen Bibliothek in Berlin und preußischer Geheimer Regierungsrat, 1843 ordentliches Mitglied der Akademie der Wissenschaften in Berlin, 1854 in London Hochzeit mit Leonora Horner (1818–nach 1876), Tochter von Leonard Horner (1785–1864), Oberaufseher des Fabrikenwesens in Lancashire und Präsident der Geological Society in London, 1858 Mitglied der Historischen Kommission in München, 1863 Direktor der Königlichen Bibliothek in Berlin 1873 Pension (vgl. ELAB Berlin, Dorotheenstädtische Kirche, Trauungen 1854; ELAB Berlin, Dorotheenstädtische Kirche, Bestattungen 1852).

[6] Paluzzo Principe Altieri (1760–1834), Sohn von Emilio Carlo Principe Altieri (1723–1801), und Livia Principessa Altieri, geb. Borghese (1731–1802); 1793 Hochzeit mit Maria Anna

reiche Sammlung von Instructionen, Berichten und Briefen von und nach Rom seit den drey letzten Jahrhunderten vorhanden."[7] Wer wäre, an den ich mich bey der äußersten Begierde, die ich habe, diese Schriften einzusehn um Hülfe, und Rath wenden dürfte, wenn nicht Euer[f] Excellenz, der Urheber einer neuen Kritik in der alten Geschichte, der Fürsprecher aller Deutschen und Protestanten in Rom, und im Grund unser wahrer cardinalis patronus, wenn ich mich so ausdrücken darf? Die gesammte Geschichte des sechszehnten Jahrhunderts bedarf einer durchgehenden kritischen Revision, die ohne jene Hülfsmittel völlig unmöglich ist. Gnädiger und hochverehrter Herr, ich wage nicht zu hoffen, von dem Staat so weit unterstützt zu werden, daß ich selbst sie aufsuchen könnte. Wäre es nicht möglich, daß sie unter der Ägide des Preußischen Adlers und Ihres Namens hieher verabfolgt würden? Keinen Tag meines Lebens, das ich ganz diesen Studien zu widmen entschlossen bin, würde ich aufhören, für eine so große Hülfe gegen Euer[g] Excellenz Dankbarkeit nicht allein zu fühlen, sondern wo möglich, zu bezeigen. Auch bin ich fast gewiß, (alles, was ich von Ihnen weiß, macht es mich) daß ich einige Teilnahme von Ihnen erfahren werde,

[f] In der Vorlage: „Ew".
[g] In der Vorlage: „Ew".

Violante Katharina Martha Xaveria Prinzessin von Sachsen, Gräfin von der Lausitz (1770–1845), Tochter von Franz Xaver Prinz von Sachsen (1730–1806) und Clara Maria Chiara Spinucci, ab 1767 Gräfin von der Lausitz (1741–1792), 1819 Senator von Rom; die Altieri waren eine römische Adelsfamilie, die mit dem päpstlichen Hof aufs engste verbunden war. Sie hatte gleich anderen römischen Adelsgeschlechtern eine große Sammlung von kurialen Staatspapieren angelegt. Fürst Altieri gewährte Ranke 1829 Zutritt zu seiner Bibliothek (vgl. Leopold Ranke an Karl August Varnhagen von Ense, 9. Juni 1829; Druck: Theodor Wiedemann: Briefe Leopold von Ranke's an Varnhagen von Ense und Rahel aus der Zeit seines Aufenthaltes in Italien, in: Biographische Blätter. Jahrbuch für lebensgeschichtliche Kunst und Forschung 1 [1895], S. 435–448, hier S. 440–442). Leopold Rankes „Geschichte der Päpste" ist wesentlich aus derartigen Materialien gearbeitet; ihre summarische Würdigung dort in der Vorrede zu Bd. 1 (vgl. Leopold Ranke: Die römischen Päpste, ihre Kirche und ihr Staat im sechszehnten und siebzehnten Jahrhundert, Bd. 1 [= Fürsten und Völker von Süd-Europa im sechszehnten und siebzehnten Jahrhundert. Vornehmlich aus ungedruckten Gesandtschafts-Berichten, Bd. 2]. Berlin 1834, S. X–XV).

[7] Georg Heinrich Pertz: Italiänische Reise vom November 1823 bis August 1823, in: Archiv der Gesellschaft für ältere deutsche Geschichtskunde zur Beförderung einer Gesammtausgabe der Quellenschriften deutscher Geschichten des Mittelalters 5 (1824), S. 1–514, hier S. 9; wörtlich lautet die Stelle: „Die Güte des Senators, Fürsten Altieri, gewährte mir durch Hrn. Geh. Staatsrath Niebuhrs Vermittlung die Einsicht des Handschriftenverzeichnisses seiner Bibliothek; ich fand darin ⟨...⟩ eine ungemein reiche Sammlung von Instructionen, Berichten und Briefen von und nach Rom seit den letzten drei Jahrhunderten, in denen sich gewiß manche geheimen Fäden der früheren Politik entdecken ließen. Forschungen für diese Zeit würden in Rom überhaupt sehr belohnen, wenn jemand ihnen einige Jahre ausschließend widmen wollte, indem das Institut der Cardinali-Padroni die interessanteren Staatspapiere unfehlbar statt in den Vatican und St. Angelo in die Archive der großen Römischen Familien verteilen mußte".

wofern nur Gesinnung, Forschung und Natur dieser Bücher Ihnen nicht ganz mißfallen, wofern Sie nur nicht zu fürchten Grund haben, ich möchte zu einem so großen Werk völlig untüchtig seyn.
Mit verstärkter Spannung, indem ich wegen des gegenwärtigen ungebührlich langen und unbequemen Briefes um Verzeihung bitte, übergebe ich nun Euer[h] Excellenz meine beyden Schriften.

Euer[i] Excellenz
unterthäniger Verehrer
Leopold Ranke,
Dr. philos.
Oberlehrer am Gymnasium
zu Frankfurt an d⟨er⟩ Oder⟨.⟩

[h] In der Vorlage: „Ew.“.
[i] In der Vorlage: „Ew“.

Nr. 241

Heinrich Ranke[1] an Leopold Ranke

V: GStA PK VI. HA Nl Hoeft Nr. 37 Kart. 3 (Typoskript)
TD: Fuchs, Heinrich Ranke, S. 169–170

Nürnberg⟨,⟩ am 21st⟨en⟩ Dez⟨ember 18⟩24.

Mein geliebter Bruder,
Ich wünsche Dir von ganzem Herzen Liebe[a] und Freude. Mit Deiner lieben Sendung zum 30sten November[2] hast Du nicht nur mir und Selma[3] sonder⟨n⟩ auch besonder⟨s⟩ Raumers[4], die Dich herzlich lieb haben, eine sehr große Freude gemacht. Aber Selma hat das schöne Kreuz noch nicht getragen. Es waren, als wir uns um die Entscheidung bemühten⟨,⟩ besonders deswegen, weil ich ein Ausländer bin, doch noch soviel Schreiben nach Berlin und München erforderlich, daß wir nun⟨,⟩ am heiligen Christfest⟨,⟩ noch immer Zeit haben auf unsern schönen Freudentag zu [b]hoffen[b]. Anfangs war mir's sehr schmerzlich. Nun ist es schon ziemlich lange überwunden. Am Donnerstag vor dem Fest hole ich Selma ab und sie darf dann 14 Tage bei uns bleiben. Dann denket einmal an uns! Denn Ihr dürft es Euch nicht etwa wegen des 30sten Nov⟨ember⟩[5] verdrießen lassen⟨,⟩ unserer Freude zu gedenken. Der 30ste N⟨ovember⟩ war auch ein sehr gesegneter lieber Tag, und ich habe alle⟨,⟩ die aus der Ferne für mich aufgehobenen betenden Hände gesehen, darum war mir's an jenem Tage so wohl, wie lange nicht. Auch unsre lieben Eltern[6] haben uns schon beschenkt und gesegnet; besonders rührte mich das [c]S[c]⟨elma⟩ [d]R[d]⟨anke⟩ auf den silbernen Löffeln[7]; dann entdeckte ich immer, daß ich's bisher noch

[a] Nachträglich verbessert zu: „Friede".
[b–b] In der Vorlage unterstrichen.
[c–c] In der Vorlage unterstrichen.
[d–d] In der Vorlage unterstrichen.

[1] Heinrich Ranke (1798–1876), Bruder Leopold Rankes, Lehrer an der Bildungsanstalt des Erziehervereins in Nürnberg.
[2] Nr. 234 und Nr. 235.
[3] Selma Schubert (1806–1878), Tochter von Gotthilf Heinrich Schubert, Professor für allgemeine Naturgeschichte und Mineralogie in Erlangen.
[4] Karl Ludwig Georg von Raumer (1783–1865), ehemaliger Professor, wie Heinrich Ranke Lehrer an der Bildungsanstalt des Erziehervereins in Nürnberg, und Friederike Raumer, geb. Reichardt (1790–1869), Tochter von Johann Friedrich Reichardt (1752–1814), Komponist und Hofkapellmeister Friedrichs des Großen.
[5] Geburtstag Heinrich Rankes.
[6] Gottlob Israel (1762–1836) und Friederica Wilhelmina Ranke, geb. Lehmicke (1776–1836).
[7] Die Eltern von Heinrich Ranke hatten das Monogramm Selmas, und zwar bereits als Selma Ranke, gravieren lassen.

gar nicht recht geglaubt habe. Auch Ferdinand[8] und Fanny[9] haben uns freundlich die Hand geboten. Denn es war doch gewiß nur ein eignes Zusammentreffen⟨,⟩ daß Fanny für Selma einen zierlichen [e]Korb[e] übersandte. Sie schrieb gar sehr liebreich dabei – und ich freute mich recht von Herzen, daß dieses liebe Kind unserm guten Ferdinand gehört, dem der liebe Gott viel Gnade schenken wolle. – Aber von dem Allen wollte ich eigentlich nicht schreiben⟨,⟩ sondern von Deinem Buch[10]. Ueber den wissenschaftlichen Werth desselben darf ich als ein [f]Unkundigster[f] mir kein Urtheil anmaßen⟨,⟩ und da freute ich mich sehr⟨,⟩ als Friedrich v⟨on⟩ Raumer[11] an den unsrigen[12] sehr günstig darüber schrieb. Wie es mir selbst damit gegangen⟨,⟩ will ich Dir nun sagen. Erstens konnte ich's mehrere Tage nicht durchsehen, weil Raumer mir's immer weggenommen hatte. Dann mußte ich in unsern Angelegenheiten nach Ansbach fahren im Dunkeln. Am andern Morgen – ich hatte das Buch mit – wäre ich beinahe zu spät ausgegangen, meine Sache zu besorgen. Als ich nun wieder im Wagen saß⟨,⟩ und nun am hellen Tag las ich das erste Kapitel[13], und es hat mich nicht blos erfreut, sondern in Betrachtung der menschlichen Dinge, wie Du sie vorlegst, erschüttert und erbaut. Mit der allergrößten Freude über die lebendige Erfassung der Geschichten kam ich zu Hause an und erzählte, was ich gefunden. Nur konnte ich Deinem schönen Rathe⟨,⟩ das Buch an 8 Morgen zu lesen⟨,⟩[g][14] nicht folgen, weil ich nichts anderes in dieser Zeit lesen konnte als für die Schule und für das tägliche Brot meines Geistes – aus der Bibel und Tauler[15] – ⟨,⟩ und ich habe es für die Weihnachtsferien aufgespart. Einige Male riß mich doch die Be-

e–e In der Vorlage unterstrichen.

f–f In der Vorlage unterstrichen.

g Ursprünglich: „das Buch um 8 Morgen 30. lesen"; Hoeft verbessert zu: „das Buch um 8 Uhr morgens den 30. zu lesen".

8 Ferdinand Ranke (1802–1876), Bruder Leopold und Heinrich Rankes.

9 Fanny Pollau (1804–1867), Verlobte Ferdinand Rankes.

10 L. Ranke, Geschichten (vgl. Nr. 231, Nr. 234 und Nr. 235).

11 Friedrich Ludwig Georg von Raumer (1781–1873), Professor für Staatswissenschaften und Geschichte in Berlin, Bruder von Karl Ludwig Georg von Raumer, der wie Heinrich Ranke als Lehrer an der Bildungsanstalt des Erziehervereins in Nürnberg wirkte.

12 Karl Ludwig Georg von Raumer.

13 L. Ranke, Geschichten, S. 3–47.

14 Vgl. Nr. 234; die „Geschichten" gliedern sich in zwei Bücher mit je vier Kapiteln.

15 Johannes Tauler (1300–1361), Dominikaner; von Georg Matthias Burger (1750–1823) hatte Heinrich Ranke eine Ausgabe der Werke Taulers in der Bearbeitung von Spener erhalten (eventuell: Des hocherleuchteten und theuren Lehrers D. Joh. Tauleri Predigten / Auff alle Sonn- und Feyertage durchs gantze Jahr / Samt dessen übrigen geistreichen Schrifften ⟨...⟩ Nebst einer Vorrede Herrn D. Philipp Jacob Speners. 2 Bde., Frankfurt am Main / Leipzig 1703), doch fand Heinrich Ranke vor allem in Johann Tauler's Nachfolge des armen Lebens Christi (eventuell: hrsg. und bearbeitet von Nikolaus Casseder. 1. Aufl., Frankfurt am Main 1821; 2. Aufl., Frankfurt am Main 1824) Stellen, die ihn „unmittelbar trafen und innerlich förderten" (vgl. F. H. Ranke, Jugenderinnerungen, S. 278–279).

gierde hin⟨,⟩ und ich habe etwas von den folgenden Kapiteln eilig gelesen – wo mir aber keine solche Einheit entgegentrat, wie im Ersten, das mir eins der liebsten Kapitel ist, die ich kenne. Vielleicht ist eben das Schuld gewesen, daß ich es abgerissen und eilig las, und ich freue mich, in den Ferien das Buch ordentlich durchzulesen. Ich habe bei dieser Gelegenheit Dein Amt in der Geschichtschreibung als ein heiliges erkannt[16] und ich bitte Gott von Herzen⟨,⟩ er wolle Deine Arbeiten segnen und zur Auferbauung der Christengemeinden gedeihen lassen. Einst werden an jenem Tage der Offenbarung aller Dinge die Bücher aufgetan werden.[17] Wer diesen näher käme, als unsere meisten Geschichtsbücher, der sollte mir ein Geschichtschreiber heißen – und wäre ein außerordentlicher[h] Diener im Reiche Gottes. Ein solches Buch wäre ein wahres Erbauungsbuch[18]. Mich wehte aus Deiner Schrift so etwas an – und das war mir eine große Freude – laß sie nur immer größer werden! – Mein lieber, theurer Bruder, Du sagtest, ich würde Dein Buch wohl nicht so aufnehmen wie eines von Schubert[19] oder Raumer. Liebes Herz, ich sehne mich sehr nach Dir; ich gedenke Deiner oft in meinen besten, stillsten Augenblicken, wo ich allein bin. Ich wünsche mit Dir in die innigste Gemeinschaft zu treten; ich begehre immer zu erfahren, wie es mit den heiligsten Dingen in Deinem Herzen steht. Es ist etwas wunderbares mit der Gemeinschaft der Christen. Neulich kam Missionar Dittrich[20] mit seiner neuvermählten Frau[21] hier durch;

[h] Nachträglich verbessert zu: „außerordentlich wichtiger".

[16] Heinrich Ranke spielt auf den Brief Leopold Rankes von Ende März 1820 an (vgl. Nr. 63).

[17] Vgl. Offenbarung 20,12.

[18] Anspielung auf die gedruckten Predigten Taulers.

[19] Gotthilf Heinrich Schubert (1780–1860), Professor für allgemeine Naturgeschichte und Mineralogie in Erlangen, späterer Schwiegervater Heinrich Rankes.

[20] August Heinrich Dittrich (1797–1855), Sohn eines Bauerns in Fürstenau (Sachsen), Bruder von Dr. phil. Johann Heinrich Dittrich (1783–1850), Pfarrer in Dittersdorf, der als Student in Wittenberg Leopold Rankes engen Schulfreund Ernst Rudolph Wilisch für die Aufnahmeprüfung der Landesschule in Pforta vorbereitet hatte; Privatunterricht durch Johann Heinrich Dittrich, Gymnasium in Freiberg, 1816 Studium der Rechte in Leipzig, Hauslehrer bei Detlev Graf von Einsiedel (1773–1861), 1819 Aufenthalt in Paris, um Arabisch und Türkisch zu erlernen, und in Cambridge, um Persisch und Armenisch zu erlernen, 1820 Missionsanstalt Basel, Juni 1821 Ordination, Juli 1821 Reise über St. Petersburg nach Astrachan, 1823 Missionstätigkeit in Armenien (Šuša), 1824 Hochzeit mit Marie Eleonora Klemm (1798–1881), Tochter von Johann Gottlieb Klemm (1753–1815), Seiler-Meister in Torgau, und Johanna Rosina Klemm, geb. Köhler (1769–1813), 1833 Prediger der lutherischen Gemeinde in Tiflis, 1839 Prediger und Lehrer am Erziehungsinstitut in Gatschina, 1840 Erster Prediger an St. Michael in Moskau, 1842 Mitglied des Konsistoriums in Moskau (vgl. Archiv KPS Torgau, Stadtkirche, Bestattungen 1813 und 1815; Missionsblatt, herausgegeben von dem Central-Ausschusse des evangelisch-lutherischen Missions-Vereins für Bayern in Nürnberg, 1870, No. 2, S. 10–12).

[21] Marie Eleonora Klemm; die Hochzeit hatte am 14. November 1824 in Dresden stattgefunden.

er kam von Schuschi[22] an der Persischen Grenze, hatte nun seine Braut aus Dresden heimgeholt und wollte einige Brüder aus Basel[23] mit in jene Gegenden nehmen. Wir traten nach den ersten Gesprächen in eine so innige Gemeinschaft, daß ich ihn bitten durfte⟨,⟩ unsern Kindern einen Vortrag zu halten; es waren für Raumers, mich und unser ganzes Haus ein Paar sehr schöne Tage, als diese lieben Leute da waren. An Dittrich spürte ich's recht deutlich, wie weit ich noch von der Wahrheit, dem Wesen, dem eigentlichen Leben entfernt bin. Seine Worte kamen aus dem Geist und trafen mich tief; aber eben darum faßte ich große Freudigkeit zu ihm. Seit seinem Besuch treibt mich der Geist immer auf, und ich denke, ich darf meine Augenlieder nicht schlummern lassen, bis ich eine Stätte gefunden habe für den Herrn. Es kommen wohl sehr wichtige Tage, und es wird gut sein, wenn wir dann den Harnisch Gottes schon angelegt haben.[24] Jetzt bin ich, mein lieber Bruder, noch ein sehr schwaches, junges Kind in Christo. Aber freudig sag ich's doch schon: in Christo. Und ich hoffe jetzt mehr als sonst auf seine Hirtentreue – daß er auch mich nicht von sich lassen werde, da er das ausdrückliche Amt hat, nichts zu verlieren von allem, was zu ihm kommt. Und wir dürfen ja immer wiederkommen; er rufet und locket uns: Wohlan alle, die ihr durstig seit, kommet her zum Wasser – Kommet her und kaufet ohne Geld und [i]umsonst[i].[25] Neiget eure Ohren her und kommet zu mir; höret, so wird eure Seele leben – denn ich will mit euch einen ewigen Bund machen, nämlich die gewissen Gnaden Davids. Jes. 55,1⟨.⟩[26] – Mit diesem ewigen Bund ist es doch etwas sehr Großes und Heiliges und Seliges – wenn auch Berge hinfallen⟨,⟩ so soll dieser Bund des Friedens nicht von uns weichen.[27] Auch schon die Alten sind in diesem Bunde in Hoffnung fröhlich gewesen, wie Abraham[28] und David[29] – so daß ihre Namen sogar bis auf uns reichen im Neuen Bund im Segen [j]Abrahams[j][30], der jetzt mehr und mehr über alle Völker und Geschlechte der Erde zu kommen beginnt und in den gewissen Gnaden [k]Davids[k][31], durch welche unsre Seele noch heute leben soll.

i–i In der Vorlage unterstrichen.
j–j In der Vorlage unterstrichen.
k–k In der Vorlage unterstrichen.

22 Heute in Bergkarabach, Armenien.
23 Angehörige der 1815 gegründeten Evangelischen Missionsanstalt der Deutschen Christentumsgesellschaft in Basel; nicht ermittelt.
24 Epheser 6,11.
25 Jesaja 55,1.
26 Heinrich Ranke zitiert Vers 1 und 3.
27 Anspielung auf Jesaja 54,10.
28 Abraham, Stammvater des Volkes Israel.
29 David (um 1030–um 970 v. Chr.), König von Juda und Israel.
30 1. Mose 22,17–18.
31 Nach Jesaja 55,3, aufgegriffen in Apostelgeschichte 13,34.

Am Freitag⟨,⟩ 17.⟨,⟩ d⟨es⟩ Abends fuhr ich mit dem kleine⟨n⟩ Eudo Kanne[32] nach Erlangen. Als wir ankamen, konnten wir nicht einmal seine Mutter[33] sehen, die im ersten Gefühl ihrer Wittwenschaft Krämpfe bekommen hatte; vor einer Stunde etwa war Kanne[34] verschieden. Am folgenden Tage sah ich die abgezehrte Leiche dieses wackern Streiters mit allem Ausdruck des Schmerzes, der ihn in seinen letzten Kämpfen gequält hatte. Seine Lippen und Hände waren etwas blutig. Am Donnerstag Nachmittag hatte er seine Tochter Mathilde[35], die von seinen Kindern[36] allein zu Hause war, vor sein Bett kommen lassen, die Hände auf sie gelegt und gesagt: Ich segne Euch in Jesu Namen! Amen! Amen! — Nicht lange nachher sagte er mit lauter Stimme: Vater⟨,⟩ in Deine Hände befehle ich meinen Geist.[37] Darauf verfiel er in todesähnlichen Schlummer, den er in der Nacht, wo ein Student, Namens Heller[38], bei ihm wachte⟨,⟩ mit einigen Ausrufungen unterbrach. „Das sind Berge!" — „Ich muß fechten!" — Einige hebräische Worte — Zuletzt öfter: Hilf, Herr Jesu, hilf! — Dann nichts mehr. Freitag Abends halb 8 Uhr war es aus.

Mein lieber Bruder — Gott gebe uns Allen ein seliges Ende! — Die Stunde ist da, aufzustehen vom Schlaf — und abzulegen die Werke der Finsterniß und anzulegen die Waffen des Lichts.[39] Das Leben ist doch etwas sehr Ernstes — und reicht weit hinaus. Laß Du, geliebter Bruder, nicht ab, für mich und uns auch zu beten — wie ich es mit Gottes Hülfe auch für Dich immer treuer thun will.

Grüße unsre lieben A⟨hlemann⟩[40] und C⟨aroline⟩[41] Grüße mir meinen lieben H⟨eidler⟩[42], der mir so freundlich geschrieben. Grüße unsern lieben Schmeling[43], der mit solcher Liebe unserer gedenkt. Gehe recht bald zu ihm hin und grüße ihn auch von Raumers auf das Herzlichste — und Dich auch. — Die Gnade des Herrn sei mit uns Allen.

Dein Heinrich.

[32] Eudo Kanne (1810–nach 1866), Sohn von Johann Arnold Kanne (1773–1824), Professor der orientalischen Sprachen und Literatur in Erlangen, und Henriette Kanne, geb. Herold, 1866 Fabrikarbeiter (vgl. Adreßbuch der k. Universitätsstadt Erlangen 1866, S. 77).

[33] Henriette Kanne, geb. Herold, aus Hof, hatte Johann Arnold Kanne 1809 geheiratet.

[34] Johann Arnold Kanne.

[35] Mathilde Kanne, Tochter von Johann Arnold und Henriette Kanne.

[36] Johann Arnold hatten insgesamt drei Kinder: Eudo, Mathilde und Gustav Otto; letzterer studierte ab 1829 in Erlangen Medizin (vgl. Personalstand Erlangen, S. 259, Nr. 161).

[37] Lukas 23,46.

[38] Wohl Georg Peter Heller (1804–1882), Student der Theologie in Erlangen.

[39] Römer 13,11–12.

[40] Friederike Wilhelmine Ahlemann, geb. Schultze (1772–1843), Direktorin einer höheren Bildungsanstalt für Mädchen in Frankfurt an der Oder, Vertraute Leopold Rankes.

[41] Caroline Beer (1791–1851), Vertraute Leopold Rankes in Frankfurt an der Oder.

[42] Wilhelm Ferdinand Heydler (1793–1859), Mitschüler Leopold und Heinrich Rankes in Pforta, Leipziger Studienfreund Leopold Rankes sowie Konrektor am Friedrichs-Gymnasium in Frankfurt an der Oder.

[43] Otto Ludwig Wilhelm von Schmeling (1788–1844), preußischer Major.

Nr. 242

Ferdinand Ranke[1] und Fanny Pollau[2] an Leopold Ranke

V: GStA PK VI. HA Nl Hoeft Nr. 1 (Abschrift)
G: GStA PK I. HA Rep. 92 L. v. Ranke Nr. 26 (nicht erhalten)

Halle⟨,⟩ am 21ten December ⟨18⟩24.

[Fanny:] Du⟨,⟩ guter lieber Bruder, bist mir doch nicht böse, daß ich es so gar sehr lange aufgeschoben habe⟨,⟩ Dir für Deinen lieben, freundlichen Brief[3] zu danken und daß ich es erst heute thue⟨,⟩ wo ich Dir doch nur zu Deinen Geburtstage recht von Herzen Glück und Segen wünschen wollte.

[Ferdinand⟨:⟩] Geliebter Bruder, meine liebe Fanny wollte gern weiter an Dich schreiben, aber die Zeit ist so kurz geworden, daß ich sie nothwendig habe unterbrechen müssen; sey darum nicht böse auf mich, denn freylich hätte ich es gern selbst gesehen, sie hätte Dir recht sehr viel geschrieben, auch um Dir zu beweisen, wie lieb wir beide Dich haben. Es ist heute der 21ste December, Dein Geburtstag, lieber Bruder; was Dein Herz wünscht, wenn es Dir gut ist für diese und jene Welt, das wünschen wir Dir von Herzen.

Wir wollen nun gern Dir auch eine Freude machen, zu diesen beiden so schönen Festen, die sich bei Dir vereinen. Da dachte ich daran, daß Du gesagt hast einmal, daß Du nur den dritten Theil von Savignys[4] Buch[5] hät-

[1] Ferdinand Ranke (1802--1876), Bruder Leopold Rankes.
[2] Fanny Pollau (1804–1867), Verlobte Ferdinand Rankes.
[3] Vgl. Nr. 232.
[4] Friedrich Carl von Savigny (1779–1861), Sohn von Christian Carl Ludwig (ab 1766: Reichsritter) von Savigny (1726–1791), Geheimer Rat und Gesandter der Fürsten von Nassau-Usingen und Waldeck-Pyrmont am Oberrheinischen Kreis, und Henriette Philippine Savigny, geb. Groos (1743–1792); Schulbesuch in Wetzlar, 1795 Studium der Rechte in Marburg, 1796 in Göttingen, 1799 in Marburg, 1800 Dr. iur., 1802 Hochzeit mit Kunigunde Brentano (1780–1863), Tochter von Peter Anton Brentano (1735–1797), kurtrierischer Geheimer Rat und Resident in Frankfurt am Main, und Maximiliane Brentano, geb. de la Roche (1756–1793), 1803 außerordentlicher Professor für Strafrecht, später auch Zivilrecht, 1804–1807 ausgedehnte Archiv- und Bibliotheksreisen, 1808 ordentlicher Professor des Straf- und Zivilrechts in Landshut, Freundschaft mit Johann Nepomuk Ringseis und Johann Michael Sailer, 1810 auf Empfehlung Wilhelm von Humboldts Professor für römisches Recht in Berlin, 1811 ordentliches Mitglied der Akademie der Wissenschaften in Berlin, 1811–1826 Mitglied des Spruchkollegiums der Fakultät, 1812–1813 Rektor der Universität, 1817–1848 Mitglied des Staatsrats, 1819–1841 Mitglied des Revisions- und Kassationshofes, 1826–1832 Mitglied der Gesetzesrevisionskommission, 1839 auswärtiges Mitglied der Akademie der Wissenschaften in München, 1842 Pour le Mérite für Wissenschaften und Künste, Minister für Gesetzesrevision, 1847 Präsident des Staatsrates und des Staatsministeriums, März 1848 Rücktritt, 1859 Kanzler des Ordens Pour le Mérite.
[5] Friedrich Carl von Savigny: Geschichte des römischen Rechts im Mittelalter. 6 Bde., Heidelberg 1815–1831; 1824 lagen die ersten drei Bände dieser wichtigsten historiographischen Hervorbringung der geschichtlichen Schule der Rechtswissenschaft vor.

test, und da ich zufällig die ersten beiden bekommen konnte, nahm ich sie, und nimm Du sie zu einem brüderlichen Geschenk; mein einziger Wunsch ist nur, daß Du sie nicht hast.

Meine liebe Fanny hätte Dir gern auch mehr als dieses gemacht,[6] aber sie war für mich und für andere so sehr beschäftigt, daß es unmöglich anging. Nimm also die Liebe ganz allein in Anschlag, die innige Liebe, die sie Dir gab.

Mit Quedlinburg (nicht Halberstadt) ist es nun entschieden.[7] Nicht lange nach Neujahr gehe ich dahin. Die Stelle hat 300 Thaler Gehalt, freie Wohnung und freies Holz, u⟨nd⟩ Antheil am Waschhause. Die Wohnung besteht aus zwei Kammern und Stuben. Mit großer Freude trete ich meinen ersten Wirkungskreis an. Bevor es geschieht, hörst Du mehr.

Auch zu Hause hat ein jeder etwas durch meine Fanny, meine Herzensfanny bekommen. Sie dachte daran, ob Du wohl kämest; was aber wohl nicht geschehen wird.

Am 30sten November ist noch nicht Hochzeit gewesen,[8] wie Du glaubtest. Der Vater[9] mußte noch einen Auswanderungsschein dahin schicken; darüber ist Zeit vergangen. Vielleicht geschieht es zu Weihnachten, doch weiß ich nichts Bestimmtes.

Ach⟨,⟩ daß nun das liebe Weihnachtsfest nahe ist; ich freue mich recht sehr, habe auch etwas für meine liebe Fanny zu bescheeren.

Liebster Bruder, alle die Meinigen[10] grüßen Dich herzlich. Behalte uns recht lieb.

Deine
Dich innig liebenden Geschwister,
Fanny und Ferdinand.

[6] Hier ist an eine Handarbeit zu denken.

[7] Vgl. Nr. 230, Nr. 232–233 und Nr. 236–237.

[8] Vgl. Nr. 241.

[9] Gottlob Israel Ranke (1762–1836).

[10] Fanny Pollau, die Verlobte Ferdinand Rankes; Nanette Esther Marguerite Pollau, verw. Juncker, geb. Plantier (1768–1829), die Mutter von Fanny Pollau; Charlotte Blanc, geb. Juncker (1795–1866), die Stiefschwester von Fanny Pollau, und ihr Ehemann Ludwig Gottfried Blanc (1781–1866), Professor der südeuropäischen Sprachen und ihrer Literaturen, zugleich Domprediger in Halle.

Nr. 243

Carl Albert Christoph von Kamptz[1] an Leopold Ranke

V: ONCKEN, Aus Rankes Frühzeit, S. 127–128 (Druck)

Berlin⟨,⟩ den 22. December 1824⟨.⟩

Euer Wohlgeboren
danke ich recht aufrichtig für das gütige Andenken und für die mir gefälligst übersandten beiden gelehrten Werke.[2] Genehmigen Sie meinen sehr aufrichtigen und wohlgemeinten Glückwunsch zur Herausgabe dieser sehr ausgezeichneten Werke, durch welche Sie so ehrenvolle Beweise echthistorischen Forschens und Talents gegeben haben. Überhäufte[a] Dienstgeschäfte haben mir zwar noch nicht erlaubt, beide Werke zu studieren; ich habe indessen einzelne Abschnitte mit dem größten Interesse gelesen, und bin durch sie ebenso erfreut als belehrt worden. Recht dringend wünsche ich, daß Euer Wohlgeboren dem Fache, in welchem Sie so ehrenvoll aufgetreten sind, und welches so gründlicher Stützen und Wiederhersteller bedarf, sich ganz und in einer sichern, praktischen Laufbahn widmen wollten. Würden Sie wohl bei sich darbietender Gelegenheit eine historische Professur auf einer Universität annehmen? Haben Sie die Güte⟨,⟩ mir darüber ohne Rückhalt Ihre Ansicht mitzuteilen; ich würde, wenn Sie dazu geneigt sind, bei erster Gelegenheit Sie dem Herrn Minister[3] in Vorschlag bringen und mir angelegen sein lassen, diese Anstellung zu befördern. Euer Wohlgeboren ersuche ich, hierüber sich ganz offen und ohne Rückhalt gegen mich zu äußern.
Nochmals bitte ich Sie meinen verbindlichsten Dank für Ihr gütiges Andenken und die beiden so sehr interessanten litterarischen Werke genehmigen zu wollen; mit wahrem Verlangen sehe ich der Fortsetzung derselben entgegen. Auch die historische Kritik, die Ihnen so trefflich und so …[b] z. B. bei Machiavelli[4], Guicciardini[5], recht eigentlich meister- und musterhaft gelungen ist, sollten Sie fortsetzen.

[a] In der Vorlage folgt als Zusatz von ONCKEN „(?)“.
[b] Verweis von ONCKEN auf unlesbare Stelle.

[1] Carl Albert Christoph von Kamptz (1769–1849), Direktor der Unterrichts-Abteilung im Ministerium der Geistlichen, Unterrichts- und Medizinal-Angelegenheiten.
[2] L. RANKE, Geschichten; L. RANKE, Kritik; Begleitbrief nicht ermittelt.
[3] Carl Sigismund Franz Freiherr vom Stein zum Altenstein (1770–1840), Minister der Geistlichen, Unterrichts- und Medizinal-Angelegenheiten.
[4] Niccolò Machiavelli (1469–1527), florentinischer Politiker, Diplomat und Schriftsteller.
[5] Francesco Guicciardini (1483–1540), florentinischer Diplomat, ab 1513 im Dienst der Päpste aus dem Hause Medici, Leo X. und Clemens VII., Gouverneur von Modena und Bologna sowie Geschichtsschreiber.

Es geht mir nahe, daß die Anstellung Ihres Herrn Bruders[6] in Torgau nicht zur Ausführung gekommen ist;[7] ich hoffe dagegen, daß dieß bei der jetzt in Quedlinburg projektierten[8] der Fall sein wird.
Mit aufrichtiger Hochachtung empfehle ich mich Ihrem gütigen Andenken

ganz ergebenst
Kamptz.

P. S. Eben erfahre ich von Herrn Reimer[9], daß Euer[c] Wohlgeboren einige Werke aus Wien zu erhalten wünschen. Ich bitte deshalb nur an das Ministerium zu schreiben, damit wir Ihnen diese Werke auf Ministerialkosten können kommen lassen.[10]

[c] In der Vorlage: „Ew.“.

[6] Ferdinand Ranke (1802–1876).
[7] Vgl. Nr. 208, Nr. 216, Nr. 220, Nr. 222, Nr. 230 und Nr. 237.
[8] Vgl. Nr. 230, Nr. 233, Nr. 236–237 und Nr. 243.
[9] Georg Andreas Reimer (1776–1842), Buchhändler und Verleger in Berlin.
[10] Leopold Ranke kam dieser Aufforderung am 28. Dezember 1824 nach (vgl. Nr. 246).

Nr. 244

Johannes Karl Hartwig Schulze[1] an Leopold Ranke

V: ONCKEN, Aus Rankes Frühzeit, S. 129–130 (Druck)

Berlin⟨,⟩ den 24. December 1824⟨.⟩

Euer[a] Wohlgeboren gefälliges Schreiben vom 5ten d⟨es⟩ M⟨onats⟩[2] nebst dem schätzbaren Geschenke, welches Ihre Güte demselben beigefügt hat,[3] habe ich erst am 17ten d⟨es⟩ M⟨onats⟩ erhalten, und ich eile⟨,⟩ Ihnen meinen herzlichen Dank abzustatten. Die Mußestunden, welche mir während der letzten Tage geworden sind, habe ich benutzt, zuvörderst dasjenige zu studieren, was Sie in der Beilage[4] zu Ihrem Geschichtswerke über neuere Geschichtschreiber bemerkt haben. Ihre desfallsige Kritik scheint mir eben so geistreich als begründet, und wenn Sie, wie ich gar nicht zweifle, mit derselben Umsicht und Gelehrsamkeit Ihre Geschichte der romanischen und germanischen Völker bearbeitet haben, so werden Sie gewiß auf den Beifall aller Sachkundigen rechnen können.

Ihren Wunsch, in eine andere⟨,⟩ günstigere Lage versetzt zu werden, finde ich bei Ihrer entschiedenen wissenschaftlichen Richtung ebenso billig als natürlich. Wenn ich Sie anders recht verstehe, so wünschen Sie eine Anstellung als Lehrer der Geschichte an einer Universität zu erhalten, wenigstens scheint mir ein solches Verhältnis am meisten geeignet, Sie in Ihrer Wissenschaft weiter zu fördern. So viel ich vermag, werde ich als Referent in Ihrer Angelegenheit zur Erfüllung Ihres Wunsches mit zuwirken suchen; vielleicht findet sich an der hiesigen Universität oder in Halle oder in Bonn bald eine günstige Gelegenheit; wenigstens scheint mir solches nicht unwahrscheinlich.

[a] In der Vorlage: „Ew.".

[1] Johannes Karl Hartwig Schulze (1786–1869), Geheimer Oberregierungsrat und Vortragender Rat im Ministerium der Geistlichen, Unterrichts- und Medizinal-Angelegenheiten, Referent für das Gymnasialwesen.

[2] Nr. 239.

[3] L. RANKE, Geschichten; L. RANKE, Kritik.

[4] L. RANKE, Kritik.

Empfehlen Sie mich gefälligst allen Ihren Herren Kollegen[5], und halten Sie Sich versichert, daß es mir eine angenehme Pflicht sein wird, Ihnen die aufrichtige Hochachtung zu betätigen, mit welcher ich verharre

Euer[b] Wohlgeboren
ganz ergebener
Dr. J⟨ohannes⟩ Schulze.

[b] In der Vorlage: „Ew.“.

[5] Den Lehrern des Friedrichs-Gymnasiums: Ernst Friedrich Poppo (1794–1866), Direktor; Carl Friedrich August Elsner (1788–1828), Konrektor; Wilhelm Ferdinand Heydler (1793–1859), Konrektor; Lebrecht Ludwig Baentsch (1767–1836), Subrektor; Johann Carl Wilhelm Thomas Stange (1792–1854), Oberlehrer; Heinrich Friedrich Reinhardt (1797–1870), Lehrer; Friedrich Johann Christian Schmeißer (1784–1869), Mathematik- und Physik-Lehrer; Louis Roquette (1768–1855), Französisch-Lehrer; Friedrich Samuel Ludwig Geisler (1791–1826), Zeichenlehrer.

Nr. 245

Carl Albert Christoph von Kamptz[1] an Leopold Ranke

V: ONCKEN, Aus Rankes Frühzeit, S. 128–129 (Druck)

Berlin⟨,⟩ den 26. December 1824⟨.⟩

Euer Wohlgeboren
eile ich auf Ihr heute erhaltenes gestriges Schreiben[2] zu erwiedern, daß ich allerdings anheimgebe, wegen der Bücher pp., die Sie aus dem Archiv[3] und von andern Orten zu erhalten wünschen, beim Ministerium schriftlich einzukommen.[4] Es wird alles Mögliche zur Erfüllung des Zwecks geschehen. Recht dringend wünsche ich Sie hier als Professor der Geschichte angestellt zu sehen. Unter den gegenwärtigen finanziellen Verhältnissen ist es schwierig, aber doch möglich und ausführbar. Hoffentlich wird die Antwort des Ministeriums auf Ihren Schritt die Bahn brechen; warten Sie daher denselben ruhig ab⟨,⟩ und vertrauen Sie dem Ministerium. Setzen sie inzwischen Ihre treffliche, gründliche Arbeit fort und überzeugen Sich, daß Sie unter einer Regierung leben, die das wahre Verdienst ehrt und hebt. Mit aufrichtiger Hochachtung und erneutem Dank für Ihre lehrreiche, gründliche, echthistorische Schrift empfehle ich mich Ihrem gütigen Andenken

ergebenst
Kamptz.

[1] Carl Albert Christoph von Kamptz (1769–1849), Direktor der Unterrichts-Abteilung im Ministerium der Geistlichen, Unterrichts- und Medizinal-Angelegenheiten.
[2] Nicht ermittelt.
[3] Dem Königlich Preußischen Geheimen Staatsarchiv.
[4] Leopold Ranke kam dieser Aufforderung am 28. Dezember 1824 nach (Nr. 246).

Nr. 246

Leopold Ranke an das Ministerium der Geistlichen, Medizinal- und Unterrichts-Angelegenheiten

V: GStA PK I. HA Rep. 76 V f Litt. R Nr. 10 Bd. I (eigenhändig)
D: L. v. RANKE, Neue Briefe, S. 56–59

Frankfurt⟨,⟩ am 28sten Dez⟨ember⟩ 1824.[a]

Gesuch des Oberlehrer⟨s⟩ Ranke in Frankfurt a. d. O. um Unterstützung bey historischen Arbeiten.

Einem Hohen Ministerium der geistlichen, Medicinal⟨-⟩, und Unterrichts⟨-⟩ angelegenheiten

wage ich, durch eben so unerwartete als gnädige Theilnahme an meinen historischen Arbeiten aufgemuntert[1], folgende Vorstellung in Betreff derselben einzureichen.

Bey dem ersten Theil eines Buches, in welchem ich den Anfang der neueren Geschichte darzustellen gesucht habe,

„Geschichten der romanischen und germanischen Völker von 1494 bis 1535,"

fand ich mich durch einige zwar gedruckte und bekannte, aber minder benutzte Actenstücke, Memoiren, und Briefe unterstützt. Nun habe ich zu einem zweyten Theil desselben Buches, so viel gedruckt ist, und so viel mir zu erlangen möglich gewesen, meist Alles excerpirt und bereits benutzt. Ich fühle mich aber in nicht wenigen Puncten von eigentlicher historischer Evidenz noch weit entfernt, und bin überzeugt, daß eine solche lediglich aus zwar vorhandenen, jedoch ungedruckten und zerstreuten Berichten, Briefschaften und Chroniken zu schöpfen ist.

Die hohe Meinung, welche mir die Fürsorge eines Hohen Ministeriums für den Fortgang der Wissenschaften allezeit eingeflößt, macht mich so kühn, hier jene Schriften nahmhaft zu machen, deren Benutzung mir vorzüglich wünschenswerth seyn[b] würde, die ich aber ohne dieselbe Fürsorge wohl niemals erlangen dürfte.

Erstlich sind dieß die Relazionen⟨,⟩ welche sich in dem Königlichen Archiv zu Berlin selbst finden müssen. Churfürst Joachim I⟨.⟩ Nestor[2] war bey den allgemeinen europäischen Bewegungen im Anfang des sechszehnten Jahrhunderts lebhaft interessirt, und, wenigstens nach den Angaben

[a] Orts- und Datumsangabe in der Vorlage unter dem Text links.
[b] In der Vorlage nachträglich eigenhändig ergänzt.

[1] Vgl. Nr. 244–246.
[2] Joachim I. Nestor (1484–1535), Kurfürst von Brandenburg.

Gundling's[3] im Leben des Kanzler Distelmeier[4],[5] der es wohl wissen konnte, sorgfältig bedacht, sich genaue Berichte von allen neuesten Begebenheiten zu verschaffen, Berichte, welche über noch dunkle Parthieen vielleicht ein unerwartetes Licht verbreiten können. Noch viel größern, einen lebendigen und selbstthätigen, aber bis zur Stunde im Dunkeln liegenden Antheil nahm derselbe Churfürst Joachim an der Ausbildung der deutschen Verfassung. Offenbar werden die Briefschaften⟨,⟩ Acten und Berichte, die sich hierüber unfehlbar vorfinden müssen, überaus wichtig seyn. Vielleicht ließ sich auf diesem Weg der so dürftig bearbeiteten brandenburgischen Historie einigermaaßen zu Hülfe kommen.[6]

Zweytens wünschte ich sehr eine Einsicht in die *diaria Joannis Brocardi*[7] und *Paridis de Grassis*[8] über die Ereignisse bey der römischen Curie von 1492 bis 1538, von welchen Diarien sich eine Abschrift in acht Foliobänden von des Onuphrius Panvinius[9] Hand auf der Königlich Baierischen Centralbibliothek zu [c]München[c] findet.

[c–c] In der Vorlage unterstrichen.

[3] Jacob Paul (ab 1724: Freiherr von) Gundling (1673–1731), nach Besuch der Landesschule in Pforta und Studium der Rechte und der Geschichte in Altdorf, Helmstedt, Jena und Halle 1705 Professor des Öffentlichen Rechts und der Geschichte an der Berliner Ritterakademie, 1713 Hofrat und Historiograph, 1718 Präsident der Akademie der Wissenschaften in Berlin; Bruder von Nikolaus Hieronymus Gundling (1671–1729), Professor des Natur- und Völkerrechts in Halle.

[4] Lamprecht Distelmeyer (1522–1588), ab 1558 Kanzler der Kurfürsten von Brandenburg.

[5] Jakob Paul von Gundling: Auszug Chur-Brandenburgischer Geschichten, Churfürst Joachim des I. Churfürst Joachim des II. Und Churfürst Johan Georgen zu Brandenburg, Bey Gelegenheit der Lebens-Beschreibung Hrn. Lampert Distelmeyers, Chur-Brandenburgis. Cantzlars, Gebürtig aus Leipzig. Berlin 1722.

[6] Die damals gängigen Werke, die weder modernen quellenkritischen noch literarischen Ansprüchen gerecht wurden, waren: Samuel Buchholz: Versuch einer Geschichte der Churmark Brandenburg von der ersten Erscheinung der deutschen Sennonen bis auf jezige Zeiten. 6 Bde., Berlin 1765–1775, und Carl Friedrich Pauli: Allgemeine Preußische Staats-Geschichte samt aller dazu gehörigen Königreichs, Churfürstenthums, Herzogthümer, Fürstenthümer, Graf- und Herrschaften. Aus bewährten Schriftstellern und Urkunden bis auf gegenwärtige Regierung, 8 Bde., Halle 1760–1769.

[7] Johannes Burckard (um 1450–1506), ab 1483 Zeremonienmeister der Päpste Sixtus IV., Innozenz VIII., Alexander VI., Pius III. und Julius II., zugleich ab 1503 Bischof von Orta und Cività Castellana; die angesprochenen Aufzeichnungen erstrecken sich auf die Jahre von 1483 bis 1506.

[8] Paris de Grassi (um 1470–1528), ab 1506 Nachfolger Burckards als päpstlicher Zeremonienmeister; seine Diarien der Jahre von 1504 bis 1521 gelten als Hauptquelle der Pontifikate von Julius II. und Leos X. .

[9] Onofrio Panvinio (1530–1568), Augustiner-Eremit, bedeutender Geschichtsschreiber aus dem Umkreis von Kardinal Marcello Cervini (1501–1555), des Protectors der Bibliotheca Apostolica Vaticana, und von Kardinal Alessandro Farnese; verfaßte im Auftrag Philipps II. eine Kirchengeschichte bis auf die Zeiten Maximilians II. (Romani Pontificies et Cardinales S. R. E. ab eisdem a Leone IX. ad Paulum Papam IIII. per quingentos posteriores a Christi Natali annos creati. Venedig 1557) und betrieb in großem Umfang Archiv- und Bibliotheksstudien.

Drittens wünschte ich aus [d]Wien[d] von Hans Jacob Fuggers[10] Ehrenspiegel des Erzhauses Östreich[11] wenigstens das siebente Buch, welches das Leben Kaiser Maximilians I⟨.⟩[12] enthält. Es findet sich hievon zwar eine gedruckte Bearbeitung, die jedoch das Original in den wesentlichsten Puncten verstümmelt hat. Noch weit wichtiger aber sind die diplomatischen Briefe, und gesandtschaftlichen Relazionen, die sich ebenfalls in Wien finden, und von denen der östreichische Historiograph Freyherr von Hormayr[13] einig⟨e⟩ bekannt gemacht hat. So wie sich wegen des Ehrenspiegels bereits Herr Reimer[14] zu Berlin, für mich verwandt hat, so habe ich selbst den Freyherrn von Hormayr um Mittheilung der noch nicht bekannt gemachten Aktenstücke gebeten[15]. Erst als dann aber, wenn ein Hohes Mi-

[d–d] In der Vorlage unterstrichen.

[10] Johann Jakob Fugger (1516–1575), Augsburger Kaufherr, kaiserlicher Rat, bayerischer Hofkammerpräsident, Besitzer einer bedeutenden Bibliothek und Geschichtsschreiber.

[11] Fugger verfaßte einen „Spiegel der Ehren des höchstlöblichen Kaiser- und Königlichen Erzhauses Österreich", eine Geschichte der Habsburger bis zu Maximilian I.; Sigmund von Birken (1622–1681) gab sie 1668 im Druck heraus (vgl. Nr. 164).

[12] Maximilian I. (1459–1519), Kaiser des Heiligen Römischen Reiches Deutscher Nation.

[13] Joseph Freiherr von Hormayr (1782–1848), Sohn von Joseph Freiherr von Hormayr (1732–1803), oberösterreichischer Landrat, und Maria Josepha Freifrau von Hormayr, geb. von Mayerhofen (1746–1801), Enkel von Joseph (ab 1771: Freiherr) von Hormayr (1705–1779), Tiroler Kanzler; 1794 Studium der Rechte in Innsbruck, 1797 Konzeptspraktikant beim Stadt- und Landgericht in Innsbruck, 1799 Tiroler Landwehr, Adjutant des Oberkommandos im Inntal, 1800 Major und Divisionskommandant, 1801 Landrechts-Auskultant, korrespondierendes Mitglied der Akademie der Wissenschaften in München, März 1802 durch die Bekanntschaft mit Johannes Müller Hofkonzipist in der Staatskanzlei, Juli 1802 provisorischer Direktor, April 1803 Direktor des Geheimen Haus-, Hof- und Staatsarchivs, daneben referierender Hofsekretär in der Sektion für Deutschland der Staatskanzlei, Hochzeit mit Theresia Anderler von Hohenwald (1762–1831), 1808 Direktor des Geheimen Haus-, Hof- und Staatsarchivs, 1809 als Hofkommissär an der Vorbereitung und Durchführung des Tiroler Aufstands beteiligt, September 1809 Wirklicher Hofrat, März 1813 auf Veranlassung Metternichs Inhaftierung wegen der Vorbereitung eines erneuten Aufstands, April 1814 Haftentlassung, 1816 Historiograph des kaiserlichen Hauses, korrespondierendes Mitglied der Akademie der Wissenschaften in Göttingen, 1817 auswärtiges Mitglied der Akademie der Wissenschaften in München, 1819 Mitglied der Philosophischen Gesellschaft in Philadelphia, 1827 Übersiedlung nach München, korrespondierendes Mitglied der Akademie der Wissenschaften in Prag, 1828 bayerischer Wirklicher Geheimer Rat, Kammerherr und Ministerialrat im Ministerium des Äußeren und des königlichen Hauses, ordentliches Mitglied der Akademie der Wissenschaften in München, 1829 korrespondierendes Mitglied der Akademie der Wissenschaften in Berlin, 1832 bayerischer Minister-Resident in Hannover, 1835 korrespondierendes Mitglied der Akademie der Wissenschaften in Kopenhagen, 1837 Hochzeit mit Maria (ab 1836: Freifrau) Speck (von Sternburg) (1813–1881), Tochter von Maximilian (ab 1836: Freiherr) Speck (von Sternburg) (1776–1856), Großkaufmann, 1839 bayerischer Minister-Resident in Bremen, 1846 Vorstand des allgemeinen Reichsarchivs in München; Hormayr hatte bis 1824 eine ganze Reihe von Schriften zur deutschen und österreichischen Geschichte im Mittelalter und in der Neuzeit veröffentlicht.

[14] Georg Andreas Reimer (1776–1842), Buchhändler und Verleger in Berlin.

[15] Brief nicht ermittelt.

nisterium gnädigst hinzutreten wollte, würde ich auf eine Wirkung jener Verwendung und dieser Bitte zu hoffen wagen.

Viertens befinden sich entweder nicht minder wichtige oder noch wichtigere Documente, Briefe und Instructionen des römischen Hofes nebst Berichten an denselben zu [e]Rom[e] in der Sammlung des Senator⟨s⟩ und Fürsten Altieri[16]. Zu einer Erkenntniß der geheimeren und eigentlichen Triebfedern der europäischen Politik in den drey letzten Jahrhunderten, über welche sich jene Sammlung erstreckt, ist eine Einsicht in dieselbe gewiß unentbehrlich. Auch habe ich mich deshalb bereits an den Herrn Geheimen Staatsrath Niebuhr[17] gewendet.[18] Für's erste würde ich mich recht gut mit einem Anfang jener Sammlung — bis zu dem Jahr 1536 — begnügen können.

Fünftens enthalten die königlich⟨en⟩ französischen Sammlungen zu [f]Paris[f], sowohl einzelne wichtige und gleichzeitige Berichte, als auch sonst die schönsten Actenstücke. Von den Berichten nenne ich nur folgende:

1. *Histoire de la conquête de Milan,* — unter den Handschriften der Bibliothek zu Paris *nō*⟨.⟩ 122;
2. *Conquête de Milan nō*⟨.⟩ 119⟨.⟩
3. *Historia di Venezia nō*⟨.⟩ 99.
4. *Varie scritture di Venezia nō*⟨.⟩ 220⟨.⟩
5. *Histoire de Charles*[19] *nō.* 745.

Denn mir haben nur die wenigsten bekannt werden können; und diese würden hauptsächlich zu einer Ergänzung der schon herausgegebnen Arbeit[20] dienen können. Von den Aktenstücken sind die wichtigsten unter den Manuscripten von Fontanieu[21] und von Bethune[22] erhalten; diese, etwa, von 1514 bis 1536, würden für einen zweyten Theil meines Buches die wesentlichste Bedeutung haben.

[e–e] In der Vorlage unterstrichen.
[f–f] In der Vorlage unterstrichen.

[16] Paluzzo Principe Altieri (1760–1834), Senator von Rom.
[17] Barthold Georg Niebuhr (1776–1831), außerordentlicher Gesandter und bevollmächtigter Minister Preußens am Heiligen Stuhl.
[18] Nr. 240.
[19] Karl V. (1500–1558), Kaiser des Heiligen Römischen Reiches Deutscher Nation; zugleich als Karl I. König von Spanien.
[20] L. Ranke, Geschichten.
[21] Gaspard Moïse Augustin de Fontanieu (1693–1767), Marquis de Fiennes et de Fontanieur, Intendant von Grenoble, conseiller d'État et contrôleur général des meubles de la couronne, französischer Geschichtsschreiber.
[22] Wohl Philippe de Béthune, Comte de Belles (1561–1649), dessen Nachlaß sich in der Bibliothéque Nationale in Paris befindet, Bruder von Maximilien de Béthune, Baron de Rosny (ab 1606: Duc de Sully) (1560–1641), Minister von König Heinrich IV. von Frankreich, Marschall von Frankreich.

Außer alle dem sind mir sechstens einige ungedruckte Schweizerchroniken nicht allein wünschenswerth, sondern unentbehrlich. Dieß sind vornemlich:

1. der zweyte Theil der ungedruckten Fortsetzung von Ägidius Tschudi[23] Schweizerchronik[24], der vom Jahr 1510 anfängt; befindlich auf der Bürgerbibliothek zu [g]Zürich[g].

2. Von Heinrich Bullingers[25] Schweizerchronik, 3 Theile, der zweyte von 1400–1516⟨,⟩ der dritte und vierte von da bis 1532.[26] Ebenfalls in Zürich.

3. Werner Schodeler's[27] Chronik Eidgenössischer Geschichte, der letzte Theil von 1500 bis 1525;[28] auch in Zürich⟨.⟩

4. Valerii Rüd, genannt Anßhelm[29] von Rotwyl⟨,⟩ Chronik der Stadt Bern⟨,⟩ Dritter Theil 1512–1525⟨.⟩[30] Befindlich auf der Bibliothek zu Bern.

Wofern mir nun vergönnt würde⟨,⟩ diese Werke sämmtlich oder doch zum größern Theil zu benutzen⟨,⟩ so würde ich hoffen, in vielen wesentlichen Puncten der Geschichte⟨,⟩ die ich zu beschreiben unternommen habe⟨,⟩ die Wahrheit besser zu entdecken, als bis jetzt geschehen ist, und vielleicht zu einer gewissen Evidenz zu gelangen.

Aber diese Bedürfnisse sind so groß, diese Wünsche so kühn, daß nur das unbedingte Vertrauen auf die Gnade unserer Regierung, mir den Muth geben kann, sie einem hohen Ministerium vorzutragen. Doch auch so würde

[g–g] In der Vorlage unterstrichen.

[23] Aegidius Tschudi (1505–1572), humanistisch gebildeter Staatsmann und Geschichtsschreiber.

[24] Das materialreiche „Chronicon Helveticum" ist in der Volkssprache abgefaßt. Der erste Teil des Werks, das um das Jahr 1000 einsetzt und bis ungefähr 1560 reicht, ist teilweise schon im 17. Jahrhundert verschollen. Von dem Basler Juristen Rudolf Iselin (1705–1779) wurden 1734 bis 1736 die Teile von 1000 bis etwa 1470 herausgegeben. Die ‚Fortsetzung' des Tschudi, auf die Leopold Ranke anspielt, stammte von Valentin Tschudi (ca. 1500–1555), einem Vetter des Aegidius Tschudi; dessen annalistische Chronik reicht von 1519 bis 1533 (vgl. Nr. 192).

[25] Heinrich Bullinger (1504–1575), Theologe und Geschichtsschreiber, Nachfolger Zwinglis als Leiter der Zürcher Kirche.

[26] „Historia oder Geschichten, so sich verlaufen in der Eidgenoschaft, insonders zu Zürich, mit Enderung der Religion und Anrichten christenlicher Reformation, von dem Jar Christi 1519 bis in das Jar 1532"; ihr fügte Bullinger 1572 bis 1574 Bücher über die Schweizer und Zürcher Geschichte bis 1519 hinzu. 1824 war von alledem noch nichts gedruckt; die Reformationschronik erschien 1838–1840.

[27] Werner Schodoler (1490–1541), Stadtschreiber, später Schultheis in Bremgarten.

[28] Die zwischen 1510 und 1535 ohne behördlichen Auftrag verfaßte „Chronik" besteht aus 3 Bänden, deren letzter die Jahre 1468 bis 1525 behandelt.

[29] Valerius Rüd, gen. Anshelm (1475–1547), geb. in Rottweil am Neckar, Schulmeister, Arzt und Geschichtsschreiber in Bern.

[30] Die im Auftrag der Berner Regierung aus reichem archivalischem Material gearbeitete „Chronik der Stadt Bern" reicht nach einer knappen Vorgeschichte von 1474 bis 1536 und sollte vor allem die 1528 in Bern eingeführte Reformation rechtfertigen; sie erschien erst ab 1825 im Druck.

ich es nicht gewagt haben, wenn mich nicht jene unerwartete und gnädige Theilnahme, deren ich mich im Anfang gerühmt, hiezu ermuntert hätte.

Eines hohen Ministeriums

unterthänigster Untergebener
Leopold Ranke,
Dr. philos.
Oberlehrer am Gymnasium
zu Frankfurt a. d. O.

Nr. 247

Leopold Ranke an Louise Wilhelmine Antoinette von Zielinski[a][1]

V: SBB Sammlung Darmstaedter 2 f 1826 (eigenhändig)
D: L. v. RANKE, Neue Briefe, S. 55–56

⟨Frankfurt an der Oder,⟩ 28st⟨en⟩ D⟨e⟩z⟨ember⟩ 1824⟨.⟩[b]

Gnädige Frau,

Erquickt Sie eine frische Luft, — wie schön ist dieß gesagt — so habe auch ich in unsern Stunden einen heitern Himmel. Halten Sie es nicht auch für einen wahren und schönen Gewinn, daß ich eine so edle Natur, wie mir die Ihre erscheint, kennen gelernt und kennen zu lernen fortfahren darf?

Der Ihrige, gänzlich,
L⟨eopold⟩ Ranke.

[a] Adresse: „Frau Generalin von Zielinsky | Hochwohlgeboren".
[b] Datumsangabe in der Vorlage unter dem Text links.

[1] Louise Wilhelmine Antoinette von Zielinski, geb. Wagner (1799–1875), Tochter von Ludwig Wagner, Kaufmann in Dresden, 1816 Hochzeit mit Karl Heinrich von Zielinski (1772–1816), Generalmajor, Sohn von Johann Siegmund von Zielinski (1712–1787), Gutsbesitzer zu Schwentainen, und Dorothea Zielinski, geb. Moyseschewitz (1736–1809), 1836 Hochzeit mit Adolph Eduard von Treskow (1805–1865), Übersiedlung nach Berlin, unterhielt hier während der 1840er und 1850er Jahre einen eigenen Salon, in dem neben Leopold Ranke unter anderem auch Prinz Georg von Preußen (1826–1902) verkehrte, nach der Hochzeit ihrer Tochter Ada (1840–1918) mit Guiseppe Pinelli-Rizzutto, einem piemontsardinischen Ministerialrat, Übersiedlung nach Italien, wo in Florenz und später in Rom ein neuer „Treskowscher Salon" entstand (vgl. ELAB Frankfurt an der Oder, St. Marien, Trauungen 1816; Fr. ⟨Elise Felicitas⟩ von Hohenhausen: Schöne Geister und schöne Seelen oder: Denkmale der Freundschaft berühmter Männer und Frauen. Leipzig ⟨1873⟩, S. 176–191; WILHELMY, Berliner Salon, S. 209–211, 860–864 u. ö); die 25jährige Witwe Zielinski gehörte in Frankfurt an der Oder zu dem Kreise einiger junger Damen, denen Leopold Ranke in den Abendstunden Geschichtsunterricht gab; Leopold Ranke selbst bezeichnet die Empfängerin des Briefes gegenüber seinem Bruder Heinrich Ranke als „die vornehmste" unter seinen Schülerinnen und fügt noch hinzu: „vielleicht ist Dir ihre schöne Gestalt erinnerlich" (Nr. 260).

Nr. 248

Gottlob Israel Ranke[1] an Leopold Ranke

V: GStA PK VI. HA Nl Hoeft Nr. 37 Kart. 2 (Typoskript)

Wiehe, ⟨Anfang Januar⟩ 1825⟨.⟩

.... zeigt uns auch Wilhelm[2] an, daß es ihm ganz wohl gehe und er mit dem Herrn Kriminalrat Kaiser[3] in Verbindung getreten. Er ist sehr fleißig und hat sich schon im juristischen Fach viele praktische Kenntnisse erworben, bedarf jedoch noch einige Jahre meiner Unterstützung. Gott lasse es Dir und uns allen ferner wohl gehen und verleihe uns ferner die Freude, unsere Kinder[4] und alle glücklich zu sehn!!

In der angenehmen Erwartung Deines uns zugesicherten⟨,⟩ baldigen Besuchs verharret

Dein Dich liebender Vater
Ranke.

N⟨ach⟩S⟨chrift⟩. Um das Geld nicht zu andern Ausgaben mir zu entzie-

[1] Gottlob Israel Ranke (1762–1836), Vater Leopold Rankes.

[2] Wilhelm Ranke (1804–1871), Bruder Leopold Rankes, Student in Berlin.

[3] Wohl Carl Wilhelm Kayser (um 1780–nach 1841), Sohn von Carl Leopold Kayser (1755–1824), Rent-Amts-Verwalter in Weißenfels, 1788 Gymnasium Illustre Augusteum in Weißenfels, 1792 Klosterschule in Roßleben, 1797 Studium der Rechte in Leipzig, 1800 Advokat in Weißenfels, 1804 Hochzeit mit Henriette Caroline Vogel, Tochter von Carl Gottlob Vogel, Advokat und Gerichtsdirektor in Weißenfels, nach 1815 Justizkommissar am Oberlandesgericht und Notar in Naumburg, 1819 Geburt des Sohnes Karl Maximilian Kayser, 1820 Kriminal-Rat, 1841 auf eigenen Wunsch Entlassung aus dem Justizdienst (vgl. Archiv KPS Naumburg, St. Wenzel, Taufen 1819; Archiv KPS Weißenfels, Stadtkirche, Trauungen 1804; Archiv KPS Weißenfels, Stadtkirche, Taufen 1792 und 1798; Archiv KPS Weißenfels, Stadtkirche, Bestattungen 1824; Amts-Blatt der Königlichen Regierung zu Merseburg 1820, 39. Stück, 7. Oktober 1820, S. 268 und 1841, 45. Stück, 18. Dezember 1841, S. 302; Album Roßleben, S. 25, Nr. 514); denkbar aber auch Ernst Wilhelm Ferdinand Kayser (1783–1839), Sohn von Georg Wilhelm Kayser (um 1750–nach 1810), Buchhalter in der Tabakadministration, später Kriegsrat und Direktor in der kurmärkischen Akzisedirektion in Berlin; Joachimsthalsches Gymnasium in Berlin, 1801 Studium der Rechte in Erlangen, Eintritt in die Berliner oder Märker Gesellschaft, 1812 Polizeiinspektor, später Polizeirat in Berlin, 1819 Mitglied der Ministerial-Untersuchungs-Kommission; Kayser zählte also zu den Personen, die inhaftierte „Demagogen" verhörten und deren beschlagnahmte Papiere auswerteten (vgl. Ernst Meyer-Camberg: Die Berliner oder Märkische Gesellschaft in Erlangen [1796–1805], in: Einst und Jetzt. Jahrbuch des Vereins für corpsstudentische Geschichtsforschung 25 (1980), S. 129–140, hier S. 136; STRAUBEL, Verwaltungs- und Justizbeamte, S. 479; Personalstand Erlangen, S. 153, Nr. 10; Berliner Adressbuch 1812, 1820, 1838; Wolfram Siemann: Deutschlands Ruhe, Sicherheit und Ordnung. Die Anfänge der politischen Polizei 1806–1866 [= Studien und Texte zur Sozialgeschichte der Literatur, Bd. 14]. Tübingen 1985, S. 182).

[4] Leopold (1795–1886), Johanna (1797–1860), Heinrich (1798–1876), Ferdinand (1802–1876), Wilhelm (1804–1871), Rosalie (1808–1870) und Ernst Constantin Ranke (1814–1888).

hen, habe ich das Landrecht[5] und die Gerichtsordnung[6], auch die Gesetzsammlung[7] vom Jahre 1816 an, mit allen Ergänzungen aus der Kasse der Gerichtsnutzungen mir angeschafft und jetzt abgeben müssen. Vielleicht hast Du Gelegenheit, mir diese unentbehrlichen Bücher von einem Antiquar zu kaufen und mir eingepackt zu übersenden. Hier geht das Gerücht, daß eine neue, sehr verbesserte Ausgabe vom Landrecht in der Kürze herauskommen wird. Schreib mir doch gelegentlich, ob es sich so damit befindet.[8] Lebe wohl!

[5] Allgemeines Landrecht für die preussischen Staaten, 2 Teile in 4 Bdn., 2. Aufl., Berlin 1794; 3. Aufl., Berlin 1796; Neue Ausgabe: 2 Teile in 4 Bdn. Berlin 1804, Registerband Berlin 1806; neuer, unveränderter Abdruck 1817; neue Ausgabe: 2 Teile in 4 Bdn. Berlin 1821, Registerband Berlin 1822.

[6] Allgemeine Gerichtsordnung für die preussischen Staaten. 3 Teile und Register, Berlin 1795 und 1796; neue Ausgabe, 3 Teile und Register Berlin 1816; in 2 Bdn. Berlin 1822. Eine neue veränderte Ausgabe erschien in 3 Teilen und Register Berlin 1828–1830.

[7] Gesetz-Sammlung 1816–1824.

[8] Im Jahr 1825 erschien keine verbesserte Ausgabe des Preußischen Landrechts, sondern ein neuer unveränderter Abdruck der Ausgabe von 1821 in 4 Bänden.

Nr. 249

Friedrich Ludwig Georg von Raumer[1] an Leopold Ranke

V: Varrentrapp, Briefe an Ranke, S. 111–112 (Druck)

Berlin, 2. Januar 1825.

Ich sage Ihnen für Ihr unbeschädigt bei mir angekommenes Werk[2] den herzlichsten Dank; auch habe ich, ungeachtet viele Arbeiten mich gerade jetzt bedrängen, die kritische Hälfte bereits gelesen und die andere angesehen. Nächstens hoffe ich auch für diese Muße zu finden und vielleicht, wenn es der Redaktion recht ist, eine Anzeige für den Hermes[3] zu entwerfen. Vor dem Lesen des Ganzen sollte ich eigentlich nicht urteilen; doch kann ich schon mit Gewißheit sehen, daß Gelehrsamkeit, Scharfsinn, Gemütlichkeit, edler Sinn des höchsten Lobes würdig sind.[4] Auch die Sprache ist mir, sofern sie eben Sinn und Persönlichkeit charakterisiert, ganz recht, und ich bin gar nicht der Meinung, man solle sich einen fremden Schnabel andrehen oder alles Eigentümliche wegpolieren. Aber jeder kann seine Natur reinigen und verklären, jeder soll Stoff und Form zu einem harmonischen Ganzen verarbeiten, und nur⟨,⟩ wo ein Kunstwerk so hervorgeht, ist man der Dauer gewiß. Anderes wird nur zu leicht bloßes Mittel für Andere. Daher ahnde ich, mein ehrliches Urteil wird öffentlich auch den Wunsch ausdrücken: daß Sie zu den trefflichsten Eigenschaften und so vielem Gelungenen auch der Form sich noch mehr bemächtigen müssen. Stetes Lesen der großen Meister, der ältesten Griechen, Davilas[5], Humes[6] und einiger anderer, ohne irgendeine Absicht bestimmter Nachahmung,

[1] Friedrich Ludwig Georg von Raumer (1781–1873), Professor für Staatswissenschaften und Geschichte in Berlin; Bruder von Karl Ludwig Georg von Raumer (1783–1865), der wie Heinrich Ranke als Lehrer an der Bildungsanstalt des Erziehervereins in Nürnberg wirkte.

[2] L. Ranke, Geschichten; L. Ranke, Kritik; Begleitbrief nicht ermittelt.

[3] Hermes oder kritisches Jahrbuch der Literatur, erschien von 1819 bis 1831 bei Brockhaus in Leipzig.

[4] Zum Urteil Friedrich Ludwig Georg von Raumers, das dieser bereits Mitte Dezember gegenüber seinem Bruder Karl Ludwig Georg von Raumer schriftlich geäußert hatte, vgl. Nr. 241.

[5] Enrico Caterino Davila (1576–1631), Page von Katharina de' Medici, später Gouverneur Venedigs in Tinos, Cattaro und Zara; wohl sein Werk über den Französischen Religionskrieg, an dem er selbst teilgenommen hatte: Historia delle guerre civili di Francia, di Henrico Caterino Davila, Nella quale si contengono le operationi di quattro re Francesco II. Carlo IX. Henrico III. & Henrico IIII. Cognominato il Grande. Venedig 1630; Enrico Caterino Davila: Geschichte der Bürgerlichen Kriege von Frankreich. Nach der neuesten Ausgabe, aus dem Italienischen übersetzt mit einer Geschichte der königlichen Macht und der Staatsveränderungen in Frankreich bis zur Ligue von Bernhard Reith. 5 Bde., Wien 1817.

[6] David Hume (1711–1776), schottischer Philosoph und Historiker; wohl The History of Great Britain. 6 Bände, Edinburgh 1754–1762.

bildet am besten. Ich sage Ihnen dies nicht, als zweifelte ich an Ihrer Verehrung dieser Meister; ich wiederhole nur, was mir J⟨ohannes⟩ Müller[7] oft empfahl. Tacitus[8], trotz seiner unerreichten Größe, wird, dies meinte er, manchem gefährlich, Livius[9] von manchem weniger geachtet als er verdient. Und doch hält er eine Mitte zwischen der langweiligen Periodologie Guicciardinis[10] und dem zerschnittenen Stile anderer. Ihre Darstellung hat noch etwas unruhiges, abgebrochenes, die Anfänge und Wendungen sind oft zu ähnlich, gleichartig; der große Strom der Geschichte fließt am besten ruhig, in gehaltenen Maßen. Doch *macte, virtute esto*;[11] in Ihren Jahren ist mir eine solche Gelehrsamkeit und solche Schärfe der Kritik noch nicht vorgekommen, und weil Sie alles erreichen können, muß man alles von Ihnen verlangen. Nur dies als halbe Ahndung. Bejaht die Redaktion meine Anfrage, lasse ich mich des Breiteren vernehmen, wahrhaft, ohne Schmeichelei und doch mit voller Anerkennung des Guten, wie es unser, wie es der Sache würdig und angemessen ist.

F⟨riedrich⟩ v⟨on⟩ Raumer⟨.⟩

[7] Johannes Edler von Müller zu Sylvelden (1752–1809), Schweizer Geschichtsschreiber.

[8] Publius Cornelius Tacitus (um 58–um 120), römischer Geschichtsschreiber.

[9] Titus Livius (um 59 v. Chr.–um 17 n. Chr.), römischer Geschichtsschreiber.

[10] Francesco Guicciardini (1483–1540), florentinischer Diplomat und Geschichtsschreiber; seine erstmals 1561/64 erschienene „Istoria d'Italia" war nach einem annalistischen Schema angeordnet (vgl. dazu L. Ranke, Kritik, S. 3–8: „Form des Werkes"). Das Werk galt seit jeher als Hauptquelle für die europäische Staatengeschichte um 1500. Leopold Ranke zog es daher zunächst bei der Abfassung der „Geschichten" heran, bis er den Autor der notorischen Unzuverlässigkeit überführte; es war vor allem diese fundamentale Kritik, die ihn zu den primären Quellen und Überresten und damit auf den Weg der historischen Forschung führte (vgl. Nr. 151).

[11] Nach Livius 22,49,9: „Gepriesen sei deine Mannhaftigkeit!"

Nr. 250

Leopold Ranke an Gustav Adolf Harald Stenzel[1]

V: Gothein, Stenzel und Ranke, S. 1–2 (Druck)

Frankfurt a. d. O.⟨,⟩ am 23. Januar 1825.[a]

Du wirst Dich wohl besinnen, mein lieber Freund, denn ich denke, daß wir auf ein Du auseinander gegangen sind, – daß ich wegen der Preußischen Geschichte[2] eine Wette an Dich verloren. Eigentlich ist es noch nicht allzulange her, daß mich das Handbuch der deutschen Litteratur von Kunisch[3] dieses Verlustes überwiesen hat. Statt des Buches, um das wir wetteten,[4] das Du damals auf meinem Bücherbret⟨t⟩e sahest (durch eine neue Auflage hat es seitdem seinen halben Werth verloren, und Du möchtest diese neue Auflage auch schon lange besitzen)⟨,⟩ schicke ich Dir nun zwei andere, von meiner eigenen Hand, die Du wohl noch nicht besitzen wirst.

Du siehst mich nun auf einem Felde mit Dir selber. Besinnst Du Dich noch, wie wir einmal zu Leipzig in Bosens Garten[5] mit unserm nun auch weiland Schneider[6] auf- und abgingen und über Ministerialen und Semperfreie sprachen, und Du mich fragtest, ob ich mich auch der Historie widme. Das ist nun ein zehn Jahr her⟨,⟩ und Du wirst es wohl vergessen haben; damals verschwieg ich Dir meine heimliche Liebschaft mit der Historie;

[a] Orts- und Datumsangabe in der Vorlage unter dem Text links.

[1] Gustav Adolf Harald Stenzel (1792–1854), außerordentlicher Professor der Geschichte in Breslau und Leiter des Schlesischen Provinzialarchivs, Studienfreund von Leopold Ranke.

[2] Wohl Johannes Caspar Friedrich Manso: Geschichte des Preußischen Staates vom Frieden zu Hubertusburg bis zur zweyten Pariser Abkunft. 3 Bde., Frankfurt am Main, 1819–1820 (vgl. unten Anm. 19).

[3] Johannes Gottlieb Kunisch (1789–1852), Sohn von Samuel Kunisch, Kaufmann in Brieg, 1799 Gymnasium in Brieg, 1809 Studium der Theologie in Frankfurt an der Oder, 1811 Lehrer am Friedrichs-Gymnasium in Breslau, 1817 Dr. phil. in Jena, 1826 Professor am Friedrichs-Gymnasium in Breslau, 1827–1836 Leitung der Redaktion der „Schlesischen Zeitung"; gemeint wohl Johannes Gottlieb Kunisch: Handbuch der deutschen Sprache und Literatur seit Lessing. 3 Bde., Leipzig 1822–1824.

[4] Titel nicht ermittelt.

[5] Wohl der „vor dem grimmaschen Thore gelegene", von Casper Bose († 1700) angelegte „großbosesche" Garten; den von seinem Bruder Georg Bose (1650–1700) angelegten „kleinboseschen" Garten bezeichnete man zum Zeitpunkt des Briefes als „Enoch Richterschen Garten (vgl. Conversations-Lexicon. Neue Folge, in zwei Bänden, Erste Abteilung des ersten Bandes, A-Cz, Leipzig 1822, S. 402–403.)

[6] Eventuell der 1822 verstorbene Breslauer Professor Johann Gottlob Saxo Schneider (1750–1822), der von 1762 bis 1769 Schüler der Landesschule in Pforta gewesen war und danach in Leipzig Philologie studiert hatte; wenn sich das Wort „weiland" nicht auf den „Tod", sondern die inzwischen vergangene Studienzeit beziehen sollte, wohl Carl Ernst Christoph Schneider (1786–1856/1859), „Stubengenosse" von Leopold Ranke während seiner Studienzeit in Leipzig und seit 1816 Professor in Breslau.

auch war es wahrlich nicht sehr weit, und nicht weiter als bis zum bloßen Begehren damit gediehen. Als Du vor einigen Jahren zu Deiner Professur hier durchgingest,[7] sahest Du den Datt[8] de pace publica[9] unter meinen Büchern, und wundertest Dich, ihn bei dem vermeinten Philologen zu finden; und auch damals sagte ich nicht viel von meiner Liebe, die doch schon weiter, wenn auch nur ein wenig weiter gediehen war. Jetzt läßt es sich nun nicht mehr verheimlichen⟨,⟩ und ich hoffe, Du bist diesem neuen Gefährten, den Du findest, nicht abhold, sondern bietest ihm freundlich die Hand. Sollten sich nicht auf Eurer Universität einige seltenere Bücher, z. B. *Ochoa*[10] *de la Salde Primera parte de la Carolea Lisboa* 1585[11] oder *la Couronne Margaritique*[12], ein Leben der Gouverneurin Margarethe[13], der Tante Karls V.[14] finden, die Du mir senden könntest? Hat vielleicht das Archiv, dem Du⟨,⟩ wie ich höre⟨,⟩ selbst vorstehst,[15] einige Relazionen und Briefschaften, die mir, wie Du leicht beurtheilen wirst, von Nutzen seyn könnten? Ich bin überzeugt, wenn es Dir möglich ist, mir etwas zu verschaffen, so wirst Du es thun.

[7] Wohl im April 1820, nachdem Stenzel zum außerordentlichen Professor in Breslau ernannt worden war und bevor er am 2. Mai 1820 in Breslau eintraf (Stenzel, Stenzels Leben, S. 79).

[8] Johann Philipp Datt (1654–1722), Stadtschreiber und Konsulent der Reichsstadt Esslingen, später württembergischer Regierungs- und Konsistorialrat.

[9] Johann Philipp Datt, Volumen Rerum Germanicarum novum sive de pace Imperii publica libri V. Ad illustrandam publicae Pacis, Regimenti, Camerae Imperialis, Vemicorum Westphaliae Judiciorum, Foederum Imperii ejusque Statum, Suevicae praesertim Confoederationis, Collectarum & Contributionum, Comitiorum Wormatiensium anni 1495. Statusque Saeculi XII. XIII. XIV. & XV. publici Historiam, ex Antiquis Legibus, Rescriptis Caesarum, Actis & Receßibus Comitionum Veterum, Tabulis Ligae Triumviralis Suevicae & Pacis Publicae Foederum Originalibus, selectisque aliis Rerum Imperialium Documentis, vel ex Archivo & MSS. nunc primum integra serie & fide collectis. Indicibus etiam nominum & Rerum adjectis editi Authore Johanne Philippo Datt, Sereniss. Württemb. Ducis in Super. Consil. Consistor. & Senatu Eccles. Consiliario. Ulm 1698. Datt bietet eine reiche Sammlung von Gesetzen und Statistiken in thematischer und chronologischer Gliederung. Erzählende Elemente nehmen dabei den geringsten Raum ein; er schließt mit der Reichsversammlung in Freiburg von 1498 ab.

[10] Juan Ochoa de la Salde, Prior perpetuus der Regularkanoniker zu St. Johannes im Lateran.

[11] Primera Parte de la Carolea Inchiridion, que trata de la Vida y Hechos del Invictissimo Emperador Don Carlos Quinto de este Nombre, y de muchas notables cosas en ella sucedidas hasta al Año 1555. ⟨...⟩ Recopilada en dos partes por Iuan Ochoa de la Salde Prior perpetuo de Sant Iuan de Letran. Lissabon 1585.

[12] La Couronne Margaritique. Composée par Iean le Maire, Iudiciaire & Historiographe de Madame Marguerite d'Autriche & de Bourgogne, Duchesse de Savoye, Dame de Bresse etc. Das Werk ist Margarethe von Österreich, der Statthalterin der Niederlande, gewidmet. Es handelt sich um eine allegorisierende Verherrlichung ihrer Herrschertugenden.

[13] Margarete von Österreich (1480–1530), Tochter Kaiser Maximilians I., seit 1507 Statthalterin der Niederlande.

[14] Karl V. (1500–1558), Kaiser des Heiligen Römischen Reiches Deutscher Nation.

[15] Stenzel wirkte zwar seit Januar 1821 neben Johann Gustav Gottlieb Büsching (1783–1829) als Archivar am schlesischen Provinzialarchiv in Breslau, doch dessen alleinige Leitung übernahm er erst nach dem krankheitsbedingten Ausscheiden Büschings im Jahr 1825.

Glaub nicht, daß dieses Buch[16] etwa schon lange erschienen, weil es die Zahl: 24 trägt; es ist gegen Ende des Jahres erschienen, und nur um der historischen Wahrheit willen mit 24 bezeichnet worden, da Buchhändlersitte sonst 25 erfordert hätte. Und im December (zu Weihnachten) habe ich das erste Exemplar davon meinem Vater[17] gesendet.[18]
Ich wünsche sehr, Dein, als eines Mannes von Fach, unbefangenes Urtheil über diese Arbeiten zu vernehmen. Gebe Gott, daß mein kritisches Heft mich Dir als einen bessern Kritiker darstellt, als mein Urtheil über Manso[19] gethan haben wird. An der Sprache wirst Du freylich viel auszusetzen haben, sie ist nun einmal so: und ein Jeder hat die seine. Ich hoffe, künftig mache ichs einmal besser. Und zum Schluß laß mich ganz offen seyn. Ist Dein Urteil über diese Schriften im Allgemeinen zum Lob, so laß es meinetwegen drucken und in alle Welt ausgehen; doch ist es zum Tadel, dann schweig, wofern Dich nicht eine andere Pflicht zum Reden zwingt.
Und nun leb wohl! Ich hatte gehofft, Du würdest einmal hier durch nach Berlin reisen, damit ich Dich spräche. Vielleicht sehen wir uns denn doch einmal wieder und wollen dann recht, historisch, schwatzen.

Dein alter
Leop⟨old⟩ Ranke.

[16] L. Ranke, Geschichten; L. Ranke, Kritik.
[17] Gottlob Israel Ranke (1762–1836).
[18] Begleitbrief nicht ermittelt.
[19] Johannes Kaspar Friedrich Manso (1759/1760–1826), Sohn von Johann Gebhardt Manso, Amtmann in Zella St. Blasii im Herzogtum Gotha, Privatunterricht, 1767 Gymnasium Illustre in Gotha, 1778 Studium der Theologie und Philologie in Jena, 1781 Hauslehrer, 1783 Kollaborator, später Professor am Gymnasium Illustre in Gotha, 1790 Prorektor, 1793 Rektor des Gymnasiums zu St. Maria Magdalena in Breslau (vgl. Joh. Georg August Galletti: Geschichte und Beschreibung des Herzogthums Gotha. Dritter Theil. Gotha 1780, S. 271); Freund von Gustav Adolf Harald Stenzel; hier wohl gemeint das eingangs erwähnte, zuletzt erschienene Werk von Manso: Geschichte des preußischen Staates vom Frieden zu Hubertusburg bis zur zweiten Pariser Abkunft, 3 Bände, Frankfurt am Main, 1819–1820.

Nr. 251

Ferdinand Ranke[1] an Leopold Ranke

V: GStA PK VI. HA Nl Hoeft Nr. 1 (Abschrift)
G: GStA PK I. HA Rep. 92 L. v. Ranke Nr. 26 (nicht erhalten)

Halle⟨,⟩ am 27st⟨en⟩ Januar ⟨1825.⟩

Innigst geliebter Bruder,
Du hast mir mit Deinem Buche eine unendliche Freude gemacht, mir und den Meinen[2]. Es ist ein so schönes Gefühl, seinen geliebten Bruder auf so eine herrliche, gediegene Weise in die Welt getreten zu sehen, und eine noch größere und schönere, selbst sich an seinen Werken so innigst erfreuen zu können. Besonders Savonarola[3] muß jeder hören, der hier mich in meinem Stübchen besucht, und jeder hat seine wahrhafte Freude daran. Es war auch schön, als ich vor nun schon geraumer Zeit vom Professor [a]Blume[a][4] laut über die Gründlichkeit und Tüchtigkeit Deiner Beylage[5],

[a–a]In der Vorlage unterstrichen.

[1] Ferdinand Ranke (1802--1876), Bruder Leopold Rankes.

[2] Fanny Pollau, Verlobte Ferdinand Rankes; Nanette Esther Marguerite Pollau, verw. Juncker, geb. Plantier (1768–1829), die Mutter von Fanny Pollau; Charlotte Blanc, geb. Juncker (1795–1866), die Stiefschwester von Fanny Pollau, und ihr Ehemann Ludwig Gottfried Blanc (1781–1866), Professor der südeuropäischen Sprachen und ihrer Literaturen, zugleich Domprediger in Halle.

[3] Girolamo Savonarola (1452–1498), Dominikaner, Bußprediger in Florenz; L. Ranke, Geschichten, S. 106–109.

[4] Friedrich Bluhme (1797–1874), Sohn von Georg Friedrich Bluhme (1755–1829), Akziseeinnehmer in Hamburg, und Anna Dorothea Bluhme, geb. Krohn (1759–1855), 1809 Gelehrtenschule Johanneum in Hamburg, 1813 Domschule in Schleswig, 1814 Akademisches Gymnasium in Hamburg, 1817 Studium der Rechte in Göttingen, 1818–1819 in Berlin, unter anderem bei Savigny, 1820 Dr. iur. in Jena, Herbst 1820 Bürger und Advokat in Hamburg, 1821 Habilitation in Göttingen, danach Forschungsreise nach Italien, 1823 außerordentlicher, 1825 ordentlicher Professor der Rechte in Halle, Hochzeit mit Louise Charlotte Marianne Reil (1802–1865), Tochter von Christian Reil (1759–1813), Professor für innere Medizin in Berlin, 1831 Professor der Rechte in Göttingen, 1833 Rat am Oberappellationsgericht der vier Freien Städte in Lübeck, 1843 Professor der Rechte in Bonn, Geheimer Justizrat, 1846 Mitglied der Generalsynode in Berlin, 1868 Dr. theol. h. c., 1870 Dr. phil. h. c.; Bluhme war Mitarbeiter an den Monumenta Germaniae Historica, seine 1820 in der „Zeitschrift für geschichtliche Rechtswissenschaft“ erschienene Abhandlung „Die Ordnung der Fragmente in den Pandectentiteln. Ein Beitrag zur Entstehungsgeschichte der Pandecten“ (S. 257-472), die das Verfahren bei der Herstellung des Haupttextes des Corpus iuris civilis zum ersten Mal schlüssig erklärte, machte den jungen Gelehrten mit einem Schlag berühmt; die Ergebnisse seiner Suche nach Rechtshandschriften in Italien legte Bluhme in seinem Werk „Iter Italicum“ nieder. Im ersten Band (1824) stellte er ausführlich die Archive und Bibliotheken der österreichischen und sardinischen Provinzen vor, der zweite (1827) widmete sich Oberitalien, der Toskana und dem Kirchenstaat, der dritte war Rom vorbehalten (1836), der vierte behandelte das Königreich Neapel und bot Register zu allen Bänden.

[5] L. Ranke, Kritik.

und bald darauf eben so von [b]Pernice[b][6], beides Juristen, hörte. Nun⟨,⟩ und der Vater[7] wird es wohl auch nicht fehlen lassen, jedem Besuchenden von Deinem Ruhme hören zu lassen. Ich selbst kann freilich erst recht daran kommen, wenn dieses theologische Examen[8] vorüber ist.
Nun erst vor Allem ein Paar Worte von Quedlinburg[9].[c] Zwar schriebst Du schon in Deinem letzten lieben Briefe[10], worüber ich ein wenig erschrak, an den Collaborator[11]; indeß scheint es doch nun, als solltest Du es nun bald in Wahrheit können. Matthias[12] hat mir nehmlich melden lassen, daß das Ministerium mit Vorbehalt des theologischen Examens meine Anstellung in Quedlinburg bestätigt habe, doch ohne eine bestimmte Zeit für das Examen festzusetzen, so daß es damit durchaus keine Eile hätte. Indeß, da ich doch einmal in diesem Studium begriffen bin, und es sehr gut

[b–b] In der Vorlage unterstrichen.
[c] In der Vorlage: „,“.

[6] Ludwig Wilhelm Anton Pernice (1799–1861), Sohn von Johann Anton Pernice (1773–1822), Kaufmann und Weinhändler in Halle, aus einer Familie aus Nesso am Comer See, und Louisa Henrietta Charlotte Pernice, geb. Hoffmann, 1810 Pädagogium in Halle, 1817 Studium der Rechte in Halle, April 1819 in Berlin, 1820 in Göttingen, 1821 Dr. phil., Dr. iur. in Göttingen, 1821 Privatdozent, Ablehnung eines Rufes nach Dorpat, 1822 außerordentlicher Professor, 1825 ordentlicher Professor für Staatsrecht in Halle, Hochzeit mit Johanne Wilhelmine Auguste Niemeyer (1805–1891), Tochter von August Hermann Niemeyer (1754–1828), Professor der Theologie, Direktor der Franckeschen Stiftungen und Kanzler der Universität in Halle, 1827 Unterbibliothekar der Universitätsbibliothek, 1830 Zensor für juristische, zeitgeschichtliche und philosophische Schriften, 1832 Mitglied des akademischen Spruchkollegiums, 1833 Ablehnung eines Rufs zum Direktor der fürstlich-schönburgischen Regierung und des Konsistoriums in Glauchau, 1838 Ordinarius der juristischen Fakultät, Ablehnung eines Rufs nach Göttingen, Geheimer Justizrat, 1842 Ablehnung des Angebots als Wirklicher Geheimer Rat und Regierungspräsident in den Dienst des Herzogs von Anhalt-Köthen zu wechseln, aber Generalbevollmächtigter des Herzogs bei der Leitung der Angelegenheiten des Mediat-Fürstentums Pless, 1844–1848 Geheimer Oberregierungsrat und Regierungsbevollmächtigter in Halle, 1844–1861 Kurator der Universität Halle, 1848 erneut Professor der Rechte, 1851 im Auftrag Friedrich Wilhelms IV. Gutachter in der schleswig-holsteinischen Erbfolge-Frage, 1852 Abgeordneter der Ersten Kammer des preußischen Landtags, 1854 lebenslanges Mitglied des Preußischen Herrenhauses, Kronsyndikus (vgl. Archiv KPS Halle, St. Ulrich, Taufen 1773 und 1799; Archiv KPS Halle, St. Ulrich, Bestattungen 1822; GStA PK I. HA Rep. 76 Vf Lit P. Nr. 7; Bahl / Ribbe, Matrikel Berlin, Bd. 1, S. 134, Nr. 299); eines seiner wichtigsten Werke, „Geschichte, Alterthümer und Institutionen des Römischen Rechts im Grundrisse“, war 1821 in Halle erschienen; 2. umgearbeitete und um eine Chrestomathie von Beweisstellen vermehrte Aufl., Halle 1824.
[7] Gottlob Israel Ranke (1762–1836).
[8] Vgl. Nr. 233 und Nr. 236–237.
[9] Vgl. Nr. 230, Nr. 232–233, Nr. 236–237 und Nr. 242–243.
[10] Nicht ermittelt.
[11] Ferdinand Ranke hatte sich in Quedlinburg um eine Stelle als „Collaborator“ beworben (vgl. 235); sein Bruder Leopold hatte ihn in seinem nicht ermittelten Brief wohl bereits so angesprochen.
[12] Johann Andreas Matthias (1761–1837), Konsistorialrat und Schulrat, Rektor des Dom-Gymnasiums in Magdeburg.

ist, von allen Studien für Examina befreit zu sein, habe ich ihn gebeten, dahin zu wirken, daß ich alsbald examinirt[d] werde. Ich warte also täglich auf zweierlei, nehmlich auf die wirkliche ankommende Bestätigung, und den Ruf nach Magdeburg[13]. Der Vater, dem ich dieß geschrieben habe, hat mir 15 Thaler zur Reise dahin geschickt ohne mein Bitten, und ich habe es rasch zu anderen Dingen verbraucht. Es wird sich aber mit Quedlinburg auf jeden Fall noch bis Ostern hinziehn, wie der Superintendent Fritsch[14] [schreibt][e], der immer sehr freundliche Briefe schreibt, vor dem aber nicht nur alle dortige Schüler, sondern selbst das Consistorium, wenigstens Matthias, uns gewarnt[f] hat. Er soll gern die Lehrer der Schule unter sich bringen und den Herrn spielen. Bis jetzt ist er nun gegen mich und Schwalbe[15], der mit mir hingeht, sehr freundlich gewesen. Neulich schrieb ich ihm, wir würden zwar die letzten Lehrer[16] in Quedlinburg [sein][g]; hätten aber freylich im Innersten den Wunsch, nicht von den oberen Classen ausgeschlossen zu sein. Darauf antwortete er, er habe schon, ehe ich dieß geschrieben, meinen Wünschen vorgearbeitet, und beim Consistorium darauf angetragen, daß wir dem Gehalt nach zwar die letzten sein sollten, aber nicht den Stunden nach. Wir sollten nehmlich die Stunden der abgehenden, nicht die der aufrückenden Lehrer erhalten. Dieß sind geographische und geschichtliche, und französische in der zwei-

[d] In der Vorlage ursprünglich: „nominiert".
[e] In der Vorlage nachträglich ergänzt.
[f] In der Vorlage ursprünglich: „genannt".
[g] In der Vorlage nachträglich ergänzt.

[13] Hier mußte Ferdinand Ranke vor dem Konsistorium das Theologische Examen ablegen (vgl. Nr. 237).

[14] Johann Heinrich Fritsch (1772–1829), Sohn von Johann Eckart Fritsch (1728–1795), fürstäbtlicher Kammerrat des Stifts Quedlinburg, und Maria Wilhelmina Fritsch, geb. Madelung (1734–1806), 1779 Gymnasium in Quedlinburg, 1790–1793 Studium der Theologie in Halle, 1794 Adjunkt im geistlichen Ministerium, 1795 Prediger an der Aegidienkirche in Quedlinburg, 1800 Hochzeit mit Sophie Haupt (1774–nach 1829), Tochter von Johann David Haupt, Kaufmann in Ditfurt bei Quedlinburg, und Schwester von Karl Georg Haupt (1778–1833), 1804 Oberprediger an der St. Benediktikirche in Quedlinburg, 1815 Assistent des Superintendenten, Oberkonsistorialrats und Oberhofpredigers Johann August Hermes (1736–1822), 1817 Dr. theol. h. c. in Königsberg, 1821 Superintendent in Quedlinburg (vgl. Archiv KPS Quedlinburg, St. Servatii, Trauungen 1752; Archiv KPS Quedlinburg, St. Servatii, Bestattungen 1795; Albert Gerhard Becker: Erinnerungen an D. Johann Heinrich Fritsch, vormaligen Königl. Preuß. Superintendenten der Diöces Quedlinburg und Oberprediger zu St. Benedicti daselbst. Nebst Erinnerungen aus Fritsch's häuslichem Leben von Sophie Fritsch, geb. Haupt, Inhaberin des Louisenordens. Quedlinburg 1837); verfaßte neben einem mehrbändigen „Handbuch für Prediger", das mehrere Auflagen erfuhr, und anderen theologischen Werken auch astronomische Publikationen und eine umfangreiche, zweibändige „Geschichte des vormaligen Reichsstifts und der Stadt Quedlinburg", die 1828 erschien; das Verzeichnis seiner Bibliothek, die nach seinem Tod versteigert wurde, umfaßte knapp fünfhundert Seiten.

[15] Carl Friedrich Hermann Schwalbe (1801–1878), Studienfreund von Ferdinand Ranke.

[16] Die Lehrer der untersten Klassen, die am schlechtesten bezahlt wurden.

ten Klasse, lateinische in der dritten, griechische in der vierten. Da mir nun wahrscheinlich die geschichtlichen zu Theil werden, so werde ich sogleich, sobald es bestimmt ist, mich an Dich wenden, und um Deinen Rath dazu bitten; wie auch in allen übrigen Dingen. Sobald das theologische Examen beendigt ist, habe ich ja Muße genug, mich recht vorzubereiten.

Vor etwa acht Tagen wiederholte sich hier von Berlin aus durch einen Freund[17] Raumers[18] die Nachricht, daß Raumer von Nürnberg weg sei, man vermuthe, wegen demagogischer Umtriebe.[19] In aller Angst schrieb ich an Heinrich[20], und erhielt die fröhlichste Antwort, die ich seit langer Zeit von ihm gesehen habe. Raumers[21] sind wohl, schreibt er, und in ihrer Arbeit rüstig, und für die Zukunft [h]guter Hoffnung[h], und zwar in doppelter Hinsicht[22]. Auch über Quedlinburg ist er sehr erfreut. „Daß Du nach Quedlinburg, meiner lieben Stadt, gerufen bist, freut mich sehr. Suche mir nur ja gleich meinen lieben Finkler[23] auf – und dessen Hund, der ihn[i] singen wollte, wenn er nicht dann einen größeren gefunden.[24] Und den schönen Stufenberg, und die Roßtrappe und den Ilsenstein.[25][j] Es öffnet sich manche schöne Aussicht; wenn es etwas Standhaftes damit wird, so denke ich immer noch, zur rechten Zeit zieht Dich Gott hieher."

Wie Gott uns führt, so gehen wir, Er wird fort und fort walten, und Alles zum Besten führen.

Was macht denn Wilhelm[26]? Hast Du irgend eine Nachricht von ihm; wir hören hier gar nichts.

[h–h] In der Vorlage unterstrichen.
[i] Hoeft vermerkt: „sic.".
[j] In der Vorlage folgt, wohl fälschlich, ein Abführungszeichen.

[17] Nicht ermittelt.
[18] Karl Ludwig Georg von Raumer (1783–1865), ehemaliger Professor, wie Heinrich Ranke Lehrer an der Bildungsanstalt des Erziehervereins in Nürnberg.
[19] Vgl. Nr. 197, Nr. 209, Nr. 214, Nr. 220 und Nr. 228.
[20] Heinrich Ranke (1798–1876), Bruder Leopold Rankes, Lehrer an der Bildungsanstalt des Erziehervereins in Nürnberg.
[21] Karl Ludwig Georg von Raumer und seine Ehefrau Friederike Raumer, geb. Reichardt (1790–1869), Tochter von Johann Friedrich Reichardt (1752–1814), Komponist und Hofkapellmeister Friedrichs des Großen.
[22] Anspielung auf die Schwangerschaft von Friederike Raumer; ihre Tochter Anna wurde am 3. Juni 1825 geboren (vgl. K. v. Raumer, Mein Leben, S. 325).
[23] Anspielung auf Heinrich den Vogler oder den Finkler, König Heinrich I. (919–936), der in der Stiftskirche zu Quedlinburg begraben liegt.
[24] Wohl eine Anspielung auf „Quedel", einen Hund Heinrichs I., den sagenhaften Namensgeber Quedlinburgs. Sein Grab soll sich im 19. Jahrhundert neben dem Hochgrab Heinrichs I. in der Krypta des Stifts befunden haben (vgl. Johann Georg Theodor Grässe: Sagenbuch des Preußischen Staats. 2 Bde., Glogau 1868 / 1871, hier Bd. 1, S. 518).
[25] Höhenzug im Harz.
[26] Wilhelm Ranke (1804–1871), Bruder Leopold und Ferdinand Rankes, Student in Berlin.

Was Kamptz[27] Dir geschrieben hat,[28] hat hier uns Alle äußerst gefreut. Blanc[29] hegt immer den Wunsch, daß sie Dich hierher befördern sollen.[30] Auch zu uns ist eine Nachricht ohne Dich hierher gekommen. Der Stadtrat [k]Wucherer[k31] von hier war [über] das Fest[32] in Berlin gewesen, Fannys[33] Vormund, und hatte dort gehört. „Kamptz sei Reimern[34] auf der Straße begegnet und habe ihn angeredet, und gesagt, daß er ein ausgezeichnetes Buch in seinem Verlag habe.⟨“⟩ Zwar weiß er nicht, welches es ist, aber wir deuteten es natürlich gleich auf das Deinige. – Gott wird alle Deine Wünsche auf das Beste erfüllen.

Die Stelle in Greifswald, von der mir Schulz[35] in Berlin gesagt hatte, die durch Schömann[36], der Professor in Greifswald geworden ist, erledigt ist,

k–k In der Vorlage unterstrichen.

27 Carl Albert Christoph von Kamptz (1769–1849), Direktor der Unterrichts-Abteilung im Ministerium der Geistlichen, Unterrichts- und Medizinal-Angelegenheiten.

28 Er hatte Leopold Ranke eine Professur an einer preußischen Universität bzw. explizit in Berlin angeboten (vgl. Nr. 243 und Nr. 245).

29 Ludwig Gottfried Blanc (1781–1866), Professor der südeuropäischen Sprachen und ihrer Literaturen, zugleich Domprediger in Halle.

30 Johannes Karl Hartwig Schulze, dem Ludwig Gottfried Blanc während dessen Studienzeiten in Halle „nahe getreten“ war, hatte gegenüber Leopold Ranke explizit von einer Anstellung an einer der Universitäten in Berlin, Bonn und Halle gesprochen (vgl. Nr. 244).

31 Mathäus Ludwig Wucherer (1790–1861), Sohn von Mathäus Wucherer (1741–1804), Fabrikbesitzer und Kammerrat, und Caroline Elisabeth Wucherer, geb. Lauer (1761–1812), 1795 Privatschule von August Hermann Niemeyer, 1800 Pädagogium der Franckeschen Stiftungen, 1802 kaufmännische Ausbildung in Breslau und Berlin, 1812 Übernahme der väterlichen Fabrik, März 1813 Eintritt in das Lützowsche Freikorps, April 1813 französische Kriegsgefangenschaft, Flucht nach Heidelberg, November 1813 Leutnant im Elb-National-Husaren-Regiment, 1814 Eintritt in die Freimaurer-Loge „Zu den drei Degen“ in Halle, 1815 Adjutant des Generals Philipp Friedrich Carl Ferdinand Freiherr von Müffling in der Schlacht von Waterloo und als Gouverneur von Paris, Entlassung mit dem Charakter als Rittmeister und dem Eisernen Kreuz, 1818–1854 Stadtrat, 1819–1829 zugleich Kämmerer der Stadt Halle, 1845–1849 zugleich Vorsitzender der Handelskammer für die Stadt Halle, 1848 Abgeordneter der Ersten Kammer des preußischen Landtags (vgl. Erich Neuß: Ludwig Wucherer. Sein Leben und sein Wirken [= Lebenbilder zur Geschichte der Industrie- und Handelskammer zu Halle, Bd. 1]. Halle 1926; Eckstein, Freimaurer Halle, S. 289, Nr. 509).

32 Weihnachten.

33 Fanny Pollau.

34 Georg Andreas Reimer (1776–1842), Buchhändler und Verleger in Berlin.

35 Johannes Karl Hartwig Schulze (1786–1869), Geheimer Oberregierungsrat und Vortragender Rat im Ministerium der Geistlichen, Unterrichts- und Medizinal-Angelegenheiten, Referent für das Gymnasialwesen.

36 Georg Friedrich Schömann (1793–1879), Sohn von Jakob Georg Friedrich Schömann, kaiserlicher Advokat und Notar in Stralsund, und Mariana Regina Friederica Schömann, geb. Stümmer, nach der Trennung der Eltern 1801 Gelehrtenschule in Anklam, 1809 Studium der Philologie in Greifswald, 1810 in Jena, Eintritt in die Landsmannschaft Saxonia, 1811 in Greifswald, Eintritt in das 1810 gegründete Corps Pomerania, 1812 Hauslehrer in Stralsund, 1813 auf Empfehlung von Christian Wilhelm Ahlwardt Konrektor am Gymnasium in Anklam, 1814 am Gymnasium in Greifswald, März 1815 Hochzeit mit Minna Peters

bekommt wahrscheinlich auch ein Philolog von hier, ein Freund von mir, Wex[37]. Der dortige Rath will keinen von Berlin und dem Ministerium, u⟨nd⟩ hat sich an Kosegarten[38] in Jena[39], und dieser an Gesenius[40] sich gewandt; der soll einen schicken u⟨nd⟩ hat Wex empfohlen, der sein Fiscal[41] ist.

Meyer[42] in Greifswald kommt hierher. Reisig[43] ist übergangen, doch zum Ordinarius gemacht mit 100 Th⟨alern⟩ Zulage (daß er nun 600 hat), doch fühlt er sich, natürlich, sehr beleidigt. Abends brachten wir ihm ein Ständchen.

Daß Thilo[44] die Vocation von Leipzig erhalten, sie aber ausgeschlagen, und zum Ordinarius mit 800 Thaler Gehalt gemacht ist, weißt Du wohl schon. Meyer schrieb neulich an Reisig, daß er bei seiner Versetzung nach Halle besonders seine Freundschaft im Sinne habe, daß er dem Ministerium

(† 1821), Tochter eines Arztes in Anklam, Mai 1815 Dr. phil., 1818 Prorektor des Gymnasiums, 1820 Habilitation, 1821 Unterbibliothekar der Universitätsbibliothek, 1823 außerordentlicher Professor der Philologie (ohne Gehalt) in Greifswald, 1824 korrespondierendes Mitglied der Akademie der Wissenschaften in Berlin, Hochzeit mit Caroline Schildener (∗ 1806), Tochter von Karl Schildener (1777–1843), Professor der Rechte in Greifswald, 1825 Dr. iur., Ablehnung eines Rufes nach Dorpat, 1826 außerordentlicher Professor der Philologie (mit Gehalt), 1827 Aufgabe des Schulamtes, 1827 ordentlicher Professor der Beredsamkeit, 1832, 1841, 1847 und 1856 Rektor der Universität in Greifswald, 1828 Mitglied, 1852 Direktor der Prüfungskommission für Lehrer, 1844–1865 Erster Bibliothekar der Universitätsbibliothek in Greifswald, 1850 korrespondierendes, 1860 auswärtiges Mitglied der Akademie der Wissenschaften in Göttingen, 1864 Pour le Mérite.

[37] Friedrich Carl Wex (1801–1865), Sohn von Johann Friedrich Wex (1753–1813), Feilenhauer in Naumburg, 1812 Domschule in Naumburg, 1821 Studium der Theologie und der orientalischen Sprachen, Philologie und Mathematik, Mitglied des Philologischen Seminars und des Pädagogischen Seminars, 1825 Dr. phil. in Halle, Stelle als Lehrer am Gymnasium in Kleve (nicht angetreten), 1826 Vierter, 1827 Dritter, 1828 Zweiter Adjunkt an der Landesschule in Pforta, 1833 Rektor des Gymnasiums in Aschersleben, 1833 Rektor des Gymnasiums Fridericianum in Schwerin und Oberschulrat (vgl. Archiv KPS Naumburg, St. Wenzel, Bestattungen 1813; freundliche Auskunft von Matthias Ludwig, Vereinigte Domstifter, Domarchiv Naumburg, 16.4.2013); publizierte zahlreiche Beiträge zur klassischen und orientalischen Philologie.

[38] Johann Gottfried Ludwig Kosegarten (1792–1860), Professor der Theologie und der orientalischen Sprachen in Greifswald.

[39] Kosegarten hatte in Jena von 1817 bis 1823 eine Professur für orientalische Sprachen innegehabt.

[40] Heinrich Friedrich Wilhelm Gesenius (1786–1842), Professor der Theologie in Halle.

[41] Wohl Vertrauter oder Schüler.

[42] Moritz Hermann Eduard Meier (1796–1855), 1820 außerordentlicher Professor der Altertumswissenschaften und der klassischen Philologie in Greifswald, ab 1824 ordentlicher Professor der Philologie in Halle.

[43] Karl Christian Reisig (1792–1829), ordentlicher Professor der alten Literatur in Halle, wie Leopold Ranke Schüler von Johann Gottfried Jakob Hermann und Mitglied der „Societas Graeca".

[44] Johann Carl Thilo (1794–1853), bis 1825 Lehrer an der Schule der Franckeschen Stiftungen und außerordentlicher Professor der Theologie in Halle, Mitschüler von Leopold Ranke an der Landesschule in Pforta.

versprochen, mit ihm sich zu verabreden zu einem ordentlichen philologischen Gesammtcursus binnen ein paar Jahren. Reisig aber hat das Letztere ganz abgelehnt, und Ersteres wenigstens, bis das Schicksal die Mißhelligkeit, die das Ministerium dadurch, daß es ihn vorgezogen, bewirkt, ausgeglichen haben werde. Es ist freilich wohl eigen, Meyer zum Prof⟨essor⟩ graecae linguae hier zu ernennen, da er für diese Sprache noch nichts geleistet.

Da ich einmal in Erzählungen bin, muß ich Dir doch noch eine Stadtgeschichte erzählen, die aber die Universität mehr angeht. Gesenius findet neulich auf dem Katheder einen halben Bogen Papier, denkt⟨,⟩ es ist für ihn, und nimmt es mit nach Hause. Als er es ansieht, ist [⟨es⟩[l]] ein Schema zu einem Brief[m], ich weiß nicht genau, ob an das Ministerium, oder nur an Schulze[45] von unserm Hegelianischen[46] Philosophen [n]Hinrichs[n][47], worin er von seinem academischen Leben in Halle Nachricht gibt. „Schon vor seiner Ankunft sei von allen Kathedern gegen ihn gepredigt worden, und dieß geschehe immer fort. Er habe mit vielem Beifall zu lehren angefangen, aber dadurch sei ihm dieser jetzt entzogen. Wegscheider[48] verwirre die Köpfe der Studierenden ganz; er und Gesenius seien [o]flache Köpfe[o]. Unter den Studenten sei die größte Sittenlosigkeit, und dieß gehe von den Kathedern aus. Zu Knapp[49] gehe man nur, um Griechisch zu lernen; über seine Ansichten werde nur gelacht in seinen Vorlesungen; keiner sei mit ihm einverstanden;“ – und so fort. Natürlich weiß ich nur Einiges. Gesenius hat diese Schrift dem Rector v⟨on⟩ Jacobs[50] und dem academischen Senat übergeben. Dieser hat Hinrichs zu sich kommen lassen, und es ihm vor-

[l] In der Vorlage an dieser Stelle eine Lücke.
[m] In der Vorlage ursprünglich: „Buch“.
[n–n] In der Vorlage unterstrichen.
[o–o] In der Vorlage unterstrichen.

[45] Johannes Karl Hartwig Schulze persönlich.

[46] Georg Wilhelm Friedrich Hegel (1770–1831), Professor der Philosophie in Berlin.

[47] Hermann Friedrich Wilhelm Hinrichs (1794/1797–1861), Professor der Philosophie in Halle; er hatte unter dem Einfluß von Hegel von der Theologie zur Philosophie gewechselt.

[48] Julius August Ludwig Wegscheider (1771–1849), Sohn von Johann Friedrich Ludwig Wegscheider (1740–1781), Pfarrer in Küblingen bei Schöppenstedt, 1782 Pädagogium in Helmstedt, 1783 Collegium Carolinum in Braunschweig, 1787 Studium der Theologie und Philologie in Helmstedt, zugleich Lehrer am Pädagogium, 1795 Hauslehrer in Hamburg, Eintritt in die Freimaurer-Loge „Ferdinand zum Felsen“, 1797 Dr. phil. in Helmstedt, 1804 Repetent am Theologischen Seminar, 1805 Habilitation in Göttingen, Frühjahr 1806 Professor der Theologie und Philosophie in Rinteln, Juni 1806 Dr. theol. in Göttingen, 1810 Professor der Theologie in Halle, 1815 Eintritt in die Freimaurer-Loge „Zu den drei Degen“; er galt neben Gesenius als Haupt der rationalistischen Theologie.

[49] Georg Christian Knapp (1753–1825), Professor der Theologie, zugleich Kondirektor des Pädagogiums und Waisenhauses der Franckeschen Stiftungen.

[50] Johann August Jacobs (1788–1829), Professor der Philologie, zu diesem Zeitpunkt zugleich Rektor in Halle.

gehalten, und es nun mit einem Schreiben begleitet nach Berlin geschickt. Man erwartet also das Weitere. Die auch beleidigten Studenten sind 500 wenigstens an der Zahl in seine Collegia geströmt am Montag, und haben ihn zweimal heraus getrommelt[51], um 3 und um 6. Gestern hat er nicht gelesen.

Daß ich dieß von den Studenten nicht billige, ist klar: wie dieß aber auch Hinricus hat thun können, weiß ich nicht. Er hat wirklich so gelesen, daß ich selbst weggeblieben bin; und habe doch keine Predigt gegen ihn gehört. Er wiederholt sich so oft; scheint unpräparirt, will immer [p]die Nothwendigkeit[p] aufzeigen in allen Dingen, hat einen schlechten Vortrag; wenigstens mir hat er nicht gefallen.

Endlich noch eine Nachricht, aber diese traurig. Es hat mich betrübt, und wird Dich betrüben. Vorgestern Nacht ist Leopold Bäntsch[52] verschieden. Er hat einige Wochen gekränkelt, aber ganz unbedeutend, ist am Montag noch ganz gut gewesen und aufgestanden. Auf einmal des Nachts um 3 Uhr wird er mehr krank, bekommt einen Nervenschlag und stirbt. So ist es vielleicht eines der[q] letzten Bücher gewesen, die er gedruckt hat, das von Dir. Er lebte mit seiner Frau[53] recht glücklich und hat nun Alles in Trauer zurückgelassen.

Später.

Hinrichs hat am Schwarzen Brett angeschlagen, daß die, die ferner bei ihm hören wollten, sich bei ihm melden sollten.

28sten Januar.

Geliebter Bruder, morgen ist ein freudiger Tag für mich und für unser Haus, nemlich morgen vor einem Jahre Abends um 10 Uhr fanden sich zwei Herzen[54] zusammen, die einander schon lange angehört hatten; es war der erste Ausbruch unserer Liebe gegen einander. Seitdem sind wir sehr glücklich gewesen, und wir bitten Gott, und hoffen es zu ihm, daß er uns ganz in seinen väterlichen Schutz nehmen wolle, und uns führen und leiten nach seinem Wohlgefallen. Was dieß Jahr mit sich führen wird für uns, liegt ganz in seinen Händen; wir wünschen und hoffen, Gott wird es lenken. Den Tag will ich noch abwarten, ehe ich den Brief an Dich, meinen geliebten Bruder⟨,⟩ abgehen lasse.

30sten Januar.

Geliebter Bruder, ich wollte noch gestern an Dich schreiben, aber in aller Liebe habe ich es nicht gethan, bin immer um meine Herzensfanni gewe-

[p–p] In der Vorlage unterstrichen.
[q] In der Vorlage: „des“.

[51] Aus dem Hörsaal.
[52] Franz Carl Leopold Bäntsch (1772–1825), Buchdrucker und Buchhändler in Halle; der Drucker der „Geschichten“ und der „Kritik“.
[53] Juliane Charlotte Bäntsch, geb. Holzmüller (1792–nach 1825).
[54] Fanny Pollau und Ferdinand Ranke.

sen, und recht glücklich, wie vor einem Jahre. Ich habe einen lieben, süßen Engel, der mir mein ganzes Leben allewege fröhlich und herrlich machen wird. Gibb uns Deinen brüderlichen Segen⟨,⟩ und Du bist ja ein Hauptstern in unsrer Liebe, und recht hell und fröhlich leuchtend.
Alle die Meinen grüßen Dich auf das Herzlichste; es ist jetzt 4 Uhr Morgens; ich will einen Freund, Schwalbe, auf den Weg nach Magdeburg bringen. Da muß ich jetzt wohl schließen. Leb wohl, und behalte mich χάριν, καὶ εἰρήνη σοι.[55]

Dein
Dich ewig und auf das innigste liebender Bruder Ferdinand.

[55] „Gnade und Friede sei mit Dir"; nach 1. Korinther 1,3.

Nr. 252

Leopold Ranke an Christian Günther Graf von Bernstorff[1]

V: GStA PK III. HA MdA III. Abt. Nr. 18722 (eigenhändig)
D: L. v. Ranke, Neue Briefe, S. 60

Frankfurt a. d. O.⟨,⟩ am 30sten Januar 1825.[a]

Erlauchter Herr Graf,
Gnädigster Herr Geheimer Staats⟨-⟩ und Kabinetsminister,
Da des Herrn Staatsminister Freyherrn von Altenstein[2] Excellenz die Gnade gehabt, sich bey Eurer Excellenz wegen einiger dem Unterzeichneten aus ausländischen Sammlungen wünschenswerthen Handschriften zu verwenden,[3] nehme ich mir auch selbst den Muth, Euer[b] Excellenz die zwey jüngst von mir herausgegebenen Schriften[4], in Bezug auf welche jenes geschehen, zu übersenden. Nicht als ob ich mir einbildete, hiedurch der Kraft jener Verwendung etwas hinzuzufügen, sondern nur, um Euer[c] Excellenz auch meinerseits meine Verehrung zu bezeugen, und Denenselben auszusprechen, wie sehr ich der Wissenschaft und dem Staat wesentliche Dienste zu leisten wünsche. Diese von aller heutigen Politik entfernten⟨,⟩ von einer gänzlich untergegangenen Welt handelnden Bücher haben vielleicht nicht das Recht eine Aufmerksamkeit in Anspruch zu nehmen, die auf einem so hohen Standpunct den Verhältnissen der Gegenwart gewidmet ist: indeß

[a] Orts- und Datumsangabe in der Vorlage unter dem Text links.
[b] In der Vorlage: „Ew.".
[c] In der Vorlage: „Ew".

[1] Christian Günther Graf von Bernstorff (1769–1835), Sohn von Andreas Peter Graf von Bernstorff (1735–1797), dänischer Minister der auswärtigen Angelegenheiten und Präsident der deutschen Kanzlei in Kopenhagen, und Henriette Friederike Gräfin von Bernstorff, geb. Gräfin von Stolberg-Stolberg (1747–1782), Tochter von Christian Günther Graf zu Stolberg-Stolberg (1714–1765), dänischer Obersthofmeister; Privatunterricht, 1787 Eintritt in den dänischen diplomatischen Dienst, 1789 Legationssekretär, März 1791 Geschäftsträger, Dezember 1791 außerordentlicher Gesandter und bevollmächtigter Minister in Berlin, 1794 in Stockholm, 1797 Rückkehr nach Kopenhagen, Staatssekretär der auswärtigen Angelegenheiten und Mitglied des Geheimen Conseil, 1800 Minister der auswärtigen Angelegenheiten, 1806 Hochzeit mit Elise Reichsgräfin von Dernath (1789–1867), 1810 Rücktritt als Minister der auswärtigen Angelegenheiten, 1811 außerordentlicher Gesandter und bevollmächtigter Minister in Wien, Ende 1815 Rückkehr nach Kopenhagen, 1817 außerordentlicher Gesandter und bevollmächtigter Minister in Berlin, 1818 Übertritt in preußische Dienste, Minister der auswärtigen Angelegenheiten, 1832 Rücktritt aus gesundheitlichen Gründen.
[2] Carl Sigismund Franz Freiherr vom Stein zum Altenstein (1770–1840), Minister der Geistlichen, Unterrichts- und Medizinal-Angelegenheiten.
[3] Vgl. Carl Sigismund Franz Freiherr vom Stein zum Altenstein an Christian Günther Graf von Bernstorff, 31. Dezember 1824, in: GStA PK III. HA MdA III. Abt. Nr. 18722.
[4] L. Ranke, Geschichten; L. Ranke, Kritik.

vielleicht sind sie so glücklich, Euer[d] Excellenz zu überzeugen, daß auf dem eingeschlagenen kritischen Weg, wofern nur die rechten Materialien gefunden werden, etwas Nützliches und Gutes erreicht werden kann. Dieß und die Gnade Euer[e] Excellenz ist, was ich wünsche.

Euer[f] Excellenz
unterthänigster
Dr. Leopold Ranke
Oberlehrer.

[d] In der Vorlage: „Ew“.
[e] In der Vorlage: „Ew.“.
[f] In der Vorlage: „Ew“.

Nr. 253

Leopold Ranke an Karl Benedikt Hase[a][1]

V: GSA 108/2218 (eigenhändig)
D: Hase, Brückenschlag nach Paris, S. 219–221

Frankfurt a⟨n⟩ d⟨er⟩ O⟨der, Ende Januar 1825.⟩[b]

Mein verehrter Herr;
Ich würde mich kaum getrauen, aus dieser Entfernung und Obscurität Sie mit einer Bitte anzugehen, hätte mir nicht der Herr Geh⟨eime⟩ Oberregierungsrath Schöll[2], diesen Brief Ihnen zu senden und ihn so gleichsam

[a] Adresse: „An Herrn Hase, |Membre de l'Académie |des incriptions et belles Lettres"; Vermerk: „mit 2 Büchern in I. |durch Güte".

[b] Ortsangabe unter dem Text links; der Teil des Briefes mit dem Entstehungsdatum verloren, als Datum des Eingangs oder der Beantwortung des Briefes über dem Text von der Hand Hases vermerkt: „6 Févier.".

[1] Karl Benedikt Hase (1780–1864), Sohn von Christian Heinrich Hase (1731–1791), Superintendent in Allstedt, und Auguste Regina Christine Hase, geb. Wolf (1749–1798), Urenkel von Johann Benedikt Carpzow (1639–1699), Professor für Orientalische Sprache in Leipzig; 1791 Gymnasium in Weimar, Frühjahr 1798 Studium der Theologie und Philosophie in Jena, Herbst 1798 in Helmstedt, 1800 in Jena, September 1801 Reise nach Paris, Bekanntschaft mit Alexander von Humboldt, Ablehnung einer Stelle als Hauslehrer der Kinder von Wilhelm von Humboldt, 1805 Anstellung im Département des manuscrits der Bibliothèque Impériale in Paris, 1811 Reise mit Alexander von Humboldt nach Wien, Bekanntschaft mit Bartholomäus Kopitar, 1812 Erzieher der Söhne von Hortense Eugenie Beauharnais, Napoleon Louis und Charles Louis Napoleon, 1815 Lehrbeauftragter, 1816 Professor der griechischen Paläographie und neugriechischen Sprache an der École des Langues Orientales, 1824 Mitglied der Académie des Inscriptions et Belles-Lettres, 1829 Herausgeber des „Thesaurus Linguae Graecae", 1830 Professor der deutschen Sprache und Literatur an der École polytechnique, 1832 Administrateur im Département des manuscrits der Bibliothèque Impériale in Paris, 1837 Reise nach Athen, 1839 Reise nach Algier, 1843 Conservateur-en-Chef im Département des manuscrits der Bibliothèque Impériale, 1847 Président de l'École des Langues Orientales, 1849 Kommandant der Ehrenlegion, 1849 Pour le Mérite für Wissenschaft und Künste, 1852 Professor der vergleichenden Grammatik an der Faculté des lettres, Mitglied der Akademien der Wissenschaften in Paris, Berlin, Göttingen, München, Kopenhagen, Stockholm und St. Petersburg.

[2] Maximilian Samson Friedrich Schöll (1766–1833), Sohn von Christian Gottlieb Schöll († 1773), Amtmann in Harskirchen in der Grafschaft Nassau-Saarbrücken, später Regierungsrat in Saarbrücken, und Elisabeth Katharina Schöll, geb. Weyland (1744–1789), 1773 Gymnasium in Bouxwiller (Elsaß), 1781 Studium der Philologie, Geschichte und der Rechte in Straßburg, 1788 Hofmeister der livländischen Familie von Kroock, Reisen nach Deutschland, Italien und Rußland, 1791 Mitglied des Departementsrats des Elsasses, 1792 wegen seines Protestes gegen die Dekrete vom 10. August 1793 proskribiert, 1793 Flucht aus Frankreich, Aufenthalt in Weimar bei seinem Onkel Philipp Christian Weyland (1765–1843), Geheimer Sekretär Herzogs Carl August von Sachsen-Weimar-Eisenach (1757–1828), 1794 Leiter der von Georg Jakob Decker (1765–1819), dem Schwager von Johann Carl Philipp Spener, errichteten Südpreußischen Hofbuchdruckerei und Redakteur der Südpreußischen Zeitung in Posen, 1795 Teilhaber der Buchhandlung und Buch-

in seinen Schutz zu nehmen, zugesagt. Den Brief begleiten zwey Bücher, die ich vor Kurzem herausgegeben,[3] die ich Sie bitte gütig aufzunehmen, und für die ich Sie freylich zu interessiren wünschte. Meine Intention geht nemlich auf eine von Grund aus neue Darstellung des Anfangs der neueren Geschichte. Hiezu sind mir nicht sowohl gleichzeitige Geschichtschreiber, als originale Relazionen, Memoiren, und Briefe der handelnden, theilnehmenden Personen nothwendig. Nun weiß ich, daß sich deren, wie zu Wien zu Rom, so auch besonders zu Paris finden.[4] In der französischen Geschichte von Garnier[5] sehe ich mancherley Manuscripte aus den Sammlungen von Fontanieu[6] und von Bethune[7] angeführt, aber nicht so durchaus benutzt, daß nicht eine neue Durchsicht derselben zu meinem Zweck mir höchst wünschenswerth vorkommen sollte. In der venezianischen[8] von H⟨err⟩n Grafen Daru[9] finde ich mehrere wichtige Manuscripte aus der

druckerei von Georg Jakob Decker (1765–1819), in Basel, Hochzeit mit Margaretha Barbara Haussmann (1776–1822) aus Colmar, 1796 Leiter, 1801 Besitzer der Buchhandlung und Buchdruckerei von Georg Jakob Decker in Basel, 1803 Buchhändler und Verleger in Paris, unter anderem Herausgeber der „Voyage en Amérique" Alexander von Humboldts, 1814 Verkauf seiner Buchhandlung, Eintritt in preußische Dienste, auf Verwendung von Alexander von Humboldt bei der preußischen Gesandtschaft, während des Aufenthalts Friedrichs Wilhelms III. in Paris mit dem Charakter eines Hofrats im Königlichen Kabinett für die Französische Correspondenz zuständig, ab März 1815 in dieser Funktion in Wien, ab Juni 1815 erneut in Paris, November 1815 Legationsrat, September 1816 Teilnahme am Kongreß in Aachen, April 1819 Abreise von Paris, Juni 1819 Geheimer Oberregierungsrat und Vortragender Rat im Staatskanzleramt, November 1819 zugleich Mitglied des Oberzensur-Collegiums in Berlin, Teilnahme an den Kongressen in Teplitz, Troppau, Laibach und Verona, nach dem Tod Hardenbergs 1822 Vorbereitung der Veröffentlichung der Erinnerungen des Staatskanzlers, die später Leopold Ranke herausgab, 1824 von Friedrich Wilhelm III. mit der Abfassung einer Geschichte der Preußischen Politik seit dem Tod Friedrichs II. beauftragt, 1830 Übersiedlung nach Paris (vgl. ELAB Berlin, Dreifaltigkeit, Bestattungen 1822).

3 L. Ranke, Geschichten, und L. Ranke, Kritik.

4 Vgl. Nr. 246.

5 Jean-Jacques Garnier (1729–1805), Professor der hebräischen Sprache am Collège de France, 1762 Mitglied der Académie des Inscriptions et Belles-Lettres; bei dem angesprochenen Werk handelt es sich um die von Garnier verfaßten Bände der von Paul François Velly (1709–1759) begonnenen und von Claude Villaret (1715–1766) fortgesetzten „Histoire de France, depuis l'établissement de la Monarchie, jusqu' au regne de Louis XIV", die in 31 Bänden von 1770 bis 1786 in Paris erschien. Garnier stellt in den Bänden aus seiner Feder die Zeit der französischen Könige von Ludwig XI. (1423–1483) bis zu Karl IX. (1550–1574) dar.

6 Gaspard Moïse Augustin de Fontanieu (1693–1767), Marquis de Fiennes et de Fontanieu, Intendant von Grenoble, conseiller d'État et contrôleur général des meubles de la couronne.

7 Wohl Philippe de Béthune, Comte de Belles (1561–1649), dessen Nachlaß sich in der Bibliothéque Nationale in Paris befindet, Bruder von Maximilien de Béthune, Baron de Rosny, Duc de Sully (1560–1641), Minister von König Heinrich IV. von Frankreich, Marschall von Frankreich.

8 P. Comte Daru: Histoire de la République de Venise. 7 Bde., Paris 1819.

9 Pierre Antoine Noël Bruno Comte Daru (1767–1829), französischer Geschichtsschreiber.

Königl⟨ichen⟩ Bibliothek zu Paris angeführt, aber nicht benutzt. Herrn Rosmini[10] hat man zum Behuf einer Geschichte Johann Jacob Triulzios[11], die ganz in meinen Zeitraum schlägt, bedeutende – von ihm jedoch nur theilweis gebrauchte – Schätze aus Paris mitgetheilt. In Fontette[12] werden endlich viele bedeutende, alte, noch von Niemand genutzte, gedruckte Relazionen angeführt, die ich einzusehen sehr wünschen muß.

Mein verehrter Herr, wofern nun beykommende Bücher Ihnen in so weit gefallen sollten, daß Sie für die Zukunft etwas Erträgliches vom Verfasser erwarteten, so würde ich auf eine Beantwortung folgender Fragen hoffen: 1., ob die von mir so eben bezeichneten Drucke und Manuscripte noch vorhanden? 2., ob nicht noch Andere, welches wohl gewiß ist, – und welche dieß vornehmlich sind? – Ich bitte Sie sehr, meine Unbescheidenheit mit meinem großen Bedürfniß zu entschuldigen⟨.⟩ 3., ob es wohl möglich ist, daß mir diese Sachen zugesandt werden, denn dafür will sich das Kön⟨iglich⟩ Preußische Staatsministerium [c]in eignem Namen[c] verwenden⟨.⟩ 4., wo aber nicht, ob es wohl räthlich ist, daß ich mich selbst eine Zeitlang nach Paris begebe.

Nochmals bitte ich Sie, meine Bitten mit dem Zutrauen zu entschuldigen, das ein Deutscher auch mitten unter Fremden zu einem Deutschen[d] fühlt, zu einem besonders dessen Namen er schon längst ⟨…⟩[e]

Mein verehrter Herr,
Ihr ergebenster Diener
Leopold Ranke, Dr.

[c–c] In der Vorlage unterstrichen.

[d] In der Vorlage nur obere Teil des Wortes erhalten.

[e] Papierverlust in der Länge von etwa zwei Worten

[10] Giovanni Carlo de Rosmini (1759–1827), Sohn von Nicoló Domenico de Rosmini (1710–1766) aus Rovereto und Veronica Rosmini, geb. Carpentari, Hauslehrer, 1776 Studium der Philosophie am Collegium für Adelige in Innsbruck, Rückkehr nach Rovereto, 1782 Academie degli Agiati in Rovereto, 1790 Forschungsreise nach Trento, 1803 Übersiedlung nach Mailand; er veröffentlichte unter anderem: Vita d' Ovidio, 2 Bde. Ferrara 1789; Vita di Seneca. Roveredo 1796; gestützt auf die Bibliothek des Marchese Gian Giacomo Trivulzio: Idea dell' ottimo precettore nella vita e disciplina di Vittorio da Feltre e de suoi discepoli. 2 Bde., Bassano 1804; Vita e disciplina die Guarino Veronese. 3 Bde., Brescia 1805; Vita di Filelfo da Tolentino. 3 Bde., Milano 1808; Istoria di Milano. 4 Bde., Mailand 1815–1820; Della vita e de' fatti di Guidobaldo I. da Montefeltro duca d' Urbino, Mailand 1821.

[11] Gian Giacomo Trivulzio, Marchese di Vigevano (1441–1518), Condottieri, Marschall von Frankreich, Statthalter von Mailand; bei dem hier angesprochenen, mit zahlreichen Kupferstichen ausgestatteten Buch handelt es sich um: Carlo de Rosmini: Dell' istoria intorno alle militari impresi e alla vita del celebre generale Gian Iacopo Trivulzio detto Il Magno. 2 Bde., Mailand 1815.

[12] Charles Marie Fevret de Fontette (1710–1772), französischer Geschichtsschreiber, leitete ab 1768 die Neubearbeitung der 1719 erstmals von Jacques Lelong (1665–1721) vorgelegten Bibliothéque historique de la France, contenant le catalogue des ouvrages imprimés et manuscrits qui traitent de l'histoire de ce royaume, ou qui y ont rapport, avec des notes critiques et historiques.

Nr. 254

Das Ministerium der Geistlichen, Unterrichts- und Medizinal-Angelegenheiten an Leopold Ranke[a]

V: GStA PK I. HA Rep. 76 V f Litt. R Nr. 10 Bd. I (Konzept)
A: GStA PK VI. HA Nl Hoeft Nr. 2 (Abschrift der Ausfertigung)
G: GStA PK Rep. 92 L. v. Ranke 13 (Ausfertigung; nicht erhalten)

Berlin, den 31ten Januar 1825.[b]

Das Ministerium dankt Ihnen hiedurch verbindlichst für die[c] Mittheilung der von Ihnen verfaßten Geschichten der romanischen und germanischen Völker und Ihrer Kritik neuerer Geschichtschreiber. Mit einem besonderen Interesse hat dasselbe nähere Kenntniß von diesen Schriften genommen, in welchen Sie eine für Ihre Jahre und Ihre den historischen Studien so[d] wenig günstige Lage[e] ungemeine Gelehrsamkeit[f], gereifte Beurtheilungskraft und ächt historischen Sinn und daneben[f] [g] beifallswerthe Gesinnungen[h][1] entwickelt, und die Quellen der von Ihnen behandelten Geschichten mit Scharfsinn und Genauigkeit geprüft haben. Den von Ihnen geäußerten Wunsch, in eine günstigere Lage versetzt zu werden, wird das Ministerium [i]gerne[i] berücksichtigen, und darauf Bedacht nehmen, daß Sie in ein Dienstverhältniß kommen, in welchem Sie sich ganz und ungestört den historischen Forschungen widmen, und Ihr nicht zu verkennen-

[a] Adresse: „An | den Oberlehrer Herrn Dr. Ranke | zu Frankfurt a/O"; Journal-Nummer: „U. 1675"; auf dem Konzept neben mehreren Paraphen die Unterschriften von Johannes Karl Hartwig Schulze, 4. Februar 1825, und Carl Albert Christoph von Kamptz, 4. Februar 1825.

[b] Orts- und Datumsangabe in der Vorlage über dem Text links, als „Berlin p" auch links unter dem Text; in der Ausfertigung laut der Abschrift von Hoeft mittig unter dem Text; Poststempel laut Hoeft: „Berlin 12. Febr.".

[c] In der Vorlage folgt ursprünglich: „gefällige".

[d] Nachträglich in den Text eingefügt.

[e] In der Vorlage folgt ursprünglich: „eine".

[f–f] In der Vorlage nachträglich eingefügt.

[g] In der Vorlage folgt ursprünglich: „und eine".

[h] In der Vorlage ursprünglich: „Gesinnung".

[i–i] In der Vorlage nachträglich eingefügt.

[1] Vgl. Nr. 238.

des[j], bei weiteren gleich sorgfältigen Studien zu großen Erwartungen berechtigenden[j] Talent weiter entwickeln können. Das Ministerium wird vielleicht bald im Stande seÿn, Ihnen in dieser Hinsicht das Nähere zu eröffnen.

Ministerium p[k]
Altenstein⟨.⟩[1 2]

[j–j] In der Vorlage nachträglich eingefügt.

[k] In der Ausfertigung laut der Abschrift von Hoeft: „der Geistlichen⟨,⟩ Unterrichts⟨-⟩ und Medizinal-Angelegenheiten".

[1] Paraphe; in der Ausfertigung laut der Abschrift von Hoeft: Unterschrift.

[2] Carl Sigismund Franz Freiherr vom Stein zum Altenstein (1770–1840), Minister der Geistlichen, Unterrichts- und Medizinal-Angelegenheiten.

Nr. 255

Christian Günther Graf von Bernstorff[1] an Leopold Ranke[a]

V: GStA PK III. HA MdA III. Abt. Nr. 18722 (Konzept)

Berlin⟨,⟩ den 1⟨.⟩ Februar 1825⟨.⟩[b]

Euer[c] p⟨.⟩ bitte ich für die gefällige Uebersendung der mit Ihrem Schreiben vom 30te⟨n⟩ v⟨origen⟩ M⟨onats⟩[2] mir zugekommene [d]mir sehr interessanten Werkes[d][e][3] meinen verbindlichsten Dank und zugleich die Versicherung meiner aufrichtigen Hochschätzung zu empfangen.

Berlin p.
n⟨omen⟩ S⟨einer⟩ Ex⟨cellenz⟩
Bernstorff⟨.⟩[f]

[a] Adresse: „ An den Oberlehrer, | H. Dr. Ranke Wohlgeboren | zu | Frankfurt a/O.“; Journal-Nummer: „P 214.“.

[b] Orts- und Datumsangabe in der Vorlage über dem Text links.

[c] In der Vorlage: „Ew“.

[d–d] In der Vorlage nachträglich handschriftlich ergänzt.

[e] In der Vorlage ursprünglich: „Schriften“.

[f] Paraphe.

[1] Christian Günther Graf von Bernstorff (1769–1835), Minister der auswärtigen Angelegenheiten.

[2] Nr. 252.

[3] L. Ranke, Geschichten; L. Ranke, Kritik.

Nr. 256

Karl Benedikt Hase[1] an Leopold Ranke

V: GSA 108/2218 (Konzept)[a]

⟨Paris, nach dem 6. Februar 1825.⟩

Mit mein' Bitte um Verzeihung wegen der verzögerten[b] Antwort auf Ihren wohlwollenden[c]⟨,⟩ mir leider etwas spät zugekommenen Brief[2] genehmigen[d] Sie[e] zugleich, verehrtest' Herr, den[f] höflichen Dank für Ihre zwei mir gütig übersendeten Werke[3]. Beide habe ich mit eben so viel Antheil als Vergnügen[g] u⟨nd⟩[h] Nutzen gelesen.[i] Als[j] Philolog u⟨nd⟩[k] leider in der Geschichte[l] neuerer Zeit wenig⟨er⟩ bewandert [m] als ich[n] seyn sollte, darf ich mir zwar nur schüchtern ein Urtheil über gehaltvolle Schriften[o] erlauben,[p] deren Gegenstand die[q] uns näheren Jahrhunderte ist; aber mir wenigstens scheint, dass ich ⟨...⟩[r]nem ähnlichen Werke die Ergebnisse des[s] genauesten Quellenstudiums mit so vielem[t] Scharfsinn[u] gesichtet u⟨nd⟩ auf eine so treffende Weise zusammengestellt gesehen hätte, wie in dem Ihrigen.

[a] Das Konzept befindet sich auf der Rückseite von Brief Nr. 253.
[b] Ursprünglich: „verspäteten".
[c] Ursprünglich: „gütigen".
[d] Ursprünglich: „empfangen"
[e] Ursprünglich folgte hier: „auch".
[f] Ursprünglich wohl: „meinen".
[g] Nachträglich eingefügt.
[h] Nachträglich eingefügt.
[i] Ursprünglich folgte: „Was darf ich mir,".
[j] Ursprünglich folgte: „Hellenist und".
[k] Ursprünglich folgte: „d⟨er⟩".
[l] Ursprünglich folgte: „der Zeit".
[m] Ursprünglich folgte: „ist".
[n] Ursprünglich: „es".
[o] Ursprünglich: „Werke".
[p] Ursprünglich folgte: „doch".
[q] Ursprünglich: „neuere Geschichte und".
[r] Papierverlust; wohl: „⟨in kei⟩".
[s] Ursprünglich: „eines".
[t] Ursprünglich: „vieler".
[u] Ursprünglich: „Kritik".

[1] Karl Benedikt Hase (1780–1864), Professor für Neugriechisch und griechische Paläographie an der École des Langues Orientales.
[2] Nr. 253.
[3] L. Ranke, Geschichten; L. Ranke, Kritik.

Besonders geben die einzelnen Züge, aus gleichzeitigen Schriftstellern gezogen, der Erzähung eben so viel Reitz, als sie für Sittengeschichte belehrend sind.[a] Die alte Zeit Italiens u⟨nd⟩ Teutschlands, unter Maximilian[4] u⟨nd⟩ dem bösen Alexander[5], tritt wahr u⟨nd⟩ lebendig vor des Lesenden Augen.

Was nun aber die Fragen anbelangt, die Sie an mich richten, u⟨nd⟩[b] wofür ich Ihnen, als einen Beweis Ihres gütigen Zutrauens, herzlich danke, so ist es schwer, sie[c] unbedingt[d] zu beantworten. Dass fast[e] alles[f] noch[g] in Paris zu finden sei, was[h] Graf Darü[6] daselbst[i] gebraucht hat⟨,⟩ so[j] wie[k] oder was[l] Lelong[7], oder sein späterer[m] Herausgeber Fontette[8], als hier[n] befindlich anführen, leidet wohl[o] keinen Zweifel.[p] Demungeachtet aber rate ich Ihnen nicht[q], darauf anzutragen, dass[r] diese Schriften von hieraus nach Berlin gesendet würden. Denn erstens ist[s] diess, wenigsten so viel ich weiss, noch nie geschehen, zweitens, selbst wenn[t] das Königl⟨iche⟩ Preussische Staatsministerium[u] in eigenem Namen,[v] in's Mittel träte, würde es[w] doch gewiss, von dem hiesigen Ministerium der Auswärtigen Angelegenheiten

[a] Ursprünglich folgte: „So die “.
[b] Nachträglich eingefügt.
[c] Nachträglich eingefügt.
[d] Ursprünglich folgte: „darauf“.
[e] Nachträglich eingefügt.
[f] Nachträglich eingefügt.
[g] Ursprünglich folgte: „auf uns“.
[h] Ursprünglich folgte ein Wort, durch Streichung unleserlich.
[i] Nachträglich eingefügt.
[j] Nachträglich eingefügt.
[k] Nachträglich eingefügt.
[l] Ursprünglich: „Fontette, Lelong“.
[m] Ursprünglich: „neuerer“.
[n] Ursprünglich: „daselbst“.
[o] Nachträglich eingefügt.
[p] Ursprünglich folgte: „Dass Sie aber darauf antrügen“.
[q] Ursprünglich: „keinesweges“.
[r] Ursprünglich folgte: „Ihnen“.
[s] Ursprünglich folgte: „das“.
[t] Ursprünglich folgte ein Wort, durch Streichung unleserlich.
[u] Ursprünglich folgten wohl vier Worte, durch Streichung unleserlich.
[v] Ursprünglich folgte: „dafür“.
[w] Nachträglich eingefügt.

[4] Maximilian I. (1459–1519), Kaiser des Heiligen Römischen Reiches Deutscher Nation.
[5] Papst Alexander VI. (1431–1503).
[6] Pierre Antoine Noël Bruno Comte Daru (1767–1829), französischer Geschichtsschreiber.
[7] Jacques Lelong (1665–1721), französischer Geschichtsschreiber.
[8] Charles Marie Fevret de Fontette (1710–1772), französischer Geschichtsschreiber.

hinüber[a] zu dem des Innern[b], unter dem wir stehen, u⟨nd⟩ von diesem abwärts[c] durch eine Menge Behörden hindurch[d] bis zu dem Abbé[9], der in dieser ungeheueren Masse von Schriften[e] allein Bescheid weiss,[f] am Ende[g] darauf hinauslaufen, dass das Wenige,[h] nach grossen Weitläufigkeiten übersandte, Ihnen schwerlich zu etwas nüzte[i]. Das einzige also, wozu ich[j] rathen kann, ist eine Reise hieher.[k] Mir gerade, aus vielen Gründen, unter andern, weil ich mit[l] den in neueren Sprachen geschriebenen Handschriften gar nichts zu thun habe, [m]würde es[n] mir leider[m] unmöglich seyn⟨,⟩ Ihnen unmittelbar so zu nützen, wie sehr ich es[o] hellenischen oder eigentlichen Philologen kann[p]; [q] denn über griechische u⟨nd⟩ lateinisch-klassische Handschriften habe ich freie Hand. Aber dennoch bin ich überzeugt, dass ein Aufenthalt von[r] zwei oder drei Monaten in Paris[s] [t], auf der Biblothek und vielleicht noch mehr in den hiesigen Archiven,[t] Ihre trefflichen Arbeiten[u] [v]fördern[v] u⟨nd⟩ von größtem Nutzen seyn würde; u⟨nd⟩ [w]Sie können versichert seyn[w] ⟨,⟩ dass ich[x] alles thun werde⟨,⟩ was mir in meinem Bereich möglich ist, um Ihnen ⟨...⟩[y]

[a] Nachträglich eingefügt.
[b] Ursprünglich folgte: „hinüber".
[c] Ursprünglich folgte: „bis".
[d] Ursprünglich folgte: „die Erlaubniss so".
[e] Es folgt ein Wort, dessen Lesung unklar.
[f] Ursprünglich folgte: „es".
[g] Ursprünglich folgte: „doch".
[h] Ursprünglich folgte: „was".
[i] Ursprünglich: „nützen könnte".
[j] Ursprünglich folgte: „Ihnen rathen kann".
[k] Ursprünglich folgte: „Zwar würde es gerade mir".
[l] Ursprünglich folgte ein Wort, durch Streichung unleserlich.
[m-m] In der Vorlage nachträglich eingefügt.
[n] Urspünglich folgte: „leider".
[o] Ursprünglich folgte: „ich es wohl" und drei weitere Worte, durch die Streichung unleserlich.
[p] Nachträglich eingefügt.
[q] Ursprünglich folgte ein Wort, durch Streichung unleserlich.
[r] Ursprünglich folgten ein Wort und ein Kürzel, unleserlich, gestrichen.
[s] Ursprünglich folgte: „Ihnen erspriesslicher dafür".
[t-t] In der Vorlage nachträglich eingefügt.
[u] Ursprünglich folgte ein Wort, durch Streichung unleserlich; auch das neu eingefügte Wort nicht eindeutig lesbar.
[v-v] In der Vorlage nachträglich eingefügt.
[w-w] In der Vorlage nachträglich eingefügt.
[x] Ursprünglich folgte ein Wort, durch Streichung unleserlich; das Wort darüber ebenfalls gestrichen und so unleserlich.
[y] Rest dieser sowie der folgenden Zeile verloren.

[9] Nicht ermittelt.

sich mit ihm über alles dieses⟨,⟩ [a]mich ihm[b] empfehlend[a]; es ist ein ausgezeichneter, die Wissenschaften liebender Mann, der auch mich mit sein' Freundschaft beehrt, u⟨nd⟩ der Paris,[c] [d]so wie[d] alle unsere hiesigen Verhältnisse genau[e] kennt. Wahrscheinl⟨ich⟩ theilt er meine Ansichten[f] und kann[g]⟨,⟩ entschliessen Sie sich zu ein' Reise[h],[i] auch dazu[j] auf mannigfache Weise behilflich seyn.

Diess, verehrtest' Herr, ist ungefähr, was ich Ihnen auf Ihr[k] mir eben so angenehmes als ehrenvolles Schreiben[10] zu antworten vermag.[l] [m]Kommen Sie nach Paris[m], so suchen Sie⟨,⟩ so früh als möglich, vor Anfang der den ersten September beginnenden sechswöchentlichen Ferien einzutreffen, während welch' die Benutzung der Bibliothek grosse Schwierigkei-[n]

[a–a] In der Vorlage nachträglich eingefügt.
[b] Es folgt ein unleserliches Wort.
[c] Ursprünglich: „u⟨nd⟩".
[d–d] In der Vorlage nachträglich eingefügt.
[e] Ursprünglich: „vollkommen".
[f] Ursprünglich: „Absichten".
[g] Nachträglich eingefügt; das folgende Wort durch Streichung unleserlich.
[h] Ursprünglich folgt: „hieher".
[i] Ursprünglich folgt: „Ihnen".
[j] Ursprünglich folgte: „in vieler" und ein weiteres Wort, durch Streichung unleserlich.
[k] Ursprünglich: „Ihren".
[l] Ursprünglich folgte: „Sollten Sie sich zu einer Reise hieher entschliessen".
[m–m] In der Vorlage nachträglich eingefügt.
[n] Hier endet die Vorlage.

[10] Nr. 253.

Nr. 257

Friedrich Christoph Schlosser[1] an Leopold Ranke

V: VARRENTRAPP, Briefe an Ranke, S. 109–110

Heidelberg, 10. Februar 1825.

Ich danke Ihnen für die gütige Übersendung Ihres Werkes[2], schreibe aber, ehe ich es gelesen habe, weil ich aus Ihrem Brief[3] schließe, daß Ihnen vielleicht daran liegen könnte, es bald angezeigt zu sehen, um Ihnen ein Mittel vorzuschlagen, wie das geschehen kann. Es ist mir unmöglich, mich gegenwärtig außer einem engen Kreise von Beschäftigungen zu bewegen, ich habe aber zu dem Herrn Dr. Bercht[4], der gegenwärtig im Schmidt-

[1] Friedrich Christoph Schlosser (1776–1861), Sohn von Carl Wilhelm Schlosser (1727–1783), Advokat in Jever, und Weike Maria Schlosser, geb. Mehrings (1735–1794), Provinzialschule in Jever, 1794 Studium der Theologie, Philologie, Staatswissenschaften und Geschichte in Göttingen, 1797 Hauslehrer beim Grafen von Bentick-Rhoon, 1798 bei einem Kaufmann in Othmarschen bei Altona, 1800 Hauslehrer beim Kaufmann Georg von Meyer in Frankfurt am Main, 1808 Konrektor an der Provinzialschule in Jever, 1810 Dr. phil. in Gießen, Kollaborator am Städtischen Gymnasium in Frankfurt am Main, 1812–1814 zugleich Professor der Geschichte und der Geschichte der Philosophie am Lyceum Carolinum, 1814 zugleich Stadtbibliothekar, 1817 Professor der Geschichte in Heidelberg, zeitweise Dekan (1820, 1823, 1833, 1839), 1827 Hochzeit mit Louise Henriette Hoffmann (1791–1862), Tochter von Wilhelm Anton Hoffmann (1757–1817), Kaufmann in Bendorf bei Koblenz, 1860 Pour le Mérite für Wissenschaften und Künste; Schlosser, der Lehrer von Georg Gottfried Gervinus und Ludwig Häusser, war vor allem durch seine „Geschichte des 18. und des 19. Jahrhunderts" und seine in zahlreichen Auflagen verbreitete „Weltgeschichte für das deutsche Volk" einer der einflußreichsten Historiker Deutschlands. In späteren Jahren war es geradezu üblich, eine „Heidelberger Schule" der Geschichtswissenschaft von der Berliner, und das hieß immer von Leopold Rankes Richtung der Geschichtswissenschaft, abzusetzen (etwa Franz X. von Wegele: Geschichte der Deutschen Historiographie seit dem Auftreten des Humanismus [= Geschichte der Wissenschaften in Deutschland. Neuere Zeit. Bd. 20]. München / Leipzig 1885); als ihr unterscheidendes Merkmal galt eine besonders enge Verbindung von Geschichte und Politik, der man das Rankesche Streben nach Objektivität entgegensetzte; freilich waren die Grenzen im einzelnen durchaus fließend. Leopold von Ranke war kurz vor Schlossers Tod an dessen Aufnahme in den Orden Pour le Mérite beteiligt. Rankes Nekrolog auf den zeitlebens populäreren Schlosser, 1861 vor der Plenarversammlung der Historischen Kommission in München vorgetragen, ist bisher nicht ermittelt.

[2] L. RANKE, Geschichten; L. RANKE, Kritik.

[3] Nicht ermittelt.

[4] Gottlob Friedrich August Bercht (1790–1861), Sohn von Johann Christoph Valentin Bercht (1749–1800), Pfarrer in Niederwerbig bei Treuenbrietzen, und Johanna Charlotte Bercht, geb. Kypke, 1803 Landesschule in Pforta, 1808 Studium der Philologie und Geschichte in Leipzig, Dr. phil., Hauslehrer bei der Familie des Grafen Friedrich Abraham Wilhelm von Arnim-Boitzenburg (1767–1812) in Berlin, des Schwagers von Heinrich Friedrich Karl Reichsfreiherr vom und zum Stein (1757–1831), 1813 Leutnant im Lützowschen Freikorps, 1814 im Zweiten westpreußischen Infanterie-Regiment, Mitredakteur der „Teutschen Feldzeitung aus Paris", Mitarbeiter des „Rheinischen Merkurs" in Koblenz, 1816 auf Empfehlung von Joseph Görres als Schriftleiter der „Bremer Zeitung"

schen[5] Hause in der Sandgasse in Frankfurt[6] lebt, das Zutrauen, daß er wahr, gründlich und rücksichtslos recensiren werde, wollen Sie ihm in meinem Namen ersuchen oder ersuchen lassen, so werde ich die Anzeige einrücken. Das wird natürlich keine posaunende sein, ich glaube aber, eine gründliche und ernste wird Ihnen für Ihren Zweck viel nützlicher sein. Auf jeden Fall werde ich sie sehr sorgfältig durchlesen, ehe sie eingerückt wird. Wenn Sie indessen warten wollen (leider mehrere Monate), so können Sie darauf rechnen, daß ich das Buch, so bald ich nur kann, lesen werde und, wenn ich viel einzuwenden hätte, Ihnen privatim meine Bemerkungen mitteilen, wenn ich aber nichts oder wenig einzuwenden hätte, die Anzeige selbst machen werde.[7] Wie sehr ich wünschte, Ihr Buch gleich aufmerksam lesen zu können, dürfen Sie daraus schließen, daß ich auf die flüchtige blätternde Einsicht hin Sie bitte, wenn Sie einmal Lust haben, gründliche Anzeige oder Kritik eines Buches auszuarbeiten, dieses mir doch für die Jahrbücher[8] mitzuteilen. Wegen des Honorars halten Sie sich aber gefälligst an Oswald[9], ich habe nichts mit der Sache zu tun, als daß ich gute historische Kritiken aufzutreiben suche, das Andere ist Sache meines Kollegen.

mit dem Titel „Professor" im Dienst der Freien und Hansestadt Bremen, 1819 Entlassung, Privatier in Bremen, 1823 Leitung eines „Töchterinstituts" (ADB) in Frankfurt am Main, 1830–1835 gemeinsam mit Friedrich Christoph Schlosser Herausgeber des „Archivs für Geschichte und Literatur", 1844 Herausgeber des von der preußischen Regierung subventionierten „Rheinischen Beobachters" in Köln, 1848 Privatier in Neuwied und Koblenz (vgl. ELAB Niederwerbig, Trauungen 1781; Hoffmann, Pförtner Stammbuch, Nr. 8276, S. 326–327; Pfarrerbuch Kirchenprovinz Sachsen, Bd. 1, S. 292; Fischer, Pfarrerbuch Mark Brandenburg, Bd. II/1, S. 46); Bercht hat die Landesschule in Pforta zwar vor dem Eintritt Leopold Rankes verlassen, dürfte aber als Leutnant im Lützowschen Freikorps Karl Friedrich Schmidt, dessen Untergeselle Ranke war (vgl. Nr. 1), gut gekannt haben.

[5] Wohl Johann August Schmidt (1753–1816), Arzt in Frankfurt am Main und preußischer Hofrat.

[6] Vgl. Frankfurter Jahrbücher, 3. Band, No. 33, 12. März 1834, S. 1.

[7] Sie erschien 1830 im zweiten Band des von Schlosser und Bercht herausgegebenen „Archiv für Geschichte und Literatur" und teilte die verbreitete Kritik an Rankes historiographischer Sprache.

[8] Heidelberger Jahrbücher der Literatur, die seit 1808 erschienen (vgl. Lothar Gall: Die Heidelberger Jahrbücher. Geschichte und Neubegründung, in: Zeitschrift für die Geschichte des Oberrheins 111 [1963], S. 307–331).

[9] August Oswald († nach 1836), Buchhändler und Verleger in Heidelberg und Speyer, in dessen Verlag die Heidelberger Jahrbücher ab 1820/21 erschienen.

Nr. 258

Leopold Ranke an Johann Carl Philipp Spener[1]

V: olim SBB Varnhagenpapiere; heute Krakau (eigenhändig)
D: WIEDEMANN, Ranke und Varnhagen, S. 198

Frankfurt a⟨n der⟩ O⟨der,⟩ 12t⟨er⟩ Februar 1825.[a]

P⟨.⟩ P.
Ich wünschte sehr, den Verfasser des Artikels über die von mir herausgegebnen Schriften in dem heutigen Zeitungsstück zu erfahren: um ihm für die denselben bewiesne Aufmerksamkeit danken zü können. Ist es nicht wider das Herkommen Ihres Blattes, so bitte ich ergebenst um baldige Mittheilung des Namens desselben.
Hochachtungsvoll

Dr. Leop⟨old⟩ Ranke.

[a] Orts- und Datumsangabe in der Vorlage unter dem Text links.

[1] Johann Carl Philipp Spener (1749–1827), Sohn von Johann Carl Spener (1710–1756), Buchhändler in Berlin und Begründer der Zeitung „Berlinische Nachrichten von Staats- und gelehrten Sachen", und Sophie Helene Spener, geb. Würful (1728–1799), sowie Urenkel des Pietisten Philipp Jacob Spener (1635–1705); 1769–1772 Reise durch Deutschland, die Schweiz, Italien, Frankreich, England, die Niederlande und Holland, 1772 Geschäftsführer der „Berlinischen Nachrichten" sowie der „Haude- und Spener'schen Buchhandlung" in Berlin, die 1748 durch die Vereinigung der Buchhandlung Johann Carl Speners mit der Buchhandlung seines Schwagers Ambrosius Haude (1690–1748) entstanden war, 1780 Hochzeit mit Sophie Charlotte Decker (1760–1847), Tochter von Georg Jakob Decker (1732–1799), Geheimer Oberhofbuchdrucker in Berlin, der die Werke Friedrichs des Großen verlegte, 1813 nach dem Tod des Bruders Christian Sigismund Spener (1753–1813) Übernahme von dessen Buchdruckerei, 1815 Ankauf der „Wegner'schen Offizien", zum 1. Januar 1827 Verkauf des Buchverlags an Julius Siegfried Josephy (1792–1856) sowie der Zeitung und ihrer Druckerei an den Bibliothekar Dr. Samuel Heinrich Spiker (1786–1858); in den Berlinischen Nachrichten von Staats- und gelehrten Sachen, Haude- und Spenersche Zeitung, Nr. 36 vom 12. Februar 1825, war eine sehr positive Rezension der beiden Bücher von Leopold Ranke abgedruckt worden. Diese Besprechung stammte aus der Feder von Karl August Varnhagen, war aber anonym erschienen.

Nr. 259

Ferdinand Ranke[1] an Leopold Ranke

V: GStA PK VI. HA Nl Hoeft Nr. 1 (Abschrift)
G: GStA I. HA Rep. 92 L. v. Ranke Nr. 26 (nicht erhalten)

Halle⟨,⟩ am 15ten Februar ⟨1825⟩.

Geliebtester Bruder,
Wir grüßen Dich recht herzlich, ich und meine geliebte Fanny[2] und die geliebte Mutter[3] und Blancs[4] beyde.
Am Sonnabend[5] bekam ich die Bestätigung für Quedlinburg, als erster Collaborator[6] mit 344 Thaler Gehalt.[7] Ich freute mich sehr darüber. Gott wird nun alles weiter führen, wie er es herrlich angefangen hat. Gestern wollte ich nun mit der Post es nach Hause[8] schicken, da ging ich nach Mittag spatziren und traf Appel[9], der eine Recension Deiner Bücher in der Berliner Spenerschen Zeitung[10] gelesen hatte. Ich bekam sie auch noch Abends, und wie königlich ich mich freute, und wie glücklich ich darüber war, weißt Du, wenn ich Dir auch nicht ein Wort davon sage. Ich schrieb sie nun, um eine unendliche Freude zu Hause zu erregen, ab und schickte sie mit. Es war mein Hauptgedanke dabei, wenn ich doch auch in Wiehe wäre, und könnte die herrliche Freude mit ansehn, die der herrliche Ruhm des allen andern Brüdern[11] vorleuchtenden Bruders[12] erregen würde. Und siehe, wie es schnell erfüllt worden ist. Heute um 11 Uhr kommt ein Brief

[1] Ferdinand Ranke (1802—1876), Bruder Leopold Rankes.
[2] Fanny Pollau (1804–1867), Verlobte Ferdinand Rankes.
[3] Nanette Esther Marguerite Pollau, verw. Juncker, geb. Plantier (1768–1829), Mutter von Fanny Pollau, zukünftige Schwiegermutter von Ferdinand Ranke.
[4] Charlotte Blanc, geb. Juncker (1795–1866), Halbschwester von Fanny Pollau, und ihr Ehemann, Ludwig Gottfried Blanc (1781–1866), Professor der südeuropäischen Sprachen und ihrer Literaturen, zugleich Domprediger in Halle.
[5] 12. Februar 1825.
[6] Laut den Angaben in den Jahrbüchern für Philologie und Pädagogik 1. Jg., 2. Band, 1 Heft, 1826, S. 225, war Ferdinand Ranke ab 1825 Zweiter und nicht Erster Kollaborator am Gymnasium in Quedlinburg; dem entspricht auch die Äußerung Ferdinand Rankes in Nr. 269 über die „beiden gerade über mir stehenden Lehrer der Schule, Schumann und Heynisch".
[7] Zur relativen Höhe dieses Gehaltes vgl. Nr. 98.
[8] Nach Wiehe.
[9] Friedrich Ferdinand Appel (1794–1840), Supernumerar bei der Regierung in Frankfurt an der Oder, seit Ostern 1823 Student in Halle, Freund Leopold Rankes.
[10] Berlinische Nachrichten von Staats- und gelehrten Sachen, Haude- und Spenersche Zeitung, Nr. 36 vom 12. Februar 1825; vgl. Nr. 257.
[11] Heinrich (1798–1876), Ferdinand (1802–1876), Wilhelm (1804–1871) und Ernst Constantin Ranke (1814–1888).
[12] Leopold Ranke (1795–1886).

des Superintendenten Fritsch[13] von Quedlinburg, ich kann Dir gar nicht sagen, wie schön! Zugleich meldet er aber, daß ein Lehrer, der Quartus[14] nehmlich, der eben erst Quartus geworden ist, sehr krank ist, so daß er vor Ostern keine Stunden mehr geben kann; daß also meine Gegenwart schon sehr nöthig ist. Heute ist nun der 15.te Februar, und den 23sten soll ich schon in Quedlinburg sein. Ich habe also keine Zeit zu verlieren, und will morgen gleich nach Wiehe reisen, kann aber freilich nur ein oder zwei Tage dort bleiben, und will dann nach Halle zurückkehren, meine Sachen schnell in Ordnung bringen, und nach Quedlinburg abgehen. Sobald ich nun weiß, was ich zu thun habe, überhaupt sobald ich dahin bin, gebe ich Dir⟨,⟩ geliebtester Bruder⟨,⟩ wieder Nachricht, und bitte in allen Dingen um Deinen Rath. Jetzt mußt Du schon mit diesen kurzen Worten, die ja so viel Erfreuliches für Dich und mich enthalten, zufrieden sein.
Leb recht wohl⟨,⟩ geliebtester Bruder, als Collaborator wieder,

Dein Dich innigst liebender, treuer Bruder
Ferdinand.

[13] Johann Heinrich Fritsch (1772–1829), Superintendent in Quedlinburg.

[14] Gottfried Andreas Schumann (1798–1862), Sohn von Georg Heinrich Schumann (1762–1804), Tuchmacher-Meister in Quedlinburg, und Johanne Elisabeth Schumann, geb. Happich (1761–1837), Gymnasium in Magdeburg, 1815 Freiwilliger Jäger, 1817 Studium der Theologie in Halle, 1820 Examen pro schola für die lateinische, griechische und deutsche Sprache in Halle, März 1821 Erlaubnis unter der Aufsicht von Johann Heinrich Fritsch unentgeltlich Stunden am Gymnasium in Quedlinburg zu geben, September 1821 Lehrer an der Ritterakademie in Brandenburg an der Havel, 1822 Zweiter Kollaborator am Gymnasium in Quedlinburg, Studium der Mathematik, Oktober 1824 Examen pro schola für Mathematik und Physik in Halle, Dezember 1825 Vierter Lehrer am Gymnasium in Quedlinburg, Hochzeit mit Johanna Sophia Luise Fügemann (1802–1848), Tochter von Johann Wilhelm Fügemann (1751–1809), fürstlicher Konsistorial- und Amtsrat, und Johanne Christiane Caroline, geb. Breith, September 1826 Subrektor, 1831 Konrektor und Dritter Lehrer, 1836 vergebliches Gesuch um das Rektorat, 1843 Professor, 1853 Prorektor am Gymnasium in Quedlinburg, Sommer 1862 schwere Erkrankung, Beurlaubung (vgl. Archiv KPS Quedlinburg, St. Nikolai, Bestattungen, 1804 und 1837; Archiv KPS Quedlinburg, St. Servatii, Taufen 1802; Archiv KPS Quedlinburg, St. Servatii, Trauungen, 1825; Archiv KPS Quedlinburg, St. Servatii, Bestattungen, 1809; freundliche Auskunft Karin Keller, Archiv der Martin-Luther-Universität Wittenberg-Halle, 22.9.2014); veröffentlichte unter anderem: Das Wissenswürdigste von den physischen Erscheinungen an den Weltkörpern. 2 Theile. Quedlinburg / Leipzig 1831 / 1833; Neuer, hundertjähriger Kalender vom Jahr 1830 bis 1930. Quedlinburg / Leipzig 1832; Versuch einer Theorie des Erdvulkanismus als Beitrag zur Geologie. Abhandlung. Quedlinburg 1842.

Nr. 260

Leopold Ranke an Heinrich Ranke[1]

V: L. v. RANKE, Lebensgeschichte, S. 138–141 (Druck)

[Frankfurt a. O.]⟨,⟩ am 17. Februar 1825.

Ich bin heute ausdrücklich von Schmelings[2], zu denen ich sonst Donnerstags gehe, weg und zu Haus geblieben, um Dir zu schreiben, lieber Heinrich. Ich hoffe, Du hast mich so lieb, daß Dir die Zeit, welche ich dies nicht gethan, etwas lang geworden ist; ich bemerke mit Schrecken, daß es in den vierten Monat geht.[3]

Zuerst möchte ich freilich wissen, ob Du verheirathet bist oder nicht.[4] Ich halte dafür, Du bist es noch nicht; Du würdest die Hochzeit gewiß auf den Tag aufgeschoben haben, wo unsre Eltern[5] nun vor dreißig Jahren sich verheiratheten[6]. Doch wenn auch Selma[7] noch nicht bei Dir wohnt, so will ich sie gleichwohl beim Anfang bestens grüßen, und alle, die die Deinen sind. (Ich bemerke, daß ich deren nicht habe.)

Dann habe Dank für die schöne Unbefangenheit, mit der Du mein erstes Capitel gelesen hast.[8] Ich glaube zwar, oder ich weiß, daß Dir im vierten eine sehr harte, und im dritte des zweiten Buches, wenn Du bis dahin gedrungen bist, eine allzukühne Stelle aufgefallen sein werden;[9] dafür aber

[1] Heinrich Ranke (1798–1876), Bruder Leopold Rankes, Lehrer an der Bildungsanstalt des Erziehervereins in Nürnberg.

[2] Otto Ludwig Wilhelm von Schmeling (1788–1844), preußischer Major, und seine Ehefrau Dorothee Wilhelmine Schmeling, geb. Jahn (1795–1856).

[3] Vgl. Nr. 234.

[4] Vgl. Nr. 170, Nr. 234 und Nr. 241.

[5] Gottlob Israel (1762–1836) und Friederica Wilhelmina Ranke, geb. Lehmicke (1776–1836).

[6] Der Hochzeitstag der Eltern Leopold und Heinrich Rankes war der 17. Februar 1795 (vgl. SCHULENBURG, Ahnen und Nachkommen, S. 10, sowie Nr. 54 und Nr. 56).

[7] Selma Schubert (1806–1878), Tochter von Gotthilf Heinrich Schubert, Professor für allgemeine Naturgeschichte und Mineralogie in Erlangen.

[8] Vgl. Nr. 241.

[9] An der ersten Stelle heißt es: „In dem entscheidenden Augenblick tritt allemal ein, was wir Zufall oder Geschick nennen, und was Gottes Finger ist" (L. RANKE, Geschichten, S. 139); die zweite Stelle lautet: „Was ist es nun, das die Nationen erhöhet und erniedrigt? Ist es die Entwickelung ihrer Natur, Wachsen und Vergehn, wie eines Menschenlebens? Aber oft wirken äußere Umstände wunderbar zusammen. Ist es die Verknüpfung eben dieser Umstände zu Einem Erfolg? Dann ist in dem Leben kein Sinn, und wir sind wie die Blume, die der Nachtfrost tödtet. Ist es Gott, der nicht allein Schöpfer ist, sondern auch ein Verderber, der an dem Menschen Gefallen und Mißfallen findet?" (ebd., S. 315–316). Heinrich Leo hat in seiner Rezension der „Geschichten" zumal die erste Stelle aufs Korn genommen und sie als „abergläubisch" bezeichnet (vgl. Ergänzungsblätter zur Jenaischen Allgemeinen Literatur-Zeitung, Nr. 17/18, 1828, Sp. 137); Leopold Ranke hat sich gegen dieses Mißverständnis in seiner Erwiderung an Leo gewehrt (vgl. L. v. RANKE, Zur eigenen Lebensgeschichte, S. 665–666). Freilich hat Leopold Ranke in allen seinen weiteren

giebt es andere, die Dich ganz in Anspruch nehmen müssen und eigentlich für Dich sind;[10] Du mußt die einen mit den andern entschuldigen. Ich suche gewiß die Wahrheit und nicht den Wahn; ich suche die Wahrheit mit allen Kräften; ich bin der Allgegenwart Gottes gewiß und meine, man könne ihn bestimmt mit Händen greifen. Ich bin gegenwärtig in einer Stimmung, daß ich mir tausend mal schwöre, mein ganzes Leben in Gottesfurcht und Historie zu vollbringen; das wirst Du mir glauben, mit Deinem Gebet wirst Du mir helfen; Irrthum wird nach und nach schwinden. Ich sehe, welch ein schweres Geschäft die Arbeit meiner Tage sein wird. Laß mich denn glauben, daß auch in dem ersten glücklichen Beginn meines Eintrittes in die Welt Gottes Hand ist.

Im December schickte ich die ersten Exemplare meiner Bücher nach Berlin an Kamptz[11] und Schulze[12]. Am 17. sind sie abgegeben worden. Am 24. bekam ich ein Schreiben von Kamptz[13], voll wahrer und warmer Theilnahme: er erwarte in mir einen Wiederhersteller der Historie, wie ihn diese Wissenschaft bedürfe; er wolle mich, wenn ich nicht abgeneigt sei, bei erster Gelegenheit dem Minister[14] zu einer geschichtlichen Professur vorschlagen; wenn ich historische Manuscripte begehre, werde sie das Ministerium herbeizuschaffen suchen. Du kannst denken, daß ich ihm sogleich antwortete. Den heiligen Abend war ich bei Schmelings und zeigte auch

Werken wohlweislich auf derartige Formulierungen verzichtet. Es ist kennzeichnend, wie er mit beiden Stellen in der zweiten Ausgabe des Erstlingswerks verfuhr: die erste Stelle fiel ganz weg (vgl. Leopold von Ranke's Sämmtliche Werk. Dreiunddreißigster und vierunddreißigster Band. Geschichte der romanischen und germanischen Völker 1494–1514. Zur Kritik neuerer Geschichtschreiber. Leipzig 1874, S. 111); die zweite war jetzt deutlich entschärft: „Was ist es nun, das die Nationen erhöhet und erniedrigt? Ist es die Entwickelung ihrer Natur, Wachsen und Vergehen, wie eines Menschenlebens? Aber oft wirken äußere Umstände wunderbar zusammen. Oder wäre es ein göttliches von vorn herein bestimmtes Verhängniß zum Verderben wie zum Glück?" (ebd., S. 244). Zum Ganzen vgl. Friedrich Baethgen: Zur geistigen Entwicklungsgeschichte Rankes in seiner Frühzeit, in: Werner Conze (Hg.): Deutschland und Europa. Historische Studien zur Völker- und Staatenordnung des Abendlandes. Festschrift für Hans Rothfels zum 60. Geburtstag am 12. April 1951. Düsseldorf 1951, S. 337–353.

[10] Vgl. Nr. 223.

[11] Carl Albert Christoph von Kamptz (1769–1849), Direktor der Unterrichts-Abteilung im Ministerium der Geistlichen, Unterrichts- und Medizinal-Angelegenheiten; der Begleitbrief Rankes an Kamptz konnte nicht ermittelt werden, Kamptz dankte Ranke am 22. Dezember 1824 (Nr. 243).

[12] Johannes Karl Hartwig Schulze (1786–1869), Geheimer Oberregierungsrat und Vortragender Rat im Ministerium der Geistlichen, Unterrichts- und Medizinal-Angelegenheiten, Referent für das Gymnasialwesen; der Begleitbrief Rankes an Schulze datiert vom 5. Dezember 1824 (Nr. 239), Schulze dankte Ranke am 24. Dezember 1824 (Nr. 244).

[13] Nr. 243.

[14] Carl Sigismund Franz Freiherr vom Stein zum Altenstein (1770–1840), Minister der Geistlichen, Unterrichts- und Medizinal-Angelegenheiten; an ihn hatte Leopold Ranke am 5. Dezember 1824 geschrieben (Nr. 238).

ihm den Brief. Am ersten Weihnachtstage schrieb ich.[15] Am zweiten antwortete er mir,[16] er wünsche dringend, mich in Berlin angestellt zu sehen (ich hatte gesagt, da werde es mir am liebsten sein, wo sich die größte Bibliothek finde); doch sei es wegen der finanziellen Verhältnisse etwas schwierig. Kurz darauf schrieb mir Schulze in demselben Sinn:[17] wenn ich eine Professur wünsche, werde er als Referent in meiner Sache alles thun, was sich thun lasse. Ich ließ darauf das neue Jahr nicht herankommen, ohne einen ausführlichen Bericht an das Ministerium ergehen zu lassen, welche historischen Handschriften ich vorzugsweise zu haben wünsche.[18] Bereits vom 31. December waren auch die Schreiben datirt, die ich in der Mitte des Januars abschriftlich empfing,[19] worin der Minister sich bei dem auswärtigen Ministerium verwendet und in seinem Namen um die Mittheilung der von mir namhaft gemachten Handschriften aus Berlin, Wien, München, Zürich, Bern, Paris und Rom bittet.[20] Zur Fortsetzung meines Buches, das ohne solche Mittheilungen gar nicht fortzusetzen ist, wird es mir nun höchst nützlich sein, wenn ich nur einiges empfange; (der Geh⟨eime⟩ Ober⟨-⟩Reg⟨ierungs-⟩Rath Schöll[21] schreibt mir,[22] von Paris sei nichts zu erwarten, und wolle ich etwas haben, so müsse ich selbst dahin, was auch nicht allzuschwer sei, da man mir wohl eine Unterstützung zukommen lassen werde; doch hat dieser Schöll hierüber nichts zu sagen). Empfange ich aber alles, so hoffe ich⟨,⟩ ein weit wahreres und besseres Buch zu verfassen, als das gegenwärtige. Ehe ich nicht darüber gewiß bin, lege ich weiter keine Hand an.

Das war nun ein erster Gang meiner Sachen. In denselben Tagen empfing ich auch andere Briefe, die mich sehr bewegten; einen von Herrn von Raumer[23], der zwar mit der Sprache und äußern Fassung dieser Schriften nicht sehr zufrieden ist (mit Recht, obwohl ich den Schaden wo anders suche, als er), aber ihrem Inhalt großes Lob ertheilt.[24] Dieses ist um so tröstlicher für mich, da ich weiß, daß er sich nicht wenig mit eben diesen

[15] Brief nicht ermittelt.

[16] Nr. 245.

[17] Vgl. Nr. 244.

[18] Vgl. Nr. 246.

[19] Begleitbrief nicht ermittelt.

[20] Es handelt sich um ein Schreiben, dessen Ausfertigung sich erhalten hat: Carl Sigismund Franz Freiherr vom Stein zum Altenstein an Christian Günther Graf von Bernstorff, 31. Dezember 1824, in: GStA PK III. HA MdA III. Abt. Nr. 18722, fol 4.

[21] Maximilian Samson Friedrich Schöll (1766–1833), Geheimer Oberregierungsrat und Vortragender Rat im Staatskanzleramt, Mitglied des Oberzensur-Collegiums in Berlin; davor lange Jahre Buchhändler und Verleger in Paris.

[22] Brief nicht ermittelt.

[23] Friedrich Ludwig Georg von Raumer (1781–1873), Professor der Staatswissenschaften und Geschichte in Berlin; Bruder von Karl Ludwig Georg von Raumer (1783–1865), der wie Heinrich Ranke als Lehrer an der Bildungsanstalt des Erziehervereins in Nürnberg wirkte.

[24] Vgl. Nr. 249.

Geschichten beschäftigt hat. Einen von Dir,[25] der mir, wie Du Dir denken kannst, sehr lieb war; aber in dem, worin auch Du, will ich alles Lob suchen, und zur Erkenntniß des lebendigen Gottes, des Gottes unsrer Nationen und der Welt sollen alle meine Sachen gereichen. Ferdinand[26] schrieb mir zu meinem Geburtstag[27] (ihm gefällt besonders der Savonarola[28]),[29] er schickte mir ein schönes Buch und eine Arbeit der herzguten Fanny[30]. Wilhelm[31] hat es sogleich mit vieler Aufmerksamkeit, und gleichsam als ein poetisches Werk, durchgelesen; er hat die besseren Stellen sehr gut getroffen. Doch wie machen mich meine eigenen Sachen so sehr schwatzhaft! Nur dies vernimm noch, daß in der Spenerschen Zeitung zu Berlin vom 12. Februar[32] eine sehr lobpreisende Anzeige gestanden;[33] sie ist von dem Legationsrath Varnhagen von Ense[34], der mir darauf geschrieben,[35] und also wenigstens von einem *Vir laudatus*[36]; und daß mir das Ministerium unter dem 31. Januar geschrieben: „es werde Bedacht nehmen, mich in ein Dienstverhältniß zu bringen, wo ich mich historischen Forschungen ganz ungestört hingeben könne, und hoffe, mir bald das Nähere eröffnen zu können."[37] Es ist mir, als wollten die Thore zu meinem wahren äußern Leben sich endlich eröffnen, als sollte ich auch einmal Flügel regen dürfen. Wenn ich in eine so erwünschte Lage komme, wenn ich in den Denkmalen der neueren Geschichte mein Lebtag forschen kann, will ich Gott unablässig danken. Johann Müller[38] sagt einmal: oben im Himmel müsse es

[25] Nr. 241.

[26] Ferdinand Ranke (1802–1876), Bruder Leopold und Heinrich Rankes.

[27] 21. Dezember; vgl. Nr. 242.

[28] Girolamo Savonarola (1452–1498), Dominikaner, Bußprediger in Florenz; L. Ranke, Geschichten, S. 106–109.

[29] In seinem Schreiben vom 21. Dezember 1824 (Nr. 242) spricht Ferdinand Ranke Savonarola nicht an, dies tat er vielmehr erst in seinem ausführlichen Brief, den er seinem Bruder vom 27. bis 30. Januar 1825 schrieb (Nr. 251).

[30] Fanny Pollau (1804–1867), Verlobte Ferdinand Rankes.

[31] Wilhelm Ranke (1804–1871), Bruder Leopold und Heinrich Rankes, Student in Berlin.

[32] Berlinische Nachrichten von Staats- und gelehrten Sachen, Haude- und Spenersche Zeitung, Nr. 36, 12. Februar 1825.

[33] Vgl. Nr. 258.

[34] Karl August Varnhagen 1785–1858), Geheimer Legationsrat im Ministerium der auswärtigen Angelegenheiten, Schriftsteller und Publizist; Leopold Ranke ist zu diesem Zeitpunkt also wahrscheinlich bereits von Johann Carl Philipp Spener über den Verfasser der anonym erschienenen Kritik informiert worden; ein entsprechender Brief konnte aber nicht ermittelt werden, eventuell da sich Varnhagen unmittelbar an Leopold Ranke gewandt hat.

[35] Brief nicht ermittelt.

[36] Leopold Ranke spielt auf ein Wort Ciceros an (Epistolae ad Familiares, 5.12: „laudari a viro laudato"; vgl. Nr. 261 sowie L. v. Ranke, Tagebücher, S. 172).

[37] Vgl. Nr. 254.

[38] Johannes Edler von Müller zu Sylvelden (1752–1809), Schweizer Geschichtsschreiber.

am Ende auch Archive Gottes geben.[39] – Indeß auf Erden. – Ich studiere jetzt die spätere neuere Geschichte. Wäre ich Moses[40], um in diese Öden zu schlagen und das Wasser, das da gewißlich in der Tiefe ist, hervorrinnen zu machen![41]

Caroline[42] befindet sich wohl: auf den Montag[43] ist ihr Geburtstag, und ich hoffe, Du wirst an sie denken. Die Ahlemann[44] hat neue Leiden mit ihrem Sohn[45], den man von Leipzig entfernen will, doch erträgt sies standhafter als sonst. Noch muß ich Dir von einer sonderbaren Abendunterhaltung erzählen, die ich jetzt habe. Einige junge Damen[46] baten mich im vorigen November, ihnen Geschichtsstunde zu geben. Da sie sich zu den spätesten Abendstunden von 3/4 auf 9 bis 10 bequemten, wo mir ohnedies gut ist, mit jemand zu verkehren, sagte ich zu und habe viel Vergnügen davon. Sie sind ohne Widerrede die besten Schüler, die ich bis jetzt gehabt; auch können sie freilich den ganzen Tag darauf wenden. Die vornehmste ist die verwittwete Generalin Zielinski[47], die Du gesehen haben kannst, als Du noch hier warst, und vielleicht ist Dir ihre schöne Gestalt erinnerlich.

[39] Eventuell eine Anspielung auf den veröffentlichten Brief Johannes Edler von Müller zu Sylvelden an Johann Georg Müller, 14. Dezember 1789, in: Johannes von Müller: Sämmtliche Werke, hrsg. v. Johann Georg Müller, Bd. 5, Tübingen 1810, Nr. 150, S. 295–301. Hier heißt es auf S. 297: „ich möchte lesen und notiren alles was geschehen und verzeichnet worden über die Geschichte der Menschen seit Anfang des Geschlechts, und betrachte alle die Scriptores rerum und Monumenta für das unvollkommene A, B, C meiner nachmaligen Forschung; denn sobald ich in den Himmel komme, werde ich mich nach dem Hauptarchiv der Wege Gottes erkundigen, alsdann von Gestirn zu Gestirn alles compiliren, und nach ein paar Millionen Jahren ein Compendium der Universalhistorie zum Gebrauch der Neuankommenden schreiben. Warum sollte das alles nicht seyn können!"

[40] Moses, jüdischer Prophet; der Vergleich mit Moses bleibt ein Grundmotiv von Leopold Rankes Selbstverständnis (vgl. etwa den Brief vom 5. Dezember 1837 an den Frankfurter Bürgermeister Guaita, in: L. v. Ranke, Neue Briefe, S. 251–252, sowie Leopold Rankes Schlußrede bei seinem fünfzigjährigen Doktorjubiläum, in: Leopold von Ranke, Abhandlungen und Versuche. Neue Sammlung [= Sämmtliche Werke, Bd. 51/52], Leipzig 1888, S. 591); außerdem beschäftigte sich Leopold Ranke in einer seiner letzten Arbeiten mit Moses in den Jüdischen Altertümern des Flavius Josephus (vgl. L. v. Ranke, Weltgeschichte, Bd. 3/II, S. 12–33).

[41] Anspielung auf 2. Mose 17,6.

[42] Caroline Beer (1791–1851), Vertraute Leopold Rankes in Frankfurt an der Oder.

[43] 21. Februar 1825.

[44] Friederike Wilhelmine Ahlemann, geb. Schultze (1772–1843), Direktorin einer höheren Bildungsanstalt für Mädchen in Frankfurt an der Oder, Vertraute Leopold Rankes.

[45] Friedrich Traugott Julius Ahlemann (1804–vor 1879), Student in Leipzig.

[46] Neben der im Folgenden genannten Louise Wilhelmine Antoinette von Zielinski zählte zu diesen Frauen wohl auch Friederike Auguste Huth (1798–1844).

[47] Louise Wilhelmine Antoinette von Zielinski, geb. Wagner (1799–1875), Witwe des Generalmajors Karl Heinrich von Zielinski (1772–1816), spätere Ehefrau von Adolph Eduard von Treskow (1805–1865).

Nun zu Ende. Ich hoffe⟨,⟩ bald einen Brief von Dir (eng und auf dünnem Papier, doch solch einem Bogen), damit ich auch dem guten Schmeling etwas Angenehmes mit hinaus bringe. Schreib mir von dem Fortgang eurer Sachen. Schreib mir auch ausführlich, wie es Dir weiter mit meinem Buch gegangen.

Dein getreuer Bruder
[a]Leopold[a].

Raumer[48] und Schubert[49] sind zwar die Deinen, doch will ich sie noch namentlich von Herzen gegrüßt haben. Weißt Du nichts von unsrer Freundin Weber[50]? Ich weiß wahrhaftig nicht, ob sie lebt oder todt ist[51] – und eben darum kann ich ja garnicht hinschreiben.

[a–a] In der Vorlage gesperrt gedruckt.

[48] Karl Ludwig Georg von Raumer (1783–1865), ehemaliger Professor, wie Heinrich Ranke Lehrer an der Bildungsanstalt des Erziehervereins in Nürnberg.

[49] Gotthilf Heinrich Schubert (1780–1860), Professor für allgemeine Naturgeschichte und Mineralogie in Erlangen, späterer Schwiegervater Heinrich Rankes.

[50] Francisca Christiana Jeanette Weber, geb. Krug († 1824), Witwe von Adolph Dietrich Weber (1753–1817), Professor der Rechte in Rostock, gemeinsame Bekannte von Leopold und Heinrich Ranke.

[51] Sie war bereits im Sommer 1824 gestorben (vgl. Nr. 262).

Nr. 261

Leopold Ranke an Karl August Varnhagen[1]

V: olim SBB Varnhagenpapiere; heute Krakau (eigenhändig)
D: Wiedemann, Ranke und Varnhagen, S. 198–199

Frankfurt⟨,⟩ am 19ten Februar 1825.[a]

Mein verehrtester Herr,

Ihre so gütige ermunternde, teilnehmende Anzeige meiner Schriften verpflichtet mich zu dem lebhaftesten Dank. Nicht als nähme ich die Lobsprüche an, die Sie mir ertheilen; — doch will ich suchen, sie zu verdienen; — noch als stünde hier Person gegen Person — ich weiß wohl, Ihr Interesse gilt vor allem der Wissenschaft: sondern dafür, daß Sie meiner Bitte (in der Vorrede), über die etwanigen Vorzüge meiner Sachen ihre offenbaren Mängel zu vergessen,[2] so schön Statt gegeben. Werden mich nun Andere angreifen, so werde ich immer an Ihnen einen Anwalt, oder, so zu sagen, einen Champion, zu haben glauben. Für jetzt ist es mir sehr erfreulich: *laudari a viro laudato*[3]: möge es mir immer so wohl werden.

Was die von der Censur gestrichene Stelle betrifft,[4] so habe ich bey dem H⟨errn⟩ v⟨on⟩ Kampz[5], an den ich auch sonst zu schreiben hatte, angefragt, was er von einer Anzeige dieses Mangels in einem literarischen Blatt halten würde; ohne jedoch im Geringsten anzudeuten⟨,⟩ daß ein solcher Rath von Ihnen⟨,⟩ mein verehrter Herre⟨,⟩ ausgegangen. Ich bin gegenwärtig nicht in der Lage, etwas zu thun, das dem Ministerium auf irgend eine Weise mißfällig seyn könnte; da ich gerade jetzt von demselben zur Fortsetzung meines Geschichtbuches unterstützt und in eine angemessenere Lage gesetzt, zu werden, hoffe und hoffen darf.[6] Im Grund dachte

[a] Orts- und Datumsangabe in der Vorlage unter dem Text links.

[1] Karl August Varnhagen (1785–1858), Geheimer Legationsrat im Ministerium der auswärtigen Angelegenheiten, Schriftsteller und Publizist.
[2] L. Ranke, Geschichten, S. III.
[3] Ein Wort Ciceros, Epistolae ad Familiares, 5.12.
[4] In der Zeitung hatte der Zensor Johann Friedrich Bogislaw Grano (1766–1831), Geheimer Regierungsrat und Justitiar im Berliner Polizeipräsidium, die von Varnhagen ursprünglich zitierten letzten Sätze aus Leopold Rankes „Kritik neuerer Geschichtschreiber" (L. Ranke, Kritik, S. 202: „Uns laßt endlich gerecht seyn. Er ⟨Machiavelli⟩ suchte die Heilung Italiens; doch der Zustand desselben schien ihm so verzweifelt, daß er kühn genug war, ihm Gift zu verschreiben.") aus Rücksicht auf Österreich gestrichen (vgl. Ludmilla Assing [Hg.]: Briefwechsel zwischen Varnhagen von Ense und Oelsner nebst Briefen von Rahel. Band 3, Stuttgart 1865, S. 271; K. A. Varnhagen von Ense: Blätter aus der preußischen Geschichte. Aus dem Nachlasse Varnhagen's von Ense. Hrsg. von Ludmilla Assing. Bd. 4, Leipzig 1869, S. 95 [8.8.1826]).
[5] Carl Albert Christoph von Kamptz (1769–1849), Direktor der Unterrichts-Abteilung im Ministerium der Geistlichen, Unterrichts- und Medizinal-Angelegenheiten
[6] Vgl. Nr. 243, Nr. 244 und Nr. 254.

ich nun, Ihnen nicht eher zu schreiben, als bis ich Antwort hätte: aber es möchte seyn, daß diese sich noch etwas verzögerte, und Ihnen bin ich doch vor Allem zu schreiben schuldig. Sollte H⟨err⟩ v⟨on⟩ K⟨amptz⟩ nichts wider eine solche Anzeige haben, so würde ich sie selbst nur ungern in meinem Namen einrücken lassen. Vielleicht thäte es dann H⟨err⟩ Reimer[7] in dem seinen: es könnten zugleich einige Druckfehler bemerkt werden, die ich übersehen, und weil sie stark sind, noch gern angezeigt hätte.

Sie erinnern Sich vielleicht, daß ich hoffte,[8] Ihnen zu Dörflingers[9] Lebensbeschreibung[10] eine wenn auch unbedeutende Urkunde mittheilen zu können. Ich bin wirklich mit einem Freunde[11] nach dem Orte[12] geritten: aber wer weiß⟨,⟩ was diese Leute[13] denken?, erlangt habe ich nichts. — — —

Bald nach Berlin zu kommen, wird mich nun auch die Hofnung antreiben, Sie näher kennen zu lernen. Dann würde mir sehr lieb seyn, zu vernehmen, was Ihnen in meinem Buch, besonders in der Art und Weise des geschichtliches Styles etwa mißfallen hat. Ich bitte Sie⟨,⟩ nicht zu glauben, daß ich mich etwa gegen eine Ausstellung[14] ungeberdig anstellen würde: von ganzem Herzen bin ich begierig, Rath und Urtheil einsichtiger Männer zu vernehmen, und es immer besser⟨,⟩ wo möglich⟨,⟩ einmal gut zu machen.

Mit ausgezeichneter Hochachtung,

L⟨eopold⟩ Ranke⟨.⟩

[7] Georg Andreas Reimer (1776–1842), Buchhändler und Verleger in Berlin.

[8] Leopold Ranke war Anfang September 1824 auf der Durchreise von Wiehe nach Frankfurt in Berlin gewesen und dort mit Varnhagen zusammengetroffen (vgl. Nr. 219); beide hatten sich damals eventuell über ihre jeweiligen Arbeiten ausgetauscht.

[9] Georg (ab 1654: Reichsfreiherr von) Derfflinger (1606–1695), Generalfeldmarschall, ab 1654 in kurbrandenburgischen Diensten.

[10] Karl August Varnhagen von Ense: Freiherr Georg von Derfflinger, in: Karl August Varnhagen von Ense: Preußische Biographische Denkmale. Erster Theil (= Biographische Denkmale. Zweiter Theil). Berlin 1825, S. 1–120. Varnhagen erwähnt in seiner bei Georg Andreas Reimer erschienenen und dem Kronprinzen von Preußen gewidmeten Darstellung gleich einleitend, daß bei seinen bisherigen „Denkmalen" die Darstellung zwar gelobt worden sei, aber „auf die geschichtliche Wirklichkeit des Dargestellten mitunter zweifelnd hingeblickt, besonders da kein Prunk von Anführungen dieselbe recht augenscheinlich im Einzelnen verbürgte." (Vorwort, S. VII; datiert auf April 1825). Varnhagen schildert den Werdegang Derfflingers in chronologischer Folge und schließt mit einigen Bemerkungen zum Charakter und zur Lebensleistung. Die von Leopold Ranke gesuchte Urkunde wird nicht erwähnt, weder in den gelegentlichen Aktenzitaten im Text noch in der „Nachweisung der gebrauchten Hilfsmittel" (ebd., S. 427–429).

[11] Nicht ermittelt.

[12] Wohl nach Schloß Gusow, etwa 20 Kilometer nordwestlich von Frankfurt an der Oder.

[13] Zum Zeitpunkt des Briefes befand sich das Schloß Gusow im Besitz von Heinrich Gottlob Otto Ernst Graf von Schönburg (1794–1881), der 1820 Marie Clementine von Schönburg-Waldenburg (1789–1863) geheiratet hatte, die das Gut Gusow von Ihrem Onkel Friedrich Heinrich Podewils (1746–1804) geerbt hatte.

[14] Für: kritische Anmerkungen.

Nr. 262

Heinrich Ranke[1] an Leopold Ranke

V: GStA PK VI. HA Nl Hoeft Nr. 37 Kart. 3 (Typoskript)
TD: Fuchs, Heinrich Ranke, S. 173–174

[Nürnberg,][a] Am 25sten Febr⟨uar 18⟩25.

Mein geliebter Leopold – mehrere Tage vorher dachte ich sehr oft an Dich, siehe da kamst Du endlich mit so schönen Nachrichten,[2] die nicht blos mich, sondern auch besonders unsre lieben Raumers[3], die Dich sehr lieb haben, innig erfreuten. Du begehrst nun auch von mir zu hören. Zunächst ist mir's nun sehr angenehm, daß ich Dir nicht erst zu schreiben brauche, wie lieb ich Dich habe – obwohl mir meine Liebe lange nicht genügt, und ich wollte, daß ich Dich noch viel wesentlicher liebte, will mir's auch erbitten. Dir, lieber Leopold, wie nur sehr[b] wenigen Seelen, möchte ich mich immer ganz eröffnen – und es ist mir schmerzlich, daß wir im Ganzen so wenig von einander sehen. Eröffnete ich mich Dir ganz, so würdest Du meine Sünden sehen, meine Hoffnung, meinen Glauben und meine Liebe. Erstere sind Dir recht wohl bekannt, Du weißt also⟨,⟩ wogegen ich zu kämpfen habe⟨,⟩ und was mich oft betrübt und manchmal so niederdrückt, daß mir's angst und bange wird. Lieber Leopold, Dir darf ich's wohl sagen – von den äußern, groben Sünden bin ich mit einem gewaltigen Arm zurückgerissen worden seit dem 19. Juli ⟨18⟩19[4] (obwohl

[a] Nachträglich handschriftlich eingefügt.
[b] Nachträglich handschriftlich eingefügt.

[1] Heinrich Ranke (1798–1876), Bruder Leopold Rankes, Lehrer an der Bildungsanstalt des Erziehervereins in Nürnberg.
[2] Vgl. Nr. 260.
[3] Karl Ludwig Georg von Raumer (1783–1865), ehemaliger Professor, wie Heinrich Ranke Lehrer an der Bildungsanstalt des Erziehervereins in Nürnberg, und seine Ehefrau Friederike Raumer, geb. Reichardt (1790–1869).
[4] Der Tag des Abschieds von Hermann Julius Christoph Baier nach dem ersten Aufenthalt auf Rügen. Baier lud den zweifelnden und hadernden Heinrich Ranke an diesem Tage ein, „ihm in der Erziehung der Kinder bei⟨zu⟩stehen". „Meine Freude war unbeschreiblich; ich hatte einen Freund gefunden ⟨...⟩ und bei ihm und durch ihn hatte ich den lebendigen Gott gefunden, oder vielmehr Gott, der ewig lebende, ewig liebende Gott hatte mich gefunden." F. H. Ranke, Jugenderinnerungen, S. 125.) In einem anderen Bericht, den Schubert in seiner „Selbstbiographie" überliefert, schrieb Heinrich Ranke: „Am anderen Tage reiste ich ab; Baier begleitete mich. Auf einer Brücke zwischen Puttbus und Ramhin ⟨richtig: Rambin⟩ nahmen wir Abschied. Doch ich war eigentlich nicht von ihm getrennt; ich kann es nicht anders ausdrücken: er begleitete mich noch wie ein Engel. Mir war es, als wäre ich in der Nähe Gottes gewesen. Und so verhielt es sich ja auch. Dieses Mannes hatte Gott sich bedient, um meinem Herzen nahe zu kommen." (Schubert, Erwerb und Erwartungen, Bd. 3/II, Erlangen 1856, S. 592).

ich auch denen oft wieder sehr nahe gestanden habe). – Aber die alte böse Wurzel ist noch nicht aus meinem Herzen genommen, recht gründlich böse, hoffärtige, lieblose Gedanken und Begierden kommen aus dem bösen Schatz meines Herzens hervor[5] – und ich fühle⟨,⟩ wie weit ich nach meiner Trägheit zurückgeblieben bin, indeß andere später zum Glauben gekommene das Himmelreich an sich gerissen haben. So überfiel mich eine tiefe Scham, als der Missionar Dietrich[6] hier war,[7] der nun schon seit vielen Jahren als ein wackerer Streiter auf den äußersten Grenzposten stehet. Er hat in Leipzig jura studirt und wahrscheinlich hat er Dich gesehen, denn er glaubte mich zu kennen. – Dann denke ich wohl: Herr, mache mich nur zu einem Deiner geringsten Tagelöhner![8] – In diesen Tagen tröstete mich sehr das Wort Joh⟨annes⟩ 8,31.32. So ihr bleiben werdet in meiner Rede, so seid ihr meine rechten Jünger und werdet die Wahrheit erkennen⟨,⟩ und [c]die Wahrheit wird euch frei machen[c]. – So weit war ich – Abends um 9 Uhr, da wurde ich gerufen⟨,⟩ schnell hinüberzukommen zu Raumers – und wen find ich da? Meine liebe Braut[9]. –

11. März ⟨1825⟩.

So lange schon liegt das Blatt noch hier, das sich so sehr nach Dir sehnt. Nun laß ich's aber auch gleich gehen. – Unsre liebe Weber[10] ist schon im vorigen Sommer in ihre ewige Heimath gegangen.[11] Malchen Baier[12] ist nicht lange vor ihrem Ende noch bei ihr gewesen. Sie hat sehr gelitten – ich glaube an der Wassersucht. – Malchen hatte mir's vorher geschrieben, ich betete manchmal um ihre selige Auflösung, da bekam ich die Nachricht. Zugleich, daß sie auch meiner noch gedacht und mir eine Zuckerzange und ein Glas vom seligen Baier[13] geschenkt habe. Ich habe in der letzten Zeit nur sehr selten Briefe von ihr gehabt. Wie lieb ist mir's, daß

[c–c] In der Vorlage unterstrichen.

[5] Anspielung auf Matthäus 12,33–35.

[6] August Heinrich Dittrich (1797–1855), Missionar in Armenien.

[7] Vgl. Nr. 241.

[8] Anspielung auf Matthäus 20,1–16.

[9] Selma Schubert (1806–1878), Tochter von Gotthilf Heinrich Schubert, Professor für allgemeine Naturgeschichte und Mineralogie in Erlangen.

[10] Francisca Christiana Jeanette Weber, geb. Krug († 1824), Witwe von Adolph Dietrich Weber (1753–1817), Professor der Rechte in Rostock, gemeinsame Bekannte von Leopold und Heinrich Ranke.

[11] Leopold Ranke hatte sich bei seinem Bruder Heinrich nach ihr erkundigt und wollte ihr wohl sein Buch schicken (vgl. Nr. 260).

[12] Amalie Baier (1778–1857), Schwester von Hermann Julius Christoph Baier, Pastor in Altenkirchen auf Rügen.

[13] Hermann Julius Christoph Baier (1775–1822), Pfarrer in Altenkirchen auf Rügen, in dessen Haushalt Heinrich Ranke zeitweise als Hauslehrer wirkte.

ich sie bei meiner Herreise noch gesprochen[14] und ihr dann auch noch mit der Nachricht von Selma[15] Freude gemacht habe. Denn vielleicht weißt Du, daß sie unsern Vater Schubert[16] sehr lieb hatte. – Wie freundlich hat diese liebe, treue Seele uns im Herzen getragen. Fast alle meine Strümpf sind von ihr und ein sehr feines Hemd, dessen Bruder schon im Grabe verweset in Altenkirchen[17]. Friede sei mit ihr!
Siehe, wie gut ist's, wenn ich an Dich schreibe. Neulich kam Selma und in diesem Augenblick ein Brief von ihr. Und nun soll ich wohl auch von ihr schreiben? – Je länger ich sie habe, desto fröhlicher werde ich über sie. Du glaubst nicht, wie sie so eigen zu meiner Besserung und Beruhigung dient. Sieh, liebes Herz, sie ist so demüthig und freundlich, daß ich ihr alle meine Sünden bekennen kann, und sie betet still mit mir dawider. Ich kann zu ihr sagen: Liebes Herz, ich bin manchmal sehr zur Schwermuth geneigt, und manchmal launisch – und es ist mir bange, ich möchte Dir damit schaden. Das hört sie an, als wenn ich's selber wäre und nimmts freundlich in ihr Herz. – Sieh, sie will gern in der Welt ganz niedrig bleiben. Wenn ich noch viel ärmer wäre, so wär's ihr recht. Und wenn ich angefeindet und verfolgt würde um des Bekenntnisses Christi willen,[18] so wär's ihr recht. Ich kann mit ihr reden, als wenn ich ganz allein wäre. – Ich kann es aber nicht recht aussprechen, wie es ist. Kurz⟨,⟩ sie ist mir von Gottes Gnaden gegeben. Deß bin ich fröhlich[19] Und nun bitte ich Dich, mein geliebter Leopold, daß Du für uns beten mögest, daß uns der barmherzige Gott immer wesentlicher in der Liebe Jesu Christi vereinigen wolle. Ich finde, es ist eine furchtbare List des Argen, daß man über die Ehe aller Orten meist scherzhaft redet. Es ist damit ein heiliger Ernst, und entweder für oder wider den Herrn. Man braucht nur an den Beschluß der Gebote[20] zu denken im kleinen Katechismus[21]. – – Du weißt, daß ich zur Verheirathung das bairische Indigenat[22] haben sollte. Nun ist der Emigrationsschein[23] aus Merseburg angekommen und in München, und gestern hörte ich vom

[14] Vgl. Nr. 145.
[15] Selma Schubert.
[16] Gotthilf Heinrich Schubert (1780–1860), Professor für allgemeine Naturgeschichte und Mineralogie in Erlangen, späterer Schwiegervater Heinrich Rankes.
[17] Heinrich Ranke meint das Grab Baiers auf Rügen.
[18] Anspielung auf Matthäus 5,11 und Lukas 21,12–17.
[19] Anspielung auf Psalm 126,3.
[20] Das 10. Gebot: 5. Mose 5,21.
[21] Martin Luther verdeutlichte in seinem „Kleinen Katechismus" durch das 9. und 10. Gebot den andauernden Kampf des Menschen gegen seinen Leib: „denn die böse Neigung in uns stirbt nicht eher ganz, als bis der Leib zu Staub und danach neu geschaffen wird".
[22] Vgl. Nr. 204.
[23] Vgl. Nr. 263.

Rektor Roth[24], daß sein Bruder[25] geschrieben hat, mein Indigenatsgesuch liege jetzt vor dem Staatsrath. Nun kann also, will's Gott, die Entscheidung zu Ostern da sein. – Liebes Herz, ich habe in dieser Verzögerung recht deutlich die Hand unsres Gottes gespürt, „Und was verzeucht⟨,⟩ wird desto süßer".[26] Ich freue mich sehr auf den Tag, da ich Dich, mein lieber Leopold⟨,⟩ wiedersehen werde – obwohl ich noch nicht weiß, wann? – Manchmal wünsche ich, Dich hier zu sehen, aber dann denke ich wieder, weil hier Alles noch so sehr im Gedränge geht, so möchte es Dir nicht gefallen. Aber o ja, es wäre, wenn dann Selma hier ist, doch recht sehr schön. – O Gott, es fallen mir eben die Osterferien ein. Vielleicht habe ich die Freude, Dir recht bald wieder zu schreiben. –

Raumers grüßen auf das Freundlichste Dich und unsere lieben Schmelings[27], wie auch ich von Herzen. R⟨aumer⟩s sind liebe, wahre treue Herzen, gegen die man in allen Stücken ganz offen sein kann. Sie sind ein großer Segen für das ganze Haus. Sie suchen in der Welt nichts, als zu dienen, und wären mit dem Allergeringsten wohl zufrieden. Darüber bin ich oft sehr erstaunt – und ich wünsche mir denselben Sinn. [d]Es liegt uns immer noch die Stiftung einer wahren christlichen Schule im Sinn;[d] wir sehen aber, daß man's nicht machen⟨,⟩ sondern in Gebet, Arbeit und Geduld darauf warten muß. In der Armenschule[28] sind 20 Kinder[29]. In der Erziehungsanstalt haben wir jetzt nach dem Weggange der älteren Lehrer[30] etwas weniger Zöglinge, jedoch haben wir Kinder aus ziemlich entfernten Orten, die wir vielleicht als Erstlinge ansehn dürfen. Bei unserm jetzigen Stande dürfen wir dann auch nicht mehr Arme aufnehmen, als jene 20, an denen ja auch genug zu thun ist. – Es geht jetzt etwas im Gedräng, aber wir sind ganz ruhig. Wir wollen nur so lange hier stehen, als er uns hier haben will⟨,⟩ und hoffen getrost, er werde uns auf seinem Acker bis an das Ende unsers Lebens ein Stück Arbeit geben. Ich denke mir eine Schule, wo die Kinder wissenschaftlich tüchtig begründet und zu gleicher Zeit evan-

[d–d] In der Vorlage nachträglich eingefügt.

[24] Carl Ludwig Roth (1790–1868), Rektor des städtischen Gymnasiums in Nürnberg.

[25] Carl Johann Friedrich Roth (1780–1852), Ministerialrat im bayerischen Ministerium der Finanzen.

[26] Aus der 10. Strophe des Kirchenliedes „Gib Dich zufrieden und sei stille" von Paul Gerhardt 1666/1667 (Druck: Evangelisches Gesangbuch Nr. 371, S. 678–680, die 10. Strophe auf S. 679).

[27] Otto Ludwig Wilhelm von Schmeling (1788–1844), preußischer Major, und seine Ehefrau Dorothee Wilhelmine Schmeling, geb. Jahn (1795–1856).

[28] Vgl. Nr. 187, Nr. 197, Nr. 204 und Nr. 215.

[29] Nicht ermittelt.

[30] Johann Christian Gottlob Heinrich Dittmar (1792–1866), Joseph Gersbach (1787–1830), Johann Georg Grosch (1796–1862), Carl Gottlieb Hermann (1793–1858) und Eduard Wesselhöft (1792–1873), vor 1800 geborene Lehrer an der Bildungsanstalt des Erziehervereins in Nürnberg (vgl. Nr. 197).

gelisch gerüstet würden, damit es ihnen nicht so gehe wie mir in Jena.[31] Die Alten[32] waren meinem Leben ganz fremd geworden; nun ich aber sehe, daß mich Gott in der Schule halten will – und ich sehe es mit großer Freude und wünsche mir nichts Besseres – so hat mich's doch zu diesen Studien wieder hingetrieben. Ich fühle es mit Bedauern, wie oberflächlich ich die alten Sprachen betrieben habe; so habe ich es denn in diesem Jahr wie ganz von Neuem begonnen⟨,⟩ und ich gehe darauf aus, den Kreis der Alten und der Grammatik zu fassen, der in die Schule gehört. Anfangs war ich bange, nun hoffe ich's doch noch mit Gott zu erreichen. Für unsre Anstalt brauche ich jetzt Bücher, Virgil[33], Homer[34] – aber da fehlt mir's an allen Ecken. Wenn ich mich selbst hätte führen können, so wäre ich jetzt wohl weit, weit von hier. Nun hat es Gott gefallen⟨,⟩ mich hieher zu stellen zu diesen Kindern, zu meinen lieben Raumers, mir eine liebe Braut zu geben, einen guten, theuren Schwiegervater, in der Nachbarschaft einige wahre christliche Freunde – und jenes, wohin ich dachte, als einen fröhlichen Hoffnungsblick. – Siehst Du wohl, warum mir's so schmerzlich war, daß Ferdinand[35] nicht kam?[36] –

Ich meine, ich habe Dir nun wieder gar nichts geschrieben. Ach⟨,⟩ Leopold, kennst Du denn Deinen alten Heinrich noch? Ich habe Dich sehr lieb und will immer für Dich beten. Grüße unsre lieben Freundinnen[37]. Sag ihnen, ich würde sie nun bald einladen, will's Gott. Sieht denn unser guter St⟨ange⟩[38] noch manchmal nach dem Aldebaran[39] und Algol[40]? – Jetzt ist's Zeit. – Und grüße unsern lieben Heidler[41].

Dein getreuer Heinrich.

[31] Vgl. F. H. Ranke, Jugenderinnerungen, S. 84.

[32] Die antiken Schriftsteller (vgl. Nr. 153).

[33] Publius Vergilius Maro (70–19 v. Chr.), römischer Dichter, Autor der Aeneis.

[34] Er galt im 19. Jahrhundert als Autor der Ilias und der Odyssee.

[35] Ferdinand Ranke (1802–1876), Bruder Leopold und Heinrich Rankes.

[36] Vgl. Nr. 208–212.

[37] Friederike Wilhelmine Ahlemann, geb. Schultze (1772–1843), Direktorin einer höheren Bildungsanstalt für Mädchen in Frankfurt an der Oder, und Caroline Beer (1791–1851), Vertraute Leopold Rankes in Frankfurt an der Oder.

[38] Johann Carl Wilhelm Thomas Stange (1792–1854), Oberlehrer am Friedrichs-Gymnasium in Frankfurt an der Oder.

[39] Aldebaran ist der hellste Stern im Sternbild des Stiers.

[40] Algol liegt im Sternbild des Perseus.

[41] Wilhelm Ferdinand Heydler (1793–1859), Mitschüler Leopold und Heinrich Rankes in Pforta, Leipziger Studienfreund Leopold Rankes sowie Konrektor am Friedrichs-Gymnasium in Frankfurt an der Oder.

Nr. 263

Friederica Wilhelmina Ranke[1] an Leopold Ranke[a]

V: GStA PK VI. HA Nl Hoeft Nr. 1 (Abschrift)
G: GStA I. HA Rep. 92 L. v. Ranke Nr. 26 (nicht erhalten)

Wiehe⟨,⟩ den 28den F⟨eb⟩r⟨uar 1825.⟩

Gott grüß Dich⟨,⟩ mein lieber Sohn⟨,⟩

Wie groß ist die Freüde ⟨,⟩ die wier durch Dich haben⟨.⟩ von allen Seiten erschalt Dein Ruhm⟨.⟩ schon 8 Tage früher⟨,⟩ als Dein lieber Brief[2] ankam⟨,⟩ hate uns der gute Ferdinand[3] das⟨,⟩ was in der Berliner Zeitung über Dein Buch gesagt ist⟨,⟩ abgeschrieben zugeschikt und schrieb⟨:⟩ Leopold leuchtet uns mit einen herlichen Beispiel vor und Bahnt uns den weg⟨.⟩ Gott helfe, das⟨s⟩ wier Ihn nach-folgen.[4] Du kanst Dier des Vaters[5] Freüte kaum denken⟨,⟩ und ich weinte vor Freuden und dankte Gott für die Gnade⟨,⟩ die Er uns und unsern Kindern[6] wieder fahren läst. Ferdinand ist nun auch angestelt⟨.⟩[7] Er kam uns ganz unerwartet⟨,⟩ und wier gaben Ihn gern⟨,⟩ was uns möglich war⟨.⟩ Got helfe nur⟨,⟩ das⟨s⟩ es gut mit Ihn geht. Heinrichs[8] Auswanderungs Schein[9] hat der Vater auch bekomen und hat ihn Heinrich schon in vorigen Monat zu komen laßen⟨.⟩[10] Er war erfreuet darüber und läst Dich herzlich grüßen⟨.⟩ nun werden Sie doch wohl nichts mehr einzuwenden haben⟨,⟩ sagt Er und glaubt⟨,⟩ wen⟨n⟩ es von München zu rük komt⟨,⟩ würd Er Sich könen trauen laßen⟨,⟩ und dan⟨n⟩ wollen Sie[11] zu uns komen⟨.⟩ darauf freue ich mich auch sehr und wünsche nur⟨,⟩ das⟨s⟩ Du dabei sein kanst⟨.⟩ wen⟨n⟩ ich es vor her erfahre⟨,⟩ schreibe ich Dier⟨.⟩ Spörell[12] hat der Vater noch nichts auf gesagt⟨.⟩[13] vieleicht

[a] Adresse: „Sr. Wohlgeboren | Den Hern Docktor Ranke | Ober Lehrer an Friedrichs Gÿmnasio | Zu Frankfurt an der | Oder".

[1] Friederica Wilhelmina Ranke, geb. Lehmicke (1776–1836), Mutter Leopold Rankes.
[2] Nicht ermittelt.
[3] Ferdinand Ranke (1802–1876), Bruder Leopold Rankes.
[4] Vgl. Nr. 259.
[5] Gottlob Israel Ranke (1762–1836).
[6] Leopold (1795–1886), Johanna (1797–1860), Heinrich (1798–1876), Ferdinand (1802–1876), Wilhelm (1804–1871), Rosalie (1808–1870) und Ernst Constantin Ranke (1814–1888).
[7] Vgl. Nr. 259.
[8] Heinrich Ranke (1798–1876), Bruder Leopold Rankes, Lehrer an der Bildungsanstalt des Erziehervereins in Nürnberg.
[9] Heinrich Ranke benötigte ihn, um das bayerische Indignat zu bekommen (vgl. Nr. 262).
[10] Vgl. Nr. 262.
[11] Heinrich Ranke und seine Braut Selma Schubert (1806–1878).
[12] Georg Gottlob August Spoerel (1796–1840), Landgerichtssekretär in Erfurt.
[13] Für: der Vater hat die Werbung Spörels um Johanna Ranke noch nicht aufgekündigt.

findet sich eine Parti⟨,⟩ den⟨n⟩ ist es imer noch Zeit⟨.⟩ Sie[14] ist nicht sehr betrübt darüber⟨.⟩[15] ich schreibe bald wieder mit den Vater⟨.⟩ arbeite nur nicht so viel⟨,⟩ das⟨s⟩ Du Deiner Gesundheit schadest⟨,⟩ wie es Schiller[16] ging⟨.⟩[17] ich bin ängestlich darüber⟨.⟩ Gott erhalte Dich Gesund⟨.⟩ behalt lieb

Deine
Treue Mutter
Friederica Ranke⟨.⟩

[14] Johanna Ranke (1797–1860), Schwester Leopold Rankes.
[15] Vgl. Nr. 224.
[16] Friedrich von Schiller (1759–1805) war dafür bekannt, am liebsten nachts zu arbeiten.
[17] Schiller starb bereits im Alter von 45 Jahren.

Nr. 264

Gottlob Israel[1] und Friederica Wilhelmina Ranke[2] an Leopold Ranke

V: GStA PK VI. HA Nl Hoeft Nr. 1 (Abschrift)
G: GStA I. HA Rep. 92 L. v. Ranke Nr. 26 (nicht erhalten)

Wiehe⟨,⟩ den 6. März 1825.[a]

Theuerster, liebster Sohn!
Durch Deinen unermüdeten Fleiß hast Du Dir ganz vorzügliche gründliche Kentniße auch in der ältern Geschichte erworben, und solche in Deinen beiden vortrefflichen Büchern dem gelehrten Publikum zur Beurtheilung vorgeleget, und hast so Dir selbst die Bahn des Ruhms und Ehre geebnet⟨,⟩ welche Dich gewiß bald noch zu größern Ehrenstellen erheben wird. Schon ehe, Deine uns mit getheilten freudigen Nachrichten, das väterliche Hauß beglükten, hatte unser biedere Sohn Ferdinand[3] die Recension Deiner Schriften aus der Berliner Haude und Spenerschen Zeitung[4] abschriftlich mitgetheilt,[5] und uns damit höchst angenehm überraschet, welcher nun auch seine Anstellung erhalten hat.[6]
So groß nun unsre Freude über die Dir selbst errungenen schönen und glänzenden Aussichten ist, so sehr und angelegentlich wünschen wir auch, daß Du Deine Gesundheit vor allen Dingen zu erhalten suchen mögest!! Du und Deine Brüder[7], bereiten uns ein frohes und sehr glükliches Alter. Deine schönen Bücher sind mir mehr werth und machen uns glücklicher als uns das große Loos[8] hätte machen können. Mache uns ja so glüklich und besuch uns⟨,⟩ so bald als Du kanst, und bring mir die Recension aus der Berliner pp Zeitung[9] und die anderen Blätter w⟨egen⟩ Recensionen mit.

[a] Orts- und Datumsangabe in der Vorlage unter dem Text links.

[1] Gottlob Israel Ranke (1762–1836), Vater Leopold Rankes.
[2] Friederica Wilhelmina Ranke, geb. Lehmicke (1776–1836), Mutter Leopold Rankes.
[3] Ferdinand Ranke (1802–1876), Bruder Leopold Rankes.
[4] Berlinische Nachrichten von Staats- und gelehrten Sachen, Haude- und Spenersche Zeitung, Nr. 36, 12. Februar 1825.
[5] Vgl. Nr. 259.
[6] Als Kollaborator am Gymnasium in Quedlinburg (vgl. Nr. 259).
[7] Heinrich (1798–1876), Ferdinand (1802–1876), Wilhelm (1804–1871) und Ernst Constantin Ranke (1814–1888).
[8] Nr. 207.
[9] Der offizielle Titel der Haude- und Spenerschen Zeitung lautete: „Berlinische Nachrichten von Staats- und gelehrten Sachen", die Bezeichnung „Haude- und Spenersche Zeitung" führte die Zeitung nur im Untertitel.

Dich ferner der göttlichen Vorsehung empfehlend bin ich bis ins Grab

Dein
Dich innigst liebender
Vater, Ranke.

auch ich grüße Dich herzlich mein lieber Sohn und bin mit der Innigsten liebe

Deine Treue Mutter
F⟨iederica⟩ Ranke.

Nr. 265

Wilhelm Ranke[1] an Leopold Ranke

V: GStA PK VI. HA Nl Hoeft Nr. 1 (Abschrift)
G: GStA I. HA Rep. 92 L. v. Ranke Nr. 26 (nicht erhalten)

Berlin⟨,⟩ 9⟨.⟩ März ⟨18⟩25.

Mein lieber Bruder.
Deine Sendung[2] hat mir aus einer sehr großen Verlegenheit geholfen: bis dat qui cito dat.[3] Auch der Vater[4] ließ sich bald mit einem Nachtrag hören; Und dazu kommt, daß ich mir durch Unterricht geben nun schon selbst ein gutes Stück Geld verdiene. Ich kann wohl hoffen, mich so von des Vaters Unterstützung nach und nach ganz ablösen zu können; zum wenigsten kannst Du, lieber Leopold, Deine Sendungen nun unterlassen. Sei versichert; wenn ich wieder einmal in Noth komme, so bist Du der erste, an den ich mich wende. Freilich geht es auch jetzt nicht etwa fürstlich bei mir her, aber ich kann mich doch der niedrigsten Sorgen entheben: ich kann nun anfangen, die Armuth lieben zu lernen. Desto reicher wird mein Leben in der Wissenschaft; ich kann beinah täglich in ihr fortschreiten. Neulich las ich den Virgil[5] durch, im Grunde nur wegen Veldek's[6] Eneid[7]; aber wie freut mich's nun, daß ich ihn gelesen habe: so viel Tiefes und Volksthümliches hab' ich in ihm gefunden. In den Ferien, wenn ich da bleiben kann, werd' ich mit einem tüchtigen Philologen[8] den Homer[9] lesen. Freilich reist' ich lieber nach Hause, Kleider und Wäsche sind mir ziemlich abgerissen; auch wird das Frühjahr schön; obendrein würd' ich diesmal am Ende der Ferien nicht mit dem großen inneren Zwiespalt weggehn, der mich sonst immer drückte, wenn ich von Hause alles vorhandene Geld mit fortnehmen mußte. Dagegen muß ich mich, wenn ich verreisen will, mitten aus den schönsten Arbeiten herausreißen; und Savigny[10], der

[1] Wilhelm Ranke (1804–1871), Bruder Leopold Rankes, Student in Berlin.
[2] Begleitbrief nicht ermittelt.
[3] Das Wort geht auf Publilius Syrus zurück, einen römischen Autor des ersten vorchristlichen Jahrhunderts.
[4] Gottlob Israel Ranke (1762–1836).
[5] Publius Vergilius Maro (70–19 v. Chr.) römischer Dichter; Wilhelm Ranke las wohl dessen Hauptwerk, die Aeneis.
[6] Heinrich von Veldeke (um 1140–um 1190), Ministeriale, Minnesänger und Dichter.
[7] Die Eneidt. Ein Helden-Gedicht aus dem zwoelften Jahrhundert von Heinrich von Veldecken. Zum ersten Male aus der Handschrift abgedruckt. Hrsg. von Christoph Heinrich Müller. Berlin 1783; Versepos über Aeneas, einer freien Bearbeitung und Übersetzung des französischen Roman d'Enéas, das auf Vergils Aeneis beruhte, aber andere Akzente setzte.
[8] Nicht ermittelt.
[9] Homer galt im 19. Jahrhundert als Autor der Ilias und der Odyssee.
[10] Friedrich Carl von Savigny (1779–1861), Professor für römisches Recht in Berlin.

krank gewesen ist, wird bis tief in die (ohnedem sehr kurzen) Ferien lesen. Darum schreib Du lieber nicht an mich, als bis ich Dir wieder Nachricht gegeben habe.

An meinem Geburtstage[11] bekam ich liebe Briefchen von allen Seiten. Die Mutter[12] schreibt, sie haben geweint, wie sie Deinen Ruhm in der Berliner Zeitung[13] gelesen haben.[14] (Du kennst doch das Stück, worin Du so pompös gelobt wirst? Sonst würde ich Dir ein Exemplar zuschicken.) Ich habe mir das Elterngefühl nicht so heiß vorgestellt. Nun vollends werden die armen, lieben Eltern Gut und Blut dran setzen, uns Jüngere auch in die Höhe zu bringen. Hier in Berlin kennt Dich nun jedermann, mein Exemplar Deines Buches kommt beinah nicht in meine Hände; neulich ließ mich Zumpt[15] darum ersuchen, damit er doch sähe, ob er sich's anschaffen müßte; siehe, er hat sich's angeschafft.

Heinrich[16] schreibt, es sei ihm vor einigen Tagen recht schwer aufs Herz gefallen, daß wir nun doch einander nicht näher ständen. Ja wohl! Aber es kann nicht anders sein. Raumer[17] hat mich von Heinrich's Herzen abgerissen. Einmal mündlich mehr!

[11] 4. März.

[12] Friederica Wilhelmina Ranke, geb. Lehmicke (1776–1836).

[13] Die Rezension der beiden Bücher Leopold Rankes in den Berlinischen Nachrichten von Staats- und gelehrten Sachen, der Haude- und Spenerschen Zeitung, Nr. 36, 12. Februar 1825.

[14] Vgl. Nr. 258, Nr. 259, Nr. 261, Nr. 263 und Nr. 264.

[15] Carl Gottlob Zumpt (1792–1849), Sohn von Johann Heinrich Zumpt (1711–1798), Stellmacher-Meister in Berlin, und Christine Marie Zumpt, geb. Christianin (1763–1825), 1802 Gymnasium zum Grauen Kloster, 1806 Joachimsthalsches Gymnasium in Berlin, 1809 Abitur mit Auszeichnung, Studium der Philologie in Heidelberg, 1810 Studium der Theologie in Berlin, 1812 außerordentlicher Kollaborator am Friedrich-Werderschen Gymnasium, 1816 Hochzeit mit Albertine Luise Henriette Peters, geb. Wideburg (1781–nach 1849), Tochter von Daniel Christoph Wideburg, Regimentschirurg in Schweidnitz († vor 1816), geschiedene Ehefrau von Julius Carl Ferdinand Peters (∗ 1768), Regimentsquartiermeister, 1817 Professor am Friedrich-Werderschen Gymnasium, 1821 Professor und Bibliothekar am Joachimsthalschen Gymnasium, 1826 Ablehnung eines Rufes auf eine Professur für alte Literatur in Kiel, Professor der Geschichte an der Allgemeinen Kriegsschule, 1827 zugleich außerordentlicher Professor der römischen Literatur an der Universität in Berlin, zahlreiche Studienreisen, so 1831 nach Italien, 1833 nach Wien, 1834 in die Niederlande, 1835 Mitglied der Akademie der Wissenschaften in Berlin, Studienreise nach Griechenland, 1836 ordentlicher Professor der römischen Literatur an der Universität in Berlin, 1839 Stadtverordneter, 1840 Studienreise nach Paris, 1842 nach Italien (vgl. GStA PK I. HA Rep. 76 VI Sekt. XIV z Nr. 5 Bd. 6 und Bd. 8; GStA PK I. HA Rep. 76 VI Sekt. XIV z Nr. 12 Bd. 1 und Bd. 2; ELAB Berlin, St. Marien, Trauungen 1816; ELAB Berlin, St. Marien, Bestattungen 1798 und 1825; Bahl / Ribbe, Matrikel Berlin, Bd. 1, S. 4, Nr. 52, freundliche Mitteilung von Dr. Peter Rohrlach, Streitsche Stiftung, 28.11.2011).

[16] Heinrich Ranke (1798–1876), Bruder Leopold Rankes, Lehrer an der Bildungsanstalt des Erziehervereins in Nürnberg.

[17] Karl Ludwig Georg von Raumer (1783–1865), ehemaliger Professor, wie Heinrich Ranke Lehrer an der Bildungsanstalt des Erziehervereins in Nürnberg.

Beiliegt ein Mutterbrief, vom 4ten März eine Rose, thränen naß.

Dein treuer Bruder Wilhelm.

Nun noch ein wenig Kritik, da am Zipfel, wo sie hin gehört.

Das sandt und wandt kannst Du im Grimm[18] finden, und da auch die Widerlegung Deines grammatischen Grundes lesen. Doch hier gilt nichts, als das Wörterbuch; und von dieser Seite habe ich neue Autoritäten für Dich.

Was II.197.[19] vom Principe[20] bewiesen wird, daß er, obgleich in der Anlage allgemein, doch in allem Einzelnen nur für den Augenblick berechnet ist: dasselbe sucht jetzt Bökh[21] für den Pindar[22] darzuthun, indem er viele der bedeutsamsten Stellen lediglich durch die Persönlichkeit und das Vaterland des gefeierten Helden deutet, und so findet er manches Schönes in Gedanken, die man bisher übergangen hat.[23] Dieses Schöne des Temporellen und Persönlichen, diese scharfe Eigenthümlichkeit fehlte doch den meisten deutschen Geschichtschreibern bisher.

II.121.[24] „schöne Darstellung sei auch in den alten Sprachen für uns möglich." So scheint es das Ministerium auch zu meinen; die Preisaufgaben

[18] Wohl Jacob Grimm: Deutsche Grammatik. Erster Theil, Göttingen 1819. Wilhelm Ranke bezieht sich wohl auf die Seiten 588–589 der genannten Ausgabe: „Man kann in Vergleichung dieser Ablaute den Trieb der fortschreitenden Sprache: die Vielheit alter Formen immer mehr zu überwältigen, deutlich sehn. Denn nun gilt schon für die neuhochdeutsche Conjugation die 〈...〉 Regel: daß der Ablaut im Pl〈ural〉 Prät〈eritum〉 derselbe ist, wie im Sing〈ular〉". Auf S. 589 werden im Zusammenhang der Rückumlaute „sandte" und „wandte" als „Ausnahmen" angesprochen: der Umlaut „a" tritt bei diesen Verben im Präteritum nicht (mehr) ein. Leopold Rankes „sandt" und „wandt" waren danach ausgeschlossen; vgl. auch L. v. RANKE, Tagebücher, S. 504.

[19] L. RANKE, Kritik, 1824, S. 197, ab Zeile 25: „Sein 〈Machiavellis〉 Vortrag scheint auf einen ganz speciellen Zweck zu gehen. Es ist zu bemerken, daß, wenn seine Ueberschriften allgemein sind, die Capitel dennoch speciell bleiben."

[20] Niccoló Machiavelli: Il Principe; das Buch war Lorenzo II. de' Medici gewidmet und erschien erstmals 1531.

[21] Philipp August Boeckh (1785–1867), Professor der Beredsamkeit und Poesie in Berlin.

[22] Pindar (522/518–nach 446 v. Chr.), griechischer Dichter.

[23] Vgl. ΠΙΝΔΑΡΟΥ ΤΑ ΣΩΖΟΜΕΝΑ. Pindari Opera quae supersunt. Textum in genuina metra restituit et ex fide librorum manuscriptorum doctorumque coniecturis recensuit annotationem criticam scholia integra interpretationem Latinam commentarium perpetuum et indices adiecit Augustus Boeckhius, 2 Teile in 4 Bdn., Leipzig 1811–1821. Der Band I.1 enthält neben einem Vorwort ausschließlich den griechischen Text; Band II.2 „De metris Pindari lib. III" (S. 1–340) und die „Notae criticae in Pindari Epinicia" (Überlieferungsvarianten); Band II.1 (1819) enthält die Scholien (grammatische Erörterungen aus antiker Zeit Vers für Vers); Band II.2 (1821) bringt eine lateinische Übertragung in Prosa und den Sachkommentar nebst „Fragmenta Pindari" (S. 551–698) und Indices („Interpretatio latina cum Commentario perpetuo").

[24] L. RANKE, Kritik, S. 121, ab Zeile 25. Leopold Ranke schreibt hier als allgemeines Resümee seiner Besprechung des lateinisch schreibenden spanischen Historikers Juan Ginés de Sepúlveda: „Es ist vielleicht auch ein Irrthum, wenn man gegenwärtig die schöne Darstellung an die neuern Sprachen, wie, wenn man sie einst an die alten gebunden glaubte."

sind alle lateinisch. Hagen[25] sagte, wenn ich die historische bearbeiten wolle, solle ich den antiken Styl von Dir lernen.

II.27. „Aber die Ächtheit — ungerettet."[26] Da verwirren sich die posita und negata.

I.S.72. Z⟨eile⟩[a] 7. 4–5, 4 bis 5;[27] soll wohl heißen 4 oder 5; denn zwischen 4 und 5 giebt es kein Mittelglied. So lehrt wenigstens die Berlinische Gesellschaft für Deutsche Sprache[28].

I.70 ⟨Zeile⟩ 3 von unten. rück.(ten).[29] Druckfehler.

[a] In der Vorlage: „3."; wohl Lesefehler Hoefts.

[25] Friedrich Heinrich (ab 1803: von der) Hagen (1780–1856), illegitimer Sohn von Leopold Friedrich Rudolf von der Hagen (1747–1814), Gutsherr auf Schmiedeberg in der Uckermark, und der Magd Dorothee Elisabeth Thiemke, geb. Bischof, verw. Grosenick (1749–1842), Lyceum in Prenzlau, 1798 Studium der Rechte und der Philologie in Halle, 1801 Reise durch Süddeutschland, die Schweiz und Oberitalien, 1802 Referendar am Stadtgericht, 1805 bei der kurmärkischen Kriegs- und Domänenkammer in Berlin, Hochzeit mit der geschiedenen Josephina Adam, geb. Simons (∗ 1778), 1806 Assessor bei der kurmärkischen Kammer in Berlin, 1807 auf eigene Bitte Entlassung aus dem Staatsdienst, Privatgelehrter, 1808 Dr. phil. in Jena, 1810 außerordentlicher Professor der deutschen Sprache und Literatur in Berlin, 1811 Bibliothekar der Schlesischen Zentralbibliothek und außerordentlicher Professor der deutschen Sprache und Literatur in Breslau, 1816–1817 gemeinsam mit Friedrich Ludwig Georg von Raumer Forschungsreise nach Süddeutschland, der Schweiz und Italien, 1818 ordentlicher Professor der deutschen Sprache und Literatur in Breslau, 1824 in Berlin, mehrmals Dekan der Philosophischen Fakultät (1824–1825, 1829–1830, 1833–1834, 1837–1838), 1841 Mitglied der Akademie der Wissenschaften in Berlin (vgl. ausführlich Eckhard Grunewald: Friedrich Heinrich von der Hagen 1780–1856. Ein Beitrag zur Frühgeschichte der Germanistik. Berlin / New York 1988).

[26] L. Ranke, Kritik, S. 27, ab Zeile 14. Leopold Ranke schreibt dort über die Reden Guicciardinis: „Aber die Aechtheit der Rede, die auch in sich die allergrößte Unwahrscheinlichkeit hat, bleibt freylich ungerettet."

[27] L. Ranke, Geschichten, S. 72, ab Zeile 6 lautet: „Nun das Getümmel, worin selbst die französischen Troßbuben, mit ihrem Hacken um die Gepanzerten herstanden, 4 — 5 um Einen".

[28] Die Berlinische Gesellschaft für Deutsche Sprache wurde im November 1814 gegründet. Ihr Ziel war die „wissenschaftliche Erforschung der deutschen Sprache nach ihrem ganzen Umfange". Zu ihren sieben Gründungsmitgliedern zählt auch der Leopold Ranke persönlich bekannte Friedrich Ludwig Jahn; 1825 wurde Friedrich Heinrich von Hagen zum Leiter der Gesellschaft (vgl. John Koch: Die ehemalige Berlinische Gesellschaft für deutsche Sprache und ihre Büchersammlung [= Wissenschaftliche Beilage zum Jahresbericht des Dorotheenstädtischen Realgymnasiums zu Berlin], Berlin 1894).

[29] L. Ranke, Geschichten, S. 70 am Ende der 3. Zeile von unten: „rück-", am Anfang der 2. Zeile von unten fehlt „ten".

Nr. 266

Das Ministerium der Geistlichen, Unterrichts- und Medizinal-Angelegenheiten an Leopold Ranke[a].

V: GStA PK I. HA Rep. 76 V f Litt. R Nr. 10 Bd. I (Konzept)[b]
A: GStA PK VI. HA Nl Hoeft Nr. 2 (Ausfertigung)
G: GStA I. HA Rep. 92 L. v. Ranke 13 (nicht erhalten)

Berlin⟨,⟩ den 21ten März 1825.[c]

Das Ministerium eröffnet Euer[d] p in Verfolg der Verfügung vom 31t⟨en⟩ Januar d⟨iesen⟩ J⟨ahres⟩[e 1], daß dasselbe beschlossen hat, Ihnen eine außerordentliche Professur bei der philosophischen Fakultät der hiesigen Königlichen Universität und zwar im Fache der Geschichte zu übertragen, falls Sie geneigt sind, diese Stelle gegen eine jährliche Besoldung von Fünfhundert Thalern Pr⟨eußisch⟩ Cour⟨ant⟩ anzunehmen; die Fonds der hiesigen K⟨öniglichen⟩ Universität gestatten für jetzt nicht, Ihnen eine höhere Besoldung zu bewilligen, und wenn dieselbe auch nicht ganz der mit Ihrer jetzigen Lehrstelle verbundenen Einnahme gleich kommt,[2] so werden Sie doch hiebey in Anschlag bringen müssen, daß Sie bei der jetzigen Frequenz der hiesigen Universität auf ein bedeutendes Honorar für Ihre Vorlesungen werden rechnen können.[3] Das Ministerium fordert Sie auf, Sich baldigst über den Ihnen im Obigen gemachten Antrag zu erklären, und für den Fall, daß Sie denselben annehmen wollen, ungesäumt Ihre Entlassung aus Ihren bisherigen Dienstverhältnissen nachzusuchen.

nom. Minister[f]
Altenstein⟨.⟩[g 4]

[a] Adresse: „An | den Oberlehrer | Herrn Dr. Ranke | Wohlgeboren | in | Frankfurt a/O."
[b] Auf dem Konzept neben mehreren Vermerken die Unterschriften von Karl Hartwig Schulze und Carl Albert Christoph von Kamptz.
[c] Orts- und Datumsangabe in der Vorlage links über dem Text, zugleich „Berlin" auch mittig unter dem Text, in der Ausfertigung laut Hoeft mittig unter dem Text; Journal-Nummer: „U 4628"; mundiert: „23/3"; Datum des Poststempel laut Hoeft „24. Mart.".
[d] In der Vorlage: „Ew."
[e] Das Datum ist nachträglich von anderer Hand in eine vorgegebene Lücke eingesetzt.
[f] In der Ausfertigung statt dieser Zeile: „Ministerium der Geistlichen, Unterrichts- und Medizinal-Angelegenheiten."
[g] In der Ausfertigung statt der Paraphe des Ministers seine Unterschrift.

1 Nr. 254.
2 Leopold Ranke hatte als Oberlehrer am Friedrichs-Gymnasium in Frankfurt an der Oder ein festes jährliches Einkommen von 600 Talern.
3 An der Universität fielen je nach dem eigenen Lehrerfolg zusätzlich zum festgesetzten Einkommen noch Hörergelder an.
4 Carl Sigismund Franz Freiherr vom Stein zum Altenstein (1770–1840), Minister der Geistlichen, Unterrichts- und Medizinal-Angelegenheiten.

Nr. 267

Leopold Ranke an das Ministerium der Geistlichen, Unterrichts- und Medizinal-Angelegenheiten[a]

V: GStA PK I. HA Rep. 76 V f Litt. R Nr. 10 Bd. I (eigenhändig)

Frankfurt a. d. O.⟨,⟩ am 25sten März 1825.[b]

Einem Hohen Ministerium

zeige ich in Unterthänigkeit an, daß ich die mir angetragene außerordentliche Professur bey der Königlichen Universität zu Berlin anzunehmen allerdings bereit bin. Einer baldigen Entlassung aus meinen bisherigen Verhältnissen wird, so viel ich höre, nichts Bedeutendes im Wege stehen, da meine hiesige Lehrstelle leicht wieder besetzt werden kann. Indem ich Einem Hohen Ministerium für das gnädige Zutrauen Desselben danke⟨,⟩ wünsche ich nichts, als eben dieß Zutrauen täglich in höherem Grad zu erwerben.

Eines Hohen Ministeriums
unterthäniger
Dr. L⟨eopold⟩ Ranke,
Oberlehrer.

[a] Adresse: „An das Hohe Ministerium der Geistlichen⟨,⟩ | Unterrichts- und Medicinal-Angelegen- | heiten | zu | Berlin“; Journal-Nummer: „4699“; mehrere Paraphen, unter anderem von Karl Hartwig Schulze, Vermerke sowie Briefkonzepte, unter anderem Ministerium der Geistlichen, Unterrichts- und Medizinalangelegenheiten an Georg Philipp Ludolph Beckedorff, den Regierungsbevollmächtigten bei der Universität Berlin, 31. März 1825 (Teildruck: Lenz, Geschichte der Universität Berlin, Band 4, S. 464, Nr. 200).

[b] Orts- und Datumsangabe in der Vorlage unter dem Text links.

Nr. 268

Arnold Hermann Ludwig Heeren[1] an Leopold Ranke

V: Oncken, Aus Rankes Frühzeit, S. 130–131 (Druck)

Göttingen⟨,⟩ den 27. März 1825⟨.⟩

Wenn ich, mein verehrtester Herr Doctor, Ihnen meinen Dank für das doppelte mir übersendte Geschenk[2] erst etwas spät abstatte, so ersuche ich Sie, dies nicht als eine Vernachlässigung anzusehn. Ich erhielt dasselbe erst etwas spät; aber was die Hauptsache war, ich wollte Ihre Schriften erst lesen; und dazu konnte ich, wegen anderweitiger dringender Beschäftigung, nicht sogleich kommen. Um desto inniger ist jetzt mein Dank: da sie denselben nicht als ein leeres Compliment ansehen werden.

Ihre kleinere Schrift[3] zog mich zu⟨e⟩rst an. Ich habe früher, als ich mit dem ersten Abschnitt meiner Geschichte des Europäischen Staatensystems[4] beschäftigt war, oft lebhaft das Bedürfnis einer solchen kritischen Untersuchung gefühlt, und da ich selbst über die Quellen alter Geschichtschreiber ähnliche Forschungen angestellt habe,[5] so werden Sie das Interesse, das sie mir einflößte, leicht würdigen können. Ihre Kritik des Guicciardini[6] zeig-

[1] Arnold Hermann Ludwig Heeren (1760–1842), Professor für Geschichte in Göttingen.

[2] L. Ranke, Geschichten; L. Ranke, Kritik; Begleitbrief nicht ermittelt.

[3] L. Ranke, Kritik.

[4] Arnold Hermann Ludwig Heeren: Handbuch der Geschichte des Europäischen Staatensystems und seiner Colonien von der Entdeckung beyder Indien bis zur Errichtung des französischen Kaiserthrons. Göttingen 1809.

[5] Diese Abhandlungen wurden 1821 veröffentlicht, und es ist nicht ausgeschlossen, daß sie Leopold Ranke um diese Zeit in einer entscheidenden Phase des Beginns seiner historischen Studien in die Hände kamen: Arnold Hermann Ludwig Heeren: Historische Werke. 3. Theil: Vermischte historische Schriften, Göttingen 1821. In diesem Band finden sich unter anderem die Schriften „Ueber den historischen Werth der Biographieen Plutarch's" (S. 1–40, geschrieben 1821) und „Ueber die Quellen der Biographieen Plutarch's", Abhandlung I bis IV (S. 377–419, in der Akademie der Wissenschaften in Göttingen vorgelegt 1810 bis 1818). Heeren prüft in den zuletzt genannten Abhandlungen die zu ermittelnden Quellen Plutarchs auf ihre Glaubwürdigkeit, ihre Nähe zum Geschehen, ihre allgemeine Absicht, nicht ohne die historiographischen Ziele und literarischen Prämissen des antiken Geschichtsschreibers untersucht und gewürdigt zu haben. Der Wert Plutarchs als Geschichtsschreiber hängt für Heeren nur von der Güte seiner Quellenbenutzung und nicht von seinen politischen Ansichten ab (ebd., S. 37–38). Sein Urteil darüber lautet: „Er schöpfte aus Bearbeitern der Geschichte, aber in der Wahl von diesen war er sehr streng. Er wählt die ersten Schriftsteller, am liebsten gleichzeitige, wo dieses möglich war. Er hat diese, so viel wir urtheilen können, treu excerpirt." (ebd., S. 418).

[6] Francesco Guicciardini (1483–1540), florentinischer Diplomat, ab 1513 im Dienst der Päpste aus dem Hause Medici, Leo X. und Clemens VII., Gouverneur von Modena und Bologna sowie Geschichtsschreiber; zur Kritik Leopold Rankes an Guicciardini vgl. L. Ranke, Kritik, S. 1–49. Das Kapitel ist das Herz- und Hauptstück des ganzen Buches, es ist das Paradigma für Rankes Handhabung der historisch-kritischen Methode überhaupt. Die Anerkennung Heerens ist deswegen bemerkenswert, weil dieser selbst noch kurz zu-

te mir sofort, mit welchem Ernst, aber auch mit welchem Erfolge Sie diese Untersuchung machten. Es war höchst verdienstlich, die Quellen desjenigen Schriftstellers genau zu erfassen, dessen Werk als die Basis dieses Theils der Geschichte angesehen wurde. Und zu welchen Resultaten haben sie nicht geführt.

Aber auch Ihr größeres Werk[7] ist nicht minder verdienstlich. Allerdings ist dies der Anfang der Neueren Geschichte; und besonders die Italienischen Händel greifen doch so tief in die Geschichte der allgemeinen Politik ein, daß man diese ohne jene nicht verstehen kann. Bei Venedig habe ich es bedauert, daß Sie des Nobile Marini[8] Storia del commerzio Veneto[9] nicht haben benutzen können. Aber das Werk ist so selten in Deutschland, daß nicht einmal in Wien, wie ich von einem Freunde[10] weiß, es zu finden war. Was Daru[11] über diesen Gegenstand hat, ist bloß daraus genommen und noch dazu sehr ungeschickt.[12]

Ich hoffe⟨,⟩ Sie werden in diesen so verdienstlichen Untersuchungen fortfahren. Nehmen Sie nochmals meinen innigsten Dank⟨,⟩ und seien Sie der aufrichtigsten Hochachtung versichert Ihres

ergebensten Dieners
Heeren.

vor ganz nach hergebrachter Weise Guicciardini vertraut hatte: „da der Verfasser zugleich Zeitgenosse, Theilnehmer und unpartheiischer Erzähler und Beurtheiler der Begebenheiten ist“ (Arnold Hermann Ludwig Heeren: Handbuch der Geschichte des Europäischen Staatensystems und seiner Colonien von der Entdeckung beyder Indien bis zur Errichtung des Französischen Kaiserthrons. Bd. 2, 4. verb. Aufl., Wien 1822, S. 23). An dieser Stelle wird der Übergang von Geschichte als Tradition zur Geschichte als Forschung, den Ranke vollzieht, augenfällig.

[7] L. Ranke, Geschichten.

[8] Carlo Antonio Marin (1745–1818).

[9] Storia civile e politica del commercio de' Veneziani, di Carlo Antonio Marin Patrizio Veneto. 8 Bde., Venedig 1788–1808. Marin behandelt die mittleren und neuen Zeiten anhand von handschriftlichen, archivalischen Chroniken und druckt auch immer wieder Dokumente ab.

[10] Nicht ermittelt.

[11] Pierre Antoine Noël Bruno Comte Daru (1767–1829), Chef der Intendantur des französischen Heeres und Minister, Philologe und Geschichtsschreiber.

[12] Vgl. Pierre Antoine Noël Bruno Comte Daru, Histoire de la République de Venise. 8 Bde., Paris 1819, 2. Aufl., Paris 1821 (dazu L. Ranke, Kritik“ S. 174). Daru beginnt sein Werk ohne Vorrede, läßt aber eingangs die Bemerkung fallen, es sei ein Rätsel, wie diese große und alte Nation, die durch „les arts de la civilisation“ alle anderen modernen Nationen übertreffe, in der Gegenwart plötzlich aufgehört habe zu existieren. Nach einem Blick auf die Geographie und die dunkle Herkunft der Venezianer beginnt Daru mit der Geschichte Venedigs zu Zeiten des Römischen Reichs (Buch I) und führt diese rasch in das 9. Jahrhundert (Buch II). Buch XV ist dem 15. Jahrhundert gewidmet, das XIX. Buch gibt einen Querschnitt „Tableau du commerce des Vénetiens“. Das XX. Buch schließlich stellt den Zeitabschnitt der Rankeschen „Geschichten“ dar: „Expédition de Charles VIII à Naples, 1494–1498“. Daru zitiert vereinzelt Dokumente; dominiert wird seine Darstellung aber von langen Reden, die die Handlungen der Hauptpersonen und ihre Motive darstellen.

Nr. 269

Ferdinand Ranke[1] an Leopold Ranke

V: GStA PK VI. HA Nl Hoeft Nr. 1 (Abschrift)
G: GStA I. HA Rep. 92 L. v. Ranke Nr. 26 (nicht erhalten)

Halle⟨,⟩ am 31⟨.⟩ März ⟨18⟩25.

Mein geliebtester Herzensbruder⟨,⟩
Ich hätte das wahrhaftig nicht geahndet, als ich Quedlinburg verließ, daß ich in Halle zu der unendlichen Freude des Wiedersehens noch durch so eine herrliche Nachricht erquickt werden sollte. Es war Mittwochs früh um 10 Uhr, als ich meine Liebsten[2] hier durch eine nicht ganz bestimmt vorhergesagte Ankunft überraschte. Gleich nach dem ersten Gruß las ich Deinen Brief[3]. Beide herrliche, köstliche Freuden mischten sich so schön in einander. Was werden die Eltern[4] glücklich sein, gewiß überglücklich. Wie wird sich Wilhelm[5] freuen, der nun in Deiner Nähe ist, und den wir bald hier zu sehen wünschen und hoffen. Wenigstens hat die liebe Mutter so etwas geschrieben. Und wie innig freute sich Blanc[6]? Mein treuer Bruder, wie freuen sie sich Alle hier. Blanc war so herrlich, ich kann Dir es gar nicht sagen, wie herzlich er Dir an diesem Deinem Glück theilnahm. Es herrschte hier eine innige Liebe, die Alles zu Einem macht, die mich wahrhaft beglückt. Mein treuer Bruder, und wie gerecht ist doch der preußische Staat, daß er das Verdienst so nicht unbelohnt läßt, daß er es sogleich anerkennt, und diese Anerkennung durch die That beweist. Deine Eltern sind wirklich durch Dich überglücklich. Ich möchte nur dasein, wenn die erste Nachricht käme. Jetzt in den fünf Wochen, wo ich nicht hier war, sondern in Quedlinburg, hatte ich immer nur wenig Zeit, in Deinem Buch[7] zu studieren; nur manchmal habe ich es gelesen, meist, um mich daraus zu erquicken, und zu begeistern. Dieses Letztere hat es auch so sehr gewirkt, und natürlich dann das Erste zugleich mit; es hat mich so gereizt, etwas Rechtes zu thun, alle Schlaffheit zu verbannen, und Dir nachzufolgen; wie oft hat uns der Vater gesagt, daß Du uns mit Deinem Beispiel vorangingst;

1 Ferdinand Ranke (1802—1876), Bruder Leopold Rankes.
2 Wohl Fanny Pollau (1804–1867), Verlobte Ferdinand Rankes; Nanette Esther Marguerite Pollau, verw. Juncker, geb. Plantier, Mutter von Charlotte Blanc, geb. Juncker, und Fanny Pollau, zukünftige Schwiegermutter Ferdinand Rankes; Charlotte Blanc, geb. Juncker (1795–1866), Halbschwester von Fanny Pollau, zukünftige Schwägerin von Ferdinand Ranke, und ihr Ehemann, Ludwig Gottfried Blanc (1781–1866), Professor der südeuropäischen Sprachen und ihrer Literaturen, zugleich Domprediger in Halle.
3 Nicht ermittelt.
4 Gottlob Israel (1762–1836) und Friederica Wilhelmina Ranke, geb. Lehmicke (1776–1836).
5 Wilhelm Ranke (1804–1871), Bruder Leopold Rankes, Student in Berlin.
6 Ludwig Gottfried Blanc.
7 L. Ranke, Geschichten; L. Ranke, Kritik.

damals wollten wir es nicht so fühlen, wie ich es jetzt tief fühle. Mein treuer Bruder, leuchte uns ferner vor, und erhebe mich mit Dir in Deine Höhe. Gottes Segen sei mit allen Deinen Bemühungen, und Er leite Dich mit seinem mächtigen Arm zu allem Herrlichen der Erde und des Himmels. Amen. Amen.

Nun ein Wort wegen der Stelle in Frankfurt[8]. Freilich reizt mich die Gemeinschaft mit Heydlern[9] und den andern, Deiner Freundinnen[10]. Daß die Schule vortrefflich ist, und daß ich dann da wandle, wo Du gewandelt hast, und noch vieles Andere sehr, um diese Stelle mit Fittbogen[11] in die Schranken zu treten. Aber erstlich ist Frankfurt so entfernt von Halle sowohl, wie von Wiehe; und da auch Du nun doch auch in der Ferne bleibst, so ist es doch besser, ich bleibe in der Nähe. Ferner erst seit einigen Tagen ist meine förmliche Bestallung nach Quedlinburg[12] eingegangen, und was sollte das Consistorium sagen, wenn ich so geschwind wieder wegwollte, wo sie, zu ihrer nicht geringen Freude, mich erst hingebracht hatten; denn wo finden sie alle Tage Oberlehrer zu solchen Stellen. Ferner, was den Gehalt anlangt, ist der Unterschied nicht groß. Die Stelle trägt nach der Bestallung 344 Thaler; dazu kommen aber Accidenzien[13] von Sterbefällen, und anderen, daß es das Consistorium zu 375 Th⟨aler⟩ angeschlagen

[8] Leopold Rankes gut dotierte Stelle als Oberlehrer war neu zu besetzen (vgl. Nr. 266 und Nr. 267).

[9] Wilhelm Ferdinand Heydler (1793–1859), Mitschüler Leopold und Heinrich Rankes in Pforta, Leipziger Studienfreund Leopold Rankes sowie Konrektor am Friedrichs-Gymnasium in Frankfurt an der Oder.

[10] Friederike Wilhelmine Ahlemann, geb. Schultze (1772–1843), Direktorin einer höheren Bildungsanstalt für Mädchen in Frankfurt an der Oder, und Caroline Beer (1791–1851), Vertraute Leopold Rankes.

[11] Christian Wilhelm Fittbogen (1803–1880), Sohn von Christian Wilhelm Fittbogen (1771–1826), Prediger in Wormlage bei Finsterwalde, und Johanna Auguste Fittbogen, geb. Roick (1777–1850), Schulbesuch in Guben und in Dresden, 1819 Friedrichs-Gymnasium in Frankfurt an der Oder, 1821 Zeugnis „Nr. 1 der unbedingten Reife“, Studium der Theologie, später der Philologie in Leipzig, unter anderem bei Johann Gottfried Jakob Hermann, Mitglied der „Societas Graeca“, 1823 Studium der Philologie in Berlin, unter anderem bei Philipp August Boeckh, Mitglied des Philologischen Seminars, Januar Examen „pro facultate docendi“ in Berlin, Ostern 1825 Lehrer, 1826 Zweiter Subrektor am Friedrichs-Gymnasium in Frankfurt an der Oder, 1831 Hochzeit mit Marie Therese Meyer (* 1807), Tochter von Emanuel Meyer († vor 1831), Professor der Medizin in Frankfurt an der Oder, 1841 Oberlehrer am Friedrichs-Gymnasium in Frankfurt an der Oder, 1867 Ruhestand (vgl. ELAB Frankfurt an der Oder, St. Gertrauden, Trauungen, 1831; ELAB Frankfurt an der Oder, St. Nikolai, Bestattungen 1850; ELAB Frankfurt an der Oder, Friedenskirche, Bestattungen 1880; K. F. Ranke, Leben in Briefen, S. 81; Fischer, Pfarrerbuch Mark Brandenburg, Bd. II/1, S. 206; Programm Friedrichs-Gymnasium 1820, S. 29 und 1825, S. XI; Schwarze, Geschichte, S. 47; Bahl / Ribbe, Matrikel Berlin, Bd. 1, S. 227, Nr. 268; Koechly, Gottfried Hermann, S. 258).

[12] Als Kollaborator am dortigen Gymnasium (vgl. Nr. 259).

[13] Nebeneinkünfte.

hat. Der jetzige Inhaber der Stelle[14] versichert mir aber, daß er immer 420 bis 430 Th⟨aler⟩ gehabt habe. Dazu kommt eine freie Wohnung von 2 Stuben, 5 Kammern, eine Küche, Keller, Boden, Antheil am Waschhause u. s. w., ferner Holz, so viel, daß man es durchaus nicht alles brauchen kann, sondern er immer noch davon übrig behält, und verkauft. Dazu ist es vielleicht in Quedlinburg noch wohlfeiler, als in Frankfurt. Der Unterschied ist also gering. Dann die herrliche Gegend[a] um[b] Quedlinburg, die Nähe des Harzes, den ich noch nicht kenne, und so Vieles. Dann endlich meine ganze jetzige Lage in Quedlinburg und meine Aussichten reizen mich zum Dableiben. Der dortige Superintendent Fritsch[15], ein rüstiger, thätiger Mann, der sich als Theolog nicht unrühmlich bekannt gemacht hat, und auch in diesem Sommer noch eine Geschichte von Quedlinburg mit allen hier befindlichen Urkunden drucken lassen wird,[16] hat mich mit einer Freundlichkeit aufgenommen, und diese bis jetzt so ganz beibehalten; und mich so ermuntert und ermuthigt, und hofft so viel von mir, daß ⟨es⟩ ein Undank wäre, ihn so rasch zu verlassen. Die Lehrer[17] sind alle sehr gute, freundliche Leute, und es herrscht Friede und Eintracht. Die Schule selbst ist freylich unter aller Kritik schlecht; die dortige prima classis steht nicht mit der zweiten in Pforte gleich, in keiner Hinsicht; und viele von der dritten Klasse, der ich vorstehe, würden in Pforte gar nicht angenommen. Besonders durch den Rektor[18] ist ein schlechtes Wesen in die Schule gekommen; es sind so viele Verhältnisse immer zu berücksichtigen, daß die Schule in allen ihren Theilen sehr behindert ist. Quedlinburg ist nebst Nordhausen die schlechteste Schule im Magdeburger Consistorialbezirk. Was ist nun für mich besser, nach Frankfurt, wo eine ausgezeichnete Schule ist, zu gehen, oder nach Quedlinburg? Ich möchte sagen, das Letzte. Denn⟨,⟩ was das Consistorium von uns denkt, kannst Du daraus schließen:

[a] In der Vorlage ursprünglich: „Umgebung“.
[b] In der Vorlage ursprünglich: „von“.

[14] Gottfried Andreas Schumann (1798–1862), Zweiter Kollaborator, ab Frühjahr 1825 Vierter Lehrer am Gymnasium in Quedlinburg.

[15] Johann Heinrich Fritsch (1772–1829), Superintendent in Quedlinburg.

[16] Das Buch erschien erst 1828: Johann H. Fritsch: Geschichte des vormaligen Reichsstifts und der Stadt Quedlinburg. 2 Teile, Quedlinburg 1828.

[17] Johann Friedrich Sachse (1761–1831), Rektor; Friedrich Heimbert Ihlefeld (1778–1859), Konrektor; Johann Friedrich Huch (1779–1849), Subrektor; Johann Heinrich Göroldt (1773–1843), Kantor; Gottfried Andreas Schumann (1798–1862), Vierter Lehrer; Ferdinand August Heinisch (1799–1867), Erster Kollaborator.

[18] Johann Friedrich Sachse (1761–1831), Sohn von Adam Christoph Sachse (1715–1790), Chirurg in Quedlinburg, und Sybilla Augusta Sachse (1737–1770), Gymnasium in Quedlinburg, 1783 Studium der Theologie und Philologie in Halle, 1786 Hauslehrer in der Familie von Dr. Christian Jacob August Ziegler (1735–1799) in Quedlinburg, 1787 Kollaborator, 1792 Subrektor, 1802 Rektor des Gymnasiums in Quedlinburg, 1806 Gemeinderat, 1816 Hochzeit mit Julie Sophie Krause (vgl. Archiv KPS Quedlinburg, St. Benedikti, Taufen 1761; Archiv KPS Quedlinburg, St. Benedikti, Bestattungen 1770 und 1790).

Matthias[19] schrieb in dem Briefe an den Superintendent, worin er Schwalbes[20] Ernennung meldete zum letzten Collaborator: „Nun haben Sie zwei tüchtige Lehrer, und können nun [c]mehr[c], ja [d]weit mehr[d] thun, als vorher" mit denselben Worten. Jetzt habe ich nur 4 Wochen Stunde dort gehalten, und gesehen, was ich wirklich thun kann. Ich bemerke besonders, weil die Lehrer mangeln, einen großen Eifer, besonders in den ersten Klassen. Die Primaner drängen sich zu mir, bringen mir kleine Abhandlungen zu corrigiren, wollen welche aufgegeben haben, und fragen mich überall. Bis in die erste Classe werden hier keine Abhandlungen gemacht, sondern nur Exercitien, und zwar werden Worte und Redensarten dazu gesagt. Auch dieß ist noch nicht genug; ehe sie diese einreichen dürfen, werden sie erst in den Classen vorgenommen, und durchcorrigirt vom Lehrer, damit ja nicht zu viel dann darin zu corrigiren ist, und die Herrn Lehrer in ihrer Zeit beschränkt würden. Sie wollen nun gern etwas Besseres, kommen zu mir⟨,⟩ und ich weise sie nicht zurück. Was aber das Wichtigste ist, ich stehe hier nicht allein; ich habe einen lieben Freund mit bei mir, der mit mir in meiner Wohnung wohnen wird, und mit mir wirken will, so viel er vermag; es ist Schwalbe⟨,⟩ ein Freund, den ich um nichts weggeben möchte. Als ich an Heinrich[21] zuerst von Quedlinburg schrieb, wünschte er mir einen gleichgesinnten Freund; ich habe ihn gefunden. Auch diesen jetzt zu verlassen, wäre vollkommen Unrecht. Also, um Alles zusammenzufassen, meine Lage ist hier herrlich, wegen des gleichgesinnten Freundes, wegen des großen offenstehenden Wirkungskreises, der herrlichen Gegend, der Nähe der Eltern, und der Nähe der Braut[22], der liebsten Herzensbraut. So nenne ich sie am liebsten: sie ist meinem Herzen angetraut. Endlich meine Aussichten. Die beiden gerade über mir stehenden Lehrer der Schule, Schumann[23] und Heynisch[24]⟨,⟩ haben nur das Unterlehrerexamen gemacht, und es ist

c–c In der Vorlage unterstrichen.
d–d In der Vorlage unterstrichen.

19 Johann Andreas Matthias (1761–1837), Konsistorialrat und Schulrat, Rektor des Dom-Gymnasiums in Magdeburg.

20 Carl Friedrich Hermann Schwalbe (1801–1878), Studienfreund Ferdinand Rankes.

21 Heinrich Ranke (1798–1876), Bruder Leopold und Ferdinand Rankes, Lehrer an der Bildungsanstalt des Erziehervereins in Nürnberg.

22 Fanny Pollau.

23 Gottfried Andreas Schumann.

24 Ferdinand August Heinisch (1799–1867), Sohn von Jakob Friedrich Wilhelm Gottfried Heinisch (1761–1840), Diakonus in Wolmirstedt, und Johanne Friederike Juliane Heinisch, geb. Pfeil († 1839), Dom-Gymnasium in Magdeburg, 1820 Studium der Theologie in Halle, 1823 Dritter, 1825 Erster Kollaborator, 1832 Subrektor am Gymnasium in Quedlinburg, 1843 Diakonus und Zweiter Prediger, 1851 Oberpfarrer an St. Benedikti in Quedlinburg, 1854 Hochzeit mit Mathilde Wilhelmine Friederike Auguste Laue († 1877), Tochter von Friedrich Wilhelm Heinrich Laue (1790–1858), Oberpfarrer in Ditfurt, und Johanna Friederike Laue, geb. Heine (vgl. Pfarrerbuch Kirchenprovinz Sachsen, Bd. 4, S. 50 und Bd. 5, S. 291).

die Frage, ob sie je ein Oberlehrerexamen machen werden. Ja⟨,⟩ bei ihrer ganzen Art, und ihren Grundsätzen ist es unmöglich. Jetzt schon bin ich und Schwalbe ihnen vorgezogen.[25] In der letzten Conferenz am Donnerstag sollte der Lektionsplan besprochen werden. Schumann hatte bis jetzt Quarta gehabt, Heynisch Quinta. Nun wurde Tertia offen; dieß wollte Schumann nehmen, Heynisch Quarta; ich Quinta. So trug ich es selbst in der Conferenz vor. Der Superintendent aber trat auf, forderte unser Zeugniß, und ich bekam Tertia, die beiden behielten das ihrige. Der Superintendent[26] hatte sich gesichert, und hatte die Genehmigung des Consistoriums dazu, obwohl nicht klar ausgedrückt. Ich bewies den beiden, daß ich dieß nicht veranlaßt, sondern ganz allein der Superintendent, und wir sind eben so Freunde geblieben, wie vorher. Ueberhaupt aber, wären sie es auch nicht, so ist mir dieß, sobald Schwalbe da ist, ganz einerlei. Dieß ist nun der erste Schritt zu etwas anderm. Der hiesige Subrector, Huch[27], ein sehr gutmüthiger Mann, ist zugleich Predigeradjunkt bei einem alten Mann, [e]Meinek[e][28], der schon sehr alt ist, keine Nacht mehr schlafen kann, ganz abgemattet ist und unmöglich lange mehr leben kann. Er ist Schulinspector, ich bin bei ihm gewesen und habe das so gesehen. Binnen hier [jetzt] und einem Jahre ist diese Stelle bestimmt offen, denn wenn dieß nicht geschieht, ist es dem Huch unmöglich, beide Aemter zu verwalten, weil er sonst gewiß dem alten Meinek bald nachfolgen würde, und er giebt das Schulamt so auf.[29] Dann ist wenigstens große Hoffnung, daß ich die Stelle bekomme; der Superintendent verspricht es ganz bestimmt, und will selbst sogleich an das Ministerium und Consistorium schreiben. Und dann

e–e In der Vorlage unterstrichen.

25 Vgl. Nr. 251.

26 Johann Heinrich Fritsch.

27 Johann Friedrich Huch (1779–1849), Sohn von Johann Conrad Huch (1747–1803), Ratskämmerer sowie Stadt- und Jagdvogt in Quedlinburg, und Magdalena Friederika Huch, geb. Wurlitz (1753–1820), Gymnasium in Quedlinburg, 1798 Studium der Theologie in Halle, 1802 Lehrer, 1812 Subrektor am Gymnasium in Quedlinburg, 1806 Ordination, Adjunkt an der Hospitalkirche St. Spiritus, 1825 Pfarrer an St. Blasii in Quedlinburg (vgl. Archiv KPS Quedlinburg, St. Benedikti, Trauungen 1777; Archiv KPS Quedlinburg, St. Benedikti, Bestattungen 1820; Archiv KPS Quedlinburg, St. Nikolai, Trauungen 1777; Archiv KPS Quedlinburg, St. Nikolai, Bestattungen 1803; Pfarrerbuch Kirchenprovinz Sachsen, Bd. 4, S. 336; freundliche Auskunft von Karin Keller, Archiv der Martin-Luther-Universität Halle-Wittenberg, 30.6.2011).

28 Johann Heinrich Friedrich Meinecke (1745–1825), Sohn von Christian Anton Meinecke (1712–1756), Pfarrer an der Hospitalkirche St. Spiritus in Quedlinburg, und Dorothea Margaretha Meinecke, geb. Götze (1723–1777), Gymnasium in Quedlinburg, 1763 Studium der Theologie in Helmstedt, später in Halle, 1769 Subrektor, 1780 Konrektor, 1780 Rektor des Gymnasiums in Quedlinburg, 1802 Ordination, Pfarrer an St. Blasii in Quedlinburg, zugleich Inspektor des Gymnasiums und bis 1808 Konsistorialrat (vgl. Pfarrerbuch Kirchenprovinz Sachsen, Bd. 6, S. 30).

29 Das geschah zu Michaelis 1826.

wäre ich ganz gesichert; meiner Verbindung mit Fanny wäre nichts im Wege. Und wäre dieses geschehen, so ist der Rektor ein alter Mann, 83 Jahr, und schwach; und es sind noch große Hoffnungen. Nun, lieber Bruder, Alles das liegt in Gottes Händen. Sage Du selbst, sollte ich diesen schönen Wirkungskreis verlassen? Und dann, nun bist Du in Berlin. Vielleicht käme es, daß Du mir dort einmal eine Stelle verschaffen könntest,[30] und dann wäre ich überglücklich. Nicht wahr, mein treuer Bruder, es ist das Beste, daß wir nun Alles so seinen Gang gehen lassen und Fittbogen nicht im Geringsten in den Weg treten. Poppo'n[31] ist doch wohl mit Fittbogen mehr gedient, als mit mir. Diesen hat er sich selbst gebildet;[32] es[f] ist sein Stolz,[33] den er noch ferner zu bilden gedenkt.

[Schluß des Briefes.]

[f] Nachträglich darunter ergänzt: „[er]".

[30] Im Jahr 1842 wurde Ferdinand Ranke nicht zuletzt auf Grund der Intervention seines Bruders Leopold Rektor des Friedrich-Wilhelm-Gymnasiums in Berlin (vgl. Leopold Ranke an Ferdinand Ranke, 26. Oktober 1841 und 6. März 1842, in: L. v. Ranke, Neue Briefe, S. 281 und S. 286–287).

[31] Ernst Friedrich Poppo (1794–1866), Direktor des Friedrichs-Gymnasiums in Frankfurt an der Oder.

[32] Fittbogen gehörte dem ersten Jahrgang an, der unter dem Rektorat von Ernst Friedrich Poppo am Friedrichs-Gymnasium in Frankfurt an der Oder sein Abitur abgelegte.

[33] Auf Grund seiner Leistungen im Studium wurde Fittbogen von Poppos akademischen Lehrer Johann Gottfried Jakob Hermann in die „Societas Graeca" aufgenommen, wie zuvor auch Poppo selbst und Leopold Ranke.

Nr. 270

Das Ministerium der Geistlichen, Unterrichts- und Medizinal-Angelegenheiten an Leopold Ranke[a]

V: GStA PK I. HA Rep. 76 V f Litt. R Nr. 10 Bd. I (Konzept)[b]

Berlin⟨,⟩ den 31. März 1825⟨.⟩[c]

Auf den Grund Ihrer Erklärung vom 25t⟨en⟩ d⟨es⟩ M⟨onats⟩ hat das Ministerium Sie mittelst der beigeschlossenen Bestallung zum außerordentlichen Professor in der philosophischen Fakultät der hiesigen Universität, und zwar für das Fach der Geschichte mit einem Gehalte von Fünfhundert T⟨a⟩hl⟨e⟩r jährlich ernannt. Das Ministerium erwartet von Ihnen, daß Sie das in Sie gesetzte Vertrauen in jeder Beziehung rechtfertigen, und unablässig bemüht seÿn werden, auch zu Ihrem Theile ein gründliches und wahrhaft wissenschaftliches Studium der Geschichte auf der hiesigen Universität zu befördern. Zugleich macht dasselbe Ihnen zu Bedingung, daß, falls der Professor Wilken[1] von seiner Krankheit genesen, und in seine vorige volle Thätigkeit wieder eintreten sollte, Sie sich nach Befinden der Umstände eine Versetzung an eine andere Universtät mit Ihrem Gehalte von fünfhundert T⟨a⟩hl⟨e⟩r ohne Weiteres müßen gefallen lassen. Die Ihnen bewilligte Besoldung wird Ihnen von dem Monat ab gezahlt werden, in welchem Sie hier eintreffen.[d] Das Ministerium [e]sieht[e] Ihrer Anzeige hie rüber entgegen, und wünscht, [f]daß Sie[f], sobald Sie von dem hiesigen K⟨öniglichen⟩ Konsistorio Ihre Entlassung aus Ihren bisherigen Amte[g] erhalten haben, Ihre Wirksamkeit bei der hiesigen Universität beginnen mögen. Berlin p

Ministerium p
Altenstein⟨.⟩[h2]

[a] Adresse: „An | den Oberlehrer H⟨errn⟩ Dr. Ranke | zu Frankfurt a/O".
[b] Der Entwurf des Konzepts befindet sich ebenfalls hier (= Rückseite von Nr. 267).
[c] Orts- und Datumsangabe am Beginn der Konzept-Serie im Zusammenhang mit der Ernennung Leopold Rankes zum außerordentlichen Professsor der Geschichte (pag. 30), laut Aktenvermerk wurde der Brief samt Bestallung am 13. April 1825 abgesandt; Journal-Nummer: „U. 4699".
[d] In der Vorlage gestrichen: „worüber".
[e–e] In der Vorlage nachträglich eingefügt.
[f–f] In der Vorlage nachträglich eingefügt.
[g] In der Vorlage ursprünglich: „Wirkungskreise".
[h] Paraphe.

[1] Friedrich Wilken (1777–1840), Professor für Geschichte und orientalische Sprachen sowie Oberbibliothekar der Königlichen Bibliothek in Berlin.
[2] Carl Sigismund Franz Freiherr vom Stein zum Altenstein (1770–1840), Minister der Geistlichen, Unterrichts- und Medizinal-Angelegenheiten.

⟨Beilage (Konzept):⟩

Berlin⟨,⟩ den 31t⟨en⟩ März ⟨18⟩25.[i]

Bestallung für den bisherigen Oberlehrer am Gymnasio zu Frankfurt a/O Dr. Leopold Ranke als außerordentlichen Professor in der philosophischen Fakultät der K⟨öniglichen⟩ Universität hieselbst.

Nachdem das Ministerium den bisherigen Oberlehrer am Gymnasio zu Frankfurt a/O Dr. Leopold Ranke zum außerordentlichen Professor in der philosophischen Fakultät der K⟨öniglichen⟩ Universität hieselbst, und zwar für das Fach der Geschichte, ernannt hat, ertheilt es ihm die gegenwärtige Bestallung durch welche derselbe verpflichtet wird, das ihm anvertraute Lehramt fleißig wahrzunehmen, zu dem Ende die studierende Jugend durch Vorträge sowohl als Examina und Disputivübungen zu unterrichten, um aus ihr tüchtige und geschickte Subjekte zu bilden, alle halbe Jahre ein Kollegium über einen Zweig der von ihm zu lehrenden Wissenschaft unentgeldlich zu lesen, und sich nebst seinen Kollegen das Aufnehmen und Beste der Universität aufs äußerste angelegen seÿn zu lassen, überhaupt aber sich so zu betragen, wie es einem treuen und geschickten König⟨lichen⟩ Diener und Professor wohl ansteht und gebührt.

Für die von ihm zu leistenden treuen Dienste soll derselbe aller in dieser Qualität ihm zustehenden Prärogative und Gerechtsamen sich zu erfreuen und ein jährliches Gehalt von Fünfhundert T⟨a⟩hl⟨e⟩r in den gewöhnlichen Raten zu genießen haben.

Urkundlich ist diese Bestallung an dem Ministerio ausgefertigt, und mit dessen Insiegel bedruckt worden.

Berlin p

(L⟨oco⟩ S⟨igilli⟩)

[i] Orts- und Datumsangabe in der Vorlage oben links vom Text; Journal-Nummer: „U. 4699“; mehrere Vermerke, unter anderem von Carl Albert Christoph von Kamptz, 7. April 1825, und Karl Hartwig Schulze, 7. April 1825; mundiert am 11. April 1825, abgesandt am 13. April 1825.

Nr. 271

Leopold Ranke an Heinrich Ranke[1]

V: L. v. Ranke, Lebensgeschichte, S. 141–143 (Druck)

Berlin, 2. April 1825.

Liebster Heinrich!

Länger kann ich Dir nicht verschweigen, daß ich künftigen 25. eine außerordentliche Professur der Geschichte an der hiesigen Universität antreten werde.[2] Ja, mein Herz, so alte Gedanken und Wünsche werden doch am Ende einmal wahr. Indessen, freue ich mich wohl unbedingt und ganz? Ich habe mich doch in Frankfurt an einigen Orten festgesaugt, von denen ich ungern weiche. Hier fürchte ich mancherlei: nicht jedermann soll gern sehn, daß ich hierher komme; auch habe ich nur einen kleinen Gehalt[3], mit dem ich mich in der Enge halten muß. Aber es ist doch ein andrer Beruf, ein Anfang eines ganz neuen und eines Lebens, das so wichtig werden kann, als ich nur will. Also, mein lieber Bruder, wünsche mir Glück.

Am 3. ⟨April 1825.⟩ Den ersten Ostertag.

Bis zu dem Also war ich, als Heydler[4], der mit mir herübergereist, aus dem Theater und von den Armen seiner Braut[5] hinweg hereinkam. Zur Zeit von Stangens[6] Hochzeit[7] war eine kleine Berlinerin, Namens Clärchen in Frankfurt, die er so gut kennen lernte, daß sie sich hierauf eifrig Briefe geschrieben. Schon vorige Hundstage[8], da sie wieder einige Zeit in Frankfurt war, kam er bis auf den Punkt, sich ihr anzutragen. In der Wagschale aber, wo auf der einen Seite ihre unanschnliche Figur und die Hoffnung eines auch hierin tadellosen Glückes, auf der andern Güte, Frömmigkeit

[1] Heinrich Ranke (1798–1876), Bruder Leopold Rankes, Lehrer an der Bildungsanstalt des Erziehervereins in Nürnberg.

[2] Vgl. Nr. 270.

[3] Vgl. Nr. 266.

[4] Wilhelm Ferdinand Heydler (1793–1859), Mitschüler Leopold und Heinrich Rankes in Pforta, Leipziger Studienfreund Leopold Rankes sowie Konrektor am Friedrichs-Gymnasium in Frankfurt an der Oder.

[5] Clara Amalia Fuchs (1799–1863), Tochter von Peter Mathieu (†1815), aus Neuchâtel, Wirt des Gasthauses „Zum goldenen Adler“ am Dönhoffplatz in Berlin, und Louisa Friederica Amalia Fuchs (1766–nach 1799) (vgl. ELAB Berlin, Patriochalkirche, Taufen 1799; ELAB Berlin, Französisch-reformierte Gemeinde, Bestattungen, 1815; ELAB Frankfurt an der Oder, St. Georgen, Bestattungen 1863; GStA PK VIII. HA Militärkirchenbücher, Berlin, Infanterie-Regiment Nr. 26, Taufen 1766).

[6] Johann Carl Wilhelm Thomas Stange (1792–1854), Oberlehrer am Friedrichs-Gymnasium in Frankfurt an der Oder, zeitweise Hausgenosse Leopold Rankes.

[7] Sie hatte am Neujahrstag 1824 stattgefunden (vgl. Nr.173 und Nr. 179).

[8] Die Tage vom 23. Juli bis zum 24. August, benannt nach einem in diesem Zeitraum sichtbaren Sternbild.

und Natur wogen, schied sich die Zunge damals nicht völlig. Jetzt hat die zweite Schale völlig überwogen. Er ist mit herübergekommen, zumal er nun meine Stelle bekommt, um sein Glück mit ihr zu theilen. Heute wird er sie von ihren Verwandten[9] erbitten. Ihr Wort hat er schon.

Wilhelm[10] hat hier ein in der That etwas ärmliches Leben führen müssen.[11] Ich habe ihm zwar zuweilen etwas geschickt; zuletzt hat er auch einige Unterstützung bekommen: aber wie wenig hat dies geholfen, da ich gegenwärtig sehen und hören muß, daß er in dem ganzen Winter nur ein einziges mal einheizen lassen und seine schönen Hände erfroren hat! Übrigens ist er wegen seiner Zukunft äußerst schwankend. Als Referendar in Naumburg zu leben, hält er bei der Lage unsrer Familie gradezu für unmöglich.[12] Am liebsten wäre ihm natürlich, wenn er die akademisch juristische Laufbahn ergreifen könnte; aber bei dem äußerst geringen Gehalte, den ich bekomme, ist es mir ganz unmöglich, ihm diese zu eröffnen. Dann denkt er wieder⟨,⟩ Erzieher zu werden, aber es würde doch mehr aus Noth, als aus gutem Willen geschehen. Mir scheint das Beste, er wirft nicht das kaum Ergriffene wieder weg: es scheint mir ganz nothwendig, daß er einige Zeit in Naumburg lebt und hauptsächlich von uns beiden unterstützt werde. Zu der Summe, die wir außer dem geben, was der Vater etwa aufbringen kann, will ich immer zwei Drittheil beitragen, wofern Du nur zu einem Drittheil Dich verstehst: 100 Th⟨a⟩l⟨e⟩r müssen wir ihm aber gewiß geben; denn dienen muß er obenein.[13] Ich brauche Dir nicht zu sagen, daß ein uns so nahe verwandter Arme unsre Unterstützung mehr in Anspruch nimmt, als alle andern. Ich hoffe aber, Du wirst mir darüber bald und bestimmt schreiben. In Naumburg hat die Sache doch ein nahes Ziel; es dauert nicht allzulange, bis dann jemand etwas selbst verdient. Für ihn ist nothwendig, daß er in eine Lage komme, wo er ohne Sorge athmen, wo er sich erst in den Wissenschaften umsehen könne, um etwas zu ergreifen, was ihm völlig gemäß ist.

9 Nicht ermittelt; da wohl zu diesem Zeitpunkt sowohl der Vater als auch die Mutter der Braut von Heydler bereits verstorben waren.

10 Wilhelm Ranke (1804–1871), Bruder Leopold Rankes, Student in Berlin.

11 Vgl. Nr. 265.

12 Ein Referendar erhielt für seine amtliche Tätigkeit kein Gehalt.

13 Wilhelm Ranke stand als Akademiker die Möglichkeit offen, als Einjährig-Freiwilliger seiner Wehrpflicht nachzukommen, dies bedeutete zwar, daß er sich hierfür auf eigene Kosten ausrüsten mußte, andererseits konnte er so frei die Truppengattung und das Regiment wählen und somit den Ort, an dem er seinen Wehrdienst ableistete (vgl. Nr. 66). Außerdem konnte er daneben auch eine andere Tätigkeit ausüben. Heinrich Ranke war 1821 als Einjährig-Freiwilliger im Königlich Preußischen 12. Infanterie-Regiment in Frankfurt an der Oder auch als Lehrer tätig gewesen (vgl. F. H. Ranke, Jugenderinnerungen, S. 200–202).

Wilhelm macht mich sehr begierig, Selma[14] kennen zu lernen. Grüße sie doch tausend mal. Vielleicht ist es in den Michaelisferien[15] möglich, daß ich Euch sehe. Zunächst will ich nach Frankfurt zurückgehen und bis gegen den 20. da bleiben; ich hoffe auf einen Brief von Dir. Hab Dank für den letzten; Schmeling[16] hat ihn gelesen. War es der Brief, oder was ihn nun so rührte: nachher bat er mich, ihn Du zu nennen, damit zwischen uns gar kein Geheimniß mehr wäre. Du und er, ihr seid die beiden frömmsten Menschen, die ich kenne. Ich habe ihn auch lieb, aber Dich doch weit mehr und ganz anders. Leb wohl, mein treues Herz.

L⟨eopold⟩.

F⟨riedrich⟩ v⟨on⟩ Raumer[17] ist auf drei Wochen verreist. Reichards[18] haben wir aufgesucht, aber nicht zu Haus gefunden. Hengstenberg[19] ist mir begegnet: er schien etwas verlegen.[20] Ferdinand[21] schrieb mir, daß es ihm in Quedlinburg wohlgefällt: er hat die besten Aussichten.

[14] Selma Schubert (1806–1878), Tochter von Gotthilf Heinrich Schubert, Professor für allgemeine Naturgeschichte und Mineralogie in Erlangen, Braut Heinrich Rankes.

[15] Um den Festtag des Erzengels Michael am 29. September.

[16] Otto Ludwig Wilhelm von Schmeling (1788–1844), preußischer Major.

[17] Friedrich Ludwig Georg von Raumer (1781–1873), Professor für Staatswissenschaften und Geschichte in Berlin, Bruder von Karl Ludwig Georg von Raumer (1783–1865), der wie Heinrich Ranke als Lehrer an der Bildungsanstalt des Erziehervereins in Nürnberg wirkte.

[18] Johanna Wilhelmine Dorothea Reichardt, verw. Hensler, geb. Alberti (1755–1827), und Sophie Reichardt (1795–1838), Witwe und Tochter von Johann Friedrich Reichardt (1752–1814), Komponist und Hofkapellmeister Friedrichs des Großen, Schwiegermutter und Schwägerin von Karl Ludwig Georg von Raumer.

[19] Wilhelm Hengstenberg (1804–1880), Student der Theologie, Bekannter Heinrich Rankes.

[20] Der aus Berlin stammende, Heinrich Ranke aus Erlangen bekannte Student wollte Leopold Ranke im Frühjahr 1824 besuchen, war aber doch nicht nach Frankfurt an der Oder gekommen (vgl. Nr. 197, Nr. 204 und Nr. 208)

[21] Ferdinand Ranke (1802–1876), Bruder Leopold Rankes, Zweiter Kollaborator am Gymnasium in Quedlinburg.

Nr. 272

Leopold Ranke an Ferdinand Ranke[1]

V: GStA PK VI. HA Nl Hoeft Nr. 1 (Abschrift)
G: GStA I. HA Rep. 92 L. v. Ranke Nr. 23 (nicht erhalten)
D: L. v. Ranke, Neue Briefe, S. 62–63

Fr⟨an⟩kfurt⟨,⟩ 5. April 1825.

Mein Herzferdinand,
in Berlin konnte ich Dir nicht schreiben: hier kann ichs nicht unterlassen. Erstlich sey Dein Entschluß, in Quedlinburg zu bleiben,[2] gebilligt u⟨nd⟩ belobt. Es sind hundert Gründe, die es rathsamer machen, zu bleiben als zu gehen. Deine Lage am hiesigen Gymnasium würde der Quedlinburger nicht einmal entsprechen, da Du dort Tertia hast und hier nichts haben würdest als Quinta u⟨nd⟩ Sexta. Also bleib nur. Und hat Gott uns recht lieb, so wird er machen, daß wir einmal Beyde an Einen Ort kommen, es sey nun Berlin oder ein andrer. Doch er gebe, daß es Berlin sey.
Wofern sich nun kein neues Hinderniß begiebt, wofern Fittbogen[3] kommen kann, so denke ich in 14[a] Tagen in Berlin zu seyn, und so gut am 25sten April anzufangen zu lesen, wie andere Professoren. Im Anfang werde ich mich etwas eingezogen halten müssen, da mein Gehalt nur klein ist, und die Wohnung einen ziemlichen Theil dieser Wenigkeit absumiren wird. Ich sehe eine ganze Zukunft darauf beruhen, daß ich Zuhörer bekomme.
Es ist ein verwünschtes Ding, wenn man sich von der guten Meinung eines so beweglichen studiosen Publikums abhängig sieht. Doch es ist nun nicht anders⟨,⟩ und ich muß es leiden.
Mein lieber Ferdinand, wann werden wir uns einmal sehen! was wollen wir einander dann alles erzählen.

[a] Tintenfleck, zweite Ziffer nicht eindeutig lesbar.

[1] Ferdinand Ranke (1802–1876), Bruder Leopold Rankes, Zweiter Kollaborator am Gymnasium in Quedlinburg.
[2] Vgl. Nr. 269.
[3] Christian Wilhelm Fittbogen 1803–1880), ehemaliger Schüler des Friedrichs-Gymnasiums, wie Leopold Ranke Schüler von Johann Gottfried Jakob Hermann und Mitglied der „Societas Graeca“; er hatte sich auf die Stelle Leopold Rankes beworben.

Für die Preußische Geschichte wird⟨,⟩ glaub ich⟨,⟩ Pölitz[4] Handbuch derselben[5] das Beste seyn. Den Gallus[6], der für dieselbe ein Hauptwerk ist,[7] nimm nur immer beyan zur Hand. Am besten wird es seyn, wenn Du ein kleineres Handbuch, wie man von Hartung[8] ⟨,⟩ wenn ich nicht irre⟨,⟩ und

[4] Karl Heinrich Ludwig Pölitz (1772–1838), Sohn von Johann Gotthilf Pölitz (1737–1809), Pfarrer in Ernstthal, und Christiana Felicitas Pölitz, geb. Jung-Johann († 1799), 1786 Lyceum in Chemnitz, 1791 Studium der Theologie, Philosophie und Geschichte in Leipzig, 1793 Baccalaureus und Dr. phil., 1794 Habilitation, Privatdozent der Philosophie in Leipzig, 1795 Professor der Moral und Geschichte an der Königlich Sächsischen Ritter- und Militärakademie in Dresden, 1803 außerordentlicher Professor der Philosophie in Leipzig, 1804 ordentlicher Professor des Natur- und Völkerrechts in Wittenberg, 1815 ordentlicher Professor der Geschichte und Statistik von Sachsen, 1820 ordentlicher Professor der Staatswissenschaften in Leipzig.

[5] Von Karl Heinrich Ludwig Pölitz stammen zahlreiche historische Lehrbücher für den Schulgebrauch sowie populärere Darstellungen der Geschichte, des Staatsrechts, der Philosophie und der Theologie. Der angesprochene Titel lautet vollständig: Handbuch der Geschichte der souverainen Staaten des teutschen Bundes. Bd. 1, Abteilung 2: Geschichte der preußischen Monarchie, mit fünf genealogischen Tabellen. Leipzig 1818. Pölitz behandelt hier unter je kritischem Hinweis auf die Literatur die Geschichte Preußens von den ältesten Zeiten an, und zwar ausführlicher und zusammenhängend ab dem ersten Markgrafen, Albrecht I. von Brandenburg (um 1100–1170), bis 1818. Er bemerkt, alle „Quellen und Hülfsmittel" angegeben zu haben, „zwar konnte ich dabei keine Archive und ungedruckte Sammlungen benutzen; allein ich darf versichern, daß ich reichlich drei Viertheile aller in dieser Schrift angeführten Werke in meiner Privatbibliothek besitze" (Vorrede, S. VII–VIII). Pölitz orientiert sich ganz an der äußeren Geschichte von Friedensschluß zu Friedensschluß und handelt die innere Geschichte als trockene Aufzählung von Verordnungen und Behörden ab. Sein Kapitel über „Die inneren Angelegenheiten" schließt mit einer Namensliste all jener „Männer, die im Felde der Wissenschaften und Künste sich auszeichneten" (S. 574–586, die Namensliste S. 585–586) Pölitz' Werk war eines der gymnasialen Geschichtsbücher (Programm Friedrichs-Gymnasium 1825, S. VI).

[6] Gottfried Traugott Gallus (1762–1806), aus Sommerfeld in der Neumark, 1777 Lyceum in Sorau, Studium der Theologie, 1785 Konrektor der Stadtschule in Crossen in der Neumark, 1795 Prediger zu Hagenburg und Altenhagen in der Grafschaft Schaumburg-Lippe.

[7] Gottfried Traugott Gallus: Handbuch der Brandenburgischen Geschichte. 4 Bde., Züllichau 1789–1797. Der Autor beginnt seine Darstellung bei den „ältesten bekannten Bewohnern der Mark". In der ersten Auflage führt er seine Erzählung bis auf König Friedrich I., endend im Jahre 1713; in der zweiten bis auf Friedrich Wilhelm II. Sein „Handbuch" liefert eine fortlaufende Erzählung mit spärlichen, zumeist in den Text eingearbeiteten Quellen- und Literaturhinweisen. Es ist jedenfalls, vor allem auch durch völlig fehlende Inhaltsübersichten, schlechter „benutzbar" als das gut eingerichtete Werk von Pölitz. Gallus' Absicht war es, „ein Handbuch zu liefern, das die Mittelstraße zwischen einem dürren Kompendio und einem zu fleißigen Werke hielte", vor allem aber „ein Buch, das durch unterhaltende Erzählungen, durch eine leichte Stellung der Begebenheiten, durch einen muntern Vortrag zum Lesen reizte, zum weitern Forschen in der Geschichte den Weg ebnete, den Verstand nützlich beschäftigte, und das Herz für das Gute und Edle erwärmte." (Bd. 1, Vorrede zur 2. Aufl. in 6 Bdn., 1792–1805, die unter dem Titel „Geschichte der Mark Brandenburg für Freunde historischer Kunde" erschien, ohne Paginierung).

[8] Johann Friedrich August Hartung (1762–1832), Sohn eines Bäcker-Meisters und Ratskämmerers in Bernburg an der Saale, Bergschule, danach Städtisches Gymnasium in Bernburg, 1778 Übersiedlung nach Berlin, Friedrich-Werdersches Gymnasium, 1783 Lehrer an der Domschule und Domkantor, Hochzeit mit Henriette Marianne Sophie Hartung

Andern hat, zu Grund legst, u⟨nd⟩ Dir vorzüglich angelegen seyn läßt, dieß den Schülern einzuprägen.
Das Erläutern ist eine Sache für sich und beruht ganz darauf, wieviel Einsicht Du Dir über Deinen Gegenstand zu verschaffen vermagst.
[b]Warum ist Deine Fanny[9] nicht bei Dir, daß ich sie grüßen könnte? Grüß alle die Deinen[10] in einem Brief.[b] Deine schönen Aussichten machen mir⟨,⟩ ich kann Dir nicht sagen wieviel⟨,⟩ Vergnügen. Gott führe sie alle hinaus; oder vielmehr ein; und besonders daß wir einmal zusammenleben. Das ist einer meiner vorzüglichsten Wünsche. Lebe wohl, mein liebes Herz. Eine trübe Stunde in der Schule mache Dich nie mißmuthig. Es kommen auch bessere[c].

Dein getreuer Leopold.

[b–b] In der Vorlage nachträglich eingefügt.

[c] In der Vorlage: „besseres"; am linken Rand des Absatzes von oben nach unten geschrieben und ohne Vermerk, wo die Passage einzufügen ist, steht: „über den schönen Wirkungskreis".

(1765–1797), Tochter seines Onkels und Vorgängers als Lehrer an der Domschule und Domkantor, Johann Albrecht Hartung († 1782), 1785 Gründer und Vorstand einer Privat-Lehranstalten für Knaben, 1787 zugleich Gründer und Vorstand einer Privat-Lehranstalt für Mädchen gebildeter Stände, 1791 Mitglied der Sing-Akademie, 1792 Vorstand der Sing-Akademie, 1795 Vorsteher des neu errichteten, mit der Domschule verbundenen Schullehrer-Seminars, 1796 zugleich Professor des deutschen Stils und der deutschen Literatur an der Königlichen Académie militaire, 1799 Hochzeit mit der Witwe Friederike Hartwig, geb. Schreyer (1774–1850), 1809–1810 Mitglied der neu errichteten Militair-Examinations-Kommission für Porte-Epee-Fähnriche und Offiziere, 1809 Direktorium des Friedrichs-Stiftes für Soldatenwaisen, Kantor an der Hof- und Domkirche in Berlin, 1834 Erkrankung, 1836 Ruhestand (vgl. ELAB Berlin, Domkirche, Trauungen 1799; ELAB Berlin, Domkirche, Bestattungen 1797 und 1850); Leopold Ranke bezeichnet mit dem Namen des Autors wohl folgendes Werk: August Hartung, Abriß der brandenburgisch-preußischen Geschichte zum Schulgebrauche vom Professor Hartung. Berlin 1803. 3. Aufl., Berlin 1817. Der Autor beginnt mit Christi Geburt und führt die Geschichte schließlich bis zum Jahr 1817. Hartung stellt die Geschichte stark verdichtet am Leitfaden der Hauptdaten und Hauptereignisse dar, geordnet nach Regenten und Regierungszeiten. Gedruckt ist das „kleinere Handbuch" in einem handlichen Westentaschenformat. Das Buch enthält weder Dokumente noch Hinweise auf Quellen und Literatur.

[9] Fanny Pollau (1804–1867), Verlobte Ferdinand Rankes.

[10] Fanny Pollau; Nanette Esther Marguerite Pollau, verw. Juncker, geb. Plantier (1768–1829), die Mutter von Fanny Pollau; Charlotte Blanc, geb. Juncker (1795–1866), die Stiefschwester von Fanny Pollau, und ihr Ehemann Ludwig Gottfried Blanc (1781–1866), Professor der südeuropäischen Sprachen und ihrer Literaturen, zugleich Domprediger in Halle.

Nr. 273

Leopold Ranke an Louise Wilhelmine Antoinette von Zielinski[a 1]

V: GStA PK VI. HA Nl F. L. Jahn Nr. B-IV (eigenhändig)

⟨Frankfurt an der Oder,⟩ 9. Apr⟨il 1825.⟩[b]

Gnädige Frau,
ich muß Ihnen trotz aller „Gelahrtheit", und indem ich diesen Gibbon[2] bey Seite schiebe, nur schreiben, daß ich mir mit unserem Tausch vorkomme, wie Diomedes[3], als ihm Glaukus[4] die goldenen Westen statt seiner ehernen einhändigte. Wie vergnügt macht mich dieß! Wie freue ich mich auf heute Abend!

L⟨eopold⟩ Ranke.

a Adresse: „An | Frau Generalin von Zielinski | Hochwohlgb.".

b Die Datierung erfolgt im Hinblick auf ein heute in der Handschriftenabteilung der Staatsbibliothek verwahrtes Heft mit Exzerpten („Literatur. Besonders Geschichtschreiber. angefangen am 13. November 1824"), in dem sich auch Exzerpte aus dem Werk Gibbons finden (vgl. L. Ranke, Tagebücher, S. 508).

1 Louise Wilhelmine Antoinette von Zielinski, geb. Wagner (1799–1875), gehörte zu dem Kreis einiger junger Damen, dem Leopold Ranke in den Abendstunden Geschichtsunterricht gab.

2 Edward Gibbon (1737–1794), Sohn von Edward Gibbon († 1770), Kaufmann in London, 1737 und 1741 Member of Parliament, und Judith Gibbon, geb. Porten († 1747), 1746–1747 School of Dr. Woodeson at Kingston-upon-Thames, 1749 Westminister School in London, 1752 Magdalen College in Oxford, 1753 Konversion zum Katholizismus, weshalb Gibbon das College verlassen mußte, Übersiedlung nach Lausanne, 1754 Übertritt zum reformierten Glauben, 1758 Rückkehr nach England, 1763 Grand Tour, 1765 Rückkehr nach England, 1774–1775 und 1783 Member of Parliament, 1775 Eintritt in die Freimaurer-Loge „Lodge of Friendship No. 3", 1784 Übersiedlung auf das Gut La Grotte bei Lausanne, 1793 Rückkehr nach England; wohl ein Band von Gibbons Hauptwerk: History of the Decline and Fall of Roman Empire. 6 Bde., London 1776–1788, in dem Gibbon die Geschichte des Römischen Reiches von der Mitte des zweiten Jahrhunderts nach Christus bis zur Einnahme von Konstantinopel im Jahr 1453 schildert.

3 Eine Figur aus der Ilias; König von Argos, der zu den Helden im Trojanischen Pferd zählte.

4 Eine Figur aus der Ilias; König von Lykien, der im Trojanischen Krieg die Trojaner unterstützte und im Kampf um den Leichnam des Achilles von Ajax getötet wurde.

Nr. 274

Heinrich Ranke[1] an Leopold Ranke[a]

V: GStA PK VI. HA Nl Hoeft Nr. 1 (Abschrift)
G: GStA I. HA Rep. 92 L. v. Ranke Nr. 26 (nicht erhalten)

Nürnberg⟨,⟩ am 12t⟨en⟩ April / ⟨18⟩25.

Mein geliebter Leopold,

Ich wollte Dir doch so gern noch nach unserm lieben Frankfurt schreiben⟨,⟩ und Du mußt schon einmal mit noch wenigerm als sonst zufrieden sein. Zu Deiner Beförderung nach Berlin wünsche ich Dir von Herzen Glück⟨,⟩ und ich bitte unsern himmlischen Vater, daß er es für Dich und viele Jünglinge reichlich segnen wolle. Du kannst, wie Du schreibst, die Allgegenwart Gottes fast mit Händen greifen,[2] und so will ich nicht nur Dir, sondern allen, die Dich hören, Glück wünschen. Gott hat Dir etwas sehr Köstliches anvertraut. Ich bin nur ein unwissender Junge, aber ich darf doch vielleicht etwas zu Dir⟨,⟩ meinem lieben Bruder⟨,⟩ sagen. Nicht wahr, die Art, wie F⟨riedrich⟩ v⟨on⟩ R⟨aumer⟩[3] die alten Geschichten behandelt⟨,⟩[4] ist Dir zuwider? Es ist eine gewisse unausstehliche Glätte, Vornehmheit und Kälte darin.[5] Es ist wohl ganz überflüssig, Dich vor seiner ganzen Lebensansicht zu warnen, da alle Deine Sachen zu Gottes Lobe gereichen sollen. Es ist mir aber die Erforschung der Weltgeschichte für das Christenthum immer wichtiger vorgekommen. Ich bin überzeugt, daß ein besonderer Beistand Gottes dazu gehört, um den ich mit Dir, geliebter Leopold, fleißig zu Gott rufen werde. Sonst hat jede einzelne Seite der Wissenschaft an ihrem Theil zur Verbreitung der Gottlosigkeit beigetragen. Ich wüßte nicht, was nun besser von außen her den schwankenden Tritten der Menschen eine festere Richtung zu dem Christenthum geben könnte, als Darstellung der Geschichte in Gottesfurcht. Gott wolle Dir

[a] Adresse: „Sr. Wohlgeboren | Herrn Doktor Leopold Ranke | in Frankfurt a. d. Oder".

[1] Heinrich Ranke (1798–1876), Bruder Leopold Rankes, Lehrer an der Bildungsanstalt des Erziehervereins in Nürnberg.

[2] Vgl. Nr. 260.

[3] Friedrich Ludwig Georg von Raumer (1781–1873), Professor für Staatswissenschaften und Geschichte in Berlin; Bruder von Karl Ludwig Georg von Raumer (1783–1865), der wie Heinrich Ranke als Lehrer an der Bildungsanstalt des Erziehervereins in Nürnberg wirkte.

[4] Heinrich Ranke bezieht sich hier wohl auf die Vorlesungen über die alte Geschichte, die Friedrich von Raumer 1821 im Druck erscheinen ließ (F. v. Raumer, Vorlesungen). Raumer hält sich an „fortlaufende Hauptquellen", um „das wahrhaft Denkwürdige, Geist und Gemüth Ansprechende, aus der ungeheuren Menge der Tatsachen und Ansichten auszusondern" (F. v. Raumer, Vorlesungen, Bd. 1, S. VIII–IX).

[5] Heinrich Ranke störte wohl besonders die Verarbeitung der Heiligen Schrift als Quelle der jüdischen Geschichte (vgl. F. v. Raumer, Vorlesungen, Bd. 1, S. 113–156).

den Eingang in das ewige Reich J⟨esu⟩ Chr⟨isti⟩ reichlich darreichen im heiligen Geist! – Leopold, ich habe Dich noch nie so lieb gehabt als jetzt – ich freue mich sehr, daß Du mein Bruder bist und daß Du mich lieb hast. Gott wolle Dich reichlich segnen!
Unsere lieben Freundinnen[6] grüße doch freundlichst von mir; ich habe sie sehr lieb⟨,⟩ und es thut mir recht wehe, daß wir nun alle auseinander sind. Grüße sie recht herzlich. Auch unsern lieben Schmeling[7]. – Es ist aber nicht wahr, was Du von mir schreibst.[8] Ich kenne mich eben besser als Du – Gott wolle helfen, es ist mir oft sehr bange. Ferdin⟨and⟩[9] befindet sich in Q⟨uedlinburg⟩ wohl? Ich wußte gar nicht⟨,⟩ daß er nicht mehr bei Fanny[10] ist, oder ist er vielleicht schon verheirathet? – Und unser lieber W[ilhelm][11]. Wie gut ist es, daß Du ihm näher rückst; ich verspreche Dir zu thun, was mir nur möglich ist[12]. Hengstenberg[13] ist Dir begegnet – und gerade in der Zeit da ich hier ziemlich bekümmert über ihn war, weil er so sehr Schleiermachert in seinem Brief. Du hast mich auf Schl⟨eiermachers⟩[14] Buch[15] aufmerksam gemacht,[16] ich stimme Dir darüber völlig bei. Nun ist der schlichte, einfache, treue – aber in seiner Einfachheit liebenswürdige H⟨engstenberg⟩ zum Theil schon so kraus geworden, wie Luther[17] sagt. – Wirst Du Mutter[18] und Sophie Reichardt[19]

[6] Friederike Wilhelmine Ahlemann, geb. Schultze (1772–1843), Direktorin einer höheren Bildungsanstalt für Mädchen in Frankfurt an der Oder, und Caroline Beer (1791–1851), Vertraute Leopold Rankes.

[7] Otto Ludwig Wilhelm von Schmeling (1788–1844), preußischer Major.

[8] Leopold Ranke hatte Anfang April 1825 über Heinrich Ranke und Schmeling geschrieben, die beiden seien die „frömmsten Menschen" (vgl. Nr. 271). Heinrich Ranke hatte hingegen am 25. Februar 1825 über seine eigene, tief empfundene Sündhaftigkeit berichtet (vgl. 262).

[9] Ferdinand Ranke (1802–1876), Bruder Leopold und Heinrich Rankes, Zweiter Kollaborator am Gymnasium in Quedlinburg.

[10] Fanny Pollau (1804–1867), Verlobte Ferdinand Rankes.

[11] Wilhelm Ranke (1804–1871), Bruder Leopold und Heinrich Rankes, Student in Berlin.

[12] Vgl. Nr. 271.

[13] Wilhelm Hengstenberg (1804–1880), Student der Theologie in Erlangen, den Heinrich Ranke aus der Studienzeit Hengstenbergs in Erlangen kannte.

[14] Friedrich Daniel Ernst Schleiermacher (1768–1834), Professor der Theologie in Berlin.

[15] Nicht ermittelt.

[16] Brief nicht ermittelt.

[17] Martin Luther (1483–1546), Reformator.

[18] Johanna Wilhelmine Dorothea Reichardt, verw. Hensler, geb. Alberti (1755–1827), Witwe von Johann Friedrich Reichardt (1752–1814), Komponist und Hofkapellmeister Friedrichs des Großen, und Schwiegermutter von Karl Ludwig Georg von Raumer, des Kollegen Heinrich Rankes an der Bildungsanstalt des Erziehervereins in Nürnberg.

[19] Sophie Reichardt (1795–1838), Tochter von Johann Friedrich Reichardt (1752–1814), Komponist und Hofkapellmeister Friedrichs des Großen, und Schwägerin von Karl Ludwig Georg von Raumer, des Kollegen Heinrich Rankes an der Bildungsanstalt des Erziehervereins in Nürnberg.

öfter besuchen? Raumers[20] bitten Dich darum und grüßen Dich herzlich mit ihrem Segenswunsch. O⟨,⟩ wie werden sich jetzt unsre Eltern[21] freuen! – ich schreibe Dir bald wieder. –

Lieber, lieber Bruder bleibe mir zugethan.
Ich bin mit Gottes Hülfe
Dein getreuer Heinrich⟨.⟩

⟨Postskriptum:⟩[b]
Grüß doch Heidler[22] – Stange[23] – und unsern alten Herrn Mzl [Muzel][24]

[b] Die folgende Zeile ist in der Vorlage über dem Brief angeordnet.

[20] Karl Ludwig Georg von Raumer (1783–1865), ehemaliger Professor, wie Heinrich Ranke Lehrer an der Bildungsanstalt des Erziehervereins in Nürnberg, und seine Ehefrau Friederike Raumer, geb. Reichardt (1790–1869), Tochter von Johann Friedrich Reichardt (1752–1814), Komponist und Hofkapellmeister Friedrichs des Großen.

[21] Gottlob Israel (1762–1836) und Friederica Wilhelmina Ranke, geb. Lehmicke (1776–1836).

[22] Wilhelm Ferdinand Heydler (1793–1859), Mitschüler Leopold und Heinrich Rankes in Pforta, Leipziger Studienfreund Leopold Rankes sowie Konrektor am Friedrichs-Gymnasium in Frankfurt an der Oder.

[23] Johann Carl Wilhelm Thomas Stange (1792–1854), Oberlehrer am Friedrichs-Gymnasium in Frankfurt an der Oder, zeitweise Hausgenosse Leopold Rankes.

[24] Philipp Ludwig Muzel (1756–1831), Konsistorialrat bei der Regierung in Frankfurt an der Oder.

Nr. 275

Das Ministerium der Geistlichen, Unterrichts- und Medizinal-Angelegenheiten an Leopold Ranke[a]

V: GStA PK I. HA Rep. 76 V f Litt. R Nr. 10 Bd. I (Konzept)

Berlin⟨,⟩ den 18ten April 1825.[b]

Das Ministerium macht Ihnen auf die Vorstellung vom 28.ten Dec⟨em⟩br⟨is⟩ pr⟨aesentis⟩ bekannt, daß es sich wegen Gewährung Ihres Wunsches, aus dem Geheimen Staatsarchiv einige Aktenstücke, die auf die europäischen Angelegenheiten zu Anfange des 16ten Jahrhunderts, und auf die deutsche Verfassung Bezug haben, zur Benutzung zu erhalten, bei S⟨eine⟩r Durch⟨laucht⟩ dem Herrn Fürsten zu Saÿn und Wittgenstein[1] und bei S⟨eine⟩r Excellenz dem Herrn Geheimen Staats- und KabinetsMinister Grafen v. Bernstorff[2] verwendet hat, dem eingegangenen Antwortschreiben[3] zu Folge aber eine solche Mittheilung von Aktenstücken des Archivs

[a] Adresse: „An den | Professor und | Oberlehrer Herrn Dr. Ranke | zu Frankfurt a/O".

[b] Orts- und Datumsangabe in der Vorlage oben links vom Text; Journal-Nummer: „U. 5290"; mehrere Vermerke, unter anderem von Carl Albert Christoph von Kamptz, 21. April 1825, und Karl Hartwig Schulze, 20. April 1825; mundiert am 23. April 1825, abgesandt am 26. April 1825.

[1] Wilhelm Ludwig Georg Graf (ab 1804: Fürst) zu Sayn-Wittgenstein-Hohenstein (1770–1851), Sohn von Johann Ludwig Graf zu Sayn-Wittgenstein-Hohenstein (1740–1796), und Friederike Louise Charlotte Gräfin zu Sayn-Wittgenstein-Hohenstein, geb. Gräfin von Pückler-Limburg (1746–1772), 1777 Premier-Lieutenant beim Nassauischen Kreisbataillon, 1786–1788 Studium der Rechte und Staatswissenschaften in Marburg, 1789 kurpfalzbaierischer Wirklicher Geheimer Rat, 1790 Aufenthalt in Mannheim und München, 1791 Oberst in königlich französischen Diensten, Aufstellung eines Infanterie-Regiments, 1792 wegen seiner französischen Verbindungen während des Mainzer Fürstentages in Haft, 1793 Eintritt in preußische Dienste, Kammerherr, 1794 Mission nach Kassel, um mit Landgraf Wilhelm IX. (1743–1821) über ein Anleihe für Friedrich Wilhelm II. (1744–1797) zu verhandeln, 1796 Aufenthalt bei Wilhelmine Gräfin Lichtenau, geb. Enke (1753–1820) in Rom, 1797 Oberhofmeister der Königin Friederike von Preußen, geb. Prinzessin von Hessen-Darmstadt (1751–1805), zugleich außerordentlicher und bevollmächtiger Gesandter in Kassel, 1804 Erhebung in den Reichsfürstenstand, Mitregent der Standesherrschaft Sayn-Wittgenstein-Hohenstein, 1805 außerordentlicher und bevollmächtiger Gesandter in Kassel und Darmstadt sowie am Hof des Oranisch-Nassauischen Fürstentum in Fulda, 1806 Mission nach England, 1807 Verhaftung durch Französische Truppen in Hamburg, 1810 Oberkammerherr, 1812 Geheimer Staatsrat und Leiter der höheren Polizei, 1814 Wirklicher Geheimer Staats- und Polizeiminister, 1817 Mitglied des Staatsrats, 1819 Mitglied der Ministerialkommission zur Untersuchung „demagogischer Umtriebe", Minister des Königlichen Hauses, 1848 Kanzler des Schwarzen-Adler-Ordens.

[2] Christian Günther Graf von Bernstorff (1769–1835), Minister der auswärtigen Angelenheiten.

[3] Wilhelm Ludwig Georg Fürst zu Sayn-Wittgenstein-Hohenstein und Christian Günther Graf von Bernstorff an Carl Sigismund Franz Freiherrn vom Stein zum Altenstein, 18. März 1825, in: GStA PK I. HA Rep. 76 V f Litt. R Nr. 10 Bd. I.

ganz unmöglich ist; indem die von Ihnen gewünschten Nachrichten in einer großen Menge von Aktenstücken zerstreut, und mit den verschiedensten, zur Mittheilung nicht geeigneten Gegenständen vermischt sind, und es auch der Ordnung und der Verfassung des Archivs ganz widerstreiten würde, solche Verhandlungen aus dem Archivlokale zu entfernen. Wenn Sie indessen über ein specielles Faktum Auskunft zu erhalten wünschen, so wollen S⟨eine⟩r Durch⟨laucht⟩ und S⟨eine⟩r Excellenz auf Ihr desfallsiges Ansuchen die erforderlichen Nachforschungen im Archive durch die Archivarien[4] veranlassen, in so weit diese nicht mit ihren Dienst-

[4] Direktor des Geheimen Staatsarchivs war Carl Georg von Raumer (1753–1833), Sohn von Leopold Gustav Dietrich von Raumer (1726–1788), fürstlich anhalt-dessauischer Regierungsdirektor, und Anna Eleonore von Raumer, geb. von Waldow (1724–1796), Onkel von Friedrich Ludwig Georg von Raumer (1781–1873) und Karl Ludwig Georg von Raumer (1783–1865); Stadtschule in Dessau, 1769 Collegium Gröningianum in Stargard, 1771 Studium der Rechte in Leipzig, 1775 Eintritt in preußische Dienste, Referendars-Examen, Referendar am Kammergericht in Berlin, 1777 Kommission zur Einrichtung des Hypothekenwesens in Westpreußen, 1780 Assessor-Examen, Assessor am Kammergericht, 1784 Hochzeit mit Luise Lecke (1758–1839), Tochter von Johann Caspar Lecke (1694–1785), Pächter der Saline Königsborn und Oberbürgermeister von Iserlohn, 1785 Kammergerichtsrat, 1787 daneben Rat am kurmärkischen Pupillenkollegium, 1789 Rat beim französichen Obergericht, 1792 Referent im Kabinettsministerium, zuständig für die Reichs- und Rechtsangelegenheiten, 1797 Geheimer Legationsrat, zeitweise auch im Lehensdepartment tätig, 1803 Geheimer Oberjustizrat im Kabinettsministerium, 1810 Mitglied der Generalordenskommission, 1811 Vortragender Rat im Staatskanzleramt mit dem Rang eines Geheimen Staatsrats, 1812 interimistische, 1814 definitive Leitung der Zweiten Sektion des Ministeriums der auswärtigen Angelegenheiten, Wirklicher Geheimer Legationsrat, 1818 Mitglied des Staatsrats, 1819 Präsident des Oberzensurkollegiums, 1822 Direktor im Ministerium des Königlichen Hauses, Direktor des Geheimen Staats- und Kabinettsarchivs sowie der Provinzialarchivverwaltung, 1825 Wirklicher Geheimer Rat mit dem Prädikat Exzellenz (vgl. Raumer, Familie von Raumer, S. 81–82); zu seinen Mitarbeitern zählten:
Gustav Adolph Tzschoppe (1794–1842), Sohn von Johann Michael Tzschoppe (1759–1808), Subrektor am Gymnasium in Görlitz († 1808), und Christiane Friederike, verw. Straphinus, geb. Crudelius (1762–1831), Gymnasium in Görlitz, 1812 Studium der Rechte in Leipzig, Eintritt in das Corps Lusatia Leipzig, 1813 Rückkehr nach Görlitz, 1815 Studium der Rechte in Breslau, 1816 Auskultator-Examen, danach Auskultator am Stadtgericht in Berlin, 1817 Einjährig Freiwilliger bei den Gardeschützen, zugleich Hilfsexpedient im Staatskanzleramt, 1819 Referendarsexamen, danach Regierungsrat im Staatskanzleramt und Mitglied, ab 1822 stellvertretender Vorsitzender der Ministerialkommission zur Untersuchung der „demagogischen Umtriebe", 1822 Geheimer Registrator und Archivrat, Vortragender Rat im Geheimen Staatsarchiv und im Staatsministerium, 1823 Geheimer Regierungsrat, 1830 Mitglied des Oberzensurkollegiums, 1832 Geheimer Oberregierungsrat, gemeinsam mit Gustav Adolph Harald Stenzel Veröffentlichung der „Urkundensammlung zur Geschichte des Ursprungs der Städte und der Einführung und Verbreitung deutscher Kolonisten und Rechte in Schlesien und der Oberlausitz", 1833 Direktor des Geheimen Staats- und Kabinettsarchiv, 1836 Erhebung in den preußischen Adelstand, 1837 Wirklicher Geheimer Oberregierungsrat und Direktor der Ersten Abteilung des Ministeriums des königlichen Hauses (vgl. ausführlich Holtz, Tzschoppe);
Friedrich Heinrich Wernitz (1752–1830), Sohn von Johann Friedrich Wernitz (* wohl 1720), Lakai, später (1769–etwa 1785) Registrator in Berlin, und Maria Elisabeth Wernitz, geb. Pietzker, Gymnasium in Berlin, kein Studium wegen schwächlicher Gesundheit, 1771

arbeiten zu sehr beschäftigt sind. Berlin p

Ministerium p
Altenstein⟨.⟩[c][5]

[c] Paraphe.

Supernumerar in der Geheimen Staatskanzlei, 1787 Geheimer Sekretär und Geheimer Archivar, 1800 Kriegsrat, 1820 Geheimer Archivrat im Geheimen Staatsarchiv, 1825 Ruhestand (vgl. Cosmar, Staats- und Kabinettsarchiv, S. 85–86);
Carl Friedrich Wilhelm Kenkel (1765–1825), Sohn von Christian Heinrich Wilhelm Kenkel (1725–1793), Geheimer Sekretär und Kriegsrat bei der Französischen Expedition der Geheimen Staatskanzlei, und Charlotte Elisabeth Kenkel, geb. Strebe († nach 1793), 1784 Studium der Rechte in Halle, 1786 Geheimer Sekretär bei der Geheimen Staatskanzlei in Berlin, 1788 Geheimer Archivar im Geheimen Staatsarchiv, 1801 Hochzeit mit Caroline Dorothea Zepp, 1804 Kriegsrat, 1812 Geheimer Kriegsrat und Übertragung der Leitung des Geheimen Kabinettsarchivs, 1820 Geheimer Archivrat im Geheimen Staatsarchiv, ab 1822 zugleich Geheimer Kabinettsarchivar (vgl. ELAB Berlin, Friedrichswerder, Bestattungen 1793; Cosmar, Staats- und Kabinettsarchiv, S. 88);
Ludwig Franz Hoefer (1786–1862), Sohn von Franz Georg Christoph Hoefer (1744–1826), Bürgermeister und Justizrat in Wolgast, und Sophie Amalie Margarethe Hoefer, geb. Schreiber, Bruder von Carl Andreas Hoefer (1781–1853), Direktor des Stadtgerichts in Greifswald, Onkel von Albert Hoefer (1812–1883), Professor für orientalische Sprachen, vergleichende Sprachwissenschaften und altdeutsche Philologie in Greifswald, sowie von Edmund Hoefer (1819–1882), Schriftsteller; Geheimer Archivrat im Geheimen Staatsarchiv, ab 1825 zugleich Geheimer Kabinettsarchivar; Hoefer zählte zu den Gründungsmitgliedern des „Vereins für Geschichte der Mark Brandenburg" und gab von 1834–1836 mit Friedrich Ludwig von Medem (1799–1885) und Heinrich August Erhard (1793–1851) die „Zeitschrift für Archivkunde, Diplomatik und Geschichte" heraus, außerdem erschien 1835 eine von ihm getroffene „Auswahl der ältesten Urkunden deutscher Sprache im Königl. Geheimen Staats- und Kabinets-Archiv zu Berlin" in Hamburg im Druck;
Friedrich Eduard Klaatsch (1797–1865), Sohn von Johann Gottlieb Klaatsch (1754–1834), Geheimer Kriegsrat und General-Rendant bei der Akzise-Verwaltung, später Geheimer Oberfinanzrat in Berlin, und Elisabeth Charlotte Amélie Klaatsch, geb. Hainchelin (1765–1815), vor 1819 Mitglied der von Jahn gegründeten Turngesellschaft, 1821 Studium der Rechte in Berlin, 1822 Geheimer Expedierender Sekretär beim Königlichen Geheimen Staats- und Kabinettsarchiv, Hochzeit mit Franziska Elisabeth Deetz (1801–1870), Tochter von Martin Gottlieb Deetz (1769–1842), Kaufmann, 1809–1810 Oberbürgermeister von Königsberg, ab 1817 in Berlin ansässig, Mitglied der Gesetzlosen Gesellschaft, 1821 Mitglied der Hauptverwaltung der Staatsschulden, und Karoline Deetz, geb. Cabrit (1740–1809), 1824 Geheimer Archivar und Expedient, 1831 Archivrat, 1843 Geheimer Archivrat, 1854 Ruhestand (vgl. ELAB Berlin, Dorotheenstädtische Kirche, Bestattungen 1815 und 1834 ELAB Berlin, französisch-reformierte Kirche, Taufen 1765; ELAB Berlin, Neue Kirche, Bestattungen 1864; ELAB Berlin, St. Marien, Trauungen 1822; ELAB Berlin, St. Nikolai, Taufen 1754 und 1797; Bahl / Ribbe, Matrikel Berlin, Bd. 1, S. 184, Nr. 433);
August Friedrich Christian Heim (1772–1844), 1803 Sekretär in der Geheimen Kanzlei, 1805 Geheimer Registrator in Ansbach, 1807 Kriegsrat im Kabinettsministerium, 1808 Geheimer Sekretär und Geheimer Registrator im Departement der auswärtigen Angelegenheiten, 1814 Hofrat, Teilnahme am Wiener Kongreß, 1820 Legationsrat, Juli 1824 interimistisch, Januar 1825 definitiv Geheimer Archivrat im Geheimen Staatsarchiv, 1838 Leiter des Depeschen Büros im Ministerium der auswärtigen Angelegenheiten (vgl. GStA PK III. HA MdA ZB Nr. 701).

[5] Carl Sigismund Franz Freiherr vom Stein zum Altenstein (1770–1840), Minister der Geistlichen, Unterrichts- und Medizinal-Angelegenheiten.

Nr. 276

Leopold Ranke an das Ministerium der Geistlichen, Unterrichts- und Medizinal-Angelegenheiten[a]

V: GStA PK I. HA Rep. 76 V f Litt. R Nr. 10 Bd. I (eigenhändig)
D: L. v. Ranke, Neue Briefe, S. 63–64

Frankfurt a. d. O⟨.,⟩ am 23sten April 1825.[b]

Einem Hohen Ministerium
sage ich für die mir unter dem 31sten März ausgefertigte und am 16ten April zugekommene Bestallung[1] unterthänigen Dank.

Wenn es mir demohnerachtet und trotz meines guten Willens noch nicht möglich geworden ist, in Berlin einzutreffen, um beym Anfang der Collegien[2] sogleich thätig eintreten zu können, so liegt dieß lediglich daran, daß meine Entlassung von Seiten des Hochwürdigen Consistoriums der Provinz Brandenburg noch nicht gestattet worden ist.

Was die mir zur Pflicht gemachte Einwilligung in eine Versetzung an eine andere Universität auf den Fall, daß Professor Wilken[3] wiederhergestellt werde, betrifft, so werde ich mich den Anordnungen eines Hohen Ministeriums jederzeit willig fügen, überzeugt, daß bey der höheren Rücksicht auf das allgemeine Beste, sich bey einer so gnädigen Behörde⟨,⟩ wenn auch eine untergeordnete, doch immer eine gewisse Rücksicht auf meine persönliche Lage, und meine nothwendigsten Bedürfnisse erwarten lassen wird.

Für jetzt erlaube ich mir, noch eine unterthänige Bitte vorzutragen. Zur Überschaffung meiner Bücher⟨,⟩ deren bey zweytausend sind, nicht wenige in Folio, und meiner übrigen Effecten würde mir eine Unterstützung um so wünschenswerthe⟨r⟩[c] seyn, da die Veränderung meiner Lage[d] überhaupt eine Menge Kosten verursacht, denen ich sonst nicht leicht möchte gewachsen seyn. Diese Unterstützung ist es, um welche ich geziemendst nachsuche.

Eines Hohen Ministeriums
unterthäniger Untergebner,
Dr. Ranke.

[a] Adresse: „An das Hohe Ministerium der geistli- | chen, Unterrichts | und Medicinalangelegenheiten | in | Berlin"; Poststempel: „Frankfurth a.O. | 23. Apr.".
[b] Orts- und Datumsangabe in der Vorlage unter dem Text links.
[c] Buchstabe in der Vorlage durch Papierverlust verloren.
[d] Wort in der Vorlage durch Papierverlust zum Teil verloren.

[1] Vgl. Nr. 270.
[2] Am 25. April 1825 (vgl. Nr. 272).
[3] Friedrich Wilken (1777–1840), Professor für Geschichte und orientalische Sprachen sowie Oberbibliothekar der Königlichen Bibliothek in Berlin.

Nr. 277

Carl Gottlob Ferdinand Wieck[1] an Leopold Ranke

V: SCHWARZ, Studien, S. 27 (Teiltyposkript)
G: Besitz Lily von Ranke (nicht ermittelt)

⟨Merseburg, den 28. April 1825.⟩[a]

...... Auch dünkt mich, hat noch niemand so schön und so anspruchslos Geschichte dargestellt⟨.⟩

[a] Datierung nach SCHWARZ.

[1] Carl Gottlob Ferdinand Wieck (1787–1864), während der Schulzeit von Leopold Ranke Kollaborator an der Landesschule in Pforta, seit 1822 Rektor des Dom-Gymnasiums in Merseburg.

Nr. 278

Das Ministerium der Geistlichen, Unterrichts- und Medizinal-Angelegenheiten an Leopold Ranke[a]

V: GStA PK I. HA Rep. 76 V f Litt. R Nr. 10 Bd. I (Konzept)

Berlin⟨,⟩ den 11ten May 1825.[b]

Das Ministerium eröffnet Ihnen auf die Vorstellung vom 23ten v⟨origen⟩ M⟨onats⟩ mit Bedauern, daß es sich wegen Mangels an allen geeigneten fonds außer Stande sieht, Ihnen die nachgesuchte Unterstützung zur Bestreitung der Kosten Ihres Umzuges zu gewähren. Berlin p

Ministerium p
Altenstein[c][1]

[a] Adresse: „An | den Herrn Professor Dr. Ranke | zu Frankfurt a/O“; die Ortsangabe nachträglich von anderer Hand verbessert zu: „jetzt hier“; Journal-Nummer: „U. 6400“.
[b] Orts- und Datumsangabe in der Vorlage über dem Text links.
[c] Paraphe.

[1] Carl Sigismund Franz Freiherr vom Stein zum Altenstein (1770–1840), Minister der Geistlichen, Unterrichts- und Medizinal-Angelegenheiten.

Quellen und Literatur

Ungedruckte Quellen

Archiv und Bibliothek der Landesschule (ABLS) Pforta:
  Akte Nr. 160 und Nr. 1973
Archiv der Berlin-Brandenburgischen Akademie der Wissenschaften (BBAdW):
  Nl B. G. Niebuhr, Signatur 253
Domstiftsarchiv Merseburg:
  E Lit. B Nr. 15 fol. 5 r-v und fol 5 r-v
Domstiftsarchiv Naumburg:
  Matrikel des Dom-Gymnasiums
Archiv der Kirchenprovinz Sachsen (KPS), Magdeburg:
  Artern,
    Taufen, Trauungen und Bestattungen
  Bad Düben,
    Taufen, Trauungen und Bestattungen
  Brehna,
    Bestattungen
  Cochstedt,
    Taufen und Trauungen,
  Elbeu,
    Trauungen und Bestattungen
  Erfurt,
    Kaufmannskirche, Bestattungen
    Predigerkirche, Trauungen
    Reglerkirche, Taufen und Bestattungen
    St. Thomas, Bestattungen
  Erfurt-Bischleben,
    Taufen
  Freyburg,
    Taufen und Bestattungen
  Genthin,
    Taufen
  Halle,
    deutsch-reform. Domkirche, Taufen, Trauungen und Bestattungen
    St. Georgen, Taufen, Trauungen und Bestattungen
    Marktkirche, Taufen, Trauungen und Bestattungen
    St. Ulrich, Taufen, Trauungen und Bestattungen

Herrengosserstedt,
Taufen und Trauungen
Kistritz,
Bestattungen
Kölleda,
Bestattungen
Langensalza,
St. Stephani, Taufen und Bestattungen
Langensalza,
St. Bonifacii, Taufen und Bestattungen
Lissen,
Bestattungen
Merseburg,
Dom, Trauungen
St. Viti, Bestattungen
Mücheln,
Taufen und Bestattungen
Mühlberg,
Taufen und Bestattungen
Naumburg,
Dom, Bestattungen
St. Wenzel, Taufen und Bestattungen
Nausitz,
Trauungen und Bestattungen
Nebra,
Taufen, Trauungen und Bestattungen
Obernessa,
Trauungen
Oberröblingen,
Taufen und Bestattungen
Osterfeld,
Taufen, Trauungen und Bestattungen
Ostramondra,
Taufen und Bestattungen
Pforta,
Trauungen und Bestattungen
Pörsten,
Taufen und Trauungen

Quedlinburg,
St. Benedikti, Trauungen und Bestattungen
St. Nikolai, Trauungen und Bestattungen
St. Servatii, Taufen, Trauungen und Bestattungen
Querfurt,
St. Lampertus, Taufen, Trauungen und Bestattungen
Sangerhausen,
St. Jakobi, Taufen, Trauungen und Bestattungen
Schkeuditz,
Taufen und Trauungen
Schlettau,
Taufen
Schönewerda,
Trauungen
Stegelitz,
Taufen
Stößen,
Taufen, Bestattungen
Teicha,
Taufen
Torgau,
Stadtkirche, Taufen, Trauungen und Bestattungen
Weißenfels,
Stadtkirche, Taufen, Trauungen und Bestattungen
Weißensee,
Taufen, Trauungen und Bestattungen
Wiehe,
Taufen, Trauungen und Bestattungen
Wittenberg,
Stadtkirche, Taufen und Bestattungen
Zeitz,
Schloßkirche, Taufen und Bestattungen
Zörbig,
Taufen, Trauungen und Bestattungen

Archiv der Martin-Luther-Universität Halle-Wittenberg:
Rep. 46 Nr. 5–8

Evangelisches Landeskirchliches Archiv Berlin (ELAB):
Berlin,
Bethlehem, reformiert, Taufen und Bestattungen
Domkirche, Taufen, Trauungen, Bestattungen
Dorotheenstädtische Kirche, Taufen, Trauungen und Bestattungen
Dreifaltigkeit, Taufen, Trauungen und Bestattungen
Franz.-reformierte Kirche, Taufen, Trauungen und Bestattungen
Friedrichswerder, Taufen, Trauungen und Bestattungen
Garnisonskirche, Militärkirchenbücher
Jerusalem, Taufen und Bestattungen
Neue Kirche, Trauungen und Bestattungen
Parochialkirche, Taufen und Bestattungen
St. Georgen, Taufen und Trauungen
St. Marien, Taufen, Trauungen und Bestattungen
St. Matthäus, Bestattungen
St. Nikolai, Taufen
St. Petri, Taufen, Trauungen und Bestattungen
Sophien, Trauungen und Bestattungen
Berlin-Marienfelde,
Bestattungen
Berlin-Spandau,
St. Nikolai, Taufen und Bestattungen
Berlin-Teltow,
Heinersdorf-Osdorf, Bestattungen
Bötzow,
Bestattungen
Cottbus,
Klosterkirche, Taufen
Frankfurt an der Oder,
Französisch- reformierte Kirche, Taufen und Bestattungen
Friedenskirche, Taufen, Trauungen und Bestattungen
St. Georgen, Taufen, Trauungen und Bestattungen
St. Gertrauden, Trauungen und Bestattungen
St. Marien, Taufen, Trauungen und Bestattunen
St. Nikolai, Taufen, Trauungen und Bestattungen
Golßen,
Taufen

Kyritz,
Taufen und Bestattungen
Lichterfelde/Barnim,
Bestattungen
Luckau,
Taufen und Trauungen
Lübben,
Taufen
Neuruppin,
Taufen und Bestattungen
Neustadt/Dosse,
Taufen
Niederwerbig,
Trauungen
Plaue,
Taufen
Prenzlau,
St. Nikolai, Taufen und Bestattungen
Reddern,
Taufen
Ressen,
Taufen, Trauungen und Bestattungen
Schwedt,
Deutsch-reformierte Kirche, Bestattungen
Selchow mit Diepensee,
Taufen
Sonnenwalde,
Taufen, Trauungen und Bestattungen
Strasburg in der Uckermark,
Französisch-reformierte Kirche, Trauungen
Trampe,
Trauungen
Weissack,
Bestattungen
Zinnitz,
Taufen

Evangelisches Zentralarchiv Berlin (EZA):
- Königsberg, Dom,
  - Taufen
- Stettin, Schloßkirche,
  - Taufen, Trauungen, Bestattungen
- Stettin, St. Jakobi,
  - Taufen, Trauungen und Bestattungen

Germanisches Nationalmuseum Nürnberg (GNN):
- Archiv Autographen K. 53

Geheimes Staatsarchiv Preußischer Kulturbesitz Berlin (GStA PK):
- Altfindmittel Depositum L. v. Ranke
- I. HA Rep. 76 alt
  - I Nr. 366, Nr. 576, Nr. 699, Nr. 711 und Nr. 733
  - II Nr. 90 und Nr. 91
  - X Nr. 6 und Nr. 10
- I. HA Rep. 76
  - I Sekt. XXXI Lit. T Nr. 91 Bd. 1 und 2
  - III Sekt. XII Abt. XV Nr. 5 Bd. 2
  - V a Sekt. IV Tit. VI Nr. 1
  - V c Sekt. I Tit. XI Teil V A Nr. 1 Bd. 5
  - V c Sekt. II Tit. XI Nr. 8 Bd. 2
  - V d Sekt. XXXI Nr. 1 Bd. 12
  - V f Lit. P Nr. 7
  - V f Lit. R Nr. 10 Bd. 1
  - VI Sekt. I z Nr. 1 Bd. 2
  - VI Sekt. VI z Nr. 1, Bde. 1–5;
  - VI Sekt. X z Nr. 4 Bd. 2 und Bd. 3
  - VI Sekt. XII gg Lit. L Nr. 1 Bd. 2 und Bd. 4
  - VI Sekt. XII z Nr. 2 Bd. 1 und Bd. 2
  - VI Sekt. XIV z Nr. 5 Bd. 6 und Bd. 8
  - VI Sekt. XIV z Nr. 12, Bd. 1 und Bd. 2
  - VI Sekt. XIV z Nr. 26, Bd. 1 und Bd. 2
  - VI Sekt. XXII z Nr. 11 Bd. 3
  - VI Sekt. XXXIX Lit. S Nr. 3 Bd. 1 und 2;
- I. HA, Rep. 77
  - Tit. XXI Spez. F Nr. 31
  - Tit. 267 Nr. 1 Adhib. 1 Bd. 4 und Bd. 5
  - Tit. 267 Nr. 1 Adhib. 2 Bd. 1

Tit. 267 Nr. 1 Adhib. 3 Bd. 1–23
Tit. 345 Nr. 14
I. HA, Rep. 89
Nr. 4016, Nr. 7242, Nr. 17041, Nr. 17319, Nr. 17321, Nr. 17323, Nr. 24617
I. HA Rep. 125
Nr. 194, Nr. 3878, Nr. 4399, Nr. 4963
I. HA Rep. 147
Nr. 677
III. HA MdA III. Abt.
Nr. 18722
IV. HA Rep. 1
Offiziernomenklatur Nr. 77 und Nr. 86
VI. HA
FA Geschwister Ranke Nr. 25
FA Leopold (von) Ranke Nr. 7
Nl Bernhard Hoeft
Paket 5, Nr. 1, Nr. 2, Nr. 3, Nr. 4, Nr. 9, Nr. 10, Nr. 37 Kart. 1–4
Nl Friedrich Ludwig Jahn
Nr. B-IV
VIII. HA Militärkirchenbücher
Garnison Berlin
Granison Frankfurt an der Oder
Garnison Magdeburg
Lutherische Garnisonskirche Potsdam
Reformierte Garnisonskirche Potsdam
Infanterie-Regiment Nr. 1, Berlin
Infanterie-Regiment Nr. 24, Frankfurt an der Oder
Infanterie-Regiment Nr. 35, Spandau
VIII. HA Rep. C Nr. 71
Kirchliches Archiv Leipzig (KAL):
Taufkartei
St. Nikolai,
Taufen und Trauungen
St. Thomas,
Taufen und Trauungen
Sächsisches Staatsarchiv, Staatsarchiv Chemnitz:
Bestand 30728 Grundherrschaft Neumark Nr. 276 und Nr. 281

Staatsbibliothek Preußischer Kulturbesitz Berlin (SBB):
- SBB Autogr.
  - I/429, I/965, I/2349,1
- SBB Autogr. Cim.
  - Leopold von Ranke Nr. 1
- SBB Nl Ranke
  - Fasz. 1 Mappe G, Mappe H und Mappe I
  - Fasz. 38 I B 86, I B 104 und II C 1ff.
- SBB Sammlung Darmstaedter 2 f 1826 (4)

Stadtarchiv (StdA) Frankfurt an der Oder:
- V °, Nr. 2
- XIX Nr. 36, Nr. 59 und Nr. 60

Stadtarchiv (StdA) Leipzig:
- Ratsleichenbücher

Stadtarchiv (StdA) Lemgo:
- Nl Süvern Nr. 112

Thüringisches Staatsarchiv Rudolstadt:
- Grafschaft Schwarzburg-Sondershausen — Ältere Bestände (bis 1850)
- Kammer Sondershausen Nr. 868, Nr. 883 und Nr. 884

Universitäts- und Landesbibliothek (ULB) Münster:
- Nl Raumer B 19.028

University of Illinois at Urbana-Champaign Library:
- Ms 45

Gedruckte Quellen und Literatur

ABEL, ANDREAS (Bearb. und Hg.): Die Nachkommen des Regierungsrats Carl F. Feuerlein. Braunschweig 2007.

ALBUM ACADEMIAE VITEBERGENSIS, Jüngere Reihe, Teil 3: 1710–1812. Bearb. von Fritz Juntke (= Arbeiten aus der Universitäts- und Landesbibliothek Sachsen-Anhalt, Bd. 5). Halle an der Saale 1966.

ALBUM der Schüler zu Kloster ROSSLEBEN von 1742 bis 1854. Halle 1854.

BAHL, Peter / RIBBE, Wolfgang (Bearb./Hrsg.): Die Matrikel der Friedrich-Wilhelms-Universität zu Berlin 1810–1850, Teil 1: Die Matrikel für 1. bis 23. Rektoratsjahr (1810 bis 1833), Teil 2: Die Matrikel für das 24. bis 40. Rektoratsjahr (1833 bis 1850), Teil 3: Indizes. Berlin / New York 2010.

BACHMANN, Ottomar: Die Abiturienten der Friedrichsschule und des Friedrichs-Gymnasiums, Ostern 1789 bis Ostern 1904 (= Wissenschaftliche Beilage zum Jahresbericht des Königlichen Friedrichs-Gymnasiums zu Frankfurt a. Oder, Ostern 1904). Frankfurt an der Oder 1904.

GREBER, HANS: Albert Baur. Ein Lebensbild aus der Zeit deutschen musischen, religiösen und politischen Aufbruchs ins XIX. Jahrhundert. Für seine Nachkommen und mit ihrer Hilfe aus den hinterlassenen Aufzeichnungen, Briefen, Bildern und Noten gezeichnet von seinem Urenkel. Waldkirch 1971.

BENISCH, Erich: 600 Jahre Frankfurter Schulgeschichte 1341–1940. Frankfurt an der Oder 1953.

BERGER, Siegfried: Neue Lebenszeugnisse von Jakob Grimm und Leopold von Ranke. Halle 1942; Sonderdruck aus dem Amtsblatt „Die Provinz Sachsen“ vom 15. Dezember 1942.

BERICHT über den fünfundzwanzigjährigen Bestand der Erziehungs-Anstalt für arme und verwahrloste Knaben in Nürnberg. Nebst beigegebener Rechnungs-Anlage vom 12. Febr. 1824 bis 9. März 1849. Nürnberg 1849.

BITTCHER, C⟨arl⟩ F⟨riedrich⟩ H⟨einrich⟩: Pförtner Album. Verzeichnis sämmtlicher Lehrer und Schüler der Königl. Preuß. Landesschule Pforta vom Jahre 1543 bis 1843. Eine Denkschrift zur dritten Säkularfeier der Anstalt den 21. Mai 1843. Leipzig 1843.

BLECHER, Jens / WIEMERS, Gerald (Hg.): Die Matrikel der Universität Leipzig, Teilbd. I – Die Jahre 1809 bis 1832. Weimar 2006.

BRÜMMER, Manfred: Staat kontra Universität. Die Universität Halle-Wittenberg und die Karlsbader Beschlüsse 1819–1848. Weimar 1991.

BULLMANN, Johann C.: Denkwürdige Zeitperioden der Universität zu Halle von ihrer Stiftung an, nebst einer Chronologie dieser Hochschule seit dem Jahre 1805 bis jetzt. Halle 1833.

CATALANO, John: Francis Lieber. Hermeneutics and Practial Reason. Lanham / New York / Oxford 2000.

COSMAR, CARL WILHELM: Geschichte des Königlich-Preußischen Geheimen Staats- und Kabinettsarchiv bis 1806. Mit ergänzenden Materialien hrsg., eingeleitet und erläutert von Meta Kohnke (= Veröffentlichungen aus den Archiven Preußischer Kulturbesitz, Bd. 32). Köln / Weimar / Wien 1993.

DIETHER, OTTO: Leopold von Ranke als Politiker. Historisch-psychologische Studie über das Verhältnis des reinen Historikers zur praktischen Politik. Leipzig 1911.

DITTMAR, Heinrich / HERMANN, Friedrich: Dittmar's und Hermann's Erziehungs- und Unterrichtsanstalt für Knaben. Ein Bericht an die königl. bair. Regierung des Rezatkreises, an den Magistrat der Stadt Nürnberg, und an die Aeltern der Zöglinge und Schüler dieser Anstalt. Nürnberg 1819.

DORFMÜLLER, Petra: rectores portenses. Leben und Werke der Rektoren der Landesschule Pforta von 1543 bis 1935. Beucha 2006.

DÜRRE, Christian E.: Aufzeichnungen, Tagebücher und Briefe aus einem deutschen Turner- und Lehrerleben. Leipzig 1881.

DVORAK, Helge: Biographisches Lexikon der Deutschen Burschenschaft, Bd. 1 (in 8 Teilbdn.): Politiker. Heidelberg 1996–2014.

ECKSTEIN, F⟨riedrich⟩ A⟨ugust⟩: Geschichte der Freimaurer-Loge im Orient von Halle. Eine Festgabe zur Secularfeier der Loge zu den drei Degen. Halle 1844.

ERLER, Georg (Hg.): Die jüngere Matrikel der Universität Leipzig 1559–1809 als Personen- und Ortsregister bearbeitet und durch Nachträge aus den Promotionslisten ergänzt. Bd. III: Die Immatrikulationen vom Wintersemester 1709 bis zum Sommersemester 1809. Leipzig 1909.

Evangelisches Gesangbuch. Für Gottesdienst, Gebet, Glaube, Leben. Ausgabe für die Evangelisch-Lutherischen Kirchen in Bayern und Thüringen. 4. Aufl., München / Weimar 2009.

Festschrift zur Feier des 150jährigen Bestehens der Loge „zum aufrichtigen Herzen" Or. zu Frankfurt a. O. Frankfurt an der Oder 1926.

Fischer, Otto: Evangelisches Pfarrerbuch für die Mark Brandenburg seit der Reformartion. 2 Bde. in 3 Teilbdn., Berlin 1941.

Förster, Otto Werner (Hg.): Matrikel der Freimaurerloge „Minerva zu den drei Palmen" 1741–1932. 2., korrigierte Lieferung, Leipzig 2005.

Ford, Guy Stanton: A Ranke Letter, in: The Journal of Modern History 32 (1960), S. 142–144.

Friedlaender, Ernst (Hg.): Aeltere Universitäts-Matrikeln, Bd. I: Universität Frankfurt a. O. Aus der Originalhandschrift unter Mitwirkung von Dr. Georg Liebe und Dr. Emil Theuner hrsg., Zweiter Band (1649–1811) (= Publicationen aus den K. Preußischen Staatsarchiven, Bd. 36). Leipzig 1888.

Fuchs, Walther Peter: Heinrich Ranke, in: Jahrbuch für fränkische Landesforschung 25 (1965), S. 115-207.

Georgii-Georgenau, Eberhard Emil von: Biographisch-genealogische Blätter aus und über Schwaben. Stuttgart 1879.

Gerhard, Dietrich: Zur Geschichte der historischen Schule. Drei Briefe von Ranke und Heinrich Leo, in: Historische Zeitschrift 132 (1925), S. 93–105.

Gerlach, Karlheinz: Die Freimaurer im Alten Preußen 1738–1806. Die Logen zwischen mittlerer Oder und Niederrhein, 2 Teile (= Quellen und Darstellungen zur europäischen Freimaurerei, Bd. 8). Innsbruck / Wien / Bozen 2007.

Gerlach, Karlheinz: Die Freimaurer im Alten Preußen 1738–1806. Die Logen in Pommern, Preußen und Schlesien (= Quellen und Darstellungen zur europäischen Freimaurerei, Bd. 9). Innsbruck / Wien / Bozen 2009.

Gerlach, Karlheinz: Die Freimaurer im Alten Preußen 1738–1806. Die Logen in Berlin, 2 Teile (= Quellen und Darstellungen zur europäischen Freimaurerei, Bd. 14). Innsbruck / Wien / Bozen 2014.

Gesetz-Sammlung für die Königlichen Preußischen Staaten, Berlin 1816–1824.

Gothein, Eberhard: Gustav Adolf Stenzel und Leopold von Ranke, in: Beilage zur Allgemeinen Zeitung Nr. 83 vom 23. März 1892, S. 1-2.

Graf, Hermann: Anhaltisches Pfarrerbuch. Die evangelischen Pfarrer seit der Reformation. Dessau 1996.

Grünberg, Reinhold: Sächsisches Pfarrerbuch. Die Parochien und Pfarrer der Ev.-luth. Landeskirche Sachsens (1539–1939). 2 Bde. in 3 Teilen, Freiberg in Sachsen 1939–1940.

Grypa, Dietmar: Der Diplomatische Dienst des Königreichs Preußen (1815–1866). Institutioneller Aufbau und soziale Zusammensetzung (= Quellen und Forschungen zur Brandenburgischen und Preußischen Geschichte, Bd. 37). Berlin 2008.

Hase, Alexander von: Brückenschlag nach Paris. Zu einem unbekannten Vorstoß Rankes bei Karl Benedikt Hase (1825), in: Archiv für Kulturgeschichte 60 (1978), S. 213–221.

Hauschronik der Bildungsanstalt des Erziehervereins Nürnberg. Für die Ältern und Freunde der Zöglinge und Schüler dieser Anstalt. Nürnberg 1821–1823.

Hausdorf, Werner / Noack, Siegrid: Frankfurt (Oder). Straßen, Wege und Plätze in ihrer historischen Entwicklung (= Frankfurter Jahrbuch 2002). Jacobsdorf 2003.

Heister, Carl von: Ethnographische und geschichtliche Notizen über die Zigeuner. Königsberg 1842.

Helmolt, Hans F.: Ein merkwürdiger Brief Leopold Rankes, in: Beilage zur Allgemeinen Zeitung (Ausgabe in Wochenheften), Heft 22, Nr. 105–107 vom 1. Juni 1907, S. 34–37.

Helmolt, Hans F.: Leopold von Rankes Leben und Wirken. Leipzig 1921.

Henz, Günter Johannes: Leopold Ranke. Leben, Denken, Wort. 1785–1814. Darstellende Untersuchungen und Edition. Mit allgemeinen archivalischen und bibliographischen Beiträgen. Inaugural-Dissertation zur Erlangung des Doktorgrades der Philosophischen Fakultät der Universität zu Köln. Köln 1968.

Henz, Günter Johannes: Zu Leopold von Rankes Briefwechsel. Forschungsbericht und Nachlese, in: Archiv für Kulturgeschichte 54 (1972), S. 285-324.

HENZ, Günter Johannes: Zur Kritik neuerer Brief-Editoren. Die Ausgabe des Briefwechsels Leopold von Rankes durch die Historische Kommission bei der Bayerischen Akademie der Wissenschaften. Eine Denkschrift zu ihrem 150jährigen Bestehen. Jülich 2008.

HENZ, Günter Johannes: Leopold von Ranke in Geschichtsdenken und Forschung. Bd. I: Persönlichkeit, Werkentstehung, Wirkungsgeschichte; Bd. II: Grundlagen und Wege der Forschung. Berlin 2014.

HERMANN, Johann Gottfried Jakob: De Mythologia Graecorum antiquissima dissertatio. Scripta creationi XIII. Philos. DD. et AA. LL. Magistrorum Rectore Magnifico et Ord. Philos. Decano Ernesto Carolo Wielandio ⟨...⟩ Procancellario Christiano Daniele Beck ⟨...⟩ Leipzig 1817.

HEYDEN, Hellmuth (Bearb.): Die Evangelischen Geistlichen des ehemaligen Regierungsbezirkes Stralsund ⟨I⟩ – Insel Rügen (= Die evangelischen Geistlichen Pommerns von der Reformation bis zur Gegenwart, Bd. 3/I). Greifswald 1956.

HEYDEN, Hellmuth (Bearb.): Die Evangelischen Geistlichen des ehemaligen Regierungsbezirkes Stralsund II – Kirchenkreise Barth, Franzburg und Grimmen (= Die evangelischen Geistlichen Pommerns von der Reformation bis zur Gegenwart, Bd. 3/II). Greifswald ⟨1959⟩.

HITZIG, Etta: D. Ernst Constantin Ranke, Professor der Theologie in Marburg. Ein Lebensbild gezeichnet von seiner Tochter. Leipzig 1906.

HOFFMANN, Max (Hg.): Pförtner Stammbuch 1543–1893. Zur 350jährigen Stiftungsfeier der Königlichen Landesschule Pforta. Berlin 1893.

HOHLFELD, JOHANNES (Bearb.): Ahnentafel und Stammtafel Liebeskind, in: Johannes Hohlfeld (Bearb.): Leipziger Geschlechter. Stammtafeln, Ahnentafeln und Nachfahrentafeln (= Stamm- und Ahnentafelwerk der Zentralstelle für Deutsche Personen- und Familiengeschichte zu Leipzig, Bd. X). Leipzig 1933, S. 205–236 mit vier nicht paginierten Bildtafeln.

HOHLFELD, JOHANNES (Bearb.): Aus dem Familienarchiv Liebeskind. Hrsg. von Kristof Liebeskindt. Leipzig / Mühlenhorn 1934.

HOLTZ, BÄRBEL: Gustav Adolph Tzschoppe — ein Lebensbild, in: Hans-Christof Kraus / Frank-Lothar Kroll (Hg.): Historiker und Archivar im Dienste Preußens. Festschrift für Jügen Kloosterhuis. Berlin 2015, S. 117–140.

HOYER, Siegfried, Leopold Ranke als Student in Leipzig, in: Karl Czok (Hg.), Wissenschafts- und Universitätsgeschichte in Sachsen im 18. und 19. Jahrhundert. Nationale und internationale Wechselwirkung und Ausstrahlung. Beiträge des internationalen Kolloquiums zum 575. Jahr der Universitätsgründung am 26. und 27. November 1984 in Leipzig (= Abhandlungen der Sächsischen Akademie der Wissenschaften zu Leipzig, Philologisch-historische Klasse, Bd. 71 Heft 3). Berlin-Ost 1987, S. 217–225.

JUNTKE, Fritz (Bearb.): Album Academiae Vitebergensis, jüngere Reihe, Teil 3 (1710–1812) (= Arbeiten aus der Universitäts- und Landesbibliothek Sachsen-Anhalt in Halle a. d. Saale, Bd. 5). Halle an der Saale 1966.

KAUPP, Peter (Bearb.): Stamm-Buch der Jenaischen Burschenschaft. Die Mitglieder der Urburschenschaft 1815–1819 (= Abhandlungen zum Studenten- und Hochschulwesen, Bd. 14). Köln 2005.

KESSEL, Eberhard: Ranke und Burckhardt. Ein Literatur- und Forschungsbericht, in: Archiv für Kulturgeschichte 33 (1951), S, 351–379.

KIRCHNER, C⟨arl⟩: Q.D.R.V. Scholae Portensis A Mauritio Princ. Duce Saxoniae A. D. XII. Cal. Iunias A. MDXLIII. Feliciter Conditae Sollemnia Saecularia Diebus XX.XXI.XXII. Maii A. MDCCCXLIII. Pio Festoque Ritu Celebranda Indicit Et Scholae Fautores Et Amicos Omnes His Sollemnibus Ut Benigne Interesse Velint Collegii Magistrorum Portensium Nomine Invitat C. Kirchner S. S. Th. Et Ph. Dr. Rector Scholae Prov. Portensis. Naumburg 1843.

⟨KLOPSTOCK, Friedrich Gottlieb:⟩ Klopstock's sämmtliche Werke. 18 Bde. Leipzig 1823–1830.

KOECHLY, H⟨ermann⟩: Gottfried Hermann. Zu seinem hundertjährigen Geburtstage. Heidelberg 1874.

KÖSSLER, Franz: Personenlexikon von Lehrern des 19. Jahrhunderts. Berufsbiographien aus Schul-Jahresberichten und Schulprogrammen 1825–1918 mit Veröffentlichungsverzeichnissen (= http://geb.uni-giessen.de/geb/volltexte/2008/6106/). Gießen 2007–2008.

KOPPE, Johann Christian: D. Adolf Dieterich Weber, wayl. Großherzogl. Mecklenb. Schwer. Vice-Director des Consistoriums, ordentlicher öffentlicher Lehrer der Rechte und Beysitzer der Juristenfakultät zu Rostock, nach Leben und Wirken dargestellt. Rostock 1818.

KREYSSIG, August Hermann: Afraner-Album. Verzeichnis sämmtlicher Schüler der Königlichen Landesschule zu Meissen von 1543 bis 1875, 8422 an der Zahl. Meißen 1876.

KRÜGER, Georg: Die Pastoren im Lande Stargard (Großh. Meckl.-Strelitz) seit der Reformation, in: Jahrbücher des Vereins für Mecklenburgische Geschichte und Altertumskunde 69 (1904), S. 1–270.

KRUG, Wilhelm Traugott (Hg.): Ernst Heinrich Friedrich Ahlemann's ehemaligen Feld- und Garnisonpredigers zu Berlin, und nachherigen Stadtpredigers an der Hauptkirche zu St. Marien in Frankfurt an der Oder geistliche Reden. Ausgewählt und nebst einer kurzen Biographie des Verfassers herausgegeben. Berlin 1805.

LENZ, Max: Geschichte der königlichen Friedrich-Wilhelms-Universität zu Berlin. 4 Bde. in 5 Teilbdn., Halle an der Saale 1910.

LÖNNECKER, Harald: Die Mitglieder der Halleschen Burschenschaft 1814-ca. 1850, in: Günter Cerwinka / Peter Kaupp / Harald Lönnecker / Klaus Oldenhage (Hg.): 200 Jahre burschenschaftliche Geschichte. Von Friedrich Ludwig Jahn zum Linzer Burschenschafterturm (= Darstellungen und Quellen zur Geschichte der deutschen Einheitsbewegung im neunzehnten und zwanzigsten Jahrhundert, Bd. 16). Heidelberg 2008, S. 82–311.

MASKOW, ERIKA: Theodor Schwarz. Ein pommerscher Romantiker (= Pommernforschung, Reihe 3, Heft 1). Greifswald 1934.

MEINHOF, Friedrich: Pfarrerbuch, Bd. 8: Großherzogtum Sachsen (-Weimar-Eisenach), Landesteil Weimar mit Jena und Neustadt/Orla (Neustädter Kreis). Entwurf. Heilbad Heiligenstadt 2012–2014 (= http://www.yumpu.com/de/document/view/21362951/pfarrerbuch-sachsen-weimar-entwurf-bio-1056-vom-16062013).

MEYER, Johann Friedrich von Meyer: Die Heilige Schrift in berichtigter Uebersetzung mit kurzen Anmerkungen. Erster Theil: Altes Testament. Historische Bücher; Zweyter Theil: Altes Testament. Poetisch-prophetische Bücher und Apokryphen; Dritter Theil. Neues Testament. Frankfurt am Main 1819.

MEYER, Wolfgang (Hg.): Die Briefe Friedrich Ludwig Jahns gesammelt und im Auftrage der Deutschen Turnerschaft herausgegeben. Leipzig 1913.

MONECKE, Uta: Zwischen staatlicher Obrigkeit und bürgerlichem Aufbruch. Preußische Zensur und städtische Zensoren in Halle und Naumburg 1816–1848 (= Forschungen zur hallischen Stadtgeschichte, Bd. 8). Halle an der Saale 2006.

NAUMANN, Louis: Geschichte des Kreises Eckartsberga. Eckartsberga 1927.

NIEBUHR, Barthold Georg: Römische Geschichte, 2 Teile. Berlin 1811–1812.

ONCKEN, Hermann: Aus Rankes Frühzeit. Mit den Briefen Rankes an seinen Verleger Friedrich Perthes und anderen unbekannten Stücken seines Briefwechsels. Gotha 1922.

PERSONALSTAND der Friedrich-Alexanders Universität ERLANGEN in ihrem ersten Jahrhundert. Erlangen 1843.

PFARRERBUCH der KIRCHENPROVINZ SACHSEN. Hrsg. vom Verein für Pfarrerinnen und Pfarrer in der Evangelischen Kirche der Kirchenprovinz Sachsen e. V. in Zusammenarbeit mit dem interdisziplinären Zentrum für Pietismusforschung der Martin-Luther-Universität Halle-Wittenberg in Verbindung mit den Franckeschen Stiftungen zu Halle (Saale) und der Evangelischen Kirche der Kirchenprovinz Sachsen. 10 Bde., Leipzig 2003–2009.

PRÖHLE, Heinrich: Friedrich Ludwig Jahn's Leben. Nebst Mittheilungen aus seinem literarischen Nachlasse. Berlin 1855.

PROGRAMM DES FRIEDRICHS-GYMNASIUMS in Frankfurt an der Oder. Frankfurt an der Oder 1818–1827.

RANG- UND QUARTIER-LISTE der Königlich Preußischen Armee für das Jahr 1823. Mit Genehmigung Seiner Majestät des Königs. Redakteur: Kriegesrath Müller v. d. Geh. Kriegs-Kanzlei, Berlin o. J.

⟨RANKE, Friedrich Heinrich:⟩ Der christliche Glaube. Für die reifere Jugend der evangelischen Kirchen. Nürnberg 1823.

RANKE, Friedrich Heinrich: Jugenderinnerungen mit Blicken auf das spätere Leben. Stuttgart 1877.

RANKE, Hermann (Hg.): Ranke-Stammtafeln. Heidelberg 1901, 2. Aufl., Heidelberg 1926.

Ranke, Karl Ferdinand: Karl Ferdinand Rankes Leben in Briefen an seinen Bruder Wilhelm von ihm selbst erzählt. Hg. von Gottfried Braasch (= Schriftenreihe des Ranke-Vereins e. V. Wiehe, Nr. 3), 2. Aufl., Wiehe 2013

Ranke, ⟨Karl⟩ F⟨erdinand⟩: Rückerinnerungen an Schulpforta (1814–1821). Halle an der Saale 1874.

Ranke, Leopold: Geschichten der romanischen und germanischen Völker von 1494 bis 1535. Erster Band. Leipzig / Berlin 1824.

Ranke, Leopold: Zur Kritik neuerer Geschichtschreiber. Eine Beylage zu desselben romanischen und germanischen Geschichten. Leipzig / Berlin 1824.

Ranke, Leopold: Deutsche Geschichte im Zeitalter der Reformation. 6 Bde., Berlin 1839–1847.

Ranke, Leopold von: Weltgeschichte, Bd. 1/I und 1/II Die ältesten historischen Völkergruppe und die Griechen; Bd. 2/I und 2/II: Die römische Republik und ihre Weltherrschaft; Bd. 3/I und 3/II: Das altrömische Kaiserthum; Bd. 4/I und 4/II: Das Kaiserthum in Constantinopel und der Ursprung romanisch-germanischer Königreiche; Bd. 5/I und 5/II: Die arabische Weltherrschaft und das Reich Karls des Großen; Bd. 6/I und 6/II: Zersetzung des karolingischen, Begründung des deutschen Reiches; Bd. 7/I und 7/II: Höhe und Niedergang des deutschen Kaisertums. Die Hierarchie unter Gregor VII.; Bd. 8: Kreuzzüge und päpstliche Weltherrschaft (XII. und XIII. Jahrhundert); Bd. 9/I: Zeiten des Uebergangs zur modernen Welt (XIV. und XV. Jahrhundert); Bd. 9/II: Ueber die Epochen der neueren Geschichte. Berlin 1881–1888.

Ranke, Leopold von: Zur eigenen Lebensgeschichte (= Leopold von Ranke's Sämmtliche Werke. Zweite und dritte Gesammtausgabe. Dreiundfünfzigster und vierundfünfzigster Band). Hrsg. von Alfred Dove. Leipzig 1890.

Ranke, Leopold von: Neue Briefe. Gesammelt und bearbeitet von Bernhard Hoeft. Nach seinem Tod hrsg. von Hans Herzfeld. Hamburg 1949.

Ranke, Leopold von: Das Briefwerk. Eingeleitet und hrsg. von Walther Peter Fuchs. Hamburg 1949.

Ranke, Leopold von: Tagebücher. Herausgegeben von Walther Peter Fuchs (= Leopold von Ranke: Aus Werk und Nachlass. Hrsg. von

Walther Peter Fuchs und Theodor Schieder, Bd. I). München / Wien 1964.

Ranke, Leopold von: Frühe Schriften. Unter Mitarbeit von Gunter Berg und Volker Dotterweich hrsg. von Walther Peter Fuchs (= Leopold von Ranke: Aus Werk und Nachlass, hrsg. von Walther Peter Fuchs und Theodor Schieder, Bd. III). München / Wien 1973.

Raumer, Friedrich von: Vorlesungen über die alte Geschichte. 2 Bde., Leipzig 1821.

Raumer, Hermann von: Die Geschichte der Familie von Raumer. Neustadt an der Aisch 1975.

Raumer, Karl von: Karl von Raumer's Leben von ihm selbst erzählt. Stuttgart 1866.

Rethwisch, C⟨onrad⟩, Leopold von Ranke als Oberlehrer in Frankfurt a. O. (= Wissenschaftliche Beilage zum Jahresbericht des königl. Kaiserin-Augusta-Gymnasiums zu Charlottenburg, Ostern 1908). Berlin 1908.

Schärl, Walter: Die Zusammensetzung der bayerischen Beamtenschaft von 1806 bis 1918 (= Münchener Historische Studien, Abteilung Bayerische Geschichte, Bd. 1). Kallmünz 1955.

Schelle, Karl Gottlob: Karl Heinrich Heydenreich's, ehemahligen ordentlichen Professors der Philosophie zu Leipzig, Charakteristik als Mensch und Schriftsteller, entworfen u. s. w. Mit Heydenreichs's Bildnis. Leipzig 1802.

Schleiermacher, Friedrich: Kritische Gesamtausgabe. Fünfte Abteilung: Briefwechsel und biografische Dokumente. Bd. 1: Briefwechsel 1774–1796, Bd. 2: Briefwechsel 1796–1798, Bd. 3: Briefwechsel 1799–1800, Bd. 4: Briefwechsel 1800; Bd. 5: Briefwechsel 1801–1802; Bd. 6: Briefwechsel 1802–1803, Bd. 7: Briefwechsel 1803–1804, Bd. 8: Briefwechsel 1804–1806. Hrsg. von Andreas Arndt und Wolfgang Virmond. Berlin / New York 1985–2008.

Schnurmann, Claudia: Brücken aus Papier. Atlantischer Wissenstransfer in dem Briefnetzwerk des deutsch-amerikanischen Ehepaars Francis und Mathilde Lieber, 1827–1872 (= Atlantic Cultural Studies, Vol. 11). Berlin / Münster 2014.

Schrader, Wilhelm: Geschichte der Friedrichs-Universität zu Halle, Zweiter Teil. Berlin 1894.

SCHRÖDER, Richard: Geschichte der Freimaurerei i. O. Naumburg an der Saale. Naumburg an der Saale 1896.

SCHUBERT, Gotthilf Heinrich: Altes und Neues aus dem Gebiet der innren Seelenkunde. 5 Bde. in 6 Teilbdn.; Bd. 1–2, Leipzig 1817–1824, Bd. 3–5, Erlangen 1833–1844.

SCHUBERT, Gotthilf Heinrich von: Der Erwerb aus einem vergangenen und die Erwartungen von einem zukünftigen Leben. Eine Selbstbiographie. 3 Bde. in 5 Teilbdn., Erlangen 1854–1856.

SCHULENBURG, Hardnak von der / SEILER, Johannes: Stammtafeln der Familie Ranke. 2 Bde., 4. Aufl., Köln 1976 / 1978.

SCHULENBURG, Hardnak von der: Ahnen und Nachkommen des Leopold von Ranke. 2. Aufl., Bad Salzuflen-Pillenbruch 2009.

SCHWARZ, Adolf: Studien zu Leopold Rankes politischer Entwicklung, vornehmlich an den verschiedenen Fassungen der drei ersten Werke. Diss. Phil. masch. Leipzig 1923.

SCHWARZE, Rudolf: Geschichte des Friedrichs-Gymnasiums zu Frankfurt a. O., in: Programm des Friedrichs-Gymnasiums zu Frankfurt a. O. für das Schuljahr 1868–1869. Frankfurt an der Oder 1869, S. 1–49.

SCHWEIZER, Elisabth, Rankes Luther-Fragment von 1817. München 1926.

SIMON, J⟨akob⟩: Briefe des Gymnasiasten Ludwig Döderlein in Pforta aus den Jahren 1807–1810 (= Programm des K. Humanistischen Gymnasiums Kaiserslautern für das Schuljahr 1899/1900). Kaiserslautern 1900.

SOMMER, Christian Lorenz: Platonis Convivium. Textum recognovit et in usum scholarum brevibus notis criticis instruxit. Rudolstadt 1820.

SPIEKER, Christian Wilhelm: Beschreibung und Geschichte der Marien- oder Oberkirche zu Frankfurt an der Oder. Ein Beitrag zur Kirchen- und Reformations-Geschichte der Mark Brandenburg. Frankfurt an der Oder 1835.

Stammtafeln der Familie v. Breitenbuch zeitweise Breitenbauch. Zusammengestellt von Mense von Breitenbuch, geb. Freiin von Münchhausen 1913. Gedruckt als Beilage zu Hettlers Archiv für Familien-, Wappen- Siegelkunde nebst Grenz- und Hilfsgebieten 1 (1914).

STEIGER, Günter: Die Teilnehmer des Wartburgfestes von 1817. Erste kritische Ausgabe der sog. „Präsenzliste", in: Kurt Stephenson / Alexander Scharff / Wolfgang Klötzer (Hg.), In memoriam Paul Wentzcke (= Darstellungen und Quellen zur Geschichte der deutschen Einheitsbewegung im neunzehnten und zwanzigsten Jahrhundert, Bd. 4). Heidelberg 1963, S. 65–133.

STENZEL, Gustav Adolf Harald Stenzels Leben. Gotha 1897.

STRAUBEL, Rolf: Biographisches Handbuch der preußischen Verwaltungs- und Justizbeamten 1740–1806/15 (= Einzelveröffentlichungen der Historischen Kommission zu Berlin, Bd. 85 / Einzelveröffentlichungen des Brandenburgischen Landeshauptarchiv, Bd. VII). 2 Teilbde. München 2009.

TANTNER, ANTON: Adresbüros im Europa der Frühen Neuzeit. Habilitationsschrift, eingereicht an der Historisch-Kulturwissenschaftlichen Fakultät der Universität Wien, Juli 2011 (https://uscholar.univie.ac.at/view/o:128115).

THÜRINGER PFARRERBUCH , Bd. 1: Herzogtum Gotha; Bd. 2: Fürstentum Schwarzburg-Sonderhausen, Bd. 3: Großherzogtum Sachsen(-Weimar-Eisenach), Neustadt an der Aisch 1995–2000; Bd. 4: Die reußischen Herrschaften, Bd. 5: Fürstentum Schwarzburg-Rudolstadt, Bd. 6: Das Herzogtum Sachsen-Altenburg. Hrsg. von der Gesellschaft für Thüringische Kirchengeschichte. Leipzig 2004–2013.

TÜTKEN, Johannes: Privatdozenten im Schatten der Georgia Augusta. Zur älteren Privatdozentur (1734 bis 1831). Teil I: Statutenrecht und Alltagspraxis; Teil II: Biographische Materialien zu den Privatdozenten des Sommersemesters 1812. Göttingen 2005.

VARRENTRAPP, Conrad: Johannes Schulze und das höhere preußische Unterrichtswesen in seiner Zeit. Leipzig 1889.

VARRENTRAPP, Conrad: Briefe an Ranke von älteren und gleichaltrigen deutschen und französischen Historikern, in: Historische Zeitschrift 105 (1910), S. 105–131.

VERZEICHNIS DER ERLANGER PROMOTIONEN 1743–1885. Erstellt von einer Arbeitsgruppe mit Monika Kötter und Ellen Schug unter der redaktionellen Leitung von Roswitha Poll. Herausgegeben von der Universitätsbibliothek Erlangen-Nürnberg, Teil 1: Theologische Fakultät, Juristische Fakultät, Philosophische Fakultät; Teil 2: Medizinische Fakultät (= Erlanger Forschungen, Sonderreihe, Bd. 14). Erlangen 2009

VORMENG, Karl: Dr. Ferdinand Ranke. Ein Gedenkblatt zu seinem 100jährigen Geburtstage (26. Mai 1902). Beilage zum 21. Jahrgange der „Annalen und Historien, Mitteilungen des Vereins ehemaliger Schüler des Kgl. Friedrich-Wilhelms-Gymnasiums zu Berlin." Berlin 1902.

WACHTER, Clemens unter Mitwirkung von Astrid Ley und Josef Mayr (Bearb.): Die Professoren und Dozenten der Friedrich-Alexander-Universität Erlangen 1743–1960, Teil 3: Philosophische Fakultät / Naturwissenschaftliche Fakultät, Erlangen 2009.

WAGNER, Richard: Fichtes Anteil an der Einführung der Pestalozzischen Methode in Preussen. Leipzig 1914.

WIEDEMANN, Theodor: Mittheilungen zu Rankes Lebensgeschichte, in: Beilage zur Allgemeinen Zeitung Nr. 239 vom 19. Dezember 1895, S. 1-2.

WIEDEMANN, Theodor: Leopold von Ranke und Varnhagen von Ense vor Rankes italienischer Reise, in: Deutsche Revue 21,3 (1896), S. 197–209.

WILHELMY, Petra: Der Berliner Salon im 19. Jahrhundert (1780–1914) (= Veröffentlichungen der Historischen Kommission zu Berlin, Bd. 73). Berlin / New York 1989.

ZAHN, Adolf: Die Zöglinge Calvin's in Halle an der Saale. Halle an der Saale 1864.

REGISTER

Berücksichtigt wurden ausschließlich Nennungen im Text der Edition und im Kommentar. Der Fettdruck eines Namens kennzeichnet eine Person als Korrespondenzpartner von Leopold Ranke; der Fettdruck einer Seitenzahl verweist auf ein Biogramm; Seitenzahlen in Kursiv verweisen darauf, daß die Person oder der Ort nur im Anmerkungsapparat erwähnt wird; Frauen werden sowohl unter ihrem Geburtsnamen als auch unter ihrem Ehenamen geführt; Angehörige regierender Häuser sind entsprechend der alphabetischen Reihung ihrer Vornamen aufgenommen, bei gleichem Vornamen erfolgt die Reihung stets nach dem Rang, bei weiblichen Angehörigen eines regierenden Hauses ist stets als erstes die Familie genannt, aus der die Person stammt, und erst als zweites die Familie, in die sie eingeheiratet hat; mythologische, biblische oder literarische Gestalten finden sich ohne Zusatz; römische Autoren sind entsprechend den im Deutschen gebräuchlichen Namen eingeordnet.

PERSONEN

ORTE

www.ingramcontent.com/pod-product-compliance
Lightning Source LLC
La Vergne TN
LVHW092114300926
849161LV00002B/129